Krause/Krause

Die Prüfung der Fachwirte

umweltfreundlich

... weil auf chlor- und säurefrei
gefertigtem Papier gedruckt

Sie finden uns im Internet unter: www.kiehl.de

Kontakt zu den Autoren: guenter.krause@pruefungsbuecher.net

www.kiehl.de

Prüfungsbücher für Fachwirte und Fachkaufleute

Die Prüfung der Fachwirte

Wirtschaftsbezogene Qualifikationen

3., aktualisierte Auflage

Von
Dipl.-Sozialwirt Günter Krause und
Dipl.-Soziologin Bärbel Krause

unter Mitarbeit von
Ines Stache
Geprüfte Bilanzbuchhalterin

ISBN 978-3-470-**59873**-4 · 3., aktualisierte Auflage 2011

© NWB Verlag GmbH & Co. KG, Herne 2009

Kiehl ist eine Marke des NWB Verlags.

Satz: Griebsch & Rochol Druck GmbH & Co. KG, Hamm.
Druck: medienHaus Plump GmbH, Rheinbreitbach.

Vorwort zur 3. Auflage

Die im Juli 2010 erschienene 2. Auflage war außerordentlich schnell vergriffen. Sie wurde durchgesehen und aktualisiert. Dies betrifft insbesondere die Abschnitte „Volkswirtschaftliche Grundlagen, Aspekte des Rechnungswesens und Steuern". Hinweise der Leserinnen und Leser haben wir berücksichtigt.

Anregungen und konstruktive Kritik sind gerne willkommen und erreichen uns über das Internet oder über den Verlag.

Neustrelitz, im Januar 2011

Diplom-Sozialwirt Günter Krause
Diplom-Soziologin Bärbel Krause

Vorwort

Im Januar 2008 wurde vom DIHK der neue Rahmenplan für die Fortbildungsprüfung der Dienstleistungsfachwirte-Familie veröffentlicht. **Damit erhalten diese Qualifizierungen einen neuen, gemeinsamen Basisteil.** Er heißt „**Wirtschaftsbezogene Qualifikationen**" und ist die erste Teilprüfung der Fortbildungsmaßnahme.

* Es werden **vier Qualifikationsbereiche schriftlich** geprüft:

Schriftliche Prüfung	
1. Volks- und Betriebswirtschaft	60 Minuten
2. Rechnungswesen	90 Minuten
3. Recht und Steuern	60 Minuten
4. Unternehmensführung	90 Minuten

* Da diese Stufe der Fortbildung kein eigenständiger Abschluss ist, erhalten die Teilnehmer nur eine *Prüfungsbescheinigung* und kein Prüfungszeugnis.

* Die neue Rechtsverordnung „Wirtschaftsbezogene Qualifikationen" ist in einigen Abschlüssen der Familie der Dienstleistungsfachwirte bereits integriert. Weitere Aktualisierungen werden schrittweise erfolgen. Deshalb heißt der Basisisteil in einigen Fachrichtungen noch „Handlungsfeldübergreifende Qualifikationen".

Dieses Buch wendet sich an alle Kursteilnehmer, die sich auf den ersten Prüfungsteil „Wirtschaftsbezogene Qualifikationen" vorbereiten. Es soll sie während des gesamten Lehrgangs begleiten und gezielt auf die Prüfung vor der Industrie- und Handelskammer vorbereiten. Außerdem eignet es sich als übersichtliches Nachschlagewerk für die Praxis.

Im *ersten Teil* des Buches (gedruckt auf weißem Papier), wird der Lernstoff in bewährter Frage-Antwort-Form aufbereitet. Übersichten, Schaubilder, Aufzählungen und Struktogramme erleichtern das Lernen und machen Zusammenhänge deutlich.

Im *zweiten Teil* (auf blauem Papier gedruckt) wird der Lernstoff anhand klausurtypischer Fragestellungen vertieft und angewendet, um so eine fundierte Vorbereitung auf die Prüfung zu gewährleisten.

Im *dritten Teil* hat der Leser die Möglichkeit durch die Bearbeitung der „Musterklausuren", die sich exakt an den Prüfungsanforderungen ausrichten, die Situation in der Prüfung zu simulieren und seine Kenntnisse unter „Echtbedingungen" zu kontrollieren.

Auf die Darstellung des Grundlagenfaches „Lern- und Arbeitsmethodik" wurde verzichtet, da es nicht Bestandteil der Prüfung ist. Das umfangreiche Stichwortverzeichnis erlaubt dem Leser, sich selektiv auf Einzelthemen zu konzentrieren oder sich im Ganzen auf die Prüfung vorzubereiten. Noch ein Wort an die Leserinnen dieses Buches: Wenn im Text von „dem Vorgesetzten/dem Fachwirt" gesprochen wird, so umfasst diese maskuline Bezeichnung auch immer die „Vorgesetzte/die Fachwirtin". Die vereinfachte Bezeichnung soll lediglich den sprachlichen Ausdruck entkrampfen.

Wir wünschen allen Leserinnen und Lesern eine erfolgreiche Prüfung und die Realisierung der persönlichen Berufsziele in den Fachrichtungen des Dienstleistungssektors. Anregungen und konstruktive Kritik sind willkommen und erreichen uns über das Internet oder direkt an den Verlag.

Neustrelitz, im August 2009   *Diplom-Sozialwirt Günter Krause*
                                                                 Diplom-Soziologin Bärbel Krause

Inhaltsverzeichnis

3. Recht und Steuern

Verzeichnis der Abkürzungen

A

ABL	Alte Bundesländer
AC	Assessmentcenter
AEAO	Anwendungserlass zur Abgabenordnung
AEntG	Arbeitnehmer-Entsendegesetz
AEVO	Ausbildereignungsverordnung
AFBG	Aufstiegsfortbildungsgesetz (sog. Meister-Bafög)
AG	Arbeitgeber; auch: Aktiengesetz
AGB	Allgemeine Geschäftsbedingungen
AGG	Allgemeines Gleichbehandlungsgesetz
AltEinkG	Alterseinkünftegesetz
AltTzG	Altersteilzeitgesetz
AN	Arbeitnehmer
AO	Abgabenordnung
ArbGG	Arbeitsgerichtsgesetz
ArbnErfG	Arbeitnehmererfindungsgesetz
ArbPlSchG	Arbeitsplatzschutzgesetz
ArbSchG	Arbeitsschutzgesetz
ArbStättV	Arbeitsstättenverordnung
ArbZG	Arbeitszeitgesetz
ASiG	Arbeitssicherheitsgesetz
AT-Angestellter	Außertariflicher Angestellter
AU	Arbeitsunfähigkeit
AÜG	Arbeitnehmerüberlassungsgesetz
AufenthG	Aufenthaltsgesetz
AV	Arbeitslosenversicherung
AWbG	Arbeitnehmerweiterbildungsgesetz

B

BA	Bundesagentur für Arbeit; auch: Betriebsausgabe
BAB	Betriebsabrechnungsbogen
BaföG	Bundesausbildungsförderungsgesetz
BAG	Bundesarbeitsgericht
BBiG	Berufsbildungsgesetz
BDSG	Bundesdatenschutzgesetz
BEEG	Bundeselterngeld- und Elternzeitgesetz
BeschSchG	Beschäftigtenschutzgesetz
BetrAVG	Betriebsrentengesetz
BetrVG	Betriebsverfassungsgesetz
[BetrVG 1952]	Betriebsverfassungsgesetz 1952
BG	Berufsgenossenschaft
BGB	Bürgerliches Gesetzbuch
BilMoG	Bilanzrechtsmodernisierungsgesetz
BGB	Bürgerliches Gesetzbuch
BIP	Bruttoinlandsprodukt
BNE	Bruttonationaleinkommen
BR	Betriebsrat
BUrlG	Bundesurlaubsgesetz

BVW	Betriebliches Vorschlagswesen
B2C	Business to Consumer
BVerfG	Bundesverfassungsgericht

C

CBT	Computer Based Training

D

DGFP	Deutsche Gesellschaft für Personalführung
DIN	Deutsche Industrie-Norm
DrittelbG	Drittelbeteiligungsgesetz

E

EBT	Earnings before Taxes
EBIT	Earnings before Interest and Taxes
EBITDA	Earnings before Interest and Taxes, Depreciation and Amortization
EDV	Elektronische Datenverarbeitung
EFZG	Entgeltfortzahlungsgesetz
EGV	Vertrag zur Gründung der Europäischen Gemeinschaft (EG-Vertrag)
EStDV	Einkommensteuer-Durchführungsverordnung
EStG	Einkommensteuergesetz
ESVG	Europäische System Volkswirtschaftlicher Gesamtrechnungen
EU	Europäische Union
EuGH	Europäischer Gerichtshof
EWIV	Europäische Wirtschaftliche Interessenvereinigung
EWR	Europäischer Wirtschaftsraum

G

GdB	Grad der Behinderung
GewO	Gewerbeordnung
GG	Grundgesetz
GKV-WSG	Gesetzliche Krankenversicherung-Wettbewerbsstärkungsgesetz
GleichbehRL	Gleichbehandlungs-Richtlinie
GmbH	Gesellschaft mit beschränkter Haftung
GmbH & Co. KG	Gesellschaft mit beschränkter Haftung und Compagnie Kommanditgesellschaft
GmbH & Co. KGaA	Gesellschaft mit beschränkter Haftung und Compagnie Komanditgesellschaft auf Aktien
GoB	Grundsätze ordnungsgemäßer Buchführung
GuV	Gewinn und Verlust
GWB	Gesetz gegen Wettbewerbsbeschränkungen

H

HAG	Heimarbeitsgesetz
HGB	Handelsgesetzbuch
HGB-E	Handelsgesetzbuch-Entwurf
HWO	Handwerksordnung

I

IAS	International Accounting Standards

IMS	Integrierte Managementsysteme
InsO	Insolvenzordnung
IT	Informationstechnologie
IT-ArGV	Verordnung über die Arbeitsgenehmigung für hoch qualifizierte ausländische Fachkräfte der Informations- und Kommunikationstechnologie
IWF	Interworking Function; auch: Internationaler Währungsfond

J

JArbSchG	Jugendarbeitsschutzgesetz
JAV	Jugend- und Auszubildendenvertretung
JIT	Just-in-Time

K

KAPOVAZ	Kapazitätsorientierte variable Arbeitszeit
KG	Kommanditgesellschaft
KGaA	Komanditgesellschaft auf Aktien
KorrekturG	Korrektur- und Sicherungsgesetz
KSchG	Kündigungsschutzgesetz
KSt	Kirchensteuer
KV	Krankenversicherung
KVP	Kontinuierlicher Verbesserungsprozess

L

LadSchlG	Ladenschlussgesetz
LE	Leistungseinheiten
LStDV	Lohnsteuer-Durchführungsverordnung

M

MA	Mitarbeiter
MBR	Mitbestimmungsrechte
MitbestErgG	Mitbestimmungsergänzungsgesetz
MitbestG 1976	Mitbestimmungsgesetz 1976
MIS	Management-Informationssystem
MoMiG	Gesetz zur Modernisierung des GmbH-Rechts und zur Bekämpfung von Missbräuchen
MontanMitbestG	Montan-Mitbestimmungsgesetz
MPLS	Multi-Protocol Label-Switching
MRP	Materials and Resources Planning
MTM	Methods-Time-Measurement
MuSchG	Mutterschutzgesetz
MuSchV	Verordnung zum Schutze der Mütter am Arbeitsplatz
MWR	Mitwirkungsrechte

N

NachwG	Nachweisgesetz
NBL	Neue Bundesländer

O

OE	Organisationsentwicklung

| OECD | Organisation für wirtschaftliche Zusammenarbeit und Entwicklung |
| OHG | Offene Handelsgesellschaft |

P

PE	Personalentwicklung
PIS	Personalinformationssystem
PR	Public Relations
PSA	Personalserviceagentur
PSVaG	Pensionssicherungsverein auf Gegenseitigkeit
PV	Pflegeversicherung

R

REFA	Verband für Arbeitsstudien und Betriebsorganisation
ROI	Return on Investment
RV	Rentenversicherung
RVO	Reichsversicherungsordnung

S

SachBezV	Sachbezugsverordnung
SchwarzArbG	Schwarzarbeitsgesetz
SE	Stock Exchange
SGB III	Sozialgesetzbuch Drittes Buch - Arbeitsförderung
SGB IX	Sozialgesetzbuch Neuntes Buch - Rehabilitation und Teilhabe behinderter Menschen
SolZ	Solidaritätszuschlag
SprAuG	Sprecherausschussgesetz
SV	Sozialversicherung

T

Teilzeit-RL	Teilzeitrichtlinie
TVG	Tarifvertragsgesetz
TzBfG	Teilzeit- und Befristungsgesetz

U

UmwG	Umwandlungsgesetz
UN	United Nations
US-GAAP	United States Generally Accepted Accounting Principles
UV	Unfallversicherung
UWG	Gesetz gegen den unlauteren Wettbewerb

W

| WF | Work Factor |
| WTO | World Trade Organisation (Welthandelsorganisation) |

V

| VermBG | Vermögensbildungsgesetz |
| VGR | Volkswirtschaftliche Gesamtrechnung |

Z

| ZPO | Zivilprozessordnung |

Wirtschaftsbezogene Qualifikationen

1. **Volks- und Betriebswirtschaft**

2. **Rechnungswesen**

3. **Recht und Steuern**

4. **Unternehmensführung**

1. Volks- und Betriebswirtschaft

Qualifikationsschwerpunkte (Überblick)

Einführung
- Betriebswirtschaftslehre, Volkswirtschaftslehre (Abgrenzung)
- Bedarf, Bedürfnisse, Güter, Markt (Begriffsklärungen)
- Ökonomisches Prinzip

1.1 Volkswirtschaftliche Grundlagen
- Markt, Preis, Wettbewerb
- Volkswirtschaftliche Gesamtrechnung
- Konjunktur und Wirtschaftswachstum
- Außenwirtschaft und Europäische Union

1.2 Betriebliche Funktionen und deren Zusammenwirken
- Ziele und Aufgaben der betrieblichen Funktionen
- Zusammenwirken der betrieblichen Funktionen

1.3 Existenzgründung und Unternehmensrechtsformen
- Gründungsphasen
- Rechtsformen

1.4 Unternehmenszusammenschlüsse
- Formen der Kooperation
- Formen der Konzentration

Einführung

Hinweis: Zum besseren Verständnis werden in der „Einführung" einige Grundbegriffe und Zusammenhänge der Wirtschaftslehre vorangestellt.

Zusammenhänge zwischen Volks- und Betriebswirtschaft und Grundlagen des Wirtschaftens

01. Welche Tätigkeiten erfasst die Volkswirtschaftslehre (VWL)?

Wirtschaften ist die Tätigkeit des Menschen, zur Daseinsvorsorge und zur Deckung seines Bedarfs in allen Lebensbereichen.

Keine Volkswirtschaft kann jedoch auf Dauer erfolgreich für sich allein bestehen. Sie steht durch Importe und Exporte in Handelsbeziehungen mit anderen Volkswirtschaften.

Folgende Wirtschaftssektoren gibt es:

- private Haushalte;
- Unternehmen;
- den Staat (Bund, Länder, Gemeinden, Körperschaften).

Dieses Wirtschaften vollzieht sich im Rahmen der staatlichen Ordnung eines Landes, für die sich der Name Volkswirtschaftslehre eingebürgert hat.

Das Wirtschaften ist heute nur noch in arbeitsteiliger Form und im weltweiten Rahmen möglich. Dabei wird die internationale Zusammenarbeit zunehmend von Zusammenschlüssen wie z. B. der EU und von weltweiten Organisationen, wie z. B. der WTO, gesteuert, deren Regelungen die einzelnen Volkswirtschaften zu beachten haben.

02. Welche Aufgaben hat die Volkswirtschaftslehre zu erfüllen?

Die Volkswirtschaftslehre hat als Teilgebiet der Geistes- und Kulturwissenschaften die Aufgabe:

- gesamtwirtschaftliche Vorgänge zu erklären,
- den zukünftigen Ablauf des Wirtschaftsgeschehens zu prognostizieren,
- ökonomische und soziale Entscheidungen auf den Märkten und in der Staatswirtschaft zu analysieren,
- Möglichkeiten zur Beeinflussung des Wirtschaftsgeschehens aufzuzeigen.

Die Volkswirtschaftslehre zerfällt in die drei Teilbereiche: Wirtschaftstheorie, Wirtschaftspolitik und Finanzwissenschaft.

- Mithilfe der *Wirtschaftstheorie* werden untersucht:

  - der Preismechanismus,
  - die marktwirtschaftliche Steuerung der Produktion,
  - die Bildung und Verwendung von Kapital,
  - die Einkommensentstehung, -verwendung und -verteilung,
  - wirtschaftliches Wachstum und technischer Fortschritt.

- Mithilfe der *Wirtschaftspolitik* wird versucht, die Entscheidungen der Einzelwirtschaften zu beeinflussen und auf das mit knappen Mitteln bewirkte Erzeugen und Verteilen von Gütern und Dienstleistungen einzuwirken.

  Die wichtigsten Teilgebiete der branchenbezogenen Wirtschaftspolitik sind

  - die Industriepolitik,
  - die Verkehrspolitik,
  - die Landwirtschaftspolitik,
  - die Handelspolitik und
  - die Außenhandelspolitik.

  Wichtige Teilgebiete einer branchenübergreifenden Wirtschaftspolitik sind:

  - die Wettbewerbspolitik,
  - die Steuerpolitik,
  - die Konjunkturpolitik,
  - die Verteilungspolitik,
  - die Entwicklungspolitik,
  - die Umweltpolitik und
  - die Sozialpolitik.

- *Die Finanzwissenschaft* befasst sich u. a. mit den öffentlichen Einnahmen, den öffentlichen Ausgaben und den Steuerwirkungen.

03. Welche Tätigkeiten erfasst die Betriebswirtschaftslehre (BWL)?

Die Betriebswirtschaftslehre befasst sich mit den *Einzelwirtschaften* und den innerhalb dieser Einheiten ablaufenden Prozessen.

04. Wie werden die Problembereiche zwischen VWL und BWL abgegrenzt?

Die VWL erörtert betriebswirtschaftliche Fragestellungen in erster Linie unter dem Gesichtspunkt der *gesamtwirtschaftlichen Prozessanalyse* und *-steuerung* (z. B. bei unternehmerischen Investitionsentscheidungen und Nachfrageveränderungen).

Die BWL benötigt volkswirtschaftliche Rahmenbedingungen, wie z. B.

- ein systematisches Steuersystem,
- einfach zu handhabende Regelungen im Handelsverkehr

zur optimalen Nutzung des Handlungsspielraums der Einzelwirtschaften.

05. Was unterscheidet die Mikroökonomie von der Makroökonomie?

Beide Wissenschaften, die Volkswirtschaftslehre und die Betriebswirtschaftslehre, benötigen für ihre Erklärungsansätze jeweils

- einzelwirtschaftliche Betrachtungen (= *Mikroökonomie*) und
- gesamtwirtschaftliche Betrachtungen (= *Makroökonomie*).

Beispiel: Mikroökonomische Grundlagen in der Volkswirtschaftslehre sind z. B. die Annahmen über das Verhalten der Konsumenten (Mengenanpassung, Preisanpassung, Nutzenmaximierung). Makroökonomische Einflussfaktoren des einzelwirtschaftlichen Handels sind z. B. die Annahmen über die Reaktion der Investoren auf das gesamtwirtschaftliche Zinsniveau.

06. Was sind Wirtschaftssubjekte?

Wirtschaftssubjekte sind *Haushalte* und *Unternehmen*, deren Verhalten als rational und planvoll unterstellt wird und deren Entscheidungen Grundlage für die Handlungen anderer Wirtschaftssubjekte sind. In der volkswirtschaftlichen Gesamtrechnung werden die Wirtschaftssubjekte zu *Sektoren* zusammengefasst (z. B. *Private Haushalte, Unternehmen, Staat*).

07. Welche Problematik ergibt sich aus der Analyse des Verhaltens der Wirtschaftssubjekte?

Es wird unterstellt, dass sich die Wirtschaftssubjekte tatsächlich bei allen ihren Handlungen *rational verhalten*, Wirtschaftspläne aufstellen und Kauf- und Verkaufsentscheidungen sorgfältig abwägen. Wäre dies tatsächlich der Fall, so wären viele künftige Entscheidungen berechenbarer als sie es gegenwärtig sind, sodass viele Wirtschaftssubjekte ihr eigenes Verhalten aufgrund des Verhaltens anderer ändern müssten.

08. Aus welchen Gründen muss der Mensch wirtschaften?

Anlass zu wirtschaftlichen Handlungen ist die Tatsache, dass der Mensch *Mangelempfindungen* hat und diese beseitigen möchte. So empfindet er beispielsweise Hunger, er muss sich kleiden, er benötigt eine Wohnung, er braucht Verkehrsmittel, er will in Urlaub fahren usw.

> Das Wirtschaften ist daher auf die Befriedigung menschlicher Mangelempfindungen (Bedürfnisse) ausgerichtet – vor dem Hintergrund knapper Ressourcen.

09. Welche Bedeutung haben die Bedürfnisse im Wirtschaftsleben?

Ein Bedürfnis ist das Gefühl eines Mangels mit dem Bestreben, diesen Mangel zu beheben. Die *Bedürfnisse* des Menschen sind *unbegrenzt*, die *Mittel,* die zu ihrer Befriedigung zur Verfügung stehen, jedoch *knapp*. Deshalb müssen die Bedürfnisse nach der zeitlichen Reihenfolge ihrer Befriedigung differenziert werden.

Einteilungskriterien sind z. B. die Unterscheidung zwischen lebensnotwendigen und weniger lebensnotwendigen Gütern, d. h. zwischen *existenziellen* Bedürfnissen einerseits und *Wohlstands- und Luxusbedürfnissen* andererseits. Ein anderes Kriterium ist die Unterscheidung zwischen *individuellen* und *kollektiven* Bedürfnissen. Individuelle Bedürfnisse orientieren sich an den Wünschen des Einzelnen, kollektive Bedürfnisse an den Wünschen der Gesamtheit. Hierzu zählen z. B. Schulen, Straßen, Krankenhäuser und Schwimmbäder.

Eine Form der *Bedürfniseinteilung* ist die Bedürfnispyramide nach Maslow. Innerhalb der Volkswirtschaftslehre wird noch nach weiteren Kriterien gegliedert, z. B. nach dem Merkmal „Dringlichkeit":

Einteilung der Bedürfnisse		
Gliederungs-merkmal	*Bedürfnisarten*	*Beispiele*
nach der **Dringlichkeit**	**Primärbedürfnisse** (Existenzbedürfnisse)	Hunger, Durst
	Sekundärbedürfnisse (Kultur-/Luxusbedürfnisse)	Theater, Literatur
nach dem Erwerb/ nach der **Entstehung**	**Natürliche Bedürfnisse:** Entstehen durch die menschliche Existenz	Hunger, Durst
	Manipulierte Bedürfnisse: Entstehen durch Beeinflussung bzw. werden erworben (Sozialisation)	Theater, Literatur
nach der Art der **Befriedigung**	**Individualbedürfnisse:** Befriedigung erfolgt durch den Einzelnen	Hunger, Durst
	Kollektivbedürfnisse: Befriedigung erfolgt durch die Gemeinschaft	Verkehrsregelung, Sicherheit
Bedürfnispyramide nach **Maslow** hier: Rangfolge mit abnehmender Dringlichkeit	1. Grundbedürfnisse	Existenzbedürfnisse
	2. Sicherheitsbedürfnisse	Sicherheit, Vorsorge
	3. Soziale Bedürfnisse	Kontakt
	4. Bedürfnis nach Wertschätzung	Anerkennung
	5. Entwicklungsbedürfnisse	Selbstverwirklichung

10. Welcher Zusammenhang besteht zwischen Bedürfnissen, Bedarf, Nachfrage und Angebot?

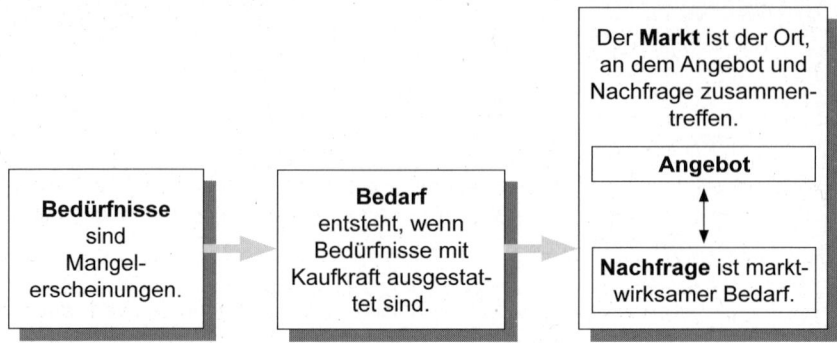

11. Was versteht man volkswirtschaftlich unter Gütern?

Güter sind die Voraussetzung zur Befriedigung von Bedürfnissen. Sie sind unter wirtschaftlichen Gesichtspunkten *Mittel zur Bedarfsdeckung* und haben wegen ihrer Knappheit im Verhältnis zu den Bedürfnissen ihren Preis. Nahezu alle Güter sind auch *wirtschaftliche Güter*. Sog. freie Güter, unter denen man z. B. die Luft verstanden hat, sind heute als Folge der Luftverschmutzung ebenfalls zu einem – in der Regel teuren – wirtschaftlichen Gut geworden (vgl. Emissionshandel).

12. Nach welchen Kriterien werden Güter eingeteilt?

Es werden verschiedene Einteilungskriterien unterschieden:

Konsumgüter	können der einmaligen Bedürfnisbefriedigung (wie bei Lebensmitteln) oder der mehrmaligen Bedürfnisbefriedigung (wie z. B. bei Autos oder Kühlschränken) dienen.
Investitionsgüter	dienen der Herstellung anderer Güter. Sie lassen sich in *Verbrauchsgüter* (Fertigungsmaterialien) und in *Gebrauchsgüter* (Maschinen) unterteilen.

Individualgüter	sind für den persönlichen Gebrauch bestimmt.
Kollektivgüter	dienen der Allgemeinheit.

Vermehrbare Güter	sind reproduzierbar.
Einmalige Güter	sind nur einmal im Original vorhanden (z. B. Originalbilder von Dürer).

Materielle Güter	sind Gegenstände aller Art.
Immaterielle Güter	sind persönliche Dienstleistungen und wirtschaftliche Rechte, wie die Leistungen eines Rechtsanwalts, Patente, Lizenzen, der Firmenwert eines Unternehmens.

Komplementäre Güter	ergänzen sich bzw. werden nur zusammen nachgefragt/hergestellt, z. B. Pkw und Treibstoff, Maschine und Wartung, Glühlampe und Strom.
Substitutive Güter	können sich gegenseitig ersetzen, z. B. Kohle/Holz, Butter/Margarine, Gas/Sonnenenergie.

Homogene Güter	sind gleichartig – tatsächlich oder nach Meinung der Verbraucher, z. B. Glühbirne der Firma X, Glühbirne der Firma Y.
Heterogene Güter	sind verschiedenartig – tatsächlich oder nach Meinung der Verbraucher (vgl. die Beeinflussung durch die Werbung), z. B. Waschmittel X und Waschmittel Y.

Sachgüter	**Konsumgüter** dienen der Bedürfnisbefriedigung des Verbrauchers: - Gebrauchsgüter können mehrfach genutzt werden, z. B. Uhr - Verbrauchsgüter stiften nur einmal Nutzen, z. B. Brot
	Produktionsgüter dienen zur Herstellung wirtschaftlicher Güter: - Gebrauchsgüter, z. B. Arbeitsanzug - Verbrauchsgüter, z. B. Öl

13. Welche Probleme entstehen durch die Knappheit der Güter?

In der Regel sind alle Güter knapp. Diese Knappheit liegt sowohl bei natürlichen Ressourcen (Bodenfläche, Bodenschätzen), als auch bei vermehrbaren Gütern vor, die erst durch den Einsatz von sog. Produktionsfaktoren hergestellt werden müssen. Durch Arbeitsteilung und Güteraustausch lässt sich die Effizienz knapper Güter erhöhen.

Alle knappen Güter werden in größeren Mengen begehrt als sie zur Verfügung stehen. Dies führt unter wirtschaftlichen Gesichtspunkten zu einer Bewertung. Der Wert der einzelnen Güter wird durch den Preis – sofern nach marktwirtschaftlichen Gesichtspunkten entschieden wird – ausgedrückt und bedeutet, dass der Preis eines Gutes umso höher ist, je knapper dieses Gut ist. Wird jedoch der Preis als Lenkungsmittel ausgeschaltet, so muss er durch ein Zuteilungsverfahren ersetzt werden.

14. Was besagt das ökonomische Prinzip?

Das ökonomische Prinzip besagt, dass mit einer gegebenen Menge an knappen Gütern möglichst viele Bedürfnisse befriedigt werden. Das ökonomische Prinzip kann auf zweierlei Weise realisiert werden:

• Es stehen entweder bestimmte Mittel zur Verfügung, mit denen ein maximales Ergebnis erzielt werden soll (*Maximalprinzip*),

• oder es soll ein bestimmtes Ziel (Ergebnis) mit einem möglichst geringen (minimalen) Einsatz an Mitteln erreicht werden *(Minimalprinzip).*

Die strenge Einhaltung des ökonomischen Prinzips ist jedoch im wirtschaftlichen Alltag nicht immer der Fall, weil sich viele Handlungen spontan ergeben oder weil nicht alle für ein Handeln nach dem ökono-

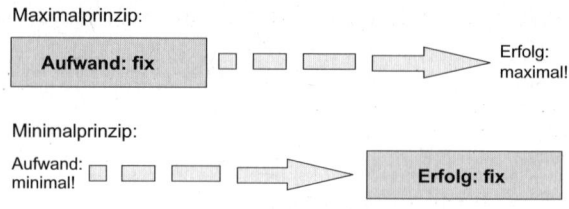

mischen Prinzip erforderlichen Daten zur Verfügung stehen, sodass nicht immer die bestmögliche Mittelverwendung erfolgt.

15. Was versteht man unter „Rationalisierung"?

Als Rationalisierung bezeichnet man die wirtschaftliche Gestaltung von Strukturen und Prozesse in einer Volkswirtschaft bzw. in einem Unternehmen. Maßnahmen der Rationalisierung sollen zur Senkung der Kosten und/oder zur Verbesserung der Leistungsergebnisse beitragen. Die Rationalisierung erstreckt sich auf alle Unternehmensbereiche, z. B.:

Rationalisierung • Beispiele	
Material-wirtschaft	- Materialstandardisierung (Normung, Typung, Mengenstandardisierung) - Nummerung - Optimierung des Materialflusses - ABC-/XYZ-Analyse
Produktions-wirtschaft	- Mechanisierung/Automatisierung der Fertigung und damit Substitution der menschlichen Arbeit durch den Faktor Kapital - Spezialisierung der Arbeitsprozesse (Art- und Mengenteilung)

1.1 Volkswirtschaftliche Grundlagen

1.1.1 Produktionsfaktoren, Markt, Preis und Wettbewerb

1.1.1.1 Produktionsfaktoren der Volkswirtschaftslehre

01. Was versteht man volkswirtschaftlich unter dem Produktionsprozess?

Volkswirtschaftlich besteht der Produktionsprozess in der Kombination der Produktionsfaktoren zur Herstellung bestimmter Güter und Dienstleistungen. Diesen Umwandlungsprozess – vom Input zum Output – nennt man *Produktionsprozess.*

Merke:
Die Volkswirtschafts- und die Betriebswirtschaftslehre definieren die Produktionsfaktoren unterschiedlich.

02. Welche Produktionsfaktoren unterscheidet die Volkswirtschaftslehre?

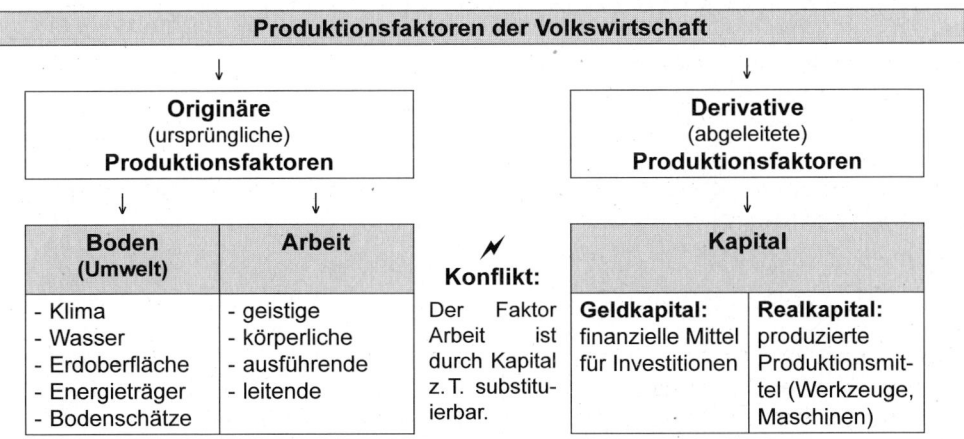

Produktionsfaktoren der Volkswirtschaft			

Originäre (ursprüngliche) **Produktionsfaktoren**

Derivative (abgeleitete) **Produktionsfaktoren**

Boden (Umwelt)	**Arbeit**	⚡ **Konflikt:**	**Kapital**	
- Klima - Wasser - Erdoberfläche - Energieträger - Bodenschätze	- geistige - körperliche - ausführende - leitende	Der Faktor Arbeit ist durch Kapital z.T. substituierbar.	**Geldkapital:** finanzielle Mittel für Investitionen	**Realkapital:** produzierte Produktionsmittel (Werkzeuge, Maschinen)

03. Welche Merkmale weist der Produktionsfaktor Boden auf?

Boden (auch: Natur, Umwelt) ist ein *originärer Faktor*. Durch ihn können bereits in ursprünglicher Form Bedürfnisse befriedigt werden (z. B. Früchte auf dem Feld, Tiere). Im weiteren Sinne rechnet man zum Faktor Boden: Wasser, Sonnenlicht, Luft usw.

Der Boden

- ist nicht vermehrbar und an eine feste Lage gebunden,
- dient als Anbaufaktor (Landwirtschaft),
- dient als Abbaufaktor (Kohle, Erze, Salze),
- ist Standortfaktor (Infrastruktur).

04. Welche Merkmale weist der Produktionsfaktor Arbeit auf?

Der Faktor Arbeit gehört ebenfalls zu den originären Produktionsfaktoren. Man unterscheidet z. B.:

- überwiegend körperliche/überwiegend geistige Arbeit,
- selbstständige/unselbstständige Arbeit,
- ausführende (exekutive) und dispositive (leitende) Arbeit,
- ungelernte/angelernte/gelernte Arbeit.

05. Welche Bedeutung hat der dispositive Faktor?

Der dispositive Faktor ist erforderlich, um die übrigen Produktionsfaktoren so miteinander zu kombinieren, dass ein optimaler Produktionserfolg erzielt werden kann.

06. Welche Merkmale weist der Produktionsfaktor Kapital auf?

Kapital ist ein *abgeleiteter Produktionsfaktor*. Er entsteht erst aus der Kombination der Produktionsfaktoren Arbeit und Boden:

Die Bildung von Realkapital (Gebäude, Maschinen) setzt Konsumverzicht (= Sparen) voraus. Geldeinkommen, die nicht konsumiert werden, können investiert werden. Man unterteilt die Bruttoinvestitionen u. a. in:

- Anlageinvestitionen: Ersatzinvestitionen + Neuinvestitionen.
- Vorratsinvestitionen: Roh-, Hilfs-, Betriebsstoffe.

07. Welche Kapitalarten werden volkswirtschaftlich unterschieden?

1. *Realkapital* (auch: Sachkapital):
   = Produktionsmittel zum Zweck der Gütererzeugung.

   1.1 *Produktives Kapital*:
   = Produktionsanlagen, Maschinen, Lagervorräte.

   1.2 *Soziales Kapital*:
   Einrichtungen, die der Gemeinschaft/Gesellschaft dienen, z. B. Bildungseinrichtungen, Infrastruktur, Forschungseinrichtungen, Gesundheitswesen.

2. *Geldkapital*:
   Geld als Tauschmittel, Vorstufe des Sachkapitals.

08. Wie werden die Produktionsfaktoren entlohnt?

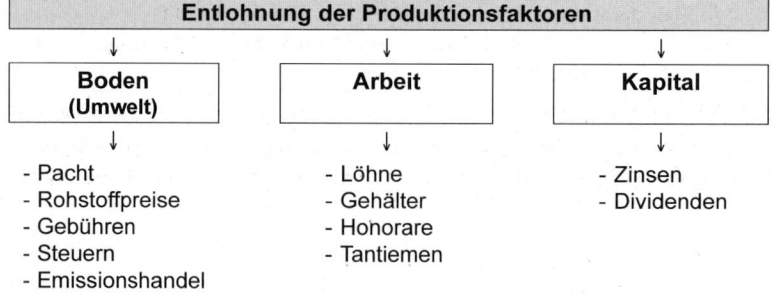

Entlohnung der Produktionsfaktoren		
↓	↓	↓
Boden (Umwelt)	**Arbeit**	**Kapital**
↓	↓	↓
- Pacht	- Löhne	- Zinsen
- Rohstoffpreise	- Gehälter	- Dividenden
- Gebühren	- Honorare	
- Steuern	- Tantiemen	
- Emissionshandel		

1.1.1.2 Produktionsfaktoren der Betriebswirtschaftslehre

01. Welche Produktionsfaktoren unterscheidet die Betriebswirtschaftslehre?

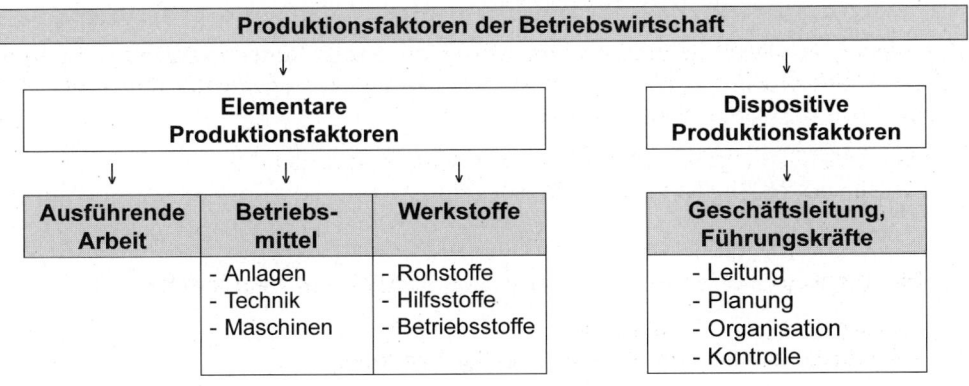

02. Wie ist das Zusammenwirken der Produktionsfaktoren?

- Die *elementaren Produktionsfaktoren* ermöglichen den Produktionsprozess; sie sind die Grundlage der Leistungserstellung.

  - *Arbeit* ist hier im Sinne objektbezogener/ausführender Arbeit zu verstehen, z. B. der Monteur an der Werkbank.
  - *Betriebsmittel* sind alle zur Produktion erforderlichen Anlagen und Einrichtungen, z. B. Grundstücke, Gebäude, Maschinen, Fahrzeuge.
  - *Werkstoffe* (R–H–B-Stoffe) werden unterteilt in:
    - *Rohstoffe*; sie sind Hauptbestandteil des Produktes, z. B. Holz.
    - *Hilfsstoffe*; sie sind Nebenbestandteil des Produktes, z. B. Leim.
    - *Betriebsstoffe*; sie sind nicht Bestandteil des Produktes, werden aber in der Produktion gebraucht oder verbraucht, z. B. Energie.

- Die *dispositiven Produktionsfaktoren* ergänzen die elementaren Produktionsfaktoren und steuern deren Faktoreinsatz. **Beispiel:** Erst der Einsatz der Faktoren „Planung" und „Organisation" ermöglicht die sach- und termingerechte Bereitstellung der elementaren Produktionsfaktoren.

1.1.1.3 Märkte

01. Was ist ein Markt?

Ein Markt ist der Ort, an dem Angebot und Nachfrage zusammentreffen.

Angebot		Nachfrage
Anbieter versuchen auf dem Markt ihre Güter abzusetzen.	**Markt** ▶▶	Nachfrager versuchen auf dem Markt ihre Pläne zu realisieren.
Ziel: Gewinnmaximierung		Ziel: Nutzenmaximierung

02. Wer „verbirgt" sich hinter den Sammelbegriffen „Angebot" und „Nachfrage"?

Haushalte Unternehmen Staat Ausland	**Markt-angebot**	▶▶	**Markt** Versorgung Verteilung Koordination Verteilung **Markt**	▶▶	**Markt-nachfrage**	Haushalte Unternehmen Staat Ausland

Individuelles Angebot	→	1 Wirtschaftssubjekt 1 Gut	←	Individuelle Nachfrage
Marktangebot	→	Alle Wirtschaftssubjekte 1 Gut	←	Marktnachfrage
Sektorales Angebot	→	Alle Wirtschaftssubjekte eines Sektors Alle Güter	←	Sektorale Nachfrage
Gesamtwirtschaftliches Angebot	→	Alle Wirtschaftssubjekte Alle Güter	←	Gesamtwirtschaftliche Nachfrage

03. Welche Märkte lassen sich unterscheiden?

In einer Volkswirtschaft gibt es eine Vielzahl von Märkten, die sich z. B. nach folgenden Merkmalen unterscheiden lassen:

Merkmal:	Arten:	Beschreibung:
Marktobjekt	**Gütermärkte**	Hier werden Sachgüter und Dienstleistungen gehandelt.
	Faktormärkte	Hier werden Produktionsfaktoren gehandelt (Arbeits-, Immobilien-, Finanzmärkte).
Organisations-grad	**Organisierte Märkte**	Das Marktgeschehen unterliegt bestimmten Regeln, z. B. Messe, Auktionen, Börsen.
	Nicht organisierte Märkte	Das Marktgeschehen kann im Wesentlichen frei gestaltet werden.
Marktzutritt	**Offene Märkte**	Es existieren keine Zugangsbeschränkungen.
	Beschränkte Märkte	Für den Marktzutritt müssen bestimmte Voraussetzungen erfüllt sein, z. B. Konzession, Fähigkeitsnachweis.
	Geschlossene Märkte	Der Marktzutritt ist bestimmten Teilnehmern vorbehalten (z. B. der Staat als Nachfrager von Rüstungsgütern).
Grad der Voll-kommenheit	**Vollkommene Märkte**	
	Unvollkommene Märkte	

04. Wann spricht man von einem vollkommenen Markt?

Die Wirtschaftstheorie hält folgende Voraussetzungen für einen vollkommenen Markt für erforderlich:

Vollkommener Markt	
Elemente:	*Prämissen:*
Güter	**Homogenität**
Marktsituation	vollständige **Markttransparenz**
Marktteilnehmer	- keine **Präferenzen** - **sehr viele Anbieter und Nachfrager**
Marktverhalten	unendlich große **Reaktionsgeschwindigkeit** der Marktteilnehmer

Im Einzelnen bedeuten diese Prämissen:

- Die Anzahl der Anbieter und Nachfrager wird als so groß angenommen, dass die Angebots- und Nachfragemengen eines einzelnen Anbieters oder Nachfragers sehr gering sind.

- Das Fehlen von Präferenzen setzt homogene Güter voraus. Die Marktteilnehmer lassen sich auch nicht von persönlichen oder sonstigen Vorstellungen leiten.

- Ferner hat jeder Marktteilnehmer einen vollständigen Überblick über das gesamte Marktgeschehen und über die Preise.

- Bei unterschiedlichen Preisen für ein homogenes Gut, bei Markttransparenz und unendlich großer Reaktionsgeschwindigkeit aller Marktteilnehmer lässt sich ein Gut nur zum niedrigsten Preis verkaufen.

- Ist ferner der Markt offen, so können jederzeit neue Anbieter und Nachfrager hinzukommen.

Der vollkommene Markt ist ein Modell, mit dessen Hilfe Preisbildungsprozesse frei von störenden Prozessen dargestellt werden können.

05. Wann liegt ein unvollkommener Markt vor?

In der Realität ist jedoch ein unvollkommener Markt häufiger als ein vollkommener. Anstelle eines Marktes mit einem bestimmten Preis existiert eine Vielzahl von Märkten mit differenziertem Warenangebot und unterschiedlichen Preisen. Es herrscht Unübersichtlichkeit statt Markttransparenz, sodass zusätzliche Überlegungen in die Preispolitik mit einbezogen werden müssen.

06. Was bezeichnet man als Marktform?

Als Marktform bezeichnet man ein gedankliches Modell, das die Situation auf den Märkten charakterisiert, und zwar *im Hinblick auf die Zahl der Marktteilnehmer* und die damit gegebenen Konkurrenzbeziehungen.

07. Welche Marktformen werden unterschieden?

Kurzgefasst lässt sich nach der Zahl der Marktteilnehmer folgender Überblick der *Marktformen* geben:

Marktformen			
Anbieter / Nachfrager	viele	wenige	einer
viele	zweiseitiges Polypol	Angebotsoligopol	Angebotsmonopol
wenige	Nachfrageoligopol	zweiseitiges Oligopol	beschränktes Angebotsmonopol
einer	Nachfragemonopol	beschränktes Nachfragemonopol	zweiseitiges Monopol

Verbindet man die „Anzahl der Anbieter" mit dem Merkmal „Vollkommener/Unvollkommener Markt" ergeben sich folgende Marktformen:

Marktformen auf vollkommenen und unvollkommenen Märkten			
Beschaffenheit des Marktes	Anzahl der Anbieter		
	viele	wenige	einer
Vollkommener Markt	Vollständige Konkurrenz	Homogenes Oligopol	Reines Monopol
Unvollkommener Markt	Unvollständige Konkurrenz	Heterogenes Oligopol	Unvollkommenes Monopol

1.1.1.4 Preisbildung

01. Was versteht man unter dem Preis und welche Arten von Preisen werden unterschieden?

Unter dem Preis versteht man den in Geld ausgedrückten Gegenwert (Tauschwert) einer Ware, eines Rechts oder einer Dienstleistung.

Man unterscheidet:

Preise	
Warenpreis	Dieser wird wiederum unterteilt in: - **Wettbewerbspreis** (Marktpreis), der sich zwischen Anbietern und Nachfragern im Wettbewerb auf dem Markt bildet; - **Monopolpreis**, der autonom von dem alleinigen Anbieter – in seltenen Fällen auch von dem alleinigen Nachfrager – festgesetzt wird; - **staatlich gebundener Preis**, der vom Staat durch Gesetz als Höchst- oder Mindestpreis unmittelbar festgesetzt wird;
Zins	Preis für das Kapital
Lohn	Preis für die Arbeit

02. Wie bildet sich in der Regel der Preis einer Ware?

Der Preis für eine Ware (oder eine Dienstleistung) bildet sich am Markt unter dem Einfluss von *Angebot und Nachfrage*. Umgekehrt beeinflusst der Preis aber auch den Umfang von Angebot und Nachfrage mit der Tendenz, beides zum Ausgleich zu bringen. Bei großem Angebot und knapper Nachfrage sinkt der Preis, sodass mehr gekauft werden kann. Sinken die Preise allgemein, so bedeutet dies, dass die Kaufkraft des Geldes steigt und umgekehrt. Die Nachfrage reagiert anormal, wenn sie zunimmt, obwohl der Preis steigt.

Preispolitische Überlegungen spielen aber auch unter *Kostengesichtspunkten* und unter Berücksichtigung der *Marktziele* eine Rolle: Bei einem gewinnorientierten Unternehmen beeinflusst die Höhe der Kosten die Preisfestsetzung, wobei, je nach der angewandten Kostenrechnungsmethode, Unterschiede bei der Preisfestsetzung bestehen können. Die Unternehmen müssen entscheiden, ob sie lediglich für eine gewisse Zeit eine *Kostendeckung* anstreben oder ob sie auch einen *Gewinn* erzielen wollen.

Es können unterschiedliche *Marktziele* vorliegen, z.B.: die Durchsetzung eines Produkts auf dem Markt, die Gewinnung neuer Käuferschichten, eine Preisführerschaft, die Erhöhung des Marktanteils oder die Ausschaltung von Konkurrenzunternehmen. In derartigen Situationen werden z.B. Rabatte als Instrument der Preisgestaltung eingesetzt.

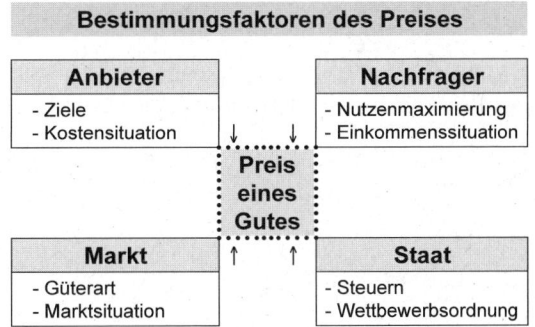

Für die Höhe des Preises, den ein Unternehmen auf dem Markt erzielen kann, ist es ebenfalls entscheidend, ob sein Vorgehen bei der Preisfestsetzung von den Aktionen anderer Unternehmen abhängig ist.

03. Von welchen Einflussgrößen hängt die Gesamtnachfrage nach einem Gut ab?

In einer Marktwirtschaft trägt jeder Einzelne durch seine Kaufentscheidungen dazu bei, die Höhe, Struktur und Art der Nachfrage am Markt mit zu beeinflussen.

Die nachgefragte Menge nach einem Gut ist abhängig:

- von dem Preis dieses Gutes,
- von dem Preis konkurrierender Güter,
- dem Einkommen der Nachfrager,
- der Bedürfnisstruktur,
- den Ersparnissen,
- den Kreditmöglichkeiten.

04. Welche (idealtypische) Abhängigkeit der Nachfrage vom Preis des Gutes wird unterstellt?

Sinkt der Preis des Gutes, so steigt die Nachfrage und umgekehrt (inverse Beziehung). Preisänderungen des Gutes führen also zu *Bewegungen auf der Nachfragefunktion*:

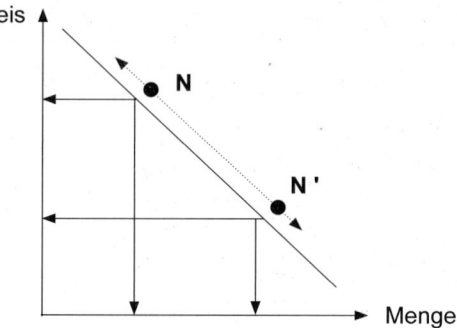

05. Welche Aussagekraft hat die Preiselastizität der Nachfrage?

Mit dem Begriff Elastizität wird die Wirkung einer unabhängigen Größe, wie z. B. des Preises, auf eine abhängige Größe, wie z. B. die Menge eines Gutes, verstanden, wenn beide Größen in einem funktionalen Zusammenhang zueinander stehen. Man unterscheidet:

Die *direkte Preiselastizität der Nachfrage*: sie gibt die prozentuale Änderung der nachgefragten Menge eines Gutes an, wenn sich der Preis dieses Gutes um 1 % ändert. Im Normalfall steigt die nachgefragte Menge mit sinkendem Preis. Ist die relative Mengenänderung geringer als die relative Preisänderung, so spricht man von einer unelastischen Nachfrage.

Bezeichnet man mit EI_N die direkte Preiselastizität, mit Δx die relative Mengenänderung und mit Δp die relative Preisänderung, so gilt:

$$\text{Direkte Preiselastizität} = EI_N = \frac{\Delta x}{\Delta p}$$

Die *Kreuzpreiselastizität der Nachfrage*: mit ihrer Hilfe wird die Reaktion der mengenmäßigen Nachfrage nach einem Gut aufgrund einer Preisänderung eines Konkurrenzguts errechnet.

Analog gilt:

$$\text{Kreuzpreiselastizität} = EI_N = \frac{\Delta x}{\Delta p^*}$$

wobei p* der Preis eines Konkurrenzproduktes ist.

06. Welche Einflussgrößen können die Gesamtnachfrage verändern?

Die Gesamtnachfrage kann sich verändern durch:

- Änderung der Bedürfnisse,
- Veränderungen in der Höhe und Struktur der Einkommen,
- Änderung der Bevölkerungszahl oder deren altersmäßige Zusammensetzung.

07. Welche Reaktion zeigt die Gesamtnachfrage bei der Änderung der Bedürfnisstruktur?

Bleibt der Preis des Gutes konstant, ändert sich aber

- die Bedürfnisstruktur,
- der Preis anderer Güter,
- die Zahl der Nachfrager,

so führt dies zu einer Verschiebung der Nachfragefunktion, also zu *Bewegungen der Nachfragefunktion*:

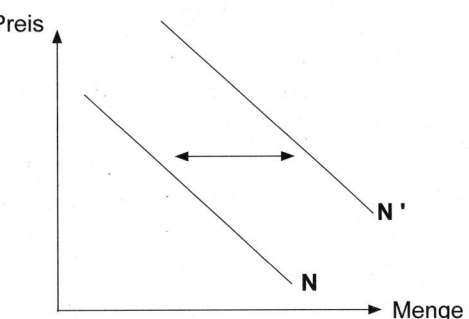

08. Welche Faktoren können das Angebot der Unternehmen verändern?

Das Angebot der Unternehmen an einem Gut kann sich verändern durch:

- die Preise anderer Güter, insbesondere von Substitutionsgütern,
- neue technische Produktionsverfahren,
- Veränderungen in den Produktionskosten,
- das Angebots- und Preisverhalten anderer Anbieter,
- die Änderung der Erwartungen der Konsumenten (Hamsterkäufe, die Annahme, dass die Preise steigen oder fallen; das Aufkommen alternativer Produkte).

09. Welche Größen beeinflussen das Angebot der Unternehmen?

Das Angebot der Unternehmen hängt von zwei entscheidenden Größen ab:

- dem Kostenverlauf des Unternehmens und
- den Erlösen, die erzielt werden können.

10. Welche Preis-Mengen-Relation wird bei der Angebotsfunktion unterstellt?

- Steigt der Preis des Gutes (bei sonst konstanten Bedingungen), so steigt das Angebot (*Bewegungen „auf der Kurve"*; proportionale Beziehung).

- Eine Verschiebung der Angebotsfunktion (*„Bewegung der Kurve"*) erfolgt bei Änderung
  - der Technik,
  - der Preise anderer Güter,
  - der Produktionskosten,
  - der Zahl der Anbieter.

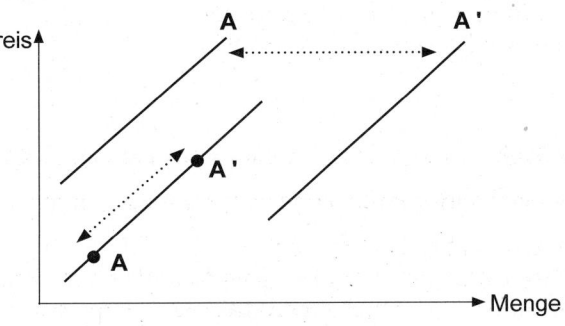

11. Wie bildet sich der Gleichgewichtspreis auf vollkommenen Märkten?

Prämissen:

- Markt für ein Gut,
- Polypol, d. h. auf beiden Seiten gibt es viele Marktteilnehmer,
- Wettbewerbsbedingungen,
- Markttransparenz,
- Homogenität des Gutes,
- keine Präferenzen auf der Nachfrageseite.

Es werden in einem Diagramm die oben dargestellte Angebots- sowie die Nachfragefunktion eingetragen; linearer Verlauf wird unterstellt:

Marktgleichgewicht bei vollständiger Konkurrenz:

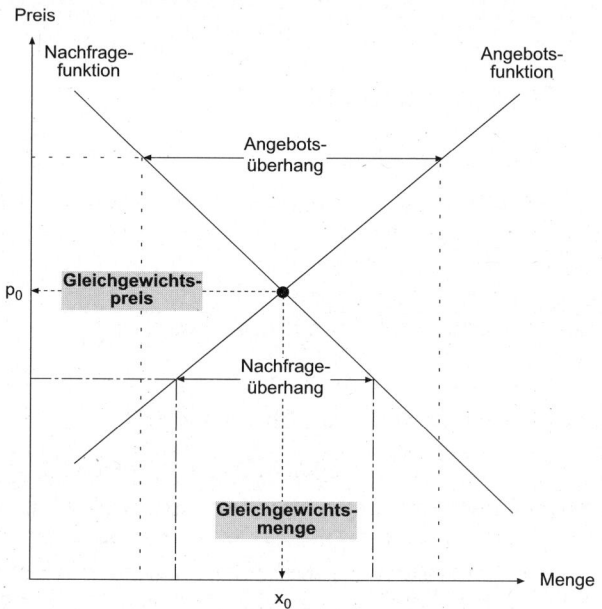

12. Wie bilden sich die Preise in anderen Marktformen?

- Im *Monopol* hat der Anbieter keine Konkurrenz. Er kann eine unabhängige Preispolitik betreiben. Sein Absatz hängt allein von der Nachfragestruktur fest. Der Monopolist ist Preisfixierer.

- Im *Oligopol* muss ein Anbieter bei seinen Preisaktionen mit den Reaktionen der anderen (wenigen) Anbieter rechnen. Der Oligopolist ist Preisfixierer mit begrenztem Preisspielraum.

- Im *Polypol auf unvollkommenem Markt* (Fehlen der Markttransparenz u. Ä.) kann ein Anbieter seinen Preis wie ein Monopolist festsetzen – aber nur innerhalb bestimmter Grenzen. Er ist wie der Oligopolist Preisfixierer mit begrenztem Preisspielraum.

Im Überblick:

Preisbildung auf unterschiedlichen Märkten		
Marktform:	*Preisverhalten:*	
Vollkommener Markt	Im **Polypol** auf vollkommenem Markt (vollkommenes Polypol) kann ein einzelner Anbieter den Preis nicht beeinflussen. Er kann sich dem herrschenden Marktpreis nur mit seiner Angebotsmenge anpassen. Er ist also *Mengenanpasser.*	
Unvollkommener Markt	**Monopol** ↓ Preisfixierer	**Oligopol** ↓ ... **Unvollkommenes Polypol** ↓ Preisfixierer mit begrenztem Preisspielraum

1.1.1.5 Wettbewerbspolitik

→ 1.4.2.1, 3.1.6

01. Was ist Wettbewerb?

In dezentralen Wirtschaftssystemen treffen die einzelnen Wirtschaftssubjekte ihre Entscheidungen autonom. Diese werden vom Markt und vom Wettbewerb koordiniert. *Wettbewerb bedeutet das Rivalisieren um Geschäftsabschlüsse, Kunden und Marktanteile* durch Einräumen günstiger Bedingungen (Preise, Qualität, Absatz- und Vertriebsmethoden) im Rahmen der gesetzlichen Grenzen.

02. Welche Funktionen hat der Wettbewerb?

Funktionen des Wettbewerbs	
Steuerungs-funktion	Der Wettbewerb sorgt dafür, dass sich die Zusammensetzung des *Güterangebots an den Präferenzen der Konsumenten* ausrichtet.
	Der Wettbewerb sorgt dafür, dass die Produktionsfaktoren über die Preise in eine effiziente Verwendung gelenkt werden (*optimale Allokation der Produktionsfaktoren*; Allokation [lat.]: Zuweisung von Mitteln und Material).
Anreiz-funktion	Im Wettbewerb sind die Anbieter laufend bestrebt, sich über Innovation und Imitation Vorteile am Markt zu verschaffen.
	Dadurch wird der technische Fortschritt gefördert und das Sozialprodukt maximiert.

03. Was ist Ziel der Wettbewerbspolitik?

Ziel der Wettbewerbspolitik ist es, einen funktionsfähigen Wettbewerb zu gewährleisten, indem wettbewerbsbeschränkende Verhaltensweisen und unlautere Praktiken verhindert werden sollen.

04. Welche Regelungen gegen Wettbewerbsbeschränkungen existieren?

Rechtsgrundlagen gegen Wettbewerbsbeschränkungen							
BGB			Sonstige Gesetze				
AGB	Haustür- geschäfte	Fernab- satz- verträge	Preisan- gaben- verord- nung	Gesetz über die Haftung fehlerhafter Produkte	Geräte- und Produktsi- cherheits- gesetz	Gesetz gegen den un- lauteren Wettbe- werb	Gesetz gegen Wettbe- werbsbe- schrän- kungen
§§ 305 ff.	§§ 312 ff.	§§ 312 b ff.	PAngV	ProdHaftG	GPSG	UWG	GWB

Nationales Wettbewerbsrecht	Europäisches Wettbewerbsrecht
Gesetz gegen Wettbewerbsbeschränkungen (GWB; auch: Kartellgesetz) Gesetz gegen den unlauteren Wettbewerb (UWG) Preisangabenverordnung Markengesetz Bürgerliches Gesetzbuch Produkthaftungsgesetz Gewerbeordnung Ladenschlussgesetz Preisauszeichnungsgesetz Lebensmittel-Kennzeichnungsverordnung Fernabsatzgesetz Geräte- und Produktsicherheitsgesetz (GPSG) Verbraucherinformationsgesetz	Kartellverbot Missbrauchsverbot Fusionskontrolle Verbraucherschutz Staatliche Beihilfen müssen von der EU genehmigt werden.

vgl. dazu ausführlich unter Ziffer 3.1.6

1.1.1.6 Eingriffe des Staates in die Preisbildung

01. Welche staatlichen Eingriffe in den Markt gibt es?

Staatliche Eingriffe in den Markt			
Instrumente	*Kurzbeschreibung*	*Beispiele*	*Zielsetzung*
Mindestpreis	Der Staat legt bestimmte Min- dest- bzw. Höchstpreise fest.	Preise für landwirtschaft- liche Produkte (EU-Ag- rarmarkt), Sozialmieten	Anbieterschutz
Höchstpreis			Soziale Ziele
Preis- festsetzung	Der Staat legt Preise privater oder öffentlicher Anbieter fest.	Gebühren für Kabelnut- zung, Müllabfuhr, Gebüh- ren der Behörden.	Nachfrager- schutz
Preiskontrolle	Private Anbieter müssen ihre Preise vom Staat genehmigen lassen.	Telekommunikation, Post, Energiekontroll- kommission	Soziale Ziele, Versorgungssi- cherheit

Preis-beeinflussung	Über **Verbrauchssteuern** und **Zölle** versucht der Staat, die Nachfrage zu beeinflussen.	Kraftstoffe, Tabak	Soziale Ziele, ökologische/ gesundheitliche Ziele
Subventionen	Der Staat leistet Unterstützungszahlungen an bestimmte Branchen, Regionen oder Unternehmen (generell oder befristet).	Landwirtschaft, Bergbau, Existenzförderung, Bürgschaften, Wohngeld	Soziale Ziele, Strukturwandel, Arbeitsplatzsicherung, Anbieterschutz
Beschränkungen des Marktzugangs	Der Staat schafft Markteintrittsbarrieren.	Zölle, Kontingentierung, Fischfangquoten der EU, Gewerbeerlaubnis	Anbieterschutz, Umweltschutz

02. Was sind Subventionen und welche wirtschaftspolitischen Ziele werden damit verbunden?

Subventionen sind das ökonomische Gegenstück zur Steuer. Sie sind Finanzhilfen oder Steuervergünstigungen des Staates an Unternehmen ohne direkte Gegenleistung. Die Zielsetzung kann unterschiedliche Ansatzpunkte haben:

- Förderung strukturschwacher Regionen (z. B. Investitionszulage in den neuen Bundesländern),
- Unterstützungszahlungen an bestimmte Branchen (z. B. Bergbau, Landwirtschaft),
- Förderung des Umweltbewusstseins bzw. Einführung ressourcenschonender Technologien (z. B. „Dächer-Programm", Solar- und Windenergie).

In einer Reihe von Fällen führen Subventionen auch zu Fehlentwicklungen, wenn keine nachhaltigen Kosten-Nutzen-Analysen erstellt werden bzw. die sachgemäße Verwendung der Subventionen nicht überprüft wird: Der (subventionierte) Preis verliert seine Signalfunktion; Ressourcen werden fehlgeleitet; Branchen oder Unternehmen verbleiben am Markt, obwohl sie im Grunde nicht mehr wettbewerbsfähig sind; subventionierte Bereiche/Unternehmen haben eine geringere Notwendigkeit, sich den Marktveränderungen anzupassen.

1.1.2 Volkswirtschaftliche Gesamtrechnung

01. Wie sind Bruttoinlandsprodukt und Bruttonationaleinkommen definiert?

Bruttoinlandsprodukt (BIP)	Das BIP misst die Produktion von Waren und Dienstleistungen in einem bestimmten Gebiet – dem Inland – unabhängig davon, ob diejenigen, die die Produktionsfaktoren bereitgestellt haben, ihren ständigen Wohnsitz in diesem Gebiet haben oder nicht. Das Bruttoinlandsprodukt repräsentiert also die im Inland in einem bestimmten Zeitraum erbrachte wirtschaftliche Leistung (Inlandskonzept).

Bruttonational-einkommen (BNE)	ist der umfassende Ausdruck für den Wert der von Inländern in einer Berichtsperiode erbrachten wirtschaftlichen Leistung, unabhängig davon, ob diese im Inland oder Ausland erbracht wurde

Es gilt:

	Bruttoinlandsprodukt (BIP)	in Deutschland erbrachte wirtschaftliche Leistungen
−	geleistete Faktoreinkommen	an Wirtschaftseinheiten, die in der übrigen Welt ihren Sitz haben
+	empfangene Faktoreinkommen	aus der übrigen Welt an Wirtschaftseinheiten in Deutschland erbrachte Leistungen
=	**Bruttonationaleinkommen (BNE)**	

02. Wie unterscheiden sich nominales und reales Bruttoinlandsprodukt?

• Das *nominale Bruttoinlandsprodukt* erfasst die produzierten Güter und Dienstleistungen zum jeweiligen Marktpreis. Das Wachstum des nominalen Bruttoinlandsprodukts enthält also auch Preissteigerungen. Daher wird zur Messung der gesamtwirtschaftlichen Entwicklung die Veränderung des realen BIP genommen.

• Die Berechnung des *realen Bruttoinlandsprodukts* (auch: preisbereinigtes BIP) erfolgt, indem die Menge der in einem Jahr erstellten Güter und Dienstleistungen mit dem Preis eines Basisjahres multipliziert wird. Unter dem realen Wachstum versteht man die Veränderung des realen BIP gegenüber einem festgelegten Bezugsjahr. Vorteil dieser Berechnung: Man kann den rein mengenmäßigen Zuwachs an Gütern und Dienstleistungen ermitteln.

03. Welches Ziel verfolgt die Volkswirtschaftliche Gesamtrechnung?

Die Volkswirtschaftliche Gesamtrechnung (VGR) verfolgt das Ziel, das Wirtschaftsgeschehen einer Volkswirtschaft für einen zurückliegenden Zeitraum quantitativ zu beschreiben. Die ermittelten Werte werden in Form eines Kontensystems erfasst und mithilfe von Tabellen dargestellt. Die VGR dient als Informationsgrundlage für wirtschaftspolitische Entscheidungen. Angaben wie Einkommens-, Produktivitäts- und Preisniveauentwicklungen werden von Gewerkschaften und Arbeitgeberverbänden für Tarifverhandlungen benötigt. Die ermittelten Daten sind ebenso Maßstab für die Einhaltung des Stabilitätsgesetz von 1967. Weiterhin ist auch die Europäische Zentralbank auf die Werte der VGR angewiesen.

04. Wie wird die Entstehungs-, die Verwendungs- und die Verteilungsrechnung vom Statistischen Bundesamt gegliedert?

	Entstehungsrechnung
	Produktionswert
–	Vorleistungen
=	**Bruttowertschöpfung (unbereinigt)**
–	unterstellte Bankgebühr
=	**Bruttowertschöpfung (bereinigt)**
+	Gütersteuern
–	Gütersubventionen
=	**Bruttoinlandsprodukt**

	Verwendungsrechnung
	Private Konsumausgaben
+	Konsumausgaben des Staates
+	Bruttoinvestitionen
+	Exporte von Waren und Dienstleistungen
–	Importe von Waren und Dienstleistungen
=	**Bruttoinlandsprodukt**

	Verteilungsrechnung
	Arbeitnehmerentgelt
+	Unternehmens- und Vermögenseinkommen
=	**Volkseinkommen**
+	Produktions- und Importabgaben an den Staat abzüglich Subventionen
+	Abschreibungen
=	**Bruttonationaleinkommen**
–	Saldo der Primäreinkommen aus der übrigen Welt
=	**Bruttoinlandsprodukt**

05. Wie wird die Verteilungsrechnung vorgenommen?

Die Berechnung des BIP über die Verteilungsseite ist in Deutschland wegen fehlender Basisdaten über die Unternehmens- und Vermögenseinkommen nicht möglich. Die Verteilungsrechnung zeigt die im Rahmen der Produktionstätigkeit entstandenen und geleisteten Einkommen: Arbeitnehmerentgelt der Inländer, Unternehmens- und Vermögenseinkommen, Produktions- und Importabgaben an den Staat, Subventionen des Staates, Abschreibungen, Saldo der Primäreinkommen aus der übrigen Welt. Das Unternehmens- und Vermögenseinkommen ergibt sich daher als Restgröße.

Die nachfolgende Abbildung zeigt vor dem Hintergrund der Entwicklung des BIP seine Entstehung, Verwendung und Verteilung im Jahre 2009 (Daten für 2010 lagen bei Redaktionsschluss noch nicht vor):

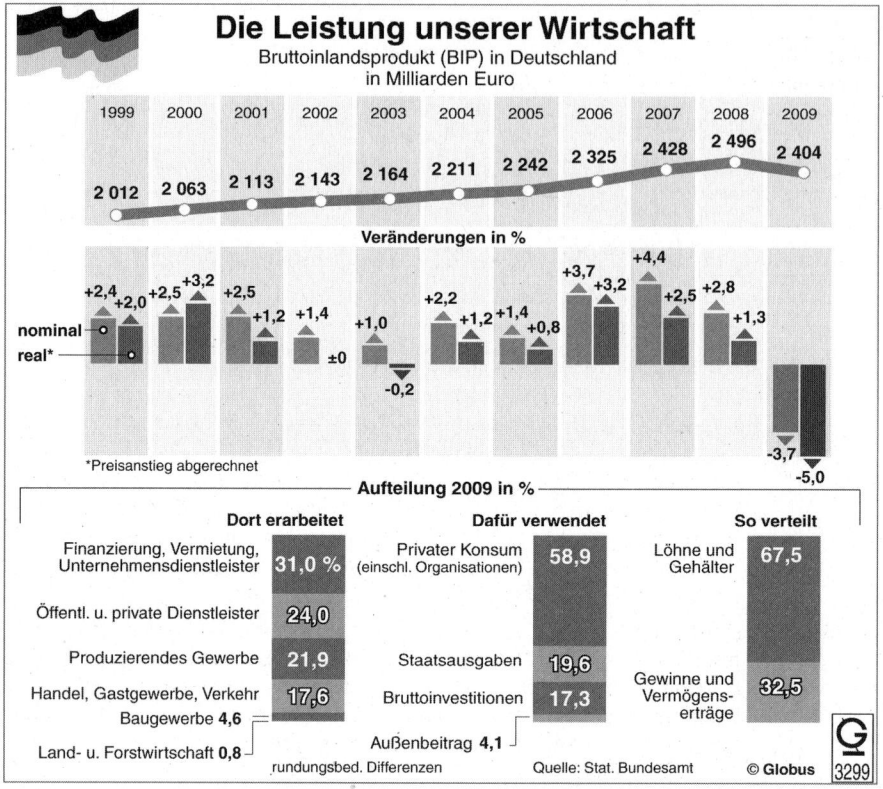

06. Was versteht man unter der primären und sekundären sowie der personellen und funktionalen Verteilung des Volkseinkommens?

Die Betrachtung der Einkommensverteilung ist unter folgenden Aspekten möglich:

- *Nach dem Zeitpunkt,* zu dem die Verteilung betrachtet wird, unterscheidet man die primäre und die sekundäre Einkommensverteilung.

- *Nach den* bei der Primärverteilung *beteiligten Größen* unterscheidet man die funktionale und die personelle Einkommensverteilung.

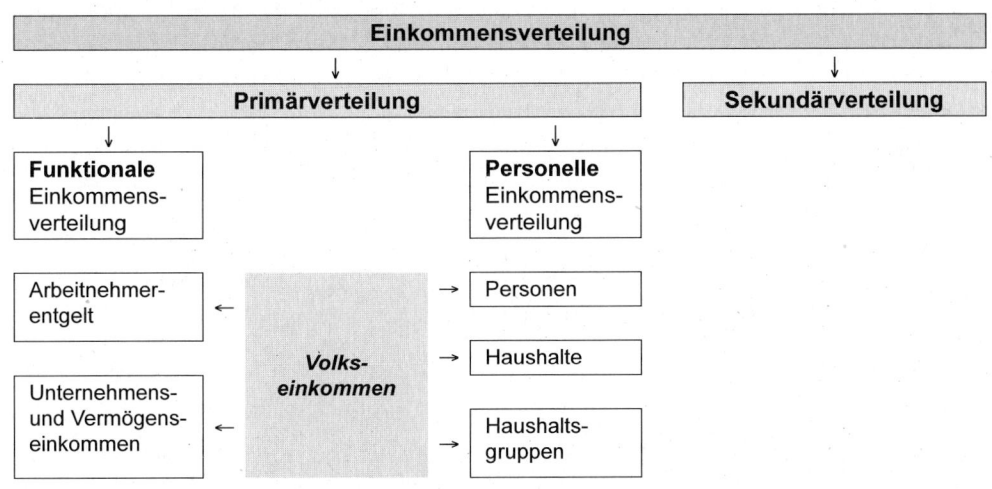

Einkommensverteilung	
Primäre	Als primäre Einkommensverteilung bezeichnet man die Verteilung des Volkseinkommens, die sich unmittelbar aus dem Produktionsprozess ergibt. Sie erfasst das in der Wirtschaftsperiode neu geschaffene Volkseinkommen, also die Gesamtheit der Primäreinkommen (ursprüngliches Einkommen). Der Staat greift dabei nicht in die Verteilung ein.
Sekundäre	Die sekundäre Einkommensverteilung zeigt die Verteilung des verfügbaren Einkommens auf die einzelnen Einkommensbezieher bzw. die privaten Haushalte, wie sie sich nach der Umverteilung durch den Staat durch direkte Steuern, Renten, Arbeitslosengeld, Wohngeld, Kinder- und Erziehungsgeld, BAföG/Ausbildungsbeihilfen usw. ergibt.
Beispiel zur primären und sekundären Einkommensverteilung: Ein Arbeitnehmer erzielt ein Bruttoeinkommen von 3.000 € im Monat (einschließlich Lohnsteuer, Arbeitnehmer- und Arbeitgeberanteil zur Sozialversicherung). Dies ist sein Einkommen, das er im Rahmen der *Primärverteilung* erzielt. Zieht man davon die Lohnsteuer sowie die gesamten Sozialversicherungsbeiträge ab und addiert das Kindergeld und die Wohnbeihilfe, dann entsteht das Einkommen des Haushalts nach der Umverteilung durch den Staat (verfügbares Einkommen). Der Unterschied zwischen primärer und sekundärer Einkommensverteilung entspricht im einzelwirtschaftlichen Bereich also weitgehend dem Unterschied zwischen Bruttoeinkommen und verfügbarem Einkommen.	
Funktionale	Die funktionale Einkommensverteilung betrachtet die Aufteilung des Volkseinkommens auf die beiden Produktionsfaktoren Kapital (inkl. Boden) und Arbeit. Es werden also nur zwei Einkunftsarten unterschieden: Arbeitsentgelt und Unternehmens-/Vermögenseinkommen (vgl. Lohnquote und Gewinnquote).
Personelle	Die personelle Einkommensverteilung betrachtet die Aufteilung des Volkseinkommens auf Personen, Haushalte oder Haushaltsgruppen – unabhängig davon, aus welchen Produktionsfaktoren die Einkommen stammen (Pacht, Zinsen und/oder Arbeitsentgelt).

07. Welche Einkommensarten werden unterschieden?

Man unterscheidet:

- das *Arbeitseinkommen*, d. h. das Einkommen aus Lohn und Gehalt der unselbstständig Tätigen,
- das *Unternehmereinkommen*,
- das *Kapitaleinkommen* (Zinsen des Kapitaleinsatzes),
- das *Bodeneinkommen* (Einkommen aus dem Produktionsfaktor Boden).

08. Wie setzt sich das Unternehmereinkommen zusammen?

Das Unternehmereinkommen setzt sich zusammen aus:

- dem *Unternehmerlohn* als die Vergütung für die unternehmerische Tätigkeit im Betrieb,
- aus der *Risikoprämie* als Entgelt für das unternehmerische Wagnis,
- aus dem *Unternehmergewinn* als dem Entgelt für die im Unternehmen erbrachten Leistungen.

09. Von welchen Faktoren sind die verschiedenen Einkommensarten abhängig?

Man unterscheidet zwischen Einkommen, die autonom festgesetzt werden und solchen, die das Ergebnis von Handlungen am Markt sind. Zur ersten Gruppe gehören die von den Sozialpartnern in Tarifverträgen vereinbarten Löhne und Gehälter sowie die öffentlichen Einkommensübertragungen an private Haushalte (Pensionen, Rente, Wohngeld). Alle anderen Einkommen aus Unternehmertätigkeit und Vermögen sind das Ergebnis von Markthandlungen. Das Einkommen aus Vermögen ist abhängig vom Zinsniveau, das Einkommen aus Unternehmertätigkeit vom Preisniveau sowie vom Angebot und der Nachfrage.

10. Wie wird die Lohnquote berechnet?

$$\text{Lohnquote} = \frac{\text{Bruttoeinkommen aus unselbstständiger Arbeit}^* \cdot 100}{\text{Volkseinkommen}}$$

* Arbeitnehmerentgelt

11. Wie wird die Gewinnquote berechnet?

$$\text{Gewinnquote} = \frac{\text{Einkommen aus Unternehmenstätigkeit und Vermögen} \cdot 100}{\text{Volkseinkommen}}$$

1.1.3 Konjunktur und Wirtschaftswachstum

1.1.3.1 Ziele der Stabilitätspolitik

01. Was bezeichnet man als Konjunktur?

Unter Konjunktur versteht man das Phänomen mehrjähriger und in gewisser Regelmäßigkeit auftretender Wechsellagen, denen das gesamte nationale und internationale Wirtschaftsleben in Form expansiver und kontraktiver Prozesse unterworfen ist. Die Bezeichnung Konjunktur ist der Oberbegriff für die verschiedenen Konjunkturphasen: Aufschwung, Hochkonjunktur, Abschwung und Rezession. Diese vier Phasen bilden einen Konjunkturzyklus.

02. Wie können die einzelnen Konjunkturphasen charakterisiert werden?

Ein Konjunkturzyklus besteht aus vier Phasen: Krise (untere Wende), die als Rezession oder – bei starkem Nachfragerückgang – auch als Depression bezeichnet wird, Aufschwung, Hochkonjunktur oder Boom (obere Wende) und Abschwung.

- *Der Aufschwung* (Expansionsphase) ist durch ein stärkeres Wachstum des BIP, eine Zunahme der Auslastung der Produktionsanlagen, einer Abnahme der Arbeitslosigkeit charakterisiert. In dieser Phase investieren die Unternehmen verstärkt und die Kaufneigung der Konsumenten nimmt zu.

- *Die Hochkonjunktur* (Boom) ist durch ein schnelles und hohes Wachstum des BIP charakterisiert. Die Nachfrage ist größer als das Angebot. Es herrscht Voll- oder sogar Überbeschäftigung mit Preis- und Lohnsteigerungen und hohen Gewinnen. Die weiter zunehmende Nachfrage wird durch zusätzliche Investitionen befriedigt.

- *Die Abschwungphase* (Rezessionsphase) ist durch ein Absinken der Wachstumsrate des BIP, einen Abbau des Nachfrageüberhangs, den Auslastungsrückgang der Produktionsanlagen charakterisiert. Investitionen und Gewinne sind rückläufig.

- *Die Depression* (Krise) zeichnet sich durch ein weiter rückläufiges Wachstum des BIP aus. Das Angebot übersteigt die Nachfrage.
Dies führt zu geringerer Auslastung der Produktionsanlagen, hoher Arbeitslosigkeit, nachlassender Investitionstätigkeit und einem Rückgang des Preisauftriebs. Die wirtschaftliche Zuversicht der Konsumenten und Produzenten ist gering.

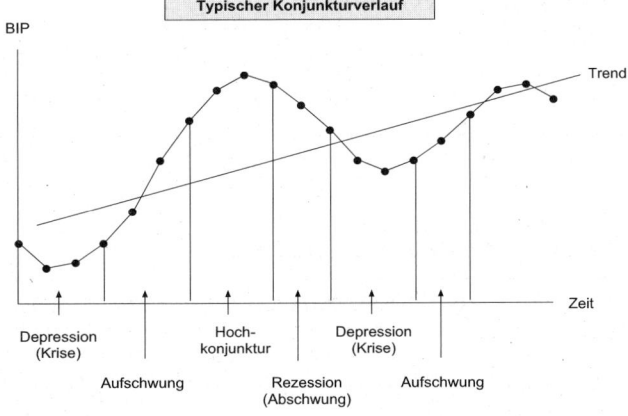

03. Was bezeichnet man als Wachstum?

Wachstum (insbes. Wirtschaftswachstum) ist die Zunahme des realen Bruttoinlandsprodukts von einer Periode zur nächsten.

Mithilfe des Wachstums sollen folgende Ziele erreicht werden:

- Hebung des Wohlstands der Bevölkerung,

- eine bessere soziale Absicherung,

- höhere Staatseinnahmen als Folge eines höheren Pro-Kopf-Einkommens, die zur Verbesserung der Infrastruktur und zur besseren Befriedigung der Kollektivbedürfnisse führen;

- die Förderung technologischer Neuerungen. Diese erfordern ständig strukturelle Anpassungen, die bei hohen Wachstumsraten des realen Pro-Kopf-Einkommens leichter erfolgen können als bei schrumpfenden oder stagnierenden Wachstumsraten, denn nur in Wachstumsbranchen entsteht ein Bedarf für neue Arbeitskräfte;

- eine bessere Lösung der Verteilungsprobleme, die bei einem hohen Wachstum besser realisiert werden können.

Die *Wachstumspolitik* steht in enger Beziehung zur angebotsorientierten Wirtschaftspolitik und ist ferner ein wesentlicher Bestandteil der Entwicklungspolitik. Ansatz jeder Wachstumspolitik ist der verstärkte Einsatz des Produktionsfaktors Kapital. Dadurch wird der Produktionsprozess zu höherer Ergiebigkeit gebracht.

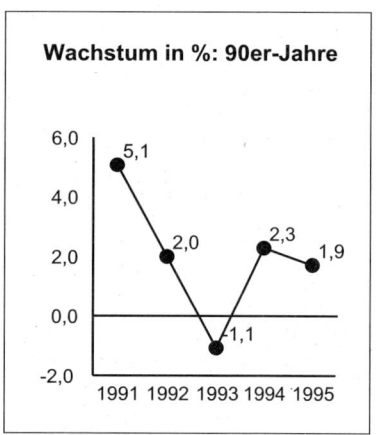

In den 90er-Jahren verzeichnete die BRD überwiegend ein positives, reales Wachstum zwischen 2 bis 5 % (Ausnahme: 1993).

Seit dem Jahr 2001 lag das reale Wachstum bei annähernd 0 %. In 2006 betrug es 2,9 % und in 2007 2,5 %; für 2008 wird mit 1,7 % gerechnet.

Quellentext:

Bruttoinlandsprodukt (BIP) sinkt um 5,0 Prozent in 2009; voraussichtlicher Anstieg um 3,5 % in 2010
Die deutsche Wirtschaft verzeichnete im vergangenen Jahr 2009 ein Rekordminus: Das BIP fiel real aufgrund der Wirtschaftskrise um 5,0 Prozent, wie das Statistische Bundesamt in Wiesbaden mitteilte. Vor allem wurde die Wirtschaft vom Außenhandel gebremst, maßgeblich stützten nur Staatsausgaben und der private Konsum die Konjunktur.[1]

Das BIP 2010 wird in Deutschland schneller wachsen als bisher vermutet. Zu diesem Schluss kommt jedenfalls der Internationale Währungsfonds (IWF), der seine Wachstumsprognosen für die Weltwirtschaft deutlich angehoben hat. Für Deutschland liegt die Prognose für 2010 bei 3,5 % (gegenüber 1,5 % im Frühjahr 2010), für 2011 bei 1,5 %.[2]

Quellen: [1] In Anlehnung an: FOCUS Online vom 13.01.2010; [2] Börseninformationen Okt. 2010

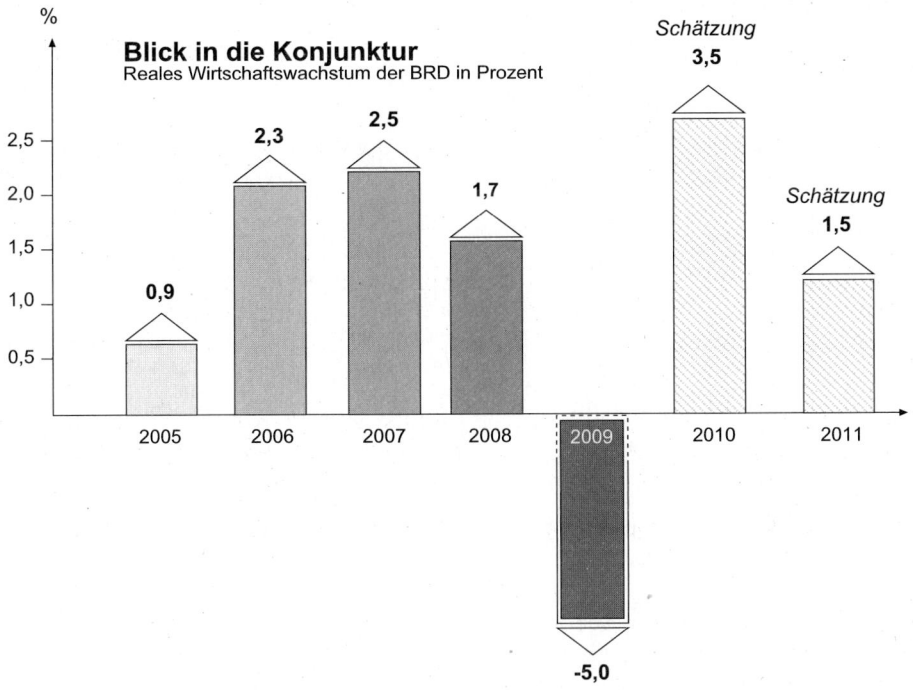

Blick in die Konjunktur
Reales Wirtschaftswachstum der BRD in Prozent

04. Was sind die Ziele der Wirtschaftspolitik?

Im sog. *Stabilitätsgesetz* von 1967 hat die Bundesregierung Ziele gesetzt, die im Rahmen der marktwirtschaftlichen Ordnung gleichzeitig realisiert werden sollten:

- ein stetiges, langfristiges und angemessenes *Wachstum*,
- *Vollbeschäftigung*,
- ein langfristig konstantes *Preisniveau*,
- außenwirtschaftliches *Gleichgewicht*.

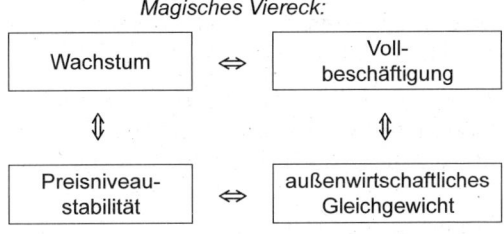

Diese gesetzlich fixierten Ziele (= *Magisches Viereck*) sind durch weitere Ziele ergänzt worden, insbesondere durch das Ziel einer gerechten Einkommens- und Vermögensverteilung und den Umweltschutz (= *Magisches Sechseck*).

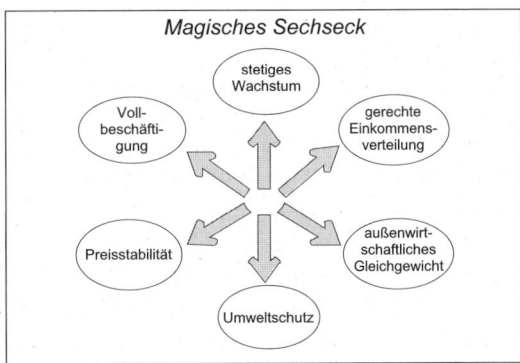

05. Wie werden die Zielgrößen des Stabilitätsgesetzes (Magisches Viereck) gemessen?

Magisches Viereck • Messgrößen	
Voll- beschäftigung	Das Ziel der Vollbeschäftigung wird in der Bundesrepublik Deutschland als erreicht angesehen, wenn die Arbeitslosenquote rd. 1 - 2 % beträgt. Der Beschäftigungsstand wird über *zwei Größen* gemessen:
	Die Bundesagentur für Arbeit (BA) berechnet die
	$$\textbf{Arbeitslosenquote} \quad = \quad \frac{\text{Zahl der registrierten Arbeitslosen} \cdot 100}{\text{Zahl der (zivilen) Erwerbspersonen}}$$
	Das Statistische Bundesamt ermittelt die Erwerbslosenquote nach den Kriterien der International Labour Organization (ILO). Die nach den ILO-Kriterien ermittelte Größe ist deutlich niedriger.
	$$\text{Erwerbslosenquote} \quad = \quad \frac{\text{Erwerbslose} \cdot 100}{\text{Zahl der (zivilen) Erwerbspersonen}}$$
Wachstum	Indikator für das Wirtschaftswachstum ist die jährliche **Zuwachsrate des realen Bruttoinlandsprodukts.** Das Stabilitätsgesetzt stellt zwei Anforderungen an das Wirtschaftswachstum:
	Stetigkeit des Wirtschaftswachstums bedeutet ein störungsfreies und kontinuierliches Wachstum ohne größere Schwankungen.
	Als **„angemessen"** gilt eine jährliche durchschnittliche Steigerung des realen BIP von **3 - 5 %**.
Preisniveau- stabilität	Zur Messung der Preisentwicklung werden unterschiedliche Preisindizes verwendet. Der deutsche Verbraucherpreisindex wird vom Statistischen Bundesamt ermittelt. Das Statistische Amt der Europäischen Gemeinschaft (Eurostat) berechnet den sog. harmonisierten Verbraucherpreisindex (HVPI).
	Ziel der Stabilitätspolitik in Deutschland ist eine **Preissteigerungsrate** von unter, aber nahe bei **2 %**.
Inflationsrate	$$= \frac{\text{VPi lfd. Monat - ViP Vorjahresmonat}}{\text{VPi Vorjahresmonat}} \cdot 100$$
Außenwirtschaftliches Gleichgewicht	Als Messgröße für das außenwirtschaftliche Gleichgewicht wird in Deutschland der *Außenbeitrag* verwendet (genauer: der prozentuale Anteil des Außenbeitrags am BIP); vgl. nächste Seite: schematische Gliederung der Zahlungsbilanz.
	Der *Außenbeitrag* ergibt sich aus den Salden von Handels- und Dienstleistungsbilanz.
	Vereinfacht: Verkäufe an das Ausland erfolgen in Form von Exporten, Einkäufe aus dem Ausland werden als Importe bezeichnet. Der Saldo zwischen Exporten und Importen heißt *Außenbeitrag*. Er ist positiv bei einem Exportüberschuss und negativ bei einem Importüberschuss.
	Da die deutsche Übertragungsbilanz im Regelfall passiv ist, soll der Außenbeitrag so hoch sein, dass das Defizit der Übertragungsbilanz ausgeglichen wird. Mit anderen Worten: Das Ziel „außenwirtschaftliches Gleichgewicht" wird als erreicht betrachtet, wenn die **Leistungsbilanz ausgeglichen ist**.

Gliederung der
Zahlungsbilanz:

Aktiva		Zahlungsbilanz	Passiva
	A.	**Leistungsbilanz**	
Güterexport		- Handelsbilanz	**Güterimport**
Dienstleistungsexport		- Dienstleistungsbilanz	**Dienstleistungsimport**
Auslandseinkommen von Inländern		- Bilanz der Erwerbs- und Vermögenseinkommen	Inlandseinkommen von Ausländern
Unentgeltliche Leistungen vom Ausland		- Übertragungsbilanz	Unentgeltliche Leistungen an das Ausland
Einnahmen	B.	**Bilanz der Vermögensübertragungen**	Ausgaben
Direktinvestitionen von Ausländern im Inland	C.	**Kapitalverkehrsbilanz**	Direktinvestitionen von Inländern im Ausland
Abnahme der Gold- und Devisenbestände	D.	**Devisenbilanz**	Zunahme der Gold- und Devisenbestände
	E.	**Restposten**	

Seit 2001 ist der
A u ß e n b e i t r a g
zum BIP und auch
der Leistungsbilanzsaldo positiv.

Jahr	Exporte, gesamt	Importe, gesamt	Außenbeitrag	**Außenbeitrag in % vom BIP**
2001	735,6	693,1	42,5	**2,0**
2005	918,0	804,7	113,3	**5,0**
2006	1.046,5	920,1	126,4	**5,4**
2009	982,3	872,3	110,0	**4,5**

Quelle: eigene Darstellung nach: Deutschland in Zahlen 2010

06. Inwieweit konnten die Ziele des Stabilitäts- und Wachstumsgesetzes in den letzten Jahren realisiert werden?

Analysieren Sie dazu bitte die nachfolgende Abbildung:

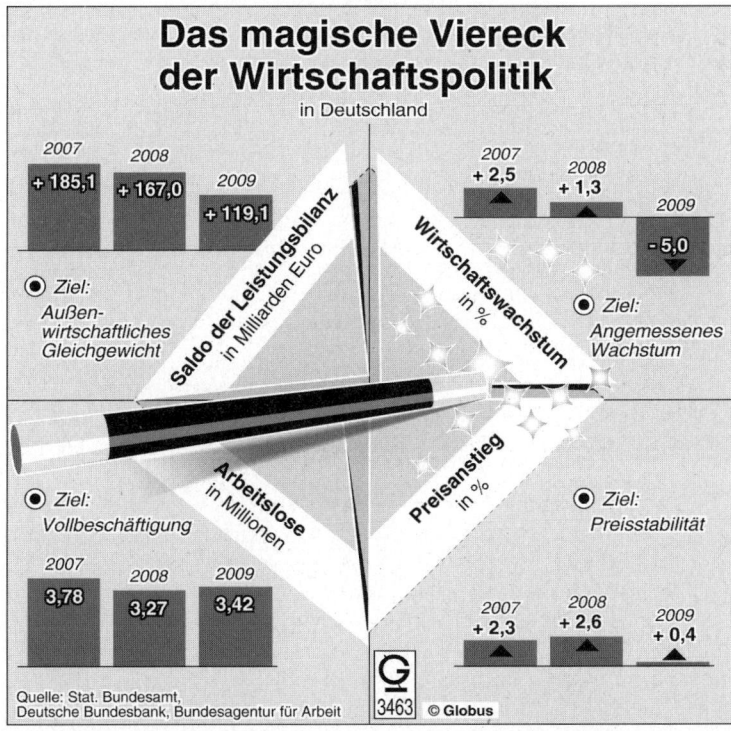

Das magische Viereck der Wirtschaftspolitik
in Deutschland

Saldo der Leistungsbilanz in Milliarden Euro

2007 + 185,1   2008 + 167,0   2009 + 119,1

Ziel: Außenwirtschaftliches Gleichgewicht

Wirtschaftswachstum in %

2007 + 2,5   2008 + 1,3   2009 - 5,0

Ziel: Angemessenes Wachstum

Arbeitslose in Millionen

Ziel: Vollbeschäftigung

2007 3,78   2008 3,27   2009 3,42

Preisanstieg in %

Ziel: Preisstabilität

2007 + 2,3   2008 + 2,6   2009 + 0,4

Quelle: Stat. Bundesamt, Deutsche Bundesbank, Bundesagentur für Arbeit

3463 © Globus

Hinweis: Wir empfehlen Ihnen, sich zur Vorbereitung auf die IHK-Prüfung die Daten des Magischen Vierecks für das zurückliegende Jahr über geeignete Quellen (Internet, Statistisches Bundesamt; IHK) zu beschaffen. Häufig nehmen Prüfungsfragen der Volkswirtschaftslehre Bezug zu (mehr oder weniger) aktuellen Eckdaten der Wirtschaft.

07. Welche Zielbeziehungen können zwischen den wirtschaftspolitischen Globalzielen bestehen?

Grundsätzlich sind folgende Zielbeziehungen denkbar:

Zielbeziehungen im Magischen Viereck	
Identität	Die Ziele sind gleich.
Komplementarität	Die Ziele ergänzen sich.
Neutralität	Die Ziele beeinflussen einander nicht.
Konflikt	Die Ziele beeinflussen sich wechselseitig.
Antinomie	Die Ziele stehen im Widerspruch zueinander.

Obwohl nach dem Stabilitätsgesetz die wirtschaftspolitischen Globalziele gleichrangig angestrebt werden sollen, zeigt die Praxis nicht selten Unvereinbarkeiten: Es kommt beim Einsatz von Maßnahmen zur Erreichung eines bestimmten Zieles zu unerwünschten Nebenwirkungen bei einem (oder mehreren) anderen Ziel(en).

Beispiel für mögliche Zielkonflikte:

Ausgangs-lage		Ziel-setzung		Maßnahmen/ Instrumente zur Zielerreichung		Mögliche Negativ-Wirkungen (Ziel-konflikte) auf ...
Stagnierende Wirtschaft bzw. Null-Wachstum; vgl. die Ausgangslage (Erwartungen) zu Beginn des Jahres 2009	⇒	Anregung der wirtschaftlichen Aktivitäten; Gegensteuerung der Auswirkungen der weltweiten Finanzkrise	⇒	Erhöhung der Nachfrage der öffentlichen Hand	⇒	⇒ Preisniveaustabilität
				Steuersenkungen		⇒ Außenwirtschaftliches Gleichgewicht

1.1.3.2 Wirtschaftspolitische Maßnahmen und Konzeptionen

01. In welche Bereiche und Teilbereiche lässt sich die Wirtschaftspolitik gliedern?

Wirtschaftspolitik		
Bereiche der Wirtschaftspolitik	*Erläuterung*	*Teilbereiche/Instrumente[1]*
Ordnungspolitik	Zu ihr zählen alle Maßnahmen, die auf die langfristige Gestaltung der rechtlich-organisatorischen Rahmenbedingungen, innerhalb derer der Wirtschaftsprozess abläuft, abzielen. Die Sozialpolitik als Teil der Ordnungspolitik umfasst Maßnahmen zur Realisierung sozialer Sicherheit und sozialer Gerechtigkeit.	- ***Wettbewerbspolitik*** → vgl. 1.2.1.4, 3.1.6
		- Eigentumspolitik
		- Währungspolitik
		- Handelspolitik
		- **Arbeitsmarktpolitik**
		- **Sozialpolitik**
		- **Umweltpolitik**
Prozesspolitik	Dazu gehören alle wirtschaftspolitischen Instrumente, die bei gegebener Ordnung den Wirtschaftsprozess selbst beeinflussen.	- **Geldpolitik**
		- **Finanz-/Fiskalpolitik**
		- **Wachstumspolitik**
		- Einkommens-/Steuerpolitik → vgl. 3.2
		- ***Außenhandelspolitik*** → vgl. 1.2.4
Strukturpolitik	Darunter fallen Maßnahmen zur Beeinflussung der strukturellen Zusammensetzung der Volkswirtschaft (z. B. Förderung bestimmter Branchen oder Regionen).	- Infrastrukturpolitik - Regionalpolitik - Sektorale Strukturpolitik - Bildungspolitik

[1] Behandelt werden nachfolgend die gerasterten Instrumente – lt. Rahmenplan.

02. Welche Bedeutung hat die Arbeitsmarktpolitik?

Arbeitsmarktpolitik ist die Gesamtheit der Maßnahmen,

- die auf eine dauerhafte, den individuellen Neigungen und Fähigkeiten entsprechende Beschäftigung aller Arbeitsfähigen und Arbeitswilligen gerichtet sind und

- das Entstehen struktureller Arbeitsmarktungleichgewichte verhindern oder beseitigen sollen.

Arbeitsmarktpolitik	Art. 9 Abs. 3 GG, TVG, ArbZG, SGB III, Hartz-Gesetze, Gesetz zu Reformen am Arbeitsmarkt
	Hierzu gehören u. a.: Berufsaufklärung, Berufsberatung, Arbeitsberatung, Arbeitsvermittlung, Mobilitätsförderung sowie die Förderung der beruflichen Umschulung, Fortbildung und Existenzgründung.

Die von den Arbeitsagenturen angebotenen sachlichen und finanziellen Hilfen tragen in vielfacher Weise zur Wiedereingliederung von Arbeitslosen bei, doch liegen die Grenzen der Arbeitsmarktpolitik dort, wo die Politik die Voraussetzungen für verbesserte

Rahmenbedingungen und verbesserte Beschäftigungsbedingungen liefern muss. Die Arbeitslosigkeit hat in Deutschland und in den meisten europäischen Ländern überwiegend strukturelle Ursachen. Mithilfe finanzieller Maßnahmen kann nur das Los der einzelnen Arbeitslosen verbessert werden. Zu bedenken ist auch, dass als Folge der Globalisierung, d. h. durch den weltweiten Einkauf von Rohstoffen und die Errichtung von Produktionsbetrieben an jedem beliebigen Standort der Erde – d. h. dort, wo die Standortfaktoren, die Kosten, die Steuern und die Löhne am günstigsten sind – die Arbeitsmarktpolitik mit zusätzlichen Schwierigkeiten zu kämpfen hat.

Arbeitslosigkeit 2010 zurückgegangen

Die Arbeitslosigkeit in Deutschland ist im vergangenen Jahr deutlich zurückgegangen. Waren im Jahresdurchschnitt 2009 noch rund 3,42 Millionen Männer und Frauen arbeitslos gemeldet, so waren es im vergangenen Jahr mit 3,24 Millionen rund 200.000 weniger. Die Quote sank auf 7,7 Prozent. In Westdeutschland waren im Jahresdurchschnitt 2,2 Millionen Menschen arbeitslos gemeldet; das entsprach einer Quote von 6,6 Prozent. Im Osten waren es 1,0 Millionen (12,0 Prozent). Experten gehen davon aus, dass die Zahl der Arbeitslosen 2011 im Jahresdurchschnitt unter die Drei-Millionen-Marke sinkt.

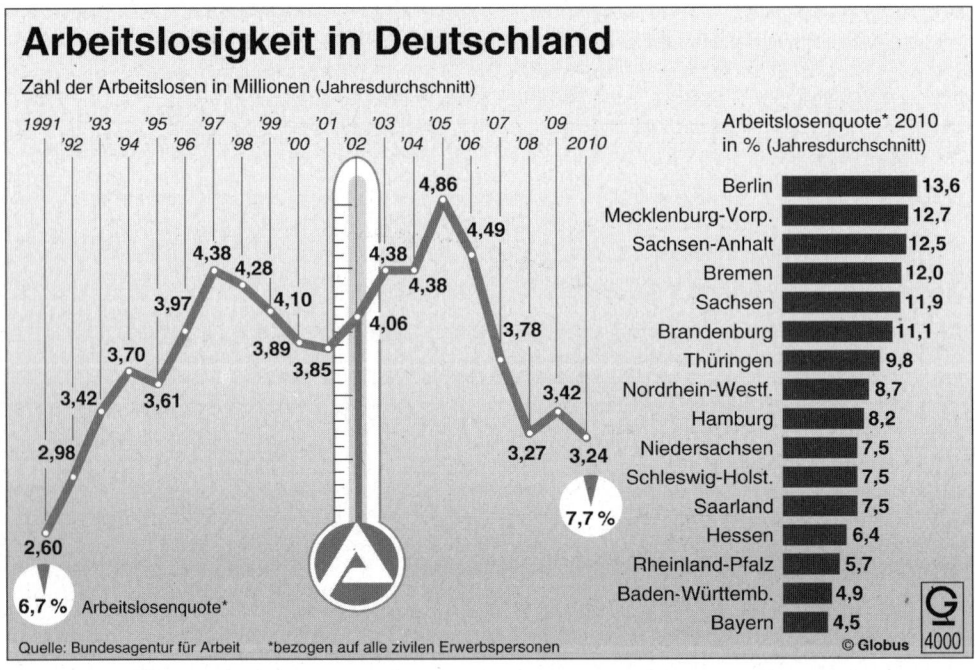

Arbeitslosigkeit in Deutschland

Zahl der Arbeitslosen in Millionen (Jahresdurchschnitt)

| 1991 | '93 | '95 | '97 | '99 | '01 | '03 | '05 | '07 | '09 |
| '92 | '94 | '96 | '98 | '00 | '02 | '04 | '06 | '08 | 2010 |

Arbeitslosenquote* 2010
in % (Jahresdurchschnitt)

4,86
4,49
4,38   4,38
4,28   4,38
3,97   4,10
      4,06   3,78
3,70   3,89   3,42
      3,85
3,42   3,61
2,98   3,27   3,24

2,60   7,7 %

6,7 % Arbeitslosenquote*

Berlin	13,6
Mecklenburg-Vorp.	12,7
Sachsen-Anhalt	12,5
Bremen	12,0
Sachsen	11,9
Brandenburg	11,1
Thüringen	9,8
Nordrhein-Westf.	8,7
Hamburg	8,2
Niedersachsen	7,5
Schleswig-Holst.	7,5
Saarland	7,5
Hessen	6,4
Rheinland-Pfalz	5,7
Baden-Württemb.	4,9
Bayern	4,5

Quelle: Bundesagentur für Arbeit   *bezogen auf alle zivilen Erwerbspersonen

© Globus 4000

Geschichte der Arbeitslosigkeit

Es gab einmal eine Zeit in Deutschland, da war der Arbeitsmarkt noch in Ordnung. Von Anfang der 60er- bis Anfang der 70er-Jahre herrschte Vollbeschäftigung in der Bundesrepublik; Arbeitslosigkeit war ein Fremdwort. Der erste Nachkriegsgipfel der Arbeitslosenkurve – verursacht vor allem durch den Zustrom von Vertriebenen – lag Jahre zurück. Beinahe jeder, der arbeiten wollte und konnte, hatte einen Job. Mit Ausnahme der ersten Rezession 1967 und des Folgejahres 1968 waren stets weniger als 200.000 Männer und Frauen im Jahresdurchschnitt arbeitslos gemeldet.

Arbeitslosenquoten		
	2008	2010*
Niederlande	2,8	4,5
Japan	4,0	5,1
Großbritannien	5,6	7,8
USA	5,8	9,6
EU der „27"	7,5	9,6
Italien	6,8	8,4
Frankreich	7,8	9,6
Deutschland	**8,7**	**7,7**

* vorläufige Zahlen

Den tiefsten Stand der Arbeitslosigkeit meldet die Statistik für das Jahr 1965 mit 147.400 Jobsuchenden und einer Arbeitslosenquote von 0,7 Prozent.

Von solchen Werten sind wir heute noch weit entfernt. Mitte der 90er-Jahre bewegte sich die Zahl der Arbeitslosen hartnäckig um die Vier-Millionen-Marke, 2005 waren im Jahresdurchschnitt sogar 4,86 Millionen Männer und Frauen arbeitslos gemeldet. Erst danach kam die Wende zum Besseren; Dank der anziehenden Konjunktur, aber auch als Folge der „Hartz-Gesetze" lag die Zahl der Arbeitslosen in 2008 bei rund 3,2 Millionen. Im Jahr 2009 stieg die Zahl der Arbeitslosen – trotz der weltweiten Wirtschaftskrise – weniger an als befürchtet. Eine der Ursachen wird im Kurzarbeiter-Programm der Bundesregierung gesehen.

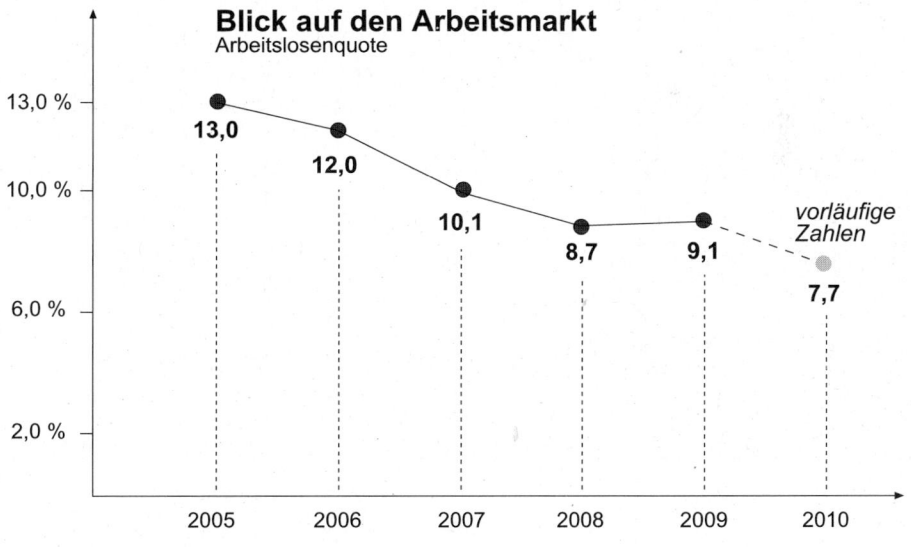

Blick auf den Arbeitsmarkt
Arbeitslosenquote

Arbeitslose	2005	2006	2007	2008	2009	2010
Anzahl in Mio.	**4,8**	**4,4**	**3,7**	**3,2**	**3,4**	**3,2***

* vorläufige Zahlen

03. Was versteht man unter Umweltschutz?

Unter Umweltschutz wird die Gesamtheit aller Maßnahmen und Bestrebungen verstanden, die darauf abzielen, die natürlichen Lebensgrundlagen von Pflanzen, Tieren und Menschen zu erhalten.

Hierzu bedarf es neuer technischer Verfahren, neuer Produkte und zahlreicher Maßnahmen zur Energieeinsparung, zur Reinhaltung von Luft und Wasser, zur Vermeidung und Beseitigung von Abfall und zur Optimierung des Verkehrs. Einerseits steigt der Verkehr durch die Vergrößerung der Märkte als Folge der Intensivierung der Wirtschaftsbeziehungen innerhalb der EU stark an, andererseits bewirkt der zunehmende Verkehr zusätzliche Umweltbelastungen.

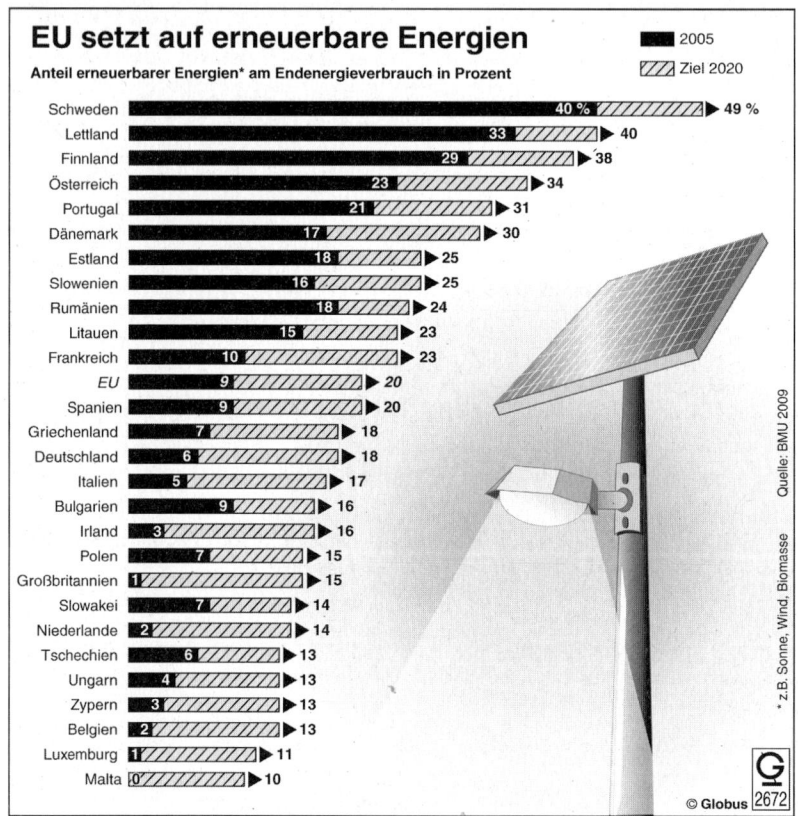

EU setzt auf erneuerbare Energien

Anteil erneuerbarer Energien* am Endenergieverbrauch in Prozent

■ 2005 ▨ Ziel 2020

Land	2005	Ziel 2020
Schweden	40 %	49 %
Lettland	33	40
Finnland	29	38
Österreich	23	34
Portugal	21	31
Dänemark	17	30
Estland	18	25
Slowenien	16	25
Rumänien	18	24
Litauen	15	23
Frankreich	10	23
EU	9	20
Spanien	9	20
Griechenland	7	18
Deutschland	6	18
Italien	5	17
Bulgarien	9	16
Irland	3	16
Polen	7	15
Großbritannien	1	15
Slowakei	7	14
Niederlande	2	14
Tschechien	6	13
Ungarn	4	13
Zypern	3	13
Belgien	2	13
Luxemburg	1	11
Malta	0	10

Quelle: BMU 2009

* z.B. Sonne, Wind, Biomasse

© Globus 2672

Erneuerbare Energie
Die Europäische Union setzt neue Maßstäbe bei dem Einsatz alternativer Energien. Bis zum Jahr 2020 soll der Anteil erneuerbarer Energien am Endenergieverbrauch auf 20 Prozent steigen; im Jahr 2005 lag dieser Anteil erst bei neun Prozent. Jeder Mitgliedstaat kann frei entscheiden, welche Öko-Energie – zum Beispiel Biomasse, Sonnen-, Wind- oder Wasserkraft – ausgebaut werden soll. Nur für den Transportbereich gibt die EU ihren Mitgliedern eine Zielmarke vor: Bis 2020 soll der Anteil von Biokraftstoffen in jedem EU-Staat mindestens zehn Prozent betragen. Im Jahr 2005 lag Deutschland mit einem Anteil von rund sechs Prozent alternativer Energien am Endenergieverbrauch noch deutlich unter dem EU-Durchschnitt. Bis 2020 soll dieser Anteil auf mindestens 18 Prozent steigen. Um dieses Ziel zu erreichen, sind große Umbauten im Energiesektor nötig; so soll unter anderem der Anteil von erneuerbaren Energien im Stromsektor auf mindestens 30 Prozent und der Anteil von Biokraftstoffen auf rund zwölf Prozent steigen.

04. Welche Bedeutung hat die Umweltpolitik als prozesspolitische Maßnahme?

Umweltpolitik hat die Aufgabe, die Umwelt zu schonen und durch Setzen von Rahmenbedingungen sowie mithilfe umweltgerechter Maßnahmen neue umweltschonende Produktionsverfahren und Produkte zu entwickeln und auf diese Weise neue Beschäftigungsmöglichkeiten zu schaffen. Tatsächlich ist dies in weiten Bereichen gelungen: viele Unternehmen stellen erfolgreich umweltschonende Produkte her, die qualitativ hochwertig sind. Eines der Mittel zur Durchsetzung umweltschonender Produkte ist die Senkung des Energieverbrauchs. Aber auch andere Maßnahmen, wie z. B. ein konsequentes Umweltcontrolling, haben in vielen Betrieben zu Kostenentlastungen geführt.

05. Welche Maßnahmen und Instrumente der Umweltpolitik setzt der Staat ein?

In der Bundesrepublik Deutschland lassen sich folgende Beispiele nennen:

Maßnahmen/Instrumente der Umweltpolitik	
Maßnahmen:	*Beispiele:*
Direkte Staatsaktivität	Beseitigung von Schadstoffen durch den Staat, z. B. Kläranlagen der Kommunen, Endlagerung von Atombrennstäben
	Wiederaufbereitungsanlagen/Recycling
Aufklärung, Information, Appelle	Informationsbroschüren, Fernsehspots/-sendungen, Anzeigenkampagnen, Informationenveranstaltung, Parteiprogramme
Abgaben, Steuern	z. B. höhere Kfz-Steuer für Fahrzeuge mit hohen Emissionswerten
	z. B. Steuervorteile bei Fahrzeugen mit niedrigen Emissionswerten
Subventionen	Unterstützungszahlung bei Solarenergie, Solarstrom
Gesetze (Ge-/Verbote)	z. B. Umwelthaftungsrecht, Umweltstrafrecht; Rechtsnormen zur Abfallwirtschaft, zur Gewässerreinhaltung usw.

06. Welche allgemeinen Umweltbelastungen gibt es? Welche wichtigen, einschlägigen Gesetze und Verordnungen sind zu beachten?

Medium	Allgemeine Umweltbelastungen	Gesetze, Verordnungen, z. B.:
Luft	Emissionen, Immissionen (Gase, Dämpfe, Stäube)	BImSchG, ChemG, StörfallV TA Luft, TA Lärm
Wasser	Entnahme von Rohwasser; Einleiten von Abwasser	WHG. AbwAG, WRMG ChemG, Landeswasserrecht
Boden	Stoffliche/physikalische Einwirkungen, Beeinträchtigung der ökologischen Leistungsfähigkeit; Gewässerverunreinigung durch kontaminierte Böden; Kontaminierung durch Immissionen, Altdeponien und ehemalige Industrieanlagen	BbodSchG, ChemG Strafgesetzbuch, AltölV Bundesnaturschutzgesetz Ländergesetze
Abfall	Fehlende/fehlerhafte Abfallvermeidung, Abfallverwertung, Abfallentsorgung	KrW-/AbfG, AltölV BestbüAbfV, NachwV ElektroG (neu!)
Natur	Beeinträchtigung des Naturhaushalts und des Landschaftsbildes durch Bauten, deren wesentliche Änderung und durch den Bau von Straßen	Bundesnaturschutzgesetz Bauleitplanung Bebauungspläne Flächennutzungspläne

07. Vor welchen Problemen stehen die Unternehmen beim Umweltschutz?

Die Unternehmen müssen auf der Grundlage von sehr streng formulierten gesetzlichen Vorschriften arbeiten, die in der Regel viel gravierender als die Vorschriften in vergleichbaren Industrienationen sind und daher höhere Kosten verursachen. Beim Export aber auch bei ins Inland importierten Erzeugnissen konkurrieren die deutschen Unternehmen mit Produzenten, die geringeren Auflagen und geringeren Kosten unterliegen. Die Unternehmen müssen daher alle Rationalisierungsreserven ausnutzen und ihre Bemühungen zur Vermeidung unerwünschter Nebenwirkungen verstärken.

08. In welcher Form ist der Umweltschutz durch die Unternehmen sicherzustellen?

Betrieblicher Umweltschutz

1. muss vom Gedanken der *Nachhaltigkeit* geprägt sein;

2. darf nicht mehr zufällig erfolgen, sondern ist in einem *Umweltschutzmanagementsystem* zu etablieren, das wiederum Bestandteil eines integrierten Managementsystems ist (IMS; Integration der im Betrieb vorhandenen Managementsysteme: Qualitätsmanagement, Finanzmanagement usw.);

3. *hat alle Stufen der Wertschöpfung zu erfassen* – von der Produktion über die Logistik bis hin zur Entsorgung (vgl. Abb. nächste Seite);

4. hat Ökonomie und Ökologie in tragfähiger Weise zu vereinigen: Zielsetzung ist *nicht ein maximaler Gewinn sondern ein auskömmlicher,* der die Unternehmensexistenz sichert. Das Gewinnstreben muss nachhaltig vereinbar sein mit den Anforderungen der Gesellschaft nach Lebensqualität und den Erfordernissen der Natur;

5. hat die Aufgabe, neue *umweltschonende Produktionsverfahren* und Produkte zu entwickeln und auf diese Weise neue Beschäftigungsmöglichkeiten zu schaffen. Tatsächlich ist dies in weiten Bereichen gelungen: viele Unternehmen stellen erfolgreich umweltschonende Produkte her, die qualitativ hochwertig sind. Eines der Mittel zur Durchsetzung umweltschonender Produkte ist die *Senkung des Energieverbrauchs.* Aber auch andere Maßnahmen, wie z. B. ein konsequentes *Umweltcontrolling, Öko-Audit, Öko-Bilanz,* haben in vielen Betrieben zu Kostenentlastungen geführt.

Zusammenhang zwischen Produktion, Konsum und Belastung der Umwelt

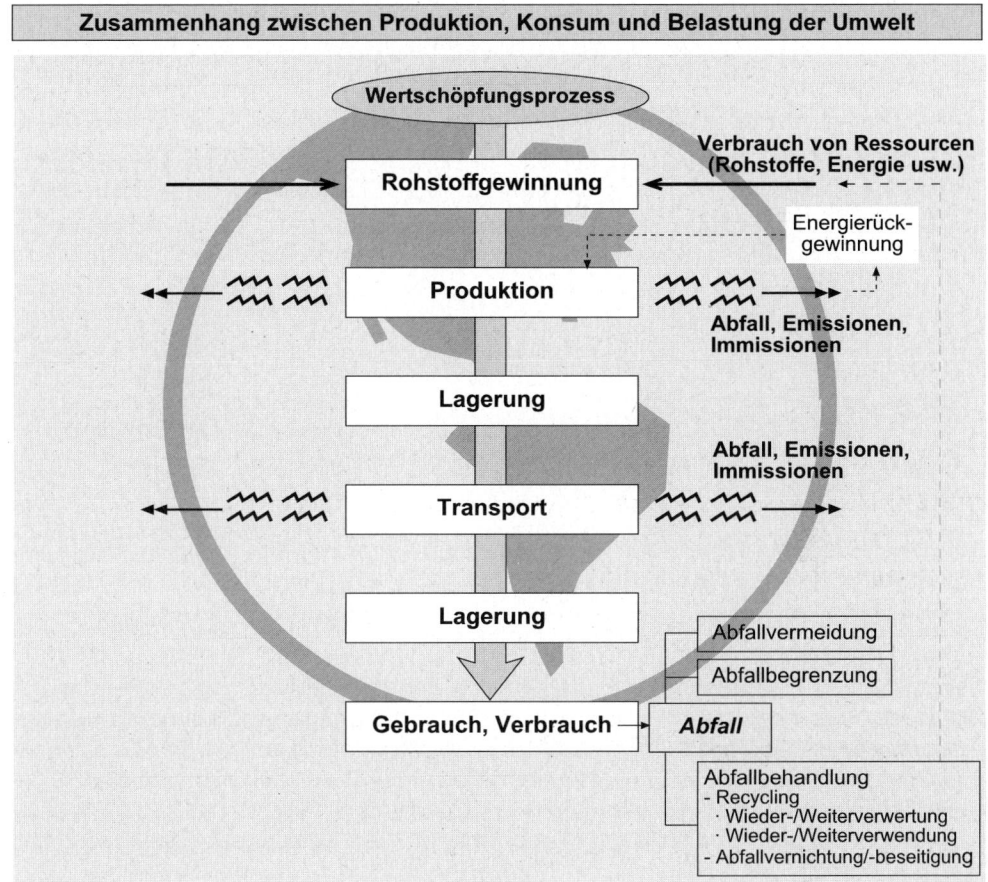

09. Welche kritischen Einwände werden gegen das Wachstum erhoben?

Allgemein wird kritisiert, dass die gewünschten Ziele kaum durch Wachstum alleine erreicht werden können. Außerdem wird auf die schrumpfenden Ressourcen verwiesen, die einen besonders sorgfältigen Umgang mit allen Naturschätzen erfordern. Ferner wird argumentiert, dass in die Berechnung des realen Bruttoinlandsprodukts auch die Beseitigung der Schäden einbezogen ist, die erst durch das Wachstum entstanden sind, und dass die Umweltschäden und deren Kosten häufig unberücksichtigt bleiben. Auch wird behauptet, dass zwischen Wirtschaftswachstum und psychischem Wohlbefinden kein Zusammenhang besteht. Weitere Einwände gegen das Wachstum besagen, dass mehr Wohlstand und mehr Freizeit zur verstärkten Hinwendung der Menschen zu „Ungütern" führen, d. h. dass der Verbrauch an Alkohol und Rauschgift steigt, eine ungesunde Lebensweise eintritt und dass die Natur beeinträchtigt wird, da sie zu viele Erholungsuchende und Freizeitsportler verkraften muss. Auch wird auf die zunehmende Umweltzerstörung verwiesen und dargelegt, dass das Wachstum die Unsicherheit und die Lebensangst in der Gesellschaft erhöhen würde. Der Einzelne würde vom technischen Fortschritt überrollt. Mit Mühe erlernte Kenntnisse und Fertigkeiten seien schon morgen nicht mehr gefragt. Das erzeuge ein Gefühl der Ohnmacht und des Misstrauens in die Zukunft. Auch werde das Mehr an Sozialprodukt zu ungleich verteilt.

Fazit:

Es existiert heute zunehmend ein Bewusstsein, dass quantitatives Wachstum (gemessen am Anstieg des realen BIP) auch mit Gefahren für eine Volkswirtschaft verbunden ist. Neben dem quantitativen ist ebenfalls das *qualitative Wachstum* zu beachten. Man versteht darunter die Verbesserung der Lebensqualität und der Lebens-/Arbeitsbedingungen. Veränderungen dieser Größe sind schwierig zu messen.

Merke:

Quantitatives Wachstum	Betrachtet wird die rein mengenmäßige Erhöhung des BIP.
Qualitatives Wachstum	Im Vordergrund der Betrachtung steht die Verbesserung der Umwelt- und Lebensbedingungen (z. B. sparsame und umweltschonende Verwendung der Ressourcen).

10. Welche Möglichkeiten der wirtschaftspolitischen Einflussnahmen bestehen im Rahmen der Geldpolitik?

Im Wesentlichen besteht die monetäre Politik (= Geldpolitik) in einer Verknappung oder größeren Bereitstellung von Geld mittels Zinserhöhungen oder Zinssenkungen (auf die geldpolitischen Instrumente der Europäischen Zentralbank wird nicht eingegangen). Auf diese Weise kann die Wirtschaft angekurbelt oder gedrosselt werden. *Die Möglichkeiten für die Durchsetzung monetärer Maßnahmen obliegen seit dem 01.01.1999 allein der Europäischen Zentralbank und müssen europaweit abgestimmt sein.* Da die wirtschaftliche Entwicklung in den Mitgliedsstaaten unterschiedlich verläuft, ist das Abstimmungsverfahren innerhalb der Europäischen Union komplizierter geworden, weil die Vorstellungen der Mitgliedsländer oftmals erheblich voneinander abweichen.

11. Welche Bedeutung hat die Fiskalpolitk im Konzept der globalen Nachfragesteuerung?

Fiskalpolitik ist die als Konjunkturpolitik betriebene Finanzpolitik, die mittels öffentlicher Einnahmen und Ausgaben die zu geringe oder zu große Nachfrage des privaten Sektors im Verhältnis zur gesamtwirtschaftlichen Kapazität ausgleicht.

• Insbesondere soll durch eine *nachfrageorientierte Beschäftigungspolitik* versucht werden, mittels einer Anregung der Nachfrage die Produktivität und über die Produktivität die Beschäftigung zu steigern. Eine nachfrageorientierte Beschäftigungspolitik setzt im Wesentlichen eine expansive Geldpolitik und eine expansive Fiskalpolitik voraus. Dies wiederum bedeutet bei konstantem Preisniveau eine Erhöhung der Geldmenge. Führt die expansive Geldpolitik zu Preissteigerungen, so schwächt dies die Erfolge der nachfrageorientierten Beschäftigungspolitik. Fehlen zusätzliche Produktionskapazitäten, so steigt das Preisniveau zusätzlich. Aus diesen Gründen werden der Nachfragesteuerung in der Wirtschaftspolitik gegenwärtig wenig Erfolgsaussichten beigemessen. Diese auf den englischen Nationalökonomen Keynes zurückgehende Theorie kann hauptsächlich in wirtschaftlichen Notsituationen Wirkung zeigen. Tatsächlich hat eine nachfrageorientierte Beschäftigungspolitik in der Regel inflationäre Auswirkungen, weil die Preisniveausteigerung der Effekt ist, über den die für eine Steigerung von Produktion und Beschäftigung notwendige Reallohnsenkung herbeigeführt werden muss.

- Grundsätzlich hat der Staat folgende Möglichkeiten, erhöhte Ausgaben im Rahmen seiner Haushaltspolitik zu finanzieren (vgl. z. B. Finanzierung der Militäreinsätze der Bundeswehr im Ausland, Flutkatastrophe 2002):
  - Erhöhung der Nettokreditaufnahme,
  - Erhöhung der Steuern,
  - Aussetzen geplanter Steuersenkungen,
  - Verwendung außerordentlicher Einnahmen,
  - Verschiebung/Veränderung der Positionen des Staatshaushaltes (z. B. Verringerung von Subventionszahlungen, Kürzung der Ausgaben in anderen Ressorts),
  - Verkauf von Vermögenswerten des Staates (z. B. Aktienanteile, Immobilien).

12. Welche Bedeutung hat die Wachstumspolitik im Rahmen der angebotsorientierten Wirtschaftspolitik?

Aufgabe einer *angebotsorientierten Wirtschaftspolitik* ist es, die Bedingungen für die Investitionen und den Wandel der Produktionsstruktur so zu verbessern, dass wieder mit einem angemessenen Wachstum und einem hohen Beschäftigungsgrad zu rechnen ist. Eine angebotsorientierte Beschäftigungspolitik kann auf eine Beeinflussung des Lohnniveaus, der Kapitalbildung und des Wettbewerbs auf den Güter- und Arbeitsmarkt gerichtet sein. Eine Senkung des Nominallohnniveaus bedeutet, dass die Unternehmen wegen der niedrigeren Kosten ihre Produkte zu niedrigeren Preisen anbieten können. Die Arbeitseinsatzmenge steigt, es entsteht ein Preisdruck. Wird die Kapitalbildung verbessert, steigt die Arbeitsproduktivität und die Beschäftigung erhöht sich.

Der wesentliche Unterschied zwischen einer *angebotsorientierten* und einer *nachfrageorientierten* Wirtschaftspolitik besteht darin, dass im Rahmen der angebotsorientierten Beschäftigungspolitik die Expansion nicht über eine Inflation und daraus resultierender Reallohnsenkung herbeigeführt wird, sondern über eine Reduzierung der Kostenbelastung und/oder eine Verbesserung der Absatzerwartungen (Rahmenbedingungen) der Unternehmen.

13. Welche zentralen Unterschiede bestehen zwischen der nachfrage- und der angebotsorientierten Wirtschaftspolitik?

Vereinfacht dargestellt bestehen folgende Unterschiede:

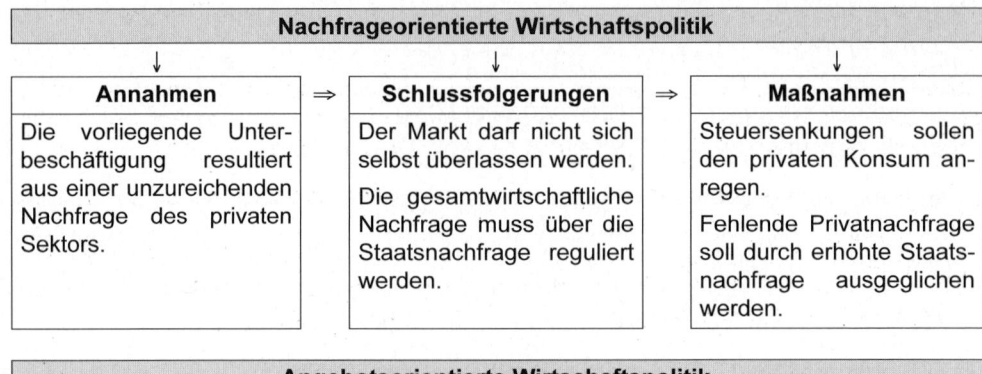

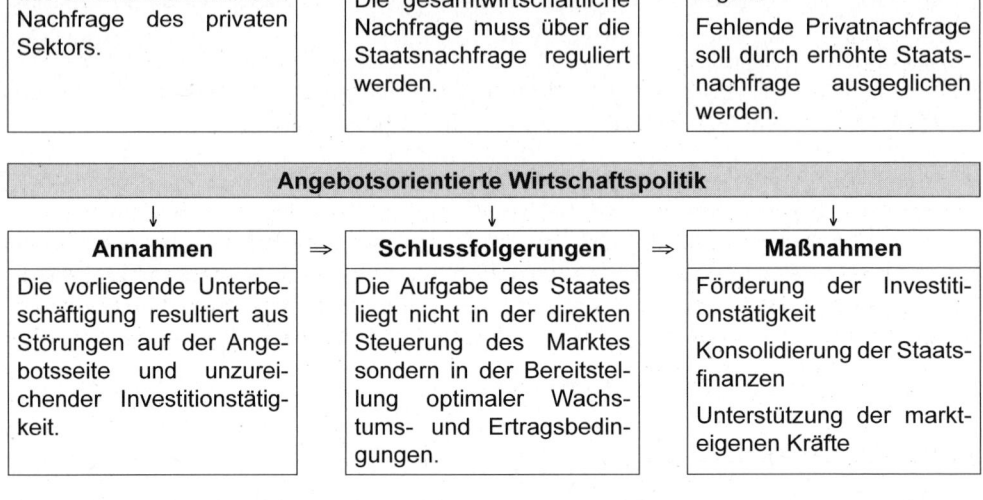

14. Kann der Staat über Steuererhöhungen/-senkungen konjunkturelle Schwankungen regulieren?

Die Wirkung steuerpolitischer Maßnahmen zur „Ankurbelung" bzw. Dämpfung der konjunkturellen Ausgangslage ist umstritten.

Die Befürworter der Steuerpolitik als Instrument der Konjunkturpolitik gehen von folgenden Reaktionen aus:

• Ausgangslage: *Rezession*
  ⇒ Der Staat senkt die Steuerbelastung der privaten Haushalte.
  ⇒ Dadurch steigt das verfügbare Einkommen. Die Haushalte fragen mehr nach.
  ⇒ Die Unternehmen erhalten Anreize, aufgrund der vermehrter Nachfrage zu investieren.
  ⇒ Anstieg der Investitionsgüternachfrage, der Einkommen, der Konsumgüternachfrage usw.

• Ausgangslage: *Konjunkturelle Überhitzung*
  ⇒ Der Staat erhöht die Steuerbelastung
  ⇒ Die privaten Haushalte haben ein geringeres verfügbares Einkommen und fragen weniger Konsumgüter nach.
  ⇒ Infolgedessen werden die Unternehmen weniger produzieren und weniger investieren.
  ⇒ Die Nachfrage nach Investitionsgütern sinkt usw.

15. Was sind Subventionen und welche wirtschaftspolitischen Ziele werden damit verbunden?

Subventionen sind das ökonomische Gegenstück zur Steuer. Sie sind *Finanzhilfen* oder *Steuervergünstigungen* des Staates an Unternehmen *ohne direkte Gegenleistung*. Die Zielsetzung kann unterschiedliche Ansatzpunkte haben:

- Förderung strukturschwacher Regionen (z. B. Investitionszulage in den neuen Bundesländern),
- Unterstützungszahlungen an bestimmte Branchen (z. B. Bergbau, Landwirtschaft),
- Förderung des Umweltbewusstseins bzw. Einführung ressourcenschonender Technologien (z. B. „Dächer-Programm", Solar- und Windenergie).

In einer Reihe von Fällen führen Subventionen auch zu *Fehlentwicklungen*, wenn keine nachhaltigen Kosten-Nutzen-Analysen erstellt werden bzw. die sachgemäße Verwendung der Subventionen nicht überprüft wird: Der (subventionierte) Preis verliert seine Signalfunktion; Ressourcen werden fehlgeleitet; Branchen oder Unternehmen verbleiben am Markt, obwohl sie im Grunde nicht mehr wettbewerbsfähig sind; subventionierte Bereiche/Unternehmen haben eine geringere Notwendigkeit, sich den Marktveränderungen anzupassen (vgl. auch S. 39).

16. Was ist Deficit Spending?

Von Deficit Spending spricht man, wenn *der Staat mehr ausgibt als er einnimmt,* um auf diese Weise die Konjunktur anzuregen (z. B. Ausgaben im Straßenbau). Man geht davon aus, dass die zusätzlichen Staatsausgaben in vollem Umfang die Gesamtnachfrage erhöhen. Das dabei entstehende Haushaltsdefizit ist nur durch öffentliche Kreditaufnahme zu finanzieren. Dies hat einen Anstieg der Ausgaben (für Zinsen und Tilgung) in den Folgejahren zur Konsequenz.

17. Welche Aufgaben übernimmt der Staat im Rahmen der Sozialpolitik?

In einer sozialen Marktwirtschaft übernimmt der Staat die Aufgabe, die Rechte der Marktteilnehmer zu schützen und andererseits Ungleichgewichte zu verhindern bzw. zu mildern. In diesem Sinne ist der Staat in folgenden Bereichen tätig:

- Arbeitsmarktpolitik (SGB III),
- Verteilungspolitik (z. B. Elterngeld, Kindergeld, Wohngeld, BAFÖG, Arbeitslosengeld II),
- Arbeitsschutzpolitik (Arbeitsvertragsschutz, Arbeitssicherheit und Unfallschutz, Schutzgesetze für besondere Personengruppen: Mutterschutz, Kündigungsschutz usw.),
- gesetzliche Sozialversicherung (KV, RV, PV, AV),
- sonstige Maßnahmen des Staates, die sozialpolitische Elemente enthalten (z. B. im Umweltschutz, in der Gesundheitspolitik, in der Bildungspolitik).

18. Welche Bedeutung hat die Tarifpolitik?

Die Tarifpolitik wird von den Tarifparteien gestaltet (z. B. Gewerkschaften, Arbeitgeberverbände). Staatliche Einwirkungen sind nicht zulässig (Tarifautonomie; Artikel 9 des Grundgesetzes). Hauptgegenstand der Tarifpolitik ist die Gestaltung der Primärverteilung und die Regelung von Arbeitszeiten und -bedingungen.

Die jeweils festgesetzten Löhne und Gehälter wirken auf die Konjunkturentwicklung ein. Werden seitens der Gewerkschaften mittels Streik zu hohe Lohnforderungen durchgesetzt, die die Betriebe kostenmäßig nicht verkraften können, so kommt es einerseits zu Betriebszusammenbrüchen und andererseits zu Betriebsverlagerungen ins Ausland. Höhere Löhne sind für die Betriebe höhere Kosten, für die Arbeitnehmer höhere Nettoeinkommen und damit zusätzliche Kaufkraft und für den Staat höhere Steuereinnahmen.

Diejenigen Betriebe, die höhere Lohnkosten nicht verkraften können, sehen sich veranlasst, Arbeitskräfte freizusetzen, die dann seitens der Arbeitsagenturen unterstützt werden müssen. Andererseits stehen die Gewerkschaften unter dem Druck ihrer Mitglieder, höhere Löhne aufgrund der Preisentwicklung und vielleicht auch aufgrund höherer Gewinne der Unternehmen durchzusetzen. Das Problem (der Flächentarifverträge) besteht darin, dass sowohl gut ausgelastete und gut verdienende Betriebe die gleichen Löhne zahlen müssen, wie die weniger gut ausgelasteten, sofern nicht Sonderzahlungen für den Fall guter Betriebsergebnisse vereinbart worden sind. Die Lohnpolitik und ihre Auswirkungen auf die Gesamtwirtschaft sind daher ein Streitobjekt zwischen den Tarifparteien, und es ist schwierig, zwischen einer sachgerechten Tarifpolitik und den unterschiedlichen Wünschen der Betroffenen einen vertretbaren Kompromiss zu finden.

1.1.4 Außenwirtschaft

1.1.4.1 Freihandel und Protektionismus

01. Welche Bedeutung haben Freihandel und Protektionismus im Rahmen der Handelspolitik?

Der Außenhandel spielt in der Wirtschaftsgeschichte der Bundesrepublik Deutschland schon immer eine maßgebliche Rolle. Als stark exportorientierte Nation hat die Politik daher auch ein wesentliches Interesse am weltweiten Freihandel und am Abbau protektionistischer Schranken. Dieses Interesse am *Freihandel* wird auch im *Außenwirtschaftsgesetz* (AWG) ausgedrückt.

Der Waren-, Dienstleistungs-, Kapital-, Zahlungs- und sonstiger Wirtschaftsverkehr mit fremden Wirtschaftsgebieten sowie der Verkehr mit Auslandswerten und Gold zwischen Gebietsansässigen ist grundsätzlich frei (AWG § 1 Abs. 1).

Die führenden Welthandelsländer 2007		
Rang	in MRD. US-$	Weltanteil in %
1. **Deutschland**	1326,4	9,5
2. VR China	1217,8	8,7
3. USA	1162,5	8,3
4. Japan	712,8	5,1
5. Frankreich	553,4	4,0
6. Niederlande	551,3	4,0
In 2009/10 wurde Deutschland von der VR China vom Spitzenplatz verdrängt.		

Quelle: Fischer Weltalmanach 2010

Die Vorteile des Außenhandels kommen jedoch nicht allen Branchen gleichermaßen zugute. Einzelne Branchen müssen stark um ihre Wettbewerbsfähigkeit kämpfen; andere sind im internationalen Wettbewerb nicht konkurrenzfähig.

Grundsätzlich hat ein Staat im Rahmen der Handelspolitik zwei Möglichkeiten der Einflussnahme, zwischen denen Abstufungen vorgenommen werden können:

Instrumente der Handelspolitik • Extreme	
Protektionismus	Der Staat kann die heimische Wirtschaft vor der ausländischen Konkurrenz schützen. Dies bezeichnet man als Protektionismus. Machen dies alle Länder, so erlahmt der internationale Handel.
Freihandel	Er kann dem Handel Tür und Tor öffnen. Damit werden binnenländische Unternehmen der internationalen Konkurrenz schutzlos ausgesetzt. Voraussetzung dafür sind internationale Wettbewerbsregeln.

Vor dem Hintergrund der wirtschaftlichen Situation vieler Entwicklungsländer würde ein völlig freier Welthandel zur Unterlegenheit dieser Länder führen, sodass von daher protektionistische Schutzmaßnahmen noch als unverzichtbar betrachtet werden. Protektionismus ist aber nicht nur in den Entwicklungsländern anzutreffen. Nach wie vor gibt es viele Staaten, die einerseits Handelsbarrieren zum Schutz der einheimischen Wirtschaft schaffen, andererseits durch bilaterale oder multilaterale Abkommen versuchen, die eigene Position im Welthandel zu fördern.

02. Seit wann ist der freie Handel ein politisches Ziel?

Als politische Ziele traten der freie Handel und der Abbau von Protektionismus ganz nachhaltig nach dem Ende des Zweiten Weltkrieges in den Vordergrund. Neben dem ökonomischen Vorteil wurden nämlich auch politischen Erwartungen postuliert: *Wer miteinander Handel treibt, führt nicht gegeneinander Krieg.* So kam es bereits 1948 zum ersten Allgemeinen Zoll- und Handelsabkommen, dem General Agreement on Tarifs and Trade (GATT). Das unterzeichneten damals zwar nur 48 Staaten, man muss aber auch bedenken, dass es seinerzeit viel weniger Staaten als heute gab. Der afrikanische Kontinent bestand noch zum größten Teil aus Kolonien. Erst seit den sechziger Jahren des letzten Jahrhunderts wurden aus Kolonien unabhängige Staaten, die ihrerseits ein Interesse daran haben, international Waren kaufen und verkaufen zu können.

03. Welche Rolle für den freien Handel spielt die Meistbegünstigungsklausel?

War es vorzeiten üblich, dass in bilateralen Handelsabkommen unterschiedliche Bedingungen vereinbart wurden, sodass Produkte, die von Land A aus Land B importiert wurden einem höheren Zoll unterworfen wurden als die gleichen Produkte, die Land A aus Land C bezog, so verpflichteten sich die Unterzeichnerstaaten des GATT, allen ihren Handelspartnern die Bedingungen einzuräumen, die sie dem Partner mit der günstigsten Bedingung gewährt haben. Auf diese Weise wurden wirkungsvoll Diskriminierungen abgebaut.

04. Welche Organisationen und Abkommen bauen Handelshemmnisse ab?

Im Laufe der Zeit haben eine Reihe multistaatlicher Organisationen dazu beigetragen, den freien Handel auszuweiten und Handelshemmnisse abzubauen. Zum Teil kümmerten sich diese Organisationen lediglich um den freien Handel zwischen den ihnen angehörenden Staaten und beließen es gegenüber organisationsfremden Handelspartnern bei Einschränkungen. Beispielhaft seien einige Organisationen bzw. Freihandelsabkommen genannt:

Säulen der Weltwirtschaft	
EFTA	European Free Trade Area – inzwischen ohne größere Bedeutung, da die meisten EFTA-Staaten heute der EG angehören; ursprünglich strebten die EFTA-Staaten lediglich eine Freihandelszone an, ohne Europa politisch einigen zu wollen.
EG/EU	Europäische Gemeinschaft – hervorgegangen aus der Europäischen Wirtschaftsgemeinschaft, der Europäischen Gemeinschaft für Kohle und Stahl und der Euratom und seit dem Maastrichter Vertrag mit der Gemeinsamen Außen- und Sicherheitspolitik und der Gemeinsamen Innen- und Rechtspolitik zur Europäischen Union (EU) geworden.
Pakte von Lomé	Mehrfach erweiterte Präferenzabkommen zwischen der Europäischen Gemeinschaft und Entwicklungs- bzw. Schwellenländer aus den Regionen Afrika, Karibik und Pazifik, zum bevorzugten Zugang zum Binnenmarkt.
WTO	World Trade Organization – Überwachung der Handelspolitik der Mitgliedsländer und Schlichtung von Handelskonflikten
Weltbank	Förderung und Entwicklung schwächerer Länder durch Kreditgewährung für Investitionen
IWF	Internationaler Währungsfond – Behebung von Zahlungsschwierigkeiten betroffener Länder
GATT	General Agreement on Tarifs and Trade (Allgemeines Zoll- und Handelsabkommen) – Wichtigste internationale Handelsvereinbarung nach dem 2. Weltkrieg. Hauptanliegen ist der Abbau von Handelsbeschränkungen (z. B. Einfuhrkontingente, Reduzierung der Zolltarife).
GATS	General Agreement on Trade in Services – Einhaltung der Regeln für den freien Dienstleistungsverkehr
TRIPS	Agreement on Trade Related Aspects of Intellectuel Property Rights – Einhaltung der Regeln zum Schutz geistigen Eigentums
TRIMS	Agreement on Trade Related Investment Measures – Einhaltung der Regeln für handelsbezogene Direktinvestitionen

05. Welche besondere Bedeutung hat die Welthandelsorganisation (WTO) für den Freihandel?

Nachdem dem GATT nahezu 150 Staaten beigetreten sind, kann das politische Ziel des freien Handels als allgemein akzeptiert gelten. Wichtig ist es jetzt, eine Regelung für Handelskonflikte zwischen Unterzeichnerstaaten zu finden und ein Verfahren zu finden, um den freien Handel auch in Zukunft zu sichern und auf künftigen Märkten anzuwenden.

Deshalb gründeten die GATT-Unterzeichner die World Trade Organization (WTO), die Welthandelsorganisation und übertrugen ihr die Befugnis, die Handelspolitik der WTO-Mitgliedsstaaten zu beobachten und zu überwachen, dass sich die Mitgliedsstaaten freihandelsgemäß verhalten und keine protektionistische Marktabschottung betreiben. Darüber hinaus soll die WTO Handelskonflikte zwischen Mitgliedsstaaten schlichten. Schließlich wurde eine Ministerkonferenz vereinbart, die im zweijährlichen Rhythmus darüber verhandelt, wie weitere Handelshemmnisse abgebaut werden können.

Konkret hat sich das seit der WTO-Gründung in der Liberalisierung bei der Informationstechnologie und der Telekommunikation sowie bei Finanzdienstleistungen ausgedrückt. Auf der Tagesordnung der WTO bleiben der Subventionsabbau und der freie Dienstleistungsverkehr.

06. In welcher Weise vereinfacht SEPA den zwischenstaatlichen Handel?

Mit SEPA (Single Euro Payment Area) soll ein einheitlicher Euro-Zahlungsverkehrsraum geschaffen werden. Bisher existierende Unterschiede bei der Abwicklung von grenzüberschreitenden Zahlungen werden damit schrittweise aufgehoben. Starttermin war der 28. Januar 2008. Die Standardisierung des Zahlungsverkehrs erfolgt zunächst für Überweisungen in das Ausland und soll ab 2009 auf Lastschriften erweitert werden. Die internationale Kontonummer IBAN und die internationale Bankenkennung BIC werden die bisher gültigen nationalen Identifizierungen (Kontonummer, Bankleitzahl) ablösen. Dies wird langfristig auch für inländische Zahlungen gelten.

Dem SEPA-Projekt haben sich 30 europäische Staaten angeschlossen, drei mehr als Mitglied in der EU sind. Es handelt sich um die Staaten, die den Europäischen Wirtschaftsraum (EWR) bilden.

07. Was sind Freihandelsabkommen?

Freihandelszonen führen verschiedene staatliche Territorien zu einem Gebiet (Zone) zusammen, auf dem freier Handel herrscht, also keine Zölle erhoben werden.

Neben der Mercosur-Zone in Amerika ist der Europäische Wirtschaftsraum (EWR) die größte Freihandelszone. Der EWR wurde 1993 nach der Vollendung des EU-Binnenmarktes geschaffen und umfasst die Mitgliedsstaaten der Europäischen Gemeinschaft und die Mitgliedsstaaten der früheren EFTA (European Free Trade Area). Unternehmen aus einem EFTA-Land werden so behandelt wie die Unternehmen der Europäischen Gemeinschaft. Sie haben (zoll)freien Zugang zum Gemeinsamen Markt und umgekehrt können Unternehmen aus einem EG-Land ungehindert Waren an ein Unternehmen in einem EFTA-Land liefern; auf die Ware wird kein Zoll erhoben.

In der EFTA schlossen sich einst die europäischen Staaten zusammen, die zwar eine wirtschaftliche, aber keine politische Integration wollten. Im Gegensatz zur EFTA war für die Gründungsmitglieder der Europäischen Union die wirtschaftliche Integration Europas nur die Vorstufe zur politischen Einheit Europas. Sie strebten nicht nur die wirtschaftliche Gemeinschaft an, sondern ebenso die politische Zusammenarbeit. Mit dem Vertrag von Maastricht ist dieses Ziel im Bereich der Währungspolitik sichtlich gelungen; in anderen Bereichen ist eine gemeinsame europäische Politik ausdrücklich angestrebt: Außen- und Sicherheitspolitik, Innen- und Rechtspolitik.

08. Was sind Präferenzabkommen?

Mit diesen Abkommen wird es Unternehmen aus bestimmten Ländern leichter gemacht, ihre Waren auf dem Europäischen Binnenmarkt anzubieten. Sie stoßen dort auf keine Marktzutrittsschranken und stehen damit günstiger als Unternehmen, denen gegenüber in Form des Zolls der Marktzugang erschwert wird. Denn Produkte, auf die Zoll zu entrichten war, können auf dem Markt natürlich nicht so günstig angeboten werden, wie Waren, die durch niedrigere Zölle oder sogar völlige Zollfreiheit begünstigt werden.

In (un)guter Erinnerung ist noch der Bananenstreit zwischen der EU und den USA, die ihren Grund in der unterschiedlichen Zollbehandlung hatten. Die „Dollar-Bananen" mussten bei der Einfuhr in die Europäische Gemeinschaft verzollt werden, während die Einfuhr von Bananen aus z. B. Martinique nicht verzollt werden brauchten, weil sie unter ein Präferenzabkommen fielen.

09. Haben sich Präferenzabkommen bewährt?

Das wohl bekannteste Präferenzabkommen ist das sog. AKP-Abkommen. Staaten aus Afrika, der Karibik und des Pazifiks einerseits und die Europäische Union andererseits vereinbarten erstmals im Pakt von Lomé, das Unternehmen der AKP-Staaten ihre Waren zollfrei auf dem Europäischen Binnenmarkt anbieten können. Umgekehrt gilt natürlich, dass auch auf Warenlieferungen von Unternehmen aus dem Gemeinschaftsgebiet von den AKP-Staaten keine Zölle erhoben werden.

Dieses erste Abkommen ist inzwischen mit immer mehr Staaten aus dem AKP-Raum durch weitere Abkommen erweitert und ergänzt worden. Kritiker wenden ein, dass damit die AKP-Staaten dauerhaft in Abhängigkeit von modernen Volkswirtschaften bleiben. Die Unternehmen des AKP-Raumes haben zwar freien Zugang zum Binnenmarkt; da sie im Wesentlichen jedoch Rohprodukte auf dem Europäischen Binnenmarkt anbieten und verkaufen, werden sie zum einen niemals so viel einnehmen, wie sie für den Import von Fertigerzeugnissen ausgeben müssen. Um die Importe bezahlen zu können, müssen sie sich weiter verschulden. Dieser Sichtweise ist entgegenzuhalten, dass der freie Zugang zum Europäischen Binnenmarkt den Unternehmen aus dem AKP-Raum mehr Umsatz bringt. Sie entrichten dementsprechend mehr Steuern, sodass die AKP-Staaten höhere Steuereinnahmen erzielen. Mit diesen Einnahmen kann die örtliche Infrastruktur verbessert werden, was wiederum die Wettbewerbsfähigkeit der Unternehmen steigert. Präferenzabkommen sind also praktizierte Entwicklungspolitik.

10. Was bewirken Assoziierungsabkommen?

Mit Assoziierungsabkommen werden Drittstaaten mit der Europäischen Gemeinschaft verbunden. Der Drittstaat (und die darin ansässigen Unternehmen und Bürger) wird so behandelt, als sei er kein Drittstaat, sondern Mitglied der Europäischen Gemeinschaft. So besteht z. B. zwischen der Türkei und der EU ein Assoziierungsabkommen. Das hat zur Folge, dass die meisten türkischen Produkte zollfrei auf dem Europäischen Binnenmarkt angeboten werden können, ohne dass es der Türkei möglich ist, Einfluss auf die Politikgestaltung der EU zu nehmen.

11. Was verhindert Handelshemmnisse am ehesten?

Neben dem politischen Willen, den freien Handel international zu fördern, schützt am besten die gegenseitige Abhängigkeit der Volkswirtschaften davor, dass dauerhaft Handelshemmnisse errichtet werden. Keine Volkswirtschaft ist autark. Globalisierung ist somit nicht nur die Folge freien Handels, sondern garantiert ihn zugleich.

1.1.4.2 Besonderheiten der EU

01. Welche Staaten sind Mitglied der EU?

Gründungsmitglieder (1958; EWG) sind:	Belgien, Italien, Bundesrepublik Deutschland, Luxemburg, Frankreich, Niederlande
Seit dem Vertrag von Maastricht (**1991**) trägt die EG die Bezeichnung **Europäische Union** (EU).	
Hinzu kamen:	1973 Dänemark, Großbritannien, Irland, 1981 Griechenland, 1986 Portugal, Spanien, 1995 Finnland, Österreich, Schweden.
Beitritt 2004:	Estland, Lettland, Litauen, Malta, Polen, Slowakei, Slowenien, Tschechien, Ungarn, Zypern.
Beitritt 2007:	Bulgarien und Rumänien.
Die EU der 27 Mitgliedsstaaten hat damit rd. 490 Mio. Einwohner und entspricht ca. zwei Drittel der Bevölkerung aller europäischen Staaten.	

- Als *Eurozone*
  bezeichnet man die EU-Länder, die den Euro als Währung eingeführt haben (EWU: Europäische Währungsunion). Am 1.1. 2008 sind Malta und Zypern sowie am 1.1. 2009 die Slowakei der Eurozone beigetreten.

- *Nicht-Mitglieder der Eurozone* sind:
  Bulgarien, Dänemark*, Estland*, Lettland*, Litauen*, Polen, Rumänien, Schweden, Tschechien, Ungarn und Großbritannien.

  * Diese Staaten sind Teilnehmer am Währungskursmechanismus II (WKM II) und können nach mindestens zweijähriger Teilnahme sowie nach der Erfüllung der Konvergenzkriterien den Euro einführen.

- Darüber hinaus ist der Euro Währung oder Leitwährung in weiteren 30 Staaten, die nicht Mitglied der EU sind (z. B. Montenegro).

02. Was ist die Besonderheit der EU?

Die EU ist ein Gebilde eigener Art. Sie besitzt eigene Hoheitsrechte und Befugnisse, auf die ihre Mitgliedsstaaten durch Aufgabe eigener Souveränitätsrechte verzichtet haben. Die EU strebt einen ausgewogenen wirtschaftlichen und sozialen Fortschritt in ihren Mitgliedsländern an und betreibt eine gemeinsame Außen- und Sicherheitspolitik sowie eine gemeinsame Innen- und Rechtspolitik. Hingegen wird z. B. eine gemeinsame Steuerpolitik von den meisten Mitgliedsstaaten abgelehnt.

Die EU ist zur Subsidiarität verpflichtet, die besagt, dass Entscheidungen möglichst bürgernah getroffen werden, d. h. auf der jeweils untersten Ebene (Gemeinde, Region) und nur aus Gründen der Zweckmäßigkeit auf die jeweils höhere Ebene verlagert werden. Damit soll die Angst der Bürger vor der Brüsseler Bürokratie gedämpft werden.

Gemäß Art. 98 EGV haben die Mitgliedsstaaten ihre Wirtschaftspolitik so auszurichten, dass sie zur Verwirklichung der grundlegenden Ziele der Gemeinschaft beitragen. Dazu zählt ein beständiges, nicht-inflationäres Wirtschaftswachstum, ein hoher Grad von Wettbewerbsfähigkeit und Konvergenz der Wirtschaftsleistungen, ein hohes Beschäftigungsniveau sowie ein hohes Maß an sozialer Sicherheit (Art 2). Die Mitgliedsstaaten haben ihre Wirtschaftspolitik als eine Angelegenheit von gemeinsamen Interesse zu betrachten und untereinander zu koordinieren (Art. 99 EGV).

03. Welche Ziele verfolgt die EU?

Die wirtschafts-, währungs- und sozialpolitische Ziele der EU sind:

- Förderung eines ausgewogenen und dauerhaften wirtschaftlichen und sozialen Fortschritts über folgende Maßnahmen:
  · Binnenmarkt,
  · Wirtschafts- und Währungsunion mit gemeinsamer Währung,
  · Abstimmung einzelner Politikbereiche, z. B. Verkehrs-, Kommunikationspolitik, gemeinsame Forschung, Umwelt- und Verbraucherschutz, Wettbewerb,
- gemeinsame Außen- und Sicherheitspolitik (GASP),
- gemeinsame Innen- und Rechtspolitik, z. B. Bekämpfung der Kriminalität, Asylrecht.

04. Welchen Rechtscharakter haben Verordnungen, Richtlinien und Empfehlungen der EU?

- *Verordnungen* der EU werden unmittelbar in allen Mitgliedsstaaten Gesetz. Eine EU-Verordnung steht im Zweifels- oder Streitfall über jedem nationalen Gesetz. Eine EU-Verordnung darf nicht mit dem deutschen Begriff Rechtsverordnung verwechselt werden.

- *Richtlinien* der EU sind gewissermaßen Gesetzesrahmen, die erst noch ausgefüllt werden müssen. Jedes Mitgliedsland der EU ist verpflichtet, innerhalb einer vorgegebenen Frist nationale Gesetze zu erlassen, die gewährleisten, dass das in der Richtlinie geforderte Ziel erreicht wird. Erst durch diese nationale Gesetzgebung wird eine Richtlinie in geltendes Recht verwandelt. Versäumt ein Mitgliedsstaat die gesetzliche Frist, kann er von der Kommission ermahnt und nach einer weiteren Frist vor dem Europäischen Gerichtshof verklagt werden.

- *EU-Empfehlungen* haben keine bindende Wirkung. Sie sind aber in der Regel die Vorstufe einer Richtlinie und sollen den Mitgliedsstaaten signalisieren, in welcher Weise künftige einheitliche Regelungen aussehen werden, damit sich die einzelnen Länder entsprechend vorbereiten können.

05. Welche Wirtschafts- und Währungsbeziehungen existieren zwischen den Mitgliedsstaaten der EU?

1. *Zollunion*:
   Ein- und Ausfuhrzölle sowie Abgaben zwischen den Mitgliedsstaaten der EU sind verboten. Gegenüber Drittländern existiert ein gemeinsamer Zolltarif.

2. *Gemeinsamer Markt*:
   Der Euro-Markt ist ein „Gemeinsamer Markt", der
   - die Freiheit des Waren- und Kapitalverkehrs garantiert sowie
   - die Freizügigkeit für Arbeitnehmer und die Niederlassungsfreiheit für Unternehmer
   (für die Neumitglieder, z. B. Polen, Tschechien usw. gibt es Übergangsfristen).

3. *Währungsunion*:
   Das Ziel einer gemeinsamen Währung ist zum Teil innerhalb der EU seit 2002 erreicht (Ausnahmen: vgl. Frage 01.).

06. Was ist der europäische Binnenmarkt?

Durch die Bildung der EU ist ein neuer Binnenmarkt entstanden, der die Grenzen zwischen den Mitgliedsstaaten abgeschafft hat und inzwischen weltweit neben den USA die größte Bedeutung erlangt hat.

Im europäischen Binnenmarkt besteht vollständige Freiheit des Waren-, Dienstleistungs- und Kapitalverkehrs, die Freizügigkeit für Personen und die Niederlassungsfreiheit für Selbstständige. Probleme, die bislang erst zum Teil gelöst sind, sind die gegenseitige Anerkennung von beruflichen Qualifikationen, da die vermittelten Bildungsinhalte teilweise große Unterschiede aufweisen. Probleme entstehen auch bei der Führung des Meistertitels im Handwerk, der in der deutschen und österreichischen Form in den übrigen Mitgliedsstaaten nicht vergeben wird; weiterhin bei der Überwindung von Sprachschwierigkeiten, dem Ansteigen der Wirtschaftskriminalität durch den Wegfall der Grenzen und durch das Ausnutzen von Subventionsmöglichkeiten zu betrügerischen Zwecken.

Ziele des Europäischen Binnenmarktes		
Freier Personenverkehr	Wegfall von Grenzkontrollen (Schengener Abkommen); keine Einfuhr-/Ausfuhr- und Zollkontrollen	1)
	Harmonisierung der Einreise-, Asyl-, Waffen- und Drogengesetze	
	Niederlassungs- und Beschäftigungsfreiheit für EU-Bürger	3)
Freier Warenverkehr	Wegfall von Grenzkontrollen	
	Harmonisierung oder gegenseitige Anerkennung von Normen	
	Steuerharmonisierung	2)
Freier Dienstleistungsverkehr	Liberalisierung der Finanzdienste	3)
	Harmonisierung der Banken- und Versicherungsaufsichten	
	Öffnung der Transport- und Telekommunikationsmärkte	
Freier Kapitalverkehr	Größere Freizügigkeit für Geld- und Kapitalbewegungen	
	Schritte zu einem gemeinsamen Markt für Finanzdienstleistungen	
	Liberalisierung des Wertpapierverkehrs	
	Gemeinsame Maßnahmen gegen Geldwäsche	

Ausnahmen:

1) Import-/Exportbeschränkungen bei wirtschaftlichen Schwierigkeiten eines Mitgliedslandes oder zum Schutz von Gesundheit, Kulturgut oder Sicherheit.

2) Die Steuersysteme sind in der Gemeinschaft bisher noch uneinheitlich, insbesondere gibt es keine einheitlichen Umsatz- und Verbrauchsteuersätze.

3) Hier gibt es noch eine Reihe von Ausnahmen und erheblichen Regelungsbedarf (z. B. im Asylrecht und im Transportwesen).

07. Welche Bedeutung hat der Europäische Binnenmarkt für die grundlegenden Sicherheitsanforderungen in Bezug auf Bau und Ausrüstung von Maschinen und Anlagen?

Mit dem 01.01.1993 ist der Europäische Binnenmarkt Wirklichkeit geworden. Das Territorium, das vom EG-Vertrag erfasst wird, umfasst derzeit die so genannten „alten" EU-Länder, die „neuen" EU-Länder im Osten Europas sowie die sich in einer Sonderstellung befindlichen drei Länder der Europäischen Freihandelszone EFTA → Liechtenstein, Island und Norwegen.

Der freie ungehinderte Verkehr von Waren schließt Maschinen, Geräte, Anlagen u. Ä. natürlich mit ein. Insofern stand die Gemeinschaft insbesondere im Markt für Maschinen vor dem Problem, dass in all den vorstehend genannten Nationalstaaten z. T. sehr unterschiedliche Rechtssysteme und auch sehr unterschiedliche Sicherheitsbestimmungen mit sehr verschiedenen Schutzniveaus galten. Diese stellten naturgemäß Handelshemmnisse dar. Die Gemeinschaft beschloss deshalb, Handelshemmnisse durch eine Angleichung der nationalstaatlichen Vorschriften zu beseitigen ohne jedoch die bestehenden Schutzniveaus zu senken. Diese sehr komplizierte Aufgabenstellung wurde dadurch gelöst, dass die Sicherheitsanforderungen in Bezug auf Bau und Ausrüstung von Maschinen im Rahmen eines Konzeptes zur technischen Harmonisierung von Produkten verbindlich formuliert wurden.

> Das **Harmonisierungskonzept** basiert darauf, dass lediglich die grundlegenden Sicherheitsanforderungen in so genannten Binnenmarktrichtlinien für alle Mitgliedsstaaten verbindlich beschrieben sind. Die Konkretisierung erfolgt dagegen überwiegend durch harmonisierte europäische Normen.

Alle Binnenmarktrichtlinien, die wohl bekannteste ist die so genannte *EG-Maschinenrichtlinie,* müssen in jedem EWR-Land unverändert in nationales Recht umgesetzt werden und gelten insbesondere für die Hersteller von Maschinen und Anlagen aber auch für die Vertreiber und Importeure. Dabei muss sichergestellt werden, dass Unfallrisiken während der gesamten voraussichtlichen Lebensdauer ausgeschlossen sein müssen.

08. Welche Richtlinien bilden die Grundlage der Sicherheit von Maschinen und Anlagen im Europäischen Wirtschaftsraum (EWR)?

Dies sind im Wesentlichen folgende Richtlinien:

Zentrale Richtlinien zur Sicherheit von Maschinen und Anlagen im EWR			
EG-Maschinen-richtlinie (MRL)	EG-Nieder-spannungsricht-linie	EMV-Richtlinie	Arbeitsschutz-Richtlinien gem. Art. 137 EG-Vertrag

   ↓
CE-Kennzeichnung
   GPSG

09. Welche zentralen Bestimmungen enthält die EG-Maschinenrichtlinie (MRL)?

Die wichtigste Richtlinie für den Industriesektor des Maschinenbaus ist die Richtlinie 98/37/EG des Europäischen Parlamentes und Rates vom 22.06.1998 zur Angleichung der Rechtsvorschriften der Mitgliedsstaaten für Maschinen. Diese Richtlinie wird im normalen Sprachgebrauch „EG-Maschinenrichtlinie", kurz MRL, genannt. Sie zählt zu den wichtigsten sog. „Binnenmarktrichtlinien" im EWR und soll dafür sorgen, dass Maschinen und Anlagen im EWR frei gehandelt werden können. Die MRL hat sich im Laufe der Jahre durchaus bewährt. Teilweise zeigte sich jedoch, dass Änderungen und Ergänzungen notwendig waren. Diese Diskussionen haben dazu geführt, dass zum 17. Mai 2006 die *neue Maschinenrichtlinie 2006/42/EG* mit umfangreichen Änderungen unterzeichnet und am 09. Juni 2006 im Amtsblatt der Europäischen Union veröffentlicht wurde. Sie *muss* ohne Übergangsfrist *bis zum 29. Juni 2008 in nationales Recht umgesetzt werden.*

Ab 29.12.2009 müssen alle Produkte die Anforderungen der neuen MRL 2006/42/EG erfüllen.

• Die neue Maschinenrichtlinie 2006/42/EG hat d*en Begriff der „Gefahrenanalyse" durch den Begriff „Risikobeurteilung" ersetzt.*

• *Für alle Phasen der Lebensdauer* einer Maschine oder Anlage müssen
  · die möglichen Gefahrstellen und die dort vorhandenen Gefährdungen bei bestim-mungsgemäßer Verwendung ermittelt werden,
  · für jede identifizierte Gefährdung eine Risikobeurteilung durchgeführt werden und
  · Schutzziele formuliert, Schutzmaßnahmen ausgewählt und Restrisiken ermittelt werden.

• Die voraussichtliche *Lebensdauer einer Maschine* umfasst:

1. Bau und Herstellung		
2. Transport und Inbetriebnahme	- Aufbau, Installation - Tests, Messungen	- Einstellungen, Versuche, Probeläufe
3. Einsatz/Gebrauch (Verwendung)	- Einrichten, Umrüs-ten, Einstellen, Pro-grammieren, Testen	- Betrieb - Fehlersuche, Störungsbe-seitigung - Reinigung, Instandhaltung
4. Außerbetriebnahme, Demontage, ggf. Entsorgung		

• Der Gesetzgeber führt dabei im Anhang I der Maschinenrichtlinie (in Deutschland Maschinenverordnung) genau aus, was er vom Hersteller (Vertreiber, Importeur) hinsichtlich der Berücksichtigung der Risikobeurteilung bei Konstruktion und Bau der Maschine verlangt:

Der Hersteller (Vertreiber, Importeur) muss	
die Grenzen der Maschine bestimmen	Dies schließt die Definition der bestimmungsgemäßen Verwendung und auch die vernünftigerweise vorhersehbare Fehlanwendung ein.
die Gefährdungen ermitteln	inkl. möglicher Gefährdungssituationen, die von der Maschine ausgehen können.
die Risiken abschätzen	unter Berücksichtigung der möglichen Schwere der Verletzungen, Gesundheitsschäden und Wahrscheinlichkeit des Eintritts.
die Risiken bewerten	Stimmen sie mit den Zielen der Maschinenrichtlinie überein oder ist eine Minderung der Risiken erforderlich?
die Gefährdungen ausschalten	durch Anwendung probater Schutzmaßnahmen; dabei gilt ein Vorrangprinzip für die technischen, vom Konstrukteur mit der sicheren Konstruktion zu schaffenden Maßnahmen.

10. Welche Aussage ist mit der CE-Kennzeichnung von Maschinen/Anlagen verbunden?

Äußeres Zeichen dafür, dass eine Maschine den grundlegenden Forderungen der Maschinenrichtlinie entspricht, ist das gut sichtbare dauerhaft angebrachte und leserliche CE-Zeichen. Der Anhang III der Richtlinie beschreibt genau, wie die vorschriftsmäßige Kennzeichnung aussehen muss.

Ist die CE-Kennzeichnung vorhanden, muss der Richtlinie folgend eine ausführliche Dokumentation zur Maschine vorhanden sein, die auch die Angaben zur Risikobeurteilung enthält.

Zur Maschine gehört stets die Technische Dokumentation und eine Betriebsanleitung.

Abb: Typenschild einer Maschine mit CE-Kennzeichnung

Wer eine Maschine ohne CE-Kennzeichnung in Verkehr bringt oder ein CE-Kennzeichen anbringt, ohne die Durchführung einer Risikobezeichnung nachweisen zu können, handelt grundsätzlich rechtswidrig. Wer die Konformitätsverantwortung trägt, muss in diesen Fällen mit Rechtsfolgen rechnen. Dies gilt immer besonders dann, wenn ein Sicherheitsmangel die Ursache für einen schweren Unfall ist.

11. Welchen Inhalt hat das Geräte- und Produktsicherheitsgesetz (GPSG)?

Binnenmarktrichtlinien müssen national unverändert umgesetzt werden. Die EG-Maschinenrichtlinie ist in Deutschland mit der 9. Verordnung zum Geräte- und Produktsicherheitsgesetz (GPSG) umgesetzt. Sie sorgt als nationalstaatliche Umsetzung der

EG-Maschinenrichtlinie dafür, dass in Deutschland die grundlegenden Sicherheits- und Gesundheitsanforderungen bei Konzipierung und Bau von Maschinen und Sicherheitsbauteilen am nationalen Maschinenmarkt eingehalten werden. Das Geräte- und Produktsicherheitsgesetz gilt in Deutschland seit dem 1. Mai 2004.

Das Geräte- und Produktionsgesetz selbst stellt ebenfalls die Umsetzung einer europäischen Richtlinie dar. Es setzt die Produktsicherheitsrichtlinie 2001/95/EG in nationales deutsches Recht um.

12. Was ist die Europäische Währungsunion (EWU)?

Als Europäische Währungsunion (EWU*) bezeichnet man den am 1. Januar 1999 durchgeführten Zusammenschluss der damals 11 Teilnehmerstaaten auf dem Gebiet der Geld- und Währungspolitik. Ziel dieser Maßnahme war die Errichtung einer Zone mit monetärer Stabilität durch die Einführung einer gemeinsamen Währung Euro. Damit verbunden war die Übertragung der geldpolitischen Kompetenz der einzelnen Mitgliedsstaaten auf das Europäische System der Zentralbanken (ESZB). Die Verantwortung für eine zentral gesteuerte Geld- und Währungspolitik liegt seitdem nur noch bei der Europäischen Zentralbank (EZB).

* Die Bezeichnungen EWU und EWWU (Europäische Wirtschafts- und Währungsunion) sind synonym.

13. In welchen Stufen wurde die EWU entwickelt?

1979	Beginn des Europäischen Währungssystems (EWS)
1990	**Erste Stufe** der Europäischen Wirtschafts- und Währungsunion (EWWU).
1993	Vertrag über die Europäische Union (EU), der so genannte Vertrag von Maastricht, tritt in Kraft.
1994	**Zweite Stufe** der Europäischen Wirtschafts- und Währungsunion (EWWU).
1995	Der Europäische Rat beschließt die Eckwerte für den Übergang zur EWU und legt den Namen „Euro" für die gemeinsame Währung fest.
1999	**Dritte Stufe** der Europäischen Wirtschafts- und Währungsunion (EWWU): - Die Europäische Währungsunion (EWU) startet mit elf Teilnehmerländern. - Einführung der gemeinsamen Währung **„Euro" als Buchgeld**. - Zuständigkeit für die Geldpolitik liegt bei der EZB.
2002	**Euro als Bargeld**; die nationalen Währungen verlieren ihre Gültigkeit.
	An der EWU können die EU-Länder teilnehmen, die die sog. Konvergenzkriterien erfüllen.

14. Welche Voraussetzungen müssen die Mitgliedsländer der EU für die Aufnahme in das Europäische System der Zentralbanken erfüllen?

Die sog. *Konvergenzkriterien* (Maastricht-Vertrag) sind:

1. Die *Inflationsrate darf nicht mehr als 1,5 Prozentpunkte* über der Inflationsrate jener höchstens drei Mitgliedsstaaten liegen, die auf dem Gebiet der Preisstabilität das beste Ergebnis erzielt haben;

2. die öffentlichen *Budget-Defizite dürfen höchstens 3 %* des BiP betragen;

3. die *Staatsverschuldung soll 60 %* des BiP nicht überschreiten;

4. der *Wechselkurs* der Landeswährungen muss sich zwei Jahre innerhalb der Bandbreite des EWS bewegt haben, und die Währung darf nicht abgewertet worden sein; der Nominalzins für langfristige staatliche Wertpapiere darf um nicht mehr als zwei Prozentpunkte über dem Satz der drei Länder mit der besten Preisstabilität liegen.

15. Welche Zuständigkeiten bestehen innerhalb der EWU?

Nicht alle Mitgliedsländer der EU nehmen an der EWU teil. Daher gibt es folgende Unterschiede:

- Diejenigen Länder, die an der EWU teilnehmen bezeichnet man als *Eurosystem.* Hier ist der Euro gemeinsame Währung und die EZB ist für die gemeinsame Geldpolitik zuständig.

- Die Länder der EU, die bisher noch nicht an der EWU teilnehmen, haben (bisher) noch ihre Einzelwährungen und regeln ihre Geldpolitik national – allerdings in enger Abstimmung mit der EZB. Diese Staaten sind Mitglied im sog. „Erweiterten Rat der EZB". Die Beziehungen zwischen den nationalen Währungen der Nicht-EWU-Mitglieder und dem Euro regelt der *Wechselskursmechanismus II.* Der WKM II ist – vereinfacht dargestellt – ein System relativ fester Wechselkurse.

16. Welche Organe hat die EU?

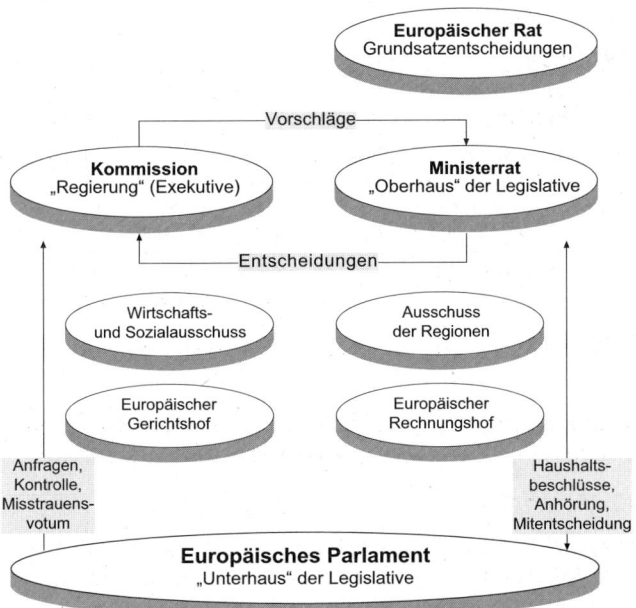

Entsprechend dem demokratischen Staatsaufbau bestehen folgende Organe:

1. der Europäische Rat (Mitglieder: Staats- und Regierungschefs, Kommissionspräsident),

2. der Ministerrat ist die Legislative,

3. die Kommission ist die Exekutive,

4. das Europäische Parlament übt Haushalts- und Kontrollrechte aus und wirkt bei der Gesetzgebung mit (Berater, Kritiker und Kontrolleur von Legislative und Exekutive),

5. der Europäische Gerichtshof ist das oberste rechtsprechende Organ, d. h. die Judikative.

6. sonstige Organe:
   - Europäischer Rechnungshof,
   - Wirtschafts- und Sozialausschuss (WSA),
   - Ausschuss der Regionen,
   - Europäische Zentralbank (EZB).

17. Welche Aufgaben und Funktionen hat die EZB?

Die EZB tätigt im Europäischen System der Zentralbanken wie ein Kreditinstitut Bankgeschäfte mit öffentlichen Banken, Kreditinstituten und Nichtbanken.

Neben der Steuerung der *Geldpolitik* erfüllt sie *hoheitsrechtliche Aufgaben*, die sich aus ihrer Rolle als Notenbank der EU, ihrem Verhältnis zu den Geschäftsbanken und zur Bankenaufsicht ergeben. Die Geldpolitik der EZB umfasst alle Maßnahmen, mit denen sie die *Geldmenge* und die *Preisstabilität* in der EU steuern kann.

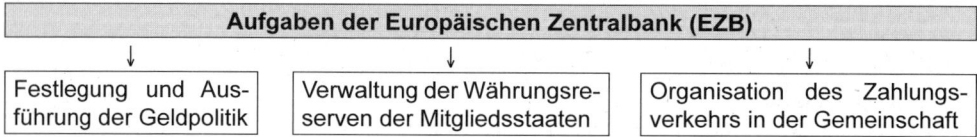

Aufgaben der Europäischen Zentralbank (EZB)		
Festlegung und Ausführung der Geldpolitik	Verwaltung der Währungsreserven der Mitgliedsstaaten	Organisation des Zahlungsverkehrs in der Gemeinschaft

Neben der Entwicklung des Preisniveaus berücksichtigt die EZB bei ihren Entscheidungen noch andere Faktoren wie z. B. die Entwicklung der Wechselkurse zwischen Dollar, Euro und Yen, die Entwicklung der Konjunktur und die Lage auf den Finanzmärkten.

18. Welche Stellung hat das Europäische System der Zentralbanken (ESZB) gegenüber den nationalen Regierungen?

Das ESZB ist unabhängig von nationalen Einflüssen. Die nationalen Regierungen

- können dem ESZB *keine Weisungen* erteilen,
- können bei geldpolitischen Beschlüssen *kein Veto* einlegen,
- erhalten vom ESZB *keine Kredite*.

19. Welche Organe hat die Europäische Zentralbank (EZB) und welche Einzelaufgaben haben die jeweiligen Organe?

- *Rat der Europäischen Zentralbank* (EZB-Rat) = oberstes Organ der EZB – bestehend aus:

  - dem Präsidenten (Jean Claude Trichet seit 2003),
  - dem Vizepräsidenten,
  - vier weiteren Mitgliedern des Direktoriums und
  - den Präsidenten der nationalen Zentralbanken.

  Die *Hauptaufgaben* des EZB-Rates sind:
  - Festlegung der Geldpolitik,
  - Versorgung des Eurosystems mit Zentralbankgeld,
  - Erlass von Leitlinien für die Arbeit des ESZB.

- *Direktorium* = Exekutivorgan – bestehend aus

  - dem Präsidenten,
  - dem Vizepräsidenten und
  - bis zu vier weiteren Mitgliedern.

  Die *Aufgaben* sind:
  - die Durchführung der Beschlüsse des Rates der Europäischen Zentralbank,
  - Leitung und Verwaltung der EZB.

- *Erweiterter Rat der EZB*:

  Da derzeit noch nicht alle Staaten der EU an der Währungsunion teilnehmen, wurde als drittes Organ der EZB der so genannte erweiterte Rat eingerichtet. Er setzt sich zusammen aus

  - dem EZB-Rat und
  - den Präsidenten der nationalen Zentralbanken der so genannten Nichtteilnehmerländer.

  Aufgaben:

  Der erweiterte Rat
  - prüft die Konvergenz von Beitrittskandidaten,
  - verbindet die Währungsunion mit EWS II und
  - hat keine geldpolitischen Befugnisse (nur beratende Funktion).

20. Welche Entwicklungen werden mit den Begriffen „Internationalisierung" und „Globalisierung" umschrieben?

Mit Globalisierung bzw. Internationalisierung bezeichnet man die *Zunahme der internationalen Verflechtung der Wirtschaft* und das *Zusammenwachsen der Märkte* über die nationalen Grenzen hinaus. Einerseits versuchen die Unternehmen, ihre internationale *Präsenz auf den Absatzmärkten* zu festigen durch Gründung von Tochtergesellschaften im Ausland, Firmenzusammenschlüsse und Joint Ventures, andererseits ist man bestrebt, sich neue *Einkaufsquellen* zu erschließen, um dem wachsenden Kostendruck zu entgehen.

21. Welche Tendenzen lassen sich als Folge der Globalisierung erkennen?

Als Folge der Globalisierung sind folgende Tendenzen zu verzeichnen (die nachfolgende Aufzählung kann nur unvollständig sein):

- *Informationstechnologie, Informationsgewinnung:*
  Zunahme der Informationsgeschwindigkeit (Computervernetzung); Verdichtung von Raum und Zeit; damit gewinnt der „Rohstoff Wissen" als Grundlage der wirtschaftlichen Entwicklung an Bedeutung.

  Wissensintensive Industrien und Dienstleistungen weisen in allen entwickelten Volkswirtschaften die größten Wachstumsraten auf. Die Unternehmen sind gezwungen, sich diesen Veränderungen der Produktionsbedingungen und Märkte flexibel anzupassen. Neue unternehmensorientierte Dienstleistungen, die Weiterentwicklung und breite Anwendung von Informations- und Kommunikationstechnik, Multimedia sowie bio- und gentechnische Innovationen zeigen beispielhaft, welche Beschäftigungschancen der Strukturwandel bietet.

  Durch die zunehmende Globalisierung der Märkte wird die Zahl der Kunden so hoch, dass sie von einem Unternehmen kaum noch überschaut werden kann. Dies führt zu einer wachsenden Bedeutung international orientierter Marktforschung.

  Speziell im Handel werden neue Angebots- und Vertriebsformen auf elektronischer Basis weiterhin zunehmen (grenzüberschreitende Vernetzung informationstechnischer Systeme; E-Commerce; B2B, B2C usw.).

- *Internationale Arbeitsteilung:*
  Konkurrenz des Produktionsfaktors Arbeit (z. B. unterschiedliches Lohnniveau deutscher, holländischer und polnischer Bauarbeiter); die Globalisierung der Märkte sowie die Verkürzung der Produktlebenszyklen führen u. a. zu einem ansteigenden Kostendruck und damit zu dem Zwang, den Faktor Arbeit noch wirtschaftlicher einzusetzen. Beispiel: Entwicklung und Konstruktion eines neuen Produkts in Deutschland, Herstellung der Teile in Polen und Tschechien, Montage in Spanien, Vertrieb weltweit. Die Globalisierung der Märkte verlangt immer häufiger Fremdsprachenkompetenz der Mitarbeiter.

- *Konkurrenz der Standorte:*
  Tendenz zur Verlagerung der Produktionsstandorte in das Ausland mit einhergehenden Chancen und Risiken (Abbau von Arbeitsplätzen am nationalen Standort, Kostenvorteile, ggf. Qualitätsprobleme);

- *Logistik:*
  Zunahme des internationalen Verkehrsaufkommens und der Bedeutung der Logistik;

- *Internationale wirtschaftliche Verflechtung:*
  Wachsende Abhängigkeit der nationalen Unternehmens- und Wirtschaftsentwicklung vom Weltmarkt (z. B. Abhängigkeit der deutschen Wirtschaft von den Entwicklungen in den USA und in Japan); zunehmende Abhängigkeit der Güter- und Geldmärkte;

durch die zunehmende Globalisierung nimmt die Komplexität der Beschaffung immer mehr zu. Neben dem politischen Willen, den freien Handel international zu fördern (z. B. erklärtes Ziel der EU), schützt am besten die gegenseitige Abhängigkeit der Volkswirtschaften davor, dass dauerhaft Handelshemmnisse errichtet werden. Keine Volkswirtschaft ist autark. Globalisierung ist somit nicht nur die Folge freien Handels, sondern garantiert ihn zugleich.

• *Wachsende internationale Einflüsse auf nationale Wirtschafts- und Sozialpolitiken:*
Als Folge der Globalisierung hat z. B. die Arbeitsmarktpolitik mit zusätzlichen Schwierigkeiten zu kämpfen. Durch die Globalisierung werden nationalstaatliche Maßnahmen und Sozialsysteme z. T. „ausgehebelt".

• *Rechtssysteme, Patente/Lizenzen:*
Angesichts der fortschreitenden Globalisierung wird es immer wichtiger, auch für Auslandsinvestitionen einheitliche internationale rechtliche Rahmenbedingungen zu schaffen; die Bedeutung gewerblicher Schutzrechte – weltweit – nimmt zu.

Die steigende Standortflexibilität von Unternehmen führt dazu, dass neue, innovative Produkte und Verfahren häufig dort entstehen, wo die Infrastruktur für Forschung und Entwicklung sowie der Produktion besonders günstig sind. Damit ist der weltweite Wettstreit der großen ökonomischen Kraftfelder Japan, China, Indien, USA und Europa mittlerweile auch zu einem Wettstreit von Patenten und Lizenzen geworden. Wer auf diesem Feld nichts zu bieten hat, der kann in dem globalen Kampf um die Märkte nicht mithalten.

1.2 Betriebliche Funktionen und deren Zusammenwirken

1.2.1 Ziele und Aufgaben der betrieblichen Funktionen

01. Welche betrieblichen Funktionen werden unterschieden? → 4.1.3

Der in der Betriebswirtschaftslehre verwendete Begriff „Funktion" bezeichnet die Betätigungsweise und die Leistung von Organen eines Unternehmens.

Man unterscheidet im Wesentlichen folgende betriebliche Funktionen (Darstellung ohne hierarchische Struktur/Gliederung und ohne Anspruch auf Vollständigkeit):

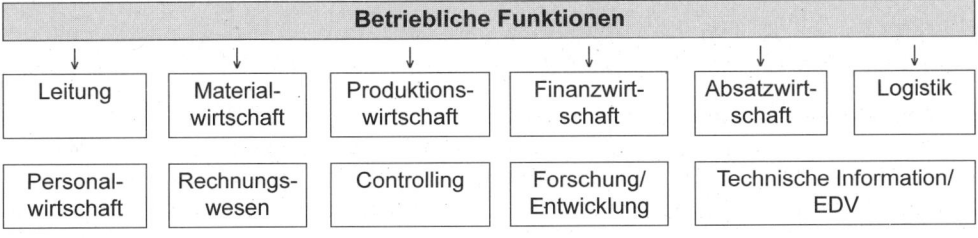

02. Welche charakteristischen Merkmale weisen die betrieblichen Grundfunktionen auf und welchen Beitrag zur Wertschöpfung haben sie zu leisten?

Leitung

Die *Leitung* eines Unternehmens gehört mit zu den dispositiven Produktionsfaktoren. Die begriffliche Verwendung ist unterschiedlich:

- Leitung = Begriff der Organisationslehre; bezeichnet das oberste Weisungsorgan eines Unternehmens; = Tätigkeitsbegriff = Führung des Unternehmens; synonym mit dem Begriff „Unternehmensführung"

- Unter Führung versteht man das zielgerichtete Steuern, Beeinflussen und Lenken von Menschen oder Systemen.

- Unternehmensführung bezeichnet damit die Gesamtheit aller Handlungen zur „zielorientierten Gestaltung und Steuerung eines sozio-technischen Systems".

- Management ist ein anglo-amerikanischer Begriff und wird meist synonym im Sinne „Unternehmensleitung/-führung" verwendet.

Materialwirtschaft

auch: Beschaffung und Lagerhaltung

Als *Beschaffung im weiteren Sinne* bezeichnet man alle betrieblichen Tätigkeiten, die die Besorgung von Produktionsfaktoren und Finanzmitteln zum Ziel haben, um den betrieblichen Zweck bestmöglich zu erfüllen.

Als *Beschaffung im engeren Sinne* bezeichnet man den Einkauf von Werkstoffen und Betriebsmittel. Umfassender ist der Begriff (die Funktion) Materialwirtschaft. Er schließt die Lagerhaltung und -überwachung mit ein.

Produktionswirtschaft

Die *Produktionswirtschaft* ist bei den Industriebetrieben die Kernfunktion der Leistungserstellung. Zwischen Produktion und Fertigung besteht folgender Unterschied:

- Produktion umfasst alle Arten der betrieblichen Leistungserstellung. Produktion erstreckt sich somit auf die betriebliche Erstellung von materiellen (Sachgüter/Energie) und immateriellen Gütern (Dienstleistungen/Rechte).

- Fertigung i. S. von Herstellung meint nur die Seite der industriellen Leistungserstellung, d. h. der materiellen, absatzreifen Güter und Eigenerzeugnisse.

Forschung und Entwicklung

Die Forschung und Entwicklung ist eng mit der Produktionsfunktion verbunden. Sie hat die Aufgabe, bestehende Produkte zu „pflegen" und weiterzuentwickeln (Serienbetreuung) sowie neue Produkte zu schaffen (Neuentwicklung). Diese Funktion ist erforderlich, weil die Mehrzahl der Produkte eine begrenzte Lebensdauer am Markt hat (Produktlebenszyklus) und bereits lange vor dem „Auslaufen" bestehender Produkte „Nachfolger" entwickelt werden müssen, um die zukünftige Ertragssituation des Unternehmens zu gewährleisten.

Streng genommen sind Forschung und Entwicklung zwei Teilfunktionen. Sie sind eng miteinander verknüpft. In der Praxis werden jedoch nur Großunternehmen über eine Forschung im Sinne von Grundlagenforschung verfügen.

Absatzwirtschaft

Zwischen den Begriffen Marketing und Absatz(wirtschaft) bestehen folgende Unterschiede:

- *Absatzwirtschaft* ist der ältere Begriff und bezeichnet die betriebliche Grundfunktion, durch den Verkauf der Produkte und Dienstleistungen am Markt einen angemessenen Kapitalrückfluss zur Entlohnung der Produktionsfaktoren zu erhalten. Mit der Ergänzung „-wirtschaft" wird abgehoben auf einen Bereich als organisatorische Einheit eines Unternehmens.

- Die Verwendung des Begriffs *Marketing* stellt ab auf einen grundlegenden Wandel in der Unternehmensführung: Von der früher vorherrschenden Produktionsorientierung hin zur heute notwendigen Marktorientierung. Im Mittelpunkt des Marketings der Anfänge stand zunächst das Produkt und nicht der Kunde, d. h., die Erfordernisse und Bedürfnisse des Marktes besaßen eine zweitrangige Bedeutung. Dieses Selbstverständnis hat sich seit dem Ende der siebziger Jahre als Folge langfristiger Strukturverschiebungen (globaler, intensiver Wettbewerb, gesättigte Märkte, „Information" als neuer Elementarfaktor) grundlegend gewandelt. Hatte das Marketing bis dahin die Initiative zum Geschäftsabschluss weitgehend dem Kunden überlassen (Verkäufermarkt), so ist nun eine Marketingphilosophie erforderlich, deren Zielsetzung es ist, einerseits möglichst viele Kunden zu gewinnen und andererseits gewonnene Kundenbeziehungen zu sichern (Käufermarkt). Der eingeleitete Wechsel vom Verkäufer- zum Käufermarkt wurde und wird von staatlicher Seite durch eine Abschaffung der weitgehenden Sonderstellungen einzelner Branchen (z. B. Privatisierung der Telekom; Liberalisierung der Strommärkte) begleitet.

Marketing ist (nach Meffert) die bewusst marktorientierte Führung des gesamten Unternehmens, die sich in Planung, Koordination und Kontrolle aller auf die aktuellen und potenziellen Märkte ausgerichteten Unternehmensaktivitäten niederschlägt.

Personalwirtschaft

Alle Aufgaben, die (direkt oder indirekt) mit der Betreuung und Verwaltung des Produktionsfaktors Arbeit anfallen, werden mit Begriffen wie Personalarbeit, Personalwirtschaft, Personalmanagement, Personalwesen, Human Resource Management (HRM) usw. umschrieben.

Rechnungswesen

Das Rechnungswesen (RW) eines Betriebes erfasst und überwacht sämtliche Mengen- und Wertbewegungen zwischen dem Betrieb und seiner Umwelt sowie innerhalb des Betriebes. Nach deren Aufbereitung liefert es Daten, die als Entscheidungsgrundlage für die operative Planung dienen. Neben diesen betriebsinternen Aufgaben hat das RW externe Aufgaben: Aufgrund gesetzlicher Vorschriften dient das RW als externes Informationsinstrument, mit dem die Informationsansprüche der Öffentlichkeit (z. B. Gläubiger, Aktionäre, Finanzamt) befriedigt werden können. Das Rechnungswesen gliedert sich in zwei Teile:

- Der *pagatorische Teil* (pagatorisch = auf Zahlungsvorgängen beruhend) umfasst die Bilanz und die Erfolgsrechnung,
- der *kalkulatorische Teil* umfasst die Kosten- und Leistungsrechnung.

Controlling

Der Begriff Controlling stammt aus dem Amerikanischen („to control") und bedeutet so viel wie „Unternehmenssteuerung". Controlling ist also „mehr" als der deutsche Begriff Kontrolle. Zum Controlling gehört, über alles informiert zu sein, was zur Zielerreichung und Steuerung des Unternehmens wesentlich ist.

Controlling wird heute als Prozess begriffen:
Unternehmensteuerung ist nur dann möglich, wenn klare Ziele existieren. Zielfestlegungen machen nur dann Sinn, wenn Abweichungsanalysen (Soll-Ist-Vergleiche) erfolgen. Die aus der Kontrolle ggf. resultierenden Abweichungen müssen die Grundlage für entsprechende Korrekturmaßnahmen sein.

Controlling als Instrument der Unternehmensteuerung ist damit ein Regelkreis mit den untereinander vernetzten Elementen der Planung, Durchführung, Kontrolle und Steuerung.

Finanzierung und Investition

Finanzierung umfasst alle Maßnahmen der Mittelbeschaffung und Mittelrückzahlung. Sie ist unbedingte Voraussetzung für Investitionen in Sachgüter zur Leistungserstellung (Anlagen, Vorräte, Fremdleistungen) oder für Finanzinvestitionen in Form von Beteiligungen. Auch die immaterielle Investition darf nicht vergessen werden, zu der Forschung und Entwicklung, Werbung und Ausbildung zählen. Sie ist auf der Passivseite der Bilanz unter dem Begriff Kapitalherkunft zu finden.

Demzufolge befindet sich die Investition auf der Aktivseite der Bilanz, im Anlage- und im Umlaufvermögen, wofür in der Literatur auch der Begriff Kapitalverwendung benutzt wird.

Logistik

Eine der wichtigen Aufgaben in einem Unternehmen ist die reibungslose Gestaltung des Material-, Wert- und Informationsflusses, um den betrieblichen Leistungsprozess optimal realisieren zu können. Die Umschreibung des Begriffs „Logistik" ist in der Literatur uneinheitlich: Ältere Auffassungen sehen den Schwerpunkt dieser Funktion im „Transportwesen" – insbesondere in der Beförderung von Produkten und Leistungen zum Kunden (= reine Distributionslogistik). Die Tendenz geht heute verstärkt zu einem *umfassenden Logistikbegriff*, der folgende Elemente miteinander verbindet – und zwar nicht als Aneinanderreihung von Maßnahmen/Instrumenten sondern als ein in sich geschlossenes logisches Konzept:

- Objekte (Produkte/Leistungen, Personen, Energie, Informationen),
- Mengen, Orte, Zeitpunkte,
- Kosten, Qualitätsstandards.

Logistik ist daher die Vernetzung von planerischen und ausführenden Maßnahmen und Instrumenten, um den Material-, Wert- und Informationsfluss im Rahmen der betrieblichen Leistungserstellung zu gewährleisten. Dieser Prozess stellt eine eigene betriebliche Funktion dar.

Technische Information/Kommunikation und EDV-Informationstechnologien und -management

Die Optimierung der Informationsgewinnung und -verarbeitung als Grundlage ausgewogener unternehmerischer Entscheidungen hat sich heute zu einer eigenständigen betrieblichen Funktion entwickelt. Die Gründe dafür sind bekannt und z. B. in folgenden Entwicklungen zu sehen:

- rasant wachsende Entwicklung der Kommunikationstechniken (Internet, Intranet),
- zunehmende Globalisierung und Abhängigkeit der Güter- und Geldmärkte,
- Verdichtung von Raum und Zeit.

Von daher bestimmt die Rechtzeitigkeit und die Qualität der erforderlichen Informationen wesentlich mit über den Erfolg eines Unternehmens. „Insellösungen" sind überholt – verlangt wird ein Informationsmanagement.

03. Nach welchen Merkmalen können betriebliche Funktionen gegliedert sein?

→ **4.1.3**

Betriebliche Funktionen und Stellen (= kleinste Orga-Einheit) werden vorherrschend nach zwei Merkmalen gegliedert:

- *nach der Verrichtung:*
  Die Aufgabe wird in „Teilfunktionen zerlegt", die zur Erfüllung dieser Aufgabe notwendig sind; z. B. wird die Gesamtaufgabe der Leistungserstellung in einem kleineren Industriebetrieb in folgende Teilfunktionen zerlegt: Beschaffung, Forschung & Entwicklung (F&E), Fertigung, Vertrieb, Verwaltung.

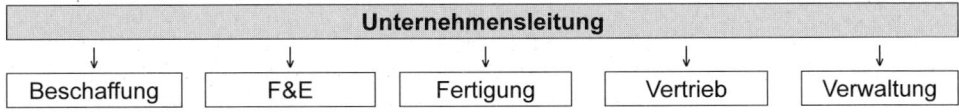

- *nach dem Objekt:*
  Objekte der Gliederung können z. B. sein:
  - Produkte (Maschine Typ A, Maschine Typ B),
  - Regionen (Nord, Süd; Nielsen-Gebiet 1, 2, 3 usw.; Hinweis: Nielsen Regionalstrukturen sind Handelspanels, die von der A. C. Nielsen Company erstmals in den USA entwickelt wurden),
  - Personen (Arbeiter, Angestellte) sowie
  - Begriffe (z. B. Steuerarten beim Finanzamt).

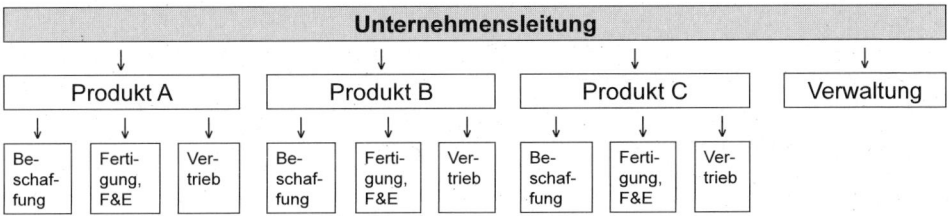

- *Mischformen:*
  In der Praxis ist eine bestehende Aufbauorganisation meist das Ergebnis einer Analyse, bei der verschiedene Gliederungskriterien verwendet werden (auf die Gliederungsmerkmale „Zweckbeziehung", „Rang" und „Phase" wird hier nicht eingegangen, vgl. dazu ausführlich unter Ziffer 4.1.3).

1.2.2 Zusammenwirken der betrieblichen Funktionen

01. Wie ist das Zusammenwirken der betrieblichen Funktionen?

Je nach Zielsetzung und Größe eines Unternehmens unterscheidet sich die Anzahl der betrieblichen Funktionen, die im Einzelnen ausgewiesen werden (z. B. im Organisationsplan, kurz: Organigramm). Die Darstellung von Zusammenhängen zwischen einzelnen Funktionen kann statisch erfolgen als *Aufbauorganisation* oder dynamisch als *Ablauforganisation* (neuere Bezeichnung: *Prozessorganisation*).

Je größer ein Unternehmen ist und je komplexer die bestehenden Wirkungszusammenhänge sind, desto problematischer wird es sein, geeignete Darstellungsformen für das Zusammenwirken der einzelnen, betriebswirtschaftlichen Funktionen zu finden. Jede Darstellung des Zusammenhangs zwischen den Funktionen kann daher nur Modellcharakter haben.

Analysiert man in der Praxis Makro- oder Mikrozusammenhänge betriebswirtschaftlichen Geschehens werden die gewonnenen Ergebnisse mithilfe geeigneter Maßstäbe bewertet (z. B. ökonomisches Prinzip, Kennzahlen, Prinzipien der Aufbau- und Ablauforganisation) sowie über geeignete Techniken dargestellt (Tabellen, Listen, Diagramme nach den Aspekten Zeit, Raum, Kosten u. Ä.).

Das Zusammenwirken der betrieblichen Funktionsbereich muss insgesamt so gestaltet sein, dass *das Unternehmensziel erreicht wird* (z. B. angestrebter Gewinn/Deckungsbeitrag, Marktanteil, Produktqualität usw.).

Einzelheiten zu diesem Thema werden unter folgenden Ziffern vertieft:

2.3.1.2	Bereiche der Kostenrechnung
2.5	Planungsrechnung
4.1.2	Strategische und operative Planung
4.1.3	Aufbauorganisation
4.1.4	Ablauforganisation
4.1.5	Analysemethoden
4.2.5	Personalplanung

Die folgenden Darstellungen zeigen Einzelzusammenhänge der betrieblichen Funktionsbereiche, bei denen jeweils unterschiedliche Aspekte hervorgehoben sind.

02. Wie lässt sich der Transformationsprozess in einem Industriebetrieb darstellen?

Dargestellt ist der Zusammenhang zwischen den Kernfunktionen eines Industriebetriebes (Material-, Produktions- und Absatzwirtschaft) im betrieblichen Wertefluss: Input der Produktionsfaktoren, Transformation und Output.

03. Wie lässt sich der Zusammenhang betrieblicher Funktionen prozessorientiert und mit der Unterscheidung in Kern- und Supportprozesse darstellen?

Dargestellt sind die drei Kernfunktionen eines Industriebetriebes (Kernprozesse), die von den nicht-wertschöpfenden Supportprozessen unterstützt werden. Supportprozesse leisten keinen direkten Beitrag zur Wertschöpfung, sind aber als Rahmenbedingungen für kundenorientierte Wertschöpfungsprozesse erforderlich.

04. Welche betrieblichen Funktionen sind am Fertigungsprozess beteiligt?

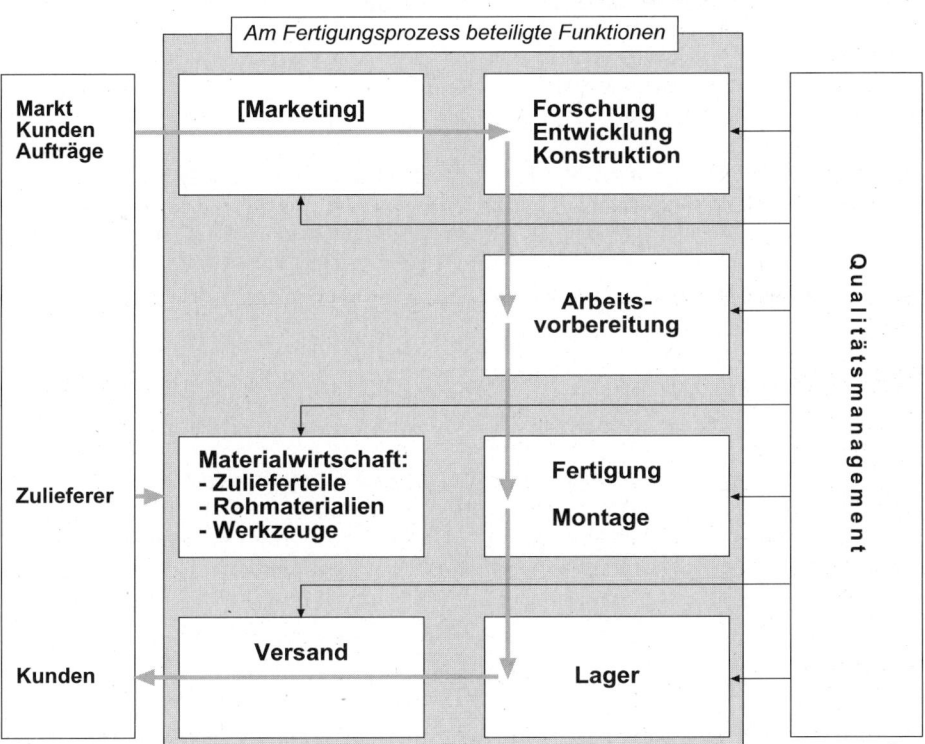

Der Prozess der Leistungserstellung ist ein *Kernprozess.* Je nach Größe und Art der Aufbaustruktur sind daran folgende Stellen/Funktionen beteiligt (*Prozesskette innerhalb der Produktion*):

- Forschung/Entwicklung und Konstruktion
- Arbeitsvorbereitung
- Materialwirtschaft und Werkzeuglager
- Fertigung, Montage
- Qualitätswesen (als Querschnittsfunktion)
- Montage
- Lager und Versand.

1.3 Existenzgründung und Unternehmensrechtsformen

1.3.1 Gründungsphasen

01. In welchen Schritten erfolgt der Weg zum eigenen Unternehmen?

Der Schritt vom Angestellten zum selbstständigen Unternehmer ist mit Chancen und Risiken verbunden und muss daher planvoll sowie mit der erforderlichen Umsicht und Sachkenntnis erfolgen. Der nachfolgende Wegweiser zeigt die wichtigsten *Phasen der Existenzgründung:*

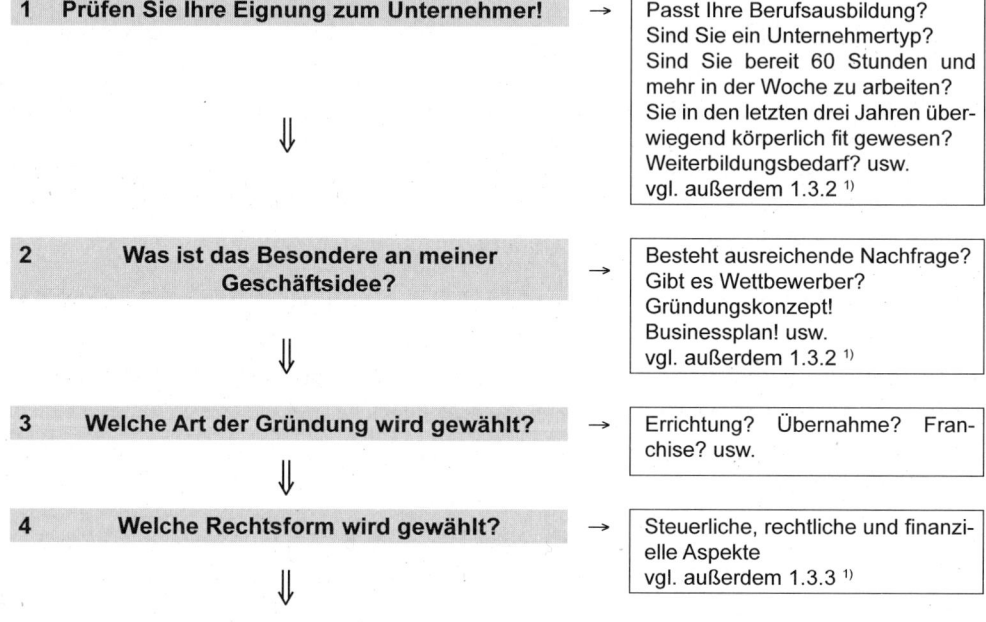

| 1 | **Prüfen Sie Ihre Eignung zum Unternehmer!** | → | Passt Ihre Berufsausbildung? Sind Sie ein Unternehmertyp? Sind Sie bereit 60 Stunden und mehr in der Woche zu arbeiten? Sie in den letzten drei Jahren überwiegend körperlich fit gewesen? Weiterbildungsbedarf? usw. vgl. außerdem 1.3.2 [1) |

⇓

| 2 | **Was ist das Besondere an meiner Geschäftsidee?** | → | Besteht ausreichende Nachfrage? Gibt es Wettbewerber? Gründungskonzept! Businessplan! usw. vgl. außerdem 1.3.2 [1) |

⇓

| 3 | **Welche Art der Gründung wird gewählt?** | → | Errichtung? Übernahme? Franchise? usw. |

⇓

| 4 | **Welche Rechtsform wird gewählt?** | → | Steuerliche, rechtliche und finanzielle Aspekte vgl. außerdem 1.3.3 [1) |

⇓

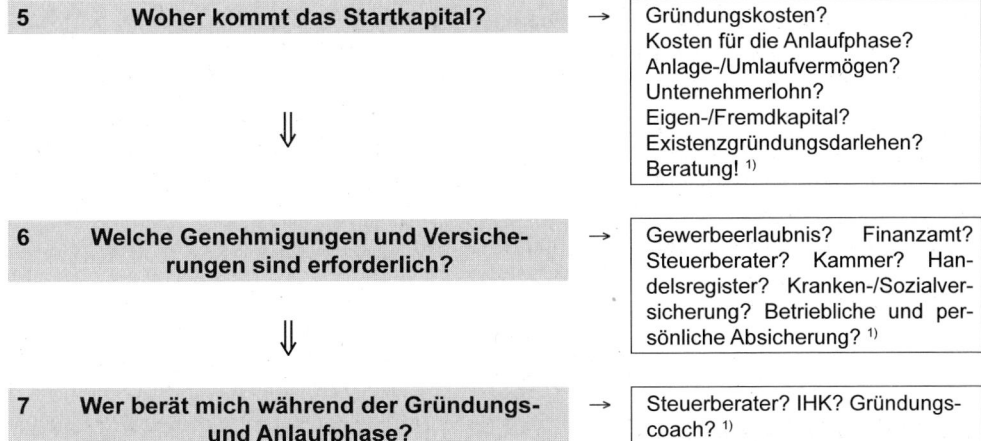

5	**Woher kommt das Startkapital?**	→	Gründungskosten? Kosten für die Anlaufphase? Anlage-/Umlaufvermögen? Unternehmerlohn? Eigen-/Fremdkapital? Existenzgründungsdarlehen? Beratung! [1]
6	**Welche Genehmigungen und Versicherungen sind erforderlich?**	→	Gewerbeerlaubnis? Finanzamt? Steuerberater? Kammer? Handelsregister? Kranken-/Sozialversicherung? Betriebliche und persönliche Absicherung? [1]
7	**Wer berät mich während der Gründungs- und Anlaufphase?**	→	Steuerberater? IHK? Gründungscoach? [1]

[1] Weitere Informationen:
- Existenzgründung, Wege in die Selbstständigkeit, Broschüre, Bundesagentur für Arbeit (BA)
- Existenzgründung, Die wichtigsten Bausteine für das eigene Unternehmen, DIHK
- Existenzsicherung, DIHK
- Unternehmensnachfolge, Informationen für Nachfolger und Senior-Unternehmer, DIHK
- IHK-Leitfaden zur Existenzgründung und Informationen für Unternehmer, IHK zu Schwerin
- Krisen-PR von A - Z, Das Wörterbuch zur Krisenvorbeugung in Unternehmen und Organisationen

1.3.2 Voraussetzungen der Existenzgründung

01. Welche persönlichen Voraussetzungen sollte ein Existenzgründer/Unternehmer mitbringen?

Bevor man den Schritt in die Selbstständigkeit konkret plant, ist es erforderlich einige Grundvoraussetzungen zu prüfen. Dazu gehört es im Vorfeld zu ermitteln, ob man ein „Unternehmertyp" ist, das heißt ob man persönlich für eine selbstständige Tätigkeit überhaupt geeignet ist. Wichtige Voraussetzungen sollten erfüllt sein:

- stabile Gesundheit (geistig, körperlich, psychisch),

- stabiles Umfeld (Ehe, Kinder; emotionale Unterstützung Ihres Vorhabens durch die Familie),

- stabile Persönlichkeit und Eignung als Unternehmer (kontaktfähig, risikobereit, selbstbewusst, handlungsaktiv, aufgeschlossen für Neues),

- finanzielle Rücklage zur Überbrückung der Zeit, in der noch keine Einnahmen aus der Geschäftstätigkeit entstehen.

Nachfolgend finden Sie eine Checkliste, die hilft, die notwendigen, persönlichen Voraussetzungen für eine Existenzgründung zu prüfen (in Anlehnung an: Existenzgründung, Wege in die Selbstständigkeit, Bundesanstalt für Arbeit, Juni 2006, S. 33):

Prüfen Sie Ihre Voraussetzungen für eine Existenzgründung!			
Passt Ihre Berufsausbildung und ihre Erfahrung zur Branche, in der Sie sich selbstständig machen wollen?	√	Wenn Sie Mitarbeiter beschäftigen: Haben Sie Führungserfahrung?	
		Haben Sie Erfahrung im Vertrieb?	
Sind Sie bereit in der ersten Zeit 60 Stunden und mehr zu arbeiten?	√	Kommen Sie damit zurecht, dass Ihr Einkommen unregelmäßig und schwankend ist?	
Haben Sie ein finanzielles Polster?	√		
Können Sie für mindestens zwei Jahre auf Urlaub und Freizeit verzichten?	√	Hat Ihr (Ehe-)Partner eine positive Einstellung zu Ihrem Vorhaben und unterstützt er Sie emotional?	
Sind Sie fit und leistungsfähig?	√		
Sind Sie stressstabil? Lösen Sie anstehende Probleme oder gehen Sie ihnen aus dem Wege?	√	Haben Sie eine fundierte kaufmännische und/oder betriebswirtschaftliche Ausbildung/Erfahrung?	
Können Sie noch ruhig schlafen, wenn Sie an alle Unsicherheiten einer selbstständigen Existenz denken?		Gibt es ergänzende Einkommensquellen (Eltern, Ehepartner, Kapitalanlage)?	

Weitere Checklisten finden Sie unter:
www.ebs-gruendertest.de; www.gruenderlotse.uni-rostock.de; www.kfw-mittelstandsbank.de

02. Welche Anmeldungen sind erforderlich? Welche Genehmigungen müssen eingeholt werden?

Die Mehrzahl der Existenzgründer unterschätzen den Zeitaufwand, der mit Anmeldungen und Genehmigungen verbunden ist. Manche Vorgänge sind „reine Formsache", andere wiederum Voraussetzung für den Beginn der Geschäftstätigkeit. Verzögerungen können eintreten, wenn Genehmigungen aufeinander aufbauen. Kosten entstehen (fast) immer.

Im Überblick:

Deutsche Staatsangehörigkeit	Die deutsche Staatsangehörigkeit ist Voraussetzung für die Ausübung eines Gewerbes. Bei Anwohnern aus der EU ist der Status „EWR-Bürger" erforderlich. Über Einzelheiten informiert die IHK.
Gewerbeschein	Jeder, der ein Gewerbe betreiben will (z. B. Handelsgewerbe nach § 1 Abs. 2 HGB), muss dies vorher anmelden: Den Gewerbeschein erhält man bei der Stadt- oder Gemeindeverwaltung; mitzubringen sind der Personalausweis oder Pass und ggf. erforderliche Nachweise/Genehmigungen (vgl.: Besondere Genehmigungen). Der Betrieb eines Gewerbes ist grundsätzlich jedermann gestattet. Das Gewerbeamt leitet die Anmeldung weiter an das Finanzamt, das statistische Landesamt, die Berufsgenossenschaft, die IHK bzw. Handwerkskammer und ggf. an das Handelsregister.
Agentur für Arbeit	Pflicht zur Anmeldung, wenn Mitarbeiter beschäftigt werden. Die Agentur erteilt eine Betriebsnummer und händigt ein Schlüsselverzeichnis der versicherungspflichtigen Tätigkeiten aus.

Finanzamt	Bei Gewerbetreibenden erhält das Finanzamt eine Mitteilung über die Existenzgründung vom Gewerbeamt (vgl. oben). Freiberufler müssen sich selbst anmelden. Gewerbetreibende können sich zusätzlich selbst anmelden und so ggf. den Vorgang beschleunigen. Das Finanzamt stellt Fragen (geschätzte Einnahmen/Ausgaben) und erteilt eine Steuernummer.
Handelsregister	Die Pflicht oder die Möglichkeit der Handelsregistereintragung ist abhängig von der Rechtsform. Die IHK prüft und berät.
Krankenkasse	Die Anmeldung ist erforderlich, wenn Mitarbeiter beschäftigt werden und kann nach der Betriebsgründung erfolgen.
Berufs-genossenschaft	Bei Gründung oder Übernahme besteht Anmeldepflicht. Die BG prüft, ob der Geschäftsbetrieb versicherungspflichtig ist. Ggf. kann sich eine freiwillige Versicherung lohnen, da die Beiträge niedrig sind.
Besondere Genehmigungen	Für einige Geschäftszweige sind Sachkundenachweise erforderlich: Verkauf von Milch, Schusswaffen, frei verkäufliche Arzneimittel; Hotel und Gaststätten: Erlaubnis nach dem Gaststättengesetz und Teilnahme an einem 1-tägigen Kurs der IHK; Betreiben von Umwelt gefährdenden Anlagen: Genehmigung nach dem BImSchG; Reisegewerbe (ohne feste Betriebsstätte): Erlaubnis beim Gewerbeaufsichtsamt erforderlich. Über weitere, genehmigungspflichtige Gewerbe informiert die zuständige IHK.
Formalitäten in eigenem Interesse	Anmeldung des Betriebes bei den Versorgungsbetrieben (Strom, Wasser, Müll); Bankverbindung, ggf. Postfach/Postvollmacht; Telefon-/Telefax-Anschluss; Webseite/Internetadresse; Firmenschild anbringen.

03. Welche Qualifikationen sind für eine selbstständige Existenz unerlässlich?

Da in Deutschland die Gewerbefreiheit im Artikel 12 des Grundgesetzes festgelegt ist, benötigt man vom Grundsatz her für die Ausübung eines Gewerbes keine Ausbildung. Nur in einigen Fällen ist die Sachkunde durch Ausbildung oder Prüfung nachzuweisen.

Auch wenn für die meisten Gründungen keine Ausbildung nachgewiesen werden muss, so gilt doch: Neben der persönlichen Eignung gehören Ausbildung und Erfahrung mit zum wichtigsten Startkapital des Existenzgründers. Gefordert sind Fachkenntnisse bezogen auf die Branche, in der man sein Geschäft eröffnen will (Produktkenntnisse, Marktbesonderheiten, Besonderheiten und Usancen der Branche, Detailkenntnisse über Preispolitik usw.). *Unerlässlich sind betriebswirtschaftliche und kaufmännische Kenntnisse.* Der Existenzgründer trifft schließlich auf Mitbewerber, die seit langer Zeit ihr Geschäft erfolgreich führen; gegen diese Erfahrung muss er antreten.

Die Universität Trier hat zusammen mit der Mittelstandsforschung Bonn die häufigsten Know-how-Defizite bei Existenzgründern ermittelt:

Die Top 20: Defizite bei Existenzgründern			
Bankgespräch	Liquiditätsplanung	Marketing/Werbung	Juristische Kenntnisse
Steuerrecht	Versicherungen	Fördermittel	Buchhaltung
Preisfindung	Verhandlungstechnik	Bilanzanalyse	Konfliktmanagement
Nachfrageeinschätzung	Branchenkenntnisse	Delegation	Kundengespräch
Unternehmenskauf/ -verkauf	Strategische Unternehmensführung	Gründungsformalitäten	Beschaffungsmanagement

Quelle: InMit, Trier und IfM, Bonn

04. Wie findet der Existenzgründer geeignete Weiterbildungsmaßnahmen, um fachliche Defizite aufzuarbeiten?

Die Existenzgründung wird von Ministerien, Behörden und öffentlich-rechtlichen Einrichtungen intensiv durch Beratungsangebote, Sonderveröffentlichungen und Internetportale unterstützt. Weiterführend sind z. B. folgende Kontakte bzw. Schriften:

KURS*NET*	Datenbank für Aus- und Weiterbildung der Bundesagentur für Arbeit; sie enthält Bildungsangebote von Kammern, Verbänden und anderen Bildungsträgern, die sich speziell an Existenzgründer richten; die Angebote sind nach Themen gegliedert, z. B.: • Existenzgründung allgemein • Existenzgründung im Handel (Buch-, Einzelhandel, Vertreter) • Existenzgründung für Frauen • Unternehmensnachfolge
BERUFE*NET*	Datenbank der Bundesagentur für Arbeit; zeigt aktuelle Anforderungen in den Berufen und erläutert Voraussetzungen und Chancen der Existenzgründung.
RKW	Rationalisierungs- und Innovationszentrum der Deutschen Wirtschaft e. V., Eschborn
WIS www.wis.ihk.de	Weiterbildungs-Informationssystem des DIHK, des Deutschen Industrie- und Handelskammertages; WIS informiert über aktuelle Weiterbildungsangebote bundesweit.
KURS www.arbeitsagentur.de	Datenbank der Bundesagentur für Arbeit; KURS ist die weltweit größte Datenbank für Aus- und Weiterbildung
Liquide	Datenbank des Instituts der deutschen Wirtschaft in Köln mit Link-Adressen zu Weiterbildungsanbietern
JobTV24	Fernsehsender über Astra digital oder über das Internet unter www.jobtv24.de; sendet täglich von 9:30 - 17:30 Uhr Informationen zu Job, Karriere und Existenzgründung
www.startothek.de	Datenbank für Gründungsberater der KfW Mittelstandsbank
Broschüre **Existenzgründung**	„Die wichtigsten Bausteine für das eigene Unternehmen"; Sonderveröffentlichung des DIHK; www.ihk.de
Broschüre **Selbstständig machen**	„Erste Überlegungen auf dem Weg zur Existenzgründung"; Sonderveröffentlichung des DIHK; www.ihk.de

Broschüre **IHK-Leitfaden**	zur Existenzgründung und Information für Unternehmer; Sonderveröffentlichung der IHK zu Schwerin; www.ihkzuschwerin.de
Broschüre **Existenzgründung**	„Wege in die Selbstständigkeit"; Sonderveröffentlichung Nr. 9 der Bundesagentur für Arbeit in der Schriftenreihe BBZ (Beruf Bildung Zukunft); www.arbeitsagentur.de
Broschüre **Unternehmensnachfolge**	„Informationen für Nachfolger und Senior-Unternehmer"; Sonderveröffentlichung des DIHK; www.ihk.de
Broschüre **Existenzsicherung**	Sonderveröffentlichung des DIHK; www.ihk.de
Broschüre **Krise-PR von A – Z**	Das Wörterbuch zur Krisenvorbeugung in Unternehmen und Organisationen; Sonderveröffentlichung des DIHK; www.ihk.de
www.startup-initiative.de	Initiative deutscher Familienunternehmer, die Patenschaften für Existenzgründer übernimmt
www.gruendung-multi-medial.de	Lernprogramm auf zwei CDs der TU Chemnitz zur erfolgreichen Unternehmensgründung
BMWI-Softwarepaket	Softwarepaket zur Unternehmensgründung; www.bmwi.de
Kompakt-Lexikon Unternehmensgründung	Fachbuch, Gabler Verlag; wird inhaltlich und finanziell von der KfW-Bank unterstützt.
Weitere Informationen liefern die IHKn, die Arbeitsagenturen, die Volkshochschulen und die mehr als 60 Weiterbildungs-Datenbanken im Internet. Erfolgreich ist auch die Recherche über eine Suchmaschine (z. B. www.google.de/Existenzgründung).	

05. Welche Risiken sind mit einer selbstständigen Existenz verbunden?

Risiken einer selbstständigen Existenz (Beispiele)	
Fehlende Liquidität	Die Hauptursache von Firmeninsolvenzen in Deutschland ist Illiquidität, d. h. das Unternehmen kann seinen Zahlungsverpflichtungen nicht nachkommen. Erst an zweiter Stelle kommt der Faktor „fehlende Aufträge bzw. fehlender Umsatz".
Entscheidungen unter Unsicherheit	Jede Entscheidung im Geschäftsleben ist eine Entscheidung unter Unsicherheit: Besteht für diese Geschäftsidee eine Nachfrage? Ist der Preis marktgerecht? Lohnt sich der Vertragsabschluss? Welchen Einfluss hat die Witterung auf das Käuferverhalten? usw. Die Unsicherheit kann durch sorgfältige Recherchen und Analyse der gewonnenen Daten verringert werden, ausgeschlossen werden kann sie nicht.
Gesundheit	Nur bei stabiler psychischer, geistiger und körperlicher Verfassung lässt sich ein Geschäft auf Dauer erfolgreich führen.
Instabiles Umfeld	Jeder Unternehmer ist auf ein stabiles Umfeld angewiesen. Ein Todesfall in der Familie, ständiger Streit, fehlende Unterstützung des Ehepartners, permanente Belastungen in der Kindererziehung und nicht zuletzt ständige finanzielle Sorgen mindern die Kraft, die im Unternehmen dringend benötigt wird.

Instabile Persönlichkeit	Unternehmer sein heißt „etwas unternehmen/eine Sache tun/die Dinge anpacken". Bei Unternehmerpersönlichkeiten sind in der Regel bestimmte Eigenschaften vorherrschend: selbstbewusst, zupackend, kontaktfreudig, risikobereit, offen für Neues und engagiert. Wer diese Eigenschaften auf Dauer nicht hat oder sie verliert (z. B. aufgrund psychischer Erkrankung) ist deshalb kein „schlechter Mensch" sondern eben nur kein Unternehmer.
Haftung	Vom Grundsatz her gilt: Der (Einzel-)Unternehmer haftet jederzeit und uneingeschränkt für sein Handeln. Jede Fehlentscheidung hat er selbst zu vertreten, jedes Risiko muss er allein tragen. Natürlich gibt es Ausnahmen: Haftungsbegrenzung, Verteilung der Haftung auf mehrere Gesellschaften, Abschluss von Versicherungen gegen bestimmte Risiken (freiwillig oder vom Gesetzgeber vorgeschrieben). Dies ändert jedoch nichts an der grundsätzlichen Richtigkeit der getroffenen Aussage.
Armut im Alter	Leider trifft es auch auf erfolgreiche Unternehmer zu, dass sie in Zeiten des „Wachstums und der Blüte" zu wenig an die Altersvorsorge denken. Manchmal liegt dies an fehlenden Finanzmitteln, an einem überzogenen Lebensstandard oder einfach an der Verdrängung.

06. Wie wird eine erste, vage Geschäftsidee überprüft (Analyse der Ausgangslage)?

Die Idee, sich selbstständig zu machen, kann unterschiedlich motiviert sein (Freiraum, „eigener Chef", Produktidee, höheres Einkommen u. Ä.). Bei jeder Geschäftsidee muss unabhängig von der Branche grundsätzlich im Vorfeld geprüft werden, wie sich die *Ausgangslage* für diese Idee darstellt. Dazu gehört vor allem die Beantwortung folgender *Schlüsselfragen:*

Analyse der Ausgangslage	
Eignung	Eigne ich mich persönlich und fachlich zum Unternehmer?
Produkt/ Leistung	Welches Produkt/welche Leistung kann ich am Markt anbieten?
	Was ist das Besondere an diesem Produkt/an dieser Leistung?
Kunden	Gibt es eine Nachfrage nach diesem Produkt/nach dieser Leistung?
	Warum werden die Kunden bei mir kaufen und nicht bei anderen?
Standort	Wo sind meine Kunden?
	Wie erreichen mich meine Kunden?
	Wo muss meine Firma ihren Standort haben?
Wettbewerb	Wer sind meine Wettbewerber?
	Wo haben sie ihren Standort?
	Welche Produkte/Leistungen bietet der Wettbewerb an?
	Worin unterscheide ich mich vom Wettbewerb?

Fallbeispiel: Buchhandlung Grimm

Frau Grimm ist 35 Jahre alt, verheiratet, hat ein Kind im Alter von 15 Jahren und arbeitet seit 12 Jahren als Angestellte in einer Buchhandlung (Filiale einer Buchhandelskette) in der Großstadt X mit rd. 200.000 Einwohnern. Sie wohnt in der 25 km entfernten Kleinstadt Y mit ca. 22.000 Einwohnern. Frau Grimm hat eine Ausbildung als Einzelhandelskauffrau und vor einiger Zeit an der IHK einen Abendlehrgang „Grundlagen der Betriebsführung" absolviert. In der Kleinstadt hat vor ca. sechs Monaten die seit 30 Jahren existierende „Buchhandlung Dreyer" aus Altersgründen das Geschäft aufgegeben, da sich kein Nachfolger fand. Die Geschäftsidee von Frau Grimm ist, in der Kleinstadt Y eine Buchhandlung (Belletristik und ausgewählte Fachliteratur) zu eröffnen. Als Besonderheit will sie einen kleinen Leseraum mit Kaffee- und Teeausschank anbieten (neben dem Verkaufsraum). Frau Grimm wird von ihren Kollegen als freundlich, aufgeschlossen und agil beschrieben. In der Kleinstadt gibt es ein großes Gymnasium für den gesamten Landkreis und einige Behörden und Verwaltungseinrichtungen des Landes.

Beurteilen Sie einzeln oder in Gruppenarbeit die Ausgangslage der Geschäftsidee.

---

07. Wie lassen sich Erfolg versprechende Geschäftsideen entwickeln? Gibt es „fertige" Konzepte, die sich nutzen lassen?

Die Basis für ein schlüssiges Unternehmenskonzept (Businessplan) ist eine Erfolg versprechende Geschäftsidee. Man kann auf bestehende Konzepte zurückgreifen (Fremdkonzept) oder selbst entwickeln (Eigenkonzept). Viele erfolgreich umgesetzte Geschäftsideen sind nicht wirklich neu, sondern wurden aus bereits existierenden weiterentwickelt oder auf andere Situationen/Märkte übertragen.

Das heißt: Erfolgreiche Geschäftsideen muss man sich erarbeiten. Eine erste, vage Idee, die dann ungeprüft realisiert wird, ist kein tauglicher Weg, um zu einem schlüssigen Unternehmenskonzept zu gelagen. Die Idee muss geprüft, verfeinert und auf ihre Markttauglichkeit hin „getestet" werden. Dabei sollte man viele Informationsquellen auswerten:

- Informationen über allgemeine wirtschaftliche Trends, „boomende" Branchen,
- Lektüre erfolgreicher Geschäftsideen bzw. Beispiele gelungener Existenzgründungen,
- Auswerten einschlägiger Fachzeitschriften und Medien:
  · Wirtschaftsmagazine (Printmedien und TV-Sendungen),
  · Online-Informationen im Internet,
  · Marketingfachzeitschriften,
  · Veröffentlichungen von Unternehmensberatungen,
  · Internet-Recherche nach Marktstudien (aktuelle Marktstudien von Marktforschungsinstituten stehen häufig kostenlos zum Download im Internet zur Verfügung),
  · Recherchen mit Metasuchmaschinen,
  · Fachzeitschriften/-magazine (z. B. „die Geschäftsidee", „Chef", „franchise", „Pro Firma", „impulse"-Sonderhefte),
  · Gründermessen, Gründerwettbewerbe, Gründerinitiativen.

08. Welche Bestandteile hat ein Businessplan? Wie wird er verfasst?

Wer sich beruflich selbstständig machen will, muss wissen, wie er seine Geschäftsidee in ein schlüssiges Unternehmenskonzept umsetzen will. Dieser so genannte *Businessplan* ist die Regieanweisung für die Existenzgründerin/den Existenzgründer und enthält alle Faktoren, die für Erfolg oder Misserfolg der Geschäftsidee entscheidend sein können.

Jedes Konzept enthält *qualitative Elemente* („Soft facts"; weiche Fakten, die schwer messbar sind) und *quantitative Elemente* („Hard facts"; harte Fakten lassen sich in Daten und Zahlen wiedergeben und haben messbaren Einfluss auf die Unternehmenstätigkeit).

Der Businessplan ist Voraussetzung für den Erfolg der Geschäftsidee und erforderlich, um Kredite von der Bank sowie Fördermittel von Bund und Ländern zu erhalten. Der Plan sollte vom Existenzgründer selbst geschrieben werden, damit er mit dem Konzept vertraut ist, „dahinter steht" und es im Bankgespräch überzeugend präsentieren kann.

Form und Inhalt des Businessplans sollten folgende Anforderungen erfüllen:

- *Einfach, klar* und gegliedert; keine komplizierten Fachbegriffe,
- vorangestellt wird immer eine *Zusammenfassung,*
- *Angebot und Kundennutzen* herausarbeiten,
- *Konkurrenz und Kunden* beschreiben,
- *Standortwahl* begründen.

Der Businessplan muss überzeugend präsentiert werden – z. B. beim Gespräch mit der Bank, bei der Beantragung von Fördermitteln, beim Gründungscoaching.

Der Umfang des Businessplans hängt von der Geschäftsidee und von der Größe des Unternehmens ab. Das Bundesministerium für Wirtschaft und Technologie empfiehlt folgende Grobgliederung (Quelle: in Anlehnung an BMWi in: www.existenzgruender.de/ businessplaner/hintergrundinfos):

1. Zusammenfassung

> Form: Nicht mehr als zwei Seiten, Schriftgröße 12 Punkt, Ränder, Absätze, Zwischen-überschriften
>
> Name des zukünftigen Unternehmens?
>
> Name/n des/der Gründer/s?
>
> Was wird das Unternehmen anbieten?
>
> Was ist das Besondere daran?
>
> Welche Kunden kommen dafür infrage?
>
> Wie soll das Angebot die Kunden erreichen?
>
> Welche speziellen Bedürfnisse/Probleme haben Ihre Kunden?
>
> Welchen Gesamtkapitalbedarf benötigt das Vorhaben?
>
> Welcher Starttermin ist geplant?
>
> Welches kurz- und langfristige Umsatzpotenzial ist damit verbunden?
>
> Besteht Abhängigkeit von wenigen Großkunden?

2. Geschäftsidee

Was ist die Geschäftsidee (Kurzbeschreibung)?

Was ist das Besondere daran? (sog. „Alleinstellungsmerkmal")

Was ist das kurz- und langfristige Unternehmensziel?

3. Unternehmen

Vorstellung des Unternehmens: Gründungsdatum, Gesellschafter, Geschäftsführer, Mitarbeiter, Sitz, Geschäftszweck, strategische Allianzen; ggf. Rechte, Lizenzen, Verträge.

In welcher Phase befindet sich das Unternehmen (Entwicklung, Gründung, Markteinführung, Wachstum)?

4. Produkt, Leistungsangebot

Welches Produkt/welche Leistung soll angeboten werden?

Was ist das Besondere an diesem Angebot/dieser Leistung?

Wie ist der Entwicklungsstand des Produktes/der Leistung?

Welche Voraussetzungen müssen bis zum Start noch erfüllt werden?

Welche gesetzlichen Vorgaben/Formalitäten (Zulassungen, Genehmigungen) sind noch zu erledigen?

5. Markt, Wettbewerb

Kunden:

Wer sind die Kunden? Wo sind Ihre Kunden?

Welche Bedürfnisse/Probleme haben diese Kunden?

Wie setzen sich die einzelnen Kundensegmente zusammen (z. B. Alter, Geschlecht, Einkommen, Beruf, Einkaufsverhalten, Privat- oder Geschäftskunden)?

Gibt es Referenzkunden? Wenn ja, welche?

Welches kurz-/langfristige Umsatzpotenzial ist mit den Referenzkunden verbunden?

Besteht Abhängigkeit von Großkunden?

Konkurrenz:

Wer sind die Konkurrenten?

Was kosten die vergleichbaren Produkte bei der Konkurrenz?

Welche Stärken/Schwächen haben die Konkurrenten?

Welche Schwächen hat das eigene Unternehmen? Wie können diese Schwächen abgebaut werden?

Standort:

Wo werden die Produkte/Leistungen angeboten?

Warum wurde dieser Standort gewählt?

Welche Nachteile hat der Standort?

Wie wird sich der Standort zukünftig entwickeln?

6. Marketing

Angebot:

Welchen Nutzen hat Ihr Angebot für potenzielle Kunden?

Was ist besser gegenüber dem Angebot der Konkurrenz?

Preis:

Welche Preisstrategie verfolgen Sie und warum?

Zu welchem Preis wollen Sie Ihr Produkt/Ihre Leistung anbieten?

Welche Kalkulation liegt diesem Preis zu Grunde?

Vertrieb:

Welche Absatzgrößen steuern Sie in welchen Zeiträumen an?

Welche Zielgebiete steuern Sie an?

Welche Vertriebspartner werden Sie nutzen?

Welche Kosten entstehen durch den Vertrieb?

Werbung:

Wie erfahren Ihre Kunden von Ihrem Produkt/Ihrer Dienstleistung?

Welche Werbemaßnahmen planen Sie wann?

7. Unternehmensorganisation

Unternehmensgründer:

Welche Qualifikationen/Berufserfahrungen/Zulassungen hat der Gründer?

Welche fachlichen Defizite gibt es? Wie können diese ausgeglichen werden?

Rechtsform:

Für welche Rechtsform haben Sie sich entschieden?

Aus welchen Gründen?

Mitarbeiter:

Wann sollen wie viele Mitarbeiter eingestellt werden?

Welche Qualifikationen sind erforderlich?

Welche Weiterbildungsmaßnahmen sind vorgesehen?

8. Chancen, Risiken

Welches sind die drei größten Chancen, die die weitere Entwicklung des Unternehmens positiv beeinflussen könnten?

Welches sind die drei größten Risiken, die eine positive Entwicklung des Unternehmens verhindern könnten?

Wie kann man diesen Risiken vorbeugend begegnen?

9. Finanzierung

Investitionsplan:

Wie hoch ist der Gesamtkapitalbedarf für Anschaffungen und Vorlaufkosten für den Unternehmensstart sowie für eine Liquiditätsreserve während der Anlaufphase (sechs Monate nach Gründung)?

Liegen Ihnen Kostenvoranschläge vor, um die Investitionsplanung zu belegen?

Finanzierungsplan:

Wie hoch ist das Eigenkapital?

Wie hoch ist der Fremdkapitalbedarf?

Welche Sicherheiten können eingesetzt werden?

Welche Förderprogramme kommen infrage?

Welche Beteiligungskapitalgeber kommen ggf. infrage?

Können bestimmte Objekte geleast werden? Zu welchen Konditionen?

Liquiditätsplan:

Wie hoch sind die monatlichen Einnahmen (verteilt auf drei Jahre)?

Wie hoch schätzen Sie die monatlichen Ausgaben (Material, Personal, Miete u.a.)?

Wie hoch sind die Investitionskosten (verteilt auf die ersten zwölf Monate)?

Wie hoch ist der monatliche Kapitaldienst?

Mit welchen monatlichen Liquiditätsreserven kann gerechnet werden?

Ertragsvorschau/Rentabilitätsrechnung:

Wie hoch ist der Umsatz in den nächsten drei Jahren? (Schätzung)

Wie hoch sind die Kosten in den nächsten drei Jahren? (Schätzung)

Wie hoch ist der Gewinn in den nächsten drei Jahren? (Schätzung)

10. Unterlagen (soweit erforderlich)

Tabellarischer Lebenslauf

Gesellschaftervertrag (Entwurf)

Pachtvertrag (Entwurf)

Kooperationsverträge (Entwurf)

Leasingvertrag (Entwurf)

Marktanalysen (Branchenkennzahlen, Gutachten)

Schutzrechte

Übersicht der Sicherheiten

Ggf. Organigramm des Unternehmens (mit Angaben zu den einzelnen Mitarbeitern: Alter, Qualifikation, Ausbildung, besondere Fähigkeiten)

09. Was sind qualitative Bestandteile eines Businessplanes?

Jeder Businessplan enthält *qualitative Elemente.* Es sind die „Soft facts" (weiche Fakten), die schwer oder nicht messbar sind, aber trotzdem eine hohe Bedeutung für den Unternehmenserfolg haben. Beispiele: Management, Leistungspotenzial, Marketingkonzept, Standort.

10. Welche Bedeutung haben die Führungsmerkmale?

Als Führungsmerkmale kann man die Elemente der Unternehmensführung bezeichnen, die vorrangig für die erfolgreiche Steuerung einer Organisation verantwortlich sind. Hier lassen sich u.a. nennen:

- Die *Unternehmensziele*
  sind der Maßstab des unternehmerischen Handelns. Sie müssen realistisch und messbar gestaltet sein und leiten sich aus der Analyse der Umwelt und der Potenziale des Unternehmens ab.

- Die richtige *Strategie* (strategos = Heerführer)
  haben bedeutet allgemein, proaktiv/vorausschauend zu handeln und dabei die Handlungen anderer zu berücksichtigen. Im Rahmen der Existenzgründung verbergen sich dahinter grundsätzliche Entscheidungen:

- Wie will ich mich am Markt positionieren?
- Wer will ich sein/wer nicht? (z. B. Niedrigpreisanbieter, Anbieter für Nischenmarkt)
- Wie differenziere ich mich vom Wettbewerb?

• Das *Management* (die Gründerpersönlichkeit)
muss über hinreichend persönliche und fachliche Voraussetzungen verfügen, um eine erste, vage Geschäftsidee in eine nachhaltig, erfolgreiche selbstständige Existenz zu überführen; vgl. dazu: 1.3 Gründerpersönlichkeit, 1.5 Managementaufgaben.

11. Welche Bedeutung hat die Wahl der Rechtsform?   → 1.3.3

Grundsätzlich entscheiden der oder die Unternehmer bzw. die Eigentümer über die Wahl der Rechtsform. Sie müssen sich jedoch vor der endgültigen Festlegung darüber im Klaren sein, dass jede Rechtsform mit Vor- und mit Nachteilen verbunden ist und dass jede spätere Änderung der Rechtsform mit Kosten, veränderten Steuern und auch mit Organisationsproblemen verbunden ist. Deshalb müssen die Vor- und Nachteile der einzelnen Gesellschaftsformen nach betriebswirtschaftlichen, handelsrechtlichen, steuerlichen und ggf. erbrechtlichen Gesichtspunkten sorgfältig abgewogen werden. Der Existenzgründer sollte sich in jedem Fall beraten lassen.

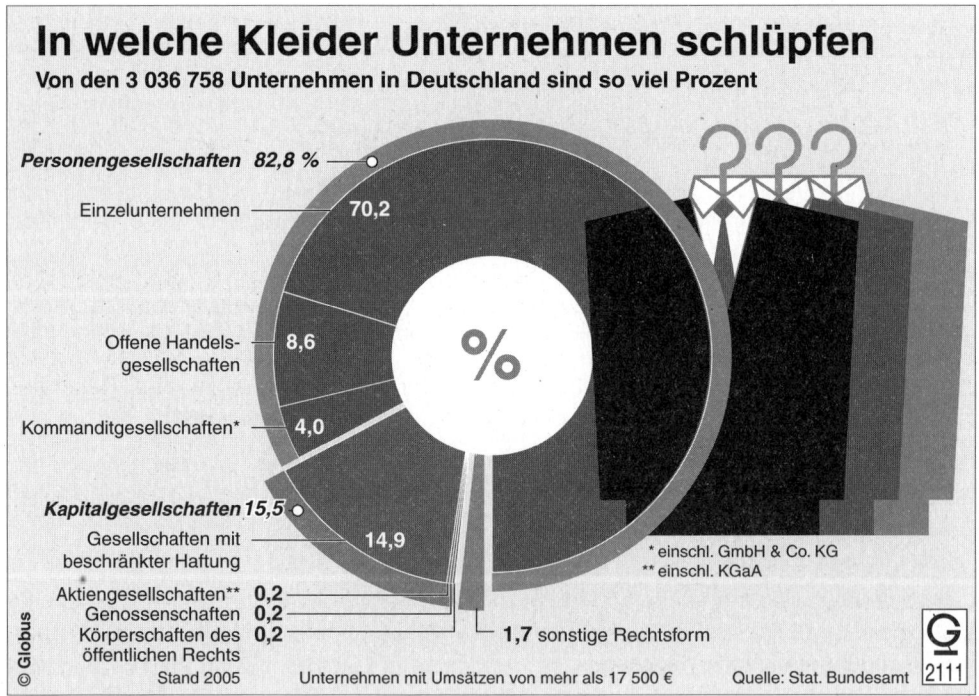

(letzter verfügbarer Stand)

In welche Kleider Unternehmen schlüpfen

Für die Rechtsbeziehungen zu Lieferanten, Kunden, Banken und Gesellschaftern benötigt jedes Unternehmen ein juristisches Kleid, die Rechtsform. Diese ist von vielerlei Merkmalen abhängig, z. B. von der Unternehmensgröße, der Eigentümerstruktur und Haftungsfragen. Vier von fünf der insgesamt über drei Millionen deutschen Unternehmen besitzen die Rechtsform der Personengesellschaft. Häufig handelt es sich dabei um eigentümergeführte Kleinstunternehmen, deren Inhaber mit ihrem Privatvermögen haften. Nur rund 16 Prozent der Unternehmen hier zulande sind Kapitalgesellschaften, fast überwiegend haben sie die Rechtsform der Gesellschaft mit beschränkter Haftung (GmbH). Neben den über 450.000 GmbHs zählen auch die knapp 7.300 Aktiengesellschaften zu den Kapitalgesellschaften. Keinesfalls sind Aktiengesellschaften immer auch Großunternehmen und Konzerne. So hat das Dax-Mitglied Deutsche Börse AG noch nicht einmal 2.900 Beschäftigte, die Robert Bosch GmbH dagegen mehr als 270.000.

Bei der Wahl der Rechtsform sind folgende Entscheidungskriterien relevant:

- die Haftung,
- die Leitungsbefugnis,
- die Gewinn- und Verlustbeteiligung,
- die Finanzierungsmöglichkeiten,
- die Steuerbelastung,
- die Aufwendungen der Rechtsform (Gründungs- und Kapitalerhöhungskosten, besondere Aufwendungen für die Rechnungslegung, wie z. B. Pflichtprüfung durch einen Wirtschaftsprüfer und Veröffentlichung des Jahresabschlusses).

Weitere Aussagen zur Rechtsform finden Sie unter 1.3.3 (lt. Rahmenplan).

12. Wer kann den Existenzgründer beraten?

Der Existenzgründer sollte seinen Businessplan so sorgfältig wie möglich ausarbeiten und sich dabei am besten von einem *Existenzgründungsberater* Unterstützung holen.

Der *Berufs- bzw. Branchenverband* oder auch die Volks- und Raiffeisenbanken sowie die *Sparkassen* bieten Zahlenmaterial zu Kundenstrukturen in bestimmten Regionen, zur Wettbewerbssituation und zu Umsätzen nach Branchen gegliedert.

Jede *Hausbank* und die *KfW-Mittelstandsbank* berät über Förderprogramme.

Es gibt eine Vielzahl von *Businessplan-Wettbewerben* in Deutschland. Sie unterstützen Teilnehmer bei der perfekten Ausarbeitung eines Unternehmenskonzepts.

Die Vielzahl der Beratungsmöglichkeiten kann heute schon fast als „Beratungsdschungel" bezeichnet werden.Nachfolgend sind einige Kontakte und Anlaufstellen zur Existenzgründungsberatung dargestellt:

www.ihk.de, www.zdh.de	Der DIHK, die IHKn sowie die Handwerkskammern sind klassische Anlaufstellen für Existenzgründer. Sie halten eine Fülle von Informationsmaterialien vorrätig und verfügen meist über einen Beraterpool.

Existenzgründer-Initiativen der Länder	In den Länder gibt es zentrale Anlaufstellen für Existenzgründer, die alle landesbezogenen Informationen und Förderprogramme bündeln.
www.existenzgruender.de	Informationsportal des Bundesministeriums für Wirtschaft und Technologie (BMWi): mehr als 1.000 Förderprogramme des Bundes, der Länder und der EU; Beraterbörsen, Checklisten und Weiterbildungsangebote.
www.kfw-mittelstandsbank.de	Die KfW-Mittelstandsbank berät in Finanzierungsfragen und bietet nützliche Zusatz-Informationen für Selbstständige.
www.gruendungskatalog.de	Internet-Suchkatalog der KfW-Mittelstandsbank; er bietet über 10.000 geprüfte, gründungsrelevante Webseiten.
Gründernetzwerke	Es gibt im Internet organisierte Netzwerke nach Branchen, Berufsgruppen und Themen gegliedert. Informationen erhält man über Verbände, IHKn und Recherchen im Internet.
Gründer-Initiativen www.fgf-ev.de	Eine Übersicht bietet der Förderkreis Gründungs-Forschung e. V. (FGF).
www.business-angels.de	Business Angels sind wohlhabende Privatpersonen, die meist über eine umfangreiche Managementerfahrung verfügen und Existenzgründer mit Kapitalbeteiligung und/oder Beratung unterstützen (BAND = Business Angels Netzwerk Deutschland e. V.).
www.ses-bonn.de www.althilftjung.de	Für die Unterstützung durch Senior-Experten gibt es in Bonn zwei Anlaufstellen: SES = Senior Experten Service; ALT HILFT JUNG e. V.
Mentoring: www.startup-initiative.de www.wissensfabrik-deutschland.de www.g-i-t.de	Erfahrene Unternehmer übernehmen Patenschaften bzw. fungieren als Mentor.
Existenzgründerbüros: www.dihk.de www.zdh.de www.arbeitsagentur.de www.gruenderinnenagentur.de	Existenzgründerbüros beraten vor, während und nach dem Schritt in die Selbstständigkeit. IHKn und Handwerkskammern beraten kostenlos. Bei anderen Trägern entstehen Kosten, die aber vielfach durch öffentliche Fördermittel abgedeckt werden können.
Rechtsanwälte, Steuerberater	Rechtsanwälte sollten bei Vertragsentwürfen konsultiert werden; Steuerberater klären Vor- und Nachteile einer bestimmten Rechtsform und helfen auch bei der Ertragsplanung (DATEV).

13. Was sind quantitative Bestandteile eines Businessplanes?

Jeder Businessplan enthält weiterhin *quantitative Elemente*. Es sind die „Hard facts" (harte Fakten), die sich in Daten und Zahlen darstellen lassen und messbaren Einfluss auf den Unternehmenserfolg haben. Beispiele: Kapitalbedarf, Finanzierungsformen, Kapitalstruktur, Finanzierungsplan, Planbilanz/Ertragsplanung, Liquiditätsplanung.

14. Wie ist der Kapitalbedarf bei einer Existenzgründung zu ermitteln?

Der Kapitalbedarf bei der Existenzgründung ergibt sich aus der Summe der Finanzmittel, die für das Anlage- und das Umlaufvermögen benötigt werden. Hinzu kommen Betriebskosten der Anlaufphase, die vorfinanziert werden müssen, weil das Geschäft noch keine ausreichenden Erträge erwirtschaftet (Kosten für Werbung, Personal, Miete/Pacht usw.). Weiterhin sind Gründungskosten (Beratung, Gebühren/Genehmigungen, Notar usw.) zu erfassen und es müssen für die Anlaufphase die Kosten der persönlichen Lebensführung gesichert sein (Liquiditätssicherung: der Unternehmer bezieht kein Gehalt mehr aus seiner früheren Angestelltentätigkeit; sein Geschäft erbringt jedoch noch keine ausreichenden Erträge, um die privaten Ausgaben zu begleichen).

Der Kapitalbedarf kann nach folgendem Muster ermittelt werden:

A. Gründungskosten	Euro
Beratung	
Anmeldungen	
Genehmigungen	
Notar	
Handelsregister	
...	
Gesamt	

B. Anlagevermögen	Euro
Grundstücke	
Fahrzeuge	
Betriebs-/Geschäftsausstattung	
...	
...	
Gesamt	

C. Umlaufvermögen	Euro
Material-/Wareneinkauf	
Bezugskosten	
Betriebskosten in der Anlaufphase (Personal, Pacht, ...)	
...	
...	
Gesamt	

D. Lebensunterhalt	Euro
Private Miete	
Kleidung	
Energiekosten	
...	
Versicherungen	
Sonstiges	
Gesamt	

E. Gesamtkapitalbedarf	Euro
A. Gründungskosten	
B. Anlagevermögen	
C. Umlaufvermögen	
D. Lebensunterhalt	
Gesamt	

15. Welchen Inhalt hat der Finanzierungsplan?

Der Finanzierungsplan zeigt, mit welchen Finanzmitteln der Kapitalbedarf gedeckt werden soll. Er wird im Anschluss an die Kapitalbedarfsermittlung erstellt. Die Existenzgründung kann grundsätzlich über folgende Quellen finanziert werden:

- Das *Eigenkapital* sollte im Regelfall 20 % des Kapitalbedarfs der Gründung nicht unterschreiten. Ggf. kann dieser Anteil mit Unterstützung von Freunden oder Verwandten erhöht werden. Möglich ist auch die Kapitalbeschaffung durch Teilhaber. Dabei sind jedoch die Mitspracherechte der Kapitalgeber in Abhängigkeit von der Rechtsform zu berücksichtigen (vgl. 1.10.5).

- Bei einem *Darlehen des Verkäufers im Rahmen einer Firmenübernahme* sollten die Kreditkonditionen sowie ggf. die Rückzahlungsmodalitäten genau vereinbart werden.

- Stille Beteiligung einer Kapitalbeteiligungsgesellschaft (Venture Capital; Risikokapital ohne bankübliche Sicherheiten).

- Bund und Länder (*öffentliche Mittel/Förderprogramme*) helfen Existenzgründern in Form von Darlehen und Beteiligungskapital. Die Konditionen wechseln laufend. Für den Laien ist die Fülle der Möglichkeiten kaum noch transparent. Er sollte sich hier Unterstützung durch die IHK bzw. einen Gründungsberater holen. Am bekanntesten sind:

  · KfW-Mikro-Darlehen
  · KfW-StartGeld
  · Unternehmerkredit
  · ERP-Kapital für Gründung

- Kredite von Banken und Sparkassen (fest/variable, mit/ohne Tilgungsstreckung)

Die Finanzierungsplanung sollte ein ausgewogener Mix sein: Eigen-/Fremdkapital, kurzfristige/langfristige Finanzierung, ggf. Festzinsvereinbarung/variable Verzinsung mit Sondertilgungsmöglichkeit, Beachtung der Finanzierungskosten und der Tilgungsleistungen.

Quellentext:

Banken-Sprechtage	
KfW-Mittelstandsbank (Darlehen, Bürgschaften, Beteiligungen)	Bürgschaftsbank MV GmbH und Mittelständische Beteiligungsgesellschaft MV mbH (Besicherung von Darlehen bzw. stille Beteiligungen)
Im IHK-Gebäude in Neubrandenburg: Donnerstag, 11. März 2010 Donnerstag, 18. März 2010 Donnerstag, 25. März 2010	Im IHK-Gebäude in Neubrandenburg: Donnerstag, 11. März 2010 Donnerstag, 18. März 2010 Donnerstag, 25. März 2010

Quelle: FAKTOR WIRTSCHAFT, Die Zeitung der IHK zu Neubrandenburg, Nr. 2/2010

Einen mehrseitigen Überblick über Förderprogramme des Bundes und der Länder enthält z. B. die Schrift „Existenzgründung" in der Schriftenreihe „Beruf Bildung Zukunft" Nr. 9 der Bundesagentur für Arbeit auf den Seiten 68 - 97.

16. Welche banküblichen Sicherheiten können gestellt werden?

Wer einen Bankkredit aufnimmt, muss in der Regel bankübliche Sicherheiten bieten, aus denen sich das Geldinstitut befriedigen kann, wenn der Kreditnehmer zahlungsunfähig wird. Nachfolgend ist eine Liste einzelner Sicherheiten dargestellt. Die aufgeführten Beleihungsgrenzen sind Erfahrungswerte aus der Praxis und verhandelbar:

Sicherheiten	
Grundstücke	60 % des Beleihungswertes
Bankguthaben	100 % des Nennwertes
Lebensversicherungen	100 % des Rückkaufswertes
Kundenforderungen	50 bis 80 % des Forderungsbetrages
Wertpapiere	50 bis 80 % des Kurswertes
Bürgschaften	Bürgschaft einer Bank: 100 % des Bürgschaftsbetrages
	Bürgschaft von Dritten: Prozentsatz je nach Bonität
Warenlager	50 % des Einstandspreises
Ladeneinrichtung	40 % des Zeitwertes
Pkw	60 % des Zeitwertes

17. Welche Aussage liefert eine Planbilanz?

Die Planbilanz wird auf der Basis der Kapitalbedarfsplanung (Mittelverwendung) und der Finanzierungsplanung (Mittelherkunft) erstellt. Sie zeigt, welche Mittel für die Existenzgründung benötigt werden und woher diese Mittel stammen sollen. Im einfachen Fall wird eine Planbilanz folgendes Aussehen haben:

Aktiva		Planbilanz	Passiva
Anlagevermögen	20.000 EUR	Eigenkapital	10.000 EUR
Umlaufvermögen	40.000 EUR	Fremdkapital, kurzfristig	20.000 EUR
		Fremdkapital, langfristig	30.000 EUR
	60.000 EUR		**60.000 EUR**

Umfang und Grad der Differenzierung der Planbilanz hängen ab von der Kredithöhe, der Größe des Betriebes und der Rechtsform. Für Einzelunternehmen mit einer kleinen Betriebsgröße wird von den Banken keine Planbilanz gefordert, für Kapitalgesellschaften in jedem Fall.

18. Welche Bedeutung hat die Ertragsplanung?

Die Ertragsplanung ist das „A und O" der unternehmerischen Tätigkeit. Das Geschäft ist kein Selbstzweck oder Zeitvertreib, sondern angelegt, um Überschüsse (Erträge) zu erwirtschaften. Die Ertragsplanung (auch: Gewinnvorschau, Rentabilitätsvorschau) ist eine strukturierte Übersicht von Umsatzerlösen und Kosten sowie dem sich daraus ergebenden Jahresüberschuss. Der geplante Ertrag muss im Vergleich zur Angestelltentätigkeit über dem Nettogehalt liegen, da der Unternehmer die Beiträge für seine persönliche Kranken-, Renten- und Unfallversicherung allein tragen muss und der Gewinn noch zu versteuern ist (Einkommensteuer bei Einzelunternehmen).

Von besonderer Bedeutung im Handel ist der Rohertrag/Rohgewinn (Umsatz ./. Wareneinsatz). Er zeigt, wie viel Umsatz bereits für den Wareneinkauf „verbraucht" wurde und wie viel zur Verfügung steht, um die übrigen Kosten (Personalkosten, Sachgemeinkosten) zu decken. Gerade im Handel gliedert man zur besseren Übersicht die übrigen Kosten in Personal- und Sachgemeinkosten.

Die nachfolgende Übersicht enthält das Beispiel einer Ertragsplanung; dabei wurden die Begrifflichkeiten nach Datev verwendet (neutrale Erträge wurden nicht berücksichtigt). Diese Bezeichnungen werden dem Existenzgründer wiederbegegnen, wenn er von seinem Steuerberater die erste Monats-BWA erhält (Betriebswirtschaftliche Auswertung):

Ertragsplan		
Geplante Umsatzerlöse	... €	... %
− Material/Wareneinkauf	... €	... %
= **Rohertrag 1**	**... €**	**... %**
Personalkosten	... €	... %
− Löhne, Gehälter	... €	... %
− AG-Anteil SV	... €	... %
− AG-Anteil VL	... €	... %
− Weihnachtsgeld	... €	... %
− Urlaubsgeld	... €	... %
= **Rohertrag 2**	**... €**	**... %**
Sachgemeinkosten	... €	... %
− Raumkosten	... €	... %
− Energiekosten	... €	... %
− Betriebliche Steuern	... €	... %
− Versicherungen/Beiträge	... €	... %
− Kfz-Kosten (ohne Steuern)	... €	... %
− Werbe-/Reisekosten	... €	... %
− Kosten der Warenabgabe	... €	... %
− Abschreibungen	... €	... %
− Reparatur/Instandhaltung	... €	... %
− Bürobedarf, Telefon	... €	... %
− Beratungskosten (Steuerberatung, Buchführung)	... €	... %
= **Betriebsergebnis**	**... €**	**% **
− Zinsaufwand	... €	... %
− Übrige Steuern	... €	... %
− Sonstige neutrale Aufwendungen	... €	... %
= **Vorläufiges Ergebnis (hier: Planertrag)**	**... €**	**... %**

19. Warum muss ein Liquiditätsplan erstellt werden?

Der kurzfristige Liquiditätsplan (auch: Finanzplan) muss sicherstellen, dass das Unternehmen jederzeit seinen Zahlungsverpflichtungen nachkommen kann. Die Einnahmen und Ausgaben werden wöchentlich bzw. monatlich gegenübergestellt, sodass ggf. auftretende Liquiditätsengpässe erkennbar werden.

20. Welche Aspekte umfasst die Planung der Gewinnverwendung?

Hinweis: Die nachfolgende Darstellung bezieht sich auf Einzelunternehmen. Besonderheiten der Gewinnverwendung bei Kapitalgesellschaften mit ihren gesetzlichen Vorgaben und steuerlichen Auswirkungen werden nicht behandelt.

Nicht wenige Existenzgründer gehen von der irrigen Annahme aus, dass ihnen der erwirtschaftete Jahresgewinn persönlich in voller Höhe zur Verfügung steht. Diese Auffassung ist falsch: Der Einzelunternehmer muss entscheiden, welchen Betrag er selbst für seine Lebensführung entnehmen kann (Privatentnahmen), welchen Betrag er vorsieht für notwendige Investitionen des kommenden Geschäftsjahres, welche Rückstellungen er bilden muss für ausstehende Steuerzahlungen und in welcher Höhe er ggf. (freiwillige) Rücklagen für kritische Ertragsjahre (Erhöhung des Eigenkapitals) bildet. Dazu ein einfaches Rechenbeispiel (Einzelunternehmen):

Gewinnverwendung (Einzelunternehmen)		
	Jahresüberschuss	70.000
−	Investitionsvorhaben	-25.000
−	Rückstellungen für noch abzuführende Steuern (z. B. Einkommen-, Umsatz-, Gewerbesteuer)	-12.000
−	(freiwillige) Rücklage/Erhöhung des Eigenkapitals	-10.000
=	Privatentnahmen	23.000

Investitionsvorhaben sind meist in den ersten Jahren nach der Unternehmensgründung weniger relevant, da das Anlagevermögen noch nicht abgeschrieben ist.

Zu beachten sind aber die Rückstellungen für noch ausstehende Steuerzahlungen. Gerade in der Anfangsphase schwanken Einnahmen und Ausgaben sowie die damit verbundenen Umsatzsteuervorauszahlungen (z. B. können in den ersten Monaten Vorsteuerüberhänge aufgrund der relativ hohen Anschaffungskosten für Anlage- und Umlaufvermögen entstehen). Weiterhin ist es möglich, dass das Finanzamt im ersten Jahr der Geschäftätigkeit keine Einkommensteuervorauszahlung festsetzt, da das zu versteuernde Einkommen (aufgrund eines niedrigen Plangewinns) unterhalb der Progressionsgrenze liegt. Die Überraschung ist dann groß, wenn nach einem erfolgreichen Geschäftsjahr „plötzlich" der Bescheid über eine Einkommensteuernachzahlung „auf dem Tisch liegt".

Manche Selbstständige „überstrapazieren" den Ertragswert ihres Unternehmens, indem sie zu hohe Privatentnahmen tätigen (überzogener Lebensstil). Selbst bei guter Geschäftslage übersehen sie dabei, dass oft die Eigenkapitaldecke in der Gründungsphase sehr knapp ist, sodass in ertragsreichen Jahren der Eigenkapitalanteil verbessert werden sollte. Damit trifft der Einzelunternehmer nicht nur Vorsorge für ertragskritische Geschäftsjahre, sondern er verbessert die Eigenkapitalquote und damit auch seine Bonität gegenüber der Bank. Aufgrund eines verbesserten Ratings (Basel II) erhöht sich seine Kreditwürdigkeit (Kreditvolumen und -konditionen).

1.3.3 Rechtsformen

Hinweis: Für die Bearbeitung dieses Themas in der IHK-Klausur sind i. d. R. Gesetzestexte zugelassen. Wir empfehlen daher, unkommentierte Fassungen des BGB, des HGB, des GmbHG sowie des AktG mit in die Klausur zu nehmen. Einzelheiten zur Zulässigkeit von Hilfsmitteln regelt das Merkblatt der IHK zum jeweiligen Prüfungstermin. Weiterhin raten wir, sich mit den einschlägigen Paragrafen vertraut zu machen, das heißt den nachfolgenden Text mit der Lektüre der Gesetzestexte zu verbinden.

01. Welche Rechtsformen unterscheidet man?

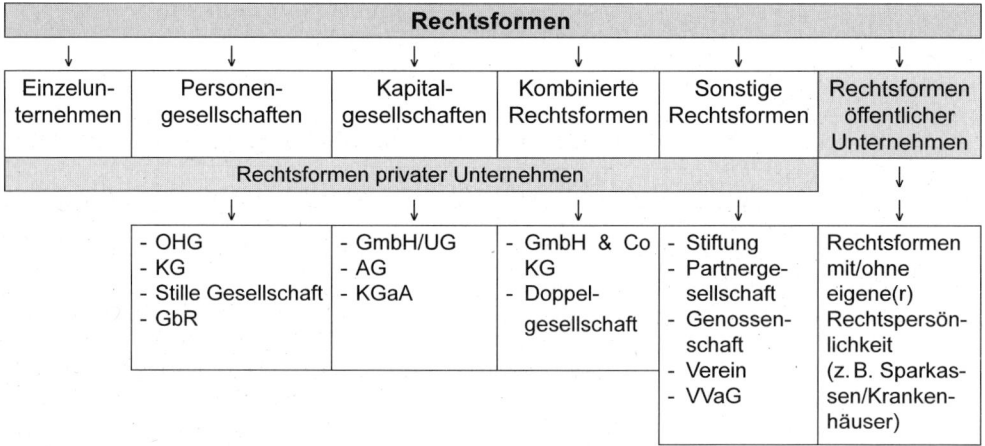

Rechtsformen					
Einzelunternehmen	Personengesellschaften	Kapitalgesellschaften	Kombinierte Rechtsformen	Sonstige Rechtsformen	Rechtsformen öffentlicher Unternehmen
Rechtsformen privater Unternehmen					
- OHG - KG - Stille Gesellschaft - GbR	- GmbH/UG - AG - KGaA	- GmbH & Co KG - Doppelgesellschaft	- Stiftung - Partnergesellschaft - Genossenschaft - Verein - VVaG		Rechtsformen mit/ohne eigene(r) Rechtspersönlichkeit (z. B. Sparkassen/Krankenhäuser)

02. Was sind die charakteristischen Merkmale der BGB-Gesellschaft?

GbR • Gesellschaft bürgerlichen Rechts (BGB-Gesellschaft) • Merkmale	
Zweck	Sie ist eine Personengesellschaft und nicht im Handelsregister eingetragen. Gegenstand ist der Zusammenschluss mehrerer Personen, die beabsichtigen, ein gemeinsames Ziel zu verfolgen (kein Handelsgewerbe). Von daher kann zu jedem gesetzlich zulässigen Zweck eine BGB-Gesellschaft gegründet werden.
Gründung	**§§ 705 ff. BGB** (bitte lesen) Entsteht durch Gesellschaftsvertrag von mindestens zwei Gesellschaftern (kein Formzwang); durch Gesellschaftsvertrag verpflichten sich die Gesellschafter - die Erreichung des gemeinsamen Zieles zu fördern (z. B. Arbeitsgemeinschaft, sog. „Arge" bei einem Bauvorhaben) sowie - die vereinbarten Beiträge zu leisten (z. B. Mietanteile für ein gemeinsames Büro). - Mindestkapital nicht erforderlich

Firma	Kann keine Firma führen (Gesellschafter sind keine Kaufleute). Tritt im Geschäftsverkehr unter dem Namen ihrer Gesellschaft auf (oder unter einer anderen Bezeichnung). Der Zusatz GbR ist nicht erforderlich.
Vertretung	- Geschäftsführung und Vertretung: i. d. R. gemeinschaftlich - abweichende Regelung im Gesellschaftsvertrag möglich
Haftung	Die Haftung der GbR ist wie bei der OHG: unbeschränkt, unmittelbar und solidarisch.
Ergebnis- verteilung	- gleiche Anteile an Gewinn und Verlust - abweichende Regelung im Gesellschaftsvertrag möglich
Auflösung	Auflösungsgründe sind u. a.: - Auflösungsvertrag - Erreichen des vereinbarten Ziels, - Tod und die Kündigung eines Gesellschafters - Insolvenzeröffnung über das Vermögen eines Gesellschafters Ist für die Gesellschaftsdauer eine Zeitdauer bestimmt, kann die Kündigung nur aus wichtigem Grund erfolgen. Der Gesellschaftsvertrag kann für den Fall des Todes eines Gesellschafters auch den Fortbestand der GbR regeln.
Liquidation	vgl. §§ 733 ff. BGB

03. Was sind die charakteristischen Merkmale der offene Handelsgesellschaft?

OHG • Offene Handelsgesellschaft • Merkmale	
Zweck	Eine OHG ist eine *Personengesellschaft*, deren Zweck auf den Betrieb eines *Handelsgewerbes* unter gemeinschaftlicher Firma gerichtet ist.
Gründung	**§§ 105 ff. HGB**; ergänzend **§§ 705 ff. BGB** (bitte lesen) Gründung durch zwei oder mehr Gesellschafter; Gesellschaftsvertrag ist nicht zwingend vorgeschrieben; wichtige Regeln der Geschäftsführung sollten jedoch schriftlich fixiert werden. Mindestkapital ist nicht erforderlich. Die OHG entsteht mit der Aufnahme der Geschäfte oder mit der Eintragung der Gesellschaft in das HR. Sie ist nicht rechtsfähig, aber teilrechtsfähig, das heißt, sie kann - eigene Rechte erwerben, - Verbindlichkeiten eingehen, - klagen und verklagt werden.
Firma	muss den Zusatz „offene Handelsgesellschaft" oder „OHG" o. Ä. enthalten.
Geschäfts- führung/ Vertretung	- gewöhnliche Geschäfte: Einzelgeschäftsführung aller Gesellschafter mit Vetorecht der anderen - außergewöhnliche Geschäfte: Gesamtgeschäftsführung - der Gesellschaftervertrag kann Abweichungen vorsehen - grundsätzlich: Einzelvertretung aller Gesellschafter - Vertretungsmacht kann (inhaltlich) nicht beschränkt werden - Gesamtvertretung (aller/einzelner Gesellschafter) kann vereinbart werden und ist im HR einzutragen. Die Gesellschafter der OHG haben Wettbewerbsverbot, d. h. ohne Einwilligung des anderen Gesellschafters dürfen im gleichen Handelszweig keine Geschäfte auf eigene Rechnung durchgeführt oder in anderen Unternehmen der Branche Beteiligungen aufgenommen werden. Ansonsten entsteht ein Schadenersatzanspruch und die Ausschlussmöglichkeit.

Haftung	- OHG selbst: mit Gesellschaftsvermögen - jeder Gesellschafter: unbeschränkt, unmittelbar, gesamtschuldnerisch
Ergebnis- verteilung	- Jeder Gesellschafter erhält zunächst 4 % seines Kapitalanteils, der verbleibende Gewinn wird gleichmäßig nach Köpfen verteilt. - Der Verlust wird nach Köpfen verteilt.
Auflösung	Auflösungsgründe sind u. a.: - Ablauf der vereinbarten Zeit - Auflösungsbeschluss der Gesellschafter - Eröffnung des Insolvenzverfahrens - Kündigung eines Gesellschafter bei einer 2-Mann-OHG Der Tod eines Gesellschafters führt nicht zur Auflösung der OHG.
Liquidation	vgl. §§ 145 ff. HGB

04. Was sind die charakteristischen Merkmale der Kommanditgesellschaft?

KG • Kommanditgesellschaft • Merkmale	
Zweck	wie OHG
Gründung	**§§ 161 ff. HGB**; mit vielen Verweisen zur OHG (bitte lesen) Die KG ist eine Handelsgesellschaft, deren Gesellschafter teils unbeschränkt (*Vollhafter*, Komplementär), teils beschränkt (Teilhafter, Kommanditist) haften. Die Kommanditgesellschaft muss mindestens einen Komplementär und mindestens einen Kommanditisten (haftet nur mit seiner Kapitaleinlage) haben. Abschluss eines Gesellschaftsvertrages. im Übrigen: wie OHG
Firma	muss den Zusatz „Kommanditgesellschaft" oder „KG" o. Ä. enthalten.
Geschäfts- führung/ Vertretung	- Komplementär: wie OHG - Kommanditist: keine Vertretung/Geschäftsführung, nur Kontrollrechte; nur bei außergewöhnlichen Geschäften besteht ein Widerspruchsrecht (im Außenverhältnis ohne Wirkung); der Gesellschaftsvertrag kann die Kommanditisten an der Geschäftsführung beteiligen.
Haftung	- KG selbst: mit Gesellschaftsvermögen - Komplementär: wie OHG - Kommanditist: nur mit Einlage - Klagemöglichkeiten: wie OHG
Ergebnis- verteilung	- Gewinn: 4 % der Einlage, der Rest in angemessenem Verhältnis (z. B. Höhe der Einlage und Arbeitsleistung) - Verlust: in angemessenem Verhältnis - der Gesellschaftsvertrag kann etwas Anderes regeln
Auflösung	Auflösungsgründe sind u. a.: - Ablauf der vereinbarten Zeit - Auflösungsbeschluss der Gesellschafter - Eröffnung des Insolvenzverfahrens - Kündigung des einzigen Komplementärs/Kommanditisten Der Tod eines Gesellschafters führt nicht zur Auflösung der KG.
Liquidation	wie OHG

05. Was sind die charakteristischen Merkmale der stillen Gesellschaft?

Stille Gesellschaft • Merkmale
Eine stille Gesellschaft (§§ 230 - 236 HGB; bitte lesen) ist nach außen nicht erkennbar. Sie entsteht, indem sich ein stiller Gesellschafter an dem Handelsgewerbe eines anderen mit einer *Einlage beteiligt*, die in das Vermögen des Inhabers des Handelsgewerbes übergeht. Der stille Gesellschafter wird nicht Miteigentümer am Vermögen des anderen. Er erhält vertraglich einen Anteil des Gewinns. Eine Verlustbeteiligung kann ausgeschlossen werden oder bis zur Höhe der Einlage vereinbart werden. Wird sie ausgeschlossen, kann der stille Gesellschafter im Insolvenzfall die Einlage als Insolvenzforderung geltend machen.
Der stille Gesellschafter ist an der Geschäftsführungsbefugnis nicht beteiligt, falls nichts anderes vereinbart wird. Ist der stille Gesellschafter an der Gesellschaft beteiligt, liegt der Fall einer *atypischen* stillen Gesellschaft vor. Der stille Gesellschafter hat Kontrollrechte wie ein Kommanditist. Durch den Tod des stillen Gesellschafters wird die Gesellschaft nicht aufgelöst.
Auf die Kündigung der Gesellschaft durch einen der Gesellschafter finden die Vorschriften der §§ 132, 134 und 135 HGB entsprechende Anwendung. So kann z. B. die Kündigung durch einen Gesellschafter entweder am Schluss eines Geschäftsjahres erfolgen, wenn eine Gesellschaft für unbestimmte Zeit eingegangen wurde.
Auflösungsgründe: Auflösungsvertrag, Kündigung, Eröffnung des Insolvenzverfahrens, Tod des Geschäftsinhabers (nicht: Tod des stillen Gesellschafters).

06. Was sind die charakteristischen Merkmale der Gesellschaft mit beschränkter Haftung?

GmbH • Gesellschaft mit beschränkter Haftung • Merkmale	
Zweck	- ist eine juristische Person (Formkaufmann; wie bei AG) - im Unterschied zur AG ist das Stammkapital nicht in Aktien verbrieft - kann jeden beliebigen (rechtlich zulässigen) Zweck verfolgen
Gründung	**GmbH-Gesetz** (GmbHG) Eine GmbH kann auch durch eine einzige Person gegründet werden. Das *Stammkapital* beträgt mindestens 25.000,- €. Sollen Sacheinlagen geleistet werden, so sind im Gesellschaftsvertrag (notarielle Beurkundung) der Gegenstand der *Sacheinlage* sowie der Betrag der *Stammeinlage*, auf die sich die Sacheinlage bezieht, festzustellen. - Mit der Kapitalaufbringung ist die GmbH *errichtet,* aber noch nicht gegründet (GmbH i. G). Wer die „werdende GmbH" im Geschäftsverkehr vertritt, haftet persönlich. - Die Gesellschafter müssen einen (oder mehrere) Geschäftsführer bestellen. - Der Antrag auf Eintragung in das HR ist zu stellen. - Mit der Eintragung entsteht die GmbH als juristische Person.
HR-Eintragung	Eintragung ist Pflicht (Formkaufmann)
Firma	muss den Zusatz „Gesellschaft mit beschränkter Haftung" oder „GmbH" o. Ä. enthalten.

Organe	- *Gesellschafterversammlung* ist das Beschlussorgan; Beschlüsse mit einfacher Mehrheit. Bei Änderung des Gesellschaftsvertrages ist eine 3/4-Mehrheit erforderlich. Aufgaben: · Bestellung/Abberufung von Geschäftsführern (GF), · Weisungsrecht gegenüber GF, · Beschluss über Ergebnisverwendung und · Erteilung von Handlungsvollmacht/Prokura. - Die *Geschäftsführung* ist das Leitungsorgan und der gesetzliche Vertreter der GmbH. - In einzelnen Fällen ist auch ein *Aufsichtsrat* vorgesehen und zwar nach dem Betriebsverfassungsgesetz bei mehr als 500 Arbeitnehmern.
Geschäfts- führung/ Vertretung	- <u>Gesamt</u>geschäftsführung/-vertretung - Die Vertretungsmacht ist nach außen unbeschränkbar.
Haftung	Den Gläubigern haftet ausschließlich das Gesellschaftsvermögen. Nur im Innenverhältnis kann eine Nachschusspflicht vorgesehen sein.
Ergebnis- verwendung	- Die Verwendung eines Jahresüberschusses (Rücklage, Ausschüttung, Gewinnvortrag) unterliegt dem Beschluss der Gesellschafterversammlung. - Die Gewinnverteilung erfolgt nach dem Anteil der Geschäftsanteile. - Ein Verlust wird aus den Rücklagen gedeckt oder vorgetragen.
Auflösung	Auflösungsgründe sind u. a.: - Ablauf der Zeit lt. Gesellschaftsvertrag - Auflösungsbeschluss der Gesellschafterversammlung (3/4-Mehrheit) - gerichtliches Urteil - Eröffnung des Insolvenzverfahrens - Verfügung des Registergerichts (Mangel im Gesellschaftervertrag, Nichteinhalten von Verpflichtungen)
Liquidation	vgl. §§ 70 ff. GmbHG

07. Welche Regelungen enthält das Gesetz zur Modernisierung des GmbH-Rechts und zur Bekämpfung von Missbräuchen (MoMiG)?

Der Bundestag hat am 26.6.2008 die Änderung des GmbH-Gesetzes (GmbHG) beschlossen. Es handelt sich um die bislang umfangreichste Erneuerung des Gesetzes. Kernanliegen der Novelle ist die Erleichterung und Beschleunigung von Unternehmensgründungen. Das Gesetz ist am 01.11.2008 in Kraft getreten. Das GmbHG bleibt in vielen Punkten bestehen, erlaubt aber eine GmbH-Variante ohne Mindeststammkapital und bietet ein Musterprotokoll für die Standard-GmbH-Gründung. Damit soll die GmbH-Rechtsform attraktiver gemacht und ein Gegengewicht zur englischen Limited Company (Ltd.) geschaffen werden. Entfallen ist die Vorschrift, nach der eine deutsche GmbH ihren Sitz nicht im Ausland haben kann.

In Zukunft ist die Gründung der sog. *Unternehmergesellschaft* (UG) *ohne ein Mindeststartkapital möglich*. Wird bei der Gründung das Gesellschaftskapital von 25.000 € unterschritten, muss die Firma den Firmenzusatz „Unternehmergesellschaft (haftungsbeschränkt)" führen. 25 % des Jahresüberschusses müssen jährlich in eine Rücklage eingestellt werden bis das volle Haftungskapital der GmbH erreicht ist. Für die GmbH mit maximal drei Gesellschaftern und einem Geschäftsführer wird es ein gesetzliches Musterprotokoll mit einer Standardlösung und ein vereinfachtes Gründungsverfahren geben. Kosten und Zahl der beizubringenden Dokumente sind hierbei reduziert. Um diese Vereinfachungen nutzen zu können, dürfen an der Standardsatzung keine Änderungen vorgenommen werden. Auch dieses Musterprotokoll muss notariell beurkundet werden.

Die Gesellschafter werden in Zukunft stärker in die Haftung genommen. Dies gilt insbesondere für die Einzahlung und den Erhalt des vollen Einlagekapitals. Die verdeckte Sacheinlage wird zukünftig strenger sanktioniert. Auch die Vorschriften gegen die *missbräuchliche „Bestattung"* der GmbH werden verschärft. Zukünftig müssen die Gesellschafter bei „Führungslosigkeit" in Zukunft selbst Insolvenzantrag stellen. Die Gesellschafter dürfen für die Dauer des Insolvenzverfahrens – höchstens für ein Jahr – nicht ihr Aussonderungsrecht an zum Gebrauch überlassenen Gegenständen geltend machen, wenn diese zur Betriebsfortführung der GmbH von erheblicher Bedeutung sind (vgl. auch: www.nwb.de/service/nwb-news/gesetzgebung).

08. Was sind die charakteristischen Merkmale der Aktiengesellschaft?

AG • Aktiengesellschaft • Merkmale	
Zweck	Die AG ist eine *Kapitalgesellschaft* mit eigener Rechtspersönlichkeit (juristische Person). Die Aktiengesellschaft hat ein in Aktien (Urkunden) zerlegtes *Grundkapital*. Die Aktiengesellschaft ist die typische Rechtsform der Großbetriebe. Für die Kapitalaufbringung ist die Zerlegung in eine Vielzahl kleiner Anteile mit leichter Veräußerung und die Börsenzulassung besonders günstig. Die Beschränkung der Haftung auf das Gesellschaftsvermögen, die eindeutige Trennung von Geschäftsführung und Beteiligung sowie die gesetzlich erzwungene Transparenz durch umfangreiche Publizitäts-, Rechnungslegungs- und Prüfungspflichten sind weitere Gesichtspunkte. Das Mitbestimmungsrecht ist bei der AG am weitesten entwickelt (vgl. §§ 95 ff. AktG, MitbestG, MontanMitbestG).
	Aktiengesellschaften als Großbetriebe sind in der Industrie, im Handel, in der Bank- und Versicherungswirtschaft zu finden. Auch bei Holdinggesellschaften und Betrieben der öffentlichen Hand sind sie anzutreffen. Aber auch Familienaktiengesellschaften und die seit dem Jahre 1995 zugelassenen 1-Personen-Aktiengesellschaften (§ 2 AktG) nutzen die Vorteile einer kleinen AG in der Hinsicht, dass die Haftung als „eigener Aktionär" der Unternehmung beschränkt und überschaubar bleibt sowie die Leitungsbefugnisse unkompliziert sind.
Gründung	**Aktiengesetz** (AktG) Das Grundkapital ist das in der Satzung der AG ziffernmäßig festgelegte Geschäftskapital, das durch die Einlagen der Aktionäre aufgebracht wird. Der Mindestnennbetrag ist Gründungsvoraussetzungen: - es genügt ein Gründer - Mindestkapital: 50.000,- €. - notariell beurkundete Satzung - der Gründungsvorgang ist stark reglementiert (vgl. §§ 8 f. AktG)
HR-Eintragung	Eintragung ist Pflicht (Formkaufmann)

Firma	muss den Zusatz „Aktiengesellschaft" oder „AG" enthalten.
Organe	Eine Aktiengesellschaft hat drei Organe: - den Vorstand, d. h. die Unternehmensleitung, - den Aufsichtsrat als Überwachungsorgan (vier Jahre) und - die Hauptversammlung (HV) als die Vertretung der Kapitaleigner. Die Gründer bestellen den Aufsichtsrat, dieser ernennt den Vorstand (notarielle Beurkundung).
Geschäfts- führung/ Vertretung	Der Vorstand ist Leitungsorgan und gesetzlicher Vertreter (Amtszeit: fünf Jahre).
Haftung	- Die AG haftet gegenüber Dritten nur mit dem Gesellschaftsvermögen (Summe der Aktiva; nicht Grundkapital), - die Aktionäre der Gesellschaft gegenüber Dritten nur mit dem Nennwert der Aktien (bei Stückaktien nach der Zahl der Aktien). Nach § 41 Abs. 1 AktG haftet persönlich, wer vor Eintragung der AG handelt (wie GmbH).
Ergebnis- verwendung	Bei *Jahresüberschuss*: - Ausgleich eines Verlustvortrags - vom verbleibenden Rest sind 5 % in die gesetzliche Rücklage einzustellen (soweit noch erforderlich) - vom dann verbleibenden Betrag: Einstellung in die satzungsmäßigen Rücklagen - über die Verwendung des Bilanzgewinns entscheidet die HV (z. B. Gewinnrücklage, Dividendenzahlung, Gewinnvortrag) Bei *Jahresfehlbetrag*: - Ausgleich durch Rücklagen und - ggf. Verlustvortrag
Auflösung	Auflösungsgründe sind u. a.: - Beschluss der Hauptversammlung (3/4-Mehrheit) - Eröffnung des Insolvenzverfahrens - satzungsmäßige Auflösungsgründe - rechtskräftige Verfügung des Registergerichts
Liquidation	vgl. §§ 264 AktG

09. Was ist eine Kommanditgesellschaft auf Aktien?

Eine KGaA ist eine juristische Person, bei der *mindestens ein Gesellschafter unbeschränkt* haftet, während die Übrigen, die Kommanditaktionäre, nur an dem in Aktien zerlegten Grundkapital beteiligt sind. Für die Kommanditgesellschaft auf Aktien gelten weitgehend die Vorschriften des Aktienrechts.

10. Was ist eine GmbH & Co. KG?

Die GmbH & Co. KG ist eine Rechtsform der Praxis. Rechtlich gesehen handelt es sich um *eine Kommanditgesellschaft* und somit um eine *Personengesellschaft*. Der persönlich haftende Gesellschafter ist jedoch *eine GmbH*, die Kommanditisten sind meist natürliche Personen. Die GmbH ist zur Geschäftsführung innerhalb der KG berechtigt. Sowohl die GmbH als auch die Kommanditisten haften nur bis zur Höhe der Einlagen.

11. Was ist eine Doppelgesellschaft?

Eine Doppelgesellschaft entsteht in der Regel dadurch, dass ein in einer einheitlichen Rechtsform geführtes Unternehmen (z. B. GmbH, KG oder OHG) in zwei rechtlich selbstständige Unternehmen aufgeteilt wird und dabei die *wirtschaftliche Einheit beibehalten wird* (Betriebsaufspaltung; vgl. Frage 17.).

Merkmale der Doppelgesellschaft	
(1) **GmbH** geführter Betrieb	Er trägt das unternehmerische Risiko wegen der Haftungsbegrenzung der GmbH

+

(2)	Die wesentlichen Teile des Vermögens verbleiben bei einer **Personengesellschaft:** OHG oder KG	Dieser Betrieb trägt nur ein geringes Haftungsrisiko (Abschirmung durch die GmbH)

Typische Gestaltungsformen der Doppelgesellschaft sind:

1

Wirtschaftliche Einheit		
Besitzpersonengesellschaft	**+**	**Betriebskapitalgesellschaft**
- Eigentum am AV - Finanziert das AV - Einnahmen aus Verpachtung des AV		- Eigentum am UV - Beschaffung Produktion, Absatz
Hat klar kalkulierbare Aufwendungen (AfA und Zinsen) sowie feste Pachteinnahmen.		Trägt das unternehmerische Risiko; die Höhe des Pachtszinses entscheidet darüber, ob der Gewinn überwiegend bei der Personen- oder der Kapitalgesellschaft entsteht.
Einkommensteuer		Körperschaftsteuer

AV: Anlagevermögen
UV: Umlaufvermögen

2

Wirtschaftliche Einheit		
Produktionspersonengesellschaft	**+**	**Vertriebskapitalgesellschaft**
- Eigentum am AV, UV - Beschaffung Produktion - Investition, Finanzierung - Lieferung an Vertriebsgesellschaft zu festen Verrechnungspreisen		- kein Eigentum am AV, UV - Absatz und - volles Vertriebsrisiko (Preis, Menge, Forderungsausfälle, Gewährleistung)
Einkommensteuer		Körperschaftsteuer
Bei hohem Verrechnungspreis entsteht der Gewinn überwiegend bei der Produktionspersonengesellschaft und umgekehrt.		

Quelle: in Anlehnung an: Wöhe, G., a. a. O., S. 280 f.

12. Was ist eine Partnergesellschaft?

Natürliche Personen, die freiberuflich tätig sind und kein Gewerbe ausüben (Ingenieure, Ärzte, Unternehmensberater, Anwälte u. Ä.), können sich zu einer Partnerschaft zusammenschließen. Der Gesellschaftsvertrag muss schriftlich geschlossen werden. Zweck der Zusammenarbeit kann sein: Nutzung gemeinsamer Büroorganisation, Räume, Kundenbeziehungen, Arbeitsteilung u. Ä. Die Eintragung erfolgt in ein Partnerschaftsregister bei den Amtsgerichten. Der Name der Partnerschaft besteht aus dem Namen mindestens eines Partners und dem Zusatz „Partner" oder „Partnerschaft". Außerdem müssen die Berufsbezeichnungen aller Partner aufgeführt werden.

13. Was ist eine Stiftung?

Eine Stiftung ist auf Dauer einem bestimmten Zweck gewidmet, der vom Stifter festgelegt wird (z. B. Krebsforschung, Förderung von Künstlern). Die Stiftung des privaten Rechts ist eine juristische Person (§§ 80 ff. BGB) und wird vom Stifter mit Kapital ausgestattet.

Vorteile	Kontinuität des Unternehmens, Erhaltung des Kapitals; wird z. B. genutzt, wenn eine Zersplitterung des Vermögens aufgrund von Erbauseinandersetzungen droht.
Nachteile	keine Beteiligungsfinanzierung möglich; daher Probleme der Kapitalbeschaffung.

14. Was ist das Wesen einer Genossenschaft?

Genossenschaften sind keine Handelsgesellschaften, da sie keine Gewinne erzielen, sondern einem bestimmten Personenkreis *wirtschaftliche Vorteile durch gemeinsames Handeln bringen wollen*. Sie sind eine Einrichtung der wirtschaftlichen Selbsthilfe und beruhen auf einem freiwilligen Zusammenschluss insbesondere von Kaufleuten, Handwerkern, Landwirten, Mietern, Verbrauchern. Genossenschaften sind im Genossenschaftsregister eingetragen.

15. Was ist ein Verein?

Vereine (§§ 21 - 79 BGB) sind Personenvereinigungen, die auf eine gewisse Dauer angelegt sind, eine körperschaftliche Verfassung haben und im Bestand vom Wechsel der Mitglieder unabhängig sind.

- Die Bildung eines Vereins unterliegt keinen Beschränkungen, sofern er keinen verbotenen Zweck verfolgt.

- Rechtsfähigkeit kann ein Verein erlangen, wenn
  a) sein Zweck auf einen wirtschaftlichen Geschäftsbetrieb ausgerichtet ist durch staatliche Verleihung (wirtschaftlicher Verein)
  b) durch Eintragung im Vereinsregister (eingetragener Verein)

- Auf Vereine ohne Rechtsfähigkeit findet weitgehend das Recht der Gesellschaft des bürgerlichen Rechts Anwendung.

- Es muss eine Vereinssatzung geben.

- Die Mitgliederversammlung muss einen Vorstand wählen.

- Für die Schulden haftet nur das Vereinsvermögen; die Mitglieder haften nicht persönlich.

16. Welche Zweck verfolgt ein Versicherungsverein auf Gegenseitigkeit (VVaG)?

Versicherungsvereine auf Gegenseitigkeit (VVaG) sind eine Gesellschaftsform im Versicherungswesen. Sie haben Merkmale der Genossenschaft und der Aktiengesellschaft. Maßgeblich ist das Versicherungsgesetz.

Organe	Vorstand, Aufsichtsrat, Vertreterversammlung
Mitglieder	Der Versicherungsnehmer wird mit Abschluss der Versicherung Mitglied des Vereins. Die Leistungen werden aus den Beiträgen finanziert. Überschüsse werden an die Mitglieder verteilt. Unterdeckungen müssen durch Beitragserhöhungen aufgefangen werden.
Beispiele	- Haftpflichtverband der Deutschen Industrie VVaG - DEBEKA Krankenversicherungsverein a. G.

17. Welche Bestimmungen enthält das Umwandlungsrecht?

Das Umwandlungsgesetz (UmwG) ist Teil des Handelsrechts und definiert als Umwandlung – über die eigentliche Wortbedeutung hinaus –

- die Verschmelzung,
- die Spaltung,
- die Vermögensübertragung und
- den Formwechsel.

Im Einzelnen:

Verschmelzung	ist die Übertragung des gesamten Vermögens eines Rechtsträgers auf einen anderen, der bereits existiert oder neu gegründet wurde (ohne Liquidation).
Spaltung	Das UmwG unterscheidet drei Fälle: - *Aufspaltung:* Ein Rechtsträger teilt sein gesamtes Vermögen (ohne Liquidation) auf und überträgt diese Teile auf mindestens zwei andere Rechtsträger. - *Abspaltung:* Übertragung eines Vermögensteils auf einen anderen Rechtsträger. Dabei bleibt der übertragende Rechtsträger bestehen. - Die *Ausgliederung* ähnelt der Abspaltung. Der Unterschied besteht darin, wer die als Gegenwert zu leistenden Anteile an dem neuen Rechtsträger erhält.
Vermögens-übertragung	vgl. Verschmelzung; die Gegenleistung besteht jedoch nicht in Anteilen des Empfänger-Rechtsträgers, sondern z. B. in Geld.
Formwechsel	Übergang von einer Rechtsform in eine andere (ohne Liquidation).

18. Welche Änderungen enthält die Novellierung des Umwandlungsrechts?

Im Juli 2010 beschloss das Kabinett die Änderung des Umwandlungsrechts: Die Änderung des Umwandlungsgesetzes sieht wesentliche Vereinfachungen bei der Verschmelzung und Spaltung von Unternehmen vor. Dadurch werden die Kosten von Umwandlungsmaßnahmen deutlich reduziert. Insbesondere bei der Umstrukturierung von Aktiengesellschaften werden sich die Änderungen auswirken. Die Neuregelung führt zu einer spürbaren Entlastung der Unternehmen und wahrt zugleich den Schutz der Anteilseigner und Gläubiger.

19. Wie lassen sich die zentralen Unterschiede der Unternehmensformen im Überblick darstellen?

Unterschiede der Unternehmensformen						
Rechtsform	Anzahl der Gründer	Gründungskapital	Haftung	Gewinn- und Verlustverteilung	Geschäftsführung	Steuern
Einzelunternehmen	1	keine Regelung	unbeschränkt mit Privat- und Geschäftsvermögen	allein		Einkommensteuer
GbR	mind. 2		unbeschränkt			
Offene Handelsgesellschaft (OHG)	mind. 2		unmittelbar unbeschränkt solidarisch	Gewinn nach Vertrag; sonst 4 % der Kapitaleinlage/Rest nach Köpfen; Verlust solidarisch	alle in gleicher Weise	
KG	mind. 2 (1 Komplementär; 1 Kommanditist)		Komplementär: Vollhafter; Kommanditist: mit Kapitaleinlage	4 % der Kapitaleinlage/ Rest im angemessenem Verhältnis oder nach Vertrag	Komplementär allein; Kommanditist nur Einsichts- und Widerspruchsrecht	
AG	mind. 1	mind. 50.000 €	Gesellschaft mit Vermögen	Gewinnverwendung beschließt die Hauptversammlung; Verluste als Vortrag gebucht oder aus Rücklagen gedeckt	Vorstand, der vom Aufsichtsrat bestellt wird	Körperschaftsteuer
GmbH vgl. auch: UG/MoMiG		mind. 25.000 €		Gesellschafterversammlung beschließt über Gewinnverwendung; Verluste als Vortrag gebucht oder aus Rücklagen gedeckt	Geschäftsführer, den die Gesellschafterversammlung einsetzt	
Genossenschaft	mind. 3	–	Genossenschaft mit Vermögen; Status kann Haftsumme festlegen	Generalversammlung beschließt über Gewinnverwendung; Verluste belasten Geschäftsguthaben der Mitglieder	Vorstand, von der Generalversammlung gewählt	
Stille Gesellschaft	mind. 2	–	stiller Gesellschafter: nur mit Einlage	angemessene Anteile	nur Geschäftsinhaber	Einkommensteuer

1.4 Unternehmenszusammenschlüsse

01. Was sind Unternehmenszusammenschlüsse und welche Ziele verfolgen sie?

Bei Unternehmenszusammenschlüssen verbinden sich rechtlich und wirtschaftlich selbstständige Unternehmen zu neuen, größeren Wirtschaftseinheiten. Dabei wird die wirtschaftliche Selbstständigkeit zum Teil eingeschränkt, die rechtliche Selbstständigkeit kann – muss aber nicht – aufgegeben werden.

Die vorherrschenden, sich zum Teil überlagernden Ziele sind:

Ziele von Unternehmenszusammenschlüssen		
Generelle Oberziele	Verbesserung der **Wirtschaftlichkeit**	durch Rationalisierung und Kostensenkung.
	Stärkung der **Wettbewerbsfähigkeit**	durch Verbesserung der Marktstellung gegenüber Lieferanten, Kunden und Banken.
	Minderung der **Risiken**	durch Aufteilung der unternehmerischen Risiken auf mehrere Wirtschaftseinheiten.
	Stärkung der **Machtposition**	durch Einschränkung des Wettbewerbs und Bildung von Wirtschaftsverbänden, die die Interessen gegenüber Gesetzgeber, Verwaltung und anderen Verbänden wahrnehmen (Lobbyarbeit).
Funktionsspezifische Ziele	in der **Beschaffung**	durch Verbesserung der Einkaufsmacht (Mengen, Preise, Konditionen), z. B. Einkaufssyndikate, Einkaufsgenossenschaften, freiwillige Ketten, Kapitalbeteiligung an Zulieferbetrieben.
	in der **Produktion**	durch Zusammenlegung von Produktionskapazitäten (optimale Betriebsgrößen, verbesserte Auslastung der Kapazitäten, Normung und Typung, Zusammenarbeit in der Forschung und Entwicklung.
	in der **Finanzierung**	Erst durch den Zusammenschluss von Unternehmen lässt sich der hohe Kapitalbedarf bei Großprojekten überhaupt aufbringen.
	im **Absatz**	durch Schaffung einer gemeinsamen Vertriebsorganisation, Ausschaltung des Wettbewerbs (Preisabsprachen, Gebietsaufteilung/Quoten, Monopolbildung); Verminderung der Absatzrisiken durch Verbreiterung der Angebotspalette (horizontale/vertikale/komplementäre Diversifikation).
	im Bereich **Steuern**	durch Verlagerung von Betriebsteilen/Tochtergesellschaften mit hohen Gewinnen in niedrig besteuernde Länder.
Allgemeine Ziele	Bündelung wirtschaftlicher Interessen in Gemeinschaftsunternehmen; gemeinsame Werbung/Marktanalysen/Forschungsprojekte/Informationsdienste/Lobbyarbeit.	

02. Nach welchen Merkmalen unterscheidet man Unternehmenszusammen-schlüsse?

Man unterscheidet Unternehmenszusammenschlüsse

1. nach der *Intensität der Bindung* (Grad der Veränderung/Aufgabe der wirtschaftlichen und rechtlichen Selbstständigkeit) in Kooperationen und Konzentrationen:

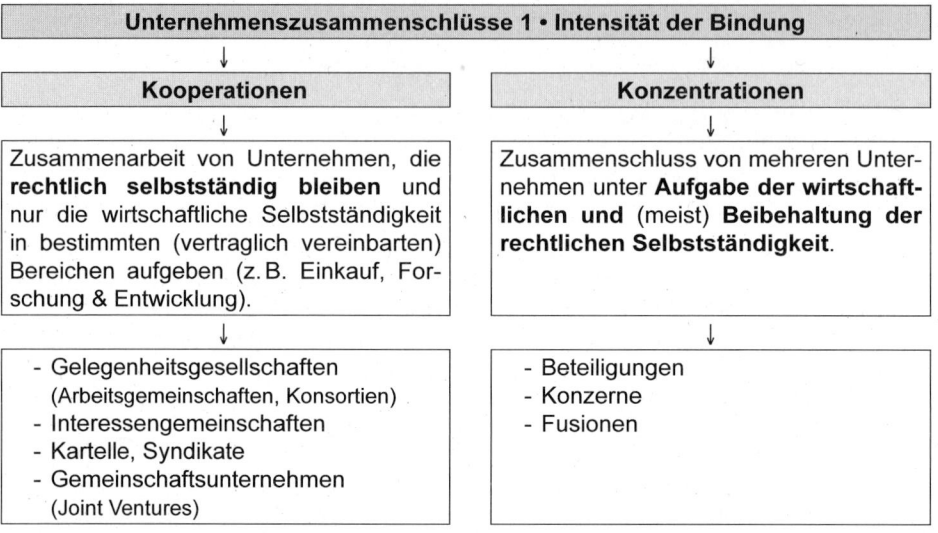

2. nach der *Art der Wirtschaftsstufen,* die miteinander verbunden werden in horizontale, vertikale und konglomerate Verbindungen:

1.4.1 Formen der Kooperation

01. Was sind Kooperationen und warum haben sie sich entwickelt?

Kooperationen gibt es zwischen Hersteller und Handel, im Großhandel sowie im Einzelhandel. Sie zeichnen sich dadurch aus, dass zwischen den beteiligten, rechtlich und wirtschaftlich selbstständigen Unternehmen mehrere Elemente einer freiwilligen

Zusammenarbeit vertraglich fixiert werden. *Die rechtliche Selbstständigkeit bleibt er-halten, die wirtschaftliche Selbstständigkeit wird* (im vertraglich vereinbarten Maße) *eingeschränkt.*

Kooperationen sind Überlebensstrategien vor dem Hintergrund wachsender Kostenbe-lastungen und zunehmend gesättigter Märkte: Die auf den gesättigten Märkten über-lebensnotwendige Marktmacht ist nur durch Masse, die Wahrnehmung von Chancen sowie die Abwehr von Risiken zu erreichen und dies verlangt nach strategischen Alli-anzen.

02. Was sind Gelegenheitsgesellschaften?

- *Arbeitsgemeinschaft* (Arge):
  Hier schließen sich mehrere Einzelunternehmen – meist in Form einer Arbeitsge-meinschaft (Rechtform der Gesellschaft des bürgerlichen Rechts, GbR) – zeitlich befristet und inhaltlich abgegrenzt zusammen, um eine gemeinsame Aufgabe aus-zuführen. Häufiges Beispiel ist die Zusammenarbeit auf horizontaler Ebene (gleicher Wirtschaftszweig) bei der Ausführung von Großprojekten (Bau eines Atomkraftwerks, einer Talsperre, von Autobahnen). Die Arge, an der die Unternehmen A bis C Mitglied ist, schließt mit dem Auftraggeber in eigenem Namen und für eigene Rechnung die Verträge mit dem Auftraggeber (*Außengesellschaft*).

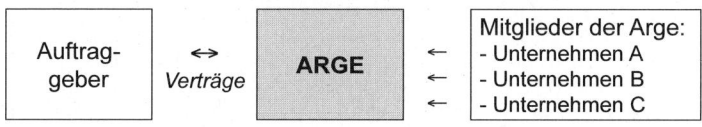

- *Konsortium:*
  Diese Bezeichnung ist neben der Arge anzutreffen und bezieht sich vorrangig auf die zeitlich befristete Zusammenarbeit von Banken, z. B. bei der Emission von Wertpapie-ren (Verbesserung der Finanzkraft und der Platzierung der Wertpapiere am Markt).

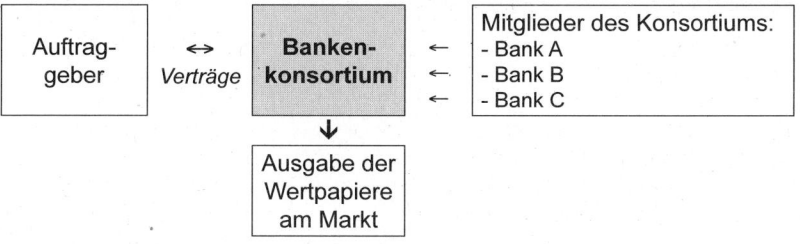

03. Was sind Interessengemeinschaften?

Interessengemeinschaften (IG) gleichen den Arbeitsgemeinschaften mit dem Unter-schied, dass sie auf eine längerfristige Zusammenarbeit in bestimmten Funktionsberei-chen angelegt sind. Interessengemeinschaften werden meist in der Rechtsform einer GbR (vertragliche Bindung) geführt und treten nach außen hin nicht in Erscheinung (Innengesellschaft). Typische Beispiele sind: gemeinsamer Einkauf, Zusammenarbeit in der Forschung und Entwicklung, gemeinsame Fertigung.

04. Was sind Kartelle und Syndikate?

Ziel von Kartellen ist die *Erlangung von Marktmacht durch Einschränkung des Wettbewerbs* in Preis, Menge, Konditionen, Regionen, Qualität oder Kombinationen davon zur Verbesserung der wirtschaftlichen Stellung der Kartellmitglieder.

Merkmale:

- Kartellmitglieder bleiben rechtlich selbstständig;
- Vertragliche Verflechtung ohne einheitliche Leitung;
- Wettbewerbsbeschränkung als Ziel der Kooperation.

Als *Syndikat* bezeichnet man die am straffsten geführte Form eines Kartells (straffe Innenorganisation; starke Wirkung in Bezug auf die Einschränkung des Wettbewerbs).

05. Wie sind Kartelle unter marktwirtschaftlichen Gesichtspunkten zu bewerten?
→ 3.1.6

Kartelle sind bestrebt, den Wettbewerb einzuschränken bzw. schränken ihn tatsächlich ein und widersprechen damit dem Gedanken der Marktwirtschaft. Kartelle sind daher grundsätzlich verboten (vgl. Gesetz gegen Wettbewerbsbeschränkungen, GWB; vgl. im Einzelnen dazu unter Ziffer 3.1.6, Grundsätze des Wettbewerbsrecht).

Es gibt nur *wenige Ausnahmen,* die an bestimmte Voraussetzungen gebunden sind, z. B.:

- Quotenregelung in der Landwirtschaft und Preisbindung bei Druckerzeugnissen;
- Kartell zur Förderung des technischen oder wirtschaftlichen Fortschritts;
- die Kartellbildung darf nicht zu einer marktbeherrschenden Stellung führen;
- sog. Mittelstandskartelle sind zu Zwecken der Rationalisierung erlaubt;
- in jedem Fall sind die EU-Verordnungen zu beachten.

06. Was sind Gemeinschaftsunternehmen (Joint Ventures)?

Gemeinschaftsunternehmen werden im internationalen Bereich auch als *Joint Ventures* bezeichnet.

Hier gründen zwei oder mehrere rechtlich selbstständige und voneinander unabhängige Unternehmen ein Gemeinschaftsunternehmen unter gemeinsamer Leitung der Gesellschafterunternehmen (z. B. XY AG in Deutschland mit der Z AG in China; Zweck: Bau und Vertrieb landwirtschaftlicher Traktoren).

Die Gründung von Gemeinschaftsunternehmen ist besonders häufig bei Investitionen im Ausland gegeben, wenn der ausländische Staat die Beteiligung von Ausländern beschränkt bzw. die Zusammenarbeit mit einheimischen Unternehmen fordert.

Weitere Ziele für die Gründung von Joint Ventures sind:

- Synergieeffekte in- und ausländischer Unternehmen,
- Bündelung von Know-how (Forschung & Entwicklung),
- Erschließung von Absatzmärkten,
- Sicherung der Versorgung mit Rohstoffen.

07. Welche Kooperationsformen sind speziell im Handel vorherrschend?

Als Grundformen kennt man

- die *beschaffungsorientierte Kooperation* (Einkaufsseite) und

- die *absatzorientierte Kooperation* (Absatzseite).

- *Vertikale Kooperationen:*
  Organisationen unterschiedlicher Handelsstufen: Industrie – Großhandel; Großhandel – Einzelhandel;

- *Horizontale Kooperationen:*
  Zusammenarbeit von Organisationen der gleichen Handelsstufe: Großhandel – Großhandel; Einzelhandel – Einzelhandel.

Im Handel unterscheidet man in Abhängigkeit von der Handelsstufe folgende Kooperationsformen:

	Horizontale Kooperationen	Vertikale Kooperationen
Einzelhandel	- Einkaufsverband - Einkaufsgenossenschaft - Werbegemeinschaft	- Vertragshändler - Shop in Shop - Franchise
Großhandel	- Einkaufskontor - Einkaufsverband	- Franchise - Vertragshändler - freiwillige Kette - Rack-Jobber

08. Welche Faktoren sind maßgeblich für den Erfolg von Kooperationen?

Kooperationen sind freiwillig auf der Basis vertraglicher Regelungen. Der Vertrag bildet die Rechtsbasis; er ist notwendig, aber nicht hinreichend. Unverzichtbar sind der Wille zur Zusammenarbeit und die Bereitstellung notwendiger Ressourcen. Es folgen beispielhaft wichtige *Erfolgsfaktoren der Kooperation:*

- ausreichende Zeit und Ressourcen: Zeit, Personal, Finanzen;
- ausreichende Kenntnisse über den Markt, die Kunden und den Wettbewerb;
- passende „Chemie": Strategien, Produkte, Marktverhalten usw.;
- Vertrauen: Die Kooperationspartner müssen sich aufeinander verlassen können;
- klare Zuständigkeiten innerhalb der Organisation und zwischen den Unternehmen;
- permanenter, reibungsloser Informationsaustausch;
- passende Bedingungen: Unternehmensgröße, Firmenkultur, Marktsegment;
- ausgewogener Nutzen für alle Partner;
- Konfliktfähigkeit und Kompromissbereitschaft (der „Ruf nach dem Anwalt" ist nicht geeignet).

1.4.2 Formen der Konzentration

01. Was sind Beteiligungen?

Beteiligungen entstehen durch den Ankauf von Geschäftsanteilen (Aktien). Aufgrund des Stimmrechts kann so mittelbar auf die Politik des Unternehmens eingewirkt werden, an dem man beteiligt ist. Die Höhe der Beteiligungsquote entscheidet über das Maß der Einflussnahme. Man unterscheidet:

Beteiligungsquote:		Rechte:
< 25 %	**Minderheitsbeteiligung**	Noch kein maßgeblicher Einfluss; Ausnahme: der Minderheitsaktionär „verbündet" sich mit anderen Aktionären, um so die 25 %-Marke zu überschreiten.
> 25 %	**Sperrminorität**	Der Aktionär kann Änderungen der Satzung verhindern.
> 50 %	**Einfache Mehrheitsbeteiligung**	Der Aktionär kann einen herrschenden Einfluss ausüben.
> 75 %	**Qualifizierte Mehrheitsbeteiligung**	Der Aktionär kann die Satzung ändern, Kapitalerhöhungen/-herabsetzungen sowie die Auflösung der Gesellschaft verlangen.
> 95 %	**Squeeze-out**	Der Hauptaktionär kann von den Kleinaktionären den Verkauf ihrer Anteile verlangen.

02. Was ist ein Konzern und welche Konzernarten gibt es?

Ein Konzern ist der Zusammenschluss mehrerer rechtlich selbstständiger Unternehmen unter einheitlicher Leitung. Die wirtschaftliche Selbstständigkeit wird dabei aufgegeben, die rechtliche Selbstständigkeit bleibt erhalten. Der Zusammenschluss kann auf einem Beherrschungsvertrag (Vertragskonzern) oder auf einer Mehrheitsbeteiligung (faktischer Konzern) basieren.

Man unterscheidet folgende Konzernarten:

Anordnung	**Horizontaler Konzern**	Die beteiligten Unternehmen haben ein gleiches oder ähnliches Leistungsangebot.
	Vertikaler Konzern	Unternehmen aufeinanderfolgender Leistungsstufen schließen sich zusammen.
	Mischkonzern	Unternehmen verschiedener Branchen schließen sich zusammen.
Abhängigkeit	**Unterordnungskonzern**	Ein herrschendes und (mindestens) ein abhängiges Unternehmen
	Gleichordnungskonzern	Mindestens zwei gleichgeordnete Unternehmen auf der Basis vertraglicher Absprache
Branchenzugehörigkeit	**Organischer Konzern**	Gleiche bzw. sich ergänzende Branchen, z. B. [Automobile + Ersatzteile], [Automobile + Automobile]
	Anorganischer Konzern	Verschiedene Branchen/Geschäftszweige, z. B. [Versicherung + Verlag]

Hinsichtlich der Konzernorganisation unterscheidet man:

Stammhaus-Konzept	Das operative Geschäft liegt über alle Funktionsbereiche bei der Obergesellschaft – im Gegensatz zum Holding-Konzept.
Holding-Konzept	Die Holding ist eine Dachgesellschaft, die nicht selbstständig am Markt agiert sowie Beteiligungen an rechtlich selbstständigen Unternehmen (vgl. z. B. Metro AG, RAAB KARCHER AG). Aufgabe der Holding ist die strategische Führung (Management-Holding) oder das Halten der Anteile der Holdinggesellschaften (Finanz-Holding). Kennzeichnend ist, dass das operative Geschäft bei den nachgelagerten Beteiligungsgesellschaften liegt.

03. Was ist eine Fusion?

Eine Fusion (Verschmelzung) ist der Zusammenschluss von mindestens zwei Unternehmen unter Aufgabe der wirtschaftlichen und rechtlichen Selbstständigkeit. In der Regel wird in der Literatur die amerikanische Bezeichnung *Trust* synonym verwendet.

Man unterscheidet:

* *Verschmelzung durch Neugründung:*

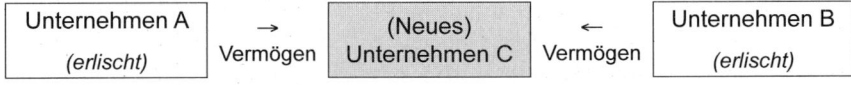

* *Verschmelzung durch Aufnahme:*

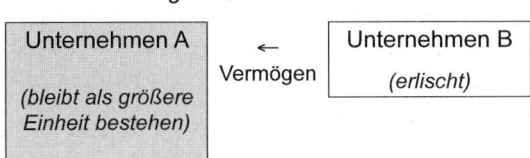

Wirtschaftsbezogene Qualifikationen

1. Volks- und Betriebswirtschaft

2. Rechnungswesen

3. Recht und Steuern

4. Unternehmensführung

2. Rechnungswesen

Prüfungsanforderungen

Nachweis folgender Fähigkeiten:

- Die Bedeutung des Rechnungswesens als Dokumentations-, Entscheidungs- und Kontrollinstrument für die Unternehmensführung darstellen und begründen können.

- Dazu gehören insbesondere, die bilanziellen Zusammenhänge sowie die Kostenrechnung in Grundzügen erläutern und anwenden können.

- Außerdem sollen die erarbeiteten Zahlen für eine Aussage über die Unternehmenssituation ausgewertet werden können.

Qualifikationsschwerpunkte (Überblick)

2.1 Grundlegende Aspekte des Rechnungswesens
- Abgrenzung der Teilbereiche des Rechnungswesens
- Grundsätze ordnungsgemäßer Buchführung
- Buchführungspflichten nach Handels- und Steuerrecht

2.2 Finanzbuchhaltung
- Grundlagen
- Jahresabschluss

2.3 Kosten- und Leistungsrechnung
- Einführung
- Kostenartenrechnung
- Kostenstellenrechnung
- Kostenträgerzeit- und Kostenträgerstückrechnung
- Vergleich von Vollkosten- und Teilkostenrechnung

2.4 Auswertung der betriebswirtschaftlichen Zahlen
- Aufbereitung und Auswertung der Zahlen
- Rentabilitätsrechnungen

2.5 Planungsrechnung
- Inhalt
- Zeitliche Ausgestaltung

2.1 Grundlegende Aspekte des Rechnungswesens

2.1.1 Abgrenzung von Finanzbuchhaltung, Kosten- und Leistungsrechnung, Auswertung und Planungsrechnung

01. Welche Aufgaben hat das Rechnungswesen?

Das Rechnungswesen ist die mengen- und wertmäßige Erfassung, Überwachung und Auswertung aller betrieblichen Vorgänge. Daraus lassen sich folgende Einzelaufgaben ableiten:

* *Dokumentation:*
  Aufzeichnung aller Geschäftsfälle nach Belegen

* *Rechenschaftslegung, Information:*
  Erstellen des Jahresabschlusses aufgrund gesetzlicher Vorschriften und Information der Unternehmenseigner, Kreditgeber und der Finanzbehörde

* *Kontrolle:*
  Überwachung der Wirtschaftlichkeit, Rentabilität und Liquidität

* *Disposition:*
  Aufbereitung des Zahlenmaterials als Basis für Planungen und Entscheidungen

02. In welche Teilgebiete wird das Rechnungswesen gegliedert und wie ist die Abgrenzung?

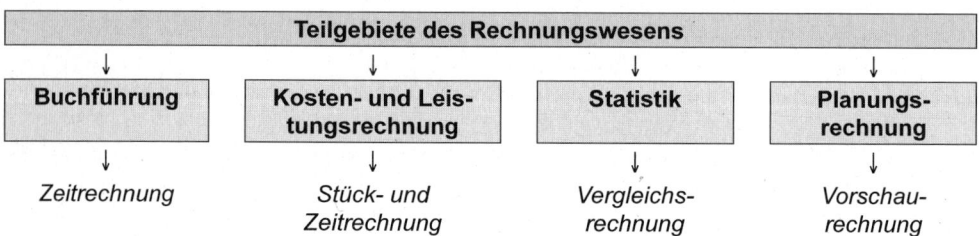

Teilgebiete des Rechnungswesens			
Buchführung	Kosten- und Leistungsrechnung	Statistik	Planungsrechnung
Zeitrechnung	Stück- und Zeitrechnung	Vergleichsrechnung	Vorschaurechnung

1. *Buchführung:*
   - *Zeitrechnung*: Alle Aufwendungen und Erträge sowie alle Bestände der Vermögens- und Kapitalteile werden für eine bestimmte Periode erfasst (Monat, Quartal, Geschäftsjahr).

   - *Dokumentation*: Aufzeichnung aller Geschäftsfälle nach Belegen; die Buchführung liefert damit das Datenmaterial für die anderen Teilgebiete des Rechnungswesens.

   - *Rechenschaftslegung*: Nach Abschluss einer Periode erfolgt innerhalb der Buchführung ein Jahresabschluss (Bilanz und Gewinn- und Verlustrechnung), der die Veränderung des Vermögens und des Kapitals sowie des Unternehmenserfolges darlegt.

2. Kosten- und Leistungsrechnung (KLR):
   - *Stück- und Zeitrechnung*: Erfasst pro Kostenträger (Stückrechnung) und pro Zeitraum (Zeitrechnung) den Werteverzehr (Kosten) und den Wertezuwachs (Leistungen), der mit der Durchführung der betrieblichen Leistungserstellung und Verwertung entstanden ist.
   - *Überwachung der Wirtschaftlichkeit:* Die Gegenüberstellung von Kosten und Leistungen ermöglicht die Ermittlung des Betriebsergebnisses und die Beurteilung der Wirtschaftlichkeit innerhalb einer Abrechnungsperiode.

3. *Statistik:*
   - *Auswertung*: Verdichtet Daten der Buchhaltung und der KLR und bereitet diese auf (Diagramme, Kennzahlen).
   - *Vergleichsrechnung*: Über Vergleiche mit zurückliegenden Perioden (innerbetrieblicher Zeitvergleich) oder im Vergleich mit anderen Betrieben der Branche (Betriebsvergleich) wird die betriebliche Tätigkeit überwacht (Daten für das Controlling) bzw. es werden Grundlagen für zukünftige Entscheidungen geschaffen.

4. *Planungsrechnung:*
   Aus den Ist-Daten der Vergangenheit werden Plan-Daten (Sollwerte) für die Zukunft entwickelt. Diese Plan-Daten haben Zielcharakter. Aus dem Vergleich der Soll-Werte mit den Ist-Werten der aktuellen Periode können im Wege des Soll-Ist-Vergleichs Rückschlüsse über die Realisierung der Ziele gewonnen werden bzw. es können angemessene Korrekturentscheidungen getroffen werden.

2.1.2 Grundsätze ordnungsgemäßer Buchführung (GoB)

01. Wann ist eine Buchführung ordnungsgemäß?

> Eine Buchführung gilt dann als ordnungsmäßig, wenn sie gemäß § 238 Absatz 1 HGB und § 145 AO einem sachverständigen Dritten innerhalb angemessener Zeit einen Überblick über die Geschäftsvorfälle und über die Lage des Unternehmens vermitteln kann.

02. Wie lauten die Grundsätze ordnungsgemäßer Buchführung (GoB)?

Die *Grundsätze ordnungsgemäßer Buchführung* (GoB) sind:

1. *Verständlichkeit:* Jeder sachverständige Dritte muss sich zurechtfinden.

2. *Kopien:* Von abgesandten Handelsbriefen muss der Kaufmann Kopien anfertigen.

3. *Sprache der Buchführung:* Handelsbücher und Aufzeichnungen müssen in lebender Sprache abgefasst sein (z. B. nicht in Latein).

4. *Vollständigkeit:* Alle Kontierungen und Aufzeichnungen müssen vollständig, richtig, zeitgerecht und geordnet sein; also: keine fiktiven Konten, kein Weglassen, keine falsche zeitliche Erfassung, Belegnummerierung.

5. *Änderungen:*	Korrekturen nur mit Stornobuchungen (kein Radieren oder Überschreiben).
6. *Dv-gestützte Systeme:*	Grundsätze ordnungsmäßiger dv-gestützter Buchführungssysteme (*GoBS:*) Vorgeschrieben sind: Beschreibung der Software, jederzeitige und sichere Zugriff, Schutz vor unbefugtem Zugriff.

7. *Aufbewahrung:*

    - 10 Jahre: Handelsbücher, Inventare, Bilanzen, GuV-Rechnungen, Buchungsbelege.

    - 6 Jahre: Handelsbriefe.

    Fristbeginn ist der Schluss des Kalenderjahres, in dem die Unterlagen entstanden sind.

8. *Belegprinzip:*   Keine Buchung ohne Beleg (Fremd-, Eigen-, Notbelege).

9. *Behandlung der Belege:*

    a) Vorbereitung: Ordnen, prüfen, vorkontieren
    b) Buchen
    c) Ablage
    d) Aufbewahrung.

Verstöße gegen die Buchführungspflicht und -vorschriften werden je nach Schwere mit Geldbußen und Freiheitsstrafen geahndet. Außerdem ist die Finanzbehörde bei Verstößen berechtigt, eine Schätzung der Besteuerungsgrundlagen (Umsatz, Gewinn) vorzunehmen.

2.1.3 Buchführungspflichten nach Handels- und Steuerrecht

01. Welche gesetzlichen Grundlagen der Buchführung sind zu beachten?

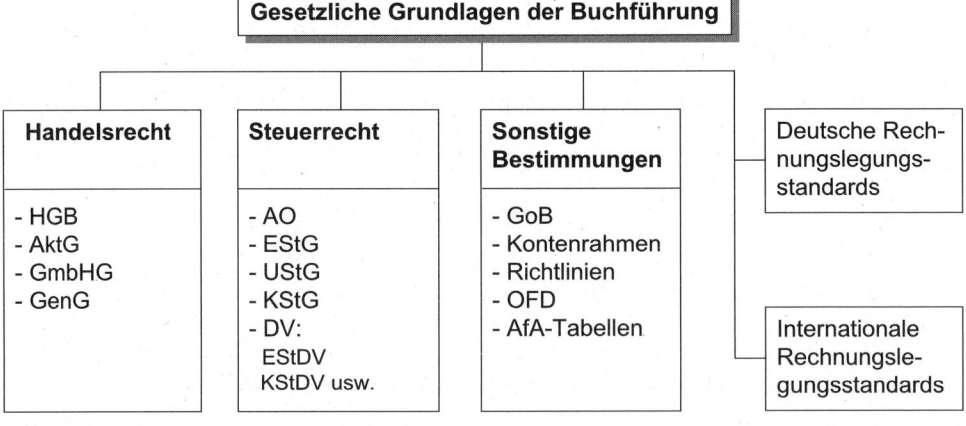

Man unterscheidet die Pflicht zur Buchführung nach Handelsrecht und Steuerrecht. Die handelsrechtlichen Vorschriften über die Rechnungslegung, über die Buchführung und den Jahresabschluss enthält das Handelsgesetzbuch (HGB) in seinen dritten Buch („Handelsbücher"). Rechtsformspezifische Vorschriften, die sich auf die verschiedenen Rechtsformen beziehen, sind im Aktiengesetz, im GmbH-Gesetz und im Genossenschaftsgesetz geregelt.

1. *Handelsgesetzbuch:*
   3. Buch des HGB:

   1. *Abschnitt – gilt für alle Kaufleute*:
      § 238   Buchführungspflicht
      § 240   Pflicht zur Aufstellung des Inventars
      § 242   Pflicht zur Aufstellung des Jahresabschlusses
      §§ 252 ff.   Bewertungsgrundsätze und -vorschriften
      § 257   Aufbewahrungsfrist

   2. *Abschnitt – ergänzende Vorschriften für Kapitalgesellschaften*:
      § 266   Gliederung der Bilanz
      § 275   Gliederung der GuV-Rechnung
      §§ 284 ff.   Anhang
      § 289   Lagebericht
      § 325   Offenlegung
   Hinweis: Gesetzestexte bitte lesen!

   3. *Abschnitt – ergänzende Vorschriften für eingetragene Genossenschaften*:
      - Pflicht zur Aufstellung des Jahresabschlusses und des Lageberichts,
      - Vorschriften zur Bilanz und zum Anhang,
      - Vorschriften zur Offenlegung.

2. *Steuerrecht:*
   - Die *Abgabenordnung (AO)*
     enthält ergänzende Vorschriften zur Ordnungsmäßigkeit der Buchführung und das Recht des Finanzamtes zur Betriebsprüfung.

   - Das *Einkommensteuergesetz (EStG)*
     enthält Vorschriften zur Besteuerung natürlicher Personen.

   - Das *Körperschaftsteuergesetz (KStG)*
     enthält Vorschriften zur Besteuerung juristischer Personen.

   - Das *Umsatzsteuergesetz (UStG)*
     enthält Vorschriften zur Ermittlung der Umsatzsteuer.

02. Welche deutschen Rechnungslegungsstandards gibt es?

Die Internationalisierung und Harmonisierung der Rechnungslegung und Prüfung in Deutschland basiert auf folgenden Gesetzen:

- *Bilanzrichtlinien-Gesetz* (BiRiLiG) von 1985,

- Gesetz zur Verbesserung der Wettbewerbsfähigkeit deutscher Konzerne an Kapitalmärkten und zur Erleichterung der Aufnahme von Gesellschafterdarlehen (KapAEG)
  von 1998,

- Gesetz zur Kontrolle und Transparenz im Unternehmensbereich (KonTraG) von 1998.

- Bilanzrechtsmodernisierungsgesetz (BilMoG) von 2009

Seit 1998 ist das Deutsche Rechnungslegungs Standards Committee (DRSC) als Gremium anerkannt. Es verabschiedete eine Reihe von Standards der Konzernrechnungslegung.

03. Welche internationalen Rechnungslegungsstandards gibt es?

1. Rechnungslegungsnormen IAS/IFRS:
   IAS: International Accounting Standards
   IFRS: International Financial Reporting Standards

2. Rechnungslegungsnormen US-GAAP:
   US-GAAP: US-Generally Accepted Accounting Principles

2.1.4 Bilanzierungs- und Bewertungsgrundsätze

01. Was sind die wesentlichen Bestandteile eines Jahresabschlusses und welche Steuerpflichtigen sind verpflichtet, Bücher zu führen?

Bestimmte Steuerpflichtige (gewerbliche Unternehmer und Land- und Forstwirte) sind
lt. § 141 Abgabenordnung verpflichtet Bücher zu führen und aufgrund jährlicher Bestandsaufnahmen Abschlüsse zu machen, wenn sie eine der folgenden Feststellungen
erfüllen:

1. Umsätze einschließlich der steuerfreien Umsätze, ausgenommen die
   Umsätze nach § 4 Nr. 8 bis 10 des Umsatzsteuergesetzes, von mehr
   als   **500.000 EUR**
   im Kalenderjahr oder

2. selbstbewirtschaftete land- und forstwirtschaftliche Flächen mit einem
   Wirtschaftswert von mehr als   **25.000 EUR**
   oder

3. einen Gewinn aus Gewerbebetrieb von mehr als   **50.000 EUR**
   im Wirtschaftsjahr oder

4. einen Gewinn aus Land- und Forstwirtschaft von mehr als   **50.000 EUR**
   im Kalenderjahr.

Hinweis: Gemäß § 241a HGB sind Einzelkaufleute, die an den Abschlussstichtagen von zwei
aufeinander folgenden Geschäftsjahren nicht mehr als 500.000 Euro Umsatzerlöse und 50.000
Euro Jahresüberschuss aufweisen, nicht verpflichtet, Bücher zu führen.

Während Einzelkaufleute und Personengesellschaften den Jahresabschluss nach
§ 242 HGB aufstellen, werden Kapitalgesellschaften und Personengesellschaften

ohne natürliche Person als Vollhafter verpflichtet, einen erweiterten Jahresabschluss zu erstellen:

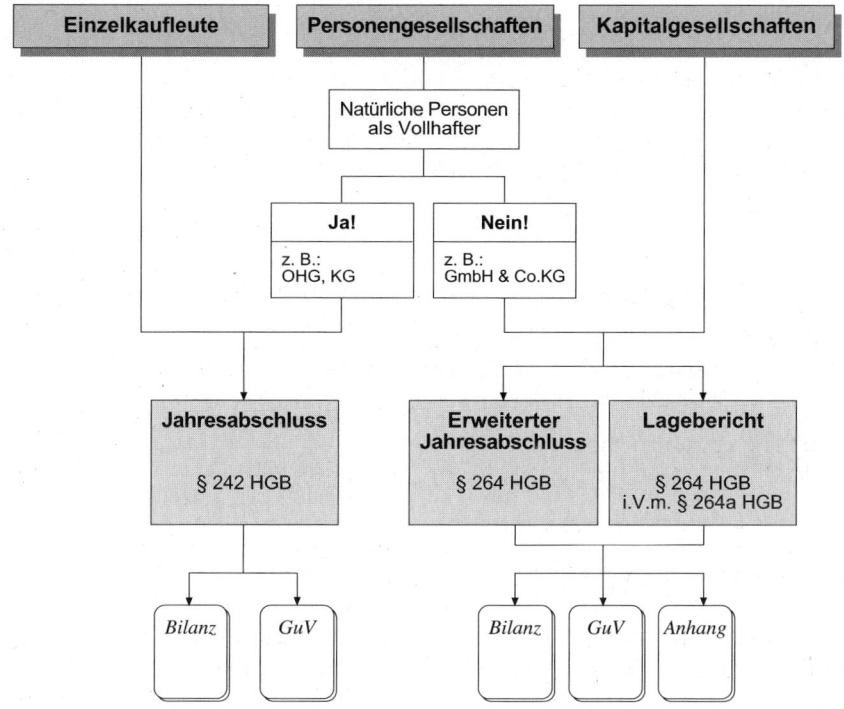

02. Welchen Inhalt haben die Bestandteile des Jahresabschlusses und der Lagebericht?

* *Bilanz:*
  Zusammengefasste Gegenüberstellung von Vermögen und Kapital
  → Aktivseite: Vermögen
  → Passivseite: Eigenkapital und Verbindlichkeiten (Schulden)

* *GuV-Rechnung:*
  Gegenüberstellung der Erträge und Aufwendungen, zeitraumbezogene Darstellung der erfolgswirksamen Wertbewegungen des Geschäftsjahres.

* *Anhang:*
  Ergänzung und Erläuterungen zur Bilanz und GuV; zu erläutern sind z. B.: Bilanzierungs- und Bewertungsmethoden, in der Bilanz ausgewiesenen Verbindlichkeiten, Aufgliederung der Umsatzerlöse.

* *Lagebericht:*
  Darstellung des Geschäftsverlaufs (z. B. Investitionen, Kosten- und Umsatzentwicklung, Kapazitätsauslastung) und die Lage der Gesellschaft (z. B. Marktstellung, Auftragsbestand, Aussagen über Rentabilität, Liquidität, Finanzierung). Es muss ein den tatsächlichen Verhältnissen entsprechendes Bild vermittelt werden.

03. Wie lauten die Vorschriften zur Jahresabschlusserstellung nach HGB ?

• Die Bilanz ist nach den Grundsätzen ordnungsgemäßer Buchführung (GoB) zu erstellen,

  - in einer angemessenen Frist nach dem Stichtag,
  - in deutscher Sprache und in Euro,
  - klar und übersichtlich.

• Vermögen, Eigenkapital und Verbindlichkeiten sind gesondert auszuweisen und hinreichend aufzugliedern.

Merke: | Eine Bilanz muss immer ausgeglichen sein!

04. Welche Grundsätze sind bei der Aufstellung eines Jahresabschlusses zu beachten?

Grundsatz der Bilanzidentität § 252 Abs. 1 Nr. 1 HGB	Alle Bilanzpositionen einer Schlussbilanz müssen mit ihren Wertansätzen in die Eröffnungsbilanz des nächsten Wirtschaftsjahres unverändert übernommen werden.
Grundsatz der Unternehmensfortführung (going concern) § 252 Abs. 1 Nr. 2 HGB	Es ist bei der Bewertung der Vermögensgegenstände und Schulden von der Fortführung der Unternehmenstätigkeit auszugehen, solange dem keine tatsächlichen oder rechtlichen Gegebenheiten entgegenstehen.
Grundsatz der Einzelbewertung § 252 Abs. 1 Nr. 3 HGB	Die in der Bilanz ausgewiesenen Vermögensgegenstände und Schulden müssen grundsätzlich einzeln bewertet werden. Ist aus praktischen Gründen eine Einzelbewertung nicht möglich, darf bei der Bilanzierung von Erleichterungen Gebrauch gemacht werden, die bei der Inventur (§ 240 Abs. 3 und 4 HGB) zugelassen sind.
Grundsatz der Vorsicht § 252 Abs. 1 Nr. 4 HGB	Die Vermögensgegenstände und Schulden sind vorsichtig zu bewerten, Ansatz auf der Aktivseite eher niedriger und auf der Passivseite eher höher. Nicht realisierte Gewinne dürfen nicht ausgewiesen werden (Realisationsprinzip). Nicht realisierte Verluste sind jedoch zu berücksichtigen (Imparitätsprinzip).
Grundsatz der Periodenabgrenzung § 252 Abs. 1 Nr. 5 HGB	Aufwendungen und Erträge sind dem Geschäftsjahr zuzuordnen, in dem sie verursacht wurden.
Grundsatz der Bewertungsstetigkeit § 252 Abs. 1 Nr. 6 HGB	Es darf zwischen verschiedenen Bewertungsmöglichkeiten, die der Gesetzgeber zulässt, nicht willkürlich gewechselt werden.

05. Was bedeutet die „Maßgeblichkeit" der Handelsbilanz für die Steuerbilanz?

• Die Handelsbilanz wird erstellt unter der Beachtung handelsrechtlicher Vorschriften.

• Für die Erstellung der Steuerbilanz gelten die steuerrechtlichen Vorschriften.

- *Die Wertansätze der Handelsbilanz sind grundsätzlich maßgebend für die Steuerbilanz. Dieser Maßgeblichkeitsgrundsatz erstreckt sich sowohl auf die Bilanzierung als auch auf die Bewertung.*

Die folgende Übersicht zeigt anhand von Beispielen, dass

- handelsrechtliche Aktivierungswahlrechte in der Steuerbilanz zu *Aktivierungsgeboten*,

- handelsrechtliche Passivierungswahlrechte jedoch zu steuerlichen *Passivierungsverboten* führen.

Beispiele:	Handelsbilanz		Steuerbilanz
	- bisher -	**nach BilMoG**	
Entgeltlich erworbener Geschäfts- und Firmenwert	Aktivierungs- gebot	**Aktivierungs- pflicht**	Aktivierungs- **gebot**
Nicht entgeltlich erworbene immateri- elle Vermögensgegenstände des An- lagevermögens	Aktivierungs- verbot	**Aktivierungs- wahlrecht**	Aktivierungs- **verbot**
Nachholen unterlassener Reparatu- ren innerhalb von drei Monaten im folgenden Geschäftsjahr	Passivierungs- gebot		Passivierungs- **gebot**
Nachholen unterlassener Reparatu- ren nach Ablauf der drei Monate bis zum Ende des nachfolgenden Ge- schäftsjahres	Passivierungs- wahlrecht	**Passivierungs- verbot**	Passivierungs- **verbot**
Andere als im § 249 HGB aufgeführte Rückstellungen	Passivierungs- verbot		

Handels- und Steuerbilanz *können* übereinstimmen. In diesem Falle spricht man von der *Einheitsbilanz*.

06. Was ist unter dem „umgekehrten Maßgeblichkeitsprinzip" zu verstehen?

Bisher galt nach § 5 Abs. 1 Satz 2 EStG, dass steuerliche Wahlrechte (z. B. Bildung von Sonderposten) in Übereinstimmung mit der Handelsbilanz auszuüben sind. Mit der Durchsetzung des BilMoG ist die umgekehrte Maßgeblichkeit abgeschafft. Der § 5 Abs. 1 Satz 2 EStG wurde dementsprechend geändert.

07. Wie sind die Haftungsverhältnisse in der Bilanz nach Handelsrecht darzustellen?

Die Grundsätze ordnungsgemäßer Buchführung und die Aufstellungsgrundsätze der Bilanz umfassen auch die Rechnungslegung der Haftungsverhältnisse. Nach Handelsrecht sind folgende Haftungsverhältnisse zu vermerken:

Verbindlichkeiten

- aus der Begebung und Übertragung von Wechseln,
- aus Bürgschaften,
- Wechsel- und Scheckbürgschaften,
- aus Gewährleistungsverträgen sowie Haftungsverhältnisse aus der Bestellung von Sicherheiten für fremde Verbindlichkeiten.

Der § 251 HGB lässt zur Angabe der Haftungsverhältnisse ein *Wahlrecht* zu: Danach kann die Angabe *in der Bilanz* (auf der Passivseite) *oder im Anhang* erfolgen.

08. Was versteht man unter dem Prinzip der Einzelbewertung und welche Ausnahmen gibt es?

- Nach § 240 Abs. 1 HGB muss jedes Wirtschaftsgut und jede Schuld *einzeln bewertet werden*.

- Auch im *Steuerrecht* wird die *Einzelbewertung* im § 6 Abs. 1 des EStG ausdrücklich verlangt.

- Das bedeutet, dass nicht mehrere Wirtschaftsgüter eines Unternehmens zusammengefasst werden dürfen. Weiterhin wird im § 246 Abs. 2 HGB ein *Verrechnungsverbot* festgeschrieben, wonach die Posten der Aktivseite nicht mit der Passivseite verrechnet werden dürfen.

- Das bisher geltende handelsrechtliche Saldierungsverbot erhält durch die Ergänzung des § 246 Abs. 2 HGB eine Aufweichung. Vermögensgegenstände, die ausschließlich der Erfüllung von Schulden dienen, sollen mit diesen Schulden verrechnet werden.

- Der allgemeine *Bewertungsmaßstab sind die Anschaffungs- oder Herstellungskosten*, wobei durch das BilMoG für zu Handelszwecken erworbene Finanzinstrumente (z. B. Aktien, Schuldverschreibungen, Optionsscheine, Swaps usw.) mit dem *Verkehrswert* anzusetzen sind.

- Da die Einzelbewertung in den Unternehmen oft zu erheblichen organisatorischen Aufwand führen kann (z. B. schwankende Einkaufspreise), sind bestimmte *Vereinfachungsmethoden* in der Bewertung für diese Fälle zulässig. Das sind die Gruppen- oder Sammelbewertung, die Festwertbewertung, die Durchschnittsbewertung und die Bewertung nach der Verbrauchsfolge.

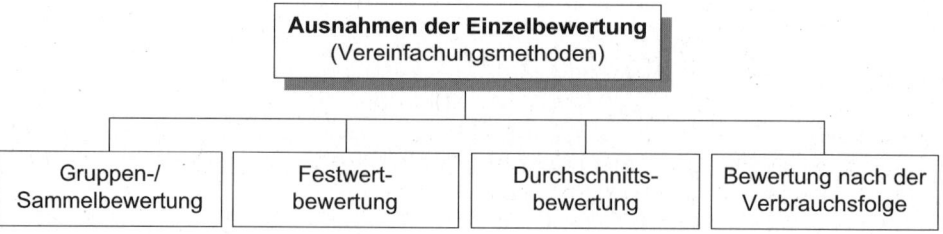

09. Wie werden die Anschaffungskosten nach Handels- und Steuerrecht ermittelt?

Laut § 255 Abs. 1 HGB gehören zu den Anschaffungskosten sämtliche Aufwendungen, die geleistet werden, um einen Vermögensgegenstand zu erwerben und ihn in einen betriebsbereiten Zustand zu versetzen:

	Anschaffungspreis
+	Anschaffungsnebenkosten (Frachten, Provisionen, Versicherungen, Montage)
−	Anschaffungspreisminderungen (Skonti, Rabatte, Boni, Preisnachlässe)
+/−	Nachträgliche Anschaffungskosten
=	**Anschaffungskosten**

- Der *steuerliche* Anschaffungskostenbegriff stimmt mit dem *handelsrechtlichen überein.*
- Die anrechenbare *Vorsteuer gehört nicht zu den Anschaffungskosten* (bei vorsteuerabzugsberechtigten Steuerpflichtigen).

10. Welche Wertansätze gelten für die Herstellungskosten nach Handels- und Steuerrecht?

Die Bewertung der Herstellungskosten wird bei allen selbst hergestellten aktivierungspflichtigen Vermögensgegenständen verlangt. Bei der Bewertung gibt es für das Handels- und Steuerrecht unterschiedliche Ansatzgrenzen, die in der Übersicht dargestellt sind:

Kostenart:	Bewertung nach	
	Handelsbilanz	Steuerbilanz
Materialeinzelkosten	**Pflicht** → Untergrenze	**Pflicht**
+ Fertigungseinzelkosten		
+ Sondereinzelkosten der Fertigung		
Materialgemeinkosten	**Wahlrecht (bisher!)** Nach § 255 Abs. 2 HGB wird die Herstellungskostenuntergrenze an die steuerliche Herstellungskostenuntergrenze angepasst (Pflicht!).	**Pflicht** → Untergrenze
+ Fertigungsgemeinkosten		
+ Werteverzehr des Anlagevermögens		
Allgemeine Verwaltungskosten	**Wahlrecht** → Obergrenze	
+ Aufwendungen für soziale Einrichtungen		
+ Freiwillige soziale Leistungen		
+ Aufwendungen für die betriebliche Altersvorsorge		
+ Fremdkapitalzinsen: Nur, wenn für die Finanzierung dieses Vermögensgegenstandes verwendet und nur für den Zeitraum der Herstellung (§ 255 Abs. 3 HGB).		
Vertriebskosten und Forschungskosten	**Verbot**	

11. Wann wird nach dem Börsen- oder Marktpreis, dem beizulegenden Wert und dem steuerlichen Teilwert bewertet?

* *Börsen- oder Marktpreis:*
  Bewertung der Vermögensgegenstände des *Umlaufvermögens*, wenn der Preis am Bilanzstichtag auch tatsächlich festgestellt worden und niedriger als die Anschaffungs- oder Herstellungskosten ist.

* *Beizulegender Wert:*
  Bewertung der Vermögensgegenstände des *Anlage- und Umlaufvermögens*, wenn für die Bewertung der Beschaffungsmarkt maßgeblich (Wiederbeschaffungswert) und dieser Wert niedriger als die Anschaffungs- oder Herstellungskosten ist.

* *Steuerlicher Teilwert:*
  Im Steuerrecht ist eine abweichende Bewertung nur auf den niedrigeren Teilwert möglich. Nach § 6 Abs. 1 Nr. 1 Satz 3 EStG handelt es sich um den Wert, den ein Erwerber eines ganzen Betriebes im Rahmen des Gesamtkaufpreises für das einzelne Wirtschaftsgut bei Fortführung des Betriebes ansetzen würde.
  - Der Teilwert kann nur geschätzt werden.
  - Er kommt auch bei der Bewertung von Einlagen und Entnahmen infrage.

12. Wie werden die abnutzbaren Wirtschaftsgüter des Anlagevermögens grundsätzlich nach Handels- und Steuerrecht bewertet ?

Handelsrecht § 253 Abs. 1 HGB	Steuerrecht § 6 Abs. Nr. 1 EStG
Anschaffungs- oder Herstellungskosten	*Anschaffungs- oder Herstellungskosten* oder dem an deren Stelle tretenden Wert,
vermindert um die	vermindert um die
- Abschreibungen	- Absetzung für Abnutzung (AfA),
	- erhöhten Absetzungen,
	- Sonderabschreibungen,
	- Abzüge nach § 6 b und ähnliche Abzüge.

13. Welche Methoden werden bei der planmäßigen Abschreibung unterschieden?

Voraussetzungen für die Abschreibungen sind:

- abnutzbare Wirtschaftsgüter des Anlagevermögens,
- die der Abnutzung unterliegen,
- der Erzielung von Einkünften dienen und
- deren Nutzungsdauer mehr als ein Jahr beträgt.

Da der Gesetzgeber inzwischen mehrfach die zulässigen AfA-Methoden geändert hat, wird nachfolgend ein Überblick über den derzeit gültigen Stand gegeben:

AfA-Methoden • Stand: Herbst 2010	
2009	Lineare AfA
	Ausnahmen: Abschreibung über die Nutzungsdauer - Leistungs-AfA - Degressive AfA
	Ausnahmen: GWG - AK bis 150 €: Sofortaufwand - AK bis 1.000 €: Poolabschreibung über 5 Jahre
2010	Lineare AfA
	Ausnahmen: Abschreibung über die Nutzungsdauer - Leistungs-AfA - Degressive AfA

	Ausnahmen: GWG
	- AK bis 410 €: Wahlrecht: 1. Sofortabschreibung
	                                 2. Einstellung in GWG-Pool
	                                 3. Abschreibung über die Laufzeit
	
	- AK bis 1.000 €: Wahlrecht: 1. Einstellung in GWG-Pool
	                                 2. Abschreibung über die Laufzeit
	
	Achtung: Das Wahlrecht über Poolbildung oder Sofortabschreibung bzw. Abschreibung über die Laufzeit darf innerhalb eines Jahres nur einheitlich ausgeübt werden.

ab 01.01.2011	- Lineare AfA - Leistungs-AfA
	Ausnahmen: GWG - wie 2010

Methoden der planmäßigen Abschreibung		
Lineare AfA § 7 Abs. 1 EStG	gleichmäßige Verteilung der Anschaffung- oder Herstellungskosten nach der betriebsgewöhnlichen Nutzungsdauer (ND)	Abschreibungsbetrag $= \dfrac{\text{Anschaffungswert}}{\text{Nutzungsdauer}}$
Degressive AfA (nur 2009/2010) § 7 Abs. 2 EStG nur für bewegliche Wirtschaftsgüter	Verteilung der Anschaffungs- oder Herstellungskosten in fallenden Jahresbeträgen durch den Ansatz eines unveränderten Prozentsatzes vom jeweiligen Buchwert,	Abschreibungsbetrag $= \dfrac{\text{Buchwert} \cdot \text{Abschreibungssatz}}{100}$
	wobei dieser **das 2,5 fache der linearen AfA und 25** % nicht übersteigen darf. Ein Wechsel von der degressiven zur linearen AfA kann erfolgen – umgekehrt nicht.	
Leistungs-AfA § 7 Abs. 1 Satz 5 EStG nur für begliche Wirtschaftsgüter	Absetzung für außergewöhnliche technische oder wirtschaftliche Abnutzung nach der Leistung (Beispiel Maschinen oder Fuhrpark).	Abschreibungsbetrag $= \dfrac{\text{Anschaffungskosten} \cdot \text{Ist-Leistung/a.}}{\text{Soll-Gesamtleistung}}$

14. Wer legt die Nutzungsdauer für die einzelnen Wirtschaftsgüter fest?

- Das *Handelsrecht*
  schreibt planmäßige Abschreibungen vor. Der Plan muss die Anschaffungs- und Herstellungskosten auf die Geschäftsjahre verteilen, in denen die Wirtschaftsgüter voraussichtlich genutzt werden können (§ 253 Abs. 3 Satz 2 HGB).

  Für den entgeltlich erworbenen Geschäfts- und Firmenwert gilt nach BilMoG eine Nutzungsdauer von *fünf Jahren*. Entscheidet sich der Unternehmer für eine andere Nutzungsdauer hat er dies im Anhang zu erläutern (§ 285 Nr. 13 HGB).

- Im *Steuerrecht*
  sind die lineare, die degressive (Mehr-) Abschreibung, die Leistungsabschreibung und Sonderabschreibungen zulässig.

  Für den entgeltlich erworbenen Geschäfts- und Firmenwert gilt eine Nutzungsdauer von *fünfzehn Jahren* (§ 7 Abs. 1 Satz 3 EStG) – abweichende Abschreibung für Handels- und Steuerrecht.

  Für Gebäude und selbstständige Gebäudeteile (unbewegliche Wirtschaftsgüter) ist in dem Sinne keine Nutzungsdauer vorgeschrieben, sondern es gelten hierfür gesetzliche *Abschreibungssätze*, § 7 Abs. 4 und 5 EStG.

Ansonsten gelten die vom Bundesminister für Finanzen amtlichen *AfA-Tabellen*. Sie sind nach verschiedenen Wirtschaftszweigen gegliedert und geben Anhaltspunkte für die Schätzung der Nutzungsdauer der einzelnen Wirtschaftsgüter.

15. Wann und warum werden Ansparabschreibungen vorgenommen?

Die Ansparabschreibung (neu: Investitionsabzugsbetrag) stellt eine Abschreibungsmöglichkeit für kleine und mittlere Unternehmen (KMU) dar. Die nachfolgende Übersicht stellt altes und neues Recht (Unternehmensteuerreform; gültig ab Jahresabschluss 2007) gegenüber:

Ansparabschreibung • Investitionsabzugsbetrag		
	altes Recht	**neues Recht**
Betriebsvermögen, Bilanzierende	204.517 €	235.000 €
		vom 01.01.2009 bis 31.12.2010 335.000 €
Gewinn, Einnahmen- Überschussrechnung		100.000 €
		vom 01.01.2009 bis 31.12.2010 200.000 €
Rücklagenhöchstbetrag/ **Investitionsabzugsbetrag**	154.000 €	200.000 €
Sonderabschreibungen	max. 20 % der Anschaffungskosten	max. 20 % der *um den Abzugsbetrag verminderten* Anschaffungskosten

Begünstigte Wirtschaftsgüter	*neue,* bewegliche und abnutzbare Wirtschaftsgüter	bewegliche und abnutzbare Wirtschaftsgüter, die ausschließlich oder fast ausschließlich betrieblichgenutzt werden.
Investitionsbeschreibung	individuelle , genaue Bezeichnung mit Angabe der Höhe der geplanten Investition und dem Anschaffungsjahr	Benennung der Funktion des Wirtschaftsgutes ist ausreichend; Angabe der Höhe der geplanten Investition ist zwingend; Anschaffungsjahr ist nicht erforderlich.
Investitionsfrist	2 Jahre	3 Jahre
geplante **Investition** unterbleibt	Gewinnzuschlag 6 % p. a.	rückwirkende Auflösung des Abzugsbetrages auch bei Bestandskraft und Zinsen nach § 233 a AO
Sonderregelungen für **Existenzgründer**	erhöhte Rücklagenbildung bis 307.000 €; kein Gewinnzuschlag; Investitionsfrist 5 Jahre	entfallen
Berechnung	40 % der AK/HK	40 % der AK/HK

Hinweis: Die Bildung des Investitionsabzugsbetrages erfolgt außerbilanziell.

16. Unter welchen Voraussetzungen können Sonderabschreibungen vorgenommen werden?

Für bewegliche Wirtschaftsgüter des Anlagevermögens, die im Jahr der Anschaffung oder Herstellung zu mindestens 90 % betrieblich genutzt werden und mindestens ein Jahr in der inländischen Betriebsstätte des Betriebes verbleiben, *kann neben der Abschreibung eine Sonderabschreibung von bis zu 20 % der Anschaffungs- oder Herstellungskosten in Anspruch genommen werden.*

17. Wann ist ein Wirtschaftsgut geringwertig und wie wird es abgeschrieben?

Voraussetzungen für das Vorliegen eines geringwertigen Wirtschaftsgutes:

- Ein geringwertiges Wirtschaftsgut muss selbstständig nutzbar, beweglich und abnutzbar sein.

- Die Anschaffungs- und Herstellungskosten (vermindert um die Vorsteuer) betragen zwischen 150 € und 1.000 € für Anschaffungen im Jahr 2009.

Liegen die Voraussetzungen vor, wird nach § 6 Abs. 2a EStG (alt § 6 Abs. 2a EStG) jährlich ein Sammelposten (Pool) eingerichtet. Dieser Sammelposten wird einheitlich über *fünf Jahre* abgeschrieben. Falls ein Wirtschaftsgut ausscheidet, wird dieser Sammelposten nicht wertberichtigt. Der Sammelposten muss daher jedes Jahr neu angelegt und abgeschrieben werden.

Ab 01.01.2010 gilt für diese Regelung weiterhin ein *Wahlrecht.* Wird dieses Wahlrecht nicht in Anspruch genommen, kann der Steuerpflichtige mit Gewinneinkünften einen

Sofortabzug bei selbständig nutzbaren Wirtschaftsgütern vornehmen, deren Anschaffungs- und Herstellungskosten 410 € nicht übersteigen. Für diese Wirtschaftsgüter (> 150 €) ist eine Erfassung in einem laufend zu führenden Verzeichnis vorgeschrieben.

18. Was beinhaltet das Imparitätsprinzip?

Das Imparitätsprinzip gehört zu dem Grundsatz der Vorsicht (Gläubigerschutz). Danach sind bei der Bewertung alle vorhersehbaren Risiken und Verluste, die bis zum Abschlussstichtag entstanden sind, zu berücksichtigen. Das Imparitätsprinzip wird durch die Bewertungsvorschriften im HGB (§§ 252 ff.) ergänzt.

19. Wie wird das Anlagevermögen bewertet?

Für Wirtschaftsgüter des Anlagevermögens gilt das gemilderte Niederstwertprinzip. Das bedeutet, dass für die Wirtschaftsgüter des Anlagevermögens, die einer dauernden Wertminderung unterliegen, der niedrigere Wert in der Bilanz auszuweisen ist (§ 253 Abs. 3 HGB). Bei Finanzanlagen können außerplanmäßige Abschreibungen auch bei voraussichtlich nicht dauernder Wertminderung vorgenommen werden.

20. Nach welchem Prinzip wird das Umlaufvermögen bewertet?

Für das Umlaufvermögen gilt grundsätzlich das *strenge Niederstwertprinzip*. Nach § 253 Abs. 4 HGB sind Börsen- oder Marktpreise, oder wenn diese nicht festzustellen sind, der beizulegende Wert anzusetzen, wenn diese am Abschlussstichtag unter die Anschaffungs- oder Herstellungskosten gesunken sind. Dieser Pflichtansatz gilt wegen der Maßgeblichkeit auch für die Steuerbilanz.

21. Nach welchen Methoden kann das Umlaufvermögen bewertet werden?

Wie bereits in Frage 08. erwähnt, ist in vielen Unternehmen eine Einzelbewertung nicht möglich. Für diese Fälle sind bestimmte *Verfahren der Bewertungsvereinfachung* zugelassen:

Verfahren	Voraussetzungen	Gesetzliche Grundlagen
Gruppen- oder Sammelbewertung	Gleichartige Vermögensgegenstände des Vorratsvermögens sowie andere gleichartige oder annähernd gleichwertige bewegliche Vermögensgegenstände.	§ 240 Abs. 4 HGB § 256 Satz 2 HGB R 6.8 EStR
Festwertbewertung	Sachanlagevermögen, sowie Roh-, Hilfs-, Betriebsstoffe, deren Bestand keinen oder nur sehr geringen Schwankungen unterliegen, die regelmäßig ersetzt werden und im Gesamtwert für das Unternehmen von nachrangiger Bedeutung sind.	§ 240 Abs. 3 HGB § 256 Satz 2 HGB R 5.4 EStR/H 6.4 EStH

Durchschnitts-bewertung	Gleichartige Vermögensgegenstände des Vorrats-vermögens sowie andere gleichartige oder annä-hernd gleichwertige bewegliche Vermögensge-genstände, *bei denen sich die Anschaffungs- oder Herstellungskosten nicht einwandfrei feststellen lassen.*	§ 240 Abs. 2 HGB § 256 Satz 2 HGB R 6.8 EStR
Verbrauchs folge-verfahren	Hier wird unterstellt, dass bei gleichartigen Vermögensgegenständen des Vorratsvermögens, die zuerst oder die zuletzt angeschafften oder herge-stellten Vermögensgegenstände zuerst verbraucht oder veräußert werden : - Lifo-Verfahren - Fifo-Verfahren Diese Verbrauchsfolgen nur anwendbar, wenn sie den Grundsätzen ord-nungsgemäßer Buchführung entsprechen	

22. Was bedeuten das Beibehaltungswahlrecht und das Wertaufholungsgebot?

- Liegt der Wert eines Wirtschaftsgutes am Ende des laufenden Geschäftsjahres über dem des Vorjahres, so besteht nach § 235 Abs. 5 HGB die Pflicht, auf den höheren Wert zuzuschreiben. Ein niedrigerer Wertansatz eines entgeltlich erworbenen Ge-schäfts- oder Firmenwertes ist beizubehalten.

- Im *Steuerrecht* (§ 6 Abs. 1 Nr. 2 EStG) darf der *niedrigere Teilwert* beibehalten wer-den.

23. Was ist die Aufgabe der aktiven Rechnungsabgrenzung und wie wird sie bi-lanztechnisch behandelt ?

Nach den Bewertungsvorschriften im Handelsrecht § 252 Abs. 1 Nr. 5 HGB sind Auf-wendungen unabhängig von den Zeitpunkten der entsprechenden Zahlungen im Jah-resabschluss zu berücksichtigen. Diese Aufwendungen (z. B. Mieten, Zinsen, Versiche-rungen, KFZ-Steuern), die im laufenden Jahr bezahlt, aber ganz oder zum Teil in das folgende oder spätere Wirtschaftsjahr fallen, werden abgegrenzt und in der Bilanz als aktiver Rechnungsabgrenzungsposten eingestellt.

Beispiel: Die KFZ-Steuer in Höhe von 300 Euro für ein Jahr wird am 01.09. bezahlt:

Buchungen am 01.09.

KFZ-Steuer (Aufwand)	100 EUR	
ARA	200 EUR	
an Bank		300 EUR

Die Auflösung des Abgrenzungsposten erfolgt im Folgejahr:

KFZ-Steuer (Aufwand)	200 EUR	
an ARA		200 EUR

24. Welche handelsrechtlichen und steuerlichen Vorschriften gelten für die Ein-stellung eines aktiven Rechnungsabgrenzungspostens?

Die handelsrechtliche Verpflichtung ergibt sich aus § 250 Abs. 1 Satz 1 HGB, die steu-errechtliche aus § 5 Abs. 5 Satz 1 Nr. 1 EStG.

• Eine *Ausnahme ist im Handelsrecht* im § 250 Abs. 3 dargestellt: Für ein Damnum/ Disagio gilt es, ein Wahlrecht auszuüben, d. h. es darf für diese Finanzierungskosten ein Aktivposten eingestellt werden.

• Im Steuerrecht gilt dieses Wahlrecht nicht. Hier muss abgegrenzt werden.

25. Welche Fälle der zeitlichen Abgrenzung werden unterschieden?

Fälle der zeitlichen Abgrenzung				
Abgrenzung:	*altes Jahr*	*neues Jahr*	*Buchung über Konto:*	*Wirkung:*
Antizipative Posten	Ertrag	**Einnahme**	→ Sonstige Forderungen	Erfolg ↑
	Aufwand	**Ausgabe**	→ Sonstige Verbindlichkeiten	Erfolg ↓
(lat. vorwegnehmen)				
Transitorische Posten	**Einnahme**	Ertrag	→ Passive Rechnungsabgrenzung	Ertrag ↓
	Ausgabe	Aufwand	→ Aktive Rechnungsabgrenzung	Aufwand ↓
(lat. übertragen)				

2.2 Finanzbuchhaltung

2.2.1 Grundlagen

01. Welche Aufgaben hat die Finanzbuchhaltung?

• Ermittlung
  - des Vermögens und der Schulden,
  - der Veränderungen der Vermögens- und Schuldenwerte,
  - des Erfolges (Gewinn oder Verlust),

• Bereitstellung von Informationen für alle Funktionsbereiche des Unternehmens und für Dritte (Kreditgeber, Gläubiger, Finanzbehörde),

• Bereitstellung für Beweismittel im Streitfall (Kunden, Lieferanten, Finanzbehörde, Banken usw.).

• sie ist das Hauptinstrument zur Feststellung und Analyse des Unternehmenserfolgs;

• sie dient als Grundlage für die Kostenrechnung;

• sie bildet die Grundlage für die Berechnung der Steuern.

02. Wie kann die Abgrenzung zwischen der Finanzbuchhaltung und der Betriebs-buchhaltung (KLR) vorgenommen werden?

Die interne Gliederung des betrieblichen Rechnungswesens kann folgende Struktur haben (Beispiel):

Dabei haben die einzelnen Funktionsbereiche folgende Aufgabe:

Die **Finanzbuchhaltung**	erfasst zahlenmäßig als langfristige Gesamtabrechnung die gesamte Unternehmenstätigkeit unter Zugrundelegung der Zahlungsvorgänge. Sie ist nach bestimmten Gesetzesvorschriften durchzuführen. Ihr Ziel ist die Erfolgsermittlung durch Gegenüberstellung von Aufwand und Ertrag bzw. die Gegenüberstellung von Vermögensherkunft und Vermögensverwendung.
Die **Betriebsbuchhaltung**	ist eine (kurzfristige) Abrechnung, die den eigentlichen betrieblichen Leistungsprozess zahlenmäßig erfassen will. Ihr Ziel ist (stark vereinfacht) die Feststellung, wer im Betrieb welche Kosten in welcher Höhe und wofür verursacht (hat).
Bilanzierung	ist die ordnungsgemäße Gegenüberstellung aller Vermögensteile und Schulden einer Unternehmung.
Gewinn- und Verlustrechnung	(GuV) ist die Gegenüberstellung aller Aufwendungen und Erträge zum Zwecke der Erfolgsermittlung.
Die **Betriebsabrechnung**	hat die Aufgabe, die Kosten nach Gruppen getrennt zu sammeln (Kostenartenrechnung) und auf die Kostenstellen zu verteilen (Kostenstellenrechnung).
Mit der **Kalkulation**	versucht man, Produkten oder Leistungen ihre Kosten verursachungsgerecht zuzuordnen, um damit eine Grundlage für ihren Wert oder ihren Preis zu erhalten.
Die **Betriebs-ergebnisrechnung**	ist eine kurzfristige Erfolgsrechnung, die die angefallenen Kosten und Leistungen einer Periode gegenüberstellt.

Mit **Investitionsrechnungen**	versucht man, die Erfolgsträchtigkeit von Investitionsobjekten zu ermitteln. Sie vergleichen die Kosten und Leistungen oder Aus- und Einzahlungen, die durch ein Investitionsobjekt verursacht werden.
Wirtschaftlichkeits-rechnungen	sind mit den Investitionsrechnungen eng verwandt; sie dienen insbesondere dem Vergleich von Verfahren und Projekten.

Merke:

Die **Finanzbuchhaltung (Fibu)**	bildet den Rechnungskreis I (RK I) und ermittelt das Gesamtergebnis.
Die **Kosten- und Leistungsrechnung (KLR)**	bildet den Rechnungskreis II (RK II). Sie erfasst alle Kosten und Leistungen einer Rechnungsperiode und zeigt das Betriebsergebnis.

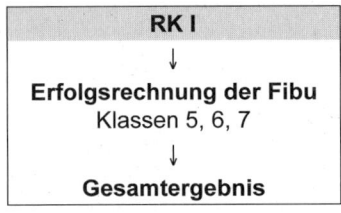

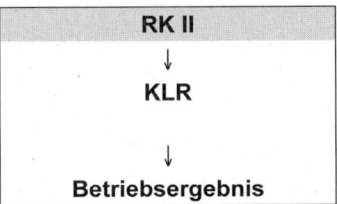

2.2.2 Jahresabschluss

2.2.2.1 Inventur, Inventar

01. Wer ist zur Inventur verpflichtet? Welche gesetzlichen Bestimmungen sind zu beachten?

Nach HGB (§ 240) ist jeder Kaufmann verpflichtet, das Vermögen und die Schulden seines Unternehmens

- bei Gründung oder Übernahme,
- für den Schluss eines jeden Geschäftsjahres,
- bei Auflösung oder Veräußerung des Unternehmens

festzustellen. Dieses Verzeichnis ist das *Inventar*. Die hierzu erforderlichen Tätigkeiten nennt man *Inventur*. Sie ist eine mengen- und wertmäßige Bestandsaufnahme aller Vermögensteile und aller Schulden.

02. Welche Arten der Inventur sind zu unterscheiden?

1. *Körperliche Inventur:*
   Körperliche Vermögensgegenstände werden mengenmäßig erfasst und anschließend in Euro bewertet (z. B. technische Anlagen, Betriebs- und Geschäftsausstattung, Maschinen, Fahrzeuge).

2. *Buch-Inventur:*
Ist die Erfassung aller nicht-körperlichen Vermögensgegenstände, Forderungen, Bankguthaben, Arten von Schulden; sie werden wertmäßig aufgrund buchhalterischer Aufzeichnungen und Belege (Kontoauszüge, Saldenbestätigung durch Kunden oder Lieferanten usw.) ermittelt.

03. Welche Verfahren der Inventurvereinfachung sind zulässig?

1. *Stichtagsinventur:*
Mengenmäßige Bestandsaufnahme der Vorräte, die zeitnah zum Abschlusstag in einer Frist zehn Tage vor oder nach dem Abschlussstichtag erfolgen muss (meist der 31.12.).

Zu- und Abgänge zwischen Aufnahmetag und Abschlussstichtag werden wert- und mengenmäßig auf den Abschlussstichtag hochgerechnet.

2. *Verlegte (Stichtags-) Inventur:*
Körperliche Bestandsaufnahme erfolgt innerhalb einer Frist von drei Monaten vor und zwei Monaten nach dem Abschlussstichtag.

- Bestandsaufnahme zunächst mengenmäßig,
- Hochrechnung der Bestände erfolgt wertmäßig auf den Abschlussstichtag.

3. *Permanente Inventur:*
- Laufende Inventur anhand einer Lagerkartei.
- Es entfällt die körperliche Bestandsaufnahme zum Abschlussstichtag.
- Voraussetzung ist, dass mindestens einmal im Geschäftsjahr eine körperliche Bestandsaufnahme zur Überprüfung der Lagerkartei erfolgt.

4. *Stichprobeninventur mithilfe statistischer Methoden:*
Sicherheitsgrad 95 %; Schätzfehler nicht größer als 1 %.

Merke:

Inventur	= Bestandsaufnahme
Inventar	= Bestandsverzeichnis
Bilanz	= Kurzfassung des Inventars in Kontenform

Inventar	Bilanz	
- einseitig - Staffelform - ausführlich	- zweiseitig - Kontenform - zusammengefasst	
Vermögensteile und Schulden (untereinander)	Vermögensteile und Schulden (nebeneinander)	
jeder Artikel wird einzeln dargestellt (unübersichtlich)	die Artikel werden zu Bilanzpositionen zusammengefasst (übersichtlich)	
Aufbau:		
A Vermögen – B Schulden	*Aktiva:*	*Passiva:*
= C Reinvermögen (Eigenkapital)	Vermögen	Eigenkapital Schulden

2.2.2.2 Aufbau der Bilanz

01. Was ist eine Bilanz?

Die Bilanz ist die zu einem bestimmten *Zeitpunkt* zusammengefasste Gegenüberstellung der *Vermögensteile (Aktiva)* und der *Kapitalien (Passiva)* einer Unternehmung.

- Die *linke Seite der Bilanz* (Aktiv- oder Vermögensseite) zeigt, aus welchen Teilen sich das *Vermögen* zusammensetzt.

- Die *rechte Seite* (Passiv-, Kapital- oder Schuldenseite) zeigt, aus welchen Quellen die *Mittel* zur Anschaffung der Vermögenswerte stammen.

Die *Gliederungsform* der Bilanz ist in § 266 HGB verbindlich festgelegt:

AKTIVSEITE	PASSIVSEITE
Mittelverwendung	*Mittelherkunft*
A. Anlagevermögen	**A. Eigenkapital**
I. Immaterielle Vermögensgegenstände *z. B. Konzessionen, Patente, Lizenzen*	I. Gezeichnetes Kapital
II. Sachanlagen *z. B. Grundstücke, Gebäude, Maschinen,* *Betriebs- und Geschäftsausstattung*	II. Kapitalrücklage
	III. Gewinnrücklagen *z. B. gesetzliche, satzungsmäßige,* ande- re *Gewinnrücklagen*
III. Finanzanlagen *z. B. Anteile an verbundenen Unterneh-* *men, Beteiligungen, Wertpapiere des AV*	IV. Gewinn-/Verlustvortrag
	V. Jahresüberschuss/Jahresfehlbetrag
B. Umlaufvermögen	**B. Rückstellungen**
	z. B. Pensionsrückstellungen *sonstige Rückstellungen* *Steuerrückstellungen*
I. Vorräte *z. B. Roh-, Hilfs- und Betriebsstoffe, Halb-* *und Fertigfabrikate, Waren*	
II. Forderungen	**C. Verbindlichkeiten**
	z. B. Anleihen, Bankverbindlichkeiten, *Verbindlichkeiten aus Lieferungen und* *Leistungen, sonstige Verbindlichkeiten*
III. Wertpapiere	
IV. Zahlungsmittel *z. B. Schecks, Kassenbestand, Bankgut-* *haben*	

C. Rechnungsabgrenzungsposten	D. Rechnungsabgrenzungsposten
D. Aktive latente Steuern[1]	E. Passive latente Steuern[1]
Bilanzsumme	**Bilanzsumme**

[1] BilMoG

Da sich das Eigenkapital als Differenz zwischen Vermögen und Schulden berechnet, gilt immer folgende Bilanzgleichung:

> Summe aller Aktiva = Summe aller Passiva

02. In der Bilanz sind vier Arten von Bestandsbewegungen möglich. Wie lassen sich diese mithilfe eines Beispiels verdeutlichen?

Aktivtausch

An einem Aktivtausch sind zwei oder mehr Aktivkonten beteiligt. Die Bilanzsumme bleibt unverändert.

Bei einer Barabhebung vom Bankkonto nimmt das Bankkonto ab und das Kassenkonto um den entsprechenden Betrag zu.

Buchungssatz: Kasse an Bank

Aktiva	Bilanz	Passiva
Bank	–	
Kasse	+	

Passivtausch

Ein Passivtausch erfasst zwei oder mehr Schuldposten. Auch hier ändert sich die Bilanzsumme nicht.

Bei der Umwandlung von kurzfristigen Verbindlichkeiten in Darlehensschulden nehmen die Verbindlichkeiten um den Betrag ab, um den die Darlehensschulden zunehmen.

Aktiva	Bilanz	Passiva
	Verbindlichkeiten	–
	Darlehen	+

Buchungssatz: Verbindlichkeiten aus Lieferungen und Leistungen an Darlehensschulden

Bilanzverlängerung

Aktiv-Passiv-Mehrung

Die Bilanzsumme auf der Aktiv- und auf der Passivseite erhöht sich um den gleichen Betrag.

Beim Kauf von Rohstoffen auf Ziel nehmen die Rohstoffe als Aktivkonto im Soll und die Verbindlichkeiten als Passivkonto im Haben zu.

Aktiva	Bilanz	Passiva	
Rohstoffe	+	Verbindlichkeiten	+

Buchungssatz: Rohstoffe an Verbindlichkeiten aus Lieferungen und Leistungen

Bilanzverkürzung

Aktiv-Passiv-Minderung

Die Bilanzsumme vermindert sich auf der Aktiv- und auf der Passivseite um den gleichen Betrag.

Bei Bezahlung einer Rechnung per Banküberweisung nimmt das Bankkonto als Aktivkonto ab und die

Aktiva	Bilanz	Passiva	
Bank	–	Verbindlichkeiten	–

Verbindlichkeiten aus Lieferungen und Leistungen auf der Passivseite ebenso.
Buchungssatz: Verbindlichkeiten aus Lieferungen und Leistungen an Bank

03. Um in der Finanzbuchhaltung eine gewisse Ordnung aufrechtzuerhalten, werden Konten zu Gruppen zusammengefasst. Welche Gruppen gibt es?

Auf den *Sachkonten*, die sich aus der Bilanz ergeben, werden die Geschäftsfälle nach sachlichen Gesichtspunkten gebucht. So erfasst z. B. das Konto „Forderungen aus Lieferungen und Leistungen" alle Ausgangsrechnungen und im Konto „Verbindlichkeiten aus Lieferungen und Leistungen" alle Eingangsrechnungen. Um eine gewisse Übersicht zu bewahren, werden diese Konten für jeden Kunden und Lieferanten einzeln angelegt (*Personenkonten*). Leicht verwechselt werden die *Debitoren* und die *Kreditoren*, wobei in der Debitorenbuchhaltung die Kunden zu finden sind und in der Kreditorenbuchhaltung entsprechend die Lieferanten.

Bei den *Sachkonten* unterscheidet man:

A. Bestandskonten	
Sie weisen die Bestände an Vermögen und Kapital aus und erfassen die Veränderung dieser Bestände aufgrund von Geschäftsfällen.	
Aktivkonten	AB auf der Sollseite; befinden sich auf der linken Seite der Bilanz.
Passivkonten	AB auf der Habenseite; befinden sich auf der rechten Seite der Bilanz.

AB: Anfangsbestand; SB: Schlussbestand

B. Erfolgskonten	
Es gibt Geschäftsfälle, bei denen neben der Umschichtung der Vermögens- und/oder Schuldenstruktur auch eine betragsmäßige Änderung des Eigenkapitals eintritt. Solche Geschäftsfälle beeinflussen unmittelbar den Erfolg eines Unternehmens. Beispiele: Zinsgutschrift, Barzahlung von Löhnen, Verkauf von Waren usw. Aus Gründen der Transparenz der Buchhaltungsvorgänge und zur Erhöhung der Transparenz der Erfolgsquellen eines Unternehmens werden für derartige Buchungen eigene **Erfolgskonten als Unterkonten des Eigenkapitalkontos** angelegt.	
Aufwandskonten	Aufwandskonten werden wie Aktivkonten behandelt: Ein Aufwand vermindert das Eigenkapital und muss daher im Soll gebucht werden.
Ertragskonten	Ertragskonten werden wie Passivkonten behandelt: Ein Ertrag vermehrt das Eigenkapital und muss daher im Haben gebucht werden.

Im Überblick:

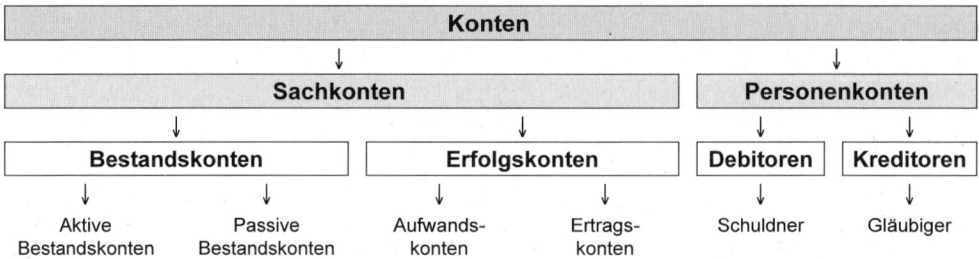

04. Wie gelangt man von der Eröffnungsbilanz zur Schlussbilanz?

Zu Beginn des Jahres werden aus der Eröffnungsbilanz alle Aktiv- und Passivkonten übernommen. Die Geschäftsfälle während des laufenden Jahres verursachen sowohl auf diesen Konten Bewegungen als auch auf den jeweils zu eröffnenden Aufwands- und Ertragskonten. Am Ende eines jeden Monats bzw. am Jahresende werden alle Aufwands- und Ertragskonten über das Gewinn- und Verlustkonto abgeschlossen, dieses über das Eigenkapitalkonto und alle Aktiv- und Passivkonten über die Schlussbilanz. Das Schlussbilanzkonto bzw. die Schlussbilanz ergibt sich also aus der Eröffnungsbilanz unter Berücksichtigung aller in der Geschäftsperiode anfallenden Buchungsvorgänge.

1. *Schritt: Erstellung der Eröffnungsbilanz (Beispiel „Handel").*

2. *Schritt: Auflösung der Bilanz in Konten; jede Bilanzposition erhält ein Konto:*
   - → Bei den *Aktivkonten* (= linke Seite der Bilanz) steht
     - der Anfangsbestand im Soll,
     - Zunahmen im Soll,
     - Abnahmen im Haben.
   - → Bei den *Passivkonten* (rechte Seite der Bilanz) steht
     - der Anfangsbestand im Haben,
     - Abgänge im Soll,
     - Zugänge im Haben.

3. *Schritt: Buchen der Geschäftsfälle* (hier ohne USt)
   Aus Gründen der Übersichtlichkeit beschränken wir uns auf einige wenige Geschäftsfälle:

   [1]   Kauf von Waren in bar: 5.000 EUR
         → Konto „Waren":   + Zunahme im Soll
         → Konto „Kasse":   – Abnahme im Haben

   [2]   Kunde bezahlt Rechnung in bar: 20.000 EUR
         → Konto „Ford. a.LL":   – Abnahme im Haben
         → Konto „Kasse":   + Zunahme im Soll

   [3]   Bezahlung einer offenen Eingangsrechnung per Überweisung: 4.000 EUR
         → Konto „Bank":   – Abnahme im Haben
         → Konto „Verbl. a.LL"   – Abgang im Soll

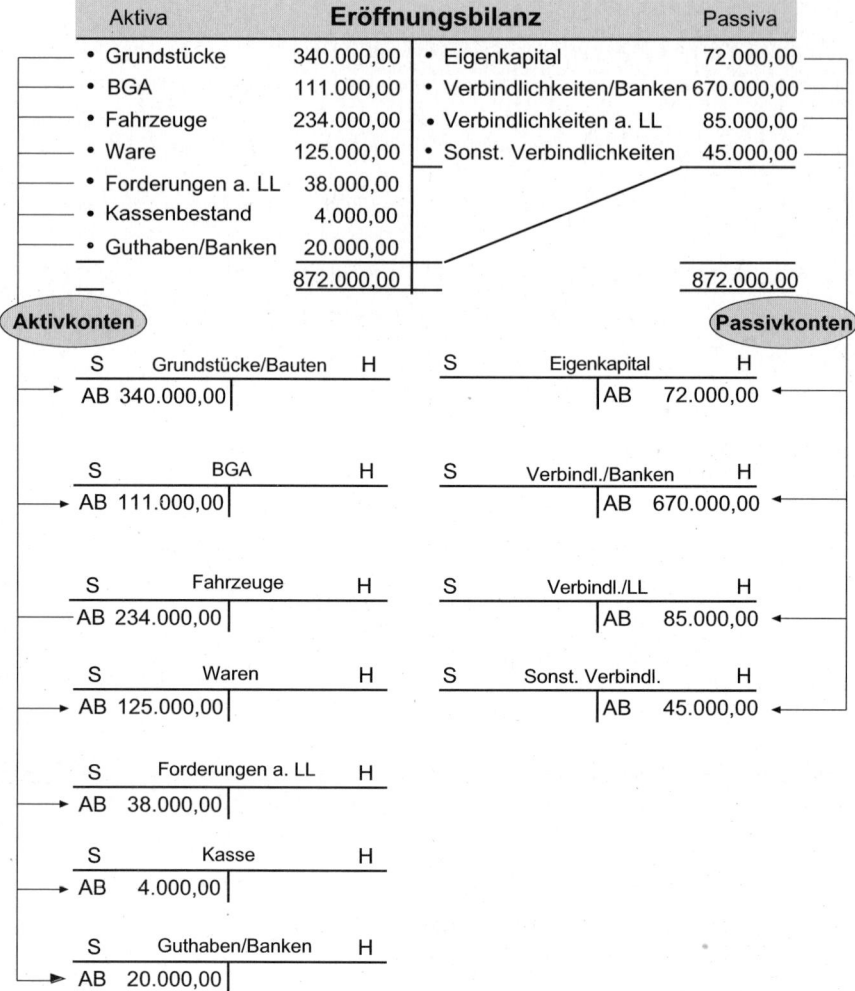

Überträgt man die o. g. Geschäftsfälle auf die entsprechenden Konten, so ergibt sich folgendes Bild (es werden nur die Konten dargestellt, auf denen sich Veränderungen ergeben haben):

S	Waren	H		S	Verbindl. a. LL	H
AB	125.000,00			[3]	4.000,00	AB 85.000,00
[1]	5.000,00					

S	Ford. a. LL	H
AB	38.000,00	[2] 20.000,00

```
S                 Kasse              H
AB        4.000,00  | [1]    5.000,00
[2]      20.000,00  |
```

```
S            Guthaben/Banken         H
AB       20.000,00  | [3]    4.000,00
                    |
```

4. *Schritt: Abschluss der Konten* (dargestellt am Beispiel des Kontos „Kasse"):

    4.1 Addition der wertmäßig größeren Seite (hier Soll: 24.000):

```
S                 Kasse              H
AB        4.000,00  | [1]    5.000,00
[2]      20.000,00  |
         ─────────  |
         24.000,00  |
```

    4.2 Übertragung der Summe (= 24.000) auf die wertmäßig kleinere Seite:

```
S                 Kasse              H
AB        4.000,00  | [1]    5.000,00
[2]      20.000,00  |
         ─────────  | ─────────
         24.000,00  |       24.000,00
```

    4.3 *Ermittlung des Saldos auf der wertmäßig schwächeren Seite*; der Saldo = Schlussbestand (SB) wird in die Schlussbilanz übernommen:

```
S                 Kasse              H
AB        4.000,00  | [1]    5.000,00
[2]      20.000,00  | SB    19.000,00
         ─────────  | ─────────
         24.000,00  |       24.000,00
```

5. *Schritt: Erstellung der Schlussbilanz:*
Nach Abschluss aller Konten wird die Schlussbilanz erstellt, indem die Schlussbestände der Aktivkonten auf der Aktivseite und die Schlussbestände der Passivkonten auf der Passivseite übertragen werden.

Hinweis: In der Praxis muss allerdings vorher noch der Vergleich der Buchbestände (= SB) mit den Istbeständen (lt. Inventur) durchgeführt werden.

Aktiva	Schlussbilanz		Passiva
• Grundstücke, Bauten 340.000,00	• Eigenkapital		72.000,00
• BGA 111.000,00	• Verbindlichkeiten/Banken		670.000,00
• Fahrzeuge 234.000,00	• Verbindlichkeiten a. LL		81.000,00
• Waren 130.000,00	• Sonst. Verbindlichkeiten		45.000,00
• Forderungen a. LL 18.000,00			
• Kassenbestand 19.000,00			
• Guthaben/Banken 16.000,00			
868.000,00			868.000,00

05. Welchen Inhalt hat die Gewinn- und Verlustrechnung einer Kapitalgesellschaft?

Die GuV-Rechnung ist im Gegensatz zur Bilanz eine *Zeitraumrechnung*, die für Kapitalgesellschaften in § 275 Abs. 2 HGB gesetzlich vorgeschrieben ist. Sie zeigt, wie der Unternehmenserfolg zu Stande gekommen ist (Gegenüberstellung von Aufwendungen und Erträgen).

06. Wie ist die GuV-Rechnung einer Kapitalgesellschaft gegliedert?

Die Gliederung nach dem *Gesamtkostenverfahren* ist nach § 275 Abs. 2 HGB zwingend vorgegeben:

	1.	Umsatzerlöse
+/-	2.	Bestandsveränderungen
+	3.	andere aktivierte Eigenleistungen
+	4.	sonstige betriebliche Erträge
-	5.	Materialaufwand
-	6.	Personalaufwand
-	7.	Abschreibungen
-	8.	sonstige betriebliche Aufwendungen
+/-	9.	Erträge aus Beteiligungen
+	10.	Erträge aus anderem Finanzanlagevermögen
+	11.	sonstige Zinserträge
-	12.	Abschreibungen auf Finanzanlagen und Wertpapiere des Umlaufvermögens
-	13.	Zinsen und ähnliche Aufwendungen
=	**14.**	**Ergebnis der gewöhnlichen Geschäftstätigkeit**
+	15.	außerordentliche Erträge
-	16.	außerordentliche Aufwendungen
=	**17.**	**außerordentliches Ergebnis**
-	18.	Steuern vom Einkommen und vom Ertrag
-	19.	sonstige Steuern
=	**20.**	**Jahresüberschuss/Jahresfehlbetrag**

07. Wie wird auf Erfolgskonten gebucht und wie erfolgt der Abschluss über das Gewinn- und Verlustkonto?

Erfolgskonten sind Unterkonten des Kontos Eigenkapital. Erfolgskonten haben daher keinen Anfangsbestand und verändern sich in gleicher Weise wie das Eigenkapitalkonto. Aufwendungen vermindern das Eigenkapital (Buchung im Soll). Erträge vermehren das Eigenkapital (Buchung im Haben).

Soll	Eigenkapital	Haben
Minderungen	Anfangsbestand	
Schlussbestand	Mehrungen	
↑	↑	
Aufwandskonten	**Ertragskonten**	
← Erfolgskonten →		

Beispiele für Erfolgskonten:

- Warenaufwendungen	- Warenverkauf (Erlöse)
- Gehälter	- Mieteinnahmen
- Löhne	- Zinserträge
- Mietaufwendungen	- Provisionserträge
- Zinsaufwendungen	

Alle Aufwandskonten werden über das Gewinn- und Verlustkonto (GuV-Konto) mit folgenden Buchungssätzen abgeschlossen:

GuV-Konto	an	Aufwandskonten
Ertragskonten	an	GuV-Konto

Im GuV-Konto werden die Aufwendungen auf der Sollseite und die Erträge auf der Habenseite ausgewiesen. Der Saldo der GuV-Kontos zeigt den *Erfolg des Unternehmens* (Gewinn: Aufwendungen < Erträge; Verlust: Aufwendungen > Erträge):

S	GuV-Konto	H
Aufwendungen	Erträge	
Gewinn		

S	GuV-Konto	H
Aufwendungen	Erträge	
	Verlust	

Das GuV-Konto wird über das Eigenkapitalkonto abgeschlossen:

bei Gewinn:	GuV-Konto	an	Eigenkapitalkonto
bei Verlust:	Eigenkapitalkonto	an	GuV-Konto

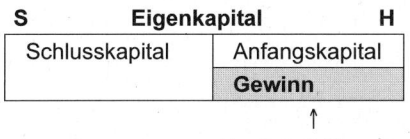

S	Eigenkapital	H
Schlusskapital	Anfangskapital	
	Gewinn	
	↑	
	Kapitalerhöhung	

S	Eigenkapital	H
Verlust	Anfangskapital	
Schlusskapital		
↑		
Kapitalminderung		

2.3 Kosten- und Leistungsrechnung

2.3.1 Einführung

01. Was ist das Hauptziel der Kosten- und Leistungsrechnung (KLR)?

Hauptziel der Kosten- und Leistungsrechnung (KLR) ist die *Erfassung aller Aufwendungen und Erträge*, die mit der Tätigkeit des Betriebes in engem Zusammenhang stehen.

In engem Zusammenhang mit der Tätigkeit eines Industriebetriebes stehen alle Aufwendungen und Erträge, die sich im Rahmen der Funktionen

Beschaffung	→	Produktion	→	Absatz

ergeben.

- Die *betriebsbezogenen Aufwendungen* werden als *Kosten* bezeichnet (z. B. Fertigungsmaterial, Fertigungslöhne).

- Die *betriebsbezogenen Erträge* nennt man *Leistungen* (z. B. Umsatzerlöse, Mehrbestände an Erzeugnissen, Eigenverbrauch).

- *Hauptziel der KLR ist also die periodenbezogene Gegenüberstellung der Kosten und Leistungen und die Ermittlung des Betriebsergebnisses:*

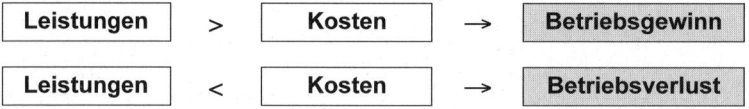

Leistungen	>	Kosten	→	Betriebsgewinn
Leistungen	<	Kosten	→	Betriebsverlust

02. Welche Aufgaben (Funktionen) erfüllt die Kosten- und Leistungsrechnung (KLR)?

Aufgaben (Funktionen) der KLR		
1	Ermittlungs- und Informationsfunktion auch: Dokumentationsfunktion	Die KLR hat die Aufgabe, die Kosten und Leistungen zu erfassen, internen Berechtigten zur Verfügung zu stellen und zu dokumentieren (z. B. bei öffentlichen Aufträgen; Nachweis der Kalkulation).
2	Planungs-, Vorgabe- und Entscheidungsfunktion	Auf der Grundlage der Informationen erfolgt die Planung von Prozessen in bestimmten Zeitabschnitten: Hierbei werden Kosten und Leistungen für Kostenarten, Kostenstellen und Kostenträger geplant. Bei der Kalkulation ist dies die Vorkalkulation als Grundlage für die Bestimmung der Preise der Leistungseinheiten. Grundlage dafür ist die Planung der Kosten für die einzelnen Kostenarten. Aber auch für die Verantwortungsbereiche (Kostenstellen) werden Kosten und Leistungen geplant. Instrumente sind Planvorgaben und Budgets.

3	**Analyse- bzw. Kontroll-funktion**	Die Informationen werden zur Analyse der Ursachen von Abweichungen von den geplanten Größen genutzt. Die Analyse wird mithilfe von betriebswirtschaftlichen Kennziffern vorgenommen, um damit zu den Ursachen für diese Abweichungen vorzudringen. Beispielsweise sind es Kennziffern der Wirtschaftlichkeit, der Produktivität, des Erfolgs (Rentabilität), aber auch spezifische Kennziffern, die sich aus der KLR ergeben, wie z. B. relative Deckungsbeiträge. Diese Analyse kann wiederum für Kostenarten, Kostenstellen und Kostenträger vorgenommen werden.
4	**Entscheidungs- und Steuerungsfunktion**	Die KLR liefert Grundlagen für Entscheidungen, zur Steuerung des Unternehmens. Sie bereitet diese Entscheidungen durch die Bereitstellung der Informationen und Analysen, gegebenenfalls auch mit unterschiedlichen Entscheidungsalternativen, vor.
5	**Kalkulationsfunktion**	Die Kalkulationsfunktion umfasst Information (Ermittlung der Daten für die Vorkalkulation), Planung (Vorkalkulation), Analyse (Analyse der Ursachen für Abweichungen in der Nachkalkulation) und Steuerungsfunktion (Schlussfolgerungen für die Preisgestaltung der folgenden Periode, wie z. B. Preisuntergrenzen im Verkauf, Preisobergrenzen im Einkauf).
6	**Ergebnisermittlung und kurzfristige Erfolgs-rechnung**	Der Betriebserfolg wird mehrfach im Jahr (monatlich, vierteljährlich) ermittelt. Damit kann die Unternehmensleitung kurzfristig den Grad der Zielerfüllung überprüfen.

03. Welche Grundbegriffe der KLR sind zu unterscheiden?

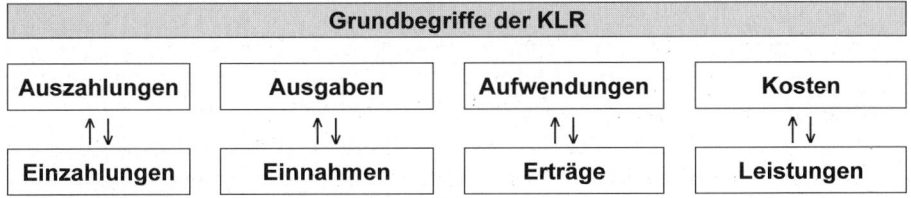

- *Auszahlungen* sind tatsächliche Abflüsse,
  Einzahlungen sind tatsächliche Zuflüsse von Zahlungsmitteln.

- *Einnahmen* sind Mehrungen,
  Ausgaben sind Minderungen des Geldvermögens.

Beispiel 1: Der Betrieb kauft am 1. Okt. eine Maschine mit einem Zahlungsziel von vier Wochen: Der Kauf führt zu einer *Ausgabe am 1. Okt.* (Minderung des Geldvermögens). Der tatsächliche Abfluss von Zahlungsmitteln (*Auszahlung*) erfolgt *am 1. November.*

Im Gegensatz zur Finanzbuchhaltung will man in der KLR den tatsächlichen Verbrauch von Werten (= *Werteverzehr*) für Zwecke der Leistungserstellung festhalten. Dies führt dazu, dass die Begriffe der KLR und der Finanzbuchhaltung auseinander fallen:

- *Aufwendungen* sind der gesamte Werteverzehr; er ist zu unterteilen in den *betriebsfremden* Werteverzehr (= nicht durch den Betriebszweck verursacht; z. B. Spenden) und den *betrieblichen* Werteverzehr (= durch den Betriebszweck verursacht; z. B. Miete für eine Produktionshalle, Betriebssteuern).

Die betrieblichen Aufwendungen werden noch weiter unterteilt in
- *ordentliche Aufwendungen*
   (= Aufwendungen, die üblicherweise im „normalen" Geschäftsbetrieb anfallen) und
- *außerordentliche Aufwendungen*
   (= Aufwendungen, die unregelmäßig vorkommen oder ungewöhnlich hoch auftreten; z. B. periodenfremde Steuernachzahlungen, Aufwendungen für einen betrieblichen Schadensfall).

Die betrieblichen, ordentlichen Aufwendungen bezeichnet man auch als *Zweckaufwendungen*. Die betriebsfremden sowie die betrieblich-außerordentlich bedingten Aufwendungen ergeben zusammen die *neutralen Aufwendungen*.

Die Zweckaufwendungen bezeichnet man als *Grundkosten*, da sie den größten Teil des betrieblich veranlassten Werteverzehrs darstellen. Da sie unverändert aus der Finanzbuchhaltung (Kontenklasse 4) in die KLR übernommen werden, heißen sie auch *aufwandsgleiche Kosten* (Aufwand = tatsächlicher, betrieblicher Werteverzehr = Kosten).

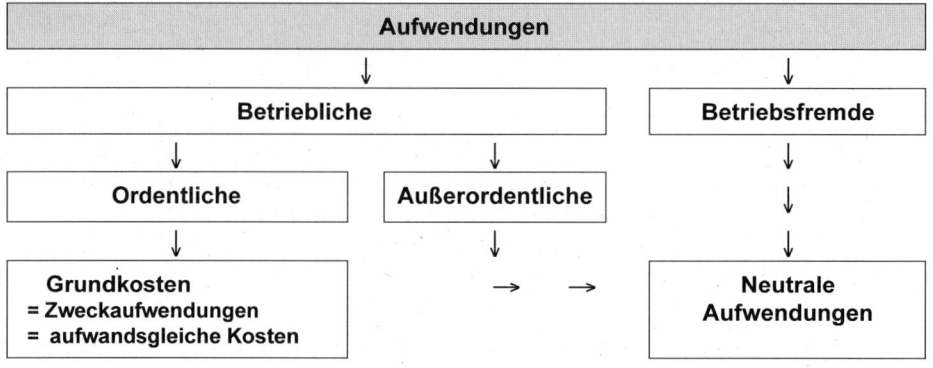

- Die Erträge werden analog zu den Aufwendungen gegliedert:
   Erträge sind der gesamte Wertezuwachs in einem Betrieb. Betrieblich bedingte, ordentliche Erträge sind *Leistungen*. Betriebsfremde Erträge sowie betrieblich bedingte, außerordentliche Erträge sind *neutrale Erträge*:

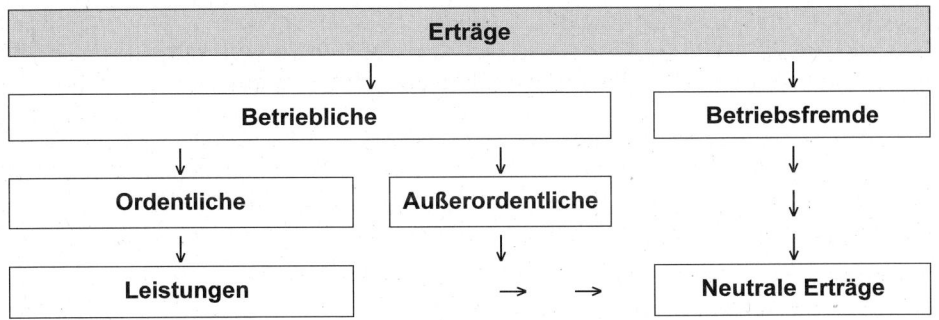

- *Kosten* sind der tatsächliche Werteverzehr für Zwecke der Leistungserstellung. Ein Teil der Kosten kann unmittelbar aus der Finanzbuchhaltung übernommen werden; Aufwand und Kosten sind hier gleich; dies ist der sog. Zweckaufwand = *Grundkosten*.

Für die Erfassung des tatsächlichen Werteverzehrs reicht dies jedoch nicht aus:

(1) *Zusatzkosten:*
Es gibt auch Kosten, denen kein Aufwand gegenübersteht (der Werteverzehr führt nicht zu Ausgaben). Sie heißen daher *aufwandslose Kosten* und zählen zur Kategorie der *Zusatzkosten*.

Beispiele:
Kalkulatorischer Unternehmerlohn:
Bei einem Einzelunternehmen erbringt der Inhaber durch seine Tätigkeit im Betrieb eine Leistung. Dieser Leistung steht jedoch keine Lohnzahlung (= Kosten) gegenüber. Damit trotzdem die Äquivalenz von Kosten und Leistungen gesichert ist, wird „kalkulatorisch" der Werteverzehr der Unternehmertätigkeit berechnet und in die KLR als „kalkulatorischer Unternehmerlohn" eingestellt.

Kalkulatorische Zinsen:
Wenn eine Personengesellschaft Fremdkapital von der Bank erhält, zahlt sie dafür Zinsen (= Kosten). Wenn der Inhaber Eigenkapital in das Unterenehmen einbringt, muss auch hier der Werteverzehr erfasst werden, obwohl keine Aufwendungen vorliegen: Man erfasst also *rein rechnerisch („kalkulatorisch")* die Verzinsung des Eigenkapitals in der KLR, obwohl keine Aufwendungen dem gegenüberstehen.

(2) *Anderskosten:*
Bei den Anderskosten liegen zwar Aufwendungen vor, jedoch entsprechen die Zahlen der Finanzbuchhaltung nicht dem tatsächlichen Werteverzehr und müssen deshalb „anders" in der KLR berücksichtigt werden. Man nennt sie daher Anders-kosten bzw. *aufwandsungleiche Kosten (Aufwand ≠ Kosten).*

Beispiel: In der Finanzbuchhaltung wurde der Aufwand für den Werteverzehr der Anlagen (bilanzielle Abschreibung) gebucht. Diese Zahlen können jedoch z. B. nicht in die KLR übernommen werden, *weil der tatsächliche Werteverzehr anders ist.* Aus diesem Grunde wird ein anderer Berechnungsansatz gewählt („kalkulatorischer Wertansatz" → kalkulatorische Abschreibung). Analog berücksichtigt man z. B. kalkulatorische Wagnisse.

Die nachfolgende Übersicht gibt die Gesamtkosten im Sinne der KLR wieder:

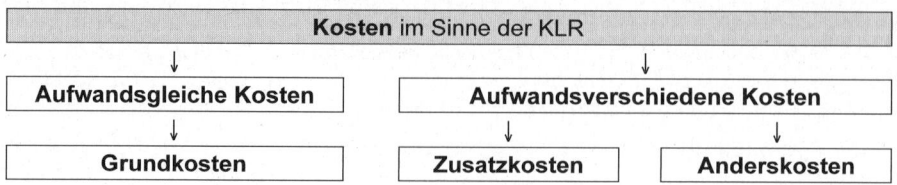

In Verbindung mit den oben dargestellten Ausführungen über „Aufwendungen" ergibt sich folgendes Bild:

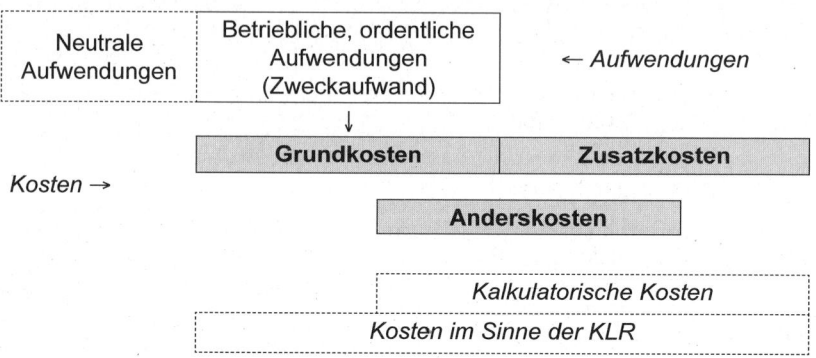

- Leistungen sind betriebsbedingte Erträge. Dies sind in erster Linie die Erträge aus *Absatzleistungen* sowie der *Mehrbestand an Erzeugnissen* (= Fertigung auf Lager). Daneben kann es z. B. vorkommen, dass der Vorgesetzte den Bau einer Vorrichtung für Montagezwecke durch eigene Leute veranlasst; diese Vorrichtung verbleibt im Betrieb und wird nicht verkauft: Es liegt also ein betrieblich bedingter Werteverzehr (= Kosten, z. B. Material- und Lohnkosten) vor, dem jedoch keine Umsatzerlöse gegenüberstehen. Von daher wird diese *innerbetriebliche Leistungserstellung* als „*kalkulatorische Leistungserstellung*" in die KLR eingestellt (vgl. dazu analog oben, kalkulatorischer Unternehmerlohn).

In Verbindung mit der oben dargestellten Abbildung „Aufwendungen" ergibt sich folgende Struktur der *Leistungen*:

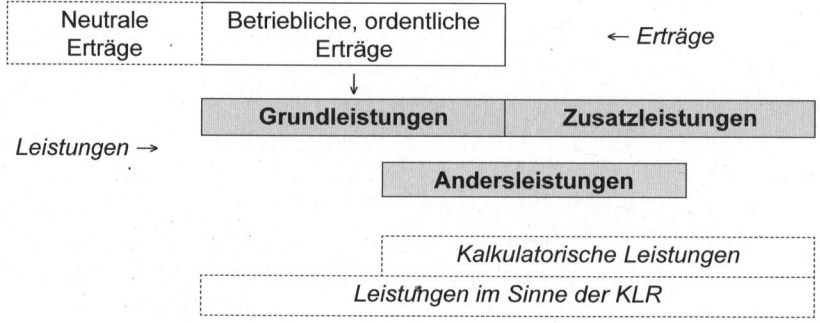

04. Wie ist die Abgrenzungsrechnung vorzunehmen?

Den Hauptteil der relevanten Informationen erhält der Kostenrechner aus der Finanzbuchhaltung (Fibu), die die Aufwendungen und Erträge einer Abrechnungsperiode erfasst. Aufgabe des Kostenrechners ist es, die Aufwendungen und Erträge auszusondern, die nicht betrieblich bedingt sind, sowie kostenrechnerische Korrekturen durchzuführen. Diese Abgrenzungsrechnung ist das Bindeglied zwischen der FiBu und der KLR und kann in folgenden Schritten durchgeführt werden – dargestellt am Beispiel der Kostenermittlung:

1	Aus den gesamten Aufwendungen der Abrechnungsperiode sind die neutralen Aufwendungen auszusondern.
2	Von den Zweckaufwendungen sind die Grundkosten unverändert zu übernehmen.
3	Die übrigen Zweckaufwendungen werden nicht mit dem Wert der FiBu übernommen; es wird ein geeigneter Wert veranschlagt.
4	Aufwendungen, die nicht in der FiBu erfasst wurden, sind als Zusatzkosten zu übernehmen.

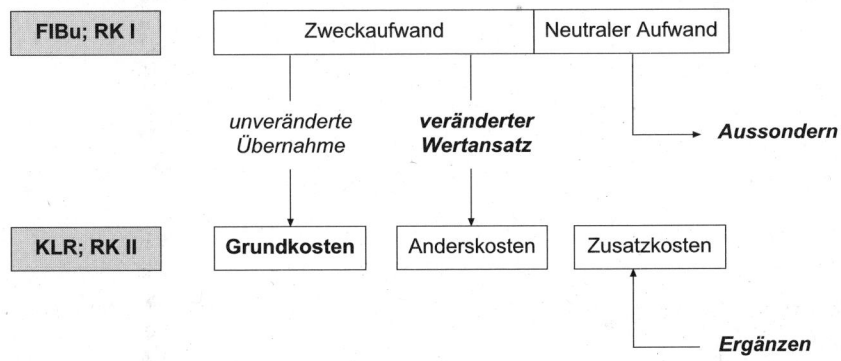

05. Wie wird das Betriebsergebnis ermittelt?

* *Rechnungskreis I:*
  Innerhalb der Finanzbuchhaltung wird das Gesamtergebnis ermittelt und in der GuV-Rechnung ausgewiesen (sog. Rechnungskreis I).

* *Rechnungskreis II:*
  Innerhalb der KLR wird das Betriebsergebnis ermittelt (sog. Rechnungskreis II).

* Das Betriebsergebnis unterscheidet sich vom Gesamtergebnis durch
  - die kalkulatorischen Kosten,
  - die neutralen Ergebnisse der Abgrenzungsrechnungen.

* *Abgrenzungsrechnung:*
  Die Verknüpfung zwischen dem Rechnungskreis I und II wird über die Abgrenzungsrechnung hergestellt. Sie erfasst nicht betriebsbedingte Aufwendungen und Erträge als neutrales Ergebnis gesondert und führt kostenrechnerische Korrekturen durch.

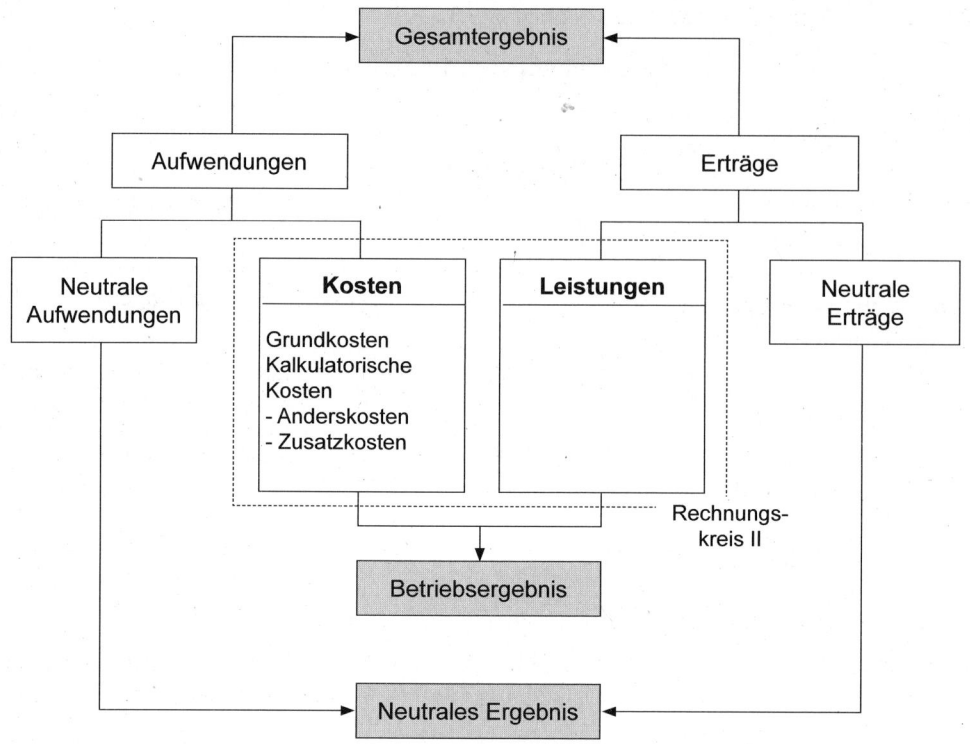

06. Was muss der Vorgesetzte bei der Erfassung von Kostendaten sowie bei der Verwendung von Belegen und Datensätzen beachten?

Die Finanzbuchhaltung und die KLR können ihren Aufgaben nur dann gerecht werden, wenn am Ort der Datenentstehung die Kosten richtig erfasst und weitergeleitet werden. Für den Vorgesetzten heißt das:

- *alle Kosten erfassen*;
  also z. B. auch Kosten der innerbetrieblichen Leistungserstellung.
- *alle Kostenbelege richtig und vollständig ausfüllen und weiterleiten*;
  z. B. Lohnscheine, Materialentnahmescheine (Auftrags-Nr., Kunden-Nr., Materialart/ -menge, Datum, Kostenstelle, Unterschrift usw.).

07. Welche Stufen (Bereiche) umfasst die KLR?

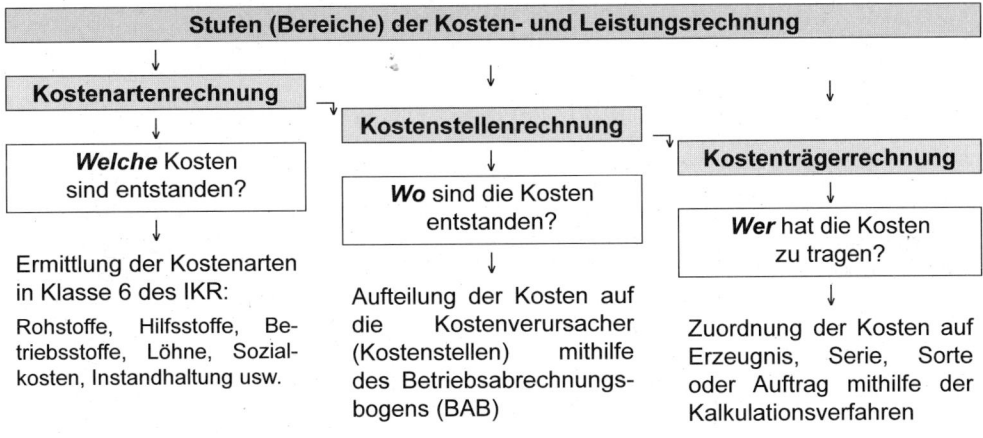

2.3.2 Kostenartenrechnung

01. Welche Aufgaben hat die Kostenartenrechnung?

• Die zentrale Aufgabe der Kostenartenrechnung ist es, alle in einem Abrechnungs-
zeitraum angefallenen Kosten zu erfassen und in Gruppen systematisch zu ordnen.
Die Fragestellung lautet:

> → **Welche** Kosten sind entstanden?

Sie stellt damit die Kostenarten für die unterschiedlichen Zwecke der Kostenrechnung
zur Verfügung (vgl. Vor-, Nachkalkulation, Kostenkontrolle, Ergebnisermittlung).

• Daraus ergeben sich folgende Einzelaufgaben:
  - Erfassung aller Kosten einer Periode,
  - Ermittlung der Kostenart und der Kostenbeträge,
  - Information über die Struktur der Kosten,
  - Gliederung und Zurechnung in Einzel-, Gemeinkosten sowie Sondereinzelkosten,
  - Aufteilung in fixe und variable Kosten in Abhängigkeit von der Beschäftigung,
  - Bereitstellen von Informationen für betriebliche Entscheidungsprozesse,
  - Schaffen der Voraussetzungen für die Zuordnung der Kosten auf Kostenstellen und
    Kostenträger.

02. Nach welchen Merkmalen können Kostenarten gegliedert werden?

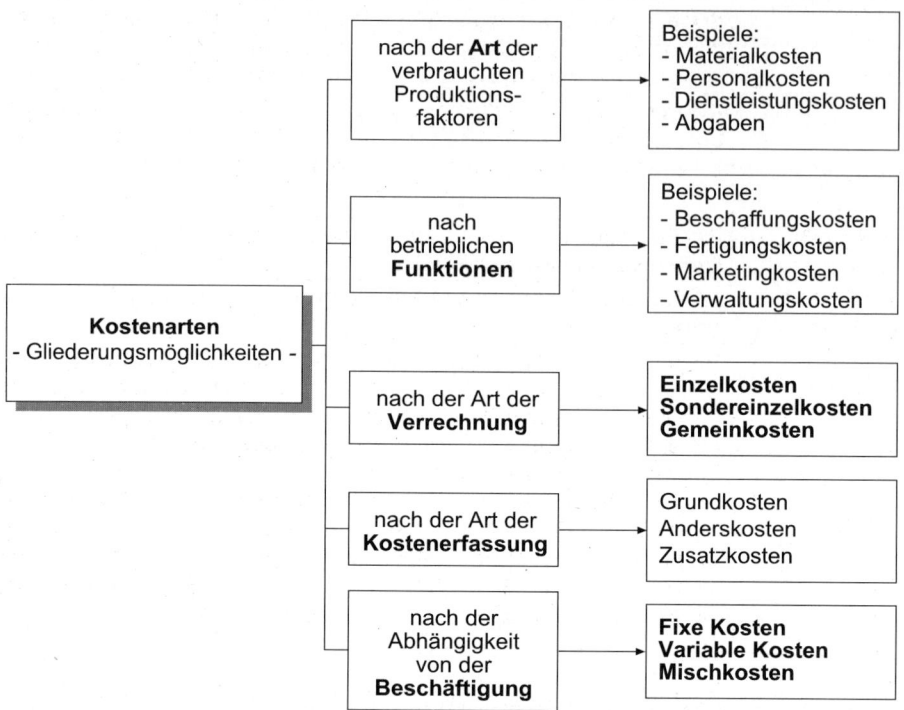

03. Warum muss die Kostenerfassung bestimmten Prinzipien (auch: Grundsätzen) genügen?

Die KLR hat die Aufgabe, sämtliche Kosten und Leistungen zu erfassen und verursachungsgerecht zu verrechnen. Der grundlegende Zweck ist die wirklichkeitsgetreue und wertmäßig zutreffende Abbildung des Gütereinsatzes und der daraus resultierenden Ausbringung. Daraus folgt die Beachtung bestimmter Prinzipien bei der Kostenerfassung. Nur dann kann die KLR ihren Aufgaben gerecht werden.

04. Welche Prinzipien der Kostenerfassung sind zu beachten?

Prinzipien der Kostenerfassung	
Deckungs-gleichheit	Die real anfallenden Kosten und die in der KLR erfassten Kosten müssen sich entsprechen.
Vollständigkeit	Es sind alle Kosten zu erfassen.
Genauigkeit	Die Kosten müssen mit einem möglichst hohen Grad an Genauigkeit erfasst werden.
Aktualität	Die Daten müssen möglichst zeitnah erfasst werden.

Wirtschaftlichkeit	Der Informationsgewinn muss in einem angemessenen Verhältnis zu den durch die Erfassung entstehenden Kosten stehen. Bei jeder Veränderung der Kostenerfassung bzw. der Neuentwicklung des Kostenrechnungssystems ist eine Kosten-Nutzen-Analyse anzustellen.
Kontinuität auch: - Einheitlichkeit - Stetigkeit	Die Prinzipien der Kostenerfassung dürfen nicht laufend verändert werden, da sonst eine Vergleichbarkeit der Daten und der gewonnenen Erkenntnisse über mehrere Rechnungsperioden unmöglich wird.
Eindeutigkeit	Die Festlegung der Kostenarten muss so erfolgen, dass eine zweideutige Zuordnung vermieden wird.
Perioden-bezogenheit	Die Kosten müssen sich auf eine Rechnungsperiode beziehen und abgegrenzt sein.
Zweck-orientierung	Dieses Prinzip hat eine übergeordnete Bedeutung und besagt, dass jedes System einer KLR und damit auch der Kostenerfassung zweckbestimmt ist: Es sind die Kosten verfeinert zu erfassen, die in dem betreffenden Unternehmen eine besondere Bedeutung für Planungs- und Entscheidungsprobleme haben. Man nennt sie relevante Kosten. Beispiel: Im Handel hat die artikelbezogene Preispolitik meist eine höhere Bedeutung als in der Industrie (Preisdifferenzierung, Saisonpreise, schnelle Anpassung an Marktveränderungen usw.). Die primäre Aufgabe der KLR (z. B. Kalkulation, Planung) bestimmt die Ausgestaltung der Kostenerfassung.

05. Wie werden Einzel- und Gemeinkosten unterschieden?

• *Einzelkosten* können dem Kostenträger (Produkt, Auftrag) direkt zugerechnet werden, z. B.:

Einzelkosten, z. B.	Zurechnung, z. B. über
- Fertigungsmaterial - Fertigungslöhne - Sondereinzelkosten	→ Materialentnahmescheine, Stücklisten → Lohnzettel/-listen, Auftragszettel → Auftragszettel, Eingangsrechnung

• *Gemeinkosten* fallen für das Unternehmen insgesamt an und können daher nicht direkt einem bestimmten Kostenträger zugerechnet werden. Man erfasst die Gemeinkosten zunächst als Kostenart auf bestimmten Konten der Finanzbuchhaltung. Anschließend werden die Gemeinkosten über geeignete Verteilungsschlüssel auf die Hauptkostenstellen umgelegt (vgl. Betriebsabrechnungsbogen; BAB) und später den Kostenträgern prozentual zugeordnet.

Beispiele: Materialgemeinkosten, Abschreibungen, Zinsen, Steuern, Versicherungen, Gehälter usw.

06. Wie werden die kalkulatorischen Kosten ermittelt?

• *Kalkulatorische Abschreibung:*
  - FiBu: Ausgangspunkt ist der Anschaffungswert (AW)
  - KLR: Ausgangspunkt ist der Wiederbeschaffungswert (WB)

• *Kalkulatorische Zinsen:*

Die Kostenrechnung verrechnet im Gegensatz zur Erfolgsrechnung, in die nur die Fremdkapitalzinsen als Aufwand eingehen, Zinsen für das gesamte, betriebsnotwendige Kapital.

Die Verzinsung des betriebsnotwendigen Kapitals erfolgt in der Regel zu dem Zinssatz, den der Eigenkapitalgeber für sein eingesetztes Kapital bei anderweitiger Verwendung am freien Kapitalmarkt erhalten würde.

Das *betriebsnotwendige Kapital* kann folgendermaßen ermittelt werden:

	Betriebsnotwendiges Anlagevermögen
+	Betriebsnotwendiges Umlaufvermögen
=	Betriebsnotwendiges Vermögen
−	Abzugskapital
=	Betriebsnotwendiges Kapital

• *Kalkulatorische Wagnisse:*

Die mit jeder unternehmerischen Tätigkeit verbundenen Risiken lassen sich im Wesentlichen in zwei Gruppen einteilen:

1.   Das allgemeines Unternehmerrisiko (-wagnis) ist aus dem Gewinn abzudecken.
2.   Spezielle Einzelwagnisse, die sich aufgrund von Erfahrungswerten oder versicherungstechnischen Überlegungen bestimmen lassen.

2.1   Deckung auftretender Schäden durch Dritte (Versicherungen).
2.2   Deckung durch *kalkulatorische Wagniszuschläge* als eine Art Selbstversicherung. Dabei wird langfristig ein Ausgleich zwischen tatsächlich eingetretenen Wagnisverlusten und verrechneten kalkulatorischen Wagniszuschlägen angestrebt.

Für die Einzelwagnisse werden folgende Bezugsgrößen gewählt:

Einzelwagnis:	Beschreibung, Beispiele:	Bezugsbasis:
Anlagen-wagnis	Ausfälle von Maschine aufgrund vorzeitiger Abnutzung, vorzeitiger Überalterung	Anschaffungskosten
Bestände-wagnis	Senkung des Marktpreises, Überalterung, Schwund, Verderb	Bezugskosten
Entwicklungs-wagnis	Fehlentwicklungen	Entwicklungskosten
Fertigungs-wagnis	Mehrkosten durch Ausschuss, Nacharbeit, Fehler	Herstellkosten
Vertriebs-wagnis	Forderungsausfälle, Währungsrisiken	Umsatz zu Selbstkosten
Gewähr-leistungswagnis	Preisnachlässe aufgrund von Mängeln, Zusatzleistungen, Ersatzlieferungen	
Berechnung$_{allgemein}$:	Wagniszuschlagssatz = Verlust · 100 : Bezugsbasis	

- *Kalkulatorischer Unternehmerlohn:*

  Während bei Kapitalgesellschaften das Gehalt der Geschäftsführung als Aufwand in der Erfolgsrechnung verbucht wird, muss die Arbeit des Unternehmers bei Einzelunternehmungen oder Personengesellschaften aus dem Gewinn gedeckt werden. In der Kostenrechnung ist jedoch das Entgelt für die Arbeitsleistung des Unternehmers als Kostenfaktor zu berücksichtigen. Maßstab für die Höhe ist in der Regel das Gehalt eines leitenden Angestellten in vergleichbarer Funktion.

- *Kalkulatorische Miete:*

  Werden eigene Räume des Gesellschafters oder des Einzelunternehmers für betriebliche Zwecke zur Verfügung gestellt, sollte dafür eine kalkulatorische Miete in ortsüblicher Höhe angesetzt werden.

07. Wie werden fixe und variable Kosten unterschieden?

- *Fixe Kosten* sind beschäftigungsunabhängig und für eine bestimmte Abrechnungsperiode konstant (z. B. Kosten für die Miete einer Lagerhalle). Bei steigender Beschäftigung führt dies zu einem Sinken der fixen Kosten pro Stück (sog. Degression der fixen Stückkosten).

- *Variable Kosten* verändern sich mit dem Beschäftigungsgrad; steigt die Beschäftigung, so führt dies z. B. zu einem Anstieg der Materialkosten und umgekehrt. Zum Beispiel sind bei einem proportionalen Verlauf der variablen Kosten die variablen Stückkosten bei Änderungen des Beschäftigungsgrades konstant.

- *Mischkosten* sind solche Kosten, die fixe und variable Bestandteile haben (z. B. Kommunikationskosten: Grundgebühr + Gesprächseinheiten nach Verbrauch; ebenso: Stromkosten).

Die Abbildung auf der nächsten Seite zeigt schematisch den Verlauf der fixen und variablen Kosten bei Veränderungen der Beschäftigung.

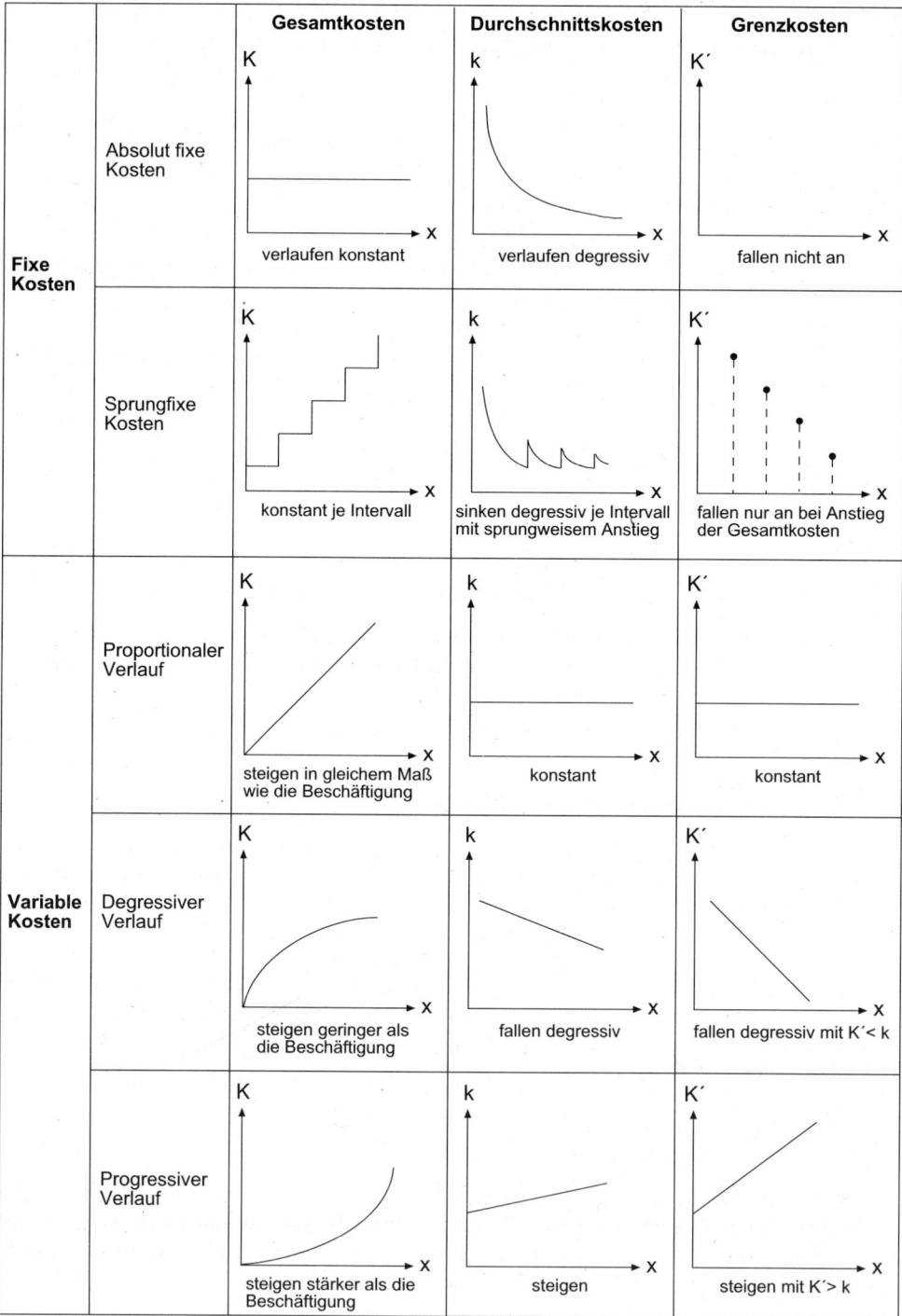

		Gesamtkosten	**Durchschnittskosten**	**Grenzkosten**
Fixe Kosten	Absolut fixe Kosten	verlaufen konstant	verlaufen degressiv	fallen nicht an
	Sprungfixe Kosten	konstant je Intervall	sinken degressiv je Intervall mit sprungweisem Anstieg	fallen nur an bei Anstieg der Gesamtkosten
Variable Kosten	Proportionaler Verlauf	steigen in gleichem Maß wie die Beschäftigung	konstant	konstant
	Degressiver Verlauf	steigen geringer als die Beschäftigung	fallen degressiv	fallen degressiv mit K´< k
	Progressiver Verlauf	steigen stärker als die Beschäftigung	steigen	steigen mit K´> k

08. Wie ist der Industriekontenrahmen (IKR) gegliedert?

- Der IKR wird seit 1970 vom Bundesverband der Deutschen Industrie e. V. (BDI) empfohlen; im Jahr 1986 wurde er überarbeitet und umfasst insgesamt zehn Kontenklassen:

Industriekontenrahmen			
Aktiva	Anlage-vermögen	Klasse 0	Immaterielle Vermögensgegenstände und Sachanlagen
		Klasse 1	Finanzanlagen
	Umlauf-vermögen	Klasse 2	Umlaufvermögen und aktive Rechnungsabgrenzung
Passiva		Klasse 3	Eigenkapital und Rückstellungen
		Klasse 4	Verbindlichkeiten und passive Rechnungsabgrenzung
Erträge		Klasse 5	Erträge
Aufwendungen		Klasse 6	Betriebliche Aufwendungen
		Klasse 7	Weitere Aufwendungen
Ergebnisrechnungen		Klasse 8	Ergebnisrechnungen
Kosten- und Leistungs-rechnung		Klasse 9	Kosten- und Leistungsrechnung

- Der IKR ist nach dem Zweikreissystem gegliedert: Er enthält im

Rechnungskreis I = Kontenklasse 0 bis 8
die Konten der Geschäfts- und Finanzbuchführung,
Rechnungskreis II = Kontenklasse 9
die Betriebsbuchführung.

09. Welche Vorteile hat die Anwendung des IKR?

Der IKR bietet den Industrieunternehmen eine einheitliche Grundstruktur für die Gliederung und Bezeichnung der Konten. Damit wird die buchhalterische Erfassung der Geschäftsvorgänge vereinfacht und vereinheitlicht. Zeitvergleiche und Betriebsvergleiche sowie die Prüfung der Kontierung sind leichter möglich.

Der Kontenrahmen ist unterteilt in zehn Kontenklassen (1-stellige Ziffer), in zehn Kontengruppen (2-stellige Ziffer) und in zehn Kontenarten (3-stellige Ziffer). Die Kontenunterarten können vom Unternehmen individuell benannt werden – je nach den betrieblichen Erfordernissen (Kontenplan).

10. Was ist ein Kontenplan?

Der Kontenplan wird aus dem Kontenrahmen abgeleitet und ist auf die Belange des betreffenden Unternehmens speziell ausgerichtet: Er enthält die Grundstruktur des Kontenrahmens, führt jedoch nur die Konten, die das betreffende Unternehmen benötigt und spezifiziert die Bezeichnung in der Kontenunterart.

Beispiel:

Kontenklasse	6	Betriebliche Aufwendungen	**Kontenrahmen**
Kontengruppe		62	Löhne	
Kontenart			623	Freiwillige Zuwendungen	**Kontenplan**
Kontenunterart				6230	Fahrtkosten	
				6231	Betriebssport	
				6232	Härtefond	

Das Beispiel zeigt:
Innerhalb der Kontenklasse 6 (Betriebliche Aufwendungen), der Kontengruppe 62 (Löhne) und der Kontenart 623 (Freiwillige Zuwendungen) enthält der Kontenplan des Betriebes drei spezielle Kontenunterarten (6230, 6231, 6232).

Analog wird der Betrieb bei der Bildung seiner Finanzkonten verfahren: Je nachdem, welche Bankverbindungen existieren, werden in der Kostenart 280 Banken z. B. aufgeführt:

2801 Stadtsparkasse ...
2802 Volksbank ...
2803 Deutsche Bank ...

2.3.3 Kostenstellenrechnung

01. Welche Aufgabe erfüllt die Kostenstellenrechnung?

Die *Kostenstellenrechnung* ist nach der Kostenartenrechnung d*ie zweite Stufe* inner-halb der Kostenrechnung. Sie hat die Aufgabe, die Gemeinkosten *verursachergerecht auf die Kostenstellen zu verteilen*, die jeweiligen Zuschlagssätze zu ermitteln und den Kostenverbrauch zu überwachen.

> → **Wo** sind die Kosten entstanden?

02. Was ist eine Kostenstelle?

Kostenstellen sind nach bestimmten Grundsätzen abgegrenzte Bereiche des Gesamt-unternehmens, in denen die dort entstandenen Kostenarten verursachungsgerecht gesammelt werden.

03. Welchen Kostenstellen werden verrechnungstechnisch unterschieden?

Hauptkostenstellen	an denen unmittelbar am Erzeugnis gearbeitet wird, z. B.: Lackie-rerei, Montage.
Hilfskostenstellen	sind nicht direkt an der Produktion beteiligt, z. B.: Arbeitsvorberei-tung, Konstruktion.
Allgemeine Kostenstellen	können den Funktionsbereichen nicht unmittelbar zugeordnet wer-den, z. B. Werkschutz, Fuhrpark.

04. Nach welchen Merkmalen können Kostenstellen gebildet werden?

Im Allgemeinen wird ein Industriebetrieb in folgende Kostenstellengruppen aufgeteilt:

Kostenstellen	Fertigungshilfsstellen	Allgemeine Kostenstellen
- Materialstellen - Fertigungsstellen - Verwaltungsstellen - Vertriebsstellen		

05. Welche Verteilungsschlüssel sind sinnvoll?

- qm, cbm, kwh, l,
- Kapitaleinsatz, Mitarbeiter, Arbeitszeit, Verhältniszahlen.

06. Welche Aufgabe hat der Betriebsabrechnungsbogen (BAB)?

Der BAB ist die tabellarische Form der Kostenstellenrechnung. Er wird monatlich oder jährlich erstellt und ist *nach Kostenstellen* und *nach Kostenarten* gegliedert. Im BAB werden die Gemeinkosten nach Belegen oder nach geeigneten Verteilungsschlüsseln auf die Kostenstellen verteilt. Anschließend erfolgt die Berechnung der Zuschlagssätze als Grundlage für die Kostenträgerstück- bzw. Kostenträgerzeitrechnung.

07. Wie ist der Betriebsabrechnungsbogen (BAB) als Hilfsmittel der Kostenstellenrechnung aufgebaut?

Die inhaltlichen und rechnerischen Zusammenhänge werden anhand eines einfachen BAB dargestellt (vier Kostenstellen, ohne Hilfskostenstellen, ohne allgemeine Kostenstellen; die im BAB eingezeichneten Pfeile verdeutlichen die Berechnung des Zahlenmaterials):

Gemein-kostenarten	Zahlen der Buchhaltung in EUR	Verteilungsschlüssel	Kostenstellen			
			I	II	III	IV
			Material	Fertigung	Verwaltung	Vertrieb
Hilfsstoffe	18.398	Mat.entn.scheine	1.850	16.350	0	198
Hilfslöhne	41.730	Lohnlisten	14.150	26.580	520	480
AfA	63.460	Anlagendatei	6.210	43.450	6.380	7.420
...	...		...	...	...	...
usw.	...		...	...	...	...
Summe	245.396	aufgeschlüsselt:	23.903	142.700	60.610	18.183
			MGK	FGK	VwGK	VtGK
		Zuschlagsgrundlage:	MEK	FEK	● HKU	
			217.300	170.000	▲ 363.660	363.660
		Zuschlagssätze:	11,00 %	83,94 %	16,67 %	5,00 %

	MEK	217.300
+	MGK	23.903
+	FEK	170.000
+	FGK	142.700
-	BV	- 190.243
=	HKU	363.660

08. Wie werden die Zuschlagssätze für die Kalkulation ermittelt?

Bei der differenzierten Zuschlagskalkulation (= selektive Zuschlagskalkulation) werden die Gemeinkosten nach Bereichen getrennt erfasst und die Zuschlagssätze differenziert ermittelt:

Bereich	Gemeinkosten	Zuschlagsbasis
Materialbereich	Materialgemeinkosten	Materialeinzelkosten
Fertigungsbereich	Fertigungsgemeinkosten	Fertigungseinzelkosten
Verwaltungsbereich	Verwaltungsgemeinkosten	Herstellkosten des Umsatzes
Vertriebsbereich	Vertriebsgemeinkosten	

Demzufolge werden die differenzierten Zuschlagssätze folgendermaßen ermittelt:

$$\text{Materialgemeinkostenzuschlag} = \frac{\text{Materialgemeinkosten} \cdot 100}{\text{Materialeinzelkosten}}$$

$$\text{Fertigungsgemeinkostenzuschlag} = \frac{\text{Fertigungsgemeinkosten} \cdot 100}{\text{Fertigungseinzelkosten}}$$

$$\text{Verwaltungsgemeinkostenzuschlag} = \frac{\text{Verwaltungsgemeinkosten} \cdot 100}{\text{Herstellkosten des Umsatzes}}$$

$$\text{Vertriebsgemeinkostenzuschlag} = \frac{\text{Vertriebsgemeinkosten} \cdot 100}{\text{Herstellkosten des Umsatzes}}$$

Dabei sind die Herstellkosten des Umsatzes:

Materialeinzelkosten + Materialgemeinkosten + Fertigungseinzelkosten + Fertigungsgemeinkosten
= **Herstellkosten der Erzeugung** – Bestandsveränderungen (+ Minderbestand/– Mehrbestand)
= **Herstellkosten des Umsatzes**

Sind keine Bestandsveränderungen zu berücksichtigen – sind also alle in der Periode hergestellten Erzeugnisse verkauft worden – so gilt:

Herstellkosten der Erzeugung = Herstellkosten des Umsatzes

Beispiel:

Ermittlung der Zuschlagssätze					
Zahlen der KLR	Material	Fertigung	Verwaltung	Vertrieb	
Gemeinkosten	23.903	142.700	60.610	18.183	
Einzelkosten	217.300	170.000	–	–	
Herstellkosten der Erzeugung					553.903
Bestandsveränderungen					-190.243
Herstellkosten d. Umsatzes					363.660
Zuschlagsbasis	217.300	170.000	363.660	363.660	
Zuschlagssätze	23.903 : 217.300 · 100	142.700 : 170.00 · 100	60.610 : 363.660 · 100	18.183 : 363.660 · 100	
	11,00 %	**83,94 %**	**16,67 %**	**5,00 %**	

2.3.4 Kostenträgerrechnung

2.3.4.1 Einführung

01. Welche Aufgabe erfüllt die Kostenträgerrechnung?

Die Kostenträgerrechnung hat die Aufgabe zu ermitteln, *wofür die Kosten angefallen sind*, d. h. *für welche Kostenträger* (= Produkte oder Aufträge). Sie wird in zwei Bereiche unterteilt:

Kostenträgerrechnung	
↓	↓
Kostenträger- **zeitrechnung**	Kostenträger- **stückrechnung**

Die Kostenträgerrechnung übernimmt die Einzelkosten aus der Kosten*arten*rechnung und die Gemeinkosten aus der Kosten*stellen*rechnung. Außerdem werden die Leistungen erfasst, um dadurch den Erfolg der Unternehmensaktivität zu ermitteln.

Im nachfolgenden Text werden aus Vereinfachungsgründen folgende, gebräuchliche Abkürzungen verwendet (Darstellung im Schema der differenzierten Zuschlagskalkulation, Gesamtkostenverfahren):

Zeile		Kostenart	Abkür-zung	Berechnung (Z = Zeile)
1		Materialeinzelkosten	MEK	direkt
2	+	Materialgemeinkosten	MGK	Z 1 · MGK-Zuschlag
3	=	Materialkosten	MK	Z 1 + Z 2
4		Fertigungseinzelkosten	FEK	direkt
5	+	Fertigungsgemeinkosten	FGK	Z 4 · FGK-Zuschlag
6	+	Sondereinzelkosten der Fertigung	SEKF	direkt
7	=	Fertigungskosten	FK	$\sum$ Z 4 bis 6
8	=	Herstellkosten der Fertigung/Erzeugung	HKF	Z 3 + Z 7
9	–	Bestandsmehrung, fertige/unfertige Erzeugnisse	BV+	direkt
10	+	Bestandsminderung, fertige/unfertige Erzeugnisse	BV–	direkt
11	=	Herstellkosten des Umsatzes	HKU	$\sum$ Z 8 bis 10
12	+	Verwaltungsgemeinkosten	VwGK	Z 11 · VwGK-Zuschlag
13	+	Vertriebsgemeinkosten	VtGK	Z 11 · VtGK-Zuschlag
14	+	Sondereinzelkosten des Vertriebs	SEKV	direkt
15	=	Selbstkosten des Umsatzes	SKU	$\sum$ Z 11 bis 14

02. Welche Aufgabe erfüllt die Kostenträgerzeitrechnung?

Die *Kostenträgerzeitrechnung* (auch: kurzfristige Ergebnisrechnung) überwacht laufend die Wirtschaftlichkeit des Unternehmens:

Sie stellt die Kosten und Leistungen (Erlöse) *einer Abrechnungsperiode* (i. d. R. ein Monat) im *Kostenträgerblatt (BAB II)* gegenüber – insgesamt und getrennt nach Kostenträgern. Sie ist damit die Grundlage zur Berechnung der Herstellkosten, der Selbstkosten und des Umsatzergebnisses einer Abrechnungsperiode. Außerdem kann der Anteil der verschiedenen Erzeugnisgruppen an den Gesamtkosten und am Gesamtergebnis ermittelt werden. Die Kostenträgerzeitrechnung wird üblicherweise auf Basis der verrechneten Normalkosten erstellt und später mit den Istkosten verglichen.

Bei der Gegenüberstellung von Kosten und Erlösen tritt ein Problem auf: Die Erlöse beziehen sich auf die *verkaufte Menge*, während sich die Kosten auf die *hergestellte Menge* beziehen. Das heißt also, *das Mengengerüst von hergestellter und verkaufter Menge ist nicht gleich* (Stichwort: *Bestandsveränderungen*). Um dieses Problem zu lösen, gibt es zwei Verfahren zur Ermittlung des Betriebsergebnisses:

(1) Die Erlöse werden an das Mengengerüst der Kosten angepasst (*Gesamtkostenverfahren*).

(2) Die Kosten werden an das Mengengerüst der Erlöse angepasst (*Umsatzkostenverfahren*).

Kostenträgerzeitrechnung - Verfahren -			
Gesamtkostenverfahren HGB § 275 Abs. 2		**Umsatzkostenverfahren** HGB § 275 Abs. 3	
	Umsatzerlöse		Umsatzerlöse
+/–	Bestandsveränderungen zu Herstellkosten	–	Herstellkosten der zur Erzielung der Umsatzerlöse erbrachten Leistungen
–	Kosten (gesamte primäre Kosten)	–	Vertriebskosten und Verwaltungsgemeinkosten
=	Betriebsergebnis	=	Betriebsergebnis

Beispiel 1: Ermittlung des Betriebsergebnisses nach dem Gesamtkostenverfahren bei zwei Produkten. Zu berücksichtigen sind Bestandsminderungen von 10.000 €. Die Abrechnungsperiode hat bei Produkt 1 Nettoerlöse in Höhe von 310.000 € und bei Produkt 2 in Höhe von 140.000 € ergeben.

Bearbeitungsschritte:

1. Schema nach dem Gesamtkostenverfahren erstellen

2. Verteilung der Kostensummen je Kostenart auf die Produkte (Kostenträger)

3. Ermittlung des Umsatzergebnisses gesamt und je Produkt:
   Umsatzergebnis = Nettoerlöse - Selbstkosten des Umsatzes

4. Analyse des Ergebnisses

Verrechnete Normalkosten				
	Berechnungsschema	Kostenart	Produkt 1	Produkt 2
	MEK	50.000	30.000	20.000
+	MGK, 50 %	25.000	15.000	10.000
=	MK	75.000	45.000	30.000
	FEK	120.000	80.000	40.000
+	FGK, 120 %	144.000	96.000	48.000
=	FK	264.000	176.000	88.000
=	HKF	339.000	221.000	118.000
+	BV/Minderbestand	10.000	5.000	5.000
=	HKU	349.000	226.000	123.000
+	VwGK, 15 %	52.350	33.900	18.450
+	VtGK, 5 %	17.450	11.300	6.150
=	Selbstkosten des Umsatzes	418.800	271.200	147.600
	Umsatzerlöse, netto	450.000	310.000	140.000
	Umsatzergebnis	31.200	38.800	-7.600

Analyse:

1. Das Umsatzergebnis ist insgesamt positiv und beträgt 31.200 €.

2. Das Produkt 1 erwirtschaftet ein positives und das Produkt 2 ein negatives Umsatzergebnis.

3. Mögliche Maßnahmen, z.B.:
- Senkung der Fertigungskosten für Produkt 2, z.B. Lohnkosten, Materialkosten, Überprüfung der Umlage Verwaltung/Vertrieb, Rationalisierung der Abläufe, Veränderung des Fertigungsverfahrens.
- Reduzierung der Fertigungsmenge von Produkt 2 zu Gunsten von Produkt 1.

Beispiel 2: Ermittlung des Betriebsergebnisses nach dem Gesamtkostenverfahren bei zwei Produkten. Neben der Ausgangslage von Beispiel 1 ist eine Kostenüberdeckung lt. BAB von 15.000 € zu berücksichtigen.

Bearbeitungsschritte:

1. Schema nach dem Gesamtkostenverfahren erstellen und Kostensummen verteilen (vgl. S. 175).
2. Umsatzergebnis = Nettoerlöse – Selbstkosten des Umsatzes
3. Betriebsergebnis = Umsatzergebnis + Kostenüberdeckung

   Begründung: Kalkuliert wurde mit Normal-Zuschlagssätzen. Der BAB weist eine Kostenüberdeckung aus; das heißt, dass die Istkosten geringer sind als die Kalkulation auf Normalkostenbasis ausweist. Demzufolge müssen die Istkosten um den Betrag der Kostenüberdeckung reduziert bzw. das Umsatzergebnis um den Betrag erhöht werden. Analog ist eine Kostenunterdeckung zu subtrahieren.
4. Analyse des Ergebnisses

Verrechnete Normalkosten				
Berechnungsschema		Kostenart	Produkt 1	Produkt 2
	...	...	...	...
=	**Selbstkosten des Umsatzes**	**418.800**	**271.200**	**147.600**
	Umsatzerlöse, netto	450.000	310.000	140.000
	Umsatzergebnis	31.200	38.800	-7.600
+	Überdeckung lt. BAB	15.000		
	Betriebsergebnis	46.200		

03. Welche Aufgabe erfüllt die Kostenträgerstückrechnung?

Die *Kostenträgerstückrechnung* (Kalkulation) ermittelt die *Selbstkosten je Kostenträgereinheit.* Sie kann als Vor-, Zwischen- oder Nachkalkulation aufgestellt werden:

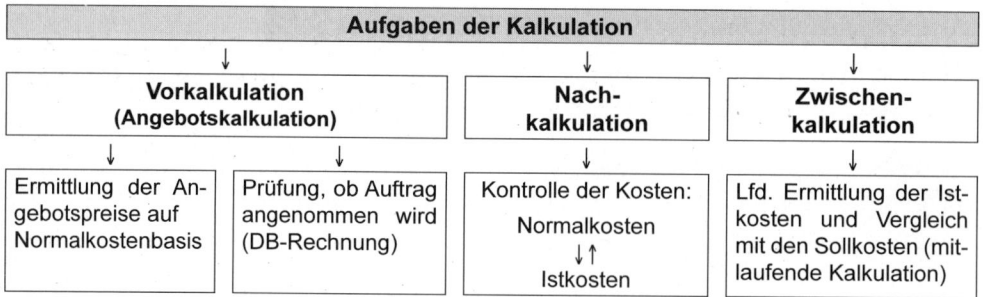

Aufgaben der Kalkulation		
Vorkalkulation **(Angebotskalkulation)**	**Nach-** **kalkulation**	**Zwischen-** **kalkulation**
Ermittlung der Angebotspreise auf Normalkostenbasis	Prüfung, ob Auftrag angenommen wird (DB-Rechnung)	Kontrolle der Kosten: Normalkosten ↓↑ Istkosten	Lfd. Ermittlung der Istkosten und Vergleich mit den Sollkosten (mitlaufende Kalkulation)

Beispiel 1: Vorkalkulation (Kalkulation des Angebotspreises)
Eine Sonderfertigung für einen Gewerbekunden ist zu kalkulieren mit 20 % Gewinnzuschlag,
2 % Skonto und 10 % Rabatt. Die Selbstkosten liegen bei 8.000,- €.

Berechnungsschritte:

1. Auf der Basis der Selbstkosten des Umsatzes sind 20 % Gewinn zu kalkulieren („vom 100").

2. Kundenskonto-Berechnung: Berechnungsbasis ist der Zielverkaufspreis; Achtung: „vom
   verminderten Wert"/Barverkaufspreis („auf 100"); Beispiel:

Gegeben:	98 %	=	Barverkaufspreis	=	9.600,–
	2 %	=	Skonto	=	x

Gesucht	x	=	9.600 · 2 : 98	=	195,92
Probe:	2 %	von 9.765,92		=	195,92

3. Kundenrabatt-Berechnung: „vom verminderten Wert"/Zielverkaufspreis; analog zu Kundenskonto:

   $$x \quad = \quad 9.795,92 \cdot 10 : 90 = 1.088,44$$

4. Mehrwertsteuer:
   - Bei gewerblichen Kunden können Nettopreise (ohne MwSt) angeboten werden.
   - Bei Endverbrauchern müssen Bruttopreise (inkl. MwSt) angeboten werden.

Vorkalkulation: Kalkulation des Angebotspreises		
	Selbstkosten des Umsatzes	8.000,00
+	Gewinn, 20 %	1.600,00
=	Barverkaufspreis	9.600,00
+	Kundenskonto, 2 %	195,92
=	Zielverkaufspreis	9.795,92
+	Kundenrabatt, 10 %	1.088,44
=	Nettoverkaufspreis	10.884,36

Beispiel 2: Nachkalkulation
Nach Durchführung des Auftrags (vgl. Beispiel 1) liegen aus der Kostenstellenrechnung die
tatsächlichen Kosten des Auftrags vor. Es soll ein Vergleich der Normalkosten aus der Vorkalkulation mit den Istkosten durchgeführt werden:

Berechnungsschritte:

1. Für die Nachkalkulation werden die tatsächlichen Werte des Auftrags der Kostenrechnung entnommen und den Normalkosten der Vorkalkulation gegenübergestellt.

2. Ist der Angebotspreis verbindlich, führt eine Kostenunterdeckung (Istkosten > Normalkosten) zu einer Gewinnschmälerung und umgekehrt.

Berechnungsschema		Vorkalkulation Normalkostenbasis	Nachkalkulation Istkostenbasis	Abweichung (+) Kostenüberdeckung (–) Kostenunterdeckung
	MEK	1.000,00	1.200,00	-200,00
+	MGK, 50 %	500,00	500,00	0,00
=	MK	1.500,00	1.700,00	-200,00
	FEK	2.000,00	2.200,00	-200,00
+	FGK, 120 %	2.400,00	2.500,00	-100,00
=	FK	4.400,00	4.700,00	-300,00
=	HKU	5.900,00	6.400,00	-500,00
+	VwGK, 15 %	885,00	880,00	5,00
+	VtGK, 10 %	590,00	600,00	-10,00
=	SEK d. Vertriebs	625,00	700,00	-75,00
=	SKU	8.000,00	8.580,00	-580,00
+	Gewinn, 20 %	1.600,00	11,89 % 1.020,00	-580,00
=	Barverkaufspreis	9.600,00	9.600,00	
+	Kundenskonto, 2 %	192,92		
=	Zielverkaufspreis	9.795,92		
+	Kundenrabatt, 10 %	1.088,44		
=	Nettoverkaufspreis	10.884,36		

Analyse:

Gegenüber der Vorkalkulation führt die Kostenunterdeckung bei fast allen Kostenarten zu einer Gewinnschmälerung: Die Gewinnspanne sinkt von 20 % (kalkuliert) auf tatsächlich 11,89 %. Die Gewinneinbuße beträgt 580,- €. Die Ursache(n) für die Kostenüberschreitungen ist/sind gründlich zu untersuchen. Lassen sich die Istkosten im vorliegenden Fall nicht verändern, müssen die Normal-Zuschlagssätze korrigiert werden. Erfolgt keine Korrektur, besteht die Gefahr, dass auch andere Angebotspreise „falsch" kalkuliert sind und ggf. zu einer Gewinneinbuße führen – in der Praxis eine gefährliche Entwicklung.

2.3.4.2 Kalkulationsverfahren

01. Welche Kalkulationsverfahren werden unterschieden?

Je nach Produktionsverfahren werden verschiedene Kalkulationsverfahren angewendet. Die Grundregel lautet:

> *Das Produktionsverfahren bestimmt das Kalkulationsverfahren.*

Der Rahmenplan nennt neben der Handels(waren)kalkulation folgende Verfahren:

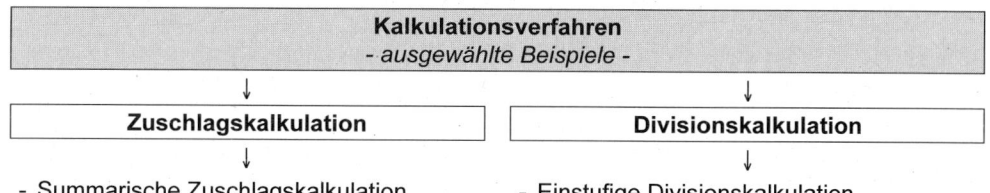

Kalkulationsverfahren
- ausgewählte Beispiele -

Zuschlagskalkulation	Divisionskalkulation
↓	↓
- Summarische Zuschlagskalkulation - Differenzierte Zuschlagskalkulation - Zuschlagskalkulation mit Maschinenstundensätzen	- Einstufige Divisionskalkulation - Mehrstufige Divisionskalkulation - Divisionskalkulation mit Äquivalenzziffern

02. Wie ist das Verfahren bei der einstufigen Divisionskalkulation?

Voraussetzungen:

- Massenfertigung; Einproduktunternehmen (z. B. Energieerzeuger: Stadtwerke, Wasserwerke)
- einstufige Fertigung
- keine Kostenstellen
- keine Aufteilung in Einzel- und Gemeinkosten
- produzierte Menge = abgesetzte Menge; $x_P = x_A$

Berechnung:

Die Stückkosten (k) ergeben sich aus der Division der Gesamtkosten (K) durch die in der Abrechnungsperiode produzierte und abgesetzte Menge (x).

$$\text{Stückkosten} = \frac{\text{Gesamtkosten}}{\text{Ausbringungsmenge}}$$

$$k = \frac{K}{x} \text{ €/Stk.}$$

Beispiel: Ein Einproduktunternehmen produziert und verkauft im Monat Januar 1.200 Stück bei 360.000 € Gesamtkosten. Die Stückkosten betragen:

$$k = \frac{K}{x} \text{ /Stk.} = \frac{360.000 \text{ €}}{1.200 \text{ Stück}} = 300 \text{ €/Stk.}$$

03. Wie ist das Verfahren bei der mehrstufigen Divisionskalkulation?

Voraussetzungen:

- Massenfertigung; Einproduktunternehmen
- zwei oder mehrstufige Fertigung
- produzierte Menge ≠ abgesetzte Menge; $x_P \neq x_A$
- Aufteilung der Gesamtkosten (K) in Herstellkosten (K_H) sowie Vertriebskosten ($K_{Vertr.}$) und Verwaltungskosten ($K_{Verw.}$)
- die Herstellkosten werden auf die produzierte Menge (x_P) bezogen, die Vertriebs- und Verwaltungskosten auf die abgesetzte Menge (x_A).

Berechnung: Bei einer zweistufigen Fertigung ergibt sich folgende Berechnung:

$$\text{Stückkosten} = \frac{\text{Herstellkosten}}{\text{produzierte Menge}} + \frac{\text{Vertriebs- und Verwaltungskosten}}{\text{abgesetzte Menge}}$$

$$\text{Stückkosten} = \frac{K_H}{x_P} + \frac{K_{Vertr.} + K_{Verw.}}{x_{AA}}$$

Beispiel 1: Ein Betrieb produziert im Monat Januar 1.200 Stück, von denen 1.000 verkauft werden. Die Herstellkosten betragen 240.000 €, die Vertriebs- und Verwaltungskosten 120.000 €. Die Stückkosten sind:

$$\text{Stückkosten} = \frac{240.000\ €}{1.200\ \text{Stück}} + \frac{120.000\ €}{1.000\ \text{Stück}} = 200\ €/\text{Stk.} + 120\ €/\text{Stk.}$$

$$= 320\ €/\text{Stk.}$$

Beispiel 2: Die Herstellkosten betrugen im Juni d. J. 400.000 €, die Vertriebs- und Verwaltungskosten 100.000 €. Die produzierte und abgesetzte Menge war 50.000 €. Im Oktober d. J. trat eine Absatzschwäche auf, sodass – unter sonst gleichen Bedingungen – 30 % der Fertigung auf Lager genommen werden musste. Zu ermitteln ist, um wie viel sich die Selbstkosten pro Einheit (E) verändert haben.

Im Juni d. J. gilt:

$$k = \frac{K}{x}\ €/E = 500.000\ € : 50.000\ E = 10,-\ €/E$$

Im Oktober d. J. gilt:

$$\text{Stückkosten} = \frac{K_H}{x_P} + \frac{K_{Vertr.} + K_{Verw.}}{x_A} = \frac{400.000}{50.000} + \frac{100.000}{35.000} = 10,86\ €/E$$

Die Produktion, die im Oktober d. J. zum Teil auf Lager genommen werden musste, erhöhte die Stückkosten um 8,6 % und verschlechterte die Liquidität.

Analog geht man bei einer *n-stufigen Fertigung* vor: Die Kosten je Fertigungsstufe werden auf die entsprechenden Stückzahlen bezogen:

$$\text{Stückkosten} = \frac{K_{H1}}{x_{P1}} + \frac{K_{H2.}}{x_{P2}} + ... + \frac{K_{Hn.}}{x_{Pn}} + \frac{K_{Vertr.} + K_{Verw.}}{x_A}$$

04. Wie ist das Verfahren bei der Divisionskalkulation mit Äquivalenzziffern?

Voraussetzungen:

- Sortenfertigung (gleichartige, aber nicht gleichwertige Produkte), z. B. Bier, Zigaretten, Ziegelei, Walzen von Blechen.

- Die Stückkosten der einzelnen Sorten stehen langfristig in einem konstanten Verhältnis; man geht aus von einer Einheitssorte (Bezugsbasis), die die Äquivalenzziffer 1 erhält; alle anderen Sorten erhalten Äquivalenzziffern im Verhältnis zur Einheitssorte;

sind z. B. die Stückkosten einer Sorte um 40 % höher als die der Einheitssorte, so erhält sie die Äquivalenzziffer 1,4 usw. Äquivalenzziffern werden durch Messungen, Beobachtungen, Beanspruchung der Kosten entsprechend den betrieblichen Bedingungen ermittelt.

- produzierte Menge = abgesetzte Menge; $x_P = x_A$

Beispiel: In einer Ziegelei werden drei Sorten hergestellt. Die Gesamtkosten betragen in der Abrechnungsperiode 104.400 €. Die produzierten Mengen sind: 30.000, 15.000, 20.000 Stück. Das Verhältnis der Kosten beträgt 1 : 1,4 : 1,8.

Sorte	Produzierte Menge [in Stk.]	Äquivalenz- ziffer	Rechen- einheiten	Stückkosten [in EUR/Stk.]	Gesamtkosten [in EUR]
	[1]	[2]	[3]	[4]	[5]
I	30.000	1,0	30.000	1,20	36.000
II	15.000	1,4	21.000	1,68	25.200
III	20.000	1,8	36.000	2,16	43.200
Σ			87.000		104.400

Rechenweg:

1. Ermittlung der Äquivalenzziffern bezogen auf die Einheitssorte.

2. Die Multiplikation der Menge je Sorte mit der Äquivalenzziffer ergibt die Recheneinheit je Sorte (= Umrechnung der Mengen auf die Einheitssorte).

3. Die Division der Gesamtkosten durch die Summe der Recheneinheiten (RE) ergibt die *Stückkosten der Einheitssorte*: 104.400 € : 87.000 RE = 1,20 €/Stk.

4. Die Multiplikation der Stückkosten der Einheitssorte mit der Äquivalenzziffer je Sorte ergibt die Stückkosten je Sorte: 1,20 · 1,4 = 1,68

5. Spalte [5] zeigt die anteiligen Gesamtkosten je Sorte (z. B.: 1,68 · 15.000 = 25.200). Die Summe muss den gesamten Produktionskosten entsprechen (rechnerische Probe der Verteilung).

05. Wie ist das Verfahren bei der summarischen Zuschlagskalkulation?

Voraussetzungen:

- Die summarische Zuschlagskalkulation ist ein sehr einfaches Verfahren, das bei Serien- oder Einzelfertigung angewendet wird.

- Die Gesamtkosten werden in Einzel- und Gemeinkosten getrennt. Dabei werden die Einzelkosten der Kostenartenrechnung entnommen und dem Kostenträger direkt zugeordnet.

- Die Gemeinkosten werden als eine Summe („summarisch"; en bloc) erfasst und den Einzelkosten in einem Zuschlagssatz zugerechnet.

- *Es gibt nur eine Basis zur Berechnung des Zuschlagssatzes: entweder das Fertigungsmaterial oder die Fertigungslöhne oder die Summe [Fertigungsmaterial + Fertigungslöhne].*

Beispiel: In dem nachfolgenden Fallbeispiel wird angenommen, dass Möbel in Einzelfertigung
hergestellt werden. Die verwendeten Einzel- und Gemeinkosten wurden in der zurückliegenden Abrechnungsperiode ermittelt und sollen als Grundlage zur Feststellung
des Gemeinkostenzuschlages dienen:

Fall A:

$$\text{Gemeinkostenzuschlag} = \frac{\text{Gemeinkosten} \cdot 100}{\text{Fertigungsmaterial}}$$

z. B.:

$$\text{Gemeinkostenzuschlag} = \frac{120.000 \, € \cdot 100}{340.000 \, €} = 35,29 \, \%$$

Fall B:

$$\text{Gemeinkostenzuschlag} = \frac{\text{Gemeinkosten} \cdot 100}{\text{Fertigungslöhne}}$$

z. B.:

$$\text{Gemeinkostenzuschlag} = \frac{120.000 \, € \cdot 100}{260.000 \, €} = 46,15 \, \%$$

Fall C:

$$\text{Gemeinkostenzuschlag} = \frac{\text{Gemeinkosten} \cdot 100}{\text{Fertigungsmaterial} + \text{Fertigungslöhne}}$$

z. B.:

$$\text{Gemeinkostenzuschlag} = \frac{120.000 \, € \cdot 100}{340.000 \, € + 260.000 \, €} = 20,0 \, \%$$

Es ergeben sich also unterschiedliche Zuschlagssätze – je nach Wahl der Bezugsbasis:

Fall	Zuschlagsbasis	Gemeinkostensatz
A	Fertigungsmaterial	35,29 %
B	Fertigungslöhne	46,15 %
C	Fertigungsmaterial + Fertigungslöhne	20,00 %

In der Praxis wird man die summarische Zuschlagskalkulation nur dann einsetzen,
wenn relativ wenig Gemeinkosten anfallen; im vorliegenden Fall darf das unterstellt
werden.

Als Basis für die Berechnung des Zuschlagssatzes wird man *die Einzelkosten* nehmen,
*bei denen der stärkste Zusammenhang zwischen Einzel- und Gemeinkosten gegeben
ist* (z. B. proportionaler Zusammenhang zwischen Fertigungsmaterial und Gemeinkosten).

Beispiel: Das Unternehmen hat einen Auftrag zur Anfertigung einer Schrankwand erhalten.
An Fertigungsmaterial werden 3.400 € und an Fertigungslöhnen 2.200 € anfallen.

Es sollen die Selbstkosten dieses Auftrages alternativ unter Verwendung der unterschiedlichen Zuschlagssätze (siehe oben) ermittelt werden (Kostenangaben in Euro).

Fall A:

	Fertigungsmaterial		3.400,00
+	Fertigungslöhne		2.200,00
=	Einzelkosten		5.600,00
+	Gemeinkosten	35,29 %	1.199,86
=	Selbstkosten des Auftrags		6.799,86

Fall B:

	Fertigungsmaterial		3.400,00
+	Fertigungslöhne		2.200,00
=	Einzelkosten		5.600,00
+	Gemeinkosten	46,15 %	1.015,30
=	Selbstkosten des Auftrags		6.615,30

Fall C:

	Fertigungsmaterial		3.400,00
+	Fertigungslöhne		2.200,00
=	Einzelkosten		5.600,00
+	Gemeinkosten	20,00 %	1.120,00
=	Selbstkosten des Auftrags		6.720,00

Ergebnisbewertung:
Man erkennt an diesem Beispiel, dass die Selbstkosten bei Verwendung alternativer Zuschlagssätze ungefähr im Intervall [6.600 ; 6.800] streuen – ein Ergebnis, das durchaus befriedigend ist. Die Ursache für die verhältnismäßig geringe Streuung ist in den relativ geringen Gemeinkosten zu sehen.

Bei höheren Gemeinkosten (im Verhältnis zu den Einzelkosten) wäre die beschriebene Streuung größer und könnte zu der Überlegung führen, dass eine summarische Zuschlagskalkulation betriebswirtschaftlich nicht mehr zu empfehlen wäre, sondern *ein Wechsel auf die differenzierte Zuschlagskalkulation vorgenommen werden muss.*

06. Wie ist das Verfahren bei der differenzierten Zuschlagskalkulation?

Die differenzierte Zuschlagskalkulation (auch: selektive Zuschlagskalkulation) liefert i. d. R. genauere Ergebnisse als die summarische Zuschlagskalkulation (vgl. Frage 05.). Voraussetzung dafür ist eine Kostenstellenrechnung. Die Gemeinkosten werden nach Bereichen getrennt erfasst und die Zuschlagssätze differenziert ermittelt:

Bereich	Gemeinkosten	Zuschlagsbasis
Materialbereich	Materialgemeinkosten	Materialeinzelkosten
Fertigungsbereich	Fertigungsgemeinkosten	Fertigungseinzelkosten
Verwaltungsbereich	Verwaltungsgemeinkosten	Herstellkosten des Umsatzes
Vertriebsbereich	Vertriebsgemeinkosten	Herstellkosten des Umsatzes

Demzufolge werden die differenzierten Zuschlagssätze folgendermaßen ermittelt:

$$\text{Materialgemeinkostenzuschlag} = \frac{\text{Materialgemeinkosten} \cdot 100}{\text{Materialeinzelkosten}}$$

$$\text{Fertigungsgemeinkostenzuschlag} = \frac{\text{Fertigungsgemeinkosten} \cdot 100}{\text{Fertigungseinzelkosten}}$$

$$\text{Verwaltungsgemeinkostenzuschlag} = \frac{\text{Verwaltungsgemeinkosten} \cdot 100}{\text{Herstellkosten des Umsatzes}}$$

$$\text{Vertriebsgemeinkostenzuschlag} = \frac{\text{Vertriebsgemeinkosten} \cdot 100}{\text{Herstellkosten des Umsatzes}}$$

Für die differenzierte Zuschlagskalkulation wird bei dem Gesamtkostenverfahren folgendes *Schema verwendet* (vgl. S. 173 f.):

Zeile		Kostenart	Abkür-zung	Berechnung (Z = Zeile)
1		Materialeinzelkosten	MEK	direkt
2	+	Materialgemeinkosten	MGK	Z 1 · MGK-Zuschlag
3	=	Materialkosten	MK	Z 1 + Z 2
4		Fertigungseinzelkosten	FEK	direkt
5	+	Fertigungsgemeinkosten	FGK	Z 4 · FGK-Zuschlag
6	+	Sondereinzelkosten der Fertigung	SEKF	direkt
7	=	Fertigungskosten	FK	$\sum$ Z 4 bis 6
8	=	Herstellkosten der Fertigung/Erzeugung	HKF	Z 3 + Z 7
9	–	Bestandsmehrung, fertige/unfertige Erzeugnisse	BV+	direkt
10	+	Bestandsminderung, fertige/unfertige Erzeugnisse	BV–	direkt
11	=	Herstellkosten des Umsatzes	HKU	$\sum$ Z 8 bis 10
12	+	Verwaltungsgemeinkosten	VwGK	Z 11 · VwGK-Zuschlag
13	+	Vertriebsgemeinkosten	VtGK	Z 11 · VtGK-Zuschlag
14	+	Sondereinzelkosten des Vertriebs	SEKV	direkt
15	=	Selbstkosten des Umsatzes	SKU	$\sum$ Z 11 bis 14

Hinweise zur Berechnung:

Zeile 6:   *Sondereinzelkosten der Fertigung* fallen nicht bei jedem Auftrag an, z. B. Einzelkosten für eine spezielle Konstruktionszeichnung.

Zeile 9 - 10: *Bestandsmehrungen* an fertigen/unfertigen Erzeugnissen haben zum Umsatz nicht beigetragen, sie sind zu subtrahieren (werden auf Lager genommen).
Bestandsminderungen an fertigen/unfertigen Erzeugnissen haben zum Umsatz beigetragen, sie sind zu addieren (werden vom Lager genommen und verkauft).

Zeile 14:   *Sondereinzelkosten des Vertriebs* (analog zu Zeile 6) fallen nicht generell an und werden dem Auftrag als Einzelkosten zugerechnet, z. B. Kosten für Spezialverpackung.

Beispiel: Wir kehren noch einmal zurück zu der Möbelfirma (vgl. Beispiel „summarische Zuschlagskalkulation, 05."): Das Unternehmen will den vorliegenden Auftrag über die Schrankwand nun mithilfe der differenzierten Zuschlagskalkulation berechnen.

Folgende Daten liegen aus der zurückliegenden Abrechnungsperiode vor:

Fertigungsmaterial	340.000 €
Fertigungslöhne	260.000 €

Aus dem BAB ergaben sich folgende Gemeinkosten:

Materialgemeinkosten	60.000 €
Fertigungsgemeinkosten	30.000 €
Verwaltungsgemeinkosten	10.000 €
Vertriebsgemeinkosten	20.000 €

Für den Auftrag werden 3.400 € Fertigungsmaterial und 2.200 € Fertigungslöhne anfallen. Bestandsveränderungen sowie Sondereinzelkosten liegen nicht vor. Zu kalkulieren sind die Selbstkosten des Auftrags.

1. Schritt: *Ermittlung der Zuschlagssätze für Material und Lohn*

$$\text{MGK-Zuschlag} = \frac{\text{MGK} \cdot 100}{\text{MEK}} = \frac{60.000 \cdot 100}{340.000} = 17,65 \%$$

$$\text{FGK-Zuschlag} = \frac{\text{FGK} \cdot 100}{\text{FEK}} = \frac{30.000 \cdot 100}{260.000} = 11,54 \%$$

2. Schritt: *Ermittlung der Herstellkosten des Umsatzes als Grundlage für die Berechnung des Verwaltungs- und des Vertriebsgemeinkostensatzes*

	Materialeinzelkosten	340.000,00
+	Materialgemeinkosten	60.000,00
+	Fertigungseinzelkosten	260.000,00
+	Fertigungsgemeinkosten	30.000,00
=	**Herstellkosten des Umsatzes**	**690.000,00**

$$\text{VwGK-Zuschlag} = \frac{\text{VwGK} \cdot 100}{\text{HKU}} = \frac{10.000 \cdot 100}{690.000} = 1,45 \%$$

$$\text{VtGK-Zuschlag} = \frac{\text{VtGK} \cdot 100}{\text{HKU}} = \frac{20.000 \cdot 100}{690.000} = 2,90 \%$$

3. Schritt: Kalkulation der Selbstkosten des Auftrages mithilfe des Schemas:

	Materialeinzelkosten		3.400,00
+	Materialgemeinkosten	17,65 %	600,10
=	**Materialkosten**		4.000,10
	Fertigungseinzelkosten		2.200,00
+	Fertigungsgemeinkosten	11,54 %	253,88
=	**Fertigungskosten**		2.453,88
	Herstellkosten der Fertigung		6.453,98
=	**Herstellkosten des Umsatzes**		6.453,98
+	Verwaltungsgemeinkosten	1,45 %	93,58
+	Vertriebsgemeinkosten	2,90 %	187,17
=	**Selbstkosten (des Auftrags)**		**6.734,73**

Bewertung des Ergebnisses:

Man kann an diesem Beispiel erkennen, dass die Selbstkosten auf Basis der differenzierten Zuschlagskalkulation nur wenig von denen auf Basis der summarischen Zuschlagskalkulation abweichen. Die Ursache ist darin zu sehen, dass wir im vorliegenden Fall einen Kleinbetrieb mit nur sehr geringen Gemeinkosten haben. Es lässt sich zeigen, dass bei hohen Gemeinkosten die differenzierte Zuschlagskalkulation eindeutig zu besseren Ergebnissen als die summarische Zuschlagskalkulation führt.

2.3.4.3 Maschinenstundensatzrechnung

01. Wie werden Maschinenstundensätze (im Rahmen der differenzierten Zuschlagskalkulation) berechnet?

Die Kalkulation mit Maschinenstundensätzen ist eine *Verfeinerung der differenzierten Zuschlagskalkulation:*

In dem oben dargestellten Schema der differenzierten Zuschlagskalkulation wurden in Zeile 2 die Fertigungsgemeinkosten als Zuschlag auf Basis der Fertigungseinzelkosten berechnet:

Bisher:	Fertigungseinzelkosten (z. B. Fertigungslöhne)
	+ Fertigungsgemeinkosten
	= Fertigungskosten

Bei dieser Berechnungsweise *wird übersehen, dass die Fertigungsgemeinkosten bei einem hohen Automatisierungsgrad nur noch wenig von den Fertigungslöhnen beeinflusst sind*, sondern vielmehr vom Maschineneinsatz verursacht werden. Von daher sind die Fertigungslöhne bei zunehmender Automatisierung nicht mehr als Zuschlagsgrundlage geeignet.

Man löst dieses Problem dadurch, indem die *Fertigungsgemeinkosten aufgeteilt werden* in maschinenabhängige und maschinenunabhängige Fertigungsgemeinkosten.

- Die *maschinenunabhängigen Fertigungsgemeinkosten* bezeichnet man als „Restgemeinkosten"; als Zuschlagsgrundlage werden die *Fertigungslöhne* genommen.

- Bei den *maschinenabhängigen Fertigungsgemeinkosten* werden als Zuschlagsgrundlage die Maschinenlaufstunden genommen. Es gilt:

$$\text{Maschinenstundensatz} = \frac{\text{maschinenabhängige Fertigungsgemeinkosten}}{\text{Maschinenlaufstunden}}$$

Das bisher verwendete Kalkulationsschema (vgl. Zeile 2) modifiziert sich. Es gilt:

```
Neu:      Fertigungslöhne
       +  Restgemeinkosten (in Prozent der Fertigungslöhne)
       +  Maschinenkosten (Laufzeit des Auftrages · Maschinenstundensatz)
       =  Fertigungskosten
```

Merke:

Beispiele für maschinenabhängige Fertigungsgemeinkosten:

- Kalkulatorische Abschreibung (AfA; Absetzung für Abnutzung),
- kalkulatorische Zinsen,
- Energiekosten,
- Raumkosten,
- Instandhaltung, Werkzeuge.

Beispiel: Zuschlagskalkulation mit Maschinenstundensatz
Auf einer NC-Maschine wird ein Werkstück bearbeitet. Die Bearbeitungsdauer beträgt 86 Minuten; der Materialverbrauch liegt bei 160,00 €. Der anteilige Fertigungslohn für die Bearbeitung beträgt 40,00 € (Einrichten, Nacharbeit). Es sind Materialgemeinkosten von 80 % und Restgemeinkosten von 60 % zu berücksichtigen. Zu kalkulieren sind die Herstellkosten der Fertigung.

1. Schritt: Berechnung des Maschinenstundensatzes

Zur Berechnung des Maschinenstundensatzes wird auf folgende Daten der vergangenen Abrechnungsperiode zurückgegriffen:

- Anschaffungskosten der NC-Maschine: 100.000 €
- Wiederbeschaffungskosten der NC-Maschine: 120.000 €
- Nutzungsdauer der NC-Maschine: 10 Jahre
- kalkulatorische Abschreibung: linear
- kalkulatorische Zinsen: 6 % vom halben Anschaffungswert
- Instandhaltungskosten: 2.000 € p. a.
- Raumkosten:
  · Raumbedarf: 20 qm
  · Verrechnungssatz je qm: 10 €/qm/Monat
- Energiekosten:
  · Energieentnahme der NC-Maschine: 11 kwh
  · Verbrauchskosten: 0,12 €/kwh
  · Jahresgrundgebühr: 220 €
- Werkzeugkosten: 6.000 € p. a., Festbetrag
- Laufzeit der NC-Maschine: 1.800 Std. p. a.

Berechnung:

1. $$\boxed{\text{Kalkulatorische Zinsen} \quad = \frac{\text{Anschaffungskosten}}{2} \cdot \frac{\text{Zinssatz}}{100}}$$

$$= \frac{100.000}{2} \cdot \frac{6}{100} = 3.000 \ €$$

2. $$\boxed{\text{Kalkulatorische Abschreibung} \ = \ \frac{\text{Wiederbeschaffungskosten}}{\text{Nutzungsdauer}}}$$

$$= \frac{120.000}{10} = 12.000 \ €$$

3. $$\boxed{\text{Raumkosten} \qquad = \text{Raumbedarf} \cdot \text{Verrechnungssatz/qm/Monat} \cdot 12 \text{ Monate}}$$

$$= 20 \text{ qm} \cdot 10 \ €/\text{qm/Mon.} \cdot 12 \text{ Mon.}$$
$$= 2.400 \ €$$

4. $$\boxed{\text{Energiekosten} \qquad = \text{Energieverbrauch/Std.} \cdot \text{EUR/kwh} \cdot \text{Laufleistung p. a.} + \text{Grundgebühr}}$$

$$= 11 \text{ kwh} \cdot 0,12 \ €/\text{kwh} \cdot 1.800 \text{ Std. p. a.} + 220 \ €$$
$$= 2.596 \ €$$

5. Instandhaltungskosten   = Festbetrag p. a. = 2.000 €

6. Werkzeugkosten   = Festbetrag p. a. = 6.000 €

Daraus ergibt sich folgender Maschinenstundensatz:

$$\boxed{\text{Maschinenstundensatz} = \frac{\text{maschinenabhängige Fertigungsgemeinkosten}}{\text{Maschinenlaufstunden}}}$$

$$= 27.996,- € \ : \ 1.800 \text{ Std.}$$
$$= 15,55 \ €/\text{Std.}$$

lfd. Nr.	maschinenabhängige Fertigungsgemeinkosten	EUR p. a.
1	kalk. Zinsen	3.000
2	kalk. Abschreibung	12.000
3	Raumkosten	2.400
4	Energiekosten	2.596
5	Instandhaltungskosten	2.000
6	Werkzeugkosten	6.000
	Σ	27.996
	Maschinenstundensatz	
	= 27.996 € : 1.800 Std. =	**15,55 EUR/Std.**

2. Schritt: Kalkulation der Herstellkosten der Fertigung

	Materialeinzelkosten		160,00
+	Materialgemeinkosten	80 %	128,00
=	**Materialkosten**		**288,00**
	Fertigungslöhne		40,00
+	Restgemeinkosten	60 %	24,00
=	Maschinenkosten	86 min. · 15,55 €/Std. : 60 min.	22,29
=	**Fertigungskosten**		**86,29**
	Herstellkosten der Fertigung		**374,29**

Im vorliegenden Fall gilt:

> Herstellkosten der Fertigung/Erzeugung = Herstellkosten des Umsatzes

02. Wie wird der Minutensatz bei der Kalkulation mit Maschinenstundensätzen ermittelt?

Der Maschinenstundensatz bezieht sich auf 60 Minuten. Der Minutensatz der Maschinenkosten ist:

$$\text{Minutensatz} = \frac{\text{Maschinenstundensatz €/Std.}}{60 \text{ min/Std.}}$$

z. B.:   = 15,55 : 60 = 0,2592 €/min

Für die auftragsbezogenen Maschinenkosten gilt:

$$\text{Maschinenkosten}_{\text{Auftrag}} = \text{Minutensatz} \cdot \text{Belegungszeit [in min]}$$

z. B.:   = 0,2592 €/min · 86 min
            = 22,29 €

2.3.4.4 Handelskalkulation

01. Welches Kalkulationsverfahren findet im Handel Anwendung?

Im Handel wird in erster Linie das *Zuschlagsverfahren* angewendet. Ausgangsbasis ist der Listeneinkaufspreis der Ware. Abzuziehen sind Rabatte und Skonti, hinzuzurechnen sind die Bezugskosten wie Verpackung, Fracht und Rollgelder.

- Die *Vorwärtskalkulation* (= progressive Kalkulation) geht vom Listeneinkaufspreis aus und ermittelt den Netto- bzw. Bruttoverkaufspreis.

- Die *Rückwärtskalkulation* (= retrograde Kalkulation) geht von einem gegebenen Verkaufspreis (= Marktpreis) aus und berechnet, zu welchem Listeneinkaufspreis die Ware beschafft werden muss.

- Die *Differenzkalkulation* geht von einem gegebenen Verkaufspreis (= Marktpreis) und einem gegebenen Listeneinkaufspreis aus und ermittelt, welcher Gewinn unter diesen Bedingungen noch zu realisieren ist.

Der Handelskalkulation liegt folgendes Schema zu Grunde:

		Vorwärts-kalkulation	Rückwärts-kalkulation	Differenz-kalkulation
Listeneinkaufspreis (netto)	LEP			
– Lieferer-Rabatt (in % vom LEP)				
= Zieleinkaufspreis	ZEP			
– Lieferer-Rabatt (in % vom ZEP)				
= Bareinkaufspreis	BEP			
+ Bezugskosten (netto)				
= Bezugspreis (= Einstandspreis)	BP			
+ Handlungskosten (in % vom BP)				
= Selbstkostenpreis	SKP			
+ Gewinn (in % vom SKP)				
= Barverkaufspreis	BVP			
+ Kundenskonto (in % vom ZVP)				
= Zielverkaufspreis	ZVP			
+ Kunden-Rabatt (in % vom NettoVP)				
= Nettoverkaufspreis	NettoVP			
+ Umsatzsteuer (in % vom NettoVP)				
= Bruttoverkaufspreis	BruttoVP			

02. Wie wird die Handelsspanne ermittelt?

Die Handelsspanne ist die Differenz zwischen Nettoverkaufspreis (= Netto-VP) und Bezugspreis (= BP) in Prozent vom Nettoverkaufspreis:

$$\text{Handelsspanne} = \frac{(\text{Nettoverkaufspreis} - \text{Bezugspreis}) \cdot 100}{\text{Nettoverkaufspreis}}$$

03. Wie werden der Kalkulationszuschlag bzw. der Kalkulationsfaktor berechnet?

- *Im Großhandel:* Der *Kalkulationszuschlag* (in %) ist die Differenz zwischen Nettoverkaufspreis (= Netto VP) und Bezugspreis (= BP) in Prozent vom Bezugspreis. Man bezieht sich auf den *Nettoverkaufspreis* wegen des getrennten Umsatzsteuerausweises.

$$\text{Kalkulationszuschlag} = \frac{(\text{Nettoverkaufspreis} - \text{Bezugspreis}) \cdot 100}{\text{Bezugspreis}}$$

Der Kalkulationsfaktor ist ein Kalkulationsaufschlag auf den Bezugspreis – bezogen auf 1 €; z. B. bei 25 % (Kalkulationszuschlag in %) ergibt sich ein Kalkulationsfaktor von 1,25.

$$\begin{aligned}\text{Kalkulationsfaktor} &= 1 + \frac{(\text{Nettoverkaufspreis} - \text{Bezugspreis}) \cdot 100}{\text{Bezugspreis}} \\ &= 1 + \text{Kalkulationszuschlag}\end{aligned}$$

- *Im Einzelhandel: Hier ist der Verkaufspreis immer einschließlich der Umsatzsteuer anzugeben; als Berechnungsgröße ist daher der Bruttoverkaufspreis heranzuziehen:*

$$\text{Kalkulationszuschlag} = \frac{(\text{Bruttoverkaufspreis} - \text{Bezugspreis}) \cdot 100}{\text{Bezugspreis}}$$

$$\begin{aligned}\text{Kalkulationsfaktor} &= 1 + \frac{(\text{Bruttoverkaufspreis} - \text{Bezugspreis}) \cdot 100}{\text{Bezugspreis}} \\ &= 1 + \text{Kalkulationszuschlag}\end{aligned}$$

- *Im Großhandel* besteht zwischen der Handelsspanne, dem Kalkulationszuschlag und dem Kalkulationsfaktor folgender Zusammenhang:

$$\text{Handelsspanne} = \frac{\text{Kalkulationszuschlag}}{\text{Kalkulationsfaktor}}$$

04. Wie wird nach dem Verfahren der Divisionskalkulation im Handel gearbeitet?

Bei der Anwendung der Divisionskalkulation werden zunächst die Wareneinstands-kosten, d.h. die Einkaufspreise zuzüglich der Verpackungskosten, Transportkosten und Finanzkosten sowie abzüglich der Rabatte und Skonti von den Handlungskosten getrennt. Die Wareneinstandskosten werden den Artikeln direkt zugeordnet. Die Hand-lungskosten werden in Beziehung zu den Wareneinstandskosten gesetzt und führen zu einer Kalkulationsquote (Handlungskostenaufschlag):

Die Verkaufspreise werden auf der Basis der ermittelten einheitlichen Kalkulationsquote berechnet:

Wareneinstandskosten pro Artikel
+ Handlungskostenaufschlag
= Selbstkosten
+ Gewinnaufschlag
= Verkaufspreis

05. Welche Nachteile hat die Divisionskalkulation im Handel?

Die Verteilung der Handlungskosten mithilfe eines einheitlichen Satzes wird der unter-schiedlichen Warenstruktur nicht gerecht und unterschiedliche Kosten können den ver-ursachenden Artikeln nicht angelastet werden. Die Nachteile der Divisionskalkulation lassen sich durch Äquivalenzziffern vermindern.

2.3.5 Vergleich von Vollkosten- und Teilkostenrechnung

01. Was bezeichnet man als Deckungsbeitrag?

- Der *Deckungsbeitrag* (DB) gibt an, welchen Beitrag ein Kostenträger bzw. eine Men-geneinheit *zur Deckung der fixen Kosten beiträgt.*

- *Mathematisch* erhält man den Deckungsbeitrag (DB), wenn man *von den Erlösen eines Kostenträgers dessen variable Kosten subtrahiert:*

Deckungsbeitrag (DB)	= Erlöse – variable Kosten	Dabei ist:	
	$= U - K_v$	U	Erlöse
	$= x \cdot p - K_v$	x	Menge
	$= x \cdot p - x \cdot k_v$	p	Preis
	$= x\,(\,p - k_v)$	K_v	variable Kosten
		k_v	variable Stückkosten

- *Grafisch* lässt sich der DB folgendermaßen veranschaulichen:

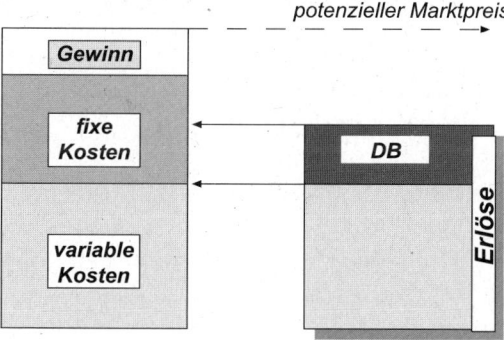

02. Welche Aufgabe erfüllt die Deckungsbeitragsrechnung (DBR) als Instrument der Teilkostenrechnung?

Die unter 2.3.4.2 dargestellten Kalkulationsverfahren gehen von dem *Vollkostenprinzip* aus, d. h. fixe <u>und</u> variable Kosten werden bei der Kalkulation (z. B. Ermittlung des Angebotspreises im Rahmen der Vorkalkulation) insgesamt berücksichtigt.

Die Deckungsbeitragsrechnung (DBR) ist eine *Teilkostenrechnung* und geht von der Überlegung aus, dass es *kurzfristig* und vorübergehend von Vorteil sein kann, *nicht alle Kosten* bei der Preisberechnung zu berücksichtigen.

Die Kosten werden unterteilt in fixe und variable Kosten (Voraussetzung der DBR). Die fixen Kosten entstehen, gleichgültig, ob der Betrieb produziert oder ruht. Das Unternehmen kann also kurzfristig die Entscheidung treffen, einen Einzelauftrag unter dem Marktpreis anzunehmen, wenn der Auftrag einen positiven DB liefert, d. h. die variablen Kosten dieses Auftrags abgedeckt werden und zusätzlich ein Beitrag zur „Deckung der fixen Kosten entsteht".

- *Langfristig* gilt jedoch:
  Nur die Vollkostenrechnung kann als dauerhafte Grundlage der Kostenkontrolle und der Kalkulation der Preise genommen werden.

- Die DBR kann als *Stückrechnung* (Kostenträgerstückrechnung) erfolgen.

Kalkulation einer Mengeneinheit		
Verkaufspreis pro Stück	p	
− variable Stückkosten	k_v	
= **DB pro Stück**	**db**	$= p - k_v$
− fixe Kosten pro Stück	k_f	
= Ergebnis pro Stück	$BE_{Stk.}$	

Dabei gilt *im Break-even-Punkt:*

$$x = \frac{K_f}{DB_{Stk.}} = \frac{K_f}{db}$$

oder

• sie kann als *Periodenrechnung* (Kostenträgerzeitrechnung) durchgeführt werden (Beispiel: 2-Produkt-Unternehmen):

Produkt 1	
Erlöse	$x \cdot p$
− variable Kosten	K_v
= Deckungsbeitrag 1	DB 1

Produkt 2	
Erlöse	$x \cdot p$
− variable Kosten	K_v
= Deckungsbeitrag 2	DB 2

Gesamtdeckungsbeitrag = DB 1 + DB 2	GDB
− fixe Kosten des Unternehmens	K_f
= Betriebsergebnis	BE

03. Wie wird die Grenzstückzahl berechnet?

Beispiel: Vergleich von zwei Produktionsverfahren und Berechnung der Grenzstückzahl

Fragestellung: Welches Produktionsverfahren ist bei gegebener Losgröße kostengünstiger bzw. bei welcher Menge (Grenzstückzahl) sind beide Verfahren kostengleich?

		Verfahren 1	Verfahren 2
Rüsten:	Vorgabezeit	0,5 Std.	6,5 Std.
	Std.satz	20,– EUR	42,– EUR
Fertigen:	Vorgabezeit	2,2 Min./Stk.	0,8 Min./Stk.
	Std.satz	24,– EUR	48,– EUR

1. Schritt: Errechnen der variablen Stückkosten:

Verfahren 1: 60 Min. entsprechen 24,– EUR
2,2 Min. entsprechen x_1

$x_1 = 24 \cdot 2,2 : 60 = 0,88$ EUR

Verfahren 2: analog
$x_2 = 0,64$ EUR

2. Schritt: Die Kosten für beide Verfahren werden gleichgesetzt; mit x wird die Stückzahl bezeichnet:

$$0,5 \cdot 20 + x \cdot 0,88 = 6,5 \cdot 42 + x \cdot 0,64$$

$$x = \text{rd. } 1.096 \text{ Stück}$$

In Worten:
Bei rd. 1.096 Stück (= Grenzstückzahl) sind die Kosten beider Verfahren gleich. Oberhalb der Grenzstückzahl ist Verfahren 2 *wirtschaftlicher, also das Verfahren mit den geringeren variablen Stückkosten.*

Allgemein gilt:

a) Rechnerisch:

$$\text{Grenzstückzahl} = \frac{\text{Fixkosten}_1 - \text{Fixkosten}_2}{\text{var. Stückkosten}_2 - \text{var. Stückkosten}_1}$$

$$x = \frac{K_{f1} - K_{f2}}{k_2 - k_1}$$

b) Grafisch:

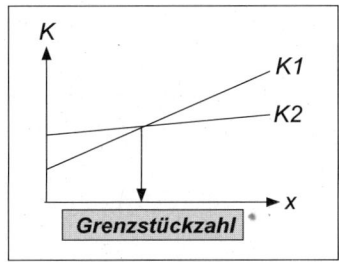

04. Wie wird der Kostenvergleich bei alternativen Produktionsverfahren durch-geführt?

Ist die genutzte Kapazität (nicht die technische Kapazität) von zwei Anlagen gleich groß, wird ein Vergleich der Kosten pro Abrechnungsperiode oder pro Stück durchge-führt; es werden *alle relevanten Kosten,* die nicht identisch sind, *gegenübergestellt.*

Werden die Anlagen in unterschiedlicher Höhe genutzt, müssen die *Stückkosten* mit-einander *verglichen werden.*

Beispiel (verkürzt dargestellt):

	Einheiten	**Verfahren 1**	**Verfahren 1**
Anschaffungskosten	EUR	184.721,00	786.275,00
Nutzungsdauer	Jahre	10,00	10,00
Kapazität	Stk./Jahr	9.600,00	12.000,00

Fixe Kosten:

- Abschreibung	EUR/Jahr	18.472,10	78.627,50
- Zinsen	EUR/Jahr	5.541,63	23.588,25
usw.		...	...
Fixe Kosten, gesamt	EUR/Jahr	**24.013,73**	**102.653,75**

Variable Kosten:

- Löhne	EUR/Jahr	168.000,00	96.000,00
- Material	EUR/Jahr	...	
usw.		...	
Variable Kosten, gesamt	EUR/Jahr	**172.416,00**	**106.800,00**

Gesamtkosten	EUR/Jahr	196.429,73	209.453,75
Differenz der Gesamtkosten	EUR/Jahr	-13.024,02	
Stückkosten	EUR	20,46	17,45
Differenz der Stückkosten	**EUR**	**3,01**	

Ergebnis: Verfahren 2 ist kostengünstiger.

05. Was versteht man unter dem Beschäftigungsgrad?

- Der *Beschäftigungsgrad* (= Kapazitätsausnutzungsgrad)
  ist das Verhältnis von tatsächlicher Nutzung der Kapazität zur verfügbaren Kapazität:

$$\text{Beschäftigungsgrad} = \frac{\text{genutzte Kapazität} \cdot 100}{\text{verfügbare Kapazität}}$$

oder

$$\text{Beschäftigungsgrad} = \frac{\text{Istleistung} \cdot 100}{\text{Kapazität}}$$

- Als *Kapazität*
  bezeichnet man (vereinfacht) das Leistungsvermögen eines Unternehmens.

06. Wie lässt sich der Zusammenhang von Erlösen, Kosten und alternativen Beschäftigungsgraden darstellen (Break-even-Analyse)?

- Der *Break-even-Punkt* (= Gewinnschwelle)
  ist die Beschäftigung, bei der das Betriebsergebnis gleich Null ist. Die Erlöse sind gleich den Kosten (Hinweis: Die Break-even-Analyse erstreckt sich nur auf eine Produktart).

- *Rechnerisch gilt im Break-even-Punkt:*

  Betriebsergebnis = 0 = BE

Erlöse = Kosten

  $U = K$

  $U = \text{Menge} \cdot \text{Preis}$ $\qquad = x \cdot p$

  $K = \text{fixe Kosten} + \text{variable Kosten} = K_f + K_v$

  $K_v = \text{Stückzahl} \cdot \text{variable Kosten/Stk.} = x \cdot k_v$

  Daraus ergibt sich für die kritische Menge (= die Beschäftigung, bei der das Betriebsergebnis B gleich Null ist):

  $$
  \begin{aligned}
  BE &= U - K \\
  &= x \cdot p - (K_f + K_v) \\
  &= x \cdot p - K_f - K_v \\
  &= x \cdot p - K_f - x \cdot k_v \\
  &= x\,(p - k_v) - K_f
  \end{aligned}
  $$

  Da im Break-even-Punkt BE = 0 ist, gilt weiterhin:

  $$K_f = x\,(p - k_v)$$

  $$\boxed{x = \frac{K_f}{p - k_v}}$$

  Da die Differenz aus Preis und variablen Stückkosten der Deckungsbeitrag pro Stück ist (db) gilt:

  $$\boxed{x = \frac{K_f}{DB_{Stk}} = \frac{K_f}{db}}$$

  In Worten:

  Im Break-even-Punkt ist die Beschäftigung (kritische Menge) gleich dem Quotienten aus fixen Gesamtkosten K_f und dem Deckungsbeitrag pro Stück db.

Beispiele:

Fall 1: Ein Unternehmen verkauft in einer Abrechnungsperiode 50.000 Stück zu einem Preis von 40,00 € pro Stück bei fixen Gesamtkosten von 400.000 € und variablen Stückkosten von 30,00 €.

Fall 2: In der nächsten Abrechnungsperiode muss das Unternehmen einen Beschäftigungsrückgang von 30 % hinnehmen und verkauft nur noch 35.000 Stück bei sonst unveränderter Situation.

Zu ermitteln ist jeweils das Betriebsergebnis im Fall 1 und 2. Bei welcher Beschäftigung ist das Betriebsergebnis (B) gleich Null?

Fall 1: B = $x (p - k_v) - K_f$
                = $50.000 (40 - 30) - 400.000$
                = 100.000 EUR

Fall 2: B = $x (p - k_v) - K_f$
                = $35.000 (40 - 30) - 400.000$
                = -50.000 EUR

Kommentar:
Im vorliegenden Fall führt ein Beschäftigungsrückgang um 30 % zu einem Rückgang des Betriebsergebnisses in Höhe von 150 % und damit zu einem Verlust von 50.000 €.

Kritische Menge (Gewinnschwelle):

$$x = \frac{K_f}{p - k_v} = \frac{400.000}{40 - 30} = 40.000 \text{ Stück}$$

Kommentar:
Das Unternehmen erreicht den Break-even-Punkt bei einer Beschäftigung von 40.000 Stück. Oberhalb dieser Ausbringungsmenge ist das Betriebsergebnis positiv (Gewinnzone), unterhalb ist es negativ (Verlustzone).

- *Grafisch gilt im Break-even-Punkt* (bei linearen Kurvenverläufen)*:*

  - Das Lot vom Schnittpunkt der Erlösgeraden mit der Gesamtkostengeraden auf die x-Achse zeigt die kritische Menge (= Beschäftigung im Break-even-Punkt), bei der das Betriebsergebnis gleich Null ist (BE = 0 bzw. U = K), in diesem Fall bei x = 40.000 Stück.

  - Oberhalb dieses Beschäftigungsgrades wird die Gewinnzone erreicht; unterhalb liegt die Verlustzone.

  - Die fixen Gesamtkosten verlaufen für alle Beschäftigungsgrade parallel zur x-Achse (= konstanten Verlauf); hier bei K_f = 400.000 €.

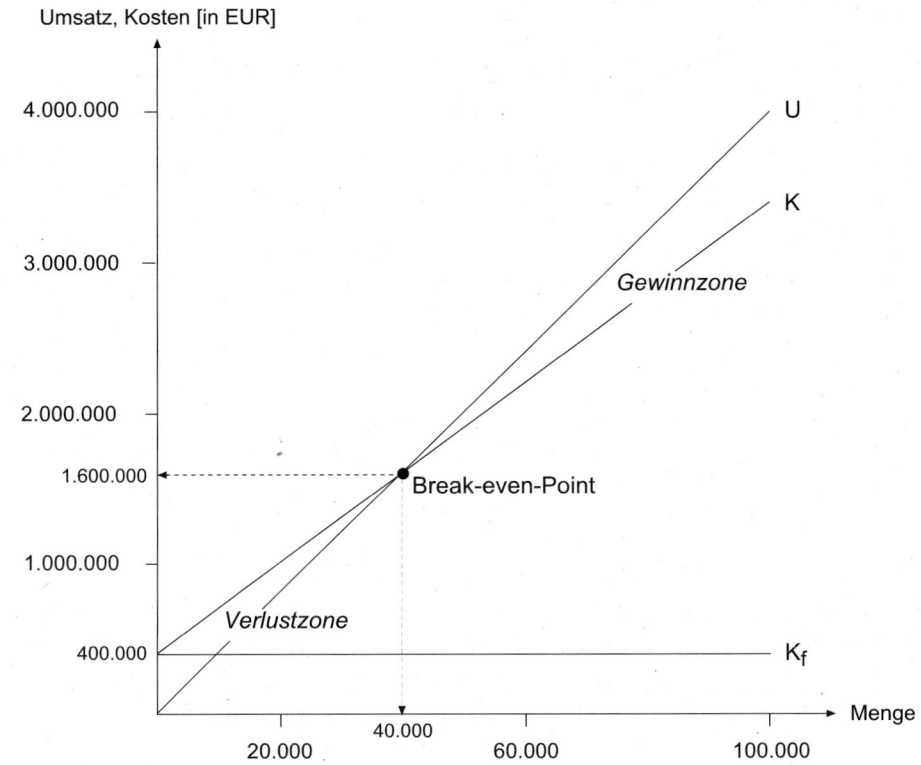

- *Fazit* zur Break-even-Analyse:

   Die Gewinnschwellen-Analyse ist ein Instrument, mit dem leicht festgestellt werden kann, welche Absatzmenge ein Unternehmen pro Periode mindestens erzielen muss (= kritische Menge), um ein negatives Betriebsergebnis zu vermeiden.

2.4 Auswertung der betriebswirtschaftlichen Zahlen

2.4.1 Aufbereitung und Auswertung der Zahlen

01. Welche Aufgaben erfüllt die Jahresabschlussanalyse?

Die Jahresabschlussanalyse hat folgende Aufgaben (auch: Funktionen):

- *Information* über die Entwicklung und Lage des Unternehmens durch eine bedarfsgerechte Aufbereitung des Zahlenmaterials. Die Adressaten sind: Tatsächliche und potenzielle Anteilseigner, Arbeitnehmer und deren Vertreterorganisationen (Gewerkschaften, Betriebsräte), Kunden und Lieferanten, Kreditinstitute, Unternehmensleitung.

- Die Jahresabschlussanalyse liefert Kennzahlen zur *Kontrolle und Steuerung* des Unternehmens, z. B. Grad der Zielerreichung bezüglich Erfolg und Liquidität. Hier sind besonders die Unternehmensleitung bzw. der Unternehmensinhaber und das jeweilige Kontrollorgan (z. B. Aufsichtsrat) angesprochen. Analog gilt dies für Wirtschaftsprüfer, Unternehmens- und Steuerberater.

02. Welche Arten der Analyse von Jahresabschlüssen lassen sich unterscheiden?

Beispiele (ohne Anspruch auf Vollständigkeit):

Die **statische Analyse**	untersucht den Jahresabschluss zu einem bestimmten *Zeitpunkt* t_0.	
Die **dynamische Analyse**	untersucht den Jahresabschluss im *Zeitablauf* von t_0 bis t_n.	
Die **Vergleichsanalyse**	kann statisch oder dynamisch ausgerichtet sein.	*Beispiele:* - Zeitvergleich - innerbetrieblicher Vergleich - zwischenbetrieblicher Vergleich - Branchenvergleich - Segmentvergleich - Soll-Ist-Vergleich

Die statische Analyse einers Jahresabschlusses hat nur begrenzten Aussagewert. Eine verbesserte Bewertung und Entscheidungsgrundlage gewinnt man, indem *Vergleichsanalysen* erstellt werden:

Vergleichsanalysen	
Zeitvergleich	Vergleich der Kennzahlen des Unternehmens mit denen der Vorperiode(n)
Segmentvergleich	Von Interesse kann auch die Darstellung und Analyse von Segmenten im Zeitablauf sein (z. B. Entwicklung der Sparten 1 bis n im Intervall t_0 bis t_n)
Branchenvergleich (Benchmarking)	Vergleich der Kennzahlen des Unternehmens mit den Durchschnittswerten der Branche bzw. mit dem Zahlengerüst des „Branchenprimus" (Benchmarking)
Soll-Ist-Vergleich	Vergleich der Ist-Werte mit vorgegebenen Soll-Werten, die z. B. aus der Erfahrung, aus der Zielgröße oder aus alternativen Anlagemöglichkeiten abgeleitet werden.

03. Welche Kennzahlen können Gegenstand der Betrachtung sein?

Kennzahlen zur ...		
↓	↓	↓
Vermögenslage	**Finanzlage**	**Ertragslage**

- Anlageintensität
- Vorratsintensität
- Arbeitsintensität
- Umlaufintensität
- Forderungsintensität
- Umschlagshäufigkeit
  · Gesamtvermögen
  · Sachanlagevermögen
  · Vorratsvermögen
  · Forderungen
- Investitionsquote
- Investitionsdeckung
- Abschreibungsquote
- Anlagennutzungsgrad
	- Eigenkapital
	  · Entwicklung
	  · Quote
	- Verschuldungskoeffizient
	- Anlagendeckungsgrad und
	  -finanzierungsgrad
	- Liquiditätsrelationen
	- Selbstfinanzierungsgrad
	- Netto Working Capital
		- Betriebserfolg nach betriebs-
		  wirtschaftlichen Grundsätzen
		- Cash-Flow
		- Aufwandsstruktur
		- Produktivität
		- **Rentabilität**[1]
		  · **Eigenkapitalrentabilität**
		  · **Gesamtkapitalrentabilität**
		  · **Umsatzrentabilität**
		- Return on Investment
		- Return on Capital Employed

[1] vgl. Rahmenplan-Ziffer 2.4.2

2.4.2 Rentabilitätsrechnungen

01. Welcher grundsätzliche Unterschied besteht zwischen den Kennzahlen „Produktivität, Wirtschaftlichkeit und Rentabilität"?

Hinweis: Die Darstellung der Unterschiede zwischen diesen Kennzahlen erscheint den Autoren notwendig, weil die Abgrenzung und Anwendung in der Praxis nicht immer „sauber" ist.

A.	**Produktivität**	Mengengröße : Mengengröße
		Die Produktivität ist eine *Mengenkennziffer*. Sie zeigt die *mengenmäßige Ergiebigkeit eines Faktoreinsatzes* (z. B. Anzahl der Maschinenstunden, Anzahl der Mitarbeiterstunden, Menge des verbrauchten Rohstoffes) zur erzeugten Menge (in Stückzahlen, in Einheiten u. Ä.). Als Einzelwert hat die Produktivität keine Aussagekraft; dies wird erst im Vergleich mit innerbetrieblichen Ergebnissen (z. B. der Vorperiode) oder im zwischenbetrieblichen Vergleich erreicht.
		Wichtige *Teilproduktivitäten* sind:
A.1	**Arbeits- produktivität**	= Erzeugte Menge [Stk., E] : Arbeitsstunden
A.2	**Material- produktivität**	= Erzeugte Menge [Stk., E] : Materialeinsatz [t, kg, u. Ä.]
A.3	**Maschinen- produktivität**	= Erzeugte Menge [Stk., E] : Maschinenstunden
B.	**Wirtschaft- lichkeit**	= Leistungen : Kosten oder = Ertrag : Aufwand
		Die Wirtschaftlichkeit ist eine *Wertkennziffer*. Sie misst die Einhaltung des ökonomischen Prinzips und ist der Quotient aus Leistungen und Kosten oder Ertrag und Aufwand.

C.	**Rentabilität**	Periodenerfolg : *gewählte Größe X* · 100
		Die Rentabilität (auch: Rendite) ist eine *Wertkennziffer* und misst die *Ergiebigkeit des Kapitaleinsatzes* (oder des Umsatzes) zum Periodenerfolg. Als Größen für den Periodenerfolg werden verwendet: Gewinn, Return (Gewinn + Fremdkapitalzinsen), Cashflow.
		Es werden vor allem folgende Rentabilitätszahlen betrachtet:
C.1	**Eigenkapital-rentabilität**	= Gewinn : Eigenkapital · 100
		Zeigt die Beziehung von Gewinn (= Jahresüberschuss) zu Eigenkapital (= Grundkapital + offene Rücklagen).
C.2	**Gesamtkapital-rentabilität**	= (Gewinn + Fremdkapitalzinsen) : Gesamtkapital · 100
		Zeigt die Beziehung von Gewinn und Fremdkapitalzinsen zu Gesamtkapital; die Verzinsung des Gesamtkapitals zeigt die Leistungsfähigkeit des Unternehmens (vgl. Leverage-Effekt). Aus dieser Größe lässt sich durch Erweiterung des Quotienten mit dem Faktor Umsatz der Return on Investment (ROI) ableiten:
C.3	**Umsatz-rentabilität**	= Gewinn : Umsatzerlöse · 100
		Zeigt die relative Erfolgssituation des Unternehmens: Niedrige Umsatzrenditen bedeuten i. d. R. eine ungünstige wirtschaftliche Entwicklung (siehe: Branchenvergleich und Zeitvergleich über mehrere Jahre).
C.4	**ROI** **Return on Investment**	$$\frac{\text{Return} \cdot 100}{\text{Umsatz}} \cdot \frac{\text{Umsatz}}{\text{Investiertes Kapital}} \quad \text{[Return = Gewinn + FK-Zinsen]}$$ = Umsatzrendite · Kapitalumschlag
		Rein rechnerisch ist der ROI (Return on Investment) bei dieser Definition identisch mit der Gesamtkapitalrentabilität. Die Aufspaltung in zwei Kennzahlen erlaubt eine verbesserte Analyse der Ursachen für Verbesserungen/Verschlechterungen der Gesamtkapitalrendite (vgl. Kennzahlensystem nach Du Pont).

02. Welches Schema hat das Kennzahlensystem nach Du Pont?

Die Gesamtkapitalrentabilität ist definiert als:

Gesamtkapitalrentabilität	= (Gewinn + Fremdkapitalzinsen) : Gesamtkapital · 100 = Return* : Gesamtkapital · 100 = R : K · 100 *Return (R) = Gewinn + FK-Zinsen

Durch die Erweiterung des Quotienten [R · 100 : K] mit der Größe Umsatz (U) entsteht eine differenzierte Berechnungsgröße, die sich aus den Faktoren [Umsatzrendite] und [Kapitalumschlag] zusammensetzt:

$$\text{ROI} \;=\; \frac{R \cdot 100 \cdot U}{K \cdot U} \qquad \Rightarrow \qquad \text{ROI} \;=\; \frac{R \cdot 100}{U} \cdot \frac{U}{K}$$

Return on Investment (ROI)	(Return : Umsatz · 100) · (Umsatz : Kapitaleinsatz)
	Umsatzrendite · Kapitalumschlag · 100

Das Kennzahlensystem ROI ist vom amerikanischen Chemieunternehmen Du Pont entwickelt worden. Es ermöglicht – im Gegensatz zur Kennzahl Gesamtkapitalrentabilität – die Aussage, ob Veränderungen in der Verzinsung des eingesetzten Kapitals auf einer Veränderung der Umsatzrendite oder des Kapitalumschlags beruhen.

Der ROI lässt sich auf folgendes Schema erweitern (Kennzahlensystem nach Du Pont):

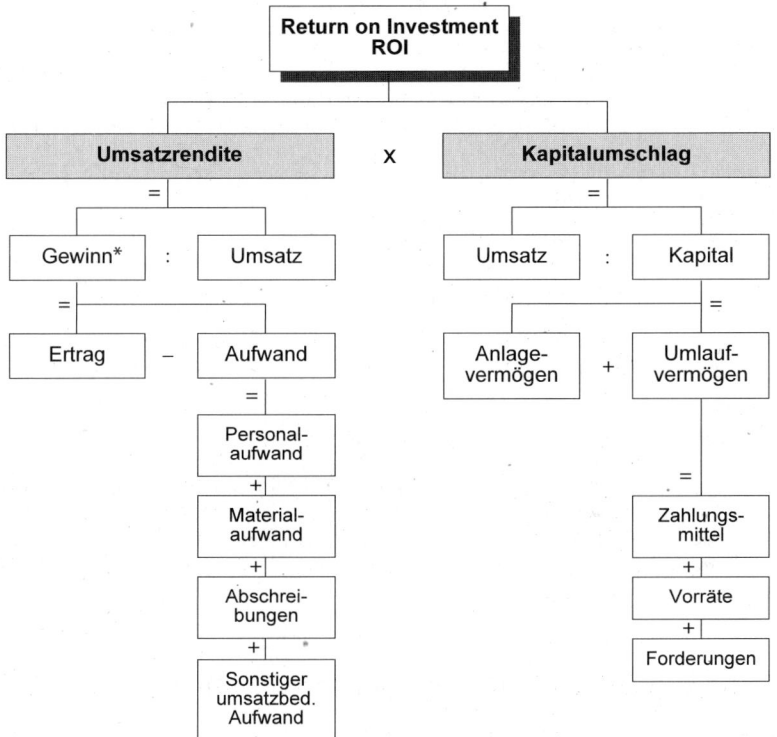

* Als Ergebnisgröße ist der operating profit (= Gewinn vor Steuern + Fremdkapitalzinsen) heranzuziehen.

Aus dem Kennzahlensystem von Du Pont lassen sich Maßnahmen zur Verbesserung des ROI ableiten; die nachfolgenden Beispiele gelten unter der Voraussetzung, dass alle anderen Größen jeweils unverändert bleiben:

Der ROI steigt, wenn
- die Umsatzrendite steigt,   - die Forderungsbestände sinken,
- der Kapitalumschlag steigt,   - der Gewinn steigt,
- der Umsatz steigt,   - der Aufwand sinkt.
- der Kapitaleinsatz sich verringert,

2.5 Planungsrechnung

01. Was ist Gegenstand der Planungsrechnung?

Die Planungsrechnung ist eine *Vorschaurechnung*. Aus den Zahlen der Buchhaltung, der Kosten- und Leistungsrechnung und der Statistik wird eine mengen- und wertmäßige Schätzung betrieblicher Entwicklungen abgeleitet. Diese Eckdaten bilden die *Sollwerte für die Zielplanung*. Aus dem Vergleich der Sollzahlen mit den Istzahlen lassen sich Abweichungen und deren Ursachen erkennen (Soll-Ist-Vergleich und Abweichungsanalyse). *Die Planungsrechnung ist daher ein effektives Steuerungs- und Kontrollinstrument.*

02. Auf welche Unternehmensbereiche kann sich die Planungsrechnung beziehen?

Die Planungsrechnung kann sich auf alle Unternehmensbereiche beziehen, z. B.:

- Beschaffungsplanung,
- Planung der Leistungserstellung,
- Absatzplanung,
- Investitionsplanung,
- Finanzplanung,
- Personalplanung.

03. Welche zeitliche Ausgestaltung kann die Planungsrechnung haben?

Die Planungsrechnung kann zeitlich folgendermaßen angelegt sein:

Planungsrechnung • Zeitliche Ausgestaltung			
Zeithorizont		*Bezeichnung*	*Beispiele/Methoden**
Kurzfristige Planungsrechnung	bis zu 1 Jahr	**Operative** Planungsrechnung	- Budgetierung - Eigenfertigung oder Fremdbezug - Finanzplanung - optimale Bestellmenge - optimale Losgröße - kurzfristige Preisuntergrenze
Mittelfristige Planungsrechnung	1 bis 4 Jahre	**Taktische** Planungsrechnung	- Fertigungsprogrammoptimierung - Finanzplanung
Langfristige Planungsrechnung	über 4 Jahre	**Strategische** Planungsrechnung	- Eigenfertigung oder Fremdbezug - Auswahl der Fertigungsverfahren - Finanzplanung - Investitionsrechnung - langfristige Preisuntergrenze

* Beachten Sie die Mehrfachnennung.

Wirtschaftsbezogene Qualifikationen

1. Volks- und Betriebswirtschaft

2. Rechnungswesen

3. Recht und Steuern

4. Unternehmensführung

3. Recht und Steuern

———— *Prüfungsanforderungen* ————

Nachweis folgender Fähigkeiten:

- Allgemeine Kenntnisse des Bürgerlichen Rechts und des Handelsrechts sowie Kenntnisse des Arbeitsrechts.

- Weiterhin sollen an unternehmenstypischen Beispielen und Situationen mögliche Vertragsgestaltungen vorbereitet und deren Auswirkungen bewertet werden können.

- Es müssen außerdem die Grundzüge des unternehmensrelevanten Steuerrechts verstanden werden.

Qualifikationsschwerpunkte (Überblick)

3.1 Rechtliche Zusammenhänge

- BGB Allgemeiner Teil
- BGB Schuldrecht
- BGB Sachenrecht
- Handelsgesetzbuch
- Arbeitsrecht
- Wettbewerbsrecht
- Gewerberecht und Gewerbeordnung

3.2 Steuerliche Bestimmungen

- Grundbegriffe des Steuerrechts
- Einkommensteuer
- Körperschaftsteuer
- Gewerbesteuer
- Kapitalertragsteuer
- Umsatzsteuer
- Grundsteuer
- Grunderwerbsteuer
- Erbschaft- und Schenkungsteuer
- Abgabenordnung

3.1 Rechtliche Zusammenhänge

3.1.1 BGB Allgemeiner Teil

In diesem Abschnitt werden behandelt:

Rechtssubjekte	
Natürliche Personen	Juristische Personen

Rechtsobjekte	
Sachen	Rechte

Rechts- und Geschäftsfähigkeit
- Rechtsfähigkeit - Geschäftsfähigkeit - Beschränkte Geschäftsfähigkeit - Geschäftsunfähigkeit

Willenserklärungen
- Wirksamkeit, Formvorschriften - Anfechtung, Nichtigkeit - Antrag und Annahme - Vertretung und Vollmacht - Verjährung, Verwirkung

01. Wie unterscheiden sich natürliche und juristische Personen?

Natürliche Personen	sind alle Menschen.
Juristische Personen	sind Vereinigungen von Personen (Körperschaften, Vereine) oder Vermögensmassen (Anstalten, Stiftungen) *mit eigener Rechtspersönlichkeit*. Man unterscheidet: - *juristische Personen des privaten Rechts,* z. B. eingetragene Vereine, Kapitalgesellschaften (z. B. GmbH, AG); - *juristische Personen des öffentlichen Rechts,* z. B. Gemeinden, Schulen, Anstalten.

02. Wie unterscheiden sich Sachen und Rechte?

Sachen	sind körperliche Gegenstände, z. B. Waren, Grundstücke. Man unterscheidet: - *Bewegliche Sachen* (Mobilien) sind alle Sachen, die nicht Grundstücke oder Gebäude sind. - *Unbewegliche Sachen* (Immobilen) sind Grundstücke und mit diesen fest verbundene Gegenstände (z. B. Gebäude).
Rechte	sind nicht körperliche Dinge (immaterielle Güter), z. B. Mieten, Patente.

03. Was ist Rechtsfähigkeit?

Rechtsfähigkeit
ist die Fähigkeit von Personen, *Träger von Rechten und Pflichten zu sein.*

Natürliche Personen:	Juristische Personen:
- Rechtsfähigkeit beginnt mit der Vollendung der Geburt und - endet mit dem Tod.	- Rechtsfähigkeit beginnt mit der Eintragung in ein Register (Handels-/Genossenschafts-/Vereinsregister) und - endet mit der Löschung.

04. Was ist Geschäftsfähigkeit?

Geschäftsfähigkeit
ist die Fähigkeit, *Rechtsgeschäfte rechtswirksam abzuschließen.*

Voll geschäftsfähig	Beschränkt geschäftsfähig[1]	Geschäftsunfähig
sind Personen, die das 18. Lebensjahr vollendet haben (Volljährige).	sind Minderjährige (Vollendung des 7. Lebensjahres bis unter 18 Jahre).	sind - Kinder (< 7 Jahre) und - dauernd Geisteskranke. Ihre Willenserklärungen sind nichtig.

[1] Die Rechtsgeschäfte beschränkt Geschäftsfähiger bedürfen der Zustimmung des gesetzlichen Vertreters; bis zur nachträglichen Genehmigung sind sie schwebend unwirksam. Ausnahmen:
- Annahme rechtlicher Vorteile (Schenkung),
- Taschengeldregelung,
- Rechtsgeschäfte im Rahmen eines Geschäftsbetriebs, zu dem ein beschränkt Geschäftsfähiger ermächtigt ist.

05. Was ist ein Rechtsgeschäft?

Es ist eine Willenserklärung, die ein Rechtsgeschäft begründet oder aufhebt (Beispiel: Kauf bzw. Kündigung). Diese rechtsverbindliche (gewollte und zwangsfreie) Willenserklärung ist zu unterscheiden von der „Invitatio ad offerendum" (lat., Einladung zur Abgabe eines Angebots); hier wird ein unverbindliches Angebot an andere abgegeben.

Beispiel: Ein Handelsgeschäft wirbt für ein Produkt in der Tageszeitung (unverbindliches Angebot). Wenn ein potenzieller Kunde das Produkt kaufen möchte (Antrag), kann sich der Kaufmann entscheiden, ob er darauf eingehen will (Annahme). Bei der kommerziellen Werbung müssen Kaufleute die Bestimmungen des UWG (Gesetz gegen den unlauteren Wettbewerb) berücksichtigen.

Man unterscheidet:

Rechtsgeschäfte (Willenserklärungen)	
Einseitige	Rechtsgeschäfte entstehen durch die Willenserklärung nur einer Person.
Mehrseitige	Rechtsgeschäfte (Verträge) kommen durch mindestens zwei übereinstimmende Willenserklärungen zu Stande: 1. Willenserklärung **Antrag** + 2. Willenserklärung **Annahme** = **Vertrag** Beispiele: Verkäufer: **Angebot** + Käufer: **gleich lautende Bestellung** = **Kaufvertrag** Käufer: **Bestellung** + Verkäufer: **gleich lautende Lieferung** = **Kaufvertrag**

Empfangs-bedürftige	Rechtsgeschäfte sind erst dann wirksam, wenn sie dem anderen zuge-hen, z. B. Kündigung, Mahnung, Bürgschaft.
Nicht empfangs-bedürftige	Rechtsgeschäfte sind wirksam, ohne dass sie dem anderen zugehen, z. B. Testament.

06. Wie können Willenserklärungen abgegeben werden?

Grundsätzlich besteht *Formfreiheit:*

- mündlich, schriftlich, fernmündlich, elektronisch,
- schlüssiges (konkludentes) Handeln, z. B. „Kopfnicken als Zustimmung",
- durch Schweigen (in Ausnahmefällen).

Ausnahmen sind (*Formzwang*):

- Schriftform (z. B. Mietverträge, handschriftliches Testament),
- elektronische Form (kann unter bestimmten Voraussetzungen die schriftliche Form ersetzen; vgl. SigG),
- öffentliche Beglaubigung (die Echtheit der Unterschrift unter eine schriftliche Erklä-rung wird von einem Notar bestätigt; z. B. Anmeldung eines Vereins, Eintragung in das Handelsregister),
- notarielle Beurkundung (ist die „strengste Schriftform": Der Notar bestätigt den Wahr-heitsgehalt der Unterschriften und des Inhalts; z. B. Kaufverträge bei Grundstücken, Schenkungsversprechen).

07. Welche Bestimmungen enthält das BGB zur „Vertretung"?

Vertretung liegt vor, wenn eine Person eine Willenserklärung *im Namen und für Rechnung eines anderen* abgibt (§§ 164 ff. BGB).

Fälle der Vertretung gibt es im privaten Bereich und im Geschäftsleben. Sowohl natür-liche als auch juristische Personen können vertreten werden. Liegt eine wirksame Ver-tretung vor, so wird der Vertretene aus dem Vertrag berechtigt und verpflichtet. Schließt jemand einen Vertrag *ohne Vertretungsmacht* im Namen eines anderen, so hängt die Wirksamkeit für und gegen den Vertretenen von dessen *Genehmigung* ab (§ 177 BGB).

Der ungewollt Vertretene hat also ein Wahlrecht. Bis zur Erteilung der Genehmigung ist der Vertragspartner zum Widerruf berechtigt (§ 178 BGB). Wird die Genehmigung verweigert, kann der Vertragspartner von dem „Vertreter" die Erfüllung des Vertrages oder Schadenersatz verlangen (§ 179 BGB). Wird die Genehmigung hingegen erteilt, wird der Vertrag endgültig wirksam.

Man unterscheidet:

Gesetzliche Vertretung	die auf Gesetz beruhende Vertretungsmacht	
In einigen Fällen hat der Gesetzgeber Vertreter festgelegt für Personen, die Rechtsgeschäfte nicht oder noch nicht selbst wahrnehmen können.	Gesetzliche Vertreter	
	↓	↓
	für **natürliche Personen**	für **juristische Personen** und Personengesellschaften
	Beispiele:	
	- Eltern - Vormund - Pfleger - Betreuer	- Geschäftsführer - Vorstand - persönlich haftender Gesellschafter

Rechtsgeschäftliche Vertretung (Vollmacht)	die durch Rechtsgeschäft übertragene Vertretungsmacht
	Im Gegensatz zum BGB beschreibt das HGB die handelsrechtlichen Vollmachten (Handlungsvollmacht und Prokura) exakt (vgl. Ziffer 3.1.4.2).

08. Welcher Unterschied besteht zwischen der Nichtigkeit und der Anfechtung von Rechtsgeschäften?

- *Nichtigkeit*:
Ein abgeschlossenes Rechtsgeschäft ist von vornherein ungültig; Beispiele:

Rechtsgeschäfte/Willenserklärungen
- von geschäftsunfähigen Personen,
- von beschränkt geschäftsfähigen Personen ohne Zustimmung des gesetzlichen Vertreters,
- die zum Schein oder zum Scherz abgegeben werden,
- die gegen gesetzliche Bestimmungen verstoßen,
- die gegen geltende Formvorschriften verstoßen (z. B. Beurkundungspflicht),
- die gegen die guten Sitten verstoßen.

- *Anfechtung*:
Das Rechtsgeschäft ist gültig (für die Vergangenheit) bis es wirksam angefochten wird; für die Zukunft ist es nichtig.

Beispiele für Anfechtungsgründe:

- Irrtum in der Erklärung (Verschreiben, Versprechen),
- Irrtum in der Übermittlung (Fehler durch die Post),
- Irrtum über wesentliche Eigenschaften der Person oder der Sache (Verwechslung),
- arglistige Täuschung (bewusstes Verschweigen eines Mangels durch den Verkäufer),
- widerrechtliche Drohung oder Nötigung (Erpressen einer Unterschrift).

09. Was ist Gegenstand der Verjährung?

Schuldrechtliche Ansprüche unterliegen der Verjährung (Ausnahme: Ansprüche aus einem familienrechtlichen Verhältnis). Nach Ablauf der Verjährungsfrist erlischt nicht der Anspruch, sondern der Schuldner hat *das Recht, die geschuldete Leistung zu verweigern* (sog. *Einrede der Verjährung;* §§ 194, 214 BGB). Die regelmäßige Verjährungsfrist beträgt drei Jahre (§ 195 BGB).

Voraussetzungen für die Verjährung einer Schuld sind also:

- Ablauf der Verjährungsfrist und
- Einrede der Verjährung.

10. Welche Rechtswirkung hat die Hemmung der Verjährung?

Die Hemmung der Verjährung bewirkt, dass der Zeitraum, während dessen die Verjährung gehemmt ist, nicht in die Verjährungsfrist eingerechnet wird (§ 209 BGB).

Die Hemmung der Verjährung tritt insbesondere in folgenden Fällen ein:

- schwebende Verhandlungen zwischen Schuldner und Gläubiger (§ 203 BGB),
- Erhebung der Leistungsklage,
- Zustellung des Mahnbescheids,
- Anmeldung des Anspruchs im Insolvenzverfahren (§ 204 BGB),
- Leistungsverweigerungsrecht des Schuldners (§ 205 BGB),
- höhere Gewalt (§ 206 BGB).

11. Welche Rechtswirkung hat die Unterbrechung der Verjährung?

Die Unterbrechung der Verjährung hat zur Folge, dass die Verjährung erneut beginnt; das heißt, dass die bis dahin abgelaufene Zeit nicht gerechnet wird (§ 212 Abs. 1 Satz 1 BGB).

Die Unterbrechung der Verjährung tritt insbesondere in folgenden Fällen ein:

- Abschlagszahlung, Zinszahlung, Sicherheitsleistung oder Anerkennung des Anspruchs durch den Schuldner (§ 212 Abs. 1 Nr. 1 BGB),
- Vornahme oder Beantragung einer gerichtlichen oder behördlichen Vollstreckungshandlung (§ 212 Abs. 1 Nr. 2 BGB).

Merke:

Verjährung	
Hemmung der ...	Fristlauf *wird unterbrochen* (nicht eingerechnet).
Unterbrechung der ...	Fristlauf *beginnt neu.*

12. Welche wesentlichen Verjährungsfristen gelten seit der Novellierung des Schuldrechts?

Verjährungsfristen			
Forderungsart	*Verjährungsfrist*	*Fristbeginn*	*§§ BGB*
Lohnforderungen	3 Jahre	Jahresschluss	195
Ansprüche der Handwerker bei Leistungen für den Gewerbebetrieb des Schuldners			
Ansprüche der Kaufleute bei Leistungen für den Gewerbebetrieb des Schuldners			
Miet-/Pachtrückstände			
Zinsrückstände			
Titel Urteile, Vollstreckungsurkunden	30 Jahre	Anspruchs- entstehung	197
Mängel, Gewährleistung ...			
beim Kauf von Bauwerken	5 Jahre	Ablieferung	438
bei Herstellung von Bauwerken		Abnahme	634a
bei Sachmängeln: - neue Sache - gebrauchte Sache	2 Jahre 1 Jahr*	Übergabe	438
für Arbeiten an einer Sache	2 Jahre	Abnahme	634a
für sonstige Werkvertragsleistungen	3 Jahre		
bei arglistigem Verschweigen des Mangels (Kauf-/Werkvertrag)	3 Jahre	Übergabe, Ablieferung	438

* Die Verkürzung gilt nur beim Verbrauchsgüterkauf.

13. Was versteht man unter „Verwirkung"?

Als Verwirkung bezeichnet man den Verlust eines Rechts. Der Verlust beruht darauf, dass ein Recht längere Zeit nicht geltend gemacht wurde und seine spätere Geltendmachung gegen Treu und Glauben verstößt. Verwirkt werden können Ansprüche, Gestaltungs- und Gegenrechte. Der für die Verwirkung notwendige Zeitablauf hängt von der Art des betroffenen Rechts ab. Bei Ansprüchen, die einer längeren als der regelmäßigen dreijährigen Verjährungsfrist unterliegen, ist eine Verwirkung nur ausnahmsweise möglich.

Beispiel: Herr Kerner hat im Möbelhaus RUCK eine Küche gekauft. Wegen Fehler an den Türen reklamiert er wenig später und verlangt Minderung. Diese wird ihm gewährt. Nach weiteren drei Monaten zeigt er erneut Mängel an, mit der Bemerkung, dass diese ebenfalls von Anfang an vorhanden gewesen wären. Das Möbelhaus lehnt die Reklamation ab. Zu Recht, da die jetzt geltend gemachten Ansprüche verwirkt sind. Kerner hätte die erneut geltend gemachten Mängel bereits mit der ersten Beanstandung anzeigen müssen, da diese ihm damals bereits bekannt waren.

3.1.2 BGB Schuldrecht

3.1.2.1 Grundlagen

01. Welche Rechte und Pflichten begründen sich aus einem Schuldverhältnis?

Die grundsätzlichen Regeln zum *Allgemeinen Schuldrecht* finden sich im BGB, §§ 241 - 432. Nach § 241 BGB gilt:

- Der *Gläubiger* ist aufgrund des Schuldverhältnisses *berechtigt*, vom Schuldner *eine Leistung zu verlangen*. Die Leistung kann auch in einem Unterlassen bestehen (*Leistungspflicht*).

- Das Schuldverhältnis kann jeden Teil zur Rücksicht auf die Rechte, Rechtsgüter und Interessen des anderen Teils verpflichten (*Schutzpflichten*).

  Beispiel: Ein Vermögensberater muss seinen Klienten so beraten, dass das Vermögen nicht vernichtet wird.

Nach dem *Abstraktionsprinzip* begründet ein Schuldverhältnis drei eigenständige Rechtsgeschäfte – hier am Beispiel des Kaufvertrags dargestellt:

1. **Verpflichtungsgeschäft:** | Antrag + Annahme |
   Käuferpflichten: Zahlung + Abnahme
   Verkäuferpflichten: Lieferung + Eigentumsübertragung

2. **Erstes Verfügungsgeschäft:** | Einigung + Übergabe |
   Eigentumsübertragung am Geld:

3. **Zweites Verfügungsgeschäft:** | Einigung + Übergabe |
   Eigentumsübertragung an der Sache:

02. Welchen Inhalt können Schuldverhältnisse haben?

Das Besondere Schuldrecht (§§ 433 - 853 BGB) enthält Regelungen über die einzelnen Arten von Schuldverhältnissen, z. B.:

- Tausch, § 433
- Wohnrechtverträge, § 481
- Finanzierungshilfen, § 499
- Schenkung, § 516
- Leihe, § 598
- Werkvertrag, § 631
- Maklervertrag, § 652
- Leibrente, § 759
- Ungerechtfertigte Bereicherung, § 812

- Besondere Arten des Kaufs, § 454
- Darlehensvertrag, § 488
- Ratenlieferungsverträge, § 504
- Mietvertrag, Pachtvertrag, § 535
- Dienstvertrag, Arbeitsvertrag, § 611
- Reisevertrag, § 651
- Geschäftsbesorgungsvertrag, § 675
- Bürgschaft, § 765
- Unerlaubte Handlung, § 823

03. Welche Aussage trifft der Grundsatz „Leistung nach Treu und Glauben"?

Der Schuldner ist verpflichtet, die Leistung so zu bewirken, wie Treu und Glauben mit Rücksicht auf die Verkehrssitte es erfordern (§ 242 BGB). Der Schuldner hat also seine Verbindlichkeiten so zu erfüllen, wie es nicht nur den Buchstaben, sondern auch Sinn und Zweck des Schuldverhältnisses entspricht. Eine Leistung zur Unzeit ist unzulässig, ebenso eine Leistung an unpassendem Ort. Andererseits muss der Gläubiger auf schutzwürdige Interessen des Schuldners Rücksicht nehmen.

04. Was ist der Erfüllungsort?

Der *Erfüllungsort* (auch: Leistungsort) ist der

Ort, an dem der Schuldner seine Leistung zu erbringen hat;	**Leistungsort**
Ort, an dem die Gefahr des zufälligen Untergangs und der zufälligen Verschlechterung der Ware auf den Vertragspartner übergeht;	**Ort des Gefahrenübergangs**
Ort, an dem bei Rechtsstreitigkeiten die Klage einzureichen ist.	**Gerichtsstand**

05. Wie ist der Erfüllungsort gesetzlich und vertraglich geregelt?

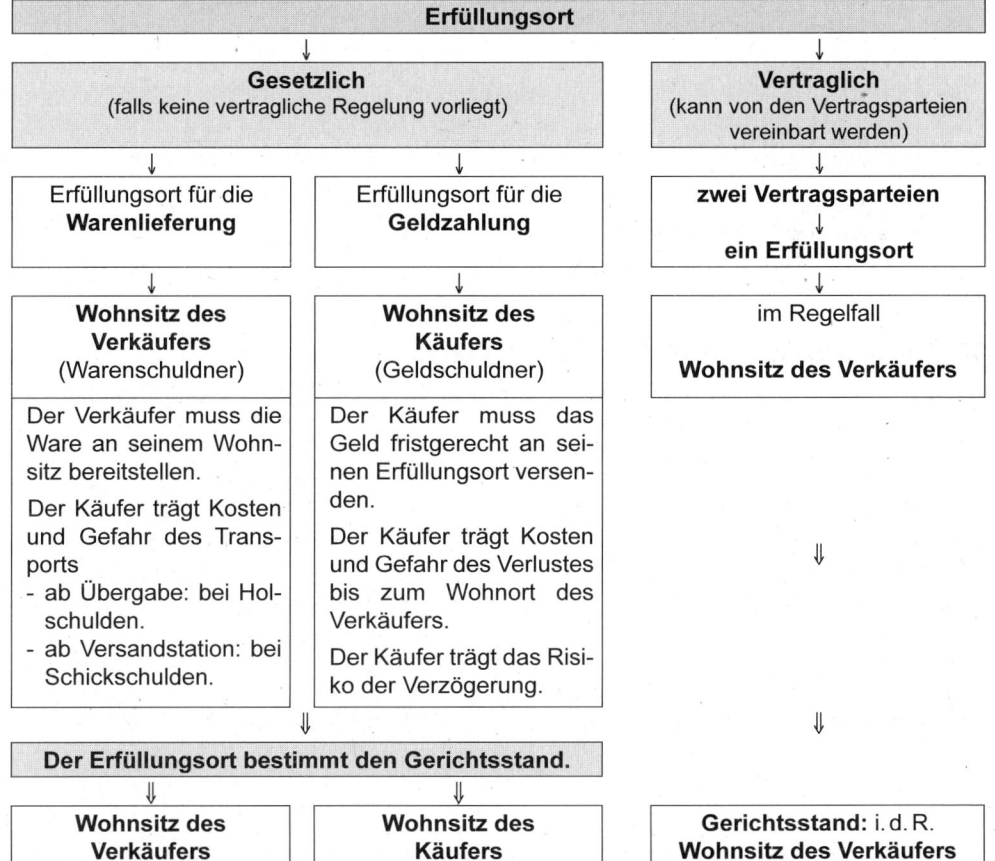

06. Wie sind Holschulden und Schickschulden zu unterscheiden?

Wenn die Vertragsparteien den Erfüllungsort frei vereinbaren, sind drei grundsätzliche Regelungen möglich:

A.	Erfüllungsort ist der Ort des Schuldners.	**Holschuld**

Beispiel:

Schuldner	← ← ← ← ←	Gläubiger
z. B. Verkäufer einer Sache	**Holschuld** Gläubiger muss die Sache beim Schuldner abholen.	z. B. Käufer einer Sache

B.	Erfüllungsort ist der Ort des Gläubigers.	**Bringschuld**

Beispiel:

Schuldner	→ → → → →	Gläubiger
z. B. Verkäufer einer Sache	**Bringschuld** Schuldner muss die Sache zum Gläubiger bringen.	z. B. Käufer einer Sache

C.	Erfüllungsort ist der Ort des Schuldners.	**Schickschuld**

Beispiel:

Schuldner	→ → → → →	Gläubiger
z. B. Verkäufer einer Sache	**Schickschuld** Schuldner übernimmt die Versendung der Sache an den Gläubiger.	z. B. Käufer einer Sache

07. Welches Gericht ist für die Klage zuständig?

Örtliche Zuständigkeit	Gesetzliche Regelung: Wohn-/Firmensitz des Schuldners
	Vertragliche Regelung (nur unter Kaufleuten): Gerichtsstand wird vereinbart.
Sachliche Zuständigkeit	Amtsgericht: bei Streitwert ≤ 5.000 €
	Landgericht (Anwaltszwang): bei Streitwert > 5.000 €

3.1.2.2 Produkthaftung

01. Was bedeutet Haftung?

- *Haftung im engeren Sinne* bedeutet, dass ein Rechtssubjekt dem Vollstreckungszugriff des Staates unterliegt (vgl. z. B. Umwelthaftungsrecht).

- *Haftung im weiteren Sinne* bedeutet die Übernahme eines Schadens durch den Schädiger.

- *Voraussetzung:* Haftung setzt in der Regel Vorsatz oder Fahrlässigkeit voraus (Ausnahme, z. B.: Produkthaftung).

Man unterscheidet z. B.:

Persönliche Haftung	Haftung mit dem gesamten Vermögen
Dingliche Haftung	Haftung mit einem bestimmten Vermögensgegenstand
Haftung als Gesamtschuldner (§ 421 BGB)	Schulden mehrere Personen eine Leistung, so kann der Gläubiger die Leistung nach seinem Belieben von jedem der Schuldner ganz oder teilweise fordern.

Gesetzliche Haftung	Die Haftungsfrage ist durch Gesetzesnormen geregelt. **Beispiele:** Haftung bei Annahme-/Lieferungsverzug, Haftung bei Sachmangel, Haftungsregelung bei unterschiedlichen Rechtsformen (vgl. BGB, HGB, GmbH-Gesetz, AktG), Haftung aus unerlaubter Handlung (§ 823 BGB)
Vertragliche Haftung	Die Haftungsfrage wird von den Parteien vertraglich geregelt. **Beispiele:** Incoterms, AGB, Ausgestaltung von Kaufverträgen

02. Welches sind die Rechtsgrundlagen der Produkthaftung?

Die Haftung von Herstellern für die Fehlerfreiheit und damit auch für die Sicherheit von Produkten wird durch unterschiedliche Regelungen begründet:

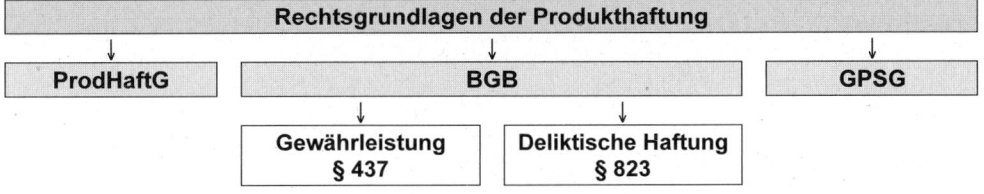

A. *Produkthaftungsgesetz*
Zum einen können Ansprüche aus speziellen gesetzlichen Sondervorschriften, wie z. B. dem *Produkthaftungsgesetz* (ProdHaftG), abgeleitet werden.

> **§ 1 Abs. 1 ProdHaftG**
> Wird durch den Fehler eines Produkts jemand getötet, sein Körper oder seine Gesundheit verletzt oder eine Sache beschädigt, so ist der Hersteller des Produkts verpflichtet, dem Geschädigten den daraus entstehenden Schaden zu ersetzen. Im Falle der Sachbeschädigung gilt dies nur, *wenn eine andere Sache als das fehlerhafte Produkt beschädigt wird* und diese andere Sache ihrer Art nach gewöhnlich für den privaten Ge- oder Verbrauch bestimmt und hierzu von dem Geschädigten hauptsächlich verwendet worden ist.

Bei der Produkthaftung gibt es folgende *Ausnahmen:*

- der Hersteller hat das Produkt nicht in den Verkehr gebracht,
- das Produkt hat den Fehler noch nicht gehabt, als es in den Verkehr gebracht wurde,
- das Produkt wurde nicht zum Verkauf/zu einer anderen wirtschaftlichen Nutzung hergestellt,
- der Fehler beruht darauf, dass das Produkt zwingenden Rechtsvorschriften entsprochen hat,
- der Fehler konnte nach dem Stand der Technik und der Wissenschaft zu dem Zeitpunkt, an dem der Hersteller das Produkt in den Verkehr brachte, nicht erkannt werden.

Im Überblick:

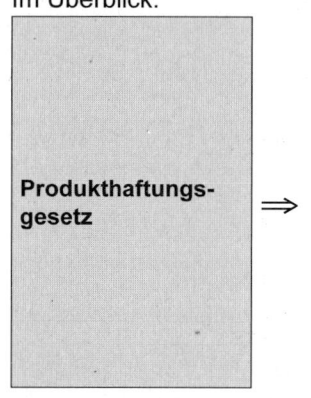

Produkthaftungs-gesetz ⇒

- **Haftung für <u>Folge-Schaden</u> an Leib und Leben oder einer Sache**
- Voraussetzung: gewöhnlicher Ge- und Verbrauch der geschädigten Sache im privaten Bereich.
- Der Schaden bezieht sich nicht auf das gekaufte (fehlerhafte) Produkt, sondern auf einen aus dem gekauften Gegenstand folgenden Schaden an einem anderen Produkt.
- Ein Ausschluss der Haftung ist nicht möglich.
- Sachschäden bis zur Höhe von 500 EUR muss der Geschädigte selbst tragen.
- Der Anspruch verjährt in drei Jahren nach Kenntniserlangung.

Zum anderen kann die Haftung für ein fehlerhaftes Produkt im *BGB* begründet sein. Hierbei ist noch zwischen Ansprüchen aus den gesetzlichen Gewährleistungsansprüchen und Ansprüchen aus dem vertragsunabhängigem *BGB-Deliktrecht* § 823 BGB zu unterscheiden.

B. *Gewährleistung des Verkäufers bei Sach- und Rechtsmangel* nach §§ 437 ff. BGB

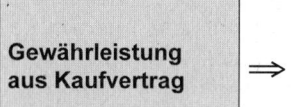

Gewährleistung aus Kaufvertrag ⇒

- **Haftung für Sach- und Rechtsmangel <u>an der Sache selbst</u>**
- Rechte nach § 437 BGB: Nacherfüllung, Rücktritt oder Minderung, Schadenersatz oder Ersatz vergeblicher Aufwendungen

C. *Vertragsunabhängige Generalklausel der deliktischen Haftung nach § 823 BGB für die Produkthaftung*

§ 823 Abs. 1 BGB legt fest:

Wer vorsätzlich oder fahrlässig das Leben, den Körper, die Gesundheit, die Freiheit, das Eigentum oder ein sonstiges Recht eines anderen widerrechtlich verletzt, ist dem anderen zum Ersatz des daraus entstehenden Schadens verpflichtet.

Daraus kann für die Hersteller von Produkten abgeleitet werden: Er muss sich so verhalten und dafür Sorge tragen, dass nicht innerhalb seines Einflussbereiches widerrechtlich Ursachen für *Personen- und Sachschäden* gesetzt werden.

§ 823 BGB Generalklausel der deliktischen Haftung	⇒	- **General-Haftung für Personen- und Sachschäden** - Voraussetzung: Vorsatz oder Fahrlässigkeit - Verstoß gegen geltendes Recht

D. Weiterhin ist das (neue) *Geräte- und Produktsicherheitsgesetz* (GPSG) zu beachten. Im Überblick:

Geräte- und Produktsicherheitsgesetz (GPSG)	Das neue Geräte- und Produktsicherheitsgesetz (GPSG) setzt die Produktsicherheitsrichtlinie 2001/95/EG in deutsches Recht um. Technische Arbeitsmittel und Verbraucherprodukte müssen so beschaffen sein, *dass sie bei bestimmungsgemäßer Verwendung den Benutzer nicht gefährden.* In die Pflicht genommen werden Hersteller, Inverkehrbringer und Aussteller der Produkte. Auf der Grundlage des neuen Gesetzes hat der Bund inzwischen eine ganze Reihe spezieller Verordnungen zum GPSG erlassen.

03. Welche Bedeutung hat die CE-Kennzeichnung?

Stellen europäische Richtlinien Anforderungen an ein Produkt und wird in diesen Richtlinien die Anbringung eines CE-Kennzeichens verlangt, darf dieses Produkt nur in den Verkehr gebracht werden, wenn es mit dem CE-Zeichen versehen ist (CE-Kennzeichnung; CE = Communautés Europénnes. = Europäische Gemeinschaften).

Mit der CE-Kennzeichnung erklärt der Hersteller in eigener Verantwortung, dass sein Produkt alle grundlegenden *Sicherheitsanforderungen* der zutreffenden EG-Richtlinien erfüllt und dass das in den Richtlinien vorgesehene Konformitätsbewertungsverfahren durchgeführt wurde. Für ausgewählte Produkte wird die Einbeziehung einer benannten Stelle (notified body) im Rahmen des Konformitätsbewertungsverfahrens durch die Richtlinien gefordert. Die CE-Kennzeichnung muss sichtbar, lesbar und dauerhaft angebracht sein. Anstelle des Herstellers kann auch sein Bevollmächtigter handeln.

Das CE-Zeichen ist kein Gütesiegel oder Qualitätszeichen, sondern ein Verwaltungs- und Sicherheitszeichen. Es ist für die Überwachungsbehörden innerhalb des gemeinsamen europäischen Binnenmarktes der Nachweis der „Richtlinienkonformität" des Produktes und somit Voraussetzung für den freien Warenverkehr zwischen den Mitgliedstaaten des europäischen Wirtschaftsraums oder die Einfuhr von Waren aus Drittstaaten sowie für das ungehinderte Inverkehrbringen von Waren. Zusätzlich zu dem CE-Zeichen dürfen andere Zeichen nur angebracht werden, wenn sie nicht zu einer Irreführung hinsichtlich der Bedeutung und Gestalt des CE-Zeichens führen und die Sichtbarkeit und Lesbarkeit des CE-Zeichens nicht beeinträchtigen. Produkte, für die die CE-Kennzeichnung nicht durch mindestens eine EG-Richtlinie vorgeschrieben ist, dürfen nicht mit dieser versehen werden (CE-Kennzeichnungsmissbrauch).

04. Welche Bedeutung hat die GS-Kennzeichnung?

Das Geräte- und Produktsicherheitsgesetz (GPSG) lässt die
freiwillige Verwendung des GS-Zeichens zu (GS = Geprüfte
Sicherheit). Das GS-Zeichen ist ein ausschließlich nationales
Prüfzeichen für technische Arbeitsmittel und verwendungsfer-
tige Gebrauchsgegenstände, die vom Geräte- und Produktsicherheitsgesetz erfasst werden (deutsches Qualitätszeichen).

Es darf vom Hersteller oder seinem Bevollmächtigten dann auf
einem Produkt angebracht werden, wenn es von einer akkredi-
tierten Zertifizierungsstelle zuerkannt und darüber eine Bescheinigung ausgestellt wurde.

Voraussetzung für eine Zuerkennung ist u. a. eine Baumuster-
prüfung und eine regelmäßige Produktionsüberwachung durch
die Zertifizierung. Der Hersteller hat sicherzustellen, dass die
von ihm hergestellten technischen Arbeitsmittel und verwen-
dungsfertigen Gebrauchsgegenstände mit dem geprüften Bau-
muster übereinstimmen.

Das GS-Zeichen darf neben dem CE-Zeichen angebracht werden, soweit dies nicht
ausdrücklich verboten ist. Zeichen, mit denen das GS-Zeichen verwechselt werden
kann, dürfen nicht verwendet werden.

05. Was ist der Unterschied zwischen Gewährleistung, Garantie und Kulanz?

Gewährleistung	Die Gewährleistung (*gesetzliche Mängelhaftung*) bestimmt Rechtsfolgen und Ansprüche, die dem Käufer im Rahmen eines Kaufvertrags zustehen, bei dem der Verkäufer eine mangelhafte Ware oder Sache (Recht) geliefert hat. Die Gewährleistung ist eine zeitlich befristete Nachbesserungsverpflichtung des Händlers oder Herstellers einer Sache. Der Verkäufer einer Sache muss sicherstellen, dass der Kaufgegenstand bei der Übergabe mangelfrei war.
Garantie	Die Garantie ist eine *zusätzlich zur gesetzlichen Gewährleistungspflicht* gemachte freiwillige und frei gestaltbare Dienstleistung gegenüber dem Kunden (Händler-/Herstellergarantie). Die Garantie sichert eine *absolute Schadensregulierung* unabhängig vom Schadenshergang zu. Es wird die Haltbarkeit eines Kaufgegenstandes garantiert (auch Haltbarkeits-Garantie). Der Zustand des Kaufgegenstandes bei Übergabe spielt hierbei keine Rolle.
Kulanz	ist ein Entgegenkommen des Verkäufers über die Gewährleistungs- und Garantiepflicht hinaus (*weder gesetzlich noch vertraglich erforderlich*).

3.1.2.3 Kaufvertrag

→ 3.1.2.1/01. ff.

01. Welche Rechte und Pflichten ergeben sich aus dem Kaufvertrag?

	Ziel und Inhalt des Vertrages	Rechte und Pflichten	
Kauf-vertrag	Abschluss durch beiderseitige Übereinstimmung	**Verkäufer:**	**Käufer:**
	entgeltliche Veräußerung von Sachen und Rechten	übergibt Sache/Recht mangelfrei	nimmt gekaufte Sache/Recht ab
	Ziel: Eigentumsübertragung	nimmt den vereinbarten Kaufpreis an	zahlt den vereinbarten Kaufpreis

02. Welche speziellen Kaufvertragsarten sind zu unterscheiden?

Spezielle Kaufverträge	
Bürgerlicher Kauf	Die Parteien sind Nichtkaufleute oder der Kauf ist kein Handelsgeschäft.
Handelskauf	Einseitiger Handelskauf: Kaufmann (Handelsgeschäft) + Nichtkaufmann
	Zweiseitiger Handelskauf: Kaufmann + Kaufmann (für beide: Handelsgeschäft)
Stückkauf	Kauf einer nicht vertretbaren (einmaligen) Sache
Gattungskauf	Kauf einer vertretbaren Sache (mehrfach vorhanden)
Terminkauf	Lieferung zu einem vereinbarten Termin oder innerhalb einer festgelegten Frist
Kommissionskauf	Der Käufer muss erst dann zahlen, wenn er die Sache selbst weiterverkauft hat.
Verbrauchs-güterkauf	§ 474 BGB: Kauf einer beweglichen Sache durch einen Verbraucher (§ 13 BGB) von einem Unternehmer (§ 14 BGB)
Kauf auf Probe	Der Kauf auf Probe ist der Abschluss eines Kaufvertrages unter der Bedingung, dass der Käufer die Ware billigt.
Kauf zur Probe	Endgültiger Kauf, bei dem der Käufer dem Verkäufer zu erkennen gibt, später weitere Bestellungen aufgeben zu wollen, wenn die gelieferte Probe seinen Erwartungen entspricht. Eine rechtliche Verpflichtung zu späteren Käufen ist damit allerding nicht verbunden.
Kauf nach Probe (oder nach Muster)	Endgültiger Kauf aufgrund bereits bezogener Waren (Muster). Die später gekaufte Ware muss der Probe (Muster) entsprechen, unwesentliche Abweichungen müssen aber geduldet werden.
Abrufvertrag	- Preise und Mengen sind in der Regel festgelegt. - Ein Zeitraum ist festgelegt. - Einzelne Abrufe gegen den Vertrag erfolgen individuell.
Sukzessiv-liefervertrag	- Preise, Mengen, Zeitraum sind fest. - Genaue Anliefertermine sind ebenfalls fest.

Konsignations-lagervertrag	Der Konsignationslagervertrag regelt die Einrichtung eines Konsignationslagers. Bei einem Konsignationslager werden im betriebseigenen Lager Vorräte gehalten, die bis zum Zeitpunkt der Entnahme Eigentum des Lieferanten bleiben.
Rahmenvertrag	Beim Rahmenvertrag sind die Vertragspartner bereit, einen Abschluss in dem alle Vertragspunkte bis auf die Mengen festgelegt sind, zu tätigen. Sollten dennoch Mengenangaben gemacht werden, sind diese als bloße Absichtserklärung zu sehen.
Spezifikations-kauf	Der Spezifikationskauf ist eine Rahmenvereinbarung über Art, Menge und Grundpreis der Waren. Erst beim Abruf werden alle weiteren Einzelheiten festgelegt.
Bedarfs-deckungsvertrag	Der Bedarfsdeckungsvertrag ist ein Bindungsvertrag an einen Lieferanten über einen Gesamt- oder Teilbedarf eines bestimmten Gutes.

Unterscheidung nach der Bestimmung der Lieferzeit	
Sofortkauf	Die Lieferung hat unmittelbar nach der Bestellung zu erfolgen (Lieferung sofort).
Terminkauf	Die Lieferung erfolgt zu einem vereinbarten Termin oder innerhalb einer vereinbarten Frist (z. B. Lieferung Ende August; Lieferung innerhalb zweier Monate; Lieferung einen Monat nach Auftragseingang).
Fixkauf	Die Lieferung muss an oder bis zu einem bestimmten Zeitpunkt erfolgen (z. B. Lieferung am 20. Mai fix; Lieferung bis zum 20. Januar fix). Wichtig ist dies zum Beispiel bei einer Ladeneröffnung. Der Vertrag steht und fällt mit der Fixklausel.
Kauf auf Abruf	Der Zeitpunkt der Lieferung wird vom Käufer bestimmt. Er ruft die Ware ab, z. B. beim Kauf von Fliesen für den Hausbau.
Teillieferungskauf	Die Lieferung erfolgt in Teilmengen. Dies kann sowohl ein Kauf auf Abruf sein als auch ein Zeitkauf, bei dem z. B. monatliche Teilmengen geliefert werden.

Unterscheidung nach der Bestimmung der Zahlungszeit	
Kauf gegen Vorauszahlung	Die Zahlung erfolgt vor der Lieferung.
Barkauf	Ware gegen Geld
Ziel- oder Kreditkauf	Die Zahlung hat nach einer vereinbarten Zeit nach der Lieferung zu erfolgen.
Ratenkauf	Die Zahlung erfolgt in Teilbeträgen zu bestimmten Zeitpunkten vor, bei oder nach Lieferung.

Unterscheidung nach dem Erfüllungsort	
Versendungskauf	Verkäufer und Käufer befinden sich an verschiedenen Orten. Erfüllungsort ist der Ort des Verkäufers, der aber auf Verlangen des Käufers die Ware an einen anderen Ort versendet.
Fernkauf	Verkäufer und Käufer befinden sich an verschiedenen Orten. Als Erfüllungsort für die Übergabe der Ware ist ein anderer Ort als der Ort des Verkäufers vereinbart.

Platzkauf	Verkäufer und Käufer befinden sich an verschiedenen Stellen desselben Ortes. Ausgangs- und Endpunkt der Lieferung sind soweit entfernt, dass eine Versendung erforderlich ist. Meist wird bei Versendung innerhalb desselben Ortes die Adresse des Käufers als Erfüllungsort vereinbart, dann geht die Gefahr erst dort auf den Käufer über.

03. Was versteht man unter „Allgemeinen Geschäftsbedingungen" (AGB)?

Allgemeine Geschäftsbedingungen (AGB) sind alle für eine Vielzahl von Verträgen vorformulierte Vertragsbedingungen, die eine Vertragspartei der anderen Partei bei Abschluss eines Vertrages stellt. Sind Vertragsbedingungen einzeln ausgehandelt, liegen keine Allgemeinen Geschäftsbedingungen vor.

Beispiele:

- Einkaufsbedingungen
- Verkaufsbedingungen

04. Wo sind die einschlägigen Bestimmungen zum Umgang mit den „Allgemeinen Geschäftsbedingungen" geregelt?

Im Zuge der Schuldrechtsreform wurden die Bestimmungen aus dem AGB-Gesetz vom 09.12.1976 in das BGB integriert. Die §§ 305 - 311 regeln jetzt „die Gestaltung rechtsgeschäftlicher Schuldverhältnisse durch Allgemeine Geschäftsbedingungen".

05. Welchen Inhalt haben in der Regel „Allgemeine Geschäftsbedingungen"?

Inhalt von Allgemeinen Geschäftsbedingungen können alle diejenigen Abreden sein, die auch Inhalt von Verträgen sein können.

Beispiele:

- Gerichtsstand
- Eigentumsvorbehalt
- Haftung
- Transportversicherung
- Verpackung
- Erfüllungsort
- Gewährleistung
- Angaben zum Zahlungsverkehr
- technische Normen

06. Welchen Zweck verfolgen „Allgemeine Geschäftsbedingungen"?

Allgemeine Geschäftsbedingungen sollen die im Gesetz verankerten Vertragstypen interessengerecht ergänzen bzw. neu gestalten. Sie helfen dabei, ein einheitliches Gerüst von Regelungen zu erstellen, das dann allen entsprechenden Verträgen zu Grunde gelegt wird. Sie vermeiden damit die Verpflichtung, allgemeine Klauseln bei jedem Vertragsabschluss immer wieder neu zu vereinbaren.

07. Wie werden die „Allgemeinen Geschäftsbedingungen" Vertragsbestandteil?

Nach § 305 BGB werden Allgemeine Geschäftsbedingungen nur Vertragsbestandteil, wenn

- der Verwender bei Vertragsschluss die andere Vertragspartei ausdrücklich oder, wenn ein ausdrücklicher Hinweis wegen der Art des Vertragsschlusses nur unter unverhältnismäßigen Schwierigkeiten möglich ist, durch deutlich sichtbaren Aushang am Ort des Vertragsschlusses auf sie hinweist

  und

- der anderen Vertragspartei die Möglichkeit verschafft, in zumutbarer Weise, ... von ihrem Inhalt Kenntnis zu nehmen,

  und

- wenn die andere Vertragspartei mit ihrer Geltung einverstanden ist.

08. Welche Folgen ergeben sich nach BGB, wenn sich Einkaufs- und Verkaufsbedingungen widersprechen?

Im BGB § 306 ist hierzu Folgendes geregelt:

1. Sind Allgemeine Geschäftsbedingungen ganz oder teilweise nicht Vertragsbestandteil geworden oder unwirksam, so bleibt der Vertrag im Übrigen wirksam.

2. Soweit die Bestimmungen nicht Vertragsbestandteil geworden oder unwirksam sind, richtet sich der Inhalt des Vertrags nach den gesetzlichen Vorschriften.

3. Der Vertrag ist unwirksam, wenn das Festhalten an ihm, ... eine unzumutbare Härte für eine Vertragspartei darstellen würde.

Der Vertrag kommt somit nur durch beiderseitige Erfüllungshandlung zu Stande. Es gelten dann die einschlägigen gesetzlichen Bestimmungen.

3.1.2.4 Weitere Vertragsarten

01. Welche weiteren Vertragsarten nennt der Rahmenplan mit der Taxonomie „kennen"?

Werk-vertrag	entgeltliche Leistung eines Werkes	**Auftraggeber:**	**Auftragnehmer:**
	Sache wird vom Auftragge-ber eingebracht	Zahlung der Vergütung bei Erfolg der Leistung	Herstellung oder Ver-änderung einer Sache
	Ziel: Erstellung eines Wer-kes mit geschuldetem Erfolg	Abnahme des Werkes	schuldet den herbeizu-führenden Erfolg

Dienst-vertrag	entgeltliche Leistung eines Dienstes	**Leistender:**	**Leistungsempfänger:**
	Dienst: Erstellung oder Ver-änderung einer Sache	erbringt Dienstleistung	zahlt den vereinbarten Kaufpreis, auch wenn der Erfolg nicht vorliegt
	Ziel: Erbringung einer Leistung ohne geschuldeten Erfolg	ohne Erfolgsgarantie	
Miet-vertrag	entgeltliche Nutzungsüber-lassung einer Sache	**Vermieter:** (Eigentümer)	**Mieter:** (Besitzer)
	Mieter wird Besitzer	Überlassung der Sache	kann Sache nutzen
	Ziel: Nutzungsüberlassung; nicht auf wirtschaftlichen Erfolg ausgerichtet	erhält Mietzins	zahlt Mietzins
Pacht-vertrag	entgeltliche Nutzungsüber-lassung einer Sache	**Verpächter:** (Eigentümer)	**Pächter:** (Besitzer)
	Pächter wird Besitzer	Überlassung der Sache	kann Sache nutzen und wird Eigentümer an dem durch die Nut-zung erzielten Ertrag
	Ziel: Nutzungsüberlassung mit Fruchtgenuss	erhält Pachtzins	zahlt Pachtzins
Lea-sing-vertrag	entgeltliche Nutzungsüber-lassung einer Sache	**Leasinggeber:**	**Leasingnehmer:**
	Leasingnehmer wird Besitzer	überträgt Nutzungsrecht	erhält Nutzungsrecht; trägt Gefahr für den Untergang der Sache und Kosten der In-standhaltung
	Ziel: Entgeltliche Nutzungs-überlassung	erhält Leasingraten (ggf. Sonderzahlung)	zahlt Leasingraten
Lizenz-vertrag	Nutzungsrechte	**Lizenzgeber:**	**Lizenznehmer:**
	Patente, Muster, Marken, Software usw.	erlaubt gewerbliche Nutzung	kann das Recht ge-werblich nutzen
	Ziel: Übertragung von Nutzungsrechten	erhält Lizenzgebühren	zahlt Lizenzgebühren, auch wenn er das Recht nicht nutzt
Raten-kauf	Die Zahlung erfolgt in Teilbeträgen zu bestimmten Zeitpunkten vor, bei oder nach Lieferung.		

02. Welche Pflichten hat der Unternehmer im elektronischen Geschäftsverkehr?

Gemäß § 312e BGB hat ein Unternehmer, der sich zum Zwecke des Vertragsschlusses über die Lieferung von Waren und Leistungen oder die Erbringung von Dienstleistungen eines Tele- oder Mediendienstes bedient, gegenüber dem Kunden folgende Pflichten:

- Er muss dem Kunden angemessene, wirksame und zugängliche technische Mittel zur Verfügung stellen, mit deren Hilfe der Kunde vor Abgabe seiner Bestellung Eingabefehler erkennen und berichtigen kann.

- Er muss die notwendigen Informationen, wie z. B. die AGB, vor Abgabe der Bestellung klar und unmissverständlich mitteilen sowie den Kunden gemäß Art. 241 EGBGB über die technischen Schritte, die zum Vertragsschluss führen, informieren.

3.1.2.5 Leistungsstörungen und Haftung

01. Welchen Arten von Leistungsstörungen im Kaufvertrag gibt es?

Leistungsstörungen im Kaufvertrag (§§ BGB)	
Unmöglichkeit	Die Leistung kann vom Schuldner nicht erbracht werden, §§ 280 ff. - anfängliche Unmöglichkeit - nachträgliche Unmöglichkeit
Verzug	**Schuldnerverzug,** z. B. Warenlieferung bzw. Zahlung erfolgt nicht, §§ 286 ff.
	Gläubigerverzug, z. B. Ware oder Zahlung wird nicht oder nicht rechtzeitig angenommen, §§ 293 ff.
Mangel	Die Sache ist mit einem Mangel behaftet (Sach-/Rechtsmangel), § 434
Positive Vertragsverletzung	Schuldhafte Verletzung der Sorgfaltspflicht, §§ 276, 280
Culpa in Contrahendo	Verschulden bei Vertragsanbahnung bzw. Aufnahme der Vertragsverhandlungen, §§ 280, 311
Störung der Geschäftsgrundlage	Eintreten schwer wiegender Umstände nach Vertragsabschluss, § 313

02. Welche Mangelarten gibt es nach §§ 434 f. BGB?

Mangelarten	
Sachmangel	Rechtsmangel

03. Wann liegt ein Sachmangel vor (§ 434 BGB)?

A. Ein *Sachmangel* (im engeren Sinne)
liegt vor, wenn die gelieferte Sache bei Gefahrenübergang *nicht die vereinbarte Beschaffenheit aufweist* (§ 434 BGB):

> - fehlerhafter Ware
> - Abweichung von der vereinbarten Garantie

B. Sofern die *Beschaffenheit nicht vereinbart wurde*, liegt ein *Sachmangel* (im engeren Sinne) dann vor, wenn

> - sich die Sache nicht für die *vertraglich vorausgesetzte Verwendung* eignet,
> - sich die Sache nicht für die *gewöhnliche Verwendung* eignet und nicht eine Beschaffenheit aufweist, die bei Sachen der gleichen Art *üblich* ist,
> - die Eigenschaften der Sache *von der umworbenen Qualität* abweicht (Darstellung in der Werbung).

C. Ein Sachmangel (im weiteren Sinne) ist auch gegeben bei:

> - unsachgemäßer *Montage*
> - mangelhafter *Montageanleitung* (so genannte „IKEA-Klausel")

D. Ein Sachmangel (im weiteren Sinne: „... einem Sachmangel steht es gleich ...") liegt ferner dann vor, bei:

> - *Falschlieferung* („...eine andere Sache liefert ...")

04. Was ist ein Rechtsmangel (§ 435 BGB)?

Die Sache ist frei von Rechtsmängeln, wenn Dritte (in Bezug auf die Sache) keine oder nur laut Kaufvertrag übernommene Rechte geltend machen können.

05. Welche Rechte hat der Käufer bei Mängeln (Schlechtleistung; § 437 BGB)?

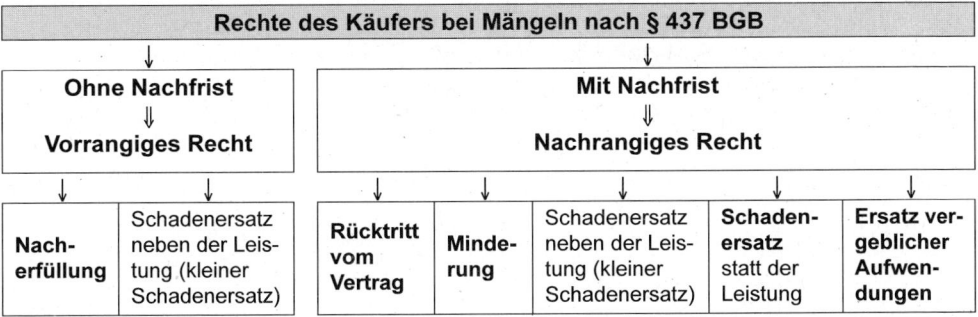

Im Einzelnen:

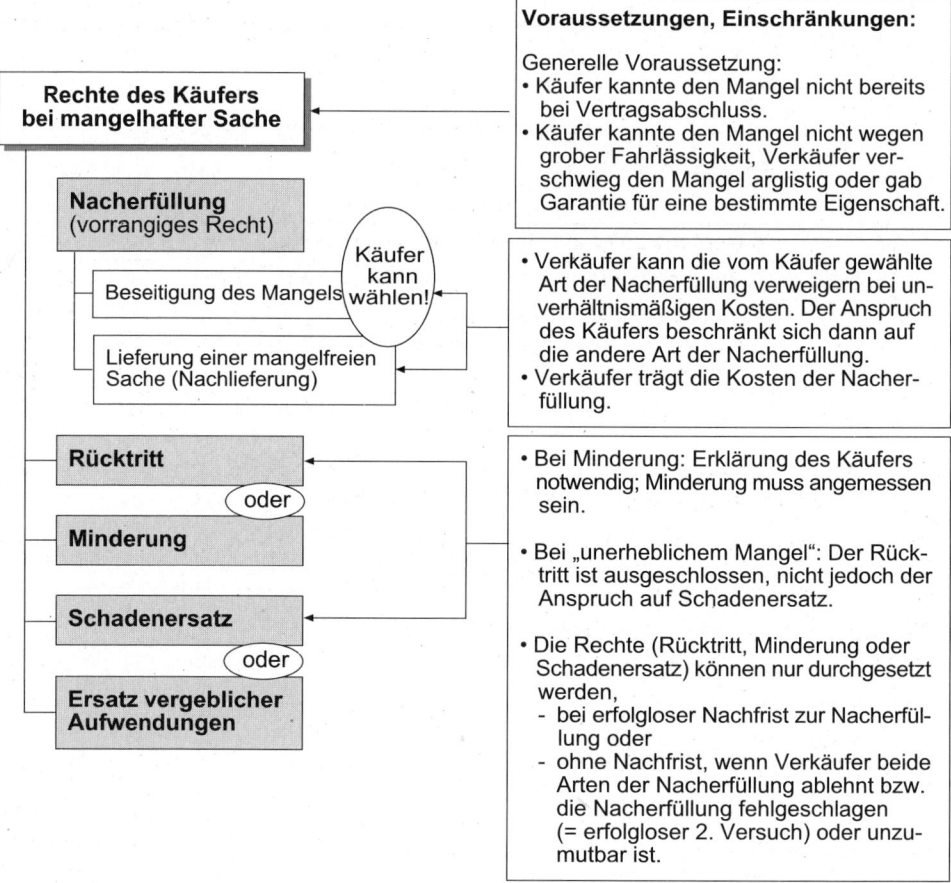

Voraussetzungen, Einschränkungen:

Generelle Voraussetzung:
• Käufer kannte den Mangel nicht bereits bei Vertragsabschluss.
• Käufer kannte den Mangel nicht wegen grober Fahrlässigkeit, Verkäufer verschwieg den Mangel arglistig oder gab Garantie für eine bestimmte Eigenschaft.

• Verkäufer kann die vom Käufer gewählte Art der Nacherfüllung verweigern bei unverhältnismäßigen Kosten. Der Anspruch des Käufers beschränkt sich dann auf die andere Art der Nacherfüllung.
• Verkäufer trägt die Kosten der Nacherfüllung.

• Bei Minderung: Erklärung des Käufers notwendig; Minderung muss angemessen sein.

• Bei „unerheblichem Mangel": Der Rücktritt ist ausgeschlossen, nicht jedoch der Anspruch auf Schadenersatz.

• Die Rechte (Rücktritt, Minderung oder Schadenersatz) können nur durchgesetzt werden,
  - bei erfolgloser Nachfrist zur Nacherfüllung oder
  - ohne Nachfrist, wenn Verkäufer beide Arten der Nacherfüllung ablehnt bzw. die Nacherfüllung fehlgeschlagen (= erfolgloser 2. Versuch) oder unzumutbar ist.

06. Innerhalb welcher Fristen verjähren Mängelansprüche?

• *Verjährung* bedeutet, dass ein Gläubiger seine Ansprüche nach Ablauf einer gesetzlich festgelegten Frist nicht mehr gerichtlich einklagen kann (§ 194 BGB). Der Schuldner hat das Recht der so genannten „Einrede der Verjährung", d. h. er kann die Leistungspflicht verweigern (obwohl der Anspruch de facto noch besteht).

A.	Verjährungsfristen bei Sachmängeln
30 Jahre	bei dinglichen Rechten
	bei einem sonstigen Recht, das im Grundbuch eingetragen ist
5 Jahre	bei einem Bauwerk
	bei einer Sache, die für ein Bauwerk verwendet worden ist
3 Jahre	für arglistig verschwiegene Mängel

2 Jahre	für alle übrigen Mängel; Hauptfall der Gewährleistungsfrist für mangelhafte Warenlieferung
1 Jahr	bei gebrauchten Sachen im Fall des Verbrauchsgüterkaufs (Verkürzung auf ein Jahr möglich)
B.	**Verjährungsfristen für sonstige Ansprüche**
30 Jahre	rechtskräftig festgestellte Ansprüche
	Ansprüche aus vollstreckbaren Urkunden
	Ansprüche aufgrund eines Insolvenzverfahrens
10 Jahre	Ansprüche bei Rechten aus einem Grundstück
3 Jahre	**Regelmäßige Verjährungsfrist:** Forderungen aus Kauf-, Werk- und Mietverträgen sowie Lohn- und Gehaltsforderungen

07. Wann ist der Anspruch auf Leistung ausgeschlossen (Unmöglichkeit nach § 275 BGB) und welche Rechte hat in diesem Fall der Käufer?

• Der Anspruch auf Leistung ist ausgeschlossen, soweit und solange diese für den Schuldner oder für jedermann unmöglich ist.

• Bei Unmöglichkeit der Leistung hat der Käufer – *ohne Nachfristsetzung* – folgende Rechte:

   - Rücktritt vom Vertrag,
   - Minderung des Kaufpreises,
   - Schadenersatz statt Leistung.

Beim zweiseitigen Handelskauf (= der Kauf ist für beide Seiten ein Handelsgeschäft) gelten ergänzende Bestimmungen des HGB (z. B. Prüfungs-, Rüge- und Aufbewahrungsfrist; vgl. Frage 10. ff.).

08. Wann kommt der Schuldner in Verzug nach § 286 BGB?

Unter der Voraussetzung, dass der Schuldner die verspätete Leistung zu vertreten hat (Vorsatz und Fahrlässigkeit), kommt er in Verzug ...

Fall A.: ... *durch Mahnung* des Gläubigers (mit Fristsetzung)

Fall B.: ... *ohne Mahnung*, wenn

   - für die Leistung eine Zeit nach dem Kalender bestimmt ist (Fix- und Termingeschäft)
   - der Schuldner die Leistung verweigert

Fall C.: ... *ohne Mahnung* generell *spätestens nach Ablauf von 30 Tagen* (bei einem Schuldner der Verbraucher ist, gilt dies nur, wenn auf diese Rechtsfolgen besonders hingewiesen wurde)

09. Welche Rechte hat der Käufer bei Lieferungsverzug?

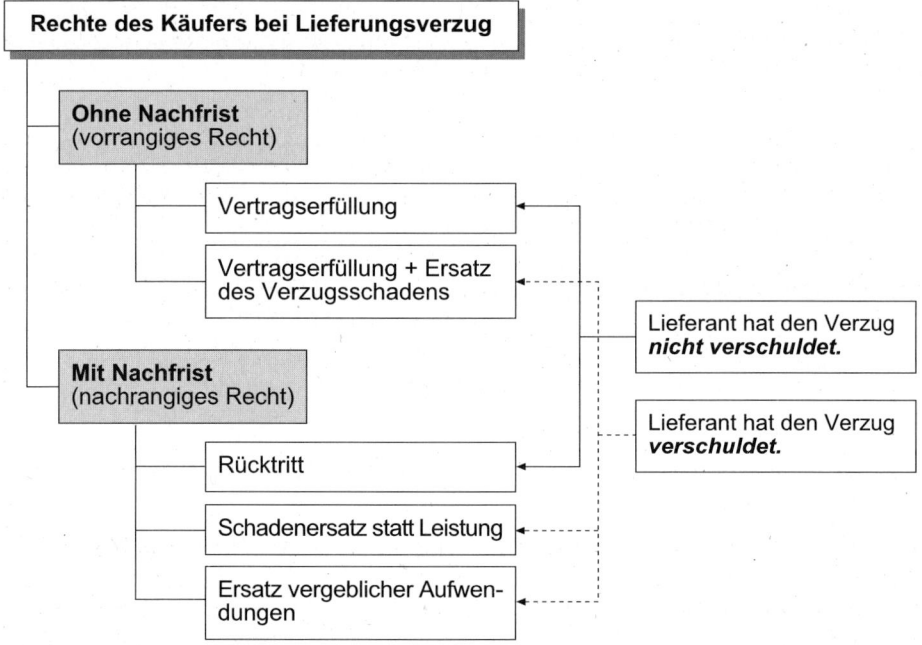

10. Welche Rechte hat der Verkäufer bei Zahlungsverzug?

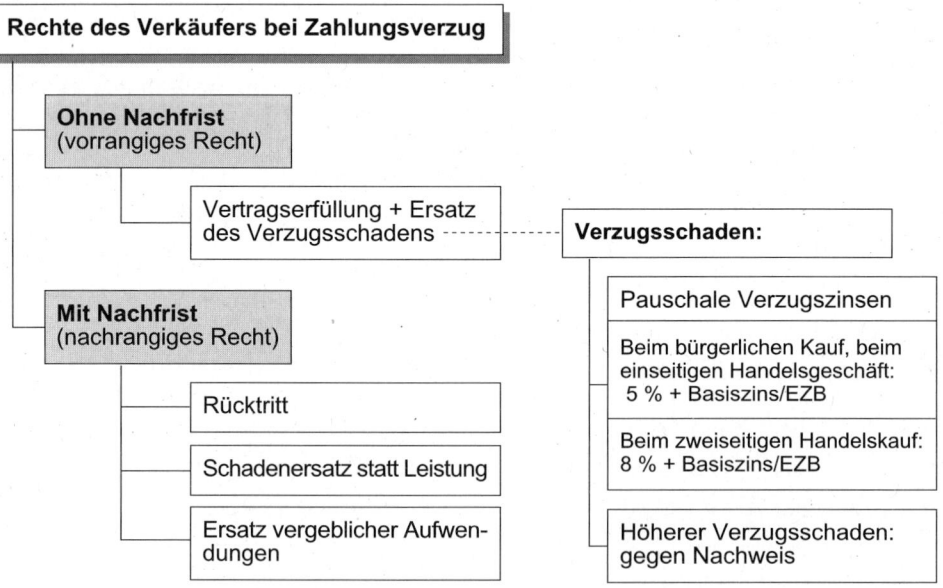

11. Was besagt die unverzügliche kaufmännische Untersuchungs- und Rüge-pflicht?

Im § 377 HGB (letzte Änderung: Bundesgesetzblatt Jahrgang 2006 Teil I Nr. 39, aus-gegeben zu Bonn am 17. August 2006) heißt es in Absatz 1:

> *„Ist der Kauf für beide Teile ein Handelsgeschäft, so hat der Käufer die Ware unverzüglich nach der Ablieferung durch den Verkäufer, soweit dies nach ordnungsmäßigem Geschäfts-gang tunlich ist, zu untersuchen und, wenn sich ein Mangel zeigt, dem Verkäufer unverzüg-lich Anzeige zu machen."*

D. h. im Einzelnen, dass der Käufer einer Ware bei einem zweiseitigen Handelsgeschäft das gekaufte Gut unverzüglich auf seine äußere Beschaffenheit hin zu untersuchen hat und Mängel unverzüglich dem Verkäufer kundzutun hat. Unterlässt er dies, so gilt die Ware als genehmigt (vgl. § 377 Absatz 2 HGB).

12. Welche Bedeutung hat der § 377 HGB für die Warenannahme innerhalb der Materialwirtschaft?

Für die Mitarbeiter im Wareneingang heißt dies, dass sie die Ware, sobald der Verkäu-fer diese abgeliefert hat, unverzüglich zu überprüfen haben. Sollten Mängel festgestellt werden, müssen diese dem Verkäufer angezeigt (gerügt) werden. Nur dann behält der Käufer alle Gewährleistungsrechte. Unter die Untersuchungs- und Rügepflicht fallen nicht nur reine Sachmängel, sondern auch abweichende Mengen (Quantitätsmangel) und Falschlieferungen (Aliudmangel).

13. Wann gilt eine Mängelrüge als rechtzeitig?

Entscheidend für die Erhaltung der Gewährleistungsansprüche ist nicht nur, dass die Ware untersucht wird, sondern ein Mangel auch rechtzeitig gerügt wird. Unverzüglich bedeutet hierbei *ohne schuldhaftes Verzögern*. Es geht zwar nicht um Stunden, aber Verzögerungen von einigen Tagen können bereits negative Folgen nach sich ziehen. Generelle Fristen gibt es nicht – auch nicht aufgrund der Rechtsprechung.

3.1.3 BGB Sachenrecht

3.1.3.1 Eigentum und Besitz

01. Wie werden Besitz und Eigentum einer Sache unterschieden?

Eigentum	*Rechtliche Gewalt* (Herrschaft) über eine Sache (§ 903 BGB); der Eigentümer kann mit der Sache nach Belieben verfahren, soweit nicht das Gesetz oder Rechte Dritter entgegenstehen (verkaufen, vermieten, verleihen, vernichten u. Ä.) *Eigentümer ist der, dem die Sache gehört.*
Besitz	*Tatsächliche Gewalt* (Herrschaft) über eine Sache (§ 854 BGB); der (rechtmäßige) Besitzer einer Sache hat das Recht zur Nutzung der Sache. Man unterscheidet: rechtmäßiger/unrechtmäßiger Besitz. *Besitzer ist, wer die Sache augenblicklich hat.*

Beispiel: Herr Müller kauft im Laden ein Fahrrad und bezahlt den Kaufpreis. Über das Wochenende verleiht er das Fahrrad an seinen Freund Peter Grundig. Eigentümer: Herr Müller; Besitzer am Wochenende: Herr Grundig.

02. Wie werden Besitz und Eigentum einer Sache rechtmäßig übertragen?

Übertragung von ...	Mobilien (bewegliche Sachen)	Immobilien (unbewegliche Sachen, z. B. Grundstücke, Gebäude)
Eigentum	durch Einigung und Übergabe	durch Einigung vor einem Notar und Eintragung im Grundbuch
Besitz		durch Einigung und Überlassung

03. Wie lassen sich vertragliche Ansprüche durch einfachen Eigentumsvorbehalt sichern?

Beim einfachen Eigentumsvorbehalt (§ 449 BGB) einigen sich Verkäufer und Käufer dahingehend, dass der Verkäufer so lange Eigentum an dem Kaufgegenstand behält, bis der Kaufpreis vollständig bezahlt ist. Der Besitz an der Sache wird dabei schon dem Käufer eingeräumt, sodass er den Kaufgegenstand bereits nutzen kann.

Soll der Eigentumsvorbehalt Bestandteil des Kaufvertrages werden, so müssen sich die Vertragsparteien darüber einigen. Regelmäßig wird daher der Eigentumsvorbehalt im Vertragstext festgeschrieben oder ist Bestandteil der AGB. Ein kaufvertraglich festgelegter Eigentumsvorbehalt bewirkt einen zeitlich befristeten Aufschub der Übereignung.

04. Welche Rechtswirkung entfaltet der verlängerte Eigentumsvorbehalt?

Da der Verkäufer sein durch den Eigentumsvorbehalt gesichertes Eigentum durch Verarbeitung (§ 950 BGB) oder durch Veräußerung an einen gutgläubigen Erwerber (§ 932 BGB) verlieren kann, ist er an einer noch weitergehenden Sicherung interessiert.

Mit dem verlängerten Eigentumsvorbehalt wird bewirkt, dass der *Verkäufer Eigentümer des Verarbeitungsproduktes bzw. automatisch Inhaber der Kaufpreisforderung gegen den gutgläubigen Erwerber wird* (vgl. auch S. 235).

Beispiel:
Keller liefert an den Werkzeughersteller Kochorek Bleche, aus denen Sägeblätter hergestellt werden sollen. Da Kochorek ständig mit Zahlungsschwierigkeiten zu kämpfen hat, vereinbaren beide einen verlängerten Eigentumsvorbehalt von Keller. Die Sägeblätter werden also für Keller hergestellt, der durch den verlängerten Eigentumsvorbehalt Eigentümer derselben bleibt. Der Verkaufserlös steht dann in Höhe des ursprünglichen Kaufpreises der Bleche ebenfalls Keller direkt zu.

Bis zur endgültigen Übereignung der Kaufsache ist der Käufer nicht rechtlos. Ihm steht bis zu diesem Zeitpunkt ein so genanntes Anwartschaftsrecht zu. Diese Rechtsposition ist der des Eigentums ähnlich. Sie kann unter anderem verkauft oder verpfändet werden.

3.1.3.2 Finanzierungssicherheiten

01. Welche Formen der Kreditsicherung (auch: Finanzierungssicherheiten) gibt es?

Im Einzelnen:

Personal-kredit	**Einfacher (reiner) Personalkredit** (ungedeckter Kredit, Blankokredit): Sicherung des Kredits nur in der Person begründet; i. d. R. kurzfristig.
	Verstärkter Personalkredit: Neben dem Kreditnehmer haften noch weitere Personen.
Bürgschaft	Zwei Verträge: Kreditvertrag + (schriftlicher) Bürgschaftsvertrag; der Bürge haftet für die Verbindlichkeit des Hauptschuldners.
	Ausfallbürgschaft: Bürge haftet erst, wenn Hauptschuldner nicht zahlen kann („Einrede der Vorausklage").
	Selbstschuldnerische Bürgschaft: Bürge haftet wie Hauptschuldner; Verzicht auf Einrede der Vorausklage; bevorzugtes Instrument der Banken.
	Avalkredit: Bank als Bürge. Die Bank haftet selbstschuldnerisch aufgrund einer eingegangenen Bürgschaftsverpflichtung; sie gibt ihren guten Namen (Kosten für den Kreditnehmer).
Forderungs-abtretung (Zession)	Der Schuldner tritt seine Forderungen an Dritte/an die Bank ab; schriftlicher Vertrag.
	Offene Zession: Dem Drittschuldner ist die Zession bekannt; er zahlt an die Bank.
	Stille Zession: Dem Drittschuldner ist die Zession nicht bekannt; er zahlt weiterhin an den Gläubiger (= Kreditnehmer).
	Einzelzession: Eine bestimmte Forderung wird abgetreten.
	Mantelzession: Mehrere, spezifizierte Forderungen werden abgetreten.
	Globalzession: Alle bestehenden und zukünftigen Forderungen werden abgetreten.
Sonder-formen	**Garantie:** Der Garantiegeber (z. B. die Bank) verpflichtet sich per Vertrag zu einer Risikoübernahme und kann in Anspruch genommen werden, ohne dass der Berechtigte den Bestand der garantierten Forderung nachweist.
	Patronatserklärung: Sicherungsmittel bei der Kreditgewährung an Tochtergesellschaften eines Konzerns: Die Muttergesellschaft verpflichtet sich gegenüber der Bank, ihre Tochtergesellschaft jederzeit in die Lage zu versetzen, ihren finanziellen Verpflichtungen nachkommen zu können.
Realkredit	Es haften der Kreditnehmer und bestimmte Vermögensgegenstände.
	Hypothek: Die Hypothek ist die Belastung eines Grundstücks, durch die der Kreditgeber berechtigt ist, sich wegen einer bestimmten Forderung (z. B. wegen eines gewährten Baudarlehens) aus dem Grundstück zu befriedigen. *Die Hypothek ist an den Bestand einer Forderung gebunden.*
	Das heißt: - Dingliche Haftung und mit dem Privatvermögen. - Gebunden an eine Forderung. - Nach Rückzahlung der Forderung muss die Hypothek im Grundbuch gelöscht werden. - Wenn die Hypothek getilgt ist, kann die Umwandlung in eine Eigentümergrundschuld erfolgen.
	Grundschuld: Hier gilt: - Ebenfalls ein Pfandrecht an einem Grundstück; - Haftung nur mit der Sache (Grundstück); - Keine Bindung an eine Forderung notwendig.

Sonstige Real-sicherheiten	**Verpfändung:** Schuldner bleibt Eigentümer, verliert aber den Besitz an der Sache.
	Lombardkredit: Kurzfristiges Darlehen unter Verpfändung beweglicher Sachen, Wertpapiere oder Forderungen.
	Sicherungsübereignung: Schuldner bleibt Besitzer, verliert aber das Eigentum an der Sache.
	Eigentumsvorbehalt: Bei Warengeschäften; übliche Sicherheit bei Lieferantenkrediten; die gelieferte Ware bleibt bis zur vollständigen Bezahlung Eigentum des Verkäufers.
	Verlängerter Eigentumsvorbehalt: Lieferant erhält Abtretung der Rechte bei Weiterverkauf der Sache.
	Erweiterter Eigentumsvorbehalt: Lieferant bleibt Eigentümer (auch) der weiterverarbeiteten Ware bzw. wird Eigentümer der hergestellten Sache.

02. Was bedeutet die Einrede des Zurückbehaltungsrechts?

Wer einen Vertrag eingeht, hat seine Verpflichtungen nach dem Grundsatz „Verträge müssen eingehalten werden" auch zu erfüllen. Selbst wenn der Käufer aus von ihm nicht verschuldeten Umständen kein Geld hat, befreit ihn das nicht von der Zahlungsverpflichtung aus Lieferverträgen. Zahlt der Käufer dennoch nicht, kann der Verkäufer:

- den Käufer durch Mahnung in Verzug setzen, sofern er nicht bereits durch Überschreitung eines konkreten Termins in Verzug gesetzt ist (reagiert der Käufer nicht, kann der Verkäufer bereits nach der 1. Mahnung die gerichtliche Geltendmachung betreiben).

- die Leistung verweigern (*Zurückbehaltungsrecht* nach § 273 BGB) und erst leisten, wenn der Käufer gezahlt hat (§ 274 BGB - „Zug um Zug").

- vom Käufer den Ersatz des ihm durch den Verzug entstandenen Vermögensschadens verlangen. Dazu gehören unter anderem Kosten für Mahnungen, die erfolgen, nachdem der Käufer bereits in Verzug gesetzt ist.

- eine Frist setzen, nach fruchtlosem Verstreichen dieser Frist kann er entweder vom Vertrag zurücktreten oder Schadenersatz wegen Nichterfüllung fordern.

- Verzugszinsen verlangen. Diese betragen bei Rechtsgeschäften, an denen ein Verbraucher nicht beteiligt ist, mindestens 8 % (§ 288 Abs. 2 BGB), ansonsten mindestens 5 % über dem Basiszinssatz der Europäischen Zentralbank (§ 288 Abs. 1 BGB). Nimmt der Gläubiger jedoch einen höher verzinsten Bankkredit in Anspruch, hat der sich in Zahlungsverzug befindliche Schuldner Zinsen in der entsprechenden Höhe zu entrichten.

Voraussetzung für die Geltendmachung des *Zurückbehaltungsrechts nach § 273 BGB* ist, dass der Gläubiger einen Anspruch geltend macht und der Schuldner seinerseits einen fälligen eigenen Gegenanspruch gegen den Gläubiger hat. Beide Ansprüche müssen jedoch aus demselben rechtlichen Verhältnis herrühren und das Zurückbehaltungsrecht darf nicht kraft Vereinbarung oder gesetzlicher Vorschrift ausgeschlossen oder durch die Einwendung rechtswidriger Ausübung vernichtet werden.

Das *kaufmännische Zurückbehaltungsrecht nach §§ 369 und 370 HGB* ist ebenfalls an strenge Voraussetzungen gebunden:

- Der Gläubiger hat einen Anspruch auf Herausgabe von beweglichen Sachen oder Wertpapieren.

- Der Schuldner des Herausgabeanspruchs hat fällige Geldforderungen aus einem beiderseitigen Handelsgeschäft mit dem Gläubiger.

  Der Schuldner hat die beweglichen Sachen oder Wertpapiere aufgrund eines Handelsgeschäfts im Besitz.

- Die Zurückbehaltung darf nicht einer vor oder bei der Übergabe der beweglichen Sache erteilten Weisung des Gläubigers widersprechen, in einer bestimmten Weise mit den Gegenständen zu verfahren.

3.1.3.3 Grundlagen des Insolvenzrechts

01. Wie erfolgt die Einleitung des Insolvenzverfahrens?

Für den Antrag auf Eröffnung eines Insolvenzverfahrens ist das Amtsgericht zuständig, in dessen Bezirk der Schuldner seinen Gerichtsstand hat. Antragsberechtigt sind

- der Schuldner – bei „drohender Zahlungsunfähigkeit" (Eigenantrag; § 18 InsO),
- Schuldner oder Gläubiger – bei „Zahlungsunfähigkeit" (§ 17 InsO) bzw. „Überschuldung"* (bei juristischen Personen; § 19 InsO).

  * Vor dem Hintergrund der Instabilität der Finanzmärkte wurde im Oktober 2008 das Insolvenzrecht geändert: Der Begriff der *Überschuldung* wurde so angepasst, dass Unternehmen, die voraussichtlich in der Lage sind, *mittelfristig ihre Zahlungen zu leisten,* auch wenn eine vorübergehende bilanzielle Unterdeckung vorliegt, *keinen Insolvenzantrag stellen müssen.*

Das Gericht prüft den Insolvenzantrag und beschließt

- die Eröffnung des Verfahrens oder
- die Ablehnung des Verfahrens „mangels Masse" (Vermögen reicht nicht aus, um die Kosten des Verfahrens zu decken).

02. Welche Wirkung hat das Insolvenzverfahren für Schuldner und Gläubiger?

Wirkung des Insolvenzverfahrens:

→ Der Insolvenzschuldner verliert mit sofortiger Wirkung die Verwaltungs- und Verfügungsberechtigung und ist mitteilungspflichtig (notfalls auch „Postsperre"); seine Vollmachten erlöschen.

→ Die Gläubiger verlieren das Recht auf Zwangsvollstreckung und müssen ihre Forderungen schriftlich beim Insolvenzverwalter anmelden.

→ Die Schuldner sind verpflichtet, nur noch an den Insolvenzverwalter zu leisten.

Maßnahmen des Insolvenzverwalters	→ FVVV
Feststellen	Massegegenstände erfassen, Gläubigerverzeichnis erstellen usw.
Verwalten	Führen der laufenden Geschäfte, Kündigung von Verträgen, Führen von Prozessen, Insolvenzplan/Sanierungsplan erstellen
Verwerten	Verkauf/Versteigerung von Vermögensgegenständen
Verteilen	Insolvenzmasse nach festgelegter Reihenfolge verteilen

03. Wie ist der Ablauf des Insolvenzverfahrens?

1. Das Amtsgericht entscheidet über Eröffnung oder Ablehnung des Verfahrens (vgl. Frage 01.).

2. Bestellung eines vorläufigen Insolvenzverwalters (Sequester). Dieser muss in der Gläubigerversammlung bestätigt werden.

3. Auferlegung eines „Verfügungsverbots" für den Schuldner oder Festlegung der „Verfügung nur mit Zustimmung des Insolvenzverwalters".

4. Ggf. Einstellung von Zwangsvollstreckungsmaßnahmen.

5. Eröffnungsbeschluss:
   - Veröffentlichung im Bundesanzeiger und in einer überregionalen Zeitung
   - Zustellung an alle Gläubiger, alle Schuldner und den Insolvenzgläubiger
   - Mitteilung an das Handels- bzw. Genossenschaftsregister
   - Eintragung in das Grundbuch

Quellentext:

> Über das Vermögen der Global Möbelvertriebs GmbH Mecklenburg, v. d. d. Geschäftsführer Jürgen Höltkemeier, Wöbbeliner Chaussee 69, 19288 Ludwigslust, wurde am 11.05.2007 das Insolvenzverfahren durch das Amtsgericht Schwerin (Aktenzeichen: 583 IN 86/06) eröffnet. Als Insolvenzverwalter wurde Rechtsanwalt Dr. Mark Zeuner, Beethovenstraße 13, 19053 Schwerin, bestellt. Forderungen sind bis zum 26.06.2007 bei dem Insolvenzverwalter anzumelden.

Quelle: Wirtschaftskompass 9/2007; Zeitschrift der IHK zu Schwerin

6. Bestätigung bzw. Bestellung des Insolvenzverwalters

7. Alle Gläubiger teilen ihre Forderungen und Sicherungsrechte dem Insolvenzverwalter mit.

8. Der Insolvenzverwalter erstellt
   - ein Verzeichnis aller Gegenstände der Insolvenzmasse,
   - ein Verzeichnis aller Forderungen und Rechte der Gläubiger.

9. Der Insolvenzverwalter bestimmt zwei Termine.
   - Berichtstermin:
     Lage des Insolvenzschuldners/des Unternehmens; über die Fortführung oder Stilllegung des Unternehmens entscheiden die Gläubiger.
   - Prüftermin:
     In der Prüfversammlung werden die Forderungen der Gläubiger auf ihre Berechtigung geprüft.

10. Bei Stilllegung des Unternehmens erfolgt die Befriedigung der Gläubiger in der Reihenfolge (vgl. Frage 05.):
    - *Aussonderung* (§ 47 InsO)
    - *Absonderung* (§§ 49 ff. InsO)
    - Massegläubiger (§§ 53 ff., 209 InsO)
    - Insolvenzgläubiger (§ 38 InsO)
    - nachrangige Insolvenzgläubiger (§ 39 InsO)

11. Nach der Schlussverteilung: Aufhebung des Verfahrens durch das Amtsgericht.

12. Bei Fortführung des Unternehmens (Gläubigerbeschluss) kann der Insolvenzverwalter zur Erstellung eines *Insolvenzplanes* aufgefordert werden. Dieser kann folgenden Inhalt haben:

Insolvenzplan	
Vergleichsplan	Die Gläubiger verzichten auf einen Teil ihrer Forderungen oder stunden sie.
Liquidationsplan	Das Unternehmen bleibt nur bis zur endgültigen Liquidation bestehen (Vergrößerung der Insolvenzmasse).
Übertragungsplan	Das Unternehmen wird verkauft, weil der Erlös höher ist als der Erlös aus dem Verkauf der einzelnen Vermögenswerte.

04. Was ist die Insolvenzmasse?

Die Insolvenzmasse ist das gesamte Vermögen, das dem Schuldner zur Zeit der Insolvenzeröffnung gehört und das er während des Insolvenzverfahrens erlangt. Sie dient zur Befriedigung der Gläubiger.

05. Nach welcher Rangfolge werden die Gläubiger im Insolvenzverfahren berücksichtigt?

1.
Aussonderung

Vermögensgegenstände, die zwar im Besitz des Schuldners sind, aber ihm nicht gehören, werden vorab ausgesondert (z. B. unter Eigentumsvorbehalt gelieferte Ware). Diese Gläubiger gehören nicht zu den Insolvenzgläubigern.

⇓

2.
Absonderung

Vermögensgegenstände, die mit einem fremden Recht belastet sind, werden abgesondert (z. B. belastete Immobilien; Pfandrechte). Diese Gläubiger werden vorrangig befriedigt, z. B. über Zwangsversteigerung.

⇓

3.
Massegläubiger

Dazu gehören die Kosten des Insolvenzverfahrens sowie die sonstigen Masseverbindlichkeiten (Kosten aufgrund der Verwaltung der Insolvenzmasse).

⇓

4.	**Insolvenzgläubiger**

Zu den Insolvenzgläubigern rechnen diejenigen Gläubiger, die zur Zeit der Insolvenzeröffnung einen begründeten Vermögensanspruch angemeldet haben und deren Anspruch erfasst wurde (z. B. Lieferanten- und Lohnforderungen).

⇓

5.	**Nachrangige Insolvenzgläubiger**

Die Forderungen dieser Gläubiger werden zum Schluss berücksichtigt (z. B. Zinsen aus Forderungen der Insolvenzgläubiger seit Insolvenzeröffnung).

06. Was ist die Gläubigerversammlung und welche Beschlussrechte hat sie?

Gläubiger-versammlung	= absonderungsberechtigte Gläubiger + Insolvenzgläubiger + Insolvenzverwalter + Schuldner
	Beschluss über - Stilllegung des Unternehmens (Zwangsauflösung) oder - Fortführung des Unternehmens (vgl. Insolvenzplan: Frage 03.)
	Zur Beschlussfassung ist erforderlich, dass die Summe der Forderungsbeträge der zustimmenden Gläubiger mehr als 50 % der Forderungsbeträge (der abstimmenden Gläubiger) entspricht.

07. Wie wird die Insolvenzquote ermittelt?

Die Insolvenzquote ist der prozentuale Anteil der zur Verteilung verfügbaren Mittel an der Summe der Forderungen der Insolvenzgläubiger.

Insolvenzquote	$\dfrac{\text{zur Verteilung verfügbare Mittel} \cdot 100}{\text{Summe der Forderungen der Insolvenzgläubiger}}$

3.1.4 Handelsgesetzbuch

3.1.4.1 Begriff des Kaufmanns

01. Wer ist Kaufmann?

Kaufmann ist, wer ein Handelsgewerbe betreibt (§ 1 Abs. 1 HGB).

02. Was ist ein Handelsgewerbe?

Handelsgewerbe ist jeder Gewerbebetrieb, es sei denn, dass das Unternehmen nach Art und Umfang *einen in kaufmännischer Weise eingerichteten Geschäftsbetrieb <u>nicht</u> erfordert* (§ 1 Abs. 2 HGB).

Merke: | Das Kriterium „einen in kaufmännischer Weise eingerichteten Geschäftsbetrieb"
dient zur Unterscheidung zwischen *Kaufleuten* und *Nicht-Kaufleuten*.

03. Welche Arten von Kaufleuten werden nach dem HGB unterschieden?

Istkaufmann, § 1	Kaufmann kraft Handelsgewerbe	- Handelsgewerbe - Kaufmännische Organisation
Kannkaufmann, § 2 → Kleingewerbetreibender	Kaufmann kraft freiwilliger Eintragung	- Eintragungswahlrecht - Löschungsantragsrecht - „Kaufmann mit Rückfahrkarte"
Kannkaufmann, § 3 → Land- und Forstwirtschaft		Anwendung auf Betriebe der Land- und Forstwirtschaft
Formkaufmann, § 6	Kaufmann kraft besonderer Rechtsform	Alle Kapitalgesellschaften und Genossenschaften (AG, KGaA, GmbH, eG)

04. Was ist eine Firma?

Die Firma eines Kaufmanns *ist der Name,*

- unter dem er seine Handelsgeschäfte betreibt,
- seine Unterschrift abgibt,
- klagt und
- verklagt werden kann.

05. Welche Grundsätze müssen bei der Firmenbildung eingehalten werden?

Die Firmenbildung (Namensgebung) muss folgende Grundsätze beachten:

① *Firmenausschließlichkeit:*
Unterscheidungskraft (von anderen Gewerbetreibenden)

② *Firmenklarheit:*
Ersichtlichkeit der Gesellschafts- und Haftungsverhältnisse

③ *Firmenwahrheit:*
Wahrheit (keine Irreführung)

④ *Firmenöffentlichkeit:*
Jeder Kaufmann ist verpflichtet, seine Firma in das Handelsregister eintragen zu lassen (§ 29).

06. Welche Firmenarten gibt es?

Zur Firma gehören der *Firmenkern* (gesetzlich vorgeschrieben) und der *Firmenzusatz.*

Nach § 19 HGB muss der *Firmenkern* je nach Rechtsform folgende *Bezeichnungen* enthalten:

Einzel-kaufleute	OHG	KG	GmbH	AG	KGaA
„eingetragener Kaufmann"; „eingetragene Kauffrau"	„Offene Handelsge-sellschaft"	„Kommandit-gesellschaft"	„Gesellschaft mit beschränkter Haftung"	„Aktiengesell-schaft"	„Kommandit-gesellschaft auf Aktien"
	oder eine allgemein verständliche Abkürzung dieser Bezeichnungen				
insbesondere: „e. K." „e. Kfm." „e. Kfr."					

Neben diesen Vorgaben kann die Firma grundsätzlich gebildet als:

		Beispiele:
Personenfirma	ein oder mehrere Personenname(n)	*Günter Kraue e. K.* *Mechel & Sohn OHG*
Sachfirma	Gegenstand des Unternehmens	*IT-Vertriebs GmbH* *Rostocker Schiffsausrüster KG*
Fantasiefirma	„frei erfunden"; oft: Firmenzei-chen oder Abkürzungen	*Blitzblank OHG* *adidas AG*
Gemischte Firma	Kombination von Personen-, Sach- und/oder Fantasiefirma	*Fischstübchen Bärbel Krause e. Kfr.* *Textilfenster Ilse Neumann e. Kfr.* *Günter Grigoleit · Immobilien KG*

3.1.4.2 Handlungsvollmacht, Prokura

01. Was ist eine Vollmacht?

Eine Vollmacht ist das Recht, in fremdem Namen Geschäfte gültig abzuschließen. Man unterscheidet zwei Formen der Vollmacht (Befugnis): Die Handlungsvollmacht und die Prokura.

02. Was sind die wesentlichen Unterschiede der Handlungsvollmacht und der Prokura?

Vollmachten		
	Handlungsvollmacht	**Prokura**
Umfang	Die *allgemeine Handlungsvollmacht* erstreckt sich auf *alle Geschäfte und Rechtshandlungen,* die der Betrieb eines derartigen Handelsgewerbes oder die Vornahme derartiger Geschäfte *gewöhnlich* mit sich bringt (§ 54 HGB).	Die Prokura ermächtigt zu allen Arten von gerichtlichen und außerge-richtlichen Geschäften und Rechts-handlungen, die der Betrieb eines Handelsgewerbes mit sich bringt (§ 49 HGB).

(Fortsetzung)	Handlungsvollmacht:	Prokura:
Umfang	Dazu gehören nicht: - Veräußerung oder Belastung von Grundstücken - Eingehen von Wechselverbindlichkeiten - Aufnahme von Darlehen - Prozessführung - Rechtsgeschäfte, die ein Prokurist nach dem HGB nicht vornehmen darf, sind auch dem Handlungsbevollmächtigten verboten	Dazu gehören nicht: - Veräußerung oder Belastung von Grundstücken - Bilanzen und Steuererklärungen unterschreiben - Eintragungen im HR - Prokura erteilen - Insolvenzverfahren eröffnen - Gesellschafter aufnehmen - Gesellschaft auflösen/verkaufen
Beschränkung	Die Handlungsvollmacht darf beliebig eingeschränkt werden (vgl. § 54 Abs. 3)	Eine Beschränkung des Umfangs der Prokura ist Dritten gegenüber unwirksam (§ 50 Abs. 1 HGB). Im Innenverhältnis ist sie möglich.
Unterschrift mit dem Zusatz	Einzel- und Artvollmacht: i. A. im Auftrag Allgemeine Handlungsvollmacht: i. V. in Vollmacht	ppa. per procura
Arten	**Allgemeine Handlungsvollmacht** → Alle branchenüblichen Geschäfte	**Einzelprokura** → Vollmacht gilt allein, in vollem Umfang
	Artvollmacht → Bestimmte Rechtsgeschäfte (z. B. Einkauf oder Verkauf)	**Gesamtprokura** → Vollmacht darf nur von zwei (oder mehreren) Personen ausgeübt werden
	Einzelvollmacht → Einmalige Ausübung eines Rechtsgeschäfts (z. B. Scheck einlösen)	**Filialprokura** → Vollmacht beschränkt sich auf eine Niederlassung
	Generalvollmacht → Alle gewöhnlichen und außergewöhnlichen Rechtsgeschäfte; übersteigt im Umfang i. d. R. die Prokura; gesetzlich nicht geregelt.	
Erteilung	Die allgemeine Handlungsvollmacht kann von Kaufleuten und Prokuristen erteilt werden. Die anderen Formen kann jeder Bevollmächtigte als Untervollmacht erteilen. - formlos; ausdrücklich/konkludent - keine Eintragung im HR	- nur vom Inhaber persönlich - ausdrücklich (ohne Formzwang) - muss im HR eingetragen sein

(Fortsetzung)	Handlungsvollmacht	Prokura:
Erlöschen	- Widerruf - Auflösung des Dienstverhältnisses - Auflösung des Geschäfts Die Einzelvollmacht erlischt nach Ausführung des Auftrags.	- Widerruf - Auflösung des Dienstverhält-nisses - Auflösung/Verkauf des Geschäfts Die Prokura erlischt nicht mit dem Tod des Inhabers; sie bleibt nach außen hin wirksam bis zur Streichung im HR.

3.1.4.3 Handelsregister

01. Was ist das Handelsregister?

Das Handelsregister (HR; § 8 HGB) ist ein *öffentliches Verzeichnis* beim Amtsgericht, in das alle *Kaufleute* des betreffenden Bezirks einzutragen sind. Jeder Kaufmann ist zur Eintragung verpflichtet.

Anmeldungen (Neueintragung, Veränderung, Löschung) müssen *in öffentlich beglaubigter Form* erfolgen. Das Amtsgericht führt vor jeder Eintragung eine firmenrechtliche Prüfung durch und holt die Stellungnahme der zuständigen IHK ein.

(Fiktives) Beispiel eines Blattes aus dem Handelsregister:

Amtsgericht Neustrelitz		**HRA 3**		Blatt	
Nr. der Eintra-gung	a) Firma b) Ort der Niederlassung c) Gegenstand des Unternehmens	Geschäftsinhaber persönlich haftender Gesellschafter	Prokura	Rechts-verhältnisse	a) Tag der Eintragung und Unterschrift b) Bemerkungen
1	**2**	**3**	**4**	**5**	**6**
1	a) Gerd Grigoleit e.K. b) Neustrelitz c) Fachgeschäft für Eisenwaren	Handwerks-meister Gerd Grigoleit Neustrelitz		Einzelkaufmann	a) 14. Sept. 20.. Luise Selig (Justizinspektorin)
2		Günter Krause Kaufmann Neustrelitz		Geschäftsübergang auf Kaufmann Günter Krause Firmenfortführung	a) 20. Okt. 20.. Luise Selig (Justizinspektorin)
3					

Das Handelsregister hat *zwei Abteilungen:*

📋 Anmeldung zur Eintragung über einen Notar → Amtsgericht → **Handelsregister**	
Abteilung A	**Abteilung B**
- **eingetragene Kaufleute** (e. K., e. Kfm., e. Kfr.)	**Kapitalgesellschaften** (GmbH, KGaA, AG)
- **Personengesellschaften** (OHG, KG)	

Die Wirkung der Eintragung hat unterschiedlichen Charakter:

- *Konstitutive* (rechtserzeugende) Wirkung:
  Land- und Forstwirte, Kleingewerbetreibende (Kannkaufleute) sowie Formkaufleute (GmbH, AG)

- *Deklaratorische* (rechtsbezeugende) Wirkung:
  Istkaufleute

Seit Januar 2007 läuft das gesamte *Verfahren* von der Anmeldung bis zur Veröffentlichung rein *elektronisch* (Beurkundung nach wie vor beim Notar; dieser reicht die Daten in elektronischer Form beim Registergericht ein).

- *Vorteil* des Online-Dienstes sind schnelle und einfache Eintragungsverfahren.

- *Nachteil* ist die erhöhte Transparenz der Unternehmensdaten: Künftig müssen Jahres- und Konzernabschlüsse im elektronischen Bundesanzeiger veröffentlicht werden. Jeder – auch die Konkurrenz – kann sich somit über die wirtschaftliche Lage einer Firma informieren.

Unternehmensdaten können ab sofort kostenlos unter www.unternehmensregister.de und www.handelsregister.de abgerufen werden. Noch bis Ende 2008 wurden die Eintragungen parallel in einer Tageszeitung bekannt gemacht.

Das Handelsregister genießt öffentlichen Glauben. Dies bedeutet:

- Jede Eintragung gilt als bekannt.
- Jeder kann auf die Richtigkeit der Eintragung vertrauen.
- Nicht eingetragene Tatsachen gelten als nicht bekannt („Auf das Schweigen des Registers kann man vertrauen").

3.1.4.4 Vermittlergewerbe

01. Wer ist Handelsvertreter?

Handelsvertreter • §§ 84 - 92c HGB	
Rechtsstellung	Handelsvertreter ist, wer als *selbstständiger Gewerbetreibender* <u>ständig</u> damit betraut ist, für einen anderen Unternehmer *Geschäfte zu vermitteln* (Vermittlungsvertreter) oder in dessen Namen abzuschließen (Abschlussvertreter). Er wird also für fremde Rechnung in fremdem Namen tätig. Es gelten die §§ 84 - 92c HGB (bitte lesen).
Pflichten	- Bemühungspflicht: Vermittlung oder Abschluss von Geschäften - Unverzügliche Mitteilungspflicht an den Unternehmer über Vermittlung oder Abschluss eines Geschäfts - Sorgfaltspflicht: Sorgfalt eines ordentlichen Kaufmanns, z.B. Aufzeichnungspflicht, Führen von Büchern - Schweigepflicht über Geschäftsgeheimnisse des Unternehmers – auch nach Beendigung des Vertragsverhältnisses - Befolgungspflicht: Weisungen des Unternehmers sind zu befolgen.
Rechte	- Delkredereprovision (Risiko des Zahlungseingangs; § 86b HGB) - Abschluss- oder Vermittlungsprovision (§§ 87 ff. HGB) - Überlassung von Mustern, Zeichnungen usw. durch den Unternehmer (§ 6a HGB) - Ausgleichsanspruch nach Beendigung des Vertragsverhältnisses (§ 89b HGB)

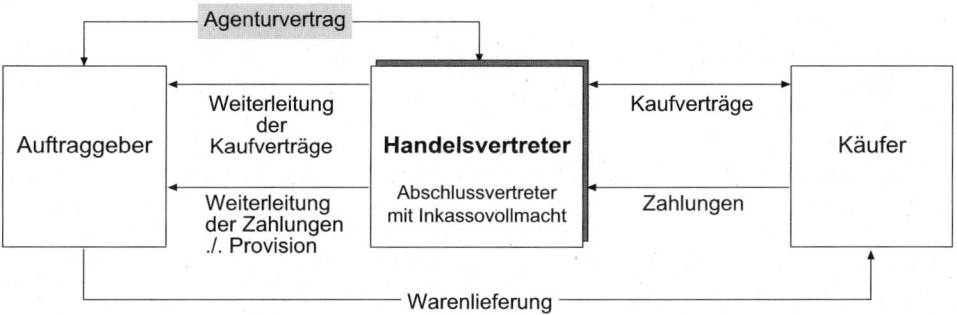

02. Wer ist Handelsmakler?

Handelsmakler • §§ 93 - 104 HGB	
Rechtsstellung	Der Handelsmakler ist selbstständiger Gewerbetreibender, der für Unternehmen (von Fall zu Fall) Geschäfte vermittelt. Er ist im Gegensatz zum Handelsvertreter *nicht ständig für ein Unternehmen tätig*. Es gelten die §§ 93 - 104 HGB (bitte lesen).

Pflichten	- Wahrnehmung der Interessen beider Parten (ansonsten haftet er bei Verschulden) - Erstellung einer Schlussnote nach Abschluss des Geschäfts (§ 94 Abs. 1 HGB) - Führen eines Tagebuchs: In dieses sind alle abgeschlossenen Geschäfte täglich einzutragen. Die Eintragungen sind nach der Zeitfolge zu bewirken. - Auf Verlangen der Parteien muss er jederzeit Auszüge aus dem Tagebuch geben. - Unter bestimmten Bedingungen hat er Proben zu kennzeichnen und aufzubewahren (§ 96 HGB).
Rechte	- Recht auf Maklerlohn (Courtage), auch ohne besondere Vereinbarung - Im Regelfall zahlt jede Partei die Hälfte des Maklerlohns; dies gilt auch dann, wenn das Geschäft zwar abgeschlossen, aber nicht durchgeführt wurde.

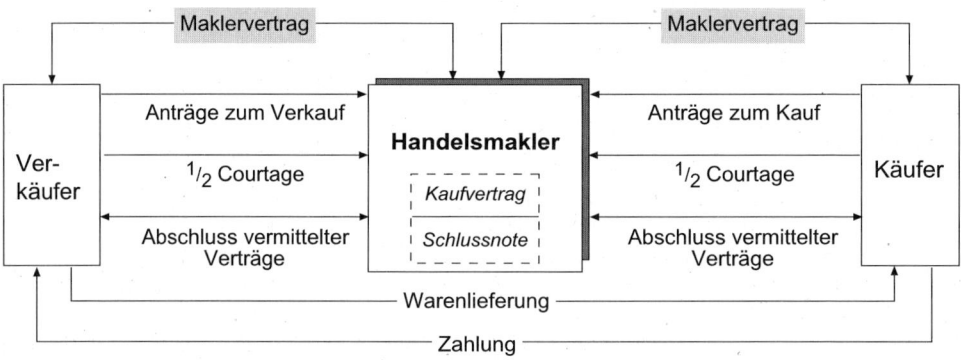

03. Wer ist Kommissionär?

Kommissionär • §§ 383 - 406 HGB	
Rechtsstellung	Kommission liegt vor, wenn ein Kaufmann in seinem Geschäft *für Rechnung eines anderen* (des Kommittenten) *in eigenem Namen* mit Dritten ein Geschäft abschließt. Z. B. hat ein Verkaufskommissionär kein Eigentum an der Ware sondern ist lediglich Besitzer der bei ihm im Konsignationslager gelagerten Ware. Es gelten die §§ 383 - 406 HGB (bitte lesen).
Pflichten	- Sorgfaltspflicht (Sorgfalt eines ordentlichen Kaufmanns) - Haftung: Für evtl. Schäden an der Sache haftet er. - Befolgungspflicht: Er hat das Interesse des Kommittenten wahrzunehmen und dessen Weisungen zu befolgen. - Benachrichtigungspflicht: Er muss den Kommittenten über Ein- bzw. Verkäufe benachrichtigen. - Abrechnungspflicht (Rechnungsbetrag ./. Provision)

| Rechte | - Recht auf Provision (Abschluss- und Delkredereprovision)
- Ersatz aller Aufwendungen (Fracht, Rollgeld, Lager- und Auslobungskosten*)
- Selbsteintrittsrecht: Waren, die einen Markt- oder Börsenwert haben, kann der Verkaufskommissionär selbst kaufen bzw. der Einkaufskommissionär selbst liefern.
- Pfandrecht: Er kann Kommissionsgüter zur Sicherung seiner Forderung gegenüber dem Kommittenten zurückbehalten.
- Rückgaberecht: Nicht verkaufte Ware kann an den Kommittenten zurückgegeben werden. |

* vgl. § 657 BGB

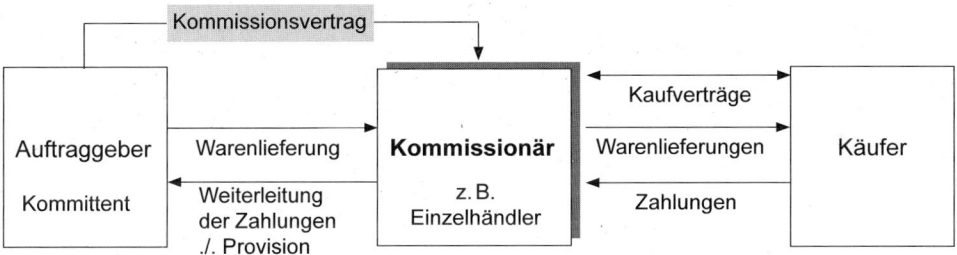

04. Wer ist Spediteur?

Spediteur • §§ 453 - 466 HGB	
Rechtsstellung	Der Spediteur ist ein selbstständiger Gewerbetreibender, der *Güterversendungen in eigenem Namen für Rechnung des Versenders* durch Frachtführer oder Verfrachter *besorgt*. Damit ist der Spediteur ein Transportvermittler, der alle mit dem Transport verbunden Leistungen regelt (Dokumente, Versicherungen, Lagerung). Spediteure übernehmen häufig auch die Funktion des Frachtführers und des Lagerhalters. Es gelten die §§ 453 - 466 HGB (bitte lesen).
Pflichten	Die Pflicht, die Versendung zu besorgen, umfasst die Organisation der Beförderung, insbesondere 1. die Bestimmung des Beförderungsmittels und des Beförderungsweges, 2. die Auswahl ausführender Unternehmer, den Abschluss der für die Versendung erforderlichen Fracht-, Lager- und Speditionsverträge sowie die Erteilung von Informationen und Weisungen an die ausführenden Unternehmer und 3. die Sicherung von Schadenersatzansprüchen des Versenders (§ 454 Abs. 1 HGB).
	- Befolgungspflicht: Er hat das Interesse des Versenders wahrzunehmen und dessen Weisungen zu befolgen. - Haftung für Schäden an dem Gut, bei Verlust oder bei Verletzung der Pflichten

| Rechte | - Anspruch auf Vergütung
- Schadenersatz durch den Versender, wenn dieser seine Pflichten ungenügend erfüllt (z. B. unzureichende Verpackung)
- Selbsteintrittsrecht: Er kann die Aufgaben des Frachtführers selbst wahrnehmen.
- Pfandrecht: Er hat ein Pfandrecht an dem zu befördernden Gut für begründete Forderungen. |

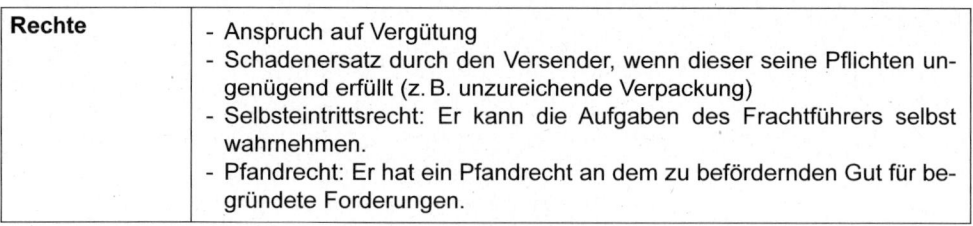

05. Wer ist Frachtführer?

Frachtführer • §§ 407 - 452d HGB	
Rechtsstellung	Als Frachtführer wird nach HGB jeder Beförderer bezeichnet, der es aufgrund eines Frachtvertrages im Rahmen seines gewerblichen Unternehmens übernommen hat, *Güter zum Bestimmungsort zu befördern* und dort an den Empfänger abzuliefern. Es gelten die §§ 407 - 452d HGB (bitte lesen).
Pflichten	- Sorgfaltspflicht - Einhalten der vereinbarten Lieferfrist - Befolgen der Weisungen des Verfügungsberechtigten - Haftung (§ 413 HGB)
Rechte	- Abgeltung der Fracht durch den Auftraggeber sowie Ersatz der Aufwendungen (z. B. Zoll) - Ausstellung eines Frachtbriefes mit den erforderlichen Angaben (§ 408 HGB) - Pfandrecht - ordnungsgemäße Verpackung durch den Versender (z. B. GefahrgutV)

06. Wer ist Lagerhalter?

Lagerhalter • §§ 467 - 475h HGB	
Rechtsstellung	Durch den Lagervertrag wird der Lagerhalter verpflichtet, das Gut zu *lagern und aufzubewahren*. Es gelten die §§ 467 - 475h HGB (bitte lesen).
Pflichten	Prüfungspflicht, Sorgfaltspflicht, Haftpflicht, Versicherungspflicht, Quittungspflicht (Lagerschein), Herausgabepflicht, Benachrichtigungspflicht bei zu erwartender Qualitätsverschlechterung des Lagergutes
Rechte	- Entschädigung (Lagergeld, Auslagen) - Pfandrecht - Kündigungsrecht

3.1.5 Arbeitsrecht

3.1.5.1 Arbeitsvertragsrecht

01. Was ist das Arbeitsrecht?

Das Arbeitsrecht ist das Sonderrecht der Arbeitnehmer, also derjenigen, die *Arbeit im Dienste eines anderen nach dessen Weisung leisten (fremdbestimmte Arbeit).*

02. Wie unterscheidet man das Individualarbeitsrecht und das kollektive Arbeitsrecht?

Das *Individualarbeitsrecht* regelt die Rechtsbeziehung zwischen dem Arbeitgeber und dem einzelnen Arbeitnehmer.

Das *kollektive Arbeitsrecht* regelt die Beziehungen zwischen Gruppen wie zum Beispiel zwischen den Betriebsräten und Arbeitgebern bzw. den Gewerkschaften und den Arbeitgeberverbänden. Zum kollektiven Arbeitsrecht gehören insbesondere

- das Koalitionsrecht,
- das Tarifvertragsrecht,
- das Arbeitskampfrecht,
- das Betriebsverfassungsrecht,
- das Arbeitsverbandsrecht und
- die Unternehmensmitbestimmung.

03. Welche Aufgabe hat das Arbeitsrecht?

Aufgabe des Arbeitsrechts ist es:

a) die Arbeitnehmer vor Beeinträchtigungen ihrer Persönlichkeit, vor wirtschaftlichen Nachteilen und vor gesundheitlichen Gefahren zu schützen,

b) das Arbeitsleben zu ordnen. Hierzu muss es so flexibel sein, dass es den erforderlichen Spielraum für Anpassungen an betriebliche und wirtschaftliche Notwendigkeiten behält.

04. Wer ist Arbeitnehmer?

Arbeitnehmer sind diejenigen Personen, die für einen anderen haupt- oder nebenberuflich aufgrund eines privatrechtlichen Vertrages zur Arbeit verpflichtet sind. Maßgeblich sind vor allem die Aspekte:

- Umfang der Weisungsgebundenheit hinsichtlich Ort, Zeit und Dauer,
- Eingliederung in die organisatorische Struktur des Betriebes,
- Unterstellung unter einen Vorgesetzten,
- Notwendigkeit einer laufenden, engen Zusammenarbeit.

05. In welchen Bundesgesetzen sind arbeitsrechtliche Tatbestände geregelt?

a) *Allgemeine Gesetze*: z. B. BGB, HGB (Regelungen für kaufmännische Angestellte und Handelsvertreter), Gewerbeordnung (Bestimmungen für gewerbliche Arbeitnehmer), Handwerksordnung, Seemannsordnung

b) *Spezielle Gesetze*: z. B. Kündigungsschutzgesetz, Arbeitsgerichtsgesetz, Gesetz über gewerbsmäßige Arbeitnehmerüberlassung, Berufsbildungsgesetz, Betriebsverfassungsgesetz, Personalvertretungsgesetz, Bundesurlaubsgesetz, Jugendarbeitsschutzgesetz, Mutterschutzgesetz, Bundeselterngeld- und Elternzeitgesetz (BEEG), Tarifvertragsgesetz, Mitbestimmungsgesetz, Heimarbeitsgesetz, Entgeltfortzahlungsgesetz

c) *Sonstige Gesetze* mit arbeitsrechtlichen Auswirkungen: z. B. Sozialgesetzbuch, Kindergeldgesetz, Insolvenzordnung, Arbeitssicherheitsgesetz, Geräte- und Produktsicherheitsgesetz (GPSG), Arbeitnehmererfindungsgesetz, Vermögensbildungsgesetz, Arbeitsplatzschutzgesetz

06. Welche Rechtsgrundsätze und Rechtsquellen prägen außerdem die Auslegung arbeitsrechtlicher Bestimmungen?

- Geltende Tarifverträge,
- Betriebsvereinbarungen,
- Regelungsabreden,
- Richtlinien zwischen Arbeitgeber und Sprecherausschuss,
- betriebliche Einheitsregelung (Gesamtzusage),
- betriebliche Übung,
- Grundsatz der Gleichbehandlung,
- Inhalte des Arbeitsvertrages,
- arbeitsgerichtliche Rechtsprechung.

07. Welche Pflichten ergeben sich aus dem vorvertraglichen Schuldverhältnis?

Mit der Aufnahme tatsächlicher Verhandlungen entsteht zwischen den Parteien ein gesetzliches Schuldverhältnis, aus dem sog. *Sekundärpflichten* erwachsen. Dies sind Verhaltenspflichten zur gegenseitigen *Sorgfalt* und *Rücksichtnahme*. Bei Verletzung der Sekundärpflichten können Schadenersatzansprüche entstehen (Rechtsgrundlage: Verschulden bei Vertragsabschluss = culpa in contrahendo = c. i. c. bzw. Grundsatz von Treu und Glauben).

Bei Vertragsverhandlungen entstehen folgende Gruppen von *Pflichten*:

1. *Aufklärungspflichten*, z. B.
   - wahrheitsgemäße Beantwortung zulässiger Fragen (→ „Fragerecht"),
   - Aufklärung des anderen über alle Umstände, die für das Vertragsverhältnis von Bedeutung sind, auch ohne dass dieser danach fragt (z. B. Hinweis auf Schwerbehinderteneigenschaft auch ohne Befragung)

2. *Obhutspflichten*, z. B.
   - sichere Verkehrswege im Betrieb,
   - sorgfältiger Umgang mit den überlassenen Bewerbungsunterlagen bzw. mit den erhaltenen Informationen

3. *Vermeidung nutzloser Aufwendungen*, z. B.
   - Bestellung eines Dienstwagens,
   - Wechsel des Wohnortes

08. Welche Pflichten hat der Arbeitgeber bei der Anbahnung von Arbeitsverhältnissen?

a) Der Arbeitgeber hat über die Anforderungen des in Aussicht gestellten Arbeitsplatzes *zu unterrichten*.

b) *Bewerbungsunterlagen* unterliegen der besonderen Sorgfaltspflicht des Arbeitgebers; er hat über sie Stillschweigen zu bewahren. Die Unterlagen sind dem Bewerber wieder auszuhändigen, sobald feststeht, dass kein Arbeitsvertrag zu Stande kommt.

c) Beim *Vorstellungsgespräch* darf der Arbeitgeber nicht die Erwartung wecken, dass es in jedem Fall zum Vertragsabschluss kommt. Kündigt der Bewerber in einem solchen Fall seinen bisherigen Vertrag und kommt es dann doch nicht zu einer Einstellung, so ist der Arbeitgeber zu Schadenersatz verpflichtet.

d) Fordert der Arbeitgeber einen Bewerber zur Vorstellung auf, so ist er zur Übernahme der *Kosten* verpflichtet (im üblichen bzw. im angebotenen Umfang).

e) Das *Fragerecht* des Arbeitgebers beschränkt sich auf solche Tatsachen, die für das Arbeitsverhältnis relevant sind.

**09. Welche Pflichten hat der Arbeitnehmer bei der Anbahnung von Arbeitsver-
    hältnissen?**

Die Pflichten des Arbeitnehmers bei den Vorverhandlungen bestehen hauptsächlich
in der wahrheitsgemäßen Beantwortung zulässiger Fragen des Arbeitgebers, wie z. B.
nach beruflich-fachlichen Fähigkeiten, Erfahrungen, Fertigkeiten und Kenntnissen,
nach dem beruflichen Werdegang sowie nach Prüfungs- und Zeugnisnoten.

**10. Was ist bei der Anbahnung eines Arbeitsverhältnisses nach dem BGB zu be-
    achten?**

Im BGB, §§ 611a, b, war verankert, dass der Arbeitgeber Arbeitsplätze weder öffentlich
noch intern <u>nur</u> für Männer oder Frauen ausschreiben bzw. niemand wegen seines Ge-
schlechts benachteiligt werden darf (inzwischen aufgeben). Nunmehr ist mit gleicher
Intention das Allgemeine Gleichbehandlungsgesetz (AGG) zu beachten.

11. Wie wird ein Arbeitsverhältnis begründet?

Ein Arbeitsverhältnis wird durch Abschluss eines Arbeitsvertrages begründet, der durch
Angebot und Annahme zu Stande kommt. Aus dem Arbeitsvertrag ergeben sich die
beiderseitigen Rechte und Pflichten.

Mit der Kontaktaufnahme zwischen Bewerber und Arbeitgeber entsteht ein vorvertrag-
liches Vertrauensverhältnis (= *Anbahnungsschuldverhältnis*). Pflichtverletzungen (z. B.
Vertraulichkeit, Datenschutz, Beschränkung des Fragerechts, Wahrheitspflicht, Offen-
barungspflicht) können hier zu Schadenersatzansprüchen führen. Einen Einstellungs-
anspruch kann der Bewerber daraus nicht ableiten.

Bei Übereinstimmung der Vorstellungen von Bewerber und Arbeitgeber kann der Arbeitsvertrag geschlossen werden – vorbehaltlich der Zustimmung des Betriebsrates
und evtl. notwendiger Eignungsuntersuchung.

**12. Welche Rechtsgrundsätze sind bei der Anbahnung eines Arbeitsvertrags zu
    beachten?**

- *Allgemeines:*
  - Arbeitgeber und Bewerber haben die Pflicht zur gegenseitigen *Sorgfalt* und *Rück-
    sichtnahme*; insbesondere:
  - über alle relevanten Umstände *zu informieren* (z. B. Reisetätigkeit oder besondere
    körperliche Anforderungen der Stelle);
  - die Bewerbungsunterlagen sorgfältig aufzubewahren und vertraulich zu behandeln;
  - dafür Sorge zu tragen, dass dem Verhandlungspartner kein Schaden entsteht.

- *Freistellung für Bewerbungen:*
  Der Arbeitnehmer hat das Recht auf Freistellung für die Stellensuche, wenn das Arbeitsverhältnis gekündigt wurde. Er muss sich dabei mit dem Arbeitgeber abstimmen.

- *Ausschreibung im Betrieb:*
Der Betriebsrat kann die innerbetriebliche Ausschreibung von Stellen verlangen.

- *Beteiligung des Betriebsrates:*
In Betrieben mit in der Regel mehr als 20 wahlberechtigten Arbeitnehmern muss der Betriebsrat vor jeder Einstellung beteiligt werden. Er kann verlangen, dass ihm die Bewerbungsunterlagen aller Bewerber vorgelegt werden. Ferner muss die tarifliche Eingruppierung mitgeteilt werden.

- *Stellenanzeigen:*
Die Stellenanzeige stellt rechtlich kein Angebot dar, sondern lediglich die Aufforderung, Arbeitsangebote abzugeben. Werden z. B. bestimmte Sozialleistungen in der Anzeige angeboten, kann der Arbeitnehmer auf die spätere Gewährung vertrauen. Stellenanzeigen müssen i. d. R. geschlechtsneutral ausgeschrieben werden.

- *Bewerbungsgespräch:*
Mündliche Zusagen im Gespräch – z. B. die Aussage des Arbeitgebers, mit dem Bewerber einen Arbeitsvertrag abzuschließen – können dann zu Schadenersatzforderungen führen, wenn sie später nicht eingehalten werden.

- *Bewerberfragebogen:*
Zulässige Fragen müssen wahrheitsgemäß beantwortet werden. Ansonsten besteht ein Recht zur Anfechtung.

- *Aufklärungspflichten:*
Auch ohne ausdrückliches Befragen sind beide Seiten verpflichtet, *alle für den Einzelfall relevanten Umstände unaufgefordert zu nennen* (z. B. Arbeitgeber: Betriebsverlegung, Stilllegung; Arbeitnehmer: z. B. Krankheit, Strafverfahren).

- *Tests:*
In der Regel können Tests nur mit Zustimmung des Bewerbers durchgeführt werden. Die Anfertigung eines grafologischen (= Deutung von Handschriften) Gutachtens bedarf der ausdrücklichen Zustimmung. Der Inhalt vom Test unterliegt der Mitbestimmung. Ergebnisse von Tests müssen dem Bewerber mitgeteilt werden und sind vertraulich zu behandeln.

- *Ersatz von Bewerbungskosten:*
  - Wird der Bewerber ausdrücklich eingeladen, sind ihm alle entstandenen Bewerbungskosten *zu erstatten* (grundsätzliche Regel). Fahrtkosten mit dem Pkw richten sich meist nach steuerlichen Grundsätzen. Flugreisen sollten vor Antritt der Reise abgestimmt werden.

  - Der Arbeitgeber ist *nicht zum Ersatz der Kosten verpflichtet,*
    - · wenn er vorher ausdrücklich darauf hinweist, dass er die Kosten nicht übernimmt,
    - · wenn sich der Bewerber unaufgefordert vorstellt.

- *Medizinische Untersuchung:*
Im Regelfall muss der Bewerber einer medizinischen Untersuchung *nicht zustimmen.*
Ausnahmen:
  - Tätigkeiten im Lebensmittelbereich,
  - ausdrückliche Vereinbarung im Arbeitsvertrag,
  - Erst- und Nachuntersuchung nach dem JArbSchG.

13. Welche Fragen dürfen Bewerbern nicht bzw. nur eingeschränkt gestellt werden?

Das Fragerecht des Arbeitgebers ist geprägt von dem Grundsatz: Es dürfen die Fragen gestellt werden, an deren Beantwortung der Arbeitgeber *ein berechtigtes Interesse* hat (Bezug zur Tätigkeit). Zulässigerweise gestellte Fragen müssen wahrheitsgemäß beantwortet werden, ansonsten entsteht für den Arbeitgeber das Recht zur Anfechtung des Arbeitsvertrages. Unzulässigerweise gestellte Fragen dürfen wahrheitswidrig beantwortet werden, ohne dass dem Arbeitnehmer daraus später Nachteile entstehen.

Daneben gibt es folgende Einzelbestimmungen:

- Die Frage nach der *Religionszugehörigkeit* ist im Allgemeinen nicht zulässig, es sei denn, es handelt sich um konfessionelle Einrichtungen, wie Kindergärten, Schulen oder Krankenhäuser (sog. Tendenzbetriebe).

- Die Frage nach *Schulden* ist nur bei Positionen im finanziellen Bereich, wie z. B. bei Bankkassierern, erlaubt.

- Die Frage nach einer *Schwangerschaft* ist generell unzulässig. Sie ist ausnahmsweise dann zulässig, wenn für die Mutter und/oder das ungeborene Kind aufgrund der Art der Tätigkeit bzw. der Umgebungseinflüsse Schädigungen entstehen könnten (z. B. Arbeiten mit gefährlichen Stoffen, Arbeiten im Labor o. Ä.).

- Ebenso unzulässig ist die Frage nach der Höhe des bisherigen *Verdienstes*. Dies gilt zumindest dann, wenn die frühere Vergütung keinen Aufschluss über die notwendige Qualifikation gibt und der Bewerber nicht seine bisherige Vergütung zur Mindestvergütung für seine neue Eingruppierung macht.

- Zulässig ist die Frage nach *Vorstrafen* nur dann, wenn es sich um einschlägige Vorstrafen handelt, die im Bundeszentralregister noch nicht gelöscht sind, wie z. B. die Frage nach Alkoholstrafen bei Berufskraftfahrern und nach Verurteilungen wegen Vermögensdelikten bei Buchhaltern.

- Fragen nach *Krankheiten* sind nur gestattet, soweit sie tatsächlich die Arbeitsleistung beeinflussen können; ebenso: Frage nach einer Schwerbehinderung.

14. Welche Rechtsbestimmungen sind beim Abschluss und der inhaltlichen Gestaltung eines Arbeitsvertrages zu beachten?

- *Vertragsabschluss:*
  - Der Vertrag kommt durch Angebot und Annahme zu Stande.
  - Bei Minderjährigen ist die Zustimmung der gesetzlichen Vertreter erforderlich.

- *Inhalt des Arbeitsvertrages:*
  - Grundsätzlich besteht Gestaltungsfreiheit.
  - Einschränkungen ergeben sich aus einer Vielzahl von Schutzvorschriften.
  - Die Nichtbeachtung derartiger Schutzvorschriften führt i. d. R. zur Unwirksamkeit des betreffenden Arbeitsvertragsinhaltes.

- *Formvorschriften:*
  - Grundsätzlich: mündlich, schriftlich oder durch schlüssiges Verhalten

- Ausnahmen:
  - Schriftform lt. Tarifvertrag
  - Laut dem Gesetz über den Nachweis der für ein Arbeitsverhältnis geltenden wesentlichen Bedingungen (NachwG) vom 1.7.1995 muss der Arbeitgeber spätestens einen Monat nach Beginn des Arbeitsverhältnisses die wesentlichen Vertragsbedingungen schriftlich niederlegen, unterzeichnen und aushändigen. Insgesamt sind mindestens zehn inhaltliche Vertragspunkte gefordert (vgl. NachwG).

- *Faktisches Arbeitsverhältnis:*
  Ist ein Arbeitsverhältnis in Vollzug gesetzt worden und stellt sich später heraus, dass es nichtig ist oder wirksam angefochten wurde, so ist das Arbeitsverhältnis für die Zukunft beendet. Für die Vergangenheit hat der Arbeitnehmer trotzdem einen Entgeltanspruch (Unmöglichkeit der Rückabwicklung von Lohn und Leistung).

- *Probezeit:*
  Die Dauer der Probezeit ist gesetzlich nicht vorgeschrieben. Sie beträgt i.d.R. bis zu sechs Monaten, da nach Ablauf von sechs Monaten der allgemeine Kündigungsschutz (vgl. KSchG) greift. Während der Probezeit kann eine *Kündigungsfrist von zwei Wochen* vereinbart werden (vgl. § 622 BGB). Dabei ist entscheidend, dass der Ausspruch der Kündigung während der Probezeit erfolgt. Zu unterscheiden ist das *unbefristete Arbeitsverhältnis mit vorgeschalteter Probezeit* und das *befristete Probearbeitsverhältnis* (Letzteres endet automatisch mit Fristablauf).

- *Arbeitspapiere:*
  Zu Beginn des Arbeitsverhältnisses muss der Arbeitnehmer folgende „Papiere" aushändigen:

  - Lohnsteuerkarte,
  - Sozialversicherungsnachweisheft,
  - Sozialversicherungsausweis (Vorlage),
  - Urlaubsbescheinigung,
  - ggf. Arbeitserlaubnis,
  - ggf. Gesundheitszeugnis,
  - Unterlagen über vermögenswirksame Leistungen

15. Welche Arten des befristeten Arbeitsvertrages lassen sich unterscheiden?

Nach dem Teilzeit- und Befristungsgesetz (TzBfG) gilt:

(1) *Vorliegen eines sachlichen Grundes:*
Die Befristung des Arbeitsvertrages kann auf der Basis eines sachlichen Grundes erfolgen (§ 14 Abs. 1 TzBfG), z.B. Vertretung, Erprobung, kurzfristige Erkrankung des Stelleninhabers.
Der Vertrag endet mit Fristablauf bzw. mit Erreichen des Zwecks.

(2) *Ohne sachlichen Grund:*
Auch ohne Vorliegen eines sachlichen Grundes ist eine *Befristung bis* zu einer Gesamtdauer von *zwei Jahren* möglich. Innerhalb dieses Zeitraumes ist maximal eine *dreimalige Verlängerung* zulässig (§ 14 Abs. 2 TzBfG).

(3) *Bei Existenzgründern:*
Hier gilt seit Januar 2004 aufgrund des *Gesetzes zu Reformen am Arbeitsmarkt* die Besonderheit, dass bei *Neugründung* eines Unternehmens eine Befristung ohne sachlichen Grund bis zu einer Gesamtdauer von *vier Jahren* zulässig ist; innerhalb dieser Gesamtfrist ist eine *mehrfache Verlängerung* erlaubt (§ 14 Abs. 2a TzBfG).

16. Welche besonderen Arten von Arbeitsverhältnissen lassen sich unterscheiden?

Aufgrund der Interessenslage der Vertragsparteien haben sich besondere Arten von Arbeitsverhältnissen herausgebildet, die gesetzlich nur unvollständig geregelt sind, z. B.:

- *Aushilfsarbeitsverhältnis*; zu beachten ist:
  - befristet, unbefristet oder mit bestimmter Vertragsdauer
  - sachlicher Grund oder nach dem TzBfG
  - ordentliche Kündigung ist ausgeschlossen
  - Problem: Kettenarbeitsverhältnis

- *Probearbeitsverhältnis*; zu beachten ist:
  - ist abzugrenzen vom Arbeitsverhältnis mit vorgeschalteter Probezeit
  - ist von der Natur her ein befristeter Vertrag
  - Dauer der Probezeit: i. d. R. 3 bis 6 Monate; in Ausnahmefällen bis zu einem Jahr
  - ordentliche Kündigung ist ausgeschlossen
  - nach sechs Monaten „greift" der allgemeine Kündigungsschutz

- *Praktikanten*; zu beachten ist:
  Das Praktikum ist ein Ausbildungsverhältnis im Rahmen einer schulischen Ausbildung. Ist das Praktikum Bestandteil eines Studiums findet das Arbeitsrecht keine Anwendung. Der Betrieb ist i. d. R. nicht zur Ausbildung verpflichtet, sondern soll nur Gelegenheit geben, dass sich der Praktikant die erforderlichen Kenntnisse verschaffen kann.

- *Volontäre*; zu beachten ist:
  Das Volontariat ist ein Ausbildungsverhältnis, das zur Vorbereitung auf Erwerbstätigkeiten dient (z. B. in der Redaktion einer Zeitung), die keine anerkannten Ausbildungsberufe haben. Es besteht ein Vergütungsanspruch nach § 26 BBiG.

- *Freie Mitarbeiter*; zu beachten ist:
  Sie sind dann Arbeitnehmer, wenn sie in persönlicher Abhängigkeit stehen (in die betriebliche Organisation eingebunden, z. B. nach Zeit, Ort), auch wenn der Vertrag als freier Mitarbeiter geschlossen wurde.

- *Heimarbeitsverhältnis*:
  Heimarbeiter gehören zu den sog. arbeitnehmerähnlichen Personen; es gilt das Heimarbeitsgesetz (HAG).

- *Teilzeitarbeitsverhältnis*; zu beachten ist:
  - Teilzeit ist jede Verkürzung der regelmäßigen Arbeitszeit.
  - Vergleichsmaßstab ist die betriebsübliche Wochenarbeitszeit.
  - Es besteht ein Gleichbehandlungsgrundsatz gegenüber Vollzeitbeschäftigten.
  - Der Vergütungsanspruch richtet sich nach der Arbeitszeitdauer.
  - Im Krankheitsfall besteht Anspruch auf Entgeltfortzahlung (ebenso: Feiertagsvergütung).
  - Der Urlaubsanspruch besteht in gleicher Höhe wie bei Vollzeitbeschäftigten.
  - Die Einführung von Teilzeitarbeit unterliegt der Mitbestimmung des Betriebsrates.
  - I. d. R. ist die Verpflichtung zur Mehrarbeit ausgeschlossen.

- Die Beendigung von Teilzeitarbeitsverhältnissen unterliegt dem allgemeinen Kündigungsschutz.

Hinweis:
Arbeitnehmer haben in Deutschland einen *Rechtsanspruch auf Teilzeitarbeit*. Der Gesetzgeber hat beschlossen, dass Beschäftigte in Betrieben mit mehr als 15 Angestellten eine kürzere Arbeitszeit auch gegen den Willen des Arbeitgebers einfordern können. Dem dürften aber keine „betrieblichen Gründe" entgegenstehen (§§ 6 ff. TzBfG).

- *Variable Arbeitszeitsysteme*; zu beachten ist:
  - KAPOVAZ = kapazitätsorientierte variable Arbeitszeit; Voraussetzungen:
    · Arbeitsdauer wird ohne feste Arbeitszeit vereinbart
    · Abruffrist: vier Tage
    · Mindestarbeitsdauer: drei aufeinander folgende Stunden

- *Arbeitsverhältnisse mit ausländischen Arbeitnehmern*; zu beachten ist:
  - Für Arbeitnehmer innerhalb der EU besteht Freizügigkeit; für Arbeitnehmer aus Staaten der EU-Osterweiterung gibt es Beschränkungen/Übergangsfristen.
  - Für andere Personen ist erforderlich: Arbeitserlaubnis oder Arbeitsberechtigung (→ vgl. AufentG).
  - Bei fehlender Arbeitserlaubnis besteht Beschäftigungsverbot.
  - Erfolgt die Beschäftigung trotz fehlender Arbeitserlaubnis, so ist sie illegal.
  - Zu beachten ist: → Schwarzarbeit (SchwarbG, SGB III).

- *Altersteilzeitvertrag*:
  Die Bestimmungen richten sich nach dem AltTzG: Gleitender Übergang vom Erwerbsleben in die Altersrente; Gewährung von Leistungen an den Arbeitnehmer und den Arbeitgeber unter bestimmten Voraussetzungen (bitte lesen Sie die §§ 1 bis 11 AltTzG).

- *Telearbeitsvertrag*:
  Telearbeit kann als Heimarbeit gestaltet sein (es gilt das Heimarbeitsgesetz) oder in die betriebliche Arbeitsorganisation eingebunden sein (es gilt das „normale" Arbeitsrecht inkl. der Beteiligungsrechte des Betriebsrates). Wichtig ist die Berücksichtigung zusätzlicher Regelungstatbestände, u. a. Zutrittsrecht zur Wohnung, Beachtung der Bildschirmarbeitsverordnung.

17. Was ist ein Leiharbeitsverhältnis (Arbeitnehmerleasing)?

Beim Personalleasing stellt ein Zeitarbeitsunternehmen (Verleiher) dem Auftraggeber (Entleiher) Mitarbeiter gegen Entgelt als Arbeitskräfte für eine begrenzte Zeit zur Verfügung. Diese Mitarbeiter sind beim Leasingunternehmen fest angestellt. Neben einigen Besonderheiten gelten für dieses Arbeitsverhältnis die im Arbeitsrecht gültigen Grundsätze. Der Arbeitsvertrag besteht zwischen den Mitarbeitern und dem Leasingunternehmen.

Arbeitsrechtlich wird zwischen *dem echten Leiharbeitsverhältnis* und *dem unechten Leiharbeitsverhältnis* unterschieden. Ein echtes Leiharbeitsverhältnis besteht, wenn der Verleiher den Arbeitnehmer nur vorübergehend – i. d. R. in diesen Fällen unentgeltlich – ausleiht (z. B. bei Firmen, die untereinander in enger Geschäftsbeziehung stehen). Ein unechtes Leiharbeitsverhältnis besteht, wenn der Arbeitnehmer regelmäßig zum Zweck der Ausleihe eingestellt wurde und gewerbsmäßig an Dritte überlassen wird.

Dieses unechte Leiharbeitsverhältnis wird durch das Arbeitnehmerüberlassungsgesetz (AÜG; bitte lesen) geregelt. Besonderen Wert bei der Einführung dieses Gesetzes legte der Gesetzgeber auf den Schutz der Leiharbeitnehmer:

- Die Arbeitnehmerüberlassung bedarf der Genehmigung durch die Arbeitsverwaltung.
- Der Arbeitnehmerüberlassungsvertrag ist schriftlich zu schließen.
- Der Arbeitsvertrag ist nach den Bestimmungen des Nachweisgesetzes schriftlich zu schließen.
- Der Arbeitsvertrag zwischen dem Verleiher und dem Leiharbeitnehmer kann im Gegensatz zu früher auch befristet geschlossen werden (vgl. Teilzeitbefristungsgesetz; TzBfG).

Es existieren folgende Rechtsbeziehungen:

1. *Zwischen Leasinggeber und Arbeitnehmer:* → Arbeitsvertrag
   Der Leasinggeber führt die Sozialversicherungsbeiträge sowie die Lohnsteuer ab; erfolgt dies nicht, besteht für den Entleiher (in bestimmtem Umfang, vgl. § 42 EStG) Subsidiärhaftung. Im Rahmen der Ausgestaltung seines Direktionsrechts in Verbindung mit der Ausgestaltung des Arbeitsvertrages kann der Leasinggeber den Arbeitnehmer bei einem anderen Unternehmen einsetzen. Es gelten hinsichtlich des Arbeitsverhältnisses die Bestimmungen der einschlägigen Arbeitsgesetze (Arbeitspflicht/ Lohnzahlungspflicht, z. B. Kündigungsschutz, Mutterschutz etc.). Vor der Übernahme in ein Leiharbeitsverhältnis ist der Betriebsrat des Entleihers nach § 99 BetrVG zu beteiligen (Zustimmung; § 14 Abs. 3 AÜG).

2. *Zwischen Leasinggeber und Leasingnehmer:* → Arbeitnehmerüberlassungsvertrag
   Der Leasingnehmer zahlt an den Leasinggeber ein festes Honorar, i. d. R. auf Stundenbasis. Der Leasinggeber kalkuliert dieses Honorar auf der Basis von Verwaltungs-/Regiekosten, Lohnkosten und Lohnnebenkosten. Der Verleiher ist gegenüber dem Entleiher verpflichtet ihm zur vereinbarten Zeit und am vereinbarten Ort arbeitswillige Kräfte, die über die geforderte Qualifikation verfügen, bereitzustellen. Hinsichtlich dieser Verpflichtung haftet er bei Verzug nach §§ 284 ff., 326 BGB.

3. *Zwischen Leasingnehmer und Arbeitnehmer:* → Nebenpflichten
   Es bestehen weder ein Arbeitsverhältnis noch sonstige Vertragsbeziehungen; trotzdem erwachsen dem Leiharbeitnehmer gegenüber dem Entleiher gewisse Nebenpflichten (z. B. Verschwiegenheitspflicht, Wettbewerbsunterlassungspflicht, Lage der Arbeitszeit sowie Betriebsordnung des Entleihers). Der Entleiher hat gegenüber dem Leiharbeitnehmer das Weisungsrecht (im Rahmen des Arbeitnehmerüberlassungsvertrages); ihm obliegt die Fürsorgepflicht.

- *Vorteile der Arbeitnehmerüberlassung aus der Sicht des Entleihers:*
  - Überbrückung kurzfristiger Personalengpässe,
  - keine (oder nur geringe) Beschaffungs- und Verwaltungskosten,
  - kein arbeitsrechtliches Risiko (Kündigungsschutz, Lohnfortzahlung, Mutterschutz etc.),
  - das Risiko der „mangelnden" Qualifikation ist eingeschränkt; der Leiharbeitnehmer kann auf Wunsch des Entleihers ausgewechselt werden.

- *Nachteile aus der Sicht des Entleihers:*
  - Einarbeitungsaufwand in Relation zur Einsatzzeit verhältnismäßig hoch,
  - höhere Kosten als bei angestellten („eigenen") Mitarbeitern – vernachlässigt man die Ausfallzeiten,
  - i. d. R. geringere Motivation der Leiharbeitnehmer.

Aus der Praxis: Es kommt nicht selten vor, dass die Vertragsbeziehung zwischen Verleiher und Entleiher belastet wird, da mitunter der Entleiher einen Leiharbeitnehmer „abwirbt", d. h. ihm im Verlauf der Einsatzzeit einen festen Arbeitsvertrag anbietet. Er mindert so sein Auswahlrisiko, denn die Qualifikation des „neuen Mitarbeiters" hat er ja unmittelbar während dessen Einsatzzeit als Leiharbeitnehmer überprüfen können. Für die Zeitarbeitsfirmen ist es daher nicht immer leicht, einen Stamm qualifizierter Mitarbeiter zu bilden und zu halten.

18. Welche Hauptpflichten ergeben sich aus dem Arbeitsvertrag?

Hauptpflichten aus dem Arbeitsvertrag	
Arbeitgeber	Arbeitnehmer
↓	↓
Vergütungspflicht	Arbeitspflicht

19. Welche Nebenpflichten müssen die Parteien erfüllen?

Nebenpflichten aus dem Arbeitsvertrag	
Arbeitnehmer	Arbeitgeber

Allgemeine *Treuepflicht:*
- Verschwiegenheitspflicht,
- Unterlassung von ruf- und kreditschädigenden Äußerungen,
- Verbot der Schmiergeldannahme,
- Wettbewerbsverbot,
- Pflicht zur Anzeige und Abwendung drohender Schäden,
- weitere Nebenpflichten:
  · Einhalten der betrieblichen Ordnung,
  · Leistung der dringend erforderlichen Mehrarbeit,
  · sorgsamer Umgang mit dem Eigentum des Arbeitgebers
	Allgemeine *Fürsorgepflicht:*
	- Fürsorge für Leben und Gesundheit des Arbeitnehmers,
	- Fürsorge für eingebrachte Sachen des Arbeitnehmers,
	- Pflicht zum Schutz des Vermögens des Arbeitnehmers,
	- Pflicht zum Schutz vor sexueller Belästigung,
	- Pflicht zur Gewährung von Erholungsurlaub,
	- Pflicht zur Fortzahlung der Vergütung im Krankheitsfalle,
	- Pflicht zur Zeugniserteilung,
	- weitere Nebenpflichten:
	  · Freistellung zur Arbeitssuche bei Kündigung,
	  · Gleichbehandlungsgrundsatz,
	  · Informations- und Anhörungspflicht

20. Wie muss die Verpflichtung zur Entgeltzahlung vom Arbeitgeber erfüllt werden?

- Die Vergütung wird erst fällig, wenn die Arbeitsleistung erbracht worden ist. Damit ist der Arbeitnehmer grundsätzlich zur Vorleistung verpflichtet.
- Für Mehrarbeit ist ein Zuschlag zu zahlen.
- Es besteht ein Entgeltanspruch auch dann, wenn keine Arbeit geleistet wurde, z. B.:
  - an gesetzlichen Feiertagen, die nicht auf einen Sonntag oder arbeitsfreien Samstag fallen;
  - bei vorübergehender Verhinderung des Arbeitnehmers;
  - in den Fällen von Krankheit.

21. Welche Freistellungssachverhalte mit Fortzahlung der Vergütung gibt es?

- Arbeitsunfähigkeit wegen Krankheit,
- Bildungsurlaub (nicht in allen Bundesländern),
- Erholungsurlaub,
- Feiertage,
- Kuren,
- Pflege des kranken Kindes (nur in sehr eingeschränktem Umfang),
- Wehrerfassung und Musterung,
- Wehrübungen (bei bis zu 3 Tagen; Arbeitgeber hat Erstattungsanspruch),
- Wiedereingliederung in das Erwerbsleben (z. B. bei teilweiser Arbeitsleistung nach längerer, schwerer Krankheit; Krankengeld ggf. zzgl. eines Zuschusses bis zur Höhe des Nettoentgelts),
- Freistellung Jugendlicher und Auszubildender (z. B. Berufsschulunterricht, Prüfungen),
- sonstige Tatbestände, z. B.:
  - Betriebsratstätigkeit,
  - Eheschließung,
  - Niederkunft der Ehefrau,
  - Todesfälle im engeren Familienkreis,
  - schwere Erkrankung des Ehegatten,
  - Wahrnehmung von Ehrenämtern (sofern keine Erstattung von dritter Seite),
  - Vorladung als Zeuge vor Gericht.

22. Welche Fälle von Lohnersatzleistungen gibt es?

Bei Lohnersatzleistungen wird von dritter Seite geleistet – anstelle des üblicherweise zu zahlenden Entgelts. Infrage kommen:

- Kurzarbeitergeld,
- Winterausfallgeld,
- Krankengeld,

- Übergangsgeld,
- Verletztengeld,
- Elterngeld.

23. Welche Rechtsfolgen können sich aus einer Verletzung der Pflichten aus dem Arbeitsverhältnis ergeben?

- Bei *Pflichtverletzungen des Arbeitnehmers*:

  - Entgeltminderung,
  - Einbehaltung des Entgelts,
  - Abmahnung,
  - Kündigung,
  - Schadenersatzansprüche,
  - Unterlassungsklage,
  - ggf. Betriebsbußen.

- Bei *Pflichtverletzungen des Arbeitgebers*:

  - Zurückhaltung der Arbeitskraft,
  - Kündigung,
  - Verlangen nach Erfüllung der Pflichten,
  - Schadenersatzansprüche,
  - Bußgelder nach den gesetzlichen Bestimmungen.

24. Wie kann ein Arbeitsverhältnis beendet werden?

- Anfechtung,
- Betriebsschließung,
- Insolvenz,
- Befristung,
- Zweckerreichung.

- Aufhebungsvertrag,
- Auflösung durch Gerichtsurteil,
- Tod des Arbeitnehmers,
- Erreichen der Altersgrenze,

25. Welche Kündigungsarten gibt es?

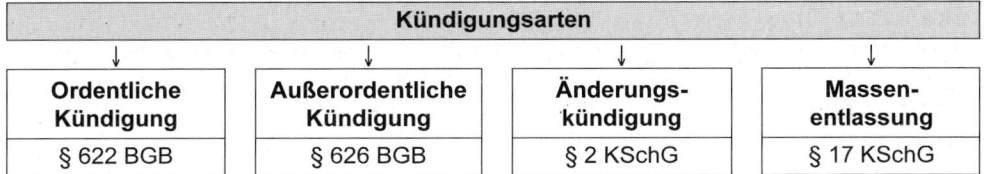

Kündigungsarten			
Ordentliche Kündigung	Außerordentliche Kündigung	Änderungs-kündigung	Massen-entlassung
§ 622 BGB	§ 626 BGB	§ 2 KSchG	§ 17 KSchG

26. Welche formalen Wirksamkeitsvoraussetzungen sind bei einer Kündigung zu prüfen?

- *Zugang* der schriftlichen Kündigungserklärung:
  Wird die Schriftform nicht beachtet, ist die Kündigung unwirksam und das Arbeitsverhältnis dauert fort.

- Ablauf der *Kündigungsfrist* (bei ordentlicher Kündigung)

- Beachtung von *Kündigungsverboten,* z. B.:
  - für werdende Mütter,
  - für Elternzeitberechtigte

- *Ausschluss der ordentlichen Kündigung,* z. B.:
  - bei Wehrpflichtigen,
  - bei Berufsausbildungsverhältnissen,
  - bei Mitgliedern des Betriebsrates usw.,
  - bei Ausschluss aufgrund des Arbeitsvertrages

- *Zustimmungserfordernis*, z. B.:
  - bei der außerordentlichen Kündigung von Mitgliedern des Betriebsrates usw.
    → Zustimmung des Betriebsrates
  - bei der Kündigung eines schwerbehinderten Menschen
    → Zustimmung des Integrationsamtes

- *Beachtung des Kündigungsschutzes* (→ KSchG)

- *Anzeigepflicht* bei Massenentlassungen

27. Was versteht man unter Massenentlassungen?

Massenentlassungen im Sinne von § 17 Abs. 1 KSchG liegen vor, wenn der Arbeitgeber

- in Betrieben mit in der Regel mehr als 20 und weniger als 60 Arbeitnehmern mehr als fünf Arbeitnehmer,

- in Betrieben mit in der Regel mindestens 60 und weniger als 500 Arbeitnehmern 10 vom Hundert der im Betrieb regelmäßig beschäftigten Arbeitnehmer oder aber mehr als 25 Arbeitnehmer,

- in Betrieben mit in der Regel mindestens 500 Arbeitnehmern mindestens 30 Arbeitnehmer

innerhalb von 30 Kalendertagen entlässt. Der Arbeitgeber hat die geplante Massenentlassung dem Arbeitsamt anzuzeigen und dem Betriebsrat Auskünfte zu erteilen.

28. Welche Tatbestände kann der Arbeitnehmer anführen, um die Unwirksamkeit einer Kündigung zu rügen?

- Fehlende Anhörung des Betriebsrates (§ 102 BetrVG),
- fehlende Vollmacht des Kündigenden,
- Versäumnis der Anhörung des Arbeitnehmers (nur bei einer Verdachtskündigung),
- Nichteinhaltung der Kündigungserklärungsfrist,
- Versäumnis der Angabe von Kündigungsgründen (nur bei außerordentlicher Kündigung von Berufsausbildungsverhältnissen),
- Verstoß gegen ein gesetzliches Verbot (z. B. MuSchG),
- Verstoß gegen die guten Sitten (z. B. Umgehung des KSchG),
- fehlende Abmahnung,
- fehlende oder fehlerhafte Sozialauswahl (bei betriebsbedingter Kündigung),
- Verstoß gegen die Anzeigepflicht bei Massenentlassungen.

29. Welche Tatbestände können einen wichtigen Grund darstellen, die den Arbeitgeber zu einer außerordentlichen Kündigung berechtigen?

Beispiele (es sind immer die Umstände des Einzelfalles zu prüfen):

- Abwerbung,
- Alkoholmissbrauch bei Vorgesetzten und Kraftfahrern (ansonsten: Trunksucht ist eine

Krankheit, die nur eine ordentliche Kündigung unter erschwerten Voraussetzungen ermöglicht),
- gravierende Arbeitsverweigerung,
- schwerwiegender Verstoß gegen Arbeitssicherheitsbestimmungen,
- Beleidigungen in schwer wiegender Form,
- private Ferngespräche in größerer Form auf Kosten des Arbeitgebers,
- Schmiergeldannahme,
- Spesenbetrug und Straftaten im Betrieb,
- Urlaubsüberschreitungen,
- Verstoß gegen Wettbewerbsverbot.

30. In welchen Fällen kann der Arbeitnehmer aus wichtigem Grund außerordentlich kündigen?

- Lohnrückstände trotz Aufforderung zur Zahlung,
- Insolvenz des Arbeitsgebers, wenn er die Vergütung nicht zahlt/nicht zahlen kann,
- schwer wiegende Vertragsverletzungen (z. B. zugesagte Beförderung wird nicht eingehalten).

31. Was ist eine Änderungskündigung?

Die Änderungskündigung hat nicht die Beendigung des Arbeitsverhältnisses zum Ziel, sondern bietet dem Arbeitnehmer an, das Arbeitsverhältnis unter anderen Bedingungen fortzusetzen. Wenn der Arbeitnehmer die (neuen) Bedingungen nicht akzeptiert, erfolgt die Beendigung des Arbeitsverhältnisses. Die Änderungskündigung ist in der Form als ordentliche und außerordentliche Kündigung zulässig. Die Zulässigkeit einer ordentlichen Änderungskündigung kann der Arbeitnehmer nach dem Kündigungsschutzgesetz gerichtlich überprüfen lassen.

32. Wer ist berechtigt, nach dem Kündigungsschutzgesetz zu klagen?

Nach dem Kündigungsschutzgesetz sind alle Arbeitnehmer klageberechtigt, deren Arbeitsverhältnis in demselben Betrieb oder Unternehmen ohne Unterbrechung *länger als sechs Monate* bestanden hat. Darunter fallen auch leitende und außertarifliche Angestellte. Das Kündigungsschutzgesetz ist im Wesentlichen auf Kleinbetriebe nicht anwendbar (fünf oder weniger Arbeitnehmer; § 23 KSchG).

33. In welchen Fällen ist eine ordentliche Kündigung sozial gerechtfertigt?

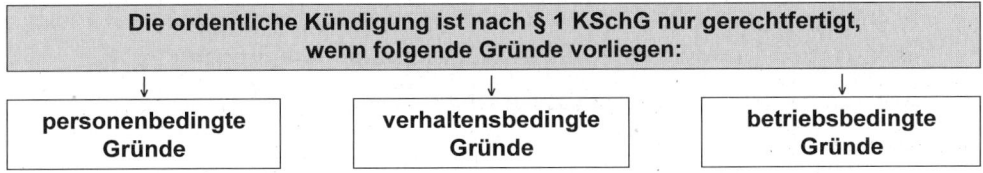

Die ordentliche Kündigung ist nach § 1 KSchG nur gerechtfertigt, wenn folgende Gründe vorliegen:

personenbedingte Gründe	verhaltensbedingte Gründe	betriebsbedingte Gründe

34. Was können Beispiele für personenbedingte Gründe sein?

Beispiele (es sind immer die Umstände des Einzelfalles zu prüfen):

- fehlende Arbeitserlaubnis bei ausländischen Mitarbeitern,
- fehlende Eignung für die Aufgaben (fachlich/charakterlich),
- in Tendenzbetrieben: besondere Eignungsmängel,
- bei Krankheit, Trunksucht, Drogenabhängigkeit (unter bestimmten Voraussetzungen)

35. Was können Beispiele für verhaltensbedingte Gründe sein?

Beispiele (es sind immer die Umstände des Einzelfalles zu prüfen):

- Arbeitsverweigerung,
- Alkoholmissbrauch,
- mangelnder Leistungswille,
- Nichteinhaltung eines Alkohol-/Rauchverbots,
- Verletzung von Treuepflichten,
- Störung des Betriebsfriedens,
- häufige Lohnpfändungen, die die Verwaltungsarbeit massiv stören,
- Schlechtleistungen trotz Abmahnung,
- Missbrauch von Kontrolleinrichtungen (Stempeluhr, Zeiterfassung),
- unbefugtes Verlassen des Arbeitsplatzes

36. Was können Beispiele für betriebsbedingte Gründe sein?

Es muss sich um dringende betriebliche Erfordernisse handeln, z. B. Umsatzrückgang, neue Fertigungsverfahren, Rationalisierung.

Neu: Künftig ist die *Sozialauswahl* auf folgende vier Merkmale *beschränkt*: Dauer der Betriebszugehörigkeit, Lebensalter, Unterhaltspflichten und eine evtl. Schwerbehinderteneigenschaft.

Außerdem gilt ab 1.1.2004: Der Arbeitnehmer erhält bei einer betriebsbedingten Kündigung eine Abfindung, wenn der Arbeitgeber ihm dies in der Kündigung anbietet. Damit erfolgt eine „Quasi-Honorierung" des Verzichts auf die Kündigungsschutzklage.

37. Innerhalb welcher Frist muss eine Kündigungsschutzklage erhoben werden?

Eine Kündigungsschutzklage, in der ein Arbeitnehmer gerichtlich geltend machen will, dass die Kündigung sozial ungerechtfertigt ist, muss *innerhalb von drei Wochen* nach Zugang der Kündigung beim zuständigen Arbeitsgericht erhoben werden.

Beispiel einer Kündigungsschutzklage:

Arbeitsgericht Mönchengladbach
Postfach
47447 Mönchengladbach

Klage

des Buchhalters Horst Otto Meier, Gerichtsstr. 11, 47447 Mönchengladbach

gegen

Im- und Export GmbH TRIEBEN, Hohenzollerndamm 20, 47443 Mönchengladbach

wegen Kündigung

Streitwert: 7.500 EUR

Es wird Antrag gestellt, festzustellen

dass das Arbeitsverhältnis durch die am 02.02.2010 auf den 31.03.2010 ausgesprochene Kündigung nicht aufgelöst worden ist, sondern unverändert fortbesteht.

Begründung:
Der Kläger ist seit dem 1.1.1995 bei der Beklagten mit einem Bruttoentgelt von 2.500 EUR beschäftigt. Der Kläger ist verheiratet und hat drei Kinder. Die Beklagte hat die Kündigung, zugegangen am 04.02.2010, ohne Anhörung des Betriebsrates ausgesprochen. Die Beklagte beschäftigt regelmäßig mehr als 80 Mitarbeiter. Die Auftragslage ist positiv. Die Beklagte hat keine Gründe für die Kündigung angegeben. Die Kündigung ist daher unbegründet.

---

38. Für welche Personen besteht ein besonderer Kündigungsschutz?

Ein besonderer Kündigungsschutz besteht

- für werdende und junge Mütter,
- Betriebsräte, Mitglieder der Auszubildenden-/Jugendvertretung,
- schwerbehinderte Menschen,
- Personen in Berufsausbildung,
- Vertrauensleute der schwerbehinderten Menschen.

39. Wie kann ein Arbeitsverhältnis mit einer werdenden oder jungen Mutter aufgelöst werden?

Grundsätzlich ist die Kündigung einer Frau während der Schwangerschaft und vier Monate nach der Entbindung *unzulässig*. Ausnahmsweise ist die Kündigung nur dann möglich, wenn die für den Arbeitsschutz zuständige oberste Landesbehörde oder die von ihr bestimmte Stelle in besonderen Fällen ausnahmsweise die Kündigung gemäß § 9 Abs. 3 MuSchG für zulässig erklärt.

40. Unter welchen Voraussetzungen kann einem schwerbehinderten Menschen gekündigt werden?

Die Kündigung eines schwerbehinderten Menschen durch den Arbeitgeber bedarf nach § 85 SGB IX der vorherigen Zustimmung des Integrationsamtes. Das Integrationsamt muss auch bei außerordentlichen Kündigungen zustimmen. Gemäß § 86 SGB IX beträgt die Kündigungsfrist mindestens vier Wochen.

41. Unter welchen Voraussetzungen kann einem Betriebsratsmitglied fristlos gekündigt werden?

Einem Betriebsratsmitglied kann nur dann fristlos gekündigt werden, wenn der *Betriebsrat* als Gremium der Kündigung nach § 103 BetrVG *zustimmt.*

42. Welches Mitbestimmungsrecht hat der Betriebsrat bei Kündigungen?

Der Betriebsrat *ist vor jeder Kündigung zu hören.* Der Arbeitgeber hat ihm die Gründe der Kündigung mitzuteilen. *Eine ohne Anhörung des Betriebsrats ausgesprochene Kündigung ist unwirksam.*

Hat der Betriebsrat gegen eine *ordentliche Kündigung* Bedenken, so hat er diese unter Angabe der Gründe *spätestens innerhalb einer Woche* schriftlich mitzuteilen. Äußert er sich innerhalb dieser Frist nicht, gilt seine Zustimmung zur Kündigung als erteilt.

Hat der Betriebsrat gegen eine *außerordentliche Kündigung* Bedenken, so hat er diese unter Angabe der Gründe dem Arbeitgeber innerhalb von drei Kalendertagen mitzuteilen.

43. Unter welchen Voraussetzungen kann der Betriebsrat einer Kündigung widersprechen?

Der Betriebsrat kann *innerhalb einer Woche* einer ordentlichen Kündigung (nur) widersprechen, wenn:

1. der Arbeitgeber *soziale Gesichtspunkte* bei der Auswahl des zu kündigenden Mitarbeiters nicht ausreichend berücksichtigt hat,

2. die Kündigung gegen besondere *Richtlinien* verstößt,

3. der zu kündigende Arbeitnehmer an einem anderen Arbeitsplatz im selben Betrieb oder in einem anderen Betrieb des Unternehmens *weiterbeschäftigt werden kann;*

4. die *Weiterbeschäftigung* des Arbeitnehmers nach zumutbaren Umschulungs- oder Fortbildungsmaßnahmen möglich ist oder

5. eine *Weiterbeschäftigung* des Arbeitnehmers *unter geänderten Vertragsbedingungen* möglich ist und der Arbeitnehmer sein Einverständnis hiermit erklärt hat.

44. Welche Verpflichtung hat der Arbeitgeber, wenn der Betriebsrat einer Kündigung widersprochen hat?

Kündigt der Arbeitgeber, obwohl der Betriebsrat der Kündigung widersprochen hat, so hat er dem Arbeitnehmer mit der Kündigung eine Abschrift der Stellungnahme des Betriebsrats auszuhändigen.

45. Welche gesetzlichen Kündigungsfristen gelten?

- Probezeit: → i. d. R. 2 Wochen

- reguläre Kündigungsfristen: → 4 Wochen - zum 15-ten des Monats oder
  - zum Monatsende

- verlängerte Kündigungsfristen: →

Betriebszugehörigkeit in Jahren (ab dem 25.-ten Lj.)	Frist (zum Monatsende)
2	1 Monat
5	2 Monate
8	3 Monate
10	4 Monate
12	5 Monate
15	6 Monate
20	7 Monate

46. Was ist eine Abmahnung?

Unter einer Abmahnung versteht man eine schriftliche, deutlich erkennbare Ermahnung, ein genau bezeichnetes Fehlverhalten zu ändern. Für den Fall der Fortsetzung des beanstandeten Sachverhalts werden Konsequenzen, etwa in Form der Kündigung, angedroht. Man unterscheidet bei der Abmahnung:

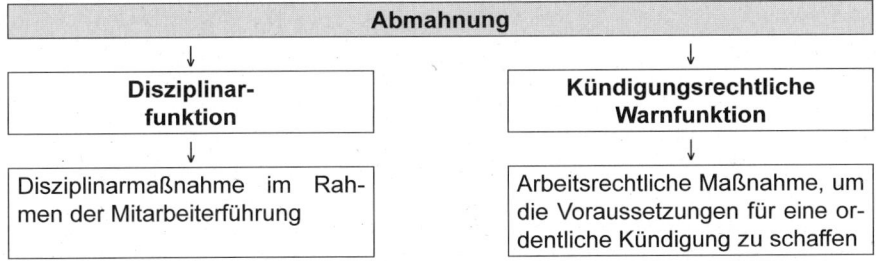

Im letzteren Fall muss die Abmahnung nach den Grundsätzen der BAG-Rechtsprechung abgefasst sein. Die Abmahnung ist nicht mitbestimmungspflichtig. Es empfiehlt sich jedoch, den Betriebsrat zu informieren.

47. Was ist ein Aufhebungsvertrag?

Ein Aufhebungsvertrag ist ein inhaltlich frei gestaltbarer, zweiseitiger, schuldrechtlicher Vertrag, in dem die Beendigung eines Arbeitsverhältnisses geregelt wird und die Bedingungen festgehalten werden, unter denen diese Auflösung erfolgt. Durch den Abschluss eines Aufhebungsvertrages kann ein Arbeitsverhältnis beendet werden *ohne Einhaltung gesetzlicher Kündigungsfristen, ohne Beteiligung des Betriebsrates und ohne Berücksichtigung gesetzlicher Kündigungsschutzvorschriften.* Der Aufhebungsvertrag bedarf der *Schriftform* (§ 623 BGB).

Der Arbeitgeber hat den Arbeitnehmer darauf hinzuweisen, dass die Herbeiführung der Arbeitslosigkeit ohne einen wichtigen Grund eine *Sperrzeit* nach sich zieht (§ 144 SGB III). Der Arbeitnehmer kann den Aufhebungsvertrag *anfechten*, falls dieser durch Arglist oder widerrechtliche Drohung des Arbeitgebers zu Stande gekommen ist (z. B. Androhung der Kündigung, Androhung einer Strafanzeige – ohne Rechtsgrund).

48. Welche nachvertraglichen Rechte und Pflichten existieren?

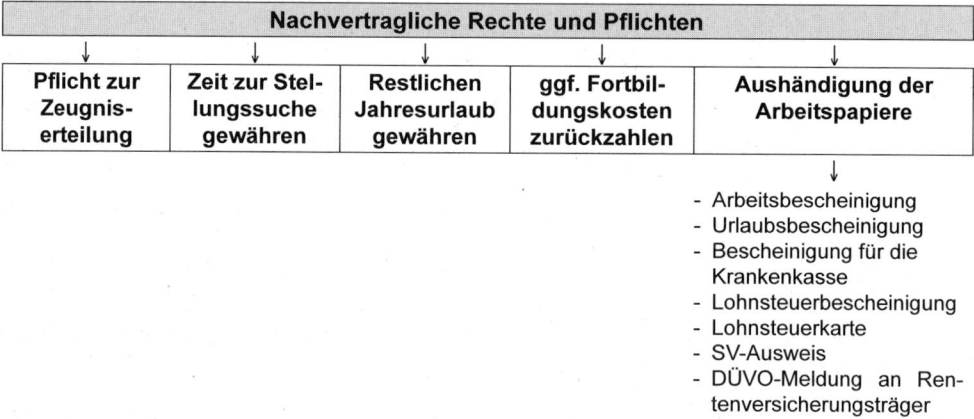

Nachvertragliche Rechte und Pflichten				
Pflicht zur Zeugniserteilung	Zeit zur Stellungssuche gewähren	Restlichen Jahresurlaub gewähren	ggf. Fortbildungskosten zurückzahlen	Aushändigung der Arbeitspapiere

- Arbeitsbescheinigung
- Urlaubsbescheinigung
- Bescheinigung für die Krankenkasse
- Lohnsteuerbescheinigung
- Lohnsteuerkarte
- SV-Ausweis
- DÜVO-Meldung an Rentenversicherungsträger

49. Wann hat ein Arbeitnehmer Anspruch auf bezahlte Freizeit zur Stellensuche?

Es muss sich gemäß § 629 BGB um ein dauerhaftes Arbeitsverhältnis handeln, und das Arbeitsverhältnis muss gekündigt sein.

50. Wie ist der restliche Jahresurlaub zu gewähren?

Ist das Arbeitsverhältnis durch Kündigung beendet, so ist der restliche Jahresurlaub möglichst während der Kündigungsfrist zu gewähren; ansonsten ist er abzugelten (§ 7 BUrlG). Anspruch besteht auf ein Zwölftel für jeden vollen Monat. Bruchteile von Urlaubstagen, die mindestens einen halben Tag ergeben sind aufzurunden.

51. Welche Pflicht hat der Arbeitgeber bei der Herausgabe der Arbeitspapiere?

Er muss im Zusammenhang mit einer Kündigung alle bei ihm vorhandenen Arbeitspapiere anfertigen bzw. aushändigen; ein Zurückbehaltungsrecht hat er in keinem Fall. Bei Pflichtverletzung macht er sich gegenüber dem Arbeitnehmer schadenersatzpflichtig.

52. Besteht nach Beendigung des Arbeitsverhältnisses ein Wettbewerbsverbot?

Nein! Ausnahme: Es wurde ein nachvertragliches Wettbewerbsverbot nach Maßgabe der §§ 74 ff. HGB geschlossen (Schriftform, Karenzentschädigung, ≤ 2 Jahre).

53. Wann besteht ein Anspruch auf Ausstellung eines Zeugnisses?

Ein Anspruch auf ein Zeugnis besteht bei Beendigung der Tätigkeit bzw. bei Beendigung der Berufsausbildung. In besonderen Fällen steht dem Arbeitnehmer jedoch noch während eines ungekündigten Arbeitsverhältnisses ein Zwischenzeugnis zu (z. B. Wechsel des Vorgesetzten, Elternzeit, Versetzung).

54. Wann besteht ein Anspruch auf eine frühere Zeugnisausstellung?

Bei fristgerechter Kündigung soll das Zeugnis dazu dienen, die Stellensuche zu erleichtern. *Daher muss das Zeugnis unmittelbar nach der Kündigung ausgefertigt werden.* Bei fristloser Kündigung entsteht in der Regel auch ein sofortiger Anspruch auf ein Zeugnis, es sei denn, der Arbeitnehmer wäre treuebrüchig geworden. In diesem Fall steht ihm das Zeugnis nicht vor dem Zeitpunkt zu, in dem sein Arbeitsverhältnis bei regulärer Kündigungsfrist hätte gekündigt werden können.

3.1.5.2 Betriebsverfassungsgesetz

01. Wie unterscheidet man das Individualarbeitsrecht und das kollektive Arbeitsrecht?

Das *Individualarbeitsrecht* regelt die Rechtsbeziehung zwischen dem Arbeitgeber und dem einzelnen Arbeitnehmer.

Das *kollektive Arbeitsrecht* regelt die Beziehungen zwischen Gruppen wie zum Beispiel zwischen den Betriebsräten und Arbeitgebern bzw. den Gewerkschaften und den Arbeitgeberverbänden.

Einteilung des Arbeitsrechts		
Das **Individualarbeitsrecht**	regelt die Rechtsbeziehungen zwischen dem Arbeitgeber und einem einzelnen Arbeitnehmer	- Arbeitsvertragsrecht - Arbeitnehmerschutzrechte - Arbeitssicherheitsgesetze
Das **Kollektive Arbeitsrecht**	regelt die Beziehungen zwischen Gruppen wie zum Beispiel den Betriebsräten und Arbeitgebern bzw. den Gewerkschaften und den Arbeitgeberverbänden.	- **Betriebsverfassungsgesetz** - Sprecherausschussverfassung - Unternehmensverfassung - Tarifvertragsrecht - Arbeitskampfrecht

02. Welchen Einfluss hat das kollektive Arbeitsrecht auf das Individualarbeitsrecht?

Durch das Einwirken arbeitsrechtlicher Gesetze und Kollektivvereinbarungen hat der individuelle Vertrag einen schwächeren Einfluss auf den Inhalt des einzelnen Arbeitsverhältnisses als etwa bei Verträgen zwischen Verkäufer und Käufer oder Vermieter und Mieter. Ein Individualarbeitsvertrag muss sich daher immer an den übergeordneten Normen kollektivrechtlicher Bestimmungen orientieren. Der Abschluss untertariflicher Arbeitsbedingungen im Einzelarbeitsvertrag ist damit z. B. nichtig; zulässig sind aber günstigere Einzelbedingungen.

03. Welche Zielsetzung verfolgt das Betriebsverfassungsgesetz?

Das Betriebsverfassungsgesetz schränkt das Direktionsrecht des Arbeitgebers ein. Dazu werden dem *Betriebsrat* verschiedene *Beteiligungsrechte* mit unterschiedlicher Qualität eingeräumt. Außerdem erhalten die Arbeitnehmer in den §§ 81- 86 *unmittelbare Rechte* gegenüber dem Arbeitgeber.

Die *Novellierung des Betriebsverfassungsgesetzes* vom 5.7.2001 hat zu folgenden Änderungen geführt:

- Das *Wahlverfahren* wird entbürokratisiert: Die Trennung zwischen Arbeitern und Angestellten wird aufgehoben. In kleineren Betrieben (bis 50 Beschäftigte) ist es möglich, den Betriebsrat in einer Betriebsversammlung zu wählen.

- *Frauen* müssen entsprechend ihrem Anteil an der Belegschaft im Betriebsrat vertreten sein.

- *Beschäftigte von Fremdfirmen* sind stärker durch den Betriebsrat des Entleih-Betriebes vertreten.

- *Die Jugend- und Auszubildendenvertretungen* (JAV) werden gestärkt: Sie können Ausschüsse bilden; das Wahlrecht wird einfacher.

- Schon *ab 200* Beschäftigten gibt es *freigestellte Betriebsratsmitglieder* (bisher: ab 300 Beschäftigten); Teilfreistellungen sind möglich.

- Der Betriebsrat soll leichter *moderne Informations- und Kommunikationstechniken* nutzen können.

- Der Betriebsrat hat *ein Initiativrecht (!) bei der Qualifizierung* der Beschäftigten.

- Bei der *Durchführung* von Gruppenarbeit kann der Betriebsrat *mitbestimmen (!)*, nicht allerdings bei der *Einführung*.

- Bei Beschäftigungsförderung, Umweltschutz und Gleichstellung werden die Vorschlags- und Beratungsrechte des Betriebsrats verbessert.

- Der Betriebsrat erhält das Recht, bei befristeten Einstellungen die Zustimmung zu verweigern, falls der Arbeitgeber bei unbefristeten Einstellungen gleich geeignete befristete Beschäftigte nicht berücksichtigt.

- Sachkundige Arbeitnehmer können leichter in die Arbeit des Betriebsrats einbezogen werden. Der Betriebsrat kann auch *Mitbestimmungsrechte* an Arbeitsgruppen *delegieren.*

- Es ist künftig einfacher, Sachverständige einzuschalten; dies gilt nur bei Betriebsänderungen.

- Die Möglichkeiten des Betriebsrats, gegen Rassismus und Fremdenfeindlichkeit vorzugehen, wurden verbessert.

04. Welche Rechte hat der einzelne Arbeitnehmer nach dem Betriebsverfassungsgesetz?

Das Betriebsverfassungsgesetz gibt dem einzelnen Arbeitnehmer *ein eigenes Recht* auf Unterrichtung, Anhörung, Erörterung und Beschwerde in Angelegenheiten, die ihn und seinen Arbeitsplatz unmittelbar betreffen (§§ 81 – 86a BetrVG; bitte lesen). Dieses Recht gilt unabhängig davon, ob ein Betriebsrat existiert oder nicht.

Mitwirkungs- und Beschwerderecht des einzelnen Arbeitnehmers nach dem BetrVG				
Unterrichtungs- und Erörterungspflicht des Arbeitgebers	Anhörungs- und Erörterungsrecht des Arbeitnehmers	Einsicht in die Personalakten	Beschwerderechte	Vorschlagsrecht der Arbeitnehmer

Im Einzelnen:

- **§ 81** *Unterrichtungs- und Erörterungspflicht des Arbeitgebers:*
  Der Arbeitgeber hat den Arbeitnehmer über dessen Aufgabe und Verantwortung sowie über die Art seiner Tätigkeit und ihre Einordnung in den Arbeitsablauf des Betriebs *zu unterrichten.* Er hat ihn ferner vor Beginn der Beschäftigung auf die Unfall- und Gesundheitsgefahr bei seiner Beschäftigung hinzuweisen.

  Der Arbeitnehmer ist über Veränderungen in seinem Arbeitsbereich rechtzeitig *zu unterrichten.*

  Der Arbeitgeber hat den Arbeitnehmer über die aufgrund einer Planung von technischen Anlagen, von Arbeitsverfahren und Arbeitsabläufen oder der Arbeitsplätze vorgesehenen Maßnahmen und ihre Auswirkungen auf seinen Arbeitsplatz, die Arbeitsumgebung sowie auf Inhalt und Art seiner Tätigkeit *zu unterrichten.*

- **§ 82** *Anhörungs- und Erörterungsrecht des Arbeitnehmers:*
  Der Arbeitnehmer hat das Recht in betrieblichen Angelegenheiten, die seine Person betreffen, von den hierzu zuständigen Personen *gehört zu werden.* Er kann verlangen, dass ihm die Zusammensetzung seines Gehalts erläutert und dass mit ihm die Beurteilung seiner Leistung und seiner beruflichen Entwicklung erörtert werden.

- **§ 83** *Einsicht in die Personalakten:*
  Der Arbeitnehmer hat das Recht, in die über ihn geführte *Personalakte Einsicht zu nehmen.* Er kann hierzu ein Mitglied des Betriebsrats hinzuziehen. Das Einsichtsrecht erstreckt sich selbstverständlich auch auf elektronisch gespeicherte Daten über seine Person.

- § 84 *Beschwerderecht:*
  Jeder Arbeitnehmer hat das Recht sich bei den zuständigen Stellen des Betriebs zu beschweren, wenn er sich vom Arbeitgeber oder von Arbeitnehmern des Betriebes benachteiligt oder ungerecht behandelt oder in sonstiger Weise beeinträchtigt fühlt. Er kann hierzu ein Mitglied des Betriebsrats hinzuziehen. Der Arbeitnehmer kann sich mit seiner Beschwerde auch direkt an den Betriebsrat wenden.

- § 86a *Vorschlagsrecht der Arbeitnehmer:*
  Jeder Arbeitnehmer hat das Recht, dem Betriebsrat Themen zur Beratung vorzuschlagen; wird ein Vorschlag von mindestens 5 Prozent der Arbeitnehmer unterstützt, so ist er innerhalb von zwei Monaten auf die Tagesordnung zu setzen.

05. Welche allgemeinen Aufgaben hat der Betriebsrat?

Nach § 80 BetrVG hat der Betriebsrat folgende, allgemeine Aufgaben:

- darüber zu wachen, dass die geltenden Gesetze, Verordnungen usw. eingehalten werden,
- Maßnahmen zu beantragen, die dem Betrieb und der Belegschaft dienen,
- die Gleichberechtigung von Frauen und Männern zu fördern,
- Anregungen der Arbeitnehmer und der Jugend- und Auszubildendenvertretung entgegenzunehmen,
- die Eingliederung von Schwerbehinderten zu fördern,
- die Wahl der Jugend- und Auszubildendenvertretung vorzubereiten,
- die Beschäftigung älterer Arbeitnehmer sowie die Eingliederung ausländischer Arbeitnehmer zu fördern,
- die Beschäftigung im Betrieb zu fördern,
- Maßnahmen des Arbeitsschutzes und des betrieblichen Umweltschutzes zu fördern.

06. Welche grundsätzlichen Beteiligungsrechte hat der Betriebsrat?

Die Beteiligungsrechte des Betriebsrates sind von unterschiedlicher Qualität – von schwach bis sehr stark ausgeprägt – und lassen sich in die beiden Felder Mitwirkung und Mitbestimmung klassifizieren.

Im Überblick:

Beteiligungsrechte des Betriebsrates	
Mitwirkungsrechte (MWR)	Die Entscheidungsbefugnis des Arbeitsgebers bleibt unberührt.
Mitbestimmungsrechte (MBR)	Der Arbeitgeber kann eine Maßnahme nur im gemeinsamen Entscheidungsprozess mit dem Betriebsrat regeln.

Beteiligungsrechte des Betriebsrates			
Mitwirkungs-rechte	**Informations-rechte**	Allgemein:	§ 80 Abs. 2
		Spezielle ...	§§ 90, 92, 99 Abs. 1, 100 Abs. 2
	Vorschlags-rechte	Allgemein:	§ 80 Abs. 1 Nr. 2
		Spezielle ...	§§ 92 Abs. 2, 96 Abs. 1 S. 3 § 98 Abs. 3
	Anhörungsrechte		§ 102 Abs. 1 S. 1
	Beratungsrechte		§§ 90 Abs. 2, 92 Abs. 1 S. 2, 111 S. 1

Mit-bestimmungs-rechte	**Zustimmungs-verweigerungsrechte** (auch: Widerspruchs-/Vetorechte)	§§ 99 Abs. 2 und 4, 102 Abs. 4 und 5 § 1 Abs. 2 S. 2 Nr. 1 und S. 3 KSchG
	Zustimmungs-erfordernisrechte (echte Mitbestimmung)	§§ 87 Abs. 1 Nr. 1 bis 13, 94, 95 §§ 91, 112 und 112a
	Initiativrechte	§§ 87, 91, 95 Abs. 2, 98 Abs. 4 § 112 Abs. 4

- Das *Informationsrecht* ist das schwächste Recht des Betriebsrats. Es ist jedoch die unverzichtbare Voraussetzung für die Wahrnehmung aller Rechte und oft die Vorstufe zur Mitbestimmung. Neben einzelnen Fällen der Information formuliert das Gesetz in § 80 einen allgemeinen Anspruch des Betriebsrats auf „rechtzeitige und umfassende Information".

- Das *Beratungsrecht* ermöglicht dem Betriebsrat, von sich aus Gedanken und Anregungen zu entwickeln. Der Arbeitgeber ist gehalten, sich mit diesen Meinungen ernsthaft auseinanderzusetzen.

- Beim *Recht auf Anhörung* ist der Arbeitgeber unbedingt verpflichtet, vor seiner Entscheidung die Meinung des Betriebsrats einzuholen. Die Anhörung muss „ordnungsgemäß" sein. Im Fall der Kündigung führt eine Missachtung des Anhörungsrechts bereits aus formalrechtlichen Gründen zur Unwirksamkeit der Maßnahme.

- Beim *Vetorecht* kann der Betriebsrat die Maßnahme des Arbeitgebers verhindern bzw. bestimmte Rechtsfolgen einleiten (z. B. gerichtliche Ersetzung). Der Betriebsrat ist also nicht völlig gleichberechtigt am Entscheidungsprozess beteiligt, kann aber eine „Sperre" einlegen – aus den im Gesetz genannten Gründen.

- Das *Zustimmungsrecht* – auch als obligatorische Mitbestimmung bezeichnet – ist das qualitativ stärkste Recht. Der Arbeitgeber kann ohne die Zustimmung des Betriebsrats keine Entscheidung treffen. Bei fehlender Zustimmung kann er diese nicht gerichtlich ersetzen lassen, sondern muss den Weg über die Einigungsstelle gehen. Die Fälle der obligatorischen Mitbestimmung lassen sich im Gesetz leicht erkennen; die jeweiligen Normen enthalten immer den Satz: „Der Spruch der Einigungsstelle ersetzt die Einigung zwischen Arbeitgeber und Betriebsrat".

- Schließlich ist das *Initiativrecht* im Mitbestimmungsrecht enthalten: Der Betriebsrat kann von sich aus in den Fällen der erzwingbaren Mitbestimmung vom Arbeitgeber die Regelung einer bestimmten Angelegenheit verlangen. Das Initiativrecht findet seine Grenzen in den Fällen, in denen es um den Kern der unternehmerischen Entscheidung geht (z. B. Produktpolitik, Standortpolitik, u. Ä.).

07. Welche vier Beteiligungsbereiche räumt das Betriebsverfassungsgesetz dem Betriebsrat ein?

Das Betriebsverfassungsgesetz unterscheidet bei den Beteiligungsrechten des Betriebsrates vier Bereiche:

1. Soziale Angelegenheiten,
2. Personelle Angelegenheiten,
3. Arbeitsorganisatorische Angelegenheiten,
4. Wirtschaftliche Angelegenheiten.

1. Bei der Beteiligung *in sozialen Angelegenheiten* ist zu unterscheiden zwischen
   - sozialen Angelegenheiten,
     · die obligatorisch der Mitbestimmung unterliegen (§ 87),
     · die durch freiwillige Betriebsvereinbarung geregelt werden können (§ 88)
   - und der Mitwirkung bei der Gestaltung des Arbeitsschutzes (§ 89).

In den sozialen Angelegenheiten des § 87 BetrVG ist die Beteiligung des Betriebsrats am stärksten ausgeprägt. Die Ziffern 1 bis 13 enthalten eine abschließende Aufzählung von Tatbeständen (bitte lesen!). Entsprechend dem Eingangssatz gilt das Mitbestimmungsrecht jedoch nur, soweit keine gesetzliche oder tarifliche Regelung besteht. *In allen Fällen des § 87 BetrVG kann also der Arbeitgeber eine Regelung nur mit dem Einverständnis des Betriebsrats treffen.* Die Normen des § 87 Abs. 1 Nr. 1 bis 13 setzen einen kollektiven Regelungstatbestand voraus. Lediglich in den Ziffern 5 (Urlaub) und 9 (Werkswohnungen) greift die Mitbestimmung auch im Einzelfall.

Beteiligungsrechte des Betriebsrates (Überblick)		
Soziale Angelegenheiten	**Mitwirkungsrechte**	**Mitbestimmungsrechte**
1. Ordnung und Verhalten		
2. tägliche Arbeitszeit		
3. Veränderung der Arbeitszeit		
4. Auszahlung der Arbeitsentgelte		
5. Urlaubsgrundsätze		
6. technische Einrichtungen		
7. Arbeitsunfälle/Berufskrankheiten		**§ 87 Abs. 1 Nr. 1 bis 13**
8. Sozialeinrichtungen		
9. Zuweisung/Kündigung von Wohnräumen		
10. Entlohnungsgrundsätze		
11. Akkord- und Prämiensätze		
12. betriebl. Vorschlagswesen		
13. Durchführung von Gruppenarbeit		
Arbeits- und Umweltschutz	**§ 89**	

2. Die Beteiligung des Betriebsrats *in personellen Angelegenheiten* konzentriert sich auf folgende drei Bereiche:
   - allgemeine personelle Angelegenheiten,
   - Berufsbildung sowie
   - personelle Einzelmaßnahmen.

Dabei sind die Beteiligungsrechte überwiegend in Form der Mitbestimmung ausgeprägt:

Beteiligungsrechte des Betriebsrates (Überblick)		
Personelle Angelegenheiten	**Mitwirkungs-rechte**	**Mitbestimmungs-rechte**
Personalplanung	§ 92	
Beschäftigungssicherung	§ 92a	
Ausschreibung von Arbeitsplätzen		§ 93
Personalfragebogen Beurteilungsgrundsätze		§ 94
Auswahlrichtlinien		§ 95
Förderung der Berufsbildung	§ 96	
Maßnahmen der Berufsbildung	§ 97 Abs. 1	§ 97 Abs. 2
Durchführung von Bildungsmaßnahmen		§ 98 Abs. 1
Bestellung von Personen/Berufsbildung		§ 98 Abs. 2
Vorschläge für die Teilnahme		§ 98 Abs. 3
Einstellung, Eingruppierung, Umgruppierung, Versetzung		§ 99
vorläufige personelle Maßnahme		§ 100
Kündigung		§ 102
außerordentliche Kündigung von Betriebsrats-Mitgliedern		§ 103
Einstellung/Veränderung von Leitenden	§ 105	

3. Beteiligung *in arbeitsorganisatorischen Angelegenheiten:* Hier kommt dem Betriebsrat lediglich ein Unterrichtungs- und Beratungsrecht zu. Der Arbeitgeber bleibt also letztlich in seiner Entscheidung frei. Eine Ausnahme davon bildet nur der § 91 BetrVG: Wenn der Arbeitgeber „gegen gesicherte, arbeitswissenschaftliche Erkenntnisse verstößt", hat der Betriebsrat ein „korrigierendes Mitbestimmungsrecht": Er kann angemessene Maßnahmen zur Abwendung, Minderung oder zum Ausgleich der Belastung der Arbeitnehmer verlangen. Im Konfliktfall entscheidet die Einigungsstelle.

Beteiligungsrechte des Betriebsrates (Überblick)		
Arbeitsorganisatorische Angelegenheiten	**Mitwirkungs-rechte**	**Mitbestimmungs-rechte**
Neu-, Um- und Erweiterungsbauten technische Anlagen Arbeitsverfahren/Arbeitsplätze	§ 90	
Verstoß gegen gesicherte arbeitswissenschaftliche Erkenntnisse		§ 91

4. Beteiligung des Betriebsrates *in wirtschaftlichen Angelegenheiten:* Hier ist die Beteiligung des Betriebsrates qualitativ am schwächsten ausgeprägt. Nach dem Willen des Gesetzgebers soll die unternehmerische Entscheidungsfreiheit nicht eingeschränkt werden, sondern es soll lediglich sichergestellt sein, dass die Arbeitnehmer über die wirtschaftliche Lage des Unternehmens informiert werden. Zu beachten ist jedoch, dass der Betriebsrat bei der Aufstellung eines Sozialplans ein erzwingbares Mitbestimmungsrecht hat.

Beteiligungsrechte des Betriebsrates (Überblick)		
Wirtschaftliche Angelegenheiten	**Mitwirkungsrechte**	**Mitbestimmungsrechte**
Wirtschaftsausschuss	§§ 106 ff.	
Betriebsänderung	§ 111	§ 91
Interessenausgleich	§ 112 Abs. 1	
Sozialplan		§§ 112 Abs. 4, 112a

08. Welche Tatbestände umfasst der Begriff „Betriebsänderung"?

Das Betriebsverfassungsgesetz versteht unter einer „Betriebsänderung" (vgl. § 111 BetrVG) folgende Tatbestände:

1. Einschränkung und Stilllegung des ganzen Betriebes oder von wesentlichen Betriebsteilen,

2. Verlegung des ganzen Betriebes oder von wesentlichen Betriebsteilen,

3. Zusammenschluss mit anderen Betrieben oder die Spaltung von Betrieben,

4. grundlegende Änderung der Betriebsorganisation, des Betriebszwecks oder der Betriebsanlagen,

5. Einführung grundlegend neuer Arbeitsmethoden und Fertigungsverfahren.

09. Was versteht das Betriebsverfassungsgesetz unter „Interessenausgleich" und „Sozialplan"?

- Der *Interessenausgleich* ist die Vereinbarung des Arbeitgebers mit dem Betriebsrat über die technische und organisatorische Abwicklung der Betriebsänderung (Notwendigkeit, Zeitpunkt und Umfang der Betriebsänderung).

- Der *Sozialplan* ist die Vereinbarung des Arbeitgebers mit dem Betriebsrat über den Ausgleich oder die Milderung wirtschaftlicher Nachteile, für die von einer *Betriebsänderung* betroffenen Arbeitnehmer. Die Inhalte eines Sozialplans sind z. B.:

  - Zahlung von Abfindungen
  - Vorrang von Umschulungsmaßnahmen
  - Versetzung vor Kündigung
  - Regelung der betrieblichen Altersversorgung
  - Überbrückungsbeihilfen
  - Umzugsbeihilfen
  - Mietrecht in Werkswohnungen

10. Welche Fristen und daraus resultierende Zeitabläufe müssen Führungskräfte bei der Zusammenarbeit mit dem Betriebsrat berücksichtigen?

§§ BetrVG	*Vorgang:*	*Frist:*
§ 99 Abs. 3	Verweigerung der Zustimmung des BR zur Einstellung, Eingruppierung, Umgruppierung, Versetzung aus den im Gesetz genannten Gründen: → innerhalb einer Woche nach Unterrichtung durch den Arbeitgeber.	1 Woche
§ 100	Der Arbeitgeber darf die vorläufige personelle Maßnahme nur aufrechterhalten, wenn er innerhalb von drei Tagen die Ersetzung der fehlenden Zustimmung des BR beim Arbeitsgericht beantragt.	3 Tage
§ 102 Abs. 2 Satz 1	Hat der BR gegen eine *ordentliche Kündigung* Bedenken, so hat er dies spätestens innerhalb einer Woche mitzuteilen.	1 Woche
§ 102 Abs. 2 Satz 1	Hat der BR gegen eine *außerordentliche Kündigung* Bedenken, so hat er dies spätestens innerhalb von drei Tagen mitzuteilen.	3 Tage

Beteiligungsrechte des Betriebsrates (BR) – Überblick der maßgeblichen Fristen

11. Welche betriebsverfassungsrechtlichen Organe gibt es?

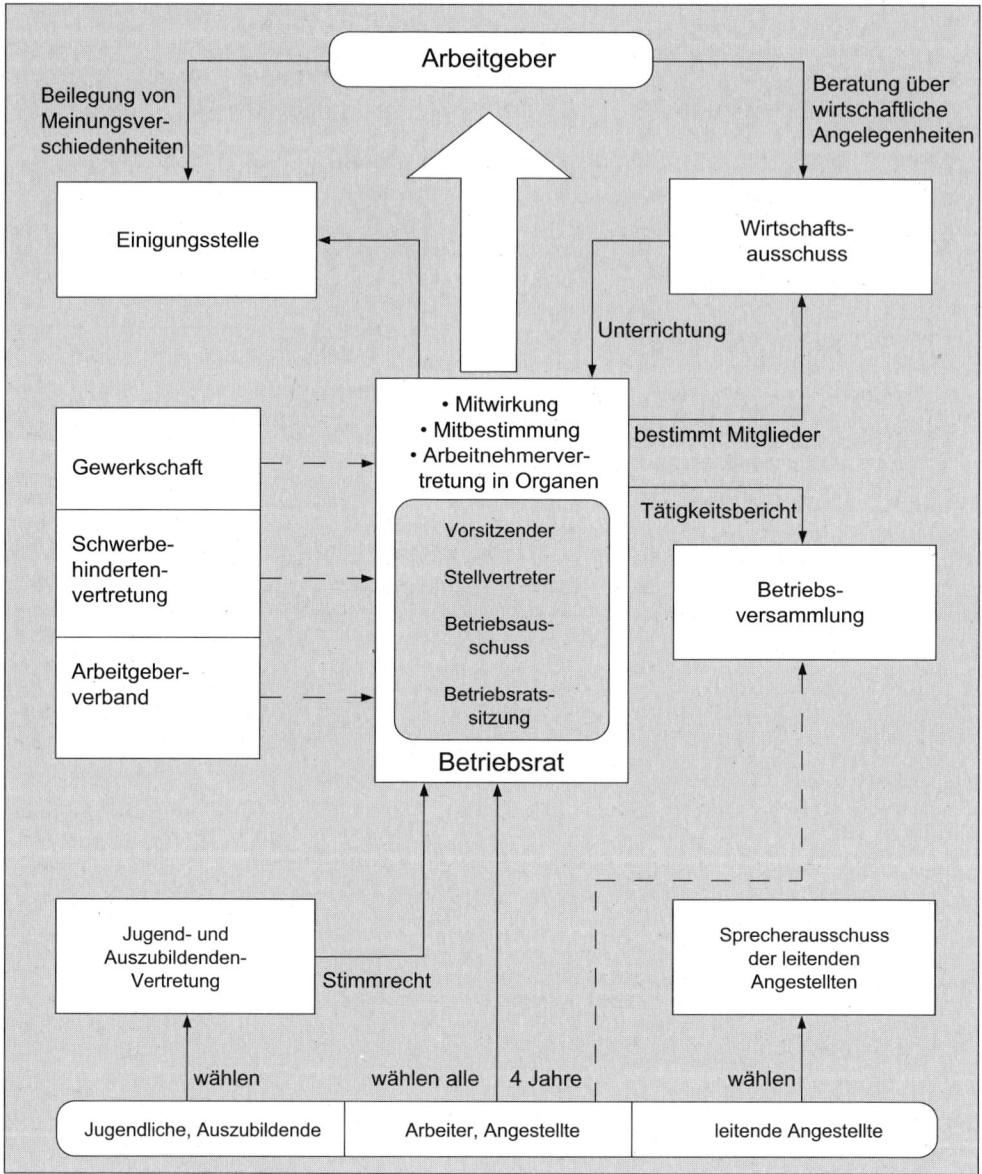

3.1.5.3 Grundlegende arbeitsrechtliche Schutzbestimmungen

01. Welche Bedeutung hat der Arbeitsschutz in Deutschland?

Das *Grundgesetz* der Bundesrepublik Deutschland sieht das Recht der Bürger auf *Schutz der Gesundheit und körperliche Unversehrtheit* als ein *wesentliches Grundrecht* an. Die Bedeutung dieses Grundrechtes kommt auch dadurch zum Ausdruck, dass es in der Abfolge der Artikel des Grundgesetzes schon an die zweite Stelle gesetzt wurde.

> *„Jeder hat das Recht auf Leben und körperliche Unversehrtheit."*
> Art. 2 Abs. 2 GG

02. Wie ist das deutsche Arbeitsschutzrecht gegliedert?

Es gibt kein einheitliches, in sich geschlossenes Arbeitsschutzrecht in Deutschland. Es umfasst eine Vielzahl von Vorschriften. Grob unterteilen lassen sich die Arbeitsschutzvorschriften in:

- *Staatliche Vorschriften:*   z. B.:
  - Arbeitsschutzgesetz   ArbSchG
  - Arbeitssicherheitsgesetz   ASiG
    (Gesetz über Betriebsärzte, Sicherheitsingenieure
    und andere Fachkräfte für Arbeitssicherheit)
  - Betriebssicherheitsverordnung   BetrSichV
  - Arbeitsstättenverordnung   ArbStättV
  - Gefahrstoffverordnung   GefStoffV
  - Geräte- und Produktsicherheitsgesetz GPSG
  - Chemikaliengesetz   ChemG
  - Bildschirmarbeitsverordnung   BildscharbV
  - Bundesimmissionsschutzgesetz BImSchG
  - Jugendarbeitsschutzgesetz   JArbSchG
  - Mutterschutzgesetz   MuSchG
  - Betriebsverfassungsgesetz   BetrVG
  - Sozialgesetzbuch Siebtes Buch SGB VII
    (Gesetzliche Unfallversicherung)
  - Sozialgesetzbuch Neuntes Buch SGB IX
    (Rehabilitation und Teilhabe behinderter Menschen)
  - EU-Richtlinien

- *Berufsgenossenschaftliche Vorschriften:* z. B:
  - Berufsgenossenschaftliche Vorschriften BGV
    (Unfallverhütungsvorschriften)
    gem. § 15 SGB VII
  - Berufsgenossenschaftliche Regeln BGR
  - Berufsgenossenschaftliche Informationen BGI
  - Berufsgenossenschaftliche Grundsätze BGG

Die „Verzahnung" des berufsgenossenschaftlichen Regelwerkes mit den staatlichen Rechtsnormen erfolgt durch die *Unfallverhütungsvorschrift BGV A1 „Grundsätze der Prävention".*

> Die *BGV A1* ist somit die wichtigste und grundlegende Vorschrift der Berufsgenossenschaften und kann daher als *„Grundgesetz der Prävention"* bezeichnet werden.

03. Nach welchem Prinzip ist das Arbeitsschutzrecht in Deutschland aufgebaut?

Der Aufbau des Arbeitsschutzrechtes in Deutschland folgt streng dem *„Prinzip vom Allgemeinen zum Speziellen".* Diese Rangfolge ist ein wesentlicher Grundgedanke in der deutschen Rechtssystematik und wird vom Gesetzgeber deswegen durchgängig verwendet:

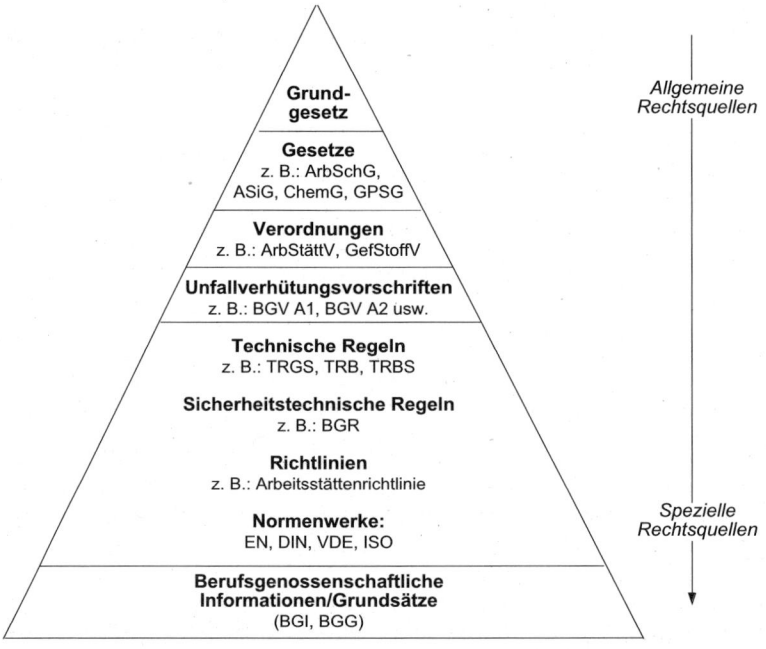

Den allgemeinen Rechtsrahmen stellt das Grundgesetz dar. Alle gesetzgeberischen Akte, auch die gesetzlichen Regelungen für den Arbeitsschutz, müssen sich am Grundgesetz messen lassen. Ebenso muss jede nachfolgende Rechtsquelle mit der übergeordneten vereinbar sein (*Rangprinzip*).

Die Gesetze und Vorschriften unterteilen sich in Regeln des *öffentlichen Rechts* (regelt die Beziehungen des Einzelnen zum Staat) und allgemein anerkannte Regeln des *Privatrechts* (Rechtsbeziehungen der Bürger untereinander). Der Arbeitnehmerschutz und die Arbeitssicherheit gehören zum öffentlichen Recht.

04. Welche Schwerpunkte hat der Arbeitsschutz?

Die Schwerpunkte des Arbeitsschutzes sind:

- *Unfallverhütung* (klassischer Schutz vor Verletzungen)
- Schutz vor *Berufskrankheiten*
- Verhütung von *arbeitsbedingten Gesundheitsgefahren*
- Organisation der *Ersten Hilfe*

05. Wie lässt sich der Arbeitsschutz in Deutschland unterteilen?

Arbeitsschutz in Deutschland
- Gliederung -

Unfallverhütung	**Gesundheitsschutz**	**Sozialer Arbeitsschutz**
- Allgemeine Arbeits-sicherheit - Technischer Arbeits-schutz/Maschinen-sicherheit - Brandschutz - Explosionsschutz	- Arbeitsmedizinische Vorsorge - Gesundheitsfürsorge - Arbeitsgestaltung - Ergonomie - Raumgestaltung - Klima-, Licht- und Lärmschutz	- Arbeitszeitschutz, z. B. Arbeitspausen, Nacht-arbeit - Schutz für besondere Gruppen von Beschäf-tigten, z. B. Kinder, Jugendliche, Frauen, behinderte Menschen

06. Welche Bestimmungen enthält das Arbeitsschutzgesetz (ArbSchG)?

Das „Gesetz über die Durchführung von Maßnahmen des Arbeitsschutzes zur Verbesserung der Sicherheit und des Gesundheitsschutzes der Beschäftigten bei der Arbeit" (kurz: Arbeitsschutzgesetz, ArbSchG) hat folgende, zentrale Inhalte (die zentralen Paragrafen bitte lesen; Einzelheiten dazu vgl. auch Ziffer 1.4.2 ff. lt. Rahmenstoffplan):

§ 1 *Zielsetzung und Anwendungsbereich*
„… dient dazu, Sicherheit und Gesundheitsschutz der Beschäftigten bei der Arbeit … zu sichern und zu verbessern."

§ 2 *Begriffsbestimmungen*
„Maßnahmen des Arbeitsschutzes … sind … Verhütung von Unfällen …, arbeitsbedingte Gesundheitsgefahren … Maßnahmen der menschengerechten Gestaltung der Arbeit."

§ 3 *Grundpflichten des Arbeitgebers*
- alle erforderlichen Maßnahmen des Arbeitsschutzes zu treffen
- auf ihre Wirksamkeit hin zu überprüfen und ggf. anzupassen
- für eine geeignete Organisation zu sorgen

- Vorkehrungen zu treffen, dass die Maßnahmen bekannt sind und beachtet werden
- trägt die Kosten des Arbeitsschutzes

§ 4 *Allgemeine Grundsätze*

§ 5 *Beurteilung der Arbeitsbedingungen*
- Der Arbeitgeber hat eine Beurteilung der Gefährdung zu ermitteln.
- Der Arbeitgeber hat die Beurteilung je nach Art der Tätigkeit vorzunehmen.

§ 6 *Dokumentation*
- Das Ergebnis der Gefährdungsbeurteilung und die Maßnahmen des Arbeitsschutzes und das Ergebnis der Überprüfung sind in Unterlagen festzuhalten.
- Bestimmte Unfälle hat der Arbeitgeber zu erfassen (bei Todesfolge und bei Arbeitsunfähigkeit > 3 Tage).

§ 10 *Erste Hilfe und sonstige Notfallmaßnahmen*
- Der Arbeitgeber hat die erforderlichen Maßnahmen zu treffen (Erste Hilfe, Brandbekämpfung, Evakuierung).
- Der Arbeitgeber hat die Verbindung zu außerbetrieblichen Stellen herzustellen (Erste Hilfe, medizinische Notversorgung, Bergung, Brandbekämpfung).
- Der Arbeitgeber hat geeignetes Personal für die o. g. Maßnahmen zu benennen.

§ 11 *Arbeitsmedizinische Vorsorge*
Arbeitnehmer haben ein grundsätzliches Recht, sich regelmäßig arbeitsmedizinisch untersuchen zu lassen.

§ 12 *Unterweisung*
Der Arbeitgeber muss die Beschäftigten regelmäßig unterweisen (bei der Einstellung, bei Veränderungen, bei neuen Arbeitsmitteln/Technologien).

§ 15 *Pflichten der Beschäftigten*
- Die Beschäftigten haben für Sicherheit und Gesundheit Sorge zu tragen.
- Die Beschäftigten haben Maschinen, Schutzvorrichtungen usw. bestimmungsgemäß zu verwenden.

Hinweis: Mit Inkrafttreten des ArbSchG sind die Vorschriften der §§ 120, 120a GewO weggefallen.

07. Welche Pflichten hat der Arbeitgeber im Rahmen des Arbeits- und Gesundheitsschutzes?

Der Arbeitgeber trägt – vereinfacht formuliert – die Verantwortung dafür, dass „seine Mitarbeiter am Ende des Arbeitstages möglichst genauso gesund sind, wie zu dessen Beginn". Er hat dazu alle erforderlichen Maßnahmen zur Verhütung von

- Arbeitsunfällen,
- Berufskrankheiten und

- arbeitsbedingten Gesundheitsgefahren sowie für
- wirksame Erste Hilfe

zu ergreifen.

Das *Arbeitsschutzgesetz* (ArbSchG) legt die *Pflichten des Arbeitgebers im Arbeits- und Gesundheitsschutz* als Umsetzung der Europäischen Arbeitsschutz-Rahmenrichtlinie fest. *Die Grundpflichten des Unternehmers sind also Europa weit harmonisiert.* Nach dem Arbeitsschutzgesetz kann man die Verantwortung des Arbeitgebers für den Arbeitsschutz in Grundpflichten, besondere Pflichten und allgemeine Grundsätze gliedern:

- *Grundpflichten des Arbeitgebers* nach § 3 ArbSchG:
  Die Grundpflichten des Unternehmers sind im § 3 des Arbeitsschutzgesetzes genau beschrieben. Danach muss der Unternehmer

  - alle notwendigen *Maßnahmen* des Arbeitsschutzes *treffen,*
  - diese Maßnahmen auf ihre *Wirksamkeit überprüfen* und ggf. *anpassen,*
  - dafür sorgen, dass die Maßnahmen den *Mitarbeitern* bekannt sind und *beachtet* werden,
  - für eine *geeignete Organisation* im Betrieb sorgen,
  - die *Kosten* für den Arbeitsschutz *tragen.*

- *Besondere Pflichten des Arbeitgebers* nach §§ 4 - 14 ArbSchG, z. B.:
  Um sicher zu stellen, dass wirklich geeignete und auf die Arbeitsplatzsituation genau zugeschnittene wirksame Maßnahmen ergriffen werden, schreibt § 5 des Arbeitsschutzgesetzes vor, dass der Arbeitgeber
  - die *Gefährdungen* im Betrieb *ermittelt* und
  - die *Gefährdungen beurteilen* muss.

Der Arbeitgeber ist verpflichtet, *Unfälle* zu *erfassen.* Dies betrifft insbesondere *tödliche Arbeitsunfälle,* Unfälle mit *schweren Körperschäden* und Unfälle, die dazu geführt haben, dass der Unfallverletzte *mehr als drei Tage arbeitsunfähig* war. Für Unfälle, die diese Bedingungen erfüllen, besteht gegenüber der Berufsgenossenschaft eine *Anzeigepflicht.* Der Arbeitgeber muss für eine *funktionierende Erste Hilfe* und die erforderlichen *Notfallmaßnahmen* in seinem Betrieb sorgen (§ 10 ArbSchG).

- *Allgemeine Grundsätze* nach § 4 ArbSchG:
  Der Arbeitgeber hat bei der Gestaltung von Maßnahmen des Arbeitsschutzes folgende allgemeine Grundsätze zu beachten:

  1. Eine Gefährdung ist möglichst zu vermeiden; eine verbleibende Gefährdung ist möglichst gering zu halten.
  2. Gefahren sind an ihrer Quelle zu bekämpfen.
  3. Zu berücksichtigen sind: Stand der Technik, Arbeitsmedizin, Hygiene sowie gesicherte arbeitswissenschaftliche Erkenntnisse.
  4. Technik, Arbeitsorganisation, Arbeits- und Umweltbedingungen sowie soziale Beziehungen sind sachgerecht zu verknüpfen.
  5. Individuelle Schutzmaßnahmen sind nachrangig.
  6. Spezielle Gefahren sind zu berücksichtigen.

7. Den Beschäftigten sind geeignete Anweisungen zu erteilen.
8. Geschlechtsspezifische Regelungen sind nur zulässig, wenn dies biologisch zwingend ist.

Pflichten des Arbeitsgebers nach dem ArbSchG im Überblick		
↓	↓	↓
Grundpflichten	**Besondere Pflichten**	**Allgemeine Grundsätze**
§ 3 ArbSchG	§§ 5 - 14 ArbSchG	§ 4 ArbSchG
- Maßnahmen treffen - Wirksamkeit kontrollieren - Verbesserungspflicht - Vorkehrungs-/Bereitstellungspflicht - Kostenübernahme	- Gefährdungsbeurteilung, Analyse, Dokumentation § 5-6 - sorgfältige Aufgabenübertragung § 7 - Zusammenarbeit mit anderen Arbeitgebern § 7 - Vorkehrungen bei besonders gefährlichen Arbeitsbereichen § 9 - Erste Hilfe § 10 - arbeitsmedizinische Vorsorge § 11 - Unterweisung der Mitarbeiter § 12	- Gefährdungsvermeidung - Gefahrenbekämpfung - Überprüfen des Technikstandes - Planungspflichten - Schutz besonderer Personengruppen - Anweisungspflicht - Diskriminierungsverbot

08. Welche Bedeutung hat die Übertragung von Unternehmerpflichten nach § 7 ArbSchG?

Dem Unternehmer/Arbeitgeber sind vom Gesetzgeber Pflichten im Arbeitsschutz auferlegt worden. Diese Pflichten obliegen ihm *persönlich*. Im Einzelnen sind dies (vgl. oben, Grundpflichten):

- die *Organisationsverantwortung,*
- die *Auswahlverantwortung* (Auswahl der „richtigen" Personen) und
- die Aufsichtsverantwortung (Kontrollmaßnahmen).

Je größer das Unternehmen ist, desto umfangreicher wird natürlich für den Unternehmer das Problem, die sich aus der generellen Verantwortung ergebenden Pflichten im betrieblichen Alltag persönlich wirklich wahrzunehmen.

In diesem Falle überträgt er seine persönlichen Pflichten auf *betriebliche Vorgesetzte* und/oder *Aufsichtspersonen*. Er beauftragt sie mit seinen Pflichten und bindet sie so in seine Verantwortung mit ein.

- § 13 der Unfallverhütungsvorschrift BGV A1 „Grundsätze der Prävention" legt fest, dass der *Verantwortungsbereich* und die *Befugnisse*, die der Beauftragte erhält, um die beauftragten Pflichten erledigen zu können, vorher *genau festgelegt* werden müssen. Die *Pflichtenübertragung* bedarf der *Schriftform*. Das Schriftstück ist vom Beauftragten zu unterzeichnen. Dem Beauftragten ist ein Exemplar auszuhändigen.

- Die Pflichten von Beauftragten, also Vorgesetzten und Aufsichtspersonen, bestehen jedoch rein rechtlich auch ohne eine solche schriftliche Beauftragung, also unabhängig von § 13 BGV A1. Dies ist deswegen der Fall, weil sich die *Pflichten des Vorgesetzten* bzw. der Aufsichtsperson aus deren *Arbeitsvertrag* ergeben. Alle Vorgesetzten, und dazu gehören insbesondere die *Industriemeister*, sollten ganz genau wissen, dass sie ab *Übernahme der Tätigkeit* in ihrem Verantwortungsbereich nicht nur für einen geordneten Arbeits- und Produktionsablauf *verantwortlich* sind, sondern auch für die *Sicherheit der unterstellten Mitarbeiter.*

- Um dieser Verantwortung gerecht zu werden, räumt der Unternehmer dem Vorgesetzten *Kompetenzen* ein. Diese *Kompetenzen* muss der Vorgesetzte *konsequent einsetzen.* Aus der *persönlichen Verantwortung* erwächst immer auch die *persönliche Haftung.* Eine wichtige Regel für den betrieblichen Vorgesetzten lautet:

> *„3-K-Regel" nach Nordmann:*
> „Wer *Kompetenzen* besitzt und diese *Kompetenzen* nicht nutzt, muss im Ernstfall mit *Konsequenzen* rechnen, die er gegebenenfalls ganz allein zu tragen hat."

09. Welche Pflichten sind den Mitarbeitern im Arbeitsschutz auferlegt?

- *Rechtsquellen:*
  - Die *Pflichten* der Mitarbeiter sind in § 15 ArbSchG *allgemein* beschrieben.

  - § 16 ArbSchG legt *besondere Unterstützungspflichten* der Mitarbeiter dem Unternehmer gegenüber fest. Natürlich sind alle Mitarbeiter verpflichtet, im innerbetrieblichen Arbeitsschutz aktiv mitzuwirken.

  - Die §§ 15 und 18 der berufsgenossenschaftlichen Unfallverhütungsvorschrift „Grundsätze der Prävention" (BGV A1) regeln die diesbezüglichen Verpflichtungen der Mitarbeiter im betrieblichen Arbeitsschutz. Das 3. Kapitel der berufsgenossenschaftlichen Unfallverhütungsvorschrift BGV A1 „Grundsätze der Prävention" regelt die Pflichten der Mitarbeiter ausführlich.

- *Pflichten der Mitarbeiter im Arbeitsschutz:*
  - Die Mitarbeiter müssen die *Weisungen* des Unternehmers für ihre Sicherheit und Gesundheit *befolgen.* Die *Maßnahmen*, die der Unternehmer getroffen hat, um für einen wirksamen Schutz der Mitarbeiter zu sorgen, sind von den Mitarbeitern *zu unterstützen.* Sie dürfen sich bei der Arbeit nicht in einen Zustand versetzen, durch den sie sich selbst oder andere gefährden können (*Pflicht zur Eigensorge und Fremdsorge*). Dies gilt insbesondere für den Konsum von Drogen, Alkohol, anderen berauschenden Mitteln sowie die Einnahme von Medikamenten (§ 15 Abs. 1 ArbSchG).

    § 15 der BGV A1 sieht in der neuesten Fassung vom 01.01.2004 derartige Handlungen als Ordnungswidrigkeiten an. Deswegen ist es möglich, dass Mitarbeiter, die bei der Arbeit unter Alkohol- bzw. Drogeneinfluss stehen, durch die Berufsgenossenschaft mit einem *Bußgeld* belegt werden können.

  - Die Mitarbeiter müssen *Einrichtungen, Arbeitsmittel und Arbeitsstoffe sowie Schutzvorrichtungen bestimmungsgemäß benutzen* und dürfen sich an gefährlichen Stellen im Betrieb nur im Rahmen der ihnen übertragenen Aufgaben aufhalten; die persönliche Schutzausrüstung ist bestimmungsgemäß zu verwenden (§ 15 Abs. 2 ArbSchG).

- Gefahren und Defekte sind vom Mitarbeiter unverzüglich zu melden (§ 16 ArbSchG).

- Die Mitarbeiter haben gemeinsam mit dem Betriebsarzt (BA) und der Fachkraft für Arbeitssicherheit (Sifa) den Arbeitgeber in seiner Verantwortung zu unterstützen; festgestellte Gefahren und Defekte sind dem BA und der Sifa mitzuteilen (§ 16 Abs. 2 ArbSchG).

10. Wer überwacht die Einhaltung der Vorschriften und Regeln des Arbeitsschutzes?

Das Arbeitsschutzsystem in Deutschland ist dual aufgebaut. Man spricht vom *„Dualismus des deutschen Arbeitsschutzsystems"*. Diese Struktur ist in Europa einmalig:

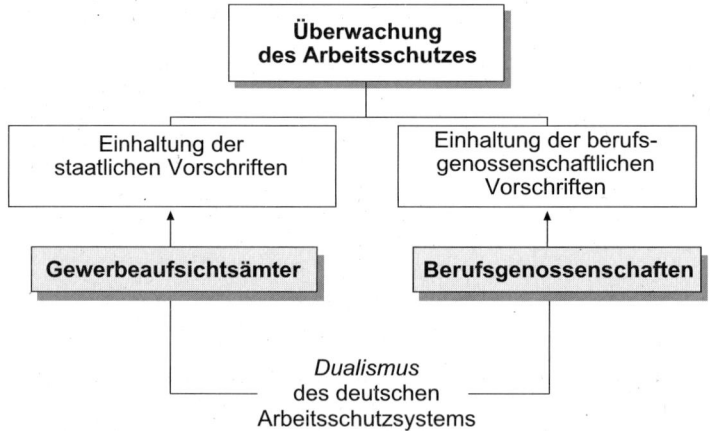

- Dem dualen Aufbau folgend wird die *Einhaltung der staatlichen Vorschriften von den staatlichen Gewerbeaufsichtsämtern* überwacht. Die Gewerbeaufsicht unterliegt der Hoheit der Länder.

- *Die Einhaltung der berufsgenossenschaftlichen Vorschriften wird von den Berufsgenossenschaften* überwacht. Die Berufsgenossenschaften sind Körperschaften des öffentlichen Rechts und agieren hoheitlich wie staatlich beauftragte Stellen. Die Berufsgenossenschaften sind nach Branchen gegliedert. Sie liefern Prävention und Entschädigungsleistungen aus „einer Hand". Sie arbeiten als bundesunmittelbare Verwaltungen, d. h. sie sind entweder bundesweit oder aber zumindest in mehreren Bundesländern tätig.

11. Welche Aufgaben und Befugnisse hat die Gewerbeaufsicht?

Die Gewerbeaufsicht hat die *Einhaltung des technischen und sozialen Arbeitsschutzes zu überwachen*. Die zuständigen Ämter sind bei den Bundesländern eingerichtet (Gewerbeaufsichtsämter bzw. Ämter für Arbeitsschutz; unterschiedliche Bezeichnung je nach Bundesland).

- *Aufgaben:*
  - Überwachung des Arbeitsschutzes durch Inspektion der Betriebe
  - Beratung der Arbeitgeber in Fragen des Arbeitsschutzes inkl. praktischer Lösungsvorschläge

- *Befugnisse:*
  Die Mitarbeiter des Gewerbeaufsichtsamts
  - dürfen den Betrieb unangemeldet betreten, besichtigen und prüfen,
  - dürfen Unterlagen einsehen, Daten erheben und Stoffproben entnehmen,
  - dürfen Sachverständige hinzuziehen,
  - können erforderliche Arbeitsschutzmaßnahmen anordnen und ggf. zwangsweise durchsetzen („polizeiliche Befugnisse", z. B. Ersatznahme, Zwangsgeld, unmittelbaren Zwang).

12. Welche Aufgaben hat die Berufsgenossenschaft und welche Leistungen gewährt sie?

Die Berufsgenossenschaft (BG) ist eine öffentlich-rechtliche Einrichtung. Sie verlangt vom Arbeitgeber die Einhaltung der Unfallverhütungsvorschriften und ist Träger der Unfallversicherung.

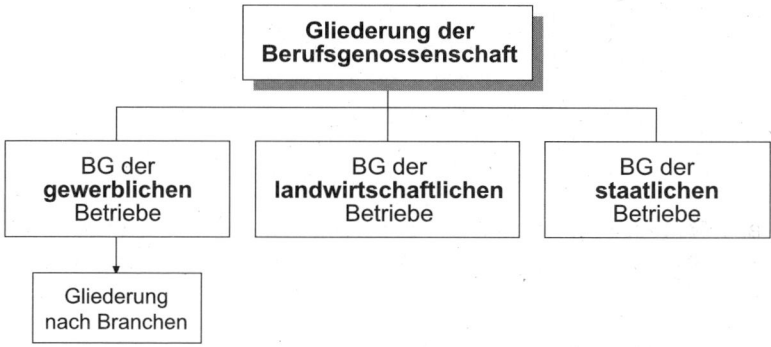

Jeder Betrieb ist „Zwangsmitglied" der zuständigen Berufsgenossenschaft. Die Beiträge werden im nachträglichen Umlageverfahren erhoben und vom Arbeitgeber allein beglichen. Jeder Beschäftigte im Betrieb ist daher bei Arbeitsunfällen automatisch versichert.

Beiträge der BG	$= f$ (Lohnsumme; Gefährdungsgrad des Betriebs; Zahl, Kosten und Schwere der Unfälle)

Jeder Betrieb muss per Aushang Name und Anschrift der zuständigen BG sichtbar machen.

Die *Leistungen* der BG sind:

- Träger der Unfallversicherung für Arbeitsunfälle und Berufskrankheiten
- Behandlung von Unfallopfern in eigenen Reha-Einrichtungen
- Umschulungsmaßnahmen für Verletzte
- Pflicht zur Beratung des Arbeitgebers und Recht auf Anordnung und Zwangsmaßnahmen durch eigene technische Aufsichtsbeamte
- Herausgabe von Unfallverhütungsvorschriften und Bestimmungen über ärztliche Vorsorgemaßnahmen
- Informationsdienst: kostenlose Ausgabe der Unfallverhütungsvorschriften (UVV), Broschüren, Videos, Filme, Plakate usw. zur Unfallverhütung
- Schulung der Mitarbeiter und Vorgesetzten
- Ausbildung von „Ersthelfern"

13. Welche Aufgaben haben die technischen Überwachungsvereine?

Die technischen Überwachungsvereine (z. B. TÜV, DEKRA) sind privatrechtliche Einrichtungen zur Prüfung überwachungsbedürftiger Anlagen. Die Durchführung von Prüfungen erfolgt durch staatlich anerkannte Sachverständige. Obwohl den technischen Überwachungsvereinen zum Teil hoheitliche Aufgaben übertragen wurden, haben sie kein Weisungsrecht gegenüber dem Betrieb, sondern müssen ggf. die Gewerbeaufsicht bzw. die Berufsgenossenschaft einschalten.

14. Ist der Betriebsrat zur Mitarbeit im Arbeits- und Gesundheitsschutz verpflichtet und welche Rechte hat er?

Nach dem Betriebsverfassungsgesetz hat der Betriebsrat folgende Rechte und Pflichten:

- § 80 Abs. 1 Nr.   →   *Einhaltung der Gesetze*
  verpflichtet den Betriebsrat darüber zu wachen, dass die einschlägigen Gesetze, also auch die Regelwerke des Arbeitsschutzes, eingehalten werden.

- § 87 Abs. 1 Nr. 7 BetrVG   →   *Mitbestimmungsrecht*
  räumt dem Betriebsrat ein Mitbestimmungsrecht hinsichtlich aller betrieblichen Regelungen zur Verhütung von Arbeitsunfällen, Berufskrankheiten und zum Gesundheitsschutz ein.

- § 89 Abs. 1 BetrVG   →   *Pflicht zur Unterstützung*
  verpflichtet den Betriebsrat darüber hinaus ausdrücklich, sich dafür einzusetzen, dass die vorgeschriebenen Arbeits- und Gesundheitsschutzmaßnahmen im Betrieb umgesetzt werden.

- §§ 90, 91 BetrVG   →   *Unterrichtungs-, Beratungs- und Mitbestimmungsrecht*

Diese Bestimmungen des BetrVG räumen dem Betriebsrat weitgehende Unterrichtungs-, Beratungs- und Mitbestimmungsrechte ein, wenn Arbeitsplätze, Arbeitsabläufe und die Arbeitsumgebung gestaltet werden.

Die Bestimmungen des Arbeitsschutzes enthalten *weitere Rechte des Betriebsrats* (vgl. ASiG, ArbSchG):

- Mitwirkung bei der Benennung von Sifa, Sibea und BA,
- Beteiligung am ASA,
- laufende Unterrichtung durch Sifa und BA,
- Beteiligung bei Betriebsbegehungen durch die Arbeitsschutzbehörden,
- Kopie der Unfallanzeigen.

15. Welche Rechtsfolgen ergeben sich bei Verstößen und Ordnungswidrigkeiten im Rahmen des Arbeitsschutzes?

a) *Ordnungswidrig handelt,* wer vorsätzlich oder fahrlässig gegen Verordnungen des Arbeitsschutzes verstößt (betrifft Arbeitgeber und Beschäftigte; § 25 ArbSchG).

b) *Ordnungswidrigkeiten* werden mit Geldstrafe bis zu *5.000 EUR,* in besonderen Fällen bis zu *25.000 EUR* geahndet (§ 25 ArbSchG).

c) Wer dem Arbeitsschutz zuwider laufende Handlungen *beharrlich wiederholt* oder durch vorsätzliche Handlung *Leben oder Gesundheit* von Beschäftigten gefährdet, wird mit *Freiheitsstrafe bis zu einem Jahr oder mit Geldstrafe* bestraft.

16. Welche Sonderregelungen des sozialen Arbeitsschutzes für besondere Personengruppen bestehen im Einzelnen?

- Der Arbeitsplatz der Arbeitnehmer, die zum Grundwehrdienst oder zu einer Wehrübung einberufen werden, ist durch das *Arbeitsplatzschutzgesetz* besonders geschützt. Diese Arbeitnehmer genießen überdies einen besonderen Kündigungsschutz.

- Werdende und junge Mütter genießen den besonderen Schutz des *Mutterschutzgesetzes* hinsichtlich der Art ihrer Beschäftigung und der Arbeitszeit sowie im Hinblick auf den Kündigungsschutz.

- Das *SGB IX* sichert den *schwerbehinderten Menschen* berufliche Förderung und den Arbeitsplatz. Auch bestehen besondere Kündigungsschutzbestimmungen.

- Das *Heimarbeitsgesetz* schützt die Heimarbeiter vor besonderen Gefahren im Hinblick auf das Entgelt und einen beschränkten Kündigungsschutz.

- Auszubildende werden nach dem *Berufsbildungsgesetz*, Jugendliche nach dem *Jugendarbeitsschutzgesetz* und dem Gesetz über den Schutz der Jugend in der Öffentlichkeit und ferner durch das Jugendgerichtsgesetz besonders geschützt.

- Das *Betriebsverfassungsgesetz* wiederum gibt den Betriebsräten und den Jugend- und Auszubildendenvertretungen besonderen Kündigungsschutz.

17. Welchen besonderen Schutz genießen Frauen?

a) *Gleichbehandlungsgrundsatz:*   - Art 3,6 GG
                                   - AGG

b) *Förderung:*   - Frauenförderungsgesetz (FFG)

c) *Mütter:*   - Mutterschutzgesetz, Bundeselterngeld- und Elternzeitgesetz

Der Schutz im Zusammenhang mit der Geburt und Erziehung eines Kindes ist im *Mutterschutzgesetz* und im *Bundeselterngeld- und Elternzeitgesetz* geregelt. Insbesondere finden sich folgende Bestimmungen:

- Das MuSchG gilt für alle Frauen, die in einem Arbeitsverhältnis stehen.

- Der Arbeitsplatz ist besonders zu gestalten (Leben und Gesundheit der werdenden/ stillenden Mutter ist zu schützen).

- Anspruch auf Arbeitsfreistellung für die Stillzeit.

- Entgeltschutz: Verbot finanzieller Nachteile.

- Absolutes Kündigungsverbot (während der Schwangerschaft und vier Monate danach).

- Es besteht Anspruch auf Elterngeld und Elternzeit.

- Es existiert ein *relatives* und ein *absolutes Beschäftigungsverbot* für werdende Mütter: 6 Wochen vor und 8 (bei Früh- und Mehrlingsgeburten 12) Wochen nach der Entbindung darf die Schwangere bzw. Mutter nicht beschäftigt werden. Die Zeit nach der Entbindung beinhaltet ein absolutes Beschäftigungsverbot. In den 6 Wochen vor der Entbindung kann sich die werdende Mutter durch ausdrückliche Erklärung mit der Beschäftigung einverstanden erklären. Die Erklärung ist jederzeit widerrufbar. Dieses Beschäftigungsverbot wird deshalb als relativ bezeichnet.

- Beachte: Fehlgeburten gelten nicht als Entbindung im Sinne des MuSchG. Dass eine Fehlgeburt zu starken psychischen Auswirkungen bei der Frau führen kann, wird nicht durch das MuSchG und auch nicht durch die Rechtsprechung, die diesen Gesetzesmangel beseitigen könnte, berücksichtigt.

- Weitere relative Beschäftigungsverbote nach dem MuSchG:
  · durch ärztliches Attest,
  · schwere körperliche Arbeiten,
  · Arbeiten, bei denen die Schwangere schädlichen Einwirkungen gesundheitsgefährdender Stoffe, Strahlen, Staub, Gasen, Dämpfen, Hitze, Kälte, Nässe, Erschütterungen oder Lärm ausgesetzt ist,
  · keine Nachtarbeit zwischen 20 und 6 Uhr

- Insbesondere gilt:
  · keine Arbeit mit regelmäßigen Lasten von mehr als 5 kg Gewicht,
  · keine Arbeit mit gelegentlichen Lasten von mehr als 10 kg Gewicht nach Ablauf des 5. Schwangerschaftsmonats: kein ständiges Stehen,
  · keine Arbeiten, die ständiges Strecken oder Beugen bedeuten

- Kündigt der Arbeitgeber, so hat die werdende Mutter innerhalb von 2 Wochen nach Zugang der Kündigung die Schwangerschaft mitzuteilen, andernfalls verliert sie ihren besonderen Kündigungsschutz. Während der Schwangerschaft und bis zum Ablauf von 4 Monaten nach der Entbindung darf die Schwangere/Mutter nur mit Zustimmung der obersten Landesbehörde, gekündigt werden (Ausnahme).

18. Welche Bestimmungen sind hinsichtlich der Arbeitszeit zu beachten?

Für die gesetzlich zulässige Höchstarbeitszeit, die arbeitsfreie Zeit, Ruhepausen sowie Sonn- und Feiertagsarbeit gilt das *Arbeitszeitgesetz* (ArbZG). Für Jugendliche enthält das *Jugendarbeitsschutzgesetz* zusätzliche Bestimmungen.

- Die tägliche Arbeitszeit darf grundsätzlich 8 Stunden nicht überschreiten. Ruhepausen werden nicht auf die Arbeitszeit angerechnet. Gerechnet wird mit Werktagen, d.h. 6 Tage/Woche. Die tägliche Arbeitszeit kann jedoch auf bis zu 10 Stunden verlängert werden (§ 2 Abs. 1 ArbZG; § 3 ArbZG).

- Tarifvertragliche Regelungen weichen jedoch häufig davon ab, z.B. verkürzen sie die wöchentliche Arbeitszeit.

- Beispiele für Ausnahmen von § 3:
  · bei Kompensation innerhalb von 6 Kalendermonaten oder innerhalb von 24 Wochen,
  · Notfälle und außergewöhnliche Fälle, die unabhängig vom Willen des Betroffenen eintreten, wenn deren Folgen nicht anders zu beseitigen sind,
  · Vor- und Abschlussarbeiten,
  · durch Tarifvertrag oder Betriebsvereinbarung,
  · durch Bewilligung der Aufsichtsbehörde, wenn dadurch die Konkurrenzfähigkeit des Unternehmens gesichert werden kann,
  · durch Bewilligung der Aufsichtsbehörde, wenn damit unzumutbare längere Betriebszeiten im Ausland ausgeglichen werden können.

- Beachte: Das ArbZG legt lediglich die Dauer, nicht aber die Lage der Arbeitszeit fest. Damit verbleibt dem Arbeitgeber, soweit andere arbeitsrechtliche Quellen nicht entgegenstehen, ein beachtlicher Spielraum bei der Arbeitszeitgestaltung. Stichwort hierfür sei die Flexibilisierung der Arbeitszeit. Beispiel: So genannte Gleitzeitvereinbarungen, d.h. der Arbeitgeber legt eine Kernzeit fest, in welcher der Arbeitnehmer anwesend sein muss.

- Während einer Arbeitszeit von 6 bis 9 Stunden sind Ruhepausen von mindestens 30 oder 2-mal 15 Minuten vorgeschrieben. Bei einer längeren Arbeitszeit sind mindestens 45 Minuten vorgesehen. Nach Beendigung des Arbeitstages ist eine Ruhezeit von mindestens 11 Stunden einzuhalten. Die Fahrt zwischen Arbeitsort und Wohnung des Arbeitnehmers wird auf diese Zeit nicht angerechnet.

- An Sonn- und Feiertagen dürfen Arbeitnehmer nicht beschäftigt werden. Das ArbZG sieht aber eine reichhaltige Palette von Ausnahmen vor (§§ 9-12 ArbZG).

19. Welche Änderungen enthält das Schwerbehindertenrecht?

Als schwerbehindert gelten Personen, deren Grad der Behinderung mindestens 50 % beträgt. Für diese Personengruppe gelten sämtliche Bestimmungen dieses Schutzgesetzes. Personen mit einem Behinderungsgrad von mindestens 30 % können aus Vermittlungsgründen einem Schwerbehinderten gleichgestellt werden. Die Gleichstellung, die auch befristet erfolgen kann, wird auf Antrag des behinderten Menschen von der Arbeitsagentur ausgesprochen.

Kein Arbeitgeber ist gezwungen, einen Schwerbehinderten einzustellen. Gemäß § 71 SGB IX haben aber private und öffentliche Arbeitgeber mit mindestens 20 Arbeitsplätzen i. S. d. § 73 SGB IX die Pflicht, 5 % der Arbeitsplätze mit schwerbehinderten Menschen zu besetzen.

Bei der Ermittlung der so genannten Pflichtplätze sind sämtliche Arbeitsplätze des Arbeitsgebers zu berücksichtigen. Ausgenommen werden

- Ausbildungsplätze,
- ABM-Stellen,
- Arbeitsplätze, die weniger als 18 Stunden/Woche besetzt sind,
- Arbeitsplätze, die auf maximal 8 Wochen befristet sind.

Ausbildungsplätze, die mit einem Schwerbehinderten besetzt sind, zählen doppelt. Die Zahl der zu berücksichtigenden Arbeitsplätze sowie die Zahl der beschäftigten Schwerbehinderten und Gleichgestellten hat der Arbeitgeber der Arbeitsagentur bis zum 31.03. des Folgejahres anzuzeigen.

Die Ausgleichsabgabe darf nur für Zwecke der Ausbildungs- und Berufsförderung von Schwerbehinderten genutzt werden. Die Kündigung eines Schwerbehinderten bedarf der vorherigen Zustimmung des Integrationsamtes. Der Arbeitgeber hat diese Zustimmung zu beantragen und die Entscheidung des Integrationsamtes abzuwarten.

Schwerbehinderte haben – im Gegensatz zu Gleichgestellten – Anspruch auf Zusatzurlaub von 5 Arbeitstagen im Jahr, wenn sie 5 Tage in der Woche arbeiten. Arbeiten sie mehr oder weniger als 5 Tage erhöht bzw. vermindert sich der Zusatzurlaub entsprechend.

Schwerbehinderte sind auf deren Verlangen von Mehrarbeit freizustellen. Mehrarbeit darf dabei nicht mit Überstunden verwechselt werden. *Überstunden* sind jene Arbeitsstunden, die über die betriebsübliche Arbeitszeit hinausgehen; Mehrarbeit sind jene Stunden, die über die maximale wöchentliche Arbeitszeit des ArbZG hinausgehen. Letzteres sind 48 Stunden/Woche.

Als besondere Vertretung der Schwerbehinderten kann eine Schwerbehindertenvertretung im Betrieb gewählt werden, wenn wenigstens 5 schwerbehinderte Menschen beschäftigt werden. Die Rechtsstellung ähnelt der eines Betriebsratsmitgliedes. Die Schwerbehindertenvertretung ist in allen Angelegenheiten, die diese Personengruppe berühren, rechtzeitig und umfassend zu unterrichten sowie vor jeder diesbezüglichen Entscheidung zu hören. Die Kosten der Schwerbehindertenvertretung trägt der Arbeitgeber.

Zum 1. Juli 2001 wurden die Vorschriften für Behinderte aus mehreren Gesetzen zusammengefasst – insbesondere wurde das Schwerbehindertengesetz eingearbeitet – und in das Sozialgesetzbuch (SGB, Teil IX) integriert.

Maßgeblich sind folgende Änderungen:

• Damit *Leistungen schnellstmöglich erbracht werden*, soll das Verwaltungsverfahren durch eine rasche Zuständigkeitsklärung verkürzt werden. Zahlt der Leistungsträger (Krankenkasse, Bundesversicherungsanstalt für Angestellte (BfA) oder andere) nicht rechtzeitig, kann der Berechtigte sich selbst darum kümmern. Er bekommt seinen Aufwand nachträglich ersetzt, muss dem Leistungsträger aber vorher eine Frist setzen.

• *Sachleistungen* gibt es nun auch *im Ausland*, wenn sie dort bei gleicher Qualität und Wirksamkeit wirtschaftlicher erbracht werden können.

• In allen Städten und Landkreisen sollen Behinderte über alle für sie in Betracht kommenden Rehabilitationsleistungen umfassend durch gemeinsame *Servicestellen* der verschiedenen Rehabilitationsträger beraten werden. *Die Servicestellen werden vernetzt.*

• Die bisherigen berufsfördernden Leistungen zur Rehabilitation heißen nun *„Leistungen zur Teilhabe am Arbeitsleben"*, die Hauptfürsorgestellen *„Integrationsämter"*.

Neue Leistungen:

- die „Arbeitsassistenz" zur Arbeitsaufnahme (etwa eine Vorlesekraft für Blinde),
- ein Überbrückungsgeld als Leistung für berufliche Rehabilitation mit der Aufnahme einer selbstständigen Tätigkeit (bisher nur Arbeitsämter),
- Arbeitgebern stehen höhere Eingliederungszuschüsse zu,
- Übergangsgeld besteht grundsätzlich zeitlich unbegrenzt und kann auch bei ambulanter Rehabilitation gezahlt werden.

20. Welche wichtigen Einzelbestimmungen enthält das Jugendarbeitsschutzgesetz?

Wichtige Einzeltatbestände sind:

a) die tägliche Arbeitszeit:
   8 Stunden täglich; die tägliche Arbeitszeit kann auf 8 $1/_2$ Stunden erhöht werden, wenn an einzelnen Tagen weniger als 8 Stunden gearbeitet wird.

b) die wöchentliche Arbeitszeit:
   40 Stunden wöchentlich.

c) die Ruhepausen:
   Bei mehr als 4 $1/_2$ bis 6 Stunden eine Pause von 30 Minuten, bei mehr als 6 Stunden eine Pause von 60 Minuten; Pausen betragen mindestens 15 Minuten und müssen im Voraus festgelegt werden.

d) die Samstagsarbeit:
   Jugendliche dürfen an Samstagen nicht beschäftigt werden; Ausnahmen sind z. B. offene Verkaufsstellen, Gaststätten, Verkehrswesen. Mindestens zwei Samstage sollen beschäftigungsfrei sein, dafür aber Freistellung an einem anderen berufsschulfreien Arbeitstag.

e) die Sonntagsarbeit:
Jugendliche dürfen an Sonntagen nicht beschäftigt werden; Ausnahmen gibt es z. B. im Gaststättengewerbe. Mindestens 2 Sonntage im Monat müssen beschäftigungsfrei sein. Bei Beschäftigung an Sonntagen ist Freistellung an einem anderen berufsschulfreien Arbeitstag derselben Woche sicherzustellen.

f) der Urlaub:
Mindestens 30 Werktage, wer zu Beginn des Kalenderjahres noch nicht 16 Jahre alt ist; mindestens 27 Werktage, wer noch nicht 17 Jahre alt ist; mindestens 25 Werktage, wer noch nicht 18 Jahre alt ist. Bis zum 1. Juli voller Jahresurlaub, ab 2. Juli $^1/_{12}$ pro Monat.

g) den Berufsschulbesuch:
Jugendliche sind für die Teilnahme am Berufsschulunterricht freizustellen und nicht zu beschäftigen:

1) an einem vor 9 Uhr beginnenden Unterricht,
2) an einem Berufsschultag mit mehr als 5 Unterrichtsstunden von mindestens je 45 Minuten Dauer einmal in der Woche,
3) in Berufsschulwochen mit Blockunterricht von 25 Stunden an 5 Tagen. Berufsschultage werden mit 8 Stunden auf die Arbeitszeit angerechnet.

h) Freistellungen für Prüfungen:
Eine Freistellung muss erfolgen für die Teilnahme an Prüfungen und an dem Arbeitstag, der der schriftlichen Abschlussprüfung unmittelbar vorangeht.

i) die Nachtruhe:
Jugendliche dürfen nur in der Zeit von 6 - 20 Uhr beschäftigt werden, im Gaststättengewerbe bis 22 Uhr. In mehrschichtigen Betrieben dürfen nach vorheriger Anzeige an die Aufsichtsbehörde Jugendliche über 16 Jahren ab 5:30 Uhr oder bis 23:30 Uhr beschäftigt werden, soweit sie hierdurch unnötige Wartezeiten vermeiden können.

j) die Feiertagsbeschäftigung:
Am 24. und 31. Dezember nach 14 Uhr und an gesetzlichen Feiertagen keine Beschäftigung. Ausnahmen bestehen für das Gaststättengewerbe, jedoch nicht am 25.12., den 01.01., ersten Ostertag und am 1. Mai.

k) ärztliche Untersuchungen und gesundheitliche Betreuung:
Beschäftigungsaufnahme nur, wenn innerhalb der letzten 14 Monate eine erste Untersuchung erfolgt ist und hierüber eine Bescheinigung vorliegt. Ein Jahr nach Aufnahme der ersten Beschäftigung erfolgt eine Nachuntersuchung. Sie darf nicht länger als 3 Monate zurückliegen (nur bis zum 18. Lebensjahr).

l) gefährliche Arbeiten:
Verbot der Beschäftigung mit gefährlichen Arbeiten.

m) Unterweisung über Gefahren:
Vor Beginn der Beschäftigung und in regelmäßigen Abständen hat eine Unterweisung über Gefahren zu erfolgen.

n) häusliche Gemeinschaft:
Bei Aufnahme in die häusliche Gemeinschaft muss ein Zimmer zur Verfügung stehen und die ärztliche Versorgung sichergestellt sein.

o) Aushänge und Verzeichnisse:
   Auszuhändigen sind: Jugendarbeitsschutzgesetz, Mutterschutzgesetz, Anschrift der Berufsgenossenschaft, tägliche Arbeitszeit. Es ist ein Verzeichnis der beschäftigten Jugendlichen mit Angabe deren täglicher Arbeitszeit zu führen.

21. Welche wesentlichen Bestimmungen enthält das Bundesurlaubsgesetz?

- Jeder Arbeitnehmer hat Anspruch auf bezahlten Erholungsurlaub.

- Arbeitnehmer im Sinne dieses Gesetzes sind Arbeiter, Angestellte und die zu ihrer Berufsausbildung Beschäftigten (also auch: Auszubildende, Anlernlinge, Praktikanten, Volontäre).

- Berechnungsgrundlage für das Urlaubsentgelt ist der Durchschnittsverdienst der letzten 13 Wochen.

- Die Mindestdauer des Urlaubs beträgt 24 Werktage im Kalenderjahr.

- Der volle Urlaubsanspruch entsteht erst nach sechs Monaten Wartezeit.

- Über den gewährten oder abgegoltenen Urlaubsanspruch ist eine Bescheinigung auszustellen.

- Bei der zeitlichen Festlegung des Urlaubs muss der Arbeitgeber die Wünsche des Arbeitnehmers berücksichtigen. Der Arbeitgeber kann Betriebsferien anordnen – jedoch nicht willkürlich (i. d. R. in den Sommer-Schulferien); der Betriebsrat hat dabei ein Mitbestimmungsrecht.

- Teilurlaub: Einer der Urlaubsteile muss mindestens 12 aufeinander folgende Werktage betragen. Teilurlaubsanspruch entsteht in Höhe eines Zwölftes für jeden vollen Monat (Beschäftigungsmonat!), in dem das Arbeitsverhältnis besteht. Bruchteile von Urlaubstagen, die mindestens einen halben Tag ergeben, sind aufzurunden.

- Der Urlaub ist im laufenden Kalenderjahr zu nehmen. Nur im Ausnahmefall ist der Urlaub auf die ersten drei Monate des Folgejahres übertragbar.

- Nachgewiesene Krankheitstage sind auf den Urlaub nicht anzurechnen.

- Abgeltung: Grundsätzlich besteht ein Abgeltungsverbot; Ausnahme: In Verbindung mit der Beendigung des Arbeitsverhältnisses.

- Urlaubs*geld* ist die zusätzlich zum Urlaubs*entgelt* gezahlte Vergütung (z. B. freiwillig oder aufgrund von Tarifvertrag).

3.1.6 Grundsätze des Wettbewerbsrechts

01. Welche Veränderungen enthält das (neue) Gesetz gegen den unlauteren Wettbewerb (UWG)?

Mit Wirkung vom 8. Juli 2004 trat das *neue Gesetz gegen den unlauteren Wettbewerb* (UWG) in Kraft. Das Gesetz folgt in vielen Bereichen der Rechtsprechung der Vergangenheit und integriert einen umfassenden Verbraucherschutz. Das neue UWG enthält fünf Kapitel:

UWG				
Kapitel	**Inhalt**	**Kapitel**	**Inhalt**	
1	Allgemeine Bestimmungen (Ziele, Definitionen)	4	Strafvorschriften	
2	Rechtsfolgen bei Verstößen	5	Schlussbestimmungen	
3	Verfahrensvorschriften (Wie Verstöße zu ahnden sind.)			

Die Novellierung des UWG bringt folgende, wesentliche Veränderungen:

§ 3	**Definition „Unlautere Wettbewerbshandlung":**
	„Unlautere Wettbewerbshandlungen, die geeignet sind, den Wettbewerb ... nicht nur unerheblich zu beeinträchtigen, sind unzulässig."
	→ Bisher waren alle Wettbewerbspraktiken verboten, die gegen die guten Sitten verstoßen.
	→ Zukünftig werden nur noch „Beeinträchtigungen oberhalb einer Spürbarkeitsgrenze" geahndet.
	→ Kleinere, fahrlässige Verstöße sind davon ausgenommen.

§§ 4-7 Das Gesetz nennt – im Gegensatz zur alten Fassung – Beispiele für unlautere Handlungen:

§ 4	**Unlautere Handlungen sind:**
	- Unangemessene, unsachliche *Beeinflussung des Kunden* (z. B. Druck, Ausnutzen der Spiellust/des Vertrauens).
	- *Ausnutzen der geschäftlichen Unerfahrenheit* von Kindern und Jugendlichen.
	- *Schleichwerbung* bleibt verboten.
	- *Nicht ausreichende Information* bei Preisnachlässen, Geschenken oder Zugaben bzw. Preisausschreiben oder Gewinnspielen.
	- Die *Kopplung* von Gewinnspielen/Preisausschreiben mit Kauf-/Dienstleistungsverträgen *ist verboten*.
	Beispiele für unzulässige Handlungen:
	- „Bei jedem Kauf über 40,– EUR nehmen Sie an einem Gewinnspiel teil!"
	- „In 40 Tagen 40 kg abnehmen – mit Z-FAST kein Problem!"

§ 5	**Irreführende Werbung bleibt verboten.**
	Beispiele:
	- *Lockvogel-Ware* ist verboten; derartige Ware muss wenigstens für zwei Tage die Nachfrage decken.
	- Ebenso: manipulierte Preisnachlässe (*Mondpreise* mit anschließender Preissenkung).

§ 6	**Vergleichende Werbung ist (neuerdings) zulässig, es sei denn, sie ist unlauter.**

	Vergleichende Werbung ist unlauter, wenn sie ...: - sich nicht auf Waren oder typische Eigenschaften bezieht, - zu Verwechslungen führt, - den Wettbewerber verunglimpft.	
	Beispiele: - „Die Z-Bank – die und keine andere!"	Zulässig!
	- „Kommen Sie vor die Tore der Stadt und kaufen dort ein – bei uns finden Sie Parkplätze!"	Zulässig!
	- „Bei Aldi kostet der Z-Riegel 0,55 EUR – bei uns nur 0,49 EUR!"	Zulässig!
	- „Bei uns können Sie auf die Qualität vertrauen – im Gegensatz zu unseren Mitbewerbern!"	Unzulässig!

§ 7	**Unzumutbare Belästigungen sind klar definiert und eingeschränkt:** - Telefonanrufe bei Verbrauchern ohne deren Einwilligung sind eine unzumutbare Belästigung. - Anders bei Unternehmern: Hier wird eine mutmaßliche Einwilligung unterstellt. - Werbung per Fax, E-Mail und SMS ist unlauter, wenn keine Einwilligung vorliegt.

§ 16	**Strafbare Werbung** Wer in der Absicht, den Anschein eines besonders günstigen Angebots hervorzurufen, in öffentlichen Bekanntmachungen ... durch unwahre Angaben irreführend wirbt.

§ 17	**Der Verrat von Betriebs- und Geschäftsgeheimnissen** wird mit Freiheitsstrafe bis zu drei Jahren oder Geldstrafe geahndet, in schweren Fällen bis zu fünf Jahren oder Geldstrafe.

Die (alten) *Bestimmungen über Sonderverkäufe* (Schluss-/Räumungs-/Jubiläumsverkäufe usw.) wurden *aufgehoben*. Es gibt bei Sonderverkäufen keine Beschränkungen mehr bei Terminen, Anlässen und beim Warensortiment. *Zukünftig ist jede Aktion erlaubt, sofern sie nicht unlauter ist.* Gibt also beispielsweise ein Geschäft als Anlass einen „Räumungsverkauf" an, so muss dies der Wahrheit entsprechen. Der Einzelhandel hat die Praxis des „Sommer-/Winterschlussverkaufs" weiterhin beibehalten.

02. Wie erfolgt die Beseitigung und Unterlassung unlauterer Wettbewerbshandlungen?

Wer unlautere Wettbewerbshandlungen nach § 3 UWG vornimmt, kann

- auf *Beseitigung* und
- bei Wiederholungsgefahr auf *Unterlassung*

in Anspruch genommen werden (§ 8 UWG). Die Inanspruchnahme ist dann unzulässig, wenn sie unter Berücksichtigung der gesamten Umstände missbräuchlich ist (z. B. wenn lediglich der Anspruch auf Ersatz von Aufwendungen oder Kosten der Rechtsverfolgung entstehen soll).

Anspruchsberechtigt sind:

- jeder Mitbewerber,
- qualifizierte Einrichtungen
  (im EG-Verzeichnis eingetragen),
- rechtsfähige Vereine,
- Industrie- und Handelskammern,
- Handwerkskammern.

03. Wann kann Schadenersatz nach § 9 UWG verlangt werden?

Jeder Mitbewerber kann bei vorsätzlichen oder fahrlässigen Zuwiderhandlungen gegen § 3 UWG vom Verursacher Ersatz des daraus entstehenden Schadens verlangen.

04. Was bedeutet Gewinnabschöpfung nach § 10 UWG?

Rechtsfähige Vereine, qualifizierte Einrichtungen, Industrie- und Handelskammern sowie Handwerkskammern können vom Verursacher unlauterer Handlungen die Herausgabe des Gewinns an den Bundeshaushalt verlangen, wenn die Handlung vorsätzlich war und zu Lasten einer Vielzahl von Abnehmern zu einem Gewinn führte.

05. Wie kann der Unterlassungsanspruch nach § 12 UWG geltend gemacht werden?

1. Anrufen der *Einigungsstelle*:
   Die Landesregierungen errichten bei den Industrie- und Handelskammern Einigungsstellen. Der Gläubiger kann dies nur tun, wenn der Gegner zustimmt.

2. *Abmahnung* an den Schuldner/Verursacher (geht dem gerichtlichen Verfahren vor):
   Der Gläubiger verlangt vom Schuldner die Abgabe einer Unterlassungsverpflichtung, die mit einer angemessenen Vertragsstrafe bewehrt ist. Der Ersatz von Aufwendungen kann verlangt werden.

3. *Einstweilige Verfügung*:
   Der Gläubiger kann seine Ansprüche auf Unterlassung im Wege der einstweiligen Verfügung beim Landgericht beantragen.

4. *Klage auf Unterlassung*:
   Das Gericht kann der obsiegenden Partei das Recht zusprechen, das Urteil auf Kosten der unterliegenden Partei zu veröffentlichen.

06. Welche Gerichte sind für Streitigkeiten nach dem UWG zuständig?

Es sind ausschließlich die *Landgerichte* zuständig. Die Klage muss bei dem Gericht eingereicht werden, in dessen Bezirk der Beklagte seine Niederlassung hat oder ggf. bei dem Gericht, in dessen Bezirk die Handlung begangen wurde.

07. Welche Strafvorschriften enthält das neue UWG?

Freiheitsstrafe bis zu 2 Jahren oder Geldstrafe	- bei strafbarer Werbung
	- unbefugte Verwertung von Vorlagen (z. B. Rezepte, Zeichnungen, u. Ä.)
	- Anstiftung zum Verrat
Freiheitsstrafe bis zu 3 Jahren oder Geldstrafe	Verrat von Geschäfts- und Betriebsgeheimnissen

08. Welche Bestimmungen enthält die Neufassung des Gesetzes gegen Wettbewerbsbeschränkungen (GWB)?

Im Juli 2005 erfolgte die Bekanntmachung der Neufassung des Gesetzes gegen Wettbewerbsbeschränkungen (GWB). Damit wurde das deutsche Wettbewerbsrecht grundlegend reformiert und dem europäischen Wettbewerbsrecht angepasst (vgl. Art. 81 des EG-Vertrages; EGV). Eine grenzüberschreitende Zusammenarbeit der Kartellbehörden in Europa ist nunmehr durchführbar. Der Zweck des GWB ist die Aufrechterhaltung des Wettbewerbs als Basis für das Funktionieren marktwirtschaftlicher Strukturen. Die Neufassung des GWB trifft im Wesentlichen folgende Regelungen:

§ 1 *Verbot wettbewerbsbeschränkender Vereinbarungen*
Vereinbarungen zwischen Unternehmen, die eine Verhinderung, Einschränkung oder Verfälschung des Wettbewerbs bezwecken, *sind verboten.*

§ 2 *Freigestellte Vereinbarungen*
Vom Verbot des § 1 ausgenommen sind Vereinbarungen, die unter angemessener Beteiligung der Verbraucher an dem entstehenden Gewinn zur Verbesserung der Warenerzeugung/-verteilung oder zur Förderung des technischen/wirtschaftlichen Fortschritts beitragen.

§ 3 *Mittelstandskartelle*
Rationalisierungsvereinbarungen zwischen Unternehmen *sind nach § 2 dann zulässig,* wenn der Wettbewerb nicht wesentlich beeinträchtigt und die Wettbewerbsfähigkeit kleiner und mittlerer Unternehmen (KMU) verbessert wird.

§ 19 *Missbrauch einer marktbeherrschenden Stellung*
Die missbräuchliche Ausnutzung einer marktbeherrschenden Stellung durch ein oder mehrere Unternehmen *ist verboten.* Ein Unternehmen ist marktbeherrschend, wenn

- es ohne Wettbewerber ist oder
- eine überragende Marktstellung hat (Marktanteil, Finanzkraft, Marktzugang, Verflechtung mit anderen Unternehmen).

Es wird vermutet, dass ein Unternehmen marktbeherrschend ist, wenn es einen Marktanteil von mindestens einem Drittel hat.

Eine Gesamtheit von Unternehmen gilt als marktbeherrschend, wenn

- drei oder weniger Unternehmen zusammen einen Marktanteil von 50 % erreichen, oder
- fünf oder weniger Unternehmen zusammen einen Marktanteil von zwei Dritteln erreichen.

Der Missbrauch einer marktbeherrschenden Stellung liegt insbesondere vor, wenn

- der Wettbewerb ohne sachlichen Grund beeinträchtigt wird,

- Entgelte oder sonstige Geschäftsbedingungen gefordert werden, die sich bei wirksamem Wettbewerb nicht ergeben würden,

- der Zugang zu eigenen Netzen oder Infrastrukturen gegen angemessenes Entgelt nicht gewährt wird (vgl. Energieversorgungsunternehmen).

§ 20 Diskriminierungsverbot, Verbot unbilliger Behinderung

- Verboten ist die Aufforderung zur Gewährung von Vorteilen ohne sachlichen Grund.

- Der Wettbewerb gegenüber KMU darf nicht dadurch behindert werden, indem Waren unter dem Einstandspreis angeboten werden (Ausnahme: sachliche Rechtfertigung).

- Entsteht der Anschein, dass ein Unternehmen seine Marktmacht ausnutzt, obliegt es dem Unternehmen, diesen Anschein zu widerlegen.

§ 21 Boykottverbot, Verbot sonstigen wettbewerbsbeschränkenden Verhaltens

- Die Aufforderung an andere Unternehmen zu unbilligem Verhalten, zu Liefer- oder Bezugssperren sind verboten.

- Ebenso unzulässig ist es, Nachteile anzudrohen oder zuzufügen bzw. Vorteile zu versprechen oder zu gewähren, um andere Unternehmen zu einem unbilligen Verhalten im Sinne des GWB zu veranlassen.

§ 24 Wettbewerbsregeln

Wirtschafts- und Berufsvereinigungen können für ihren Bereich Wettbewerbsregeln aufstellen.

§§ 32-34 Sanktionen

Das Kartellamt verfügt über folgende Zwangs- und Strafmaßnahmen, um das Gesetz durchzusetzen:

Abstellung und nachträgliche Feststellung von Zuwiderhandlungen (§ 32)	Einstweilige Maßnahme befristet, max. für 1 Jahr (§ 32a)	Verpflichtungszusage betroffener Unternehmen (§ 32b)	Entzug der Freistellung nach Ermittlung der Behörde (§ 32d)
Untersuchungsbefugnis mit Veröffentlichung der Ergebnisse (§ 32e)	Unterlassen und Schadensersatz (§ 33)	Vorteilsabschöpfung durch Kartellbehörde (§ 34) und durch Verbände und Einrichtungen (§ 34a)	

§ 45 Monopolkommission

Die Monopolkommission hat alle zwei Jahren ein Gutachten über Stand und Entwicklung der Unternehmenskonzentration zu erstellen.

§ 48 Kartellbehörden

Die Kartellbehörden (Bundesminister für Wirtschaft, Bundeskartellamt, Landeskartellbehörden) sind zur Amtshilfe und Benachrichtigung verpflichtet.

3.1.7 Grundsätze des Gewerberechts und der Gewerbeordnung

01. Was ist das Gewerberecht?

Das Gewerberecht ist Teil des Wirtschaftsverwaltungsrecht. Es basiert auf dem Grundsatz der Berufsfreiheit und der Entfaltung der Persönlichkeit nach Art. 2, 12 und 14 des Grundgesetzes, enthält aber auch Regelungen zur Gefahrenabwehr bei der Ausübung eines Gewerbes sowie zahlreiche Beschränkungen der Gewerbefreiheit. Die zentralen Gesetze des Gewerberechts sind:

- die Gewerbeordnung
- das Gaststättengesetz
- das Personenbeförderungsgesetz

- die Handwerksordnung
- das Ladenschlussgesetz
- das Arbeitsschutzgesetz

In diesem Abschnitt werden laut Rahmenplan behandelt:

Gewerbeordnung	Ladenschlussgesetz	Jugendschutzgesetz
GewO	LadSchlG	JuSchG

02. Welchen Inhalt hat die Gewerbeordnung (GewO)? → 1.3.2

Die Gewerbeordnung ist das älteste deutsche Gesetz (von 1869 mit zahlreichen Änderungen) und basiert auf dem Grundsatz der Gewerbefreiheit (§ 1), d. h. vom Grundsatz her ist die Ausübung eines Gewerbes *nicht erlaubnispflichtig*, sondern *es genügt lediglich eine Anmeldung.* Für einzelne Gewerbearten gelten jedoch *einschränkende Bestimmungen* mit dem Ziel der Gefahrenabwehr. Es wird unterschieden zwischen

Erlaubnisprinzip mit Verbotsvorbehalt	Verbotsprinzip mit Erlaubnisvorbehalt
Die Genehmigung ist nur zu versagen, wenn ...	Die Genehmigung ist nur zu erteilen, wenn ...

Weiterhin enthält die GewO *Bestimmungen über Arbeitnehmer* (§§ 105 - 139m), die sich allerdings überwiegend gleich lautend oder ergänzend auch in anderen arbeitsrechtlichen Gesetzen wiederfinden (Weisungsrecht, Entgelt, Zeugnis, Wettbewerbsverbot; vgl. z. B. BGB, HGB).

Struktur der Gewerbeordnung (GewO)									
Titel	I	II	III	IV	V, VI	VII	VIII, IX	X	XI
§§	1-13	14-54	55-63	64-71b	72-80, 81-104n	105-132a	105-139m, 142	144-148b	149-153b
Inhalt	Allgemeine Bestimmungen	Stehendes Gewerbe	Reisegewerbe	Messen, Ausstellungen, Märkte	(weggefallen)	Arbeitnehmer	(weggefallen)	Straf- und Bußgeldbestimmungen	Gewerbezentralregister

Genehmigungspflichtig (Konzession) sind u. a. folgende Gewerbearten (vgl. §§ 30 ff.): Privatkrankenanstalten, Schaustellung von Personen, Spielgeräte mit Gewinnmöglichkeiten, Spielhallen, Pfandleih-, Bewachungs- und Versteigerergewerbe.

Durch das am 21.08.1996 in Kraft getretene *Arbeitsschutzgesetz* (ArbSchG) wurden Teile der Gewerbeordnung aufgehoben. Insbesondere wurde die *„Generalklausel" der Gewerbeordnung* („ ... der Unternehmer verpflichtet ist, Arbeitsräume, ... so zu regeln, dass die Arbeitnehmer gegen Gefahren für Leben und Gesundheit ... geschützt sind ...") *ersetzt durch die zeitgemäßeren Vorschriften der §§ 1 ff. des ArbSchG.* Von der Gesetzesnovellierung *nicht berührt und somit weiterhin gültig* sind u. a. folgende Bestimmungen der Gewerbeordnung:

§ 120b GewO	Rücksicht auf Sitte und Anstand, z. B.: Betriebsordnung, Trennung der Geschlechter in Sanitärräumen, genügend Umkleide- und Waschräume, hygienische Toiletten in genügender Anzahl.
§ 120c GewO	Gemeinschaftsunterkünfte, z. B.: hygienisch einwandfrei und in ausreichender Anzahl, erforderliche Beleuchtung, Belüftung, ausreichende Wasser- und Energieversorgung, Kochgelegenheiten.

03. Welche zentralen Bestimmungen enthält das Ladenschlussgesetz (LadSchlG)?

Am 1. Juli 2003 trat das *„Gesetz zur Verlängerung der Ladenöffnung an Samstagen"* in Kraft; damit wurde die Ladenöffnungszeit auch an Samstagen *auf 20 Uhr verlängert.* Danach dürfen Verkaufsstellen generell von Montag bis Samstag von 6:00 Uhr bis 20:00 Uhr geöffnet sein. Am 24. Dezember darf von 6:00 Uhr bis 14:00 Uhr geöffnet sein.

Besonderheiten gelten für/in (bitte Gesetzestext lesen):

- Apotheken,
- Zeitungskioske,
- Tankstellen,
- Warenautomaten,
- Verkaufsstellen auf Personenbahnhöfen,
- Flughäfen, Fährhäfen,
- Kur-und Erholungsorten,
- Friseure.

Das Gesetz dient wesentlich dem Schutz der beschäftigten Arbeitnehmer. Arbeitnehmer und Arbeitnehmerinnen können verlangen, in jedem Kalendermonat an einem Samstag von der Beschäftigung freigestellt zu werden.

Am 30. Juni 2006 wurde die Föderalismusreform beschlossen und damit der Ladenschluss in die Kompetenz der Länder verlagert. So gilt z. B. in Baden-Württemberg eine „6x24-Regelung", das heißt unbegrenzte Öffnungszeit an Werktagen (Montag bis Samstag) und drei verkaufsoffene Sonn- bzw. Feiertage. In allen Landesgesetzen genießt der Sonn- und Feiertagsschutz einen besonderen Stellenwert.

04. Welche zentralen Bestimmungen enthält das Jugendschutzgesetz (JuSchG)?

Ziel des Jugendschutzgesetzes ist der Schutz von Kindern und Jugendlichen in der Öffentlichkeit und im Bereich der Medien (Trägermedien, Telemedien).

Bitte machen Sie sich anhand des Gesetzestextes mit den §§ 1 - 18 JuSchG vertraut.

Nach dem JuSchG, § 1 Abs. 1, ist

Kind,	wer noch nicht 15 Jahre alt ist.
Jugendlicher,	wer 15 Jahre, aber noch nicht 18 Jahre alt ist.

- Der *Jugendschutz in der Öffentlichkeit* enthält vor allem folgende Bestimmungen:
  - Begrenzung des Aufenthalt in Gaststätten (§ 4),
  - Besuch von Tanzveranstaltungen bis längstens 24 Uhr (§ 5),
  - Verbot des Besuchs jugendgefährdender Veranstaltungen, Betriebe und Orte (§§ 7 f.),
  - Verbot des Verzehrs alkoholischer Getränke in der Öffentlichkeit für Kinder und Jugendliche unter 16 Jahre (vgl. neu: „Alkopops", § 9 Abs. 4),
  - Rauchen in der Öffentlichkeit ist Kindern und Jugendlichen untersagt; ebenso ist die Abgabe von Tabakwaren nicht gestattet (Unzugänglichkeit der Automaten).

- Der *Jugendschutz im Bereich der Medien* enthält u. a. folgende Bestimmungen:
  - Kinder und Jugendlichen ist die Anwesenheit bei Filmveranstaltungen nur gestattet, wenn diese für das entsprechende Alter freigegeben sind; dies gilt ebenso für die Beschaffung von Bildträgern (§§ 11 ff.).
  - Nach Landesrecht geregelt sind Telemedien, die in die Liste jugendgefährdender Medien aufgenommen sind.

Weitere Bestimmungen zum Schutz von Kindern und Jugendlichen im Arbeitsleben enthält das *Jugendarbeitsschutzgesetz* (JArbSchG; z. B. Vorsorgeuntersuchungen, Verbot bestimmer Arbeiten, Begrenzung der Arbeitszeit, besondere Unterweisung über Gefahren der Arbeit).

3.2 Steuerrechtliche Bestimmungen

3.2.1 Grundbegriffe des Steuerrechts

01. Auf welchen Rechtsgrundlagen basiert das Steuerrecht?

Rechtsgrundlagen des Steuerrechts sind Gesetze, Rechtsverordnungen und Verwaltungsvorschriften oder Richtlinien, die den Ermessensspielraum der Verwaltungsbehörden regeln. Außerdem ergeben sich Hinweise aus der Rechtsprechung des Bundesfinanzhofes und der Finanzgerichte. Das Steuerrecht ist Bestandteil des öffentlichen Rechts und hier Teil des besonderen Verwaltungsrechts.

02. Was sind Steuern?

Steuern sind gem. § 3 Abgabenordnung (AO) *Geldleistungen, die nicht eine Gegenleistung* für eine besondere Leistung *darstellen* (also nicht zu den Kausalabgaben zählen) und von einem öffentlich-rechtlichen Gemeinwesen – Bund, Ländern und Gemeinden – zur Erzielung von Einkünften allen auferlegt werden, bei denen der Tatbestand zutrifft, an den das Gesetz die Leistungspflicht knüpft.

03. Wie werden die Steuern unterteilt?

1. *Gliederung nach der Steuerhoheit,* z. B.
   - Gesetzgebungshoheit, z. B.   Bundessteuern, Landessteuern
   - Ertragshoheit, z. B.   Trennsteuern (ein Steuergläubiger), Gemeinschaftssteuern (mehrere Steuergläubiger)

2. Gliederung nach dem *Steuerobjekt*
   2.1. *Personensteuern:*
   Personensteuern knüpfen an die individuelle Leistungsfähigkeit einer Person an und berücksichtigen die individuellen Verhältnisse, wie Familienstand, Kinderzahl, Alter, Krankheit, Höhe des Gesamteinkommens usw.

   • *Besitzsteuern:*
   Die wichtigsten Besitzsteuern sind: Einkommensteuer (Lohn-, Kapitalertragsteuer), Kirchensteuer, Körperschaftsteuer, Erbschaft- und Schenkungssteuer.

   • *Verbrauchsteuern:*
   Die wichtigsten Verbrauchsteuern sind: Einfuhrumsatzsteuer, Mineralöl-, Strom-, Bier-, Tabak- und Kaffeesteuer.

   2.2 *Sachsteuern:*
   • *Realsteuern:*
   Die Realsteuern werden nach bestimmten äußeren Merkmalen des Steuerobjektes bemessen. Hierzu gehören die Grundsteuer und Gewerbesteuer.

   • *Verkehrssteuern:*
   Die Verkehrssteuern beziehen sich auf wirtschaftliche Verkehrsvorgänge. Diese werden erfolgsunabhängig und ohne Betrachtung der persönlichen Belastbarkeit erhoben. Die

wichtigsten Verkehrssteuern sind: Umsatzsteuer, Grunderwerbsteuer, Versicherungssteuer, Rennwett- und Lotteriesteuer.

2.3 *Aufwandsteuern:*

Die Aufwandsteuern wirken auf den Aufwand für Güter. Unter Aufwandsteuern fallen zum Beispiel Hunde- und Jagdsteuern.

2.4 *Einfuhr- und Ausfuhrabgaben:*

Die Warenbewegungen über die Zollgrenze i. S. des Zollkodexes werden besteuert.

- Zölle

3. Gliederung nach der *Überwälzbarkeit*, z. B.
   - direkte Steuern,
   - indirekte Steuern.

4. Gliederung nach dem *Steuertarif*, z. B.
   - proportionale Steuern,
   - progressive Steuern.

5. Gliederung nach der *Art und Häufigkeit der Erhebung*, z. B.
   - Veranlagungssteuern,
   - Fälligkeitssteuern,
   - laufende Steuern,
   - einmalige/gelegentliche Steuern.

6. Gliederung nach dem *Steueraufkommen*, z. B.
   - aufkommensstarke Steuern (z. B. Umsatzsteuer),
   - aufkommensgeringe Steuern (z. B. Bagatellsteuern).

7. Gliederung nach der *Hauptbemessungsgrundlage*, z. B.
   - Ertragssteuern,
   - Verkehrssteuern,
   - Substanzsteuern.

04. Welche Struktur zeigt das Steueraufkommen in Deutschland und wie ist die Verteilung?

Den größten Anteil am Steueraufkommen haben die Gemeinschaftssteuern (u. a. Lohn-, Einkommen-, Umsatzsteuer). Die Steuern, die vom Bund, von den Ländern und den Gemeinden erhoben werden, machen ca. ein Drittel des Aufkommens aus. Nach der Verteilung, die z. T. nach komplizierten Schlüsseln erfolgt, ergibt sich folgendes Bild (ca.-Angaben):

Steuereinnahmen nach der Verteilung			
42 %	40 %	14 %	4 %
Bundeskasse	Länderkassen	Gemeindekassen	EU-Kasse

Die nachfolgende Abbildung (Steuereinnahmen 2009) zeigt, dass für den Staat die Umsatzsteuer sowie die Lohnsteuer die einträglichsten Einnahmequellen sind:

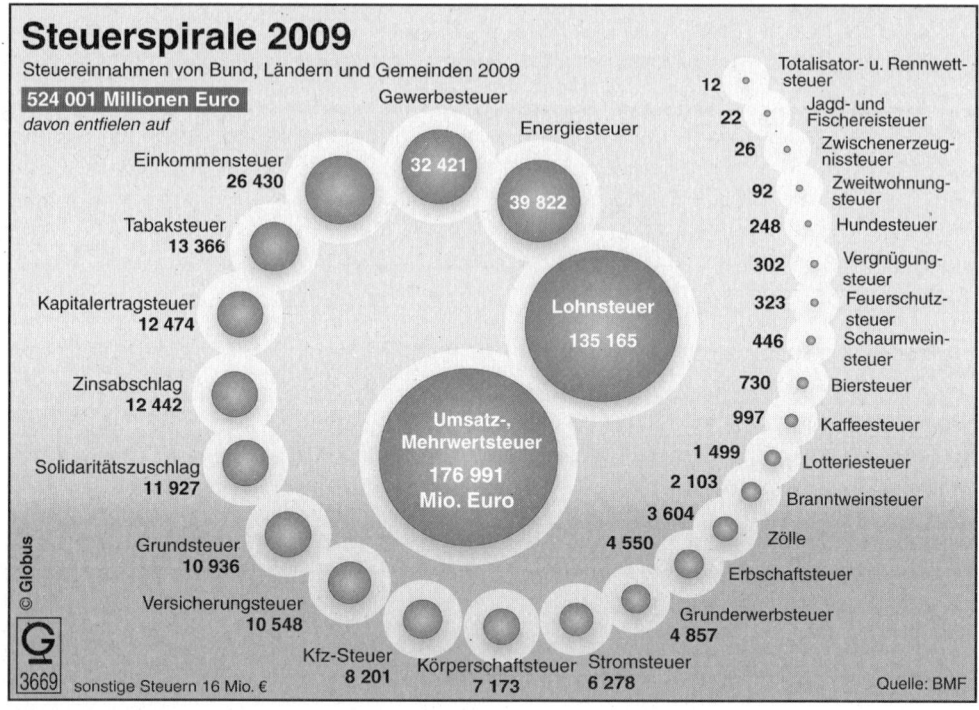

05. Welche Buchführungsvorschriften bestehen unter steuerrechtlichen Gesichtspunkten?   → 2.1.3

Die steuerrechtlichen Buchführungsvorschriften ergeben sich aus den §§ 140 ff. AO (Abgabenordnung). Im Wesentlichen sind dies:

§ 143	Aufzeichnung des **Wareneingangs**
§ 144	Aufzeichnung des **Warenausgangs**
§ 145	**Allgemeine Anforderungen:** Aufzeichnungen müssen den steuerlichen Zweck erfüllen und für einen sachverständigen Dritten einen Überblick in angemessener Zeit vermitteln.
§ 146	**Ordnungsvorschriften:** Die Aufzeichnungen sind vollständig, richtig, zeitnah und geordnet vorzunehmen.
§ 147	**Aufbewahrungspflichten:** - Bücher, Aufzeichnungen, Inventare, Jahresabschlüsse, Buchungsbelege, Unterlagen zu Zollanmeldungen: 10 Jahre - Handelsbriefe: 6 Jahre

3.2.2 Unternehmensbezogene Steuern

3.2.2.1 Einkommensteuer und Lohnsteuer

01. Wie lässt sich das Wesen der Einkommensteuer beschreiben?

Es handelt sich um eine so genannte *Personensteuer*, d. h. für ihre Festsetzung sind neben den wirtschaftlichen Verhältnissen auch die persönlichen Umstände eines Steuerbürgers maßgebend (z. B. Alter, Kinderzahl). Sie zählt zu den *direkten Steuern*, da der Steuerpflichtige zugleich auch Steuerschuldner ist. Da sie an einen Besitzstand, also an Einkommen und Ertrag anknüpft, rechnet man die Einkommensteuer zu den *Besitzsteuern*. Außerdem fällt sie unter die *Gemeinschaftssteuern*, da ihr Aufkommen dem Bund, den Ländern und den Gemeinden zusteht.

02. Wer unterliegt der Steuerpflicht nach dem Einkommensteuergesetz?

Das Einkommensteuergesetz unterscheidet eine *unbeschränkte* und *beschränkte Steuerpflicht*.

- *Unbeschränkt steuerpflichtig* sind alle natürlichen Personen, die im Geltungsbereich des Einkommensteuergesetzes (Bundesgebiet) einen Wohnsitz haben oder sich hier gewöhnlich aufhalten (§ 1 Abs. 1 EStG, R 1a EStR). Die Steuerpflicht erstreckt sich grundsätzlich auch auf die im Ausland bezogenen Einkünfte, wenn auch diese im Ausland zur Einkommensteuer herangezogen worden sind (= Welteinkommen; Universalprinzip). Weitergehende unbeschränkte Einkommensteuerpflicht siehe § 1 Abs. 2 EStG.

- *Beschränkt steuerpflichtig* (§ 1 Abs. 3 EStG) sind Personen, die im Inland weder ihren Wohnsitz noch ihren gewöhnlichen Aufenthalt haben, soweit inländische Einkommen erzielt worden sind.

Der Umfang der Steuerpflicht richtet sich also im Regelfall nach dem Wohnsitz oder gewöhnlichen Aufenthalt. Einen Wohnsitz (§ 8 AO) hat jemand dort, wo er eine Wohnung unter Umständen innehat, die darauf schließen lassen, dass er die Wohnung beibehalten oder benutzen wird. Den gewöhnlichen Aufenthalt (§ 9 AO) hat jemand dort, wo er sich unter Umständen aufhält, was darauf schließen lässt, dass er an diesem Ort oder in diesem Gebiet nicht nur vorübergehend verweilt. Bei der Beurteilung, ob ein gewöhnlicher Aufenthalt vorliegt, ist ein zeitlich zusammenhängender Aufenthalt von mehr als sechs Monaten Dauer anzusehen; kurzfristige Unterbrechungen bleiben unberücksichtigt.

03. Welche Einkunftsarten gibt es und wie werden sie unterteilt?

Der Einkommensteuer unterliegen gemäß § 2 Abs. 1 EStG folgende sieben Einkunftsarten:

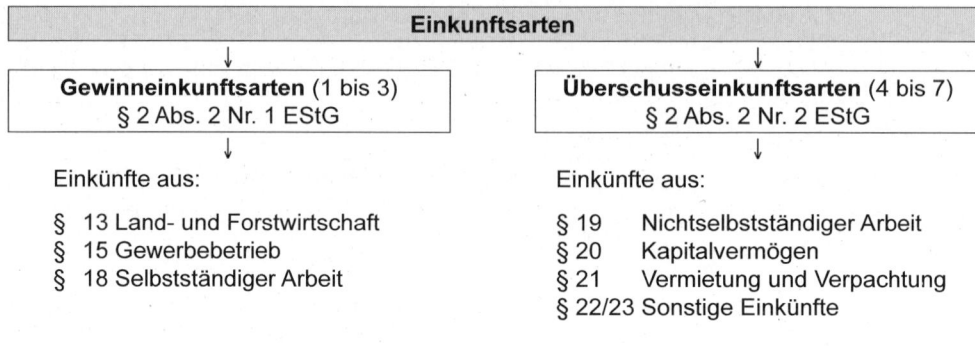

Einkunftsarten	
Gewinneinkunftsarten (1 bis 3) § 2 Abs. 2 Nr. 1 EStG	**Überschusseinkunftsarten** (4 bis 7) § 2 Abs. 2 Nr. 2 EStG
Einkünfte aus:	Einkünfte aus:
§ 13 Land- und Forstwirtschaft § 15 Gewerbebetrieb § 18 Selbstständiger Arbeit	§ 19 Nichtselbstständiger Arbeit § 20 Kapitalvermögen § 21 Vermietung und Verpachtung § 22/23 Sonstige Einkünfte

04. Welche Arten der Gewinnermittlung gibt es?

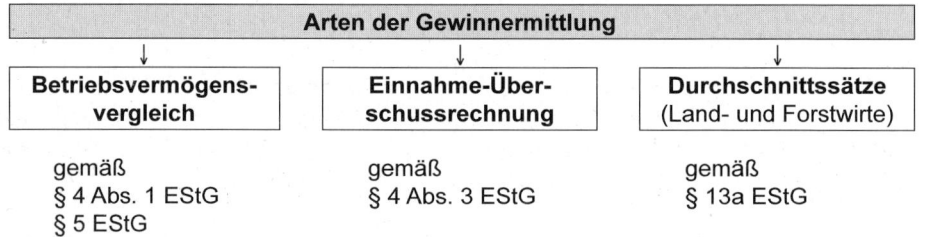

Arten der Gewinnermittlung		
Betriebsvermögensvergleich	**Einnahme-Überschussrechnung**	**Durchschnittssätze** (Land- und Forstwirte)
gemäß § 4 Abs. 1 EStG § 5 EStG	gemäß § 4 Abs. 3 EStG	gemäß § 13a EStG

05. Was ist der Unterschied zwischen Werbungskosten und Betriebsausgaben?

- Bei den *Werbungskosten* gem. § 9 Abs. 1 Satz 1 EStG handelt es sich um Aufwendungen, die der Erwerbung, Sicherung und Erhaltung von Einnahmen dienen. Sie stehen in unmittelbaren Zusammenhang mit den Einkunftsarten 4 bis 7.

  Beispiele für Werbungskosten sind: Fahrten Wohnung/Arbeitsstätte, Beiträge zu Berufsverbänden, Verpflegungsaufwendungen etc.

- *Betriebsausgaben* sind nach § 4 Abs. 4 EStG Aufwendungen, die durch den Betrieb veranlasst werden. Sie werden geltend gemacht bei den Einkunftsarten 1 bis 3.

  Beispiele für Betriebsausgaben können sein: Wareneinkauf, Lohnkosten, Raumkosten, Kfz-Kosten für betrieblich genutzte Fahrzeuge etc.

06. Was sind Sonderausgaben?

Sonderausgaben sind Aufwendungen, die weder Werbungskosten, noch Betriebsausgaben sind. Sie werden nach ihrer Art und betragsmäßigen Auswirkung aufgeteilt (§ 10 EStG):

Sonderausgaben	
A. unbeschränkt abzugsfähige Sonderausgaben	Renten und dauernde Lasten, gezahlte Kirchensteuer
B. beschränkt abzugsfähige Sonderausgaben	
keine Vorsorgeaufwendungen:	- Unterhaltsleistungen an bestimmte Ehegatten - Aufwendungen für die eigene Berufsausbildung - Schulgeld - Spenden und Mitgliedsbeiträge (Zuwendungen)
Vorsorgeaufwendungen:	- Versicherungsbeiträge (§ 10 Abs. 1 Nr. 2 und 3, z. B. Arbeitnehmeranteil zur Kranken-, Renten-, Arbeitslosen- und Pflegeversicherung - Altersvorsorgebeiträge i. S. d. § 10a EStG

07. Was wird als außergewöhnliche Belastung anerkannt?

Gem. § 33 Abs.1 EStG muss es sich bei den außergewöhnlichen Belastungen um Aufwendungen handeln, die weder zu den Betriebsausgaben, Werbungskosten oder Sonderausgaben gehören und zu einer Belastung des Einkommens führen, wenn diese Aufwendungen im Grunde und der Höhe nach *zwangsläufig* sind.

Die Aufwendungen müssen *außergewöhnlich* sein und der Steuerpflichtige muss einen Antrag auf die Berücksichtigung stellen. Berücksichtigungsfähige außergewöhnliche Belastungen müssen die dem Steuerpflichtigen zumutbare *Eigenbelastung* übersteigen, die sich nach dem Familienstand, der Anzahl der Kinder, für die der Steuerpflichtige Kindergeld oder einen Kinderfreibetrag erhält, und der Höhe des Gesamtbetrages der Einkünfte ergibt.

Beispiele für außergewöhnliche Belastungen sind: Arztkosten (Eigenanteil), Scheidungskosten, Beerdigungskosten.

Außergewöhnliche Belastungen (§ 33a EStG) in besonderen Fällen, für die es keine zumutbare Eigenbelastung gibt, sind:

- Unterhalt,
- Ausbildungsfreibetrag,
- Aufwendungen für eine Hilfe im Haushalt oder für vergleichbare Leistungen,
- Pauschbeträge für Behinderte.

08. Aus welchen Positionen baut sich das Schema zur Ermittlung des zu versteuernden Einkommens auf?

	Einkünfte
+	- aus Land- und Forstwirtschaft
+	- aus Gewerbebetrieb
+	- aus selbstständiger Arbeit
+	- nichtselbstständiger Arbeit
+	- aus Kapitalvermögen
+	- aus Vermietung und Verpachtung
+	- sonstige Einkünfte nach § 22
=	**Summe der Einkünfte**
−	Altersentlastungsbetrag (ab Alter 65)
−	Entlastungsbetrag für Alleinerziehende
−	Freibetrag für Land- und Forstwirte
=	**Gesamtbetrag der Einkünfte**
−	Verlustabzug
−	Sonderausgaben
−	außergewöhnliche Belastungen
=	**Einkommen**
−	Freibeträge (z. B. Kinderfreibetrag)
=	**zu versteuerndes Einkommen** (= Bemessungsgrundlage für die Einkommensteuer)

09. Was ist Lohnsteuer?

Lohnsteuer ist eine besondere Erhebungsform der Einkommensteuer bei *Einkünften aus nichtselbstständiger Arbeit.* Im Rahmen des *Lohnsteuerabzugsverfahrens* ist der Arbeitgeber verpflichtet, unter Anwendung der Lohnsteuertabelle die Lohnsteuer von den Bruttobezügen einzubehalten. Obwohl der Arbeitnehmer Steuerschuldner ist, haftet der Arbeitgeber für die Abführung der Lohnsteuer an das Finanzamt. Die im Rahmen des Lohnsteuerabzugsverfahrens abgeführte Lohnsteuer wird dem Arbeitnehmer in seiner persönlichen Einkommensteuerveranlagung als sog. Vorauszahlung angerechnet.

10. Welche Steuerklassen sind zu unterscheiden?

Einkommensteuerpflichtige Arbeitnehmer werden gem. § 38b EStG in verschiedene Steuerklassen eingeteilt. Die Steuerklasse wird auf der jeweiligen Lohnsteuerkarte des Arbeitnehmers vermerkt. Die Wahl der Steuerklasse wirkt sich auf die monatlich abzuführende Lohnsteuer aus, da die Lohnsteuer-Tabellen bereits bestimmte Freibeträge enthalten.

Faktorverfahren nach § 39 EStG:
Ab dem Jahr 2010 ist das Faktorverfahren für Ehegatten, die in die Steuerklasse IV gehören, auf Antrag beim Finanzamt anzuwenden, wenn der Faktor aus der Lohnsteuer nach der Steuerklasse IV (z. B. 4.800 €) und der Lohnsteuer gemäß Splittingtabelle (z. B. 4.000 €) kleiner als 1,0 ist (z. B. 0,833). Der Faktor wird dann auf die monatliche Lohnsteuer nach Klasse IV angewendet. Somit wird eine Besteuerung gemäß des Anteils am Familieneinkommen gewährleistet. Dies kann für Ehegatten mit erheblichem Gehatsunterschied von Vorteil sein.

Steuerklassen:

I	Sie gilt für Ledige und Verheiratete, Verwitwete oder Geschiedene, bei denen die Voraussetzung für die Steuerklasse III und IV nicht erfüllt sind. Ebenfalls zu berücksichtigen sind unbeschränkt Steuerpflichtige mit mindestens 1 Kind.
II	Sie gilt für Arbeitnehmer, die grundsätzlich die Steuerklasse I erfüllen, denen aber zusätzlich ein Entlastungsbetrag für Alleinerziehende zusteht.
III	Sie gilt im Regelfall für alle verheirateten Arbeitnehmer, wenn beide Ehepartner unbeschränkt steuerpflichtig sind, nicht dauernd getrennt leben und ein Ehegatte keinen Arbeitslohn bezieht. Die Steuerklasse III wird auch verwitweten Personen für das dem Tod des Ehegatten folgende Jahr gewährt.
IV	Sie gilt für Arbeitnehmer, die verheiratet sind und beide Arbeitslöhne beziehen. Weitere Voraussetzung sind die unbeschränkte Steuerpflicht und das Zusammenleben der Ehegatten.
V	Sie gilt auf Antrag für Arbeitnehmer, die die Voraussetzungen der Steuerklasse IV erfüllen. Der andere Ehegatte erhält dann die Steuerklasse III. Diese Wahl der Steuerklassen empfiehlt sich nur, wenn einer der beiden Ehegatten einen geringen Arbeitslohn bezieht.
VI	Sie gilt für Arbeitnehmer, die ein zweites oder weiteres Dienstverhältnis ausführen.

11. Welche Verpflichtungen bestehen im Hinblick auf die Lohnsteuerkarte?

Der Arbeitnehmer hat vor Beginn des Kalenderjahres oder vor Beginn eines Dienstverhältnisses bei der zuständigen Gemeinde die Ausstellung einer Lohnsteuerkarte zu beantragen, sofern ihm die Lohnsteuerkarte nicht im Rahmen des allgemeinen Zustellungsverfahrens zugegangen ist. Der Arbeitnehmer hat die Lohnsteuerkarte dem Arbeitgeber vorzulegen. Die Lohnsteuerkarte wurde letztmalig für das Kalenderjahr 2010 ausgegeben und gilt auch für 2011.

12. Welche Aufzeichnungspflichten hat der Arbeitgeber beim Lohnsteuerabzug?

Der Arbeitgeber hat gemäß § 41 EStG in jedem Kalenderjahr am Ort der Betriebsstätte für jeden Arbeitnehmer ein *Lohnkonto* zu führen, in dem zunächst die für den Lohnsteuerabzug erforderlichen Merkmale aus der Lohnsteuerkarte oder aus einer entsprechenden Bescheinigung zu vermerken sind. Bei jeder Lohnzahlung sind in diesem Lohnkonto die Art und Höhe des gezahlten Arbeitslohns einschließlich der steuerfreien Bezüge sowie die einbehaltene oder übernommene Lohnsteuer einzutragen.

13. Welche Verpflichtung hat der Arbeitgeber bezüglich der Lohnsteuerbescheinigung?

Der Arbeitgeber hat nach § 41b EStG bei Beendigung des Dienstverhältnisses oder am Ende des Kalenderjahrs das Lohnkonto abzuschließen und aufgrund dieser Eintragungen auf der Lohnsteuerkarte des Arbeitnehmers u. a. zu bescheinigen:

- die Dauer des Dienstverhältnisses während des Jahres,
- die Art und Höhe des gezahlten Arbeitslohns,
- die einbehaltene Lohnsteuer,
- das Kurzarbeitergeld, das Schlechtwettergeld u. Ä.,

- die steuerfreien Arbeitgeberleistungen für Fahrten zwischen Wohnung und Arbeitsstätte,
- die pauschalbesteuerten Arbeitgeberleistungen für Fahrten zwischen Wohnung und
Arbeitsstätte,
- die Beiträge zur gesetzlichen Rentenversicherung,
- die Zuschüsse zur Kranken- und Pflegerversicherung.

Der Arbeitgeber hat dem Arbeitnehmer die Lohnsteuerbescheinigung auszuhändigen,
wenn das Dienstverhältnis vor Ablauf des Kalenderjahres beendet oder der Arbeitnehmer zur Einkommensteuer veranlagt wird. In den übrigen Fällen hat der Arbeitgeber die
Lohnsteuerbescheinigung dem Finanzamt einzureichen. Die Lohnsteuerkarte verbleibt
beim Arbeitgeber.

14. Wie ist der Lohnsteuer-Jahresausgleich durch den Arbeitgeber durchzufüh-
ren?

Der Arbeitgeber ist nach § 42b EStG zur Durchführung des Lohnsteuer-Jahresaus-
gleichs für unbeschränkt einkommensteuerpflichtige Arbeitnehmer, die während des
Ausgleichsjahres ständig in einem Dienstverhältnis gestanden haben,

• *berechtigt,* wenn er weniger als zehn Arbeitnehmer beschäftigt,

• *verpflichtet,* wenn er am 31.12. des Ausgleichsjahres mindestens zehn Arbeitnehmer
beschäftigt hat.

In beiden Fällen kann der Ausgleich auch dann durchgeführt werden, wenn der Arbeitnehmer während des Ausgleichsjahres zwar zeitweise in keinem Arbeitsverhältnis
gestanden hat, die Dauer dieses Zeitraums aber durch amtliche Unterlagen lückenlos
nachgewiesen wird.

• Der Arbeitgeber darf den Lohnsteuer-Jahresausgleich *nicht durchführen,* wenn
  - der Arbeitnehmer es beantragt oder
  - für das Ausgleichsjahr oder für einen Teil davon nach den Steuerklassen V oder VI
    zu besteuern war oder
  - die Tatbestände des § 42b Abs. 1 Nr. 3 bis 6 EStG vorliegen.

15. Wann darf der Lohnsteuer-Jahresausgleich durchgeführt werden?

Der Arbeitgeber darf den Lohnsteuer-Jahresausgleich *frühestens* bei der Lohnabrechnung für den letzten im Ausgleichsjahr endenden Lohnzahlungszeitraum (im Allgemeinen also Dezember) und *spätestens* bei der Lohnabrechnung für den Lohnzahlungszeitraum, der im Monat März des dem Ausgleichsjahr folgenden Kalenderjahres endet,
durchführen.

16. Wie ist die Arbeitsweise beim ELENA-Verfahren?

Das ELENA-Verfahren ist ein elektronische Entgeltnachweis, den der Arbeitgeber erbringt, um die Entgeltdaten der Arbeitnehmer möglichst einfach und schnell an die
zuständige Behörde zu senden. Diese werden dort ebenfalls elektronisch verarbeitet.

Damit wird Bürokratie abgebaut und Innovation geschaffen. Der Arbeitgeber übermittelt die Daten monatlich an eine Speicherstelle, die die verschlüsselten Daten nur durch die Freigabe durch den Arbeitnehmer mithilfe einer Signaturkarte zugängig macht. Die Arbeitgeber sind verpflichtet die Meldungen ab 01.01.2010 zu übermitteln.

Hinweis: Die Bundesregierung hat beschlossen, den Start von ELENA um zwei Jahre zu verschieben. Die gesammelten Daten sollen – wenn überhaupt – frühestens ab dem 1. Januar 2014 an Sozialbehörden übermittelt werden. Die Federführung geht vom Bundeswirtschaftsministerium auf das Arbeitsministerium über.

3.2.2.2 Körperschaftsteuer

01. Was ist die Körperschaftsteuer und wie hoch ist der Körperschaftsteuersatz?

Die Körperschaftsteuer ist die Einkommensteuer der Kapitalgesellschaften (GmbH, AG u. Ä.). Zusätzlich zur Körperschaftsteuer zahlen auch die Kapitalgesellschaften einen Solidaritätszuschlag.

Der Körperschaftsteuersatz beträgt 15 % (vgl. Einkommensteuerreform 2008 gemäß § 23 KStG). Dies gilt unabhängig davon, ob der Gewinn ausgeschüttet oder einbehalten wird. Ebenso wie bei der Einkommensteuer werden 5,5 % Solidaritätszuschlag erhoben.

02. Von welcher Besteuerungsgrundlage geht die Körperschaftsteuer aus?

Die Körperschaftsteuer bemisst sich nach dem zu versteuernden Einkommen (§ 7 Abs. 1 KStG). Was als Einkommen gilt und wie es zu ermitteln ist, bestimmt sich nach § 8 Abs. 1 KStG, nach den Vorschriften des EStG und den Einzelvorschriften des KStG. Zur Ermittlung des *zu versteuernden Einkommens* ist das Einkommen um bestimmte Beträge zu erhöhen (z. B. Gewinnzuführungen aufgrund von Organschaftsverträgen) oder zu vermindern (z. B. um Freibeträge für kleinere Körperschaften, Erwerbs- und Wirtschaftsgenossenschaften sowie Vereine, die Land- und Forstwirtschaft betreiben; vgl. §§ 9-10 KStG, Abziehbare Aufwendungen, Nichtabziehbare Aufwendungen).

03. Wann beginnt die Steuerpflicht einer GmbH?

In der Regel erfolgt die Gründung einer GmbH in drei Schritten:

1. Vorgründergesellschaft (evtl. erst Personengesellschaft – dann § 15 EStG)

2. Vorgesellschaft (Gesellschaftsvertrag); die KSt-Pflicht beginnt bereits mit der Beurkundung des Gesellschaftsvertrages.

3. Juristische Person – Stammkapital 25.000 € (Eintragung ins Handelsregister)

   Neu: Unternehmergesellschaft (haftungsbeschränkt; MoMiG)
   - Einlage i. d. R. ab 1 €
   - Gewinne dürfen solange nicht ausgeschüttet werden, bis das Stammkapital 25.000 € beträgt (Einstellung in die Kapitalrücklage)

04. Wie wird das zu versteuernde Einkommen ermittelt?

	Gewinn/Verlust lt. Steuerbilanz
+	Hinzurechnungen von → vGA (§ 8 Abs. 3 Satz 2 KStG)
+	nicht abziehbare Aufwendungen nach § 10 KStG
+	Gesamtbetrag der Zuwendungen
-	steuerfreie Einnahmen
=	steuerlicher Gewinn
-	abzugsfähige Zuwendungen
=	Gesamtbetrag der Einkünfte
-	Verlustabzug nach § 10d EStG
=	Einkommen
-	Freibetrag für bestimmte Körperschaften (§ 24 KStG)
=	**zu versteuerndes Einkommen**

05. Was versteht man unter verdeckter Gewinnausschüttung?

Eine verdeckte Gewinnausschüttung ist eine Vermögensminderung oder verhinderte Vermögensmehrung der Gesellschaft, die durch das Gesellschaftsverhältnis veranlasst ist. Dabei handelt es sich um Zahlungen oder Vergünstigungen an Gesellschafter oder denen nahe stehenden Personen (z. B. Familienangehörige), die als Betriebsausgaben den steuerlichen Gewinn und damit die Körperschaftsteuer mindern, die aber bei entsprechender steuerlicher Würdigung keine Betriebsausgaben sind (z. B. zu hoch gezahlte Geschäftsführergehälter, unverzinste Darlehen an nahe Angehörige).

3.2.2.3 Gewerbesteuer

01. Was ist die Gewerbesteuer und wer erhebt diese?

Die Gewerbesteuer ist eine bundeseinheitlich geregelte Steuer für Gewerbetreibende. Die Gewerbesteuer fließt den Gemeinden zu und stellt für diese die wichtigste Einnahmequelle dar. Der Gewerbesteuer unterliegt der Gewerbebetrieb. Steuerschuldner ist der Unternehmer (§ 6 GewStG).

02. Was ist im steuerlichen Sinne ein Gewerbebetrieb?

Eine selbstständige nachhaltige Betätigung, die mit Gewinnabsicht unternommen wird und sich als Beteiligung am allgemeinen wirtschaftlichen Verkehr darstellt, ist ein Gewerbebetrieb, wenn die Betätigung *weder als Ausübung von Land- und Forstwirtschaft noch als Ausübung eines freien Berufs noch als eine andere selbstständige Arbeit noch als Vermögensverwaltung im Sinne des Einkommensteuerrechts* anzusehen ist. Die Gewinnabsicht (das Streben nach Gewinn) braucht nicht der Hauptzweck der Betätigung zu sein. Ein Gewerbebetrieb liegt, wenn seine Voraussetzungen im Übrigen gegeben sind, auch dann vor, wenn das Streben nach Gewinn nur ein Nebenzweck ist.

03. Wer ist gewerbesteuerpflichtig und wann beginnt die Gewerbesteuerpflicht?

Steuergegenstand ist der Gewerbebetrieb als Objekt. Ist dieses Objekt existent, beginnt die sachliche Steuerpflicht. Je nach der Rechtsform der Unternehmung sind zu unterscheiden (Abschn. 21 GewStR):

1. *Bei Einzelgewerbetreibenden und bei Personengesellschaften* i. S. des § 2 Abs. 2 Nr. 1 GewStG beginnt die Steuerpflicht in dem Zeitpunkt, in dem die maßgebliche Tätigkeit aufgenommen wird.

   Vorbereitungshandlungen (z. B. Anmietung eines Geschäftslokals, Errichtung eines Fabrikgebäudes) begründen die Gewerbesteuerpflicht noch nicht. Die Eintragung ins Handelsregister ist hier ohne Bedeutung.

2. *Bei Gewerbetreibenden kraft Rechtsform* gem. § 2 Abs. 2 Nr. 2 GewStG beginnt die Steuerpflicht

   - bei Kapitalgesellschaften mit der Eintragung ins Handelsregister,
   - bei Erwerbs- und Wirtschaftsgenossenschaften mit der Eintragung in das Genossenschaftsregister,
   - bei Versicherungsvereinen auf Gegenseitigkeit mit der aufsichtsbehördlichen Erlaubnis zum Geschäftsbetrieb.

04. Welche Gemeinde ist hebeberechtigt?

Quellentext (GewStG):

---

§ 4 Hebeberechtigte Gemeinde[1]

(1) Die stehenden Gewerbebetriebe unterliegen der Gewerbesteuer in der Gemeinde, in der eine Betriebsstätte zur Ausübung des stehenden Gewerbes unterhalten wird. Befinden sich Betriebsstätten desselben Gewerbebetriebs in mehreren Gemeinden oder erstreckt sich eine Betriebsstätte über mehrere Gemeinden, so wird die Gewerbesteuer in jeder Gemeinde nach dem Teil des Steuermessbetrags erhoben, der auf sie entfällt.

(2) Für Betriebsstätten in gemeindefreien Gebieten bestimmt die Landesregierung durch Rechtsverordnung, wer die nach diesem Gesetz den Gemeinden zustehenden Befugnisse ausübt.

---

[1] Der Hebesatz der Gemeinden beträgt mindestens 200 %.

05. Wie wird die Gewerbesteuer berechnet?

Bemessungsgrundlage der Gewerbesteuer ist der Gewerbeertrag. Als Gewerbeertrag gilt der einkommen- oder körperschaftsteuerliche Gewinn aus Gewerbebetrieb, vermehrt um bestimmte Hinzurechnungen (§ 8 GewStG) und vermindert um bestimmte Kürzungen (§ 9 GewStG).

Aufgrund der Unternehmenssteuerreform 2008 entfällt der Staffeltarif für Personengesellschaften. Für alle Gesellschaften gilt ab 1.1.2008 einheitlich die gesenkte Steuermesszahl von 3,5 %. Der Steuermessbetrag ist mit dem Hebesatz der Gemeinde zu
gewichten und ergibt so die Höhe der Gewerbesteuer (das nachfolgende Schema ist
vereinfacht).

Im Einzelnen:

Berechnung der Gewerbesteuer eines Einzelunternehmens		Beispiel [in €]:
	Gewinn aus Gewerbebetrieb	80.000
+	Hinzurechnungen (soweit der Freibetrag von 100.000 € überschritten wird)	3.000
=	Summe des Gewinns und der Hinzurechnungen	83.000
−	Kürzungen	-5.000
=	vorläufiger Gewerbeertrag	78.000
−	Gewerbeverlust aus Vorjahren	0
	Abrundung	0
=	Gewerbeertrag	78.000
−	Freibetrag (bei Personenunternehmen), § 11 GewStG	-24.500
=	**Verbleibender Betrag**	**53.500**
	davon 3,5 % (Steuermessbetrag)	1.872,50
x	Hebesatz der Gemeinde (im Beispiel: 350,00 v. H.)	
=	**Gewerbesteuer**	**6.553,75**

06. Wie wird die Gewerbesteuer buchhalterisch erfasst?

- Die Gewerbesteuer ist ab 2008 gemäß § 4 Abs. 5b EStG nicht mehr als Betriebsausgabe abzugsfähig.

- Sie ist außerhalb der Steuerbilanz bei der Ermittlung des zu versteuernden Einkommens wieder hinzuzurechnen.

- Steuerliche Nebenleistungen, wie z. B. Zinsen, Säumnis- und Verspätungszuschläge
sind ebenfalls als nichtabzugsfähige Betriebsausgaben zu erfassen.

- Gewerbesteuererstattungen sind keine Betriebseinnahmen mehr.

- Ausnahmen bestehen bei Erstattungen bzw. Nachzahlungen aus Vorjahren. Dann
gelten die Nachzahlungen als Betriebsausgaben bzw. die Erstattungen als Betriebseinnahmen.

07. Muss in der Bilanz eine Rückstellung für die Gewerbesteuer gebildet werden?

Da die Gewerbesteuer eine betriebliche Steuer ist, muss sie in der Bilanz trotzdem
passiviert werden.

3.2.2.4 Kapitalertragsteuer

01. Welche Einnahmen und Erträge sind dem § 20 EStG zuzuordnen?

Zu den wichtigsten Einnahmen aus Kapitalvermögen gehören:

Laufende Erträge aus Kapitalnutzung § 20 Abs. 1 EStG	- aus Beteiligung an Körperschaften, - aus Beteiligung an einer stillen Gesellschaft, - Erträge aus Grundpfandrechten, - Zinserträge aus Kapitallebensversicherungen, kapitalisierten Rentenversicherungen (Todesleistungen ausgeschlossen); Ausnahme: Vertragsabschluss vor dem 01.01.2005, - Diskontabschläge bei Ankauf von Wechseln, - Erträge aus sonstigen Kapitalforderungen (Auffangstatbestand), - Stillhalterprämien aus Optionen.
Veräußerungsgewinne § 20 Abs. EStG	Veräußerung von - Gesellschaftsanteilen, - Dividenden und Zinsscheinen, - Beteiligungen aus stillen Gesellschaften, - dinglichen Sicherheiten, - Versicherungsansprüchen, - Kapitalforderungen jeder Art (Auffangstatbestand).

Voraussetzung für die Versteuerung der Einkünfte nach § 20 EStG ist, dass die Kapitalanlagen im Privatvermögen gehalten werden.

02. Was bedeutet die Einführung der Abgeltungssteuer?

Ab Veranlagungszeitraum 2009 gilt eine Abgeltungssteuer für Kapitalanlagen im Privatvermögen. Das bedeutet, dass alle Kapitalerträge mit einem einheitlichen Steuersatz von 25 % besteuert werden. Hinzu werden noch Solidaritätszuschlag und gegebenenfalls Kirchensteuer erhoben. Die Berechnung erfolgt über die Kreditinstitute.

03. Wie hoch ist der Sparerpauschbetrag?

Ein *Werbungskostenpauschbetrag* ist mit Einführung der Abgeltungssteuer *nicht mehr möglich*. Der Werbungskostenpauschbetrag und der Sparerfreibetrag sind zusammengefasst zu einem *Sparerpauschbetrag*. Dieser beträgt 801 € für Ledige und 1.602 € für Verheiratete.

04. Was bedeutet das Veranlagungswahlrecht?

Steuerpflichtige, die aufgrund ihrer Einkünfte einen Grenzsteuersatz von unter 25 % haben, können ihre Einkünfte aus Kapitalvermögen in ihrer Steuererklärung angeben. Die zu viel gezahlte Abgeltungssteuer wird dann vom Finanzamt erstattet oder auf die Einkommensteuerschuld angerechnet.

3.2.2.5 Umsatzsteuer

01. Was ist die Umsatzsteuer?

Die *Umsatzsteuer* ist eine Steuer auf den Umsatz von Gütern und Leistungen. Sie erfasst jedoch nicht den gesamten Bruttoumsatz jeder Produktionsstufe, sondern immer nur den Bestandteil des Verkaufserlöses eines Produkts, der noch nicht auf der Vorstufe der Produktion besteuert worden ist, d. h. der Umsatzsteuer (Mehrwertsteuer) unterliegt nur die Wertschöpfung jeder Produktions- oder Dienstleistungsstufe der einzelnen Unternehmung. Der Unternehmer kann von seiner Steuer die sog. *Vorsteuer* abziehen. Auf diese Weise wird nur die Wertschöpfung auf der einzelnen Wirtschaftsstufe besteuert.

02. Was ist Gegenstand der Umsatzsteuer?

Das Umsatzsteuergesetz bietet keine Definition des Umsatzbegriffs; vielmehr werden in § 1 UStG die Tatbestandsmerkmale aufgezählt, die das Gesetz unter „Umsatz" versteht (= steuerbare Umsätze). Danach sind steuerbare Umsätze:

- *Arbeit gegen Entgelt,* die ein Unternehmer im Rahmen seines Unternehmens ausführt (§ 1 Abs. 1 Nr. 1 UStG);

- *Lieferungen und sonstige Leistungen,* die unentgeltlich durch einen Unternehmer erbracht werden und den entgeltlichen Lieferungen gemäß § 3 Abs. 1b UStG und § 3 Abs. 9a UStG gleichgestellt sind;

  Beispiele für unentgeltliche Leistungen:
  · wenn ein Unternehmer im Inland Gegenstände aus seinem Unternehmen für Zwecke entnimmt, die außerhalb des Unternehmens liegen (§ 3 Abs. 1b Nr. 1 UStG);
  · soweit ein Unternehmer im Rahmen seines Unternehmens im Inland sonstige Leistungen der in § 3 Abs. 9 UStG bezeichneten Art für Zwecke erbringt, die außerhalb des Unternehmens liegen (§ 3 Abs. 9a UStG);
  · Geschenke von geringem Wert (§ 3 Abs. 1b Nr. 3 UStG);

- die *Einfuhr von Gegenständen* aus dem Drittlandsgebiet in das Inland (§ 1 Abs. 1 Nr. 4 UStG);

- der *innergemeinschaftliche Erwerb* im Inland gegen Entgelt (§ 1 Abs. 1 Nr. 5 UStG).

03. Wer ist Kleinunternehmer?

Ein Kleinunternehmer (§19 UStG) ist faktisch von der Umsatzsteuer befreit. Er hat grundsätzlich an das Finanzamt keine Umsatzsteuer abzuführen und darf in seinen Rechnungen keine Umsatzsteuer ausweisen. Gleichzeitig ist der Abzug von Vorsteuerbeträgen ausgeschlossen. Als Kleinunternehmer gilt jeder Unternehmer dessen Gesamtumsatz im vorangegangenen Kalenderjahr 17.500 € nicht überstiegen hat und im laufenden Kalenderjahr voraussichtlich 50.000 € nicht übersteigen wird. Ein Verzicht auf die Behandlung als Kleinunternehmer kann auf Antrag erfolgen.

04. Welche Steuersätze sind bei der Umsatzsteuer zu unterscheiden?

19 %	Der allgemeine Steuersatz beträgt 19 %; § 12 Abs. 1 UStG.
7 %	Der ermäßigte Steuersatz gilt für bestimmte Gegenstände, die in Anlage 2 des UStG näher bezeichnet sind (z.B. lebende Tiere, Gemüse, Körperersatzstücke, Bücher, Zeitschriften; neu: Hotelübernachtungen); § 12 Abs. 2 UStG.

05. Wie wird die Umsatzsteuer berechnet?

Bei der Errechnung der Umsatzsteuer geht man von der Summe der Umsätze aus. Sie werden um die umsatzsteuerfreien Umsätze gemindert. Die *Traglast* ist zu mindern um die Umsatzsteuervorauszahlungen sowie die abziehbare Vorsteuer. Im Ergebnis erhält man die sog. *Zahllast*.

- Grundsätzlich gilt die sog. *Sollbesteuerung*. Hier ist für die Entstehung der Umsatzsteuer die *Ausführung der Leistung* maßgeblich und nicht der Zeitpunkt der Rechnungsstellung oder des Zahlungseinganges.

- Sofern der Gesamtumsatz den Betrag von 500.000 € nicht übersteigt, kann auf Antrag beim Finanzamt die sog. *Istbesteuerung* angewandt werden. Hier entsteht die Umsatzsteuer auf die vereinnahmten Entgelte.

Beispiel:	Umsätze 7 % USt	25.000	
	Umsätze 19 % USt	75.000	
	Umsatzsteuer 7 %	1.750	
	Umsatzsteuer 19 %	14.250	
	Umsatzsteuer gesamt (Traglast)		16.000,00
	./. USt-Vorauszahlungen		4.000,00
	./. Abziehbare Vorsteuer 7 %		68,90
	./. Abziehbare Vorsteuer 19 %		5.100,10
	= Umsatzsteuerschuld (= Zahllast)		6.831,00

3.2.2.6 Grundsteuer

01. Was ist Gegenstand der Grundsteuer?

Die Grundsteuer besteuert als Realsteuer (Objektsteuer) den *Grundbesitz* nach einem proportionalen Tarif. Sie fließt wie die Gewerbesteuer den Gemeinden zu.

- *Steuerschuldner* (Steuersubjekt) ist i. d. R. der Eigentümer des Grundstücks (§ 10 GrStG).

- *Steuerobjekt* ist laut § 2 GrStG der Grundbesitz, der sich aus land- und forstwirtschaftlichen, betrieblichen und privaten Grundstücken zusammensetzt.

- *Bemessungsgrundlage* ist laut § 13 GrStG der *Einheitswert* nach den Vorschriften des Bewertungsgesetzes.

- *Steuerbefreit* sind laut §§ 3-8 GrStG insbesondere Grundstücke, die öffentlichen und gemeinnützigen Zwecken dienen. Außerdem werden nach den Wohnbaugesetzen für neugeschaffenen Wohnraum unter bestimmten Voraussetzungen Steuervergünstigungen während der ersten 10 Jahren gewährt.

- Bei der *Berechnung* der Grundsteuer ist von einem *Steuermessbetrag* auszugehen, der durch Anwendung eines Tausendersatzes (*Steuermesszahl*) auf den Einheitswert ermittelt wird (§ 13 GrStG).

Grundsteuer, Berechnungsbeispiel:

Einheitswert	x Steuermesszahl	= Steuermessbetrag	x Hebesatz	Jahresbetrag
52.100 €	x 3,5 v. T.	= 182,35 €	x 381,00 v. H.	**694,75 €**

3.2.2.7 Grunderwerbsteuer

01.Was ist Gegenstand der Grunderwerbsteuer?

Grunderwerbsteuer fällt an beim Erwerb von unbebauten Grundstücken, bebauten Grundstücken, Gebäuden, Gebäudeteilen und Rechten an Grundstücken und Gebäuden (§ 1 Abs.1 GrEStG), soweit sie sich im Inland befinden.

Die Grunderwerbsteuer entsteht mit Verwirklichung eines rechtskräftigen Erwerbsvorgangs (§ 14 GrEStG i. V. m. § 38 AO) und ist grundsätzlich einen Monat nach Bekanntgabe des Steuerbescheids fällig.

02. Was ist Bemessungsgrundlage für die Grunderwerbsteuer und wie wird sie berechnet?

Bemessungsgrundlage der Grunderwerbsteuer ist der Wert der Gegenleistung (u. a. Kaufpreis, Übernahme von Belastungen, Gewährung von Wohn-/Nutzungsrechten).

Der Steuersatz für Erwerbsvorgänge betrug bis 31.12.2006 grundsätzlich 3,5 %. Seit dem 01.01.2007 dürfen die Bundesländer den Steuersatz selbst festlegen (Art. 105 Abs. 2a GG).

03. Wer ist Steuerschuldner?

Persönlich steuerpflichtig und damit Steuerschuldner sind die am Erwerbsvorgang als Vertragspartner beteiligten Personen (Erwerber und Veräußerer). In den meisten Fällen wird im Kaufvertrag vereinbart, dass der Erwerber die Grunderwerbsteuer zu tragen hat.

04. Welche Grundstücksübertragungen sind steuerbefreit?

Ausnahmen von der Besteuerung sind im § 3 Nr. 1 bis 8 GrEStG geregelt:

- Erwerbsvorgänge mit einer Bagatellgrenze von 2.500 € sind steuerbefreit. Übersteigt die Gegenleistung diesen Betrag, wird die Grunderwerbsteuer für die gesamte Gegenleistung erhoben.

- Weitere Ausnahmen sind u. a. bei Erbschaften, Schenkungen und Erwerbsvorgängen zwischen Ehepartnern oder Personen, die in gerader Linie verwandt sind.

3.2.2.8 Erbschaft- und Schenkungsteuer

01. Welche zentralen Änderungen enthält die Erbschaftsteuerreform 2009?

Das Bundesverfassungsgericht (BVerfG) hatte mit seiner Entscheidung vom 7.11.2006 (BStBl. 2007 II S. 192) die Erhebung der Erbschaftsteuer als mit dem Grundgesetz unvereinbar erklärt. Insbesondere die Anwendung einheitlicher Steuersätze auf Steuerwerte, deren Ermittlung den Anforderungen des Gleichheitsgrundsatzes aus Art. 3 Abs. 1 GG nicht genügt, wurde durch das BVerfG gerügt. Die durch den Gesetzgeber erfolgte Reform des Erbschaftsteuerrechts, die zum 1.1.2009 in Kraft trat, setzt daher insbesondere beim *Bewertungsrecht* und den *Steuerbefreiungen* an.

Die *zentralen Punkte der Erbschaftsteuerreform* sind:

- Anhebung der persönlichen Freibeträge,
- Änderung des Steuertarifes,
- Verschonungsregelungen für Betriebsvermögen,
- Steuerbefreiung für „Familienheime",
- Verschonungsabschlag für vermietete Immobilien,
- Verbesserungen für eingetragene Lebenspartnerschaften,
- Anpassung des erbschaftsteuerlichen Bewertungsrechts.

02. Welche Vorgänge unterliegen der Erbschaft- bzw. Schenkungsteuer?

Die der Erbschaft- bzw. Schenkungsteuer unterliegenden Vorgänge sind abschließend in § 1 ErbStG aufgezählt:

1. der Erwerb von Todes wegen (§ 3 ErbStG),
2. die Schenkungen unter Lebenden (§ 7 ErbStG),
3. die Zweckzuwendungen (§ 8 ErbStG),
4. bestimmtes Stiftungsvermögen (§ 1 Abs. 1 Nr. 4 ErbStG).

zu 1.: *Erwerb von Todes wegen*
Unter den Erwerb von Todes wegen fallen gem. § 3 ErbStG insbesondere die Erwerbe durch Erbanfall, Erbersatzanspruch, Vermächtnis oder Geltendmachung des Pflichtteilsanspruchs sowie Vermögensvorteile durch einen „Vertrag zu Gunsten Dritter". Hauptanwendungsfall ist der Erwerb durch Erbanfall. Besteuert wird hier der Vermögensübergang auf den Gesamtrechtsnachfolger.

Das Erbschaftsteuergesetz richtet sich bei der Beurteilung, wer Erbe geworden ist, nach dem Zivilrecht. Maßgebend ist also die letztwillige Verfügung (z. B. Testament) des Erblassers, ein Erbvertrag bzw. bei fehlender Willensäußerung des Erblassers die gesetzliche Erbfolge nach §§ 1924 ff. BGB.

zu 2.: *Schenkungen unter Lebenden*
Als Ergänzung zu den Erwerben von Todes wegen gelten auch Schenkungen als steuerbare Vorgänge. Die Erbschaftsteuer kann also nicht durch eine Schenkung zu Lebzeiten umgangen werden. Was als Schenkung unter Lebenden zu verstehen ist, bestimmt § 7 ErbStG. Steuerbar ist insbesondere eine freigebige Zuwendung unter Lebenden.

Eine steuerbare freigebige Zuwendung im Sinne des § 7 ErbStG liegt vor, wenn

- ein subjektiver Bereicherungswille beim Zuwendenden und
- eine objektive Bereicherung des Empfängers auf Kosten des Zuwendenden besteht (vgl. R 14 Abs. 1 ErbStR).

Merke:

Steuerbar sind grundsätzlich alle Geld- und Sachschenkungen.

Nicht der Schenkungsteuer unterliegen übliche Gelegenheitsgeschenke anlässlich Geburten, Geburtstagen, Hochzeiten sowie Weihnachten. Diese sind zwar steuerbar, aber ausdrücklich durch § 13 Nr. 14 ErbStG von der Steuer befreit. Auch einmalige Ereignisse, wie z. B. Abiturprüfung, Examen o. Ä. sind begünstigt. Feste Freigrenzen gibt es nicht, die Üblichkeit bestimmt sich nach den Vermögensverhältnissen des Schenkers.

03. Wie unterscheiden sich unbeschränkte und beschränkte Steuerpflicht?

Die *persönliche Steuerpflicht* ist in § 2 ErbStG geregelt. Es ist hierbei zwischen der unbeschränkten und beschränkten Steuerpflicht zu unterscheiden. Die Bestimmungen zur persönlichen Steuerpflicht gelten sowohl für Erwerbe von Todes wegen als auch für Schenkungen unter Lebenden.

- Die *unbeschränkte Steuerpflicht* tritt ein,
  wenn der Erblasser zur Zeit seines Todes, der Schenker zur Zeit der Schenkung oder der Erwerber zurzeit der Steuerentstehung Inländer ist (§ 2 Abs. 1 Nr. 1 ErbStG).

  Als Inländer gelten nach § 2 Abs. 1 Nr. 1 Satz 2 ErbStG insbesondere natürliche Personen mit Wohnsitz oder gewöhnlichem Aufenthalt im Inland, deutsche Staatsangehörige ohne Wohnsitz/gewöhnlichen Aufenthalt im Inland, die sich nicht länger als fünf Jahre dauernd im Ausland aufgehalten haben. Die unbeschränkte Steuerpflicht tritt bereits ein, wenn einer der Beteiligten Inländer ist. Bei unbeschränkter Steuerpflicht unterliegt das Weltvermögen der deutschen Erbschaftsteuer.

- *Beschränkte Steuerpflicht:*
  Ist keiner der Beteiligen (Erbe, Erblasser, Schenker, Beschenkter) als Inländer anzusehen, besteht eine Steuerpflicht nur für Inlandsvermögen (§ 2 Abs. 1 Nr. 3 ErbStG).

Zum Inlandsvermögen gehören gem. § 121 BewG insbesondere:

- das inländische land- u. forstwirtschaftliche Vermögen,
- das inländische Grundvermögen,
- das inländische Betriebsvermögen,
- Anteile an einer inländischen Kapitalgesellschaft, wenn die Beteiligung mindestens 10 % ausmacht.

04. Welche allgemeinen Grundsätze gelten für die Ermittlung der Steuer?

Zur Ermittlung der Erbschaft- bzw. Schenkungsteuer müssen das übernommene Vermögen und ggf. auch die übernommenen Verbindlichkeiten bewertet werden. Die Bewertung des Vermögens und der Verbindlichkeiten regelt § 12 ErbStG. Danach ist die Bewertung grundsätzlich unter Beachtung der allgemeinen Bewertungsvorschriften durchzuführen. Eine Ausnahme bestimmt § 12 ErbStG insbesondere für die Bewertung von Grundbesitz, d. h. für Grundstücke und Betriebsgrundstücke.

Abgeleitet aus § 10 ErbStG ergibt sich für die Erbschaft- bzw. Schenkungsteuer folgendes Veranlagungsschema (hier gekürzt dargestellt; vgl. auch R 24a ErbStR):

Land- und forstwirtschaftliches Vermögen
+   Betriebsvermögen
+   Grundvermögen
+   übriges Vermögen
Vermögensanfall
−   Nachlassverbindlichkeiten
Bereicherung/Reinnachlass
−   Persönlicher Freibetrag
−   Versorgungsfreibetrag
Steuerpflichtiger Erwerb Abrundung auf volle 100 € x Steuersatz
Erbschaft- bzw. Schenkungsteuer unter Beachtung des Härteausgleichs und der Tarifbegrenzung, §§ 19 Abs. 3, 19a ErbStG

05. Wie erfolgt die Bewertung unbebauter bzw. bebauter Grundstücke?

Die Bewertung erfolgt nach dem

- Vergleichswertverfahren (Eigentumswohnungen, Ein- und Zweifamilienhäuser),
- Ertragswertverfahren (vermietet Immobilien, Geschäftsgrundstücke, gemischt genutzte Grundstücke),
- Sachwertverfahren (für Immobilien, für die es keinen Vergleichswert gibt).

06. Welche sachlichen Steuerbefreiungen nennt das Gesetz?

§ 13 ErbStG regelt eine Vielzahl unterschiedlicher sachlicher Steuerbefreiungen, die personenbezogen sind und damit jedem Erwerber in voller Höhe zustehen.

Steuerbefreit sind beispielsweise:

- *Hausrat* einschließlich Wäsche und Kleidungsstücke bei *Steuerklasse I* bis 41.000 €;
- andere *bewegliche körperliche Gegenstände* (Fahrzeug, Musikinstrument, Boot, Schmuck u. Ä.) bei Steuerklasse I bis 10.300 € bzw. ab 1.1.2009 12.000 € (nicht: Zahlungsmittel, Wertpapiere, Edelmetalle, Edelsteine und Perlen);
- *Hausrat und andere bewegliche körperliche Gegenstände* bei Steuerklasse II und III bis 10.300 € bzw. ab 1.1.2009 12.000 € (nicht: Zahlungsmittel, Wertpapiere, Edel- metalle, Edelsteine und Perlen);
- *Zuwendungen unter lebenden Ehegatten*, deren Gegenstand ein inländisches Fami- lienheim oder ein Anteil daran ist;
- übliche *Gelegenheitsgeschenke*.

07. Welche zentralen Änderungen brachte die Erbschaftsteuerreform mit sich?

Eine der wesentlichen Änderungen gegenüber dem ursprünglichen Reformentwurf ist die weit gehende Steuerbefreiung von Familienheimen. Begünstigt sind inländische Immobilien sowie im EU- bzw. EWR-Ausland gelegene Immobilien.

Durch die Erbschaftsteuerreform ist eine weitere Befreiung für Immobilien eingeführt worden. § 13c ErbStG bestimmt, dass im Inland gelegene vermietete Grundstücke nur mit 90 % ihres Wertes anzusetzen sind.

Die Verschonung von Produktivvermögen ist ein weiteres *Kernstück der Erbschaftsteu- erreform*.

08. Welche Steuerklassen und welche Freibeträge sind maßgeblich?

- *Steuerklassen* – §15 ErbStG

  Die Erbschaft- und Schenkungsteuer kennt drei verschiedene Steuerklassen. Die Steuerklassen haben Bedeutung für:
  - Höhe des Freibetrages für Hausrat und andere bewegliche körperliche Gegenstän- de,
  - persönliche Freibeträge nach § 16 ErbStG,
  - den Steuersatz nach § 19 ErbStG.

- Die *persönlichen Freibeträge*
  ergeben sich aus § 16 ErbStG. Die Freibeträge gelten gleichermaßen für Erwerbe von Todes wegen und Schenkungen unter Lebenden.

- *Versorgungsfreibetrag* – § 17 ErbStG
  Zusätzlich zum persönlichen Freibetrag nach § 16 ErbStG gibt es in bestimmten Fällen noch einen Versorgungsfreibetrag nach § 17 ErbStG.

Ein Versorgungsfreibetrag wird ausschließlich bei Erwerben von Todes wegen berücksichtigt. Der zusätzliche Freibetrag soll die unterschiedliche erbschaftsteuerliche Behandlung von Versorgungsansprüchen ausgleichen. So ist die Witwenversorgung von Beamten und Angestellten nicht erbschaftsteuerpflichtig. Dagegen sind beispielsweise Versorgungsbezüge aus einer privaten Versicherung erbschaftsteuerpflichtig. Für diese gibt es den Versorgungsfreibetrag. Ein Versorgungsfreibetrag wurde bisher nur beim überlebenden Ehegatten und bei Kindern sowie Stiefkindern gewährt. Neu ist die Einbeziehung des Lebenspartners.

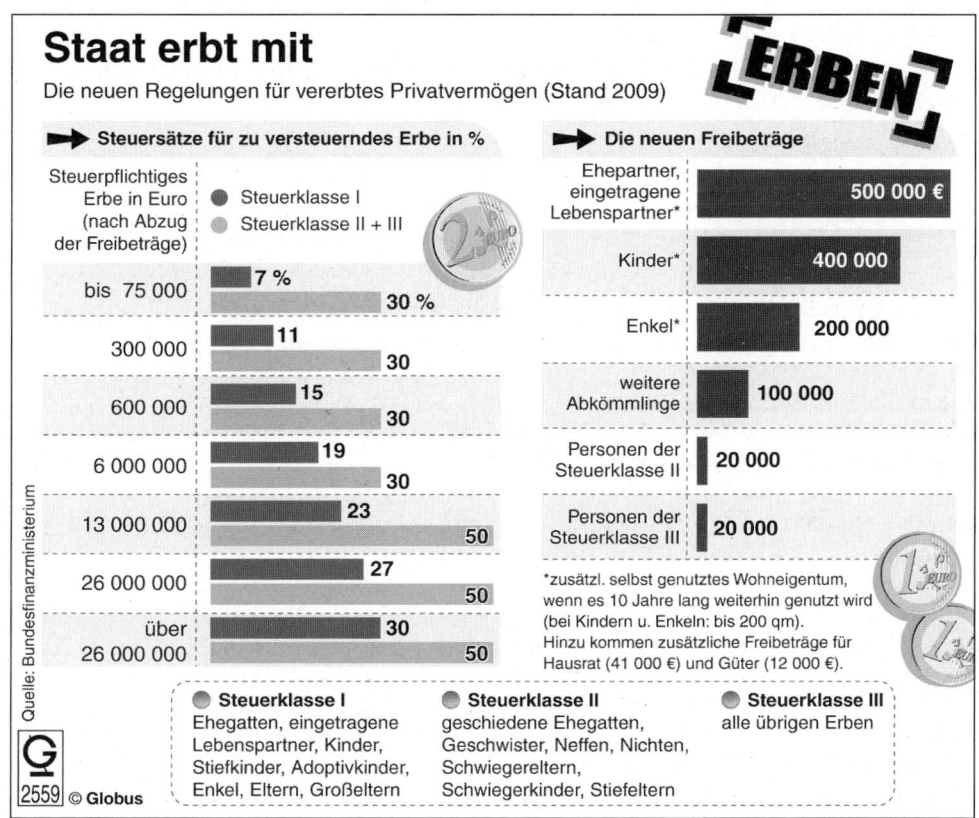

Staat erbt mit
Die neuen Regelungen für vererbtes Privatvermögen (Stand 2009)

➡ Steuersätze für zu versteuerndes Erbe in %

Steuerpflichtiges Erbe in Euro (nach Abzug der Freibeträge)
● Steuerklasse I
● Steuerklasse II + III

Steuerpflichtiges Erbe	Steuerklasse I	Steuerklasse II + III
bis 75 000	7 %	30 %
300 000	11	30
600 000	15	30
6 000 000	19	30
13 000 000	23	50
26 000 000	27	50
über 26 000 000	30	50

Quelle: Bundesfinanzministerium

➡ Die neuen Freibeträge

Ehepartner, eingetragene Lebenspartner*	500 000 €
Kinder*	400 000
Enkel*	200 000
weitere Abkömmlinge	100 000
Personen der Steuerklasse II	20 000
Personen der Steuerklasse III	20 000

*zusätzl. selbst genutztes Wohneigentum, wenn es 10 Jahre lang weiterhin genutzt wird (bei Kindern u. Enkeln: bis 200 qm). Hinzu kommen zusätzliche Freibeträge für Hausrat (41 000 €) und Güter (12 000 €).

● **Steuerklasse I**
Ehegatten, eingetragene Lebenspartner, Kinder, Stiefkinder, Adoptivkinder, Enkel, Eltern, Großeltern

● **Steuerklasse II**
geschiedene Ehegatten, Geschwister, Neffen, Nichten, Schwiegereltern, Schwiegerkinder, Stiefeltern

● **Steuerklasse III**
alle übrigen Erben

2559 © Globus

09. Wie wird Produktivvermögen versteuert?

Die Verschonung von Produktivvermögen ist ein *Kernstück der Erbschaftsteuerreform*. Die wichtigsten Regelungen ergeben sich aus den §§ 13a, 13b ErbStG. Dabei bestimmt § 13b ErbStG welches Vermögen begünstigt ist und § 13a ErbStG regelt die Steuerbefreiung für dieses Vermögen; vgl. nachfolgende Tabelle:

	Grundmodell:	Beispiel:
Wert des Produktivvermögens	100 %	1.200.000 €
steuerfrei sind	85 %	1.020.000 €
übersteigender Betrag		180.000 €
steuerfreier Abzugsbetrag (abschmelzend, entfällt ab 450.000 €)	150.000 €	135.000 €
steuerpflichtig sind	... €	45.000 €
Voraussetzungen (§ 13a ErbStG)	- Behaltefrist: 5 Jahre - Lohnsummenfrist: 5 Jahre - Mindestlohnsumme: 400 % nicht unterschritten - keine Überentnahmen innerhalb von 5 Jahren	

10. Wann und wie wird die Erbschaftsteuer erhoben?

Die Erbschaft- und Schenkungsteuer ist eine *Veranlagungsteuer*. Steuerschuldner ist der Erwerber, bei einer Schenkung zusätzlich auch der Schenker. Die Steuer wird durch das Finanzamt in einem Veranlagungsverfahren ermittelt und durch Steuerbescheid festgesetzt. Eine konkrete Fälligkeitsbestimmung enthält das ErbStG nicht. Damit kann das Finanzamt gem. § 220 Abs. 2 AO die Fälligkeit im Leistungsgebot selbst bestimmen. In der Regel ist die Erbschaft- bzw. Schenkungsteuer innerhalb eines Monats nach Bekanntgabe des Steuerbescheides fällig.

3.2.3 Abgabenordnung

01. Was ist die Abgabenordnung?

Die Abgabenordnung (AO) ist das *Verwaltungsverfahrensgesetz*. Sie umfasst vorwiegend das Verfahrensrecht, aber auch das materielle Recht. Hier sind z. B. geregelt:

die steuerlichen Begriffsbestimmungen, die Zuständigkeit der Finanzbehörden, das sog. Steuerschuldrecht (Steuerpflichtiger, Steuerschuldverhältnis, steuerbegünstigte Zwecke, Haftung), allgemeine Verfahrensvorschriften, die Durchführung der Besteuerung, das Erhebungsverfahren, die Vollstreckung, das außergerichtliche Rechtsbehelfsverfahren sowie Straf- und Bußgeldverfahren.

02. Welches Finanzamt ist zuständig?

Steuerart	zuständiges Finanzamt

• Steuern vom Einkommen und Vermögen
  - natürliche Personen
  - juristische Personen
	
	Wohnfinanzamt
	Geschäftsleitungsfinanzamt

• Umsatzsteuer	Betriebsfinanzamt
• Gewerbesteuer	Betriebsfinanzamt

03. Was versteht die AO unter einer Außenprüfung?

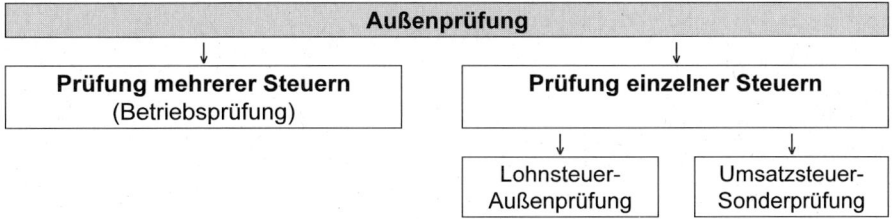

Außenprüfung

Prüfung mehrerer Steuern (Betriebsprüfung)

Prüfung einzelner Steuern

Lohnsteuer-Außenprüfung

Umsatzsteuer-Sonderprüfung

04. Wie ist der Ablauf des Besteuerungsverfahrens?

(1)	**Ermittlungsverfahren**
(2)	**Festsetzungsverfahren**
(3)	**Bekanntgabeverfahren**
(4)	**[Berichtigungsverfahren/Rechtsbehelfsverfahren]**
(5)	**Erhebungsverfahren**
(6)	**Vollstreckungsverfahren**

05. Welche Pflichten haben das Finanzamt und der Steuerpflichtige?

Finanzamt:

§ 88 AO	Untersuchungspflicht
§ 89 AO	Beratungs- und Auskunftspflicht
§ 91 AO	Anhörungspflicht

Steuerpflichtiger:

§ 90 AO	Mitwirkungspflicht
§ 93 AO	Auskunftspflicht
§ 149 AO	Abgabepflicht

06. Was ist ein Steuerbescheid und welchen Inhalt hat er?

Ein Steuerbescheid ist ein Verwaltungsakt. Er hat folgenden Inhalt:
- Steuerschuldner
- Steuerart
- Steuerbetrag
- Besteuerungszeitraum

- *Form*
  - Schriftform

- *Absender*
  - erlassende Behörde

- *Begründung*
  - Angabe der Besteuerungsgrundlagen

- *Rechtsbehelfsbelehrung*

07. Was sind Steuern? → 3.2.1, Frage 02.

Gem. § 3 Abs. 1 AO sind Steuern:

- Geldleistungen ohne Gegenleistung,
- Auferlegung von einem örtlich-rechtlichen Gemeinwesen zur Erzielung von Einnahmen,
- Anknüpfung an den gesetzlichen Tatbestand.

08. Was sind steuerliche Nebenleistungen?

Zu den steuerlichen Nebenleistungen gehören nach § 3 Abs. 4 AO:

Verspätungszuschläge	§ 152 Abs. 2 AO	10 % höchstens 25.000 €; Ermessen	verspätete bzw. nicht abgegebene Steuererklärung
Säumniszuschläge	§ 240 Abs. 1 AO	1 % je angefangenen Monat	wenn festgesetzte bzw. angemeldete Steuer nicht bis zum Ablauf des Fälligkeitstages entrichtet
Zinsen	§§ 233 ff. AO	0,5 % pro Monat – für volle Monate	Verzinsung nur von Ansprüchen aus dem Steuerschuldverhältnis
- Vollverzinsung	§ 233a AO	Verzinsung des Unterschiedsbetrages zwischen festgesetzter und anzurechnender Steuer; Zinslauf ab Ablauf der Karenzzeit (15 Monate); Ende Zinslauf bei Bekanntgabe Steuerfestsetzung	
- Stundungszinsen	§ 234 AO	Festsetzung zusammen mit Stundungsverfügung	
- Hinterziehungszinsen	§ 235 AO	Abschöpfung der Zinsvorteile der Hinterziehung; Zinslauf von Eintritt der Steuerverkürzung bis Zahlung der hinterzogenen Steuern	
- Prozesszinsen	§ 236 AO	nur bei Steuererstattungen, Steuerherabsetzung durch Urteil; Beginn Zinslauf bei Rechtsanhängigkeit bis Auszahlung des Erstattungsbetrages	
- Aussetzungszinsen	§ 237 AO	Rechtsbehelfsverfahren des Zinsschuldners – wurde Aussetzung der Vollziehung gewährt; Beginn Zinslauf ab Einspruchseingang bis Ende der Aussetzung der Vollziehung	

Zwangsgelder	§ 329 AO	max. 25.000 €	Verwaltungsakt, der auf Vornahme einer Handlung oder auf Duldung oder Unterlassung gerichtet ist
Kosten	§ 337 AO	Gebühren und Auslagen §§ 338 ff. AO	anfallende Gebühren und Auslagen sind grundsätzlich vom Vollstreckungsschuldner zu tragen.
Verzögerungsgelder	§ 146 Abs. 2b AO	2.500 bis 250.000 €	bei Verletzung der Auskunfts- bzw. Einreichungsfrist

09. Was bedeutet Ermessen laut AO?

Im § 5 AO ist festgelegt, wann die Finanzbehörde ermächtigt ist, nach ihrem Ermessen zu handeln, ihr Ermessen entsprechend dem Zweck der Ermächtigung auszuüben und die gesetzlichen Grenzen des Ermessens einzuhalten.

10. Wie definiert die AO die Begriffe Wohnsitz und gewöhnlicher Aufenthalt?

Der § 8 AO definiert den Wohnsitz dort, wo jemand eine Wohnung unter Umständen innehat, die darauf schließen lassen, dass er die Wohnung beibehalten und benutzen wird.

Der gewöhnliche Aufenthalt ist im § 9 AO geregelt. Als gewöhnlicher Aufenthalt wird angesehen, wenn jemand stets und von Beginn an einen zeitlich zusammenhängenden Aufenthalt von mehr als sechs Monaten Dauer nachweisen kann.

11. Was sind die Besteuerungsgrundsätze laut AO?

Die Besteuerungsgrundsätze sind im § 85 AO geregelt. Danach hat die Finanzbehörde die Steuern nach Maßgabe der Gesetze gleichmäßig festzusetzen und zu erheben und sicherzustellen, dass Steuern nicht verkürzt, zu Unrecht erhoben oder Steuererstattungen und Steuervergütungen nicht zu Unrecht gewährt oder versagt werden.

12. Welche Beweismittel kann das Finanzamt einholen?

Beweismittel gem. § 92 AO sind:

- Auskünfte,
- Sachverständige,
- Urkunden,
- Augenschein.

13. Was sind Fristen und Termine?

In dem Anwendungserlass zur Abgabenordnung zu § 108 AO sind die Begriffe wie folgt definiert:

Fristen	sind abgegrenzte, bestimmte oder jedenfalls bestimmbare Zeiträume.
Termine	sind bestimmte Zeitpunkte, an denen etwas geschehen soll oder zu denen eine Wirkung eintritt.
Fälligkeitstermine	geben das Ende einer Frist an.

Nach § 122 Abs. 2 AO gilt ein schriftlicher Verwaltungsakt, der durch die Post übermittelt wird, als bekannt gegeben,

- bei einer Übermittlung im Inland *am dritten Tag* nach der Aufgabe zur Post,

- bei einer Übermittlung im Ausland *einen Monat* nach der Aufgabe zur Post.

- Fällt das Ende einer Frist auf einen Sonntag, einen gesetzlichen Feiertag oder einen Sonnabend, so endet die Frist mit Ablauf des darauf folgenden Werktag (§ 108 Abs. 3 AO/§ 122 AO).

  Beispiel: Ein Steuerbescheid ins Ausland wird vom Finanzamt am 15.05. (Freitag) zur Post gegeben. Die Frist beginnt am 19.05. (Dienstag) um 0 Uhr und endet am 18.06. um 24 Uhr.

14. Welche Anzeige- und Mitwirkungspflichten hat ein Steuerpflichtiger?

1. *Anzeigepflicht – § 138 AO:*
   Die land- und forstwirtschaftliche, gewerbliche und selbstständige Tätigkeit muss angezeigt werden.

2. *Mitwirkungspflichten:*
2.1 *Buchführungspflicht – §140 AO:*
   - Buchführungs- und Aufzeichnungspflicht für Zwecke der Besteuerung,
   - Pflicht zur Führung ordnungsgemäßer Bücher, wenn folgende Grenzen überschritten werden (nach § 141 AO Abs. 1, wobei die Überschreitung einer Grenze ausreicht):

	Umsatz	Vermögen	Gewinn
Land- und Forstwirte	500.000 €	25.000 €	50.000 €
Gewerbetreibende		–	

2.2 *Pflicht zur Abgabe der Steuererklärung – § 149 AG:*
   - Nach § 150 Abs. 1 AO erfolgt die Abgabe der Steuererklärungen nach amtlich vorgeschriebenem Vordruck.
   - Die Abgabe kann aber auch auf Datenträgern oder mittels Datenübertragung erfolgen (§ 150 Abs. 6 AO).

15. Wann kann eine Steuererklärung berichtigt werden?

Wenn ein Steuerpflichtiger vor Ablauf der Festsetzungsfrist erkennt, dass die von ihm abgegebene Erklärung z. B. unrichtig oder unvollständig ist oder Ermäßigungsgründe entfallen, hat er dies dem Finanzamt unverzüglich anzuzeigen und die Richtigstellung vorzunehmen (§ 153 AO).

16. Was bedeutet „Wiedereinsetzung in den vorigen Stand"?

Wiedereinsetzung in den vorigen Stand ist vom Gesetzgeber für den Fall geschaffen, dass eine Frist (z. B. Einspruchsfrist) schuldlos versäumt wird (§ 110 Abs.1 AO). Schuldlose Versäumnisse können z. B. sein:

- plötzliche Krankheit,
- erzwungener längerer Aufenthalt im Ausland,
- Katastrophenfälle.

Die Antragstellung muss innerhalb eines Monats nach Wegfall des Hindernisses erfolgen und die versäumte Handlung muss innerhalb der Frist nachgeholt werden.

3.2.4 Aktuelle Steueränderungen[1]

01. Was sind die wichtigsten Steueränderungen nach der Unternehmensteuerreform 2008?

Die Unternehmensteuerreform 2008 führt im Wesentlichen zu folgenden Änderungen:

Gewerbesteuer	Für alle Gewerbebetriebe gilt eine einheitliche Gewerbesteuermesszahl von 3,5 % (Senkung von 5 % auf 3,5 % und Abschaffung des Staffeltarifs). Die Senkung und Vereinheitlichung des Gewerbeertrages wird im Wesentlichen dadurch finanziert, dass im EStG und KStG die Abzugsfähigkeit der Gewerbesteuer als Betriebsausgabe entfällt.
Körperschaftsteuer	Absenkung des Körperschaftsteuersatzes auf 15 %.
Investitionen	Die bisherige Ansparabschreibung wird durch den neuen Investitionsabzugsbetrag ersetzt (40 % auf maximal 200.000,00 € auch für gebrauchte abnutzbare bewegliche Wirtschaftsgüter).
Abschreibungen	Abschaffung der degressiven Abschreibung[2]; Sofortabschreibung bei GWG und Pool-Sammelabschreibung.

Für mehr Investitionen und Arbeitsplätze

Am 1. Januar 2008 trat die Unternehmensteuerreform 2008 in Kraft. Sie soll den Standort Deutschland für alle Unternehmen attraktiver machen, die hier investieren und Arbeitsplätze schaffen. Das soll vor allem über die Senkung der Steuerlast für Kapitalgesellschaften von knapp 39 % auf unter 30 % erreicht werden. Stellt man alle Maßnahmen gegenüber, ergibt sich nach Angaben des Bundesfinanzministeriums eine Entlastung der Unternehmen um fünf Milliarden Euro (volle Jahreswirkung).

---

[1] Die Ziffer 3.2.4 ist nicht im Rahmenplan enthalten; sie wurde aus Gründen der Aktualität aufgenommen.

[2] Die degressive Abschreibung für 2009 und 2010 mit 25 % wurde im Herbst 2008 wieder zugelassen als Folge der Wirtschaftskrise (vgl. Konjunkturpaket I).

02. Welche Steueränderungen wurden für 2010/11 beschlossen?

- Am 28.10.2010 wurde das Jahressteuergesetz (JStG) 2010 beschlossen. Es enthält u.a. folgende Änderungen:

Einkommensteuer:
- Neuregelung der Abzugsbeschränkung für Arbeitszimmer. Künftig können bis zu 1.250 Euro geltend gemacht werden, wenn für die betriebliche oder berufliche Tätigkeit kein anderer Arbeitsplatz zur Verfügung steht.

- Streichung des Sonderausgabenabzugs für die im Rahmen der Abgeltungsteuer erhobene Kirchensteuer (§ 10 Abs. 1 Nr. 4 EStG-E).

- Zinsen, die das Finanzamt an Steuerpflichtige etwa wegen verspäteter Einkommensteuererstattungen zahlt (sog. Erstattungszinsen) sind steuerpflichtig.

Umsatzsteuer:
- Die Umsatzsteuer-Jahreserklärung 2011 ist fortan elektronisch (nach amtlich vorgeschriebenem Datensatz) zu übermitteln (§ 18 Abs. 3 UStG-E).

Erbschaft- und Schenkungsteuer:
- Rückwirkende Gleichstellung der Lebenspartnerschaften beim Erbschaftsteuerrecht zum 1.8.2001 (§ 37 Abs. 4, 5 ErbStG-E).

03. Welche Maßnahmen enthält das Konjunkturpaket I?

Maßnahmen des Konjunkturpakets I (für die Jahre 2009 und 2010)
Energetische Gebäudesanierung/Förderung energieeffizienten Bauens
Erhöhte Absetzbarkeit von Handwerksleistungen
Sonderabschreibungen für kleine und mittlere Unternehmen
Degressive Abschreibung für bewegliche Wirtschaftsgüter des Anlagevermögens i. H. v. 25 %
Einrichtung von 1.000 zusätzlichen Vermittlerstellen
Kraftfahrzeugsteuerbefreiung für neue Personenkraftwagen
Verlängerung der Bezugsdauer von Kurzarbeitergeld
Erhöhung Gemeinschaftsaufgabe Regionale Wirtschaftsstruktur
Beschleunigung von Verkehrsinvestitionen
Ausbau des Sonderprogramms für ältere und gering qualifizierte Arbeitnehmerinnen und Arbeitnehmer

04. Welche Maßnahmen enthält das Konjunkturpaket II?

Konjunkturpaket II enthält 50 Mrd. €

Maßnahmen sollen in den Jahren 2009 und 2010 Impulse für Wachstum und Beschäftigung geben

Wichtige Maßnahmen + Schwerpunkte

Infrastrukturinvestitionen der öffentlichen Hand	ca. **17,3** Mrd. €
Senkung der Einkommensteuer f. Privathaushalte u. Personengesellschaften	ca. **9** Mrd. €
Senkung des Krankenversicherungs-beitragssatzes	ca. **9** Mrd. €
Beschäftigungssicherung/ Qualifizierung	ca. **2,6** Mrd. €
Abwrackprämie für Altautos	ca. **1,5** Mrd. €

Quellen: BPA, BMF, BMWi   120 0109

05. Welche Neuregelungen enthält das Wachstumsbeschleunigungsgesetz?

Das „Gesetz zur Beschleunigung des Wirtschaftswachstums" trat am 1. Januar 2010 in Kraft. Die umstrittenen Entlastungen von Familien mit Kindern, Unternehmen und Erben führen zu dauerhaften Mehrbelastungen der öffentlichen Kassen von rund 8,5 Mrd. Euro.

Die wichtigsten Neuregelungen im Überblick:

- Das *Kindergeld*
  wird um je 20 Euro erhöht. Für das erste und das zweite Kind gibt es damit vom kommenden Jahr an monatlich 184 Euro, für das dritte 190 Euro und für jedes weitere je 215 Euro Der Kinderfreibetrag steigt von derzeit 6.024 Euro auf 7.008 Euro.

- *Erbschaftsteuer:*
  Geschwister sowie Nichten und Neffen sollen bei einer Erbschaft künftig Geld sparen. Dazu werden bei der Erbschaftsteuer die Sätze gesenkt. Je nach Vermögen betragen sie in Zukunft zwischen 15 und 43 Prozent. Bisher waren es 30 bis 50 Prozent. Auch die Bedingungen für eine geringere Erbschaftsteuer bei der Unternehmensnachfolge wurden verbessert.

- Der *Mehrwertsteuersatz im Hotelgewerbe* (Übernachtungen) sinkt von derzeit 19 auf 7 Prozent.

- Weitere *Verbesserungen für Unternehmen:*
  · Verbesserte steuerliche Berücksichtigung von Verlusten durch die Wirtschaft.
  · Die Bestimmungen zum Abzug von Zinsaufwendungen („Zinsschranke") wurden gelockert.
  · Für Abschreibungen wurde ein Wahlrecht zwischen der Sofortabschreibung für geringwertige Wirtschaftsgüter bis 410 Euro oder die Poolabschreibung für alle Wirtschaftsgüter zwischen 150 und 1.000 Euro eingeführt.

- Im *Erneuerbare-Energien-Gesetz* wird die Vergütung für die Stromeinspeisung von modular aufgebauten Anlagen, die vor der Neufassung des Erneuerbare-Energien-Gesetzes am 1. Januar 2009 in Betrieb genommen wurden, so erhöht, dass ein wirtschaftlicher Weiterbetrieb dieser Anlagen ermöglicht wird.

06. Welche Inhalt hat das Bürgerentlastungsgesetz?

Das Bürgerentlastungsgesetz trat am 01. Januar 2010 in Kraft (aufgrund der Vorgaben des Bundesverfassungsgerichts in Karlsruhe). Für viele Bundesbürger dürfte dieses Gesetz deutliche Steuerersparnisse mit sich gebracht haben. Das Gesetz regelt die steuerliche Absetzbarkeit von Kranken- und Pflegeversicherungsbeiträgen grundsätzlich neu (Ansatz als Vorsorgeaufwendungen). Dabei erfolgt die steuerliche Entlastung nicht erst im Folgejahr über eine Steuererklärung, sondern die höheren Abzugswerte sind bereits in den Lohnsteuertabellen 2010 enthalten.

Wirtschaftsbezogene Qualifikationen

1. Volks- und Betriebswirtschaft

2. Rechnungswesen

3. Recht und Steuern

4. Unternehmensführung

4. Unternehmensführung

Prüfungsanforderungen

Nachweis folgender Fähigkeiten:

Die Inhalte der Betriebsorganisation, der Personalführung und -entwicklung sowie der Planungs- und Analysemethoden im betrieblichen Umfeld zu kennen, deren Auswirkungen auf die Unternehmensführung erläutern und in Teilumfängen anwenden können.

Qualifikationsschwerpunkte (Überblick)

4.1 Betriebsorganisation

- Unternehmensleitbild, Unternehmensphilosophie, Unternehmenskultur und Corporate Identity
- Strategische und operative Planung
- Aufbau- und Ablauforganisation
- Analysemethoden

4.2 Personalführung

- Unternehmensziele und Führungsleitbild
- Arten von Führung
- Führungsstile
- Führen von Gruppen
- Personalplanung
- Personalbeschaffung
- Personalanpassung
- Entgeltformen

4.3 Personalentwicklung

- Aus- und Fortbildung
- Innerbetriebliche Förderung
- Potenzialanalyse
- Kosten- und Nutzenanalyse

4.1 Betriebsorganisation

4.1.1 Unternehmensleitbild, Unternehmensphilosophie, Unternehmenskultur und Corporate Identity

01. Was bezeichnet man als Unternehmensphilosophie?

Philosophie [griech.-lat.] ist die Frage nach den Ursprüngen, den grundsätzlichen Zusammenhängen und der Zukunft der Welt. Im Rahmen der Unternehmensphilosophie setzt sich ein Unternehmen mit den Wertvorstellungen der Umwelt auseinander und versucht seine Rolle zu definieren:

- Wer wollen wir sein?
- Wer wollen wir nicht sein?
- Was soll unser Handeln bewirken?

> **Die Unternehmensphilosophie hat Soll-Charakter.**

Auf diese Weise wird ein System von Leitmaximen (oberste Leitsätze für das Unternehmensverhalten) entwickelt, in denen das Verhältnis der Eigentümer bzw. der Unternehmensführung zu Mitarbeitern, Aktionären, Kunden und Lieferanten sowie zur Gesellschaft zum Ausdruck kommt. Definiert werden können z. B.:

- das Bekenntnis zur Wirtschaftsordnung und zur gesellschaftlichen Funktion der Unternehmen;
- die Einstellung zu Wachstum, Wettbewerb und technischem Fortschritt;
- die Rolle des Gewinns für Unternehmen und Gesellschaft;
- die Verantwortung gegenüber den Mitarbeitern und Aktionären;
- die Spielregeln und Verhaltensnormen im Rahmen der Tätigkeit des Unternehmens.

Beispiele für Leitmaxime (auch: Unternehmensgrundsätze):

> *„Unser Denken und Handeln soll von Offenheit gegenüber Konzepten und von der Bereitschaft zum Dialog getragen sein."*

> *„Wir erwarten von jeder Führungskraft und jedem Mitarbeiter, aber auch von jedem Geschäftspartner, Achtung vor der Persönlichkeit des Einzelnen."*

02. Was bezeichnet man als Unternehmenskultur?

Kultur [lat.] ist die Gesamtheit der von einem Volk geschaffenen Werke und Werte. Kultur ist kein Ausgangspunkt, sondern das Ergebnis von Lernprozessen über Generationen hinweg. Als Unternehmenskultur lässt sich daher die Gesamtheit der in einem Unternehmen *tatsächlich gelebten Werte und Normen bezeichnen.*

> **Die Unternehmenskultur hat Ist-Charakter.**

Die Unternehmenskultur kann sich zeigen in Sprache, Helden und ihre Merkmale, Geschichten und Legenden, Riten, Rituale (z. B. Aufnahme, Entlassung, Begräbnis),

Begrüßung und Aufnahme von Außenstehenden, Architektur, Präsentation, Kleidung, Sportarten u. Ä.

03. Was bezeichnet man als Unternehmensleitbild?

Das Unternehmensleitbild ist eine Teilmenge der Unternehmensphilosophie und hat ebenfalls Soll-Charakter. Das Leitbild entsteht aus dem Versuch, die komplexen Inhalte der Unternehmensphilosophie in einen charakteristischen Leitgedanken zu formulieren.

Das Unternehmensleitbild hat ebenfalls Soll-Charakter und ist der Versuch, die Unternehmensphilosophie in einen charakteristischen Leitgedanken zu bündeln.

Beispiele für Unternehmensleitbilder:

„Wir möchten das kundenfreundlichste Unternehmen der Branche sein."	*„Gut ist uns nicht gut genug."*
„Vorsprung durch Technik"	*„Nichts ist unmöglich."*

04. Was bezeichnet man als Corporate Identity (CI)?

Corporate Identity-Politik hat zum Ziel, dem Unternehmen auf der Basis der Unternehmensphilosophie eine *bestimmte spezifische Identität* zu verschaffen. Corporate Identity ist damit die Summe aller durch das Unternehmen beeinflussbaren Faktoren, die die Einheit von Erscheinung, Worten und Taten gewährleisten sollen.

Man will auf diese Weise

- sich *am Markt* eindeutig (unverwechselbar) *positionieren* (externe Zielrichtung: Erscheinungsbild, Image)
- die *Mitarbeiter* möglichst gut in das Unternehmen *integrieren* (interne Zielrichtung: Führungsrahmen).

Man unterscheidet folgende Elemente der CI-Politik:

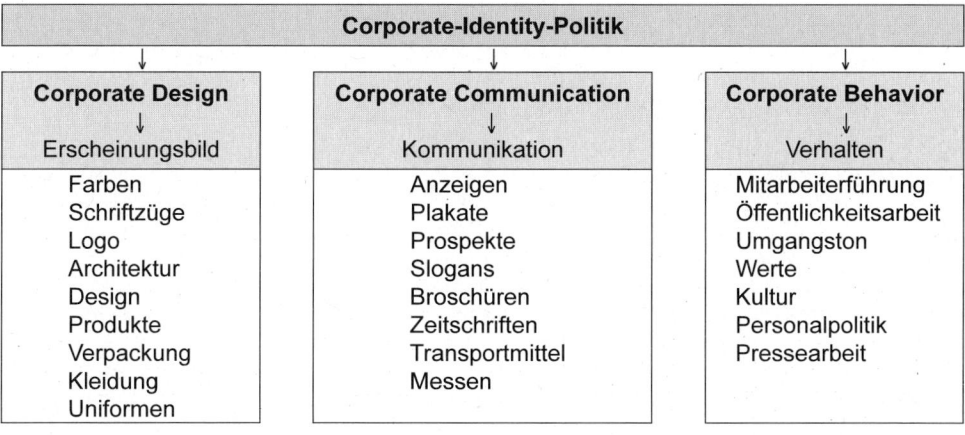

Corporate-Identity-Politik		
Corporate Design	**Corporate Communication**	**Corporate Behavior**
Erscheinungsbild	Kommunikation	Verhalten
Farben	Anzeigen	Mitarbeiterführung
Schriftzüge	Plakate	Öffentlichkeitsarbeit
Logo	Prospekte	Umgangston
Architektur	Slogans	Werte
Design	Broschüren	Kultur
Produkte	Zeitschriften	Personalpolitik
Verpackung	Transportmittel	Pressearbeit
Kleidung	Messen	
Uniformen		

05. Aus welchen Gründen ist Corporate Identity entstanden?

In vielen Bereichen sind die Produkte untereinander austauschbar, die erzielte Wirkung ist ähnlich, der Preisunterschied gering. Der Verbraucher ist also im gewissen Sinne hilflos. Er kann weder bei technischen Geräten noch bei Gebrauchsartikeln des täglichen Bedarfs Kriterien finden, nach denen er sich entscheiden könnte, sodass der Kauf mehr oder weniger zufällig erfolgt. Diese Situation ist für Hersteller und Händler einerseits unbefriedigend, andererseits mit zusätzlichen Kosten und einem zusätzlichen Beratungsbedarf verbunden. Mit CI will man gegenüber dem Absatzmarkt eindeutige Präferenzstrukturen schaffen.

06. Wie lässt sich der Zusammenhang zwischen Unternehmensphilosophie, Unternehmensleitbild, Unternehmenskultur und Corporate Identity grafisch darstellen?

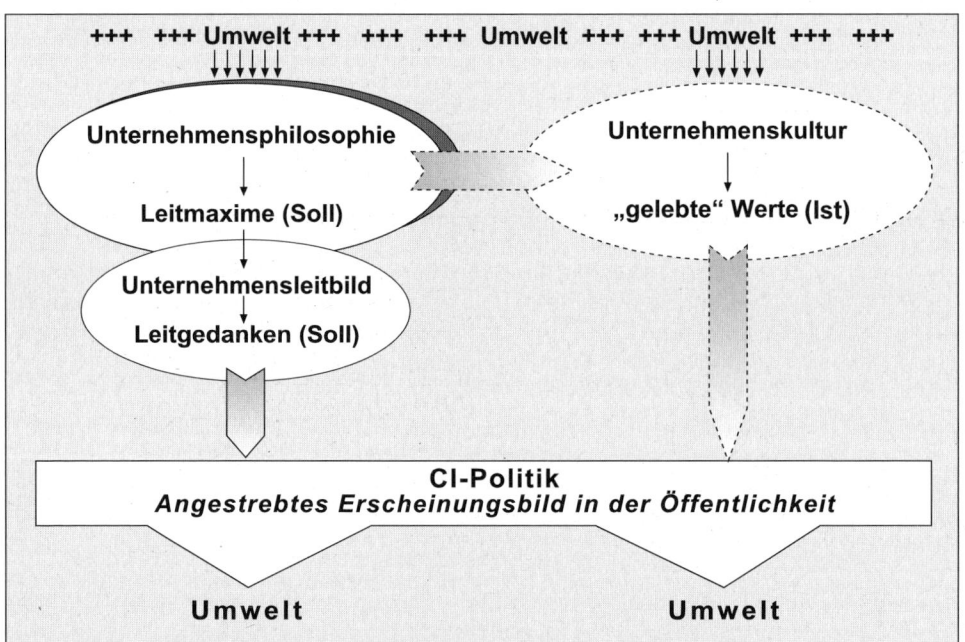

4.1.2 Strategische und operative Planung

01. Was versteht man unter Planung?

Planung wird verstanden als die *gedankliche Vorwegnahme von Entscheidungen unter Unsicherheit bei unvollständiger Information.* Sie beruht auf Annahmen über den Eintritt zukünftiger Ereignisse und soll dazu dienen, alle Aktivitäten eines Unternehmens (einer Organisation) zu bündeln und klar am formulierten Ziel auszurichten. Planung hat somit den Charakter der

- Zukunftsbezogenheit,   - Gestaltung,
- Systematik,   - Abhängigkeit von Informationen.

02. Wie ist Planung in den Management-Regelkreis integriert?

Planung ist die zweite Phase im Management-Regelkreis:

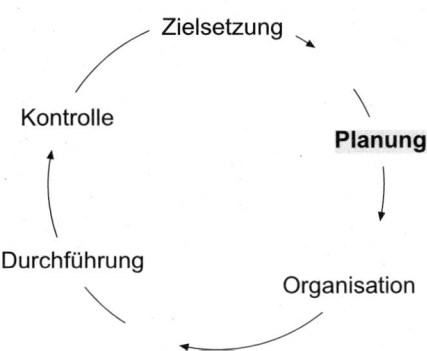

03. Welche Chancen und Risiken können mit der Planung verbunden sein?

Planung	
Chancen, z. B.:	**Risiken, z. B.:**
Koordinierung	Unrealistische Annahmen
Integration	Hoher Planungsaufwand
Methodik	Planungsfrustration
Systematik	Unrealistische Ziele
Kontrolle	
Soll-Ist-Vergleich	
Zielorientierung	

04. Welche Planungsebenen unterscheidet man?

Man unterscheidet zwei grundsätzliche Planungsebenen:

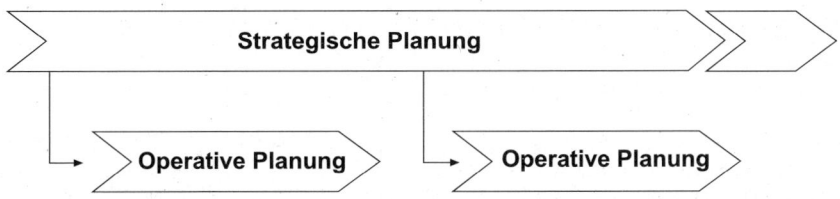

- *Strategische Planung:*
  Festlegung von Geschäftsfeldern, von *langfristigen* Produktprogrammen; Ermittlung der Unternehmenspotenziale.

- *Operative Planung:* Festlegung der *kurzfristigen* Pläne in den einzelnen Funktionsbereichen (z. B. Personalplanung) und Umsetzung der strategischen Planung in Aktionen.

05. Wie unterscheiden sich strategische und operative Planung?

Die strategische Planung kann von der operativen über Kriterien wie

- Fristigkeit,
- Abstraktionsniveau und
- Vollständigkeit der Planung

abgegrenzt werden.

- Demzufolge betrachtet die *strategische Planung*
  überwiegend globale Ziele wie Standortwahl, Organisationsstruktur, Produktprogramme, Geschäftsfelder. Es geht darum, so früh wie möglich und so gut wie möglich die Voraussetzungen für den zukünftigen Unternehmenserfolg zu schaffen – also *Erfolgspotenziale zu bilden und zu erhalten.*

- Gegenstand der *operativen Planung*
  ist die Festlegung der Pläne in den einzelnen Funktionsbereichen. Die operative Planung orientiert sich an der kurzfristigen Erfolgsrealisierung mit den zentralen Steuerungsgrößen *Liquidität* und Erfolg.

Es bestehen folgende Hauptunterschiede:

Hauptunterschiede zwischen strategischer und operativer Planung		
Unterscheidungs-merkmale	**Strategische Planung**	**Operative Planung**
Planungsträger	Top Management	Middle Management
Hierarchie	- übergeordnete Planung - hat Vorgabecharakter für die operative Planung	- nachgelagerte Planung - setzt die Vorgaben der strategischen Planung in Aktionen um
Zeithorizont	Langfristig	Mittel- bis kurzfristig
Inhalt/Bezug	Betrifft alle Unternehmensaktivitäten	Bezieht sich auf Unternehmensbereiche
Detaillierung	Global, nicht konkret	Konkret, detailliert
Orientierungs-größen	Zukünftige Erfolgspotenziale: - strategische Märkte (SGF) - neue Produktfelder	Aktuelle Erfolgsgrößen: - Liquidität - Ertrag
Grad der Zentrali-sierung	Zentral	Dezentral
Informations-bedarf	Benötigt externe und interne Daten.	Stützt sich in erster Linie auf interne Daten.

06. Welche Wechselwirkungen bestehen zwischen strategischer und operativer Planung?

Die Wechselwirkungen lassen sich zum Teil aus den oben dargestellten Hauptunterschieden ableiten:

1. Die strategische Planung hat *Vorgabecharakter* für die operative Planung.

2. Die auf der Basis der strategischen Planung abgeleitete *operative* Planung hat für alle Funktionsbereiche so präzise wie möglich festzulegen,

was – wie – womit – wann – von wem – unter welchen Bedingungen

   realisiert werden muss, um die Erreichung der strategischen Ziele zu gewährleisten.

3. Die *operative Planung* besteht aus einem Netz von Teilplänen (bereichsspezifische und bereichsübergreifende), die weder untereinander noch mit der strategischen Planung in Widerspruch stehen dürfen.

4. Diese *Harmonisierung der Pläne* untereinander – ausgerichtet an der strategischen Planung – ist *ein laufender Prozess*:

   - Zeigen sich in der strategischen Planung Änderungsnotwendigkeiten, so müssen diese Eingang in die operative Planung finden.
   - Umgekehrt gilt: Ergeben sich bei der Ausführung der operativen Pläne Widersprüche zur Realität, muss ggf. die strategische Planung überdacht werden. Beispiel: Ein strategisches Ziel, z. B. Marktführerschaft, erweist sich als unrealisierbar und muss korrigiert werden.

5. Die Verzahnung von strategischer und operativer Planung setzt eine *effektive Zusammenarbeit der oberen und mittleren Führungskräfte* voraus. Mangelhafte Abstimmungsprozesse aufgrund z. B. fehlender Einsicht oder Ressortegoismen gefährden die Realisierung der Ziele. Dies betrifft auch die Entscheidung, welche Eckdaten der Planung zentral festgelegt werden und wie viel Spielraum im Rahmen der operativen Planung und Ausführung gegeben wird.

6. Obwohl sich der Informationsbedarf der strategischen Planung von dem der operativen unterscheidet, muss sichergestellt werden, dass der insgesamt genutzte *Datenbestand kongruent* ist und nicht zu Widersprüchen führt.

07. Welche Probleme können in der Praxis bei der Abstimmung von operativer und strategischer Planung auftreten?

Der Übergang von der Strategie zum operativen Vorhaben wird in der Literatur meist als schrittweiser Vorgang begriffen, bei dem die Planungsinhalte zunehmend konkreter, kurzfristiger usw. werden. Diese Sichtweise kann eine gedankliche „Einbahnstraße" sein. Sie führt in der Praxis oft genug zum Unvermögen der Manager, die Strategie in die Praxis umzusetzen:

1. Bei „noch gutem Geschäftsverlauf" verweigert sich das Management der „Strategie"– mit dem Hinweis auf die (noch) gute *Tageskasse*. Es wird die falsche Polarität aufgebaut: Strategie argumentiert mit der (fernen) Zukunft, Tagesgeschäft argumentiert mit dem Jetzt. Mit Rücksicht auf die Realisierung einer kurzfristigen Gewinnmaximierung werden notwendige, strategische Entscheidungen unterlassen (z. B. Investitionen in maschinelle Anlagen, in Humankapital, Eröffnung strategischer Märkte und Überarbeitung der Produktpalette – vgl. das Beispiel General Motors/ Opel).

2. Bekannt ist in der Praxis das *„Phänomen der alten Männer"*: Ein Geschäftsführer, der in zwei bis drei Jahren die Altersgrenze erreicht, verzichtet auf Neu- und Ersatzinvestitionen und vermeidet risikobehaftete, strategische Entscheidungen. Das Ergebnis (verkürzt): Der Kapitaleinsatz wird vermindert oder stabil gehalten, es entstehen keine Zusatzkosten für erhöhte Abschreibungen u. Ä. und der ROI bleibt auf einem „strahlenden" Niveau. Der Nachfolge-Geschäftsführer trägt die Konsequenzen: Veralteter Maschinenpark, unzureichende Qualifikation der Mitarbeiter, fehlende Erschließung neuer Märkte usw. „Sein ROI geht zunächst dramatisch in den Keller", weil er die Versäumnisse der Vergangenheit aufarbeiten muss.

08. Welchen Einflussfaktoren unterliegt die strategische und die operative Planung?

Planung wird determiniert von *internen* und *externen* Einflussgrößen. Dabei differenziert man die externen Faktoren in die Wirkungsebenen „generelle Umweltfaktoren und Marktfaktoren":

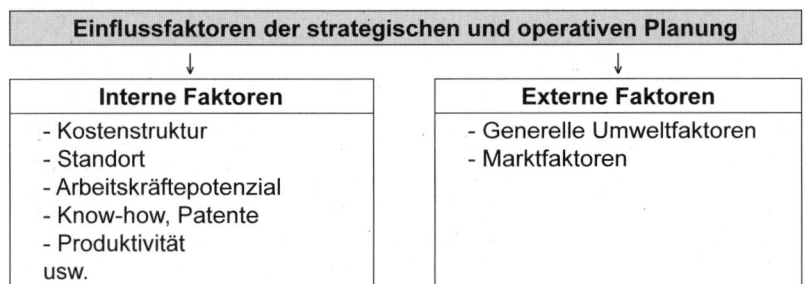

Einflussfaktoren der strategischen und operativen Planung

Interne Faktoren	Externe Faktoren
- Kostenstruktur - Standort - Arbeitskräftepotenzial - Know-how, Patente - Produktivität usw.	- Generelle Umweltfaktoren - Marktfaktoren

1. Die *internen Einflussgrößen* und damit zugleich die internen Stärken und Schwächen des Unternehmens sind im Wesentlichen:
   - materielle Ressourcen,
   - Standort,
   - personelle Ressourcen,
   - Organisations- und Führungskultur,
   - Technologien,
   - Kostensituation,
   - Entwicklungsstand des Unternehmens,
   - Produktivität,
   - interne Kommunikation und Organisation.

2. *Externe Einflussgrößen:*

2.1 *Marktfaktoren:*

Zu den Einflussfaktoren, die mehr oder weniger stark vom Unternehmen beeinflusst werden können bzw. die Planungsergebnisse bestimmen, gehören in einer ersten, unmittelbaren Wirkungsebene die Marktfaktoren. Gemeint sind damit die Systeme

- Beschaffungsmarkt,
- Absatzmarkt,
- Arbeitsmarkt,
- Geld- und Kapitalmarkt u. Ä.

2.2 *Generelle Umweltfaktoren:*

Die zweite, mehr indirekte Wirkungsebene bilden die sog. generellen Einflussfaktoren:

- Technologieentwicklung,
- Politik und Recht,
- Wirtschaft,
- Sozialpsychologie,
- Kultur u. Ä.

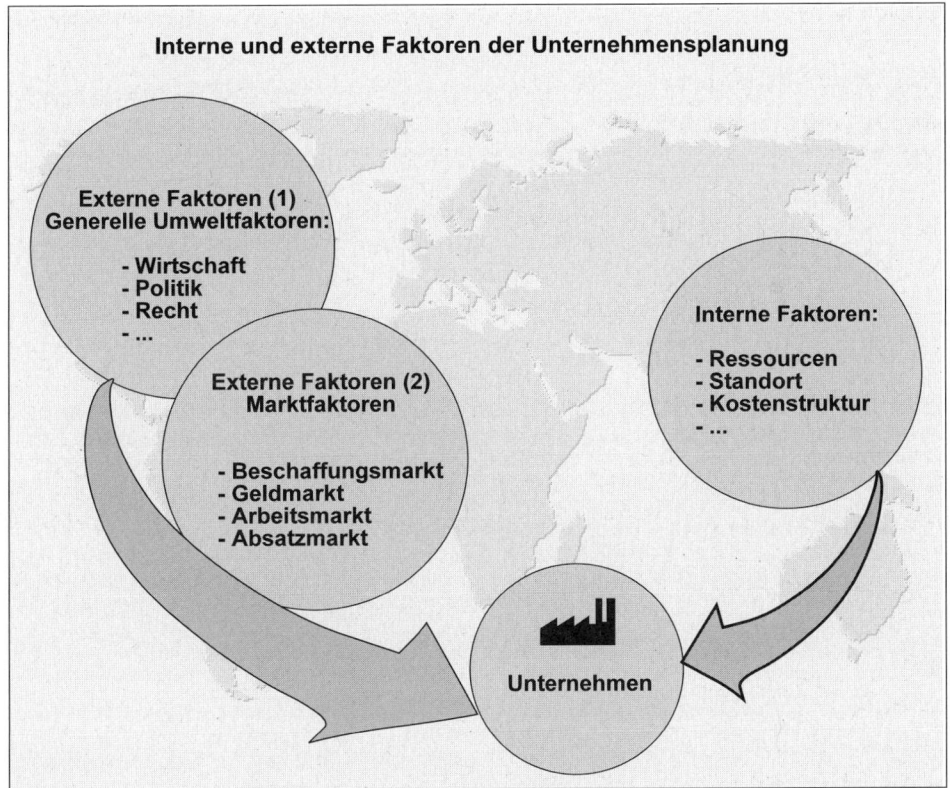

Interne und externe Faktoren der Unternehmensplanung

Externe Faktoren (1)
Generelle Umweltfaktoren:

- **Wirtschaft**
- **Politik**
- **Recht**
- **...**

Externe Faktoren (2)
Marktfaktoren

- **Beschaffungsmarkt**
- **Geldmarkt**
- **Arbeitsmarkt**
- **Absatzmarkt**

Interne Faktoren:

- **Ressourcen**
- **Standort**
- **Kostenstruktur**
- **...**

Unternehmen

4.1.2.1 Strategische Planung

01. Was ist Gegenstand der strategischen Planung?

Die strategische Planung betrachtet überwiegend *globale Ziele* wie Standortwahl, Organisationsstruktur, Produktprogramme, Geschäftsfelder. Es geht darum, so früh wie möglich und so gut wie möglich die Voraussetzungen für den zukünftigen Unternehmenserfolg zu schaffen – also *Erfolgspotenziale zu bilden und zu erhalten* (vgl. 4.1.2, Frage 05.).

02. Welche Instrumente, Techniken und Methoden werden im Rahmen der strategischen Planung eingesetzt?

Beispiele (lt. Rahmenplan):

Benchmarking	Lernen von den Besten; Vergleich des eigenen Unternehmens mit dem Branchenprimus (kann quantitativ und/oder qualitativ durchgeführt werden).
Früherkennungs-systeme	Strategisches Instrument zum Erkennen relevanter Signale des internen und externen Umfeldes mithilfe geeigneter Faktoren, z.B. Reklamationen, Ausschuss, Konjunktur, soziale Entwicklung.
Produktlebens-zyklus	Darstellung des idealtypischen Verlaufs eines Produktes und Ableitung von Erkenntnissen über Umsatz- und Gewinnentwicklung in den einzelnen Phasen.
Erfahrungskurve	Erkenntnis der Kostendegression bei ansteigenden Stückzahlen.
Portfolio-Methode (BCG-Matrix)	Portfolio: Wertpapierdepot. Aus der Verbindung der Ansätze [Produktlebenszyklus + Erfahrungskurve] wird eine 4-Felder-Matrix entwickelt, aus der sich Normstrategien für die Produktpolitik ableiten lassen.

03. Was ist Benchmarking?

Benchmarking ist ein kontinuierlicher und systematischer Vergleich der eigenen Effizienz in Produktivität, Qualität und Prozessablauf mit den Unternehmen und Organisationen, die Spitzenleistungen repräsentieren (Konkurrenten und Nicht-Konkurrenten).

04. Welche Formen des Benchmarking gibt es?

- *Internes Benchmarking* ist vor allem zum Einstieg empfohlen, da hierbei Befürchtungen vor dem Instrument genommen werden. Es werden damit meist innerbetriebliche Prozesse bei Konzernen analysiert und optimiert.

- Beim *externen/wettbewerbsorientierten Benchmarking* werden die internen Prozesse, Produkte und Beziehungen mit denen von Wettbewerbern verglichen.

- *Funktionales Benchmarking:* Hier wird der Vergleich mit einem Benchmarkpartner durchgeführt, der auf einem anderen Sektor als das eigene Unternehmen tätig ist (Beispiel: ein Versandhaus wird als Maßstab für die Optimierung im Bereich der Kommissionierung gewählt).

- Beim *System-Benchmarking* wird ein unternehmensumfassender Vergleich durchgeführt.

05. In welchen Phasen wird der Benchmarking-Prozess durchgeführt?

1. | **Vorbereitung** |
   ↓

2. | **Bestimmen des Gegenstandes des Benchmarking:**
   betrieblicher Funktionsbereich mit seinen „Produkten"
   (physische Produkte, Aufträge, Berichte) |
   ↓

3. | **Leistungsbeurteilungsgrößen:**
   ausgewählte monetäre und nicht-monetäre Kennzahlen |
   ↓

4. | **Vergleichsunternehmen festlegen:**
   Konkurrenten und Nicht-Konkurrenten |
   ↓

5. | **Informationsquellen bestimmen:**
   Primär- und Sekundärinformationen (z. B. Betriebsbesichtigungen bzw.
   Jahresberichte, Tagungsbände, externe Datenbanken) |
   ↓

6. | **Analyse des Datenmaterials** |
   ↓

7. | **Bestimmen der Leistungslücken:**
   Kosten- und Qualitätsunterschiede in Bezug auf das
   Vergleichsunternehmen |
   ↓

8. | **Ursachen der Leistungslücken ermitteln** |
   ↓

9. | **Maßnahmen umsetzen** |
   ↓

10. | **Erfolg der Maßnahmen kontrollieren** |

06. Welche Aussagen enthält das Konzept vom „Produktlebenszyklus"?

Die Lebensdauer vieler Produkte lässt sich in fünf aufeinander folgende Phasen unterteilen:

1. *Einführungsphase:*
   Das Produkt wird am Markt eingeführt und muss mit geeigneten Strategien gefördert werden (Werbung, PR, Verkaufsförderung, Sponsoring, Preistaktik usw.), damit Kaufwiderstände überwunden werden.

2. *Wachstumsphase:*
   Bei erfolgreicher Markteinführung steigt der Umsatz überproportional und der Gewinn hat steigende Tendenz. Preis- und Konditionenpolitik gewinnen an Bedeutung, um sich von „Nachahmern" zu differenzieren.

3. *Reifephase:*
   Das Produkt hat sich am Markt etabliert. Die Reifephase sollte möglichst lange andauern, da sie sehr profitabel ist. Empfehlenswert sind Strategien der Erhaltung und Diversifikation.

4. *Sättigungsphase:*
   Die Marktnachfrage ist weitgehend befriedigt. Der Umsatz sinkt; die Gewinnsituation verschlechtert sich.

5. *Degeneration:*
   Der Umsatz geht deutlich zurück. Ab einem bestimmten Zeitpunkt erwirtschaftet das Unternehmen Verlust. Strategie: Das Produkt erst vom Markt nehmen, wenn der Deckungsbeitrag negativ wird oder der Absatz unter den Break-even-Point sinkt.

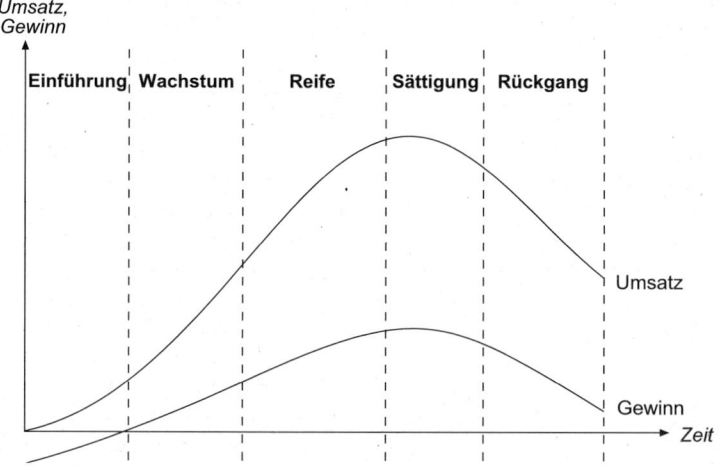

Produktlebenszyklus • Phasen					
	Einführung	**Wachstum**	**Reife**	**Sättigung**	**Rückgang**
Umsatz	gering, steigend	schnell ansteigend	schwach steigend bis konstant; Spitzenabsatz		rückläufig
Gewinn	negativ	steigend	hoch, konstant, dann fallend		stark rückläufig
Preis-politik	kunden-/nut-zenorientiert	Differenzie-rung, Service	konstanter Marktpreis; ggf. leicht unterhalb der Konkurrenz		Preissenkung bis -verfall
Wett-bewerber	keine bis wenige	Zunahme der Wettbewer-ber	konstant bis rückläufig		rückläufig
Werbung	bei Absatz-mittlern bekannt machen	beim Ver-braucher bekannt machen	Produktunterschiede/-vorteile herausstellen		Erhaltungs-werbung bis rückläufig

07. Wie werden strategische Geschäftseineinheiten definiert?

Eine strategische Geschäftseinheit (SGE) ist die Zusammenfassung real existierender, organisatorischer Einheiten zur Umsetzung einer gemeinsamen Strategie. Eine SGE kann ein strategisches Geschäftsfeld oder auch mehrere bearbeiten. *SGF ist der marktorientierte Begriff. SGE ist der nach innen*, auf die Organisation des Unternehmens *ausgerichtete Begriff*.

Die Bildung strategischer Geschäftseinheiten soll sich an folgenden *Merkmalen* orientieren:

Merkmale zur Definition strategischer Geschäftseinheiten (SGE)	
Merkmale: SGEs sollen ...	*Beispiele:*
1. in ihrer **Marktaufgabe eigenständig**, das heißt von anderen SGEs unabhängig sein.	Die SGE „Babypflege" bearbeitet den Markt unabhängig von der SGE „Gesundheitspflege".
2. eindeutig **identifizierbare Konkurrenten** haben.	Konkurrenten – Babypflege: Firmen A, B, C Konkurrenten – Gesundheitspflege: Firmen X, Y
3. über **Potenzial** zur Erreichung eines relativen Wettbewerbsvorteils verfügen.	Man hält derzeit einen Marktanteil von 25 %. Die Aussichten für eine weitere Marktdurchdringung werden positiv beurteilt.
4. in sich möglichst **homogen** ($\rightarrow$ Produkt-/Marktkombination) und bezogen auf andere SGEs möglichst **heterogen** sein.	Die Produktpalette der SGE „Babypflege" ist weitgehend geschlossen und ergänzt sich (Homogenität). Sie unterscheidet sich von der „Gesundheitspflege" klar hinsichtlich Preis, Verwendung, Ausstattung und Substituierbarkeit (Heterogenität).
5. über ausreichende **Kompetenz** verfügen.	Die SGE „Babypflege" hat im Management und im Kreis der ausführenden Mitarbeiter ausgeprägte Fachkompetenz; die Technologie ist auf hohem Niveau.

Quelle: in Anlehnung an Staehle, a. a. O., S. 709 sowie Kotler/Bliemer, a. a. O., S. 98 ff.

08. Wie werden strategische Geschäftseinheiten (SGE) beurteilt?

Im Laufe einer Unternehmensentwicklung verändert sich der Beitrag einzelner SGEs an der betrieblichen Wertschöpfung. Die Unternehmensleitung muss also in regelmäßigen Abständen entscheiden, bei welchen SGEs „beibehalten, geerntet, gefördert, reduziert oder eliminiert" wird. Methodisch stehen dabei zwei Analyseverfahren im Vordergrund:

- *Methode der Boston Consulting Group* (BCG-Matrix),
- *Multifaktoren-Methode* von General Electric.

Daneben gibt es die bekannten Analyseverfahren mit internem oder marktorientiertem Ansatz, die zusätzlich, ergänzend oder als Vorstudie eingesetzt werden, z. B.: Stärken-Schwächen-Analyse, Marktanalyse, Konkurrenzanalyse, Chancen-Risiken-Analyse, Benchmarking, Früherkennungssysteme, Szenario-Technik, Gap-Analyse, Produktlebenszyklus und Erfahrungskurve.

Dabei muss beachtet werden, dass die BCG-Matrix die Ansätze „Erfahrungskurve" und „Produktlebenszyklus" in ihrem Konzept vereinigt.

09. Wie ist der Ansatz der BCG-Matrix zur Beurteilung strategischer Einheiten?

Die BCG-Matrix ist eine Marktwachstum-Marktanteil-Matrix:

- Auf der *Ordinate* wird das *Marktwachstum* (MW) des relevanten Marktes in Prozent abgetragen – mit der Skalierung „niedrig/hoch". Ein Wert von 10 % und mehr wird als „hoch" angesehen.

- Die *Abszisse* erfasst den *relativen Marktanteil* (RMA) der SGEs im Verhältnis zum größten Wettbewerber – mit der Skalierung „hoch/niedrig".

- Es entsteht eine 4-Felder-Matrix, die vier Typen von SGEs ausweist:
  - Milchkühe,
  - Stars,
  - Fragezeichen,
  - Arme Hunde.

Beachten Sie, dass in der Literatur die Achsen sowie die Skalierung zum Teil in unterschiedlicher Anordnung dargestellt werden, sodass sich daraus eine veränderte Positionierung der SGE-Typen ergibt.

- Auf der Basis einer sorgfältigen Analyse werden die SGEs des Unternehmens in der 4-Felder-Matrix positioniert; dabei symbolisiert die Größe des Kreises den Umsatz der betreffenden SGE und zeigt ihre Bedeutung für das Unternehmen. In der nachfolgenden Grafik sind sechs SGEs beispielhaft dargestellt.

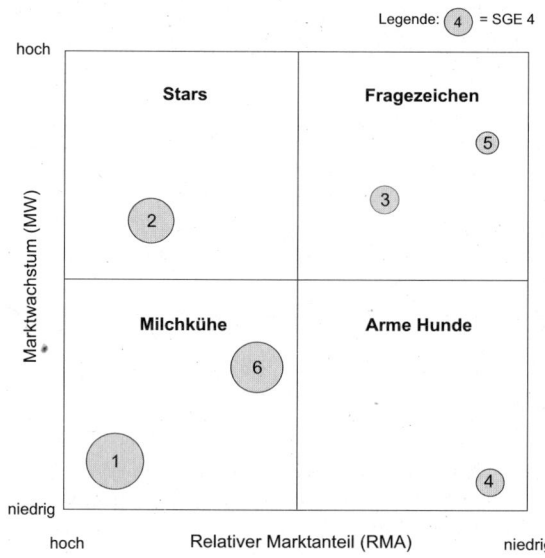

Aus den Erkenntnissen der *Erfahrungskurve* (Degression der Stückkosten bei steigender Produktionsmenge) und des *Produktlebenszyklusses* (Einführung → Wachstum → Reife → Sättigung → Rückgang) können für den *Cashflow* je SGE-Typ folgende grobe Aussagen abgeleitet werden:

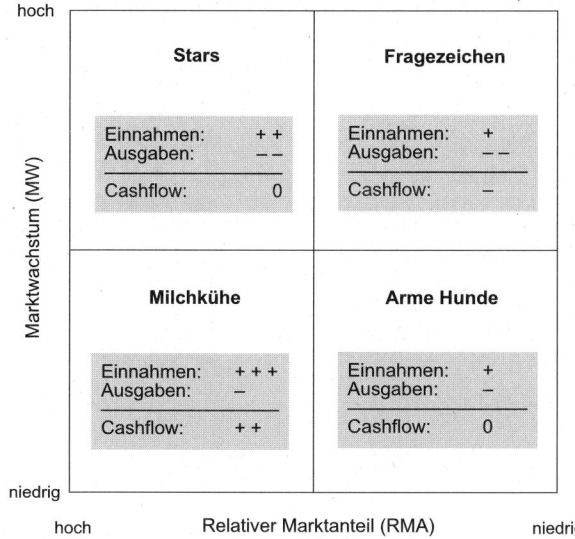

Nachdem das Unternehmen aufgrund sorgfältiger Analyse seine SGEs in der 4-Felder-Matrix positioniert hat, ist zu untersuchen, ob das Portfolio ausgeglichen ist. Im vorliegenden Fall kann das bejaht werden: Das Unternehmen hat zwei Milchkühe (SGE 1 und 6), einen Star (SGE 3 und 5) und nur einen armen Hund (SGE 4).

Im nächsten Schritt muss das Unternehmen klären, welche Strategie je Geschäftseinheit eingeschlagen und in welchem Maße Ressourcen je SGE zur Verfügung gestellt werden sollen. Dazu bietet die BCG-Matrix *Normstrategien* an. Die nachfolgende Abbildung zeigt mögliche Alternativen:

Normstrategien auf der Grundlage der BCG-Matrix		
Normstrategien	*Beschreibung*	*Beispiele*
Ausbauen	Es werden Mittel investiert, um den Marktanteil der SGE zu vergrößern; dabei wird ein kurzfristiger Gewinnverzicht in Kauf genommen.	Erfolg versprechende **Fragezeichen** bzw. **Stars**, z.B. SGE 5 und/oder 3, sowie SGE 2.
Erhalten, Ernten	Geringer Mitteleinsatz; ggf. geringfügige Überarbeitung der Produkte. Weiterhin ernten zur Bildung von Investitionsmitteln für Stars.	Lukrative **Milchkühe**, z.B. SGE 1 und/oder 6.
Ernten	Ernten bedeutet, kurzfristige Mittel aus der SGE abziehen, auch wenn dies ggf. negative Folgen hat.	Lukrative **Milchkühe**
		Ggf. auch bei - **Fragezeichen** und - **Armen Hunden**, bevor diese z.B. eliminiert werden.
Eliminieren	Eliminieren bedeutet, die SGE verkaufen oder aufgeben.	**Arme** Hunde
		Fragezeichen, die nicht Erfolg versprechend sind.

In der Umkehrung kann also je SGE-Typ folgende Strategie zweckmäßig sein (die Aussagen verstehen sich im Sinne von „und/oder"):

Stars	Fragezeichen
- Ausbauen	- Eliminieren - Ernten - Ausbauen
Milchkühe	**Arme Hunde**
- Erhalten - Ernten	- Eliminieren - Ernten

4.1.2.2 Operative Planung

01. Was ist Gegenstand der operativen Planung?

Gegenstand der operativen Planung ist die Festlegung der *kurzfristigen* Pläne in den einzelnen Funktionsbereichen (z. B. Personalplanung) und Umsetzung der strategischen Planung in Aktionen.

02. Welche Arten der Planung werden unterschieden?

Neben der Unterscheidung in „strategische und operative Planung", die unter 4.1.2 ausführlich behandelt wird, lässt sich die Planung nach folgenden Merkmalen gliedern:

Arten der Planung			
Unterscheidungs-merkmal	*Arten, Beispiele*		
Zeitraum	Langfristige Planung [≤ 4 Jahre]	Mittelfristige Planung [> 1 Jahr; < 4 Jahre]	Kurzfristige Planung [< 1 Jahr]
Datensituation	Planung bei Sicherheit	Planung bei Unsicherheit	Planung unter Risiko
Hierarchie	Strategische Planung		Operative Planung
Gegenstand	Projektplanung		Funktionsplanung
Detaillierungsgrad	Grobplanung		Feinplanung
Inhalt	Grundsatz-planung	Ziel-planung	Strategie-planung	Maßnah-menpla-nung

Planungsrichtung	Progressive Planung (bottom-up)	Retrograde Planung (top-down)	Planung nach dem Gegenstromverfahren
Integration	Reihung	Staffelung	Schachtelung
Flexibilität	Rollierende Planung	Alternativ-planung	Not-planung

03. Welche Planungsprinzipien werden hinsichtlich des Integrationsgrades unterschieden?

Bei der Erstellung von Teilplänen muss die Frage entschieden werden, wie sie inhaltlich und zeitlich miteinander verknüpft werden (Integrationsgrad der Planung). Es gibt drei grundsätzliche Prinzipien, die nachfolgend jeweils am Beispiel „kurzfristige/mittelfristige/langfristige Planung" erläutert werden:

1. Prinzip der *Reihung* (induktiv: vom Besonderen zum Allgemeinen):
   - Es wird eine kurzfristige Planung entwickelt.
   - Daran schließt sich die mittelfristige Planung an. Eine Überlappung findet nicht statt.
   - Die Enddaten des kurzfristigen Plans sind die Ausgangsdaten des mittelfristigen Plans.
   - Analog wird der langfristige Plan entwickelt (ohne Überlappung).

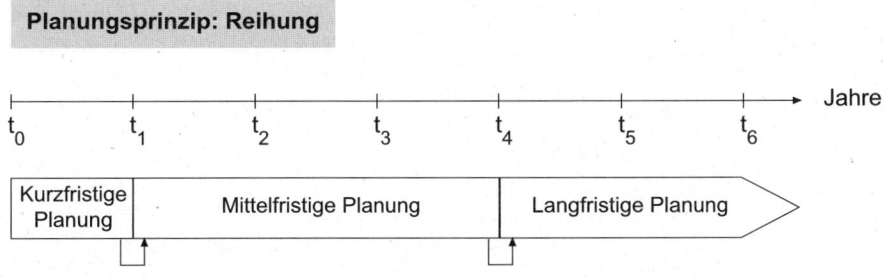

2. Prinzip der *Staffelung* (inhaltliche Überlappung):
   - Die Einzelpläne sind miteinander verbunden, sie überlappen sich.
   - Beispiel 1: Das zweite Halbjahr des Kurzfrist-Planes t_0 ist identisch mit dem ersten Halbjahr des darauffolgenden Kurzfrist-Planes t_1.
   - Beispiel 2: Das dritte Jahr der mittelfristigen Planung t_3 ist identisch mit dem ersten Jahr t_4 der anschließenden Langfrist-Planung.

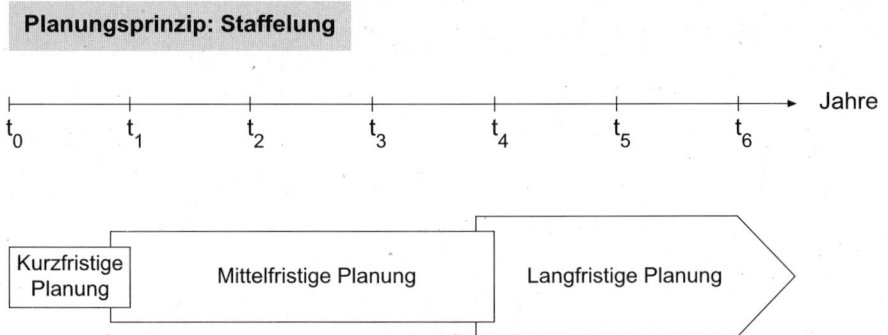

Planungsprinzip: Staffelung

3. Prinzip der *Schachtelung* (deduktiv: vom Allgemeinen zum Besonderen):
   - Die Planungsteile sind vollständig integriert.
   - Alle Teilplanungen setzen zum gleichen Zeitpunkt auf.
   - Man beginnt mit der langfristigen Planung; in diese wird die mittelfristige Planung integriert; anschließend wird der Kurzfrist-Plan in die mittelfristige Planung integriert.
   - Die Planungsstruktur ist in sich geschlossen und vernetzt.

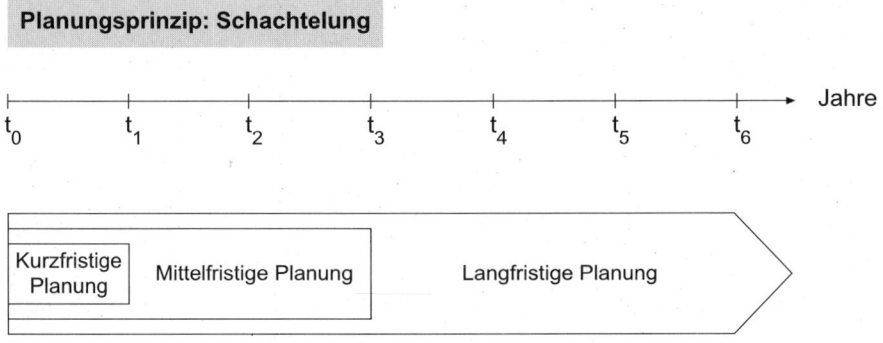

Planungsprinzip: Schachtelung

04. Welche Verfahren der Planungsanpassung gibt es?

Planung ist kein einmaliger Vorgang sondern ein laufender Prozess der Anpassung der Pläne an geänderte Umweltbedingungen. Es gibt drei wesentliche *Verfahren der Planungsanpassung:*

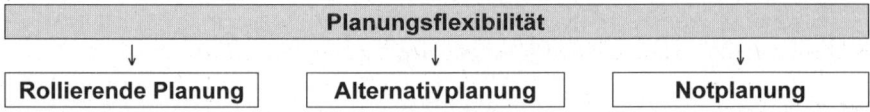

Planungsflexibilität

| Rollierende Planung | Alternativplanung | Notplanung |

1. *Rollierende Planung:*
   - Es wird ein Kurzfrist-Plan (KP) für die Periode t_1 aufgestellt – detailliert.
   - Auf der Basis des Kurzfrist-Plans wird ein mittelfristiger Plan (MP) entwickelt – weniger detailliert.

- Daraus wird eine langfristige Planung (LP) abgeleitet – relativ grob.
- Im Laufe der ersten Planungsperiode t_1 (spätestens gegen Ende) wird der Kurzfrist-Plan t_1 für die nächste Periode t_2 aufgrund der aktuell vorliegenden Erkenntnisse über interne und externe Einflussfaktoren fortgeschrieben.
- Das gleiche Muster gilt für die Aktualisierung der mittel- und langfristigen Planung.

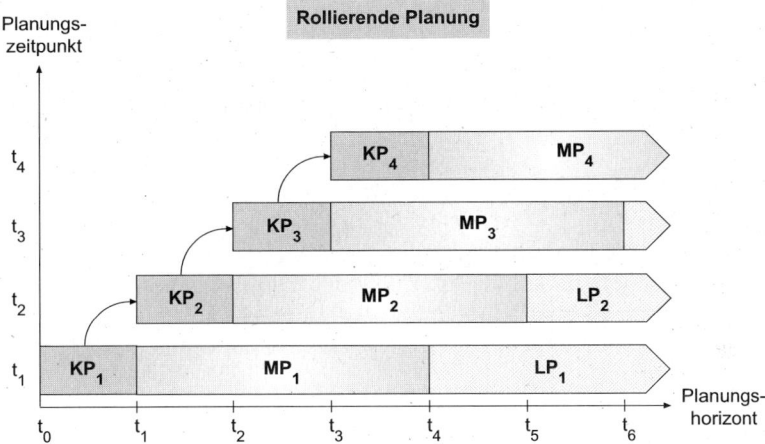

Legende: KP = Kurzfristige Planung; MP = Mittelfristige Planung; LP = Langfristige Planung

2. Alternativplanung:

Jede Planung ist mit Unsicherheit bzw. Risiken behaftet. Planungsprämissen können sich bestätigen oder nicht. Bei der Planung strategischer Inhalte kann die Aufstellung eines Alternativplanes sinnvoll sein. Erweisen sich die Prämissen des Primärplanes im Laufe des Planungsfortschritts als völlig unzutreffend, kann auf den Alternativplan zurückgegriffen werden: Konkrete Handlungsschritte und -alternativen sind bereits durchdacht und können umgesetzt werden. Obwohl dieses Verfahren aufwändiger ist, bietet es dem Unternehmen mehr Flexibilität und ermöglicht eine schnellere Reaktion auf gravierende Umweltänderungen.

Beispiel (fiktiv):
Bei der Markteinführung eines neuen Produkts wird zunächst auf eigene Vertriebsstrukturen zurückgegriffen. Parallel wird ein Alternativplan vorbereitet, der einen Vertrieb über die Handelskette MANNO vorsieht. Dazu wurden bereits erste Sondierungsgespräche mit dem Handelskonzern erfolgreich geführt. Sollte die Markteinführung aus eigenen Kräften gelingen, so ist damit ein deutlich höherer Deckungsbeitrag verbunden als beim Vertrieb über die Handelskette. Gelingt der Primärplan nicht – zum Beispiel aufgrund hoher Marktbarrieren des Wettbewerbs – kann auf den Alternativplan zurückgegriffen werden.

3. Notfallplanung:

Der Notfallplan ist eine Sonderform des Alternativplans bei existenzieller Bedrohung des Unternehmens oder eines Unternehmensteils.

Quelle: in Anlehnung an Ehrmann, a. a. O., S. 232 ff.

05. Welche Planungsprinzipien werden hinsichtlich der Planungsrichtung unterschieden?

Top-down	„Von oben nach unten": Veränderungsansätze und Planungsprozesse werden von der Spitze des Unternehmens her entwickelt und schrittweise in den nachgelagerten Ebenen mit entwickelt und umgesetzt.
Bottom-up	„Von unten nach oben": Veränderungs- und Planungsprozesse gehen primär von der Basis aus und werden nach oben hin in Gesamtpläne verdichtet.
Gegenstromverfahren	Das Gegenstromverfahren ist die Kombination von Top-down und Bottom-up.
Center-out	„Von Kernprozessen ausgehen": Bei diesem Ansatz geht man von den Kernprozessen der Wertschöpfung aus und setzt dort mit den notwendigen Veränderungs- und Planungsprozessen an.
Multiple-nucleus	Übersetzt: mehrfache Kerne/Keimzellen; sog. „Flecken-Strategie": Veränderungs- und Planungsprozesse gehen von unterschiedlichen „Keimzellen" im Unternehmen aus und werden miteinander verbunden; Keimzellen sind z. B. Abteilungen, die besonders innovativ, kritisch-kreativ sind und bestehende Strukturen und Abläufe hinterfragen.

06. Welche Instrumente, Techniken und Methoden werden im Rahmen der operativen Planung eingesetzt?

	Beispiele:	Fundstelle:
Kennzahlen	**Statistische Kennzahlen:** - Verhältniszahlen - Gliederungszahlen - Beziehungszahlen - Wertziffern und Indexzahlen	4.1.5.3
	Kennzahlen der Betriebswirtschaft, z. B.: - Finanzierungsanalyse - Investitionsanalyse - Finanzanalyse - Ergebnisanalyse - Rentabilitätskennzahlen - Materialbeschaffung - Lagerwirtschaft - Absatzwirtschaft - Personalwirtschaft	2.4.2
	Volkswirtschaftliche Kennzahlen: - Elastizität - Lohnquote, Gewinnquote	1.1.1.1 1.1.2.2
Kostenanalysen, Kostenvergleiche	- Make-or-buy-Analyse - Kritische Menge - Break-even-Analyse - Deckungsbeitragsrechnung	2.3.5

4.1.2.3 Integrative* Managementsysteme

* Hinweis: Der Begriff ist in der Literatur uneinheitlich. Gebräuchlich ist: Integrierte Managementsysteme (integrieren: einbinden in ein Ganzes; eine Einheit bilden; zusammenfügen),
auch: integrative Managementsysteme (integrativ: den Zusammenschluss bewirkend); vgl.
Frage 08.

01. Was ist ein System?

Als *System* bezeichnet man eine Menge von Elementen, die durch bestimmte Relationen verknüpft sind (z. B. Arbeitssystem: Input + Kombination von Mensch und Arbeitsmittel + Output). Die Menge sowie die Art und Weise der Relationen zwischen den
Elementen ergibt die Struktur des Systems.

02. Was versteht man unter „Managen"?

Managen umfasst alle Tätigkeiten der Planung, Organisation, Durchführung und Kontrolle, um ein Unternehmen auf übergeordnete Ziele auszurichten (vgl. Management-
Regelkreis, Ziffer 4.1.2, Frage 02.).

03. Was ist ein Managementsystem?

Es ist ein System von Strukturen, Politiken und Zielen zur Realisierung der Unternehmensziele. Kern eines Managementsystems ist die Aufbau- und Ablauforganisation
sowie das Bündel strategischer/operativer Ziele und Maßnahmen/Methoden.

04. Welche Einzel-Managementsysteme gibt es für bestimmte Bereiche?

Einzel-Managementsysteme für bestimmte Bereiche	
Bereich:	*Kurzbeschreibung:*
(Arbeits-)Sicherheitsmanagement	
SCC	*Safety Certificate Contractors:* Internationaler Standard für Sicherheits-, Gesundheits- und Umweltmanagement für technische Dienstleister, die im Auftrag für andere Unternehmen tätig sind.
Nationaler Leitfaden für Arbeitsschutzmanagementsysteme	
(ILO-Guides)	*International Labour Organisation, Genf:* Umsetzung des ILO-Leitfadens, der 2001 verabschie- det wurde: Technical Guidelines on Occupational Safe- ty and Health Management Systems.
OHRIS	*Occupational Health and Risk Managementsystem:* Arbeitsschutz-Managementsystem von 1998, das von der Bayerischen Gewerbeaufsicht in Zusammenarbeit mit der bayerischen Wirtschaft erarbeitet wurde. Es integriert die ISO 9001, die ISO 14001:2004 und den ILO-Leitfaden; derzeit in der 4. Auflage, Oktober 2001. Einzelheiten vgl. www.lfas.bayern.de

LASI LV 21	*Veröffentlichung des Länderausschusses für Arbeitsschutz und Sicherheitstechnik:* Enthält Spezifikationen zur freiwilligen Einführung, Anwendung und Weiterentwicklung von Arbeitsschutzmanagementsystemen (AMS).
OHSAS 18001	*Occupational Health and Safety Assessment Series:* Wurde von der British Standards Institution entwickelt und ist analog den Normen ISO 9001 und ISO 14001 aufgebaut.
Umweltschutzmanagement	
EMAS	*Eco-Management and Audit Scheme:* Europäische Öko-Audit-Verordnung, die öffentlich-rechtlich geregelt ist. Sie ist EU-weit gültig und berechtigt zur Führung des EMAS-Logos. Die Validierung (Gültigkeit) erfolgt durch einen zugelassenen Umweltgutachter und wird im Register der IHK sowie im Amtsblatt der EU geführt.
Qualitätsmanagement	
DIN EN ISO 9001	Internationale Norm für Forderungen an Qualitätsmanagementsysteme.
Weitere Managementsysteme, z. B.:	
• **Kostenmanagement** • **Informationsmanagement** • **Logistikmanagement** • **Personalmanagement**	

05. Was sind integrierte Managementsysteme (IMS)?

Ein integriertes Managementsystem (IMS) fasst die Tätigkeiten der Planung, Steuerung und Kontrolle einer Organisation hinsichtlich der Anforderungen aus den Bereichen Qualität, Umwelt- und Arbeitsschutz usw. zusammen. Ausgangspunkt ist hierbei die Prozesslandschaft eines Unternehmens. Der Aufbau eines „alle Prozesse umfassenden Führungssystems" wird deshalb auch als „Prozessintegriertes Managementsystem" bezeichnet. Die Zielsetzung eines IMS besteht in der ganzheitlichen Führung des Unternehmens.

06. Wie sind integrierte Managementsysteme aufgebaut?

Integrierte Managementsysteme fassen zwei oder *mehrere, einzelne Managementsysteme* zusammen, um *Synergieeffekte* zu erzielen und Ressourcen zu bündeln. Sehr häufig werden Arbeitsschutz- und Umweltmanagementsysteme zusammengefasst. Durch die natürlichen Berührungspunkte zwischen beiden Gebieten ist diese Variante sehr praktikabel. Denkbar ist die Integration weiterer Managementsysteme. Im Vergleich zu einzelnen, isolierten Managementsystemen ist dadurch insgesamt ein schlankeres, effizienteres Management möglich. Die Grundstruktur aller Managementsysteme ist im Wesentlichen gleich.

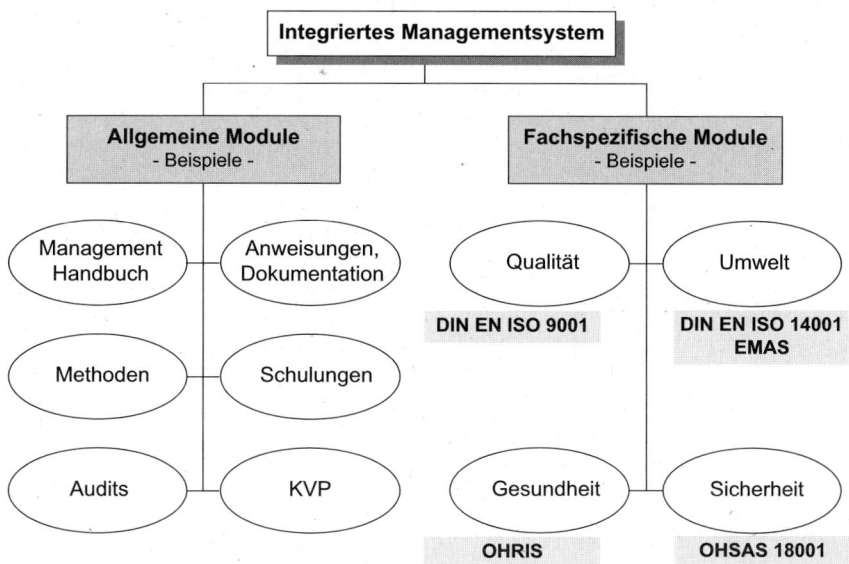

Ein IMS besteht aus *allgemeinen* und *fachspezifischen Modulen*. Sein Umfang hängt von den Erfordernissen des betreffenden Unternehmens ab. Überwiegend werden die Systeme für Qualität, Umweltschutz und Arbeitsschutz integriert.

Qualitäts- und Umweltmanagementsysteme sind weltweit genormt. Für Arbeitsschutzmanagementsysteme (AMS) gibt es bislang nur Ansätze von einzelnen, nationalen Normungsgremien. Harmonisierte EN-Normen gibt es für AMS bisher nicht.

07. Worin liegen die Vorteile eines IMS?

- Ganzheitliches Führungssystem,
- Vermeidung von Doppelarbeit,
- Vermeidung von Aufgabenüberschneidungen und Schnittstellenproblemen,
- Nutzung von Synergieeffekten,
- Reduzierung des Verwaltungsaufwandes für die Einzelsysteme,
- geringere Auditierungskosten,
- verbesserte Information und Kommunikation.

08. Was ist ein integratives Managementsystem?

Grundsätzlich möglich ist der theoretische Entwurf eines integrierten Managementsystems (IMS), das allen Anforderungen der Einzelsysteme genügt und das für das gesamte Unternehmen maßgebend ist. Dies bedeutet eine Unterordnung und Ausrichtung der bestehenden Organisation an das IMS. Meist ist dieser Weg nur schwer realisierbar. Zum Beispiel wird befürchtet, dass bestehende Zertifizierungen gefährdet sind.

Überwiegend wird der Weg einer schrittweisen Integration gewählt: Man geht von der bestehenden Organisation und einem ggf. existierenden Einzelsystem aus (vielfach ist dies ein vorhandenes Qualitätsmanagementsystem) und integriert die anderen Einzelsysteme ein. Ein IMS bindet also die bestehende Organisation und bestehende Systeme ein; daraus resultiert auch der Begriff *„integrative Managementsysteme".*

09. Welche Anforderungen muss ein integriertes Managementsystem erfüllen?

Anforderungen an ein integriertes Managementsystem (IMS)	
I.	**Normative Ebene**
	Leitbilder
	- zum Umweltschutz
	- zur Qualität
	- zum Arbeitsschutz usw.
II.	**Strategische Ebene**
	Integration der Elemente vorhandener Einzelsysteme
	Integration der bestehenden Organisation (Strukturen und Prozesse)
	Einbindung von Human Ressource Management und Change Management in die Unternehmensstrategie
	Prinzip der Nachhaltigkeit
	Prinzip der gesellschaftlichen Verantwortung
	Prinzip der Risikobetrachtung
	Prinzip der Kundenorientierung
	Prinzip der Lieferantenorientierung (gegenseitiger Nutzen)
	Prinzip der Prozessorientierung
	Prinzip der Rechtskonformität
	Prinzip der Synergie: Durchgeführte Maßnahmen führen zu gleichzeitigen Verbesserungen in mehreren Bereichen (Umwelt, Qualität, Arbeitssicherheit usw.)
III.	**Operative Ebene**
	→ Ist-Aufnahme
	→ Ist-Analyse
	→ System-Auswahl
	→ System-Implementierung: - Einführungsmaßnahmen, wiederkehrende Maßnahmen, Verfahren usw. - Qualifizierungsmaßnahmen
	→ Dokumentation: Handbuch, Vorgabedokumente usw.
	→ Evaluierung und Transfer: Externes Audit, Selbstprüfung (Audit, Managementreview usw.)
	→ Kontinuierliche Verbesserung des Systems: - Methoden, Verfahren - Indikatoren der Früherkennung

10. Welche inhaltliche Struktur hat ein integriertes Managementsystem?

Beispiele:

Struktur integrierter Managementsysteme	
Strukturelemente, z. B.:	*Kurzbeschreibung:*
Zielsetzungen	Beschreibung der Ziele des Systems
	Abstimmung der Einzelziele (Ober-/Unterziele)
	Widerspruchsfreiheit der Ziele
	Operationalisierung (Messbarkeit) der Ziele
Geltungsbereich	Kann für einzelne Unternehmensteile oder für das gesamte Unternehmen gelten. Bei der Implementierung kann auch eine Pilotphase auf einen bestimmten Geschäftsbereich beschränkt sein.
Definitionen, Begriffe, Verfahren, Methoden, Instrumente	Sie müssen eindeutig, widerspruchsfrei, schriftlich beschrieben und bekannt gegeben sein (→ Handbuch). Wechselbeziehungen müssen herausgestellt werden.
Integrationsprozess	Bei einer integrativen Vorgehensweise ist zu beschreiben, welche vorhandenen Dokumente um welche Aspekte zu ergänzen sind, welche Schnittstellen zwischen den Einzelsystemen existieren und wie sie optimiert werden können.
Zuständigkeiten, Kompetenzen	Aufgaben der Unternehmensleitung
	Delegation von Aufgaben und Kompetenzen
	Aufgaben der Mitarbeiter
	Ernennung von Beauftragten
	Zuteilung von Ressourcen zur Umsetzung der Ziele des IMS
Dokumentation	Vollständigkeit, Angemessenheit usw.

11. Gibt es Normen und Richtlinien für den Aufbau eines IMS?

Nein, derzeit nicht (Stand: Herbst 2010). Es gibt jedoch Normen für (Teil-)Managementsysteme, die eine Organisation beim Aufbau eines IMS unterstützen:

1. Die *Qualitätsmanagementnorm* DIN EN ISO 9001:2008

2. Die *Umweltmanagementnorm ISO 14001:2004:*
   Sie wurde überarbeitet mit dem Ziel einer Angleichung an die QM-Norm ISO 9001. Trotzdem wird auch in der überarbeiteten Fassung der ISO 14001 eine Einschränkung gemacht: „Diese internationale Norm enthält keine Anforderungen, die für andere Managementsysteme spezifisch sind, wie z. B. jene für Qualitätsmanagement, Arbeitsschutz- und Sicherheits-, Finanz- oder Risikomanagement, obwohl deren Elemente mit denen eines anderen Managementsystems in Einklang gebracht oder mit diesen zusammengeführt werden können."

3. Der Entwurf der *Richtlinie VDI 4060 Blatt 1*
   wurde im Juni 2004 vom VDI herausgegeben als „Handlungsanleitung zum Aufbau von IMS für Unternehmen aller Branchen und Größen". In der Zielsetzung wird formuliert: „Es wird Freiraum für zukünftige Aspekte gelassen, die noch nicht aktuell oder bekannt sind, die aber jederzeit nach derselben Vorgehensweise eingefügt werden können.

12. Wie lässt sich ein vorhandenes integriertes Managementsystem beurteilen und verbessern?

Sind in einer Organisation Einzel-Managementsysteme oder ein IMS vorhanden, so muss eine laufende Anpassung an Veränderungen der Umwelt vorgenommen werden (*„Das System muss flexibel sein."*), z. B.:

- Veränderung der nationalen und internationalen Gesetze und Regelwerke,
- veränderte Kundenanforderungen,
- Integration weiterer Systeme zu bestehenden Systemen (z. B. Integration eines UM-Systems in ein bestehendes QM-System),
- Integration von Unternehmensteilen, die bisher noch nicht zertifiziert waren (z. B. Neugründungen, Firmenübernahmen),
- Integration neuer Geschäftsfelder.

Methoden zur Beurteilung und Verbesserung eines Managementsystems resultieren überwiegend aus der Praxis der QM-Systeme. Für IMS fehlt (bisher) eine in sich geschlossene Handlungsanleitung.

Ansätze zur Beurteilung und Verbesserung eines IMS lassen sich jedoch aus der Betrachtung der Strukturelemente und der Anforderungen an ein IMS ableiten:

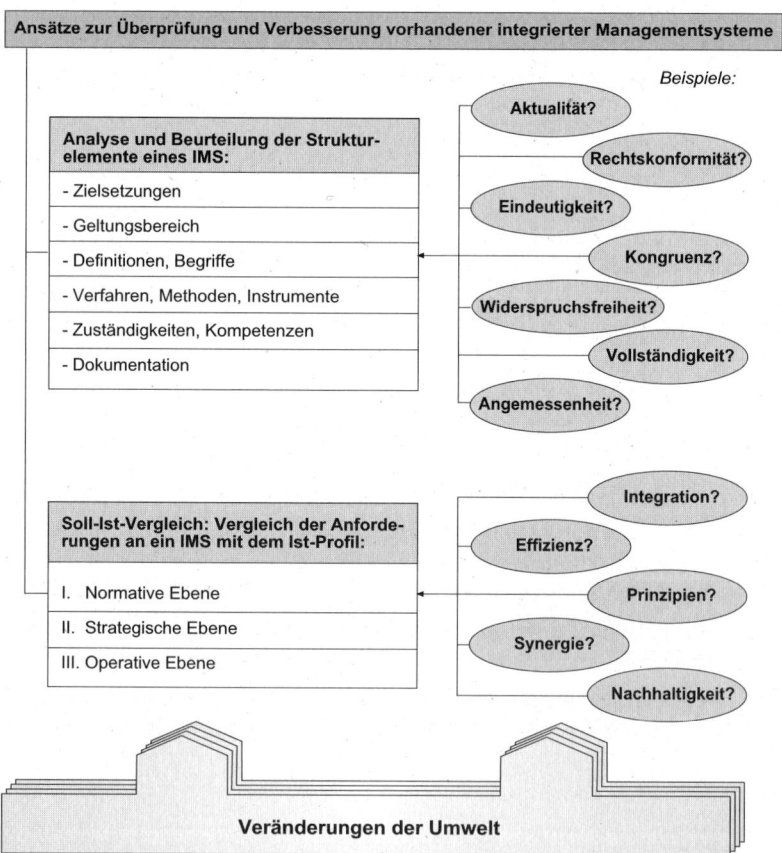

13. Wie lassen sich erkannte Verbesserungspotenziale vorhandener IMS umsetzen?

Beispiele:

1. *Normative Ebene, z. B.:*
   - Anpassung der Leitlinien und Zielformulierungen,
   - Integration zusätzlicher Managementsysteme.

2. *Strategische Ebene, z. B.:*
   - Implementierung von Frühindikatoren,
   - Optimierung der Prozessschritte zur kontinuierlichen Verbesserung,
   - Implementierung von Verfahren zur Prozessoptimierung, z. B.
     - betriebliches Vorschlagswesen,
     - KVP/Kaizen,
     - Zirkelarbeit,
     - Prämiensysteme,
   - Implementierung von Methoden der Zusammenarbeit mit
     - Kunden,
     - Lieferanten,
     - Normeninstituten und Fachverbänden.

3. *Operative Ebene, z. B.:*
   - Information und Qualifizierung der Mitarbeiter,
   - Anpassung der Systemschnittstellen,
   - Anpassung der Dokumentation (Handbuch),
   - Übernahme von Änderungen in Publikationen (Geschäftsbericht, Öko-Bilanz).

4.1.3 Aufbauorganisation

01. Welche mehrfache Bedeutung hat der Begriff „Organisation" in der Betriebs-wirtschaftslehre?

- Ein Unternehmen *ist* eine Organisation.
- Ein Unternehmen *hat* eine (bestimmte) Organisation.
- Organisation *ist eine* zielgerichtete Tätigkeit (vgl. 3. Phase im Management-Regel-kreis).
- Organisation *ist das Ergebnis einer zielgerichteten Tätigkeit* (Zustand).

02. Welche Aufgabe hat die Organisation als zielgerichtete Tätigkeit?

Organisieren ist ein (Hilfs-)Mittel zum Erreichen von Zielen. Die Organisation legt (ge-nerell oder vorübergehend) fest, wie die Faktoren Arbeitskräfte, Betriebsmittel (Maschi-nen, Geräte, Geld usw.) und Werkstoffe (Zement, Steine, Dachziegel usw.) miteinander kombiniert werden, sodass das Unternehmensziel ökonomisch und effizient erreicht werden kann.

03. Wie lassen sich Aufbau- und Ablauforganisation unterscheiden?

Aufbauorganisation	Regelungen für den Betriebsaufbau; legt Orga-Einheiten (Stellen), Zuständigkeiten, Ebenen usw. fest.
Ablauforganisation auch: Prozessorganisation	Regelungen für den Betriebsablauf; regelt den Ablauf nach den Kriterien Ort, Zeit oder Funktion zwischen Orga-Einheiten, Bereichen usw. (neuere Terminologie: Prozessorganisation).

04. Was versteht man unter der Aufgabenanalyse?

Die Gesamtaufgabe des Unternehmens (z. B. Herstellung und Vertrieb von Elektrogeräten) wird in

- *Hauptaufgaben*, z. B. – Montage, Vertrieb, Verwaltung, Einkauf, Lager,
- *Teilaufgaben 1. Ordnung* – Marketing, Verkauf, Versand usw.,
- *Teilaufgaben 2. Ordnung*,
- *Teilaufgaben 3. Ordnung* usw.

zerlegt.

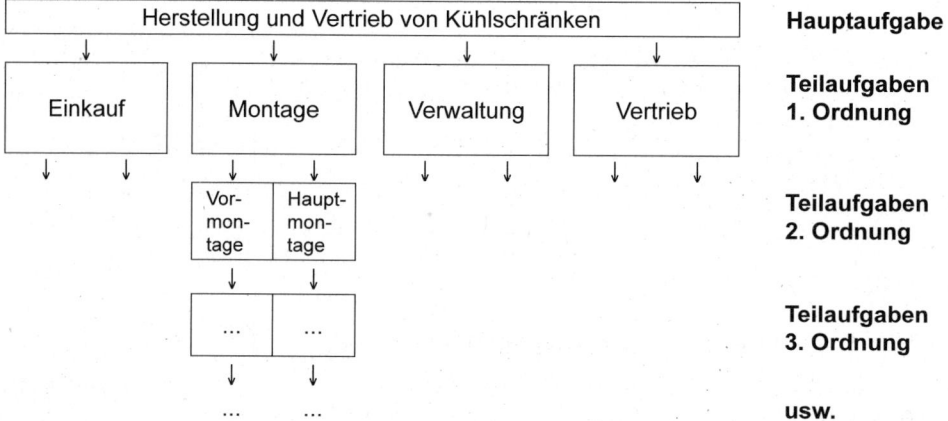

Achtung! Die Darstellung ist kein Organigramm sondern die Zerlegung einer Hauptaufgabe in Teilaufgaben.

05. Welche Gliederungskriterien gibt es?

Die Aufgabenanalyse (und die spätere Einrichtung von Stellen) wird vor allem nach zwei *Gliederungskriterien* vorgenommen:

- *nach der Verrichtung* (Funktion):
  Die Aufgabe wird in „Teilfunktionen zerlegt", die zur Erfüllung dieser Aufgabe notwendig sind. Beispiel: Die Hauptaufgabe „Personal" wird z. B. in die Teilaufgaben „Personalplanung, Personalbeschaffung, Personalbetreuung, Entgeltabrechnung usw." zerlegt.

- *nach dem Objekt:*
  Objekte der Gliederung können z. B. sein:
  - Produkte (Maschine Typ A, Maschine Typ B),
  - Regionen (Nord, Süd; Nielsen-Gebiet 1, 2, 3 usw.; Hinweis: Nielsen Regionalstrukturen sind Handelspanele, die von der A. C. Nielsen Company erstmals in den USA entwickelt wurden),
  - Personen (Arbeiter, Angestellte) sowie
  - Begriffe (z. B. Steuerarten beim Finanzamt).

Daneben gibt es in der Praxis weitere Gliederungskriterien:

- Zweckbeziehung,   - Phase,
- Rang,   - Mischformen.

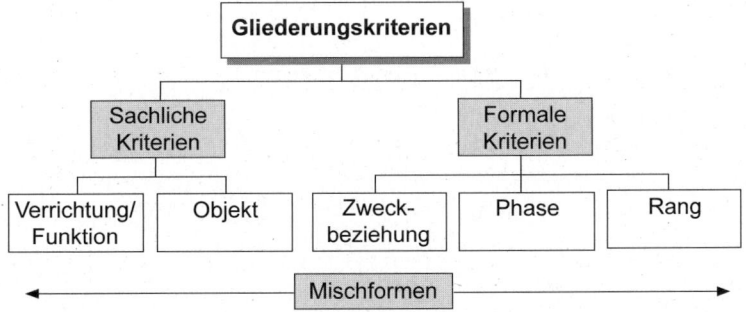

06. Was versteht man unter der Aufgabensynthese?

Im Rahmen der Aufgabenanalyse wird die Gesamtaufgabe nach unterschiedlichen Gliederungskriterien in Teilaufgaben zerlegt (vgl. Frage 05. f.).

Diese Teilaufgaben werden nun in geeigneter Form *in sog. organisatorische Einheiten zusammengefasst* (z. B. Hauptabteilung, Abteilung, Gruppe, Stelle).

Diesen Vorgang der Zusammenfassung von Teilaufgaben zu Organisations-Einheiten bezeichnet man als *Aufgabensynthese*. Den Organisations-Einheiten werden dann *Aufgabenträger* (Einzelperson, Personengruppe, Kombination Mensch/Maschine) zugeordnet.

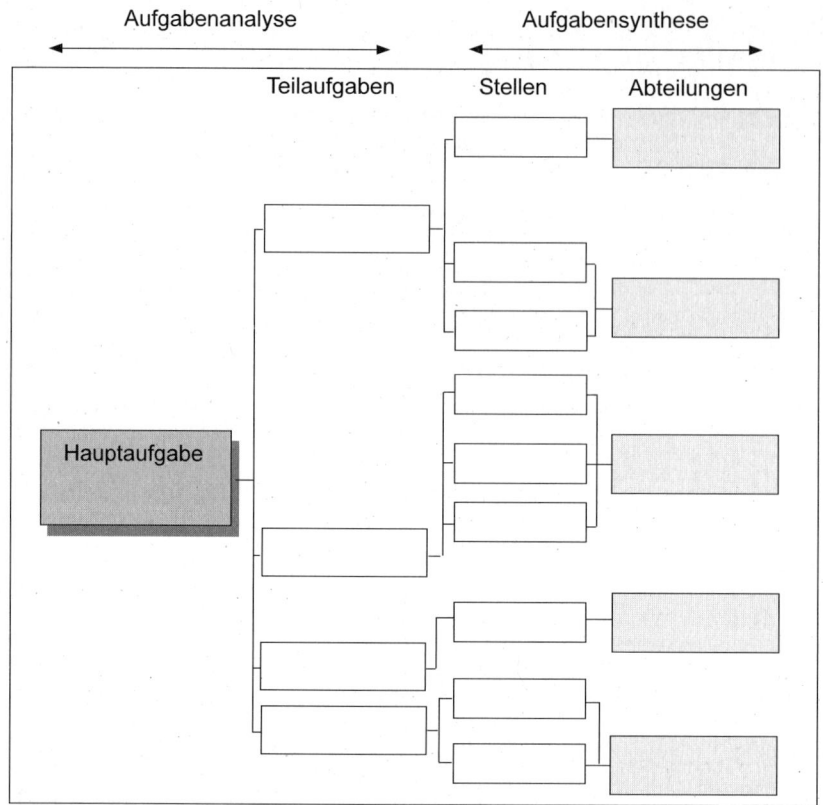

07. Wie erfolgt die Stellenbildung?

Eine *Stelle ist die kleinste betriebliche Organisations-Einheit.* Die Anzahl der Teilaufgaben muss nicht notwendigerweise identisch mit der Anzahl der Stellen sein. Je nach Größe des Betriebes kann eine Teilaufgabe die Bildung mehrerer Stellen erfordern, oder mehrere Teilaufgaben werden in einer Stelle zusammengefasst.

Man unterscheidet zwischen

Leitungsstellen	Anordnungsrechte und -pflichten
Ausführungsstellen	keine Leitungsbefugnis

08. Wie erfolgt die Bildung von Gruppen und Abteilungen?

Die in einem Betrieb gebildeten Stellen werden zu Bereichen zusammengefasst. In der Praxis ist die Zusammenfassung zu *Gruppen, Abteilungen, Hauptabteilungen, Ressorts* usw. üblich.

09. Was versteht man unter folgenden Begriffen der Organisationslehre: Instanz, Hierarchie, Leitungsspanne, Instanzentiefe/-breite?

Instanz	ist eine Stelle mit Leitungsbefugnissen; Instanzen können verschiedenen Leitungsebenen (= Managementebenen) zugeordnet sein.
Leitungsspanne	ist die Zahl der direkt weisungsgebundenen Stellen. Je höher die Ausbildung der Mitarbeiter und je anspruchsvoller ihr Aufgabengebiet ist, desto kleiner sollte die Leitungsspanne sein. Eine zu große Leitungsspanne hat zur Folge, dass die notwendigen Führungsaufgaben nicht angemessen wahrgenommen werden können.
Instanzentiefe	ist die Anzahl der verschiedenen Rangebenen.
Instanzenbreite	ist die Anzahl der (gleichrangigen) Leitungsstellen pro Ebene.
Hierarchie	ist die Struktur der Leitungsebenen. Eine starke Hierarchie mit vielen Instanzen kann zu schwerfälligen Informations- und Entscheidungsprozessen führen. Eine zu geringe Hierarchie – insbesondere bei großer Leitungsspanne – überlastet die Führungskräfte (Problem beim Ansatz „Lean Management"). Im Wesentlichen unterscheidet man drei Leitungsebenen (Hierarchien).
Top-Management	ist die oberste Leitungsebene, z.B.: Vorstand, Geschäftsleitung, Unternehmensinhaber. Top-Management ↓ Middle-Management ↓ Lower-Management
Middle-Management	ist die mittlere Leitungsebene, z.B.: Bereichsleiter, Ressortleiter, Abteilungsleiter.
Lower-Management	ist die untere Leitungsebene, z.B.: Gruppenleiter, Meister.

10. Was bezeichnet man als Dezentralisierung von Aufgaben?

Mit *Dezentralisierung* bezeichnet man die Verteilung von Teilaufgaben nicht auf eine (zentrale) Stelle sondern auf verschiedene Stellen.

Diese Verteilung kann dabei z.B. nach dem Objekt (= *Objekt-Dezentralisierung*; z.B.: Jede Niederlassung eines Konzerns vertreibt alle Produkte.) oder nach der Verrichtung (= *Verrichtungs-Dezentralisierung*; z.B.: In jeder Niederlassung eines Konzerns sind alle wesentlichen, kaufmännischen Grundfunktionen vorhanden.) vorgenommen werden. In der Praxis hat sich bei Großunternehmen aufgrund der positiven Erfahrung eine zunehmende Tendenz zur Dezentralisierung herausgebildet.

11. Was ist ein Organigramm und welche Darstellungsformen gibt es?

Die in einem Betrieb vorhandenen Stellen, ihre Beziehung untereinander und ihre Zusammenfassung zu Bereichen wird bildlich in Form eines Organisationsdiagramms (kurz: Organigramm) dargestellt. In der Praxis ist die sog. *vertikale Darstellung* am häufigsten anzutreffen („von oben nach unten"); hier stehen gleichrangige Stellen nebeneinander. Daneben kennt man die *horizontale Darstellung* („von links nach rechts"; gleichrangige Stellen stehen untereinander). Weiterhin gibt es die horizontale *Mischformen* (vertikale und horizontale Darstellung in einem Diagramm):

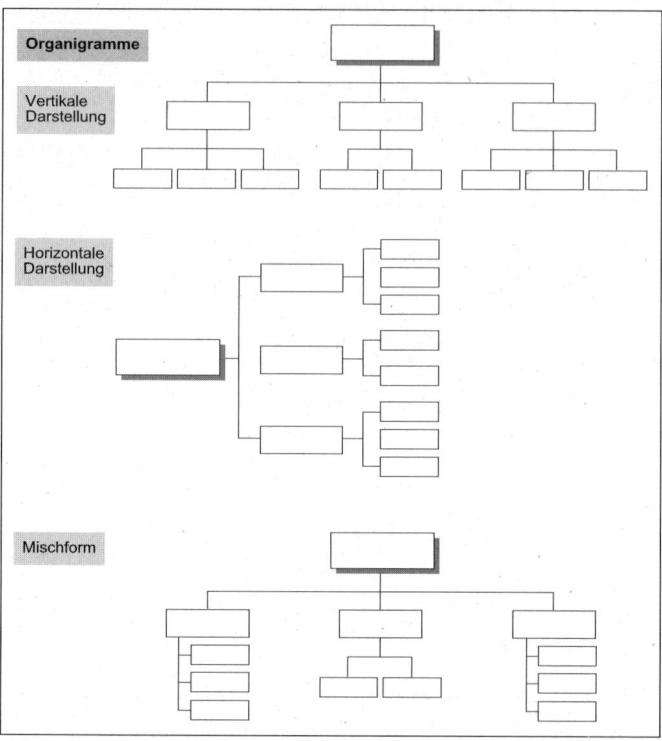

12. Welchen Inhalt hat eine Stellenbeschreibung und welchen Zweck verfolgt sie?

Die Stellenbeschreibung (auch Aufgaben- oder Funktionsbeschreibung genannt) enthält die Hauptaufgaben der Stelle, die Eingliederung in das Unternehmen und i.d.R. die Befugnisse der Stelle. In der Praxis hat sich keine eindeutige Festlegung der inhaltlichen Punkte einer Stellenbeschreibung herausgebildet.

Stellenbeschreibung	
I.	**Beschreibung der Aufgaben:**
	1. Stellenbezeichnung
	2. Unterstellung
	An wen berichtet der Stelleninhaber?
	3. Überstellung
	Welche Personalverantwortung hat der Stelleninhaber?
	4. Stellvertretung
	- Wer vertritt den Stelleninhaber? (passive Stellvertretung)
	- Wen muss der Stelleninhaber vertreten? (aktive Stellvertretung)
	5. Ziel der Stelle
	6. Hauptaufgaben und Kompetenzen
	7. Einzelaufträge
	8. Besondere Befugnisse
II.	**Anforderungsprofil:**
	Fachliche Anforderungen:
	- Ausbildung, Weiterbildung
	- Berufspraxis
	- Besondere Kenntnisse
	Persönliche Anforderungen:
	- Kommunikationsfähigkeit
	- Führungsfähigkeit
	- Analysefähigkeit

13. Welche klassischen Organisationsformen gibt es und wodurch sind diese gekennzeichnet?

Leitungssysteme (auch: Weisungssysteme, Organisationssysteme) sind dadurch gekennzeichnet, in welcher Form Weisungen von „oben nach unten" erfolgen und nach welchen Prinzipien die Aufbaustruktur gegliedert ist (im Wesentlichen: Funktions- und Objektprinzip oder Mischsystem).

Leitungssysteme (Organisationsformen)	
Einliniensysteme	**Mehrliniensysteme**
- Linienorganisation	- Funktionsmeistersystem
- Stablinienorganisation	(nach Taylor)
- Funktionalorganisation	- Matrixorganisation
- Spezielle Organisationsformen nach	(Objekt- und Funktionssystem)
dem Objektprinzip:	- Tensororganisation
· Spartenorganisation	(Erweiterung der Matrixorganisation)
(Divisionalisierung)	- Teamorganisation (Mischform)
· Projektorganisation	
· Produktorganisation	

Bei der **Einlinienorganisation**
hat jeder Mitarbeiter nur einen Vorgesetzten; es führt nur „eine Linie von der obersten
Instanz bis hinunter zum Mitarbeiter und umgekehrt". Vom Prinzip her sind damit gleichrangige Instanzen gehalten, bei Sachfragen
über ihre gemeinsame, übergeordnete Instanz zu kommunizieren.

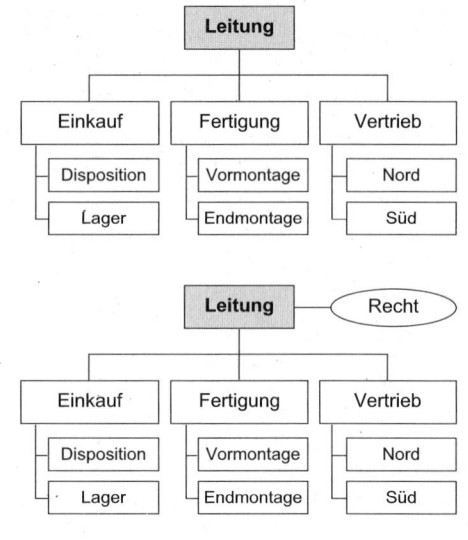

Die **Stab-Linienorganisation**
ist eine Variante des Einliniensystems. Bestimmten Linienstellen werden Stabsstellen
ergänzend zugeordnet.

Stabsstellen
sind Stellen ohne eigene fachliche und disziplinarische Weisungsbefugnis. Sie haben
die Aufgabe, als „Spezialisten" die Linienstellen zu unterstützen.

Meist sind Stabsstellen den oberen Instanzen zugeordnet. Stabsstellen sind in der Praxis im
Bereich Recht, Patentwesen, Unternehmensbeteiligungen, Unternehmensplanung und Perso-
nalgrundsatzfragen zu finden.

Bei der **Funktionalorganisation**
erfolgt die Gliederung des Unternehmens nach Verrichtungen (betrieblichen Funktionen), z. B. Einkauf, Produktion, Verwaltung, Marketing. Die
Ausgestaltung kann als (Ein-)Linien-
system oder als Mischform (vgl. Matrixorganisation) erfolgen.

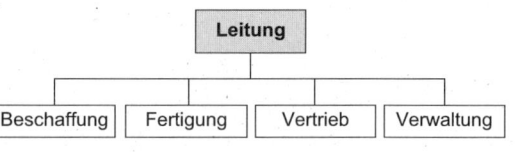

Es lassen sich folgende Vor- und Nachteile nennen:

Vorteile, z. B.:
- übersichtlich
- klarer, transparenter Instanzenauf-
  bau
- Vorteile der Spezialisierung
- Zentralisation von Verrichtungen

Nachteile, z. B.:
- Informationsfluss ist schwerfällig
- ggf. Überlastung der Leitungsorgane
- Funktionsegoismen
- Nachteile der Spezialisierung
- fehlende Objekt-/Kundenorientierung

Bei der **Spartenorganisation**
(Divisionalisierung) wird das Unternehmen
nach Produktbereichen (sog. Sparten oder
Divisionen) gegliedert. Jede Sparte wird als
eigenständige Unternehmenseinheit geführt. Die für das Spartengeschäft „nur" indirekt zuständigen Dienstleistungsbereiche,
wie z. B. Recht, Personal oder Rechnungswesen, sind bei der Spartenorganisation oft
als verrichtungsorientierte Zentralbereiche
vertreten.

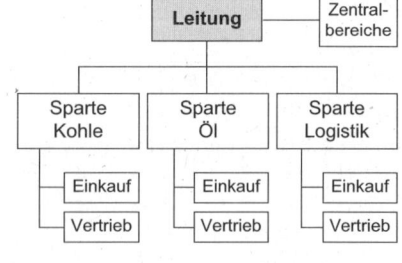

Die **Projektorganisation**
ist eine Variante der Spartenorganisation (vgl. S. 370). Das Unternehmen oder Teilbereiche des Unternehmens ist/sind nach Projekten gegliedert. Diese Organisationsform ist häufig im Großanlagenbau (Kraftwerke, Staudämme, Wasseraufbereitungsanlagen, Straßenbau, Industriegroßbauten) anzutreffen.

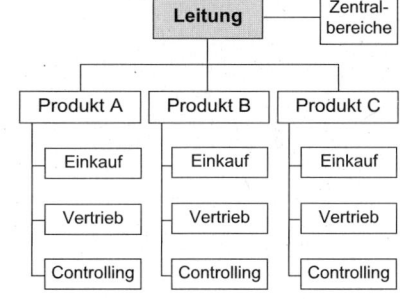

Die Projektorganisation ist abzugrenzen von der „Organisation von Projektmanagement".

Die **Produktorganisation**
ist eine Variante der Spartenorganisation bzw. der Projektorganisation; sie kann als Einliniensystem oder – bei Vollkompetenz der Produktmanager – als Matrixorganisation ausgestaltet sein.

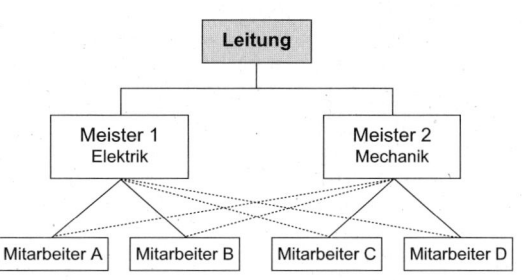

Das **Mehrliniensystem**
basiert auf dem **Funktionsmeistersystem** des Amerikaners Taylor (1911) und ist heute höchstens noch in betrieblichen Teilbereichen anzutreffen. Der Mitarbeiter hat zwei oder mehrere Fachvorgesetzte, von denen er fachliche Weisungen erhält.

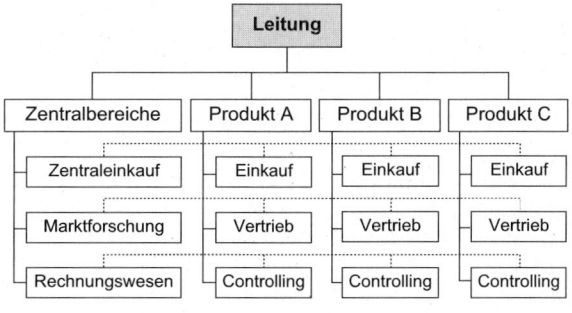

Die Disziplinarfunktion ist nur einem Vorgesetzten vorbehalten (vgl. Volllinie in der Abbildung).

Der Rollenkonflikt beim Mitarbeiter, der „zwei oder mehreren Herren dient", ist vorprogrammiert, da jeder Fachvorgesetzte „ein Verhalten des Mitarbeiters in seinem Sinne" erwartet.

Die **Matrixorganisation**
ist eine Weiterentwicklung der Spartenorganisation und gehört zur Kategorie „Mehrliniensystem". Das Unternehmen wird in „Objekte" (Produkt A bis C) und „Funktionen" (Zentralbereiche) gegliedert. Kennzeichnend ist: Für die Spartenleiter und die Leiter der Funktionsbereiche besteht bei Entscheidungen Einigungszwang. Beide sind gleichberechtigt.

Damit soll einem Objekt- oder Funktionsegoismus vorgebeugt werden. Für die nachgeordne-
ten Stellen kann dies u. U. bedeuten, dass sie zwei unterschiedliche Anweisungen erhalten
(Problem des Mehrliniensystems).

Teamorganisation:
Hier liegt die disziplinarische Verantwortung für Mitarbeiter bei dem jeweiligen Linienvorgesetzten (vgl. Linienorganisation). Um eine verbesserte
Objektorientierung (oder Verrich-
tungsorientierung) zu erreichen, werden übergreifende Teams gebildet.
Die fachliche Weisungsbefugnis für
das Team liegt bei dem betreffenden
Teamleiter.

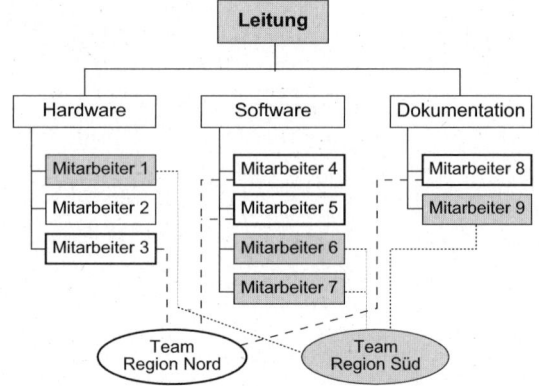

Beispiel (verkürzt): Ein Unternehmen der
Informationstechnologie hat die drei Funk-
tionsbereiche Hardware, Software und
Dokumentation. Um eine bessere Marktorientierung und Ausrichtung auf bestimmte Großkunden (oder
Regionen) zu realisieren, werden z. B. zwei Teams gebildet: Team „Region Nord" und Team „Region
Süd". Die Zusammensetzung und zeitliche Dauer der Teams kann flexibel sein.

14. Was sind ergebnisorientierte Organisationseinheiten?

Zur Verantwortung einer Leitungsstelle gehört in der Regel, dass der Stelleninhaber für
die Kosten seines Bereichs verantwortlich zeichnet. Meistens ist dies so geregelt, dass
z. B. einem Meisterbereich ein bestimmter Kostenrahmen (= Budget) zugewiesen wird;
der Meister ist gehalten, diesen Kostenrahmen nicht zu überschreiten. Die Kosten sind
dabei nach Kostenarten (Personalkosten, Sachkosten, Umlagen) gegliedert.

• Die Unternehmensleitung steuert also bestimmte Kostenstellen nach dem sog.
  Costcenter-Prinzip.

  Das *Costcenter-Prinzip* hat erhebliche Nachteile: Es besteht oft kein Anreiz, die Kosten zu unterschreiten; außerdem geht der Zusammenhang zwischen „Kosten und
  Leistungen" der Abteilung verloren.

  Um diese Nachteile zu vermeiden werden heute zunehmend bestimmte Organisationseinheiten in der Produktion und im Vertrieb als geschlossene Einheit gefasst, die
  nur über die Ergebnissteuerung geführt werden.

• Dieses Prinzip nennt man „Ergebnisorientierung" oder „Profit-Center-Prinzip".

  Der Leiter eines Profitcenters ist der Geschäftsführung „nur noch" hinsichtlich des
  erwirtschafteten Ergebnisses verantwortlich. Welche Maßnahmen er dazu ergreift,
  sprich „welche Kosten er dabei produziert", ist zweitrangig. Das angestrebte Ergebnis
  wird im Wege der Zielvorgabe oder der Zielvereinbarung (= Management by Objectives) festgeschrieben. Der Gewinn, sprich „Profit", ist der Saldo von „Leistungen ./.
  Kosten" bzw. „Umsatz ./. Kosten".

Beispiel (vereinfacht):
Der Meisterbereich „Montage 1" wird ergebnisorientiert geführt: Die geplanten Gesamtkosten für das Geschäftsjahr ergeben sich aus der Summe von 700 TEUR Personalkosten, 1,4 Mio. EUR Sachkosten und 400 TEUR Umlagen. Da der Meisterbereich nicht direkt an den Kunden verkauft, wurde ein innerbetrieblicher Verrechnungspreis pro Leistungseinheit kalkuliert: Im vorliegenden Fall liegt die Planzahl bei 5.750 Montageeinheiten zu einem Verrechnungspreis von 480 EUR. Unterstellt man, dass dieser Meisterbereich „exakt im Plan" liegen würde, so ergäbe sich folgende Ergebnisrechnung:

Profitcenter „Montage"		[in TEUR]
	Leistungen (5.750 · 480,– EUR)	2.760
./.	Personalkosten	- 700
./.	Sachkosten	- 1.400
./.	Umlage	- 400
=	**Ergebnis**	**260**

4.1.4 Ablauforganisation

01. Welche Aufgaben und Ziele verfolgt die Ablauforganisation?

Bei der Aufbauorganisation stehen die Gliederungskriterien *Verrichtung* („*Was?*") und *Objekt* („*Woran?*") im Vordergrund. Bei der Ablauforganisation werden zusätzlich die Merkmale *Raum* („*Wo?*") und *Zeit* („*Wann?*") berücksichtigt.

Die Ablauforganisation hat folgende *Zielsetzungen*:

- Arbeiten mit dem geringsten Aufwand zu erledigen (Wirtschaftlichkeitsprinzip),
- Bearbeitungs- und Durchlaufkosten zu minimieren,
- Bearbeitszeiten und -fehler zu minimieren,
- Termine einzuhalten,
- Kapazitäten optimal zu nutzen,
- Arbeitsplätze human zu gestalten.

02. Wie erfolgt die Arbeitsanalyse und -synthese?

• *Arbeitsanalyse*:
Die Ablauforganisation untersucht die Einzelaufgabe „niedrigster Ordnung" (z. B. Bearbeiten einer Eingangsrechnung). Bei dieser Analyse lassen sich

- die einzelnen *Verrichtungen* („Bearbeiten", „Prüfen" usw.),
- die beteiligten *Stellen* („Einkauf", „Poststelle" usw.) sowie
- der *Fluss* des Bearbeitungsgegenstandes („Rechnung")

erkennen und sachlogisch strukturieren (Ist- und Sollstruktur).

Dreistufige Arbeitsanalyse:

Arbeitsgang	Gangstufe	Gangelement
		Brief öffnen
	Bestellung entgegennehmen	Eingangsstempel
		weiterleiten
	Bestellung prüfen	formal prüfen
		sachlich prüfen
Kundenbestellung bearbeiten bis zur Auftragsbestätigung		OP-Liste prüfen
	Bonität prüfen	Kredit prüfen
		Belieferung entscheiden
		.... usw.

- *Arbeitssynthese:*
  Im Rahmen der sog. Arbeitssynthese werden die gewonnenen Gangstufen und Gangelemente so miteinander kombiniert, dass sie zeitlich, räumlich, kostenmäßig, funktionell und ergonomisch sinnvoll sind – im Sinne der oben beschriebenen Ziele.

- *Erfassen der Arbeitsabläufe*:
  Im Rahmen der Arbeitsanalyse und der Arbeitssynthese ist es für den Organisator erforderlich, folgende Fragen zu beantworten:

Fragestellung	Aspekt
Wann? Wie lange?	→ Zeit
Wo? Woher? Wohin?	→ Raum
Wie viel?	→ Menge
entweder – oder	→ logische Beziehung
sowohl – als auch	→ logische Beziehung

03. Welche Verfahren zur Erhebung des Istzustandes kennt man?

- Befragung (schriftlich, mündlich),
- Beobachtung (Dauerbeobachtung, Multimomentaufnahme),
- Arbeitsablaufstudien,
- Arbeitszeitstudien,
- Kommunikationsanalyse.

04. Welche Gliederungsprinzipien gelten in der Ablauforganisation?

Sachliche Prinzipien	Verrichtung, Objekt, Raum, Zeit
Formale Prinzipien	Rang, Phase, Zweckbeziehung

Dabei bezeichnet man

- die Zusammenfassung gleichartiger Teilaufgaben als *Zentralisation,*
- die Trennung gleichartiger Teilaufgaben als *Dezentralisation.*

Aufgrund dieser Gestaltungsprinzipien haben sich in Theorie und Praxis verschiedene Organisationsformen der Ablauforganisation herausgebildet, z. B.:

Werkstattprinzip	Zentralisation nach dem Prinzip „Verrichtung"
Bandprinzip, Fließfertigung	Zentralisation nach dem Prinzip „Objekt"
Zentralisierung/Dezentralisierung nach dem **Prinzip „Raum"**	
Zentralisierung/Dezentralisierung nach dem **Prinzip „Zeit"**	

05. Welches Ziel hat die raumorientierte Ablaufplanung?

Die *raumorientierte Ablaufplanung hat das Ziel,*

- einen möglichst geradlinigen Ablauf der Arbeiten zu gewährleisten,
- die Entfernungen zwischen sachlich zusammenhängenden Arbeitsplätzen zu minimieren und
- die Transportzeiten und -kosten gering zu halten.

Beispiel 1: Bild 1 zeigt den Arbeitsfolgenprozess in einer Werkstatt (System „alt"). Stellt man bei der Analyse der Raumordnung fest, dass sich Flusslinien überkreuzen, hin und her bewegen oder rückläufig sind, so sollten diese Vorgänge detaillierter untersucht werden. Bild 2 (System „neu") zeigt eine Optimierung der Maschinenanordnung.

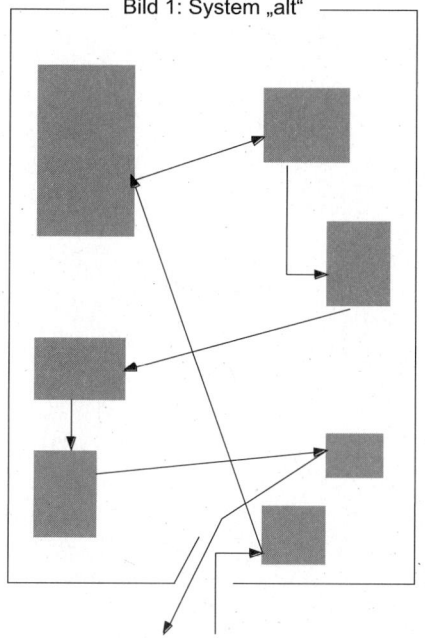

Bild 1: System „alt"

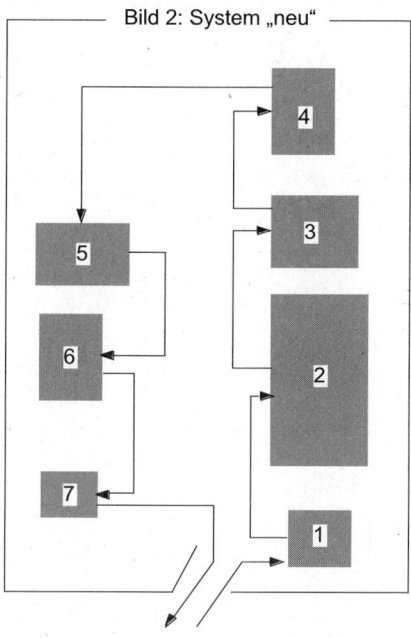

Bild 2: System „neu"

Beispiel 2: Die Geschäftsleitung hat entschieden, einen Teil der Fertigung in das benachbarte Ausland zu verlagern. Betroffen davon ist auch die Mechanische Fertigung 1. Hier wird eine Baugruppe hergestellt, die folgende Fertigungsstufen umfasst: Blechbearbeitung → Schleiferei → Lackiererei → Montage; außerdem sind in der neuen Fertigungshalle das Lager, die Packerei, der Versand und der Wareneingang (mit Wareneingangsprüfung) einzurichten. Der Flächenbedarf der einzelnen Abteilungen kann aus der Vergangenheit übernommen werden.

- Blechbearbeitung: 12 m · 12 m
- Lackiererei: 6 m · 12 m
- Lager: 12 m · 12 m
- Versand: 10 m · 12 m

- Schleiferei: 6 m · 12 m
- Montage: 8 m · 12 m
- Packerei: 6 m · 12 m
- Wareneingang: 12 m · 12 m

Für die neue Fertigungshalle sind der Flächenbedarf sowie die Flächeninnenmaße zu ermitteln. „Die konstruktiven Erfordernisse der Halle stelle ich sicher, darauf müssen Sie keine Rücksicht nehmen; Türen und eine Rampe bekommen Sie natürlich auch, die müssen Sie nicht planen", äußert humorvoll der Bauingenieur des Betriebes. Weiterhin ist eine Anordnung der einzelnen Abteilungen grafisch vorzuschlagen, der eine Minimierung der Durchlaufzeit gewährleistet.

Lösungsvorschlag:
Da alle Abteilungen beim Flächenbedarf eine gleichlautende Länge von 12 m haben, empfiehlt sich für die neue Halle eine Abmessung von [2 · 12] · [x] zur Minimierung der Transportwege. Der gesamte Flächenbedarf beträgt:

12 m · 12 m	=	144 m²	6 m · 12 m = 72 m²	
6 m · 12 m	=	72 m²	8 m · 12 m = 96 m²	
12 m · 12 m	=	144 m²	6 m · 12 m = 72 m²	
10 m · 12 m	=	120 m²	12 m · 12 m = 144 m²	

$\sum$ = 864 m²   =   gesamter Flächenbedarf
864 m² : 24 m   =   36 m

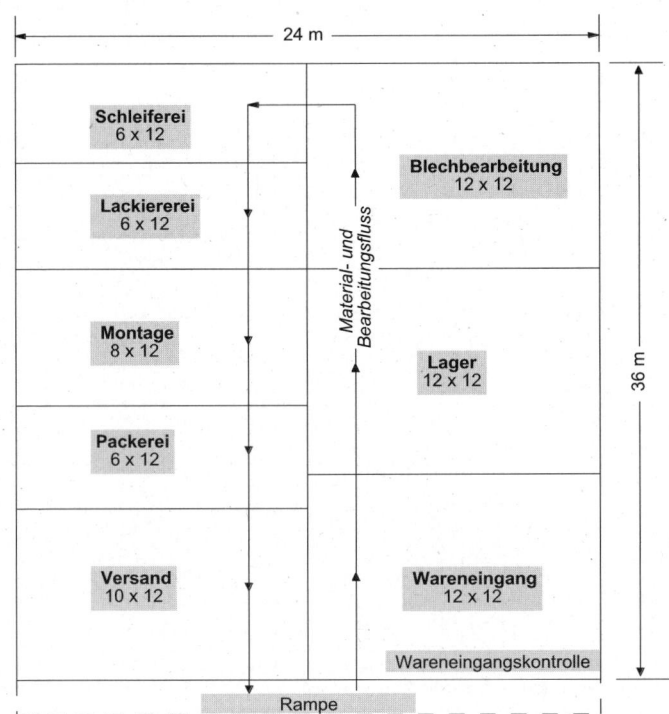

Das heißt, dass die neue Fertigungshalle Innenmaße von 24 m x 36 m hat. Die Anordnung der Abteilung richtet sich nach dem Fließprinzip und berücksichtigt die erforderlichen Flächenvorgaben:

Wareneingang → Lager → Blechbearbeitung → Schleiferei → Lackiererei → Montage → Packerei → Versand.

06. Welche Techniken zur Darstellung von Arbeitsabläufen sind in der Praxis gebräuchlich und wie kann man sie hinsichtlich ihrer Verwendung unterscheiden?

Für die Darstellung und Dokumentation von Istzuständen und Sollkonzepten in der Ablauforganisation bedient man sich verschiedener Techniken:

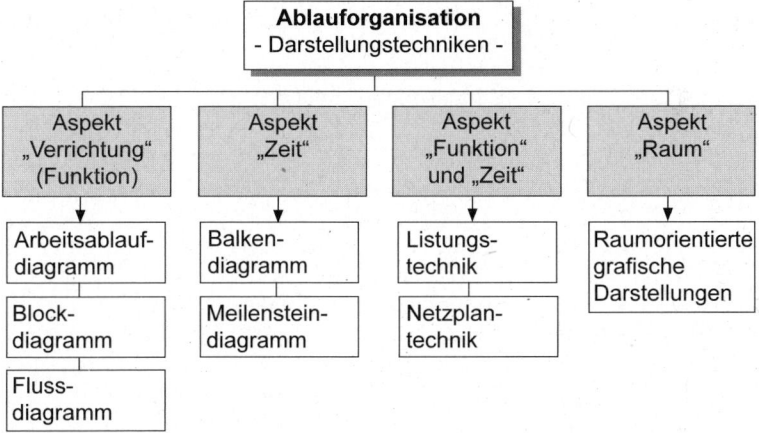

Neben der Gliederung nach „Aspekten" lassen sich die Darstellungstechniken weiterhin nach der „Form" systematisieren (in der Literatur auch: *Dokumentationsformen*):

Darstellungsformen der Ablauforganisation		
Baumstruktur	- Organigramm - Baumdiagramm	- Fischgrätendiagramm - Struktogramm
Netzstruktur	- Flussdiagramm - Datenflussdiagramm	- Ablaufdiagramm - Netzplantechnik
Tabellenstruktur (Matrix)	- Datenflussdiagramm - Entscheidungstabelle	- Netzplantechnik - Kommunikationsmatrix
Grafik + Tabelle + Text	- Balkendiagramm	- Meilensteindiagramm
Sprache, Text	- Stellenbeschreibung - Programmiersprachen - Gefährdungsanalyse	- Funktionsbeschreibung - Anforderungsanalyse
Formel	- Kennzahlen - Informationsalgebra	- Mathematik

07. Wie wird ein Flussdiagramm erstellt?

Verrichtungsorientierte Abläufe können durch Flussdiagramme dargestellt werden. Es werden dabei feststehende Symbole nach DIN 66006 verwendet, die hier auszugsweise wiedergegeben sind:

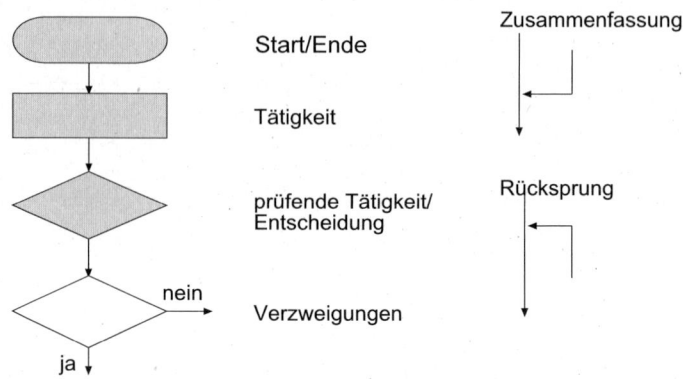

- *Merkpunkte*:
  - Beginn und Ende des Vorgangs werden mit „Start" und „Ende" (Ellipse) gekennzeichnet.
  - „Ja-Verzweigungen" = senkrecht; „Nein-Verzweigungen" = waagerecht (nach DIN 66006).
  - Vorgangsstufen werden mit Richtungspfeilen verknüpft.
  - Bei den Vorgangsstufen wird zwischen „Tätigkeit = Rechteck" und „prüfender Tätigkeit = Entscheidungsraute" unterschieden.

  Beispiel:

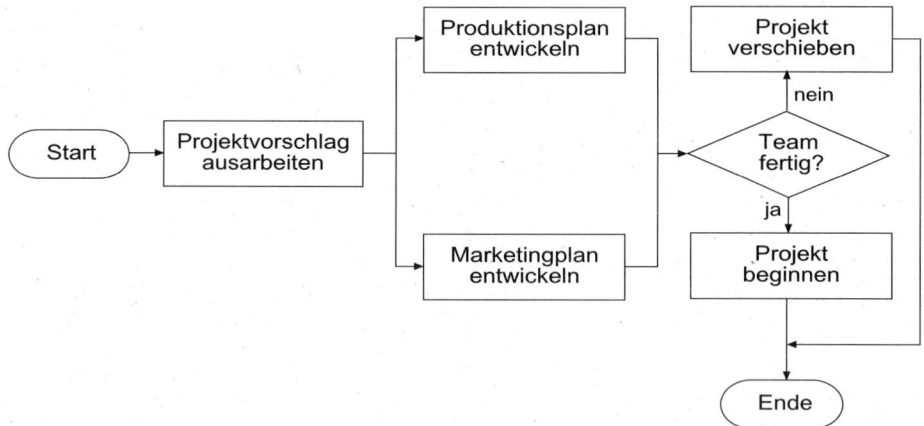

- Das *Datenflussdiagramm* (= Datenflussplan) ist eine Variante des Flussdiagramms für Arbeitsabläufe. Einzelheiten dazu sind der DIN 66001 zu entnehmen (vereinfacht: es werden weitere Symbole (der DV) verwendet).

Beispiel:

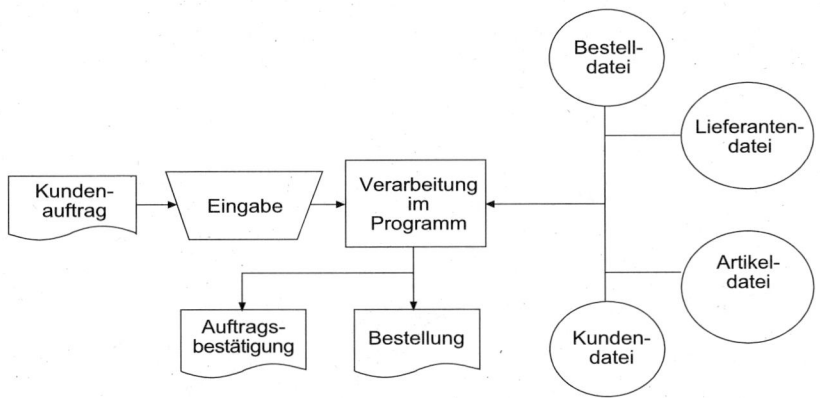

08. Welche Struktur hat ein Arbeitsablaufdiagramm?

Das Arbeitsablaufdiagramm zeigt die verrichtungsorientierten Abhängigkeiten bei Arbeitsabläufen. Es ist eine Kombination von „Tabelle + Grafik". Es können nur lineare Abläufe veranschaulicht werden. Zur übersichtlichen Darstellung verwendet man für die einzelnen „Verrichtungstypen" (= Vorgangsarten) unterschiedliche Symbole. Es gibt in der Literatur keine einheitliche Darstellung. Überwiegend werden vier Verrichtungsarten gelistet und die unten gezeigten Symbole verwendet.

Vorgangsstufen	Bearbeitung	Transport	Kontrolle	Lagerung
Poststelle gibt Rechnung an Einkauf	○	▷	☐	▽
Einkauf prüft, ob Ware im Lager	○	▷	☐	▽
Einkauf gibt Rechnung an Buchhaltung	○	◁	☐	▽
Buchhaltung überprüft rechnerisch	○	▷	☐	▽
Buchhaltung verbucht	●	▷	☐	▽
Weitere Bearbeitung	●	▷	☐	▽
Ablage	○	▷	☐	▽

09. Wie wird ein Netzplan erstellt?

Unter der Netzplantechnik versteht man ein Verfahren zur Planung und Steuerung von Abläufen auf der Grundlage der Grafentheorie; Einzelheiten enthält die DIN 69 900. Netzpläne sind anderen Darstellungstechniken immer dann vorzuziehen, wenn komplexe Aufgaben, vernetzte Abläufe, viele Terminvorgänge sowie häufige Änderungsnotwendigkeiten vorliegen. Netzpläne können grundsätzlich manuell oder maschinell erstellt und verwaltet werden. Maschinelle Unterstützung sollte zur Durchlaufterminierung immer bei einer großen Anzahl von Vorgängen eingesetzt werden. In der betrieblichen Praxis werden überwiegend zwei Darstellungsarten eingesetzt:

- *Vorgangspfeiltechnik* und
- *Vorgangsknotentechnik*.

Es sind folgende Festlegungen bei der Bearbeitung eines Netzplanes zu berücksichtigen (hier: *Vorgangsknotentechnik*):

Knoten

FAZ		FEZ
Nr.	Vorgangsbezeichnung	
Zeiteinheit	GPZ	FPZ
SAZ		SEZ

Nr.	laufende Nr. in der Vorgangsliste
FAZ	früheste Anfangszeit
FEZ	früheste Endzeit
SAZ	späteste Anfangszeit
SEZ	späteste Endzeit
GPZ	Gesamtpufferzeit
FPZ	freie Pufferzeit

10. Welche Reihenfolge empfiehlt sich bei der Erarbeitung eines Netzplans?

Für die Bearbeitung eines Netzplanes empfiehlt sich folgender Ablauf:

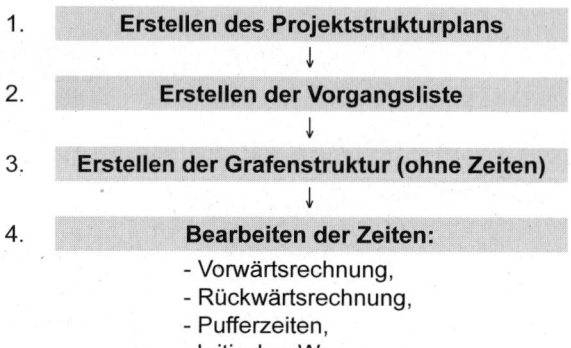

1. **Erstellen des Projektstrukturplans**
    ↓
2. **Erstellen der Vorgangsliste**
    ↓
3. **Erstellen der Grafenstruktur (ohne Zeiten)**
    ↓
4. **Bearbeiten der Zeiten:**
    - Vorwärtsrechnung,
    - Rückwärtsrechnung,
    - Pufferzeiten,
    - kritischer Weg.

11. Wie erfolgt die Vorwärts- und Rückwärtsrechnung beim Netzplan sowie die Ermittlung der Pufferzeiten?

Vorwärtsrechnung = Berechnung der Gesamtdauer (FAZ/FEZ)	
1	FAZ des 1. Knotens = 0
2	FEZ = FAZ + Knotenzeit
3	FAZ des folgenden Knotens = FEZ des Vorgängers
4	Bei mehreren Folge-Knoten wird mit der *größten Zeit* weitergerechnet.

Rückwärtsrechnung = Berechnung der SAZ/SEZ	
1	SEZ des Endknotens = FEZ des Endknotens
2	SAZ = SEZ – Knotenzeit
3	SEZ des folgenden Knotens = SAZ des Ausgangsknoten
4	Bei mehreren Folge-Knoten wird mit der *kleinsten Zeit* weitergerechnet.

GPZ = Gesamtpufferzeit	Zeitpuffer *innerhalb* des Knotens
1	GPZ = SAZ – FAZ oder
2	GPZ = SEZ – FEZ

FPZ = Freie Pufferzeit	Zeitpuffer *zwischen* zwei Knoten
$FPZ_A = FAZ_B - FEZ_A$	dabei sind A und B zwei hintereinander liegende Knoten

	FEZ		FAZ		
A			→ B		
	FPZ				

Ergeben sich keine zeitlichen Puffer aus den frühesten Anfangs- und Endterminen (bzw. den spätesten), so liegen diese Vorgänge (Vorgangsknoten) entlang des *kritischen Weges*. Er ist deshalb kritisch, da Zeitüberschreitungen in diesen Vorgängen eine Zeitüberschreitung des Gesamtablaufs bedeuten.

4.1.5 Analysemethoden

4.1.5.1 Methoden zur Messung der Kundenzufriedenheit und Auswertung der Ergebnisse

01. Welche Leistungsmerkmale sind zur Erfassung von Kundenzufriedenheit geeignet?

Die Auffassungen darüber sind in der Literatur sehr unterschiedlich. Meist wird die Auffassung vertreten, dass sich Kundenzufriedenheit vor allem an folgenden Leistungsmerkmalen festmachen lässt (Liste der so genannten *Satisfaction Drivers*):

Faktoren der Kundenzufriedenheit • Satisfaction Drivers
das vom Kunden wahrgenommene Preis-Leistungsverhältnis (Nutzen)
die Freundlichkeit der Mitarbeiter
die Qualität des Telefonkontakts
die Qualität der fachlichen Beratung
die Erreichbarkeit des Ansprechpartners

⇓

Kundenzufriedenheit = Erwartung des Kunden ↔ Ist-Zustand

Der Grad der Kundenzufriedenheit lässt sich messen im Vergleich „Erwartungen des Kunden und Ist-Zustand" und dies bezogen auf die relevanten Leistungsmerkmale.

02. Welche Methoden lassen sich zur Messung der Kundenzufriedenheit einsetzen?

Methoden - der Sekundärforschung und
            - der Primärforschung

- *Sekundärstatistisch*, z. B.:
  - Umsatz- und Lagerstatistiken,
  - Veröffentlichungen des Statistischen Bundesamtes, der statistischen Landesämter, von Fachverbänden, Industrie- und Handelskammern, Ministerien, wissenschaftlichen Instituten,
  - Jahrbücher,
  - Pressemitteilungen der Konkurrenz,
  - Besuchsberichte,
  - Reklamationen,
  - Auskunfteien.

- *Primärstatistisch*, z. B.:
  - *Befragung,* z. B.:
    - persönlich, schriftlich, mündlich, telefonisch
    - standardisiert, teilstandardisiert, offen
    - weiches, hartes oder neutrales Interview
    - direkte oder indirekte Fragetechnik
    - offene oder geschlossene Fragen, Ergebnisfragen, Eisbrecher-Fragen, Kontrollfragen
    - einmalige oder mehrfache Befragung
    - Einzel- oder Gruppeninterview
    - Einthemen- oder Mehrthemenbefragung (Omnibusbefragung)
    - Verbraucher-, Händler-, Kunden-, Vertreter-, Reisende- und Produzentenbefragung

  - *Beobachtung,* z. B.:
    - systematisch oder zufällig
    - offen oder verdeckt
    - Labor- oder Feldbeobachtung
    - persönlich oder apparativ
    - Eigen- oder Fremdbeobachtung

  - *Experiment,* z. B.:
    - im medizinischen Sektor
    - im Bereich der Verhaltensforschung
    - im Bereich der Technik

  - *Sonderformen,* z. B.:
    - Produkttests (z. B. Funktion, Farbe, Form)
    - Untersuchung von Testmärkten (Untersuchungen in regional abgegrenzten Märkten)

· Paneluntersuchungen
· Store-Tests (z. B. Kundenlauf im Verkaufsraum, Blickrichtung und -höhe)
· Warentests (z. B. Fachzeitschriften, Stiftung Warentest, ADAC).

Die Entscheidung, welche Methode angewandt werden sollte, ist abhängig von den zu erhebenden Daten, den Personen, bei denen die Daten erhoben werden sollen, der Dringlichkeit, der vorhandenen Technik und vom zur Verfügung stehenden Kostenbudget.

Beispiele für *Formen/Methoden der Primärerhebung:*

Die **mündliche Befragung**	ist die in Deutschland am häufigsten durchgeführte Befragungsform. Etwa 50 % aller Befragungen sind mündliche Befragungen. Finden diese innerhalb des Unternehmens oder in anderen Gebäuden statt, sollten sie 30 Minuten, finden sie im Freien statt, sechs Minuten nicht überschreiten. Sie werden durchgeführt von geschulten Interviewern mittels Interviewleitfaden mit Fragen und Hinweisen. Es ist notwendig, exakt formulierte Fragen zu stellen und Suggestivfragen zu vermeiden. Von Vorteil ist, dass der Interviewer nachfragen und zusätzliche Erläuterungen geben kann. In wachsendem Maße werden herkömmliche und telefonische Befragungen durch den Einsatz von Computern unterstützt. Mündliche Befragungen sind sehr aufwändig und teuer.
Die **schriftliche Befragung**	wird in etwa 30 % aller Befragungen eingesetzt. Entsprechend der spezifischen Aufgabenstellung ist die Vorgehensweise bei der Übermittlung der Fragebögen unterschiedlich. Sie erfolgt meist durch die Post, persönlich, durch Zeitungen und Zeitschriften sowie per E-Mail. Die Formulierung der Fragen erfolgt sorgfältig. Durch die Vorgabe infrage kommender Merkmalsausprägungen kann die Beantwortung der Fragen durch Ankreuzen erfolgen, was eine rationelle Auswertung ermöglicht. Fehlerhafte Antworten lassen sich jedoch nur bedingt durch Kontrollfragen ausschließen. Außerdem kann nicht geprüft werden, ob die Reihenfolge der Fragen bei der Beantwortung eingehalten wurde. Die oft sehr großen Unterschiede bei der Antwortquote beeinflussen die Qualität der Erhebung zum Teil erheblich. Schriftliche Befragungen sind kostengünstig, umfassen aber oft einen langen Erhebungszeitraum.
Die **Beobachtung**	ist eine Datenerhebungsmethode, die durch sinnliche Wahrnehmung erfolgt. Der Untersuchungsbereich ist genau umschrieben. Meist geht man dabei planmäßig vor und registriert das aktuelle Geschehen unter Anwendung technischer Hilfsmittel wie Mikrophon, Videokamera u. a. Man unterscheidet die offene und die verdeckte, die systematische und die unsystematische sowie die teilnehmende und die nicht teilnehmende Beobachtung. Beobachtungsverfahren sind nicht von der Auskunftsbereitschaft und dem Ausdrucksverfahren der jeweiligen Personen abhängig. Bestimmte Merkmale lassen sich ohne Interviewereinfluss realistischer ermitteln. Allerdings sind Beobachtungssituationen nicht wiederholbar und schwierig, manchmal nicht eindeutig interpretierbar. Durch wachsende apparative Beobachtungsmöglichkeiten wird die Bedeutung der Beobachtungsverfahren zunehmen.

Das **Experiment**	wird meist als eigenständige Methode der Primärerhebungen genannt. Das Experiment ist jedoch keine eigenständige Methode. Es ist nur eine Vorgehensweise bei der Gewinnung der Informationen, bei der die Befragung und/oder die Beobachtung als Erhebungsmethoden angewandt werden. Das Experiment hat das Ziel herauszufinden, ob ein Kausalzusammenhang zwischen mindestens zwei Faktoren vorliegt. In der Praxis lassen sich viele Anwendungsmöglichkeiten von Experimenten in Form von verschiedenen Tests finden. Diese lassen sich klassifizieren nach
	- dem Ort der praktischen Durchführung der Tests, z.B. bei Markttests, - dem Testobjekt, z.B. Produkttests, bei denen die subjektiven Wirkungen der zu untersuchenden Waren auf bestimmte Testpersonen festgestellt werden, Tests zu Markennamen und Preistests, - den Testpersonen, z.B. Konsumenten u.a. Zielgruppen, - der Testdauer in Form von Langzeittests oder Kurzzeittests, - dem Testumfang, z.B. der Volltest eines Produktes oder der Test bestimmter Produkteigenschaften und - der Anzahl der zu testenden Produkte in Form von Vergleichstests oder Einzeltests.
Das **Panel**	stellt ebenfalls keine eigenständige Erhebungstechnik dar, sondern ist eine Form der Erhebung, die mündlich, schriftlich, telefonisch oder computergestützt erfolgen kann. Dabei wird ein bestimmter Kreis von Personen über einen langen Zeitraum hinweg in regelmäßigen Abständen zum gleichen Untersuchungsgegenstand befragt. Mit einem Panel lassen sich Auswirkungen von Veränderungen und Ereignissen auf die Teilnehmer des Panels analysieren. Man kann damit die auf einen Zeitraum bezogene Kaufverhaltens- und/oder Einstellungsveränderung ermitteln sowie die Richtung und die Ursachen dieser Veränderungen analysieren. Sehr nützlich für zukünftige Entwicklungen ist die Analyse der Bedingungen, die den Wandel der Verhaltens- und Einstellungsänderungen verursacht haben. Zu den wichtigsten Panelarten gehören:
	- Handelspanel: Panelerhebungen, die beim Einzelhandel und Großhandel hinsichtlich ihrer Lagerbestände sowie der An- und Abverkäufe bei bestimmten Artikeln in der Berichtsperiode erhoben werden, - Unternehmenspanels, die sich auf eine Stichprobe der Unternehmen beziehen, z.B. das Auftragspanel und das Investitionspanel, - Verbraucherpanels, die eine Stichprobe von Haushalten betreffen und - Spezialpanels, z.B. Einschaltquoten.
Bei der **automatischen Erfassung**	erfolgt die Erhebung im Augenblick der Entstehung der Daten, z.B. Verkaufsdaten in einem computergesteuerten Warenwirtschaftssystem oder der Einsatz von Messgeräten wie der Stromzähler.
Besuchsberichte	**Quellentext** aus dem QM-Handbuch eines Betriebes (Praxisbeispiel): „Mitarbeiter des Vertriebs haben die Aufgabe, Produkte anlässlich von Routinebesuchen bei Kunden im Einsatz zu beobachten und Erfahrungen abzufragen. Diese Informationen sind in *Besuchsberichten* festzuhalten und den Fachabteilungen zur weiteren Verwendung zur Verfügung zu stellen. Insbesondere bei Neuentwicklungen sind diese Erfahrungen zu berücksichtigen."

03. Was ist eine Kundenzufriedenheitsanalyse?

Mithilfe geeigneter Merkmale, die meist gewichtet sind, erfolgt eine Kundenbefragung mit anschließender, dv-gestützter Auswertung; Beobachtungsmerkmale sind z. B.: Erreichbarkeit des Ansprechpartners für den Kunden, Qualität, Termineinhaltung, Beratungsumfang u. Ä.

4.1.5.2 Wertanalyse

01. Welchen Ansatz verfolgt die Wertanalyse (WA)?

Anders als die traditionellen Kostensenkungsprogramme, bei denen eine isolierte Senkung der Kosten die Erlössituation verbessern sollte, geht es bei der WA um die gezielte Betrachtung der Funktionen und die Frage, wie Kosten reduziert werden können, ohne den Funktionswert zu mindern. Oder anders ausgedrückt: Es geht bei der WA um die *Maximierung der Differenz zwischen Funktionswert und* den dafür erforderlichen *Kosten*.

Mithilfe der Wertanalyse sollen z. B. folgende generellen Unternehmensziele realisiert werden:

- *Senkung der Herstellungskosten* (u. a. durch Vermeidung nicht notwendiger Kosten),
- *Verbesserung der Produktivität,*
- *Qualitätsverbesserung.*

02. Wie ist der Arbeitsplan nach DIN 69910 gegliedert?

1. Projekt vorbereiten:
- Moderator, Koordinator und Team benennen,
- Grobziel, Rahmenbedingungen und Projektorganisation festlegen,
- Projektablauf planen.

2. Objektsituation analysieren:
- Informationen über Objekt, Umfeld, Kosten sowie Funktionen beschaffen,
- lösungsbedingte Vorgaben ermitteln,
- den jeweiligen Funktionen die Funktionskosten zuordnen.

3. Soll-Zustand beschreiben:
- alle Informationen auswerten,
- alle Soll-Funktionen und lösungsbedingenden Vorgaben festlegen,
- kostenzielenden Soll-Funktionen zuordnen.

4. Lösungsideen entwickeln:
- vorhandene Ideen sammeln,
- neue Ideen entwickeln.

5. Lösungen festlegen:
- Bewertungskriterien festschreiben,
- Lösungsideen bewerten,
- Lösungsansätze darstellen und bewerten,

- Lösungen ausarbeiten und bewerten,
- Entscheidungsvorlage aufbereiten,
- Entscheidung herbeiführen.

6. *Lösungen verwirklichen:*
   - Umsetzung im Detail planen,
   - Realisierung beginnen und kontrollieren,
   - Projekt abschließen.

Die Stärken des Instrumentes Wertanalyse liegen u. a. in der praktisch universellen Einsetzbarkeit sowie im Zwang zur Systematik. Schwächen ergeben sich aus der durch die Systematik produzierten „Quasi-Objektivität", aus der Möglichkeit zur Manipulation (z. B. durch die Auswahl der Nutzkriterien und durch deren Gewichtung) sowie aus dem relativ hohen Arbeits- und Zeitaufwand, der bei sorgfältiger Anwendung besteht.

03. In welchen Schritten ist die Wertanalyse durchzuführen?

Beispiel: Feuerzeug

1. Arbeitsplan, Schlüsselfragen
   - Was ist es?
   - Was tut es? (Was ist seine Funktion?)
   - Was kostet es?
   - Was könnte die gleiche Funktion erfüllen?
   - Was würde dies kosten?

2. Funktionsarten ermitteln:

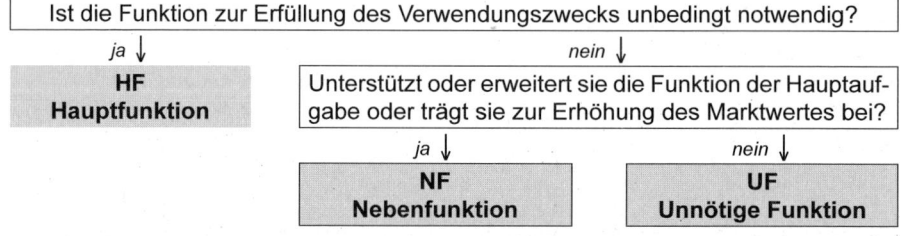

Beispiel Feuerzeug:
- HF: Flamme (Feuer)
- NF: Gas, Feuerstein
- UF: Anhänger, Zierrat

Ausgewählte Fragen aus einer Checkliste für Wertanalytiker:

- Wie alt ist das zu analysierende Teil?
- Bietet die Konkurrenz das Teil billiger an?
- Aus wie vielen Einzelteilen besteht die Baugruppe bzw. das Erzeugnis?
- Kann man die Dimensionen reduzieren?
- Kann ein anderer Rohstoff verwendet werden, z. B. Kunststoff statt Stahl?
- Können die Fertigungstoleranzen erweitert werden?
- Können komplizierte Formen durch einfachere ersetzt werden?

4.1.5.3 Betriebsstatistik als Entscheidungshilfe

01. Was ist das Wesen und die Aufgabe der Statistik?

Mit Statistik (= lateinisch: „status" = Zustand) bezeichnet man die Gesamtheit aller Methoden zur Untersuchung von Massenerscheinungen sowie speziell die Aufbereitung von Zahlen und Daten in Form von Tabellen und Grafiken.

Die Aufgabe der Statistik besteht darin, Bestands- und Bewegungsmassen systematisch zu gewinnen, zu verarbeiten, darzustellen und zu analysieren. Dabei sind *Bestandsmassen* diejenigen Massen, die sich auf einen Zeitpunkt beziehen, während *Bewegungsmassen* auf einen bestimmten Zeitraum entfallen.

02. Welchen Stellenwert hat die Betriebsstatistik?

Die Statistik ist ein Teilgebiet des Rechnungswesens und ein eigenständiges Instrument der Analyse, des Vergleichs und der Prognose. Kernfragen des betrieblichen Alltags können ohne die Methoden der Statistik nicht gelöst werden; z. B.:

- Mithilfe der Stichprobentheorie lässt sich von Teilgesamtheiten auf Grundgesamtheiten schließen.

- Mithilfe der Indexlehre können z. B. durchschnittliche Veränderungen der Preise zu einer einheitlichen Basis ermittelt werden.

03. In welchen Schritten erfolgt die Lösung statischer Fragestellungen?

1. Analyse der Ausgangssituation,
2. Erfassen des Zahlenmaterials,
3. Aufbereitung, d. h. Gruppierung und Auszählung der Daten und Fakten,
4. Auswertung, d. h. Analyse des Zahlenmaterials nach methodischen Gesichtspunkten.

04. Wie kann statistisches Ausgangsmaterial erfasst und aufbereitet werden?

- Die *Erfassung* des Zahlenmaterials kann

  - als Befragung,
  - als Beobachtung oder
  - als Experiment

  erfolgen. Dabei kann es sich um eine Vollerhebung oder um eine Teilerhebung (Stichprobe) handeln bzw. die Daten können primärstatistisch oder sekundärstatistisch erhoben werden (vgl. S. 383 ff.).

- *Aufbereitung*:

  Das Zahlenmaterial kann erst dann ausgewertet und analysiert werden, wenn es in aufbereiteter Form vorliegt. Dazu werden die Merkmalsausprägungen geordnet – z. B. nach Geschlecht, Alter, Beruf, Region. Weitere Ordnungskriterien können sein:

- ordnen des Zahlenmaterials in einer Nominalskala
  (qualitative Merkmale; „gleich/verschieden"),
- ordnen des Zahlenmaterials in einer Kardinalskala oder einer Ordinalskala,
- Unterscheidung in diskrete und stetige Merkmale,
- Aufbereitung in Form einer Klassenbildung (bei stetigen Merkmalen),
- Aufbereitung ungeordneter Reihen in geordnete Reihen,
- Bildung absoluter und relativer Häufigkeiten (Verteilungen).

Schrittfolge bei der Lösung statistischer Fragestellungen:

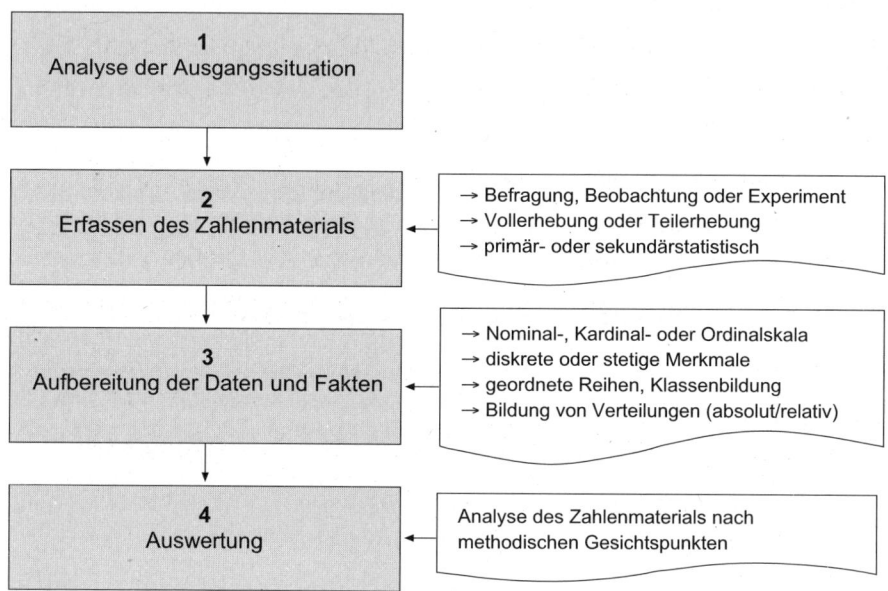

05. Welche Prinzipien sind bei der Aufbereitung in Form von Tabellen zu berücksichtigen?

- Tabellen bestehen aus Spalten und Zeilen. Zur besseren Übersicht können Zeilen und Spalten nummeriert werden.
- Die Schnittpunkte von Zeilen und Spalten nennt man Felder oder Fächer.
- Der Tabellenkopf ist die Erläuterung der Spalten. Er kann
  · eine *Aufgliederung* (z. B. „Belegschaft gesamt", „davon weibliche Belegschaft", „davon männliche Belegschaft"),
  · eine Ausgliederung („Belegschaft insgesamt", „darunter weiblich") oder
  · eine mehrstufige Darstellung („Belegschaft gesamt", davon „männlich", „davon ledig", „davon verheiratet") enthalten.
- Tabellen können im Hoch- oder im Querformat wiedergegeben werden.
- Das linke obere Feld (der Schnittpunkt von Vorspalte und Tabellenkopf) kann als
  · Kopf zur Vorspalte,
  · als Vorspalte zum Kopf oder
  · als Kopf zur Vorspalte/Vorspalte zum Kopf

gestaltet sein. Im Zweifelsfall kann dieses Fach auch leer bleiben, bevor eine nicht eindeutig zutreffende Bezeichnung gewählt wird.

Weitere Grundregeln zur Tabellengestaltung sind:

- Jede Tabelle sollte eine Überschrift enthalten, aus der korrekt der Titel hervorgeht.

- Bei einer quer dargestellten Tabelle sollte die Vorspalte links liegen.

- Erläuterungen, die sich auf die gesamte Tabelle beziehen werden in einer Vorbemerkung wiedergegeben.

- Erläuterungen, die sich auf einen Teil der Tabelle beziehen, stehen in der Fußnote.

- Hinweise zur Tabellengestaltung können der DIN 55301 entnommen werden.

06. Wie können statistische Ergebnisse grafisch dargestellt werden?

Statistische Grafiken werden zur Veranschaulichung des vorhandenen Zahlenmaterials eingesetzt. Man verwendet folgende *Grundformen*:

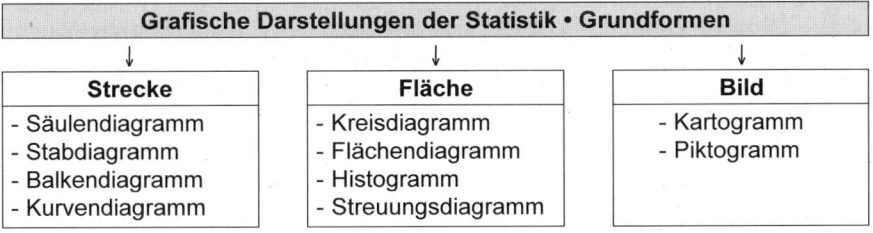

07. Welche Mittelwertberechnungen finden vor allem Anwendung?

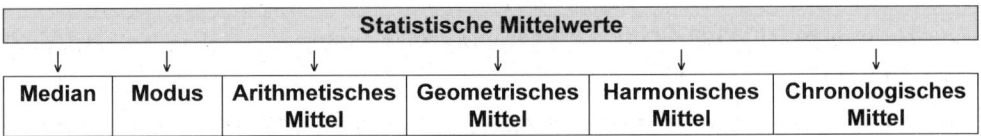

08. Welche Streuungsmaße finden vor allem Anwendung?

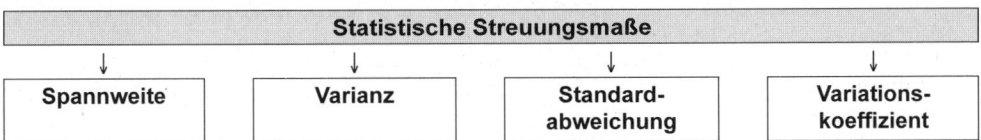

**04. Wie lässt sich der Zusammenhang zwischen Unternehmenszielen, Führungs-
leitbild und Personalpolitik grafisch darstellen?**

Vereinfacht lässt sich folgender Zusammenhang herstellen (vgl. S. 338 ff.):

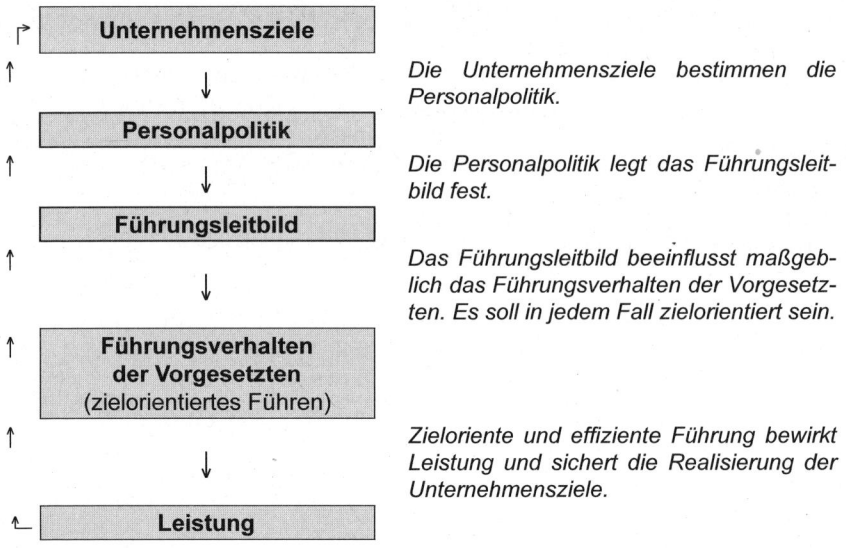

Die Unternehmensziele bestimmen die
Personalpolitik.

Die Personalpolitik legt das Führungsleitbild fest.

Das Führungsleitbild beeinflusst maßgeblich das Führungsverhalten der Vorgesetzten. Es soll in jedem Fall zielorientiert sein.

Zieloriente und effiziente Führung bewirkt
Leistung und sichert die Realisierung der
Unternehmensziele.

4.2.2 Arten der Führung

4.2.2.1 Führung über Motivation

**01. Wie kann durch Motivation das Leistungsverhalten des Mitarbeiters gefördert
werden?**

Von Motivation spricht man dann, wenn in konkreten Situationen aus dem Zusammenwirken verschieden aktivierter Motive ein bestimmtes Verhalten bewirkt wird.

Das menschliche Verhalten wird jedoch nicht nur allein durch eine Summe von Motiven bestimmt. Wesentlich hinzu kommen als Antrieb die persönlichen Fähigkeiten und
Fertigkeiten.

Eine entscheidende Rolle für das menschliche Verhalten spielt auch die gegebene
Situation. Bei konstanter Situation (beispielsweise am Arbeitsplatz) kann man sagen,
dass sich *das Verhalten aus dem Zusammenwirken von Motivation mal Fähigkeiten
plus Fertigkeiten ergibt.* Das Leistungsverhalten des Einzelnen kann durch Verbesserung der Fähigkeiten und Fertigkeiten bei hoher Motivation verbessert werden.

02. Welche Aussagen liefert die Motivationstheorie von Maslow?

Maslow hat die menschlichen Bedürfnisse strukturiert und in eine hierarchische Ordnung gefasst; seine „Bedürfnispyramide" – unterteilt in Wachstumsbedürfnisse und Defizitbedürfnisse – war die Grundlage für eine Reihe von Theorien über Bedürfnisse und Motivation (z. B. ERG-Theorie; Zwei-Faktoren-Theorie nach Herzberg sowie den Motivationsbestrebungen in der Praxis):

Hieraus können Hauptmotive der Arbeitnehmer abgeleitet werden:

- Geldmotiv
- Kontaktmotiv
- Statusmotiv
- Sicherheitsmotiv
- Kompetenzmotiv
- Leistungsmotiv

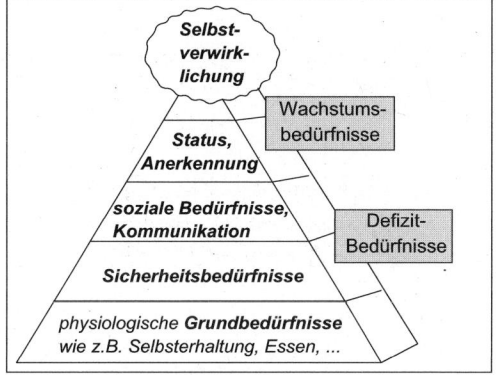

03. Was kennzeichnet die 2-Faktoren-Theorie nach Herzberg?

Die Ergebnisse von Untersuchungen des amerikanischen Psychologen *Frederick Herzberg* wurden auch für den deutschen Sprachraum bestätigt. Nach *Herzberg* hat der Mensch ein zweidimensionales Bedürfnissystem:

Er hat

- Entlastungsbedürfnisse und
- Entfaltungsbedürfnisse.

Das heißt, er möchte alles vermeiden, was die Mühsal des Lebens ausmacht. Die zivilisatorischen Errungenschaften nimmt er als selbstverständlich hin. Sie sind für ihn *kein Grund zu besonderer Zufriedenheit.*

Dazu gehören auch die äußeren Arbeitsbedingungen wie z. B.

- die Organisationsstruktur
- das Entgelt
- die Arbeitsbedingungen.
- das Führungsklima
- die zwischenmenschlichen Beziehungen

Diese Faktoren werden nach *Herzberg Hygienefaktoren* genannt. Mit Hygienefaktoren kann man Mitarbeiter nicht zu einer besonderen Leistung motivieren. Sie sind aber für die positive Grundstimmung bei der Arbeit unerlässlich und bewirken, dass sich der Mitarbeiter gut in den Betrieb eingebettet fühlt. Die Hygienefaktoren bilden somit die Grundlage für ein gesundes Betriebsklima.

Für die Entfaltungsbedürfnisse bedeutet das, dass der einzelne Mitarbeiter sich als Person entfalten möchte. Werden diese Bedürfnisse befriedigt, entsteht echte und andauernde Zufriedenheit. Dazu gehört u. a. die Arbeit (an sich) wie z. B.

- das Gefühl, etwas zu schaffen
- Verantwortung
- sachliche Anerkennung
- Vorwärtskommen.

Diese Faktoren werden nach *Herzberg Motivatoren* genannt. Motivatoren sind mit Erwartungsspannung und Erfolgserlebnissen verknüpft. Sie regen zur Eigenaktivität an und führen zu echter Leistungsmotivation.

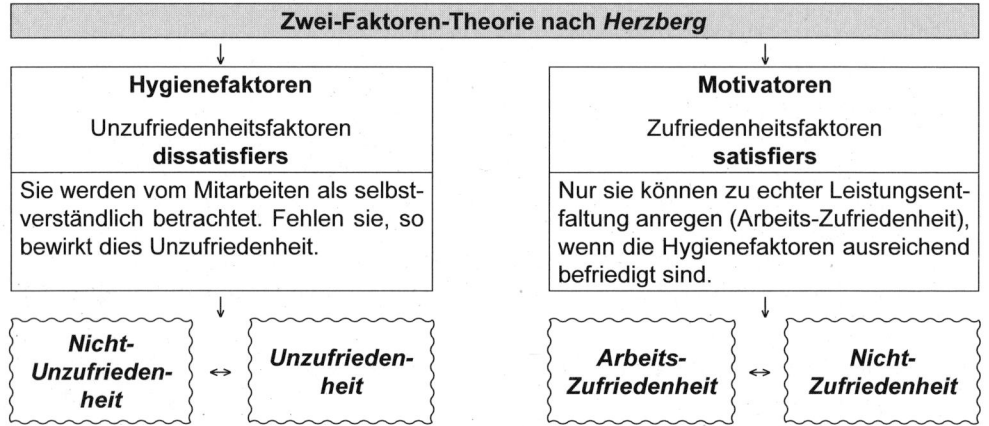

Für den Vorgesetzten bedeutet das, einerseits dazu beizutragen, dass die Entlastungsbedürfnisse befriedigt werden, andererseits seine Führungsfähigkeiten so einzusetzen, dass die Entfaltungsbedürfnisse Anreize erfahren.

4.2.2.2 Führen durch Zielvereinbarung

01. Wie sind Zielvereinbarungsprozesse zu gestalten?

Führen durch Zielvereinbarung (Management by Objectives; MbO) bedeutet: Die Entscheidungsebenen arbeiten gemeinsam an der Zielfindung. Dabei legen Vorgesetzter und Mitarbeiter zusammen das Ziel fest, überprüfen es regelmäßig und passen das Ziel an. Da das Gesamtziel der Unternehmung und die daraus abgeleiteten Unterziele ständig am Markt orientiert sein müssen, ist „Führen durch Zielvereinbarung" aufgrund kontinuierlicher Zielpräzisierung ein Prozess. Als Voraussetzungen von MbO müssen u. a. geschaffen werden:

- ein System hierarchisch abgestimmter und klar formulierter Ziele,
- klare Abgrenzung der Kompetenzen,
- Bereitschaft der Vorgesetzten zur Delegation,
- Fähigkeit und Bereitschaft der Mitarbeiter, Verantwortung zu übernehmen.

- *Vorteile* von MbO:
  - Entlastung der Vorgesetzten,
  - das Streben der Mitarbeiter nach Eigenverantwortlichkeit und selbstständigem Handeln wird unterstützt,
  - das Konzept ist auf allen hierarchischen Ebenen anwendbar,
  - die Beurteilung kann am Grad der Zielerreichung fixiert werden und wird damit unabhängig von den Schwächen merkmalsorientierter Bewertungsverfahren,
  - die Mitarbeiter werden gefördert.

- *Zielvereinbarungsgespräch*

  Das Zielvereinbarungsgespräch ist Bestandteil des Führungsprinzips MbO. Vorgesetzter und Mitarbeiter haben eine Reihe von Aspekten zu berücksichtigen – und zwar vor, während und nach dem Gespräch:

  → *Vor dem Gespräch*:

  Der *Vorgesetzte* soll
  - Mitarbeiter auffordern, einen Zielkatalog für die zu planenden Perioden zu erstellen (evtl. vor dem Gespräch als schriftliche Kopie vorlegen lassen),
  - eine eigene Position über die zu vereinbarenden Ziele erarbeiten,
  - Gesprächstermin vereinbaren,
  - Rahmenbedingungen klären und organisieren (Raum, Getränke),
  - möglichst jegliche Störungen des Gespräches schon im Vorfeld ausschließen.

  Der *Mitarbeiter* soll
  - eigene Zielvorstellungen erarbeiten und eventuell als Kopie dem Vorgesetzten übergeben,
  - Argumente erarbeiten und festhalten,
  - Fragen und Probleme, die besprochen werden sollen, aufschreiben.

  → *Während des Gesprächs*:

  Der *Vorgesetzte* soll
  - zu Beginn den Kontakt zum Mitarbeiter herstellen, eine entspannte Gesprächsatmosphäre schaffen, nicht mit der Tür ins Haus fallen,
  - den Mitarbeiter seine Zielvorstellungen detailliert erklären lassen; hierbei nicht unterbrechen oder frühzeitig bewerten,
  - nicht die eigene Meinung an den Anfang stellen,
  - sich auf die Zukunft konzentrieren und dem Mitarbeiter Vertrauen in sich selbst und in die Unterstützung durch den Vorgesetzten vermitteln,
  - zu einer gemeinsamen Entscheidung „moderieren" und festhalten; vom Vorgesetzten dominierte Ziele motivieren eher wenig.

  Der *Mitarbeiter* soll
  - die eigene Zielkonzeption ausführlich darlegen,
  - seine Wünsche an den Vorgesetzten offen äußern,
  - die Meinung des Vorgesetzten erfassen und überdenken (respektieren),
  - selbst auf eine konkrete tragfähige Vereinbarung achten.

  → *Nach dem Gespräch*:

  Der *Vorgesetzte* soll

- mit Interesse das Vorankommen des Mitarbeiters verfolgen,
- Hilfsmittel erarbeiten, um den Grad der Zielerreichung zu erfassen und um den Mitarbeiter unterstützen zu können.

Der *Mitarbeiter* soll
- für sich selbst ein Kontrollsystem installieren,
- bei Änderungen der Rahmenbedingungen das Gespräch über Zielmodifikationen suchen,
- bei Problemen den Vorgesetzten informieren,
- bei schlechtem Vorankommen den Vorgesetzten um Unterstützung bitten.

4.2.2.3 Aufgabenbezogenes Führen

01. Wie wird richtig delegiert?

Die Bereitschaft der Führungskräfte zur Delegation ist unabdingbare Voraussetzung für die Gestaltung von Zielvereinbarungsprozessen (vgl. S. 394 f.). Delegation wird in der Praxis nicht immer richtig gehandhabt. Oft genug wird dem Mitarbeiter *lediglich Arbeit übertragen* – ohne klare Zielsetzung und ohne Entscheidungsrahmen (Kompetenz). Richtig delegieren heißt, dem Mitarbeiter ein (möglichst messbares und damit überprüfbares)

- *Ziel* zu setzen sowie ihm
- die *Aufgabe* und
- die *Kompetenz** zu übertragen.

*Hinweis: Der Begriff „Kompetenz" hat einen doppelten Wortsinn:

Kompetenz (1)	im Sinne von Befähigung/eine Sache beherrschen, z. B. Führungskompetenz.
Kompetenz (2)	im Sinne von Befugnis/eine Sache entscheiden dürfen, z. B. die Kompetenz/Vollmacht zur Unterschrift.

Aus der Verbindung dieser *drei Bausteine der Delegation* erwächst für den Mitarbeiter die *Handlungsverantwortung* – nämlich seine Verantwortung für die Aufgabenerledigung im Sinne der Zielsetzung sowie die Nutzung der Kompetenz innerhalb des abgesteckten Rahmens. Verantwortung übernehmen heißt, für die Folgen einer Handlung einstehen.

Die Führungsverantwortung bleibt immer beim Vorgesetzten. Er trägt als Führungskraft immer die Verantwortung für Auswahl, Einarbeitung, Aus- und Fortbildung, Einsatz, Unterweisung, Kontrolle usw. des Mitarbeiters (*Voraussetzungen der Delegation*).

Diese Unterscheidung von Führungs- und Handlungsverantwortung ist insbesondere immer dann wichtig, wenn Aufgaben schlecht erfüllt wurden und die Frage zu beantworten ist: „Wer trägt für die Schlechterfüllung die Verantwortung? Der Vorgesetzte oder der Mitarbeiter?"

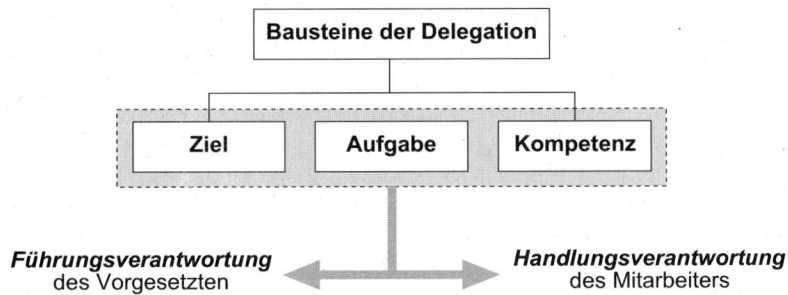

Führungsverantwortung
des Vorgesetzten

Handlungsverantwortung
des Mitarbeiters

02. Welche Ziele werden mit der Delegation verbunden?

- Beim Vorgesetzten: → Entlastung, Prioritäten setzen,
  → Know-how der Mitarbeiter nutzen

- Beim Mitarbeiter: → Förderung der Fähigkeiten („Fordern heißt fördern!")
  → Motivation, Arbeitszufriedenheit

03. Welche Grundsätze müssen bei der Delegation eingehalten werden?

1. Ziel, Aufgabe und Kompetenz müssen sich entsprechen (*Äquivalenzprinzip* der Delegation).

2. Der Vorgesetzte muss die *Voraussetzungen* schaffen:
   - bei sich selbst: Bereitschaft zur Delegation, Vertrauen in die Leistung des Mitarbeiters
   - beim Mitarbeiter: das Wollen (Motivation) + das Können (Beherrschen der Arbeit)
   - beim Betrieb: organisatorische Voraussetzungen (Werkzeuge, Hilfsmittel, Information, dass der Mitarbeiter für diese Aufgabe zuständig ist)

3. *Keine Rückdelegation* zulassen!

4. Festlegen, *welche Aufgaben delegiert werden können* und welche nicht!
   Hinweis: Führungsaufgaben können i. d. R. nicht delegiert werden.

5. *Hintergrund* der Aufgabenstellung erklären!

6. Formen der Kontrolle festlegen/vereinbaren (z. B. Zwischenkontrollen)!

7. Genaue Arbeitsanweisungen geben!

8. Die richtige Fehlerkultur praktizieren:
   - Fehler können vorkommen!
   - Aus Fehlern lernt man!
   - Einmal gemachte Fehler sind zu vermeiden!

04. Welche Handlungsspielräume kann der Vorgesetzte seinen Mitarbeitern bei der Delegation einräumen?

Das Maß/den Umfang der Delegation kann der Vorgesetzte unterschiedlich gestalten: Betrachtet man die „Bausteine der Delegation" (vgl. S. 396 f.), so ergeben sich für ihn folgende Möglichkeiten, das Maß der Delegation „eng zu gestalten" oder „weit zu fassen". Dementsprechend gering oder umfangreich sind die sich daraus ergebenden Handlungsspielräume für die Mitarbeiter:

1. Der Vorgesetzte kann das Ziel

1.1 vorgeben: → einseitige Festlegung:
    Zielvorgabe, Arbeitsanweisung

1.2 vereinbaren: → Zielfestlegung im Dialog:
    Zielvereinbarung (MbO)

2. Er kann den Umfang und   → *Art + Umfang* der Aufgabe:
   die Art der delegierten Aufgabe   leicht/schwer bzw. klein/groß
   unterschiedlich gestalten:

3. Er kann den Umfang der Kompetenzen   → *Kompetenzumfang:*
   weit fassen oder begrenzen   gering/umfassend

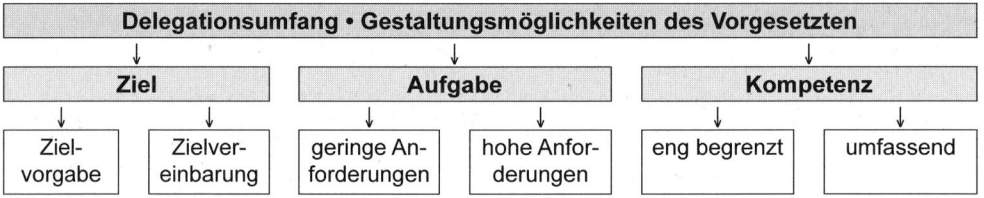

Welchen Handlungsspielraum der Vorgesetzte dem Mitarbeiter einräumt, muss im Einzelfall entschieden werden und hängt ab

- von der Erfahrung, der Fähigkeit und der Bereitschaft des Mitarbeiters und
- von der betrieblichen Situation und der Bedeutung der Aufgabe (wichtig/weniger wichtig; dringlich/weniger dringlich; Folgen bei fehlerhafter Ausführung).

4.2.3 Führungsstile

01. Zu welchen Ergebnissen sind der „Eigenschaftsansatz" und der „Verhaltensansatz" in der Führungsstillehre gekommen?

• Der *Eigenschaftsansatz* geht aus von den *Eigenschaften des Führers* (z.B. Antrieb, Energie, Durchsetzungsfähigkeit usw.). Es wurde daraus eine *Typologie der Führungskraft* entwickelt:
  - autokratischer Führer
  - demokratischer Führer
  - laissez faire Führer.
  Andere Erklärungsansätze nennen unter der Überschrift „Tradierte Führungsstile" (= überlieferte Führungsstile):
  - patriarchalisch (= väterlich)
  - charismatisch (= Persönlichkeit mit besonderer Ausstrahlung)

- autokratisch (= selbstbestimmend)
- bürokratisch (= nach Regeln).

Der Eigenschaftsansatz impliziert, dass der Führungserfolg von den Eigenschaften des Führers abhängt. Der Eigenschaftsansatz konnte empirisch nicht bestätigt werden.

- Der *Verhaltensansatz* basiert in seiner Erklärungsrichtung auf den *Verhaltensmustern der Führungskraft* innerhalb des Führungsprozesses. Im Mittelpunkt stehen z. B. Fragen: „Wie kann Führungsverhalten beschrieben werden?". Ergebnis dieser Forschungen sind die Führungsstile und Führungsmodelle mit ihren unterschiedlichen Orientierungsprinzipien, wie sie in der nachfolgenden Darstellung abgebildet sind:

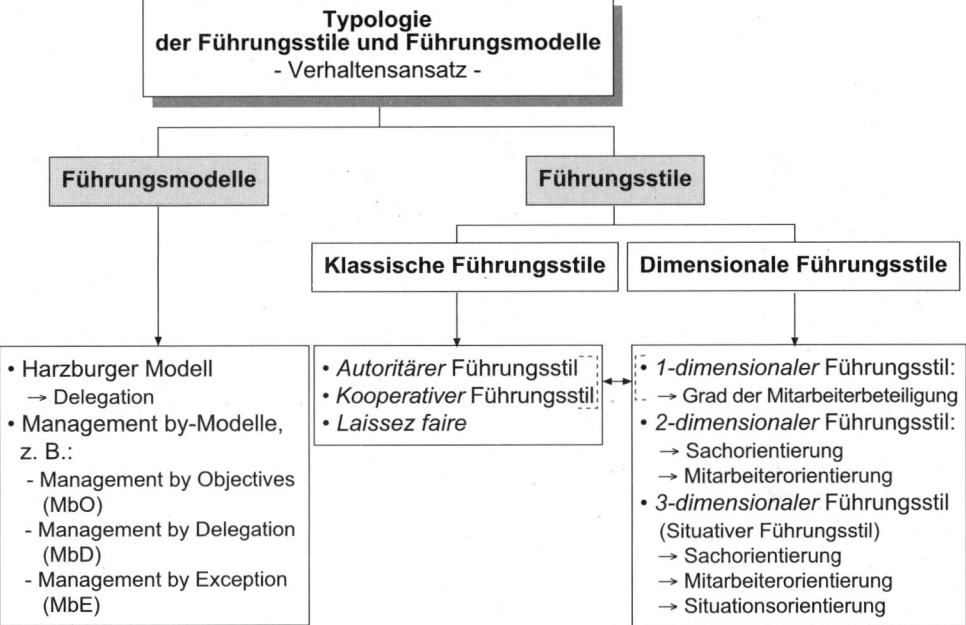

- Die *klassischen Führungsstile* können mit den 1-dimensionalen Führungsstilen gleichgesetzt werden. Das Orientierungsprinzip (Unterscheidungsprinzip) ist der *Grad der Mitarbeiterbeteiligung*.

Ein Führungsstil ist eindimensional, wenn zur Beschreibung und Beurteilung von Führungsverhalten nur ein Kriterium herangezogen wird. Daher gehören „Klassische Führungsstile" typologisch zu den eindimensionalen Führungsstilen. Bei den zwei- und mehrdimensionalen Führungsstilen ist der Erklärungsansatz von zwei oder mehr Kriterien (= Orientierungsprinzipien) geprägt.

- Das *2-dimensionale Verhaltensmodell* wählt „Sache" und „Mensch" als Orientierungsprinzipien (Grid-Konzept).

- Das *3-dimensionale Verhaltensmodell* wählt „Mitarbeiter", „Vorgesetzter" und „betriebliche Situation" als Orientierungsprinzipien.

- Die *managementorientierten Führungsmodelle* wählen ein spezifisches Führungsinstrument bzw. ein Element des Management-Regelkreises zum tragenden Kern eines mehr oder weniger geschlossenen Verhaltensmodells.

Beispiele:

- MbO: Management by Objectives   „Kern":   Ziele vereinbaren
- MbD: Management by Delegation   „Kern":   Verantwortung delegieren
- Harzburger Modell   „Kern":   Allgemeine Führungsanweisung mit
                                            dem Kernprinzip „Delegation".

02. Nach welchen Grundsätzen wird kooperativ geführt und welche Vorteile bietet dieser Führungsstil?

- *Grundsätze und charakteristische Merkmale des kooperativen Führungsstils:*
  Kooperieren heißt, *zur Zusammenarbeit bereit sein*. Der kooperative Führungsstil bedeutet „Führen durch Zusammenarbeit". Charakteristisch sind folgende Grundsätze und Merkmale:

  - Die betrieblichen *Aktivitäten werden* zwischen dem Vorgesetzten und den Mitarbeitern *abgestimmt.*
  - Der kooperative Führungsstil ist *zielorientiert* (Ziele des Unternehmens und Erwartungen der Mitarbeiter).
  - Der Vorgesetzte bezieht die Mitarbeiter in den *Entscheidungsprozess mit ein.*
  - Die Zusammenarbeit ist geprägt von *Kontakt, Vertrauen, Einsicht und Verantwortung*.
  - Formale *Machtausübung* tritt in den *Hintergrund.*
  - Es gilt das Prinzip der *Delegation.*
  - Fehler werden *nicht bestraft*, sondern es werden die Ursachen analysiert und behoben. Der Vorgesetzte gibt dabei Hilfestellung.
  - Es werden die *Vorteile der Gruppenarbeit* genutzt.

- *Vorteile,* z. B.:
  - ausgewogene Entscheidungen auf Gruppenbasis;
  - Kompetenzen der Mitarbeiter werden genutzt;
  - Entlastung der Vorgesetzten;
  - Motivation und Förderung der Mitarbeiter.

03. Wie lässt sich das Grid-Konzept erklären?

Aus der Reihe der mehrdimensionalen Führungsstile hat der Ansatz von *Blake/Mouton* in der Praxis starke Bedeutung gefunden: Er zeigt, dass sich Führung grundsätzlich an den beiden Werten „Mensch/Person" bzw. „Aufgabe/Sache" orientieren kann. Daraus ergibt sich ein zweidimensionaler Erklärungsansatz:

- Ordinate des Koordinatensystems: Mitarbeiter
- Abszisse des Koordinatensystems: Sache

Teilt man beide Achsen des Koordinatensystems in jeweils neun „Intensitätsgrade" ein, so ergeben sich insgesamt 81 Ausprägungen des Führungsstils bzw. 81 Variationen von Sachorientierung und Menschorientierung. Die Koordinaten 1.1 („Überlebenstyp") bis 9.9 („Team") zeigen die fünf dominanten Führungsstile, die sich aus dem Verhaltensgitter ableiten lassen.

Kurz gesagt: Das Managerial Grid spiegelt die Überzeugung wider, dass der 9.9-Stil (hohe Sach- und Mensch-Orientierung) der effektivste ist.

Das zweidimensionale Verhaltensgitter (Managerial Grid) nach *Blake/Mouton* hat folgende Struktur:

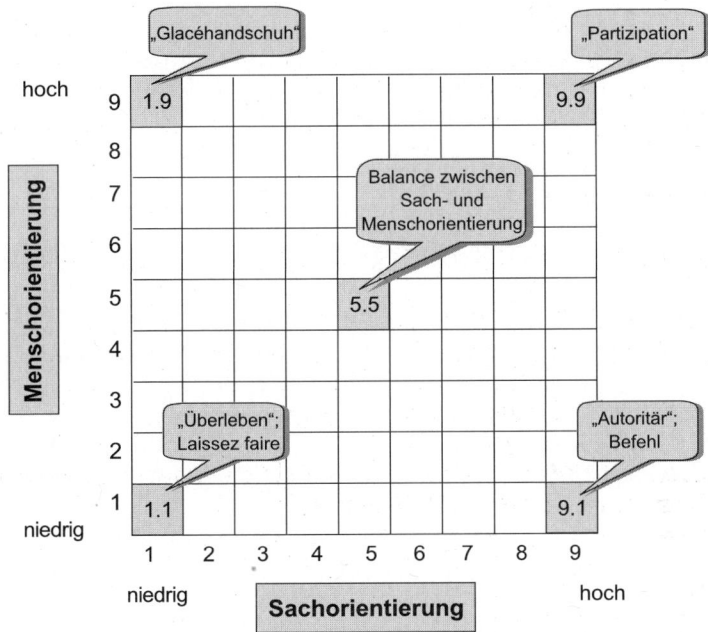

04. Was versteht man unter dem situativen Führungsstil?

Die Erklärungsansätze „1-dimensionaler und 2-dimensionaler Führungsstil" haben Lücken und führen zu Problemen:

- Zwischen Führungsstil und Führungsergebnis besteht nicht unbedingt ein lineares Ursache-Wirkungs-Verhältnis.

- Führungsstil und Mitarbeiter„typus" stehen miteinander in Wechselbeziehung. Andere Mitarbeiter können (müssen) zu einem veränderten Führungsverhalten bei ein und demselben Vorgesetzten führen.

- Die äußeren Bedingungen (die Führungssituation), unter denen sich Führung vollzieht, verändern sich und beeinflussen den Führungserfolg.

Diese Einschränkungen haben dazu geführt, dass heute Führung als das Zusammenwirken mehrerer Faktoren (im Regelfall werden drei genannt) betrachtet wird, die insgesamt ein „Spannungsfeld der Führung" ergeben:

- dem Führenden/Vorgesetzten,
- dem Mitarbeiter/der Gruppe,
- der spezifischen Führungssituation (Sachverhalt).

Man bezeichnet diesen Ansatz als „situatives Führen":

- Es ist Aufgabe der Führungskraft, die jeweils spezifische *Führungssituation* (Führungskultur, Zeitaspekte, Besonderheit der Aufgabe usw.) zu erfassen,

- die *Ziele* des Handels zu fixieren und transparent zu machen,

- die Wahl und Ausgestaltung der Führungsmittel auf die jeweiligen Persönlichkeiten der *Mitarbeiter/der Gruppe* abzustellen (Erfahrung, Persönlichkeit, Motivstruktur, WEZ's = Wünsche, Erwartungen, Ziele usw.)

- und dabei die Vorzüge und Stärken *seiner eigenen Persönlichkeit* (Entschlusskraft, Sensibilität, Systematik o. Ä.) einzubringen.

Nach der Theorie des „Situativen Führens" (vgl. Drei-D-Modell von *Reddin*) ergibt sich der Führungserfolg aus dem Zusammenwirken folgender Faktoren:

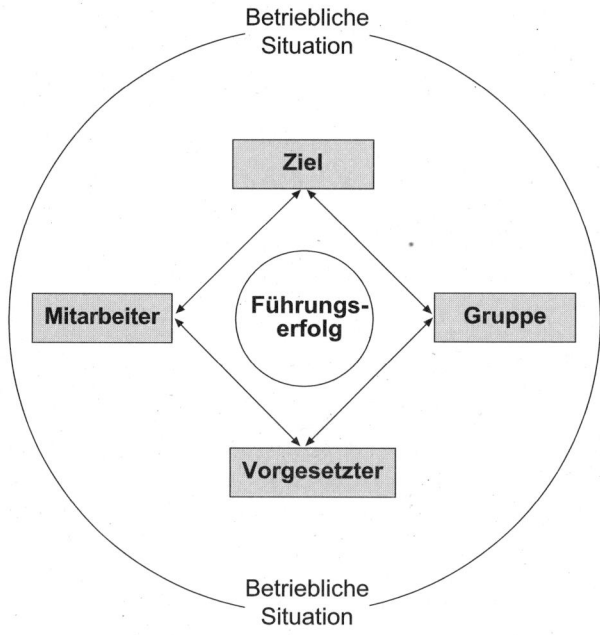

05. Welche Bedeutung haben Führungskultur und Führungsgrundsätze eines Unternehmens für den Erfolg der Führungsarbeit? → **4.1.1**

Die Wirkung des eigenen Führungsstils ist immer auch abhängig von der Führungskultur des Unternehmens. Das Führungsverhalten des Einzelnen, der sich z. B. an den Prinzipien Kooperation und Delegation orientiert, kann in einem Unternehmen mit überwiegend autoritärer Führungskultur nicht gedeihen. Um den Erfolg gemeinsamer Führungsarbeit zu verstärken, sind insbesondere Großunternehmen dazu übergegangen, so genannte Führungsgrundsätze oder Leitlinien der Führung und Zusammenarbeit zu formulieren. Derartige Führungsgrundsätze verfolgen keine „Gleichschaltung der Führungskräfte", sondern die Verständigung auf gemeinsame Grundwerte. Vom Tenor her gibt es bei allen Firmen inhaltliche Gemeinsamkeiten – zum Beispiel:

- dem Mitarbeiter Freiraum geben und Grenzen festsetzen,
- fördern und fordern,
- Beurteilung als Feedback und Motivation

usw.

4.2.4 Führen von Gruppen

01. Welche Merkmale sind für eine soziale Gruppe charakteristisch?

Eine soziale Gruppe sind mehrere Individuen mit einer bestimmten Ausprägung sozialer Integration. In diesem Sinne hat eine Gruppe folgende Merkmale:

- direkte Kontakte zwischen den Gruppenmitgliedern (Interaktion)
- physische Nähe
- Wir-Gefühl (Gruppenbewusstsein)
- gemeinsame Ziele, Werte, Normen
- Rollendifferenzierung, Statusverteilung
- gegenseitige Beeinflussung
- relativ langfristiges Überdauern des Zusammenseins.

02. Wie entstehen formelle und informelle Gruppen innerhalb und außerhalb des Betriebes?

- *Formelle Gruppen* werden im Hinblick auf die Realisierung betrieblicher Ziele geplant und zusammengesetzt.
- *Informelle Gruppen* bilden sich aufgrund menschlicher Bedürfnisse meist ungeplant und spontan.

Im Einzelnen:

Soziale Gruppen	
Formelle Gruppen	**Informelle Gruppen**
rational organisiert	spontan, meist ungeplant
bewusst geplant und eingesetzt	innerhalb oder neben formellen Gruppen
Verhaltensnormen extern vorgegeben	eigenständige Normen und Ziele
über längere Zeit oder befristet	abweichend von der formellen Gruppe
Effizienz und Effektivität stehen im Vordergrund	aufgrund der Bedürfnisse der Gruppenmitglieder
Beispiele:	
Abteilungen, Stäbe, Projektgruppen	Fahrgemeinschaften, Sportgruppen
Arbeitsgruppen, Montagegruppen	Hobbygruppen, Gesprächsgruppen/Kantine

03. Wie kann sich die Existenz informeller Gruppen auf das betriebliche Geschehen auswirken?

- *Positive Folgen* können z. B. sein:
  - informelle Gruppen schließen Lücken, die bei der Regelung von Arbeitsabläufen oft nicht vermieden werden können;
  - schnelle, unbürokratische Kommunikation innerhalb und zwischen Abteilungen;
  - Befriedigung von Bedürfnissen, die die formelle Gruppe nicht leistet (z. B. Anerkennung, Kontakt, Information/spezielle Information, gegenseitige Hilfe).

- *Negative Folgen* können z. B. sein:
  - von den Organisationszielen abweichende Gruppenziele und -normen;
  - Verbreitung von Gerüchten über informelle Kanäle;
  - Isolierung unbeliebter Mitarbeiter.

04. Welchen Sachverhalt kennzeichnet man mit den soziologischen Grundbegriffen Rolle, Status und Norm?

- Die *(soziale) Rolle* ist zum einen
  - die Summe der Erwartungen, die dem Inhaber einer Position entgegengebracht werden und zum anderen
  - ein gleichmäßiges und regelmäßiges Verhaltensmuster, das mit einer Position verbunden wird.

Grundsätzlich erwartet die Gruppe, dass eine Rolle in etwa einem Status/einer Position entspricht. Wer seine „Rolle nicht spielt" – sprich dem Verhaltensmuster seiner Position nicht gerecht wird – muss mit dem Verlust dieser Position rechnen.

- *Status* bezeichnet den Platz (die Stellung), den ein Individuum in einem sozialen System einnimmt und an den bestimmte Rollenerwartungen geknüpft werden. Der formelle Status ergibt sich aus der Betriebshierarchie und ist oft mit Statussymbolen verbunden (weißer Kittel, eigener Parkplatz, eigene Toilette, Reisen in der Business-

Class). Der informelle Status bildet sich ungeplant in der Gruppe heraus (z. B. Status „Außenseiter").

- *(Gruppen)Normen* sind inhaltlich festgelegte, relativ konstante und verbindliche Regeln für das Verhalten *der* Gruppe und das Verhalten *in der* Gruppe. Normen sind also Ausdruck für die Erwartungen einer Gruppe, wie in bestimmten Situationen zu handeln ist. Diese Erwartungen bedeuten zum einen Zwang, zum anderen aber auch Entlastung (in schwierigen Situationen „hält die Gruppennorm Verhaltensmuster bereit"). Das Einhalten bzw. das Verletzen von Normen wird von der Gruppe mit positiven bzw. negativen Sanktionen belegt (Lob, Anerkennung, Zuwendung bzw. Missachtung, „Schneiden" sowie auch „Mobbing").

05. Was versteht man unter Gruppendynamik, Gruppendruck und Gruppenkohäsion?

- Mit *Gruppendynamik* bezeichnet man die Kräfte, durch die Veränderungen innerhalb einer Gruppe verursacht werden (z. B. Prozesse der Meinungs- und Entscheidungsbildung); andererseits meint dieser Begriff auch die Kräfte, die von einer Gruppe nach außen hin wirken (z. B. Ausübung von Macht nach außen aufgrund eines starken „Wir-Gefühls"). Daneben wird dieser Begriff zur Beschreibung von Trainingsmaßnahmen verwendet, die soziale Fertigkeiten fördern sollen (z. B. Selbsterfahrungsgruppen).

- *Gruppendruck:* Abweichende Ansichten, Argumente oder Arbeitsweisen werden offen oder latent durch den Erwartungsdruck anderer maßgeblicher Gruppenmitglieder unterdrückt – obwohl der Einzelne bewusst oder unbewusst eine andere Überzeugung hat. Ein bestimmtes Arbeitsverhalten kann dadurch verhindert, gezielt gesteuert oder auch positiv beeinflusst werden (Beispiel: Eine betriebliche Arbeitsgruppe „veranlasst" zwei Gruppenmitglieder zur Nachahmung eines bestimmten Arbeitsverhaltens.).

- *Gruppenkohäsion* (Geschlossenheit/Festigkeit der Gruppe): Attraktivität für die Bedürfnisbefriedigungsmöglichkeiten der Mitglieder; Gruppen vermitteln Identität, Sinn, Weltsicht und Hilfe; je homogener die Gruppen, desto geschlossener sind sie. Die Spannung durch die Arbeit sinkt mit zunehmender Gruppenkohäsion.

06. Welche Gruppengröße ist „ideal"?

Die *„ideale" Gruppengröße* ist abhängig von:

- der Aufgabenstellung
- der zur Verfügung stehenden Zeit
- den Arbeitsbedingungen
- der sozialen Kompetenz der Gruppenmitglieder

Es gibt keine allgemein gültige Faustregel für die effektivste Gruppengröße. Trotzdem bestätigt die betriebliche Erfahrung, dass eine „arbeitsfähige" Kleingruppe aus *mindestens 3-5 Mitgliedern* bestehen sollte. Die kritische Größe liegt im Allgemeinen bei 20-25 Gruppenmitgliedern. Sie ist dann erreicht, wenn keine persönlichen Kontakte mehr möglich sind und sich allmählich Untergruppen bilden.

07. Welche (soziologischen) Regeln über Gruppenprozesse sind bekannt?

1. *Interaktionsregel:*
   Im Allgemeinen gilt: Je häufiger Interaktionen zwischen den Gruppenmitgliedern stattfinden, umso mehr werden Kontakt, „Wir-Gefühl" und oft sogar Zuneigung/ Freundschaft gefördert. Die räumliche Nähe beginnt an Bedeutung zu gewinnen.

2. *Angleichungsregel:*
   Mit längerem Bestehen einer Gruppe gleichen sich Ansichten und Verhaltensweisen der Einzelnen an. Die Gruppen-Normen stehen im Vordergrund.

3. *Distanzierungsregel:*
   Sie besagt, dass eine Gruppe sich nach außen hin abgrenzt – bis hin zur Feindseligkeit gegenüber anderen Gruppen (vgl. dazu die Verhaltensweisen von sog. Fußballfan-Gruppen). Zwischen dem „Wir-Gefühl" (Solidarität) und der Distanzierung besteht oft eine Wechselwirkung. „Wir-Gefühl" entsteht zum Teil über die Abgrenzung zu anderen (z.B. „Wir nach dem Kriege, wir wussten noch ..., aber heute – die junge Generation ...").

08. Welche (soziologischen) Erkenntnisse gibt es über Gruppenbeziehungen?

- *Beziehungen zu anderen Gruppen:*
  Sie können sich positiv oder negativ gestalten. Die Unterschiede hinsichtlich der Normen und Verhaltensmuster können gravierend oder gering sein – bis hin zu Gemeinsamkeiten. Von Bedeutung ist auch die Stellung einer Gruppe innerhalb des Gesamtbetriebes (z.B. Gruppe der Leitenden). Im Allgemeinen beurteilen Menschen *das Verhalten der eigenen Gruppenmitglieder positiver als das fremder Gruppenmitglieder* (vgl. auch oben, „Distanzierung"). Auch die Leistung der Fremdgruppe wird im Allgemeinen geringer bewertet (z.B. Mitarbeiter der Personalabteilung Angestellte versus Personalabteilung Arbeiter). Bedrohung der eigenen Sicherheit kann zu feindseligem Verhalten gegenüber der anderen Gruppe oder einzelnen Mitgliedern dieser Gruppe führen.

- *Beziehungen innerhalb der Gruppe:*
  Innerhalb einer Gruppe, die über längere Zeit existiert, entwickelt sich *neben der formellen Rangordnung* (z.B. Vorgesetzter – Mitarbeiter) *eine informelle Rangordnung* (z.B. informeller Führer). Die informelle Rangordnung ist geeignet, die formelle Rangordnung zu stören.

- *Störungen innerhalb der Gruppe:*
  Massive Störungen in der Gruppe (z.B. erkennbar an: häufige Beschwerden über andere Gruppenmitglieder, verbale Aggressionen, Cliquenbildung, Absonderung, Streit, Fehlzeiten) sollten vom Vorgesetzten bewusst wahrgenommen werden. Er muss die Störungsursache „diagnostizieren" und dem entgegenwirken. Zunehmende Störungen und nachlassender Zusammenhalt können zum *Zerfall einer Gruppe* führen.

09. Welche besonderen Rollen werden zum Teil von einzelnen Gruppenmitgliedern wahrgenommen? Welcher Führungsstil ist jeweils angebracht?

Dazu einige Beispiele:

- Der *„Star"* ist meist der informelle Führer der Gruppe und hat einen hohen Anteil an der Gruppenleistung.
  - → fördernder Führungsstil, Anerkennung, tragende Rolle des Gruppen„Stars" nutzen und einbinden in die eigene Führungsarbeit, Vorbildfunktion des Vorgesetzten ist wichtig.

- Der *„Freche"*: Es handelt sich hier meist um extrovertierte Menschen mit Verhaltenstendenzen wie Provozieren, Aufwiegeln, „Quertreiben", unangemessenen Herrschaftsansprüchen (Besserwisser, Angeber, Wichtigtuer usw.).
  - → Sorgfältig beobachten, Grenzen setzen, mitunter auch Strenge und vor allem Konsequenz zeigen; Humor und Geduld nicht verlieren.

- Der *„Intrigant"*:
  - → Negatives Verhalten offen im Dialog ansprechen, bremsen und unterbinden, auch Sanktionen „androhen".

- Der *„Problembeladene"*:
  - → Ermutigen, unterstützen, Hilfe zur Selbsthilfe leisten, (auch kleine) Erfolge ermöglichen, Verständnis zeigen („Mitfühlen aber nicht mitleiden").

- Der *„Drückeberger"*:
  - → Fordern, Anspornen und Erfolg „erleben" lassen, zu viel Milde wird meist ausgenutzt.

- Der *„Neuling"*:
  - → Maßnahmen zur Integration, schrittweise einarbeiten, Orientierung geben durch klares Führungsverhalten, in der Anfangsphase mehr Aufmerksamkeit widmen und betreuen.

- Der *„Außenseiter"*:
  - → Versuchen, den Außenseiter mit Augenmaß und viel Geduld zu integrieren, es gibt keine Patentrezepte, mitunter ist das vorsichtige Aufspüren der Ursachen hilfreich.

4.2.5 Personalplanung

01. Welche Ziele und Aufgaben hat die Personalplanung im Rahmen der Unternehmensplanung?

- *Zielsetzung*:
  Dem Unternehmen ist vorausschauend das Personal

  - in der erforderlichen *Anzahl*
  - mit den erforderlichen *Qualifikationen* (z. B. Anforderungs-/Eignungsprofil, gelernte/ angelernte/ungelernte Mitarbeiter, Qualifikationen nach Tarifgruppen)

- zum richtigen *Zeitpunkt* (z. B.: Planungshorizont kurzfristig bei einfachen Tätigkeiten; mittel- bis langfristig bei Leitungsfunktionen),
- am richtigen *Ort* (z. B. Abteilung, Niederlassung, Standorte)

zur Verfügung zu stellen.

• *Kernaufgaben:*
  - Planung des Personalbedarfs (quantitativ und qualitativ),
  - Planung der Personalbeschaffung (intern und extern),
  - Planung des Personaleinsatzes,
  - Planung der Personalentwicklung und Förderung,
  - Planung des Personalabbaus (mit und ohne Reduzierung der Kopfzahlen),
  - Planung der Personalkosten.

Dabei werden die Personalbedarfsplanung und die Personalkostenplanung als Hauptsäulen der Personalplanung angesehen.

02. Welche Einflussfaktoren bestimmen das Ergebnis der Personalplanung?

Man unterscheidet *interne und externe Determinanten* (Bestimmungsgrößen) der Personalplanung. Zu den wichtigsten gehören:

Externe Faktoren	Marktentwicklung, Technologie, Arbeitsmarkt, Sozialgesetze, Tarifentwicklung, Personalzusatzkosten (SV-Abgaben), Alterspyramide der Gesellschaft
Interne Faktoren	Unternehmensziele, Investitionen, Fluktuation, interne Altersstruktur, Fehlzeiten, Fertigungspläne, Rationalisierungsmaßnahmen, Personalbestand, Arbeitszeitsysteme, Personalkostenstruktur

03. Welche Bedeutung hat die Personalplanung aus der Sicht der Arbeitgeber und der Arbeitnehmer?

• *Für die Arbeitgeberseite* ist die Personalplanung geeignet, folgende Interessengebiete abzudecken:

- Notwendigkeiten der Personalentwicklung werden erkennbar;

- eingeleitete Maßnahmen der Personalentwicklung können als Motivationsinstrument genutzt werden;

- frühzeitig werden Notwendigkeiten des Personalabbaus oder der Personalbeschaffung aufgezeigt;

- Personalbeschaffung aus den eigenen Reihen kann systematisch und rechtzeitig eingeleitet werden und hilft, die Beschaffungskosten einzugrenzen;

- Veränderungen im Personaleinsatz sowie damit verbundene Qualifizierungsmaßnahmen werden deutlich;

- da das Arbeitsrecht durch zahlreiche Beschränkungen einen schnellen Personalabbau erschwert, können bei systematischer Personalplanung Abbaumaßnahmen rechtzeitiger und damit i. d. R. auch kosten- und sozialverträglicher eingeleitet werden.

- *Aus der Sicht der Arbeitnehmer* ist die Personalplanung aus folgenden Gründen bedeutsam:

  - Minderung sozialer Härten bei Personalabbau, Umstrukturierung und Rationalisierung;

  - verbesserte Chancen der Personalentwicklung und des internen Aufstiegs; damit mehr Sicherheit und Planbarkeit der eigenen Karriere;

  - mehr Transparenz und Vertrauen in personalpolitische Entscheidungen.

04. Wie ist die Personalplanung in die Unternehmensplanung integriert?

- Personalplanung ist eingebunden in die Unternehmensgesamtplanung überwiegend in Form einer *derivativen (abgeleiteten) Planung*. Als Folgeplanung der anderen Teilplanungen (Produktionsplanung, Vertriebsplanung usw.) setzt sie die dort fixierten Eckdaten in konkrete Personalplangrößen um.

- Daneben gibt es mittlerweile Ansätze von *originärer Personalplanung*, d. h. es werden eigenständige Zielsetzungen und Maßnahmen formuliert, die – zumeist mittel- oder langfristig – die Gesamtplanung des Unternehmens gleichberechtigt bestimmen (z. B. „ausgewogene Altersstruktur, Reduktion des Sozialaufwands, Outsourcing der Weiterbildung u. Ä.).

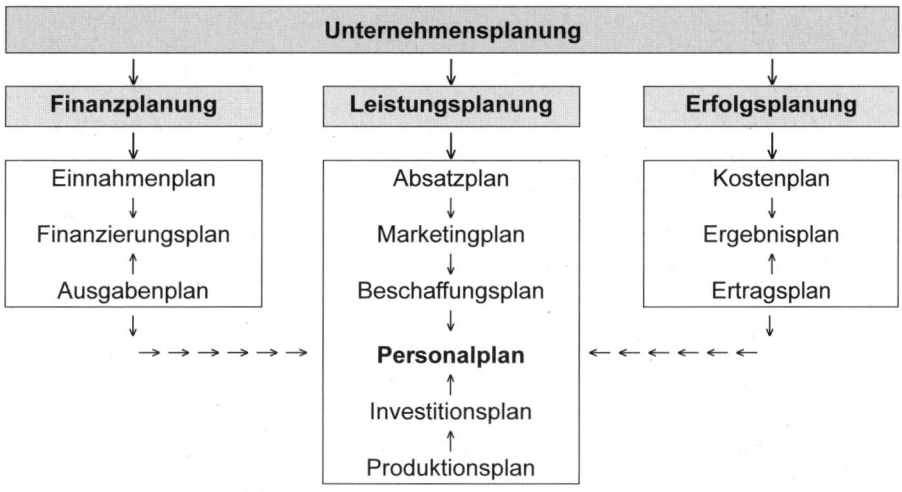

05. Welche Arten der Personalplanung lassen sich unterscheiden?

Arten der Personalplanung (Teilpläne)		
Personal-bedarfs-planung	Die Personalbedarfsplanung ist das „Herzstück" der Personalplanung. Sie stellt die Verbindung zwischen der Umsatz-, Ergebnis- und Produktionsplanung einerseits und der Anpassungs- und Kostenplanung andererseits her. Der geplante Personalbedarf hat Zielcharakter für die anderen Felder der Personalplanung	
	Quantitative Planung: - Bruttopersonalbedarf - Nettopersonalbedarf - Verfahren	Die quantitative Personalplanung ermittelt das zahlenmäßige Mengengerüst der Planung (Anzahl der Stellen/Mitarbeiter je Bereich, Vollzeit-/Teilzeit-„Köpfe" usw.).
	Qualitative Planung (Anforderungs-/Eignungsprofile)	Bei der qualitativen Personalplanung geht es um die Qualifikationserfordernisse des festgestellten Mitarbeiterbedarfs.
Personal-anpassungs-planung	Die Personalanpassungsplanung ist der Oberbegriff für Maßnahmen, die aufgrund der Ergebnisse der Personalbedarfsplanung eingeleitet werden müssen: - bei Personalunterdeckung: Beschaffung - bei Personalüberdeckung: Abbau (mit/ohne Reduzierung der Belegschaft) - bei Qualifikationsdefiziten: Entwicklung, Förderung. Daneben kann man die Einarbeitungs- und Einsatzplanung zu den Anpassungsmaßnahmen zählen.	
	Personalbeschaffungsplanung: - Beschaffungswege (intern/extern) - Methoden der Personalauswahl	Die Planung der Personalbeschaffung gibt Antwort auf die Fragen: - Wann entsteht der Bedarf? - In welcher Höhe? - Mit welcher Qualifikation? - Wann müssen welche Beschaffungsmaßnahmen eingeleitet werden? - Wie kann das interne und externe Beschaffungspotenzial effektiv genutzt werden?
	Aufgabe der **Personaleinsatzplanung** ist die Zuordnung von Stellen und Arbeitskräften unter Berücksichtigung ökonomischer Ziele und Bedingungen sowie mitarbeiterbezogener Ziele und Erwartungen.	
	Personaleinarbeitungsplanung	
	Personalentwicklungsplanung:	- Entwicklungspläne (Standardpläne, individuelle Pläne) - Nachfolgepläne
	Personalabbauplanung: Ergibt sich aus der Personalbedarfsplanung die Feststellung, dass für die kommende Periode ein Personalüberhang zu erwarten ist, so ist im Wege der Personalabbauplanung der Personalbestand den zukünftigen Erfordernissen anzupassen.	

Personal-kosten-planung	Die Personalkostenplanung ist neben der Personalbedarfsplanung der wichtigste Eckpfeiler der Planungen im Personalbereich. Basis für eine sachgerechte Planung der Personalkosten ist die systematische Erfassung aller Personalkosten. Die Analyse der Personalkosten muss folgende Fragen beantworten: - Entstehung der Kosten (Welche? Wo? Wann? In welchem Ausmaß?) - Wie werden sich diese Kosten entwickeln? - Wie sind sie zu beeinflussen? - Durch welche Controllinginstrumente können die Kosten innerhalb der geplanten Grenzen gehalten werden? - Über welche systematischen Schritte erfolgt die Planung der Personalkosten – von der Detailplanung pro Unternehmenseinheit bis hin zur Einbindung in die Unternehmensplanung?
Individual-planung	Hier steht der einzelne, namentlich genannte Mitarbeiter im Mittelpunkt. Für eine wirksame Gestaltung muss sich die Individualplanung nicht nur an den Unternehmenszielen orientieren, sondern maßgeblich auch die Wünsche, Erwartungen und Ziele der Mitarbeiter berücksichtigen.
Kollektiv-planung	Hier geht es um Planungsfragen der Gesamtbelegschaft oder einer bestimmten Teilgesamtheit.
Laufbahn-planung	Laufbahnpläne (synonym: Karrierepläne) enthalten Positionsstrukturen – unternehmens- oder bereichsbezogen – und beantworten die Frage: „Welche Positionen kann ein Mitarbeiter „normalerweise" schrittweise im Unternehmen erreichen, wenn er bestimmte Qualifikationsmerkmale (Fachwissen, Führungswissen, Praxiskenntnisse usw.) erfüllt. Man kann diesen Begriff auch grob mit „vorstrukturierte Karriereleiter im Unternehmen" umreißen. Man kann derartige Laufbahnpläne - rein positionsbezogen gestalten (standardisierte Laufbahnpläne; in dieser Form sind sie streng genommen ein Teilgebiet der Kollektivplanung) oder - auf einzelne Mitarbeiter „zuschneiden" (individueller, nicht standardisierter Entwicklungsplan).
Nachfolge-pläne	sind gedanklich vorweggenommene Überlegungen zur zukünftigen Besetzung von Positionen – bezogen auf feste Termine. Die Fragestellungen lauten: - „Welcher Kandidat kommt für die Nachfolge der Position X, in welcher Zeit, ggf. bei welcher Zusatzqualifizierung infrage?" - „Welche Kandidaten kommen alternativ oder gleichrangig für eine bestimmte Position infrage?"
Stellen-besetzungs-planung	Eine Variante des Nachfolgeplans ist der Stellenbesetzungsplan. Er enthält alle Stellen des Unternehmens, ggf. gegliedert nach Mitarbeitern, Leitungsfunktionen, Ebenen, Projektstellen i. V. m. Überlegungen zur Nachfolge oder zeitlicher Vertretung. Im Idealfall kann der Organisationsplan eines Unternehmens – bei laufender Aktualisierung – für die Stellenbesetzungsplanung benutzt werden.

Beispiel eines Stellenbesetzungsplanes als Organigramm:

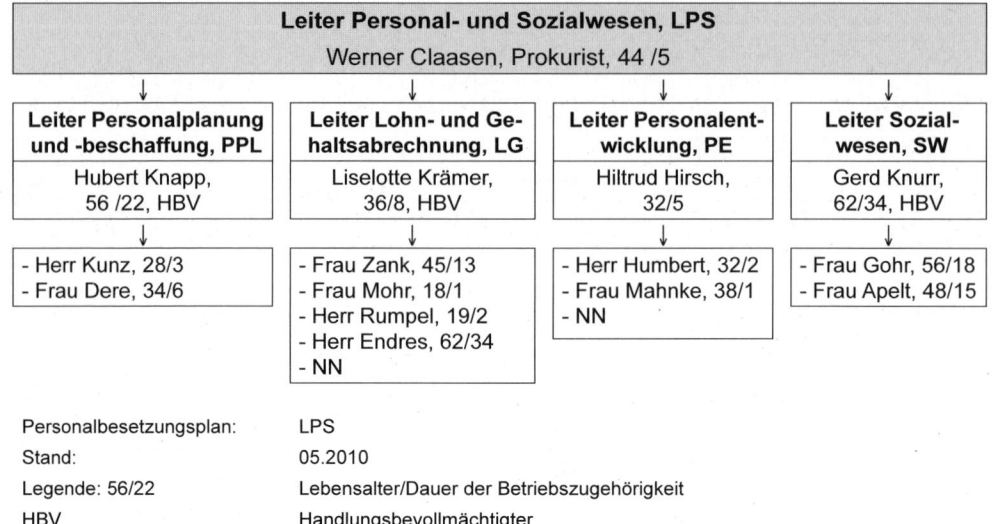

Personalbesetzungsplan:	LPS
Stand:	05.2010
Legende: 56/22	Lebensalter/Dauer der Betriebszugehörigkeit
HBV	Handlungsbevollmächtigter

06. Welche Instrumente können für die Personalplanung zur Verfügung stehen?

- Stellenpläne,
- Stellenbesetzungspläne,
- Anforderungsprofile,
- Eignungsprofile,
- Stellenbeschreibungen,
- Funktionsbeschreibungen,
- Leistungs- und Potenzialbeurteilungen,
- Personalstatistiken,
- Personalinformationssystem.

07. Wie wird der Nettopersonalbedarf ermittelt?

Die Ermittlung des Nettopersonalbedarfs vollzieht sich generell in drei Arbeitsschritten:

1. Schritt: Ermittlung des Bruttopersonalbedarfs *(Aspekt „Stellen"):*
Der gegenwärtige Stellenbestand wird aufgrund der zu erwartenden Stellenzu- und -abgänge „hochgerechnet" auf den Beginn der Planungsperiode. Anschließend wird der Stellenbedarf der Planungsperiode ermittelt.

2. Schritt: Ermittlung des fortgeschriebenen Personalbestandes *(Aspekt „Mitarbeiter"):*
Analog zu Schritt 1 wird der Mitarbeiterbestand „hochgerechnet" aufgrund der zu erwartenden Personalzu- und -abgänge.

3. Schritt: Ermittlung des Nettopersonalbedarfs *(= „Saldo"):*
Vom Bruttopersonalbedarf wird der fortgeschriebene Personalbestand subtrahiert.
Man erhält so den Nettopersonalbedarf (= Personalbedarf i. e. S.).

Man verwendet folgendes Berechnungsschema, das hier durch ein einfaches Zahlenbeispiel ergänzt wurde:

Berechnungsschema zur Ermittlung des Nettopersonalbedarfs			
Lfd. Nr.:		*Berechnungsgröße:*	*Zahlenbeispiel:*
1		Stellenbestand	28
2	+	Stellenzugänge (geplant)	2
3	–	Stellenabgänge (geplant)	-5
4	=	**Bruttopersonalbedarf**	25
5		Personalbestand	27
6	+	Personalzugänge (sicher)	4
7	–	Personalabgänge (sicher)	-2
8	–	Personalabgänge (geschätzt)	-1
9	=	**Fortgeschriebener Personalbestand**	28
10		**Nettopersonalbedarf (Zeile 4 – 9)**	-3

Im dargestellten Beispiel ist also ein Personalabbau von drei Mitarbeitern (auf Vollzeitbasis) erforderlich.

08. Welche Verfahren werden zur Ermittlung des Bruttopersonalbedarfs eingesetzt?

Globale Bedarfsprognose	Schätzverfahren
	Kennzahlenmethode: globale Kennzahlen
Differenzierte Bedarfsprognose	Stellenplanmethode
	Verfahren der Personalbemessung
	Kennzahlenmethode: differenzierte Kennzahlen

* *Schätzverfahren* sind relativ ungenau, trotzdem – gerade in Klein- und Mittelbetrieben – sehr verbreitet. Die Ermittlung des Personalbedarfs erfolgt aufgrund subjektiver Einschätzung einzelner Personen. In der Praxis werden meist Experten und/oder die kostenstellenverantwortlichen Führungskräfte gefragt, wie viele Mitarbeiter mit welchen Qualifikationen für eine bestimmte Planungsperiode gebraucht werden. Die Antworten werden zusammengefasst, einer Plausibilitätsprüfung unterworfen und dann in das Datengerüst der Unternehmensplanung eingestellt.

* *Die Kennzahlenmethode* kann sowohl als globales Verfahren aufgrund globaler Kennzahlen sowie als differenziertes Verfahren aufgrund differenzierter Kennzahlen durchgeführt werden. Bei der Kennzahlenmethode versucht man, Datenrelationen, die

sich in der Vergangenheit als relativ stabil erwiesen haben, zur Prognose zu nutzen; infrage kommen z. B. Kennzahlen wie

- Umsatz: Anzahl der Mitarbeiter,
- Absatz: Anzahl der Mitarbeiter,
- Umsatz: Personalgesamtkosten,
- Arbeitseinheiten: geleistete Arbeitsstunden.

• *Verfahren der Personalbemessung*: Hier wird auf Erfahrungswerte oder arbeitswissenschaftliche Ergebnisse zurückgegriffen (REFA, MTM, Work-Factor). Zu ermitteln ist die Arbeitsmenge, die dann mit dem Zeitbedarf pro Mengeneinheit multipliziert wird („Zähler"). Im Nenner der Relation wird die übliche Arbeitszeit pro Mitarbeiter eingesetzt:

Personalbedarf	Arbeitsmenge · Zeitbedarf/Einheit : Arbeitszeit pro Mitarbeiter

Nach REFA führt dies zu folgender Berechnung:

Personalbedarf	(Rüstzeit + Einheiten · Ausführungszeit/E) : Arbeitszeit pro Mitarbeiter

• *Stellenplanmethode:*
Bei diesem Verfahren werden Stellenbesetzungspläne herangezogen, die sämtliche Stellen einer bestimmten Abteilung enthalten bis hin zur untersten Ebene – inkl. personenbezogener Daten über die derzeitigen Stelleninhaber (z. B. Eintrittsdatum, Vollmachten, Alter). Der Kostenstellenverantwortliche überprüft den Stellenbesetzungsplan i. V. m. den Vorgaben der Geschäftsleitung zur Unternehmensplanung für die kommende Periode (Absatz, Umsatz, Produktion, Investitionen) und ermittelt durch Schätzung die erforderlichen personellen und ggf. organisatorischen Änderungen. Der weitere Verfahrensablauf vollzieht sich wie im oben dargestellten Schätzverfahren.

09. Welche Verfahren setzt man zur Ermittlung des Personalbestandes ein?

- Abgangs-/Zugangstabelle
- Verfahren der Beschäftigungszeiträume
- Statistiken und Analysen zur Bestandsentwicklung:
  · Statistik der Personalbestände,
  · Alterstatistik,
  · Fluktuationsstatistik.

10. Wie wird die Abgangs-/Zugangsrechnung durchgeführt?

Bei der Methode der Abgangs-/Zugangsrechnung werden die Arten der Ab- und Zugänge möglichst stark differenziert. Die Aufstellung kann sich auf Mitarbeitergruppen oder Organisationseinheiten beziehen. Dabei sind die einzelnen Positionen mit einer unterschiedlichen Eintrittswahrscheinlichkeit behaftet. Man kann daher die einzelnen Werte der Tabelle noch differenzieren in

- feststehende Ereignisse und
- wahrscheinliche Ereignisse.

Beispiel einer Abgangs-/Zugangsrechnung zur Ermittlung des Personalbestandes:

Veränderungen:	Berichtsperiode:	Planungsperiode:
Bestand zu Beginn der Periode:	**40**	**38**
− **Abgänge:**		
Pensionierungen	-1	-2
Bundeswehr/Zivildienst	-2	-1
Fortbildung	-1	0
Kündigung, Arbeitgeber	0	-1
Kündigung, Arbeitnehmer	-1	0
Tod	-1	0
Mutterschutz	0	-2
Sonstige	0	0
= **Summe Abgänge**	**-6**	**-6**
+ **Zugänge:**		
Bundeswehr/Zivildienst	1	2
Versetzungen	1	1
Fortbildung	0	0
Mutterschutz	0	1
Übernahmen (Ausbildung)	2	3
Sonstige	0	1
= **Summe Zugänge**	**4**	**8**
Bestand zum Ende der Periode	**38**	**40**

11. Welche Beteiligungsrechte hat der Betriebsrat im Rahmen der Personalplanung?

Im Gegensatz zur Mitbestimmung bei personellen Einzelmaßnahmen hat der Betriebsrat im Rahmen der Personalplanung *nur Mitwirkungsrechte:*

• Nach § 92 Abs. 1 BetrVG hat der Arbeitgeber „den Betriebsrat über die Personalplanung, insbesondere über den gegenwärtigen und künftigen Personalbedarf sowie über die sich daraus ergebenden personellen Maßnahmen und Maßnahmen der Berufsbildung anhand von Unterlagen rechtzeitig und umfassend zu unterrichten. Er hat mit dem Betriebsrat über Art und Umfang der erforderlichen Maßnahmen und über die Vermeidung von Härten zu beraten."

• Nach § 92 Abs. 2 BetrVG kann der Betriebsrat „dem Arbeitgeber Vorschläge für die Einführung einer Personalplanung und ihre Durchführung machen."

4.2.6 Personalbeschaffung

01. Welche Möglichkeiten der Personalbeschaffung kann der Betrieb nutzen?

Grundsätzlich kann der Betrieb seinen Bedarf über

- den *internen* oder
- den *externen Arbeitsmarkt* abdecken.

02. Welche internen Möglichkeiten der Personalbeschaffung lassen sich unterscheiden?

Intern kann die Beschaffung erfolgen durch *Versetzung*[1] aufgrund

- innerbetrieblicher Stellenausschreibung,
- von Vorschlägen des Fachvorgesetzten,
- von Nachfolge- oder Laufbahnplanungen sowie
- systematisch betriebener Personalentwicklung.

> [1] Nach § 99 Abs. 1 BetrVG hat der Betriebsrat in Betrieben mit in der Regel mehr als 20 wahlberechtigten Arbeitnehmern ein *Mitbestimmungsrecht bei Versetzungen*.
>
> Nach § 95 Abs. 3 BetrVG ist eine *Versetzung* „die Zuweisung eines anderen Arbeitsbereichs, die voraussichtlich die Dauer von *einem Monat* überschreitet, oder die mit einer *erheblichen Änderung der Umstände* verbunden ist ...".

03. Welche indirekten Maßnahmen der internen Personalbeschaffung sind ebenfalls von Bedeutung?

Als weitere Maßnahmen der internen Personalbeschaffung müssen indirekt folgende Möglichkeiten berücksichtigt werden:

- Mehrarbeit,
- Urlaubsverschiebung,
- Verbesserung der Mitarbeiterqualifikation (Leistungssteigerung),
- Einsatzplanung von *„Rückkehrern"* (Mutterschutz, Bundeswehr),
- *Veränderung der Vertragsbedingungen* (Ausmaß und Lage der Arbeitszeit, Arbeitszeitflexibilisierung, Teilzeit u. Ä.).

04. Welche externen Möglichkeiten der Personalbeschaffung kann der Betrieb nutzen?

- Personalanzeige:
  - in Printmedien,
  - im Internet: über die firmeneigene Homepage, über kommerzielle/nicht kommerzielle Jobbörsen,
- Personalleasing (Zeitarbeit),
- private Arbeitsvermittler,
- Personalberater,

- Anschlag am Werkstor,
- Auswertung von Stellengesuchen in Tageszeitungen,
- Auswertung unaufgeforderter („freier") Bewerbungen,
- Agenturen für Arbeit,
- Messen,
- über Mitarbeiter (Bekannte, Freunde, Angehörige usw.),
- Kontaktpflege zu Schulen, Bildungseinrichtungen, Hochschulen,
- Abwerbungsmaßnahmen (ggf. unzulässig mit der Folge von Schadensersatz und Unterlassung).

05. Welche Aspekte sind bei der Gestaltung von Stellenanzeigen zu berücksichtigen?

Wo
können Sie als
Dipl.-Ing.
Maschinenbau
(m/w)

Wir sind ein deutsches, international tätiges Maschinenbauunternehmen im Investitionsgüterbereich. Eine unserer erfolgreichen Töchter hat ihren Sitz in Madrid und produziert seit zwei Jahrzehnten mit ca. 100 Mitarbeitern für den spanischen Markt und den Export.
Als unser dortiger, zukünftiger Geschäftsführer sollten Sie gewohnt sein, unternehmerisch zu denken und zu handeln. Sie haben freie Hand in nahezu allen Bereichen und können auch eigene Ideen verwirklichen. Schwerpunkte Ihrer Aufgabe sind Vertrieb, Produktion und Organisation. Spanien-Erfahrung würde Ihren Start erleichtern; perfekte Spanisch- und Englischkenntnisse sind jedoch unbedingt erforderlich.
Wir garantieren Ihnen eine umfassende Einarbeitung von ca. einem Jahr; danach werden Sie zum alleinigen Geschäftsführer bestellt.
Ihr Eintrittstermin ist nicht entscheidend, denn auf einen guten Mann warten wir gern etwas länger.
Bitte schicken Sie Ihre aussagefähige Bewerbung unter Angabe eventueller Sperrvermerke an unseren Berater, die Firma ...

zum
Geschäftsführer
Spanien
aufsteigen **?**

RIRA
PUMPEN GMBH

Zentraler Maßstab für eine erfolgreich geschaltete Anzeige ist:
- Die Anzeige muss gelesen werden – und zwar von der richtigen Zielgruppe.
- Die Anzeige muss potenziell geeignete Kandidaten zum Handeln veranlassen – nämlich sich zu bewerben.

Grundschema	
Wir sind:	Werbende Information über das inserierende Unternehmen (Image!)
Wir haben:	Aussagen über die freie Stelle
Wir suchen:	Aussagen über erforderliche Voraussetzungen
Wir bieten:	Aussagen über Leistungen des inserierenden Unternehmens
Wir bitten:	Angaben über Bewerbungsart und -technik

Inhaltliche Aspekte		Technisch-organisatorische Aspekte	
- Rechtschreibung - Textinhalt	- Sprache - Textstruktur	- Anzeigengröße - Anzeigenträger - Anzeigen-Layout	- Anzeigentermin - Anzeigenart - Anzeigen-Platzierung

06. Welche Bedeutung hat die Personalrekrutierung via Internet?

Die Bedeutung der Personalrekrutierung per Internet hat deutlich zugenommen (vgl. Jobbörsen im Internet, Angebote der Firmen und der Bundesagentur für Arbeit). Die Vorteile der Personalsuche und -beschaffung über das Internet überwiegen die Nachteile:

Personalrekrutierung via Internet	
Vorteile (Chancen)	**Nachteile (Risiken)**
- zeitökonomisch (Geschwindigkeit) - gutes Preis-/Leistungsverhältnis - Dauer der Anzeigenschaltung - großer Adressatenkreis - weltweit, global möglich - Selektionsmöglichkeit - wenig Papier	- Gefahr von Viren/Würmern - Datensicherheit - Online-Bewerbungsformular mitunter für Bewerber zeitaufwändiger

07. Welchen Inhalt hat eine innerbetriebliche Stellenausschreibung? Welche Beteiligungsrechte hat der Betriebsrat?

Bei der internen Stellenausschreibung werden die Mitarbeiter durch Aushang am Schwarzen Brett oder – in Großbetrieben – über eine Stellenbörse bzw. Mitarbeiterzeitschrift über offene Stellen informiert. In den meisten größeren Betrieben wird aus Gründen der Zweckmäßigkeit eine *Betriebsvereinbarung* über die interne Ausschreibung von Arbeitsplätzen geschlossen. Hier sind folgende Punkte zwischen Arbeitgeber und Betriebsrat verbindlich festgelegt:

- Umfang der Ausschreibung	Welche Arbeitsplätze, ggf. welche nicht?
- Kennzeichnung der Ausschreibung	
- Zeitpunkt der Ausschreibung und Dauer des Aushangs	
- Auflistung aller innerbetrieblichen Aushang-Orte	
- Inhaltliche Angaben wie z. B.	
· Aufgabenbeschreibung · Anforderungen an den Bewerber · Abteilung/Bereich	· Stellenbezeichnung · Gehalts-/Lohngruppe · Ansprechpartner
- Beschreibung der erforderlichen Unterlagen	
- ggf. Festlegung des Formulars „Innerbetriebliche Bewerbung"	
- ggf. zeitlicher Abstand zwischen interner und externer Ausschreibung	
- Einzelheiten zum Entscheidungsverfahren.	

Innerbetriebliche Stellenausschreibung	11. Juni 2010
Kenn-Nr.:	Labor 009–2009
Aufgabe:	Entwicklung und Qualitätssicherung von Tinten für die Anwendungen Prozessschreiber, Druckköpfe, Plotter und Tintenstrahldrucker
Kennwort:	**Chemielaborant für das Tintenlabor** (m/w)
Einstufung:	T 4/1
Anforderungen:	- Ausbildung zum Chemielaboranten (m/w) - Kenntnisse und Interesse an physikalisch-chemischen Arbeiten: u. a. Messung und Auswertung von physikalischen Kennwerten wie Viskosität, Oberflächenspannung, elektrische Leitfähigkeit - vorteilhaft sind Kenntnisse der Farbstoffchemie - kreatives, flexibles Arbeiten - Englischkenntnisse sind erforderlich - Zuverlässigkeit, Einsatzfreude und Bereitschaft zur Einarbeitung in die bestehende Gruppe

Bewerbungen sind im Sekretariat der Geschäftsleitung bei Frau Ohligs bis zum 27.06.2010 einzureichen. Bitte verwenden Sie dafür das Formular „Interne Bewerbung". Rückfragen bitte an Herrn Krause, Tel. 1554.

Nach § 93 BetrVG *kann* der Betriebsrat *verlangen*, dass Arbeitsplätze, die besetzt werden sollen, allgemein oder für bestimmte Arten von Tätigkeiten vor ihrer Besetzung innerhalb des Betriebes ausgeschrieben werden (Mitbestimmung → Initiativrecht). Diese Bestimmung gilt *nicht für* Positionen von *Leitenden*.

Nach § 99 Abs. 2 Ziffer 5 BetrVG kann der Betriebsrat die *Zustimmung* zur geplanten Einstellung *verweigern*, wenn eine nach § 93 erforderliche Ausschreibung im Betrieb unterblieben ist (Mitbestimmung → Vetorecht).

08. Welche Zielsetzung hat die Personalauswahl?

Ziel der Personalauswahl ist es,

- auf rationellem Wege,
- zum richtigen Zeitpunkt den Kandidaten zu finden,
- der möglichst schnell die geforderte Leistung erbringt und
- der in das Unternehmen „passt" (in die Gruppe, zum Vorgesetzten usw.).

09. Welche Aspekte der Bewerbereignung sind zu prüfen?

Ein Mitarbeiter ist dann für eine bestimmte Aufgabe geeignet, wenn er über die erforderliche

- *fachliche Eignung* (das „Können"; Fähigkeiten, Fertigkeiten, Fachwissen) sowie
- die *persönliche Eignung* (das „Wollen"; z.B. Motive, Antrieb, Engagement, Persönlichkeit usw.) verfügt.

In der Praxis ist häufig zu beobachten, dass das „Können" eines Bewerbers überbewertet und das „Wollen" unterbewertet wird.

10. Welche Bedeutung hat die Personalauswahl für das Unternehmen?

Fehler (Fehleinschätzungen) in der Personalauswahl

- kosten Geld (z. B. erneutes Auswahlverfahren),
- führen zu einem erheblichen Zeitverlust (z. B. erneute Auswahl, erneute Einarbeitung) und
- haben damit i. d. R. entgangene Gewinne zur Folge.

11. Welche Methoden lassen sich im Rahmen der Bewerberauswahl einsetzen?

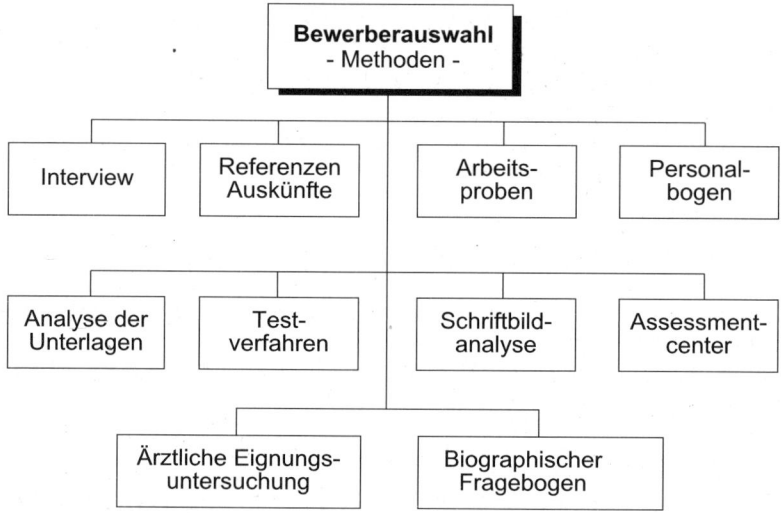

12. Nach welchen Gesichtspunkten werden eingereichte Bewerbungsunterlagen geprüft?

Einen ersten Eindruck über potenzielle Kandidaten erhält das Unternehmen über die Analyse der Bewerbungsunterlagen. Im Normalfall sind das:

- Anschreiben,
- Lebenslauf,
- Lichtbild,

- Arbeitszeugnisse,
- Schulzeugnisse und ggf.
- Unterlagen zur Fortbildung.

13. Welche Aussagen lassen sich aus der Analyse der Bewerbungsunterlagen ableiten?

- *Analysekriterien*

  Die Bewerbungsunterlagen werden analysiert nach den Gesichtspunkten *Vollständigkeit, Inhalt, Stil und Form.*

- Beim *Bewerbungsschreiben* wird man vor allem auf folgende Aspekte achten:

  - *Form,* z. B.:
    - ordentlich, sauber, klar gegliedert

  - *Vollständigkeit,* z. B.:
    - Sind alle wesentlichen Unterlagen vorhanden?
    - Sind alle lt. Anzeige geforderten Unterlagen und Angaben vorhanden?

  - *Inhalt,* z. B.:
    - Warum erfolgte die Bewerbung?
    - Welche Tätigkeit hat der Bewerber zurzeit?
    - Welche besonderen Fähigkeiten – bezogen auf die Stelle – existieren?
    - Welche Zusatzqualifikationen liegen vor?
    - Was erwartet der Bewerber von einem Stellenwechsel?
    - Wird auf den Anzeigentext eingegangen?
    - Gibt es Widersprüche? (z. B. zu den Zeugnisaussagen)
    - Ist der Inhalt verständlich gegliedert?

  - *Sprachstil,* z. B.:
    - aktiv, konkret, sachlich, Verwendung von Verben oder passiv, unbestimmt, Verwendung von Substantiven;
    - einfacher, klarer Satzbau, logische Satzverbindungen oder Schachtelsätze, unlogische Satzverbindungen;
    - großer Wortschatz, treffende Wortwahl oder geringer Wortschatz, „gestelzte" bzw. unpassende Wortwahl.

- Beim *Lebenslauf* sind drei Analysekriterien aufschlussreich:

  - *Die Zeitfolgenanalyse* (= Lückenanalyse) prüft Zeitzusammenhänge, Termine und fragt nach evt. Lücken in der beruflichen Entwicklung. Wie oft wurde die Stelle gewechselt? Wie war die jeweilige Positionsdauer? Gibt es Abweichungen zu den Angaben in den Arbeitszeugnissen? Sind die beruflichen Stationen mit Monatsangaben versehen? Erfolgte der Positionswechsel während der Probezeit? Sind häufige „Kurzzeiträume" vorhanden? Wie ist die Tendenz bei der zeitlichen Dauer? Steigend oder fallend?

  - *Die Entwicklungsanalyse* fragt nach dem positionellen Auf- oder Abstieg, dem Wechsel und der Veränderung im Arbeitsgebiet bzw. im Berufsfeld. Ist die berufliche Entwicklung nachvollziehbar? Welchen Trend zeigt sie? Ist die Entwicklung kontinuierlich oder gibt es einen „Bruch"? Werden gravierende Veränderungen begründet? Lassen sich Wechselmotive erkennen?

  - *Die Firmen- und Branchenanalyse* untersucht die Fragen: Klein- oder Großbetrieb? Gravierender Wechsel in der Branche? Gibt es – bezogen auf die ausgeschriebene Position – verwertbare Kenntnisse aus vor- oder nachgelagerten Produktionsstufen oder Branchen? Gibt es Gründe für den Branchenwechsel bzw. den Wechsel vom Klein- zum Großbetrieb?

14. Auf welche Tatbestände kann man sich bei der Analyse von Arbeitszeugnissen stützen?

• Die Analyse der *Arbeitszeugnisse* erstreckt sich auf

- *objektive Tatbestände*, z. B.:
  - persönliche Daten,
  - Dauer der Tätigkeit,
  - Tätigkeitsinhalte,
  - Komplexität, Umfang der Aufgaben,
  - Anteil von Sach- und Führungsaufgaben,
  - Vollmachten wie Prokura, Handlungsvollmacht,
  - Termin der Beendigung.

- *Tatbestände, die einer subjektiven Bewertung unterliegen,* wie z. B.:
  - die Schlussformulierung
  - der Grund der Beendigung; er ist nur auf Verlangen des Mitarbeiters in das Zeugnis aufzunehmen
- Formulierungen aus den sog. Zeugniscodes:

- sehr gut	=	„stets zur vollsten Zufriedenheit"
- gut	=	„stets zur vollen Zufriedenheit"
- befriedigend	=	„zur vollen Zufriedenheit"
- ausreichend	=	„zur Zufriedenheit"
- mangelhaft	=	„im Großen und Ganzen zur Zufriedenheit"
- ungenügend	=	„hat sich bemüht"

• Die Bedeutung von *Schulzeugnissen* nimmt mit zunehmendem beruflichen Alter ab. Vorsichtige Anhaltspunkte können u. U. – speziell beim Quervergleich mehrerer Bildungsabschlüsse – über Neigung, Fleiß und Interessenschwerpunkte gewonnen werden. Bei Lehrstellenbewerbern sind sie zunächst die einzigen Leistungsnachweise, die herangezogen werden können.

15. Welche Skalierung wird beim so genannten Zeugniscode verwendet?

Die Erwähnung negativer Aspekte im Arbeitszeugnis ist rechtlich problematisch. Aus diesem Dilemma befreien sich die Arbeitgeber meist durch die folgenden drei „Strategien":

(1) Anwenden einer *Formulierungsskala* („Zeugniscode"; vgl. Frage 14.).

(2) Der Gebrauch von *Spezialformulierungen* ist in der Rechtsprechung umstritten und heute nur noch selten anzutreffen (z. B.: „... war sehr tüchtig und wusste sich zu verkaufen" = war unangenehm, unbequem u. Ä.).

(3) - *Unwichtige* Eigenschaften und *Merkmale* unangemessen *hervorheben* sowie
    - wichtige Aspekte verschweigen (weil negativ) – insbesondere Eigenschaften und Verhaltensweisen, die bei einer bestimmten Tätigkeit von besonderem Interesse sind.

16. Welche Bedeutung hat ein innerbetrieblicher Bewerbungsbogen und welche Rückschlüsse lassen sich aus den Antworten des Bewerbers ziehen?

Der innerbetriebliche Bewerbungsbogen *(= Personalfragebogen)* ist meist spezifisch auf den Betrieb zugeschnitten und entspricht in seinem Inhalt und der Anordnung den Fragen der innerbetrieblichen Personalkartei/-datei, damit die Daten leicht übertragen werden können. Man vermeidet damit u. a., dass wichtige Erkenntnisse fehlen *(Prinzip der Vollständigkeit)* bzw. man stellt Fragen in schriftlicher Form, damit sie *rechtlich einwandfrei formuliert* sind. Die gewonnenen Antworten ergänzen die Ergebnisse der mündlich gestellten Fragen bzw. lassen sich mit ihnen vergleichen (z. B. *Widersprüche*). Nach § 94 BetrVG bedürfen Personalfragebogen der *Zustimmung* des Betriebsrates.

17. Welchen methodischen Ansatz hat das Assessmentcenter (AC)?

Das Assessmentcenter (AC) ist ein Gruppenauswahlverfahren. Charakteristisch sind folgende Merkmale:

- *mehrere Beobachter* (z. B. sechs Führungskräfte des Unternehmens) beurteilen *mehrere Kandidaten* (i. d. R. zwischen 6 bis 12) anhand einer *Reihe von Übungen* über 1 bis 3 Tage;

- aus dem Anforderungsprofil werden die markanten Persönlichkeitseigenschaften abgeleitet; dazu werden dann betriebsspezifische Übungen entwickelt.

- die „*Regeln*" lauten:
  - jeder Beobachter sieht jeden Kandidaten mehrfach
  - jedes Merkmal wird mehrfach erfasst und mehrfach beurteilt
  - Beobachtung und Bewertung sind zu trennen
  - die Beobachter müssen geschult sein
  - in der Beobachterkonferenz erfolgt eine Abstimmung der Einzelbewertungen
  - das AC ist zeitlich exakt zu koordinieren
  - jeder Kandidat erhält am Schluss im Rahmen eines Auswertungsgesprächs sein Feedback.

18. Welchen eignungsdiagnostischen Wert haben Testverfahren? Welche Testverfahren werden unterschieden?

Testverfahren im strengen Sinne des Wortes sind wissenschaftliche Verfahren zur Eignungsdiagnose. Testverfahren müssen folgenden Anforderungen genügen:

- Die Testperson muss ein typisches Verhalten zeigen können.
- Das Verfahren muss gleich, erprobt und zuverlässig messend sein.
- Ergebnisse müssen für das künftige Verhalten typisch (gültig) sein.
- Die Anwendung bedarf grundsätzlich der Zustimmung des Bewerbers.
- I. d. R. ist die Mitbestimmung des Betriebsrates zu berücksichtigen.

Man unterscheidet folgende Testverfahren:

- *Persönlichkeitstests* erfassen Interessen, Neigungen, charakterliche Eigenschaften, soziale Verhaltensmuster, innere Einstellungen usw.

- *Leistungstests* messen die Leistungs- und Konzentrationsfähigkeit einer Person in einer bestimmten Situation.

- *Intelligenztests* erfassen die Intelligenzstruktur in Bereichen wie Sprachbeherrschung, Rechenfähigkeit, räumliche Vorstellung usw.

Testverfahren können – bei richtiger Anwendung – *das Bewerberbild abrunden* oder auch Hinweise auf Unstimmigkeiten geben, die dann im persönlichen Gespräch hinterfragt werden sollten. Der Aufwand ist i. d. R. nicht unbeträchtlich und rechtfertigt sich nur bei einer großen Anzahl von Kandidaten und homogenem Anforderungsprofil.

19. Warum ist vielfach eine ärztliche Eignungsuntersuchung sinnvoll oder notwendig?

Die ärztliche Eignungsuntersuchung überprüft, ob der Bewerber den Anforderungen der Tätigkeit physisch und psychisch gewachsen ist. In Groß- und Mittelbetrieben wird der Werkarzt die Untersuchung vornehmen, ansonsten übernimmt dies der Hausarzt des Bewerbers auf Kosten des Arbeitgebers. Das Ergebnis der Untersuchung wird dem Bewerber und dem Arbeitgeber anhand eines Formulars oder Kurzgutachtens mitgeteilt und enthält wegen der ärztlichen Schweigepflicht nur die Aussage

- geeignet
- nicht geeignet
- bedingt geeignet.

Daneben ist für bestimmte Tätigkeiten die *Untersuchung gesetzlich vorgeschrieben* (z. B. Arbeiten im Lebensmittelbereich). Hinzu kommt, dass Jugendliche nur beschäftigt werden dürfen, wenn die erforderlichen Untersuchungen vorliegen (§§ 32 ff. JArbSchG).

20. Wie ist ein Vorstellungsgespräch (Auswahlgespräch, Vorstellungsinterview) zu führen?

- *Ziele*
  - man erhält einen persönlichen Eindruck vom Bewerber;
  - der bisherige Eindruck anhand der „Papierform" kann ergänzt, bestätigt oder korrigiert werden (z. B. fehlende Daten zur Person, zum Ausbildungsgang oder Widersprüche zwischen dem Anschreiben, dem Lebenslauf bzw. den Zeugnisangaben u. Ä.);

- Kennenlernen der Person hinsichtlich Verhalten, Motiven, Erscheinungsbild, Sprache u. Ä.;
- Erwartungen und Zielvorstellungen des Bewerbers;
- Informationen an den Bewerber über das Unternehmen und den Arbeitsplatz.

• *Vorbereitung*
- Wer nimmt an dem Auswahlgespräch teil?
- In welchem Raum findet das Gespräch statt?
- Wie viel Zeit steht zur Verfügung?
- Welche Unterlagen werden für das Gespräch benötigt?
- Wie ist die „Rollenverteilung" zwischen dem Personalbereich und dem Fachbereich?
- Welche Fragen müssen vor dem Gespräch geklärt werden, die evtl. von dem Bewerber gestellt werden können? (Entwicklungsmöglichkeiten, Gehalt, betriebliche Regelungen usw.)
- genaue Kenntnis des Anforderungsprofils der Stelle,
- detaillierte Kenntnis der Unterlagen des Bewerbers.

• *Gesprächsarten*
- Beim *freien Gespräch* ist der Gesprächsablauf nicht fest strukturiert. Der Vorteil liegt darin, dass sich der „Interviewer flexibel der Gesprächssituation anpassen kann" (hohe Erfahrung notwendig).
- Beim *strukturierten Auswahlgespräch* geht man in der Regel nach Frageblöcken bzw. Fragekomplexen vor, deren Ablauf jedoch variiert werden kann.
- Beim *standardisierten Vorstellungsgespräch* sind die einzelnen Fragen und der Gesprächsablauf fest vorgegeben.
- Beim *Gruppeninterview* werden mehrere Bewerber gleichzeitig „befragt". Hier können unter Umständen direkte Vergleichsmöglichkeiten zwischen den Bewerbern gezogen werden.

• *Grundregeln*
- Der Hauptanteil des Gesprächs liegt beim Bewerber (Faustregel: 80 % der Bewerber, 20 % der Interviewer);
- Überwiegend öffnende Fragen verwenden; geschlossene Fragen nur in bestimmten Fällen, Suggestivfragen vermeiden;
- Zuhören, Nachfragen und Beobachten, sich Notizen machen, zur Gesprächsfortführung ermuntern usw.;
- Keine ausführliche Fachdiskussion mit dem Bewerber führen (keine Fachsimpelei);
- Die Dauer des Gesprächs der Position anpassen;
- Äußerer Rahmen: keine Störungen, kein Zeitdruck, entspannte Atmosphäre.

21. In welche Gesprächsabschnitte (Phasen) kann das Bewerbungsgespräch strukturiert werden?

Phasenverlauf beim Personalauswahlgespräch		
Phase	Inhalt	Beispiele
I	Begrüßung	- gegenseitige Vorstellung - Anreisemodalitäten - Dank für Termin
II	Persönliche Situation des Bewerbers	- Herkunft - Familie - Wohnort
III	Bildungsgang des Bewerbers	- Schule - Weiterbildung
IV	Berufliche Entwicklung des Bewerbers	- erlernter Beruf - bisherige Tätigkeiten - berufliche Pläne
V	Informationen über das Unternehmen	- Größe, Produkte - Organigramm der Arbeitsgruppe
VI	Informationen über die Stelle	- Arbeitsinhalte - Anforderungen - Besonderheiten
VII	Vertragsverhandlungen	- Vergütungsrahmen - Zusatzleistungen
VIII	Zusammenfassung, Verabschiedung	- Gesprächsfazit - ggf. neuer Termin

Die Reihenfolge einiger Phasen kann verändert werden – je nach Gesprächssituation und Erfahrung des Interviewers.

22. Wie wird das Vorstellungsgespräch ausgewertet?

Sind die Auswahlgespräche abgeschlossen, werden alle Informationen über die infrage kommenden Kandidaten verdichtet. Fachbereich und Personalbereich werden sich also darüber verständigen, welchen Kandidaten sie für den geeignetsten halten. Dies wird in einem *Abschlussgespräch* erfolgen und kann z. B. anhand eines *Entscheidungsbogens* geführt werden.

Letztendlich bleibt festzuhalten, *dass der Auswahlvorgang immer eine subjektive Entscheidung darstellt.*

4.2.7 Personalanpassungsmaßnahmen

01. Was versteht man unter der Personalanpassungsplanung?

Die Personalanpassungsplanung ist der Oberbegriff für alle Maßnahmen, die aufgrund der Ergebnisse der Personalbedarfsplanung eingeleitet werden müssen:

Maßnahmen der Personalanpassung (Beispiele)		
bei **Personalunterdeckung**	⇒	- Personalbeschaffung - Versetzung - Verlängerung der Arbeitszeit (ggf. Änderungskündigung) - Einführung von Schichtarbeit - Verlagerung der Urlaubszeit - Erweiterung der Leiharbeit - Vergabe von Werkverträgen und Honoraraufträgen
bei **Personalüberdeckung**	⇒	**Personalabbau ohne Reduzierung der Belegschaft** (indirekter Personalabbau): - Abbau von Schichtarbeit - Abbau von Überstunden - Vorgezogener Jahresurlaub - Gewähren von unbezahltem Urlaub - Veränderung der Regelarbeitszeit - Kurzarbeit - Abbau der Leiharbeit - Auslaufen befristeter Verträge - Einstellungsstopp - Nichtersetzen der natürlichen Fluktuation - Umstellung von Vollzeit auf Teilzeit - Umstellung von Arbeitsvertrag auf Honorarvertrag - Förderung der Selbstständigkeit

		Personalabbau mit Reduzierung der Belegschaft (direkter Personalabbau):
		
		- Anreize für Eigenkündigung
		- Anreize für Aufhebungsverträge
		- Vorruhestandsregelung
		- Kündigungen:
		  · Massenentlassung
		  · Einzelkündigungen
		  · ordentliche/außerordentliche Kündigung

		Maßnahmen der Produktionsplanung: - erweiterte Lagerhaltung („Produktion auf Halde") - Reduzierung der Fremdvergabe - Vorziehen von Reparaturarbeiten - Aussetzen von Rationalisierungsmaßnahmen - kurzfristige Übernahme von Lohnaufträgen
bei **Qualifikationsdefiziten**	⇒	- Entwicklung - Förderung - längerfristige Qualifizierungsprogramme

Es sind jeweils die gesetzlichen Bestimmungen zu beachten, z.B. BetrVG, AÜG, SGB III, ArbZG, ArbPlSchG.

Daneben kann man im weiteren Sinne die Einarbeitungs- und Einsatzplanung zu den Anpassungsmaßnahmen zählen.

4.2.8 Entgeltformen

01. Welche grundsätzlichen Entgeltformen (Lohnformen) gibt es?

Formen der Entgeltgewährung	Geldlohn	
	Naturallohn	
Differenzierung nach Mitarbeitergruppen	Arbeiter → Lohn	
	Angestellte → Gehalt	
	Auszubildende → Ausbildungsvergütung	
	Rentner → Betriebsrente	
Differenzierung nach der Art der Berechnung	Zeitlohn	reiner Zeitlohn (ohne Zulagen)
		Zeitlohn mit Zulagen, z. B. Leistungszulage
	Leistungslohn	Akkordlohn: - Einzelakkord - Gruppenakkord
		Prämienlohn: - Einzelprämie - Gruppenprämie
		Pensumlohn
	Sonderformen	Zuschläge
		Sozialzulagen
		Erfolgsbeteiligung

02. Welche Lohnformen lassen sich nach der Art der Berechnung differenzieren?

- Beim *Zeitlohn* wird die im Betrieb verbrachte Zeit vergütet – unabhängig von der tatsächlich erbrachten Leistung. Ein mittelbarer Bezug zur Leistung besteht nur insofern, als „ein gewisser normaler Erfolg laut Arbeitsvertrag geschuldet wird". Der Zeitlohn wird insbesondere eingesetzt bei

  - besonderer Bedeutung der Qualität des Arbeitsergebnisses,
  - erheblicher Unfallgefahr,
  - kontinuierlichem Arbeitsablauf,
  - nicht beeinflussbarem Arbeitstempo,
  - nicht vorherbestimmbarer Arbeit,
  - quantitativ nicht messbarer Arbeit,
  - schöpferisch-künstlerischer Arbeit usw.

- *Löhne* (im eigentlichen Sinne) werden an gewerbliche Mitarbeiter (Arbeiter) gezahlt; hier erfolgt die Entlohnung i. d. R. auf Stundenbasis (Anzahl der Stunden · Lohnsatz pro Stunde); z. B. ergibt sich bei einem Arbeiter mit einem Stundenlohn von 10 EUR und einer Arbeitszeit von 167 Stunden im Monat ein Bruttomonatsentgelt von 167 Std. · 10 EUR = 1.670 EUR.

- *Gehälter* werden an technische und kaufmännische Angestellte gezahlt; pro Zeiteinheit (meist pro Monat) ist vertraglich ein fester Euro-Wert vereinbart, z. B.: der technische Angestellte Huber erhält lt. Arbeitsvertrag ein monatliches Bruttoentgelt von 1.800 €.

Nach der Tarifbindung unterscheidet man z.B. innerhalb der „Gehälter" folgende Formen:

- Von *Tarifgehältern* spricht man, wenn das vereinbarte Gehalt innerhalb der Tarifgruppen liegt.
- Bei sog. *AT-Gehältern* (= außertariflichen Gehältern) liegt das vereinbarte Gehalt oberhalb der höchsten Tarifgruppe. Das AT-Gehalt ist sprachlich zu unterscheiden vom übertariflichen Gehalt; hier zahlt der Arbeitgeber neben dem Tarifgehalt eine *übertarifliche Zulage.*

- *Zulagen/Prämien:* Löhne und Gehälter können als „reiner Lohn" (oder Gehalt) gezahlt werden oder in Verbindung mit einer Zulage und/oder einer Prämie stehen. Bei den Zulagen kommt vor allem die (meist tariflich vorgeschriebene) *Leistungszulage* in Betracht.

- Der *Akkordlohn* ist ein echter Leistungslohn. Die Höhe des Entgelts ist von der tatsächlichen Arbeitsleistung direkt abhängig. Der Akkordlohn kann dann eingesetzt werden, wenn folgende Voraussetzungen vorliegen:

  - *Akkordfähigkeit*, d.h. der Arbeitsablauf ist im Voraus bekannt, gleichartig und regelmäßig;
  - *Akkordreife*, d.h. der Arbeitsablauf weist keine Mängel auf und wird von der Arbeitskraft in ausreichendem Maße beherrscht;
  - *Beeinflussbarkeit*, d.h. die Arbeitskraft muss die Leistungsmenge direkt und in erheblichem Maße beeinflussen können.

Die Berechnungsbasis beim Akkordlohn besteht aus zwei Bestandteilen:
- dem tariflich garantierten Mindestlohn und
- dem Akkordzuschlag.

Beispiel:

	Mindestlohn lt. Tarif	10,00 EUR
+	Akkordzuschlag von z.B. 25 %	2,50 EUR
=	Akkordrichtsatz	12,50 EUR

Der Akkordrichtsatz ist die Ausgangsbasis für die Berechnung, bei der zwei Berechnungsarten unterschieden werden:

- Beim *Stückakkord* wird ein bestimmter Geldbetrag pro Leistungseinheit festgelegt:

Stückakkordsatz	Akkordrichtsatz : Normalleistung pro Zeiteinheit in Einheiten
Stückakkord	Stückzahl · Stückakkordsatz

- Der *Zeitakkord* setzt sich aus zwei Berechnungskomponenten zusammen:

(1) Minutenfaktor	Akkordrichtsatz : 60
(2) Zeitakkordsatz	60 : Normalleistung pro Stunde

Der Akkordlohn ergibt sich hier rechnerisch aus der Multiplikation von (1) und (2), mit der Stückzahl, d. h.

Zeitakkord	Zeitakkordsatz · Minutenfaktor · Stückzahl

Der Akkordlohn kann als *Einzelakkord* oder als *Gruppenakkord* gestaltet sein.

* Der *Prämienlohn* besteht aus
  - einem leistungsunabhängigen Teil, dem *Grundlohn* und
  - einem leistungsabhängigen Teil, der *Prämie*.

Der Prämienlohn kann immer dann eingesetzt werden, wenn

- die Leistung vom Mitarbeiter (noch) beeinflussbar ist, aber
- die Ermittlung genauer Akkordsätze nicht möglich oder unwirtschaftlich ist,
- die Arbeitsbedingungen einigermaßen konstant und für die betreffenden Mitarbeiter gleich sind,
- Vorgabeleistungen ermittelt worden sind.

Weiterhin gehört zu den Voraussetzungen, dass die Prämie so gestaltet ist, dass

- sie für den Arbeitnehmer einen Anreiz darstellt,
- das System transparent und nachvollziehbar ist,
- sie für den Arbeitgeber wirtschaftlich ist.

Analog zum Akkordlohn unterscheidet man *Einzelprämie* und *Gruppenprämie*. *Bemessungsgrundlagen* beim Prämienlohn können sein:

- Mengenleistungsprämie,
- Qualitätsprämie (Güteprämie),
- Ersparnisprämie (Rohstoffausnutzung, Abfallvermeidung),
- Nutzungsprämie bezogen auf den Maschineneinsatz,
- Termineinhaltungsprämie,
- Umsatzprämie usw.

Das Grundprinzip bei der Prämiengestaltung ist, dass der Nutzen der erbrachten Mehrleistung zwischen Arbeitgeber (Zusatzerlöse) und Arbeitnehmer (Prämie) planmäßig in einem bestimmten Verhältnis aufgeteilt wird (z. B. konstant 50:50). Die Prämie kann an quantitative oder qualitative Merkmale gebunden sein.

Je nachdem, wie der Arbeitgeber das Leistungsverhalten des Arbeitnehmers beeinflussen will, wird der Verlauf der Prämie unterschiedlich sein:

- Beim *progressiven Verlauf* soll der Arbeitnehmer zu maximaler Leistung angespornt werden. Mehrleistungen im unteren Bereich werden wenig honoriert.

- Beim *proportionalen Verlauf* besteht ein festes (lineares) Verhältnis zwischen Mehrleistung und Prämie. Der Graph dieser Prämie ist eine Gerade mit konstanter Steigung. Maßnahmen zur Steuerung der Mehrleistung sind hier nicht vorgesehen.

- Beim *degressiven Prämienverlauf* wird angestrebt, dass möglichst viele Arbeitnehmer eine Mehrleistung (im unteren Bereich) erzielen. Mehrleistungen im oberen Bereich werden zunehmend geringer honoriert – die Kurve flacht sich ab.

- Der *s-förmige Prämienverlauf* ist eine Kombination von progressivem, proportionalem und degressivem Verlauf. Der Arbeitgeber will erreichen, dass möglichst viele Arbeitskräfte eine Mehrleistung im Bereich des Wendepunktes der Kurve erzielen.

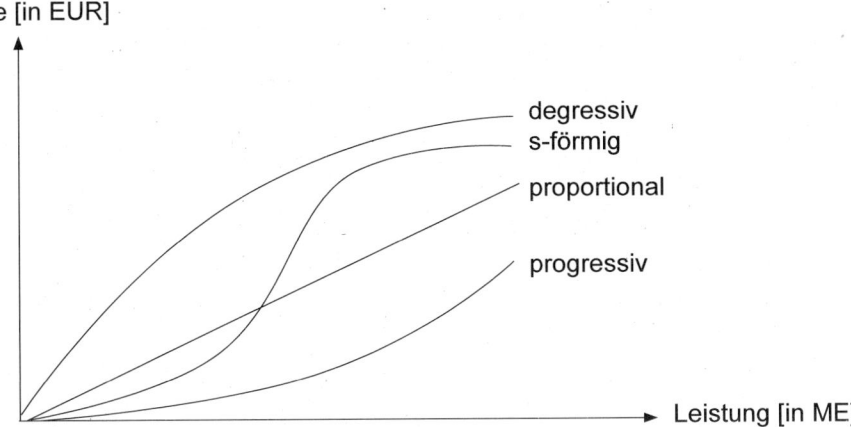

- Kennzeichnend für den *Gruppenlohn* ist, dass mehrere Arbeitnehmer gemeinsam entlohnt werden. Sinnvoll ist die Gruppenentlohnung im Allgemeinen nur dann, wenn bestimmte *Voraussetzungen* erfüllt sind:

  - die Arbeitsgruppe muss überschaubar und stabil sein,
  - die Tätigkeiten der Gruppenmitglieder müssen ähnlich sein,
  - die Leistungsunterschiede dürfen nur relativ gering sein,
  - die Entlohnungsform muss transparent und nachvollziehbar sein.

Die Gruppenentlohnung kann auf einem Akkordsystem oder einem Prämiensystem basieren. Das Kernproblem liegt in der Gestaltung des Verteilungsschlüssels, der zur *Aufteilung des Mehrverdienstes* herangezogen wird. In der Praxis erfolgt die Verteilung des Mehrverdienstes meist über sog. Äquivalenzziffern, die nach den o. g. Prinzipien (oder einer Kombination dieser Prinzipien) gebildet werden.

03. Welche Lohnzuschläge sind gängige Praxis?

Neben dem Grundlohn können *Zuschläge* (z. T. auch als *Zulagen* bezeichnet) vergütet werden – z. B. als feste Euro-Größe oder als prozentualer Zuschlag zum Entgelt. Sie werden z. B. gezahlt auf der Grundlage von *Tarifbestimmungen* (z. B. Zuschläge für Sonntagsarbeit), aufgrund *einzelvertraglicher* Vereinbarung oder von Fall zu Fall als *freiwillige Leistung* des Arbeitgebers, z. B.:

- Nachtzuschläge,
- Feiertagszuschläge,
- Trennungsentschädigungen,
- Kinderzuschläge,

- Sonntagszuschläge,
- Gefahrenzuschläge,
- Auslösungen,
- Mehrarbeitszuschläge usw.

- *Überstundenzuschläge* sind immer dann zu zahlen, wenn die tatsächliche Arbeitszeit über die Regelarbeitszeit hinausgeht; üblich sind Zuschläge zwischen 20-50 % des regelmäßigen Entgelts. *Voraussetzung* ist, dass die Mehrarbeit *angeordnet* oder vom Arbeitgeber geduldet wurde. Bei der Anordnung der Mehrarbeit hat der Arbeitgeber die *Mitbestimmungsrechte* des Betriebsrates sowie die einschlägigen Gesetze zu beachten (z. B. ArbZG).

04. Welche Nebenleistungen werden in der Praxis häufig gewährt?

- *Sondervergütungen zu bestimmten Anlässen*, z. B.:
  - Weihnachten,
  - Geschäftsjubiläen,
  - Heirat,
  - Geburt eines Kindes usw.
  - Urlaub,
  - Dienstjubiläen,
  - Gratifikation,

- *Sondervergütungen aufgrund eines Regelungswerkes* sind z. B.:
  - Erfindervergütungen,
  - Tantiemen,
  - Boni,
  - Zahlungen aus dem betrieblichen Vorschlagswesen (BVW).

Unter bestimmten Voraussetzungen kann sich bei einigen Sondervergütungen für den Arbeitnehmer eine *Rückzahlungspflicht* ergeben; z. B. wenn er das Arbeitsverhältnis zum 31.03. des Folgejahres kündigt (Stichwort: Weihnachtsgeld). Einzelheiten dazu sind dem jeweiligen Tarifvertrag oder dem Arbeitsvertrag zu entnehmen.

- *Erfolgsbeteiligungen*, z. B.:
  - Barauszahlungen,
  - Schuldscheine,
  - Belegschaftsaktien,
  - Sparkonten.

Der Arbeitgeber hat bei der Gestaltung von Sonderzahlungen den *Gleichbehandlungsgrundsatz* zu beachten.

05. Was bedeutet „relative Lohngerechtigkeit"?

Eine *absolute Lohngerechtigkeit ist nicht erreichbar*, da es keinen absolut objektiven Maßstab zur Lohnfindung gibt. Bestenfalls ist eine relative Lohngerechtigkeit realisierbar. „Relativ" heißt vor allem, dass

- unterschiedliche Arbeitsergebnisse zu unterschiedlichem Lohn führen,
- unterschiedlich hohe Arbeitsanforderungen differenziert entlohnt werden.

06. Welche Bestimmungsgrößen werden bei der Lohnfindung/-differenzierung eingesetzt?

Bestimmungsgrößen der Lohnfindung/-differenzierung				
Leistung des Mitarbeiters	Anforderungen des Arbeitsplatzes	Soziale Überlegungen	Leistungsmöglichkeit	Sonstige Bestimmungsfaktoren

↑
- Branche/Region
- Konjunktur
- Tarifzugehörigkeit
- Gesetze
- Qualifikation
- Bildungsabschluss

Leistungsgerechtigkeit	Leistung des Mitarbeiters: Bei gleichem Arbeitsplatz (gleichen Anforderungen) soll eine unterschiedlich hohe Leistung differenziert entlohnt werden. Dazu bedient man sich - der Arbeitsstudien (Stichwort: Normalleistung), - unterschiedlicher Verfahren der Leistungsbeurteilung oder auch - dem Instrument der Zielvereinbarung i. V. m. ergebnisorientierter Entlohnung, um die Leistung des Mitarbeiters „objektiv zu messen". Im Ergebnis führt dies zu unterschiedlichen Lohnformen (Leistungslohn, Zeitlohn, erfolgsabhängige Entlohnung, Prämie, Tantieme usw.).
Anforderungsgerechtigkeit	Anforderungen des Arbeitsplatzes: Mithilfe der Arbeitsbewertung soll die relative Schwierigkeit einer Tätigkeit erfasst werden. Über verschiedene Methoden der Arbeitsbewertung (summarisch oder analytisch; Prinzip der Reihung oder Stufung) werden die unterschiedlichen Anforderungen eines Arbeitsplatzes erfasst. Im Ergebnis führt dies zu unterschiedlichen „Lohnsätzen" (z. B. Gehaltsgruppen), und zwar je nach Schwierigkeitsgrad der zu leistenden Arbeit auf dem jeweiligen Arbeitsplatz.
Sozialgerechtigkeit	Soziale Überlegungen: Neben den Kriterien „Anforderung" und „Leistung" können soziale Gesichtspunkte wie Alter, Familienstand, Betriebszugehörigkeit des Arbeitnehmers herangezogen werden.
Arbeitsumgebung	Leistungsmöglichkeit: Bei gleicher Anforderung und gleicher Leistungsfähigkeit wird eine bestimmte Tätigkeit trotzdem zu unterschiedlichen Leistungsergebnissen führen, wenn die Arbeits- und Leistungsbedingungen unterschiedlich sind, z. B.: - Ausstattung des Arbeitsplatzes, - Führungsstil, - Unternehmensorganisation, - Informationspolitik, - Betriebsklima usw.
	In der Praxis ist dieser Sachverhalt bekannt. Da er sich kaum oder gar nicht quantifizieren lässt, wird er meist nur ungenügend bei der Entgeltbemessung berücksichtigt.

Sonstige Bestimmungsfaktoren	Darüber hinaus gibt es weitere Faktoren, die im speziellen Fall bei der Lohnfindung eine Rolle spielen können, z. B.: - Branche (z. B. Handel oder Chemie), - Region (z. B. München oder Emden), - Tarifzugehörigkeit, - spezielle Gesetze sowie - Qualifikation (Entgeltdifferenzierung nach allgemein gültigen Bildungsabschlüssen).

07. Wie erfolgt die Bruttolohnberechnung?

Das Bruttoentgelt wird für eine bestimmte Periode errechnet (z. B. je Monat). Dafür werden folgende Datenarten benötigt:

- Personalstammdaten,
- Zulagen,
- Beihilfen,
- Erstattungen,
- Leistungsdaten (Beurteilung, mengenmäßige Ergebnisse),

- Arbeitszeitdaten,
- Prämien,
- Zuschüsse,
- Gutschriften,
- Daten über Lohnarten (Lohn- und Provisionssätze) usw.

Erfasst werden diese Daten über Datenträger, Terminaleingaben, Beleglesung, Zeiterfassung, Betriebsdatenerfassung (z. T. noch über Lohnscheine u. Ä.). Das Ergebnis der Bruttorechnung ist der Ausgangspunkt für die Nettorechnung.

08. Wie erfolgt die Nettolohnberechnung?

Mithilfe der Nettorechnung wird der Nettoverdienst und der Auszahlungsbetrag ermittelt. Dazu sind die Abzüge zu berechnen:

- Lohnsteuer,
- Kirchensteuer,
- Krankenversicherungsbeitrag,
- Beitrag zur Pflegeversicherung,

- Solidaritätszuschlag,
- Rentenversicherungsbeitrag,
- Arbeitslosenversicherungsbeitrag.

Die dafür benötigten Daten sind:

- Steuerklasse,
- Steuerfreibetrag,
- Lohnsteuergemeinde,
- Versicherungsnummer,

- Familienstand,
- Konfession, Finanzamt,
- Rentenversicherungsträger,
- Pflichtkrankenkasse/freiwillige Krankenkasse

usw.

Hinsichtlich der Lohnsteuer ist zwischen *steuerpflichtigem und steuerfreiem Einkommen* zu unterscheiden. Ebenso ist zwischen *sozialversicherungspflichtigem und sozialversicherungsfreiem* Einkommen zu differenzieren. Der Arbeitgeber trägt i. d. R. 50 % der SV-Beiträge, ggf. die Entrichtung einer pauschalen Lohnsteuer sowie zu 100 % die

Beiträge zur *Berufsgenossenschaft*. Die Versteuerung *geldwerter Vorteile* (z. B. Pkw) ist zu beachten.

Vom Nettoverdienst sind *persönliche Abzüge* (z. B. Vorschüsse, Darlehen) einzubehalten bzw. *persönliche Zulagen* (z. B. Kindergeld) zu addieren. Dies ergibt den *Auszahlungsbetrag*.

4.3 Personalentwicklung

01. Wie gliedert das Berufsbildungsgesetz (BBiG) die Berufsbildung?

Berufsbildung nach § 1 BBiG sind

- die Berufs*ausbildungsvorbereitung,*
- die Berufs*ausbildung,*
- die berufliche *Fortbildung* und
- die berufliche *Umschulung.*

Berufsbildung nach dem BBiG	
Begriffe:	*Zielsetzung:*
Berufsausbildungsvorbereitung	Vermittlung von Grundlagen für den Erwerb beruflicher Handlungsfähigkeit, um auf diese Weise an eine Berufsausbildung in einem anerkannten Ausbildungsberuf heranzuführen.
Berufsausbildung	Vermittlung von Fertigkeiten, Kenntnissen und Fähigkeiten (berufliche Handlungsfähigkeit) in einem geordneten Ausbildungsgang.
Fortbildung	soll es ermöglichen, die berufliche Handlungsfähigkeit zu erhalten und anzupassen oder zu erweitern und beruflich aufzusteigen.
Umschulung	soll zu einer anderen beruflichen Tätigkeit befähigen.

02. Gibt es einen Unterschied zwischen den Begriffen „Fortbildung" und „Weiterbildung"?

Ja, es gibt einen Unterschied:

- Unter *Fortbildung*
  versteht man die *Fortsetzung der fachlich-beruflichen Ausbildung* im Anschluss an eine Berufsbildung in Verbindung mit mehrjähriger Berufspraxis (Begriff nach dem BBiG, § 1 Abs. 4).

- Der Begriff *Weiterbildung*
  charakterisiert die *generelle Erweiterung der Bildung über die berufsspezifischen Bereiche der Fortbildung hinaus* in Richtung auf ein allgemeines Verständnis komplexer Probleme; z. B. eine Führungskraft erlernt generelle Fähigkeiten des Zeitmanagements oder eignet sich allgemeine Zusammenhänge der Ökologie an. In der Praxis spielt diese Unterscheidung eine untergeordnete Rolle.

03. Was versteht man unter dem Begriff „Personalentwicklung" (PE)?

Personalentwicklung ist die *systematisch* vorbereitete, durchgeführte und kontrollierte *Förderung* der Anlagen und Fähigkeiten des Mitarbeiters

- in Abstimmung mit seinen *Erwartungen* und
- den *Zielen* des Unternehmens.

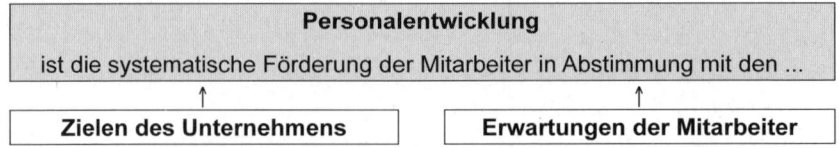

Der Begriff der Personalentwicklung *ist also umfassender als der der Aus-, Fort- und Weiterbildung.* Personalentwicklung vollzieht sich innerhalb der *Organisationsentwicklung* und diese wiederum ist in die *Unternehmensentwicklung* eingebettet.

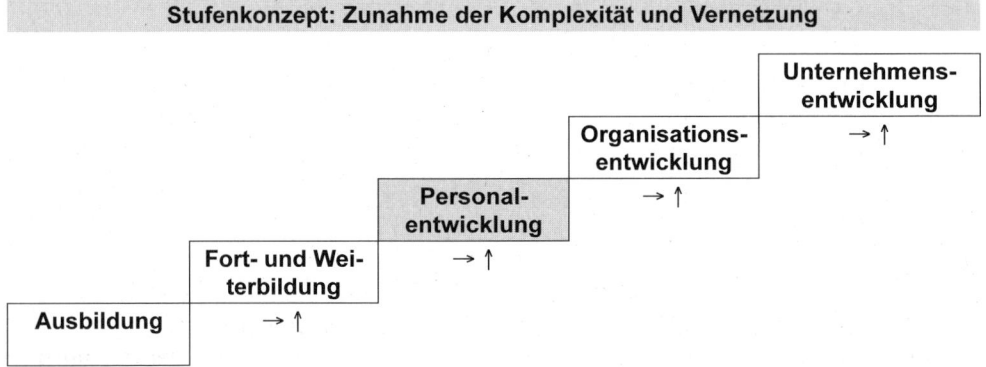

Betriebliche *Bildungsarbeit* (Aus-, Fort- und Weiterbildung) *ist also ein Instrument der Personalentwicklung* bzw. der Organisationsentwicklung. Jedes Element ist Teil des Ganzen. Mit jeder Stufe nehmen Komplexität und Vernetzung zu. Daneben gilt: Jede Personalentwicklung, die nicht in eine korrespondierende Organisations- und Unternehmensentwicklung eingebettet ist, führt in eine Sackgasse, da sich die Aktivitäten dann meistens in der Durchführung von Seminaren erschöpfen und lediglich Bildungsarbeit „per Gießkanne" praktiziert wird.

Personalentwicklung muss als *Netzwerk* begriffen werden, das unterschiedliche Marktentwicklungen mit unterschiedlichen Produkt- und Unternehmenszyklen sowie mit den persönlichen Lebensphasen der Mitarbeiter verbindet.

04. Welche Ziele verfolgt die Personalentwicklung (PE)?

PE zielt ab auf die *Änderung menschlichen Verhaltens.* Zur langfristigen Bestandssicherung muss ein Unternehmen über die Verhaltenspotenziale verfügen, die erforderlich sind, um die gegenwärtigen (*operativer Ansatz* der PE) und zukünftigen Anforderungen (*strategischer Ansatz* der PE) zu erfüllen, die vom Betrieb und der Umwelt gestellt werden.

Als *Unterziele* können daraus abgeleitet werden:

- firmenspezifisch qualifiziertes Personal entwickeln,
- Innovationen auslösen und systematisch fördern,
- Zusammenarbeit fördern,
- Organisations- und Arbeitsstrukturen motivierend gestalten,
- Mitarbeiter dazu motivieren, ihr Qualifikationsniveau (speziell Lernbereitschaft und -fähigkeit) anzuheben,
- Mitarbeiterpotenziale erkennen,
- Lernfähigkeit der Fach- und Führungskräfte verbessern,
- Flexibilität und Mobilität der Mitarbeiter erhöhen,
- Berücksichtigung des individuellen und sozialen Wertewandels,
- Hilfestellung bei der Sicherung der Personalbedarfsdeckung,
- Einrichten einer Personalreserve.

05. Warum ist eine systematische Entwicklung der Mitarbeiter notwendig?

- *Aus betrieblicher Sicht* ergeben sich folgende Notwendigkeiten:
  - Erhaltung und Verbesserung der Wettbewerbsfähigkeit durch Erhöhung der Fach-, Methoden- und Sozialkompetenz der Mitarbeiter und der Auszubildenden,
  - Verbesserung der Mitarbeitermotivation und Erhöhung der Arbeitszufriedenheit,
  - Verminderung der internen Stör- und Konfliktsituationen,
  - größere Flexibilität und Mobilität von Strukturen und Mitarbeitern/Auszubildenden,
  - Verbesserung der Wertschöpfung.

- *Für Mitarbeiter und Auszubildende* bedeutet Personalentwicklung, dass
  - ein angestrebtes Qualifikationsniveau besser erreicht werden kann,
  - bei Qualifikationsmaßnahmen i. d. R. die Arbeit nicht aufgegeben werden muss,
  - der eigene „Marktwert" und damit die Lebens- und Arbeitssituation systematisch verbessert werden kann.

- Die *generelle Bedeutung* einer systematisch betriebenen Personalentwicklung ergibt sich heute auch aus der Globalisierung der Märkte:
  - Kapital- und Marktkonzentrationen auf dem Weltmarkt lassen regionale Teilmärkte wegbrechen. Veränderungen der Wettbewerbs- und Absatzsituation sind die Folge.
  - Die Möglichkeiten der Differenzierung über Produktinnovationen nimmt ab; gleichzeitig nimmt die Imitationsgeschwindigkeit durch den Wettbewerb zu.

Umso wichtiger ist es für Unternehmen, sich auf die Bildung und Förderung interner Ressourcen zu konzentrieren, die nur schwer und mit erheblicher Verzögerung imitiert werden können. Die Qualifikation und Verfügbarkeit von Fach-, Führungskräften und Auszubildenden spielt eine zentrale Rolle im Kampf um Marktanteile, Produktivitätszuwächse und Kostenvorteile.

> **Personalentwicklung ist ein kontinuierlicher Prozess, der bei systematischer Ausrichtung zu langfristigen Wettbewerbsvorteilen führt.**

4.3.1 Arten

4.3.1.1 Ausbildung

01. Welche Voraussetzungen sind für die Einrichtung und Durchführung der betrieblichen Ausbildung zu schaffen bzw. zu prüfen?

1. *Eignung der Ausbildungsstätte* (§ 27 BBiG; Beachten Sie die Novellierung vom März 2005; bitte lesen)

2. *Eignung von Ausbildenden und Ausbildern* oder Ausbilderinnen (§ 28 BBiG; bitte lesen)

3. *Persönliche Eignung* (§ 29 BBiG; bitte lesen)

4. *Fachliche Eignung* (§ 30 BBiG; bitte lesen)

5. Beachten der *gesetzlichen Vorgaben* für die Planung, Durchführung und Kontrolle der betrieblichen Ausbildung:
   - Ausbildungsberufsbild
   - Ausbildungsordnung (§ 5 BBiG); es gibt folgende Arten von Ausbildungsberufen:
     · Ausbildungsberufe ohne Spezialisierung
     · Ausbildungsberufe mit Spezialisierung
     · Stufenausbildung
   - Ausbildungsrahmenplan
   - Anrechnung beruflicher Vorbildung (§ 7 BBiG)
   - Abkürzung und Verlängerung der Ausbildungszeit (§ 8 BBiG)
   - Prüfungsordnung
   - Jugendarbeitsschutzgesetz
   - Betriebsverfassungsgesetz
   - Ausbilder-Eignungsverordnung (AEVO)
   - Erstellung der Ausbildungspläne:
     · Ausbildungsinhalte
     · zeitliche Anpassung an die Gegebenheiten des Betriebes und der Berufsschule
     · Festlegung der Ausbildungs-Fachabteilungen
   - Didaktische Koordination von praktischer Ausbildung im Betrieb und theoretischer Ausbildung in der Berufsschule; dabei sind die Formen des Unterrichts zu berücksichtigen (Blockunterricht, Unterricht an einzelnen Wochentagen).
   - Methoden und Medien der Ausbildung, z. B.:
     · Unterweisung vor Ort, Lehrgespräch, Fallmethode, Lehrwerkstatt usw.
     · betrieblicher Ergänzungsunterricht

Die nachfolgende Abbildung zeigt die Planung, Durchführung und Kontrolle der betrieblichen Ausbildung:

Ablauf der betrieblichen Ausbildung		
Planung der Ausbildung	**Betriebliche Planung:**	
	Voraussetzungen lt. BBiG prüfen	Eignung des Unternehmens (§ 27 BBiG) Eignung der Ausbilder (§§ 28 ff. BBiG)
	Ziele festlegen	Ausbildungsberufsbild, § 4 BBiG
	Inhalte festlegen und koordinieren	Ausbildungsordnung, § 5 BBiG Ausbildungsrahmenplan
	Planung der Zeiten: - Ausbildungsdauer - Ausbildungsverkürzung - Urlaubszeit - betriebliche Ausbildungsorte - Koordination: Schule/Betrieb - Prüfungen	Anrechnungsverordnung nach § 7 BBiG Prüfungsordnung Prüfungswesen, §§ 37 ff. BBiG
	Schulische Planung:	
	- Rahmenlehrplan - Berufsschulunterricht	Wochenunterricht Blockunterricht
Durchführung der Ausbildung	**Didaktische Koordination** von praktischer Ausbildung im Betrieb und theoretischer Ausbildung in der Berufsschule; dabei sind die Formen des Unterrichts zu berücksichtigen (Blockunterricht, Unterricht an einzelnen Wochentagen).	Didaktik Methodik Unterweisungsformen Unterweisungsmethoden Unterweisung vor Ort Lehrgespräch Fallmethode Lehrwerkstatt
	Methoden und Medien der Ausbildung organisieren.	Übungsfirma usw. betrieblicher Ergänzungsunterricht Lehr- und Lernmittel Arbeitsmittel Ausbildungsmittel Ausbildungsräume
Kontrolle der Ausbildung	Interne Kontrollinstrumente	Berichtshefte prüfen
	Externe Kontrollinstrumente	Zwischenprüfung (soweit erforderlich; vgl. § 48 BBiG)
	Zielkontrolle	Abschlussprüfung, § 37 BBiG
	Maßnahmenkontrolle	Beurteilungen der Fachabteilung (Beurteilungssystem)
	Wirtschaftlichkeitskontrolle: Kosten-Nutzen-Analyse	Leistungen in der Berufsschule

6. Strukturierung der Ausbildung in vier *Handlungsfelder* lt. AEVO (Änderung vom Januar 2009):

Handlungsbereiche der AEVO	
Handlungsbereiche:	**Inhalte/zu erledigen (Beispiele):**
1.	Ausbildungsvoraussetzungen prüfen und Ausbildung planen	Gründe für die Ausbildung? Rahmenbedingungen? Ausbildungsberufe? Eignung? Organisation?
2.	Ausbildung vorbereiten und bei der Einstellung von Auszubildenden mitwirken	Auswahlverfahren? Anmeldung/Eintragung bei IHK?

| 3. | Ausbildung durchführen | Ausbildungsplätze? Lernerfolgskontrollen? Lern-/Arbeitstechniken? Kontakte halten? Kurzvorträge? Lehrgespräche? Teambildung? |
| 4. | Ausbildung abschließen | Prüfungsvorbereitung/-anmeldung? Zeugnis? |

7. Richtige *Einführung* der Auszubildenden in die Ausbildungsstätte:

Ein Auszubildender darf insbesondere zu Beginn seiner Berufsausbildung nicht durch zu viele auf ihn einstürmende Ereignisse und Informationen überfordert werden. Er muss mit den für seine Ausbildung wichtigen Personen bekannt gemacht werden und in methodisch und pädagogisch sinnvoller Weise – vom Einfachen zum Schweren – die späteren Tätigkeiten, die in der Ausbildungsordnung vorgeschrieben sind, kennen lernen. Ein fester Ausbildungsplatz und ein bestimmter, jederzeit ansprechbarer Ausbilder müssen zur Verfügung stehen.

8. *Anwendung von Prinzipien der Kommunikation und Kooperation* zur Förderung des Lernerfolgs:

Der Ausbildende bzw. der Ausbilder hat den Lernerfolg in besonderer Weise dadurch zu fördern, dass er geeignete Prinzipien der Führung und Kommunikation einsetzt:

- Auszubildende von dem Entwicklungsstand aus fördern, auf dem sie jeweils sind (altersspezifisch und individuell; das sog. „Bahnhofsmodell", d.h., den anderen dort abzuholen, wo er sich befindet, gilt auch hier);
- für zunehmend schwierigere und komplexere Aufgaben Verantwortung übergeben; dabei den Lernprozess unterstützen, ohne dem Auszubildenden vorschnell Lösungen anzubieten;
- Vertrauen entgegenbringen;
- mit den Auszubildenden reden und ihnen zuhören;
- Lob aussprechen;
- klare, eindeutige Verhaltens- und Leistungsziele setzen;
- konstante Rückmeldung über die Leistung auf dem Weg zum vereinbarten Ziel geben (Feedback geben und holen);
- Wissen vermitteln und informieren (z.B. Zweck, Bedeutung und Ablauf eines Arbeitsprozesses erklären).

9. Einsatz wirksamer *Methoden und Medien* bei der Durchführung der Ausbildung:
Als geeignete Methoden und Medien der Ausbildung kommen z.B. infrage:

- Unterweisung vor Ort,
- Lehrgespräch,
- Fallmethode,
- Lehrwerkstatt,
- Gruppenarbeit,
- Projektmethode,
- Leittextmethode,
- betrieblicher Ergänzungsunterricht,
- Lehr- und Lernmittel, Arbeitsmittel, Ausbildungshilfsmittel.

10. *Laufende Lernkontrolle:*
    Am Ende eines jeden Ausbildungsabschnittes ist mit dem Auszubildenden ein *Beurteilungsgespräch* zu führen. Dabei soll gemeinsam herausgearbeitet werden, ob die Ausbildungsinhalte vermittelt wurden/vermittelt werden konnten, welches Lern- und Arbeitsverhalten zu beobachten war und ob ggf. ergänzende Fördermaßnahmen erforderlich sind.

    Neben diesen wiederkehrenden – mehr kurzzeitigen Kontrollgesprächen – ist i. d. R. einmal pro Ausbildungsjahr ein generelles Beurteilungsgespräch zu führen, dessen Ergebnis schriftlich festzuhalten ist (meist in Verbindung mit einem standardisierten Beurteilungsbogen).

    Dieses Beurteilungsgespräch ist als *Dialog* zu betrachten: Gegenstand des Gesprächs kann auch die Frage sein, ob in dem betreffenden Ausbildungsabschnitt alle notwendigen personellen, methodisch-didaktischen Voraussetzungen zur Vermittlung der Ausbildungsinhalte geschaffen wurden. Für die Vorbereitung und Durchführung der Beurteilungsgespräche mit Auszubildenden gelten die allgemeinen Grundsätze für Beurteilungsverfahren, die speziell in Kapitel 5.3 behandelt werden.

    Erfolgskontrollen sind notwendig:

    Aus der Sicht des Betriebes, z. B.:
    - Probezeit = „Ausprobierzeit",
    - Verkürzung/Verlängerung der Ausbildungszeit,
    - Prüfen der Übernahme im Anschluss an die Ausbildung,
    - Überprüfung der Ausbildungsorganisation und -prozesse.

    Aus der Sicht des Auszubildenden, z. B.:
    - Feststellen der Eignung für den Ausbildungsberuf,
    - Feedback und „Kontrast" zu seiner eigenen Einschätzung,
    - Beurteilung = Anerkennung und Wertschätzung sowie Steuerungsmöglichkeit.

11. Wahl geeigneter Standards als Maßstäbe der Erfolgskontrolle:
    Maßstäbe für die Erfolgskontrolle der Ausbildung sind vor allem folgende Rechtsquellen:
    - der Ausbildungsvertrag (§§ 10 f. BBiG),
    - die Ausbildungsordnung (§ 5 BBiG),
    - der Prüfungsgegenstand (§ 38 BBiG).

    Geeignete Instrumente der Erfolgskontrolle sind z. B. folgende Maßnahmen:
    - Auswertung der Zwischen- und Abschlussprüfungen, die vor der Kammer abgelegt wurden,
    - Auswertung der Berichtshefte,
    - schriftliche und/oder mündliche Lernerfolgskontrollen,
    - fachpraktische Prüfungen im Labor, in der Lehrwerkstatt usw.,
    - Projektarbeiten,
    - Anfertigen von Arbeitsproben,
    - Einsetzen der Fähigkeiten und Fertigkeiten innerhalb von Planspielen, Simulationen, Übungsfirmen usw.

12. *Einsatz geeigneter Beurteilungssysteme:*
Der Beurteilungsbogen enthält Beurteilungsmerkmale bzw. Gruppen von Beurteilungsmerkmalen sowie eine plausible Skalierung der Merkmalsausprägungen. Das Verfahren ist mitbestimmungspflichtig, muss hinreichend beschrieben sein und verlangt eine Schulung der Beurteiler.

02. Was ist eine Methode und wie unterscheiden sich Methodik und Didaktik?

Eine Methode ist ein *planmäßiges Verfahren* (zur Untersuchung eines Objekts, zur Vermittlung von Lerninhalten usw.). Die Methodik des Lehrens und Lernens beschäftigt sich also mit dem *„Wie?"* der Vermittlung von Lerninhalten. Die *Didaktik* hat den Inhalt des Lernens zum Gegenstand (*„Was* ist zu lernen?").

03. Warum spielt die Arbeitsunterweisung im Rahmen der Ausbildung sowie der Mitarbeiterqualifizierung eine zentrale Rolle?

Die Arbeitsunterweisung ist eine spezifische Maßnahme der Mitarbeiterqualifizierung – *am Arbeitsplatz, durch den Vorgesetzten.* Sie ist die *gesteuerte Weitergabe* von Erfahrungen des Vorgesetzten an den Mitarbeiter bzw. Auszubildenden.

• Bewährte Methode der Unterweisung ist die *4-Stufen-Methode* (vgl. AEVO):

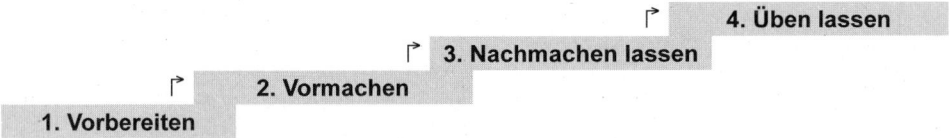

• *Vorteile/Bedeutung der Unterweisung:*

 - kostengünstig,
 - praxisnah,
 - flexible Anpassung der Lerninhalte und -zeiten,
 - unmittelbare Kontrolle des Lernfortschritts,
 - der Vorgesetzte wird zum Coach,
 - Förderung der Zusammenarbeit zwischen dem Vorgesetzten und dem Mitarbeiter.

04. Welche Lehr- und Lernmethoden werden in der Aus- und Fortbildung eingesetzt?

Es sind zahlreiche Methoden üblich. Die gebräuchlichsten sind der Vortrag, die Tonbildschau, die Gruppenarbeit, das Rollenspiel, die Fallmethode, das Planspiel, die Projektmethode und die Programmierte Unterweisung.

Vortrag	Der Vortrag ist die älteste Form der Darbietung eines Stoffes, aber auch die umstrittenste, denn es ist erwiesen, dass der Hörer nur einen Bruchteil der Informationen eines Vortrages aufnimmt und behält, weil das Lerntempo, das ein Vortrag erfordert, viel zu schnell ist. Wissenschaftliche Untersuchungen haben ergeben, dass ein Mensch durchschnittlich 20 % dessen, was er hört, 30 % dessen, was er sieht, 50 % dessen, was er hört und sieht und 90 % dessen, was er selbst erarbeitet, behält. Der Lerneffekt eines Vortrages ist weitgehend vom Vortragsstil abhängig. Auch spielt es eine Rolle, ob die Teilnehmer über Vorkenntnisse verfügen.
Tonbildschau	Eine Tonbildschau hat gegenüber dem Film den Vorteil, dass sich das stehende Bild mit einer Worterklärung stärker einprägt. Eine Tonbildschau kann nur unter der Leitung eines Fachmannes zur Wissensvermittlung dienen. Die Schlussfolgerungen müssen gemeinsam erarbeitet werden.
Gruppenarbeit	Von Gruppenarbeit spricht man dann, wenn sich mehrere Teilnehmer zusammenfinden, von denen jeder zu seinem Teil zur Lösung eines bestimmten Problems beiträgt. In einer Gruppe kann der Einzelne in der Auseinandersetzung mit unterschiedlichen Beiträgen sein Wissen erweitern. Beim Lernen in der Gruppe kann das Lerntempo des Einzelnen besser berücksichtigt werden.
Rollenspiel	Das Rollenspiel setzt voraus, dass sich der Spieler in einen gegebenen Sachverhalt hineinversetzen kann, der ihm durch Stichworte über Vorgehen, zu behandelnde Probleme und eigene Verhaltensweisen bekannt gemacht wird. Durch das Rollenspiel kann geübt werden, Partner zu überzeugen.
Fallmethode	Bei der Fallmethode handelt es sich um die Untersuchung, Darstellung und Analyse eines tatsächlichen oder fingierten Falles. Die Teilnehmer sollen lernen, die Probleme zu erkennen, über sie zu diskutieren, die optimale Lösung zu finden bzw. verschiedene Lösungsmöglichkeiten miteinander zu vergleichen.
Planspiel	Das Planspiel wird sowohl für das Treffen von Entscheidungen im Bereich der Unternehmensführung als auch in der betrieblichen Aus- und Fortbildung angewandt. Die Fehler, die bei dieser Übungsmethode gemacht werden, helfen zum besseren Verständnis und tragen zum Lernen bei, ohne dass Zeit versäumt wird oder ein Schaden entsteht. Das Planspiel ist in jedem Bereich die kritische Durchführung einer Kette von Entscheidungen, von denen jede einzelne Entscheidung auf dem Ergebnis einer vorangegangenen aufbaut.
Projektmethode	Bei der Projektmethode werden in Form der Gruppenarbeit komplizierte, umfassende und in der Regel mehrere Fachgebiete betreffende Probleme bearbeitet. Die Projekt-Methode ist geeignet, Selbstständigkeit im Denken und Entscheiden zu fördern und die Teilnehmer zu motivieren.
Programmierte Unterweisung	Bei der programmierten Unterweisung erfolgt das Lernen anhand eines Programms mit genau festgelegten Lernschritten und ständiger Lernerfolgskontrolle. Ein solches Programm muss sich in logisch verknüpfter, lückenloser Folge von kleinsten Lernschritten nach einem vorausberechneten Ablauf auf ein Lernziel hin erstrecken.

Superlearning	Superlearning, auch als ganzheitliches Lernen bezeichnet, ist eine Methode des Schnelllernens, insbesondere von Fremdsprachen. Der Lernende kann hohe Lernleistungen erzielen, wenn er sich mit einer durch Atemtechnik und Musik unterstützten Entspannungstechnik in den sog. Alpha-Zustand versetzt, Ängste und das Gefühl der Beanspruchung, die den Lernerfolg beeinträchtigen können, abbaut und dann den Lernstoff bei Barockmusik in einem bestimmten Rhythmus monoton, kontinuierlich bzw. von einer speziell gestalteten Lernkassette aufnimmt. Diese Methode beruht auf dem Versuch, die wenig genutzte rechte kreative Gehirnhälfte, in der der Sitz des Langzeitgedächtnisses vermutet wird, in den Lernprozess einzubeziehen. Dies ist nach Ansicht von Hirnforschern im Zustand körperlicher Entspannung und einem ganz nach innen gerichteten Bewusstsein am ehesten möglich.
Computerunter-stütztes Lernen	Die computerunterstützte Weiterbildung (Computer Based Training, CBT) mithilfe der Lernmittel Computer gewinnt mit der zunehmenden Verbreitung von Personalcomputern immer größere Bedeutung. Die Kosten der Weiterbildung können auf diese Weise reduziert werden, weil der Lernende zeitweise ohne Dozentenbetreuung arbeiten kann. Er kann ferner seinen Wissensstand selbst prüfen, seine Lernzeit individuell einteilen und entsprechend dem Stand seiner Vorkenntnisse, Auffassungsgabe und Gedächtniskapazität den Lernfortschritt selbst beeinflussen.
E-Learning	ist der Oberbegriff für „Lernen unter Nutzung elektronischer Medien". Beispiele: Computer Based Training (CBT), Multimediales Lernen (MML), Computerunterstütztes Lernen (CUL). Weiterhin werden dazu Lern- und Studienprogramm hinzugerechnet, die von IHKn und anderen Bildungsträgern gegen Einschreibegebühren im Internet angeboten werden ($\rightarrow$ www.ihk-e-learning.de).
Transfertraining	ist eine kombinierte Trainings- und Kommunikationsmethode, die es Vorgesetzten und Mitarbeitern ermöglicht, regelmäßig und problemorientiert miteinander zu reden. Es ist gewissermaßen die Fortentwicklung des Lernens am Arbeitsplatz mithilfe systematischer Lernmethoden. Die Mitarbeiter lernen, während sie arbeiten. Der Stoff wird in kleine Lernschritte zerlegt, die sowohl auf die Interessen des Unternehmens als auch auf die Bedürfnisse und Lernfähigkeiten der Mitarbeiter ausgerichtet sein können.

05. Welche Aufgaben sollen mithilfe von Qualitätszirkeln erledigt werden?

Qualitätszirkel sind Kleingruppen von maximal 7 - 12 Mitarbeitern mit dem Ziel, unter Anleitung eines Moderators Schwachstellen im eigenen Arbeitsgebiet aufzudecken. Häufige Themen, die in Form von Qualitätszirkeln aufgegriffen werden, sind:

Verbesserungsvorschläge zur Produktivitätssteigerung, das Ausschalten von Fehlern, die Qualitätssicherung, die Lernförderung, die Verbesserung von Kreativität, Mobilität, Arbeitszufriedenheit und Betriebsklima sowie die Entwicklung neuer Einstellungen und Verhaltensweisen.

06. Welche Sozialformen des Lehrens und Lernens gibt es?

Die Methoden des Lehrens und Lernens lassen sich nach verschiedenen Merkmalen systematisieren, z. B.:

- Lernen als Einzelperson
- aktives Lernen
- internes Lernen (on the job)

– Lernen in Gruppen
– passives Lernen
– externes Lernen (off the job)

Das Lernen als Einzelperson bzw. das Lernen in Gruppen kann auch als *Sozialform des Lernens* bezeichnet werden.

4.3.1.2 Fortbildung

01. Welche Elemente und Phasen enthält ein Personalentwicklungskonzept?

Jedes Personalentwicklungs-Konzept (PE-Konzept; auch: Fortbildungs- oder Weiterbildungskonzept) geht immer von zwei Grundelementen aus – nämlich den *Stellendaten* und den *Mitarbeiterdaten* – und mündet über mehrere Phasen in die Kontrolle der Personalentwicklung (= Evaluierung).

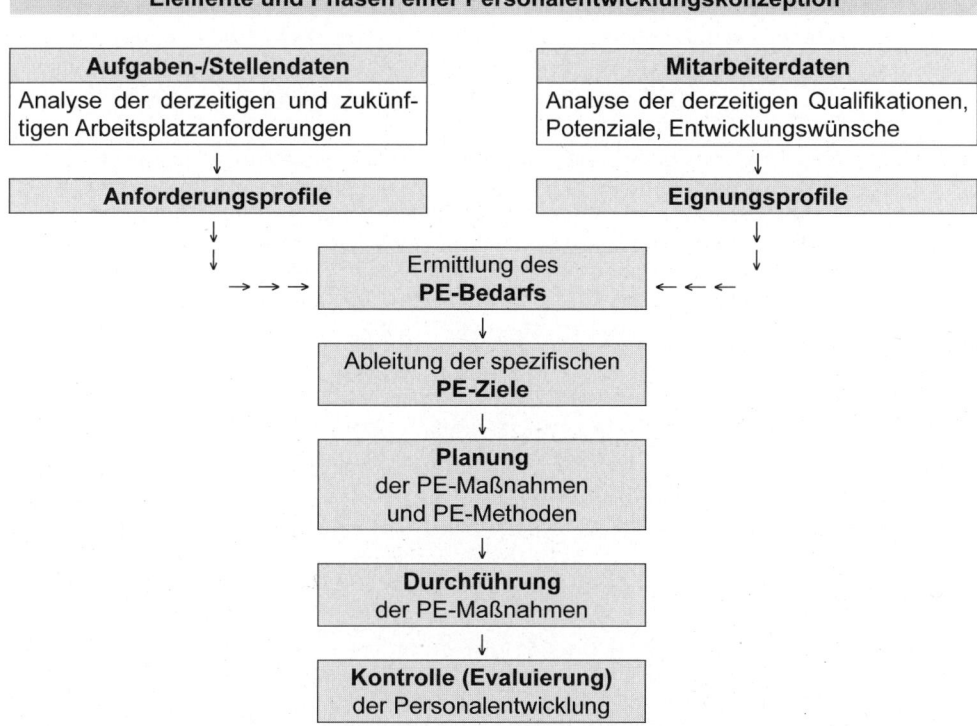

Die Ermittlung des *Weiterbildungsbedarfs* (auch: Fortbildungsbedarfs; in der Literatur uneinheitlich) muss sich innerhalb einer Gesamtkonzeption vollziehen: Aus den Ergebnissen der quantitativen und qualitativen Personalplanung ist der *Weiterbildungsbedarf* (im weiteren Sinn: der PE-Bedarf) zu ermitteln; dabei sind die *Maßnahmen* und *Methoden* aufeinander abzustimmen und auf die angestrebten *Weiterbildungsziele* auszurichten (*Konzeptgedanke*). Im Einzelnen sind folgende Schritte im Zusammenhang mit der Bedarfsermittlung sachlogisch „abzuarbeiten":

Phase 1	Analyse der Ist-Situation

Jede Ermittlung des Bildungsbedarfs setzt die Erhebung eines Ist-Wertes und eines Soll-Zustandes voraus. Bildungsdefizite resultieren aus internen und/oder externen Einflussfaktoren (Investitionsvorhaben, Änderung der Arbeitsanforderungen u. Ä.).

Phase 2	Ermittlung des Bildungsbedarfs

Der Bildungsbedarf kann einmalig oder kontinuierlich ermittelt werden; dabei muss entschieden werden über: Form der Bedarfsermittlung, Zielgruppe der Erhebung sowie Art der Erhebung; es ist zu differenzieren nach dem Weiterbildungsbedarf.
- aus der Sicht des Unternehmens (Unternehmensziele) sowie
- aus der Sicht der Mitarbeiter (persönlicher Weiterbildungsbedarf: individuelle Erwartungen und Ziele, Karrierewünsche usw.)

Phase 3	Verdichten und Bewerten der Ergebnisse

Die Ergebnisse der Bedarfsermittlung sind zu verdichten und auf Zusammenhänge zu untersuchen. Aus der Analyse von Soll-Werten und dem Ist-Zustand ergeben sich die Weiterbildungsinhalte (*„Aktionsfelder"*). Sie sind nach Prioritäten zu gewichten.

Phase 4	Präsentation der Weiterbildungskonzeption

Eine Weiterbildungskonzeption ohne Akzeptanz im Unternehmen ist nicht das Geld wert, das die Maßnahmen kosten. Die Leitungsebene muss „hinter den geplanten Aktionen" stehen. Die Mitarbeiter andererseits müssen Sinn und Zweck der Weiterbildungsmaßnahmen kennen und bejahen. Ein auf das Unternehmen abgestimmtes Marketing der Weiterbildung ist unerlässlich.

Phase 5	Realisierung des Weiterbildungskonzeptes

Bei der Umsetzung der Einzelaktivitäten einer Weiterbildungskonzeption ist u. a. über folgende Fragen zu entscheiden: Lernziele? Lernzielkontrollen? Intern oder extern? Methoden? Teilnehmer? Kosten? usw.

Phase 6:	Kontrolle, Transfer und Weiterentwicklung

Weiterbildungsarbeit hat langfristig nur Bestand, wenn sie erfolgreich ist, d. h. also, wenn „Gelerntes" – gemessen am formulierten Lernziel – in die Praxis transferiert wurde. Der Erfolg betrieblicher Bildungsarbeit ist selten präzise messbar. Außerdem muss das bestehende Weiterbildungskonzept kontinuierlich aktualisiert und weiterentwickelt werden.

02. Wie ist der Qualifizierungsbedarf zu ermitteln?

1. Schritt: Zunächst muss der Vorgesetzte den *quantitativen Personalbedarf* ermitteln, d. h., *wie viele Mitarbeiter* werden für die kommende Planungsperiode an

welchem Ort benötigt. Überwiegend steht hier zunächst der Bedarf aus betrieblicher Sicht im Vordergrund. Daneben ist der Bedarf aus der Sicht der Mitarbeiter zu berücksichtigen (Erwartungen, Wünsche, Karriereziele).

2. Schritt: Anschließend ist pro Stelle und pro Stelleninhaber der Vergleich zwischen dem Anforderungsprofil und dem Eignungsprofil zu ziehen. Aus dieser Profilvergleichsanalyse sind die ggf. vorhandenen Defizite abzuleiten und als Bildungsziele zu formulieren (= *qualitativer Personalbedarf*).

Die Bedarfsermittlung hat immer von den beiden Eckpfeilern auszugehen

- den „Stellendaten" und
- den „Mitarbeiterdaten".

03. Welche Instrumente und Quellen können bei der Ermittlung des Weiterbildungsbedarfs genutzt werden?

Der konkrete Qualifizierungsbedarf kann mithilfe folgender Maßnahmen (Instrumente, Quellen) ermittelt werden bzw. sich aufgrund spezieller Situationen ergeben:

- freie Abfrage im Gespräch,
- strukturierter Fragenkatalog,
- Bildungsworkshop,
- Personalentwicklungskonzept,
- Fördergespräche,
- gesetzliche Bestimmungen,
- Profilvergleichsanalysen (Anforderungs- und Eignungsprofile),
- Assessmentcenter,
- Personalakte,
- Beurteilungsgespräche,
- Investitionsprogramme.

04. Wie können Mitarbeitergespräche zur Abklärung des Bildungsbedarfs geführt werden?

Mitarbeitergespräche dienen im Hinblick auf die Abklärung des Bildungsbedarfs folgenden Feststellungen:

- Welche Leistungs-, Wissens- oder Verhaltensdefizite wurden festgestellt?

- Worin bestehen diese Defizite?
  - Im Informationsrückstand?
  - Im Wissensmangel?
  - In fehlender Anwendungserfahrung bzw. -unterstützung?
  - In fehlender Durchsetzungsfähigkeit?
  - In fehlenden Hilfsmitteln?
  - In organisatorischen Beschränkungen?

- Ist eine Weiterbildungsmaßnahme überhaupt unter den gegebenen Umständen sinnvoll?

- Ist jemand vorhanden, der über das Wissen verfügt und es weitergeben könnte?
- Welche Weiterbildungsmaßnahmen kommen infrage?
- Hat der Mitarbeiter selbst bereits bestimmte Vorschläge im Hinblick auf Weiterbildungsmaßnahmen?
- Decken sich die Vorstellungen des Unternehmens mit denen des Mitarbeiters?
- Welche Hemmnisse stehen einer Weiterbildung gegenüber?
- Welche weiteren Maßnahmen und Aktionen sind zu vereinbaren?

05. Welche Methoden der Personalentwicklung lassen sich on the job, near the job und off the job einsetzen?

Maßnahmen der Qualifizierung		
on the job *am Arbeitsplatz*	**near the job** *in der Nähe zum Arbeitsplatz*	**off the job** *außerhalb des Arbeitsplatzes*
Assistenz	Lernstattmodelle	Vortrag
Stellvertretung	Zirkelarbeit	Tagung
Arbeitskreis	Coaching	Fernlehrgang
Projektgruppe	Mentoring	Förderkreise
Unterweisung	Entwicklungsgespräche	Lehrgespräch
Job-Enlargement	Ausbildungswerkstatt	Online-Training
Job-Enrichment	Gruppendynamik	CBT-Training
Job-Rotation	Konflikttraining	Planspiel
Auslandseinsatz	Übungsfirma	Fallstudie
Teilautonome Arbeitsgruppe	Routinebesprechungen	Programmierte Unterweisung

06. Welche Maßnahmen der Personalentwicklung/Weiterbildung lassen sich unterscheiden (Überblick)?

- Externe Maßnahmen:
  An *Maßnahmen im außerbetrieblichen Sektor* werden vor allem angeboten:

  - offene ein- oder mehrtägige Seminare,
  - Lehrgänge mit *Zertifikatsabschluss* oder mit dem Ziel einer *öffentlich-rechtlichen Prüfung*,
  - Maßnahmen zur Umschulung oder zur beruflichen Rehabilitation sowie
  - Fernunterricht und Fernstudium.

  Seminare sind – im Unterschied zu *Lehrgängen* – auf einen kurzen Zeitraum begrenzt; ein spezielles Thema wird besonders intensiv bearbeitet – mit überwiegend teilnehmer-aktivierenden Methoden.

- *Interne Maßnahmen:*
  Innerbetrieblich kann sich der Betrieb z. B. auf folgende Aktivitäten stützen:
  - interne Fach- und Führungsseminare,

- Besuch von Messen, Ausstellungen und Kongressen,
- Einrichtung einer innerbetrieblichen Fachbibliothek,
- Training vor Ort (on the job),
- Abonnement von Fachzeitschriften,
- Beteiligung an Betriebsbesichtigungen.

4.3.1.3 Innerbetriebliche Förderung

In diesem Abschnitt werden spezielle Methoden der Mitarbeiterförderung und -entwicklung behandelt:

Spezielle Methoden der Mitarbeiterförderung und -entwicklung						
Job-Rotation	Job-Enlargement	Job-Enrichment	Super-vision	Coaching	Assess-ment-Center	Arbeits-gestaltung

01. Welche Zielsetzung haben Job-Rotation-Programme und welche Vorteile können damit verbunden sein?

- *Job-Rotation* (= Arbeitsplatzringtausch) ist die systematisch gesteuerte Übernahme unterschiedlicher Aufgaben in Stab oder Linie bei vollgültiger Wahrnehmung der Verantwortung einer Stelle. Jedem Arbeitsplatzwechsel liegt eine Versetzung zu Grunde.

  Entgegen der zum Teil häufig geübten Praxis ist also Job-Rotation nicht „das kurzfristige Hineinschnuppern in ein anderes Aufgabengebiet", das „Über-die-Schulterschauen", sondern die vollwertige, zeitlich befristete Übernahme von Aufgaben und Verantwortung einer Stelle mit dem Ziel der Förderung bestimmter Qualifikationen.

- *Vorteile* von Job-Rotation, z. B.:
  - das Verständnis von Zusammenhängen im Unternehmen wird gefördert;
  - der Mitarbeiter wird von Kollegen und unterschiedlichen Vorgesetzten „im Echtbetrieb" erlebt; damit entstehen Grundlagen für fundierte Beurteilungen;
  - Fach- und Führungswissen kann horizontal und vertikal verbreitert werden;
  - die Einsatzmöglichkeiten des Mitarbeiters werden flexibler; für den Betrieb wird eine personelle Einsatzreserve geschaffen; „Monopolisierung von Wissen" wird vermieden;
  - Lernen und Arbeiten gehen Hand in Hand; „Produktion und Information", d. h. die Bewältigung konkreter Aufgaben und die Aneignung neuer Inhalte sind eng verbunden.

02. Was ist Job-Enlargement?

Darunter versteht man eine Aufgabenerweiterung, bei der der bestehenden Aufgabe neue, qualitativ *gleich- oder ähnlichwertige Aufgaben hinzugefügt werden*, so z. B. Übernahme von verwandten Tätigkeiten, die bislang an anderen Arbeitsplätzen ausgeführt wurden.

- *Vorteile:*
  - Verbesserung der Motivation der Mitarbeiter;
  - Individuelle Steuerung der Entwicklung des Mitarbeiters;
  - Förderung der Flexibilität des Mitarbeiters und damit seiner Arbeitsgruppe.

- *Regeln für die Durchführung:*
  - Die Tätigkeiten sollen Möglichkeiten und Anreize für die Mitarbeiter bieten, ihre Kenntnisse und Fähigkeiten eigenverantwortlich weiterzuentwickeln.
  - Die Aufgabenzuordnung soll sinnvoll sein, ganzheitlich strukturiert oder in inhaltlichen Zusammenhängen.

03. Was versteht man unter Job-Enrichment?

Darunter versteht man eine *Aufgabenbereicherung,* bei der der bestehenden Aufgabe qualitativ *höherwertige* (schwierigere, anspruchsvollere) *Aufgaben hinzugefügt werden,* z. B. Erweiterung der Planungs-, Entscheidungs-, Durchführungs-, Kontrollspielräume, Vollmachten, Kompetenzen.

Die Mitarbeiter müssen zusätzlich qualifiziert werden und qualifizieren sich durch die Wahrnehmung der neuen Herausforderung höher; es eröffnen sich Möglichkeiten zur Persönlichkeitsentfaltung und Selbstverwirklichung.

- *Vorteile:*
  - individuelle Steuerung der Entwicklung des Mitarbeiters,
  - Entwicklung einer übergeordneten Sicht für den Mitarbeiter, bereichsübergreifendes Denken und Handeln wird möglich,
  - Förderung der individuellen Motivation.

- *Regeln für die Durchführung:*
  - Der Handlungs- und Gestaltungsspielraum sollte so beschaffen sein, dass der Mitarbeiter ihn entsprechend seinem persönlichen Leistungsvermögen auch sinnvoll ausschöpfen kann (Erfolgserlebnisse müssen möglich sein).
  - Die Arbeitsaufgabe sollte so herausfordernd sein, dass sie dem Mitarbeiter Anreize zur persönlichen selbstverantwortlichen Weiterbildung bietet.
  - Es müssen ganzheitliche oder bereichsübergreifende Tätigkeitszusammenhänge entstehen.

04. Was bedeutet Supervision im Rahmen der Personalentwicklung?

Es treffen sich Teilnehmer aus gemeinsamen Berufs- und Erfahrungsfeldern (Trainer, Personalentwickler, Verkäufer usw.) unter der Leitung eines professionellen und (möglichst) psychologisch und pädagogisch geschulten Supervisors, um ihr persönliches Erleben darzustellen und ihre Beziehungen zu anderen Menschen (im Betrieb) zu reflektieren. Die Supervision (lat.: Beaufsichtigung) kann sich auf eine Einzelperson oder eine Gruppe beziehen.

Beispiel: Ein erfahrener Verkäufer bittet einen Verkaufstrainer oder einen (ebenfalls erfahrenen) Verkäufer einer anderen Niederlassung, an seinen Verkaufsgesprächen teilzunehmen – mit anschließendem Feedback.

Zielsetzung, z. B.: Klärung und ggf. Korrektur

- des eigenen Führungsverhaltens,
- der Arbeitssituation aus sozialer Sicht,
- der persönlichen Verhaltensmuster.

Wichtig ist die Klärung der Affekte, der Einstellungen, der Stimmungen, der Gefühle und die Rückmeldung durch andere (Fremdbild).

05. Was versteht man unter Coaching?

Aus dem Sport ist der Begriff „Coach" als Bezeichnung für einen Betreuer oder Unterstützer bekannt. Dieser Begriff ist in die Personalarbeit übertragen worden, um neuartige Probleme zu lösen, die mit den bisherigen, vorwiegend dem autoritären Führungsstil entstammenden Führungsmethoden nicht lösbar waren. Für viele Führungskräfte blieb die persönliche Situation, das Offenlegen eigener Fragestellungen, ein nicht aus eigener Kraft zu lösendes Problem. Hierzu zählen:

- Sachliche Probleme des Alltags, für die der Betreffende keine Lösung weiß, oder über die er vorerst nicht mit jemand anderem aus seinem Betrieb sprechen möchte.
- Schwierigkeiten mit Mitarbeitern und Mitarbeiterverhalten, die er trotz versuchter Problemlösungen nicht beseitigen konnte.
- Persönliche Fragen, wie Karriereplanung, Entwicklungsaufgaben, Zukunftsplanung, Weiterbildungsgestaltung.
- Rasches persönliches Fitmachen für neue Aufgaben und Herausforderungen.
- Schwierige persönliche Situationen, die auf die eigene Leistungsbereitschaft und Leistungsfähigkeit abfärben und die der Betreffende ändern möchte.
- Spannungen entwirren und auflösen.
- Ängste abbauen, die sich aus veränderten Beziehungsstrukturen ergeben.

Coaching ist eine Trainingsform, in der ein Problemträger sich an eine geeignete Person wendet in der Absicht, von dieser eine Problemlösung zu erhalten. Ausgangspunkt ist immer eine Problem- oder Fragestellung des Betroffenen, die durch den Gesprächsprozess zu einem selbstgefundenen oder -entwickelten Lösungsweg hinführt. Der sich in individuelle Gegebenheiten einfühlende und sich darauf einstellende Coach und die Einbeziehung des sachlichen, beziehungsmäßigen und geistigen Umfeldes des Betroffenen sind wesentliche Säulen eines erfolgreichen Coachings.

06. Welche Vorteile bietet das Coaching?

- Es stellt sich auf die besonderen Bedürfnisse des Lernenden (Coaching-Teilnehmers) ein.

- Die Art und Weise ermutigt Ideen, Innovationen und direktes Einbezogensein.
- Es hilft, analytische und zwischenmenschliche Fähigkeiten zu entwickeln und einzusetzen.
- Es schafft einen Probebehandlungsrahmen und mehr Vertrauen in eine erfolgreiche Anwendung.
- Es fördert die Stärkung der Selbsthandlungskraft.

07. Welche Blockaden behindern ein erfolgreiches Coaching?

Der Lernende muss sich zunächst als sein eigener Einflussfaktor sehen und kann sich durch eine positive Einstellung zur Selbstentwicklung ebenso selbst fördern wie durch grundsätzliches Selbstvertrauen in seine Fähigkeiten und durch die Bereitschaft, an die wichtigen Fragen oder Probleme herangehen zu wollen. Behindernd wirken sich aus:

- *Wahrnehmungsblockade:* Der Lernende sieht das Problem nicht oder erkennt nicht, was geschehen ist.

- *Kultur- und Mentalitätsblockade:* Der Lernende ist fixiert auf einmal gelernte Normen und schließt andere mögliche Lösungen aus.

- *Emotionale Blockade:* Damit gemeint sind negative Reaktionen und wenig hilfreiche Empfindungen zum Problem.

- *Intellektuelle Blockade:* Er besitzt nicht die notwendigen mentalen und geistigen Werkzeuge zur Problemlösung.

Weitere Einflüsse sind Selbstabwertung der Fähigkeit, eine Lösung zu finden oder selbst etwas zu tun, aber auch das Gefühl der Nichtakzeptanz durch die Umgebung, in der der Lernende die Lösungen und Lernvorhaben anwenden soll (vgl. dazu im Internet: [Suchmaschine + Netcoaching]).

08. Welche Fähigkeiten muss ein Coach besitzen?

- Begleiten und Anerkennen: Achtung, Interesse, Sorgsamkeit, Zuwendung, Akzeptieren,
- Aufmerksamkeit und Einfühlsamkeit,
- Gefühle wahrnehmen und ausdrücken,
- Beurteilungen und Entscheidungen durch den Lernenden treffen lassen,
- Ruhe ausstrahlen, Zeit geben, Stille aushalten können, nachdenken lassen und durch ruhige Sprache und Handlungen dem Lernenden seine Entscheidungen möglich machen,
- offene Fragen stellen, zum Erzählen einladen,
- Feed-back fördern und geben, auf Zusammenhänge achten,
- Schutz und Kompetenz ausstrahlen, sodass der Lernende auf den Coach vertrauen kann und einen Gesprächsfreiraum ohne negative Wirkungen erhält,
- Selbstreflexion, d. h. das Erkennen eigener Verhaltensweisen, ihrer Wirkungen und deren Überprüfung,
- Kenntnis von der Persönlichkeitsentwicklung,
- Klarheit, Konkretheit und Stimmigkeit in seinem Tun,
- breites Spektrum von Verhalten und Fähigkeiten,

- psychologische und kommunikative Kenntnisse und Fähigkeiten, d.h. Entwicklungsphasen, Verknüpfungen und psychologische Zusammenhänge, Gesprächsverläufe und -abhängigkeiten,
- Arbeitsmethoden beherrschen: Ziele vereinbaren, Fragetechniken, Vorgehensmethodik, Ablauforganisation, Zusammenfassung, Diagnosemethoden, Strategien.

Coaching-Beispiel aus der Praxis (verkürzt):
Hans K. ist Marketingleiter eines Unternehmens mit rd. 5.000 Mitarbeitern. Er hält zu Großkunden direkten Kontakt und ist dabei sehr erfolgreich. Im „Innendienst" (in seiner Hauptabteilung) herrschen Chaos und Unmut: Aufgrund seiner häufigen Dienstreisen hat Herr K. den „inneren" Kontakt zu seinen vier Abteilungsleitern verloren. Trotzdem legt er Wert darauf, den Großteil der Entscheidungen selbst abzusegnen. In den letzten drei Jahren wurden zwei der Abteilungsleiter-Positionen vier Mal neu besetzt. Der Personalentwickler des Unternehmens wird vom Vorstand beauftragt, einen erfahrenen Personaltrainer (Herrn N.) als Coach zu beauftragen. Der Tageshonorarsatz von Herrn N. beträgt 2.500 EUR. Herr K. akzeptiert das Vorgehen. Die „Chemie" zwischen ihm und seinem Coach stimmt auf Anhieb. Der Coach begleitet Herrn K. auf Dienstreisen und nimmt an internen Besprechungen teil. Gegenüber den Mitarbeitern heißt die „offizielle Sprachregelung", dass Herr N. Unternehmensberater ist und Abläufe im Unternehmen untersucht.

Wir verkürzen an dieser Stelle die Schilderung: Auch nach längerer Betreuung gelingt es Herrn K. nicht, seine Führungsdefizite aufzuarbeiten. Die Situation in seiner Hauptabteilung ist unverändert desolat. In diesem Fall konnte das Coaching trotz der unbestrittenen Kompetenz von Herrn N. nicht zum Erfolg führen. In den Folgemonaten wird in mehreren Gesprächsrunden (Vorstand, Personalentwickler, Herren K. und N.) eine Personalentscheidung entwickelt, die bei den Beteiligten Akzeptanz findet und im Hause publik gemacht wird: Herr K. wird „Generalbeauftragter für Großkunden" (gleiche Bezüge, gleicher Status). Als Nachfolger wird einer seiner Abteilungsleiter ausgewählt und auf die Aufgabe vorbereitet. Die gesamte Hauptabteilung wird umstrukturiert und die Zahl der Abteilungsleiter auf drei reduziert. Das Konzept erwies sich als erfolgreich. Herr K. war bis zum Erreichen der Altersgrenze in seiner neuen Aufgabe tätig.

09. Was unterscheidet Coaching von Training?

Coaching ist eine individuelle Methode, während Training gruppenbezogen ist. Training dient der Einübung neuer oder „verloren gegangener" Fähigkeiten, Verhaltensmuster und Arbeitsabläufe.

10. Was ist ein Assessment-Center? → 4.2.6/Frage 17.

Aufgrund von Erfahrungen, dass die Auswahl von Führungs- und Nachwuchskräften mithilfe herkömmlicher Verfahren zur Auswahl durch Überbewertung persönlicher Eindrücke, Vorliebe für bestimmte Eigenschaften, Sympathie für den Bewerber oder das Gefühl, dass der neue Mitarbeiter keine ernsthafte Konkurrenz darstellt, häufig zu fehlerhaften Besetzungen führt, die auch durch Tests, grafologische Gutachten oder andere Verfahren nicht ausgeschaltet werden können, hat das in der Armee verschiedener Länder erprobte Assessment-Verfahren Eingang in die Wirtschaft gefunden. Dabei handelt es sich um ein systematisches Verfahren zur Auswahl und Entwicklung von Nachwuchs- und Führungskräften mit dem Ziel, in einem zwei- oder dreitägigen Auswahlseminar festzustellen, welche Teilnehmer sich für die entsprechenden Positionen am besten eignen. Ein weiteres wesentliches Ziel des Assessment-Centers besteht darin, den Bildungs- und Entwicklungsbedarf der Teilnehmer zu ermitteln. Es handelt sich somit um ein Instrument der Personalbeurteilung, Personalauswahl und Personalförderung.

11. Was sind Merkmale des Assessment-Centers?

Es dient der Beurteilung von Leistungsfähigkeit, Arbeitstechnik und Potenzialvermögen der Teilnehmer.

Beurteilt wird jeweils eine Mehrzahl von Personen, die in Kleingruppen von jeweils vier bis sechs Personen geprüft werden.

Die Beurteilung erfolgt im Hinblick auf Merkmale der Person, die für die Erfüllung der infrage stehenden Aufgaben aufgrund ihres Anforderungsprofils als erheblich zu betrachten sind. Es kann sich dabei um Merkmale ihres Verhaltens, um solche ihrer Befähigung oder um die sie steuernden Antriebe handeln.

Die Beurteilung erfolgt durch eine Mehrzahl von Beurteilern, welche das Verhalten der zu Beurteilenden bei der Erfüllung der ihnen gestellten Aufgabe gleichzeitig beobachten und im Anschluss aufgrund einer Aussprache ein übereinstimmendes Gesamturteil erarbeiten.

Die Beurteilung erfolgt aufgrund einer Mehrzahl von Verfahren, die sich für die Eignungsbeurteilung herausgebildet haben.

12. Was ist die Zielsetzung eines Assessment-Centers?

Das Assessment-Center bewertet, wie sich Bewerber in schwierigen Situationen verhalten. Die Übungen simulieren Entscheidungszwänge, Mitarbeiterkonflikte und Verhaltensprobleme, mit denen die Kandidaten in ihren späteren Berufstätigkeiten tatsächlich konfrontiert werden. Wenn geschulte Beobachter 2-3 Tage lang mehrere Bewerber anhand unterschiedlicher Kriterien einstufen, versprechen sich die Unternehmen davon objektivere Urteile über die Fähigkeiten der Kandidaten und daher fundiertere Personalentscheidungen, als diese mithilfe der bisherigen Einzelauswahlverfahren zu erwarten sind. Als Beurteiler sind Psychologen, Personalsachverständige und Führungskräfte tätig. Im Einzelnen sollen in solchen Beurteilungsseminaren getestet werden:

- Einstellungen und Verhaltensweisen im zwischenmenschlichen Bereich (= arbeitsplatzrelevantes Verhalten) erkennen,
- Arbeitspotenziale ermitteln,
- Weiterbildungsbedürfnisse feststellen (Karriereplanung).

In den Assessment-Centern werden mehrere Personalauswahlverfahren miteinander kombiniert, die bessere und zuverlässigere Ergebnisse liefern als Einzelverfahren. Sie zeichnen sich durch einen hohen Praxis- und Aufgabenbezug aus, da die Seminarinhalte der unmittelbaren betrieblichen Praxis entnommen werden. Die Verhaltensbeurteilung soll Aufschluss geben über Entscheidungsfreude, Kollegialität, Teamgeist, Integrationsfähigkeit und weniger eine Beurteilung von Fach- und Spezialkenntnissen sein, sodass Rückschlüsse auf die personenbezogene Führungsqualifikation möglich sind. Die Beurteilungsverfahren finden in folgenden Übungsarten statt: Führerlose Gruppendiskussionen, Gruppenleitung, Problemlösungskonferenz, Überzeugungsvorträge mit anschließender Aussprache, Fallstudien, Planspiele, Postkorbübungen, Rollenspiele, Intelligenztests.

13. Wie kann man sich auf ein Assessment-Center vorbereiten?

Wer als Teilnehmer zu einem Assessmentcenter eingeladen wird, soll sich zunächst fragen, welche Anforderungen in Bezug auf die zu besetzende Stelle erwartet werden. Er sollte prüfen, welche Eigenschaften er selbst für eine solche Stelle mitbringt, um Selbsteinschätzung und prognostizierte Anforderungen miteinander in Beziehung zu setzen. Nur dann, wenn beides weitgehend übereinstimmt, lohnt es sich, sich dem Assessment-Center zu stellen. Ein Assessment-Center geht in der Regel für solche Bewerber negativ aus, die zwar objektiv den Anforderungen genügen würden, denen aber das dafür nötige Selbstvertrauen fehlt. Erwartet werden Aktivität, Kontaktfähigkeit, insbesondere die Kunst, sich einerseits kooperativ gegenüber den Mitarbeitern zu verhalten und gleichzeitig auch aus der Gruppe herausragen, sich also der Konkurrenz gewachsen zu zeigen. Schließlich sollen in einem Assessment-Center auch die emotionale Belastbarkeit und die Originalität der Beiträge unter Beweis gestellt werden.

14. Welche wichtigen Anforderungsdimensionen sind in einem Assessment-Center festgelegt?

Problemlösungs- und Entscheidungsverhalten; Planungs- und Organisationsverhalten; Teamverhalten; Ausdrucksvermögen; Flexibilität; Eigenständigkeit; Durchsetzungsvermögen; Leistungsverhalten; Selbstkritik.

15. Welche Möglichkeiten einer lernförderlichen Arbeitsgestaltung lassen sich nutzen?

Beispiele/Thesen:

- Arbeit soll abwechslungsreich sein und einen Forderungscharakter haben: fördern heißt fordern!
- Der Einsatz der Mitarbeiter soll soweit wie möglich die Anforderungen der Stelle und die Eignung der Mitarbeiter in Einklang bringen (weder überfordern, noch unterfordern).
- Lernen am Arbeitsplatz (PE on the job) ist die effektivste und preiswerteste Form des Lernens mit den geringsten Transferverlusten (Lernen vom Vorgesetzten, vom Kollegen, Lernen durch Selbertun usw.).
- Jede Arbeit ist mit Handlungsspielräumen (→ Kompetenzumfang im Rahmen der Delegation) auszustatten – gemessen an den Risiken der Arbeit sowie in Abhängigkeit vom Anforderungs- und Eignungsprofil.
- Lernen am Arbeitsplatz verlangt eine neue Fehlerkultur: Fehler dürfen vorkommen, aus Fehlern ist zu lernen, derselbe Fehler soll sich nicht wiederholen.

4.3.2 Potenzialanalyse

01. Welche Bedeutung hat die Potenzialanalyse innerhalb der Personalentwicklung?

Das Konzept einer systematischen Personalentwicklung (PE) beruht auf vier Säulen:

- dem festgestellten *Personalbedarf*,
- dem *Potenzial* der Kandidaten (intern und extern),
- den eingesetzten *Methoden und Instrumenten* sowie
- den daraus abgeleiteten *PE-Maßnahmen*.

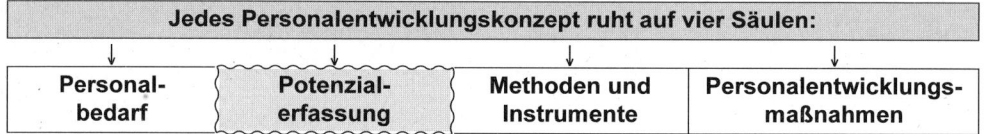

Jedes Personalentwicklungskonzept ruht auf vier Säulen:			
Personal- bedarf	Potenzial- erfassung	Methoden und Instrumente	Personalentwicklungs- maßnahmen

Die Erfassung der Mitarbeiterpotenziale ist also unverzichtbare Grundlage der Planung und Durchführung von Qualifizierungsmaßnahmen. Geht man hier nicht systematisch vor, so degeneriert die Personalentwicklung leicht zur „Aus-, Fort- und Weiterbildung per Gießkanne".

02. Welche Informationsquellen können zur Potenzialanalyse herangezogen werden?

Informationsquellen/Instrumente zur Potenzialerfassung	
Quellen, Instrumente:	*Mögliche Informationsaspekte:*
Personalakte	- persönliche Daten des Mitarbeiters - Bewerbungsunterlagen - Interessen, Erfahrungen - Beurteilungen, Beförderungen, Versetzungen - ggf. Mobilitätshindernisse (z. B. Hausbau, Gesundheit, Familie)
Personalstammdaten, Personalinformati- onssystem (PIS)	- Grunddaten - Veränderungsdaten - selektive Suche nach Merkmalen
PE-Datei, -Kartei, PE-Gespräche, PE-Datenbank	- durchgeführte Lehrgänge, Seminare - interne Qualifizierungsmaßnahmen - Interessen, Neigungen, Wünsche
Mitarbeiterbefragung	- Wünsche, Neigungen - Erwartungen, Einstellungen
Leistungsbeurteilung	- Beurteilung der gegenwärtigen und zurückliegenden Leistung - merkmalsorientiert
Potenzialbeurteilung	- Prognose der Leistungsreserven - zukünftiges Leistungsvermögen
Testverfahren	- Fähigkeiten - Persönlichkeit

Assessment-Center	- Eignungsprofile - Anforderungsprofile - Mehrfachbeobachtung

03. Welche Inhalte, Fragestellungen und Kategorien sind bei einer Potenzialbeurteilung relevant?

Potenzialbeurteilungen sind zukunftsorientiert. Sie stellen den Versuch dar, in systematischer Form Aussagen über zukünftiges, wahrscheinliches Leistungsverhalten zu treffen. Man ist bestrebt – ausgehend vom derzeitigen Leistungsbild sowie erkennbarer Leistungsreserven und ggf. unter Berücksichtigung ergänzender Qualifizierungsmaßnahmen – das wahrscheinlich zu erwartende Leistungsvermögen (Potenzial) zu erfassen.

- Die Potenzialaussage kann sich dabei auf die nächste hierarchische Stufe beziehen:
  - *sequenzielle Potenzialanalyse* oder generell langfristig
  - *absolute Potenzialanalyse.*

- Im Mittelpunkt der Potenzialbeurteilung und -analyse stehen vor allem folgende Fragestellungen:

  - Wohin kann sich der Mitarbeiter entwickeln? → Entwicklungsrichtung

  - Wie weit kann er dabei kommen? → Entwicklungshorizont

  - Welche Potenzialkategorien sollen beurteilt werden? → Fachpotenzial
    → Führungspotenzial
    → Methodenpotenzial

  - Welche Veränderungsprognose wird abgegeben?
  - Welche Einsatzalternativen sind denkbar?
  - Welche Fördermaßnahmen sind geeignet?

- Kategorien der Potenzialbeurteilung
  Hinsichtlich der Beurteilungskategorien gibt es keine allgemein gültige Klassifizierung. Von Interesse sind insbesondere folgende Merkmale:

  - Fachkompetenz,
  - Führungskompetenz (umfassender: Sozialkompetenz),
  - Methodenkompetenz sowie ggf.
  - spezielle persönliche Eigenschaften (Stärken/Schwächen), die als besonders leistungsfördernd oder leistungshemmend angesehen werden, z. B.:
    · Lernbereitschaft,
    · Leistungsbereitschaft (Antrieb),
    · intellektuelle Beweglichkeit,
    · Organisationsgeschick (sich selbst und andere organisieren).

Die einzelnen Kategorien überlagern sich zum Teil. Welche Aspekte letztendlich in der betrieblichen Praxis einer durchgeführten Potenzialbeurteilung gewählt werden, hängt z. B. ab
  - von der Wertestruktur des Unternehmens (Stichworte: Unternehmensleitlinien, -philosophie),
  - von der Wertestruktur der Führungskräfte,

- von den kurz- und mittelfristig zu besetzenden (Schlüssel-)Positionen und deren Anforderungsprofil,
- von den prognostizierten Veränderungen im mittelbaren und unmittelbaren Umfeld des jeweiligen Unternehmens (z. B. politische Entwicklungen, Veränderung der Märkte).

04. Wie kann eine Potenzialbeurteilung konkret aussehen?

Das dargestellte Beispiel einer strukturierten Potenzialbeurteilung stammt aus der Praxis und wurde von den Autoren für einen Handelskonzern mit dezentraler Struktur entwickelt – als Instrument zur Personalentwicklung der unteren und mittleren Führungsebene:

Potenzialbeurteilung		Stärken-Schwächen-Analyse	
Führungskraft [ ]		Führungsnachwuchskraft [ ]	
Name, Vorname:	....	Stelle/Funktion:	....
Geburtsdatum	....	seit:	....
Familienstand:	....	Bisherige betriebliche Aufgaben:	
Stärken/Neigungen		**Schwächen/Abneigungen**	
....		....	
Potenziale			
Fachpotenzial:	Methodenpotenzial:	Führungspotenzial:	Sozialpotenzial:
....	....	....	....
Fördermaßnahmen			
....			
Veränderungsprognose/Einsatzalternativen			
Folgende Aufgaben/Positionen/Entwicklungsschritte sind denkbar:			
Aufgabe/Position:		Zeitpunkt:	
1.		....	
2.		....	
3.		....	
Kommentar, Bemerkungen			
....			
Erstellt am:	....	Besprochen am:	....
Unterschriften:	ppa. *Krause*	i. V. *Hurtig*	i. A. *Kantig*

05. Wie ist die Potenzialanalyse auszuwerten?

Erkenntnisse aus der Potenzialanalyse müssen mit dem Mitarbeiter besprochen und (handschriftlich) dokumentiert werden. Die Integration derartiger Informationen in eine Datenbank unterliegt dem Datenschutz und ist i. d. R. mitbestimmungspflichtig.

Wesentlich bei der Auswertung der Potenzialanalyse ist, dass der Vorgesetzte mit dem Mitarbeiter bespricht, welche Konsequenzen und Maßnahmen daraus ggf. abgeleitet werden können oder müssen. Hier ist Offenheit und Klarheit gefragt. Denkbar sind z. B. folgende Situationen (Anforderungsprofil im Vergleich zum Eignungsprofil):

(1) Der Mitarbeiter ist in seiner derzeitigen Position richtig eingesetzt.
→ Anpassungsförderung.

(2) Der Mitarbeiter hat auf Dauer nicht das entsprechende Potenzial für die derzeitige Aufgabe.
→ Suche nach geeigneter Versetzung.

(3) Der Mitarbeiter zeigt deutlich mehr Potenzial als die derzeitige Stelle erfordert.
→ Suche nach geeigneter Förderung/Beförderung, horizontal oder vertikal.

Führen Potenzialergebnisse nicht zu nachvollziehbaren Handlungen und Aktionen (Versetzung, Förderung, Beförderung u. Ä.) erzeugt das Unternehmen eine „Heerschar von Frustrierten". Das Instrument Potenzialanalyse kehrt sich in seiner Wirkung um.

Weiterhin sollten alle Vorgesetzten die Philosophie praktizieren:

> Potenzialunterdrückung ist Pflichtverletzung gegenüber dem Unternehmen und den Mitarbeitern.

4.3.3 Kosten- und Nutzenanalyse der Personalentwicklung

01. Was versteht man unter Evaluierung?

Evaluierung (auch: Evaluation, Erfolgskontrolle) ist die *Überprüfung und Bewertung von Qualifizierungsmaßnahmen* hinsichtlich

- ihres Inputs,
- ihres Prozesses und
- ihres Outputs.

Von zentraler Bedeutung bei der Erfolgskontrolle von Qualifizierungsmaßnahmen (Aus- und Fortbildungsmaßnahmen) ist der Transfer des Gelernten in die Praxis (Umsetzung vom Lernfeld in das Funktionsfeld). Inhalte und Erfahrungen von Qualifizierungsmaßnahmen, die keinen Eingang in die Praxis finden sind das Geld nicht wert, das sie kosten.

Es müssen daher im Rahmen der Evaluierung folgende *Schlüsselfragen* bearbeitet werden:

Was sollte gelernt werden?	→ Evaluierung der **Lernziele**
Was wurde tatsächlich gelernt?	→ Evaluierung der **Lernprozesse und -methoden**
Was wurde davon behalten?	→ Evaluierung des **Lernerfolges**
Was wurde davon in die Praxis umgesetzt?	→ Evaluierung des **Anwendungserfolges**
In welchem Verhältnis stehen Aufwand und Nutzen zueinander (Kosten-/Nutzenanalyse)?	→ Evaluierung des **ökonomischen Erfolges**

Die Evaluierung eines Qualifizierungsprozesses ist mehr als die „bloße Kontrolle einer Bildungsmaßnahme". Ebenso wie in anderen betrieblichen Funktionen ist sie ein geschlossenes System von Zielsetzung, Planung, Organisation, Durchführung und Kontrolle – mit den generellen Phasen:

Evaluierungssystem	
1	Analyse der Ist-Situation
2	Zielsetzung (Sollwert)
3	Vergleich von Soll und Ist (Abweichungsanalyse)
4	Ursachenanalyse
5	Entwicklung von Maßnahmen und Methoden
6	Kontrolle der Wirkung der durchgeführten Maßnahmen

02. Welche Methoden zur Evaluierung können eingesetzt werden?

Zur Erfolgskontrolle von Maßnahmen der Personalentwicklung sind vor allem drei Methoden geeignet:

Methoden zur Evaluierung von Qualifizierungsmaßnahmen		
Kontrolle der Kosten	**Kontrolle des Erfolges** - Lernerfolg - Anwendungserfolg	**Kontrolle der Wirtschaftlichkeit**

03. Wie wird die Kontrolle des Lernerfolgs durchgeführt?

Die *Kontrolle des Lernerfolgs* (auch: pädagogische Erfolgskontrolle im Lernfeld) wird über die Beantwortung folgender Fragen durchgeführt:

- Was *sollte gelernt* werden?
- Was *wurde gelernt*?
- Was *wurde* davon im Lernfeld *behalten*?

Zu überprüfen sind also beispielsweise die ausreichende und messbare Formulierung der Lernziele, ihre Übermittlung an den Mitarbeiter, der Vergleich der angestrebten Lernziele mit den tatsächlich vermittelten Lernzielen sowie die Wirksamkeit der im Lernfeld eingesetzten Methoden.

Die Absicherung des Lernerfolges wird durchgeführt:

1. *Vor* der Maßnahme: → *Gespräch* Vorgesetzter – Mitarbeiter: Ziele und Inhalte der Maßnahme

2. *Während* der Maßnahme: → *Tests* oder *Prüfungen*

3. *Nach* der Maßnahme: → Befragung der Teilnehmer am Schluss der Maßnahme: strukturierte oder freie *Seminar- bzw. Lehrgangsbewertung*

                           → *Feedback-Gespräche:*

                             3.1 *Vorgesetzter – Mitarbeiter:*
                             - direkt nach Beendigung der Maßnahme
                             - im Rahmen von Beurteilungs- und PE-Gesprächen

                             3.2 *Vorgesetzter – Trainer:*
                             Selbsteinschätzung, Fremdeinschätzung der Teilnehmer, Einleitung von begleitenden Maßnahmen zur Umsetzung

04. Mit welchen Problemen kann die Umsetzung des Gelernten in die Praxis verbunden sein (Transferbarrieren)?

Die Umsetzung des Gelernten in die Praxis kann mit folgenden Schwierigkeiten verbunden sein:

- Lerninhalte: vereinbarte Lernziele und Methoden entsprechen sich nicht;

- Lernerfolge führen beim Mitarbeiter erst zu einem späteren Zeitpunkt zu Anwendungserfolgen (z. B. Transferblockaden, Transferhemmnisse);

- die Praxis bietet kurzfristig keine Transfermöglichkeiten: neue Fertigkeiten können im Funktionsfeld nicht sofort erprobt werden.

Daher ist neben der Kontrolle des Lernerfolgs auch die Kontrolle des Anwendungserfolgs durchzuführen.

05. Wie erfolgt die Kontrolle des Anwendungserfolgs?

Die *Kontrolle des Anwendungserfolgs* beantwortet die Frage: „Welche der zu lernenden Inhalte konnten kurz- und mittelfristig in die Praxis umgesetzt werden?"

Die Anwendungskontrolle sollte unmittelbar nach der Qualifizierung im Lernfeld aber auch zu späteren Zeitpunkten erfolgen, da die Mitarbeiter sich in der Transferleistung unterscheiden; sie kann erfolgen über

- Befragung der Mitarbeiter (Selbsteinschätzung),
- Befragung des Vorgesetzten (Fremdeinschätzung),
- Beobachtung und Bewertung im Rahmen der Leistungsbeurteilung,
- Erörterung im Rahmen von PE-Gesprächen:
  - Lernzuwächse im Bereich der Problembewältigung,
  - verbesserte Sensibilisierung für neue Probleme und Lösungsansätze,
  - Identifikationszuwächse (für die gestellte Aufgabe; für neu erlernte Methoden),
- Follow-up-Maßnahmen: Arbeits-/Lerngruppen und Anschlussmaßnahmen bieten den Teilnehmern die Möglichkeit, Erfahrungen über den Transfer auszutauschen und zusätzlich erforderliche Maßnahmen einzuleiten.

06. Welche grundsätzliche Problematik ergibt sich bei Kosten-/Nutzenanalyse der betrieblichen Ausbildung?

Die Kosten einer Bildungsmaßnahme lassen sich i. d. R. recht genau erfassen. Beispielsweise gibt es zuverlässige Untersuchungen der Verbände darüber, welche *Gesamtkosten ein Ausbildungsplatz* verursacht:

Beispiel – Ausbildung: So betragen z. B. nach Erhebungen in der Industrie die Ausbildungskosten etwa 35.000 bis 70.000 € – bei einem Ausbildungsberuf mit einer 3,5-jährigen Ausbildungsdauer. Im Einzelnen sind folgende Kosten zu erfassen (das Zahlenbeispiel unterstellt eine 3,5-jährige Ausbildung in der Industrie):

Ausbildung als Kostenfaktor		Zahlenbeispiel [in €]	
		mtl.	gesamt
Direkte Personalkosten	Ausbildungsvergütung	600	25.200
	Personalzusatzkosten von ø 80 %	480	20.160
Indirekte Personalkosten	anteilige Löhne und Gehälter des Ausbildungspersonals	250	10.500
Betriebsmittelkosten	Maschinen, Geräte, Raumkosten, Raumausstattung		4.000
Materialkosten	Ausbildungsmittel, Medien		3.000
Fremdleistungen	Porto, Telefon, Honorare für Referenten		4.000
Sonstige Kosten	Steuern, Versicherungen, Gebühren		1.500
Gesamtkosten je Ausbildungsplatz bei 3,5 Jahren			**68.360**

Diesen Kosten stehen Nutzenüberlegungen gegenüber, die in ihrer Wertigkeit von Betrieb zu Betrieb schwanken und gerade in Zeiten sinkender Erträge auch massiv infrage gestellt werden:

Nutzenüberlegungen zur Notwendigkeit der betrieblichen Ausbildung (Beispiele)	
Ausbildung ist die erste Stufe der Personalentwicklung.	Fachkräftebedarf abdecken
Nachwuchs aus den eigenen Reihen	Führungsnachwuchs, Image, Motivation
Der Betrieb „kennt seine Leute".	Vermindertes Risiko: - bei der Personalauswahl - bei PE-Maßnahmen
	Verringerung der Personalbeschaffungskosten
Der „zukünftige" Mitarbeiter kennt seinen Betrieb.	Firmen-Know-how
Der „zukünftige" Mitarbeiter passt in den Betrieb.	Identifikation, Bindung, Sozialverhalten, Kontakte, Gehaltsstruktur
Duale Ausbildung ist eine doppelte Chance.	Theorie + Praxis
Der intern ausgebildete Mitarbeiter ist zügig einsetzbar.	Kenntnis der Abläufe, der Besonderheiten, der Produkte usw.
Betriebliche Ausbildung ist Investition in Humankapital.	Image, Wettbewerbsvorteile
Der Auszubildende verrichtet ca. ab dem 2. bis 3. Ausbildungsjahr produktive Leistung	*Erlöse*

Würde man versuchen, die Nutzenaspekte der betrieblichen Ausbildung (vgl. oben: gerasterte Felder) zu quantifizieren, so ließe sich in etwa folgende Rechnung aufmachen:

Erlöse je Ausbildungsplatz im 2. Ausbildungsjahr: Dem Kunden werden netto 18,00 € je Lohnstunde in Rechnung gestellt bei 167 Monatsstunden ./. 67 Stunden interner Ausbildung, Berufsschulbesuch usw.) 18,00 € · 100 Stunden · 11 Monate =	19.800,00 €
Erlöse je Ausbildungsplatz im 3. Ausbildungsjahr:	19.800,00 €
Entfallende Personalbeschaffungskosten für einen Arbeitsplatz: Kosten der Personalanzeige, Kosten für den Auswahlvorgang usw.	5.000,00 €
Quantifizierter Nutzen je Ausbildungsplatz	**44.600,00 €**

In dieser Rechnung ergäbe sich eine Wirtschaftlichkeitsbetrachtung [Kosten : Erlöse] von 44.600 : 68.360 = 0,65. Unterstellt man die Plausibilität des Zahlengerüst, so wäre von daher das Ergebnis der Kosten-/Nutzenanalyse: Rein quantitativ betrachtet „rechnet sich die betriebliche Ausbildung nicht".

Diese rein quantitative Betrachtung ist kurzfristig. Das Zahlenmaterial ist angreifbar und schwankt je nach Betriebsgröße und Branche. Beachtet werden müssen ebenso gleichwertig die oben genannten Soft facts (weiche Faktoren: interner Führungsnachwuchs, Vermeiden von Fachkräftemangel usw.).

Weiterhin gibt es Unternehmen, die aus gesellschaftspolitischen Gründen generell über Bedarf ausbilden. Den Ausbildungsbewerbern wird dies bereits während der Auswahlgespräche mitgeteilt, sodass klar ist, dass schon von daher nicht alle Auszubildenden nach Beendigung ihrer Ausbildung übernommen werden können. Der allgemeine Trend der letzten fünf Jahre war allerdings gegenläufig: Insbesondere Groß- und Mittelbetriebe haben ihre Ausbildungsquote deutlich gesenkt. Dies trifft pikanterweise auch auf Gewerkschaftsunternehmen zu.

Abgesehen von diesen Betrachtungen muss schon heute gesagt werden, dass es vor dem Hintergrund der demografischen Entwicklung in Deutschland zur betrieblichen Ausbildung keine Alternative gibt: „Sie ist ein Muss, will man sicherstellen, dass auch morgen noch qualifizierte Mitarbeiter an der Drehbank stehen."

Bereits im Herbst 2008 mehrten sich die Pressestimmen, die fast dramatisch beschrieben, wo und in welchen Funktionsbereichen Fachkräftemangel trotz der rd. 3,5 Millionen Arbeitslosen herrscht. Hier kann man nur sagen: Ein hausgemachtes Problem!

07. Welche grundsätzliche Problematik ergibt sich aus der Kosten-/Nutzenanalyse der betrieblichen Fortbildung?

Auch hier ergibt sich das gleiche Dilemma wie am Beispiel der Ausbildung dargestellt: Die Kosten lassen sich zuverlässig ermitteln; die Effekte einer Fortbildungsmaßnahme können nicht oder nur sehr ungenau ermittelt werden (Anmerkung: Die vielfach in der Literatur dargestellten Wirtschaftlichkeits- oder Rentabilitätsberechnungen sind in der Regel reine Makulatur.).

Beispiel – Fortbildung: Ein Mitarbeiter fährt von Neustrelitz für drei Tage zu einem Verkaufstraining nach München (zwei Tage: An- und Abreise). Rechnet man sein Monatsgehalt auf Stundenbasis um, so erhält man 25,00 €.

Kosten einer Fortbildungsmaßnahme	
Lohnkosten je Abwesenheitstag: 25,00 € · 5 Tage · 8 Stunden	1.000,00 €
Personalzusatzkosten: 80 % von 1.000,00 €	800,00 €
Seminarkosten: 3 Tage á 600,00 €	1.800,00 €
Unterkunft, Verpflegung, Fahrtkosten:	600,00 €
Entgangener Gewinn für 5 Tage (geschätzt):	5.000,00 €
Gesamtkosten	**9.200,00 €**

Auch in diesem Beispiel ergibt sich das Dilemma der Quantifizierbarkeit des Nutzens der Fortbildungsmaßnahme. Selbst wenn man unterstellt, dass der betreffende Mitarbeiter an rd. 210 Arbeitstagen einen Mehrgewinn von rd. 50 € erwirtschaftet und sich damit die Fortbildungsmaßnahme rechnen würde, so ist auch diese Betrachtung unzuverlässig: Erzielt der Mitarbeiter den Mehrgewinn auf Dauer? Ist die Trainingsmaßnahme ursächlich für den Mehrgewinn oder auf evt. Veränderungen am Markt zurückzuführen usw.?

Fazit zur Kosten-/Nutzenanalyse:
Aus den dargestellten Gründen geht man in der Praxis dazu über, der Kontrolle des ökonomischen Erfolgs bei Bildungsmaßnahmen (Kosten-/Nutzenanalyse) weniger Bedeutung zuzumessen, sondern beschränkt sich auf

- die Kontrolle der Kosten (z. B. Überprüfung festgelegter Budgets) sowie die Evaluierung
- der Lernziele,
- des Lernprozesses,
- des Lernerfolges und
- des Anwendungserfolges.

Klausurtypischer Teil

Klausurtypischer Teil

Die (neue) Rechtsverordnung vom Januar 2008 sieht für die schriftliche Prüfung im Prüfungsteil „Wirtschaftsbezogene Qualifikationen" je eine Aufsichtsarbeit (Klausur) in folgenden Qualifikationsbereichen vor:

1.	**Volks- und Betriebswirtschaft**	**60 Minuten**
2.	**Rechnungswesen**	**90 Minuten**
3.	**Recht und Steuern**	**60 Minuten**
4.	**Unternehmensführung**	**90 Minuten**

In diesem Teil des Buches kann der Leser den Lernstoff anhand klausurtypischer Fragestellungen vertiefen und anwenden, um so eine fundierte Vorbereitung auf die Prüfung zu erhalten.

1. Prüfungsfach: Volks- und Betriebswirtschaft

1.1 Volkswirtschaftliche Grundlagen

01. Bedarf, Nachfrage

Beschreiben Sie den Unterschied zwischen Bedarf und Nachfrage.

02. Erwerbswirtschaftliches und gemeinwirtschaftliches Prinzip

Welcher Unterschied besteht zwischen dem erwerbswirtschaftlichen und dem gemein-
wirtschaftlichen Prinzip?

03. Preissituationen

Tragen Sie in dem abgebildeten Marktmodell folgende Preissituationen ein:

P 1: Es gibt keinen Umsatz, da die Anbieter keine Menge offerieren.
P 2: Die angebotene Menge entspricht der nachgefragten Menge.
P 3: Es existiert ein Angebotsüberhang.
P 4: Es findet keine Nachfrage statt.
P 5: Die nachgefragte Menge ist größer als die angebotene Menge.
P 6: Der Marktpreis führt zu einer Marktträumung.

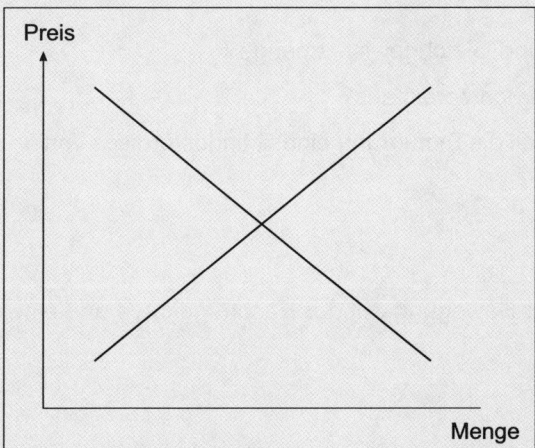

04. Angebot und Nachfrage

Für ein Gut liegt folgende Angebots- und Nachfragesituation vor:

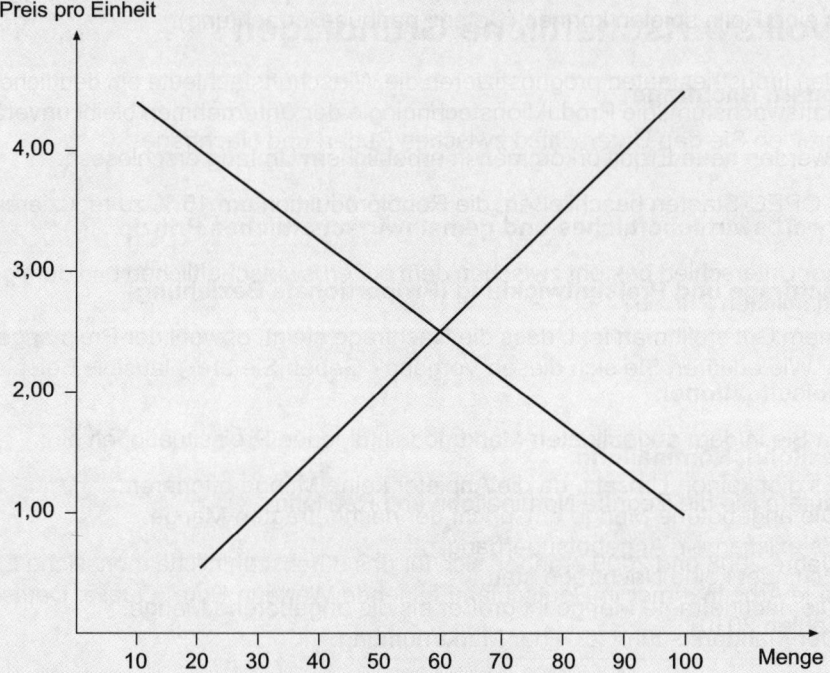

a) Wie hoch sind Gleichgewichtspreis und Gleichgewichtsmenge?

b) Welche Funktionen übt der Gleichgewichtspreis aus?

c) Wie wirkt sich in dem dargestellten Fall die Einführung eines Mindestpreises von 4 € auf Angebot und Nachfrage aus?

05. Nachfragekurve

Was ist der Unterschied zwischen einer Bewegung *auf* der Nachfragekurve und einer Bewegung *der* Nachfragekurve?

06. Technischer Fortschritt

Welche Preiswirkungen gehen vom technischen Fortschritt bei unveränderter Nachfragekurve aus?

07. Vollkommener Markt

Beschreiben Sie die Merkmale des vollkommenen Marktes.

08. Veränderung von Angebot und Nachfrage

Nachfolgend sind drei Situationen dargestellt. Beschreiben Sie jeweils die Veränderung des Marktpreises für Erdöl. Vernachlässigen Sie dabei andere Einflüsse, die ggf. in der Praxis eine Rolle spielen können (Ceteris paribus-Betrachtung).

1. In den Industriestaaten prognostizieren die Wirtschaftsfachleute ein deutliches Wirtschaftswachstum; die Produktionstechnologie der Unternehmen bleibt unverändert.

2. Es werden neue Erdölvorkommen in erheblichem Umfang erschlossen.

3. Die OPEC-Staaten beschließen, die Rohölproduktion um 15 % zu reduzieren.

09. Nachfrage und Preisentwicklung (Proportionale Beziehung)

Bei einem Gut stellt man fest, dass die Nachfrage steigt, obwohl der Preis angehoben wurde. Wie erklären Sie sich diesen Vorgang? Geben Sie drei plausible Beispiele.

10. Reallohn, Nominallohn

a) Erläutern Sie die Begriffe Nominallohn und Reallohn.

b) Im Jahre 2008 und 2009 ergaben sich für das durchschnittliche monatliche Einkommen je Arbeitnehmer in Deutschland folgende Werte in Euro (Quelle: Deutschland in Zahlen 2010):

	2008	2009
Bruttolohn, nominal	2.319	2.311
Nettolohn, nominal	1.497	1.484
Nettolohn, real*	-1,0 %	-1,2 %

* gegenüber dem Vorjahr deflationiert mit dem Verbraucherpreisindex (= Reallohnentwicklung aus Arbeitnehmersicht)

Erläutern Sie diese Entwicklung.

11. Wettbewerb in der Marktwirtschaft

Beschreiben Sie die Funktion des Wettbewerbs in der freien Marktwirtschaft.

12. Staatlich festgelegte Höchst-/Mindestpreise

a) Welche Ziele verfolgt der Staat mit der Festsetzung von Höchst-/Mindestpreisen?

b) Welche Wirkung kann sich aus der Festlegung von Höchst-/Mindestpreisen ergeben?

13. Begriffe der Volkswirtschaftlichen Gesamtrechnung

Beschreiben Sie folgende Größen der Volkswirtschaftlichen Gesamtrechnung:

- Bruttoinlandsprodukt
- Bruttonationaleinkommen
- Volkseinkommen
- Nominelle Wachstumsrate
- Reale Wachstumsrate
- Lohnquote
- Gewinnquote

14. Bruttoinlandsprodukt

a) Im Bruttoinlandsprodukt sind Vorgänge enthalten, die keiner Wohlstandssteigerung entsprechen.

b) Manche Vorgänge, die für eine Wohlstandsmehrung von Bedeutung sind, werden im Bruttoinlandsprodukt nicht aufgenommen.

Beschreiben Sie jeweils zwei Beispiele.

15. Wirtschaftsbereiche nach dem ESVG

Nach dem Europäischen System Volkswirtschaftlicher Gesamtrechnungen (ESVG) gibt es fünf Wirtschaftsbereiche.

Nennen Sie diese Wirtschaftsbereiche.

16. Bruttoinlandsprodukt (Entstehung, Verwendung und Verteilung)

Zeigen Sie rechnerisch die Entstehungs*-, Verteilungs- und Verwendungsrechnung des Bruttoinlandsprodukts anhand der folgenden Angaben (in Mrd. €):

Gütersteuern	340
Gütersubventionen	50
Private Konsumausgaben	1.370
Konsumausgaben des Staates	430
Bruttoinvestitionen	440
Produktions- und Importabgaben an den Staat abzgl. Subventionen	270
Abschreibungen	340
Saldo der Primäreinkommen aus der übrigen Welt	20
Exporte	1.130
Importe	960
Bruttowertschöpfung aller Wirtschaftsbereiche	4.400
Vorleistungen	2.280
Bruttoeinkommen aus unselbstständiger Arbeit	1.180
Bruttoeinkommen aus Unternehmertätigkeit und anderen Vermögen	640

*   unterstellte Bankgebühr wird vernachlässigt

17. Struktur der Zahlungsbilanz

Welche Einzelbilanzen enthält die Zahlungsbilanz? Geben Sie jeweils ein Beispiel.

18. Direktinvestitionen

In der Zahlungsbilanz wird der Saldo der Direktinvestitionen dargestellt.

a) Was versteht man unter Direktinvestitionen?

b) Welche Auswirkungen kann ein negativer Saldo der Direktinvestitionen auf den Standort Deutschland haben?

19. Lohnquote

In den Jahren 2005 bis 2009 verzeichneten das Volkseinkommen (gesamt) sowie die Arbeitnehmerentgelte in Deutschland folgende Entwicklung (in jeweiligen Preisen, in Milliarden Euro):

	2005	2006	2007	2008	2009
Volkseinkommen insgesamt	1.694,7	1.778,1	1.840,3	1.886,0	1.815,0
Arbeitnehmerentgelt	1.129,9	1.149,0	1.180,9	1.225,1	1.223,9

Quelle: Deutschland in Zahlen 2010

a) Ermitteln Sie für die Jahre 2005 bis 2009 die Lohnquote und die Gewinnquote.

b) Stellen Sie die Entwicklung der Lohnquote grafisch dar.

c) Interpretieren Sie das Ergebnis aus Fragestellung b).

20. Inflation (1)

Wie wirkt sich die Inflation aus

- für die Bezieher fester Einkommen,
- für Unternehmer,
- für Empfänger von Zinseinkommen?

21. Inflation (2)

Erläutern Sie den Unterschied zwischen der angebotsinduzierten, der nachfrageinduzierten und der geldmengeninduzierten Inflation.

22. Feste und flexible Wechselkurse

Welche Chancen und Risiken können mit festen bzw. mit flexiblen Wechselkursen verbunden sein?

23. Hauptmerkmale der Konjunkturphasen

Nennen Sie für alle vier Konjunkturphasen jeweils zwei Früh- und zwei Gegenwartsindikatoren.

24. Bereiche der Wirtschaftspolitik

Die Volkswirtschaft der Bundesrepublik Deutschland wird über den Marktmechanismus gelenkt und durch wirtschaftspolitische Maßnahmen des Staates beeinflusst. Die Ordnungspolitik ist ein Bereich der Wirtschaftspolitik.

Beschreiben Sie zwei weitere Bereiche der Wirtschaftspolitik und nennen Sie dazu jeweils zwei Teilbereiche (Teilpolitiken; auch: Instrumente).

25. Kritik an der Fiskalpolitik

Welche Kritikpunkte werden gegenüber der Fiskalpolitik häufig vorgetragen?

26. Antizyklische Finanzpolitik

Welche Möglichkeiten hat der Staat, durch eine Erhöhung seiner Ausgaben die Konjunktur antizyklisch zu beeinflussen?

27. Formen der Arbeitslosigkeit

Die Beschäftigungspolitik des Staates muss ihre Maßnahmen an den Formen der Arbeitslosigkeit ausrichten.

a) Beschreiben Sie einzelne Formen der Arbeitslosigkeit.

b) Geben Sie drei Beispiele für geeignete Maßnahmen des Staates, der Arbeitslosigkeit entgegenzuwirken.

28. Vollbeschäftigung und Zielkonflikte

Im Stabilitätsgesetz von 1967 hat die Bundesregierung Ziele gesetzt, die im Rahmen der marktwirtschaftlichen Ordnung gleichzeitig realisiert werden sollten. Eine dieser Zielsetzungen ist Vollbeschäftigung.

a) Wann wird das Ziel der Vollbeschäftigung als erreicht angesehen?

b) Nennen Sie zwei fiskalpolitische Maßnahmen, um das Ziel der Vollbeschäftigung zu erreichen.

c) Maßnahmen zur Erreichung des Zieles „Vollbeschäftigung" können negative Auswirkungen auf andere wirtschaftspolitische Ziele haben. Nennen Sie zwei Beispiele.

29. Aufgaben der Tarifparteien

Welche Aufgaben haben die Gewerkschaften bzw. die Arbeitgeberverbände in der sozialen Marktwirtschaft?

30. Erhöhung der Einfuhrzölle

Ein Land erhöht seine Einfuhrzölle. Welche Absicht kann damit verbunden sein? Beschreiben Sie drei Beispiele.

31. Ziele der EU

Welche Ziele haben innerhalb der Europäischen Union Priorität?

32. Subsidiaritätsprinzip

Was versteht man unter dem Begriff der Subsidiarität innerhalb der Aktivitäten der EU?

33. Haushalt der Europäischen Union

Wie wird der Haushalt der EU finanziert?

34. Währungsunion

Welche Vor- und Nachteile haben sich durch die gemeinsame Währungsunion für die Mitgliedsstaaten ergeben?

35. Kursänderung des Euro

Welche Auswirkungen hat eine Kursänderung des Euro gegenüber dem US-Dollar?

1.2 Betriebliche Funktionen und deren Zusammenwirken

01. Verlagerung der Produktion in das Ausland

Deutsche Unternehmen verlagern zunehmend ihre Produktion in das Ausland. Beschreiben Sie drei Gründe für diese Standortpolitik.

02. Arbeitsteilung

Beschreiben Sie Vor- und Nachteile der Arbeitsteilung.

03. Roh-, Hilfs- und Betriebsstoffe

Wie unterscheidet man Roh-, Hilfs- und Betriebsstoffe?

04. Substitution

Was sind substituierbare Werkstoffe?

05. Ausführende und dispositive Arbeit

Warum lassen sich ausführende und dispositive Arbeit nicht immer exakt trennen?

06. Funktionen der Planung

Welche Funktionen erfüllt die Planung?

07. Verknüpfung von Funktionsbereichen

Warum ist der Bereich der Produktionsplanung eng mit der betrieblichen Funktion „Absatz" verbunden?

08. Finanzmittel

Warum benötigt ein Unternehmen Finanzmittel?

09. Funktion der Personalwirtschaft

Warum wird die Personalwirtschaft auch als betriebliche Querschnittsfunktion bezeichnet?

10. Soziotechnisches System

Warum kann der Industriebetrieb als soziotechnisches System bezeichnet werden?

1.3 Existenzgründung und Unternehmensrechtsformen

01. Geschäftsidee

Welche Aspekte müssen bei der Überlegung, sich auf der Basis einer bestehenden Geschäftsidee selbstständig zu machen, geprüft werden?

02. Führungsmerkmale bei der Unternehmensgründung

Was versteht man unter den Führungsmerkmalen bei der Unternehmensgründung? Beschreiben Sie drei Beispiele.

03. Unternehmensbewertung

Nennen Sie vier Kriterien der Unternehmensbewertung.

04. Businessplan, Ertragsplan

Nach dem erfolgreichen Abschluss Ihrer Weiterbildung wollen Sie sich selbstständig machen. Ihre Geschäftsidee: Eröffnung eines Einzelhandelsgeschäfts für Anglerbedarf im Zentrum einer Kleinstadt in Mecklenburg-Vorpommern. Derzeit bereiten Sie sich auf das Gespräch mit Ihrem Gründungsberater der IHK vor.

a) Der Businessplan enthält zehn Bestandteile. Nennen Sie sechs davon.

b) Erstellen Sie einen Ertragsplan. Er soll acht relevante Positionen mit einem plausiblen Zahlengerüst entsprechend der Ausgangslage enthalten. Dazu ist bekannt, dass Sie eine Vollzeitkraft beschäftigen werden und die Ladenmiete 7,00 EUR pro qm bei einer Ladenfläche von 100 qm beträgt.

05. Rechtsquellen des Gesellschaftsrechts

Das Gesellschaftsrecht ist in verschiedenen Rechtsquellen festgeschrieben.

Nennen Sie drei Rechtsquellen und geben Sie jeweils zwei Beispiele.

06. Rechtsform „Gesellschaft"

Der Großhändler Huber möchte von Ihnen wissen, ob er sein Geschäft als Einzelunternehmung weiterführen soll oder besser in eine Gesellschaft umwandeln sollte. Erläutern Sie Herrn Huber jeweils vier Vor- und Nachteile der Rechtsform „Gesellschaft".

07. OHG (1)

Welcher Unterschied besteht zwischen Geschäftsführungsbefugnis und Vertretungsmacht?

08. OHG (2)

Warum werden die Kapitalanteile der Gesellschafter einer OHG nicht im Handelsregister eingetragen?

09. Kommanditgesellschaft (1)

Kann ein Angestellter gleichzeitig Kommanditist

a) in der Unternehmung seines Arbeitgebers sein?

b) in einem fremden Unternehmen sein?

10. Kommanditgesellschaft (2)

Warum wird in Gesellschaftsverträgen oft vereinbart, dass beim Tod eines Komplementärs dessen Erben Kommanditisten werden?

11. Stille Gesellschaft

Wodurch unterscheidet sich der stille Gesellschafter von einem Darlehensgläubiger der stillen Gesellschaft?

12. Aktiengesellschaft (1)

Warum bietet sich die Rechtsform der Aktiengesellschaft an, wenn der Kapitalbedarf einer Unternehmung besonders groß ist?

13. Aktiengesellschaft (2)

Vorstand und Aufsichtsrat einer AG werden auf verschieden lange Zeiten bestellt. Was bezweckt der Gesetzgeber damit?

14. Gesellschaft mit beschränkter Haftung

Welche Merkmale der GmbH sind typisch für

a) Kapitalgesellschaften?

b) Personengesellschaften?

15. Genossenschaft

a) Was ist eine Genossenschaft?

b) Warum rechnet man die Genossenschaft nicht zu den Kapitalgesellschaften?

16. GmbH & Co. KG

Was ist eine GmbH & Co. KG?

17. Wahl der Gesellschaftsform

a) Luise Kern betreibt ein Textilgeschäft und überlegt, ihre Einzelunternehmung – aus Altersgründen – in eine Gesellschaft umzuwandeln. Stellen Sie für Frau Kern jeweils die Vor- und Nachteile der Einzelunternehmung gegenüber einer Gesellschaft dar. Nennen Sie jeweils mindestens drei Argumente.

b) Frau Kern hat sich entschlossen, eine Gesellschaft zu gründen. Sie möchte aber nur einen Gesellschafter aufnehmen, dem Sie vertrauen kann, den sie gut kennt und der in ihrer Branche über sehr gute Fachkenntnisse verfügt. Außerdem sollen beide Gesellschafter unbeschränkt, solidarisch und persönlich haften. Daneben möchte sie, dass beide Gesellschafter für alle gewöhnlichen Geschäfte allein vertretungsberechtigt sind. Die Entscheidungsbefugnis für außergewöhnliche Geschäfte soll im Innenverhältnis beschränkt sein. Welche Gesellschaftsform empfehlen Sie Frau Kern? Begründen Sie Ihre Entscheidung.

c) Die Gärtnerei und Blumenhandlung Huber möchte sich vergrößern. Für den geplanten Ankauf einer Baumschule besteht erheblicher Kapitalbedarf. Huber möchte eine Gesellschaft mit zwei weiteren Gesellschaftern gründen, sich dabei aber das Recht auf alleinige Geschäftsführung sichern. Welche Rechtsform bietet sich an? Herr Huber fragt Sie, ob ggf. auch die Gründung einer GmbH infrage käme. Sie nennen ihm in Ihrer Erklärung zwei Vor- und zwei Nachteile.

d) Der Großhändler Hallert hat von einem Geschäftsfreund gehört, dass die Umwandlung seiner GmbH in eine GmbH & Co. KG daraus Vorteile haben könnte. Nennen Sie Hallert drei Aspekte, die interessant sein könnten.

18. Gründung einer GmbH

Der Sanitärgroßhändler Schmidt möchte seine Aktivitäten ausbauen und sein Sortiment verbreitern. Er zieht die Gründung einer GmbH in Erwägung – zusammen mit einem langjährigen Geschäftspartner.

Beschreiben Sie die gesetzlich festgelegten Schritte zur Gründung der GmbH.

19. OHG, KG, Stille Gesellschaft (Vergleich)

Vergleichen Sie OHG, KG und stille Gesellschaft anhand der Merkmale Haftung, Mindestkapital, Geschäftsführung und -vertretung sowie Gewinnverteilung.

1.4 Unternehmenszusammenschlüsse

01. Kooperation, Konzentration

Unterscheiden sie Kooperation und Konzentration von Unternehmen und geben Sie jeweils ein Beispiel.

02. Unternehmenszusammenschlüsse auf dem Beschaffungsmarkt

Das Ziel von Unternehmenszusammenschlüssen kann in der Verbesserung der Wirtschaftlichkeit und der Steigerung der Marktmacht auf dem Beschaffungsmarkt und/oder dem Absatzmarkt liegen.

Beschreiben Sie, durch welche Maßnahmen ein Unternehmen auf dem Beschaffungsmarkt die Wirtschaftlichkeit und die Marktmacht verbessern kann.

03. Fusion und Kartell

Was unterscheidet die Fusion vom Kartell?

04. Konzentrationsformen

Was ist unter horizontaler, vertikaler und diagonaler Konzentration zu verstehen?

05. Unternehmenskonzentrationen

Der Trend zu Unternehmenskonzentrationen hat sich weiterhin verstärkt.

Nennen Sie je drei Argumente, die von Gegnern und Befürwortern dieser Entwicklung angeführt werden.

06. Konzentration

Im Einzelhandel ist ein zunehmender Konzentrationsprozess zu verzeichnen.

Nennen Sie jeweils fünf Vor- und Nachteile, die sich daraus für den Endverbraucher ergeben.

2.1 Grundlegende Aspekte des Rechnungswesens

01. Abgrenzung der Organisationsbereiche Unternehmung und Betrieb

Ordnen Sie die nachfolgenden Begriffe den Organisationsbereichen Unternehmung oder Betrieb zu (X) und nennen Sie eine kurze Begründung.

	Begriffe:	Unternehmung	Betrieb
1	Zinserträge		
2	Zusatzkosten		
3	Betriebsfremde Aufwendungen		
4	Erfolgsbedingter Aufwand		
5	Anderskosten		
6	Kalkulatorische Miete		
7	Bilanzielle Abschreibung		
8	Andersaufwand		
9	Kalkulatorische Zinsen		
10	Kalkulatorische Wagniskosten		
11	Eingetretene Wagnisverluste		
12	Außerordentlicher Ertrag		
13	Leistungen		
14	Materialkosten		
15	Kalkulatorischer Unternehmerlohn		
16	Anderserträge		

02. Grundsätze ordnungsgemäßer Buchführung (GoB) (1)

Beschreiben Sie die Reihenfolge der Arbeiten bei der Buchung nach Belegen.

03. GoB (2)

Unterscheiden Sie Fremdbelege, Eigenbelege, künstliche Belege und Ersatzbelege und nennen Sie jeweils zwei Beispiele.

04. Handelsrechtliche Bewertungsgrundsätze (1)

Ein Unternehmen hat vor drei Jahren ein Grundstück für 80.000,– € gekauft. Ermitteln Sie den Wertansatz zum Jahresende:

Fall A: Nach Abschluss der Planungsarbeiten der Kommune wird das Grundstück als Bebauungsland ausgewiesen. Der Marktwert des Grundstückes steigt dadurch auf 150.000,– €.

Fall B: Durch den Bau einer Umgehungsstraße, die unmittelbar am Grundstück vorbei führt, sinkt der Wert des Grundstückes auf 40.000,– €.

05. Handelsrechtliche Bewertungsgrundsätze (2)

Eine Kommunikationsanlage (AW brutto = 47.600,– €) wird linear über fünf Jahre abgeschrieben. Am Ende des 3. Jahres beträgt der Marktwert der Anlage nur noch 5.000,– €, da der Hersteller eine technisch völlig neue Anlage entwickelt hat.

a) Mit welchem Betrag ist die Anlage im 3. Jahr zu aktivieren?

b) Buchen Sie die (direkte) Abschreibung am Ende des 3. Jahres.

06. Zeitliche Abgrenzung

Am 1. Juli 2009 wird die Kfz-Steuer für einen Firmen-Lkw in Höhe von 2.000,– € überwiesen (Steuerzeitraum: 1. Juli 2009 bis 30. Juni 2010).

a) Bilden Sie die Buchungssätze zum 1.7. 2009, 31.12.2009 und 1.1.2010.

b) Beschreiben Sie die Form der zeitlichen Abgrenzung im vorliegenden Fall.

07. Bilanzierungsgrundsätze

Beurteilen Sie, ob in den folgenden Fällen ein Verstoß gegen die Grundsätze ordnungsgemäßer Bilanzierung vorliegt und geben Sie eine kurze Begründung.

a) In der Bilanz wurden Bargeld, Postbank- und Bankguthaben in der Sammelposition „Liquide Mittel" ausgewiesen.

b) Die im Dezember des zurückliegenden Geschäftsjahres gezahlte Versicherungsprämie für das erste Halbjahr des Folgejahres wurde nicht im Jahresabschluss ausgewiesen.

c) Mehrere Maschinen wurden im Jahresabschluss als Gesamtheit bewertet.

d) In den zurückliegenden Jahren wurden jeweils vom Vorjahr abweichende Bewertungsmethoden angewendet.

08. Anschaffungskosten

Die X-GmbH kauft Anfang 2009 eine Anlage zur Blechbearbeitung. Die geplante Nutzungsdauer liegt bei sechs Jahren. Der Listenpreis der Maschine beträgt 300.000 € zzgl. 19 % Umsatzsteuer. Der Lieferant gewährt einen Rabatt von 2 %. Die X-GmbH zahlt die Rechnung innerhalb der vom Lieferanten gesetzten Skontofrist mit Abzug von 3 %.

Die Transportkosten gehen zulasten der X-GmbH und betragen 5.950 € inkl. Umsatzsteuer. Die Montage der Anlage wird selbst durchgeführt. Hierbei entstehen folgende Kosten:

Arbeitslöhne:	7.000 €
Lohngemeinkosten:	20 %
Montagematerial:	1.500 € netto
Materialgemeinkosten:	15 %

Außerdem wird fünf Tage später eine für die Anlage erforderliche Zusatzvorrichtung für 21.420 € inkl. Umsatzsteuer gekauft. Die Montagekosten der Zusatzvorrichtung liegen bei 800 € netto.

Wie hoch sind die Anschaffungskosten der Maschine?

2.2 Finanzbuchhaltung

01. Aufgaben der Finanzbuchhaltung

Nennen Sie vier Aufgaben der Finanzbuchhaltung.

02. Bilanz und GuV-Rechnung

Nennen Sie jeweils zwei charakteristische Merkmale der Bilanz sowie der GuV-Rechnung.

03. Bestandskonten

Beschreiben Sie den Aufbau von Aktiv- und Passivkonten.

04. Bilanzänderung

Welche Bilanzänderung ergibt sich aufgrund der nachfolgenden Geschäftsfälle? Ergänzen Sie die angesprochenen Konten mit „+" bzw. „–", je nachdem, ob die Bestände zu- oder abnehmen.

1.	Kunde bezahlt Rechnung per Bank.
2.	Darlehen wird per Banküberweisung getilgt.
3.	Kauf eines Schreibtisches auf Ziel.
4.	Umwandlung einer Verbindlichkeit in eine Hypothekenschuld.
5.	Barverkauf von Waren.
6.	Einkauf von Rohstoffen auf Ziel.
7.	Barabhebung vom Bankkonto.
8.	Einkauf von Waren auf Ziel 10.000 €, davon werden 3.000 € sofort bar bezahlt.
9.	Verkauf eines Lkw gegen Rechnung, 75.000 €, davon werden 6.000 € bar angezahlt.

05. Erfolgskonten

Beschreiben Sie, wie Aufwendungen und Erträge auf Erfolgskonten gebucht werden.

06. Jahresabschluss

In Ihrem Unternehmen wurde die Inventur durchgeführt; desweiteren wurden die notwendigen Wertberichtigungen, die Abgrenzungen und Rückstellungen gebucht.

Beschreiben Sie den Abschluss der Aufwands-, Ertrags- und Bestandskonten sowie der Konten GuV, Privat und Eigenkapital.

07. Auswirkungen auf die Erfolgsrechnung

Beurteilen Sie, ob die folgenden Geschäftsfälle erfolgsneutral oder erfolgswirksam sind:

1. Zieleinkauf von Material
2. Lohnzahlung bar
3. Der Unternehmer überweist Geld vom Privatkonto auf das Firmenkonto.
4. Überweisung der Einkommensteuer vom Bankkonto
5. Einnahme der Miete per Bank für untervermietete Büroräume

2.3 Kosten- und Leistungsrechnung

01. Aufgaben der Abgrenzungsrechnung

Beschreiben Sie vier Aufgaben der Abgrenzungsrechnung und geben Sie jeweils ein Beispiel.

02. Kostenarten (1)

Ordnen Sie in der nachfolgenden Tabelle die richtige Kostenart zu (Ankreuzen; X).

	Kostenart	Einzel-kosten	Gemein-kosten	Sondereinzelkos-ten der Fertigung	Sondereinzelkos-ten des Vertriebs
1	Mietkosten für ein Ladengeschäft				
2	Transportversicherung für den Auftrag 0118-66				
3	Lizenzgebühren für Bauteil 5518				
4	Honorar an den Steuerberater				

5	Monteurlohn für Auftrag 2955-67				
6	Abschreibungskosten für Maschine DN 4				
7	Betriebsstoffkosten für Mai 20..				
8	Rohstoffkosten für Mai 20..				
9	Hilfsstoffkosten für Mai 20..				
10	Lohnkosten für Gewähr-leistungsarbeiten				

03. Kostenarten (2)

Unterscheiden Sie primäre und sekundäre Kosten und geben Sie jeweils zwei Beispiele.

04. Materialarten

Nennen Sie vier Materialarten und beschreiben Sie zwei davon.

05. Abschreibung

Erläutern Sie den Unterschied zwischen bilanzieller und kalkulatorischer Abschreibung.

06. Wagniskosten-Zuschlag

Aufgrund von Schwund, Diebstahl und anderen Ursachen ist bei den Lagervorräten in der Vergangenheit ein Ausfall von 35.000 € entstanden. Der Wareneinsatz betrug während dieser Zeit 2,5 Mio. €.

a) Berechnen Sie den Wagniskosten-Zuschlag.

b) Welche Konsequenzen hat dieses Ergebnis für die Kalkulation?

07. Kostenstellenrechnung

Nennen Sie drei Aufgaben der Kostenstellenrechnung.

08. Zuschlagssätze

Der zurückliegende Monat hat folgenden Betriebsabrechnungsbogen ergeben:

Zahlen der KLR	Hauptkostenstellen			
	Material	Fertigung	Verwaltung	Vertrieb
Gemeinkosten	26.400	144.000	60.000	18.000
Zuschlagsbasis	220.000	180.000		

Ermitteln Sie die Gemeinkostenzuschlagssätze für die Hauptkostenstellen.

09. Betriebsergebnis, Unternehmensergebnis, Deckungsbeitrag

In einem Profitcenter (PC) Ihres Unternehmens liegen folgende Angaben vor:

- produzierte und abgesetzte Menge/Jahr: 800.000 Einheiten
- Fixkosten/Jahr: 1.200.000 €
- variable Kosten pro Einheit: 4,50 €
- innerbetrieblicher Verrechnungspreis: 6,50 €

Die anderen Betriebsteile erwirtschaften ein jährliches Betriebsergebnis von 500.000 €; außerdem fallen außerordentliche Verluste aus Anlagenverkäufen in Höhe von 30.000 € an.

a) Berechnen Sie das Unternehmensergebnis.

b) Ermitteln Sie für das Profitcenter den Deckungsbeitrag pro Einheit.

10. Betriebsabrechnungsbogen, Zuschlagssätze, Selbstkosten

Auf der Basis der nachfolgenden Angaben sind

a) die Zuschlagssätze und

b) die Selbstkosten zu ermitteln.

Gemein-kostenarten	Zahlen der KLR	Verteilungsschlüssel	I Material	II Fertigung	III Verwaltung	IV Vertrieb
GKM	9.600	3 : 6 : 2 : 1				
Hilfslöhne	36.000	2 : 14 : 5 : 3				
Sozialkosten	6.600	1 : 3 : 1,5 : 0,5				
Steuern	23.100	1 : 3 : 5 : 2				
Sonstige K.	7.000	2 : 4 : 5 : 3				
AfA	8.400	2 : 12 : 6 : 1				
Summen						
		Einzelkosten	83.200	40.000		
		Zuschlagssätze				

11. Maschinenstundensatz

Für eine NC-Maschine existieren folgende Angaben:

- Anschaffungskosten der NC-Maschine: 200.000 €
- Wiederbeschaffungskosten der NC-Maschine: 240.000 €
- Nutzungsdauer der NC-Maschine: 10 Jahre
- kalkulatorische Abschreibung: linear
- kalkulatorische Zinsen: 6 % vom halben Anschaffungswert
- Instandhaltungskosten: 6.000 € p. a.
- Raumkosten: 4.000 € p. a.
- Energiekosten:
  · Energieentnahme der NC-Maschine: 11 kWh
  · Verbrauchskosten: 0,12 €/kWh
  · Jahresgrundgebühr: 220 €
- Werkzeugkosten: 10.000 € p. a., Festbetrag
- Laufzeit der NC-Maschine: 2.000 Std. p. a.

a) Ermitteln Sie den Maschinenstundensatz.

b) Für eine weitere neue Anlage wurde ein Maschinenstundensatz von 50,00 €/Std. ermittelt. Die Laufzeit der Anlage war mit 1.600 Std. pro Jahr und die Nutzungsdauer mit 10 Jahren geplant. Für die kalkulatorische AfA ergab sich ein Stundensatz von 18,75 €/Std.

Um wie viel Prozent erhöht sich der Maschinenstundensatz, wenn aufgrund aktueller Erkenntnisse die Lebensdauer der Anlage auf sechs Jahre reduziert werden muss?

12. Zuschlagskalkulation mit Maschinenstundensatz

Auf einer NC-Maschine werden 25 Spezialwerkzeuge hergestellt. Die Bearbeitungsdauer beträgt 15 min/Stk.; für das Rüsten werden 2 Std. benötigt. Der Materialverbrauch liegt bei 160,00 €/Stk. Der anteilige Fertigungslohn für die Bearbeitung beträgt 200,00 €. Es sind Materialgemeinkosten von 30 % und Restgemeinkosten von 120 % zu berücksichtigen. Der Maschinenstundensatz liegt bei 180 €/Std. Zu kalkulieren sind die Herstellkosten der Fertigung pro Stück.

13. Rückwärtskalkulation (Industrie)

a) Eine Einzelanfertigung wird für einen Nettobarverkaufspreis von 30.325,50 € angeboten. Der Kalkulation liegen zu Grunde:

- Gewinn   15 %
- Verwaltungs- und
  Vertriebsgemeinkosten   20 %
- Fertigungskosten   8.225,00 €
- Fertigungsgemeinkosten   135 %
- Materialgemeinkosten   25 %
- Materialkosten   13.750 €

Ermitteln Sie Selbstkosten, Herstellkosten, Materialeinzelkosten und Fertigungslöhne des Angebots.

b) Berechnen Sie den Listenverkaufspreis brutto bei 3 % Skonto und 10 % Rabatt.

14. Divisionskalkulation (1)

In einem Unternehmen betrug die Monatsproduktion 2.148 t einer Rohstoffart zum Weiterverkauf an ein anderes Unternehmen. Aus den Belegen der Buchhaltung wurden durch die Kostenartenrechnung Gesamtkosten in Höhe von 1.188.918,00 € ermittelt.

a) Berechnen Sie die Selbstkosten für eine Tonne dieses Rohstoffes.

b) Berechnen Sie die Selbstkosten für eine Tagesproduktion, wenn an 24 Tagen kontinuierlich gearbeitet wurde.

c) Führen Sie eine Kontrollrechnung durch, d. h. berechnen Sie die Selbstkosten für eine Tagesproduktion mit einem anderen Rechenweg als unter b).

15. Divisionskalkulation (2)

Ein Betrieb produziert in einer Periode 2.000 Stück und setzt 1.000 Stück ab. Die Gesamtkosten betragen 100.000 €, davon sind 20 % Verwaltungs- und Vertriebskosten.

Ermitteln Sie die Selbstkosten je Leistungseinheit.

16. Äquivalenzkalkulation

Ein Unternehmen produziert die Sorten A, B und C in einer Periode mit 800.000 € Gesamtkosten. Zwischen den Kosten für die einzelnen Sorten besteht ein festes Kostenverhältnis: 0,6 : 1,2 : 1,8. Die produzierten Mengen je Sorte sind 6.500, 9.000 und 3.000.

Ermitteln Sie die Stückkosten je Sorte.

17. Handelsspanne

Der Großhändler Huber kalkuliert mit einer Handelspanne von 60 % bei der Warengruppe X. Im März dieses Jahres muss er eine Erhöhung des Einstandspreises um 10 % hinnehmen. Ermitteln Sie die neue Handelsspanne.

a) bei unverändertem Angebotspreis,

b) bei einer Erhöhung des Angebotspreises um 5 %.

18. Deckungsbeitragssatz (Handel)

Der Großhändler Kern überlegt, ob er sein Warensortiment um die Warengruppe X erweitern soll. In seiner Vorkalkulation geht er von folgenden Eckdaten aus:

- Fixkosten der Warengruppe K_f =   85.000,00
- variable Kosten der Warengruppe K_v =   50.000,00
- geplanter Netto-Umsatz der Warengruppe X   U   = 900.000,00
- Wareneinsatz (WE) der Warengruppe X = 70 % des Netto-Umsatzes

Der angestrebte Deckungsbeitragssatz der Warengruppe X soll mindestens 15 % vom Netto-Umsatz betragen. Geben Sie rechnerisch eine Empfehlung, ob der Großhändler unter diesen Bedingungen sein Warensortiment erweitern soll.

19. Vollkostenrechnung (Handel)

Das Handelsunternehmen „Profitex" kauft im Wert von 70.000,00 € Textilien ein. Es wird Liefererrabatt von 10 % und Skonto von 2 % gewährt. Für „Profitex" fallen 5.000,00 € Frachtkosten an. Aus dem Betriebsabrechnungsbogen sind folgende Angaben bekannt: 30 % Handlungskostenzuschlag, Gewinn in Höhe von 7 %, 2 % Kundenskonto und 10 % Kundenrabatt.

a) Ermitteln Sie die Selbstkosten!

b) Ermitteln Sie den Verkaufspreis netto!

20. Bezugspreiskalkulation

Ein Sportwarenhändler kauft Badmintonschläger im Wert von 1.000,00 € ein. Er macht mit dem Hersteller einen Rabatt von 5 % aus; ihm werden 2 % Skonto gewährt. Für den Sportwarenhändler sind 5,00 € Porto angefallen, und er musste der Spedition 70,00 € Rollgeld zahlen.

Wie hoch ist der Einstandspreis?

21. Rückwärtskalkulation (Handel)

Ein Händler hat nicht genügend Marktmacht und muss herausfinden, zu welchem Bezugspreis er beziehen darf, denn er muss seine Kosten decken und möchte dabei auch noch Gewinn machen. Der Listenpreis seiner Ware beträgt 159,08 €, und er muss 8 % Rabatt gewähren (Handlungskosten 15,5 %; Gewinn 10,45 %; Skonto 2 %).

Ermitteln Sie den Bezugspreis.

22. Rückwärtskalkulation, Differenzkalkulation (Handel)

Einem Gemüsehändler liegt ein Angebot von 100 kg Kartoffeln zu 30,00 € (inklusive Rollgeld) vor.

a) Ermitteln Sie den Listenpreis per Angebotskalkulation (Rabatt 5 %, Skonto 2 %, Gewinn 10,12 %, Handelskostenzuschlag (HKZ) 15,5 %).

b) Nehmen Sie einen Rabatt in Höhe von 8 % an und ermitteln Sie den Bezugspreis per Rückwärtskalkulation (HKZ 15,5 %, Gewinn 10,12 %, Skonto 2 %, Rabatt 8 %). Hinweis: „Starten" Sie mit dem durch die Angebotskalkulation ermittelten Listenpreis.

c) Ermitteln Sie den Gewinn bei nur 6 % Rabatt und 2 % Skonto. Benutzen Sie die Differenzkalkulation.

d) Wie viel Prozent der Selbstkosten macht der Gewinn aus?

23. Direct Costing (1)

Ein Großhandelsunternehmen hat Spinnereimaschinen im Sortiment:

Maschine A kostet 2.500.000,00 € und Maschine B kostet 4.657.640,00 €.
Ein Kunde verlangt einen Rabatt von 16 % für Maschine A und einen Rabatt von 17 % für Maschine B (Kundenskonto 1 %; variable Kosten 1.875.000,00 € bei Maschine A und bei Maschine B 3.493.230,00 €; fixe Kosten bei Maschine A 184.027,78 € und bei Maschine B 342.854,06 €).

Welche Maschine bringt den größten Gewinn?

24. Preisuntergrenze (Direct Costing 2)

Der Großhändler aus der vorhergehenden Aufgabe will nun die Preisuntergrenze für seine Spinnereimaschinen ermitteln, denn er möchte demnächst kurzfristig seine Preise senken, um neue Kunden auf sich aufmerksam zu machen. Er wählt diese zwei Maschinen aus:

Maschine A:	variable Kosten	1.875.000,00 €
	Zielverkaufspreis	1.893.939,39 €
Maschine B:	variable Kosten	3.493.230,00 €
	Zielverkaufspreis	3.528.515,15 €

Wie hoch ist die absolute Preissenkung bei Maschine A und bei Maschine B?

25. Stückpreiskalkulation (Handel)

Ein Händler kauft 4.950 kg einer Ware zu Einstandskosten in Höhe von 24.948 € ein. Die Manipulationskosten für das Umpacken in abnehmergerechte Verpackungen betragen 1.060 €. An Versandkosten sind 552,34 € angefallen. Es wird mit 16 % indirekten Kosten gerechnet, 5 % Rabatt und 3 % Skonto können berücksichtigt werden. Der Gewinn wird mit 5 % eingerechnet.

Wie hoch ist der Listenverkaufspreis je kg ohne Mehrwertsteuer?

26. Deckungsbeitrag (Definition)

Nennen Sie die Definition des Stückdeckungsbeitrags.

27. Deckungsbeitrag pro Stück, Break-even-Point

Sie sind kommissarischer Leiter einer Niederlassung, die hochwertige Werkzeugsätze herstellt. Die Verhandlungen mit dem Kunden Huber stehen kurz vor dem Abschluss: Er möchte bei Ihnen laufend die Ausführung „MKX24" bestellen. Aus der Buchhaltung haben Sie folgende Zahlen erhalten:

Materialkosten pro Stück:	100 €/Stk.
Lohnkosten pro Stück:	200 €/Stk.
Fixkosten pro Woche:	12.000 €
vorläufiger Verkaufspreis pro Stück:	600 €/Stk.

a) Bei welcher Stückzahl pro Woche ist die Gewinnschwelle erreicht?

b) Wie hoch ist der Deckungsbeitrag pro Stück?

28. Deckungsbeitragsrechnung, Break-even-Point

Die Großhandelskette Schlackmann & Co. ist gezwungen, den Verkaufspreis eines Artikels um 20 % zu reduzieren. Sie erhalten folgende Angaben:

Verkaufspreis		5,00 €
Absatz	x	1.000.000 Stück
Stückkosten, variabel,	k_v	2,20 €
Kosten, fix	K_f	400.000 €
Beschäftigungsgrad		70 %

a) Ermitteln Sie den *Deckungsbeitrag* sowie den Gewinn – vor und nach der Preissenkung (bei gleichem Absatz).

b) Berechnen Sie den *Deckungsbeitragssatz* – vor und nach der Preissenkung.

c) Ermitteln Sie

1) Absatz,
2) Umsatz und
3) Beschäftigungsgrad

im Break-even-Point – vor und nach der Preisreduzierung.

29. Deckungsbeitragsrechnung, Preispolitik

Ihr Betrieb plant die Errichtung einer Pkw-Waschanlage für seine Kunden und will damit eine Absatzförderung erreichen. An den umliegenden Tankstellen liegt der Preis für eine Pkw-Komfortwäsche bei durchschnittlich 6,50 €.

Die Investitionssumme beläuft sich auf 230.000 €. Die Abschreibung erfolgt linear mit 12,5 % pro Jahr. Für das Bedienungspersonal hat man monatliche Kosten von 9.000 € ermittelt. An Verwaltungsgemeinkosten werden monatlich 3.000 € umgelegt. An kalkulatorischen Zinsen erfolgt ein Ansatz von 10 % der Investitionssumme. Man rechnet mit variablen Kosten pro Waschvorgang von 0,70 €. Die Waschanlage soll an 280 Tagen im Jahr geöffnet sein.

a) Wie viele Pkw-Wäschen pro Tag müssen im Kostendeckungspunkt durchschnittlich durchgeführt werden, bei einem Preis von 4,00 € pro Wäsche?

b) Zeigen Sie das Ergebnis von Aufgabenstellung a) grafisch.

c) Wie hoch ist der Deckungsbeitrag pro Stück im Break-even-Point?

30. Kostenrechnungsverfahren (Vergleich)

Beschreiben Sie das Ziel der verschiedenen Kostenrechnungsverfahren.

2.4 Auswertung der betriebswirtschaftlichen Zahlen

01. Produktivität, Rentabilität, ROI

Aufgrund der Angaben aus dem Rechnungswesen ermitteln Sie für die letzten beiden Monate u. a. folgende Kennzahlen:

Monat	Ausbringung [Stk.]	Arbeitsstunden	Gesamtkapitalrentabilität [%]
Mai	50.000	2.000	12,5
Juni	42.000	1.400	12,5

a) Berechnen Sie die Veränderung der Arbeitsproduktivität in Prozent und nennen Sie zwei mögliche Ursachen für die Veränderung.

b) Erklären Sie anhand von drei Beispielen, warum sich bei einer Veränderung der Arbeitsproduktivität die Gesamtkapitalrentabilität des Unternehmens nicht zwangsläufig verändert.

c) Als Grundlage für Ihre Unternehmensplanung wird u. a. der Return on Investment (ROI) verwendet. Wie wird diese Kennzahl ermittelt?

d) Welche Rentabilitätsgrößen unterscheidet man?

02. Beurteilung der wirtschaftlichen Lage der Handels-GmbH und Maßnahmen der Gegensteuerung

Nachfolgend ist die (aufbereitete) Bilanz der Handels-GmbH sowie die Gewinn- und Verlustrechnung dargestellt. Zu Lehrzwecken wurden die Zahlenrelationen vereinfacht.

Beurteilen Sie die wirtschaftliche Lage des Unternehmens mithilfe der Berechnung geeigneter Kennzahlen der Kapitalstruktur, der Liquidität und der Rentabilität und schlagen Sie evtl. notwendige Maßnahmen der Gegensteuerung (mit Begründung) vor.

Aktiva	Bilanz der Handels-GmbH, Rostock		
		2008	2009
		Euro	Euro
A.	**Anlagevermögen**		
	I. Sachanlagen		
	1. Grundstücke, Gebäude	1.000	1.000
	2. Technische Anlagen	19.000	22.000
	3. BGA	21.000	15.000
	Summe Anlagevermögen	41.000	38.000
B.	**Umlaufvermögen**		
	I. Vorräte	11.000	28.000
	II. Forderungen		
	1. Forderungen aus LL	5.000	26.000
	2. Sonstige	1.000	1.000
	III. Kasse, Bank	32.000	31.000
	Summe Umlaufvermögen	49.000	86.000
C.	**Rechnungsabgrenzungsposten**	9.000	5.000
		99.000	129.000

Passiva	Bilanz der Handels-GmbH, Rostock		
		2008	2009
		Euro	Euro
A.	**Kapital**		
	I. Sachanlagen		
	1. Anfangskapital	48.000	45.000
	2. Entnahmen	-42.000	-40.000
	3. Gewinn	38.000	49.000
B.	**Sonderposten mit Rücklageanteil**	8.000	15.000
C.	**Rückstellungen**	8.000	3.000
D.	**Verbindlichkeiten**		
	1. gegenüber Kreditinstituten	15.000	20.000
	2. erhaltene Anzahlungen	0	6.000
	3. Verbindlichkeiten aus LL	3.000	13.000
	4. Sonstige	21.000	23.000
		99.000	129.000

	Gewinn- und Verlustrechnung der Handels-GmbH, Rostock		
		2008	2009
		Euro	Euro
1.	Umsatzerlöse	548.000	469.000
2.	Sonstige Erträge	30.000	16.000
	Gesamtleistung	578.000	485.000
3.	Wareneinsatz	- 239.000	- 213.000
	Rohgewinn	339.000	272.000
4.	Personalaufwand	- 183.000	- 122.000
5.	Abschreibungen	-13.000	- 16.000
6.	Sonstige betriebliche Aufwendungen	- 104.000	- 84.000
7.	Zinsen	- 1.000	- 1.000
8.	Gewinn	38.000	49.000

03. Kennziffern (1)

Für die zurückliegende Periode liegen Ihnen aus der Bilanz sowie der Gewinn- und Verlustrechnung folgende Zahlenwerte vor:

Kapital: 600.000 €
Kosten: 1.900.000 €
Maschinenstunden: 46.000 Std.
Arbeitsstunden: 30.000 Std.
Leistungen: 2.000.000 €
Menge: 35.000 Einheiten (E)
Gewinn: 60.000 €

a) Berechnen Sie folgende Kennzahlen:

- Maschinenproduktivität
- Arbeitsproduktivität
- Kapitalrentabilität
- Wirtschaftlichkeit

b) Interpretieren Sie das Ergebnis Ihrer Rechnung bei der Kennzahl „Produktivität".

c) Erläutern Sie verbal und mithilfe eines Zahlenbeispiels folgende Behauptung:
   „Die Verbesserung der Wirtschaftlichkeit führt nicht zwangsläufig zu einer Verbesserung der Kapitalrendite!"

04. Kennziffern (2)

Der Gewinn- und Verlustrechnung bzw. der Bilanz entnehmen Sie folgende Angaben (in Mio. Euro):

Fremdkapital   4,00
Eigenkapital   1,40
Anlagevermögen   2,00
Gewinn   0,31
Fremdkapitalzinsen   0,50
Umsatz   4,20

a) Als Vorbereitung zur Unternehmensbeurteilung sollen Sie folgende Kennziffern berechnen:

- Anspannungskoeffizient
- Kapitalintensität
- Eigenkapitalrentabilität
- Gesamtkapitalrentabilität

b) Berechnen Sie den ROI. Geben Sie eine Bewertung dieser Kennziffer ab und nennen Sie drei Maßnahmen zur Verbesserung des ROI.

05. Rentabilitätskennzahlen

Aus dem Jahresabschluss liegen Ihnen folgende Zahlenwerte vor (Angaben in Euro):

Erlöse	30.000.000
diverse Aktiva	10.400.000
diverse Aufwendungen	29.300.000
Fremdkapitalzinsen 6 %	300.000

a) Erstellen Sie die Bilanz und die GuV-Rechnung in Kontenform.

b) Ermitteln Sie die Eigenkapital-, die Gesamtkapital- sowie die Umsatzrentabilität.

2.5 Planungsrechnung

01. Aufgaben der Planungsrechnung

Nennen Sie zwei Aufgaben der Planungsrechnung.

02. Teilpläne (1)

Nennen Sie vier Teilpläne der Planungsrechnung und geben Sie jeweils drei charakteristische Inhalte an.

03. Teilpläne (2)

Skizzieren Sie den Zusammenhang zwischen den in Frage 02. genannten Teilplänen.

3. Prüfungsfach: Recht und Steuern

3.1 Rechtliche Zusammenhänge

3.1.1 BGB Allgemeiner Teil

01. Geschäftsfähigkeit

Mit ihrem 17-jährigen Sohn Thomas haben sich die Eltern geeinigt, dass er als Verkäufer arbeiten soll. Er schließt mit einer Handelsfirma einen Arbeitsvertrag ab, kündigt ihn aber während der Probezeit, ohne seine Eltern zu fragen und tritt in ein Arbeitsverhältnis als Bauhelfer ein.

a) Überprüfen Sie, ob die Arbeitsverträge rechtskräftig zu Stande gekommen sind und begründen Sie ihre Entscheidung.

b) Von seinem Arbeitsverdienst erhält Thomas monatlich 100,00 € Taschengeld, davon kauft er sich ein Moped mit monatlicher Ratenzahlung von 80,00 €. Prüfen Sie, ob der Ratenzahlungsvertrag rechtswirksam zu Stande gekommen ist.

02. Rechtsgeschäfte

Prüfen Sie, ob nachfolgende Rechtsgeschäfte zu Stande gekommen sind. Bitte begründen Sie Ihre Antwort.

a) Hans Vogel erklärt sich telefonisch bereit, für seinen Bruder eine Bürgschaft in Höhe von 5.000,00 € zu übernehmen.

b) Albert Geier gewährt ein Darlehen von 3.000,00 € und verlangt dafür 30 % Zinsen.

c) Der Kfz-Händler Adler verkauft einen gebrauchten Pkw als unfallfrei, obwohl er weiß, dass der Pkw einen Unfall hatte.

3.1.2 BGB Schuldrecht

01. Vertragsschluss

Ein Vertrag kommt durch zwei *übereinstimmende Willenserklärungen*, die auf einen bestimmten Erfolg ausgerichtet sind, zu Stande. Er ist ein *zweiseitiges Rechtsgeschäft*, das sich durch *Antrag* und *Annahme* des Antrages begründet.

Beantworten Sie in den nachfolgenden Situationen, ob ein Vertrag geschlossen wurde und begründen Sie kurz Ihre Antwort.

| a) | unverbindliches Angebot | + | gleich lautende Bestellung | + | gleich lautende Auftragsbestätigung | ⇒ | ? |

| b) | Zusendung von Katalog | + | gleich lautende Bestellung | + | gleich lautende Auftragsbestätigung | ⇒ | ? |

| c) | verbindliches Angebot | + | abweichende Bestellung | + | Auftragsbestätigung lt. Bestellung | ⇒ | ? |

| d) | schriftliche Anfrage | | + | | Lieferung | ⇒ | ? |

| e) | unverbindliches Angebot | + | gleich lautende Bestellung | + | Lieferung gemäß Angebot | ⇒ | ? |

| f) | unverbindliches Angebot | + | gleich lautende Bestellung | + | abweichende Auftragsbestätigung | ⇒ | ? |

02. Verpflichtungs- und Verfügungsgeschäft, AGB

Herr M. kauft einen Rasenmäher für 280,00 € bei der Firma Ingelmann im Laden. Er zahlt 50,00 € an und darf den Rasenmäher gleich mitnehmen. Auf der Rückseite steht im „Kleingedruckten" (AGB): „Die Ware bleibt bis zur vollständigen Bezahlung im Eigentum des Verkäufers."

a) Welche Pflichten aus dem Kaufvertrag haben Käufer und Verkäufer bisher erfüllt?

b) Durch welche Rechtsgeschäfte wird der Kaufvertrag erst vollständig erfüllt?

03. Produkthaftung (1)

Die Verlegeanleitung eines Herstellers von Dämmplatten ist fehlerhaft. Dadurch kommt es bei der Verlegung der Dämmplatten zu Knackgeräuschen im Haus des Eigentümers.

Kann der Hersteller zur Beseitigung der Geräusche verpflichtet werden?

04. Produkthaftung (2)

Der Kfz-Hersteller Blech bringt einen neuen Fahrzeugtyp auf den Markt. Der Pkw wird 20.000-mal verkauft. Auch Kfz-Händler Glück hat aus dieser Reihe bisher etwa 30 Fahrzeuge verkauft. Nach einiger Zeit stellt sich heraus, dass die Fahrzeuge einen schwer wiegenden technischen Defekt aufweisen, der auf einen Herstellerfehler zurückzuführen ist. Durch diesen Defekt kam es bereits zu mehreren Unfällen, bei denen auch Tote zu beklagen waren. Die Angehörigen der Verstorbenen und Geschädigten stellen nun Schadensersatzansprüche an den Hersteller und an den Kfz-Händler.

Mit Erfolg? Begründen Sie Ihre Antwort.

05. Vertragsarten (1)

Beantworten Sie für die nachfolgenden Fälle jeweils folgende Fragen:

a) Was ist Gegenstand des Vertrages?

b) Welche Rechte und Pflichten haben die Vertragsparteien?

c) Welche Vertragsart liegt hier vor?

- Fall 1:
  Anton Maier schließt mit Anna Weber einen Vertrag, durch den er zunächst für zwei Jahre deren Gaststätte betreiben darf. Als Entgelt hat Anton Maier monatlich 1.400,00 € zu entrichten.

- Fall 2:
  Gisela Müller nimmt nach ihrer Ausbildung in Gießen ein Studium der Betriebswirtschaftslehre auf. Bei Anna Krüger findet sie ein Zimmer, das ihr während der Studienzeit für monatlich 220,00 € zur Verfügung gestellt wird.

- Fall 3:
  Ingrid Abermann lässt sich bei dem Schneidermeister Dieter Zingel einen Wintermantel um 10 cm kürzen.

- Fall 4:
  Nach erfolgreich bestandener Abschlussprüfung wird Inge Allers bei der Volksbank Neustrelitz als Bankkauffrau beschäftigt.

- Fall 5:
  Günter Krause benötigt zum Kauf eines Pkw noch 6.400,00 €. Seine Freundin Brunella ist bereit, ihm das Geld für drei Jahre zum Zinssatz von 6 % p. a. zur Verfügung zu stellen.

06. Vertragsarten (2)

Bezeichnen Sie in den nachfolgenden Fällen die besondere Form des Kaufvertrages:

1	Aufgrund von Mustern bestellt der Einkäufer einer Kleiderfabrik verschiedene Stoffe.
2	Bei einer Versteigerung kauft ein Händler eine Briefmarkensammlung.
3	Eine Baustoffhandlung kauft beim Hersteller eine bestimmte Menge Zement, um den Mengenrabatt auszunutzen. Da ihr Lager jedoch nicht so groß ist, holt sie den Zement in Teilmengen je nach Bedarf innerhalb einer bestimmten Frist ab.
4	Eine Weberei bestellt eine bestimmte Menge Garne. Die Farben und Stärken wird sie nach den Auftragseingängen noch genauer bestimmen.
5	Ein Gastwirt bestellt vom Weingut einige Flaschen der neuen Weine, um sie zu probieren. Falls ihm der Wein zusagt, hat er Nachbestellungen in Aussicht gestellt.

6	Ein Gastwirt gibt nach einem Fest 45 Schachteln Zigaretten zurück und bezahlt die verkauften Schachteln.
7	Bei Erhalt des gekauften Farbfernsehgerätes macht Herr Schuster eine Anzahlung, den Rest will er in zwölf Monatsraten begleichen.
8	Ein Sportverein bestellt für sein Sportfest am 24.07.20.. 15 Fässer Bier.
9	Ein Spezialversandhaus überlässt seinen Kunden Ferngläser und Fotoapparate für 14 Tage zur unverbindlichen Ansicht. Danach kann der Kunde entscheiden, ob er die Ware kaufen oder zurücksenden will.

07. Leasing und Mietvertrag

Beschreiben Sie zwei Unterschiede zwischen Leasing und Mietvertrag.

08. Leistungsstörungen (1) (Sachmängelhaftung)

Sie sind in einem Autohaus beschäftigt. Bei Ihnen kauft Herr Meierdirks am 12. November einen gebrauchten VW Polo für 14.800 €. Zehn Tage später kommt der Kunde zu Ihnen und reklamiert das Schaltgetriebe. Es stellt sich heraus, dass ein Defekt vorliegt und das Getriebe komplett ausgewechselt werden muss. Die Reparaturkosten betragen 2.186,24 €. Allgemeine Geschäftsbedingungen waren nicht Vertragsinhalt.

a) Wie lautet der Fachbegriff für den Kaufvertrag, der zwischen Ihnen und Herrn Meierdirks entstanden ist?

b) Welche Rechte hat Herr Meierdirks?
   Wer muss die Kosten für die Reparatur tragen?
   Muss Herr Meierdirks beweisen, dass der Schaden schon vorher bestanden hat?

09. Leistungsstörungen (2) (Zahlungsverzug), Vertragsart

Der Spediteur Müller befördert mit eigenen Lastkraftwagen Güter im Nah- und Fernverkehr. Am 28. Februar hält sein Lkw mit der Betriebsnummer 35 auf der Autobahn am Ende eines Staus.

Der nachfolgenden Lkw, er gehört dem Frachtführer Mollig, fährt aufgrund einer momentanen Unkonzentriertheit auf den Lkw von Müller auf. Personenschaden entsteht nicht. Das beschädigte Fahrzeug von Müller wird in der Werkstatt der Automobile Fritz GmbH in Stand gesetzt. Die entstehenden Kosten belaufen sich auf 17.000 €. Mit den anfallenden Lackierarbeiten beauftragt die Firma Fritz die Lackierwerkstatt Vossel. Noch vor Abschluss der Lackierarbeiten über 3.000 € fordert die Automobile Fritz GmbH von Müller eine Abschlagszahlung über 17.000 €. Dieser verweigert die Zahlung mit Hinweis auf die Haftpflichtversicherung von Mollig.

Nach Abschluss aller Reparaturarbeiten erstellt die Automobile Fritz GmbH eine Gesamtrechnung über 20.000 € an Müller und weist darauf hin, dass sie das Fahrzeug nur bei vollständiger Bezahlung herausgeben werde, ansonsten werde sie ihre Forderung aus der Versteigerung des Lkw befriedigen.

Müller bittet die Firma Fritz daraufhin, sich an den Unfallverursacher Mollig zu halten. Nachdem dies abgelehnt wird, überweist Müller 17.000 € an Fritz Automobile und teilt schriftlich mit: „Wegen des Restbetrages treten wir einen Teilbetrag aus der Forderung an unseren Kunden Hansel über 8.000 € ab. Wir bitten den Lkw am Freitag abholbereit zu stellen."

Bitte beantworten Sie folgende Fragen zum Sachverhalt und begründen Sie jeweils ihre Aussage:

a) Welcher Vertrag wurde zwischen Müller und Fritz geschlossen?

b) Ist Müller Kaufmann? Wie könnte er firmieren? (drei Beispiele)

c) Kann die Fritz Automobile GmbH von Müller eine Abschlagszahlung fordern und hat sie das Recht, sich bei Zahlungsverweigerung aus dem Versteigerungserlös zu befriedigen?

d) Kann Vossel die Bezahlung der Lackierkosten von Müller verlangen?

e) Muss die Fritz Automobile GmbH am Freitag das Fahrzeug herausgeben?

f) Wie nennt man rechtlich das Angebot von Müller an Fritz bezüglich der Forderung gegen den Kunden Hansel? Musste Fritz darauf eingehen?

10. Leistungsstörungen (3) (Sachmangel, Rücktritt vom Vertrag)

Der Elektromeister Mohnke kauft beim Autohändler Simmering einen neuen Transporter. Bereits nach zwei Wochen zeigt sich an dem Fahrzeug ein Lenkungsschaden, sodass Mohnke den Transporter nicht einsetzen kann.

a) Welche Rechte kann Mohnke gegenüber Simmering geltend machen?

b) Unter welchen Voraussetzungen kann Mohnke vom Kaufvertrag zurücktreten?

11. Leistungsstörungen (4) (Lieferungsverzug)

Nehmen Sie begründet Stellung zu folgenden Sachverhalten:

a) Der Großhändler für Molkereiprodukte Sauer bestellt beim Hersteller eine Partie Käse mit dem Vermerk „Lieferung unverzüglich". Als nach drei Wochen die Lieferung noch nicht eingetroffen ist, fragt Sauer beim Hersteller nach und erfährt, dass seine Bestellung versehentlich vergessen wurde. Befindet sich der Hersteller in Lieferungsverzug?

b) Der Kaufmann Gramlich bestellt am 15. Oktober beim Einzelhändler Grob für seine Betriebsfeier 50 Flaschen Rotwein der Sorte „Beuf de Moef". Als Liefertermin wurde der 26. Oktober vereinbart. Herr Grob leitet die Bestellung noch am selben Tag an den Großhändler weiter. Aufgrund eines schweren Unfalls auf der A 3 trifft die Warensendung bei Grob erst am 27. Oktober ein. Welche Rechte hat Herr Gramlich?

12. Leistungsstörungen (5) (Zahlungsverzug)

Nehmen Sie begründet Stellung zu folgenden Sachverhalten:

a) In einem Kaufvertrag zwischen Kaufleuten war die Zahlung bis zum 15. August vereinbart. Die Zahlung ist bis zu diesem Termin nicht eingegangen. Ist eine Mahnung erforderlich, um den Schuldner in Verzug zu setzen?

b) Frau Haarig betreibt ein Einzelhandelsgeschäft. Am 30. März erhält sie eine Rechnung, die sie vergisst zu begleichen. Die Rechnung enthält keinen Hinweis zur Zahlung. Wann befindet sich Frau Haarig in Zahlungsverzug?

c) Rudi Hurtig kauft am 26. Februar einen PC im Computershop FAST und nimmt das Gerät gleich mit, nachdem er eine Anzahlung von 100,00 € geleistet hat. Der Rest soll nach Eingang der Rechnung beglichen werden. Am 3. März kommt die Rechnung per Post. Zu diesem Zeitpunkt ist Rudi in Urlaub, aus dem er erst am 28. März zurückkehrt. Ist Hurtig mit der Restzahlung in Verzug?

13. Kaufvertrag (Bestellschreiben)

Die Bestellungen der Groß- und Einzelhandelskette „FOOD-NONFOOD GmbH" wurden in der Vergangenheit manuell auf einem bestimmten Formular aufgeschrieben. Mit Einführung einer neuen EDV-Anlage ist dieses Formular nicht mehr zeitgerecht.

Zählen Sie alle für ein Bestellschreiben relevanten Daten auf.

14. Vertragsarten (1), Verjährung

Die Metallbau AG hatte vor drei Jahren das Planungsbüro Dr. Ing. Plan mit der Projektierung einer zusätzlichen Fertigungslinie beauftragt. Das Leistungsverzeichnis der Dr. Ing. Plan umfasste auch die Berechnung der Fundamente, auf denen die neue Fertigungslinie heute steht. Die Rechnung wurde damals nach Abnahme der Arbeiten ordnungsgemäß beglichen. Vor einem Monat meldete der zuständige Meister, dass im Fundament Risse aufgetreten sind. Der von der Metallbau AG beauftragte Sachverständige stellt fest, dass die Fundamentierung falsch berechnet wurde und dieser Umstand für die Risse im Boden ursächlich ist. Der zuständige Hauptabteilungsleiter weiß, dass Sie die Gründzüge des Vertragsrechts kennen und bittet Sie, sich der Sache anzunehmen.

a) Wie bezeichnet man den Vertrag, der zwischen der Metallbau AG und dem Planungsbüro Dr. Ing. Plan geschlossen wurde? Begründen Sie Ihre Antwort.

b) Welche Pflichten ergeben sich aus dem Vertrag zwischen der Metallbau AG und dem Planungsbüro Dr. Ing. Plan für den Auftragnehmer (Unternehmer) und den Auftraggeber (Besteller)?

c) Als die Metallbau AG Nacherfüllung und Ersatz der Gutachterkosten verlangt, weist die Dr. Ing. Plan diese Forderungen zurück mit dem Hinweis auf die regelmäßige Verjährungsfrist. Nehmen Sie Stellung zu der Rechtslage.

15. Vertragsarten (2), Besondere Arten des Kaufvertrages

Entscheiden Sie in den nachfolgenden Fällen, welche Kaufvertragsart vorliegt:

1.	Ein Händler erhält eine Warensendung. In dem Begleitschreiben steht u. a.: „Entsprechend Ihrer Anfrage erhalten Sie die Ware mit Rückgaberecht innerhalb von 14 Tagen."
2.	Ein Fertigungsunternehmen erhält die bestellte Sonderanfertigung einer Transportzuführung.
3.	Ein Einzelhändler bestellt eine geringe Menge einer Ware und teilt dabei mit, dass er weitere Bestellungen ordern werde, wenn die Ware seinen Erwartungen entspricht.
4.	Ein Händler bestellt aufgrund eines zugesandten Musters 25 Stück der Ware.
5.	Ein Händler kauft Ware in eigenem Namen für fremde Rechnung.
6.	Als Liefertermin wurde vereinbart: „Liefertermin ist der 14. November."
7.	Ein Händler bestellt ein größere Menge einer Ware. Den Liefertermin kann er selbst bestimmen.
8.	Ein Händler kauft eine Ware. Die näheren Einzelheiten über Sorte usw. kann er innerhalb einer bestimmten Frist näher bestimmen.
9.	Der Käufer einer Ware muss die Rechnung erst innerhalb einer festgelegten Frist begleichen.

16. Internet-Kauf

Sie betreiben ein Ladengeschäft. Außerdem veräußern Sie die Textilien über Ihre Website.

a) Beschreiben Sie für beide Fälle, in welchen Schritten jeweils die Rechtsgeschäfte bei der Warenveräußerung zu Stande kommen.

b) Nennen Sie die Rechte des Kunden beim Kauf via Internet.

17. Allgemeine Geschäftsbedingungen (AGB)

Nachfolgend werden Auszüge aus den Allgemeinen Geschäftsbedingungen verschiedener Firmen dargestellt. Entscheiden Sie jeweils mithilfe des BGB, ob die gesetzlichen Bestimmungen eingehalten werden oder nicht.

a) „Wir sind berechtigt, dass Fahrzeug auch in einer anderen Farbe zu liefern als bestellt."

b) „Reklamationen über die Beschaffenheit der Ware sind nur innerhalb von zehn Tagen möglich."

c) „Die gelieferte Ware bleibt bis zur vollständigen Bezahlung Eigentum des Verkäufers."

d) „Grundsätzlich gelten die AGB. Schriftlich oder mündlich getroffene Vereinbarungen sind unzulässig."

3.1.3 BGB Sachenrecht

01. Eigentum, Besitz

M. kauft sich einen DVD-Player und verleiht diesen für das Wochenende an seinen Freund K.

a) Wer ist Eigentümer und wer ist Besitzer?

b) Welche Rechte und Pflichten hat der Eigentümer?

c) Welche Rechte und Pflichten hat der Besitzer?

02. Möglichkeiten zur Absicherung einer Forderung

Ein Großhändler will an einen Einzelhändler 30 Rasenmäher vom Typ „Glattschnitt" verkaufen. Der Einzelhändler möchte sofortige Lieferung und Bezahlung der Waren in vier Monatsraten. Noch vor Abschluss des Kaufvertrages erfährt der Großhändler, dass der Einzelhändler in der Vergangenheit gelegentlich Zahlungsschwierigkeiten hatte.

Beschreiben Sie vier Gestaltungsmöglichkeiten, über die der Großhändler seine Forderung rechtlich absichern kann und bewerten Sie das Maß der Absicherung.

03. Sicherungsübereignung

Ihre Firma hat zur Absicherung einer Forderung eine Maschinenanlage an die Bank sicherungsübereignet.

Erklären Sie diesen Begriff und stellen Sie den Unterschied zum Pfandrecht dar.

3.1.4 Handelsgesetzbuch

01. Stellvertretung, Vollmachten

a) In der Sanitärhandlung Karg GmbH arbeiten der Handlungsbevollmächtigte Horn (Artvollmacht; Horn ist zuständig für den Ein- und Verkauf von Fliesen) sowie der Prokurist Wiegand. Eine Beschränkung der Vollmachten liegt nicht vor. Neben der Fliesenabteilung gibt es noch die Abteilungen Badzubehör und Natursteine. Kennzeichnen Sie (√) in der nachfolgenden Aufstellung, welche Rechtsgeschäfte Horn bzw. Wiegand vornehmen dürfen (siehe nachfolgende Arbeitstabelle).

Arbeitstabelle zu Aufgabe a)		
Artvollmacht Herr Horn	**Rechtsgeschäfte**	**Prokura Herr Wiegand**
	Abzeichnen der Geschäftspost mit i. V.	
	Einstellung eines Mitarbeiters	
	Einkauf von Fliesen	
	Einkauf eines Nutzfahrzeugs	
	Unterschreiben der Bilanz	
	Ankauf eines kleinen, angrenzenden Grundstücks zur Erweiterung des Parkplatzes	
	Abschluss eines Werkvertrages mit einem örtlich ansässigen Fliesenleger	
	Veranlassen eines Mahnbescheides wegen einer unbezahlten Rechnung über Badmöbel	
	Prokura erteilen	
	Prozessvertretung vor Gericht; die Karg GmbH führt Klage gegen den Bauunternehmer Popp wegen unbezahlter Rechnungen über Fliesen in Höhe von 35.000 €	
	Unterzeichnen eines auf die Firma gezogenen Wechsels	
	Kündigung eines Mitarbeiters aus der Fliesenabteilung	
	Aufnahme eines Darlehens zur Renovierung der Fliesenabteilung	
	Umwandlung der GmbH in eine OHG mit Aufnahme weiterer Gesellschafter	
	Verkauf von Fliesen	
	Erteilen einer Artvollmacht an den Mitarbeiter Huber aus der Fliesenabteilung	
	Abschluss eines Werkvertrages mit dem Dachdeckermeister Luftig zur Erneuerung des Dachstuhles	
	Eintragung einer Grundschuld zulasten des Firmengrundstücks	
	Verkauf einer Partie Carara-Marmor	

b) Sie arbeiten derzeit bei der Karg GmbH und leiten die Abteilung Natursteine. Vor einem Monat haben Sie nach Abschluss der Probezeit Handlungsvollmacht (allgemeine Handlungsvollmacht zur Leitung der Abteilung) erhalten. Sie unterweisen zurzeit auch den Auszubildenden Hoppe. Beantworten Sie folgende Fragen:

• Worin liegt der Unterschied zwischen der allgemeinen Handlungsvollmacht, der Artvollmacht und der Einzelvollmacht? Geben Sie jeweils ein Beispiel aus Ihrem Arbeitsbereich (s. o.).

• Mit welchem Zusatz erfolgt jeweils die Unterzeichnung der Geschäftspost?

c) Sie leiten die Modefiliale „Bella Moda". Die Inhaberin hat Ihnen Ladenvollmacht erteilt. Zu welchen Rechtsgeschäften sind Sie damit ermächtigt?

02. Firma, Handelsregister, Grundbuch

Bearbeiten Sie die nachfolgenden Sachverhalte:

a) Daisy von Hohengnaden will zusammen mit zwei Mitarbeitern als Geschäftsidee Produkte aus Äpfeln (getrocknete Apfelstücke mit Zartbitterschokolade überzogen usw.) verkaufen und dabei ihren adligen Namen mit vermarkten. Der erste Entwurf ihrer Verpackung hat folgendes Aussehen:

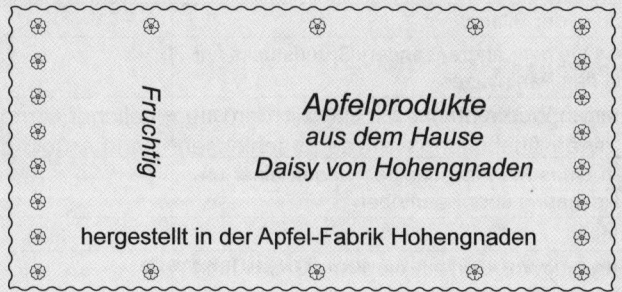

Beurteilen Sie in rechtlicher Hinsicht den Entwurf der Verpackung.

b) Herr Hubertus Streblich erwirbt von Herrn Ismet Abüll das Ladengeschäft für Obstspezialitäten, das bisher unter der Firma „Obsthandlung Ismet Abüll e. Kfm." geführt wurde. Geben Sie jeweils zwei Beispiele für die neue Firmierung bzw. die Firmenfortführung.

c) Welche Bedeutung haben Eintragungen im Handelsregister (HR), die rot unterstrichen sind?

d) Erklären Sie die Bedeutung der Auflassungsvormerkung im Rahmen des Immobilienerwerbs.

e) Welche Bedeutung hat die Reihenfolge der Eintragung der auf dem Grundstück lastenden Schulden im Grundbuch?

03. Handelskaufleute (Kommissionär, Makler)

Beschreiben Sie Unterschiede und Gemeinsamkeiten der Kommissionäre und Makler.

3.1.5 Arbeitsrecht

01. Anbahnung des Arbeitsvertrages

a) Die Firma beabsichtigt, zwei 14-jährige Jugendliche einzustellen. Rudi soll im Betrieb ausgebildet werden; Werner soll als jugendlicher Helfer mit leichten und für ihn geeigneten Tätigkeiten beschäftigt werden (Arbeitszeit lt. Tarifvertrag: 37 Std.). Wie ist die Rechtslage?

b) Der Mitarbeiter R. wird bei Ihnen als Kraftfahrer eingestellt. Er verschweigt bei der Befragung seine Verurteilung wegen eines Verkehrsdeliktes (Trunkenheit am Steuer) vor 7 Monaten. Ihre Firma erfährt nach 1 1/2 Jahren von diesem Vorfall (in dieser Zeit hat sich R. bewährt) und ficht den Arbeitsvertrag an.

- Hat Ihre Firma Aussicht auf Erfolg?
- Wie ist die Rechtslage, wenn der Anfechtungsgrund bereits nach einem Monat bekannt wird?

02. Abschluss des Arbeitsvertrages

Der Inhaber eines Elektroeinzelhandelsgeschäfts hat mit dem Jugendlichen Arnold und dessen Eltern mündlich einen Ausbildungsvertrag geschlossen. Kann Arnold die Prüfung vor der IHK ablegen?

03. Rechte und Pflichten des Arbeitgebers und des Arbeitnehmers

a) Nach Abschluss der Lehre bei der RIRAAG erhält Bodo Stichling einen unbefristeten Arbeitsvertrag (ohne Probezeit) im Einkauf. Letzte Woche flatterte ihm ein Einberufungsbescheid der Bundeswehr zum 1.10. auf den Tisch. Er fragt Sie, was aus seinem Arbeitsverhältnis wird? Sein Kollege Hubert Stolz – er hat in der Materialwirtschaft nur einen 3-Monatsvertrag bekommen – muss ebenfalls zum Bund. Wie ist die Rechtslage?

b) Der Blumeneinzelhändler Tulip hat mit der 17-jährigen Verkäuferin Bärbel folgende Arbeitszeiten vereinbart:

Mo - Fr	*09:00 -18:00 Uhr*
	(Pausen: 20 Min. + 30 Min.)
Samstag	*frei*

Werden die gesetzlichen Bestimmungen eingehalten?

04. Direktionsrecht

Nennen Sie vier Sachverhalte, die der Arbeitgeber aufgrund seines Direktionsrechts näher bestimmen kann.

05. Personalakte

a) Der Mitarbeiter Mutig kommt zu Ihnen und verlangt Einblick in seine Personalakte. Es kommt darüber zum Streit. M. holt deshalb das Betriebsratsmitglied Kühn dazu und verlangt außerdem, dass eine Gegendarstellung zu der kürzlich erteilten Abmahnung in die Personalakte aufgenommen wird. Wie ist die Rechtslage? Hat das Betriebsratsmitglied K. ein Einsichtsrecht in die Personalakte?

b) Nennen Sie fünf Aspekte für die „innere Gliederung" einer Personalakte. Ist der Arbeitgeber zur Führung von Personalakten verpflichtet?

c) Der Verkäufer K. nimmt Einsicht in seine Personalakte und möchte sich „in aller Ruhe" Kopien von zwei Schriftstücken machen. Ist dies zulässig? Außerdem meint er, dass hier „Schriftstücke fehlen".

06. Abmahnung

Ihre Mitarbeiterin, Frau Ortrud Spät, Abt. VKM, Personalnummer 34008, hat eine Regelarbeitszeit von 08:00 – 16:30 Uhr täglich. Im Oktober dieses Jahres kam sie an mehreren Tagen zu spät und wurde deshalb von Ihnen am 03.11. mündlich ermahnt. Trotzdem kommt Frau Ortrud Spät auch im November unpünktlich zur Arbeit. Die elektronische Zeiterfassung weist folgende Zeiten des Arbeitsbeginns aus:

08:07 Uhr am 02.11.   08:18 Uhr   am 09.11.
08:22 Uhr am 11.11.   08:13 Uhr   am 13.11.
08:09 Uhr am 16.11.

Sie führen am 17.11. erneut ein Gespräch mit Frau Spät. Sie entgegnet, dass sie an den genannten Tagen leider verschlafen hätte. Sie erklären ihr darauf hin, dass Sie gezwungen sind, eine Abmahnung zu verfassen.

a) Erstellen Sie den Text der Abmahnung für Frau Spät aufgrund des Sachverhalts.

b) Man unterscheidet bei der Abmahnung zwischen der Disziplinarfunktion und der kündigungsrechtlichen Warnfunktion. Nennen Sie konkret vier Bestandteile, die Ihre Abmahnung enthalten muss, um die Warnfunktion zu erfüllen.

c) Müssen Sie bei diesem Vorgang den Betriebsrat beteiligen?

07. Beendigung des Arbeitsverhältnisses

a) Nennen Sie fünf Gründe, aus denen das Arbeitsverhältnis endet.

b) Nennen Sie fünf Pflichten des Arbeitgebers bei der Beendigung von Arbeitsverhältnissen.

08. Aufhebungsvertrag

Entwerfen Sie ein Muster für einen Aufhebungsvertrag.

09. Kündigungsschutz

a) Der Schuheinzelhändler Grob kündigt dem schwerbehinderten Karl Kaufmann am 08.02. zum 31.03. aus betrieblichen Gründen. Ist die Kündigung wirksam?

b) Was können wichtige Gründe für eine fristlose Kündigung durch den Arbeitgeber sein? Nennen Sie vier Beispiele.

c) Ein Lagerhilfsarbeiter wird am 2. Februar dieses Jahres eingestellt. Am 24. Juli wird ihm zum 8. August gekündigt. Der Arbeiter pocht auf das Kündigungsschutzgesetz. Mit Recht?

d) Das Betriebsratsmitglied Hitzig kommt mit einem Arbeiter in Streit. Dieser reizt Hitzig bis aufs Blut. Plötzlich schlägt Hitzig zu. Die schönste Schlägerei ist im Gange ... Am nächsten Tag wird Hitzig fristlos gekündigt. Noch leicht angeschlagen äußert sich Hitzig in Anwesenheit seiner Sympathisanten gegenüber dem Chef: „Das könnte Ihnen so passen! Sie suchen ja nur nach einem Grund, mich loszuwerden. Aber als Mitglied des Betriebsrats können Sie mir gar nicht kündigen!" Sind Sie auch dieser Auffassung?

e) In einem Kündigungsschreiben Ihres Betriebes an einen Angestellten heißt es:

> *„Sehr geehrter Herr Huber,*
> *aufgrund der Ihnen bekannten Vorfälle sehen wir uns gezwungen, das Arbeitsverhältnis fristgerecht zum 31.07. zu kündigen, wenn Sie nicht ab sofort die Kundschaft freundlicher bedienen und pünktlich Ihre Arbeit beginnen."*
>
> *Mit freundlichen Grüßen*

Ist dieses Kündigungsschreiben korrekt?

f) Der Auszubildende K. kündigt seinen Ausbildungsvertrag noch vor Beginn der Ausbildung, weil er ein besseres Lehrstellenangebot erhält – wie er meint. Ist die Kündigung wirksam?

g) Der Lebensmitteleinzelhändler Frost kündigt das Ausbildungsverhältnis, das mit Rudi Rastlos seit zwei Monaten besteht, fristlos zum Ende der Woche. Zu Recht?

10. Kündigung

Nachfolgend sind zwei Rechtssachverhalte geschildert. Welche Gesetze sind jeweils zur Beurteilung der Rechtslage heranzuziehen?

a) In der Buchhaltung arbeitet seit 19 Jahren der 59-jährige, schwerbehinderte Anton Huber. Sie wollen das Arbeitsverhältnis betriebsbedingt kündigen.

b) Sie sind seit acht Monaten in einem Kaufhaus tätig. Ihre „Nerven liegen blank". Da Sie sich gemobbt fühlen, wollen Sie ohne Einhalten einer Kündigungsfrist sofort das Arbeitsverhältnis beenden.

11. Kündigung von Langzeitkranken

Welche Grundsätze hat das Bundesarbeitsgericht (BAG) zur Kündigung von Langzeitkranken entwickelt?

12. Arbeitszeugnis

a) Im Zeugnis Ihres ehemaligen Nachtwächters, der wegen Diebstahls fristlos entlassen wurde, haben Sie u. a. geschrieben: „Im Großen und Ganzen waren wir mit seinen Leistungen zufrieden. Er war immer pünktlich und ehrlich." Zulässig?

b) Nennen Sie die vier Rechtsgrundsätze, die für die Erstellung des Zeugnisses gelten.

13. Arbeit des Betriebsrates

Das Betriebsratsmitglied Krause fährt zur Gewerkschaftsschulung „Neueste Rechtsprechung zum Kündigungsschutz" für drei Tage und verlangt vom Arbeitgeber Entgeltfortzahlung und Übernahme der Schulungskosten sowie der Spesen. Zu Recht?

14. Mitbestimmung

Welche zwei Wege der Konfliktlösung unterscheidet das Betriebsverfassungsgesetz bei den Mitbestimmungsrechten?

15. Betriebsverfassungsgesetz

Auf welche Grundsätze der Zusammenarbeit verpflichtet das Betriebsverfassungsgesetz Arbeitgeber und Betriebsrat?

16. Geschäftsführung der Betriebsratsarbeit („innere Organisation")

Geben Sie einen Überblick über die wesentlichen Aspekte zur Geschäftsführung des Betriebsrates.

17. Wirtschaftsausschuss

Welche Funktion erfüllt der Wirtschaftsausschuss?

18. Abbau von Sozialleistungen

Ihr Unternehmen plant den Abbau von Sozialleistungen. Im Einzelnen ist eine Reduzierung der Erfolgsbeteiligung sowie der betrieblichen Weiterbildungseinrichtungen vorgesehen.

a) Beschreiben Sie, wie die Mitarbeiter über diese beiden Maßnahmen denken werden.

b) Müssen Sie in beiden Fällen Beteiligungsrechte des Betriebsrates berücksichtigen?

19. Beurteilung und Mitbestimmung

Ihr Mitarbeiter möchte von Ihnen eine Beurteilung erhalten. Da es in Ihrem Hause kein Beurteilungssystem gibt, lehnen Sie die Bitte ab. Ein Betriebsrat existiert nicht. Haben Sie die Bitte des Mitarbeiters zu Recht abgelehnt?

20. Mitbestimmung bei personellen Einzelmaßnahmen

Die Geschäftsleitung möchte von Ihnen wissen, ob in den folgenden zwei Fällen die Mitbestimmung des Betriebsrates zu berücksichten ist:

a) Umwandlung eines befristeten Arbeitsverhältnisses in ein unbefristetes Arbeitsverhältnis

b) Übergang eines Probearbeitsverhältnisses in ein unbefristetes Arbeitsverhältnis (entsprechend der Vereinbarung mit dem Arbeitnehmer und gleich lautender Mitteilung an den Betriebsrat zum Zeitpunkt des Abschlusses des Probearbeitsverhältnisses)

21. Betriebliche Übung

a) Beschreiben Sie den Rechtscharakter der betrieblichen Übung.

b) Ein Arbeitgeber zahlt eine Weihnachtsgratifikation. Erläutern Sie, wann für den Arbeitnehmer ein Rechtsanspruch auf diese Gratifikation aufgrund betrieblicher Übung entsteht.

22. Arbeitsschutzrechte (Betriebsübergang)

Welche Rechtsfolge ergibt sich für ein bestehendes Arbeitsverhältnis beim Betriebsübergang?

23. Schutz besonderer Personengruppen

Bestimmte Personengruppen genießen im Arbeitsrecht einen besonderen Kündigungsschutz. Nennen Sie beispielhaft acht dieser Personengruppen sowie die entsprechenden Schutzgesetze.

24. Beschäftigungsverbot nach dem Mutterschutzgesetz

Erläutern Sie das relative und das absolute Beschäftigungsverbot nach dem Mutterschutzgesetz.

25. Entgeltfortzahlung

Ihre Verkäuferin Carmen Frisinger liebt den Sport und fährt wie jedes Jahr in die Schweizer Alpen zum Ski-Urlaub. Aufgrund der Ungeschicklichkeit bei einer rasanten Abfahrt erleidet sie eine Unterschenkelfraktur und ist neun Wochen arbeitsunfähig. Ihr Chef, Inhaber einer Drogeriekette, weigert sich, eine Entgeltfortzahlung zu leisten; er meint, für die Folgen eines Sportunfalls müsse Frau Frisinger selbst aufkommen. Beurteilen Sie die Rechtslage.

26. Schwangerschaft

Die Auszubildende Louise Mehnert ist glücklich: Sie hat gestern erfahren, dass sie schwanger ist. In Kürze endet ihr Ausbildungsverhältnis und „selbstverständlich erwarte ich, dass ich in ein festes Arbeitsverhältnis übernommen werden, denn schließlich haben ja Schwangere einen besonderen Kündigungsschutz!" – so ihre selbstsichere Aussage. Beurteilen Sie den Sachverhalt.

27. Mutterschutz und Schwerbehinderung

In der Packerei Ihres Versandhauses arbeitet Frau Martha Groß im 2-Schicht-Betrieb; die Entlohnung erfolgt auf der Basis eines Akkordsystems. Das Arbeitsverhältnis ist befristet bis zum 31.12. dieses Jahres nach § 14 Abs. 1 TzBfG (Vorliegen eines sachlichen Grundes). Im Oktober dieses Jahres reicht sie bei der Personalabteilung einen Schwerbehindertenausweis ein (ausgestellt am 30.09. dieses Jahres, GdB > 50 %). Eine Woche später teilt Sie ihnen hocherfreut mit, dass sie schwanger ist und legt Ihnen die Bescheinigung des behandelnden Arztes vor.

a) Kann Frau Martha Groß das Mutterschutzgesetz sowie das SGB IX (Rehabilitation und Teilhabe) für sich geltend machen – trotz der Befristung ihres Vertrages?

b) Beschreiben Sie vier Maßnahmen, die Sie unverzüglich „in Sachen Martha Groß" durchführen müssen.

c) Hat die Schwerbehinderteneigenschaft und/oder die Schwangerschaft von Frau Groß Auswirkungen auf die Befristung des Arbeitsverhältnisses?

28. Ansprüche bei Arbeitsunfällen

Erleidet ein Arbeitnehmer einen Arbeitsunfall, so haben er bzw. seine Erben unter bestimmten Voraussetzungen Anspruch auf verschiedene Geld- und/oder Sachleistungen.

Nennen Sie in diesem Zusammenhang zehn Beispiele und stellen Sie dar, wer diese Leistungen zu erbringen hat bzw. darüber entscheidet.

29. Arbeitsunfall (1)

Hansi ist ein erfahrener Gabelstaplerfahrer im Lager der Speditionsfirma Trans-Europa-Express. Am Montag Morgen – gleich nach Arbeitsbeginn – fährt er mit voller Wucht gegen ein Hochregallager, obwohl im Lager keine Behinderung erkennbar ist (vorgeschriebene Breite der Transportwege, freie Sicht usw.). Einige Paletten fallen herunter und verletzen Hansi schwer. Die von der Polizei angeordnete Blutprobe ergibt eine Alkoholkonzentration von 2,2 Promille. Hansi wird sofort in das nahegelegene St. Hubertinus-Krankenhaus in Rath-Anhoven eingeliefert und kann erst nach fünf Wochen die Arbeit wieder aufnehmen.

a) Handelt es sich im vorliegenden Fall um einen Arbeitsunfall?

b) Hat Hansi Anspruch auf Entgeltfortzahlung?

Geben Sie eine begründete Stellungnahme.

30. Arbeitsunfall (2)

Entscheiden Sie in den nachfolgenden Fällen, ob ein Arbeitsunfall vorliegt. Geben Sie eine kurze Begründung je Fall. Nennen Sie außerdem die vier generellen Voraussetzungen, die erfüllt sein müssen, um Ansprüche aus der Unfallversicherung herzuleiten. Welche Leistungen können im Versicherungsfall zum Tragen kommen?

Fall 1: Der Mitarbeiter sägt nach Feierabend Brennholz und sägt sich dabei in den linken Daumen (offene Knochenfraktur).

Fall 2: Der Mitarbeiter erstellt im Lager der Firma weisungsgemäß eine Versandpalette. Dabei sägt er sich in den linken Daumen (offene Knochenfraktur).

Fall 3: Der Mitarbeiter erstellt im Lager der Firma weisungsgemäß eine Versandpalette. Ihm wird dabei körperlich unwohl, er fällt und gerät mit seinem linken Daumen in die Säge (offene Knochenfraktur).

31. Urlaub

a) A. hat mit seinem Arbeitgeber im Arbeitsvertrag einen Jahresurlaub von 21 Werktagen vereinbart, der Tarifvertrag sieht 25 Werktage vor, während in der Betriebsvereinbarung 28 Werktage geregelt sind. Welchen Urlaubsanspruch hat A.?

b) Der junge Starverkäufer S. wird zur Bundeswehr einberufen. Aus dringenden, betrieblichen Erfordernissen kann er seinen anteiligen, restlichen Jahresurlaub nicht mehr nehmen. Was ist zu tun?

c) Die Metzgerei D. kündigt dem Gesellen K. wegen nachhaltig schlechter Geschäftslage nach drei Monaten. Im Vertrag wurde ein Jahresurlaub von 30 Tagen vereinbart. Welchen Urlaubsanspruch hat K.?

d) Die spanische Staatsangehörige Dolores della Casandra arbeitet bei der STRICK-GmbH. Derzeit ist sie für vier Wochen in Urlaub – wie immer in ihrem Heimatland. Nach Ablauf von zwei Wochen meldet sie sich arbeitsunfähig für zwei Wochen unter Vorlage einer entsprechenden Arbeitsunfähigkeitsbescheinigung ihres spanischen Hausarztes. Der Geschäftsführer der STRICK-GmbH ist verärgert und verweigert die Entgeltfortzahlung. Er hat Zweifel an der Arbeitsunfähigkeit von Fr. della Casandra – zumal dies bereits das dritte Jahr ist, in dem sie sich aus dem Urlaub arbeitsunfähig meldet. Fr. della Casandra klagt daraufhin beim Arbeitsgericht. Mit Erfolg?

3.1.6 Grundsätze des Wettbewerbsrechts

01. UWG (1)

Eine Filialkette wirbt mit dem Slogan: „Sei doch nicht blöd. Komm in den TOP-Markt. Hier zahlst du weniger als nebenan."

Wie beurteilen Sie diese Werbung – subjektiv und nach dem UWG?

02. UWG (2)

Das Autohaus Wiebeck schaltet anlässlich seines 20-jährigen Bestehens folgende Anzeige:

„Wiebeck – das freundliche Autohaus in Ihrer Nähe feiert sein 20-jähriges Bestehen. Feiern Sie mit uns. Es erwarten Sie tolle Modelle mit Super-Sonder-Extrapreisen."

Beurteilen Sie die Werbung nach dem UWG.

03. UWG (3)

Ein Fachgeschäft für Motorradbekleidung hat aus einer besonderen Kollektion noch eine sehr schöne Lederkombination der Größe 54 am Lager. Da in Kürze neue Ware hereinkommt, schaltet der Einzelhändler folgende Anzeige in der regionalen Tageszeitung:

> **Lederkombination,**
> erstklassig verarbeitet, aus unserer speziellen Kollektion
> - jetzt zum Sonderpreis von nur 498,– EUR -
> nutzen Sie die Gelegenheit!

Nehmen Sie dazu Stellung.

04. UWG (4)

Ein Einzelhändler für Eisenwaren schaltet die folgende Anzeige in der Tagespresse:

> **10.000 Stück Fittings**
> jetzt zum Sonderpreis ab 8,95 EUR in allen Größen.
> Nehmen Sie Kontakt auf unter Chiffre 274511.

Nehmen Sie dazu Stellung.

05. UWG (5)

Nehmen Sie Stellung zu den nachfolgenden Sachverhalten:

a) Das renommierte Fachgeschäft für Einbauküchen Willi Glanz & Co. führt auf vielfache Nachfrage seiner Kundschaft am Samstag um 17:00 Uhr – nach Geschäftsschluss – einen Informationsabend durch. Vertreter führender Hersteller von Elektroherden und Geschirrspülern zeigen die neuesten Produktentwicklungen und stehen für Fragen der Besucher zur Verfügung.

b) Auf dem Briefbogen der Mechanikwerkstatt Huber & Söhne ist ein großes Fabrikgebäude abgebildet.

c) Der Eisenwarengroßhändler Menzler bestellt bei seinem Lieferanten eine größere Partie Kleineisen. Dabei lässt er am Telefon verlauten: „Haben Sie schon gehört, die Firma Metallhandel Hartig & Co. soll pleite sein. Ich glaube, die haben letzte Woche Insolvenzantrag gestellt. Nun ja, so kann es kommen."

d) Der Möbelhändler K & H freut sich über den seit Neuem florierenden Direktimport italienischer Kleinmöbel von der Firma Luigi della Rocci, einer kleinen Fabrik aus Oberitalien, die aufgrund des Einsatzes neuer Fertigungsautomaten sehr günstige Preise anbieten kann. K & H inseriert daher u. a.: „Italienische Kleinmöbel, echte Handarbeit, viele Einzelstücke – zu erstaunlichen Preisen ...".

e) Der Handelsvertreter Loose schenkt der Chefsekretärin eines Einkaufsleiters, Karin Fahl, diesmal eine besonders schöne Handtasche – „Ein Mitbringsel", wie er erklärt, und bittet sie, seine Angebote „wie gewohnt – in spezieller Manier – ihrem Chef in Erinnerung zu rufen".

06. Folgen von Wettbewerbsverstößen

Mit welchen Rechtsfolgen muss ein Unternehmen rechnen, wenn es gegen Bestimmungen des UWG verstößt?

Erläutern Sie zwei Beispiele.

07. GWB

Beurteilen Sie folgenden Sachverhalt:

Die Mehrzahl der im saarländischen Raum vertretenen Elektrowarengroßhändler trifft sich auch in diesem Frühjahr zu ihrer regelmäßigen Klausursitzung im schönen Bad Ems. Nach eingehender Diskussion werden u. a. zwei Tagesordnungspunkte im Protokoll verabschiedet:

TOP 1 Alle Teilnehmer verpflichten sich, die festgelegten Gebietsregionen bei ihren Handelsaktivitäten strikt einzuhalten. Dies soll eine verstärkte Rationalisierung des Transports zur Folge haben.

TOP 2 Die Typenbezeichnungen im Sortiment „ZZ" werden einheitlich standardisiert. Dies soll den Kunden mehr Transparenz verschaffen.

3.1.7 Grundsätze des Gewerberechts und der Gewerbeordnung

01. Gewerbebetrieb (Anmeldepflichten)

Herr Müller und Herr Schwarz sind befreundet. Beide wollen sich selbstständig machen. Herr Müller will in der Fußgängerzone einen Coffee-Shop eröffnen; Herr Schwarz wird sich als Schriftsteller betätigen, da er bereits einen Band „Alleenstraßen in Mecklenburg-Vorpommern" fast fertiggestellt hat. Herr Müller wird zwei Halbtagskräfte beschäftigen.

Beschreiben Sie ausführlich vier Anmeldepflichten.

02. Gewerbeordnung (GewO)

a) Müssen sich Herr Müller und Herr Schwarz (vgl. Frage 01.) in das Handelsregister eintragen lassen?

b) Müssen Herr Müller und Herr Schwarz ein Firmenschild vor ihren „Geschäft" anbringen?

c) Müssen Herr Müller und Herr Schwarz ihre Geschäftspost mit erforderlichen Angaben versehen (Briefkopf)?

3.2 Steuern

01. Steuerarten (1)

Steuern lassen sich nach verschiedenen Merkmalen gliedern, so z. B. nach dem Steuerobjekt in Besitz-, Verkehr- und Verbrauchsteuern.

Nennen Sie zu jeder Steuerart vier Beispiele.

02. Steuerarten (2)

Die LANZEN AG bilanziert im Jahr 2009 einen Gewinn von 0,8 Mio. €. Er soll im Jahr 2010 an die Aktionäre ausgeschüttet werden.

a) Nennen Sie drei Ertragsteuern, die bei der LANZEN AG erhoben werden.

b) Nennen Sie zwei Steuern, die bei den Aktionären erhoben werden.

Geben Sie jeweils eine kurze Begründung für die Steuerart.

03. Steuerarten (3)

Kennzeichnen Sie (X) in der nachfolgenden Matrix das zutreffende Feld:

Steuerart:	Steuerhoheit			Steuerobjekt		
	Bund	Länder	Gemeinden	Besitz-steuer	Verkehr-steuer	Verbrauch-steuer
Einkommensteuer						
Lohnsteuer						
Körperschaftsteuer						
Gewerbesteuer						
Umsatzsteuer						
Grundsteuer						
Grunderwerbsteuer						
Erbschaft- und Schenkungssteuer						
Kfz-Steuer						
Tabaksteuer						

04. Einkommensteuer (Werbungskosten, Sonderausgaben, außergewöhnliche Belastungen)

Das Einkommensteuergesetz (EStG) definiert u. a. die Begriffe Werbungskosten, Sonderausgaben und außergewöhnliche Belastungen.

Geben Sie eine kurze Beschreibung der Begriffe und nennen Sie jeweils drei Beispiele.

05. Einkommensteuer, Umsatzsteuer

Nachfolgend sind die Einnahmen und Ausgaben des Jahres 2009 des Einzelhändlers Karl Hueben dargestellt (vereinfachte Form). Karl Hueben errechnet seinen Gewinn nach § 4 Abs 3 EStG (Einnahme-Überschussrechnung).

Konto	Bezeichnung	EUR
8400	Warenverkäufe	260.000
8800	Erlöse aus Anlagenverkäufen	12.500
8900	Entnahmen sonstiger Leistungen	6.000
1776	Umsatzsteuer	42.000
3400	Wareneinkäufe	169.000
4210	Miete	12.000
4600	Werbung	4.500
4500	Kfz-Kosten	8.000
4830	AfA	14.000
4900	Sonstige betriebliche Aufwendungen	4.000
1576	Vorsteuer	26.000

a) Erstellen Sie die Gewinn- und Verlustrechnung.

b) Ermitteln Sie die Einkommensteuer. Rechnen Sie mit einem ESt-Satz von 25 %, einem Verlust aus Vermietung und Verpachtung von 15.000 €, Sonderausgaben von 2.000 € sowie beschränkt abzugsfähigen Sonderausgaben von 7.020 €.

c) Ermitteln Sie die USt-Zahllast (USt-Vorauszahlungen in Höhe von 12.000 €).

06. Umsatzsteuer, Grundsteuer, Einkommensteuer

a) Welche Bedeutung hat die Umsatzsteuer für die Kostenrechnung?

b) Wie sind die Grundsteuer bzw. die Einkommensteuer in der Kostenrechnung zu berücksichtigen?

07. Erlass/Niederschlagung

Welcher Unterschied besteht zwischen dem Erlass und der Niederschlagung einer Steuerschuld?

08. Überschussrechnung

a) Wer darf den Gewinn im Wege der Überschussrechnung ermitteln?

b) Wie ist die Überschussrechnung durchzuführen?

09. Freibeträge

Welche Freibeträge kann ein Lohnsteuerpflichtiger auf seiner Lohnsteuerkarte eintragen lassen?

10. Einkommensteuer

Die nachfolgenden Personen beziehen Einkünfte, die der Einkommensteuer unterliegen:

- Frau A. ist Inhaberin einer Modeboutique.
- Herr B. betreibt einen Pflegedienst.
- Frau C. ist als Kellnerin in einem Restaurant angestellt.
- Das Ehepaar D. besitzt ein Mehrfamilienhaus.

Beschreiben Sie, welche Einkunftsarten vorliegen und nehmen Sie die Zuordnung nach Gewinn- und Überschusseinkünften vor.

11. Gewerbesteuer

Skizzieren Sie das Verfahren bei der Erhebung der Gewerbesteuer.

12. Grunderwerbsteuer

Beschreiben Sie, welche Wirkung die Grunderwerbsteuer auf die Gewinn- und Verlustrechnung hat.

13. Abgabenordnung (1)

Herr N. erhält am 18.10.2010 (Poststempel 03.08.2010) vom Finanzamt den Bescheid über Einkommensteuer und Solidaritätszuschlag für 2009. Er stellt fest, dass die von ihm geltend gemachten und nachgewiesenen Fahrten Wohnung/Arbeitsstätte in Höhe von 2.000 € nicht berücksichtigt wurden ohne das in den Erläuterungen darauf eingegangen wurde.

a) Welches Rechtsmittel und in welcher Frist (Datumsangabe) kann Herr N. gegen diesen Verwaltungsakt einlegen?

b) Herr N. konnte durch einen nicht vorhersehbaren Sturz verbunden mit einem längeren Klinikaufenthalt die Frist nicht einhalten. Hat er noch die Möglichkeit, seine Rechte wahrzunehmen?

14. Abgabenordnung (2)

Zu den öffentlich-rechtlichen Abgaben zählen:

- Steuern   - Gebühren
- Beiträge   - steuerliche Nebenleistungen

Definieren Sie die Begriffe und nennen Sie jeweils zwei Beispiele.

15. Abgabenordnung (Fristen)

Nennen Sie jeweils die Fälligkeitstermine laut AO bei Vorauszahlungen und Abschlusszahlungen für ESt, KSt, GewSt und USt.

4.1 Betriebsorganisation

4.1.1 Unternehmensleitbild, Unternehmensphilosophie, Unternehmenskultur und Corporate Identity

01. Corporate Identity, Unternehmenskultur

a) Was versteht man unter Corporate Identity?

b) An welchen Erscheinungsformen kann man festmachen, ob die Corporate Identity im Unternehmen durchgängig vorhanden ist? Nennen Sie sechs Beispiele.

c) Erläutern Sie, was man als Unternehmenskultur bezeichnet.

d) An welchen Elementen lässt sich die Unternehmenskultur festmachen? Nennen Sie sechs Beispiele.

02. Unternehmensleitbild

Ein klar umrissenes Unternehmensleitbild erleichtert die Definition und die Beurteilung der langfristigen, übergeordneten Ziele.

Sie sind leitender Mitarbeiter im Marketing eines jungen, innovativen und schnell wachsenden Versandhandelsunternehmens, dessen Kunden und Mitarbeiter weltweit beheimatet sind. Die Geschäftsleitung hat die Absicht, eine Unternehmensphilosophie zu entwickeln und beauftragt Sie, im Vorfeld ein Unternehmensleitbild zu entwerfen. In diesem Unternehmensleitbild sollen die Größen „Erfolg und Mitarbeiterleistung" in einer Aussage verbunden werden, die der heutigen gesellschaftlichen Werthaltung gerecht wird.

Wie könnte ein solches Unternehmensleitbild lauten?

4.1.2 Strategische und operative Planung

01. Strategische und operative Planung (Vergleich)

In der nächsten Woche führen Sie einen betrieblichen Ergänzungsunterricht bei Ihren Auszubildenden durch. Da das Thema „Operative und strategische Planung" nicht immer gut verstanden wird, bereiten Sie eine vereinfachende Übersicht dieser Planungsarten vor.

Vervollständigen Sie die Tabelle:

Unterscheidungskriterien	Operative Planung	Strategische Planung
Hierarchische Zuständigkeit	untere/mittlere Leitungsebene	obere Leitungsebene
Fristigkeit der Planung		
Genauigkeit der Planung		
Breite der Planung		
Konzentration der Planung		
Inhalt der Planung		
Verknüpfung der Folgeplanung		

02. Operative Planung (Planung der Stromkosten)

Eine Maschine hat eine monatliche Kapazität von 400 Stunden; die Leistungsaufnahme liegt bei 60 kWh, der geplante Verrechnungspreis beträgt 0,12 €/kWh bei einer monatlichen Zählermiete von 120 €. Auch bei Stillstand der Anlage fallen 5 % Stromkosten an.

a) Ermitteln Sie die fixen und variablen Stromkosten der Maschine pro Monat bei 100 % Auslastung.

b) Welche variablen Stromkosten ergeben sich pro Monat bei einer 70 %igen Auslastung?

03. Portfolioanalyse

Die Metallbau AG fertigt für die Bauwirtschaft Maschinen, Werkzeuge, Werkstatteinrichtungen und Befestigungsteile. Das Sortiment wird durch Handelsware ergänzt. Der Bekanntheitsgrad des Unternehmens ist hoch.

Die Produkte gelten bei den Kunden als qualitativ hochwertig. Allerdings wird das Unternehmen als konservativ eingeschätzt und bemängelt werden die wenig innovative Sortiments- und Servicepolitik. Aufgrund seines relativ hohen Preisniveaus gerät die Metallbau AG zunehmend in Bedrängnis durch zwei international agierende Anbieter aus Fernost. Dies hat in den letzten zwei Jahren zu einem drastischen Gewinnrückgang geführt, sodass der finanzielle Rahmen für das kommende Geschäftsjahr vom Vorstand eng gesteckt wurde. Vor diesem Hintergrund wurde die Unternehmensberatung G. K. Consulting Group beauftragt, die Ursachen für die Geschäftsentwicklung der Metallbau AG zu analysieren.

Die G. K. Consulting Group erstellt eine Portfolio-Analyse und kommt dabei zu folgendem Ergebnis:

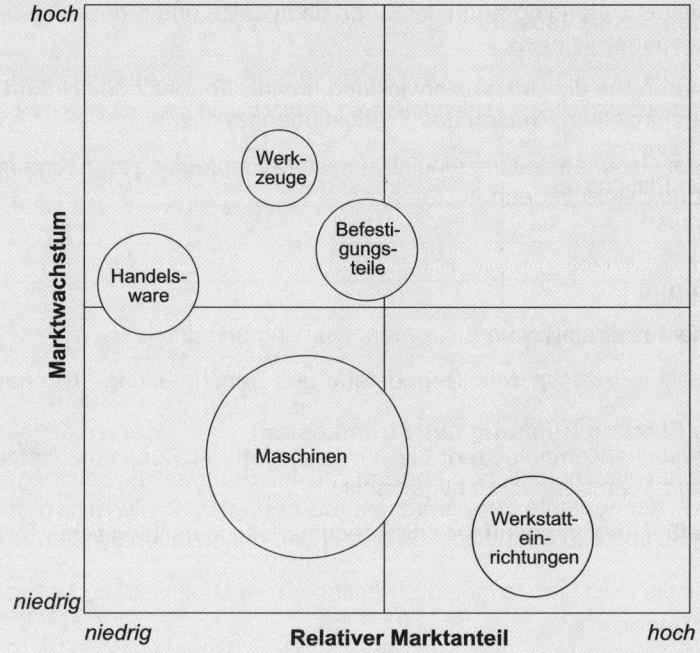

Legende: Die Größe der Kreisflächen symbolisiert den Jahresumsatz der Metallbau AG je Produkt.

a) Erläutern Sie die strategische Ausgangsposition der Metallbau AG anhand des Portfolios.

b) Empfehlen Sie für den Produktbereich „Befestigungsteile" eine Normstrategie und begründen Sie Ihre Aussage.

c) Nennen Sie vier weitere Instrumente, die ebenfalls geeignet sind, um die strategische Ausgangsposition der Metallbau AG zu analysieren.

04. Produktlebenszyklus

Für das Kinderspielzeug HILO war ein Lebenszyklus von ca. zwei Jahren geplant. Für den zurückliegenden Zeitraum haben sich die nachfolgenden Quartalsumsätze (in 1.000 €) ergeben:

1. Jahr		2. Jahr	
03/2008	510	03/2009	2.000
06/2008	900	06/2009	2.280
09/2008	1.600	09/2009	2.050
12/2008	1.900	12/2009	1.710

a) Zeichnen Sie ein Liniendiagramm der Quartalsumsätze und ordnen Sie die Phasen des Produktlebenszyklus zu.

b) Charakterisieren Sie die Umsatzentwicklung und die Tendenz des Netto-Cashflows innerhalb der einzelnen Phasen des Produktlebenszyklus.

c) Geben Sie der Geschäftsleitung eine strategische Empfehlung zum Kinderspielzeug HILO aufgrund der vorliegenden Daten.

05. Benchmarking

a) Erläutern Sie das strategische Instrument „Benchmarking".

b) Welche Objekte/Prozesse sind Gegenstand des Benchmarking? Nennen Sie vier Beispiele.

c) Nennen Sie sechs Kompetenzen, die der Leiter bei der Zusammensetzung eines Benchmarking-Teams berücksichtigen sollte.

d) Nennen Sie fünf Ablaufphasen für das Benchmarking in sachlogischer Reihenfolge.

06. Zielbeziehungen

Ziele können grundsätzlich in unterschiedlicher Beziehung zueinander stehen. Die nachfolgenden Abbildungen zeigen dazu drei charakteristische Fälle:

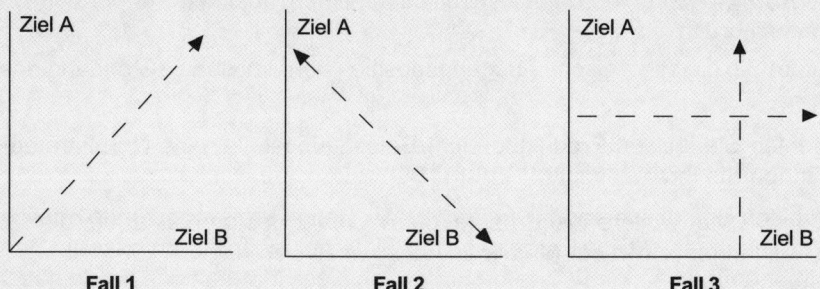

a) Beschreiben Sie die Zielbeziehungen der Fälle 1 bis 3.

b) Für den kommenden Planungszeitraum von drei Jahren hat Ihr Unternehmen ein Zielbündel strategischer und operativer Ziele formuliert. Nachfolgend sind jeweils zwei Zielpaare gegenübergestellt:

(1) Steigerung des Gewinns/Steigerung des Umsatzes
(2) Steigerung des Gewinns/Senkung der Kosten
(3) Verminderung der Umweltbelastung/Verbesserung der Altersstruktur
(4) Erhöhung des Marktanteils/Verbesserung des Firmenimage
(5) Sicherung der Beschäftigung/Verbesserung der Produktqualität
(6) Gewinnsteigerung/Verbesserung der Personalentwicklung

Ordnen Sie jeweils die Zielpaare (1) bis (6) den Fällen 1 bis 3 zu.

c) Eine derartige schematische Zuordnung (Zielpaare/Zielbeziehung) in Frage b) ist problematisch, da die Betrachtung kurzfristig und statisch angelegt ist. Zeigen Sie am Beispiel (6), dass sich das Verhältnis der Ziele zueinander – langfristig gesehen – ändern kann.

d) Nennen Sie drei charakteristische Merkmale für strategische Ziele. Welche der o. g. Ziele können als strategisch betrachtet werden?

e) Ziele können in monetäre und nicht (direkt) monetäre unterteilt werden. Nennen Sie aus den o. g. Zielen drei Beispiele für nicht-monetäre Ziele.

07. Strategische Planung, kritischer Weg, Modus, Sukzessivplanung

Erläutern Sie folgende Begriffe:

a) Strategische Planung
b) Kritischer Weg
c) Modus
d) Sukzessivplanung

08. Strategische Erfolgsfaktoren

Auf der letzten Betriebsversammlung hielt die Geschäftsleitung ein Grundsatzreferat über die Prinzipien der Unternehmensführung. Unter anderem wurde behauptet: „Strategische Erfolgsfaktoren beruhen wesentlich auf einem qualitativ hohen Stand der Unternehmensführung."

Nehmen Sie Stellung zu dieser Aussage.

09. Wirtschaftlichkeit der Planungsinstrumente

Auf derselben Betriebsversammlung fordert der Betriebsratsvorsitzende endlich Maßnahmen zu ergreifen, um die Ertragslage des Unternehmens zu verbessern: „Es kommt nicht primär darauf an, dass wir sofort prüfen, ob diese Maßnahmen Erfolg haben oder nicht, sondern wir müssen alle Maßnahmen berücksichtigen, die zielführend sein können; der Erfolg wird sich dann schon einstellen. Also bitte, wir müssen etwas tun und nicht nur dauernd diskutieren."

Beurteilen Sie die Aussage des Betriebsratsvorsitzenden und nennen Sie vier Instrumente zur Kontrolle der Wirtschaftlichkeit der Unternehmensführung.

10. Qualitätsmanagement

Von Ihrem Unternehmen wird die Einführung eines Qualitätsmanagement in Erwägung gezogen.

a) Beschreiben Sie, worin sich

- das Total-Quality-Management (TQM) im Vergleich
- zur herkömmlichen Kontrolle

unterscheidet.

b) Schildern Sie sechs Maßnahmen, die erforderlich sind, um die Umsetzung eines TQM-Systems einzuleiten.

11. QM-Handbuch, Umweltmanagement

Sie sind Mitglied in einem Team, das ein QM-Handbuch erstellt.

Formulieren Sie eine Verpflichtung Ihres Unternehmens, in der umwelt- und qualitäts-bezogenes Handeln integraler Bestandteil aller Prozesse ist.

12. Arbeits- und Umweltschutz

In Ihrem Zweigwerk sind die betrieblichen Maßnahmen im Bereich des Arbeits- und Umweltschutzes sowie des Qualitätsmanagement bisher weitgehend rudimentär und isoliert. Die Geschäftsleitung strebt den Aufbau eines integrierten Managementsystems (IMS) an.

a) Erläutern Sie die Zielsetzung integrierter Managementsysteme und nennen Sie vier Vorteile, die mit der Einführung verbunden sind.

b) Nennen Sie zwei Normen bzw. Richtlinien, die Ihnen eine Orientierung beim Aufbau eines IMS geben können.

c) Die Sicherstellung der erforderlichen Qualität kann nur realisiert werden, wenn es überzeugend gelingt, die Mitarbeiter in diese Maßnahmen einzubeziehen.

Nennen Sie sechs geeignete Maßnahmen zur Einbeziehung der Mitarbeiter in die betrieblichen Aktivitäten des Qualitätsmanagement.

13. Umweltmanagement (1)

In Ihrem Unternehmen ist die Einführung eines Umweltmanagementsystems geplant. Zunächst sollen Umweltleitlinien erstellt werden – orientiert an der EG-Öko-Audit-VO.

a) Formulieren Sie drei Umweltleitlinien.

b) Nennen Sie drei Vorgaben aus folgenden Bereichen:

- „zu behandelnde Gesichtspunkte"
- „gute Managementpraktiken".

14. Aufgaben des Immissionsschutzbeauftragten

Der Immissionsschutzbeauftragten Ihres Betriebes führt an, dass er Überschreitungen von vorgeschriebenen Grenzwerten der zuständigen Behörde anzeigen will. Beurteilen Sie diese Aussage.

15. Umweltmanagement (2)

Ihr Unternehmen feiert demnächst ein Firmenjubiläum. Es sind mehrere hundert Gäste eingeladen. Beschreiben Sie vier Prinzipien für eine ökologische Durchführung der Feier.

16. Umweltmanagement (3)

Erläutern Sie die Begriffe „Umweltpolitik", „Umweltmanagementsystem" und „Umweltbetriebsprüfung".

17. Kooperationsprinzip

Im Umweltrecht ist u. a. der Begriff „Kooperationsprinzip" festgeschrieben. Beschreiben Sie allgemein, „wer mit wem kooperieren soll" und geben Sie zwei Beispiele für die Umsetzung in die Praxis.

18. Betriebsbeauftragte

Nennen Sie vier Betriebsbeauftragte für Umweltschutz, die die Gesetzgebung bestimmt. Geben Sie jeweils das zu Grunde liegende Gesetz an.

4.1.3 Aufbauorganisation

01. Stellenbeschreibung (Einkaufsleiter)

Sie sollen für die Position eines Einkaufsleiters eine Stellenbeschreibung anfertigen und seine Aufgaben festlegen.

02. Aufgabenanalyse, Aufgabensynthese

a) Erläutern Sie an einem selbstgewählten Beispiel den Zusammenhang zwischen Aufgabenanalyse und -synthese.

b) Erläutern Sie die Aufgabenzentralisation und geben Sie ein Beispiel.

03. Stablinienorganisation (Der Fall „Müll GmbH")

Hinweis: Die Aufgabenstellung ist hier deutlich umfangreicher und komplexer als in einer tatsächlichen IHK-Klausur. Sie wurde trotzdem aufgenommen, um die Frage der Stellen- und Abteilungsbildung im Gesamtzusammenhang zu bearbeiten.

Die Müll GmbH mit Sitz in Unterfeldhaus bei Düsseldorf wurde vor fünf Jahren gegründet. Gegenstand des Unternehmens ist die Verwertung von Altpapier. Aufgrund neuer Vorschriften der Kommunen im Großbezirk Düsseldorf rechnet das Unternehmen für die kommenden Jahre mit einer Vervierfachung des Umsatzes. Eine Prognose hat ergeben, dass die Zahl der kaufmännischen Mitarbeiter von jetzt 23 auf 62 ansteigen wird. Es existiert derzeit noch keine klare Aufbauorganisation.

a) Erstellen Sie eine Aufbauorganisation in Form einer Stablinienorganisation für den kaufmännischen Teil der Müll GmbH (Organigramm). Falls erforderlich, können Sie drei bis sechs Leitungsfunktionen zusätzlich einrichten. Kommentieren Sie die von Ihnen vorgeschlagene Lösung.

Stellenplan der Müll-GmbH • Soll-Konzept			
Stellen	**Anzahl der Mitarbeiter**	**Stellen**	**Anzahl der Mitarbeiter**
Kalkulation	2	Personalchef	1
Einkauf	3	Assistent d. GF	1
Werbung	1	Ausbildungswesen	1
Botendienste	2	Empfang	2
Personalverwaltung	2	Hauswerkstatt	2
Rechtsabteilung	1	Lohnabrechnung	4
Werkszeitschrift	1	Zentralsekretariat	3
Kostenrechnung	5	Poststelle	3
Vertreter	18	Pförtner	2
Telefonzentrale	2	Archiv	1
Geschäftsführer	1	Organisation	1
Planung	2	Revision	1
Summe	40		22

b) Aufgrund des stürmischen Wachstums der Müll GmbH fehlten in der Vergangenheit klare Arbeitshinweise und -anordnungen. Dadurch kam es vermehrt zu einer unterschiedlichen Bearbeitung von Kundenanfragen; teilweise verzögerte sich die Bearbeitung von Aufträgen.

Die Geschäftsleitung möchte dies ändern. Sie erhalten daher als ersten Arbeitsschritt die Aufgabe, die Vor- und Nachteile einheitlicher Arbeitsanweisungen gegenüberzustellen.

04. Funktionalorganisation

Im Rahmen der Aufbauorganisation kennt man u. a. das Gliederungskriterium „Verrichtung" (synonym: „Funktion").

a) Erläutern Sie an einem Beispiel die Charakteristik der sog. Funktionalorganisation.

b) Nennen Sie jeweils drei Vor- und Nachteile.

c) Im Gespräch mit einem Unternehmensberater der Firma Roland Berger fällt die Äußerung: „Eine Funktionalorganisation ist heute einfach nicht mehr zeitgemäß." Wie beurteilen Sie diese Aussage?

05. Stablinienorganisation

Ein Unternehmen mittlerer Größe hat zwei Leitungsebenen unterhalb der Geschäftsleitung. Im Einzelnen gibt es folgende Abteilungen: Finanzen, Marktforschung, Verkaufs-Innendienst, Beschaffung, Allgemeine Verwaltung, Lagerhaltung, Verkaufs-Außendienst, Rechnungswesen. Außerdem existieren zwei Stabsstellen der Geschäftsleitung: Assistenz und Sekretariat.

a) Entwerfen Sie ein geeignetes Stab-Linien-Organigramm nach dem Verrichtungsprinzip. Fassen Sie dabei die genannten Abteilungen in geeigneter Weise zu Hauptabteilungen zusammen. Weisen Sie alle drei Instanzen aus.

b) Aufgrund der Übernahme eines Konkurrenten im süddeutschen Raum soll der Verkauf regional gegliedert werden – in Region Nord und Region Süd. Zeichnen Sie ein entsprechendes Organigramm.

c) Eine weitere Überlegung der Geschäftsleitung besteht darin, den Einkauf in den Bereich Food (Sparte 1) und den Bereich Non Food (Sparte 2) zu gliedern. Stellen Sie den entsprechenden Organigramm-Auszug dar.

06. Mehrlinienorganisation

Ein Filialunternehmen für Food und Heimwerkerbedarf hat in der Region Nord fünf Supermärkte, die jeweils von einem Marktleiter geführt werden. Die Marktleiter Nord berichten an einen Bezirksleiter, dieser wiederum an die Geschäftsleitung. Um den Absatz zu verbessern, werden zwei zeitlich befristete Projekte eingerichtet:

- Projekt 1: Mitarbeiterschulung,
- Projekt 2: Verkaufsförderung.

Beide Projektleiter sind der Geschäftsleitung direkt unterstellt und haben gegenüber den Supermärkten Nord fachliche Weisungskompetenz. Zeigen Sie in einem Organigramm-Auszug die Mehrlinienorganisation, die sich durch die Einrichtung der Projekte ergibt.

07. Formelle, informelle Organisation

In einem Betrieb gibt es neben der formellen Organisation auch informelle Organisationsstrukturen bzw. formelle und informelle Gruppen.

a) Unterscheiden Sie beide Organisationsstrukturen anhand von vier Merkmalen.

b) Geben Sie zu jeder Gruppenart drei Beispiele.

c) Welche Wirkungen (positive oder negative) können von einer informellen Gruppe auf die formelle Organisationsstruktur ausgehen? Nennen Sie je drei Beispiele.

08. Organisationsstrukturen (Vergleich)

Ein Unternehmen möchte die Organisationsstruktur verändern und steht vor der Frage, ob es sich verstärkt der Mithilfe von Stäben bedienen soll und ob das bisherige Liniensystem durch ein Stabliniensystem oder durch ein Mehrliniensystem ersetzt werden soll. Als Entscheidungsgrundlage wird eine Gegenüberstellung der Vor- und Nachteile der einzelnen Systeme erwartet.

09. Zentralisierung, Dezentralisierung

Die ROHR AG ist ein Unternehmen mit mehreren Sparten und hat ca. 5.000 Mitarbeiter. Der Sitz der Holding ist Köln. Daneben gibt es sechs Tochtergesellschaften (GmbH) an den Standorten Hamburg, Köln, Hannover, Berlin, Frankfurt a. M. und München. Eine der Sparten betreibt Heizungsbau für Klein- und Großkunden. Gegenwärtig wird über eine Veränderung der Aufbaugestaltung des „Einkaufs von Sanitär- und Heizungsartikeln" sowie der „Lagerhaltung" dieser Artikel nachgedacht.

a) Nennen Sie fünf Argumente, die für eine Dezentralisierung der Lagerhaltung sprechen.

b) Geben Sie vier Überlegungen an, die für eine teilweise Zentralisierung des Einkaufs sprechen.

c) Erklären Sie die nachfolgenden drei Zentralisierungsarten am Beispiel der ROHR AG:
   - Verrichtungszentralisierung
   - Objektzentralisierung
   - regionale Zentralisierung

10. Linien-, Sparten-, Matrixorganisation

Die Firma Hartig GmbH hat unterhalb der Geschäftsleitung die Funktionsbereiche Einkauf, Fertigung, Vertrieb, Personal, Verwaltung, Rechnungswesen. Es werden die zwei Produkte A und B hergestellt und vertrieben. Zeichnen Sie das Organigramm

a) einer Linienorganisation (1. und 2. Leitungsebene),

b) einer Spartenorganisation (1. bis 3. Leitungsebene),

c) einer Matrixorganisation (1. bis 3. Leitungsebene).

4.1.4 Ablauforganisation

01. Ziele der Ablauforganisation

Die Ablauforganisation gestaltet Arbeitsabläufe. Nennen Sie fünf Teilziele, nach denen diese Strukturierung erfolgen kann.

02. Flussdiagramm

In den Organisationsrichtlinien Ihres Betriebes heißt es u. a. zum Thema Personalbeschaffung:

„Die Personalbeschaffung wird eingeleitet, indem der zuständige Abteilungsleiter die Personalanforderung dem zuständigen Hauptabteilungsleiter zur Unterschrift vorlegt. Dieser hat zu prüfen, ob die Stelle laut Personalplanung genehmigt ist. Wenn ja, kann die Planung der Beschaffung erfolgen. Wenn nicht, ist die Personalanforderung an die Personalabteilung weiterzuleiten, die sie dem Vorstand zur „außerordentlichen Genehmigung" vorlegt. Lehnt der Vorstand die außerordentliche Genehmigung ab, erfolgt Ablage. Ansonsten ist zu prüfen, ob die Stelle – parallel zur externen Ausschreibung – auch intern ausgeschrieben werden muss. Nach Auswahl eines geeigneten Kandidaten kommt der Vorgang zu den Akten."

Erstellen Sie für diesen Ablauf ein Flussdiagramm.

03. Raumorientierte Ablaufplanung

Die Geschäftsleitung hat entschieden, einen Teil der Fertigung in das benachbarte Ausland zu verlagern. Betroffen davon ist auch die Mechanische Fertigung 1. Hier wird eine Baugruppe hergestellt, die folgende Fertigungsstufen umfasst: Blechbearbeitung → Schleiferei → Lackiererei → Montage; außerdem sind in der neuen Fertigungshalle das Lager, die Packerei, der Versand und der Wareneingang (mit Wareneingangsprüfung) einzurichten. Der Flächenbedarf der einzelnen Abteilungen kann aus der Vergangenheit übernommen werden:

- Blechbearbeitung: 12 m · 12 m   - Schleiferei: 6 m · 12 m
- Lackiererei: 6 m · 12 m   - Montage: 8 m · 12 m
- Lager: 12 m · 12 m   - Packerei: 6 m · 12 m
- Versand: 10 m · 12 m   - Wareneingang: 12 m · 12 m

Für die neue Fertigungshalle sind der Flächenbedarf sowie die Flächeninnenmaße zu ermitteln. „Die konstruktiven Erfordernisse der Halle stelle ich sicher, darauf müssen Sie keine Rücksicht nehmen; Türen und eine Rampe bekommen Sie natürlich auch, die müssen Sie nicht planen", äußert humorvoll der Bauingenieur des Betriebes. Weiterhin ist eine Anordnung der einzelnen Abteilungen grafisch vorzuschlagen, die eine Minimierung der Durchlaufzeit gewährleistet.

04. Arbeitsablaufdiagramm

Die Aufschreibung des Arbeitsablaufs „Materialbereitstellung in der Montage" hat sechs Einzelverrichtungen ergeben:

- Sortieren der Bauteile nach Montagebereichen
- Lagern der Bauteile in vorgesehenen Behältern an den Montage-Werkbänken
- Zwischenlagern der Bauteile in der Montagehalle
- Anliefern der Bauteile aus dem Zwischenlager
- Transport der Bauteile zu den jeweiligen Montage-Teams
- Stichprobenartige Kontrolle der Bauteile vor Transport zu den Montageteams

a) Stellen Sie den Arbeitsablauf in einem verrichtungsorientierten Arbeitsablaufdiagramm dar (vgl. Matrix unten). Die Einzelverrichtungen sind vorher sachlogisch zu ordnen.

Lfd. Nr. der Verrichtung	Bearbeiten	Transport	Kontrolle	Lagern
	◯	⇨	☐	▽
	◯	⇨	☐	▽
	◯	⇨	☐	▽
	◯	⇨	☐	▽
	◯	⇨	☐	▽
	◯	⇨	☐	▽

b) Nennen Sie zwei Möglichkeiten der Ablaufoptimierung.

05. Netzplan

Sie sind Teammitglied in einem Projekt. Sie erhalten die nebenstehende Vorgangsliste.

a) Ordnen Sie die Vorgangsliste, zeichnen Sie die Netzstruktur, berechnen Sie alle Zeiten und kennzeichnen Sie den kritischen Weg.

b) Welche Auswirkungen hinsichtlich der Endzeit des Projektes und des kritischen Weges ergeben sich bei folgenden Situationen:

1. Nr. 11 dauert zwei Tage länger als geplant,

2. Nr. 10 verlängert sich um fünf Tage?

Nr.	Vorgänger	Zeit in Tagen
1	—	3
9	3/7	1
4	1	3
13	11/12	3
3	1	4
6	2	6
10	8	5
7	2	4
2	1	2
12	10	1
5	1	1
8	4/5	3
11	6/9	5

4.1.5 Analysemethoden

01. Fragebogen, Online

Ein Verein will zukünftig die Befragung seiner Mitglieder verstärkt Online durchführen.

a) Beschreiben Sie Vorbereitung und Durchführung einer derartigen Online-Befragung.

b) Nennen Sie drei Probleme technischer/organisatorischer Art, die bei der Umfrage auftreten können.

02. Kundenbefragung

Sie sind in der Zentrale einer Einzelhandelskette tätig. Zielgruppe sind Kunden mit gehobenen Ansprüchen. Das Unternehmen möchte eine Kundenbefragung in den Filialen durchführen.

Entwerfen Sie ein Polaritätsprofil mit sechs Befragungsmerkmalen und tragen Sie ein (fiktives) Befragungsergebnis ein (Mittelwerte der Nennungen).

03. Arbeitsplan, Schlüsselfragen

Der Arbeitsplan der Wertanalyse beruht auf einer Reihe von Fragestellungen, zu denen Antworten gefunden werden müssen. Formulieren Sie fünf zielgerichtete Fragestellungen zur Erfassung der Funktion eines Produktes.

04. Funktionsarten

Erläutern Sie Hauptfunktion, Nebenfunktion und „unnötige Funktion" allgemein und am Beispiel des Produktes „Feuerzeug".

05. Systematik der Wertanalyse

Beschreiben Sie die Grundschritte des Arbeitsplans nach DIN 69910.

06. Personalpolitische Kennzahlen

Ihr Unternehmen weist für das zurückliegende Geschäftsjahr die nachfolgenden Zahlenwerte aus:

Umsatz	50 Mio. €
Gewinn	6 Mio. €
Personalaufwand	8,2 Mio. €
Anzahl der Personalabgänge	30 Mitarbeiter
Ø Personalstand	200 Mitarbeiter

a) Ermitteln Sie aus diesen Angaben folgende personalpolitische Kennzahlen:

- Produktivität des Faktors Arbeit,
- Rentabilität des Faktors Arbeit,
- durchschnittliches Lohnniveau,
- Fluktuationsquote.

b) Die Fluktuationsquote (vgl. Fragestellung a)) ist überproportional hoch – im Verhältnis zu den zurückliegenden Jahren Ihres Betriebes. Die Geschäftsleitung bittet Sie, Vorschläge zur Reduzierung der Fluktuationsquote zu unterbreiten. Beschreiben Sie kurz, welche personalpolitischen Sachverhalte („Themenfelder") Sie untersuchen werden, um daraus ggf. geeignete Maßnahmen abzuleiten. Gehen Sie auf sechs Beispiele ein.

07. Leistungsmessziffern

Die menschliche Arbeitskraft ist im Handelsbetrieb vor allem Leistungsträger und Kostenfaktor. Auf der nächsten Sitzung der Geschäftsleitung sollen Sie die Halbjahresdaten Ihrer Filiale präsentieren. Dazu liegt Ihnen folgendes Zahlenmaterial vor:

Monat	Bruttoumsatz in Mio. €	Anzahl der Mitarbeiter (Vollzeitkräfte)	bezahlte Arbeitsstunden	geleistete Arbeitsstunden
Januar	3,36	12	2.004	1.904
Februar	3,45	12	2.004	1.864
März	3,15	13	2.171	2.063
April	3,10	13	2.171	2.084
Mai	3,25	15	2.505	2.355
Juni	3,25	16	2.672	2.460

Bilden Sie drei Leistungsmessziffern zur Kontrolle der Produktivität, die im Handel eine wichtige Rolle spielen (und sich in diesem Fall „anbieten"), stellen Sie diese Kennziffern grafisch dar und interpretieren kurz die Produktivitätsentwicklung in Ihrer Filiale.

08. Personalstatistik, Darstellungsformen und Personalkennzahlen

Sie arbeiten derzeit in der zentralen Controllingabteilung eines Großfilialisten. Für die kommenden Jahre soll das interne Berichtswesen verbessert werden. Dazu erhalten Sie eine Reihe von Aufgaben, das vorliegende Datenmaterial in (grundsätzlich) geeigneter Form aufzubereiten – als Grafiken und mithilfe von Kennzahlen. Aus der zurückliegenden Zeit sind folgende Daten bekannt:

Jahr	Anzahl der Mitarbeiter	davon: Angestellte	davon: Arbeiter
2002	210	155	55
2003	230		
2004	205		
2005	190		
2006	185		
2007	180		
2008	165	120	45

a) Stellen Sie die Entwicklung der Mitarbeiterzahlen grafisch in einem Linien- und in einem Säulendiagramm dar.

b) Zeichnen Sie ein Kreisdiagramm für das Verhältnis Arbeiter/Angestellte des Jahres 2008.

c) Stellen Sie in einem Struktogramm das Verhältnis Arbeiter/Angestellte der Jahre 2002 und 2008 gegenüber.

d) Ermitteln Sie die durchschnittliche Mitarbeiteranzahl der Jahre 2002 bis 2008.

e) Weiterhin sind folgende Daten bekannt:

2008	
Summe der Löhne und Gehälter	12 Mio. €
Summe der gesetzlichen Sozialaufwendungen	10 Mio. €
Summe der Gesamtkosten	62 Mio. €
Summe der Sollarbeitstage	37.950 Tage
Summe der Personalabgänge	35 Mitarbeiter
Summe der Fehlzeiten	4.554 Tage
Gesamtumsatz	33 Mio. €

Ermitteln Sie den Wert folgender Kennzahlen für das Jahr 2008:

e1) Fluktuationsquote
e2) Fehlzeitenquote (Beurteilen Sie den von Ihnen ermittelten Wert)
e3) Quote der gesetzlichen Sozialaufwendungen
e4) Anteil der Löhne und Gehälter am Personalaufwand

09. Krankenstand

Die BKK-Statistik[1, 2] zeigt für den Krankenstand folgende Daten[3]:

Jahr	BKK-Statistik, West	BKK-Statistik, Ost
	in Prozent	
2002	4,1	3,6
2003	3,8	3,5
2004	3,5	3,3
2005	3,5	3,4
2006	3,6	3,9
2007	3,7	4,0

[1] monatsdurchschnittlicher Krankenstand auf Basis der BKK-Repräsentativstatistik
[2] BKK: Betriebskrankenkassen
[3] Quelle: Deutschland in Zahlen 2008

a) Werten Sie das vorliegende Zahlenmaterial für Ihren Betrieb aus.

b) Visualisieren Sie das Datenmaterial in geeigneter Weise.

4.2 Personalführung

4.2.1 Zusammenhang zwischen Unternehmenszielen, Führungsleitbild und Personalpolitik

01. Handlungsmaxime des Personalmanagement

Um den unternehmensexternen und -internen Anforderungen gerecht zu werden, muss sich das Personalmanagement von klaren Handlungsgrundsätzen leiten lassen. Anerkannt sind heute fünf Grundsätze:

- Kundenorientierung,   - Individualisierung,
- Flexibilisierung,   - Professionalisierung und
- Akzeptanzsicherung.

Erläutern Sie zwei dieser Handlungsmaximen.

02. Personalpolitische Ziele

Als Assistent der Geschäftsleitung eines größeren Unternehmens erhalten Sie den Entwurf der „Personalpolitischen Ziele für die Jahre 2009 - 2012". In diesem Papier lesen Sie u. a. folgende Zielsetzungen:

(1) „... wird eine nachhaltige Senkung der Personalkosten angestrebt".

(2) „... sollen Arbeitszeitmodelle entwickelt und eingesetzt werden, die sich an den Erfordernissen des Marktes ausrichten".

(3) „ ... ist für einen optimalen Mitarbeitereinsatz zu sorgen, der sich an dem Können und der Neigung der Mitarbeiter orientiert".

(4) „ ... muss für eine Senkung der Fluktuation durch geeignete Maßnahmen gesorgt werden".

a) Welche dieser Zielsetzungen haben für Sie kurzfristig mehr wirtschaftlichen und welche Ziele mehr sozialen Charakter? Begründen Sie Ihre Antwort.

b) Erläutern Sie am Beispiel der Zielsetzung (4) „Senkung der Fluktuation", dass dieses Ziel langfristig sowohl wirtschaftlichen als auch sozialen Charakter haben kann.

c) Die oben dargestellten Ziele haben einen Mangel: Sie sind nicht messbar. Formulieren Sie Ziel (1) „Senkung der Personalkosten" so um, dass daraus ein messbares (operationales) Ziel wird.

03. Messkriterien der Personalpolitik

Nennen Sie Messkriterien, mit denen man Erfolge in der Personalpolitik quantifizieren kann.

4.2.2 Arten von Führung

01. Auswirkungen von Arbeitsbedingungen auf Arbeitsmotivation und -leistung

Das Ergebnis Ihrer Führungsarbeit wird im Betrieb u. a. von einer Vielzahl von Faktoren positiv oder negativ beeinflusst. Geben Sie je zwei Beispiele aus dem Bereich der Betriebsorganisation und der Arbeitsplatzgestaltung für Bedingungen, die den Führungserfolg positiv bestimmen und die Sie beeinflussen können.

02. Führungstechnik

In einem Presseartikel lesen Sie folgende Auffassung zur Mitarbeiterführung:

> „Wir brauchen einen neuen Mitarbeitertypus. Nicht mehr der „NvD", der „Nicker vom Dienst", ist gefragt, der Arbeitsanweisungen erledigt, sondern der eigenverantwortlich handelnde, gut ausgebildete Mitarbeiter ist die Leistungssäule der Zukunft. Nicht die Arbeitsweise des Einzelnen steht im Vordergrund der Betrachtung, sondern die Arbeitsergebnisse, die im Dialog mit ihm verabschiedet wurden. Aufgabe der Führungskräfte wird es primär sein, die Voraussetzungen für die angestrebten Ziele zu schaffen."

a) Wie nennt man die im Presseartikel angesprochene Managementtechnik (Führungstechnik)?

b) Nennen Sie vier Voraussetzungen zur Einführung dieses Führungsprinzips.

03. Zielvereinbarung (MbO)

Ihr Unternehmen plant, MbO als Führungsprinzip einzuführen. Für die Informationsveranstaltung Ihrer Mitarbeiter erhalten Sie die Aufgabe, den Prozess der Zielvereinbarung prägnant zu beschreiben.

04. Rückdelegation

Bei einem Ihrer Mitarbeiter stellen Sie fest, dass er häufiger versucht, die ihm übertragenen Aufgaben an Sie zurück zu delegieren. Beschreiben Sie acht mögliche Ursachen für dieses Verhalten.

05. Delegationsbereiche

Sie vereinbaren mit Ihren Mitarbeitern feste Delegationsbereiche. Welche der nachfolgenden Aufgaben

- müssen Sie selbst wahrnehmen? (Vorgesetzter)
- können Sie delegieren? (Mitarbeiter)
- müssen Sie mit Ihren Mitarbeitern gemeinsam wahrnehmen? (Vorgesetzter + Mitarbeiter)

Aufgaben:

(1) Entscheidungen im Aufgabengebiet des Mitarbeiters treffen.
(2) Für die richtige Information des Mitarbeiters sorgen.
(3) Das Arbeitsergebnis kontrollieren.
(4) Die Einzelaufgabe richtig ausführen.

Kennzeichnen Sie jede Aufgabe mit „Vorgesetzter", „Mitarbeiter" bzw. „Vorgesetzter + Mitarbeiter" und geben Sie jeweils eine kurze Begründung für Ihre Entscheidung.

4.2.3 Führungsstile

01. Führungsstile (1)

a) Unterscheiden Sie den autoritären, den kooperativen Führungsstil sowie den Führungsstil „Laissez-faire" nach folgenden Gesichtspunkten:

- Grad der Mitarbeiterbeteiligung　　　　- Delegationsumfang
- Art der Kontrolle　　　　　　　　　　- Art der Information
- Art der Motivation

b) Nennen Sie jeweils zwei Vor-/Nachteile des kooperativen, des autoritären und des Laissez-faire-Führungsstils.

c) In der kürzlich durchgeführten Abteilungsleiterbesprechung geht es um die Schließung des Profitcenters in Hameln, das „rote Zahlen schreibt". Sie hören u. a. folgende Aussagen:

Müller: „Ich denke nicht, dass wir hier noch lange diskutieren müssen. Die Sachlage ist eindeutig. Meine Entscheidung steht."

Huber: „Bevor wir übereilte Entscheidungen treffen, schlage ich vor, dass wir eine Projektgruppe bilden – unter Beteiligung der betroffenen Mitarbeiter – und sehen, was dabei herauskommt. Außerdem sollten wir uns das Knowhow eines externen Beraters zu Nutze machen und hören, wie unsere Marktforschung die Sache sieht."

Meier: „Ich fürchte, dass das die Mitarbeiter auf die Barrikaden bringt. Wir sollten sie fragen, was sie darüber denken. Zu beachten sind auch die einschneidenden Folgen für die privaten Lebensumstände der Mitarbeiter. Das Profitcenter lief doch früher gut."

Charakterisieren Sie die angedeuteten Führungsstile mithilfe des Grid-Konzeptes.

d) Vergleichen Sie die Führungstechniken „Management by Delegation" und „Management by Objectives" anhand der Kriterien:

- Voraussetzungen,
- Chancen und
- Risiken.

02. Führungsstile (2)

Nachfolgend sind einige Führungssituationen kurz beschrieben. Entscheiden Sie jeweils, ob tendenziell eher der autoritäre oder der kooperative Führungsstil mehr Erfolg verspricht:

1 Immer wiederkehrende Arbeit unter zeitlicher Anspannung.
2 Ein Expertenteam bearbeitet ein Projekt.
3 Arbeiten im Versand; die Mitarbeiter sind angelernte Kräfte mit geringer Qualifizierung.
4 Arbeiten in einem Team von Werbefachleuten; Kreativität ist gefragt.
5 Es entsteht eine Notfallsituation.
6 Mit den Mitarbeitern wurde eine Ergebnisvereinbarung getroffen; über die Instrumente und Wege können sie eigenverantwortlich entscheiden.
7 Just-in-Time Lieferungen an einen Großkunden: es kommt zu Störungen.

03. Führungsstile (3)

Sie haben vor einiger Zeit eine Abteilung mit vier Gruppenleitern übernommen. Der bisherige Chef der Abteilung hatte den „Ruf", recht autoritär zu führen. Sie wollen das ändern und auch Ihre Gruppenleiter für einen mehr kooperativen Führungsstil gewinnen, weil sie davon überzeugt sind, das dieser langfristig effektiver ist.

Bereiten Sie für das nächste Meeting mit Ihren Mitarbeitern stichwortartig einen Vergleich der beiden Führungsstile „autoritär" und „kooperativ" vor. Verwenden Sie bei diesem Vergleich vier Merkmale. Eines dieser Merkmale kann z. B. „Art der Kontrolle" sein.

04. Autorität, Ziel der Führungsarbeit

Sie haben vor kurzem eine Arbeitsgruppe übernommen. Im Gespräch mit Ihren „neuen" Mitarbeitern hören Sie die Aussage: „Der alte Chef – das war noch einer – sowas gibt es heute kaum noch – eine echte Autorität, kann ich da nur sagen. Schade, dass er weg ist."

a) Was meinen Sie, was Ihre Mitarbeiter unter einer „echten Autorität" verstehen? Beschreiben Sie drei Merkmale.

b) Nennen Sie zwei mögliche Konsequenzen, die sich aus der Meinung der Mitarbeiter über ihren „alten Chef" für Ihr Führungsverhalten ergeben.

c) Beschreiben Sie in wenigen Sätzen, welches Ziel Ihre betriebliche Führungsarbeit haben muss.

05. Situatives Führen

Von Ihrem Betriebsleiter haben Sie um 15:00 Uhr einen eiligen Kundenauftrag bekommen und auch angenommen, der heute noch bis 20:00 Uhr ausgeliefert werden muss. Ihre Firma macht 35 % des Ergebnisses mit diesem Kunden. Die Sache duldet keinen Aufschub.

Die reguläre Arbeitsschicht Ihrer Gruppe endet um 18:00 Uhr. Um 15:10 Uhr treffen Sie sich mit Ihrem Stellvertreter und den zwei Gruppenleitern (alles langjährige, erfahrene Mitarbeiter) und erklären:

„Also die Sache ist so, wir haben da noch einen Auftrag hereinbekommen. Ich finde es ja auch ärgerlich, – aber Sie kennen ja unseren Betriebsleiter. Er muss ja immer nach oben glänzen. An uns wird dabei ja nie gedacht. Wie dem auch sei, – machen Sie Ihren Leuten mal klar, dass sie bis 20:00 Uhr arbeiten müssen – auch wenn die maulen. Also, auf geht's, ich erwarte Ergebnisse. Um 19:30 Uhr komme ich mal runter, und werd' sehen, ob die Sache geklappt hat."

In diesem Gespräch läuft einiges falsch.

a) Beschreiben Sie jeweils in wenigen Sätzen konkret anhand der dargestellten Aussagen, was an diesem Gesprächsverhalten falsch oder zumindest ungeschickt ist und gehen Sie dabei auf

   - die konkrete Situation,
   - die Mitarbeiter (Stellvertreter sowie zwei Gruppenleiter),
   - das Verhältnis zum Betriebsleiter sowie
   - das „Kontrollverhalten" des Vorgesetzten ein.

b) Geben Sie in wenigen Sätzen ein Beispiel in wörtlicher Rede, wie Sie die Sache Ihren drei Mitarbeitern tatsächlich erklärt hätten.

c) Charakterisieren Sie kurz den Führungsstil, der in dem Gesprächsverhalten zum Ausdruck kommt. Begründen Sie Ihre Antwort mit konkreten Hinweisen aus dem Sachverhalt.

06. Das Umfeld des Führungsprozesses

Der Erfolg der betrieblichen Führungsarbeit wird nachhaltig von einer Vielzahl von Faktoren beeinflusst, die untereinander in mehr oder weniger starker Wechselwirkung stehen. Sie werden auch als Rahmenbedingungen der Personalführung bezeichnet und lassen sich in

- interne und
- externe

Faktoren gliedern.

Innerhalb der internen Faktoren betrachtet man vor allem die Wirkungen auf den Erfolg der betrieblichen Personalführung, die

- vom Mitarbeiter und
- vom Vorgesetzten ausgehen sowie
- diejenigen Wirkungen, die sich aufgrund betriebsspezifischer Rahmenbedingungen ergeben.

Nennen Sie zu jedem der dargestellten Wirkungsfelder vier Beispiele für interne Faktoren, die den Erfolg der betrieblichen Führungsarbeit maßgeblich bestimmen. Nennen Sie außerdem vier externe Einflussfaktoren.

07. Führungsmittel

Führungsinstrumente (= Führungsmittel) sind Mittel und Verfahren zur Gestaltung des Führungsprozesses.

a) Geben Sie drei Beispiele für arbeitsrechtliche Führungsmittel, die der Vorgesetzte zur Gestaltung des Führungsprozesses einsetzen kann.

b) Nennen Sie jeweils zwei Beispiele für

- Anreizmittel,
- Kommunikationsmittel und
- Führungsstilmittel.

08. Führungskultur und Projektmanagement

Erläutern Sie, welche Wechselwirkungen zwischen Führungskultur und erfolgreichem Projektmanagement bestehen.

4.2.4 Führen von Gruppen

01. Verhaltensänderung

Beschreiben Sie mithilfe von Beispielen, wie der Vorgesetzte beim Mitarbeiter angestrebte Verhaltensänderungen erreichen kann. Welche Handlungsempfehlungen lassen sich geben?

02. Lernen im Sinne von Konditionieren

Beschreiben Sie, was man unter „Lernen im Sinne von Konditionieren" versteht und geben Sie vier Beispiele aus dem betrieblichen Alltag.

03. Gewohnheitsmäßiges Verhalten

Das Ergebnis von Lernprozessen zeigt sich u. a. in der Verinnerlichung von Verhaltensmustern. Gewohnheit hat positive, aber auch negative Aspekte. Bilden Sie dazu Beispiele und beschreiben Sie, was der Vorgesetzte unternehmen kann, um „falsche Gewohnheiten" bei seinen Mitarbeitern zu ändern.

04. Einsatz älterer Mitarbeiter und Jugendlicher

Im nächsten Monat werden Sie auf eigenen Wunsch hin in die Abteilung Qualitätssicherung versetzt. Der Anteil der älteren Mitarbeiter liegt dort deutlich über dem Durchschnitt. Außerdem werden Sie erstmalig Jugendliche im Ausbildungsverhältnis führen.

Im Rahmen Ihrer Vorbereitung auf die neue Aufgabe sollen Sie stichwortartig auflisten,

a) welche Aspekte beim Einsatz älterer Mitarbeiter zu berücksichtigen sind und

b) welche äußeren und inneren Veränderungen sich in der Pubertät beim Jugendlichen vollziehen sowie

c) welche Gesichtspunkte bei der Führung Jugendlicher zu beachten sind.

05. Arbeitsergebnis und Einflussfaktoren

Das Arbeitsergebnis Ihrer Gruppe wird unter anderem bestimmt von

- der Leistungsfähigkeit und -bereitschaft der Mitarbeiter,
- den Leistungsanforderungen des Arbeitsplatzes und den
- Leistungsmöglichkeiten (Rahmenbedingungen), die der Betrieb gestaltet.

Geben Sie zu jedem dieser Einflussfaktoren ein betriebliches Beispiel und nennen Sie je zwei Möglichkeiten, in welcher Form Sie diese drei Faktoren positiv gestalten können, um das Arbeitsergebnis Ihrer Gruppe zu steuern und zu verbessern.

06. Arbeitsstrukturierung

Als Instrumente zur Förderung der Mitarbeiter kennt man u. a. Maßnahmen wie

- Job-Enrichment und
- Job-Enlargement.

Geben Sie je ein konkretes Beispiel aus Ihrem betrieblichen Alltag für jede dieser Fördermaßnahmen und erklären Sie dabei die begrifflichen Unterschiede.

07. Motivatoren, Hygienefaktoren

Die 2-Faktoren-Theorie nach Herzberg „spricht von Faktoren, die zu besonderer Arbeitszufriedenheit (= Motivatoren) bzw. zu besonderer Arbeitsunzufriedenheit (= Hygienefaktoren) bei Mitarbeitern führen können.

a) Nennen Sie je drei Beispiele aus Ihrem betrieblichen Alltag für „Positiv-" bzw. „Negativ-Faktoren".

b) Welche Konsequenzen können Sie – trotz mancher Kritik an diesem Modell – aus der Theorie von Herzberg für Ihre betriebliche Führungsarbeit ziehen? Schildern Sie drei Argumente.

08. Motivation, Maslow

Maslow hat die menschlichen Bedürfnisse strukturiert und in eine hierarchische Ordnung gefasst. In seiner Bedürfnispyramide unterteilt er Wachstumsbedürfnisse und Defizitbedürfnisse in insgesamt fünf Stufen:

1 physiologische Grundbedürfnisse (als Basis der Bedürfnispyramide)

2 Sicherheitsbedürfnisse (längerfristige Sicherung der Befriedigung der Grundbedürfnisse)

3 soziale Bedürfnisse

4 Statusbedürfnisse

5 Bedürfnis nach Bestätigung, Liebe, Kreativität, Persönlichkeitsentfaltung u. Ä.

a) Erläutern Sie die Begriffe Motiv und Motivation.

b) Mitunter wird in der Praxis eine vereinfachte Kausalkette beim Thema Motivation unterstellt, indem man meint, „ein bestimmtes Motiv führe immer zu einer bestimmten Handlung – und das bei jedem Mitarbeiter". Erläutern Sie drei Kritikansätze zu dieser Auffassung.

c) Leiten Sie aus den Stufen der Bedürfnispyramide beispielhaft vier Motive ab, die Sie im Allgemeinen bei der Mehrzahl Ihrer Mitarbeiter unterstellen können und geben Sie jeweils ein konkretes Beispiel für die Verhaltensweise eines Mitarbeiters, in der die jeweiligen Motive zum Ausdruck kommen.

d) Maslow selbst hat dazu aufgefordert, seine Theorie der Bedürfnispyramide nicht unkritisch zu verallgemeinern. Erläutern Sie beispielhaft zwei Argumente zur Kritik an seiner Theorie.

e) Nennen Sie beispielhaft fünf konkrete Führungsmaßnahmen, die geeignet sind die nach Maslow bekannten Bedürfnisse zu befriedigen.

09. Formelle, informelle Gruppe

Sie führen eine Arbeitsgruppe von 12 Mitarbeitern. Vier dieser Mitarbeiter treffen sich regelmäßig beim Mittagessen in der Kantine.

a) Nennen Sie vier charakteristische Merkmale einer sozialen Gruppe.

b) Soziologisch unterscheidet man die beiden, oben beschriebenen Gruppen („Arbeits-gruppe/Gruppe beim Mittagessen"). Mit welchen Fachbegriffen bezeichnet man die-se beiden Gruppen? Nennen Sie je zwei charakteristische Unterschiede.

c) Welche Bedeutung kann die „Gruppe beim Mittagessen" für Ihren Führungserfolg in der Arbeitsgruppe haben? Erläutern Sie zwei Argumente.

10. Soziale Rolle

Welche Bedeutung hat die soziale Rolle, die ein Mensch innerhalb einer Gruppe wahr-nimmt (wahrzunehmen hat)?

11. Normen

Welche Bedeutung haben Normen für den Gruppenprozess?

12. Rollen und Aufgaben des Team-Sprechers

Welche Rollen und Aufgaben übernimmt heute typischerweise ein Teamsprecher?

13. Informeller Führer

Geben Sie ein Beispiel dafür, wann sich innerhalb einer formalen Gruppe ein informel-ler Führer herausbilden wird, wodurch die formale Leitungsfunktion des Vorgesetzten gestört werden kann.

14. Gruppenstörungen

Geben Sie drei Beispiele für Ursachen, die zu massiven Gruppenstörungen bis hin zum Zerfall einer Gruppe führen können.

15. Regeln des Verhaltens sozialer Gruppen

Das Verhalten betrieblicher Arbeitsgruppen unterliegt meist verschiedenen Mustern (sog. Regeln des Verhaltens sozialer Gruppen), die vom Vorgesetzten in seiner Füh-rungsarbeit zu beachten sind. Beispiele für derartige Regeln sind:

- die Interaktionsregel,
- die Angleichungsregel,
- die Distanzierungsregel.

Erläutern Sie zwei dieser Regeln.

16. Rollenverhalten, Delegation

Innerhalb Ihrer Gruppe gibt es einen Mitarbeiter, Herrn Schneider, der ausgesprochen ehrgeizig ist, oft gute Argumente hat und diese auch präzise vorzutragen weiß. Der Mitarbeiter dominiert und „weiß grundsätzlich alles besser". Die Gruppe ärgert sich mittlerweile recht massiv über sein Verhalten.

a) Was können Sie tun, um den Mitarbeiter wieder positiv in die Gruppe zu integrieren?

b) Da Herr Schneider ein schwieriger Mitarbeiter ist, bitten Sie Ihren Vorgesetzten, „mit Schneider mal ein ernstes Wort zu reden".

Beurteilen Sie dieses Führungsverhalten.

17. Arbeit in Gruppen, Risiken teilautonomer Gruppen

Ihre Geschäftsleitung beabsichtigt, im nächsten Jahr die Gruppenarbeit in der Fertigung zu verstärken und erhofft sich dadurch eine Verbesserung der Produktivität und der Qualität. In einem Kick-Off-Meeting sollen Sie zusammen mit Ihren Kollegen zu folgender Fragestellung referieren:

Mit welchen Risiken für den Betrieb können speziell „teilautonome Gruppen" verbunden sein?

18. Motivationsprobleme und Handlungsempfehlungen

Es ist Freitag nachmittag und Sie sitzen mit Ihren drei Teamsprechern im wöchentlichen „Jour fixe" zusammen. Zum wiederholten Mal steht die mangelnde Arbeitsmotivation einiger Mitarbeiter auf der Tagesordnung. Die Teamsprecher wollen von Ihnen konkrete Handlungsempfehlungen hören: „Was kann man tun, um bei unmotivierten Mitarbeitern die Leistungsbereitschaft zu verbessern?"

Bearbeiten Sie die Aufgabe stichwortartig.

4.2.5 Personalplanung

01. Arten des Personalbedarfs

Bei der Personalplanung für das kommende Jahr ermitteln Sie folgende Vakanzen, die einen Personalbedarf auslösen:

Anzahl der Stellen	wegen ...
2	Erreichen der Altersgrenze
4	Neueröffnung der Filiale
1	Nichtbesetzung im zurückliegenden Planungszeitraum
3	Arbeitszeitverkürzung
2	eines geschätzten Arbeitsausfalls infolge von Urlaub und Krankheit

Bezeichnen Sie die einzelnen Personalbedarfsarten mit dem richtigen Fachbegriff.

02. Ermittlung des Nettopersonalbedarfs

Sie sind Assistent der Geschäftsleitung in der Zentrale einer Handelskette. Für eine größere Filiale sollen Sie im Rahmen der Personalplanung den Nettopersonalbedarf für das kommende Jahr errechnen. Aus Ihrem Betrieb sind folgende Zahlen bekannt:

- Mitarbeiterstand zum 31.07.2009	250
- feststehende Mitarbeiterzugänge (2009)	15
- entfallende Stellen bis zum 31.12.2009	40
- feststehende Mitarbeiterabgänge (2009)	30
- neue Planstellen bis zum 31.12.2009	10
- geschätzte Mitarbeiterabgänge (2009)	20
- Bestand an Stellen zum 31.07.2009	260

03. Frequenzstudie

Die Ermittlung des Bruttopersonalbedarfs kann auch im Wege einer Frequenzstudie erfolgen. Geben Sie eine Erläuterung.

04. Personalleasing/Arbeitnehmerüberlassung

Sie sind im Elektrogroßhandel H. Stettin GmbH beschäftigt und haben derzeit die Verantwortung übernommen, für den Vertrieb von speziellen Frequenzumrichtern eine Interessenten- und Kundendatei aufzubauen. Wegen der Fülle der neu anzulegenden Datensätze ist die Aufgabe mit Ihren eigenen Mitarbeitern nicht termingerecht zu schaffen. Die befristete Einstellung zusätzlicher Arbeitskräfte wurde von der Geschäftsleitung nicht zugelassen. Aus diesem Grunde setzen Sie sich mit dem Zeitarbeitsunternehmen „RentaMan" in Verbindung und ersuchen um zwei geeignete Mitarbeiter für einen Monat. Die Kosten dafür wurden bewilligt.

a) Stellen Sie dar, welche Rechtsbeziehungen bestehen

- zwischen Ihrer Firma und der Firma „RentaMan",
- zwischen Ihrer Firma und den beiden Leiharbeitnehmern,
- zwischen den Leiharbeitnehmern und der Firma „RentaMan".

Beschreiben Sie weiterhin, wer das Weisungsrecht gegenüber den beiden Leiharbeitnehmern hat.

b) Bevor Sie noch dazu kommen, den Betriebsrat zu informieren, meldet sich dieser bei Ihnen und weist darauf hin, dass er auch bei der Beschäftigung von Leiharbeitnehmern ein Mitbestimmungsrecht hat. Wie ist die Rechtslage?

c) Unter Umständen kann es erforderlich sein, den befristeten Einsatz der beiden Leiharbeitnehmer zu verlängern. Ist dies rechtlich möglich? Begründen Sie Ihre Antwort.

d) Die Geschäftsleitung hat bisher noch keine Erfahrung mit dem Einsatz von Leiharbeitnehmern.

Sie werden daher gebeten, in einer knappen Übersicht die Vor- und Nachteile der Arbeitnehmerüberlassung für den Entleiher darzustellen. Nennen Sie jeweils drei Argumente.

e) Nennen Sie vier Vorteile, die die Arbeitnehmerüberlassung für den Leiharbeitnehmer mit sich bringen kann.

05. Personalbedarf, Kennzahlenmethode

a) In einem Verkaufsgebiet sind derzeit 20 Reisende eingesetzt. Man erzielt einen Umsatz von 5,0 Mio. €. Für das kommende Jahr rechnet man mit einem Umsatzanstieg von 20 %, da einer der Hauptkonkurrenten insolvent geworden ist. Im Übrigen geht man für das kommende Jahr von gleichen Planungseckdaten aus. Wie viel Mitarbeiter werden für die Verkaufsregion im neuen Jahr zusätzlich benötigt?

b) In einer größeren Drogeriefiliale beträgt das Gesamtarbeitsvolumen 600 Stunden pro Monat. Die derzeitige Arbeitszeit ist von 09:00 – 18:30 Uhr. Die Regelarbeitszeit laut Tarif ist 35 Std./Woche. Wie viel Arbeitskräfte müssen eingesetzt werden? Gehen Sie bei der Berechnung von vier Wochen pro Monat aus.

06. Personalkostenplanung

a) Nennen Sie zwei Bestimmungsgrößen, an denen sich die Personalkostenplanung vorrangig orientiert.

b) Welche Merkmale sollte ein Personalkostenplan berücksichtigen? Geben Sie vier Beispiele.

07. Personalkosten und -zusatzkosten

In Ihrem Unternehmen ermitteln Sie die nachfolgenden Personalkosten sowie die entsprechenden Personalzusatzkosten.

a) Erstellen Sie eine sachlogische Struktur der Personal- und Personalzusatzkosten.

b) Wie hoch (Angabe in Prozent des Entgelts) sind die Personalzusatzkosten
- aufgrund von Tarif und Gesetz,
- aufgrund freiwilliger betrieblicher Leistungen,
- insgesamt?

Personalkosten	in 1.000 EUR
Löhne	44
13. Monatsgehalt, gesamt	14
Gehälter, Führungskräfte	72
Urlaubsgeld, gesamt	8
Gehälter, Tarifangestellte	108
Vermögenswirksame Leistungen, gesamt	5
Rentenversicherung, Arbeitslosenversicherung	65
Betriebliche Altersversorgung	18
Krankenversicherung, Pflegeversicherung	20
Fahrtkostenzuschuss, gesamt	6
Sonstige betriebliche Leistungen	6
Versicherungen, Zuschüsse, gesamt	4
Unfallversicherung	5

08. Nachfolgeplanung (1)

Innerhalb der nächsten sechs Monate werden zwei Mitarbeiter aus Ihrer Gruppe das Unternehmen verlassen.

Nennen Sie fünf Maßnahmen, die im Rahmen der Nachfolgeplanung erforderlich sind.

09. Nachfolgeplanung (2)

Ihr Betrieb hat mehr als 500 Mitarbeiter. Es existiert ein Betriebsrat. Vor Ihnen liegt ein Auszug des Organigramms von Herrn Morgan, Betriebsleiter.

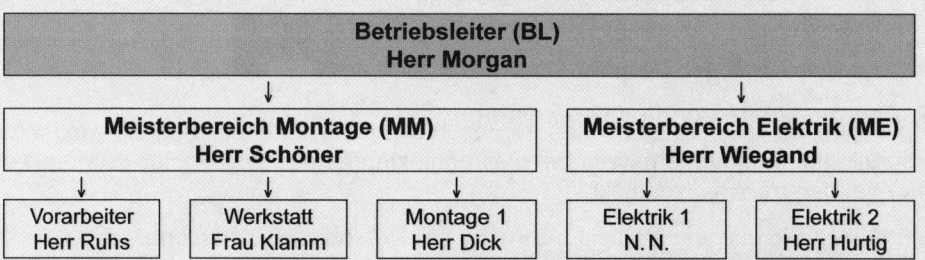

a) Für das kommende Planungsjahr ist eine positionsbezogene Nachfolgeplanung zu erstellen und in das nachfolgende Schema (Positionen/Monate) einzutragen:

Nachfolgeplanung:	BL/Morgan	Monate											
Positionen:		J	F	M	A	M	J	J	A	S	O	N	D

Dazu liegen Ihnen folgende Angaben vor:

Herr Schöner, Meisterbereich Montage wird altersbedingt zum 30.06. ausscheiden und durch Herrn Ruhs ab dem 01.09. ersetzt. Zur Vorbereitung auf die neue Position wird Herr Ruhs im Juli und August ein internes Trainingsprogramm durchlaufen. In diesen beiden Monaten wird Herr Morgan den Meisterbereich Montage kommissarisch leiten.

Der Vorarbeiter Herr Ruhs wird „nahtlos" durch Herrn Dick ersetzt. Die Stelle von Herrn Dick wird von Juli bis September von einem Leiharbeitnehmer und daran anschließend von Herrn Schnell besetzt, der zum 30.09. seine Lehre als Mechatroniker beendet.

Frau Klamm tritt zum 01.03. ihren Elternurlaub an. Als Nachfolge ist eine befristete externe Neueinstellung geplant.

Die Stelle Elektrik 1 ist derzeit vakant; sie soll zum 01.04. mit Herrn Rohr besetzt werden, der dann von der Bundeswehr zurückkehrt.

b) Nennen Sie vier personelle Maßnahmen, die im Rahmen dieser Nachfolgeplanung durchzuführen sind sowie das jeweilige Beteiligungsrecht des Betriebsrates.

10. Laufbahnplanung

Stellen Sie den Unterschied zwischen der potenzialorientierten und der positionsorientierten Laufbahnplanung gegenüber.

4.2.6 Personalbeschaffung

01. Personalbeschaffungswege (Vergleich)

Für Ihre Projektgruppe ist die Personalressource zu knapp, sodass Sie zwei weitere Mitarbeiter beschaffen müssen.

Vergleichen Sie die interne und externe Beschaffung mit der Beschäftigung von Fremdpersonal und nennen Sie jeweils zwei Vor- und Nachteile.

02. Internet, Intranet und Personalarbeit

Die Möglichkeiten des Internet und Intranet werden auch in der Personalarbeit genutzt. Beschreiben Sie jeweils drei Anwendungsbeispiele.

03. Personalbeschaffung und -auswahl, Einarbeitungsplan

a) Nennen Sie jeweils vier Vor- bzw. Nachteile der internen Personalbeschaffung.

b) Entwerfen Sie eine interne Stellenausschreibung für die Stelle „Leiter SB-Supermarkt". Kurzbeschreibung: Leitung eines SB-Supermarktes mit 20 Mitarbeitern, berichtet an den Leiter SB-Märkte/Zentrale, verantwortlich für die Führung der Mitarbeiter und die Realisierung der gesteckten Budgetziele; Anforderungsprofil: u. a.

Ausbildung im Groß- bzw. Einzelhandel, mindestens acht Jahre Berufserfahrung, Weiterbildung – möglichst Handelsfachwirt oder gleichwertig, unternehmerisch handelnd, klare Zielorientierung, Erfahrung in der Führung von Mitarbeitern; Gehalt: AT.

c) Welche Informationen können Sie der Analyse des Lebenslaufs bei der Bewerbervorauswahl entnehmen?

d) Die Brotland GmbH sucht zur Verstärkung ihrer Mannschaft einen Bäcker.

- Entwerfen Sie den Text für die Personalanzeige im Stellenteil der regionalen Tageszeitung.
- Nennen Sie zehn Gesichtspunkte, die bei der Gestaltung der Personalanzeige relevant sind.
- Analysieren Sie das Bewerbungsschreiben (s. unten) sowie den Lebenslauf des Bewerbers Herbert Kahl (s. Seite 551). Gehen Sie dabei auf vier wichtige Aspekte des Anschreibens und drei Aspekte des Lebenslaufes ein.
- Werden Sie Herrn Kahl zum Gespräch einladen? Begründen Sie Ihre Entscheidung.

e) Entwerfen Sie einen Einarbeitungsplan für die ersten zwei Tage des neuen Mitarbeiters (Sachverhalt: vgl. Frage d)).

f) Geben Sie 20 Beispiele für Fragen, die Sie dem Bewerber Herbert Kahl stellen werden.

Anschreiben von Herbert Kahl:

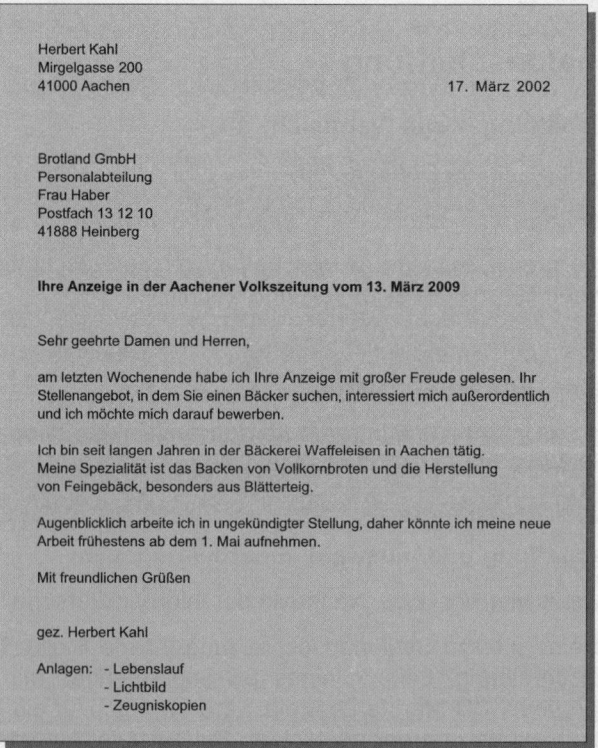

Herbert Kahl
Mirgelgasse 200
41000 Aachen   17. März 2002

Brotland GmbH
Personalabteilung
Frau Haber
Postfach 13 12 10
41888 Heinberg

Ihre Anzeige in der Aachener Volkszeitung vom 13. März 2009

Sehr geehrte Damen und Herren,

am letzten Wochenende habe ich Ihre Anzeige mit großer Freude gelesen. Ihr Stellenangebot, in dem Sie einen Bäcker suchen, interessiert mich außerordentlich und ich möchte mich darauf bewerben.

Ich bin seit langen Jahren in der Bäckerei Waffeleisen in Aachen tätig. Meine Spezialität ist das Backen von Vollkornbroten und die Herstellung von Feingebäck, besonders aus Blätterteig.

Augenblicklich arbeite ich in ungekündigter Stellung, daher könnte ich meine neue Arbeit frühestens ab dem 1. Mai aufnehmen.

Mit freundlichen Grüßen

gez. Herbert Kahl

Anlagen: - Lebenslauf
          - Lichtbild
          - Zeugniskopien

Lebenslauf von Herbert Kahl:

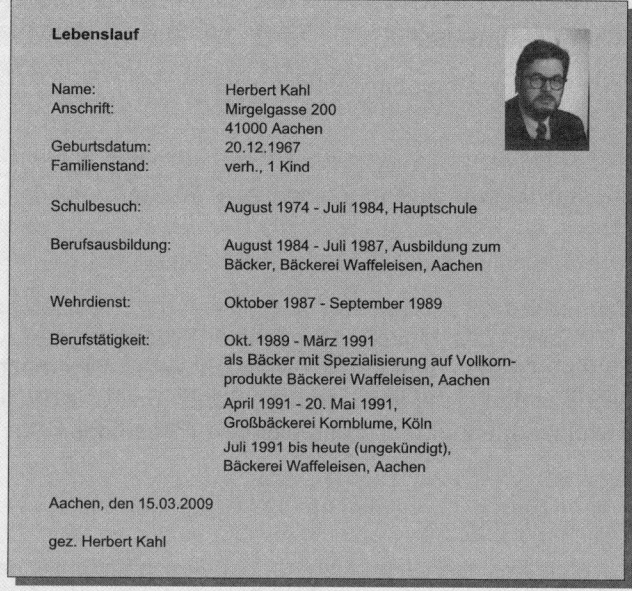

Lebenslauf

Name:	Herbert Kahl
Anschrift:	Mirgelgasse 200
	41000 Aachen
Geburtsdatum:	20.12.1967
Familienstand:	verh., 1 Kind
Schulbesuch:	August 1974 - Juli 1984, Hauptschule
Berufsausbildung:	August 1984 - Juli 1987, Ausbildung zum Bäcker, Bäckerei Waffeleisen, Aachen
Wehrdienst:	Oktober 1987 - September 1989
Berufstätigkeit:	Okt. 1989 - März 1991 als Bäcker mit Spezialisierung auf Vollkornprodukte Bäckerei Waffeleisen, Aachen
	April 1991 - 20. Mai 1991, Großbäckerei Kornblume, Köln
	Juli 1991 bis heute (ungekündigt), Bäckerei Waffeleisen, Aachen

Aachen, den 15.03.2009

gez. Herbert Kahl

04. Bewerbungsgespräch, Fragerecht

Sie sind Leiter des Modegeschäfts „Flott 2000" und wollen zwei Stellen neu besetzen:

(1) Ein(e) Kassierer(in), der (die) auch gelegentliche Warenauslieferungen mit dem Firmenkleinbus zu Kunden vornimmt.

(2) Da Sie in der Modeszene gut bekannt sind, wollen Sie Ihr Engagement auf regionalen Messen und Modeschauen verstärken. Sie suchen daher eine Verkäuferin, die auch in der Lage ist, neue Modelle als Mannequin vorzuführen.

Sie sind dabei, sich auf die kommenden Auswahlgespräche vorzubereiten.

a) Kennzeichnen Sie in der nachfolgenden Matrix, welche Fragen Sie als potenzieller Arbeitgeber stellen dürfen und welche Fragen unzulässig sind.

b) Begründen Sie Ihre Antwort im Fall „Frage nach der Schwangerschaft".

Fragen	Stelle 1: Kassierer(in)		Stelle 2: Verkäuferin	
	erlaubt	nicht erlaubt	erlaubt	nicht erlaubt
Frage nach Schwangerschaft				
Frage nach Vermögensdelikten				
Frage nach Krankheiten				
Frage zur politschen Einstellung				
Frage nach Verkehrsdelikten				
Frage zur Religionszugehörigkeit				

4.2.7 Personalanpassungsmaßnahmen

01. Einführung neuer Mitarbeiter

Der Regelkreis der Führungsarbeit umfasst die Phasen:

- Ziele setzen
- Planen
- Organisieren
- Durchführen
- Kontrollieren

Sie führen eine Gruppe von 12 Mitarbeitern; darunter sind u. a. ein Gruppenleiter sowie drei „Altgediente, Erfahrene". Ab Montag der nächsten Woche werden zwei neue Mitarbeiter die Arbeit in Ihrer Gruppe aufnehmen. Erstellen Sie ein Einarbeitungsprogramm für die „Neuen" (konkret und situationsbezogen). Sagen Sie, was Sie tun werden und ordnen Sie die einzelnen Maßnahmen der jeweiligen „Phase des Regelkreises" zu.

02. Personaleinsatzplanung

Auf der nächsten Abteilungsleitersitzung, zu der der Geschäftsführer geladen hat, sollen Sie die Notwendigkeit einer systematischen Personaleinsatzplanung präsentieren. Gehen Sie dabei auf folgende Fragestellungen ein:

a) Formulieren Sie die grundsätzliche Zielsetzung der Personaleinsatzplanung.

b) Nennen Sie ergänzend fünf Einzelziele, die mit einer systematischen Personaleinsatzplanung realisiert werden sollen.

c) Welche Maßnahmen/Instrumente stehen Ihnen innerbetrieblich bei der Personaleinsatzplanung zur Verfügung? Nennen Sie vier Beispiele.

d) Die Personaleinsatzplanung muss sich an Rahmenbedingungen wie z. B. „außerbetrieblichen Eckdaten" orientieren. Nennen Sie dazu vier konkrete Beispiele für Rahmenbedingungen.

03. Personalabbau

In Ihrem Unternehmen mit ca. 1.000 Mitarbeitern hat sich die Beschäftigungssituation in den letzten vier Monaten erheblich verschlechtert. Die Geschäftsleitung sieht sich gezwungen, Personal abzubauen.

a) Nennen Sie sechs Merkmale für die Wahl geeigneter Abbauinstrumente.

b) Erläutern Sie zwei Abbauinstrumente näher, indem Sie jeweils auf drei der in Fragestellung a) genannten Kriterien eingehen. Berücksichtigen Sie bei Ihrer Antwort den vorgegebenen Sachverhalt.

c) Nennen Sie vier weitere Maßnahmen des Personalabbaus.

d) Nennen Sie sechs Möglichkeiten zur Senkung der Personalkosten bei Verzicht auf das Instrument „direkter Personalabbau".

4.2.8 Entgeltformen

01. Entgeltformen im Vergleich (Vor- und Nachteile)

Bei der Wahl der Entgeltform ist es erforderlich, sich jeweils die Vor- und Nachteile der Vergütungsart zu verdeutlichen.

Nennen Sie jeweils die Vor- und Nachteile

- des Zeitlohns,
- des Akkordlohns,
- des Prämienlohns und
- des Gruppenlohns.

02. Prämienlohn (1)

Im Werkzeugfachgeschäft Schranz arbeiten der Inhaber selbst und ein Mitarbeiter. Beide bedienen die Kundschaft. Der Verkauf von Profiwerkzeugen an die Kundschaft – meist Handwerker aus dem Umkreis – ist teilweise recht beratungsintensiv. Schranz will probeweise eine Prämienentlohnung einführen. Dazu ermittelt er gemeinsam mit seinem Mitarbeiter für den Monat Juni folgende Daten:

	Inhaber	Mitarbeiter Huber	Gesamt
Anzahl der bedienten Kunden im Monat Juni	320	460	780
Umsatz im Monat Juni	22.000 €	17.000 €	39.000 €

Nach welcher Bemessungsgrundlage könnte Schranz eine Prämienentlohnung einführen? Geben Sie eine Beispielrechnung anhand der konkreten Zahlen und ermitteln Sie den (fiktiven) Prämienlohn für den Mitarbeiter (sein Festgehalt beträgt 3.200 € im Monat Juni).

03. Prämienlohn (2)

Sie wollen einen Vorschlag unterbreiten, ob für ein neu eröffnetes Elektrofachgeschäft mit Bedienung der Zeitlohn oder der Prämienlohn eingeführt werden soll. Stellen Sie dar, unter welchen Voraussetzungen der Prämienlohn eingeführt werden kann.

04. Prämienlohn (3)

Ein Großhandelsunternehmen vertreibt u. a. Damen- und Herrentextilien. Im Rahmen einer Überprüfung der Vergütungssysteme wird überlegt, in der zuständigen Vertriebsabteilung (20 Außendienstmitarbeiter) einen Prämienlohn einzuführen. Es werden folgende vier Modelle diskutiert:

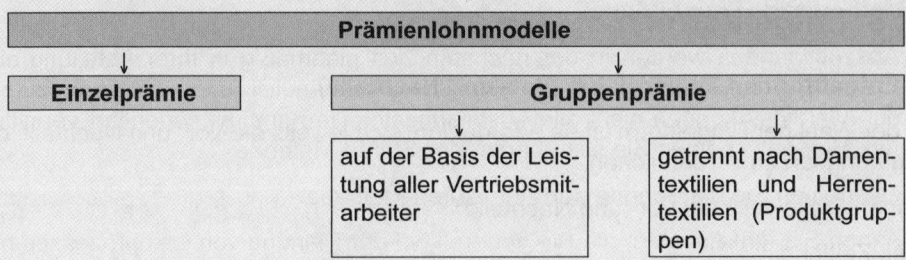

Geben Sie zu jedem der vier Modelle eine Bewertung ab, indem Sie jeweils zwei Argumente „Pro" und zwei Argumente „Kontra" diskutieren.

05. Entgeltformen (Überblick)

Geben Sie einen Überblick über die Entgeltformen.

06. Sozialpolitik

Geben Sie 12 Beispiele für gesetzliche, tarifliche und betriebliche Leistungen der Sozialpolitik.

4.3 Personalentwicklung

01. Ausbildung der Mitarbeiter

a) Die Geschäftsleitung bittet Sie um ein Arbeitspapier, in dem Sie die Voraussetzungen erörtern sollen, die der Betrieb erfüllen muss, um in dem vorgesehenen Ausbildungsberuf (Einzelhandelskaufmann/-frau oder Kaufmann/-frau im Groß- und Außenhandel) ausbilden zu können. Lassen Sie dabei Ihre betriebliche Erfahrung mit einfließen.

b) Sie sind u. a. für die Ausbildung in Ihrem Betrieb verantwortlich. Erläutern Sie kurz die Unterweisungsmethoden

- Lehrgespräch,
- Rollenspiel,
- Fallstudie.

02. Planung der Ausbildung

Nachdem sichergestellt ist, dass der Ausbildungsberuf Einzelhandelskaufmann/Einzelhandelskauffrau in Ihrem Unternehmen ausgebildet werden kann, beginnen Sie mit der Planung der Ausbildung. Nennen Sie dazu fünf Aspekte, die Inhalt Ihrer Planungsarbeit sein werden.

03. Methoden der Ausbildung

Die Auszubildenden werden in der nächsten Zeit planmäßig in Ihrer Abteilung eingesetzt sein. Ihre Aufgabe ist es, die Ausbildung verständlich und interessant zu gestalten. Allerdings können nicht alle Ausbildungsinhalte handlungsorientiert vermittelt werden. Hier entscheiden Sie sich für die Vier-Stufen-Methode.

a) Beschreiben Sie die Schritte der Vier-Stufen-Methode.

b) Nennen Sie fünf Aspekte, die Sie generell bei der Planung von Lernprozessen beachten.

04. Schlüsselqualifikationen

Bei der Diskussion über die Personalentwicklungsmaßnahmen der kommenden Jahre hält Ihnen der Geschäftsführer vor: „Wir haben bisher versäumt, insbesondere Schlüsselqualifikationen zu fördern."

a) Erläutern Sie, was man unter einer Schlüsselqualifikation versteht.

b) Nennen Sie drei Beispiele für Schlüsselqualifikationen und beschreiben Sie jeweils eine geeignete Fördermaßnahme.

05. Formen von Weiterbildungsmaßnahmen

Im Rahmen der betrieblichen Fort- und Weiterbildung werden in der Praxis eine Fülle unterschiedlicher Methoden angewandt – z. B. Job-Rotation, Projektmanagement, Fallmethode und Planspiel.

a) Nennen Sie vier Inhalte eines Rotationsplanes.

b) Erläutern Sie an einem Beispiel, warum sich Fragestellungen innerhalb eines Projektes besonders gut zur Förderung von Führungsnachwuchskräften eignen.

c) Wie unterscheidet sich die Fallmethode vom Planspiel? Beschreiben Sie beide Methoden.

06. Förderung von Nachwuchskräften

Ihr Vorgesetzter bittet Sie, ein Konzept zur Förderung von Nachwuchskräften zu erstellen. Insbesondere werden Antworten auf folgende Fragen erwartet:

a) Welcher Mitarbeiterkreis ist mit „Nachwuchskräften" gemeint? Geben Sie eine Erläuterung.

b) Welche Schulungsmaßnahmen stehen inhaltlich bei der Nachwuchsförderung im Vordergrund? Geben Sie fünf Beispiele.

c) Nennen Sie beispielhaft sechs Methoden (PE-Instrumente), die sich besonders für die Förderung von Nachwuchskräften eignen.

07. Förderung ausländischer Mitarbeiter

Die Berücksichtigung soziokultureller Werte ist wichtig bei der Förderung eines ausländischen Mitarbeiters.

Geben Sie drei Beispiele zu dieser Forderung.

08. Job-Rotation

Am kommenden Montag sollen Sie Ihren Kollegen Auszüge aus der neuen Personalentwicklungskonzeption präsentieren. Unter anderem werden Sie auch über Job-Rotation sprechen.

a) Beschreiben Sie den Führungskräften Ihres Hauses Job-Rotation als Instrument der Personalentwicklung.

b) Beschreiben Sie vier Vorteile von Job-Rotation, um die Führungskräfte von der Notwendigkeit dieses Instruments zu überzeugen.

09. Personalförderung

Die Maßnahmen der Personalentwicklung lassen sich einteilen in

- Maßnahmen der beruflichen Bildung (Aus- und Fortbildung, Umschulung) und
- Maßnahmen der Personalförderung.

Nennen Sie fünf Einzelmaßnahmen der Personalförderung.

10. Fortbildung (Bedarfsermittlung und -deckung)

a) Nennen Sie fünf Phasen zur Bestimmung des Fortbildungsbedarfs in sachlogischer Reihenfolge.

b) Beschreiben Sie zwei Maßnahmen zur Bedarfsdeckung.

11. Novellierung der AEVO

Erläutern Sie, welche Regelungen die Novellierung der AEVO enthält.

12. Evaluierung der Personalentwicklung (Kosten- und Nutzenanalyse)

Die Messung des Nutzens bzw. des Erfolgs von Personalentwicklungsmaßnahmen ist schwierig und komplex.

a) Beschreiben Sie drei geeignete Ansätze.

b) Die Evaluierung der Personalentwicklung auf der Organisationsebene wird erschwert durch das Auftreten von Störgrößen während der Messperiode.

Beschreiben Sie zwei diesbezügliche Beispiele.

Lösungen

1.1 Volkswirtschaftliche Grundlagen

01. Bedarf, Nachfrage

- Der *Bedarf* ist die Summe der Bedürfnisse, die mit Kaufkraft befriedigt werden kann.

- *Nachfrage* ist der Bedarf, der am Markt wirksam wird.

02. Erwerbswirtschaftliches und gemeinwirtschaftliches Prinzip

- *Erwerbswirtschaftliches Prinzip:*
  Die Unternehmen sind bestrebt, einen möglichst großen (maximalen) oder zumindest einen angemessenen Gewinn zu erzielen (Gewinnmaximierung).

- *Gemeinwirtschaftliches Prinzip:*
  Im Vordergrund steht die Versorgung der Allgemeinheit mit wichtigen Gütern und Dienstleistungen (Versorgungsprinzip). Die öffentlichen Betriebe und sozialen Einrichtungen, die nach diesem Prinzip handeln, müssen jedoch ihre Kosten durch die Erlöse decken (Prinzip der Kostendeckung).

03. Preissituationen

P 1: Es gibt keinen Umsatz, da die Anbieter keine Menge offerieren.
P 2: Die angebotene Menge entspricht der nachgefragten Menge.
P 3: Es existiert ein Angebotsüberhang.
P 4: Es findet keine Nachfrage statt.
P 5: Die nachgefragte Menge ist größer als die angebotene Menge.
P 6: Der Marktpreis führt zu einer Markträumung.

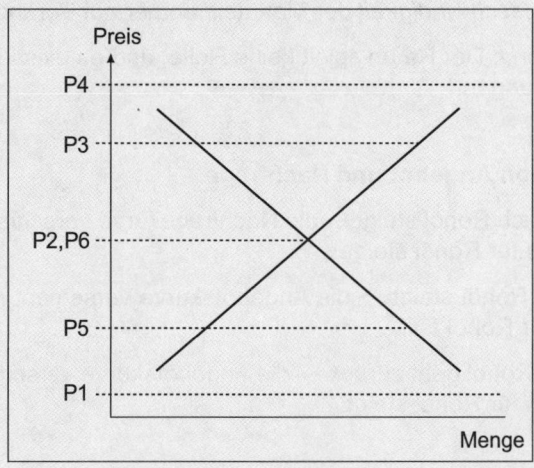

04. Angebot und Nachfrage

a) Der Gleichgewichtspreis von 2,50 € ermöglicht einen Absatz von 60 Einheiten.

b) Der Gleichgewichtspreis übt z. B. eine Lenkungsfunktion, Signalfunktion und Ausschaltfunktion aus.

c) Bei einem Mindestpreis von 4 € geht die Nachfrage in diesem Fall auf ungefähr 20 Einheiten zurück, produziert werden aber ca. 90 Einheiten. Es ergibt sich somit eine Nachfragelücke.

05. Nachfragekurve

Eine Bewegung *auf* der Nachfragekurve erfolgt bei Preisänderungen.

Eine Veränderung *der* Nachfragekurve erfordert eine Änderung der Präferenzen (Verschiebung der Indifferenzkurven) oder des Einkommens.

06. Technischer Fortschritt

Bei unveränderter Nachfragekurve führt der technische Fortschritt zu einer Erhöhung der Angebotsmenge. Das heißt, die Angebotskurve würde sich nach oben verschieben. Das Resultat wäre eine Preissenkung.

07. Vollkommener Markt

1. *Homogene Güter:* Es werden nur gleichartige Güter nachgefragt oder angeboten.

2. Es existieren *keine Präferenzen* der Marktteilnehmer bezüglich örtlicher, personeller oder sachlicher Art.

3. Es besteht absolute *Markttransparenz:* Anbieter und Nachfrager haben vollständige Marktübersicht und Qualitätseinsicht.

4. *Hohe Reaktionsgeschwindigkeit* der Marktteilnehmer auf Veränderungen.

5. *Offener Punktmarkt:* Der Raum spielt keine Rolle, und es existieren keine Marktzugangsbeschränkungen.

08. Veränderung von Angebot und Nachfrage

1. Die Nachfrage nach Rohöl steigt → die Nachfragekurve verschiebt sich nach rechts → der Marktpreis für Rohöl steigt.

2. Das Angebot an Rohöl steigt → die Angebotskurve verschiebt sich nach rechts → der Marktpreis für Rohöl fällt.

3. Das Angebot an Rohöl geht zurück → die Angebotskurve verschiebt sich nach links → der Marktpreis für Rohöl steigt.

09. Nachfrage und Preisentwicklung (Proportionale Beziehung)

Mögliche Erklärungsansätze:

- Prestigeeffekt des Gutes (z. B. Porsche),
- die Preise konkurrierender Güter sind stärker gestiegen,
- der Konsument erwartet weitere Preissteigerungen,
- das verfügbare Einkommen der Haushalte ist gestiegen.

10. Reallohn, Nominallohn

a) Der *Nominallohn*
   entspricht dem Nennwert des Lohns und gibt an, wie viel jemand verdient.

   Der *Reallohn*
   bringt die Kaufkraft des Lohnes zum Ausdruck. Er wird ermittelt durch Ausschaltung der Preissteigerung in dem betreffenden Zeitraum.

b)- Der nominale Bruttolohn war gegenüber dem Vorjahr in etwa konstant.
   - Der nominale Nettolohn sank gegenüber dem Vorjahr (Anstieg der Abgaben)
   - Der reale Nettolohn sank gegenüber dem Vorjahr. Das heißt, dass die verfügbare Kaufkraft abnahm.

	2008	*2009*	*Veränderung gegenüber dem Vorjahr*
Bruttolohn, nominal	2.319	2.311	-0,30 %
Nettolohn, nominal	1.497	1.484	-0,87 %
Nettolohn, real	-1,0 %	-1,2 %	-1,20 %

11. Wettbewerb in der Marktwirtschaft

- Der Wettbewerb in der freien Marktwirtschaft soll z. B. der Entwicklung von Monopolstrukturen entgegenwirken. Damit soll verhindert werden, dass einzelne Anbieter eine unangemessene Marktbeeinflussung zulasten anderer Wirtschaftsteilnehmer realisieren.

- Wettbewerb zwingt die Unternehmen, sich am Markt zu behaupten durch kostengünstige Produktion unter Beachtung der Qualität und des Umweltschutzes.

12. Staatlich festgelegte Höchst-/Mindestpreise

a) - Schutz des Verbrauchers
   - Schutz der abhängig Beschäftigten
   - Schutz einzelner Branchen/Wirtschaftszweige

b) - Festgelegte Höchstpreise beeinflussen das Gewinnstreben; mögliche Wirkung: Verringerung des Angebots, ggf. Unterversorgung der Wirtschaft.
   - Festgelegte Mindestpreise (z. B. Löhne im Bausektor); mögliche Wirkung: den Nachfragern ist der Preis zu hoch, sie beschaffen im Ausland oder auf „grauen Märkten" (z. B. Schwarzarbeit).

13. Begriffe der Volkswirtschaftlichen Gesamtrechnung

- *Bruttoinlandsprodukt:*   →   geografische Abgrenzung
  Wert aller Güter und Dienstleistungen, der im Inland produziert wurde (auch von Ausländern)

- Das *Bruttonationaleinkommen* (früher: Bruttosozialprodukt)
  stellt die Leistung einer Volkswirtschaft innerhalb einer Rechnungsperiode unter Berücksichtigung von Steuern, Subventionen, Abschreibungen, Abgaben, u. a. dar.

- *Volkseinkommen:*   →   monetärer Strom
  Summe der Einzeleinkommen aller am Produktionsprozess beteiligten Produktionsfaktoren

- *Nominelle* Wachstumsrate:
  Jährliche Wachstumsrate des Bruttosozialprodukts zu aktuellen Preisen

- *Reale* Wachstumsrate:
  Preisbereinigte Wachstumsrate des Bruttosozialprodukts

- *Lohnquote:*
  Einkommen aus unselbstständiger Arbeit : Volkseinkommen · 100

- *Gewinnquote:*
  Einkommen aus Unternehmertätigkeit und Vermögen : Volkseinkommen · 100

14. Bruttoinlandsprodukt

a) Im Bruttoinlandsprodukt sind Vorgänge enthalten, die keiner Wohlstandssteigerung entsprechen; Beispiele:

- Kommt es auf der Autobahn im Nebel zu einem Massenunfall, so steigt das Bruttoinlandsprodukt, weil zusätzliche Dienstleistungen (Abschleppleistungen, Reparaturleistungen u. a.) in Anspruch genommen werden.

- Sozialen Kosten, die durch die Zerstörung der Umwelt und durch zunehmende Kriminalität entstehen.

- Ebenso schlägt sich eine höhere Beamtenbesoldung im Bruttoinlandsprodukt nieder, ohne dass dadurch eine Wohlstandsmehrung erzielt wird.

b) Manche Vorgänge, die für eine Wohlstandsmehrung von Bedeutung sind, werden im Bruttoinlandsprodukt nicht aufgenommen; Beispiele:

- Leistungen, die auf dem Markt nicht gehandelt werden, wie z. B. Hausfrauenarbeit, Nachbarschaftshilfe und ehrenamtliche Tätigkeit.

- Auch das Mehr an Freizeit durch die Arbeitszeitverkürzung wird nicht im Bruttoinlandsprodukt erfasst.

15. Wirtschaftsbereiche nach dem ESVG

1. Land- und Forstwirtschaft, Fischerei
2. Produzierendes Gewerbe, ohne Baugewerbe
3. Baugewerbe

4. Handel, Gastgewerbe und Verkehr
5. Finanzierung, Vermietung und Unternehmensdienstleister
6. Öffentliche und private Dienstleister

16. Bruttonationaleinkommen (Entstehung, Verteilung und Verwendung)

Entstehungsrechnung		in MRD. €
	Produktionswert	**4.400**
–	Vorleistungen	-2.280
=	**Bruttowertschöpfung (unbereinigt)**	**2.120**
–	unterstellte Bankgebühr	–
=	**Bruttowertschöpfung (bereinigt)**	**2.120**
+	Gütersteuern	340
–	Gütersubventionen	-50
=	**Bruttoinlandsprodukt**	**2.140**

Verwendungsrechnung		in MRD. €
	Private Konsumausgaben	1.370
+	Konsumausgaben des Staates	430
+	Bruttoinvestitionen	440
+	Exporte von Waren und Dienstleistungen	1.130
–	Importe von Waren und Dienstleistungen	-960
=	**Bruttoinlandsprodukt**	**2.410**

Verteilungsrechnung		in MRD. €
	Arbeitnehmerentgelt	1.180
+	Unternehmens- und Vermögenseinkommen	640
=	**Volkseinkommen**	**1.820**
+	Produktions- und Importabgaben an den Staat abzüglich Subventionen	270
+	Abschreibungen	340
=	**Bruttonationaleinkommen**	**2.430**
–	Saldo der Primäreinkommen aus der übrigen Welt	-20
=	**Bruttoinlandsprodukt**	**2.410**

17. Struktur der Zahlungsbilanz

- Dienstleistungsbilanz: → z.B. Reisen, Patente
- Übertragungsbilanz: → z.B. Zahlungen an internationale Organisationen, Überweisungen der Gastarbeiter in ihre Heimat, Entwicklungshilfe
- Handelsbilanz: → Wareneinfuhr/Warenausfuhr
- Devisenbilanz: → Nettozunahme/-abnahme der Währungsreserven
- Kapitalverkehrsbilanz: → Kapitalbewegungen in das Ausland/vom Ausland

18. Direktinvestitionen

a) Direktinvestitionen sind Investitionen der deutschen Wirtschaft im Ausland, z.B. Aktienkäufe, Unternehmensbeteiligungen, Vergabe langfristiger Darlehen. Diesen stehen Investitionen der ausländischen Wirtschaft im Inland gegenüber.

b) Ein negativer Saldo der Direktinvestitionen kann z.B. folgende Wirkung haben: Kapitalexport: Es fließt mehr Kapital in das Ausland als von dort in das Inland kommt → im Inland entsteht eine Kapitalverknappung für Investitionen → sinkende Wettbewerbsfähigkeit und abnehmende Produktion → ggf. Konjunkturrückgang und Preissteigerung im Inland.

19. Lohnquote

a)

	2005	2006	2007	2008	2009
Volkseinkommen insgesamt	1.694,7	1.778,1	1.840,3	1.886,0	1.815,0
Arbeitnehmerentgelt	1.129,9	1.149,0	1.180,9	1.225,1	1.223,9
Lohnquote	66,67 %	64,62 %	64,17 %	64,96 %	67,43 %
Gewinnquote (100 – Lohnquote)	33,33 %	35,38 %	35,83 %	35,04 %	32,57 %

b)

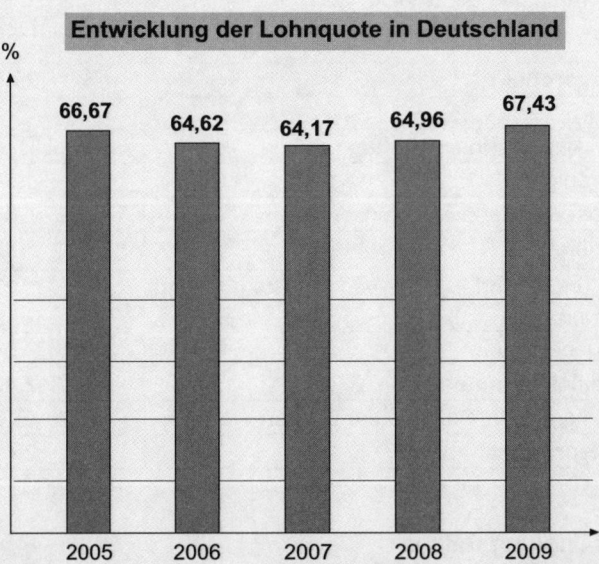

c) Im Zeitraum 2007 bis 2009 zeigt die Lohnquote eine leicht steigende Tendenz. Dies bedeutet, dass der Anteil der Arbeitnehmerentgelte am Volkseinkommen tendenziell leicht angestiegen bzw. der Anteil der Unternehmens- und Vermögenseinkommen im gleichen Zeitraum tendenziel leicht gesunken ist.

20. Inflation (1)

Auswirkungen der Inflation:

- Bezieher fester Einkommen: → Der Reallohn sinkt.
- Unternehmer: → Gewinne sinken, es sei denn, die Preissteigerungen können an die Verbraucher überwälzt werden.
- Empfänger von Zinseinkommen: → Die empfangenen Zinseinkommen werden zunehmend durch die Inflation entwertet.

21. Inflation (2)

Die Ursachen der Inflation können von der Geldmenge, der Angebotsseite sowie von der Nachfrageseite ausgehen:

Ursachen der Inflation	
Angebotsinduzierte Inflation	Der Anstoß für eine Inflation geht von der Angebotsseite aus. Man unterscheidet:
	- **Kosteninduzierte Inflation:** Die Preissteigerungen beruhen auf einer Verteuerung der Produktionsfaktoren (z.B. Anstieg der Löhne, der Vorleistungen u. Ä.).
	- **Gewinninduzierte Inflation:** Die Preissteigerungen beruhen auf einer Anhebung der Gewinnmargen der Anbieter (vgl. die Entwicklung der Gas- und Erdölpreise Mitte 2008). In der Regel liegt hier eine entsprechende Marktmacht der Anbieter vor (Preisabsprachen, regionale Monopolstellung der Energieversorgungsunternehmen).
Nachfrageinduzierte Inflation	Der Anstoß für eine Inflation geht von der Nachfrage aus. Die gesamtwirtschaftliche Nachfrage übersteigt das gesamtwirtschaftliche Angebot und führt so zu einem Anstieg des Preisniveaus. Die aus einem übermäßigen Anstieg der Auslandsnachfrage resultierende Inflation bezeichnet man als **importierte Inflation.**
Geldmengeninduzierte Inflation	Eine im Verhältnis zur Gütermenge übermäßige Geld- und Kreditschöpfung führt zu einem Anstieg des Preisniveaus.

22. Feste und flexible Wechselkurse

- *Feste Wechselkurse:*
  Chancen: keine/geringe Kursschwankungen (Sicherheit für den Außenhandel)
  Risiken: ggf. Zahlungsbilanzungleichgewichte

- *Flexible Wechselkurse:*
  Chancen: Ausgleich von Export und Import (Zahlungsbilanzgleichgewicht)
  Risiken:
  - Unsicherheit für den Außenhandel bei schnellen und starken Kursveränderungen
  - Beeinflussung des Kurses durch Spekulationsgeschäfte

23. Hauptmerkmale der Konjunkturphasen

Indikatoren		Aufschwung Expansion	Hochkonjunktur Boom	Abschwung Rezession	Tiefstand Depression
Frühindikatoren	**Nachfrage** Auftragseingang	↑	↑ ↑	↓ ↓	gering
	Wirtschaftliche Stimmung	vorsichtig, optimistisch	optimistisch, ggf. Bedenken	pessimistisch	gedrückt
	Aktienkurse	↑	Höchststand	↓	↓ ↓ ggf. Zusammen-bruch
Gegenwartsindikatoren	**Produktion (BIP)**	↑ (langsam)	↑ ↑ volle Auslastung der Kapazitäten		↓ ↓ Kapazitäten sind nicht ausge-lastet
	Beschäftigung		offene Stellen; Fehlen von Fach-kräften	schlecht: Kurzarbeit, Entlassungen	hohe Arbeitslo-senquote
	Preisniveau	geringe Inflation		Inflations-rate sinkt	niedrig; z. T. Preisverfall in einigen Branchen
	Löhne	geringe Steigerung (time lag)	↑ ↑	maßvoller Anstieg	Reallohn-verluste
	Investitionen	↑		erst langsam, dann schnell fallend	zurückge-hend; z. T. Investi-tionsstopp
	Zinsen	↑ (gering)	hohes Zinsniveau	sinken, aber noch hoch	sehr niedrig
	Gewinne	↑ ↑	hoch	↓	niedrig
	Steuereinnahmen	↑			

Legende:

↑   steigend   ↓   fallend
↑ ↑ stark steigend   ↓ ↓ stark fallend

24. Bereiche der Wirtschaftspolitik

Neben der Ordnungspolitik kennt man zwei weitere Bereiche der Wirtschaftspolitik – die Prozesspolitik sowie die Strukturpolitik.

Weitere Bereiche der Wirtschaftspolitik	Teilbereiche (Einzelpolitiken)
Prozesspolitik Dazu gehören alle wirtschaftspolitischen Instrumente, die bei gegebener Ordnung den Wirtschaftsprozess selbst beeinflussen.	- Geldpolitik - Finanz-/Fiskalpolitik - Wachstumspolitik - Einkommens-/Steuerpolitik - Außenhandelspolitik
Strukturpolitik Darunter fallen Maßnahmen zur Beeinflussung der struk-turellen Zusammensetzung der Volkswirtschaft (z. B. För-derung bestimmter Branchen oder Regionen).	- Infrastrukturpolitik - Regionalpolitik - Sektorale Strukturpolitik - Bildungspolitik

25. Kritik an der Fiskalpolitik

Argumente, Beispiele:

- Fiskalpolitik ist nicht erforderlich:
  Der private Sektor ist allein in der Lage, nach einer Störung mithilfe des Preismechanismus auf dem Güter- und Arbeitsmarkt zu einem Vollbeschäftigungsgleichgewicht zurückzufinden.
- Staatsausgaben haben nicht die erforderliche Flexibilität.
- Fiskalpolitik ist nur selten antizyklisch: Im konjunkturellen Tief fehlt dem Staat die Finanzkraft für konjunkturbelebende Ausgaben.

26. Antizyklische Finanzpolitik

- Eine Erhöhung der Staatsausgaben (z. B. für Straßenbau, Bildungspolitik; vgl. Konjunkturprogramm 2009) führt zu einem Anstieg der gesamtwirtschaftlichen Nachfrage.

- Eine Erhöhung der Personalausgaben kann zu einem Anstieg der Beschäftigung führen.

- Eine Anhebung der Transferzahlungen des Staates (Wohngeld, Bafög, Sozialhilfe) kann indirekt die gesamtwirtschaftliche Nachfrage erhöhen (Multiplikator- und Akzeleratoreffekte).

27. Formen der Arbeitslosigkeit

a) Beispiele:

- *Saisonale* Arbeitslosigkeit
  Bedingt durch den Wechsel der Jahreszeiten

- *Friktionelle* Arbeitslosigkeit
  Entsteht durch Arbeitsplatzwechsel (Zeit zwischen Beendigung der alten Tätigkeit und Aufnahme der neuen Tätigkeit; Anpassung an neue Arbeitsbedingungen → Umschulungsmaßnahmen)

- *Strukturelle* Arbeitslosigkeit
  Bedingt durch Bedarfs- und Nachfrageverschiebungen nach Arbeit (z. B. Rückgang der Industriearbeit)

- *Konjunkturelle* Arbeitslosigkeit
  Unterbeschäftigung aufgrund eines konjunkturellen Rückgangs

b) Geeignete staatliche Maßnahmen, z. B. bei struktureller Arbeitslosigkeit:

- Förderung durch Subventionen
- verbesserte Abschreibungsmöglichkeiten für bestimmte Investitionen
- Steuervergünstigungen

28. Vollbeschäftigung und Zielkonflikte

a) Das Ziel der Vollbeschäftigung wird in der Bundesrepublik Deutschland als erreicht angesehen, wenn die Arbeitslosenquote 1 - 2 % beträgt.

b) Zwei fiskalpolitische Maßnahmen, um das Ziel der Vollbeschäftigung zu erreichen, sind:

- Ausgabenerhöhung des Staates
- Senkung der Steuern

c) Maßnahmen zur Erreichung des Zieles „Vollbeschäftigung" können sich negativ auswirken auf:

- die Preisniveaustabilität
- die Einkommens- und Vermögensverteilung
- das außenwirtschaftliche Gleichgewicht

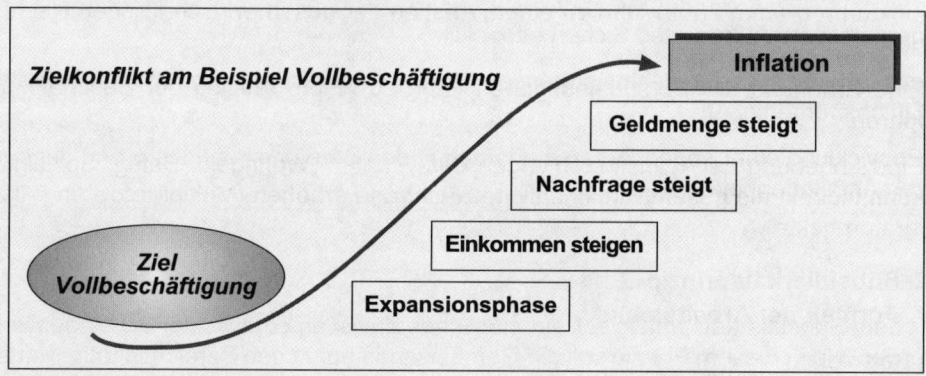

29. Aufgaben der Tarifparteien

- *Aufgaben der Gewerkschaften,* z. B.:
  - Führen der Tarifverhandlungen mit den Arbeitgebern
  - Verbesserung der Arbeitsbedingungen
  - Beratung der Arbeitnehmer in Fragen des Arbeitsrechts und Vertretung vor Arbeitsgerichten
  - Sicherung der Arbeitsplätze
  - Lohnanpassung (Beteiligung der Arbeitnehmer am wirtschaftlichen Fortschritt)
  - Förderung der staatlichen Sozialversicherung
  - Förderung der Vermögensbildung der Arbeitnehmer

- *Aufgaben der Arbeitgeberverbände,* z. B.:
  - Führen der Tarifverhandlungen mit den Gewerkschaften
  - Beobachtung und Steuerung des Arbeitsmarktes
  - arbeitsrechtliche Beratung der vertretenen Unternehmen
  - internationale Ausrichtung der Lohn- und Sozialpolitik

30. Erhöhung der Einfuhrzölle

- *Schutzeffekt:* Die Einfuhr ausländischer Güter soll begrenzt/reduziert werden.
- *Konsumeffekt:* Die Inländer sollen mehr inländische und weniger ausländische Produkte kaufen.
- *Einnahmeneffekt:* Die Zolleinnahmen können steigen.

31. Ziele der EU

Die wichtigsten Ziele der Europäischen Union:

- Förderung eines ausgewogenen und dauerhaften wirtschaftlichen und sozialen Fortschritts, insbesondere durch Schaffung eines Raumes ohne Binnengrenzen, durch Stärkung des wirtschaftlichen und sozialen Zusammenhaltes und durch Errichtung einer Wirtschafts- und Währungsunion;

- gemeinsame Außen- und Sicherheitspolitik;

- stärkerer Schutz der Rechtsinteressen der EU-Angehörigen durch Einführung einer Unionsbürgerschaft;

- Entwicklung einer engen Zusammenarbeit in den Bereichen der Justiz und der inneren Angelegenheiten.

32. Subsidiaritätsprinzip

Mit dem Subsidiaritätsprinzip soll ein mögliches *Zuviel* an Einfluss der EU eingedämmt werden. Nach diesem Prinzip soll die Gemeinschaft nur in den Bereichen tätig werden, sofern und so weit vorgegebene Ziele durch Maßnahmen auf der Ebene der Mitgliedsstaaten nicht ausreichend erreicht werden können.

33. Haushalt der Europäischen Union

Der EU-Haushalt wird aus

- *Eigenmitteln* (Einnahmen, die der EU zufließen, ohne dass hierfür ein spezieller Beschluss der einzelstaatlichen Behörden erforderlich wäre; sie umfassen Agrarabschöpfungen, Zölle, Zuckerabgaben, MwSt.-Eigenmittel und BNE-Eigenmittel; mit den Eigenmitteln wird der größte Teil des EU Haushalts finanziert.)

  und

- *sonstigen Einnahmen* (z. B. Steuern auf die Dienstbezüge des Personals, Bankzinsen, Beiträge von Drittländern zu bestimmten Unionsprogrammen)

finanziert.

34. Währungsunion

- *Vorteile/Chancen:*
  - keine Wechselkursrisiken; Absicherungskosten entfallen
  - geringere Transaktionskosten (vereinfachter Währungstausch)

- freier Kapitalverkehr (verbesserte Allokation)
- Anstieg des Warenverkehrs zwischen den Mitgliedsländern

- *Nachteile/Risiken:*
  - Aufhebung der geldpolitischen Autonomie
  - Notwendigkeit der Abstimmung fiskalpolitischer Maßnahmen
  - Probleme der „Sogwirkung" bei wirtschaftlicher Instabilität eines Mitgliedslandes
  - der Wechselkurs verliert seine Funktion als Anpassungsmechanismus

35. Kursänderung des Euro

Mögliche Folgen des Kursanstiegs des Euro gegenüber dem US-Dollar:

- verminderter Export, da der Euro gegenüber dem US-Dollar teurer wird
- verstärkter Import, da amerikanische Ware billiger wird
- finanzielle Vorteile für Deutsche bei Aufenthalten in den USA
- finanzielle Nachteile für US-Bürger in Deutschland

Mögliche Folgen des Kursverfalls des Euro gegenüber dem US-Dollar:
vice versa (Umkehrung der Argumente von oben)

1.2 Betriebliche Funktionen und deren Zusammen-wirken

01. Verlagerung der Produktion in das Ausland

Gründe für die Standortpolitik deutscher Unternehmen, z. B.:

- geringere Produktionskosten, insbesondere niedrigere Personal-/Personalzusatz-kosten
- Marktnähe der Produktion zum Kunden
- Eintritt in ausländische Märkte gelingt zum Teil nur dann, wenn im Ausland Arbeits-plätze geschaffen werden (Forderung der ausländischen Regierung)
- geringere Logistikkosten

02. Arbeitsteilung

- *Vorteile*, z. B.:
  - Übernahme spezialisierter Teiltätigkeiten, die den Interessen des Einzelnen ent-sprechen
  - Entlastung des Menschen von schwerer körperlicher Arbeit durch den Einsatz von Maschinen
  - Verbesserung der Produktivität (= Arbeitsergebnis : Faktoreinsatzmenge)
  - Verbesserung der Qualität durch hohe Produktspezialisierung

- *Nachteile*, z. B.:
  - einseitige, monotone Arbeit
  - einseitige Belastung des Menschen (Gefahr der Erkrankung)
  - Gefahr der Entfremdung (Ganzheitlichkeit der Fertigung geht verloren)

- Abhängigkeit der Wirtschaftszweige (Urerzeugung, Ver-/Bearbeitung, Dienstleistung) wird verstärkt

03. Roh-, Hilfs- und Betriebsstoffe

Rohstoffe sind Güter, an denen gearbeitet wird. Sie bilden den Hauptbestandteil des fertigen Erzeugnisses, z. B. Holz, Blech.

Hilfsstoffe gehen in das fertige Produkt ein, bilden jedoch nur einen Nebenbestandteil, z. B. Schrauben, Farben.

Betriebsstoffe dienen der Aufrechterhaltung der laufenden Produktion. Sie gehen nicht in das Fertigprodukt ein. Der Betrieb benötigt sie zum Betreiben der Maschinen und Anlagen, z. B. Strom, Reinigungsmittel, Schmierstoffe.

04. Substitution

Substituierbare Werkstoffe können durch andere Stoffe oder zumindest durch andere Qualitäten ersetzt werden, z. B. Holz oder Metall durch Kunststoff.

05. Ausführende und dispositive Arbeit

Es gibt in der Hierarchie eines Unternehmens eine Reihe von Mitarbeitern, die sowohl ausführende als auch dispositive Arbeit verrichten. Ein Abteilungsleiter trifft für seine Abteilung eigenständige Entscheidungen und verantwortet diese, während er aber auch Anweisungen der übergeordneten Organisationseinheit (z. B. Hauptabteilung) ausführen muss.

06. Funktionen der Planung

Wesentliche Planungsfunktionen sind: langfristige Erfolgssicherung, Effizienzsteigerung, Risikoerkennung und -reduktion sowie Erhöhung der Flexibilität des Unternehmens.

07. Verknüpfung von Funktionsbereichen

Die Produktionsplanung muss in enger Abstimmung mit der Absatzplanung erfolgen. Nur durch den Absatz der Produkte ist ein Rückfluss der in der Produktion eingesetzten finanziellen Mittel mit möglichst hoher Rentabilität möglich.

08. Finanzmittel

Da die Ein- und Auszahlungen eines Unternehmens weder betraglich noch zeitlich genau übereinstimmen, benötigt ein Unternehmen Finanzmittel. Besonders deutlich wird das bei der Unternehmensgründung, wo den notwendigen Auszahlungen (Personal, Betriebs- und Geschäftsausstattung, Raumkosten usw.) noch keine entsprechenden Einzahlungen gegenüberstehen.

09. Funktion der Personalwirtschaft

Personalwirtschaftliche Fragestellungen betreffen alle betrieblichen Funktionsbereiche, in denen menschliche Tätigkeit gefordert ist. Deshalb wird die Personalwirtschaft auch als eine betriebliche Querschnittsfunktion bezeichnet.

10. Soziotechnisches System

Der Industriebetrieb ist sehr stark durch das Zusammenwirken von Mensch und Maschine (Mensch-Maschine-System) geprägt, da der Mensch im Fertigungsprozess in besonders hohem Maße Rohstoffe und Maschinen einsetzt. Der Begriff des soziotechnischen Systems bringt zum Ausdruck, dass Problemlösungen eine Berücksichtigung sowohl technischer als auch sozialer Komponenten bedürfen.

1.3 Existenzgründung und Unternehmensrechtsformen

01. Geschäftsidee

Die Ausgangslage muss anhand folgender Schlüsselfragen überprüft werden:

- persönliche Eignung
- Produkt-/Leistungsangebot
- Kunden, Zielgruppe, Kundenbedürfnisse
- Standort
- Marktsituation, Wettbewerb

02. Führungsmerkmale bei der Unternehmensgründung

1. Die *Unternehmensziele* müssen realistisch und messbar gestaltet sein. Sie sind abzuleiten aus der Analyse der Umwelt und den Potenzialen des eigenen Unternehmens.

2. Die *Strategie* muss „passend" sein:
   - Wie will ich mich am Markt positionieren?
   - Wer will ich sein?/Wer will ich nicht sein?
   - Wie hebe ich mich vom Wettbewerb ab?

3. Die *Gründerpersönlichkeit* muss über hinreichend persönliche und fachliche Voraussetzungen verfügen.

03. Unternehmensbewertung

- Warenbestand
- Betriebs- und Geschäftsausstattung
- zu übernehmende Forderungen und Verbindlichkeiten
- Rechte, Goodwill
- Ertragslage

04. Businessplan, Ertragsplan

a)
1.	Zusammenfassung des Konzepts	6.	Marketing
2.	Geschäftsidee	7.	Unternehmensorganisation
3.	Unternehmen	8.	Chancen, Risiken
4.	Produkt, Leistungsangebot	9.	Finanzierung
5.	Markt, Wettbewerb	10.	Unterlagen

b)

Ertragsplan[1]		in EUR	in % [4]
	Geplante Umsatzerlöse	8.000	100,00
−	Material/Wareneinkauf	3.200	40,00
=	**Rohertrag 1**	**4.800**	**60,00**
−	Personalkosten 167 Std. · 8,00 EUR · 1,50[3]	2.000	25,00
=	**Rohertrag 2**	**2.800**	**35,00**
	Sachgemeinkosten		
−	Raumkosten 7,00 · 100	700	8,75
−	Energiekosten[2]	220	2,75
−	Kfz-Kosten (ohne Steuern)[2]	150	1,88
−	Werbe-/Reisekosten[2]	200	2,50
−	Abschreibungen[2]	300	3,75
−	Bürobedarf, Telefon[2]	80	1,00
−	Sonstige Kosten[2]	150	1,88
=	**Betriebsergebnis**	**1.000**	**12,49**

[1] Die Angaben sind gerundet und beziehen sich auf einen Monat.
[2] Die Angaben sind geschätzt.
[3] Personalzusatzkosten
[4] Rundungsdifferenzen

Hinweis zur Lösung: Jedes andere plausible Zahlengerüst ist richtig.

Auswertung/Überschlagsrechnung (in der Lösung nicht gefordert):

Ein Umsatz von monatlich 8.000 EUR ergibt bei 26 Öffnungstagen einen Tagesumsatz von rund 308 EUR. Bei acht Stunden täglicher Öffnungszeit ergibt dies einen durchschnittlichen Umsatz von rund 38 EUR pro Stunde. Das heißt: Im Durchschnitt müssen pro Stunde vier Kunden in den Angelladen kommen und für rund 10 EUR kaufen.

05. Rechtsquellen des Gesellschaftsrechts

• Das *BGB* ist Rechtsgrundlage für:
  - die Gesellschaft des bürgerlichen Rechts (§§ 705 bis 740 BGB)
  - den Verein (§§ 21 ff. BGB)

- Im *HGB* sind geregelt:
  - die offene Handelsgesellschaft (§§ 105 bis 160 HGB)
  - die Kommanditgesellschaft (§§ 161 bis 177 HGB)
  - die stille Gesellschaft (§§ 230 bis 237 HGB)
  - die Reederei (§§ 484 bis 510 HGB)

- *Spezialgesetze* sind weitere Rechtsgrundlagen:
  - das Aktiengesetz für die Aktiengesellschaft und die Kommanditgesellschaft auf Aktien
  - das GmbH-Gesetz für die Gesellschaft mit beschränkter Haftung
  - das Genossenschaftsgesetz für die Genossenschaft
  - das Versicherungsaufsichtsgesetz für den Versicherungsverein auf Gegenseitigkeit
  - das Partnerschaftsgesellschaftsgesetz für die Partnerschaftsgesellschaft
  - Verordnung des EG Ministerrates vom 25.07.1985 und das EWIV-Ausführungsgesetz vom 14.04.1988 für die EWIV (Europäische wirtschaftliche Interessenvereinigung)

06. Rechtsform „Gesellschaft"

- *Vorteile* der Rechtsform „Gesellschaft" (gegenüber Einzelunternehmen):
  - Entscheidungen werden von mehreren verantwortet
  - Risikoverteilung auf mehrere
  - Verbreiterung der Kreditbasis
  - i. d. R. mehr Know-how
  - ggf. steuerliche Vorteile
  - ggf. Haftungsbeschränkung

- *Nachteile* der Rechtsform „Gesellschaft":
  - Gewinn muss aufgeteilt werden
  - Interessenkonflikte können entstehen
  - Geschäft ist gefährdet bei Verlust der Vertrauensbasis
  - keine alleinige Entscheidungsbefugnis

07. OHG (1)

Die *Geschäftsführungsbefugnis* berechtigt zur Vornahme von Handlungen, die sich die Gesellschafter untereinander zubilligen. Überschreitungen der Geschäftsführungsbefugnisse führen zu Ersatzansprüchen der Gesellschafter untereinander.

Die *Vertretungsmacht* berechtigt, im Namen der Gesellschaft Rechtsgeschäfte mit dritten Personen rechtsgültig abzuschließen. Es geht also dabei um die rechtsgeschäftliche Wirksamkeit von Geschäften für und gegen die Gesellschaft nach außen.

08. OHG (2)

Wegen ständiger Veränderungen durch die jährliche Verbuchung von Gewinn- oder Verlustanteilen sowie der Privateinlagen oder Privatentnahmen können die Kapitalanteile nicht in das Handelsregister eingetragen werden.

09. Kommanditgesellschaft (1)

Beide Fälle sind möglich. Als Kommanditist ist er nicht geschäftsführungs- und vertretungsberechtigt. Deshalb ist er nicht behindert in der Erfüllung seiner Pflichten als Angestellter.

10. Kommanditgesellschaft (2)

Würde diese Vereinbarung nicht bestehen, hätte der Tod des Vollhafters die Auflösung des Unternehmens zur Folge. Somit wird die Fortführung einer Unternehmung sichergestellt, auch wenn die Erben wegen mangelnden Interesses oder mangelnder Qualifikation nicht als Vollhafter eingesetzt werden können.

11. Stille Gesellschaft

Der stille Gesellschafter ist am Gewinn oder Verlust nach vertraglicher Vereinbarung beteiligt. Er hat Kontrollrechte wie ein Kommanditist. Ein Darlehensgläubiger hat Zinsansprüche und kein gesetzliches Kontrollrecht.

12. Aktiengesellschaft (1)

Durch die Aufteilung des Grundkapitals ist die Beteiligung einer großen Zahl von Kapitalgebern möglich. Der Erwerb einer Aktie erfordert nur begrenzte finanzielle Mittel. Bei Bedarf können die Aktionäre durch den Aktienverkauf wieder rasch über ihr Kapital verfügen. Durch den Verkauf der Aktien über die Banken wird ein breites anonymes Publikum erreicht.

13. Aktiengesellschaft (2)

Der zeitliche Unterschied bewirkt, dass alle Vorstands- und Aufsichtsratsmitglieder nur selten im gleichen Jahr ausgewechselt werden. Dadurch soll eine gewisse Kontinuität in der Geschäftspolitik erreicht werden.

14. Gesellschaft mit beschränkter Haftung

a) - eigene Rechtspersönlichkeit (juristische Person)
   - beschränkte Haftung

b) - Errichtung durch eine Person möglich
   - Mitverwaltungsrechte der Gesellschafter
   - keine Publizitätspflicht bei Klein- und Mittelbetrieben
   - geringer Gründungs- und Verwaltungsaufwand

15. Genossenschaft

a) Die Genossenschaft fördert die wirtschaftliche Betätigung ihrer Mitglieder mittels gemeinschaftlichem Geschäftsbetrieb (§ 1 GenG); sie ist eine juristische Person.

b) Genossenschaften sind entstanden aus der Idee der „Selbsthilfe durch Solidarität" mit dem Ziel der Förderung des Erwerbs und der Wirtschaft ihrer Mitglieder. Sie werden, weil ihr Betrieb ursprünglich nicht auf Gewinnerzielung ausgerichtet war, nicht den Kapitalgesellschaften zugerechnet.

16. GmbH & Co. KG

Die GmbH & Co. KG ist eine Kombination aus GmbH und KG. Sie ist eine Personengesellschaft, deren Vollhafter keine natürliche Person, sondern eine GmbH ist.

17. Wahl der Gesellschaftsform

a)

	Einzelunternehmung	Gesellschaft
Vor-teile	Der Unternehmer kann allein entschei-den.	Die Verantwortung für Entscheidungen wird von mehreren getragen.
	keine Interessenkonflikte	Verteilung des Risikos auf mehrere
	keine Teilung des Gewinns	verbreiterte Kreditbasis
		ggf. steuerliche Vorteile
Nach-teile	alleinige Haftung mit Geschäfts- und Pri-vatvermögen	ggf. Verzögerung von Entscheidungen
	unter Umständen Kompetenzlücken	Aufteilung des Gewinns unter mehreren
	begrenzte Möglichkeit der Kapitalbe-schaffung	Interessenkonflikte können die Ge-schäftsbasis gefährden.
	Risiko ist allein zu tragen.	

b) Frau Kern sollte die Rechtsform der **OHG** wählen (Begründung: siehe Sachverhalt).

Frau Kern hat sich entschlossen, eine Gesellschaft zu gründen. Sie möchte aber nur einen Gesellschafter aufnehmen, dem sie vertrauen kann, den sie gut kennt und der in ihrer Branche über sehr gute Fachkenntnisse verfügt. Außerdem sollen beide Gesellschafter unbeschränkt, solidarisch und persönlich haften. Daneben möchte sie, dass beide Gesellschafter für alle gewöhnlichen Geschäfte allein vertretungs-berechtigt sind. Die Entscheidungsbefugnis für außergewöhnliche Geschäfte soll im Innenverhältnis beschränkt sein.

c) Herr Huber sollte die Rechtsform der **KG** wählen (Begründung: siehe Sachverhalt).

Die Gärtnerei und Blumenhandlung Huber möchte sich vergrößern. Für den geplanten Ankauf einer Baumschule besteht erheblicher Kapitalbedarf. Huber möchte eine Gesellschaft mit zwei weiteren Gesellschaftern gründen, sich dabei aber das Recht auf alleinige Geschäftsführung sichern.

Fall GmbH
Vorteile:
- mehrere Gesellschafter
- keine persönliche Haftung

- notarielle Beurkundung der Anteile
- geringeres Gründungskapital als bei der AG

Nachteile:
- geringe Kreditbasis

- geringe Kapitalbasis

d) • *Haftungsbeschränkung*
   Die GmbH haftet als Komplementär der KG (nur) mit dem Vermögen der Gesellschaft; die Gesellschafter der GmbH haften nur mit ihrer Einlage.

   • *Kapitalbeschaffung ist bei der KG einfacher*, da GmbH- Anteile schwerer zu übertragen sind.

   • *Fortbestand des Unternehmens*
   An die Stelle der natürlichen Person tritt als Komplementär eine juristische Person.

18. Gründung einer GmbH

1 Abschluss eines *Gesellschaftsvertrages* (Satzung) mit notarieller Beurkundung.

2 Aufbringung des Stammkapitals; mindestens 25.000 € (Ausnahme: UG).

3 Leistung der *Stammeinlage* (= vom Gesellschafter übernommener Anteil am Stammkapital).

4 *Erwerb der Gesellschaftsanteile* durch die Gesellschafter: Auf jede Stammeinlage muss mindestens ein Viertel eingezahlt werden; Sacheinlagen sind direkt und zu 100 % zu leisten; insgesamt müssen 50 % der Stammeinlagen erreicht werden.

5 *Anmeldung* zur Eintragung in das *Handelsregister* (i. d. R. durch den Notar). Durch die Eintragung in das HR, Abt. B, entsteht die GmbH als juristische Person. Vorher haften die Gesellschafter persönlich und solidarisch.

Hinweis: Die Rechtsvorschriften zur Gründung einer GmbH sind vereinfacht worden (vgl. MoMiG; Unternehmergesellschaft).

19. OHG, KG, Stille Gesellschaft (Vergleich)

Vergleich			
Merkmale:	**OHG**	**KG**	**Stille Gesellschaft**

Haftung	- alle Gesellschafter
	- unbeschränkt
	- unmittelbar
	- solidarisch
		- Komplementär:
		  wie bei OHG
		- Kommanditist:
		  mit Einlage
			nur mit der Einlage

Mindestkapital	–	–	–
Geschäftsführung und -vertretung	jeder Gesellschafter	nur Komplementäre	–
Gewinnverteilung	- nach vertraglicher Regelung oder - 4 % nach Kapitaleinlage, der Rest nach Köpfen	- nach vertraglicher Regelung oder - 4 % nach Kapitaleinlage, der Rest im angemessenen Verhältnis	nach Vereinbarung (angemessener Anteil am Gewinn)

1.4 Unternehmenszusammenschlüsse

01. Kooperation, Konzentration

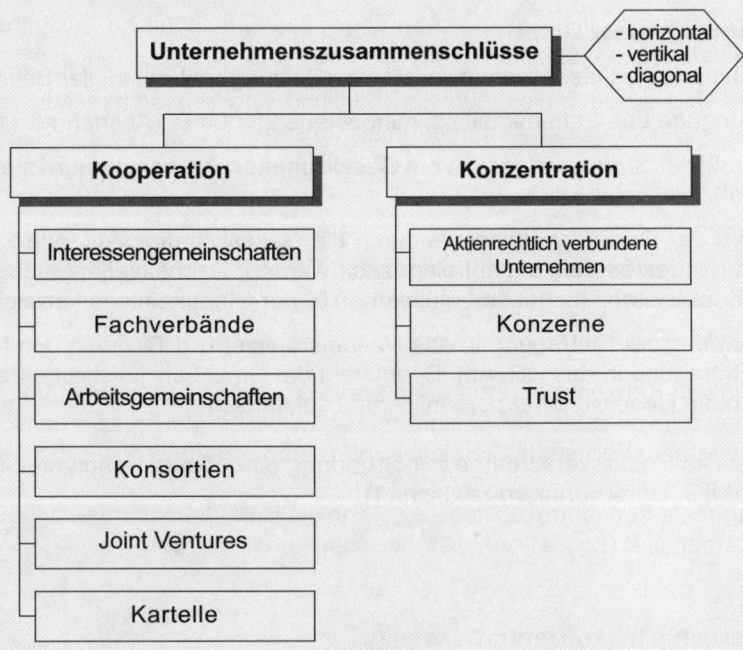

• *Kooperation* liegt dann vor, wenn rechtlich selbstständig bleibende Unternehmen sich mündlich oder schriftlich durch Verträge oder anderweitige Vereinbarungen zur Zusammenarbeit verpflichten. Die wirtschaftliche Selbstständigkeit wird nur in dem vertraglich festgelegten Rahmen eingeschränkt; Beispiel: die gemeinsame Vermarktung eines Produkts.

* *Konzentration* ist dann gegeben, wenn die wirtschaftliche Selbstständigkeit in der Regel durch Kapitalverflechtungen aufgegeben wird und die rechtliche Selbstständigkeit teilweise (z. B. Konzerne) oder ganz aufgegeben wird (z. B. Trust).

02. Unternehmenszusammenschlüsse auf dem Beschaffungsmarkt

Maßnahmen auf dem Beschaffungsmarkt zur Verbesserung der Wirtschaftlichkeit und der Marktmacht (Beispiele):

* *Verbesserung der Wirtschaftlichkeit*
  Ein Produktionsunternehmen schließt sich mit einem Rohstoffgewinnungsunternehmen zusammen, um so die Rohstoffversorgung zu optimieren.

* *Verbesserung der Marktmacht*
  Zusammenschluss von Unternehmen, um durch Realisierung von Preisnachlässen, Mengenrabatten und verbesserten Zahlungs- und Lieferungsbedingungen die Beschaffungskosten zu senken.

03. Fusion und Kartell

Kartelle sind vertragliche Absprachen über eine wirtschaftliche Zusammenarbeit von sonst selbstständig bleibenden Unternehmen.

Fusionen sind dagegen nicht nur wirtschaftliche, sondern auch rechtliche Zusammenschlüsse zu einem Gesamtunternehmen (Konzern).

04. Konzentrationsformen

Von einer *horizontalen* Konzentration spricht man, wenn sich Unternehmen der gleichen Produktionsstufe zusammenschließen (Beispiel: Zusammenschluss von Automobilwerken).

Eine *vertikale* Konzentration tritt dann auf, wenn sich Unternehmen mit anderen Unternehmen auf vor- oder nachgelagerten Produktionsstufen zusammenschließen (Beispiel: Kiesgrube, Fertigbetonhersteller und Bauunternehmen).

Eine *diagonale* Konzentration liegt vor, wenn ein Branchen übergreifender Zusammenschluss stattfindet (sog. Mischkonzerne oder Konglomerate).

05. Unternehmenskonzentrationen

Argumente der Gegner (z. B.):
- Konzentrationen können das Angebot so reduzieren, dass überhöhte Preise entstehen.
- Bei Konzentrationen spielt die Konkurrenz keine oder eine geringe Rolle.

- Forschung und Rationalisierung leiden darunter.
- Konzentrationen führen zu einem überdimensionierten Verwaltungsapparat und dadurch zu höheren Preisen.

Argumente der Befürworter (z. B.):
- Bei überhöhten Preisen weichen Nachfrager auf Substitutionsgüter aus.
- Durch Konzentration erzielte höhere Gewinne fördern Forschungs-, Rationalisierungs- und Investitionsmaßnahmen.
- Durch Konzentrationen können rationellere Verwaltungsverfahren genutzt werden.
- Zur Kostensenkung und besseren Unternehmensleitung kann erforderlichenfalls dezentralisiert werden.
- Zur Diskussion stehen auch die Punkte Globalisierung, Arbeitsplätze und Kapitalbeschaffung.

06. Konzentration

Vorteile, z. B.:
- günstige Preise
- verbesserte Preistransparenz
- Tendenz zu verbesserter Zusatzleistung (Service/Transport)
- größere Verkaufsflächen, dadurch verbesserte Auswahl
- Insolvenz unrentabler Unternehmen

Nachteile, z. B.:
- Verlust der Typenvielfalt und der individuellen Bedienung
- Konzentration mit der Folge von Marktmacht
- längere Verkehrswege/höherer Zeitaufwand
- weniger Auswahl, da standardisiertes Sortiment

2. Prüfungsfach: Rechnungswesen

2.1 Grundlegende Aspekte des Rechnungswesens

01. Abgrenzung der Organisationsbereiche Unternehmung und Betrieb

	Begriffe:	Unternehmung	Betrieb	Begründung
1	Zinserträge	x		neutraler Ertrag
2	Zusatzkosten		x	kalkulatorische Kosten
3	Betriebsfremde Aufwendungen	x		neutraler Aufwand
4	Erfolgsbedingter Aufwand		x	Zweckaufwand
5	Anderskosten		x	kalkulatorische Kosten
6	Kalkulatorische Miete		x	Zusatzkosten
7	Bilanzielle Abschreibung	x		Andersaufwand
8	Andersaufwand	x		neutraler Aufwand
9	Kalkulatorische Zinsen		x	Anderskosten
10	Kalkulatorische Wagniskosten		x	
11	Eingetretene Wagnisverluste	x		außerord. Aufwand
12	Außerordentlicher Ertrag	x		neutraler Ertrag
13	Leistungen		x	KLR
14	Materialkosten		x	Grundkosten
15	Kalkul. Unternehmerlohn		x	Zusatzkosten
16	Anderserträge	x		neutraler Ertrag

02. GoB (1)

1. *Vorbereiten* der Belege zur Buchung:
   - Überprüfung der sachlichen und rechnerischen Richtigkeit
   - Ordnen der Belege nach Belegarten
   - fortlaufende Nummerierung der Belege
   - Vorkontierung
   - Grundsatz beachten: Keine Buchung ohne Beleg!

Konto	Soll	Haben
6000	600,–	
2600	114,–	
an 2800		714,–

   Gebucht 27.06.20..
   KRA/3

2. *Buchung* der Belege

3. *Aufbewahrung* der Belege

03. GoB (2)

Belegart	Beschreibung	Beispiele
Fremdbelege	entstehen aus dem Geschäftsverkehr mit Außenstehenden und verbleiben als Originale im Unternehmen.	Eingangsrechnungen, Quittungen, Bankbelege, Postbelege, Gutschriftanzeigen des Lieferers, Frachtbriefe u. a.
Eigenbelege	werden im Unternehmen selbst erstellt. Entweder verbleiben sie als Originale im Unternehmen (z. B. Materialentnahmescheine) oder als Durchschriften.	Kopien von Ausgangsrechnungen, Durchschriften von Quittungen, Gutschriftanzeigen an Kunden, Kopien von abgesandten Geschäftsbriefen, Lohn- und Gehaltslisten
Künstliche Belege	werden gesondert angefertigt für Buchungen, die aufgrund mündlicher Anweisungen ausgeführt werden (z. B. Stornobuchungen) oder bei denen keine natürlichen Belege anfallen (z. B. Privatentnahmen).	Unterlagen für Umbuchungen, Stornierungen, Belege über Abschlussbuchungen u. a.
Ersatzbelege	Sind Belege abhanden gekommen oder aus anderen Gründen nicht vorhanden, so sind Ersatzbelege auszustellen.	Auswärts geführtes Telefonat, fehlender Beleg über Taxifahrt oder Parkgebühr

04. Handelsrechtliche Bewertungsgrundsätze (1)

Fall A: Wertansatz = 80.000,– €

Fall B: Wertansatz = 40.000,– €

05. Handelsrechtliche Bewertungsgrundsätze (2)

a)

	netto	brutto
Anschaffungswert	40.000,–	47.600,–
- Abschreibungen (1. – 3. Jahr)	24.000,–	
= Buchwert Ende des 3. Jahres	16.000,–	
- Außerplanmäßige Abschreibungen	11.000,–	
= Wertansatz in der Bilanz	5.000,–	

b) Abschreibungen auf Sachanlagen (planmäßig, 3. Jahr)   8.000,–
   an Büromaschinen   8.000,–

   Außerplanmäßige Abschreibungen auf Sachanlagen   11.000,–
   an Büromaschinen   11.000,–

06. Zeitliche Abgrenzung

a) Buchungssätze:

01.07.2009		
Kraftfahrzeugsteuer	2.000,–	
an Bank		2.000,–
31.12.2009		
Aktive Jahresabgrenzung	1.000,–	
an Kraftfahrzeugsteuer		1.000,–
01.01.2010		
Kraftfahrzeugsteuer	1.000,–	
an Aktive Jahresabgrenzung		1.000,–

b) Form der zeitlichen Abgrenzung:

Ausgabe (anteilig)	→	altes Jahr
Aufwand (anteilig)	→	neues Jahr

⇒   Aktive Rechnungsabgrenzung
⇒   Transitorische Posten
      (der Aufwand im alten Jahr wird gemindert)

07. Bilanzierungsgrundsätze

a) Verstoß gegen den Grundsatz der Bilanzklarheit und gegen die Gliederungsvorschriften

b) Verstoß gegen den Grundsatz der Periodenabgrenzung (hier: Aktive Rechnungsabgrenzung)

c) Verstoß gegen den Grundsatz der Einzelbewertung

d) Verstoß gegen den Grundsatz der Bewertungsstetigkeit

08. Anschaffungskosten

		netto	brutto
	Listenpreis	300.000	
-	Rabatt 2 %	6.000	
=	Zieleinkaufspreis	294.000	
-	Skonto 3 %	8.820	
=	Bareinkaufspreis	285.180	
+	Transport	5.000	5.950
+	Löhne	7.000	
+	FGK 20 %	1.400	
+	Montagematerial	1.500	
+	MGK 15 %	225	
+	Zusatzvorrichtung	18.000	21.420
+	Montage Zusatzvorrichtung	800	
=	**Anschaffungskosten**	**319.105**	

2.2 Finanzbuchhaltung

01. Aufgaben der Finanzbuchhaltung

Die Finanzbuchhaltung hat folgende Aufgaben zu erfüllen:

- Sie soll einen genauen Überblick über die Vermögenslage des Unternehmens geben,
- sie muss sämtliche Veränderungen der Vermögenswerte und der Schulden zahlenmäßig erfassen und festhalten,
- sie soll die Feststellung des Ergebnisses des unternehmerischen Handelns (Gewinn oder Verlust) ermöglichen,
- sie bildet die Grundlage für die Berechnung der Steuern und
- dient als Beweismittel gegenüber Behörden und Anteilseignern.

02. Bilanz und GuV-Rechnung

Charakteristische Merkmale

- der Bilanz:
  - Abschluss der Bestandskonten
  - Gegenüberstellung von Aktiva und Passiva
  - Gegenüberstellung von Mittelverwendung und Mittelherkunft

- der Gewinn- und Verlustrechnung:
  - Gegenüberstellung von Aufwendungen und Erträgen
  - Abschluss der Erfolgskonten

03. Bestandskonten

- Die Konten, auf denen Positionen der Aktivseite der Bilanz fortgeschrieben werden, heißen Aktivkonten;

- solche, die für Positionen der Passivseite stehen, heißen Passivkonten.

- Bei Aktivkonten werden Zugänge auf der linken Seite (= im Soll) und Abgänge auf der rechten Seite (= im Haben) verbucht.

- Bei Passivkonten ist es genau umgekehrt.

Aktivkonto

S	H
AB	Abgänge
Zugänge	SB

Passivkonto

S	H
Abgänge	AB
SB	Zugänge

AB = Anfangsbestand, SB = Schlussbestand = Saldo

Will man den tatsächlichen Bestand eines Kontos ermitteln, dann wird dieses durch den so genannten Saldo abgeschlossen. Dieser enthält den Unterschiedsbetrag zwischen beiden Seiten des Kontos, der zum Ausgleich auf der kleineren Seite eingesetzt wird, damit Summengleichheit herrscht.

04. Bilanzänderung

	Geschäftsfälle	Aktiv-tausch	Passiv-tausch	Aktiv-Passiv-Mehrung	Aktiv-Passiv-Minderung
1.	Kunde bezahlt Rechnung per Bank.	x			
2.	Darlehen wird per Banküberweisung getilgt.				x
3.	Kauf eines Schreibtisches auf Ziel.			x	
4.	Umwandlung einer Verbindlichkeit in eine Hypothekenschuld.		x		
5.	Barverkauf von Waren.	x			
6.	Einkauf von Rohstoffen auf Ziel.			x	
7.	Barabhebung vom Bankkonto.	x			
8.	Einkauf von Waren auf Ziel 10.000 €, davon werden 3.000 € sofort bar bezahlt.	x		x	
9.	Verkauf eines Lkw gegen Rechnung, 75.000 €, davon werden 6.000 € bar angezahlt.	x x			

1. Bank   Aktiv   +
   Ford.   Aktiv   −
   ⇒ Aktivtausch

2. Darl.   Passiv   −
   Bank   Aktiv   −
   ⇒ Bilanzverkürzung

3. Verbindl. Passiv   +
   BGA   Aktiv   +
   ⇒ Bilanzverlängerung

4. Verbindl. Passiv   −
   Hypo.   Passiv   +
   ⇒ Passivtausch

5. Kasse Aktiv   +
   Waren Aktiv   −
   ⇒ Aktivtausch

6. Rohstoffe Aktiv   +
   Verbindl. Passiv   +
   ⇒ Bilanzverlängerung

7. Kasse Aktiv   +
   Bank   Aktiv   −
   ⇒ Aktivtausch

8. Waren   Aktiv   +
   Verbindl. Passiv   +
   Kasse   Aktiv   −
   ⇒ Bilanzverlängerung
   ⇒ Aktivtausch

9. Fuhrpark Aktiv   −
   Ford.   Aktiv   +
   Kasse   Aktiv   +
   ⇒ Aktivtausch
   ⇒ Aktivtausch

05. Erfolgskonten

- Aufwendungen werden im Soll der Aufwandskonten gebucht.

- Erträge werden im Haben der Ertragskonten gebucht.

06. Jahresabschluss

Konto/Konten		Abschluss über Konto ...
1. Aufwands- und Ertragskonten	→	GuV
2. GuV	→	Eigenkapital
3. Privat	→	Eigenkapital
4. Bestandskonten	→	Schlussbilanz
5. Eigenkapital	→	Schlussbilanz

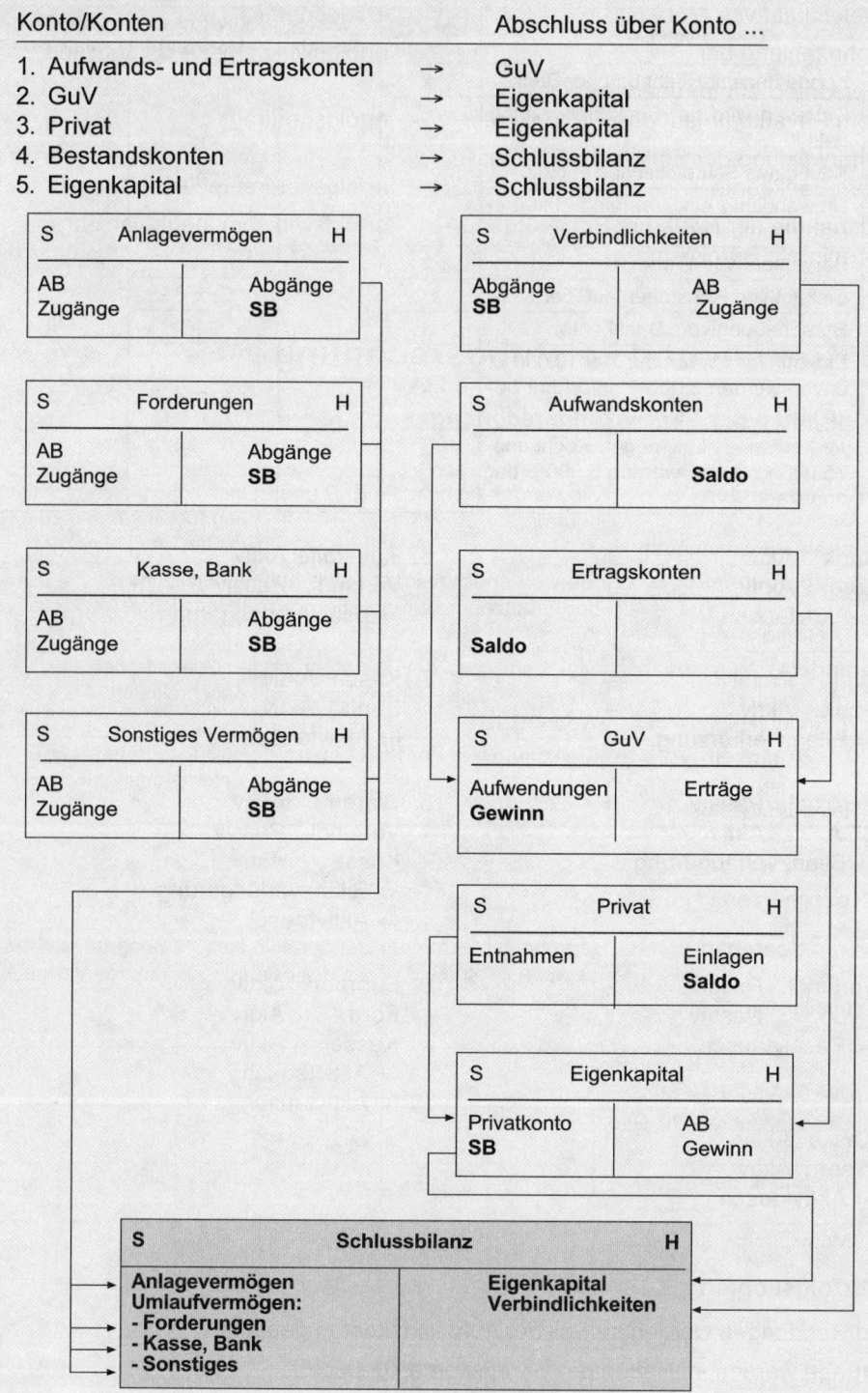

07. Auswirkungen auf die Erfolgsrechnung

1. Zieleinkauf von Material	erfolgsneutral
2. Lohnzahlung bar	erfolgswirksam; Zweckaufwand
3. Der Unternehmer überweist Geld vom Privatkonto auf das Firmenkonto.	erfolgsneutral
4. Überweisung der Einkommensteuer vom Bankkonto	erfolgsneutral (private Steuer)
5. Einnahme der Miete per Bank für untervermietete Büroräume	erfolgswirksam; neutraler Ertrag

2.3 Kosten- und Leistungsrechnung

01. Aufgaben der Abgrenzungsrechnung

Beispiel:

Aussondern ↓ Neutrale Aufwendungen	Sie werden nicht in die KLR übernommen.	Instandhaltungsaufwendungen für ein vermietetes Gebäude
Übernehmen ↓ Grundkosten	Sie werden in gleicher Höhe aus der Finanzbuchhaltung übernommen.	Arbeitslöhne für betriebliche Zwecke
Veränderter Wertansatz ↓ Anderskosten	Die Werte aus der Buchführung werden durch einen anderen Wert ersetzt.	Kalkulatorische Abschreibung
Ergänzen ↓ Reine Zusatzkosten	Sie kommen in der KLR hinzu.	Kalkulatorischer Unternehmerlohn

02. Kostenarten (1)

	Kostenart	Einzel-kosten	Gemein-kosten	Sondereinzelkosten der Fertigung	Sondereinzelkosten des Vertriebs
1	Mietkosten für ein Ladengeschäft		x		
2	Transportversicherung für den Auftrag 0118-66				x
3	Lizenzgebühren für Bauteil 5518			x	
4	Honorar an den Steuerberater		x		
5	Monteurlohn für Auftrag 2955-67	x			
6	Abschreibungskosten für Maschine DN 4		x		
7	Betriebsstoffkosten für Mai 20..		x		

8	Rohstoffkosten für Mai 20..	x			
9	Hilfsstoffkosten für Mai 20..		x		
10	Lohnkosten für Gewähr- leistungsarbeiten		x		

03. Kostenarten (2)

Primäre und sekundäre Kosten (Kriterium Kostenherkunft)

• *Primäre Kosten:* Die verbrauchten Kostengüter wurden von außen beschafft und nicht im Unternehmen produziert. Primäre Kosten sind Gegenstand der Kostenartenrechnung.

Beispiele: Lohn- und Gehaltszahlungen, Abschreibungen auf Maschinen, Materialverbrauch

• *Sekundäre Kosten:* Die verbrauchten Kostengüter bestehen aus innerbetrieblichen Leistungen. Sekundäre Kosten sind Gegenstand der Kostenstellenrechnung.

Beispiele: Eigenreparaturen, Eigenerzeugung von Energie

04. Materialarten

Es gibt vier Materialarten:

- Rohstoffe (Hauptbestandteil des Endprodukts)
- Hilfsstoffe (gehen ebenfalls in das Fertigprodukt ein, sind aber von untergeordneter Bedeutung)
- Betriebsstoffe (gehen nicht in das Fertigprodukt ein, werden bei der Produktion verbraucht)
- fertig bezogene Einzelteile

05. Abschreibung

• Die *bilanzielle Abschreibung* der Buchführung richtet sich vor allem nach steuerlichen Gesichtspunkten (Nutzung von Sonderabschreibungen, es darf nur vom Anschaffungswert ausgegangen werden).

• Die *kalkulatorische Abschreibung* geht zweckmäßigerweise vom Wiederbeschaffungswert aus, weil so die Substanzerhaltung des Unternehmens gesichert werden kann. Die kalkulatorische Abschreibung wird meist linear vorgenommen.

06. Wagniskosten-Zuschlag

a) $\dfrac{\text{Vorräteverlust} \cdot 100}{\text{Wareneinsatz}}$ = Wagniskostenzuschlag

$$\frac{35.000 \cdot 100}{2.500.000} = 1,4\,\%$$

b) Auf den Wareneinsatz sind in der Kalkulation 1,4 % Wagniskostenzuschlag zu verrechnen.

07. Kostenstellenrechnung

- Die Gemeinkosten werden nach Kostenarten differenziert dem Ort der Kostenentstehung zugeordnet.

- Die innerbetriebliche Leistungsverrechnung zwischen den Kostenstellen wird nach dem Verursachungsprinzip durchgeführt.

- Die Bildung der Kalkulationssätze zur Weiterverrechnung der Kosten auf die Produkte/ Warengruppen nach dem Verursacherprinzip wird vorgenommen.

- Die Wirtschaftlichkeit der Kostenstellen bezüglich der Gemeinkosten wird überprüft.

08. Zuschlagssätze

Zahlen der KLR	Hauptkostenstellen			
	Material	Fertigung	Verwaltung	Vertrieb
Gemeinkosten	26.400	144.000	60.000	18.000
Zuschlagsbasis	220.000	180.000	570.400	570.400
Zuschlagssätze	MGK : MEK · 100	FGK : FEK · 100	VerwGK : HKU · 100	VertrGK :HKU · 100
	26.400 : 220.000 · 100	144.000 : 180.000 · 100		
	12,00 %	80,00 %	10,52 %	3,16 %

Zuschlagsbasis für die Verwaltungs- und Vertriebsgemeinkosten: Herstellkosten des Umsatzes (HKU)		
	MEK	220.00	
+	MGK	26.400	
=	**MK**		**246.400**
+	FEK	180.000	
+	FGK	144.000	
=	**FK**		**324.000**
=	**HKU**		**570.400**

09. Betriebsergebnis, Unternehmensergebnis, Deckungsbeitrag

a) Betriebsergebnis$_{(PC)}$ = Umsatz - Fixkosten - variable Kosten

= 800.000 · 6,5 - 1.200.000 - 800.000 · 4,5

BE$_{(PC)}$ = 400.000 €

$$\text{Unternehmensergebnis} = BE_{(PC)} + BE_{(übrige)} + \text{neutrales Ergebnis}$$
$$= 400.000 + 500.000 - 30.000$$
$$= 870.000 \text{ €}$$

b) $Deckungsbeitrag_{(PC)}$ = Umsatz - variable Kosten

$$= 800.000 \cdot 6,5 - 800.000 \cdot 4,5$$
$$= 1.600.000 \text{ €}$$

$$\frac{Deckungsbeitrag_{(PC)}}{\text{pro Einheit}} = \frac{Deckungsbeitrag_{(PC)}}{\sum \text{Einheiten}}$$

$$= \frac{1.600.000}{800.000}$$

$$= 2,00 \text{ €/Einheit}$$

10. Betriebsabrechnungsbogen, Zuschlagssätze, Selbstkosten

a) Ermittlung der Zuschlagssätze:

Gemein-kostenarten	Zahlen der KLR	Verteilungsschlüssel	I Material	II Fertigung	III Verwaltung	IV Vertrieb
GKM	9.600	3 : 6 : 2 : 1	2.400	4.800	1.600	800
Hilfslöhne	36.000	2 : 14 : 5 : 3	3.000	21.000	7.500	4.500
Sozialkosten	6.600	1 : 3 : 1,5 : 0,5	1.100	3.300	1.650	550
Steuern	23.100	1 : 3 : 5 : 2	2.100	6.300	10.500	4.200
Sonstige K.	7.000	2 : 4 : 5 : 3	1.000	2.000	2.500	1.500
AfA	8.400	2 : 12 : 6 : 1	800	4.800	2.400	400
Summen	90.700		10.400	42.200	26.150	11.950
		Zuschlagsbasis	83.200	40.000	175.800	175.800
			FM	FL	HKU	HKU
		Zuschlagssätze	**12,5 %**	**105,5 %**	**14,9 %**	**6,8 %**

b) Ermittlung der Selbstkosten:

	MEK	83.200	
+	MGK	10.400	
=	**MK**		**93.600**
+	FEK	40.000	
+	FGK	42.200	
=	**FK**		**82.200**
=	HKU		175.800
+	VerwGK		26.150
+	VertrGK		11.950
=	**SK**		**213.900**

11. Maschinenstundensatz

a) 1) kalkulatorische Zinsen $= \dfrac{200.000}{2} \cdot \dfrac{6}{100} = 6.000\ €$

2) kalkulatorische AfA $= \dfrac{240.000}{10} = 24.000\ €$

3) Raumkosten $=\ 4.000\ €$

4) Energiekosten $=\ 11\ kWh \cdot 0{,}12\ €/kWh \cdot 2.000\ Std.\ p.\,a. + 220\ €$

$=\ 2.860\ €$

5) Instandhaltungskosten $=\ 6.000\ €$

6) Werkzeugkosten $=\ 10.000\ €$

Daraus ergibt sich folgender Maschinenstundensatz:

Maschinenstundensatz = 52.860 : 2.000 : 26,43 €/Std.

b) kalkulatorische AfA $= \dfrac{300.000}{6} = 50.000\ €\ p.\,a.$

kalk. AfA/Std. $=\ 50.000 : 1.600 = 31{,}25\ €/Std.$

Maschinenstundensatz (alt)	= 50,00 €/Std.
./. kalk. AfA/Std.(alt)	= - 18,75 €/Std.
+ kalk. AfA/Std.(neu)	= 31,25 €/Std.

= Maschinenstundensatz (neu) $=\ 62{,}50\ €/Std.$

Δ Maschinenstundensatz $= \dfrac{62{,}50 - 50{,}00}{50{,}00} \cdot 100$

$=\ 25\ \%$

12. Zuschlagskalkulation mit Maschinenstundensatz

	Materialeinzelkosten		160,00
+	Materialgemeinkosten	30 %	48,00
=	**Materialkosten**		**208,00**
	Fertigungslöhne	200 : 25	8,00
+	Restgemeinkosten	120 %	9,60
+	Maschinenkosten	1)	59,40
=	**Fertigungskosten**		**77,00**
=	**Herstellkosten der Fertigung pro Stück**		**285,00**

1) Bearbeitungskosten $=\ 15\ min \cdot 25\ Stk. \cdot 180\ €/Std. : 60\ min.$ $=\ 1.125{,}00\ €$

Rüstkosten $=\ 2\ Std. \cdot 180\ €/Std.$ $=\ 360{,}00\ €$

Bearbeitungskosten + Rüstkosen = Maschinenkosten = 1.485,00 €

Maschinenkosten/Stk.   = 1.485,00 € : 25 Stk. = 59,40 €/Stk.

13. Rückwärtskalkulation (Industrie)

a)
Berechnungshinweise:

	Materialeinzelkosten		11.000,00		13.750,00 : 125 · 100
+	Materialgemeinkosten	25 %	2.750,00		11.000,00 · 25 : 100
=	Materialkosten			13.750,00	
	Fertigungslöhne		3.500,00		8.225,00 : 235 · 100
+	Fertigungsgemeinkosten	135 %	4.725,00		3.500 · 135 : 100
=	Fertigungskosten			8.225,00	
=	Herstellkosten der Fertigung			21.975,00	26.370,00 : 120 · 100
+	Verwaltungs- und Vertriebs-gemeinkosten	20 %	4.395,00		
=	Selbstkosten			26.370,00	30.325,50 : 115 · 100
+	Gewinn	15 %	3.955,50		
=	**Nettobarverkaufspreis**			**30.325,50**	

Hinweis: Die Lösung erfolgt in der Rückwärtsrechnung. Zur Kontrolle empfehlen wir die Probe in der Vorwärtsrechnung.

b)
Berechnungshinweise:

	Nettobarverkaufspreis		30.325,50	
+	Kundenskonto	3 %	937,90	30.325,50 : 97 · 3
=	Zielverkaufspreis		31.263,40	
+	Kundenrabatt	10 %	3.473,71	31.263,40 : 90 · 10
=	Listenverkaufspreis, netto		34.737,11	
+	Umsatzsteuer	19 %	6.600,05	34.737,11 · 19 : 100
=	**Listenverkaufspreis, brutto**		**41.337,16**	

14. Divisionskalkulation (1)

a) 1.188.918 € : 2.148 t   = 553,50 €/t

b) 1.188.918 € : 24 Tage   = 49.538,25 €/Tag

c) 2.148 t : 24 Tage   = 89,5 t/Tag;

89,5 t/Tag · 553,50 €/t   = 49.538,25 €/Tag

Vernachlässigt man die Rundungsdifferenzen, sind die Ergebnisse aus b) und c) gleich.

15. Divisionskalkulation (2)

Verwaltungs- und Vertriebskosten　　　　$= \quad 100.000 \cdot 0,2 = 20.000$

Herstellkosten　　　　　　　　　　　　$= \quad 100.000 - 20.000 = 80.000$

Selbstkosten je Leistungseinheit　　　　$= \quad \dfrac{80.000}{2.000} + \dfrac{20.000}{1.000}$

　　　　　　　　　　　　　　　　　　$= \quad 40 + 20 = 60 \, €$

16. Äquivalenzkalkulation

Sorte	Äquivalenz-ziffer	produzierte Menge	Rechnungs-einheiten[1]	Stückkosten je Sorte	Gesamtkosten je Sorte
A	0,6	6.500	3.900	$= 39,8 \cdot 0,6 = \mathbf{23,88}$	155.224[2]
B	1,2	9.000	10.800	$= 39,8 \cdot 1,2 = \mathbf{47,76}$	429.851
C	1,8	3.000	5.400	$= 39,8 \cdot 1,8 = \mathbf{71,64}$	214.925
Summen:			20.100		800.000

[1] Euro je Rechnungseinheit　　　$= 800.000 \, € : 20.100 = 39,8$
[2] $800.000 \cdot 0,6 \cdot 6.500 : 2.100$　　$= 155.223,88$

17. Handelsspanne

Die Formel für die Handelsspanne beim Großhandel lautet:

$$\text{HSP} = \frac{(\text{Nettoverkaufspreis} - \text{Bezugspreis}) \cdot 100}{\text{Nettoverkaufspreis}}$$

Es gilt:　　BP　$=$　　Bezugspreis
　　　　　　VP　$=$　　Verkaufspreis
　　　　　　HSP　$=$　　Handelsspanne

	„alt"	„neu": Fall a)	„neu": Fall b)
BP	40,00	44,00	44,00
HSP	60,00 %	56,00 %	58,10 %
VP	100,00	100,00	105,00

18. Deckungsbeitragssatz (Handel)

U	900.000,00
− WE (70 %)	630.000,00
=	270.000,00
− K_v	50.000,00
= DB I	220.000,00
− K_f	85.000,00
= DB II	135.000,00 = 15 %

Der Deckungsbeitragssatz der Plankalkulation entspricht gerade noch dem angestrebten Wert. Das Warensortiment kann erweitert werden. Es ist jedoch zu beachten, dass kein Abweichungsspielraum vorliegt (Risiko der Entscheidung).

19. Vollkostenrechnung (Handel)

a)	Einkaufspreis	70.000,00 €
	− Liefererrabatt 10 %	7.000,00 €
	= Zieleinkaufspreis	63.000,00 €
	− Liefererskonto 2 %	1.260,00 €
	= Bareinkaufspreis	61.740,00 €
	+ Bezugskosten	5.000,00 €
	= Einstandspreis	66.740,00 €
	+ Handlungskostenzuschlagssatz 30 %	20.022,00 €
	= **Selbstkosten**	**86.762,00 €**
b)	Selbstkosten	86.762,00 €
	+ Gewinnzuschlag 7 %	6.073,34 €
	= Barverkaufspreis	92.835,34 €
	+ Kundenskonto 2 %	1.894,60 €
	= Zielverkaufspreis	94.729,94 €
	+ Kundenrabatt 10 %	10.525,55 €
	= **Verkaufspreis netto**	**105.255,49 €**

20. Bezugspreiskalkulation

Einkaufspreis	1.000,00 €
− Liefererrabatt 5 %	50,00 €
= Zieleinkaufspreis	950,00 €
− Liefererskonto 2 %	19,00 €
= Bareinkaufspreis	931,00 €
+ Bezugskosten	70,00 €
= **Einstandspreis**	**1.001,00 €**

Bemerkung: Portokosten sind Handlungskosten und werden in der Kontenklasse 4 geführt.

21. Rückwärtskalkulation (Handel)

Listenpreis	159,08 €
– Rabatt 8 %	12,73 €
= Zielverkaufspreis	146,35 €
– Skonto 2 %	2,93 €
= Barverkaufspreis	143,42 €
– Gewinn 10,45 %	13,57 €
= Selbstkosten	129,85 €
– Handlungskosten 15,5 %	17,43 €
= Bezugspreis	**112,42 €**

22. Rückwärtskalkulation, Differenzkalkulation (Handel)

a)

Bezugspreis	30,00 €	
+ HKZ 15,5 %	4,65 €	
= Selbstkosten	34,65 €	(wichtig für die Differenzkalkulation)
+ Gewinn 10,12 %	3,51 €	
= Barverkaufspreis	38,16 €	
+ Skonto 2 %	0,78 €	
= Zielverkaufspreis	38,94 €	
+ Rabatt 5 %	2,05 €	
= Listenpreis	**40,99 €**	(wichtig für die Rückwärtskalkulation)

b) **Rückwärtskalkulation**

Listenpreis	40,99 €
– Rabatt 8 %	3,28 €
= Zielverkaufspreis	37,71 €
– Skonto 2 %	0,75 €
= Barverkaufspreis	36,96 €
– Gewinn 10,12 %	3,40 €
= Selbstkosten	33,56 €
– HKZ 15,5 %	4,50 €
= Bezugspreis	**29,06 €**

c) **Differenzkalkulation**

Listenpreis	40,99 €
– Rabatt 6 %	2,46 €
= Zielverkaufspreis	38,53 €
– Skonto 2 %	0,77 €
= Barverkaufspreis	37,76 €
– Gewinn	3,11 €
= Selbstkosten	**34,65 €**

Barverkaufspreis – Selbstkosten = Gewinn

37,65 € – 34,65 €   = 3,11 € Gewinn

d) 3,11 multipliziert mit 100 und dividiert durch 34,65 = 8,98 % der Selbstkosten.

23. Direct Costing (1)

Maschine A:	Verkaufspreis netto	2.500.000,00 €
	– Kundenrabatt 16 %	400.000,00 €
	= Zielverkaufspreis	2.100.000,00 €
	– Kundenskonto 1 %	21.000,00 €
	= Barverkaufspreis	2.079.000,00 €
	– variable Kosten	1.875.000,00 €
	= Deckungsbeitrag	204.000,00 €
	– fixe Kosten	184.027,78 €
	= Gewinn	**19.972,22 €**

Maschine B:	Verkaufspreis netto	4.657.640,00 €
	– Kundenrabatt 17 %	791.798,80 €
	= Zielverkaufspreis	3.865.841,20 €
	– Kundenskonto 1 %	38.658,41 €
	= Barverkaufspreis	3.827.182,79 €
	– variable Kosten	3.493.230,00 €
	= Deckungsbeitrag	333.952,79 €
	– fixe Kosten	342.854,06 €
	= Gewinn	**– 8.901,27 €**

Da mit Maschine B sogar Verlust gemacht würde, sollte das Großhandelsunternehmen nur Maschine A verkaufen.

24. Preisuntergrenze (Direct Costing 2)

Maschine A:	Deckungsbeitrag	00000000,00 €
	+ variable Kosten	1.875.000,00 €
	= Barverkaufspreis	1.875.000,00 €
	+ Kundenskonto 1 %	18.939,39 €
	= Zielverkaufspreis	1.893.939,39 €
	+ Kundenrabatt 16 %	360.750,36 €
	= Verkaufspreis netto, neu	**2.254.689,75 €**

Verkaufspreis netto alt – Verkaufspreis netto neu = Preissenkung absolut

2.500.000,00 € – 2.254.689,75 € = 245.310,25 € Preissenkung absolut

Maschine B: Deckungsbeitrag   00000000,00 €
          +   variable Kosten   3.493.230,00 €

          =   Barverkaufspreis   3.493.230,00 €
          +   Kundenskonto 1 %   35.285,15 €

          =   Zielverkaufspreis   3.528.515,15 €
          +   Kundenrabatt 17 %   722.707,92 €

          =   **Verkaufspreis netto, neu 4.251.223,07 €**

Verkaufspreis netto, alt – Verkaufspreis netto, neu = Preissenkung absolut

4.657.640,00 € – 4.251.223,07 € = 406.416,93 € Preissenkung absolut

25. Stückpreiskalkulation (Handel)

Einstandskosten	24.948,00
+ direkte Manipulationskosten	1.060,00
+ indirekte Handlungskosten	3.991,68
= Selbstkosten	29.999,68
+ 5 % Gewinnaufschlag	1.499,98
= Barverkaufspreis ab Lager	31.499,66
+ direkte Versandkosten	552,34
= Barverkaufspreis frei Haus	32.052,00
+ 3 % Skonto	991,30
= Zielverkaufspreis frei Haus	33.043,30
+ 5 % Rabatt	1.739,12
= **Listenverkaufspreis**	**34.782,42**

34.782,42 € : 4.950 kg = **7,03 €/kg**

26. Deckungsbeitrag (Definition)

Deckungsbeitrag = Beitrag, den ein Produkt zur Deckung der fixen Kosten leistet.

$db = p - k_v$ mit: db = Stückdeckungsbeitrag
                                p = Stückpreis
                                k_v = variable Kosten

27. Deckungsbeitrag pro Stück, Break-even-Point

a) Erlöse = Kosten

   U   = K

   $x \cdot p = K_f + x \cdot k_v$

   $\Rightarrow x = \dfrac{K_f}{p - k_v}$

$$= \frac{12.000}{600 - 300}$$

$$= 40 \text{ Stück}$$

b) DB $\quad = U - K_v$

$\qquad = x \cdot p - x \cdot k_v$

$$\frac{DB}{x} = db = \frac{1}{x}(x \cdot p - x \cdot k_v)$$

$\qquad = p - k_v$

$\qquad = 600 - 300$

$\qquad = 300 \ \text{€}$

28. Deckungsbeitragsrechnung, Break-even-Point

a)

	Situation „alt"	Situation „neu"
Absatz	1.000.000	1.000.000
Preis	5,00	4,00
Umsatz	5.000.000	4.000.000
K_v	2.200.000	2.200.000
DB	2.800.000	1.800.000
Gewinn	2.400.000	1.400.000

DB $\quad = \text{Umsatz} - K_v$

Gewinn $= DB - K_f$

b)

	vor der Preissenkung	nach der Preissenkung
VP	5,00 €	4,00 €
− K_v pro Stk.	2,20 €	2,20 €
= DB pro Stk.	2,80 €	1,80 €
= DB-Satz	56 %	45 %

c) Es bedeutet: $\quad U \ = \ \text{Umsatz}$

$\qquad\qquad\qquad x \ = \ \text{Absatzmenge}$

$\qquad\qquad\qquad p \ = \ \text{Verkaufspreis}$

Im Break-even-Point gilt:

$U \qquad\qquad\qquad = \quad K_f \quad + K_v$

$x \cdot p \qquad\qquad\quad = \quad K_f \quad + x \cdot k_v$

$x \cdot p - k_v \cdot x \quad = \quad K_f$

$$\boxed{x = \frac{K_f}{p - k_v}}$$

1) vor der Preissenkung beträgt der Absatz

$$x = \frac{400.000}{5,00 - 2,20} = 142.857$$

nach der Preissenkung beträgt der Absatz

$$x = \frac{400.000}{4,00 - 2,20} = 222.222$$

2) $U = x \cdot p$

vor der Preissenkung:
= 142.857 · 5,00 = 714.285

nach der Preissenkung:
= 222.222 · 4,00 = 888.888

3) 70 % = 1.000.000
   100 % =   x

   x = 1.428.571   im Break-even-Point

   x_1 = 10,0 %   vor der Preissenkung
   x_2 = 15,6 %   nach der Preissenkung

29. Deckungsbeitragsrechnung, Preispolitik

a) Im Kostendeckungspunkt gilt:

$U = K$ mit

U =	Umsatz	K = Kosten
p =	Preis	x = Menge
K_v =	variable Kosten	K_f = fixe Kosten

$x \cdot p = K_v + K_f$

$\qquad = x \cdot k_v + K_f$

Daraus folgt:

$$x = \frac{K_f}{p - k_v}$$

An fixen Kosten ergeben sich:

- Investitionen:
  AfA: 12,5 % von 230.000 € =   28.750 €

- Personalkosten:

  9.000 € · 12   = 108.000 €

- Verwaltungsgemeinkosten:

  3.000 € · 12   = 36.000 €

- kalkulatorische Zinsen:

  10 % von 230.000 €   = 23.000 €

  Summe   = 195.750 €

Daraus folgt (pro Jahr):

$$x = \frac{195.750}{4,00 - 0,70}$$

= 59.318,18   Pkw-Wäschen pro Jahr

Daraus folgt:

59.318,18 : 280 = 212 Pkw-Wäschen pro Tag (gerundet)

b) *Pkw-Wäschen pro Tag im Kostendeckungspunkt:*

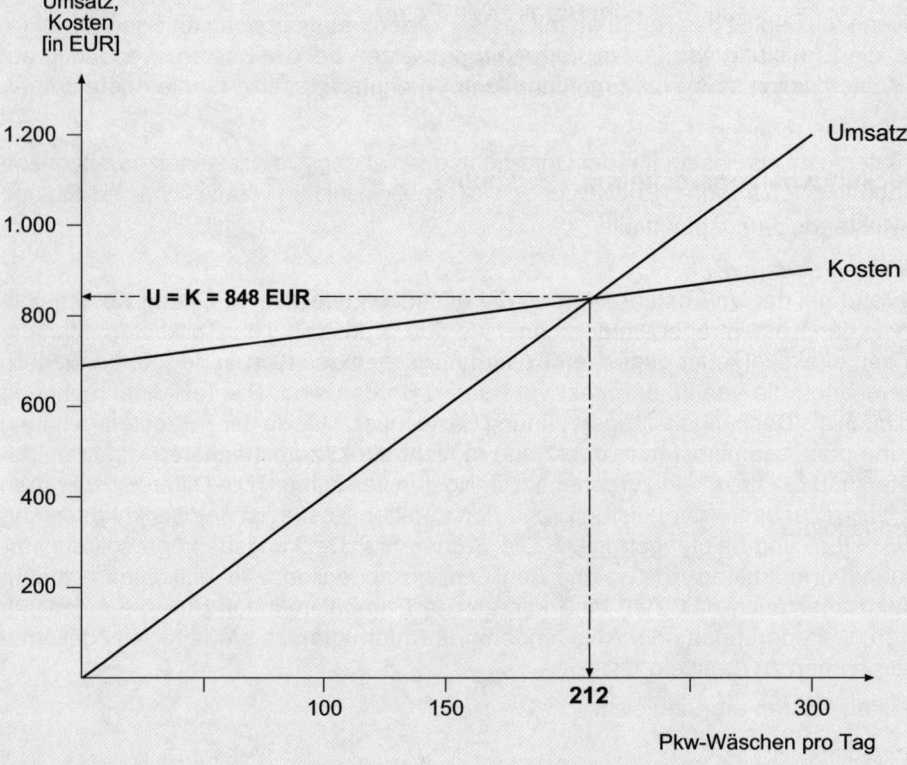

c)

$$\boxed{DB = U - K_v}$$

Daraus ergibt sich der Deckungsbeitrag pro Stück:

$$\frac{DB}{x} = \frac{U}{x} - \frac{K_v}{x}$$

$$= \frac{x \cdot p}{x} - k_v = p - k_v \qquad = 4,00 - 0,7 = \underline{3,30 \ €}$$

30. Kostenrechnungsverfahren (Vergleich)

- *Istkostenrechnung:*
  In der Istkostenrechnung werden nur die tatsächlich angefallenen Kosten erfasst; ihre Hauptaufgabe ist die Kostenerfassung und die Zuteilung der Kosten auf die verschiedenen Waren.

- *Normalkostenrechnung:*
  Ihr Kennzeichen ist das Rechnen mit festen Verrechnungspreisen für den Wareneinsatz, die Ermittlung von festen Verrechnungssätzen bei der Kostenzurechnung auf die Kostenstellen sowie die Ermittlung fester Kalkulationssätze für die Kostenträger.

- *Plankostenrechnung:*
  Sie untersucht als Bestandteil der Unternehmensplanung alle Kostensätze weitgehend unabhängig von früheren Entwicklungen im Hinblick auf ihre voraussichtliche künftige Entwicklung.

- *Teilkostenrechnung:*
  Während bei der Vollkostenrechnung die effektiven oder die geplanten Kosten vollständig den Kostenträgern zugerechnet werden, werden bei der Teilkostenrechnung von den effektiven oder geplanten Kosten nur diejenigen Kosten den Kostenträgern zugerechnet, die von ihnen direkt verursacht worden sind. Die Teilkostenrechnung wird auch als Deckungsbeitragsrechnung bezeichnet. Mithilfe der Teilkostenrechnung werden die Gesamtkosten in direkt und in nicht direkt zurechenbare Kosten aufgespalten und nur die direkt zurechenbaren Kosten verrechnet. Die Differenz zwischen den Umsatzerlösen (der Leistung) und den direkten Kosten ist der Deckungsbeitrag des Kosten- und Leistungsträgers. Die Summe der Deckungsbeiträge soll die verbleibenden indirekten Kosten und den Gewinn abdecken. Die Teilkostenrechnung verfolgt aber auch das Ziel, eine kurzfristige Ergebnisrechnung für die einzelnen Waren, Warengruppen oder Abteilungen des Unternehmens sowie für das gesamte Unternehmen zu ermitteln.

2.4 Auswertung der betriebswirtschaftlichen Zahlen

01. Produktivität, Rentabilität, ROI

a) Arbeitsproduktivität   =   Ausbringung : Arbeitsstunden

   Monat Mai: 50.000 : 2.000   =   25 Stück pro Arbeitsstunde

   Monat Juni: 42.000 : 1.400   =   30 Stück pro Arbeitsstunde

   Veränderung:

$$\frac{30 - 25}{25} \cdot 100 = 20 \: \%$$

Die Arbeitsproduktivität ist um 20 % gestiegen. Als Ursachen kommen z. B. infrage:

- Rückgang von Störungen im Fertigungsablauf
- verbesserte Leistung der Mitarbeiter pro Zeiteinheit

b) Die Rentabilität misst die Ergiebigkeit des Faktors Kapital. Insofern ist bei einer gestiegenen Arbeitsproduktivität eine Konstanz der Gesamtkapitalrentabilität möglich; folgende Fälle sind z. B. denkbar:

- die Ergiebigkeit des Einsatzes beim Faktor Kapital verändert sich <u>mengenmäßig</u>, z. B.
  - Maschinenausfall
  - Materialverbrauch

- das Ergebnis des Leistungsprozesses verändert sich <u>wertmäßig</u>, z. B.
  - veränderte Materialkosten
  - veränderte Personalkosten

- die <u>Struktur des Kapitaleinsatzes</u> verändert sich (Verhältnis von Eigenkapital und Fremdkapital)

c) Z. B.:

$$\text{ROI} = \frac{\text{Gewinn*}}{\text{Umsatz}} \cdot \frac{\text{Umsatz}}{\text{Kapitaleinsatz}} \cdot 100$$

* Anstelle der Gewinngröße kann auch z. B. der Return verwendet werden.

d) Beispiele:

Die Rentabilität wird ermittelt als
- Umsatzrentabilität   und/oder als
- Kapitalrentabilität   und diese wiederum

- als Rentabilität des Eigenkapitals   oder
- als Rentabilität des Gesamtkapitals.

02. Beurteilung der wirtschaftlichen Lage der Handels-GmbH und Maßnahmen der Gegensteuerung

1. Kennzahlen der Kapitalstruktur:		2008	2009
1.1 Eigenkapitalanteil (in %)	$= \dfrac{\text{Eigenkapital}}{\text{Gesamtkapital}} \cdot 100$	$= \dfrac{44 \cdot 100}{99}$	$= \dfrac{49 \cdot 100}{129}$
		$= 44{,}4\,\%$	$= 38{,}0\,\%$
1.2 Fremdkapitalanteil (in %)	$= \dfrac{\text{Fremdkapital}}{\text{Gesamtkapital}} \cdot 100$	$= \dfrac{55 \cdot 100}{99}$	$= \dfrac{80 \cdot 100}{129}$
		$= 55{,}6\,\%$	$= 62{,}0\,\%$
1.3 Verschuldungsgrad (in %)	$= \dfrac{\text{Fremdkapital}}{\text{Eigenkapital}}$	$= \dfrac{55 \cdot 100}{44}$	$= \dfrac{80 \cdot 100}{49}$
		$= 125{,}0\,\%$	$= 163{,}3\,\%$
2. Liquiditätskennzahlen:			
2.1 Liquidität 1. Grades (in %) (Barliquidität)	$= \dfrac{\text{flüssige Mittel (Kasse, Bank)}}{\text{kurzfristige Verbindlichkeiten}}$	$= \dfrac{32 \cdot 100}{39}$	$= \dfrac{31 \cdot 100}{62}$
		$= 82{,}1\,\%$	$= 50{,}0\,\%$
2.2 Liquidität 2. Grades (in %) (Einzugsliquidität)	$= \dfrac{\text{flüssige Mittel + kurzfristige Forderungen}}{\text{kurzfristige Verbindlichkeiten}}$	$= \dfrac{38 \cdot 100}{39}$	$= \dfrac{58 \cdot 100}{62}$
		$= 97{,}4\,\%$	$= 93{,}5\,\%$
3. Rentabilitätskennzahlen:			
3.1 Eigenkapitalrentabilität (in %) (Unternehmerrentabilität)	$= \dfrac{\text{Reingewinn}}{\text{Eigenkapital}}$	$= \dfrac{38 \cdot 100}{44}$	$= \dfrac{49 \cdot 100}{49}$
		$= 86{,}4\,\%$	$= 100{,}0\,\%$
3.2 Gesamtkapitalrentabilität (in %) (Unternehmungsrentabilität)	$= \dfrac{\text{Reingewinn + Fremdkapitalzinsen}}{\text{Gesamtkapital}}$	$= \dfrac{(38 + 1) \cdot 100}{99}$	$= \dfrac{(49 + 1) \cdot 100}{129}$
		$= 39{,}4\,\%$	$= 38{,}8\,\%$
3.3 Umsatzrentabilität (in %) (Gewinnquote)	$= \dfrac{\text{Reingewinn}}{\text{Umsatzerlöse}}$	$= \dfrac{38 \cdot 100}{548}$	$= \dfrac{49 \cdot 100}{469}$
		$= 6{,}9\,\%$	$= 10{,}4\,\%$

Beurteilung der wirtschaftlichen Lage der Handels-GmbH anhand der oben dargestellten Kennzahlen:

1. Das Unternehmen war im Jahr 2008 solide finanziert. Erste Anzeichen einer Gefährdung der Kapitalstruktur sind im Jahr 2009 zu erkennen: Die Eigenkapitalquote sinkt auf rund 38 und der Verschuldungsgrad liegt bei ca. 163 %.

2. Obwohl im Jahr 2008 eine Verschlechterung der Barliquidität eintritt, ist das Unternehmen nach wie vor solvent bei einer Einzugsliquidität von annähernd 100 %.

3. Die Handels-GmbH verfügt über eine außerordentliche gute Ertragslage. Die Gewinnquote (= Umsatzrendite) liegt mit rund 10 % über dem Durchschnitt der Branche.

Hinweis: Weitere Analysen sind möglich. Die Bewertung der Bilanz sowie der GuV-Rechnung
eines Industrieunternehmens erfolgt analog mit dem Unterschied, dass dort die Kapitalbindung
im Anlage- und Umlaufvermögen sowie die Maschinenkosten naturgemäß eine besondere
Relevanz haben.

03. Kennziffern (1)

a)
$$\text{Maschinenproduktivität} = \frac{35.000\ E}{46.000\ \text{Masch.std}} = 0{,}7609\ E/\text{Masch.std.}$$

$$\text{Arbeitsproduktivität} = \frac{35.000\ E}{30.000\ \text{Arb.std.}} = 1{,}1667\ E/\text{Arb.std.}$$

$$\text{Kapitalrentabilität} = \frac{60.000 \cdot 100}{600.000} = 10\ \%$$

$$\text{Wirtschaftlichkeit} = \frac{2.000.000}{1.900.000} = 1{,}0526$$

b) Die Produktivität ist eine Verhältniszahl, die Mengengrößen gegenüberstellt und mit
der die Ergiebigkeit einer Faktoreinsatzmenge zur Ausbringungsmenge gemessen
wird – zum Beispiel als „Arbeitsproduktivität" oder als „Maschinenproduktivität".

$$\text{Produktivität} = \frac{\text{Ausbringungsmenge } E}{\text{Faktoreinsatzmenge (Std.)}} = x\ E/\text{Std.}$$

Analytische Aussagen lassen sich bei dieser Kennzahl nur aufgrund eines inner-
betrieblichen Vergleichs im Zeitablauf oder aufgrund eines zwischenbetrieblichen
Vergleichs treffen. Isolierte Ergebnisse – wie im vorliegenden Fall – erlauben keine
Interpretation.

c) Beispielrechnung:

• **Situation „alt":**

$$\text{Kapitalrentabilität} = \frac{60.000 \cdot 100}{600.000} = 10\ \%$$

$$\text{Wirtschaftlichkeit} = \frac{2.000.000}{1.900.000} = 1{,}0526$$

• **Situation „neu":**

Angenommen, in der Folgeperiode gelingt es, die Kosten von 1.900.000 € auf 1.700.000 € zu reduzieren, so ergibt sich bei gleich bleibenden Leistungen eine Wirtschaftlichkeit von:

$$\text{Wirtschaftlichkeit} \ = \ \frac{2.000.000}{1.700.000} \ = \ 1{,}1765$$

In der Regel wird eine Reduzierung der Kosten zu einer Erhöhung des Gewinns und damit zu einer Verbesserung der Kapitalrendite führen.

Sollte jedoch der Kapitaleinsatz gleichzeitig ansteigen, so kann die Kapitalrendite gleich bleiben oder sich sogar verschlechtern:

Angenommenes Zahlenbeispiel:

- Gewinnveränderung: Anstieg von 60.000 € auf 65.000 €
- Kapitaleinsatz: Anstieg von 600.000 € auf 750.000 €

$$\text{Kapitalrendite (neu)} \ = \ \frac{65.000 \cdot 100}{750.000} \ = \ 8{,}67 \ \%$$

04. Kennziffern (2)

a) Anspannungskoeffizient = Fremdkapital : Gesamtkapital · 100
  = 4,0 : 5,4 · 100 = 74,07 %

  Kapitalintensität = Anlagevermögen : Gesamtkapital · 100
  = 2,0 : 5,4 · 100 = 37,04 %

  Eigenkapitalrentabilität = Gewinn : Eigenkapital · 100
  = 0,31 : 1,4 · 100 = 22,14 %

  Gesamtkapitalrentabilität $= \dfrac{\text{Gewinn} + \text{Fremdkapitalzinsen}}{\text{Gesamtkapital}} \cdot 100$

  = (0,31 + 0,5) : 5,4 · 100 = 15,00 %

b) ROI $= \dfrac{\text{Gewinn} + \text{FK-Zins}}{\text{Umsatz}} \cdot \dfrac{\text{Umsatz}}{\text{investiertes Kapital}} \cdot 100$

  = (0,31 + 0,5) : 4,2 · 4,2 : (4,0 + 1,4) · 100
  = 15,00 %

• Verbesserung des Gewinns (der Umsatzrendite) z. B. durch:
  - Kostenreduktion (z. B. Wareneinsatz-, Handlungskosten-Reduzierung)
• Verbesserung des Kapitalumschlags z. B. durch:
  - Erhöhung des Umsatzes
  - Senkung der Kapitalbindung (z. B. Erhöhung des Lagerumschlags, Senkung der Forderungs-Außenstände, Erhöhung der Verbindlichkeiten)

05. Rentabilitätskennzahlen

a)

Aktiva	Bilanz		Passiva
diverse Aktiva	10.400.000	Eigenkapital	5.000.000
		Fremdkapital	5.000.000
		Gewinn	400.000
	10.400.000		10.400.000

Soll	GuV-Rechnung		Haben
diverse Aufwendungen	29.300.000	Erlöse	30.000.000
Fremdkapitalzinsen 6 %	300.000		
Gewinn	400.000		
	30.000.000		30.000.000

Berechnungen:

Gewinn, G	= Erlöse – diverse Aufwendungen – Fremdkapitalzinsen = 30.000.000 – 29.300.000 – 300.000 = 400.000
Fremdkapital, FK	6 % = 300.000 $\Rightarrow$ 100 % = 5.000.000
Eigenkapital, EK	= Bilanzsumme – Gewinn – Fremdkapital = 10.400.000 – 400.000 – 5.000.000 = 5.000.000
Gesamtkapital, GK	= EK + FK = 5.000.000 + 5.000.000 = 10.000.000

b)

$Rendite_{EK}$	= G : EK · 100 = 400.000 : 5.000.000 · 100 = **8 %**
$Rendite_{GK}$	= (G + $Zinsen_{FK}$) : GK · 100 = (400.000 + 300.000) : 10.000.000 · 100 = 700.000 : 10.000.000 · 100 = **7 %**
$Rendite_{Umsatz}$	= Gewinn : Umsatz · 100 = 400.000 : 30.000.000 · 100 = **1,3 %**

2.5 Planungsrechnung

01. Aufgaben der Planungsrechnung

Aufgaben der Planungsrechnung:

- mengen- und wertmäßige Schätzung betrieblicher Entwicklungen
- betriebliche Planung in Form von Prognosen (Sollwerte) als Grundlage für Soll-Ist-Vergleiche (Budgetierung).

02. Teilpläne (1)

Teilpläne der Planungsrechnung, z. B.:

Absatzplanung
- Mengen
- Preise
- Deckungsbeiträge
- Produktionsprogramm bzw.
- Sortiment

Produktionsplanung
- Fertigungsprogramm
- Fertigungstiefe (MoB)
- Ressourcenplanung
- Terminplanung
- Ablaufplanung

Finanzplanung
- Einnahmen
- Ausgaben
- Finanzierungsplanung
- Mittelbeschaffung

Investitionsplanung
- Kapazitätsplanung
- Investitionsvolumen
- Zeithorizonte
- Ersatzzeitpunkte

03. Teilpläne (2)

Darstellung, beispielhaft:

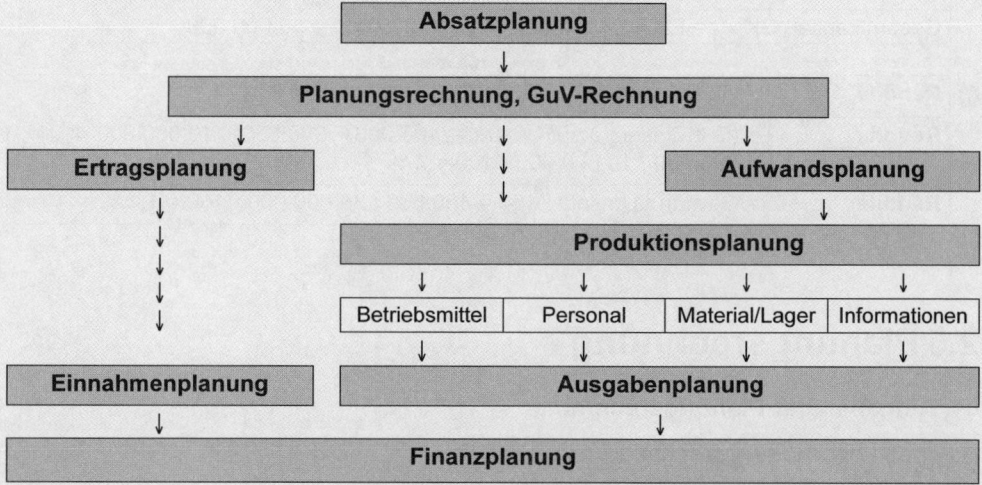

Hinweis: Es gibt auch andere, mögliche Darstellungen. Ausgangspunkt ist in der Regel die Absatzplanung.

3. Prüfungsfach: Recht und Steuern

3.1 Rechtliche Zusammenhänge

3.1.1 BGB Allgemeiner Teil

01. Geschäftsfähigkeit

a) Der Vertrag mit der Handelsfirma ist rechtskräftig zu Stande gekommen, da auch die Eltern von diesem auszuübenden Beruf Kenntnis hatten und dieses sogar ihrem Sohn Thomas vorgeschlagen hatten.

Die Kündigung in der Handelsfirma und das darauf folgende Arbeitsverhältnis als Bauhelfer sind nicht rechtskräftig, da Thomas erst 17 Jahre alt ist und zum Abschluss solcher Verträge das Einverständnis seiner Eltern (gesetzliche Vertreter) benötigt. Mit 17 Jahren ist Thomas erst beschränkt geschäftsfähig. Bis zu einer Genehmigung durch die Eltern ist dieser neue Arbeitsvertrag als Bauhelfer schwebend unwirksam. Erfolgt eine Ablehnung der Eltern, so wird dieser Vertrag nichtig.

b) Im zweiten Fall ist der Ratenzahlungsvertrag rechtlich unwirksam. Zwar handelt es sich um ein Taschengeldgeschäft, jedoch ist eine Ratenzahlung vereinbart. Diese Ratenzahlung macht das Rechtsgeschäft unwirksam.

02. Rechtsgeschäfte

a) Die telefonische Bereiterklärung des Herrn Vogel über eine Bürgschaft ist nicht ausreichend. Für eine Bürgschaft gilt der so genannte Formzwang. In diesem Falle die gesetzliche Schriftform, d. h. es wird eine eigenhändige Unterschrift unter den Bürgschaftsvertrag vom Gesetzgeber verlangt. Dieser (Bürgschafts-)Vertrag ist also nicht rechtskräftig.

b) In diesem Fall verlangt Herr Geier einen Wucherzinssatz von 30 % und verstößt damit gegen die „guten Sitten" und „geltendes Recht". Auch dieser Vertrag ist rechtlich unwirksam.

c) Hier hat der Kfz-Händler den ihm sehr wohl bekannten Unfallschaden gegenüber dem Käufer verschwiegen. Somit ist dieser Vertrag wegen „arglistiger Täuschung" anfechtbar, weil der Verkäufer den Unfall bewusst verschwiegen hat.

3.1.2 BGB Schuldrecht

01. Vertragsschluss

a)
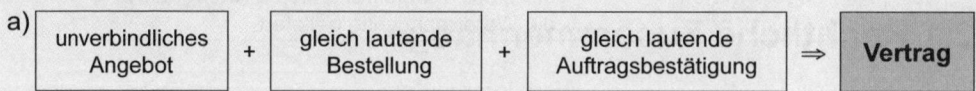

Da das Angebot unverbindlich war, stellt es keinen Antrag im Sinne des BGB dar. Der Antrag ist die verbindliche Bestellung und die Auftragsbestätigung ist die Annahme des Antrages.

b)
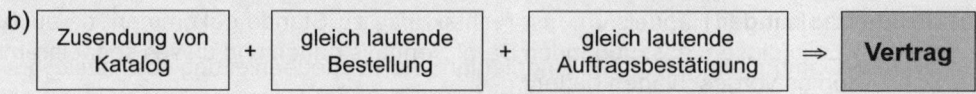

Kataloge und Preislisten sind lediglich eine Aufforderung zur Abgabe eines Angebotes. Daher kommt auch hier der Vertrag erst mit Bestellung und Auftragsbestätigung zu Stande.

c)
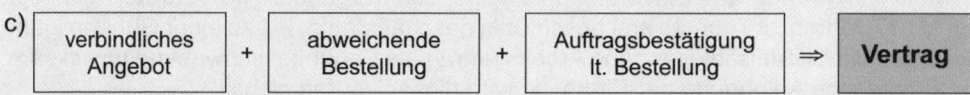

In diesem Fall folgt auf ein verbindliches Angebot (könnte als Antrag gewertet werden) eine abweichende Bestellung. Diese Bestellung ist eine Ablehnung des Antrages verbunden mit einem neuen Antrag. Dieser wird durch eine mit der Bestellung übereinstimmende Auftragsbestätigung angenommen. Der Vertrag kommt wiede-rum durch Bestellung und Auftragsbestätigung zu Stande.

d)

Bei diesem Beispiel ist kein rechtsverbindlicher Vertrag zu Stande gekommen, da eine Anfrage vollkommen unverbindlich und eine Lieferung aufgrund einer Anfrage nicht statthaft ist.

e)
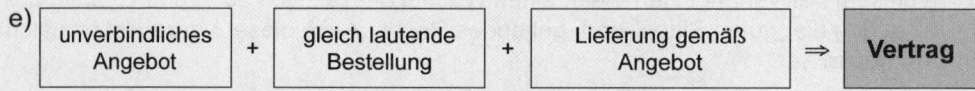

Da das Angebot unverbindlich war, stellt es keinen Antrag im Sinne des BGB dar. Der Antrag ist die verbindliche Bestellung und die Lieferung gemäß Bestellung ist die Annahme des Antrages.

f)
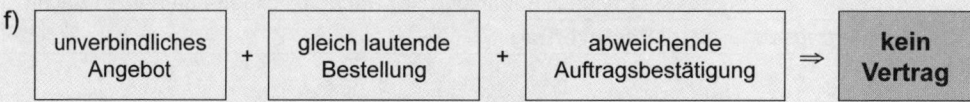

Das Angebot ist nicht als Antrag zu werten. Da der Bestellung (Antrag) eine Ablehnung (abweichende Auftragsbestätigung) folgt, ist kein Vertrag geschlossen.

02. Verpflichtungs- und Verfügungsgeschäft, AGB

a)

Käufer hat ...	**Verkäufer** hat ...
- die Ware abgenommen.	- die Ware mangelfrei geliefert (übergeben). - die Ware rechtzeitig geliefert.

b)

Käufer muss ...	**Verkäufer** muss ...
- die Ware vollständig bezahlen.	- das Eigentum an der Ware übertragen.

03. Produkthaftung (1)

Ja! Werden Dämmplatten aufgrund einer fehlerhaften Verlegeanleitung des Herstellers verbaut, und verursachen sie danach Knackgeräusche im Haus des Eigentümers, so kann der Hersteller aus den Grundsätzen der Produkthaftung zur Beseitigung der Geräusche verpflichtet werden.

04. Produkthaftung (2)

- Das Produkthaftungsgesetz erweitert die Haftung des Herstellers, indem die Schadensersatzpflicht als Gefährdungshaftung normiert wurde (§ 1 ProdHG). Die Folge ist, dass der Hersteller auch ohne Verschulden haftet. Insofern bedeutet dies eine Erweiterung der Verschuldenshaftung für fahrlässiges und vorsätzliches Handeln (§ 276 Abs. 1 BGB).

- Fraglich ist, inwieweit der Kfz-Händler von den Geschädigten in Anspruch genommen werden kann. In diesem Fall kommt eine Haftung des Händlers nur nach den Grundsätzen eines Schadensersatzanspruches wegen unerlaubter Handlung gem. § 823 BGB in Betracht. Nach § 823 BGB hat derjenige Schadensersatz zu leisten, der vorsätzlich oder fahrlässig Leben, Freiheit, Eigentum oder Gesundheit einer anderen Person beschädigt. Im Ergebnis greift aber dieser Anspruch der Geschädigten nicht, da der Händler das Leben der Geschädigten nicht durch seine Handlung vorsätzlich oder fahrlässig geschädigt hat. Der die Haftung begründende Tatbestand ist nicht erfüllt.

05. Vertragsarten (1)

Fall 1	*Gegenstand des Vertrages*	Überlassung von Sachen und Rechten zum Gebrauch und Fruchtgenuss gegen Entgelt
	Rechte und Pflichten	- Verpächter: Übergabe der Sache im vertragsgemäßen Zustand - Pächter: Bezahlung der Pacht, Rückgabe derselben Sache
	Vertragsart	**Pachtvertrag**

Fall 2	*Gegenstand des Vertrages*	Die Überlassung von Sachen zum Gebrauch gegen Entgelt
	Rechte und Pflichten	- Vermieter: Übergabe der Sache im vertragsgemäßen Zustand - Mieter: Bezahlung der Miete, Rückgabe derselben Sache
	Vertragsart	**Mietvertrag**

Fall 3	*Gegenstand des Vertrages*	Die Herstellung eines Werkes gegen Entgelt
	Rechte und Pflichten	- Unternehmer: Zustandebringen eines bestimmten Arbeitserfolges - Besteller: Beschaffung des Stoffes, Annahme des Werkes, Bezahlung der vereinbarten Vergütung
	Vertragsart	**Werkvertrag**

Fall 4	*Gegenstand des Vertrages*	Die Leistung von Diensten gegen Entgelt
	Rechte und Pflichten	- Arbeitnehmer: Verrichtung einer Arbeit - Arbeitgeber: Bezahlung der vereinbarten Vergütung
	Vertragsart	**Dienstvertrag**

Fall 5	*Gegenstand des Vertrages*	Unentgeltliche oder entgeltliche Überlassung von vertretbaren Sachen, z. B. Geld
	Rechte und Pflichten	- Darlehensgeber: Übereignung der Sache - Darlehensnehmer: Rückgabe einer „gleichartigen" Sache
	Vertragsart	**Darlehensvertrag**

06. Vertragsarten (2)

1	Aufgrund von Mustern bestellt der Einkäufer einer Kleiderfabrik verschiedene Stoffe.	**Kauf nach Probe**
2	Bei einer Versteigerung kauft ein Händler eine Briefmarkensammlung.	**- Ramschkauf - Kauf en bloc - Kauf im Bausch und Bogen**
3	Eine Baustoffhandlung kauft beim Hersteller eine bestimmte Menge Zement, um den Mengenrabatt auszunutzen. Da ihr Lager jedoch nicht so groß ist, holt sie den Zement in Teilmengen je nach Bedarf innerhalb einer bestimmten Frist ab.	**Kauf auf Abruf**
4	Eine Weberei bestellt eine bestimmte Menge Garne. Die Farben und Stärken wird sie nach den Auftragseingängen noch genauer bestimmen.	**Spezifikationskauf**
5	Ein Gastwirt bestellt vom Weingut einige Flaschen der neuen Weine, um sie zu probieren. Falls ihm der Wein zusagt, hat er Nachbestellungen in Aussicht gestellt.	**Kauf zur Probe**

6	Ein Gastwirt gibt nach einem Fest 45 Schachteln Zigaretten zurück und bezahlt die verkauften Schachteln.	**Kommissionskauf**
7	Bei Erhalt des gekauften Farbfernsehgerätes macht Herr Schuster eine Anzahlung, den Rest will er in zwölf Monatsraten begleichen.	**Ratenkauf**
8	Ein Sportverein bestellt für sein Sportfest am 24.07.20.. 15 Fässer Bier.	**Fixkauf**
9	Ein Spezialversandhaus überlässt seinen Kunden Ferngläser und Fotoapparate für 14 Tage zur unverbindlichen Ansicht. Danach kann der Kunde entscheiden, ob er die Ware kaufen oder zurücksenden will.	**Kauf auf Probe**

07. Leasing und Mietvertrag

Unterschied zwischen Leasing und Mietvertrag, z. B.:

- Anders als beim Mietvertrag trägt der Leasingnehmer die Gefahr des unverschuldeten Untergangs oder der Beschädigung der Sache. Er muss also, wenn z. B. das geleaste Fahrzeug durch Verschulden eines Dritten unfallgeschädigt wird und nicht mehr genutzt werden kann, die Leasingraten weiterzahlen. Deshalb verlangen die Leasinggeber in der Regel beim Kfz-Leasing eine Vollkaskoversicherung vom Leasingnehmer.

- Der Leasingnehmer hat auch – ebenfalls abweichend vom Mietvertrag – die Sache instand zu halten.

08. Leistungsstörungen (1) (Sachmängelhaftung)

a) Es liegt ein *Verbrauchsgüterkauf* vor (Käufer = Privatperson; Verkäufer = Kaufmann).

b) Herr Meierdirks hat das Recht auf Nacherfüllung (Beseitigung des Mangels oder Lieferung einer mangelfreien Sache; Herr Meierdirks kann hier wählen).

Die Kosten für den Getriebeschaden muss er nicht tragen. Er muss auch nicht beweisen, dass er den Schaden nicht verursacht hat. Es gilt beim Verbrauchsgüterkauf eine Gewährleistungsfrist von einem Jahr. Innerhalb der ersten sechs Monate gilt die Beweislastumkehr (gegenüber der früheren Regelung im Schuldrecht): Es wird angenommen, dass der Schaden bereits bei Lieferung bestand.

Außer der Nacherfüllung kann Herr Meierdirks den sog. „kleinen Schadenersatz" geltend machen, z. B. Ersatz von Fahrtkosten mit dem Taxi, Abschleppkosten.

09. Leistungsstörungen (2), Zahlungsverzug, Vertragsart

Skizze zum Sachverhalt (für die Lösung nicht erforderlich):

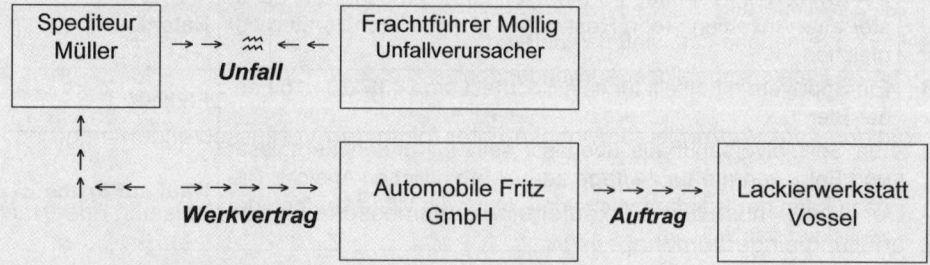

a) Werkvertrag (§ 631 BGB)

b) Ja, Müller ist Kaufmann, da er ein Gewerbe dauerhaft und selbstständig ausübt mit der Absicht laufender Gewinnerzielung. Er ist nicht den Kleingewerbetreibenden zugerechnet (vgl. Betriebsnummer seines Lkw).

Müller könnte z. B. folgendermaßen firmieren:
- Spedition Müller e. K.
- Spedition NAH+FERN e. K.
- Müller-Nah-Fern (Fantasiefirma)

c) Ja, die Fritz Automobile GmbH kann von Müller eine Abschlagszahlung fordern (§ 632a BGB).

Ja, die Fritz Automobile GmbH hat ein Unternehmerpfandrecht nach § 647 BGB. Der Verkauf des Lkw ist nach Androhung im Wege der öffentlichen Versteigerung vorzunehmen.

d) Nein, da zwischen Vossel und Müller kein Vertrag besteht.

e) Nein, da die Vergütung der Leistung aus dem Werkvertrag noch nicht vollständig entrichtet wurde (§ 641 BGB).

f) Das rechtliche Angebot von Müller an Fritz ist eine Forderungsabtretung (Zession); Fritz muss auf diesen „Zahlungsersatz" nicht eingehen.

10. Leistungsstörungen (3), Sachmangel, Rücktritt vom Vertrag

a) Herr Mohnke hat grundsätzlich folgende Rechte:

1. **Vorrangig: Recht auf Nacherfüllung:** Als Nacherfüllung kann der Käufer <u>wahlweise</u> verlangen (§ 439 Abs. 1 BGB): - Recht auf **Nachbesserung** (Reparatur) oder - **Ersatzlieferung** (neuer Transporter)	Ist die Nacherfüllung für Simmering zwar möglich, aber nur mit unverhältnismäßig hohen Kosten durchführbar, kann der Händler die gewählte Form der Nacherfüllung verweigern. Mohnke muss darauf eingehen, es sei denn, diese ist nicht ebenfalls unmöglich oder unverhältnismäßig (§ 439 Abs. 3 BGB).

> **2. Nachrangig** stehen Mohnke folgenden Rechte zu:
>
> 2.1 Rücktritt vom Vertrag
>
> 2.2 Minderung
>
> 2.3 Schadenersatz statt der Lieferung
>
> 2.4 Ersatz vergeblicher Aufwendungen

b) *Rücktritt vom Vertrag* ist für Mohnke unter folgenden Voraussetzungen möglich:

- Die Sache muss *mangelhaft* sein.
- Der Käufer muss dem Verkäufer eine angemessene *Frist* zur Leistung oder Nacherfüllung eingeräumt haben.
- Die *Nachfrist* muss *erfolglos* abgelaufen sein (§ 323 Abs. 1 BGB). Unter bestimmten Voraussetzungen ist die Fristsetzung entbehrlich (§ 323 Abs. 2 BGB).
- Der *Mangel* muss *erheblich* sein; der Rücktritt ist daher nicht bei einem geringfügigen Mangel möglich (§ 323 Abs. 5 Satz 2 BGB).

Das Rücktrittsrecht ist unabhängig vom Verschulden des Lieferers (§ 323 BGB). Der Rücktritt erfolgt durch Erklärung gegenüber dem Verkäufer (§ 349 BGB).

11. Leistungsstörungen (4), Lieferungsverzug

a) Nein, der Vermerk „Lieferung unverzüglich" ist keine kalendermäßig genaue Festlegung. Erst durch eine Mahnung von Sauer an den Hersteller würde sich dieser in Verzug befinden.

b) Der Einzelhändler Grob befindet sich in Lieferungsverzug (Fixkauf). Er hat jedoch den Verzug nicht zu vertreten. Daher kann Herr Gramlich nur geltend machen:
- Vertragserfüllung (dürfte vom Sachverhalt nicht in seinem Interesse liegen)
- Rücktritt (auf Verschulden kommt es nicht an)

Nicht geltend machen kann Herr Grob folgende Rechte (Voraussetzung ist Verschulden des Lieferanten):
- Vertragserfüllung und Ersatz des Verzugsschadens
- Schadenersatz statt Leistung
- Ersatz vergeblicher Aufwendungen

12. Leistungsstörungen (5), Zahlungsverzug

a) Nein, da ein Zahlungstermin fest vereinbart war, kommt der Schuldner mit Ablauf des 15. August in Verzug.

b) Frau Haarig kommt 30 Tage nach dem 30. März in Verzug (§ 286 Abs. 3 BGB).

c) Nein, Herr Hurtig kommt erst durch eine Mahnung mit Fristsetzung nach Ablauf der Frist in Verzug. Die 30-Tage-Regelung des § 286 Abs. 3 BGB greift nur, wenn der Händler den Verbraucher Hurtig ausdrücklich darauf hingewiesen hat.

13. Kaufvertrag (Bestellschreiben)

Inhalt einer Bestellung:

- Vermerk „Bestellung"
- Vertragsgegenstand
- Preise
- Abschläge
- Gewährleistungsvereinbarungen
- Hinweis auf die allgemeinen Geschäfts-
  bedingungen (AGB)
- möglichst genau definierter Liefertermin,
- allgemeine Hinweise (Bahnstation etc.)
- rechtsverbindliche Unterschrift

- allgemeine Daten
- Mengen
- Zuschläge
- Auftragswert
- Vereinbarung über Vorauszahlungen
- Lieferbedingungen (z. B. frei Ver-
  wendungsstelle)
- Zahlungsbedingungen (z. B. 30 Tage
  nach Rechnungs- und Wareneingang netto)

14. Vertragsarten (1), Verjährung

a) Der zwischen der Metallbau AG und dem Planungsbüro Dr. Ing. Plan geschlossene Vertrag ist ein *Werkvertrag* nach § 631 BGB. „Gegenstand des Werkvertrages kann sowohl ... als auch ein anderer *durch* Arbeit oder *Dienstleistung herbeizuführender Erfolg sein."* (§ 631 Abs. 2 BGB). Die Ausführung von Planungs- bzw. Projektierungsarbeiten gehört zur Kategorie der in § 631 Abs. 2 BGB genannten Dienstleistungen.

b) Der *Auftragnehmer* (Unternehmer) verpflichtet sich zur Herstellung oder Veränderung einer Sache bzw. er schuldet den herbeizuführenden Erfolg durch Arbeit oder Dienstleistung.

   Der *Auftraggeber* (Besteller) verpflichtet sich zur Zahlung der Vergütung und der Abnahme des Werkes.

c) Das Ergebnis des Gutachters bestätigt die Kausalität zwischen dem Mangel und der Ausführung des Werkes durch die Dr. Ing. Plan. Damit hat diese ein *mangelhaftes Werk* geliefert. Nach §§ 634, 635 BGB hat der Besteller das Recht auf Nacherfüllung. Die Einrede der Verjährung durch die Dr. Ing. Plan (regelmäßige Verjährungsfrist = drei Jahre) greift nicht, da die Verjährungsfrist „bei einem Bauwerk und einem Werk, dessen Erfolg in der Erbringung von Planungs- und Überwachungsarbeiten hierfür ..." (§ 634a Abs. 1 Nr. 2 BGB) fünf Jahre beträgt. Der Anspruch auf Schadensersatz setzt voraus, dass ein Werkvertrag vorliegt und Werkmangel existiert, den der Unternehmer zu vertreten hat. Dieser Tatbestand liegt vor. Nach §§ 249 ff. gehören zum Schadensersatz auch die Kosten der Schadensermittlung (Honorar des Gutachters).

15. Vertragsarten (2), Besondere Arten des Kaufvertrages

1.	Ein Händler erhält eine Warensendung. In dem Begleitschreiben steht u. a.: „Entsprechend Ihrer Anfrage erhalten Sie die Ware mit Rückgaberecht innerhalb von 14 Tagen."	**Kauf auf Probe, Gattungskauf**
2.	Ein Fertigungsunternehmen erhält die bestellte Sonderanfertigung einer Transportzuführung.	**Kaufvertrag, Stückkauf**
3.	Ein Einzelhändler bestellt eine geringe Menge einer Ware und teilt dabei mit, dass er weitere Bestellungen ordern werde, wenn die Ware seinen Erwartungen entspricht.	**Kauf zur Probe, Gattungskauf**
4.	Ein Händler bestellt aufgrund eines zugesandten Musters 25 Stück der Ware.	**Kauf nach Probe, Gattungskauf**
5.	Ein Händler kauft Ware in eigenem Namen für fremde Rechnung.	**Kommissionskauf**
6.	Als Liefertermin wurde vereinbart: „Liefertermin ist der 14. November."	**Terminkauf**
7.	Ein Händler bestellt ein größere Menge einer Ware. Den Liefertermin kann er selbst bestimmen.	**Kauf auf Abruf**
8.	Ein Händler kauft eine Ware. Die näheren Einzelheiten über Sorte usw. kann er innerhalb einer bestimmten Frist näher bestimmen.	**Spezifikationskauf**
9.	Der Käufer einer Ware muss die Rechnung erst innerhalb einer festgelegten Frist begleichen.	**Zielkauf**

16. Internet-Kauf

a)	Kauf im Ladengeschäft	- Der Kunde wird durch die ausgestellten Waren aufmerksam und betritt das Ladengeschäft (invitatio ad offerendum). - Der Kunde wird durch das Warenangebot eingeladen, dem Verkäufer ein Angebot zu machen. - Der Verkäufer kann das Angebot annehmen oder ablehnen (z. B. weil die gewünschte Ware nicht vorrätig ist). - Nimmt der Verkäufer an, ist der Kaufvertrag geschlossen.
	Kauf über Internet	- Der Kunde gibt elektronisch ein Angebot auf die im Shop abgebildeten Waren ab, - das vom Verkäufer durch eine Bestätigungsmail angenommen oder abgelehnt wird. - Bei Annahme ist ein Kaufvertrag geschlossen mit Begründung der gegenseitigen Verpflichtungen.
b)	Kauf über Internet	- Da es sich hier um ein Fernabsatzgeschäft nach §§ 312b ff. BGB handelt, gelten ergänzend die Informationsvorschriften der §§ 312c, 312e BGB sowie ein Widerrufs-/Rückgaberecht gemäß §§ 312d, 355 BGB. - Der Kunde hat also ein Widerrufs-/Rückgaberecht von 14 Tagen.

17. Allgemeine Geschäftsbedingungen (AGB)

a) nicht zulässig

b) nicht zulässig

c) zulässig

d) unzulässig; Verstoß gegen § 305b BGB

3.1.3 BGB Sachenrecht

01. Eigentum, Besitz

M. kauft sich einen DVD-Player und verleiht diesen für das Wochenende an seinen Freund K.

a) - Eigentümer ist M.
 - Besitzer ist K.

b) c)

	Eigentümer		**Besitzer**
Rechte	- verkaufen - vermieten - verleihen	- verändern - vernichten - Schutz bei Diebstahl	- benutzen - Schutz vor Wegnahme durch Dritte
Pflichten	Art. 14 GG: Eigentum verpflichtet. Sein Gebrauch soll zugleich dem Wohle der Allgemeinheit dienen.		- Pflege - Verwahrung - Schadenersatz

02. Möglichkeiten zur Absicherung einer Forderung

Möglichkeiten des Großhändlers zur Absicherung der Forderung:

1. *Eigentumsvorbehalt:*
   Greift nicht mehr, wenn der Einzelhändler die Rasenmäher weiterverkauft. Geeigneter ist daher das Instrument des verlängerten Eigentumsvorbehalts.

2. *Bürgschaft, z. B. Bankbürgschaft:*
   Ist nur dann sicher, wenn als selbstschuldnerische Bürgschaft gestaltet.

3. *Sicherungsübereignung* eines Teils der Lagerbestände des Einzelhändlers:
   Mit Risiken behaftet: Es können Waren mit Eigentumsvorbehalt gelagert sein, die Lagerbestände können untergehen (Brand, Diebstahl) oder an Wert verlieren.

4. *Zession* (Abtretung von Forderungen):
   Mit Risiken behaftet: Die abgetretenen Forderungen können mit Rechten Dritter belastet oder nicht durchsetzbar sein.

03. Sicherungsübereignung

• *Sicherungsübereignung*:
  Der Schuldner übereignet eine bewegliche Sache an den Gläubiger, *bleibt aber Besitzer*, er kann also mit der Maschinenanlage arbeiten. Die Bank kann als Eigentümerin bei Zahlungsunfähigkeit des Schuldners die Maschine herausverlangen und sich daraus befriedigen.

Sicherungsübereignung		
Gläubiger	**Forderung →**	**Schuldner**
wird (Treuhand-) Eigentümer der Sache	← Eigentumsübertragung	bleibt Besitzer und Nutzungs- berechtigter der Sache
	← Vereinbarung des → Besitzkonstituts	

- *Pfandrecht*:
  Hier ist die Besitzübergabe erforderlich; das Eigentum bleibt beim Schuldner. Im vorliegenden Fall liegt dies nicht im beiderseitigen Interesse.

3.1.4 Handelsgesetzbuch

01. Stellvertretung, Vollmachten

a)

Arbeitstabelle zu Aufgabe c)		
Artvollmacht Herr Horn	**Rechtsgeschäfte**	**Prokura Herr Wiegand**
√*	Abzeichnen der Geschäftspost mit i. V.	
	Einstellung eines Mitarbeiters	√
√	Einkauf von Fliesen	√
	Einkauf eines Nutzfahrzeugs	√
	Unterschreiben der Bilanz	
	Ankauf eines kleinen, angrenzenden Grundstücks zur Erweiterung des Parkplatzes	√
√**	Abschluss eines Werkvertrages mit einem örtlich ansässigen Fliesenleger	√
	Veranlassen eines Mahnbescheides wegen einer unbezahlten Rechnung über Badmöbel	√
	Prokura erteilen	
	Prozessvertretung vor Gericht; die Karg GmbH führt Klage gegen den Bauunternehmer Popp wegen unbezahlter Rechnungen über Fliesen in Höhe von 35.000 €	√
	Unterzeichnen eines auf die Firma gezogenen Wechsels	√
	Kündigung eines Mitarbeiters aus der Fliesenabteilung	√
	Aufnahme eines Darlehens zur Renovierung der Fliesenabteilung	√
	Umwandlung der GmbH in eine OHG mit Aufnahme weiterer Gesellschafter	
√	Verkauf von Fliesen	√
√	Erteilen einer Artvollmacht an den Mitarbeiter Huber aus der Fliesenabteilung	√
	Abschluss eines Werkvertrages mit dem Dachdeckermeister Luftig zur Erneuerung des Dachstuhles	√
	Eintragung einer Grundschuld zulasten des Firmengrundstücks	
	Verkauf einer Partie Carara-Marmor	√

* In der Praxis ist es jedoch üblicher, dass nur der Handlungsbevollmächtigte mit „Allgemeiner Handlungsvollmacht" mit i. V. (in Vollmacht) unterzeichnet, während bei der Art- sowie der Einzelvollmacht der Zusatz i. A. (im Auftrag) verwendet wird.

** Dies gilt nur, wenn der „Verkauf von Fliesen" (s. Sachverhalt) das Anbieten von Serviceleistungen (hier: Fliesenverlegung) miteinschließt.

b) Nach dem Umfang kann man folgende Handlungsvollmachten unterscheiden:

Arten und Umfang der Handlungsvollmacht				
	Allgemeine Handlungsvollmacht		**Artvollmacht**	**Einzelvollmacht**
Umfang	Zulässig: Alle Rechtsge- schäfte, die der Betrieb dieses Handelsgewer- bes gewöhnlich mit sich bringt	Nicht zulässig: - Artfremde Ge- schäfte - Geschäfte mit außergewöhnli- chem Umfang	Berechtigt, Rechtsgeschäfte einer *bestimmten* *Art* vorzunehmen	Berechtigt zur Ausübung ei- ner *einzelnen* *Rechtshandlung* (einmalig)
Beispiele lt. Sachverhalt	- Einstellung und Entlassung von Mit- arbeitern der Abteilung Natursteine - An- und Verkauf von Produkten für die Abteilung		- Einlagern der Ware - Prüfen von Rechnungen	- Kauf von Büro- möbeln - Kauf von Brief- marken
Unter- **schrift**	*Sanitärhandel Karg GmbH* *i. V. Krause*		*Sanitärhandel ...* *i. A. Huber*	*Sanitärhandel ...* *i. A. Hoppe*

c) *Ladenvollmacht:*
Sie sind bevollmächtigt, Warenlieferungen entgegenzunehmen, Waren zu verkaufen sowie den Kaufpreis anzunehmen.

02. Firma, Handelsregister, Grundbuch

a) Die Firmierung ist ungeeignet und verstößt gegen den Grundsatz der Firmenwahrheit. Der Zusatz „Apfel-Fabrik" täuscht eine falsche Größe vor.

b) *Neue Firmierung:*
- Hubertus Streblich e. Kfm.
  (mit oder ohne den Zusatz Obsthandlung)
- Hubertus Streblich e. Kfm. vorm. Ismet Abüll

Firmenfortführung (Grundsatz der Firmenbeständigkeit):
- Ismet Abüll e. Kfm., Nachfolger Hubertus Streblich
- Ismet Abüll e. Kfm., Nachf.
- Ismet Abüll e. Kfm., Inh. Hubertus Streblich

c) Eintragungen im HR, die rot unterstrichen sind, gelten als gelöscht.

d) Die Auflassung ist die Einigung zwischen Verkäufer und Käufer eines Grundstücks,
dass das Eigentum übergehen soll. Der Käufer hat die Möglichkeit, sich mit einer
Vormerkung ins Grundbuch (Auflassungsvormerkung) abzusichern. Damit wird ju-
ristisch angezeigt, dass die Immobilie verkauft, der Kaufvertrag aber noch nicht
vollständig abgewickelt wurde. Verfügungen des Verkäufers nach Eintragung der
Auflassungsvormerkung (z. B. Verkauf, Belastung) sind unwirksam.

e) Im Fall einer Zwangsvollstreckung werden die an erster Stelle eingetragenen Rechte
vor den nachfolgenden befriedigt.

03. Handelskaufleute (Kommissionär, Makler)

- Der *Kommissionär* ist ein selbstständiger Gewerbetreibender, der im eigenen Namen für Rechnung des Auftraggebers (Kommittenten) Verkäufe von Waren abwickelt. Er wird nicht Eigentümer der Ware.

- Der *Makler* ist selbstständiger Gewerbetreibender, der Geschäftsabschlüsse nachweist oder diese vermittelt.

Beide Vertriebsorgane werden *nur im Auftragsfall* tätig und erhalten für ihre Dienste eine Courtage (Kommission oder Provision).

3.1.5 Arbeitsrecht

01. Anbahnung des Arbeitsvertrages

a) Zu beachten ist § 7 JArbSchG:
  - Fall „Rudi": o. k.
  - Fall „Werner": nur bei einer Arbeitszeit bis zu 35 Std. wöchentlich und täglich 7 Std. möglich

b) Die Frage nach dem Verkehrsdelikt war zulässig, weil sie für das betreffende Arbeitsverhältnis (Kraftfahrer) relevant ist. Die Anfechtung nach § 123 BGB ist daher grundsätzlich möglich und wird im Regelfall zur Aufhebung des Arbeitsverhältnisses führen.

Anders dagegen, wenn der Sachverhalt 1 1/2 Jahre zurückliegt und der Mitarbeiter sich inzwischen bewährt hat. Hier würde die Anfechtung eine unzulässige Rechtsausübung darstellen.

02. Abschluss des Arbeitsvertrages

Nein; dazu muss der Ausbildungsvertrag in Schriftform vorgelegt werden.

03. Rechte und Pflichten des Arbeitgebers und des Arbeitnehmers

a) Fall Bodo: Das Arbeitsverhältnis ruht (§ 1 Abs. 1 Arbeitsplatzschutzgesetz).
   Fall Hubert: Das befristete Arbeitsverhältnis wird durch die Einberufung nicht verlängert (§ 1 Abs. 4 Arbeitsplatzschutzgesetz).

b) Nein! Jugendliche dürfen nach § 8 Abs. 1 JArbSchG nicht länger als 8 Std. täglich und nicht mehr als 40 Std. wöchentlich beschäftigt werden.

04. Direktionsrecht

Festlegungen aufgrund des Direktionsrechts, z. B.:

- Arbeitsinhalte (im Rahmen des vertraglich festgelegten Aufgabengebietes)
- Arbeitsabläufe
- Termine
- eingesetzte Arbeitsmittel

05. Personalakte

a) • Nach § 83 I BetrVG hat jeder Mitarbeiter das Recht,
  - in die über ihn geführten Personalakten Einsicht zu nehmen. Er kann hierzu ein Mitglied des Betriebsrats hinzuziehen.
  - dass eigene Erklärungen zum Inhalt der Akte beigefügt werden (z. B. Gegendarstellung zu einer Abmahnung).

  • Nein! Ein selbstständiges Recht auf Akteneinsicht hat der Betriebsrat nicht.

b) • Der Arbeitgeber ist gesetzlich nicht zur Führung von Personalakten verpflichtet; jedoch kann praktisch kein Betrieb darauf verzichten.

  • Alle Informationen, die sich persönlich auf einen Mitarbeiter beziehen, sind Bestandteil der Personalakte. Die Personalakte hat Urkundencharakter. Neben- oder Schattenakten sind nicht zulässig. Sog. Sachakten, in denen Unterlagen über mehrere Mitarbeiter geführt werden, sind keine Personalakten.

  • Der Inhalt ist meist sachlich gegliedert (Mitteilungen des Arbeitgebers, Gehaltsentwicklung, Veränderung der persönlichen Daten usw.) und dann wird innerhalb dieser Gliederung chronologisch abgeheftet.

  • Personalakten müssen gewissenhaft angelegt und präzise aktualisiert werden.

  • Der Arbeitgeber hat die Verpflichtung, von sich aus nachteilige Angaben über das Verhalten des Arbeitnehmers nach einer angemessenen Zeit zu überprüfen und bei Bewährung des Arbeitnehmers derartige Schriftstücke aus der Akte zu entfernen. Bei Abmahnungen nennt die derzeitige Rechtsprechung einen Zeitraum von 2 Jahren und weniger.

c) Der Mitarbeiter hat das Recht,

  - dass objektiv falsche Unterlagen entfernt werden (z. B. ein Verdacht auf Diebstahl, der sich später als gegenstandslos erweist).

  - sich Notizen und Abschriften handschriftlich anzufertigen.

  - Das Recht auf Akteneinsicht bedeutet nicht, Überlassen der Akte (quasi als „Heimlektüre"); das Recht auf Anfertigung von Kopien wird im Allgemeinen von der Rechtsprechung verneint; Ausnahme: Unterlagen, die dem Mitarbeiter ohnehin zustehen (z. B. formalisierter Beurteilungsbogen).

  - In der Praxis erfolgt die Akteneinsicht auf Antrag und im Beisein eines Beauftragten der Personalabteilung. Ein vorheriges sog. „Flöhen" der Akte (Entfernen bestimmter Teile) durch Arbeitgebervertreter ist unzulässig.

06. Abmahnung

a)

An:	*Frau Ortrud Spät* *Kopie: BR* [1]
	Abt.: VKM
	PN: 34008

Von: *PL3, Krause*
am: *19.11. ....*

Sehr geehrte Frau Spät,

leider sind Sie trotz der am 03.11. .... erfolgten mündlichen Ermahnung in diesem Monat an folgenden Tagen erst zu den aufgeführten Uhrzeiten zur Arbeit erschienen – lt. elektronischem Zeitnachweis:

08:07 Uhr   am 02.11.
08:18 Uhr   am 09.11.
08:22 Uhr   am 11.11.
08:13 Uhr   am 13.11.
08:09 Uhr   am 16.11. [2]

In dem am 17.11. .... mit Ihnen geführten Gespräch haben Sie erklärt, Sie hätten an den genannten Tagen verschlafen.

Es ist Ihnen bekannt, dass die Art Ihrer Tätigkeit absolute Pünktlichkeit erfordert. Durch Ihr Verhalten haben Sie gegen diese arbeitsvertragliche Verpflichtung verstoßen. [3] *Wir fordern Sie daher nachdrücklich auf, zukünftig die für Sie geltenden Arbeitszeiten einzuhalten.* [4] *Sollten Sie erneut schuldhaft unpünktlich zur Arbeit erscheinen, sind wir zu unserem Bedauern gezwungen, das Arbeitsverhältnis zu kündigen.* [5]

Wir hoffen, dass Sie aus diesem Schreiben die notwendigen Schlüsse ziehen und sich die Maßnahme der Kündigung ersparen.

b) zu [2]

Es ist exakt anzugeben, wann genau, in welcher Form gegen welche arbeitsrechtlichen Pflichten verstoßen wurde. Der Arbeitgeber hat die Soll-Ist-Abweichung zu belegen (Zeugen, Dokumente).

zu [3]

Erneute Nennung der arbeitsrechtlichen Pflicht, gegen die verstoßen wurde.

zu [4]

Aufforderung zur korrekten Erfüllung.

zu [5]

Androhung der Kündigung; die pauschale Formulierung "... wird Ihr Verhalten arbeitsrechtliche Konsequenzen haben ..." ist nicht ausreichend.

c) zu [1]

Der Betriebsrat muss bei einer Abmahnung nicht informiert werden; es existiert kein Mitbestimmungsrecht. In der Praxis erfolgt häufig eine Mitteilung an den Betriebsrat um ein evtl. Kündigungsverfahren schon im Vorfeld vorzubereiten.

07. Beendigung des Arbeitsverhältnisses

a) Beispiele:
   - Tod des Arbeitnehmers
   - Pensionierung (Erreichen der Altersgrenze)
   - Kündigung (fristgerecht oder fristlos)
   - Aufhebung des Vertrages
   - Fristablauf (bei befristeten Verträgen)

b) Pflicht
   - zur Zeugniserteilung
   - zur Erstellung der Urlaubsbescheinigung
   - zur Aushändigung der Arbeitspapiere (Lohnsteuerkarte usw.)
   - zur Freistellung für Bewerbungen
   - zur Gewährung noch ausstehender Leistungen (z. B. Resturlaub)

08. Aufhebungsvertrag

Aufhebungsvertrag

zwischen ....
(im folgenden Firma genannt)

und

Herrn Franz Huber, geb. am ...., wohnhaft in ....

Die o.g. Parteien sind sich aufgrund der geführten Gespräche einig, dass das Arbeitsverhältnis zum .... endet.

Die Firma zahlt die Vergütung bis zum Ablauf dieser Frist.

Die Firma hat das Recht den Mitarbeiter mit sofortiger Wirkung von der Verpflichtung zur Arbeitsleistung freizustellen. Macht sie davon Gebrauch, so ist der noch verbleibende Resturlaub mit dieser Freistellung abgegolten.

Der Mitarbeiter erhält ein qualifiziertes Zeugnis.

Für den Verlust des Arbeitsplatzes verpflichtet sich die Firma zur Zahlung einer Abfindung in Höhe von € ....

Der Mitarbeiter verzichtet unwiderruflich auf sein Recht, innerhalb von drei Wochen nach Beendigung des Arbeitsverhältnisses Kündigungsschutzklage zu erheben.

Der Mitarbeiter wurde über die steuerlichen und sozialversicherungsrechtlichen Bestimmungen bei Abfindungen informiert. Er wurde ferner darüber belehrt, dass ihm im Zusammenhang mit der Abfindungszahlung Nachteile bei der Gewährung von Arbeitslosengeld entstehen können.

gez. Firma   gez. Franz Huber

09. Kündigungsschutz

a) Nein; nach § 85 SGB IX bedarf die Kündigung eines schwerbehinderten Menschen der vorherigen Zustimmung des Integrationsamtes.

b) - nachhaltige Arbeitsverweigerung
   - Diebstahl, Betrug
   - Ehrverletzung und Beleidigung vor anderen
   - vorsätzliche Fahrlässigkeit

   Zu beachten sind jedoch immer: Abwägung der Interessenslage und die Umstände des Einzelfalles.

c) Nein! Arbeitsverhältnis < 6 Monate; vgl. § 1 Abs. 1 KSchG

d) Nein! Hitzig hat den Betriebsfrieden erheblich gestört. Die Schlägerei ist (im Regelfall) für den Arbeitgeber ein wichtiger Grund, der zur fristlosen Kündigung Anlass gibt; vgl. § 15 KSchG.

e) Nein!
   • Es fehlt der Hinweis auf die erfolgte Anhörung des Betriebsrats.
   • Eine „bedingte" Kündigung ist unzulässig.

f) Ja! Nach laufender Rechtsprechung ist die vorzeitige Kündigung eines Ausbildungsverhältnisses zulässig; vgl. § 15 Abs. 1 BBiG.

g) Es kommt darauf an; der Sachverhalt enthält keine Information über die vereinbarte Probezeit (nach § 20 BBiG beträgt sie ein bis vier Monate; Achtung: neues BBiG). Eine fristlose Kündigung ist durch den Herrn Frost nur möglich,

   - wenn die Kündigung innerhalb der Probezeit erfolgt,
   - nach der Probezeit, wenn ein wichtiger Grund nach § 15 Abs. 2 BBiG vorliegt.

10. Kündigung

a) - „Sie wollen ... kündigen." → KSchG
                                  → BetrVG, § 102
                                  → SGB III

   - „... der schwerbehinderte ..." → SGB IX
   - „... der 59-jährige ..." → ggf. spezielle Bestimmungen des geltenden Tarifvertrages

b) Fristlose Kündigung durch den Arbeitnehmer → SGB III: Sperrzeit von 12 Wochen bei Vorsatz oder grober Fahrlässigkeit der Arbeitsaufgabe (§ 144)

Hinweis: In der IHK-Klausur ist die Nennung von Paragrafen im Allgemeinen nicht erforderlich.

11. Kündigung von Langzeitkranken

Die Rechtsprechung des BAG hat zur krankheitsbedingten Kündigung ein dreistufiges Prüfungsschema entwickelt:

1 Die *Negativprognose* muss ergeben, dass entweder noch mit einem längeren Andauern der Erkrankung oder mit wiederkehrenden Kurzerkrankungen zu rechnen ist.

2 Die Fehlzeiten (in der Vergangenheit und für die Zukunft) müssen zu einer *erheblichen Beeinträchtigung der betrieblichen Interessen* führen (z. B. zusätzliche Lohnkosten; zu beachten ist dabei die Betriebsgröße).

3 Eine *Abwägung der Interessen* ist vorzunehmen (z. B. Art der Erkrankung, Dauer der Betriebszugehörigkeit).

12. Arbeitszeugnis

a) Das Zeugnis entspricht nicht den Tatsachen. Der nächste Arbeitgeber, der den Nachtwächter aufgrund des geschönten Zeugnisses einstellt, kann von Ihrer Firma Schadenersatz verlangen, wenn der Nachtwächter auch dort stiehlt.

b) Das Zeugnis muss
   - wahrheitsgemäß und
   - wohlwollend sein,
   - darf das berufliche Fortkommen des Arbeitnehmers nicht unangemessen beeinträchtigen,
   - muss die Interessen Dritter (z. B. zukünftige Arbeitgeber) berücksichtigen.

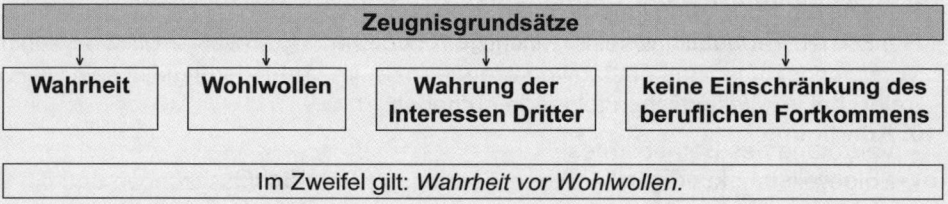

Zeugnisgrundsätze			
Wahrheit	Wohlwollen	Wahrung der Interessen Dritter	keine Einschränkung des beruflichen Fortkommens

Im Zweifel gilt: *Wahrheit vor Wohlwollen.*

13. Arbeit des Betriebsrates

Die Veranstaltung ist nach § 37 BetrVG zu behandeln. Demnach trägt der Arbeitgeber die Kosten der Entgeltfortzahlung, die Seminarkosten und die Spesen in angemessener Höhe.

14. Mitbestimmung

Es lassen sich zwei Wege der Konfliktlösung bei den Mitbestimmungsrechten unterscheiden:

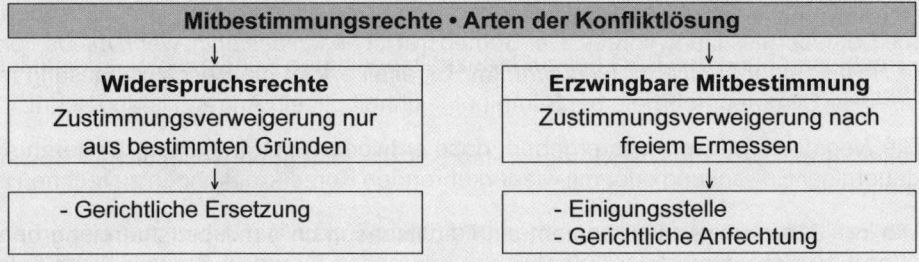

15. Betriebsverfassungsgesetz

---

§ 74 BetrVG • Grundsätze für die Zusammenarbeit

(1) Arbeitgeber und Betriebsrat sollen mindestens einmal im Monat zu einer Besprechung zusammentreten. Sie haben über strittige Fragen mit dem ernsten Willen zur Einigung zu verhandeln und Vorschläge für die Beilegung von Meinungsverschiedenheiten zu machen.

(2) Maßnahmen des Arbeitskampfes zwischen Arbeitgeber und Betriebsrat sind unzulässig; Arbeitskämpfe tariffähiger Parteien werden hierdurch nicht berührt. Arbeitgeber und Betriebsrat haben Betätigungen zu unterlassen, durch die der Arbeitsablauf oder der Frieden des Betriebs beeinträchtigt werden. Sie haben jede parteipolitische Betätigung im Betrieb zu unterlassen; die Behandlung von Angelegenheiten tarifpolitischer, sozialpolitischer und wirtschaftlicher Art, die den Betrieb oder seine Arbeitnehmer unmittelbar betreffen, wird hierdurch nicht berührt.

(3) Arbeitnehmer, die im Rahmen dieses Gesetzes Aufgaben übernehmen, werden hierdurch in der Betätigung für ihre Gewerkschaft auch im Betrieb nicht beschränkt.

---

16. Geschäftsführung der Betriebsratsarbeit („innere Organisation")

• Der Betriebsrat wählt aus seiner Mitte einen *Vorsitzenden* und einen *stellvertretenden Vorsitzenden.* Der Betriebsratsvorsitzende (bzw. im Verhinderungsfall sein Stellvertreter) hat im Wesentlichen folgende Aufgaben:

  - Vertretung des Betriebsrates,
  - Entgegennahme von Erklärungen, Leitung der Betriebsratssitzungen und der Betriebsversammlungen sowie
  - Führen der laufenden Geschäfte.

• Bei einem Betriebsrat mit 9 oder mehr Mitgliedern erfolgt die Geschäftsführung durch einen zwingend vorgeschriebenen *Betriebsausschuss.* Der Vorsitzende und sein Stellvertreter sind kraft Gesetzes Mitglieder des Betriebsausschusses. Darüber hinaus können bei Bestehen eines Betriebsausschusses weitere Ausschüsse gebildet werden (z. B. Berufsbildungs-, Sicherheits- oder Arbeitsausschuss). Wichtig ist die Tatsache, dass Betriebsvereinbarungen immer nur vom Betriebsrat – nicht aber von Ausschüssen – abgeschlossen werden dürfen.

• Willensbildung und Entscheidungsfindung des Betriebsrates erfolgen in den nicht-öffentlichen *Betriebsratssitzungen.* In der Regel finden diese während der Arbeitszeit statt. Bei der Festlegung von Sitzungsterminen sind betriebliche Notwendigkeiten zu berücksichtigen. Beschlüsse des Betriebsrates setzen eine ordnungsgemäß einberufene Betriebsratssitzung voraus. Der Betriebsrat ist *beschlussfähig, wenn mindestens die Hälfte seiner Mitglieder teilnimmt.* Im Regelfall erfolgt die Beschlussfassung mit einfacher Stimmenmehrheit; bei Stimmengleichheit gilt ein Antrag als abgelehnt.

- Weiterhin existieren für die Betriebsratsarbeit die folgenden wesentlichen Bestimmungen:

  - für die Betriebsratsarbeit besteht ein Rechtsanspruch auf Arbeitsbefreiung ohne Entgeltminderung;

  - für Betriebsratsarbeit außerhalb der Regelarbeitszeit ist Arbeitsbefreiung zu gewähren, ansonsten ist der Zeitaufwand wie Mehrarbeit zu vergüten;

  - das Arbeitsentgelt von Mitgliedern des Betriebsrates darf nicht geringer als das Arbeitsentgelt vergleichbarer Arbeitnehmer bemessen werden; dies gilt sowohl während der Amtszeit als auch ein Jahr danach;

  - für Schulungs- und Bildungsveranstaltungen erfolgt Freistellung bei Weiterzahlung der Bezüge;

  - der Arbeitgeber trägt die Kosten der Betriebsratsarbeit;

  - Mitglieder des Betriebsrates dürfen in ihrer Amtsführung weder gestört noch behindert werden; eine Benachteiligung oder Bevorzugung aufgrund der Tätigkeit ist unzulässig;

  - während der Amtszeit und ein Jahr danach besteht erhöhter Kündigungsschutz;

  - in Betrieben mit mehr als 300 Arbeitnehmern ist eine bestimmte Zahl von Betriebsratsmitgliedern gänzlich von der Arbeit freizustellen;

  - einmal im Kalendervierteljahr ist eine Betriebsversammlung einzuberufen;

  - der Betriebsrat hält während der Arbeitszeit Sprechstunden ab, die von den Arbeitnehmern ohne Lohnausfall besucht werden können.

17. Wirtschaftsausschuss

Der Wirtschaftsausschuss ist ebenfalls ein Organ der Betriebsverfassung und in Unternehmen mit mehr als 100 (ständig) Beschäftigten zu *bilden.* Er wird stets für das Gesamtunternehmen gebildet. Der Wirtschaftsausschuss besteht aus mindestens drei und höchstens sieben Mitgliedern, die dem Unternehmen (nicht unbedingt dem Betriebsrat) angehören müssen. Prinzipiell kommen auch leitende Angestellte infrage. Die Mitglieder werden vom Betriebsrat bzw. dem Gesamtbetriebsrat bestellt und sind in ihrer Amtszeit an die Amtszeit des Betriebsrates gekoppelt. Mindestens 1 Mitglied muss dem Betriebsrat angehören. Eine jederzeitige Abberufung ist möglich.

In den monatlich stattfindenden Sitzungen hat der Arbeitgeber den Wirtschaftsausschuss rechtzeitig, umfassend und unter Vorlage der erforderlichen Unterlagen zu unterrichten (vgl. dazu die nicht abschließend aufgeführten Sachverhalte in § 106 BetrVG). Der Wirtschaftsausschuss hat den Betriebsrat unverzüglich über den Sitzungsinhalt zu informieren.

Bei Meinungsverschiedenheiten, ob beispielsweise die Information des Arbeitgebers den Erfordernissen entspricht, ist die Einigungsstelle zuständig.

18. Abbau von Sozialleistungen

a) • *Erfolgsbeteiligungen*: Beim Abbau oder der Streichung von Erfolgsbeteiligungen in wirtschaftlich schwachen Zeiten kann man davon ausgehen, dass die Gründe für die Mitarbeiter nachvollziehbar sind, weil ein unmittelbarer Kausalzusammenhang besteht. Bei rechtzeitiger und klarer Information durch die Unternehmensleitung kann mit weitgehender Akzeptanz der Mitarbeiter gerechnet werden.

   • *Betriebliche Weiterbildungseinrichtungen*: Die Reduzierung betrieblicher Weiterbildungseinrichtungen wird von den Mitarbeitern wohl überwiegend als negativ bewertet werden. Es ist damit zu rechnen, dass die allgemeine Arbeitszufriedenheit sinkt und die Leistungsmotivation nachlässt. Längerfristig kann dies zu einem Absinken der Arbeitsproduktivität führen.

b) • Im Fall der *Erfolgsbeteiligung* besteht kein Mitbestimmungsrecht des Betriebsrates – allenfalls ein Mitwirkungsrecht im Wege der Information und Beratung.

   • In Fragen der *Berufsbildung* hat der Betriebsrat nach §§ 96-98 BetrVG Mitwirkungs- und Mitbestimmungsrechte. Im Einzelnen:

Beteiligungsrechte des Betriebsrates in Fragen der Berufsbildung			
	§§ BetrVG	Mitwirkung	Mitbestimmung
- Beschäftigungssicherung (neu!)	92a	x	
- Förderung der Berufsbildung	96	x	
- Ausstattung betrieblicher Einrichtungen zur Berufsbildung	97 Abs. 1	x	
- Einführung von Maßnahmen der Berufsbildung, die zu Änderungen der Arbeitnehmertätigkeit führen	97 Abs. 2		x
- Durchführung von Maßnahmen der Berufsbildung	98 Abs. 1		x
- Bestellung/Abberufung von Personal der Berufsbildung	98 Abs. 2		x
- Vorschläge für die Teilnahme bei betrieblich veranlassten Maßnahmen	98 Abs. 3		x

19. Beurteilung und Mitbestimmung

Sie haben die Bitte des Mitarbeiters auf eine Beurteilung zu Unrecht abgelehnt. Die §§ 81-86 des BetrVG enthalten sog. individualrechtliche Normen des einzelnen Arbeitnehmers. Sie haben generelle Geltung, unabhängig davon, ob ein Betriebsrat existiert oder nicht. Dazu gehört auch das Recht des Mitarbeiters auf die Beurteilung seiner Leistung (§ 82 Abs. 2 BetrVG).

Daneben besteht nach § 83 BetrVG das Einsichtsrecht in die eigene Personalakte. Damit hat der Mitarbeiter die Möglichkeit, auch eine Beurteilung, die nicht mit ihm besprochen wurde, in Erfahrung zu bringen.

20. Mitbestimmung bei personellen Einzelmaßnahmen

a) Bei der Umwandlung eines befristeten Arbeitsverhältnisses in ein unbefristetes Arbeitsverhältnis ist der Betriebsrat *erneut zu beteiligen* – er muss der Umwandlung zustimmen. Begründung: Dem Betriebsrat steht das erneute Mitbestimmungsrecht zu, da seit der Zustimmung zum vorliegenden befristeten Arbeitsverhältnis geraume Zeit vergangen ist. Es ist bei der Umwandlung erneut zu prüfen, ob z.B. den beschäftigten Mitarbeitern Nachteile durch die Umwandlung erwachsen können.

b) Der Betriebsrat ist in diesem Fall nicht erneut zu beteiligen, da er bereits bei der Zustimmung zum Probearbeitsverhältnis erkennen konnte, dass der Arbeitgeber den Übergang in ein unbefristetes Arbeitsverhältnis beabsichtigte.

21. Betriebliche Übung

a) Gewährt der Arbeitgeber während einer nicht unerheblichen Zeit bestimmte betriebliche Leistungen, zu denen er aufgrund einzelvertraglicher oder tarifvertraglicher Festlegung nicht verpflichtet ist, so erwächst daraus für die Zukunft ein Rechtsanspruch auf weitere Gewährung – es sei denn, dass der Arbeitgeber einen Vorbehalt geltend macht.

b) Voraussetzung für den Anspruch ist die Wiederholung, nach der Rechtsprechung des BAG eine mindestens dreimalige vorbehaltlose Auszahlung der Weihnachtsgratifikation.

22. Arbeitsschutzrechte (Betriebsübergang)

Der neue Inhaber tritt in die Rechte und Pflichten der zum Zeitpunkt des Übergangs bestehenden Arbeitsverhältnisse ein.

23. Schutz besonderer Personengruppen

Beispiele:

Personengruppe	Schutzgesetze
- Jugendliche Arbeitnehmer	→ JArbSchG
- Frauen	→ Art. 3, 6 GG, AGG, FFG, MuSchG, BeschSchG
- Behinderte Menschen	→ SGB IX
- Wehr- und Zivildienstleistende	→ ArbPlSchG
- Auszubildende	→ BBiG
- Personen, die ein Kind erziehen	→ BEEG
- Ältere Arbeitnehmer	→ AltTzG
- Mitglieder einer Arbeitnehmervertretung	→ KSchG, BetrVG
- Mitglieder des Bundes- bzw. Landtages	→ GG, Abgeordnetengesetz

24. Beschäftigungsverbot nach dem Mutterschutzgesetz

- *Relatives Beschäftigungsverbot*: Nach § 3 Abs. 2 MuSchG dürfen werdende Mütter in den letzten sechs Wochen vor der Entbindung nicht beschäftigt werden. Dieses Verbot richtet sich in erster Linie an den Arbeitgeber. Für die Arbeitnehmerin lässt das Gesetz eine Ausnahme dann zu, wenn sie sich ausdrücklich zur Arbeitsleistung bereit erklärt.

- *Absolutes Beschäftigungsverbot*: Nach § 6 Abs. 1 MuSchG besteht für Wöchnerinnen bis zum Ablauf von acht Wochen nach der Entbindung ein absolutes Beschäftigungsverbot. Das Gesetz lässt keine Ausnahmen zu. Auch bei Zustimmung der Arbeitnehmerin darf während dieser Schutzfrist nach der Entbindung keine Beschäftigung erfolgen.

25. Entgeltfortzahlung

Frau Frisinger hat Anspruch auf Entgeltfortzahlung durch den Arbeitgeber bis zu einer Dauer von sechs Wochen. Ein Verschulden liegt nicht vor (§ 3 Abs. 1 EFZG).

26. Schwangerschaft

Das Ausbildungsverhältnis endet mit Ablauf der Zeit bzw. mit Bestehen der Prüfung. Ein Anspruch auf Übernahme in ein Arbeitsverhältnis besteht nicht (Ausnahmen regelt ggf. ein Tarifvertrag).

27. Mutterschutz und Schwerbehinderung

a) Ja! – ab Vorlage der Bescheinigungen (Schwerbehindertenausweis bzw. Schwangerschaftsbescheinigung)

b) 1. Schwangerschaft: → Es sind die Schutzvorschriften des MuSchG einzuhalten (relatives Beschäftigungsverbot):
    - ab sofort keine Akkordarbeit (§ 4 Abs. 3 Nr. 1)
    - Verbot, schwere Lasten zu heben (§ 4 Abs. 2)
    - Verbot der Nachtarbeit (§ 8 Abs. 1)

    2. Schwerbehinderung: → Nach Maßgabe des SGB IX (speziell: §§ 68 ff.) hat der Arbeitgeber den Arbeitsplatz behindertengerecht zu gestalten; unterstützt wird er dabei von der Gewerbeaufsicht, dem Integrationsamt bzw. der Servicestelle des Integrationsamtes und der Arbeitsagentur.

c) Nein! – das Arbeitsverhältnis endet mit Ablauf der Befristung.

28. Ansprüche bei Arbeitsunfällen

Im Einzelfall können bei Arbeitsunfällen Ansprüche auf folgende Leistungen gegeben sein:

Art der Leistung	Leistungspflichtiger
Entgeltfortzahlung	Arbeitgeber
Heilbehandlung	Träger der Unfallversicherung (UV)
Berufshilfe	UV
Übergangsgeld	
Verletztengeld	
Verletztenrente	UV
Erwerbsminderungsrente	Träger der Rentenversicherung (RV)
Sterbegeld	UV
einmalige Beihilfe	
Witwenrente	UV oder RV
Waisenrente	

29. Arbeitsunfall (1)

a) Nein! Das SGB VII legt in § 8 fest, dass bei einem Arbeitsunfall eine doppelte Kausalität vorliegen muss:

- Zwischen der versicherten Tätigkeit und dem Unfallereignis sowie
- zwischen dem Unfallereignis und dem Körperschaden

muss eine kausale Beziehung bestehen.

Im vorliegenden Fall kann die „erste Kausalität" nicht unterstellt werden, da anzunehmen ist, dass einem erfahrenen Gabelstaplerfahrer in nüchternem Zustand unter den gleichen Bedingungen dieser Unfall nicht passiert wäre. Von daher ist der Alkoholgenuss (und nicht die versicherte Tätigkeit) der allein wesentliche Grund für den Unfall. Dies führt zum Wegfall des Versicherungsschutzes.

b) Nein! Die Entgeltfortzahlung setzt voraus, dass kein Verschulden vorliegt. Hansi hat jedoch grob fahrlässig gehandelt: Er hätte wissen müssen, dass man in alkoholisiertem Zustand kein Flurförderfahrzeug bedienen darf.

30. Arbeitsunfall (2)

- *Fall 1:*
  Der Mitarbeiter sägt nach Feierabend Brennholz und sägt sich dabei in den linken Daumen (offene Knochenfraktur). → kein Arbeitsunfall, private Handlung

- *Fall 2:*
  Der Mitarbeiter erstellt im Lager der Firma weisungsgemäß eine Versandpalette. Dabei sägt er sich in den linken Daumen (offene Knochenfraktur). → Arbeitsunfall

- *Fall 3:*
  Der Mitarbeiter erstellt im Lager der Firma weisungsgemäß eine Versandpalette. Ihm wird dabei körperlich unwohl, er fällt und gerät mit seinem linken Daumen in die Säge (offene Knochenfraktur). → kein Arbeitsunfall, da „innere Ursache"

- *Voraussetzungen für den Versicherungsfall*:
  - Versicherte Person erleidet
  - eine körperliche Schädigung
  - während einer versicherten Tätigkeit (Arbeits- oder Wegezeit)
  - durch ein zeitlich begrenztes Ereignis, das sich nicht auf innere Ursachen begründet.

- *Mögliche Leistungen* (je nach Sachverhalt und/oder):
  - Verletztengeld
  - Übergangsgeld
  - Übergangsleistungen (z. B. Reha-Maßnahmen)
  - Verletztenrente
  - Pflegegeld

  beim Todesfall:
  - Sterbegeld
  - Witwen-/Witwerrente
  - Waisen-/Elternrente

31. Urlaub

a) 28 Tage nach dem Günstigkeitsprinzip.

b) Der Urlaub ist abzugelten nach § 7 BUrlG (dringende betriebliche Erfordernisse).

c) Nach § 5 Abs. 1, 2 BUrlG besteht Anspruch auf 1/12 für jeden vollen Monat; 1/2 Tage sind aufzurunden.

   Demnach: 30 : 12 · 3 = 7,5
   Der Geselle hat einen Urlaubsanspruch von 8 Werktagen.

d) Ja, die Klage hat Aussicht auf Erfolg.
   Der Arbeitgeber muss eine Arbeitsunfähigkeitsbescheinigung eines Mitgliedstaates der EU anerkennen – so der EuGH. Zweifel an der Rechtmäßigkeit der AU-Bescheinigung reichen nicht aus. Der Arbeitgeber müsste konkrete Beweise vorlegen können.

3.1.6 Grundsätze des Wettbewerbsrechts

01. UWG (1)

Die Werbung ist „bezugnehmend/vergleichend" und dürfte irreführend sein, da der TOP-Markt vermutlich nicht bei allen Produkten billiger als die Konkurrenz ist; Verdacht auf Verstoß gegen § 3 UWG. Im Übrigen könnte die Wahl der Sprache geeignet sein, bestimmte Zielgruppen „vom Kauf abzuschrecken" (Aufbau eines Negativimage).

02. UWG (2)

Die Bestimmungen über Sonderverkäufe (Schluss-/Räumungs-/Jubiläumsverkäufe usw.) wurden nach dem neuen UWG aufgehoben. Es gibt bei Sonderverkäufen keine Beschränkungen mehr bei Terminen, Anlässen und beim Warensortiment. Zukünftig ist jede Aktion erlaubt, sofern sie nicht unlauter ist. Die Werbung ist also zulässig, wenn die Firma tatsächlich ihr 20-jähriges Jubiläum hat.

03. UWG (3)

Werbung dieser Art ist unzulässig. Es handelt sich um ein „Lockvogelangebot", da das Fachgeschäft nur ein Einzelstück auf Lager hat.

04. UWG (4)

Die Anzeige ist unzulässig; jede Werbung gegenüber dem Endverbraucher unter Chiffre oder (nur) unter Telefonnummer ist nicht erlaubt. Jeder Kaufmann muss sich in seiner Eigenschaft als Gewerbetreibender mit seinem Namen zu erkennen geben.

05. UWG (5)

a) Der Informationsabend ist in dieser Form unzulässig, da nach Geschäftsschluss zwar eine Besichtigung von Waren – nicht aber eine Beratung der Kunden – erlaubt ist.

b) Unerlaubte Werbung: Irreführung über die Größe des Betriebes

c) Unlauterer Wettbewerb: Anschwärzen der Konkurrenz, üble Nachrede

d) Unerlaubte Werbung: falsche Angabe der Herstellungsart; Irreführung über die Anzahl der Waren

e) Unerlaubter Wettbewerb: Bestechung von Angestellten

06. Folgen von Wettbewerbsverstößen

Wettbewerbsverstöße haben einen Unterlassungsanspruch und einen Schadensersatzanspruch zur Folge.

* Der *Unterlassungsanspruch* setzt kein Verschulden voraus und dient der Abwehr künftiger widerrechtlicher Beeinträchtigungen. Die Gerichte nehmen in vielen Fällen eine Wiederholungsgefahr an.

* Der *Schadensersatzanspruch* setzt einen vorsätzlichen oder fahrlässigen Verstoß gegen das UWG voraus. Zur Vorbereitung des Schadenersatzanspruches steht dem Verletzten in aller Regel ein Auskunftsanspruch zu.

07. GWB

- zu TOP 1: Vertragliche Vereinbarungen über die Aufteilung des Absatzmarktes (Gebietskartell) sind verboten laut GWB.

- zu TOP 2: Vertragliche Vereinbarungen über einheitliche Normen und Typen (Rationalisierungskartell) bedürfen der Erlaubnis der Kartellbehörde.

3.1.7 Grundsätze des Gewerberechts und der Gewerbeordnung

01. Gewerbebetrieb (Anmeldepflichten)

- *Gewerbeanmeldung:*
  Jeder Gewerbebetrieb muss beim zuständigen Gewerbeamt (Orts- bzw. Gemeindeamt) unverzüglich angemeldet werden. Notwendig sind dazu Ausweisdokumente, EU-Angehörigkeit, besondere Genehmigungen wie z. B. Handwerkskarte, Konzessionen, Erlaubnisurkunden, Sachkundigennachweise, Nachweise persönlicher und wirtschaftlicher Zuverlässigkeit. Gegebenenfalls sind auch Erlaubnisse bzw. Genehmigungen zentraler Kontrollorgane vorzulegen (z. B. des Bundesamtes für Versicherungswesen). Die Behörde muss innerhalb von drei Tagen den Empfang der Anzeige bescheinigen (Gewerbeanmeldungsschein).

  Eine Ausnahme hierzu bilden die freien Berufe. Diese müssen nicht beim Gewerbeamt angemeldet werden (§ 6 GewO). Zu den betroffenen Berufsgruppen gehören freie Berufe wie Ärzte, Architekten, Rechtsanwälte, Steuerberater, Künstler, Schriftsteller. Die Tätigkeit von Herrn Schwarz ist also kein anmeldepflichtiges Gewerbe.

- *Finanzamt:*
  Für Herrn Müller gilt: Nach § 138 der Abgabenordnung ist jeder eröffnete Gewerbebetrieb dem Finanzamt zu melden. Das Finanzamt erteilt die Steuernummer. Formularmäßig sind künftige Gewinne und Umsätze einzuschätzen, da diese die Grundlage für die vorausberechnete Höhe der Gewerbe- und Einkommenssteuer werden.

  Herr Schwarz muss seine selbstständige Tätigkeit ebenfalls beim Finanzamt anmelden.

- *Berufsgenossenschaft:*
  Mit der Gewerbeanmeldung wird in der Regel auch die Berufsgenossenschaft automatisch informiert. Die Bestimmungen des SGB VII erfordern die Anmeldung zur zuständigen Berufsgenossenschaft (Unfallversicherung). Die Anmeldung zur Berufsgenossenschaft führt zu einer Pflichtversicherung der Arbeitnehmer, die vom Arbeitgeber getragen wird (im Fall von Herrn Müller).

  Im Fall von Herrn Schwarz entfällt die Anmeldung, da er keine Mitarbeiter versicherungspflichtig beschäftigt.

• *Arbeitsagentur:*
Die Arbeitsagentur übergibt Betriebsnummern für den Fall, dass Arbeitnehmer beschäftigt werden sollen (Fall Herr Müller). Gleichzeitig wird eine Aufstellung der versicherungspflichtigen Tätigkeiten für die Anmeldung bei der Berufsgenossenschaft übergeben.

Dies entfällt bei Herrn Schwarz.

• *Krankenkasse:*
Für Herrn Müller gilt: Zur Zahlung der versicherungspflichtigen Beiträge ist eine Anmeldung bei der Ortskrankenkasse, Ersatzkasse oder Innungskrankenkasse erforderlich. Gleichzeitig wird eine Betriebsnummer vergeben.

Dies entfällt bei Herrn Schwarz.

• *Industrie- und Handelskammer:*
Für Herrn Müller gilt: Die Mitgliedschaft in der Industrie- und Handelskammer wird kraft Gesetzes erhoben und führt zu Pflichtbeiträgen.

Dies entfällt bei Herrn Schwarz.

02. Gewerbeordnung (GewO)

a) Eintragung in das Handelsregister:
   - Herr Müller: Nein! Er ist kein Kaufmann, da sein Unternehmen nach Art und Umfang einen in kaufmännischer Weise eingerichteten Geschäftsbetrieb nicht erfordert.

   - Herr Schwarz: Nein! Er ist kein Kaufmann.

b) Für Herrn Müller gilt:
   § 15a Anbringung von Namen und Firma; (1) Gewerbetreibende, die eine offene Verkaufsstelle haben, eine Gaststätte betreiben oder eine sonstige offene Betriebsstätte haben, sind verpflichtet, ihren Familiennamen mit mindestens einem ausgeschriebenen Vornamen an der Außenseite oder am Eingang der offenen Verkaufsstelle, der Gaststätte oder der sonstigen offenen Betriebsstätte in deutlich lesbarer Schrift anzubringen.

   Für Herrn Schwarz entfällt diese Pflicht; er ist kein Gewerbetreibender.

c) Für Herrn Müller gilt:
   § 15b Namensangabe im Schriftverkehr; (1) Gewerbetreibende, für die keine Firma im Handelsregister eingetragen ist, müssen auf allen Geschäftsbriefen, die an einen bestimmten Empfänger gerichtet werden, ihren Familiennamen mit mindestens einem ausgeschriebenen Vornamen und ihre ladungsfähige Anschrift angeben.

   Für Herrn Schwarz entfällt diese Pflicht; er ist kein Gewerbetreibender.

3.2 Steuern

01. Steuerarten (1)

Besitzsteuern	Verbrauchsteuern	Verkehrsteuern
	Beispiele:	
↓	↓	↓

- Einkommensteuer
- Kirchensteuer
- Kfz-Steuer
- Grundsteuer
- Gewerbesteuer
- Körperschaftsteuer
- Erbschaft- und Schen-
  kungssteuer
	- Einfuhrumsatzsteuer
	- Mineralölsteuer
	- Stromsteuer
	- Biersteuer
	- Tabaksteuer
	- Kaffeesteuer
	- Schaumweinsteuer
		- Umsatzsteuer
		- Grunderwerbsteuer
		- Versicherungsteuer
		- Vergnügungsteuer
		- Rennwett- und Lotterie-
		  steuer

02. Steuerarten (2)

a) Ertragsteuern bei der LANZEN AG:

- Körperschaftsteuer: → juristische Person
- Solidaritätszuschlag: → Zuschlag auf die Einkommensteuer der juristischen Person
- Gewerbesteuer   → Gewerbetreibender kraft Rechtsform

b) - Kapitalertragsteuer: → Steuern auf Gewinnanteile
- Solidaritätszuschlag: → Zuschlag auf die Einkommensteuer in Form der Kapitalertragsteuer
- evtl. Kirchensteuer: → Zuschlag auf die Einkommensteuer

03. Steuerarten (3)

Steuerart:	Steuerhoheit			Steuerobjekt		
	Bund	Länder	Gemeinden	Besitz- steuer	Verkehr- steuer	Verbrauch- steuer
Einkommensteuer	x	x	x	x		
Lohnsteuer	x	x		x		
Körperschaftsteuer	x	x	x	x		
Gewerbesteuer			x	x		
Umsatzsteuer	x				x	
Grundsteuer			x	x		
Grunderwerbsteuer		x	x		x	
Erbschaft- und Schenkungssteuer		x		x		
Kfz-Steuer		x			x	
Tabaksteuer	x					x

04. Einkommensteuer (Werbungskosten, Sonderausgaben, außergewöhnliche Belastungen)

	Definition	Beispiele
Werbungskosten	Werbungskosten sind Aufwendungen zur Erwerbung, Sicherung und Erhaltung von Einnahmen. Werbungskosten bei Arbeitnehmern sind Aufwendungen, die durch den Beruf veranlasst sind.	- Entfernungspauschale - Gewerkschaftsbeitrag - Arbeitsmittel - Weiterbildungskosten
Sonderausgaben	Der Gesetzgeber hat für eine Reihe von Aufwendungen, die dem Grunde nach zur privaten Lebensführung gehören, aus wirtschafts- oder sozialpolitischen Gründen den steuerlich begrenzten Abzug vom Gesamtbetrag der Einkünfte zugelassen. Es darf sich dabei nicht um Betriebsausgaben oder Werbungskosten (Zugehörigkeit zu Einkünften) handeln.	- Vorsorgeaufwendungen: Beiträge für Kranken-, Renten-, Arbeitslosen-, Unfallversicherung usw. - gezahlte Kirchensteuer - Spenden (in bestimmten Fällen) - Kosten der Weiterbildung in einem nicht ausgeübten Beruf

Außergewöhnliche Belastungen	Außergewöhnliche Belastungen sind Aufwendungen, die weder als Betriebsausgaben noch als Werbungskosten noch als Sonderausgaben abgezogen werden können und die dem betreffenden Steuerpflichtigen im Vergleich zur überwiegenden Mehrzahl der Steuerpflichtigen gleicher Einkommens-, Familien- und Vermögensverhältnisse zwangsläufig in größerer Höhe entstehen. Der Steuerpflichtige muss einen Antrag stellen.	- Allgemeine außergewöhnliche Belastungen (unter Abzug der zumutbaren Belastung; § 33 EStG). Dazu zählen:
		  · Krankheitskosten (Behandlungs-, Transport-, Medikamentenzuzahlungen)
		  · Kurkosten (ärztlich verordnet, von der Rentenversicherung bestätigt, abzüglich Haushaltersparnis und Verpflegung)
		  · Beerdigungskosten (wenn die Erbmasse nicht zur Deckung der Beerdigungskosten ausreicht)
		- Unterstützung bedürftiger Personen

05. Einkommensteuer, Umsatzsteuer

a)
Gewinn- und Verlustrechnung, Karl Hueben, 2009		
	EUR	EUR
A. Betriebseinnahmen		
Warenverkäufe	260.000	
Erlöse aus Anlagenverkäufe	12.500	
Entnahme sonstiger Leistungen	6.000	
Umsatzsteuer	42.000	
Summe Betriebseinnahmen		**320.500**

B.	Betriebsausgaben	
	Wareneinkäufe	169.000
	Miete	12.000
	Werbung	4.500
	Kfz-Kosten	8.000
	AfA	14.000
	Sonstige betriebliche Aufwendungen	4.000
	Vorsteuer	26.000
	Summe Betriebsausgaben	**237.500**
C..	**Gewinn**	**83.000**

b) Einkünfte aus Gewerbebetrieb	83.000
Einkünfte aus Vermietung und Verpachtung	– 15.000
Sonderausgaben	– 2.000
beschränkt abzugsfähige Sonderausgaben	– 7.020
zu versteuerndes Einkommen	58.980
Berechnung der Einkommensteuer, 25 % v. 58.980	14.745

c) Umsatzsteuer	42.000
– Vorsteuer	26.000
– USt-Vorauszahlungen	12.000
USt-Zahllast	4.000

06. Umsatzsteuer, Grundsteuer, Einkommensteuer

a) Die Umsatzsteuer ist für den Betrieb ein durchlaufender Posten in der Kostenrechnung – bei Bilanzierenden. Bei den Unternehmern, die eine Einnahme-Überschussrechnung erstellen, ist die Vorsteuer eine Betriebsausgabe und die Umsatzsteuer eine Betriebseinnahme.

b) - Die Grundsteuer ist Aufwand; Teil der Grundstückskosten, wenn das Grundstück zum Betriebsvermögen zählt.

   - Die Einkommensteuer ist keine Kostenart; sie ist eine private Steuer und aus dem Gewinn zu zahlen.

07. Erlass/Niederschlagung

• *Erlass:*
Die Steuerschuld geht ganz oder teilweise unter; sie erlischt ganz oder teilweise, wenn deren Einbringung nach Lage des Einzelfalls unbillig wäre.

• *Niederschlagung:*
Die Steuerschuld bleibt bestehen; sie wird jedoch nicht beigetrieben, weil die Einziehung keinen Erfolg hat oder die Kosten der Einziehung unwirtschaftlich sind.

08. Überschussrechnung

a) Den Gewinn im Wege der Überschussrechnung dürfen Steuerpflichtige dann ermitteln, wenn sie aufgrund der gesetzlichen Vorschriften nicht verpflichtet sind, Bücher zu führen und regelmäßig Abschlüsse zu machen (§ 4 Abs. 3 EStG):

- Land- und Forstwirte, die nicht buchführungs- und abschlusspflichtig sind und bestimmte Größenmerkmale nicht überschreiten

- Gewerbetreibende, die keine Kaufleute sind bzw. nicht buchführungs- und abschlusspflichtig sind (die Größenmerkmale sind zu beachten: 50.000 € Gewinn oder 500.000 € Umsatz p. a.)

- Angehörige freier Berufe (Einkünfte aus selbstständiger Tätigkeit)

b) Bei der Überschussrechnung wird der Gewinn als Überschuss der Betriebseinnahmen über die Betriebsausgaben ermittelt:

Schema:

	Betriebseinnahmen des Kalenderjahres
./.	Betriebsausgaben des Kalenderjahres
=	**Gewinn des Kalenderjahres**

09. Freibeträge

- Werbungskosten > Arbeitnehmer-Pauschbetrag
- Sonderausgaben > Pauschbetrag
- außergewöhnliche Belastungen (z. B. Pauschbetrag bei Behinderung)
- Verluste aus einer Einkommensart (z. B. Verluste aus Vermietung und Verpachtung)
- Verlustvorträge

10. Einkommensteuer

Folgende Einkünfte werden erzielt:

Frau A.	Einkünfte aus Gewerbebetrieb (§15 EStG)	Gewinneinkünfte
Herr B.	Einkünfte aus selbstständiger Arbeit (§ 18 EStG)	Gewinneinkünfte
Frau C.	Einkünfte aus nichtselbstständiger Arbeit (§ 19 EStG)	Überschusseinkünfte
Ehepaar D.	Einkünfte aus Vermietung und Verpachtung (§ 21 EStG)	Überschusseinkünfte

11. Gewerbesteuer

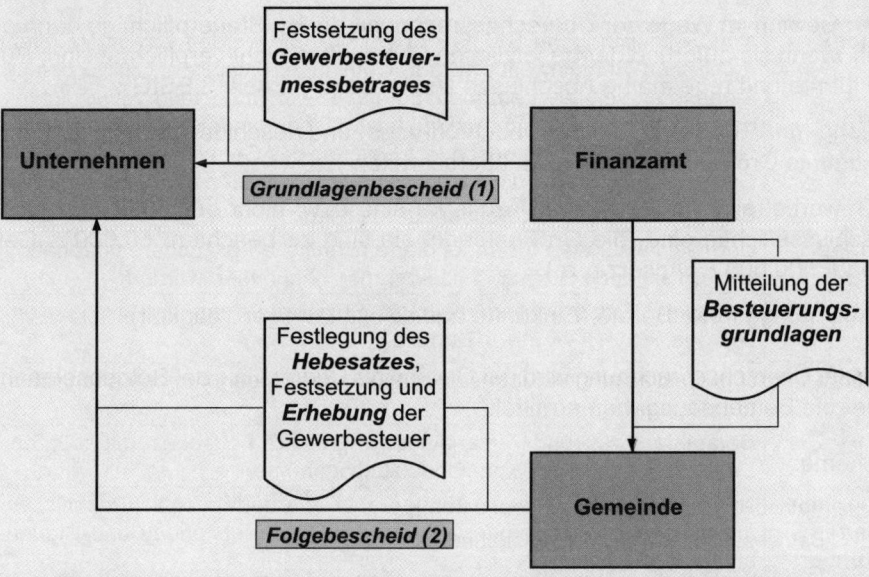

12. Grunderwerbsteuer

Substanzsteuern wie die Grunderwerbsteuer wirken sich mittelbar aus.

- Die auf ein *Grundstück* entfallende Grunderwerbsteuer stellt keinen Aufwand dar (Anschaffungskosten des Grund und Bodens).

- Die auf ein *Gebäude* entfallende Grunderwerbsteuer gehört zwar zu den Anschaffungskosten, wirkt sich aber durch die jährliche Abschreibung auf die Gewinn- und Verlustrechnung aus.

13. Abgabenordnung (1)

a) Herr N. kann einen Einspruch einlegen. Die Einspruchsfrist beginnt mit der Bekanntgabe und beträgt einen Monat – Bekanntgabe bedeutet bei einer Übermittlung im Inland am dritten Tag nach Aufgabe zur Post. Das bedeutet, dass Herr N. spätestens zum 06.09.2010 den Einspruch einlegen muss.

b) Herr N. kann einen Antrag auf Wiedereinsetzung in den vorigen Stand stellen, da er die Einspruchsfrist schuldlos versäumt hat. Die Antragstellung muss innerhalb eines Monats nach Wegfall des Hindernisses erfolgen.

14. Abgabenordnung (2)

Steuern	sind Geldleistungen i. S. d. § 3 Abs. 1 AO. Sie werden von einem öffentlich-rechtlichen Gemeinwesen (Stadt, Gemeinde, Finanzamt) zur Erzielung von Einnahmen von allen erhoben, bei denen ein Tatbestand verwirklicht ist, an den eine Leistungspflicht geknüpft ist. Dabei handelt es sich nicht um eine Gegenleistung für eine besondere Leistung des Gemeinwesens. Die fehlende Gegenleistung grenzt die Steuern von den Beiträgen und Gebühren ab.
	Beispiele: Einfuhrzoll, Solidaritätszuschlag
Beiträge	sind Geldleistungen für angebotene öffentliche Leistungen, unabhängig davon, ob sie auch tatsächlich in Anspruch genommen werden.
	Beispiele: Straßenanliegerbeiträge, Sozialversicherungsbeiträge, Kammerbeiträge (IHK, HWK usw.), Kurtaxe
Gebühren	sind Geldleistungen für tatsächlich in Anspruch genommene öffentliche Leistungen.
	Beispiele: Pass- und Personalausweisgebühren, Standesamtgebühren, Kfz-Zulassungsgebühren, Kanalbenutzungsgebühren
Steuerliche Nebenleistungen	sind selbst keine Steuern, können aber von dem öffentlich-rechtlichen Gemeinwesen im Zusammenhang mit der Steuerentstehung und Steuererhebung auferlegt werden.
	Beispiele: Verspätungszuschläge (§ 152 AO), Zinsen (§§ 233 bis 238 AO), Säumniszuschläge (§ 240 AO), Zwangsgelder (§ 329 AO)
	Bußgelder und Geldstrafen sind keine Abgaben und steuerliche Nebenleistungen, auch wenn sie wegen Steuerordnungswidrigkeiten oder Steuerstraftaten festgesetzt werden.

15. Abgabenordnung (Fristen)

	Vorauszahlungen		Abschlusszahlungen	
ESt		§ 37 Abs. 1 EStG		§ 36 Abs. 4 EStG
KSt	10.03. 10.06. 10.09. 10.12.	§ 31 Abs. 1 KStG § 37 Abs. 1 KStG		§ 31 Abs. 1 KStG § 36 Abs. 4 EStG
GewSt	15.02. 15.05. 15.08. 15.11.	§ 19 Abs. 1 GewStG	nach 1 Monat	§ 20 Abs. 2 GewStG
USt	bis zum 10. Tag nach Ablauf des Voranmeldezeitraums	§ 18 UStG		§ 18 Abs. 4 UStG

4.1 Betriebsorganisation

4.1.1 Unternehmensleitbild, Unternehmensphilosophie, Unternehmenskultur und Corporate Identity

01. Corporate Identity, Unternehmenskultur

a) *Corporate Identity:*

Summe aller durch das Unternehmen beeinflussbaren Dinge, die die Einheit von Erscheinung, Worten und Taten gewährleisten sollen. Corporate Identity beinhaltet:

- Corporate Communications (Kommunikationsprozesse, -mittel, -methoden)
- Corporate Design (visuelles Erscheinungsbild)
- Corporate Culture (Unternehmenskultur, Werte, Ziele, Verhaltensweisen)

b) *Erscheinungsformen* von Corporate Identity im Unternehmen, z. B.:

- Imagebroschüren
- Umgangssprache
- Gemeinsamkeiten
- Vorschriften
- Kleidung
- Rituale
- Verhaltensrichtlinien

c) *Unternehmenskultur:*

Gemeint ist das in einem Unternehmen vorherrschende Wert- und Orientierungssystem, das sich im Laufe der Zeit herausgebildet hat.

d) • *Sichtbare Kulturelemente*, z. B.:
- Sprache
- Geschichten und Legenden
- Riten, Rituale (z. B. Aufnahme, Entlassung, Begräbnis)
- Begrüßung und Aufnahme von Außenstehenden
- Architektur, Präsentation
- Kleidung, Sportarten

• *Normen und Standards* (teils sichtbar/teils unbewusst), z. B.:
- Maxime
- Verhaltensrichtlinien
- Verbote, Gebote
- Ideologien

• *Grundannahmen, Denkweisen:*
- In welcher Beziehung stehen Unternehmen und Umwelt?
  Hält man z. B. die Umwelt für bedrohlich? herausfordernd? bezwingbar?
- Welche Vorstellung besteht von der Wirklichkeit?
  Wie wird entschieden was richtig oder wahr ist?
  Z. B. Tradition (Richtig ist, was immer schon galt) oder Autorität (Richtig ist, was der Chef sagt)

- Grundannahmen über die Natur des Menschen im Unternehmen:
  Lassen sich die Mitarbeiter entwickeln oder sind sie festgelegt?
- Grundannahmen über menschliche Beziehungen, z.B. Alter, Hierarchie, Erfolg?

02. Unternehmensleitbild

Das Unternehmensleitbild könnte z.B. lauten:

> „Wir verbinden das Ziel wirtschaftlichen Erfolges mit einer Verpflichtung für die Mitarbeiter auf allen Ebenen, sich engagiert in den Leistungsprozess einzubringen, und beteiligen die Mitarbeiter am wirtschaftlichen Erfolg des Unternehmens auf Basis ihrer Leistung."

4.1.2 Strategische und operative Planung

01. Strategische und operative Planung (Vergleich)

Unterscheidungs-kriterien	**Operative Planung**	**Strategische Planung**
Hierarchische Zuständigkeit	untere/mittlere Leitungsebene	obere Leitungsebene
Fristigkeit der Planung	kurzfristig	langfristig
Genauigkeit der Planung	Feinplanung	Grobplanung
Breite der Planung	Planung der Teilfunktionen	Unternehmensgesamtplanung
Konzentration der Planung	eher dezentral	zentral
Inhalt der Planung	Umsatz- und Ergebnisgrößen	Ergebnispotenziale; Strategische Geschäftseinheiten (SGE), Strategische Geschäftsfelder (SGF)
Verknüpfung der Folgeplanung	Blockplanung	rollierendes Planungssystem

02. Operative Planung (Planung der Stromkosten)

a) Stromkosten variabel, pro Monat bei 100 % Auslastung:
   400 Std. · 60 kWh · 0,12 €/kWh = 2.880,– €

   5 % von 2.880,00 = 144,– €

   Fixkosten:
   120,– € + 144,– € = 264,– €

b) 70 % von 2.880,– € = 2.016,– €

03. Portfolioanalyse

a) *Strategische Ausgangsposition der Metallbau AG:*
   In der 4-Felder-Matrix lassen sich folgende Positionierungen unterscheiden:

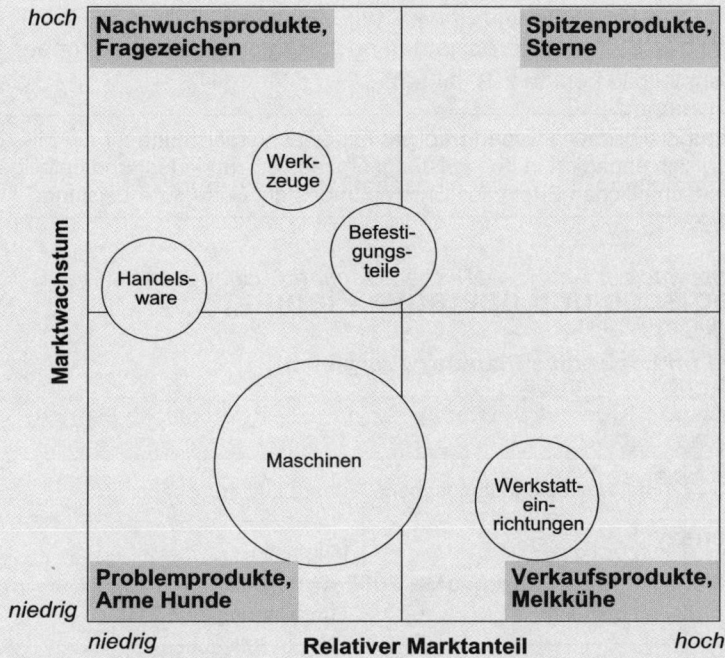

Hinweis: Die Abbildung ist zur Lösung nicht erforderlich.

- Die Metallbau AG hat kein Produkt im Segment „Spitzenprodukte/Sterne".
- Hauptumsatzträger ist das Produkt Maschinen; es liegt allerdings im Segment „Problemprodukte/Arme Hunde".
- Einzige „Melkkuh" ist das Produkt Werkstatteinrichtungen – allerdings mit bescheidenem Umsatz.
- Die übrigen drei Produkte sind im Segment „Nachwuchsprodukte/Fragezeichen" positioniert; der Umsatzbeitrag ist überwiegend gering.

Im Ergebnis: Das Portfolio ist in einer unausgewogenen Schieflage.

Der Metallbau AG fehlen Zukunftsprodukte und Cash-Cows. Damit mangelt es zurzeit auch an finanziellen Ressourcen, um geeignete Spitzenprodukte zu entwickeln und am Markt zu positionieren. Hoffnungsträger könnten evtl. die Produktbereiche Werkzeuge und Befestigungteile sein. Gelingt der Metallbau AG keine strategische Weichenstellung ist ein Verkauf bzw. die Insolvenz vermutlich nicht zu vermeiden.

b) *Normstrategie für den Produktbereich „Befestigungsteile":*
   Die grundsätzliche Strategieempfehlung für „Nachwuchsprodukte/Fragezeichen" lautet „Ausbau" oder „Eliminieren". Aufgrund der Ausgangsposition der Metallbau

AG kommt „Eliminieren" nicht infrage (vgl. Antwort zu a)). Der Produktbereich „Befestigungsteile" sollte ausgebaut werden; eine offensive Marktstrategie ist zu empfehlen, z. B.:

- Verbesserung des Bekanntheitsgrades
- Verbesserung von Beratung und Service (vgl. Sachverhalt)
- Preisstrategien (z. B. Preisdifferenzierung nach Regionen, Kundengruppen; Preisaktionen)
- Produktinnovationen
- ggf. Entwicklung einer eigenen Marke mit Ergänzungsprodukten

Die dazu erforderlichen Mittel müssen beschafft werden (Fremdkapital, Beteiligungsfinanzierung u. Ä.).

c) Weitere *Instrumente zur Analyse der strategischen Ausgangsposition,* z. B.:

- Chancen-Risiken-Analyse
- Konkurrenz-Analyse
- Stärken-Schwächen-Analyse
- ABC-Analyse
- Swot-Matrix
- Geschäftsfeldanalyse

04. Produktlebenszyklus

a)
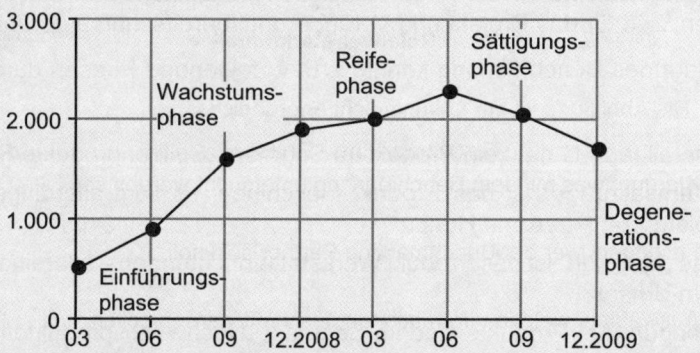

Quartalsumsätze 2008 und 2009

b)

Phasen des Produktlebenszyklus	Umsatz: Tendenz ...	Cashflow: Tendenz ...
Einführung	steigend	≤ 0
Wachstum	steigend	≥ 0; steigend
Reife	konstant	> 0; konstant
Sättigung	fallend	< 0

c) Beim Artikel HILO ist die Sättigungsphase erreicht. Die Strategie heißt

- entweder:
  keine Aufwendungen mehr für Marketing usw.; Produkt „auslaufen" lassen und Platzierung eines Folgeprodukts

- oder:

massive Maßnahmen zur Verkaufsförderung, ggf. in Verbindung mit einer Produktvariante, falls es dafür begründete Annahmen (Käuferverhalten) gibt.

05. Benchmarking

a) Benchmarking umfasst einen systematischen und kontinuierlichen Vergleich des eigenen Unternehmens mit anderen Unternehmen, die branchenbezogen oder branchenübergreifend zu den Spitzenunternehmen gehören. Benchmarking ist ein Prozess des ständigen Vergleichens von Erfolgsfaktoren des eigenen Unternehmens mit denen führender Unternehmen mit dem Ziel, die eigene Leistungsfähigkeit zu erhöhen. Benchmarking führt damit auch zum permanenten Lernen.

b) Im Mittelpunkt des Vergleichs stehen externe und interne Kernprozesse wie die
- Angebotserstellung
- Auftragsabwicklung
- Auslieferung
- Beschaffungsmethoden
- Belegbearbeitung u. a.

c) Will ein Unternehmen eine Benchmarking-Studie erstellen, sollte ein Team von etwa sechs bis acht Mitgliedern gebildet werden, welches funktionsübergreifend zusammengesetzt ist. Der Teamleiter sollte die Mitglieder hinsichtlich ihrer Fähigkeiten, z. B. Teamgeist, Fachwissen, Kommunikationsfähigkeit, Kreativität, analytische Fähigkeiten, Zeit für das Projekt und Veränderungsbereitschaft auswählen.

d) Der Ablauf des Benchmarking könnte z. B. in folgenden Phasen durchgeführt werden:

Benchmarking • Phasen
1   Klärung, was mit dem Benchmarking untersucht werden soll.
↓
2   Festlegen, wer der Benchmarking-Partner sein soll.
↓
3   Auswählen, welche Informationen beschafft werden sollen.
↓
4   Vorbereiten, wie die Informationen analysiert werden sollen.
↓
5   Überlegen, wozu die Ergebnisse verwendet werden sollen.

06. Zielbeziehungen

a) Fall 1:   komplementäre Zielbeziehung
Fall 2:   konkurrierende Zielbeziehung
Fall 3:   indifferente Zielbeziehung

b) (1) Steigerung des Gewinns/Steigerung des Umsatzes
       → Fall 1

   (2) Steigerung des Gewinns/Senkung der Kosten
       → Fall 1

   (3) Verminderung der Umweltbelastung/Verbesserung der Altersstruktur
       → Fall 3

   (4) Erhöhung des Marktanteils/Verbesserung des Firmenimage
       → Fall 1 oder Fall 2 oder Fall 3

   (5) Sicherung der Beschäftigung/Verbesserung der Produktqualität
       → Fall 1

   (6) Gewinnsteigerung/Verbesserung der Personalentwicklung
       → Fall 2

c) (6) Gewinnsteigerung/Verbesserung der Personalentwicklung:
   - *kurzfristig* stehen beide Ziele in Konkurrenz zueinander:
     Maßnahmen der Personalentwicklung führen kurzfristig zu Kostensteigerun-
     gen und damit zunächst zu einer Gewinnreduzierung;

   - *langfristig* können Investitionen im Personalsektor (PE) die Qualifikation der
     Mitarbeiter erhöhen, zu einem schwer imitierbaren Wettbewerbsvorteil wer-
     den und damit auf lange Sicht die Ertragssituation des Unternehmens verbes-
     sern.

d) • Strategische Ziele, z. B.:
   - mittel- bis langfristiger Zeithorizont
   - relativ hohes Abstraktionsniveau
   - geringer Detaillierungsgrad
   - Globalkennziffern

   • Beispiele:
   (3) Verminderung der Umweltbelastung/Verbesserung der Altersstruktur
   (4) Erhöhung des Marktanteils/Verbesserung des Firmenimage
   (5) Sicherung der Beschäftigung/Verbesserung der Produktqualität

e) z. B.: - Verbesserung der Altersstruktur
          - Verbesserung des Firmenimage
          - Verbesserung der Personalentwicklung

07. Strategische Planung, kritischer Weg, Modus, Sukzessivplanung

a) *Strategische Planung*: Gedankliche Entwicklung von Unternehmenszielen mit lang-
   fristigem Planungshorizont in Form einer Grobplanung, die sich an zukünftigen Er-
   folgspotenzialen orientiert.

b) *Kritischer Weg:* Bezeichnet in der Netzplantechnik die Aneinanderreihung der Vorgänge, die „einen Gesamtpuffer = 0" haben. Eine Terminverzögerung der kritischen
   Vorgänge führt zu einer zeitlichen Verlängerung des Projekts.

c) *Modus*: Begriff aus der Statistik; sog. Lageparameter; bezeichnet den häufigsten
   Wert einer Urliste.

d) *Sukzessivplanung:* Verfahren der Planung in Einzelschritten: Man beginnt mit dem dominanten Plan (z. B. dem Absatzplan), an den sich die weiteren Teilpläne je nach Priorität und Sachzusammenhang anreihen bis der Unternehmensgesamtplan erstellt ist.

08. Strategische Erfolgsfaktoren

Die Aussage ist einseitig und trifft so nicht zu: Eine hohe Qualität der Unternehmensführung ist zwar ein wichtiger Faktor für den Erfolg des Unternehmens und gehört zu den sog. internen Erfolgsfaktoren. Daneben gibt es jedoch noch weitere interne Faktoren wie z. B. Qualifikation der Mitarbeiter, Standort, Finanzausstattung, Kostenniveau und -struktur usw.; außerdem dürfen externe Faktoren nicht außer Acht gelassen werden, z. B. Konjunkturentwicklung, politische Rahmenbedingungen, Weltwirtschaft usw.

09. Wirtschaftlichkeit der Planungsinstrumente

Die Aussage des Betriebsratsvorsitzenden ist nicht zutreffend. Abgesehen von Maßnahmen im Bereich der Routineaufgaben müssen die Instrumente zur Planung einer wirtschaftlichen Unternehmensführung selbst dem Prinzip der Wirtschaftlichkeit unterzogen werden. Aufwand und Ertrag (Kosten und Leistungen/Nutzen) müssen gerechtfertigt sein.

Als Instrumente zur Planung und Kontrolle einer wirtschaftlichen Unternehmensführung kommen z. B. in Betracht:

- die Break-even-Analyse
- die Stärken-Schwächen-Analyse
- die Wertanalyse
- die Nutzenanalyse
- die ABC-Analyse
- die Investitionsrechnung
- die Analyse relevanter Kennzahlen (z. B. Wirtschaftlichkeit, Produktivität, Liquidität, Rentabilität, ROI)

10. Qualitätsmanagement

a)		
Herkömmliche Kontrolle	- Fehlerfolgekosten höher - Prüfkosten höher - Verhütungskosten niedriger	
TQM	Generelle Zielrichtung: Die Maßnahmen der Fehlerverhütung erhalten mehr Gewicht als dies bei herkömmlichen Kontrollverfahren der Fall ist. - Fehlerfolgekosten niedriger - Prüfkosten niedriger - Verhütungskosten höher (Vorbeugung) - Qualität bezieht sich nicht nur auf das Leistungsergebnis, sondern auch auf die qualitative Gestaltung des Prozesses - Qualität hat einen eigenständigen Wert	

b) Umsetzung eines TQM-Systems:
- Beantragen einer Zertifizierung nach DIN ISO 9000
- Auditierung der betrieblichen Prozesse
- Null-Fehler-Strategie (Produktion ohne Ausschuss)
- Einbeziehen des Kunden
- Einbeziehen aller Mitarbeiter (z. B. BVW, KVP)
- Einrichtung von Qualitätszirkeln

11. QM-Handbuch, Umweltmanagement

Auszug aus dem QM-Handbuch (Beispiel):

„Das verantwortliche Verhalten gegenüber der Umwelt ist von der Qualität eines Unternehmens und seiner Produkte nicht zu trennen. Es ist für uns selbstverständlich, dass alle unternehmerischen Aktivitäten der Verantwortung gegenüber der Umwelt gerecht werden. Nur durch ständige Verbesserungen, die auch das Handeln der Mitarbeiter in ihrem beruflichen und privaten Umfeld einschließt, lässt sich dieses Ziel erreichen. Die Aspekte der Umwelt sind hierzu bei allen Unternehmensprozessen zu berücksichtigen und werden in das Qualitätsmanagementhandbuch integriert. Mit der Anwendung eines QM-Systems nach DIN EN ISO 9001 und eines UWM-Systems (Umweltmanagementsystems) nach DIN EN ISO 14001 werden die Leitlinien und die bereichsübergreifende Verpflichtung zu Qualität und Umwelt dokumentiert."

12. Arbeits- und Umweltschutz

a) *Zielsetzung integrierter Managementsysteme* (IMS):
Integrierte Managementsysteme fassen zwei oder mehrere einzelne Managementsysteme zusammen, um Synergieeffekte zu erzielen und Ressourcen zu bündeln. Sehr häufig werden Arbeitsschutz- und Umweltmanagementsysteme zusammengefasst. Durch die natürlichen Berührungspunkte zwischen beiden Gebieten ist diese Variante sehr praktikabel. Denkbar ist die Integration weiterer Managementsysteme. Im Vergleich zu einzelnen, isolierten Managementsystemen ist dadurch insgesamt ein schlankeres, effizienteres Management möglich. Die Grundstruktur aller Managementsysteme ist im Wesentlichen gleich.

Vorteile eines IMS, z. B.:
- ganzheitliches Führungssystem
- Vermeidung von Doppelarbeit
- Vermeidung von Aufgabenüberschneidungen und Schnittstellenproblemen
- Nutzung von Synergieeffekten
- Reduzierung des Verwaltungsaufwandes für die Einzelsysteme
- geringere Auditierungskosten
- verbesserte Information und Kommunikation

b) *Normen bzw. Richtlinien zum Aufbau eines IMS:*
- Qualitätsmanagementnorm DIN EN ISO 9001
- Umweltmanagementnorm ISO 14001:2004
- Entwurf der Richtlinie VDI 4060 Blatt 1 vom Juni 2004

c) *Maßnahmen zur Einbeziehung der Mitarbeiter in die Qualitätsverbesserung*, z.B.:

- Qualitätsschulungen
- Integration in KVP-Teams
- Durchführung von Qualitätszirkeln
- Selbstprüfersystem
- Realisierung von Gruppenarbeit und Übertragung von Entscheidungskompeten-zen
- Mitwirkung bei Entscheidungen und Problemlösungen sowie in QM-Projekten
- Visualisierung von Qualitätsergebnissen (Qualitätskennzahlen auf Plakaten/In-fowänden, Einsatz der Metaplantechnik, Vergleichsdiagramme, Audiosysteme)

13. Umweltmanagement (1)

a) *Umweltleitlinien*, z.B.:

- Der Betrieb wird die Öffentlichkeit über Produkte, Produktionsprozesse und einge-setzte Stoffe informieren.

- Die Kunden werden über die verwendeten Stoffe hinsichtlich ökologischem Einsatz, Umgang und Entsorgung kostenfrei beraten.

- Soweit es wirtschaftlich vertretbar ist, werden ökologisch verbesserte Produktions-verfahren und Produkte realisiert.

b) *Vorgaben*, z.B.:

- Die Umweltauswirkungen jeder neuen Tätigkeit, jedes neuen Produkts und jedes neuen Verfahrens werden im Voraus beurteilt („gute Managementpraktiken").

- Vermeidung, Recycling, Wiederverwendung, Transport und Endlagerung von Ab-fällen („zu behandelnde Gesichtspunkte").

- Auswahl neuer und Änderungen bei bestehenden Produktionsverfahren („zu be-handelnde Gesichtspunkte).

14. Aufgaben des Immissionsschutzbeauftragten

Der Immissionsschutzbeauftragte ist berechtigt und verpflichtet, die Einhaltung ent-sprechender Gesetze und Verordnungen sowie die Erfüllung erteilter Bedingungen und Auflagen zu überwachen. Er hat festgestellte Mängel und Maßnahmen zur Beseitigung darzulegen. Es handelt sich dabei aber um *keine hoheitliche, sondern um eine inner-betriebliche Überwachung*. Insofern entspricht die „Drohung" des Immissionsschutzbe-auftragten nicht seinem Auftrag.

15. Umweltmanagement (2)

• *Transport*, z.B.:

- Beförderung der Gäste mit einem Zubringerdienst
- Einladungskarte und ggf. Fahrkarte für die öffentlichen Verkehrsmittel auf chlorfrei gebleichtem Recyclingpapier drucken lassen

- *Versorgung*, z. B.:
  - Getränkeausgabe in Gläsern
  - für Speisen Mehrweggeschirr verwenden
  - Bierausschank vom Fass (statt Flaschenbier)

- *Entsorgung*, z. B.:
  - getrennte Abfallbehälter
  - ausreichend vorhandene sanitärer Einrichtungen

- *Öffentlichkeitsarbeit*, z. B.:
  - Pressemitteilung mit besonderem Hinweis auf die Einhaltung ökologischer Gesichts-
    punkte bei der Ausrichtung der Feier

16. Umweltmanagement (3)

- *Die Umweltpolitik* beinhaltet die umweltbezogenen Gesamtziele und Handlungs-
  grundsätze eines Unternehmens einschließlich der Einhaltung aller einschlägigen
  Umweltvorschriften.

- *Das Umweltmanagementsystem* bezieht sich auf den Teil des gesamten übergrei-
  fenden Managementsystems, der die Organisationsstruktur, die Zuständigkeiten, die
  Verfahrensweisen sowie die Abläufe und Mittel für die Festlegung und Durchführung
  der Umweltpolitik einschließt.

- *Die Umweltbetriebsprüfung* ist ein Managementinstrument, das eine systematische,
  dokumentierte und regelmäßige Bewertung der Leistung der Organisation, des Management und der Abläufe zum Schutz der Umwelt umfasst.

17. Kooperationsprinzip

- Das Kooperationsprinzip bezieht sich auf Betreiber, Behörden und die Öffentlichkeit
  (z. B. Anwohner).

- Umsetzung, z. B.: Zusammenarbeit von Betreiber, Behörde und Öffentlichkeit bei der
  Planung und Genehmigung neuer Anlagen (z. B. Nutzung der Fachkompetenz der
  Behördenmitarbeiter; Information der Anwohner über den Stand des Verfahrens sowie
  über Umweltschutzaktivitäten).

18. Betriebsbeauftragte

- Betriebsbeauftragter für Abfall
  → Kreislaufwirtschafts- und Abfallgesetz

- Betriebsbeauftragter für Gewässerschutz
  → Wasserhaushaltsgesetz

- Betriebsbeauftragter für Immissionsschutz
  → Bundesimmissionsschutzgesetz

- Betriebsbeauftragter für Gefahrgut
  → Gefahrgutverordnung

- Betriebsbeauftragter für Störfälle
  → Bundesimmissionsschutzgesetz

4.1.3 Aufbauorganisation

01. Stellenbeschreibung (Einkaufsleiter)

1. Stellenbezeichnung
Leiter Einkauf, Ebene Abteilungsleiter

2. Unterstellung
Der Stelleninhaber berichtet an den kaufmännischen Geschäftsführer.

3. Überstellung
Gruppenleiter Einkauf, Gruppenleiter Disposition

4. Stellvertretung
in allgemeinen Fragen: durch den Gruppenleiter Einkauf,
in besonderen Fragen: durch den kaufmännischen Geschäftsführer

5. Ziel der Stelle
Optimierung des Einkaufs, Nutzen neuer Einkaufsquellen, Führung der Mitarbeiter,
unternehmerische Beiträge zum Gesamtergebnis

6. Hauptaufgaben
- Erforschung, Beobachtung und Analyse des Einkaufsmarktes
- das methodische Umsetzen von Marktchancen in Bezug auf den gesamten Einkaufsmarkt mit seinen bestehenden und potenziellen Lieferantenbeziehungen
- das Anbahnen und die Pflege von Lieferantenbeziehungen
- die Auswahl und die Beurteilung von Lieferanten
- das Eingehen von rechtlichen und finanziellen Verpflichtungen der Unternehmung gegenüber den Lieferanten nach den Kriterien: Bezugsmenge, Kosten, Zeitraum, Zeitpunkt, Qualität und Lieferbedingungen
- die Koordinierung aller direkten Kontakte der Unternehmensmitarbeiter mit Lieferanten
- die Vertragserfüllung durch beide Vertragspartner
- die Initiative für das Einbringen von Kaufalternativen
- die Entscheidung, ob aufgrund von Beanstandungen bei den Lieferungen andere Lieferanten gewählt werden müssen

7. Anforderungsprofil, fachlich
- Hochschul- oder Fachhochschulabschluss mit Schwerpunkt Einkauf und Materialwirtschaft
- mindestens fünf Jahre Erfahrung in einer Führungsposition im Einkauf
- fundierte EDV-Kenntnisse

- Erfahrung in Qualitätsmanagement
- Englisch: verhandlungssicher

8. *Anforderungsprofil, persönlich*
   - Überzeugungsfähigkeit
   - Verhandlungsgeschick
   - zielorientierte Arbeitsweise
   - teamorientiert
   - Mitarbeitermotivation

02. Aufgabenanalyse, Aufgabensynthese

a) Der Aufbau der Organisation eines Unternehmens vollzieht sich im Wesentlichen über zwei Schritte: die Aufgabenanalyse und die Aufgabensynthese.

Zweck der *Aufgabenanalyse* ist die Zerlegung der Gesamtaufgabe eines Unternehmens über Teilaufgaben bis in Elementaraufgaben, aus denen dann durch sinnvolle Zusammenfassungen im Rahmen der *Aufgabensynthese* Stellen und Abteilungen (Aufgabenbündel) gebildet werden. Sowohl bei der Aufgabengliederung als auch bei ihrer Zusammenfassung lassen sich die gleichen Gliederungspunkte bzw. Bearbeitungsmerkmale verwenden.

Aufgabenanalyse			
Ausgangspunkt	Unternehmensziele		
Ziel	Festlegung der Tätigkeiten zur Erreichung der Unternehmensziele		
Vorgehensweise	Schrittweise Zerlegung oder Aufspaltung der Gesamtaufgabe in ihre einzelnen Bestandteile		
	Analyseschritte (Beispiel):		
	1	Unternehmensziel	Gewinnerzielung, Substanzsicherung
	2	Gesamtaufgabe	Herstellung und Verkauf von Gütern
	3	Hauptaufgabe	Einkauf, <u>Montage,</u> Vertrieb, Verwaltung
	4	Teilaufgabe 1. Ordnung	Montage <u>Elektrik</u>
	5	Teilaufgabe 2. Ordnung	Montage Mechanik
	...	...	...
	n	Teilaufgabe n. Ordnung	<u>Antrieb,</u> Steuerung, Bedienelement
		Elementaraufgabe	Trafo aufnehmen, fügen, Anschlüsse

Die *Aufgabensynthese* fügt die mittels der Aufgabenanalyse ermittelten Elementaraufgaben zu Stellen und Abteilungen zusammen. Kriterien für die Vereinigung von Elementaraufgaben orientieren sich vornehmlich an der Zweckmäßigkeit. Hierzu kann auf die Gliederungsmerkmale der Aufgabenanalyse zurückgegriffen werden (d. h. die Vereinigung nach den Kriterien Verrichtung, Objekt, Rang, Phase, Zweckbeziehung). Den Organisationseinheiten zur Erfüllung der Teilaufgaben werden dann Aufgabenträger zugeordnet. Diese können sein:

- Einzelpersonen
- Personengruppen
- Mensch-Maschine-Kombinationen

b) *Aufgabenzentralisation:*
Zusammenfassung von gleichartigen Aufgaben in einer Stelle (Artenteilung oder funktionale Arbeitsteilung = Spezialisierung)

Beispiel: In einem Filialunternehmen wird der Einkauf für alle Filialen in der Zentrale von Spezialeinkäufern für die verschiedenen Warengruppen getätigt.

03. Stab-Linienorganisation (Der Fall „Müll GmbH")

a) Es werden in geeigneter Weise die Stellen unter einer Leitungsfunktion zusammengefasst, die sachlogisch (vgl. Verrichtungsprinzip) einander zugeordnet werden können. Dabei sind die Aspekte „Gliederungsbreite", „Gliederungstiefe" und „Leitungsspanne" zu berücksichtigen:

Ebene	Leitungsfunktionen	Stellen	Anzahl Sachbearbeiter	Anzahl zusätzliche Leitungsfunktionen	Mitarbeiter insgesamt	Kommentar
1	GF	Revision	1	0		dem GF unterstellt
		Assistent d. GF	1			Stabsstelle GF
		Rechtsabteilung	1		4	Stabsstelle GF
2	Leiter RW	Kalkulation	2	1		neue Leitungsfunktion
		Organisation	1			
		Planung	2			
3	Leiter	Kostenrechnung	5	1	12	Gruppenleiterfunktion
2	Leiter Personal	Personalverwaltung	2	0		
		Ausbildungswesen	1			
		Lohnabrechnung	4			
		Werkszeitschrift	1		9	
	Allg. Dienste	Empfang	2	1		Gruppenleiterfunktion, dem Personalleiter unterstellt
3	Leiter	Hauswerkstatt	2			
		Zentralsekretariat	3			
		Poststelle	3			
		Pförtner	2			
		Archiv	1			hohe Leitungsspanne möglich, da homogene und einfache Tätigkeiten
		Telefonzentrale	2			
		Botendienste	2		18	
2	Leiter Einkauf/ Verkauf	Einkauf	3	1		
		Werbung	1			Gruppenleiterfunktion, da hohe Leitungsspanne
3	Leiter	Vertreter	18	2	25	
	Summe		60	6	68	

Legende: GF: Geschäftsführer

Im Ergebnis:
Es werden folgende Leitungsstrukturen eingerichtet (Ebene/Bezeichnung):

Ebene			Funktion
1			Kaufmännischer Geschäftsführer
	2		Leiter Rechnungswesen
		3	Leiter Kostenrechnung
	2		Leiter Personal
		3	Leiter Allgemeine Dienste
	2		Leiter Einkauf/Verkauf
		3	Gruppenleiter 1: Vertreter
		3	Gruppenleiter 2: Vertreter

- Insgesamt werden neben den bestehenden Leitungsfunktionen (Geschäftsführer, Personalleiter) sechs weitere Leitungsfunktionen eingerichtet: zwei Abteilungsleiter, vier Gruppenleiter.

- Damit existiert eine flache Hierarchie (nur drei Leitungsebenen). Es werden möglichst wenige „kostenträchtige" Leitungsfunktionen geschaffen (daher werden die Leitungsfunktionen „Kostenrechnung", „Allgemeine Dienste", „Vertreter" nur als Gruppenleiterpositionen eingerichtet).

- Bei der Leitungsspanne wird die Anzahl von sechs Mitarbeitern nicht wesentlich überschritten (zulässige Ausnahme: Allgemeine Dienste).

- Die Revision ist dem GF unmittelbar zu unterstellen – nicht dem Leiter Rechnungswesen.

- Es gibt zu dieser Aufgabenstellung keine 100 %ige „Musterlösung". Ähnliche Ansätze sind denkbar. Beispielsweise könnte der „Einkauf" dem Rechnungswesen unterstellt werden oder die „Stabsfunktion Recht" dem Leiter Personal zugeordnet werden usw.

Es ergibt sich so eine sinnvolle Stab-Linienorganisation (siehe Abbildung nächste Seite).

b)

Organisation	
Vorteile, z. B.:	**Nachteile**, z. B.:
Gleiche Arbeiten werden gleich behandelt.	Flexibilität und Anpassung an neue Bedingungen werden erschwert.
Häufig wiederkehrende Arbeiten werden strukturiert; immer wiederkehrendes Durchdenken des Problems entfällt.	Richtlinien hemmen die Motivation der Mitarbeiter für eigene Lösungsansätze.
	Kreativität der Mitarbeiter nimmt ab.
Für die Einarbeitung und das Training der Mitarbeiter existieren klare Vorgaben.	Tendenz zur Überorganisation und Gefahr der Schwerfälligkeit besteht.
Richtlinien schaffen Orientierung und Sicherheit für die Mitarbeiter.	

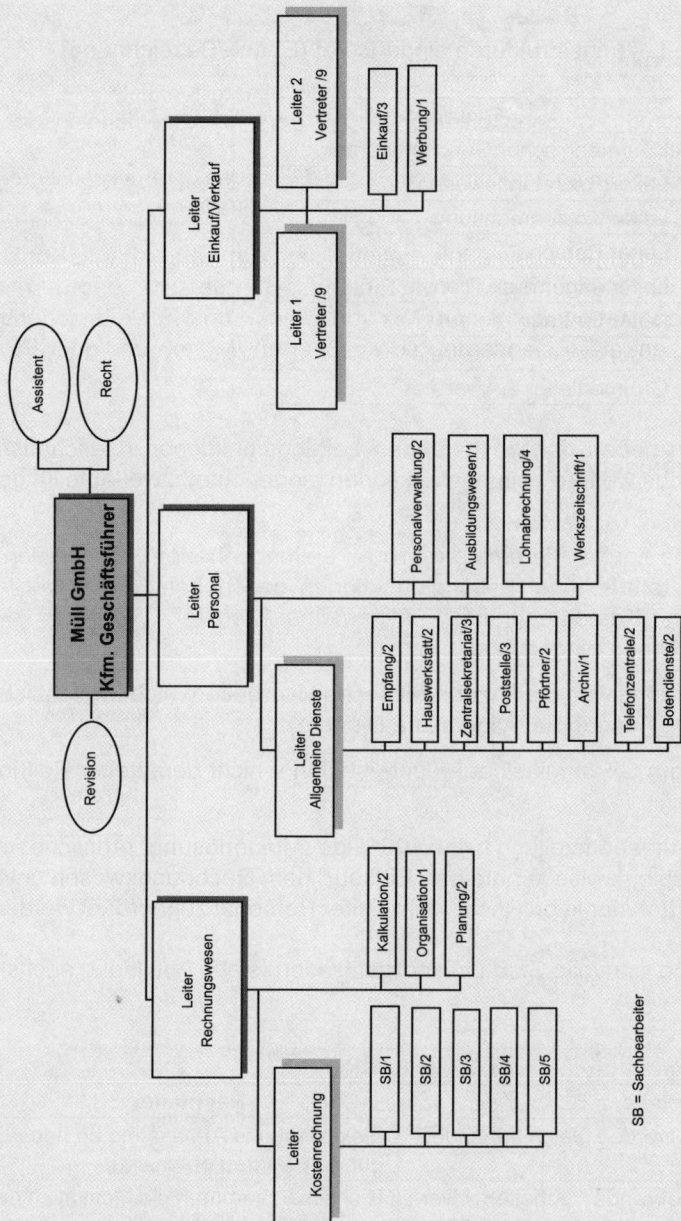

04. Funktionalorganisation

a) Die Funktionalorganisation ist am Verrichtungsprinzip (Funktionalprinzip) orientiert; z.B. Einkauf, Fertigung, Verwaltung, Vertrieb, Personal u.Ä.

b)

Funktionalorganisation	
Vorteile, z. B.:	**Nachteile**, z. B.:
- transparent - klassische Gliederung (Wiedererkennung) - leicht übertragbar - klar erkennbare Zuordnung der Kompetenzen	- häufig Synergieverluste - ggf. nicht am Unternehmensziel orientiert - ggf. Egoismen der Funktionsbereiche - ggf. schwerfällig

c) Veränderte Marktbedingungen wie Internationalisierung, Käufermarkt, Konkurrenzdruck, Kostendruck, Notwendigkeit von Einkaufssynergie usw. erfordern zunehmend flexible Organisationen in einem Mix von Objekt- und Funktionsorientierung, zentraler und dezentraler Orientierung sowie Sparten-/Matrix- und/oder Projektorganisation.

05. Stab-Linienorganisation

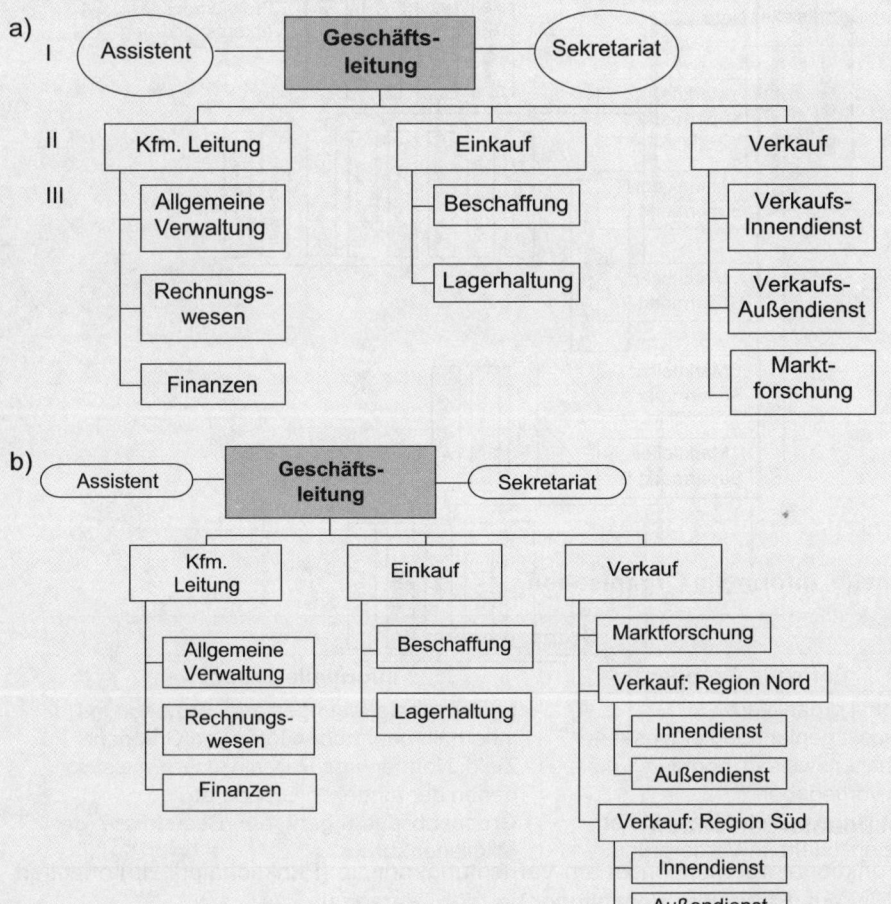

c)

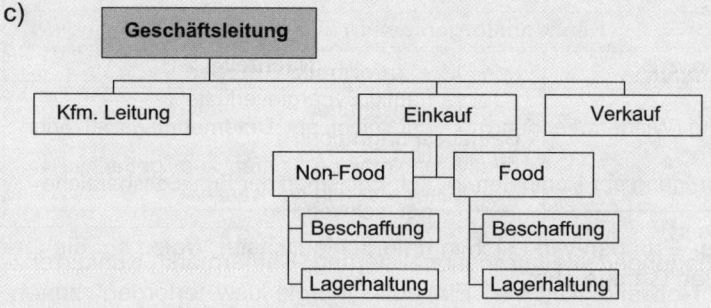

06. Mehrlinienorganisation

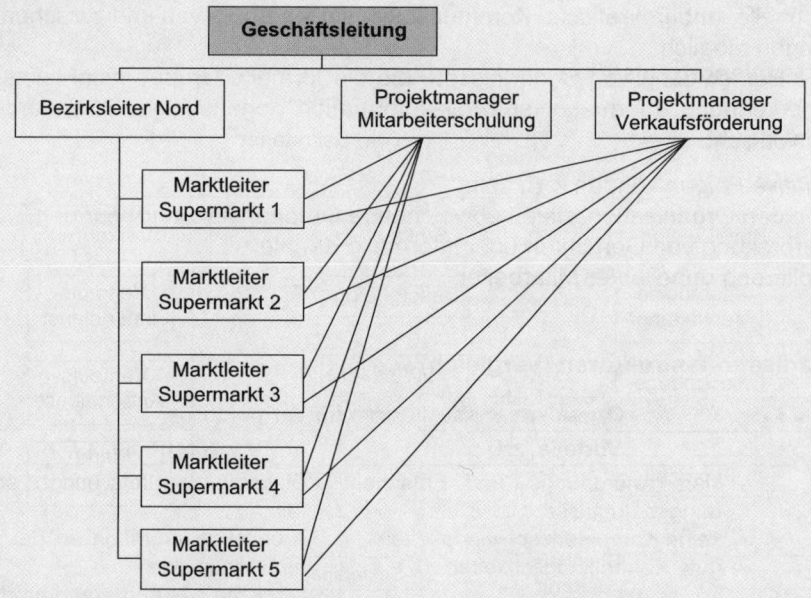

07. Formelle, informelle Organisation

a)

Gruppenmerkmale	
Formelle Gruppen	**Informelle Gruppen**
- rational organisiert - bewusst geplant und eingesetzt - Verhaltensweisen normiert und extern vorgegeben - über längere Zeit oder befristet - Effizienz steht im Vordergrund.	- relativ spontane, ungeplante Beziehungen - innerhalb oder neben formellen Gruppen - Ziele, Normen und Rollen weichen meist von denen der formellen Gruppe ab. - Gruppenbildung geht auf Bedürfnisse der Mitglieder zurück.

b) Beispiele:

Formelle Gruppen	Informelle Gruppen
- Abteilungen - Stäbe - Projektgruppen	- Fahrgemeinschaften - Betriebssportgruppen - relativ regelmäßige Treffen zum gemeinsamen Mittagessen in der Kantine

c) Die Bildung informeller Gruppen wirkt sich in unterschiedlichster Weise auf die Organisation der formellen Gruppe aus:

- *Positive Folgen* können z. B. sein:
  - Informelle Gruppen schließen Lücken, die bei der Regelung von Arbeitsabläufen oft nicht vermieden werden können.
  - Schnelle, unbürokratische Kommunikation ist innerhalb von und zwischen Abteilungen möglich.
  - Die Befriedigung von Bedürfnissen, die die formelle Gruppe nicht leistet (z.B. Anerkennung, Information/spezielle Information, gegenseitige Hilfe), werden hier verwirklicht.

- *Negative Folgen* können z. B. sein:
  - von den Organisationszielen abweichende Gruppenziele und -normen,
  - Verbreitung von Gerüchten über informelle Kanäle,
  - Isolierung unbeliebter Mitarbeiter.

08. Organisationsstrukturen (Vergleich)

Organisationsstrukturen im Vergleich		
	Vorteile, z. B.:	**Nachteile**, z. B.:
Linien- system	- klare Anordnungs- und Entscheidungsbefugnisse - keine Kompetenzschwierigkeiten - gute Kontrollmöglichkeiten	- Dienstweg zu lang und zu schwerfällig - Arbeitskonzentration an der Unternehmensspitze - fachliche Überforderung an der Unternehmensspitze
Stablinien- system	- klare Anordnungs- und Entscheidungsbefugnisse - Verminderung von Fehlerquellen infolge der Beratung durch Fachkräfte - Entlastung der Unternehmensleitung	- Da der Stab nur Beratungsfunktionen hat, werden Vorschläge unter Umständen nicht befolgt. - langer Instanzenweg
Mehrlinien- system	- Spezialwissen wird genutzt. - Unternehmensleitung wird entlastet.	- keine alleinverantwortliche Stelle - mangelnde Information an die Unternehmensleitung - Gefahr der Kompetenzüberschreitung

	Vorteile, z. B.:	Nachteile, z. B.:
Stäbe	- Die Entscheidungsvorbereitung der Instanzen wird schneller und sicherer. - Die Pläne werden nicht allein von ihrer Durchsetzbarkeit her, sondern zunächst von ihrer Zweckmäßigkeit her betrachtet. - Die Mitarbeiter in Stabsstellen werden nicht durch Tagesarbeiten in ihrer konzeptionellen Tätigkeit unterbrochen und können sich gezielt speziellen Problemen widmen.	- Es erfolgt eine Verlagerung von Sachwissen der Mitarbeiter aus den Abteilungen in die Stäbe. - Zwischen Stab und Linie entwickelt sich ein Konkurrenzdenken, weil beide der Unternehmensleitung direkt unterstehen und teils identische Aufgaben wahrzunehmen haben, die sich nicht immer in Grundsatz- und in Detailaufgaben trennen lassen. - Die Mitarbeiter der Stabsstellen können wegen mangelnder Kenntnis der einzelnen praktischen Aufgaben in den Betriebsabteilungen Planungen aufstellen, die die Konsequenzen für den Arbeitsablauf im Fall ihrer Realisierung außer Betracht lassen.

09. Zentralisierung, Dezentralisierung

a) *Dezentralisierung*, z. B.:
  - verbesserte Marktnähe (Sortiment auf den Kunden „zugeschnitten")
  - schnellere Entscheidungsprozesse und Reaktionen auf den Markt
  - regionale Spezialisierung möglich
  - höhere Motivation der Führungskräfte vor Ort („Freiräume")
  - Entlastung der Führungsspitze/Holding

b) *Teilweise Zentralisierung*, z. B:
  - gebündeltes Fachwissen in der Holding – Abt. Einkauf
  - Synergie und Einkaufsmacht
  - Ressourcen werden nicht mehrfach vorgehalten; Kapazitäten werden besser genutzt.
  - Einheitliche Entscheidungen werden getroffen – z. B. bei strategisch wichtigen Sortimentsentscheidungen.

c) • *Verrichtungszentralisierung*
    Zusammenfassung gleicher Tätigkeiten (hier: Einkauf) im Zentraleinkauf der Holding

  • *Objektzentralisierung*
    Zusammenfassung aller Tätigkeiten (meist unterschiedliche Funktionen) bezogen auf ein Objekt; hier: Sparte Heizungsbau; z. B. Produktmanager oder Spartenvorstand

  • *Regionale Zentralisierung*
    Zusammenfassung von Tätigkeiten nach geografischen Gesichtspunkten; in der Praxis kombiniert mit Verrichtungs- oder Objektzentralisierung; z. B. Einrichtung eines „Zentraleinkaufs Nord" (in Hannover) und eines „Zentraleinkaufs Süd" (in Köln)

10. Linien-, Sparten-, Matrixorganisation

a) Linienorganisation (1. und 2. Leitungsebene)

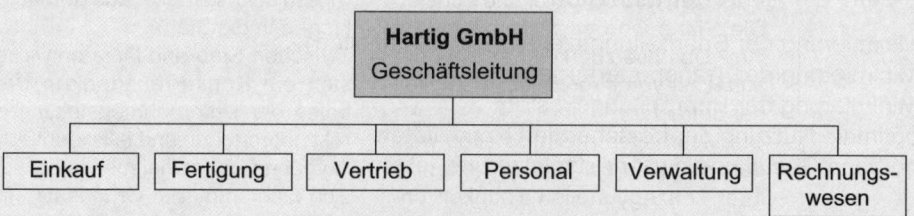

b) Spartenorganisation (1. bis 3. Leitungsebene)

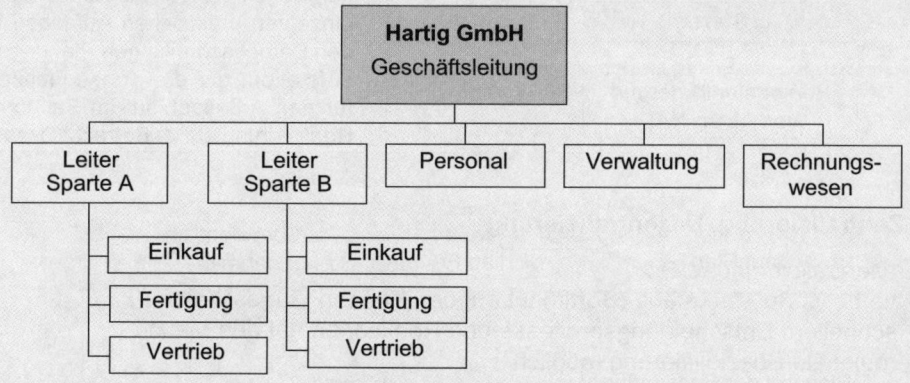

c) Matrixorganisation (1. bis 3. Leitungsebene)

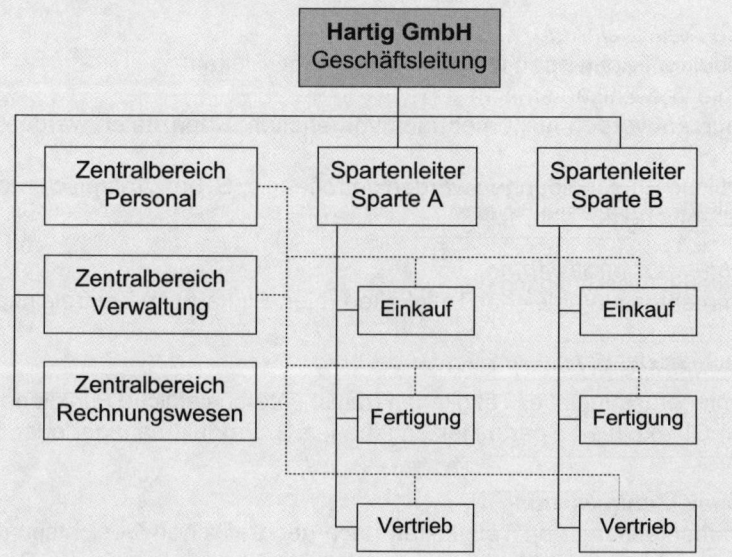

4.1.4 Ablauforganisation

01. Ziele der Ablauforganisation

- Minimierung der Bearbeitungszeiten (Durchlaufzeiten)
- Minimierung der Transporterfordernisse
- Minimierung der Bearbeitungskosten
- optimale Nutzung der bestehenden Kapazitäten
- humane Gestaltung der Arbeitsplätze und -abläufe

02. Flussdiagramm

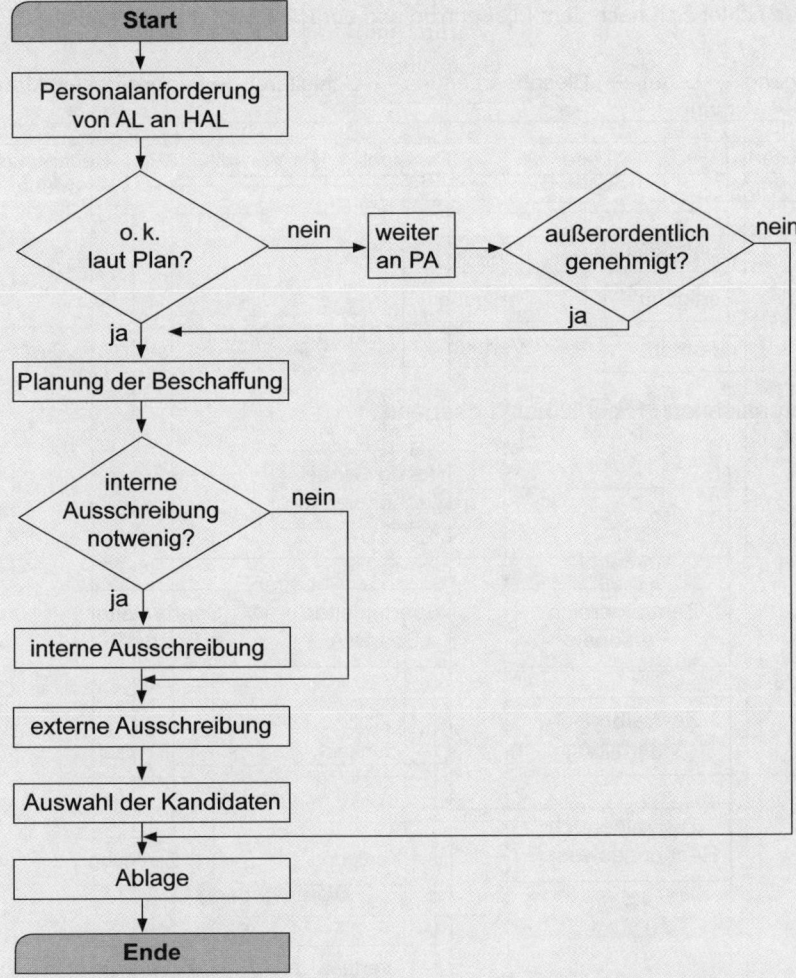

AL: Abteilungsleiter
HAL: Hauptabteilungsleiter
PA: Personalabteilung

03. Raumorientierte Ablaufplanung

Da alle Abteilungen beim Flächenbedarf eine gleich lautende Länge von 12 m haben, empfiehlt sich für die neue Halle eine Abmessung von [2 · 12] · [x] zur Minimierung der Transportwege. Der gesamte Flächenbedarf beträgt:

12 m · 12 m	=	144 m²	6 m · 12 m	=	72 m²
6 m · 12 m	=	72 m²	8 m · 12 m	=	96 m²
12 m · 12 m	=	144 m²	6 m · 12 m	=	72 m²
10 m · 12 m	=	120 m²	12 m · 12 m	=	144 m²

∑ = 864 m²   =   gesamter Flächenbedarf

864 m² : 24 m   =   36 m

Das heißt, dass die neue Fertigungshalle Innenmaße von 24 m x 36 m hat. Die Anordnung der Abteilungen richtet sich nach dem Fließprinzip und berücksichtigt die erforderlichen Flächenvorgaben:

Wareneingang → Lager → Blechbearbeitung → Schleiferei → Lackiererei → Montage → Packerei → Versand

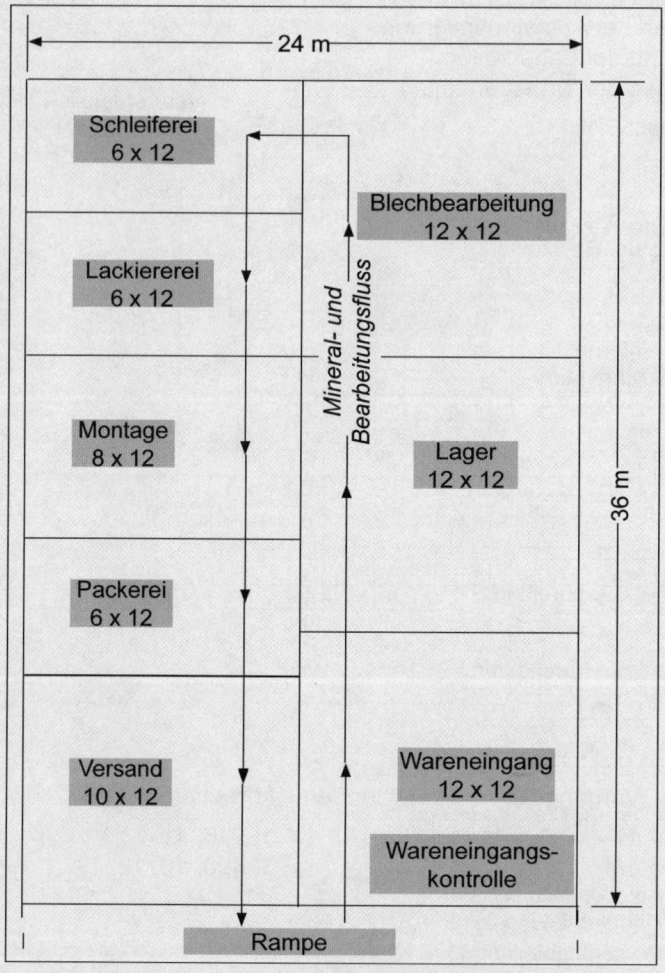

04. Arbeitsablaufdiagramm

a)

Lfd. Nr. der Verrichtung		Bearbeiten	Transport	Kontrolle	Lagern
1.	Anliefern der Bauteile aus dem Zwischenlager	○	▷	□	▽
2.	Zwischenlagern der Bauteile in der Montagehalle	○	▷	□	▼
3.	Sortieren der Bauteile nach Montagebereichen	●	▷	□	▽
4.	Stichprobenartige Kontrolle der Bauteile vor dem Transport zu den Montageteams	○	▷	■	▽
5.	Transport der Bauteile zu den Montageteams	○	▷	□	▽
6.	Lagern der Bauteile in Behältern an den Montagewerkbänken	○	▷	□	▼

b) Möglichkeiten der Ablaufoptimierung:
   - Reduzierung der Lagerzeiten
   - Reduzierung der Transportzeiten

05. Netzplan

a) Kritischer Weg: 1, 2, 6, 11, 13

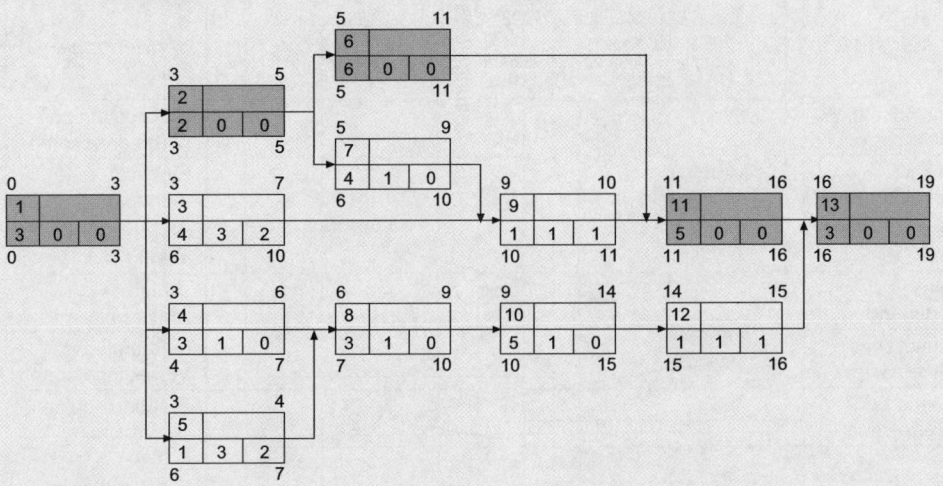

b)

Aufgabe	Vorgang Nr.	Projektende	kritischer Weg
b1)	11	21	1, 2, 6, 11, 13
b2)	10	23	1, 4, 8, 10, 12, 13

4.1.5 Analysemethoden

01. Fragebogen, Online

a) • *Vorbereitung, z. B.:*
- Formulierung der Fragen und Gestaltung eines Fragebogens als Webformular
- Aufbau einer Datenbank für die Ergebnisse
- Abklärung des Datenschutzes

• *Durchführung, z. B.:*
- Bekanntgabe des Zeitraumes der Befragung per Webseite
- Durchführung der Befragung
- Speichern der Ergebnisse und Analyse der Daten
- Präsentation der Ergebnisse in geeigneter Form

b) *Auftretende Probleme, z. B.:*
- Internetzugang der Mitglieder notwendig
- Probleme bei der DV-technischen Erstellung und Erprobung
- Probleme bei der Zusammenführung der Ergebnisse der Umfrageformen (Online-Umfrage, konventionelle Umfrage)
- Kosten der Umfrage überschreiten das Budget

02. Kundenbefragung

Polaritätsprofil einer Kundenbefragung • Einzelhandel						
Merkmale	*Skalierung*					*Merkmale*
	1 trifft sehr zu	2 trifft zu	3 weder/noch	4 trifft nicht zu	5 trifft nicht sehr zu	
Einkaufsatmos- phäre angenehm		◆				Einkaufsatmos- phäre angenehm
Einkauf mühelos			◆			Einkauf mühsam
Warenqualität hoch				◆		Warenqualität nicdrig
tiefes Sortiment		◆				schmales Sortiment
freundliches Verkaufspersonal	◆					unfreundliches Verkaufspersonal
Standort gut zu erreichen				◆		Standort schlecht zu erreichen
...	◆					...

03. Arbeitsplan, Schlüsselfragen

- Was ist es?
- Was tut es? (Was ist seine Funktion?)
- Was kostet es?

- Was könnte die gleiche Funktion erfüllen?
- Was würde dies kosten?

04. Funktionsarten

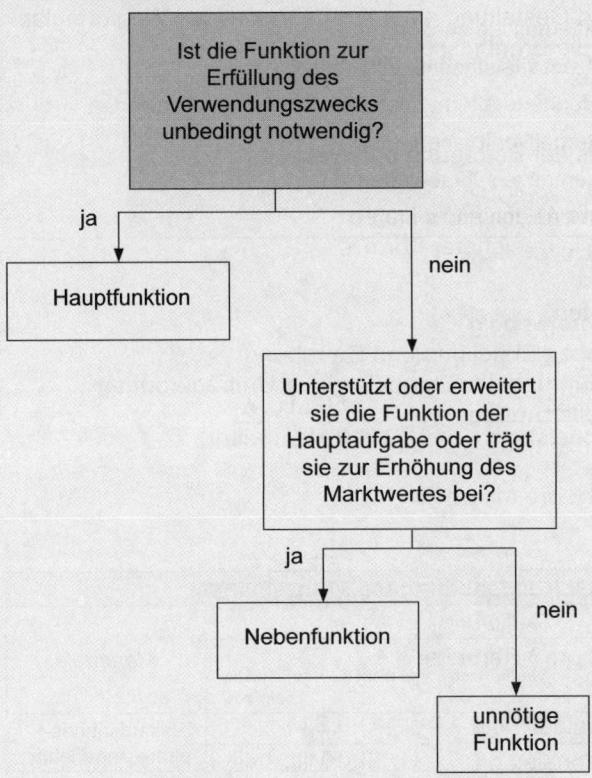

Beispiel „Feuerzeug":   HF = Hauptfunktion
                          NF = Nebenfunktion
                          UF = unnötige Funktion

Teil	Funktion	HF	NF	UF
Feuerzeug, gesamt	- Wärme	x		
	- Zündung	x		
	- Feuer	x		
Gehäuse und Deckel	- nimmt Teile auf			x
	- löscht Flamme	x		
	- verhindert Verdunstung		x	
	- verleiht Prestige		x	

usw.

05. Systematik der Wertanalyse

Grundschritte	Beschreibung
1 Informationsphase	Funktionen definieren und bewerten
2 Kritikphase	Funktionen bewerten, Ist-Situation prüfen
3 Schöpferische Phase	- Alternativen suchen
	- Kreativitätstechniken einsetzen
4 Bewertungsphase	gefundene Alternativen untersuchen und bewerten
5 Planungsphase	Alternativen planen
6 Vorschlagsphase	Alternativen vorschlagen
7 Realisierungsphase	entscheiden und einführen

06. Personalpolitische Kennzahlen

a)

$$\text{Produktivität} = \frac{\text{Umsatz}}{\text{Ø Personalstand}} = \frac{50 \text{ Mio. €}}{200 \text{ Mitarbeiter}}$$

$$= 250.000 \text{ € pro Mitarbeiter}$$

$$\text{Rentabilität} = \frac{\text{Gewinn}}{\text{Ø Personalstand}} = \frac{6 \text{ Mio. €}}{200 \text{ Mitarbeiter}}$$

$$= 30.000 \text{ € pro Mitarbeiter}$$

$$\text{Ø Lohnniveau} = \frac{\text{Personalaufwand}}{\text{Ø Personalstand}} = \frac{8,2 \text{ Mio. €}}{200 \text{ Mitarbeiter}}$$

$$= 41.000 \text{ € pro Mitarbeiter}$$

$$\text{Fluktuationsquote} = \frac{\text{Anzahl der Personalabgänge}}{\text{Ø Personalstand}} \cdot 100$$

$$= 30 \cdot 100 : 200 \qquad = 15 \%$$

b) Interessante Hinweise können u. a. aus der Analyse folgender „Felder der Personalpolitik" gewonnen werden (die Aspekte sind zu erläutern):

- Führungsverhalten der Vorgesetzten (Führungskultur)
- Vergütungssystem
- Informationspolitik
- Aufstiegs- und Weiterbildungsmöglichkeiten
- Arbeitsbedingungen
- Sozialleistungen
- Sicherheit des Arbeitsplatzes (Beschaffungspolitik des Unternehmens) usw.

07. Leistungsmessziffern

- Die drei Leistungsmessziffern lauten z. B.:

$$\frac{\text{Bruttoumsatz pro Monat}}{\text{Anzahl der Mitarbeiter (Vollzeitkräfte)}} = \text{Personalleistung}$$

$$\frac{\text{Bruttoumsatz pro Monat}}{\text{Anzahl der } \textit{bezahlten} \text{ Stunden/Monat}} = \text{Umsatzleistung pro bezahlter Stunde}$$

$$\frac{\text{Bruttoumsatz pro Monat}}{\text{Anzahl der } \textit{geleisteten} \text{ Stunden/Monat}} = \text{Umsatzleistung pro geleisteter Stunde}$$

- grafische Darstellung:
  z. B. als Säulen- und/oder Liniendiagramm

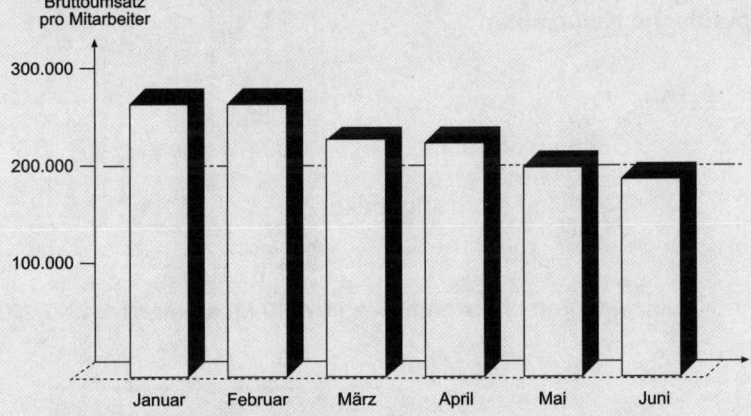

Leistungsmessziffern zur Kontrolle der Produktivität:

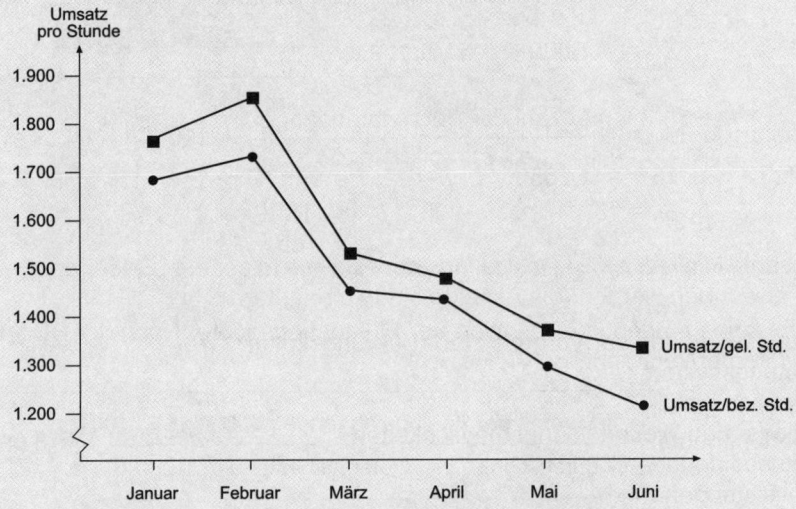

Alle drei Kennzahlen zeigen:

Der positiven Entwicklung der Produktivität im Februar steht ein Verfall der Personal-
leistung in den Folgemonaten gegenüber (negativer Trend). Der Produktivitätsverfall
ist besonders stark im Monat März.

08. Personalstatistik, Darstellungsformen und Personalkennzahlen

a) bis c)

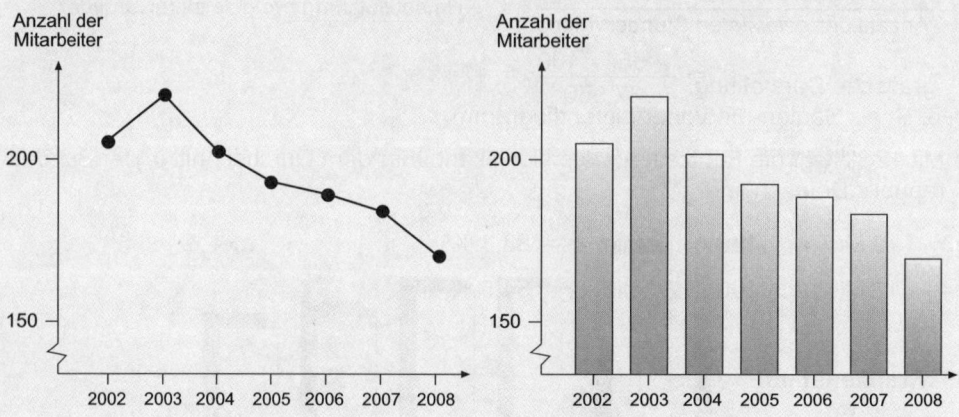

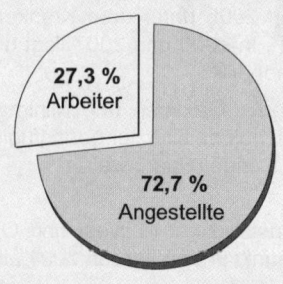

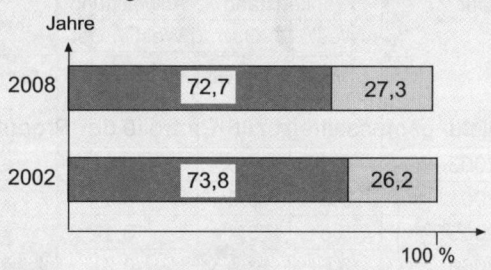

d) 210 + 230 + ... + 165 = 1.365

   1.365 : 7 = 195

Die durchschnittliche Anzahl der Mitarbeiter beträgt 195.

e1) Es gibt keine eindeutige Definition der Fluktuationsquote. Nach der BDA-Formel
     wird darunter verstanden:

$$\text{Fluktuationsquote} \quad = \quad \frac{\text{Summe der Personalabgänge} \cdot 100}{\text{durchschnittlicher Personalbestand}} = \frac{35 \cdot 100}{195} = 17{,}9\,\%$$

Hinweis: Je nach betrieblicher Fragestellung kann die Fluktuationsquote auch definiert werden (im Zähler) als
- Summe der arbeitnehmerseitigen Kündigungen
- Summe der arbeitgeberseitigen Kündigungen
- Summe der Zu- und Abgänge
usw.

e2)

$$\textbf{Fehlzeitenquote} \quad = \quad \frac{\text{Summe der Fehlzeiten} \cdot 100}{\text{Summe der Sollarbeitstage}}$$

$$= \frac{4.554 \cdot 100}{37.950} = 12\,\%$$

Mit 12 % liegt die Fehlzeitenquote signifikant über dem Durchschnitt in der Bundesrepublik Deutschland.

e3)   10 Mio. € · 100 : 12 Mio. € = 83,3 %

e4)   12 Mio. € · 100 : 22 Mio. € = 54,5 %

09. Krankenstand

a) *Auswertung:*

Jahr	Krankenstand		Abweichung
	West	Ost	West ./. Ost
	in Prozent		in Prozentpunkten
2002	4,1	3,6	0,5
2003	3,8	3,5	0,3
2004	3,5	3,3	0,2
2005	3,5	3,4	0,1
2006	3,6	3,9	-0,3
2007	3,7	4,0	-0,3
Mittelwert	**3,7**	**3,6**	**0,08**
Maximalwert	**4,1**	**4,0**	**0,50**
Minimalwert	**3,5**	**3,3**	**0,30**
Range	**0,6**	**0,7**	

1. Der Krankenstand „Ost" liegt in den Jahren 2002 bis 2005 unter dem Krankenstand „West". In 2006 und 2007 liegt der „Ost-Wert" höher.

2. Die Mittelwerte, Maximal- und Minimalwerte unterscheiden sich nur geringfügig. Ebenso der Range (Spannweite: $x_{max} - x_{min}$).

3. Der Krankenstand hat in West und Ost seinen Tiefpunkt in den Jahren 2004 und 2005.

4. Je nach Standort des eigenen Betriebes (West oder Ost) ist zu untersuchen, welche Gründe für den Anstieg des Krankenstandes in den Jahren 2006 und 2007 ursächlich sein können.

5. Für die Personalplanung (Fehlzeitenquote) ist diese Datenentwicklung zu berücksichtigen.

b) Für die *Visualisierung* sind das Säulendiagramm (auch: Stabdiagramm; vgl. nachfolgende Lösung) oder das Liniendiagramm geeignet.

Krankenstand der Jahre 2002 - 2007 West/Ost in Prozent:

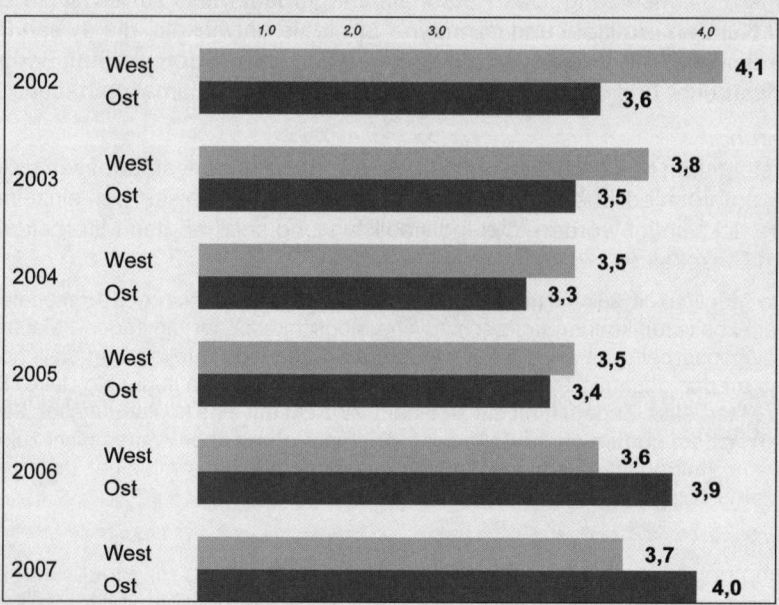

4.2 Personalführung

4.2.1 Zusammenhang zwischen Unternehmenszielen, Führungsleitbild und Personalpolitik

01. Handlungsmaxime des Personalmanagement

• *Kundenorientierung:*
Was im Marketing Leitmaxime ist und als Schlüssel zum Erreichen der Unternehmensziele gilt, beginnt auch für das Personalmanagement eine akzeptierte Forderung zu werden:

> Sich an den Bedürfnissen der Kunden zu orientieren.

Während es allerdings beim Marketing auf der Hand liegt, wer die Kunden sind, muss dies beim Personalmanagement erst geklärt werden: Konzentriert man sich zunächst auf die Personalabteilung, so lassen sich folgende Kundengruppen identifizieren:

- die potenziellen Mitarbeiter (z. B. Bewerber)
- die gegenwärtigen Mitarbeiter
- die Führungskräfte
- der Betriebsrat
- Externe (z. B. die Arbeitsagentur)
- die Unternehmensleitung

So einfach sich die These nach der Kundenorientierung aufstellen lässt, so schwierig ist die konkrete Umsetzung: Das Personalmanagement muss zunächst die Bedürfnisse der Kunden ermitteln und dann eine Strategie entwickeln, die diesen Bedürfnissen entspricht. Außerdem ist zu differenzieren zwischen berechtigten Bedürfnissen der Mitarbeiter und solchen Bedürfnissen, die keine Legitimation haben.

* *Individualisierung:*
  Darunter versteht man das Abrücken von kollektiven Regelungen; stattdessen sollen verstärkt die unterschiedlichen Wertvorstellungen und Bedürfnisse der einzelnen Mitarbeiter berücksichtigt werden. Die Individualisierung setzt an den Mitarbeiterinteressen/dem Einzelfall an.

  Beispiel: Eine Möglichkeit zur Individualisierung bietet sich im Bereich des Personaleinsatzes. Bei der Arbeitszeit können unterschiedliche Möglichkeiten für die Tages-, Monats-, Jahres- oder Lebensarbeitszeit angeboten werden. Auch die Individualisierung stellt hohe Anforderungen an das gesamte Personalmanagement, insbesondere in punkto „faire" Behandlung aller Mitarbeiter. Zudem führt sie zu einem Verzicht auf eine kostengünstige Standardisierung. Trotzdem dürften die Vorteile der Individualisierung überwiegen, nicht zuletzt deshalb, weil eine (mitarbeiterorientierte) Individualisierung durchaus mit einer (unternehmensorientierten) Flexibilisierung einher gehen kann.

* *Flexibilisierung:*
  Auf die zunehmende Umweltdynamik müssen die Unternehmen mit einer erhöhten Flexibilisierung reagieren, auch im Personalmanagement. Unter Flexibilität versteht man die Anpassungsfähigkeit eines Unternehmens an Umweltveränderungen. Dabei stehen die Interessen des Unternehmens im Mittelpunkt; die Flexibilisierung zielt unmittelbar auf eine Verbesserung der Unternehmensleistung ab.

* *Professionalisierung:*
  Die Personalabteilung bzw. die übrigen Träger der Personalarbeit müssen in ihrer Arbeit über einen hohen Kenntnisstand verfügen und für eine hohe Qualität ihrer Leistungen Sorge tragen. Im Einzelnen bedeutet dies z. B.: Genaue Kenntnis der gesetzlichen Rahmenbedingungen der Personalarbeit (Arbeits- und Sozialrecht, Steuerrecht, Tarifrecht usw.), Kenntnis der Methoden und Instrumente (Auswahlverfahren, Planungsverfahren, Statistik, EDV, Informationssysteme, Beurteilungsverfahren, Methoden der Personalentwicklung usw.) sowie das Beherrschen einer Gesprächskultur, die von gegenseitigem Respekt getragen ist und nicht von einer Sieg-oder-Niederlage-Strategie.

* *Akzeptanzsicherung:*
  Akzeptanzsicherung bedeutet: Das Personalwesen muss sich darum kümmern, dass z. B. die Fachvorgesetzten die vom Personalmanagement angestrebten neuen Methoden und Maßnahmen billigen und auch anwenden. Dabei ist der höchste Akzeptanzgrad nicht unbedingt der beste. Bei extrem hohem Akzeptanzgrad stehen die Fachvorgesetzten den neuen Methoden zu unkritisch gegenüber und übernehmen sie „blind". Ein geringer Akzeptanzgrad ist ebensowenig erwünscht. Er bringt die Gefahr mit sich, dass die angestrebten Maßnahmen nicht oder nur teilweise von den Fachvorgesetzten umgesetzt werden.

02. Personalpolitische Ziele

a) • *wirtschaftliche Ziele:*
  - Senkung der Personalkosten
    Im Mittelpunkt steht die Ergebnisverbesserung durch Kostensenkung.
  - Arbeitszeitmodelle
    Zentrales Anliegen ist die Ausrichtung an den Erfordernissen des Marktes.
  - Fluktuation
    Bei diesem Ziel fehlt die Ausrichtung/Präzisierung. Vermutlich ist eine wirtschaft-
    liche Zielsetzung gemeint – mit der Absicht der Kostensenkung. Erschwerend
    kommt hinzu, dass der Begriff Fluktuation in der Fachliteratur uneinheitlich definiert
    wird.

  • *soziale Ziele:*
  - Optimaler Mitarbeitereinsatz
    Die Orientierung soll an „dem Können und der Neigung" der Mitarbeiter erfolgen.

b) Definiert man Fluktuation als Summe der Personalabgänge (vgl. dazu in der Literatur die BDA-Formel), so lassen sich über die Senkung der Fluktuation und den damit
   verbundenen Maßnahmen (direkt und indirekt)

  • z. B. wirtschaftliche Ziele wie
  - Senkung der Personalbeschaffungskosten,
  - Verbesserung des Firmenimage (intern und extern) u. Ä.

  sowie

  • z. B. soziale Ziele wie
  - Erhöhung der Mitarbeiterzufriedenheit durch Stabilität bestehender Arbeits- und
    Sozialstrukturen,
  - Verbesserung der Zusammenarbeit durch Kontinuität in der Mitarbeiterzusammen-
    setzung u. Ä.

  erreichen.

c) Ziele sind dann messbar, wenn sie präzisiert sind hinsichtlich

                  hier:
  - Inhalt   Senkung der Personalkosten (in der Formulierung o. k.),
  - Ausmaß   um 25 % (fehlt im Beispiel),
  - Zeitraum   im Jahr 2010 (fehlt im Beispiel).

Eine messbare Zielformulierung wäre z. B.:
„Die Personalkosten sollen bis Ende 2010 um 25 % gesenkt werden".

03. Messkriterien der Personalpolitik

1. Produktivität:
  (bei Akkordarbeit nach REFA messbar)
  = Ergiebigkeit der Kombination von Menschen, Betriebsmitteln, Werkstoffen und Ka-
    pital (Produktionsfaktoren). Die Erfolgskontrolle ist nur pauschal für den Gesamt-
    betrieb möglich.

2. *Arbeitsqualität:*
= z. B. Ausschussquoten, Fehler des einzelnen Mitarbeiters.

3. *Beziehung zwischen Personalbedarf und Personalverfügbarkeit:*
= Hier ergibt sich eine Beeinflussung durch Personalplanung, -beschaffung, -aus-wahl. Als Erfolgsziffer verwendet man Soll- und Istleistung.

4. *Fluktuation:*
= Diese Kennziffer besitzt die größtmögliche Aussagekraft, je besser Fluktuations-statistiken in Bezug auf Beschäftigungsgruppen und Fluktuationsursachen diffe-renziert werden. Hierdurch ist das Problem zwischen betriebsbedingten und indi-viduellen Fluktuationsmotiven zu lösen.

5. *Unfallhäufigkeit:*
= Hilfsmittel: die Unfallstatistik. Die Personalpolitik kann hierauf starken Einfluss aus-üben.

6. *Fehlzeiten:*
= Abhängig von sozialstatistischen Daten, wie z. B. Alter, Geschlecht, Familienstand, Ausbildungsgrad, häusliche Lebensbedingungen. Abhängig von betrieblichen Fak-toren wie z. B. Arbeitsmarktlage, allgemein und branchenspezifisch, gesetzliche Regelungen hinsichtlich der Arbeitsplatzabwesenheit, Lohnfortzahlung, Vertrau-ensarztwesen.

7. *Betriebsklima:*
= Das Betriebsklima wird charakterisiert durch die Qualität der zwischenmenschli-chen Beziehungen im Betrieb, Vorgesetztenauswahl, Arbeitsteambildung, Entloh-nungsgrundsätze, Prinzipien der Menschenführung und Mitarbeitermotivation.

8. *Organisation und Form der Personalverwaltung:*
= Reibungslose Abwicklung der Verwaltungsangelegenheiten, optimale Unterstüt-zung der Personalpolitik, Richtigkeit, Zuverlässigkeit und Schnelligkeit der Verwal-tungsarbeit.

9. *Rentabilität des Personalwesens:*
= Eine Kontrolle erfolgt über die Aufwendungen für den Personalsektor; Soll-Ist-Ver-gleich.

4.2.2 Arten von Führung

01. Auswirkungen von Arbeitsbedingungen auf Arbeitsmotivation und -leistung

* *Betriebsorganisation:*
  - klare Kompetenzen
  - gute Information
  - transparente Organisation usw.

* *Arbeitsplatzgestaltung:*
  - Arbeitsumgebung (Ergonomie, Licht, Luft, usw.)
  - Arbeitszeitgestaltung
  - Hilfsmittel usw.

02. Führungstechnik

a) Management by Objectives (Führen durch Zielvereinbarung)

b) Voraussetzungen, z. B.:
  - Vorliegen einer abgestimmten Zielhierarchie; Ableitung der Ressortziele aus dem Unternehmensgesamtziel
  - eindeutige Abgrenzung der Aufgabengebiete
  - Vereinbarung der Ziele im Dialog (kein Zieldiktat)
  - Festlegung von messbaren Zielgrößen, d. h. Bestimmung von
    · Zielinhalt, z. B. „Fluktuation senken"
    · Zielausmaß, z. B. „um 5 %"
    · und zeitlicher Bezugsbasis, z. B. „innerhalb eines Jahres"
  - gemeinsame Überprüfung der Zielerreichung

03. Zielvereinbarung (MbO)

Die Entscheidungsebenen arbeiten gemeinsam an der Zielfindung. Dabei legen Vorgesetzter und Mitarbeiter gemeinsam das Ziel fest, überprüfen es regelmäßig und passen das Ziel an. Da das Gesamtziel der Unternehmung und die daraus abgeleiteten Unterziele ständig am Markt orientiert sind, ist MbO durch kontinuierliche Zielpräzisierung ein Prozess. Die Wahl der einzusetzenden Mittel zur Zielerreichung bleibt den Mitarbeitern überlassen. Diese Methode wirkt Formalismus, Bürokratie, Unbeweglichkeit und Überbetonung der Verfahrenswege direkt entgegen. Kriterium sind Effektivität und Zweck. Die Zielerreichung ist der Erfolg. Die Leistung wird im Soll-Ist-Vergleich beurteilt. Beurteilungsverfahren, die sich am MbO-Prinzip orientieren, sind den klassischen, merkmalsorientierten Beurteilungssystemen überlegen.

04. Rückdelegation

Mögliche Ursachen, z. B.:

- Unsicherheit des Mitarbeiters (fachlich und/oder persönlich)
- ungenügende Einarbeitung
- mangelde Übung/Erfahrung in der selbstständigen Erledigung von Aufgaben
- mangelnde Bereitschaft, Verantwortung zu übernehmen
- mangelnde Bereitschaft, Risiken einzugehen
- Angst, Fehler zu machen
- fehlende Bereitschaft, sich zu engagieren
- unzureichende Unterstützung durch den Vorgesetzten
- fehlerhaftes Delegationsverhalten des Vorgesetzten, z. B. Eingreifen in den Verantwortungsbereich des Mitarbeiters

05. Delegationsbereiche

(1) „Mitarbeiter":
  Begründung: Entscheidungen innerhalb seines Delegationsbereichs trifft der Mitarbeiter selbst und kein anderer.

(2) „Vorgesetzter + Mitarbeiter":
Begründung: Informieren ist eine Holschuld (Mitarbeiter) und eine Bringschuld (Vorgesetzter).

(3) „Vorgesetzter + Mitarbeiter":
Begründung: Eigenkontrolle (Mitarbeiter) und Fremdkontrolle (Vorgesetzter).

(4) „Mitarbeiter":
Die Handlungsverantwortung liegt immer beim Mitarbeiter.

4.2.3 Führungsstile

01. Führungsstile (1)

a)

Führungsstile			
Aspekte:	**Autoritär**	**Kooperativ**	**Laissez-faire**
Grad der Mitarbeiterbeteiligung	gering bis nicht vorhanden	hoch bis sehr hoch	Mitarbeiter entscheidet allein
Delegationsumfang	gering bis nicht vorhanden	hoch bis sehr hoch	total
Art der Kontrolle	hoch	dort, wo erforderlich als Feed-back und Unterstützung	keine
Art der Information	wenig, begrenzt	hoch	wenig bis keine
Art der Motivation	geringe bis totale Demotivation	i. d. R. hoch	je nach Fallsituation von hoch bis sehr gering; u. U. auch hohe Demotivation

b)

Führungsstile im Vergleich		
Führungsstil	Die wesentlichen **Vorteile:**	Die wichtigsten **Nachteile:**
Autoritärer Führungsstil	- hohe Entscheidungsgeschwindigkeit - effektiv bei Routinearbeiten	- i. d. R. schlechte Motivation der Mitarbeiter - fehlende Selbstständigkeit der Mitarbeiter - Risiko bei „einsamen" Entscheidungen
Kooperativer Führungsstil	- hohe Motivation der Mitarbeiter - keine „einsamen" Entscheidungen des Führenden - Entlastung der Führungskraft - Förderung der Mitarbeiter	- geringere Entscheidungsgeschwindigkeit - bei geringem Reifegrad der Mitarbeiter nicht zu empfehlen
Laissez-faire-Stil	Der Laissez-faire-Stil (frz.: faire = machen, laissez = lasst) ist - durch den absoluten Freiheitsgrad, - die Selbstkontrolle sowie - die Selbstbestimmung der Mitarbeiter gekennzeichnet.	Die *Nachteile* dieses Stils überwiegen: - Ausnutzen der Situation durch unreife Mitarbeiter - oft fehlerhafte Leistungen - mangelnde Systematik, Synergie und Zielorientierung - Gefahr der Heranbildung informeller Führer

c)

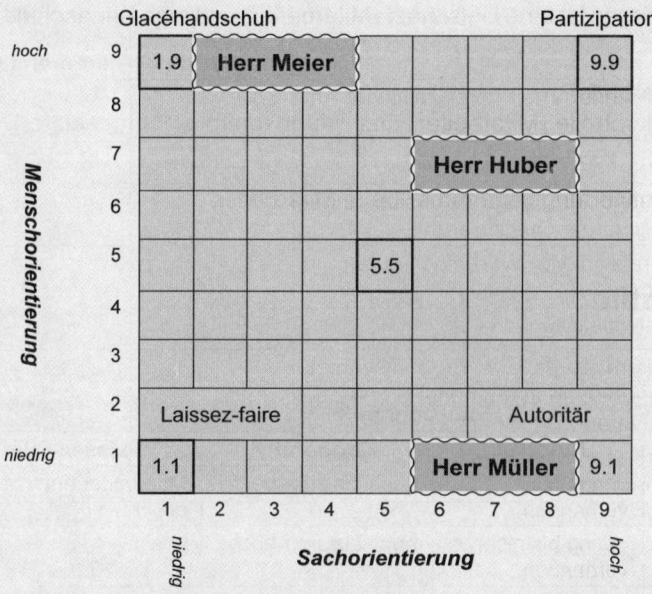

d)

	Management by Objectives	Management by Delegation
Voraussetzungen	- messbare Ziele setzen - Aufgaben delegieren - Kompetenzen delegieren - Handlungsverantwortung übertragen - Zielsystem erarbeiten	- Ziele setzen - Aufgaben delegieren - Kompetenzen delegieren - Handlungsverantwortung übertragen - keine Rückdelegation - Mitarbeiter „willens und fähig" machen (Motivation und Ausbildung) - Vertrauen in die Mitarbeiter
Chancen	- Entlastung der Vorgesetzten - verbesserte Identifikation - Beurteilung am Grad der Zielerreichung - unternehmerisches Denken und Handeln	- Entlastung der Vorgesetzten - verbesserte Identifikation - „Fordern heißt Fördern" - verbesserte Motivation
Risiken	- hoher Leistungsdruck - Problem bei unrealistischen Zielen - Problem bei fehlender Kongruenz der Einzelziele	- ggf. Delegation von wenig interessanten Aufgabenbereichen - ggf. fehlende Abgrenzung von Handlungs- und Führungsverantwortung

02. Führungsstile (2)

	Vorgänge/Führungssituation:	eher autoritär	eher kooperativ
1	Immer wiederkehrende Arbeit unter zeitlicher Anspannung.	√	
2	Ein Expertenteam bearbeitet ein Projekt.		√
3	Arbeiten im Versand; die Mitarbeiter sind angelernte Kräfte mit geringer Qualifizierung.	√	
4	Arbeiten in einem Team von Werbefachleuten; Kreativität ist gefragt.		√
5	Es entsteht eine Notfallsituation.	√	
6	Mit den Mitarbeitern wurde eine Ergebnisvereinbarung getroffen; über die Instrumente und Wege können sie eigenverantwortlich entscheiden.		√
7	Just-in-Time-Lieferungen an einen Großkunden: es kommt zu Störungen.	√	

03. Führungsstile (3)

Vergleich des „autoritäten" und des „kooperativen" Führungsstils in Stichworten anhand geeigneter Merkmale:

Merkmale	Autoritärer Führungsstil	Kooperativer Führungsstil
	(die nachfolgenden Aussagen gelten im Sinne von „... tendenziell/in der Regel ..." und verstehen sich als Beispiele)	
• Entscheidung, Ausführung, Kontrolle:	- klare Trennung	- kaum Trennung
• Entscheidungs- und Anweisungskompetenz:	- Vorgesetzter allein	- aufgrund fachlicher Kompetenz - Prinzip der Delegation
• Kontrolle:	- ohne Ankündigung - mehr Vollkontrolle	- Selbstkontrolle - mehr Ergebniskontrolle
• Machteinsatz:	- legitimierte Macht (Amt)	- Referenz- oder Expertenmacht
• allgemeine Merkmale:	- keine echte Delegation - wenig Kreativität	- hohe Identifikation mit Betriebszielen - emanzipierter Mitarbeiter - indifferentes Verhältnis

04. Autorität, Ziel der Führungsarbeit

a) Merkmale „echter Autorität", z. B.:
- handelt konsequent
- handelt der Situation angemessen

- kann sich angemessen durchsetzen
- verfügt über Fachkompetenz und Autorität aus der Person heraus
- hat Selbstvertrauen und innere Sicherheit u. Ä.

b) Konsequenzen für das eigene Führungsverhalten:
- Die Mitarbeiter werden Ihr Führungsverhalten noch lange am Beispiel des „alten Chef" messen (Maßstabsbildung).
- Sie müssen Ihren „eigenen" Führungsstil konsequent und überzeugend prägen (z. B. den „alten Chef schlecht machen" wäre falsch).

c) Ziel der Führungsarbeit ist es,
- Leistung zu erzeugen,
- Leistung zu erhalten und
- Leistung zu steigern (= wirtschaftliche Ziele).

Dabei sind die Belange der Mitarbeiter zu berücksichtigen (= soziale Ziele).

05. Situatives Führen

a) (1) *Situation:* duldet keinen Aufschub; der Auftrag ist wichtig, muss angenommen werden (35 %); von daher „Notfall/Sondersituation";
Sie als Vorgesetzter haben die Sache akzeptiert; insofern ist diese Haltung auch nach „unten" hin zu vertreten.

(2) *Mitarbeiter:* sind erfahren, kennen die Situation, sollten mit „Respekt" behandelt werden; nicht: „Machen Sie ihren Leuten ...".

(3) *Betriebsleiter:* es fehlt Loyalität; erforderlich weil: Vorgesetzter hat akzeptiert und wegen der Notlage.

(4) *Kontrollverhalten:* die Sache ist wichtig und dringlich; daher ist Unterstützung und „mitlaufende Kontrolle" (Zwischenkontrolle) durch den Vorgesetzten erforderlich.

b) „Also, ich komme gerade vom Betriebsleiter. Wir müssen heute bis 20:00 Uhr arbeiten. Da ist noch ein Auftrag vom Kunden X hereingekommen, den wir nicht ablehnen konnten. Sie wissen ja, mit Kunde X machen wir 35 % des Ergebnisses. Erläutern Sie bitte Ihrer Mannschaft die Sache so, dass alle mitziehen. Bitten Sie um Unterstützung und sagen Sie Ihnen, dass wir dafür in der nächsten Woche einen Ausgleich finden werden. Sie selbst kennen ja solche Situationen. Ich möchte in der nächsten Teamsitzung derartige Notfälle mal grundsätzlich auf die Tagesordnung bringen und Ihre Meinung dazu wissen. Wenn Sie mich brauchen, ich bin in dringenden Fällen bei der Konstruktion erreichbar." (oder ähnlich)

c) - autoritäre Elemente: „machen Sie mal ... klar"; „auf geht´s"; „ich erwarte ..." usw.
- nicht unterstützend: „... ich komme mal runter ..."
- unloyal, nicht überzeugend: „Wie dem auch sei ..." (und ähnlich)

06. Das Umfeld des Führungsprozesses

* Als *externe* (= gesellschaftliche, gesamtpolitische) *Einflussfaktoren* lassen sich z. B. anführen:

  - Struktur der Absatz- und der Beschaffungsmärkte
  - gesetzliche Eckdaten; Maßnahmen des Staates (z. B. Ordnungspolitik, Subventionen)
  - Bildungsniveau der betreffenden Region
  - Wettbewerbssituation
  - gesellschaftlicher Wertewandel

* Als *interne Einflussfaktoren* lassen sich z. B. nennen:

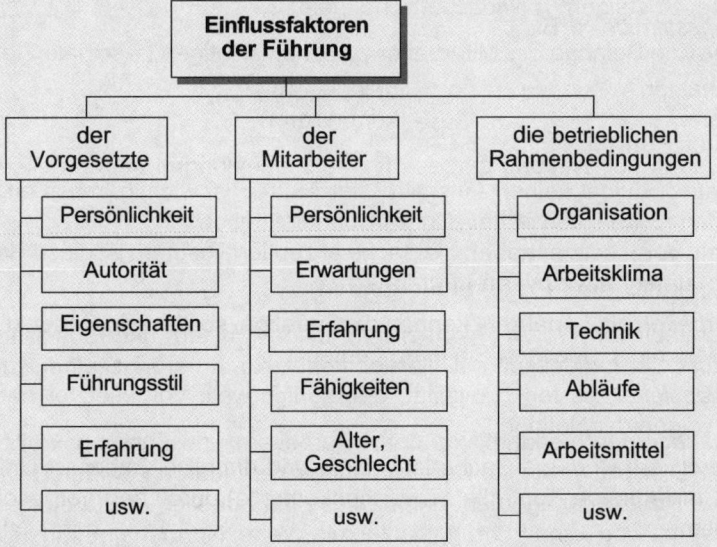

Diese Auflistung kann nur unvollständig sein. Entscheidend dabei ist, dass diese Faktoren in gegenseitiger Abhängigkeit und Wirkung stehen. Maßgebend im betrieblichen Führungsprozess ist also nicht, ob beispielsweise kooperativ oder situativ geführt wird, sondern dass die Führungsmaßnahmen unter Beachtung der Rahmenbedingungen zum Erfolg führen.

07. Führungsmittel

a) Insbesondere aus dem Arbeitsvertrag ergeben sich für den Mitarbeiter u. a. Pflichten (Leistungspflicht, Gehorsamspflicht, Pflicht zur Vertraulichkeit, Schweigepflicht usw.). Aufseiten des Vorgesetzten stehen dem u. a. gegenüber:

  - das Weisungsrecht,
  - das Recht zur Anordnung und
  - das Recht zum Festlegen von Richtlinien (z. B. im Bereich des Unfallschutzes).

Der Vorgesetzte kann diese *arbeitsrechtlichen Führungsmittel* gezielt zur Gestaltung des Führungsprozesses einsetzen (Anweisungen treffen, sich auf Richtlinien berufen, ermahnen, abmahnen usw.). Er kann sich dabei auf die unterschiedlichen, bekannten Rechtsquellen des Arbeitsrechts berufen.

b) • *Anreizmittel,* z. B.:
   - monetäre Anreize (Zulagen, leistungsorientierte Entlohnung)
   - Statusanreize (Ernennung zum Vorarbeiter, Team-Sprecher)
   - Entwicklungsanreize (Aufzeigen von Entwicklungschancen)

   • *Kommunikationsmittel,* z. B.:
   - informieren
   - mit dem Mitarbeiter reden
   - präsentieren

   • *Führungsstilmittel,* z. B.:
   - beteiligen   - fördern
   - wertschätzen   - delegieren
   - motivieren   - kontrollieren

Im Ansatz und in der Wirkung gibt es oft Überschneidungen bei den einzelnen Führungsmitteln.

08. Führungskultur und Projektmanagement

• Die Gesamtheit von Werten, Normen, Verhaltensmustern und Einstellungen nennt man *Kultur* (z. B. Landeskultur, Unternehmenskultur, Führungskultur, Kultur des Individuums).

• *Projektmanagement* verlangt von den Mitarbeitern und Führungskräften kritische Kreativität, Disziplin sowie die Bereitschaft zur Veränderung. Andererseits stärkt erfolgreiches Projektmanagement genau diese individuellen „Kulturelemente", durch die es gestützt wird. Eine Führungskultur, die Werte, Normen und Einstellungen wie Individualität, Beteiligung der Mitarbeiter, sachorientierte Lösung von Konflikten usw. präferiert, bietet also eine gute Basis für Projektarbeit.

• Je stärker die Werte, Normen und Einstellungen zwischen Unternehmenskultur, Führungskultur, Individualkultur und „Projektmanagement-Kultur" kongruent sind, desto
   - geringer ist das Konfliktpotenzial,
   - desto stärker wirkt die „Keilidee" (Konzentration der Kräfte auf den Markt),
   - desto effektiver ist das Projektmanagement.

4.2.4 Führen von Gruppen

01. Verhaltensänderung

Mitarbeiter reagieren im Allgemeinen auf ein und denselben „Verstärker" unterschiedlich: Für den einen ist Anerkennung und Status in der Gruppe wichtig, für den anderen Geld usw.

Handlungsempfehlungen:

• Verhaltensänderungen, die aufgrund von Einsicht erfolgen, sind mit einer eigenen Motivation „unterlegt". *Daher ist durch Einsicht Gelerntes relativ stabil und lässt sich auch auf analoge Sachverhalte übertragen.*

• Falsch ist jedoch der Versuch, die Grundstruktur eines Menschen völlig zu ändern. Dies gilt für die betriebliche Zusammenarbeit ebenso wie für die eheliche Gemeinschaft.

• Der Einstieg in Prozesse der Verhaltensänderung (soziales Lernen) ist nicht immer leicht, er ist jedoch möglich. Für den Vorgesetzten kommt es darauf an, *beim Mitarbeiter und bei sich selbst, richtige und erwünschte Verhaltensweisen zu verstärken und negative Verhaltensweisen abzubauen.* Der Charakter eines Menschen ist nicht statisch, er verändert sich – in starker Abhängigkeit von den vollzogenen Erfahrungen.

02. Lernen im Sinne von Konditionieren

Bei dieser Lernform wird zunächst *gezielt ein „Bedingungs-Reaktions-Zusammenhang" hergestellt*; z. B.: Der Vorgesetzte weist immer wieder beim Betreten der Baustelle darauf hin, dass der Schutzhelm aufgesetzt wird. Durch ständiges Wiederholen wird dieser Bedingungs-Reaktions-Zusammenhang verinnerlicht; der Mitarbeiter setzt automatisch den Helm auf vor Betreten der Baustelle, ohne dass der Vorgesetzte noch einen Hinweis geben muss.

Weitere Beispiele:

Bedingung:	Reaktion:
- Transportwege in der Werkstatt sind versperrt:	→ gekennzeichnete Transportwege freiräumen
- Betreten der Baustelle:	→ Schutzhelm aufsetzen

Diese Lernform hat auch innerhalb des sozialen Lernens ihre Bedeutung; z. B.:

Bedingung:	Reaktion:
- Kritik:	→ immer als Vier-Augen-Gespräch
- Moderieren einer Konferenz	→ alle Mitarbeiter in die Diskussion einbeziehen

03. Gewohnheitsmäßiges Verhalten

• *Positive Aspekte von Gewohnheit*, z. B.:
Gewohnheit gibt Verhaltenssicherheit und spart intellektuelle und psychische Energie ein.

Beispiel: Der Mitarbeiter kennt beim Betreten der Firma die Wege, die Räumlichkeiten und die erforderlichen Handlungen (Zeiterfassung bedienen, Kollegen grüßen, Spind aufschließen, Arbeitsgeräte holen usw).

- *Negative Aspekte von Gewohnheit,* z. B.:
  Der an sich positive Effekt der Gewohnheiten verkehrt sich ins Gegenteil, wenn die verinnerlichten Verhaltensprogramme falsch sind – wenn sie z. B. den Betriebszielen oder den Erwartungen der Arbeitskollegen zuwiderlaufen.

  Beispiel: In einem Betrieb ist es üblich (es hat sich als falsche Gewohnheit herausgebildet), dass neue Mitarbeiter nicht gezielt eingearbeitet werden, sondern dass sie „Schwimmwesten erhalten, dass man sie ins kalte Wasser wirft und schaut, ob sie sich freischwimmen". Frei nach dem Motto: „Die Guten werden sich schon über Wasser halten".

- *Ansätze zur Korrektur „falscher Gewohnheiten",* z. B.:
  Es ist nicht einfach, falsche Verhaltensmuster, die auf Gewohnheit beruhen, zu verändern. Grund dafür sind eine Reihe von Lernhemmnissen, die auftreten können:

  - Die Abkehr von alten Gewohnheiten kann zu zeitweiligen *Orientierungsproblemen* führen.
  - Neue Verhaltensmuster führen *nicht immer sofort zum Erfolg.*
  - Gewohnheiten werden nicht bemerkt (Stichwort: *Blinder Fleck).*
  - *Abwehrhaltungen, Angst vor Misserfolg,* instabiles Selbstwertgefühl, mangelnde Lernmotivation, emotionale Widerstände u. Ä. sind Faktoren, die den Einstieg in neue Verhaltensweisen verhindern oder erschweren.

  Die Antwort liegt nicht in einem Patentrezept, sondern in dem bewussten Einsatz verschiedener Instrumente – einzeln oder kombiniert:

  - Sich selbst und andere exakt und möglichst *wertfrei beobachten.*
  - Über die Beobachtungen nachdenken, *reflektieren.*
  - Über *Feed-back von anderen* nachdenken und daraus Schlüsse ziehen.
  - Sich die Wirkung der eigenen Verhaltensweisen *bewusst machen.*
  - Sich selbst und anderen für das Erlernen neuer Verhaltensmuster *Nutzen anbieten* (Stichwort: Lernmotivation), geeignete Lernformen wählen, ermutigen, *Erfolge erleben lassen,* positive Ansätze verstärken usw.
  - Kritik als „Chance zur positiven Veränderung" begreifen.
  - Entwickeln einer neuen „Fehlerkultur": „Ein Fehler ist kein Fehler, sondern eine neue Erfahrung" usw.

04. Einsatz älterer Mitarbeiter und Jugendlicher

a) Beim Einsatz älterer Mitarbeiter sind zu berücksichtigen:

- *Die Arbeitsgestaltung:*
  - Sitzgelegenheiten
  - Beleuchtung
  - Farbgebung des Arbeitsraumes
  - Werkzeugkonstruktion
  - Arbeitsorganisation
  - Arbeitsschwierigkeiten verringern helfen

- *Die Arbeitszeit:*
  - zusätzliche und längere Pausen
  - Vermeidung von Schichtarbeit und Überstunden

- Nachtarbeit dagegen möglich, evtl. gleitende Arbeitszeit
- Teilzeitbeschäftigung ermöglichen

• *Ein Arbeitsplatzwechsel*
- muss – falls erforderlich – möglichst im bisherigen Arbeitsgebiet erfolgen
- keine ,,Abstellgleise" und „Altenteile"
- die Erfahrung des älteren Mitarbeiters berücksichtigen und nutzen („mehr fragen und weniger belehren"; mehr die individuelle Leistungsfähigkeit berücksichtigen)
- Umsetzung ohne Selbstwert- und Prestigeverlust gewährleisten (nicht „abschieben")

• *Die berufliche Anpassung:*
- bei notwendigen Umschulungs- und Einarbeitungsmaßnahmen der veränderten Lernfähigkeit und Aufnahmegeschwindigkeit Rechnung tragen
- unangemessene Konkurrenzsituationen mit Jüngeren vermeiden

b) Innere und äußere Veränderungen in der Pubertät beim Jugendlichen:

• *Äußere Vorgänge:*
Zunächst spricht man von einem Wachstumsschub, der zuerst in die Länge der Extremitäten, dann in die Breite des Rumpfes geht. Der Jugendliche wirkt in seinen Bewegungen oft unharmonisch. Er ist in dieser Zeit mit seinem Äußeren meistens sehr unzufrieden. Seine Stimmung schwankt während der Pubertät oft sehr stark. Dazu kommt die Ausreifung der Geschlechtsorgane, die Entwicklung der Sexualität und damit die Orientierung hin zum andersgeschlechtlichen Partner. Der junge Mensch ist in diesem Stadium bereits zeugungsfähig bzw. empfängnisbereit. Das Ausleben seiner Sexualität, die feste Bindung an einen Freund/Freundin ist ihm aber oft noch nicht möglich. Der Jugendliche ist zwar geschlechtsreif, aber er besitzt noch keine abgeschlossene soziale Reife.

• *Innere Vorgänge:*
Beim Jugendlichen vollzieht sich schrittweise eine Ablösung vom Elternhaus. Dem Verhalten der Eltern steht der junge Mensch zunehmend kritisch gegenüber. Deutlicher als zuvor erkennt er, dass auch die Eltern Fehler machen und nicht alles können. Es entwickelt sich eine kritischere Einstellung gegenüber Autoritäten aus. Das Pochen auf Autorität aufgrund von Stellung und Rang beeindruckt den Jugendlichen immer weniger, es fordert nicht selten sogar seinen inneren Widerstand heraus. Der junge Mensch begnügt sich nicht mehr mit bloßen Anweisungen; er erwartet vielmehr eine einsichtige Begründung, weshalb er etwas tun und sich gegebenenfalls entsprechend verhalten soll. Der Jugendliche fühlt sich in dieser Zeit von den Erwachsenen weniger verstanden. Er sucht deshalb Verständnis bei Gleichaltrigen. Dahinter steht der Wunsch nach Selbstständigkeit, Selbstentfaltung und „Sich-selbst-finden".

In dem Bemühen, über sich selbst zu bestimmen und sich eine eigene Wertewelt aufzubauen, schwankt er oft in seinen Anschauungen und Meinungen hin und her. In diesem inneren Spannungsverhältnis kommen die Jugendlichen in die Berufsausbildung oder als junge Mitarbeiter in den Betrieb. Verstärkend kommt hinzu, dass der Auszubildende mit dem Ausbilder/Meister mitunter die „Autorität Vater" verbindet. Dies kann zusätzliche Probleme erbringen.

c) *Gesichtspunkte bei der Führung Jugendlicher:*
Die Bestimmungen des Jugendarbeitsschutzgesetzes sind zu beachten (Gefahr der Überlastung, Arbeitsplatzgestaltung, begrenzte Arbeitszeiten, erhöhte Pausenzeiten, besondere Arbeitsschutzbestimmungen usw.). Arbeitsunterweisungen z.B. in Sachen Arbeitssicherheit müssen ggf. öfter wiederholt werden (Stichwort „jugendlicher Leichtsinn"). Die Formen der Arbeitsunterweisung sollen den Jugendlichen positiv unterstützen, ihn anregen und ihm Erfolge in seiner Entwicklung vermitteln. Aktivierende und motivierende Lehrmethoden sind zu bevorzugen.

05. Arbeitsergebnis und Einflussfaktoren

(1) *Leistungsfähigkeit und -bereitschaft:*

Fachkönnen und persönliche Eigenschaften fördern/verbessern z.B. durch:
- Unterweisung, Lehrgänge, Coaching usw.
- Kontrolle, Einarbeitung, Feed-back usw.
- Motivation, Arbeitseinsatz nach Neigung

(2) *Leistungsanforderungen:*

Mit welchem Schwierigkeitsgrad ist die Arbeit verbunden? Fördern/verbessern durch:
- Anforderungen verdeutlichen
- Anforderungsgerechtigkeit schaffen (z.B. durch Arbeitsbewertung)

(3) *Leistungsmöglichkeiten:*

z.B. Ausstattung der Räume, Hilfsmittel usw. fördern/verbessern durch:
- Arbeit gut organisieren
- entsprechend gute Hilfsmittel, Werkzeug usw.

06. Arbeitsstrukturierung

• *Job-Enrichment:*
„Arbeitsanreicherung" = qualitativ höherwertige Aufgaben übertragen;
z.B. Vorarbeiter übernimmt Ausbilderfunktionen.

• *Job-Enlargement:*
„Arbeitsvergrößerung" = mengenmäßige Erweiterung der Aufgaben;
z.B. neuer Mitarbeiter übernimmt nach Einarbeitung weitere Aufgaben.

07. Motivatoren, Hygienefaktoren

a) - Selbstbestätigung   (+)
   - Anerkennung
   - Arbeitsinhalte

   - schlechte Organisation   (−)
   - schlechtes Führungsverhalten
   - schlechte Arbeitsbedingungen

b) - Das effektive Führungsverhalten des Vorgesetzten ist eine wichtige Quelle für die Arbeitszufriedenheit der Mitarbeiter.
   - Der Vorgesetzte muss sich für angemessene Arbeitsbedingungen einsetzen.
   - Er muss seinen Verantwortungsbereich klar und transparent organisieren.

08. Motivation, Maslow

a) Die Frage nach der Motivation ist die Frage nach den Beweggründen menschlichen Verhaltens und Erlebens. Man unterscheidet dabei das Motiv von der Motivation:

- *Von einem Motiv* spricht man immer dann, wenn man einen isolierten Beweggrund des Verhaltens erkennt.

- *Von Motivation* spricht man dann, wenn in konkreten Situationen aus dem Zusammenwirken verschiedener aktivierter Motive ein bestimmtes Verhalten entsteht.

b) • Das menschliche Verhalten wird nicht nur durch eine Summe von Motiven allein bestimmt. Wesentliche Einflussfaktoren als Antrieb für eine bestimmte Verhaltensweise sind die persönlichen Fähigkeiten und Fertigkeiten.

- Eine entscheidende Rolle hinsichtlich des menschlichen Verhaltens spielt auch die gegebene Situation.

- Bei konstanter Situation (beispielsweise am Arbeitsplatz) kann man sagen, dass das Verhalten die Summe aus Motivation mal Fähigkeiten plus Fertigkeiten ist. Das Leistungsverhalten des Einzelnen kann durch Verbesserung der Fähigkeiten und Fertigkeiten bei hoher Motivation gesteigert werden.

> Leitgedanke: Verhalten = Motivation · (Fähigkeiten + Fertigkeiten)

- Ein bestimmtes Verhalten entsteht i. d. R. nicht allein aufgrund eines Motivs, sondern aufgrund eines *Bündels an Motiven*. Die Wertigkeit der Einzelmotive kann dabei je nach Situation wechseln.

  Beispiel: Der Mitarbeiter entschließt sich zu einer Versetzung aufgrund der Motive „Geld", „Status", „Kontakt" u. Ä.

c) Aus den einzelnen Stufen der Bedürfnispyramide können beispielsweise folgende Motive abgeleitet werden:

- *Geldmotiv*, z. B.:
  der Mitarbeiter reagiert auf Lohnanreize mit einer höheren Leistungsbereitschaft;

- *Sicherheitsmotiv*, z. B.:
  der Mitarbeiter bittet um eine vertraglich abgesicherte Verlängerung der Kündigungsfrist;

- *Kontaktmotiv*, z. B.:
  der Mitarbeiter trifft sich in der Mittagspause regelmäßig mit einigen Kollegen;

- *Kompetenzmotiv*, z. B.:
  der Mitarbeiter möchte die Leitung einer Projektgruppe übernehmen.

d) • Die Begriffe, die Maslow verwendet, sind teilweise nicht scharf zu trennen (z. B.: Was heißt für das einzelne Individuum „Selbstverwirklichung"?).

   • Die Bedingungen, „wann liegt ein bestimmtes Bedürfnis vor und wann wird es auf welche Art aktiviert", sind nicht beschrieben.

   • Das Verhalten von Menschen wird i. d. R. von einem „Bedürfnis-(Motiv-)Bündel" bestimmt; die einzelnen Bedürfnisse beeinflussen und überlagern sich, und zwar in Abhängigkeit von der jeweiligen wirtschaftlichen und gesellschaftlichen Situation des Einzelnen.

e) Folgende konkrete Führungsmaßnahmen können geeignet sein, Motivanreize für die Bedürfnisstufen nach Maslow zu bilden:

Physiologische Bedürfnisse	- Beachtung des Tages-, Wochen- und Jahresrhythmus; z. B. Arbeitszeit, Pausen, Überstunden, Schichtarbeit, Freizeit
Sicherheitsbedürfnisse	- sicheres Einkommen - krisen- und unfallsicherer Arbeitsplatz - firmeneigene Altersversorgung - Kompetenzen (auch) im Alter - Betriebskrankenkasse - Mitwirkung bei Neuerungen - Kündigungsschutz
Soziale Bedürfnisse	- Konferenzen und Mitarbeitergespräche - Teamarbeit, Gruppenarbeit - Betriebsausflüge - Kollegentreffen - Werkszeitung - Verständigung am Arbeitsplatz - Weiterbildung - gleitende Arbeitszeit
Ich-bezogene Bedürfnisse	- übertragene Zuständigkeiten - Ehrentitel - Statussymbole - Einkommenshöhe - Art des Firmenfahrzeugs - Firmenparkplatz - Berufserfolg, Aufstiegsmöglichkeiten, Mitsprache
Bedürfnis nach Selbstverwirklichung	- Befriedigung durch spezielle, sehr verantwortliche Tätigkeit - Entscheidungsspielraum - Zielvereinbarungen - Vollmachten - Verantwortung - Unabhängigkeit

09. Formelle, informelle Gruppe

a) Charakteristische Merkmale einer sozialen Gruppe:

- direkter Kontakt
- Wir-Gefühl
- gemeinsame Ziele, Normen
- relativ langfristige Dauer
- Verteilung von Rollen, Status
- gegenseitige Beeinflussung

b) (1) formelle bzw. informelle Gruppe

(2) • formelle Gruppe:
- bewusst geplant
- rational organisiert
- Effizienz steht im Vordergrund usw.

• informelle Gruppe:
- spontan, eher ungeplant
- Ziele, Normen weichen oft von der formellen Gruppe ab
- entscheidend sind die Bedürfnisse der Mitglieder usw.

c) - informelle Gruppen können Lücken schließen   (+)

- ... können die Meinungsbildung in der formellen   (+/–)
  Gruppe dominieren

- ... können andere isolieren   (–)

- ... können Informationen beeinflussen   (+/–)
  (z. B. Gerüchte, Intrigen, ...) usw.

10. Soziale Rolle

Grundsätzlich erwartet die Gruppe, dass eine Rolle in etwa dem Status/der Position entspricht:

- Wer seine „Rolle nicht spielt", sprich dem Verhaltensmuster seiner Position nicht entspricht, muss mit dem Verlust dieser Position rechnen.

- Das Konzept der (sozialen) Rolle dient somit dazu, das Verhalten eines Positionsinhabers relativ konkret zu umreißen und vorzuschreiben.

11. Normen

Normen sind Ausdruck für die *Erwartungen* einer Gruppe, wie in bestimmten Situationen zu handeln ist. Diese Erwartungen bedeuten zum einen Zwang (Stichwort: „Gruppendruck"), zum anderen aber auch Entlastung und Orientierung (in schwierigen Situationen „hält die Gruppennorm Verhaltensmuster bereit").

Das Einhalten bzw. das Verletzen von Normen wird von der Gruppe mit positiven bzw. negativen *Sanktionen* belegt (Lob, Anerkennung, Zuwendung bzw. Missachtung, „Schneiden", sowie auch „Mobbing").

Interessant am Phänomen der Gruppennorm ist folgende, häufig zu erkennende Erscheinung: In einer Gruppe mit hoher Gruppenkohäsion (= innerer Zusammenhalt) „verblassen" die individuellen Verhaltensmuster; es entsteht schrittweise ein gewissermaßen standardisiertes Verhalten der Mitglieder. Damit verbunden ist die Tendenz, dass die einzelne Norm nicht mehr hinterfragt wird.

Beispiel 1: Innerhalb einer Gruppe von Montagemitarbeitern, die sich lange kennen, muss der „Neue" ungeliebte Arbeiten verrichten. Jeder der Mitarbeiter empfindet dies als „völlig normal und richtig".

Beispiel 2: Eine Arbeitsgruppe arbeitet im Gruppenakkord. Die Arbeitsmenge entspricht im Durchschnitt genau der Normalleistung, obwohl die Arbeiter physisch in der Lage wären, mehr zu leisten. Wer (vorübergehend) mehr leistet, wird als „Sollbrecher" – wer weniger leistet als „Drückeberger" zurechtgewiesen (sanktioniert). Mit anderen Worten: Die Gruppe entwickelte *als Norm einen informellen Leistungsstandard.*

12. Rollen und Aufgaben des Team-Sprechers

An der Spitze eines Teams steht häufig ein Team-Sprecher. Seine Aufgaben und Rollenbestandteile sind vor allem:

- Herauslösung aus der Linientätigkeit
- Vertretung der Gruppeninteressen nach außen
- Beachtung der Einhaltung der Arbeitsstandards
- kontinuierlich Verbesserungen suchen
- Moderation der Team-Gespräche
- Organisation und Koordination der Arbeitsaufgaben innerhalb des Teams
- Ausgleich der Abwesenheit von Team-Mitgliedern (der Team-Sprecher „muss zurück in die Linie")
- Verantwortung für die Flexibilität innerhalb des Teams; Führen der Flexibilitätslisten
- Organisation der Instandhaltung
- Einbindung in die Neu- und Änderungsplanungen, die seinen Team-Bereich betreffen
- Beschaffung von Werkzeugen
- Mitverantwortung für die Einhaltung des Budgets
- Verantwortung für Ordnung und Sauberkeit innerhalb des Team-Bereichs
- Anlernen neuer Team-Mitglieder

13. Informeller Führer

Beispiel: Eine Führungskraft nimmt ihre Vorgesetztenrolle nur unzureichend wahr – mit dem Ergebnis, dass der informelle Führer die „eigentliche Lenkung" der Gruppe übernimmt. Konflikte werden vor allem dann entstehen, wenn der informelle Führer subjektive und egoistische Ziele verfolgt.

14. Gruppenstörungen

Ursachen für Gruppenstörungen können z. B. sein:

- *Über- oder Unterforderung* einer Gruppe durch den Vorgesetzten (es fehlt das gemeinsame Sachziel)
- unüberwindbare *Gegensätze* (z. B. Einstellungen von „Alt" und „Jung")
- gravierende *Führungsfehler* des Vorgesetzten (Fehler in der Kritik, mangelnder Kontakt, unangemessene Vertraulichkeit u. Ä.)

15. Regeln des Verhaltens sozialer Gruppen

- *Interaktionsregel*
  Im Allgemeinen gilt: Je häufiger Interaktionen zwischen den Gruppenmitgliedern stattfinden, umso mehr werden Kontakt, „Wir-Gefühl" und oft sogar Zuneigung/ Freundschaft gefördert. Die räumliche Nähe beginnt an Bedeutung zu gewinnen.

- *Angleichungsregel*
  Mit längerem Bestehen einer Gruppe gleichen sich Ansichten und Verhaltensweisen der Einzelnen an. Die Gruppen-Normen dominieren.

- *Distanzierungsregel*
  Sie besagt, dass eine Gruppe sich nach außen hin abgrenzt – bis hin zur Feindseligkeit gegenüber anderen Gruppen. Zwischen dem „Wir-Gefühl"/der Solidarität und der Distanzierung besteht oft eine Wechselwirkung.

16. Rollenverhalten, Delegation

a) Beispiele für Maßnahmen:

- sein Fachwissen und seinen Ehrgeiz nutzen
- ggf. Job-Enrichment
- dabei Herrn Schneider klarmachen, dass sein Verhalten nicht zulasten der Gruppe gehen darf
- ggf. Kritikgespräch mit Herrn Schneider
- Einsicht erzeugen, ohne ihn zu demotivieren

b) Als Leiter der Gruppe müssen Sie das Gespräch mit Schneider selbst führen; ansonsten wäre dies Rückdelegation an Ihren Vorgesetzten.

17. Arbeit in Gruppen, Risiken teilautonomer Gruppen

Risiken teilautonomer Gruppen, z. B.:

Teilautonome Arbeitsgruppen sind kein universell einsetzbares Mittel der Arbeitsorganisation. In der industriellen Fertigung sind sie dann wirkungsvoll, wenn sie von klaren Rollen- und Aufgaben-Absprachen begleitet werden.

In anderen Branchen kann die geeignete Innenstruktur von Teams eine grundlegend andere sein: In einem Operations-Team eines Krankenhauses wirken zwar alle Beteiligten zusammen, aber sie vertreten sich nicht alle gegenseitig. Jedes Teammitglied macht nur eine genau definierte Teilarbeit im Rahmen des ganzheitlichen Auftrags, den Patienten zumindest gesünder aus dem OP-Raum zu entlassen, als er hereinkam. Störungen im Operationsverlauf durch mangelnde Absprache hätten für den Patienten empfindliche Konsequenzen. Also müssen alle präzise wissen, was von ihnen verlangt wird. Unterbleibt die vorbereitende Rollen- und Aufgaben-Klärung, kann es zu Katastrophen kommen.

Als weiterer Nachteil zählt der Umstand, dass teilautonome Gruppen dazu neigen, schwächere Mitarbeiter auszugrenzen. Und nicht zuletzt ist bei teilautonomen Gruppen in der Praxis von Nachteil, dass sie aufgrund ihrer höheren Selbstbestimmung in der Zukunft schwieriger zu Veränderungen zu bewegen sind, wenn eine erneute Umorganisation des Unternehmens geplant wird.

18. Motivationsprobleme und Handlungsempfehlungen

Handlungsempfehlungen zur Motivation der Mitarbeiter – folgende Grundregeln können eine Orientierungshilfe sein:

Vorgehensweise	*z. B. durch*
1) Unbefriedigte Motive der Mitarbeiter kennen lernen.	- Gespräch mit dem Mitarbeiter - Motive wecken - Anreize bieten
2) Erwünschtes Verhalten verstärken.	- Bestätigung, Anerkennung, Kritik
3) Unerwünschtes Verhalten vermeiden.	- Beurteilung
4) Hindernisse für negatives Verhalten vermeiden.	- Information, Arbeitsplatzgestaltung - optimale Arbeitsmittel, Arbeitsabläufe
5) Gegensteuernde Motive verhindern.	- Vertrauen durch Verständigung schaffen

4.2.5 Personalplanung

01. Arten des Personalbedarfs

2	Erreichen der Altersgrenze	- Ersatzbedarf
4	Neueröffnung einer Filiale	- Neubedarf
1	Nichtbesetzung im zurückliegenden Planungszeitraum	- Nachholbedarf
3	Arbeitszeitverkürzung	- Mehrbedarf
2	Arbeitsausfall infolge von Urlaub und Krankheit	- Zusatzbedarf
12	**Bruttopersonalbedarf**	

02. Ermittlung des Nettopersonalbedarfs

	Bestand an Stellen zum 31.07.2009	260	
+	neue Planstellen bis zum 31.12.2009	10	
–	entfallende Stellen bis zum 31.12.2009	40	
=	**Bruttopersonalbedarf**		**230**
	Mitarbeiterstand per 31.07.2009	250	
+	feststehende Mitarbeiterzugänge (2009)	15	
–	feststehende Mitarbeiterabgänge (2009)	30	
–	geschätzte Mitarbeiterabgänge (2009)	20	
=	**fortgeschriebener Personalbestand**		**215**
=	**Nettopersonalbedarf (230 ./. 215)**		**15**

Zu beschaffen sind also 15 Vollzeitkräfte.

03. Frequenzstudie

Als *Frequenz* bezeichnet man generell die Anzahl der abgeschlossenen Konjunkturzyklen. Beispielsweise ist eine hohe Frequenz gleichbedeutend mit „kurzwelligen" Konjunkturschwankungen. Bei der *Frequenzstudie* wird der Bedarf kurzfristig an Beschaffungsschwankungen angepasst, sodass ein zeitlich genau optimierter Mitarbeitereinsatz durchgeführt werden kann.

04. Personalleasing/Arbeitnehmerüberlassung

a) Rechtsbeziehungen bei der Arbeitnehmerüberlassung nach dem Arbeitnehmerüberlassungsgesetz (AÜG):

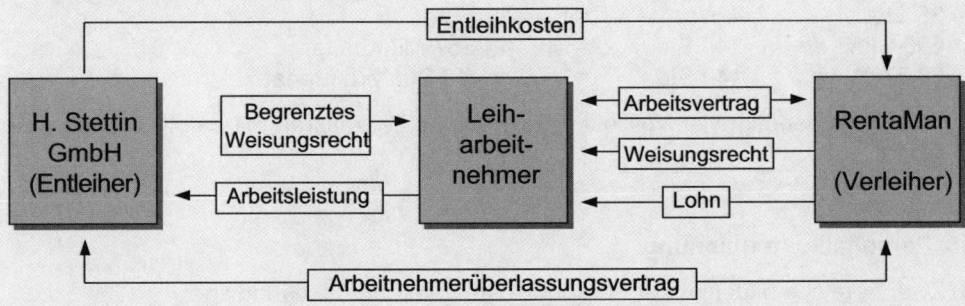

b) Die Beschäftigung der beiden Leiharbeitnehmer ist *zustimmungspflichtig* nach § 99 Abs. 1 BetrVG.

c) Die Entleihfrist ist nicht mehr begrenzt (vgl. *Hartz I* vom Jan. 2003, Erstes Gesetz für moderne Dienstleistungen am Arbeitsmarkt).

d) *Mögliche Vor- und Nachteile der Arbeitnehmerüberlassung aus der Sicht des Entleihers*:

Arbeitnehmerüberlassung	
Vorteile, z. B.:	**Nachteile**, z. B.:
- kurzfristige Überbrückung von Personalengpässen - unbürokratisch, geringe Beschaffungskosten - bedarfsorientiert - ohne arbeitsrechtliche Risiken	- Risiko der unzureichenden Qualifikation - ggf. fehlende Motivation - fehlende Kenntnisse über die Entleihfirma - höhere Kosten - i. d. R. Einarbeitungsaufwand

e) *Mögliche Vorteile aus der Sicht des Leiharbeitnehmers, z. B.:*
   - ggf. Übernahme in ein Arbeitsverhältnis durch den Entleiher
   - Leiharbeitnehmer hat die Möglichkeit, Erfahrungen in unterschiedlichen Firmen und Branchen zu sammeln
   - Erleichterung des Wiedereinstiegs in das Berufsleben und Vermeidung von Arbeitslosigkeit
   - Beschäftigung bei einem Leiharbeitgeber schafft Verbesserung des Selbstwertgefühls und erhält/fördert die Anpassungsfähigkeit beim Arbeitnehmer

05. Personalbedarf, Kennzahlenmethode

a) 5 Mio. € · 1,2 Mitarbeiter = 6,0 Mio. € (geplanter Umsatz)

$$5,0 \; \hat{=} \; 20 \text{ Mitarbeiter}$$
$$6,0 \; \hat{=} \; x$$
$$\Rightarrow \; x \; = \; 24 \text{ Mitarbeiter}$$

Für den im kommenden Jahr geplanten Umsatzzuwachs von 20 % werden zusätzlich vier neue Mitarbeiter benötigt.

b) 35 Std.   ·   4 Wo.   =   140 Std.
   600 Std.   :   140 Std.   =   4,2857 Mitarbeiter
   28,57 % von   140 Std.   =   ca. 40 Std. pro Monat

Die Filiale benötigt vier Vollzeitkräfte und eine Teilzeitkraft mit ca. 40 Stunden pro Monat.

06. Personalkostenplanung

a) Zwei Bereiche bilden in der Personalkostenplanung die Grundlage:

   1. der geplante, zukünftige *Personalbestand,*
   2. die erwartete Lohnentwicklung, die durch Tarife und anderen Veränderungen beeinflusst wird.

b) Die Personalkosten werden in einem Personalkostenplan vermerkt, der folgende Merkmale berücksichtigen sollte:

   - organisatorische Gliederung: Bereiche/Abteilungen bzw. Kostenstellen

- Personalkostenstruktur: Löhne, Gehälter, Ausbildungsbeihilfen und deren Entwicklung
- Personalkostenarten: Gliederung in direkte und indirekte Personalkosten bzw. Personalbasiskosten und Personalzusatzkosten
- Personalerhaltungskosten wie z. B. Personalbeschaffungs- und Personalversetzungskosten
- Personalentwicklungskosten wie z. B. Ausbildungs-, Fortbildungs- und Umschulungskosten

07. Personalkosten und -zusatzkosten

a) Eine gängige Aufteilung der Personalkosten ist die Unterscheidung nach:

- direkten Personalkosten,
- gesetzlichen, tariflichen Personalzusatzkosten und
- freiwilligen (betrieblichen) Personalzusatzkosten.

b)

Personalkosten			$\sum$	%
Direkte Personalkosten	Löhne	44		
	Gehälter, Tarifangestellte	108		
	Gehälter, Führungskräfte	72	224	100,00
Gesetzliche, tarifliche Personalzusatzkosten	13. Monatsgehalt, gesamt	14		
	Urlaubsgeld, gesamt	8		
	Vermögenswirksame Leistungen, gesamt	5		
	Rentenversicherung, Arbeitslosenversicherung	65		
	Krankenversicherung, Pflegeversicherung	20		
	Unfallversicherung	5	117	52,23
Freiwillige Personalkosten	Versicherungen, Zuschüsse, gesamt	4		
	Betriebliche Altersversorgung	18		
	Fahrtkostenzuschuss, gesamt	6		
	Sonstige betriebliche Leistungen	6	34	15,18
Personalaufwand, insgesamt		375	375	167,41

08. Nachfolgeplanung (1)

Maßnahmen im Rahmen der Nachfolgeplanung:

- Stellenbeschreibung erstellen/überprüfen
- Anforderungsprofil erstellen/überprüfen
- Mitarbeiterauswahl nach Profilvergleichsanalyse (Anforderungsprofil ↔ Eignungsprofil)
- Mitarbeiterauswahl im Rahmen eines Personalinterviews durchführen
- Erstellen von Einarbeitungs- und Nachfolgeplänen
- Umsetzung und Kontrolle der Einarbeitungsphase

09. Nachfolgeplanung (2)

a)

Nachfolgeplanung:	BL/Morgan	Monate											
Positionen:		J	F	M	A	M	J	J	A	S	O	N	D
Meisterbereich Montage		Herr Schöner							Morgan/ kommiss.	Herr Ruhs			
Vorarbeiter		Herr Ruhs							Herr Dick				
Montage 1		Herr Dick							Leiharbeiter			Herr Schnell	
Werkstatt		Klamm	extern; befristete Einstellung										
Elektrik 1		N. N.		Herr Rohr									

b)

Personelle Maßnahme	Beteiligungsrechte des Betriebsrats	§§ BetrVG
Personalplanung (allgemein)	Information, Beratung	§ 92
Versetzung	Zustimmung	§§ 93, 95 III, 99
Neueinstellung		§§ 93, 99
Eingruppierung, Umgruppierung		§ 99
internes Training	Information, Beratung	§ 96
	ggf. Mitbestimmung	§ 98

10. Laufbahnplanung

- *Potenzialorientierte Laufbahnpläne:* Diese Art der Laufbahnplanung bezieht sich auf die *berufliche Entwicklung eines Mitarbeiters,* wobei sein derzeitiger sowie sein zukünftiger Entwicklungsstand berücksichtigt und die geeigneten Weiterbildungsmaßnahmen festgelegt werden.

- *Positionsorientierte Laufbahnpläne:* Positionsorientierten Laufbahnpläne orientieren sich an der *Besetzung von qualifizierten Stellen* im Unternehmen, d. h. dass durch eine gezielte Entwicklung von Fach- und Führungskräften *fest definierte Positionen* im Unternehmen abgedeckt werden sollen.

4.2.6 Personalbeschaffung

01. Personalbeschaffungswege (Vergleich)

Interne Personalbeschaffung	
z. B. interne Stellenausschreibung, eigene Ausbildung, Fortbildung, Personalentwicklung	
Vorteile	- bessere Gesamtübersicht über Personaleinsatz - persönliche Identifikation mit dem Unternehmen - Kostenersparnis
Nachteile	- Personalbewegung kann anderweitige Stellenbesetzung zur Folge haben - steigende Betriebsblindheit - eingeschränkte Auswahlmöglichkeiten - verändertes Leistungsverhalten in der neuen Position

Personalbeschaffung über den externen Arbeitsmarkt	
z. B. Ausschreibung, Headhunting, Arbeitsagenturen, Stellenanzeigen, Mund-zu-Mund-Propaganda, Messen	
Vorteile	- größeres Auswahlspektrum - neue Impulse - Qualifikationsvergleich von externen und internen Mitarbeitern
Nachteile	- Risiko der Fehlbesetzung - Eingliederungsschwierigkeiten

Befristete Beschäftigung von Fremdpersonal	
z. B. Leiharbeitnehmer, Fremdfirmen, Honorarkräfte	
Vorteile	- Flexibilität - neuer Input
Nachteile	- geringere Identifikation - fehlende Kenntnisse von internen Abläufen

02. Internet, Intranet und Personalarbeit

Einsatzgebiete/Anwendungsmöglichkeiten

- des *Internet*, z. B.: - Stellenausschreibungen
  - · firmenspezifisch oder
  - · innerhalb von Job-Börsen
  - Eingang individueller Bewerbungen
  - Nutzung von:
    - · Bewerberdatenbanken
    - · juristischen Datenbanken
    - · Weiterbildungsdatenbanken
    - · Datenbanken und Info-Diensten der Bundesministerien

- des *Intranet*, z. B.: - Verbreitung der Mitarbeiterzeitschrift
  - interner Informationsdienst, z. B.:
    - · Tarifbestimmungen
    - · Betriebsvereinbarungen
  - interner Stellenmarkt

03. Personalbeschaffung und -auswahl, Einarbeitungsplan

a) *Vorteile*, z. B.:
- verbesserte Motivation
- höhere Bindung an den Betrieb
- geringere Beschaffungskosten
- weniger Einarbeitungsaufwand
- mehr Spielraum für Personalentwicklungsmaßnahmen

Nachteile, z. B.:
- u. U. geringeres Potenzial
- ggf. hohe Fortbildungskosten
- ggf. Betriebsblindheit
- Entstehen neuer Personallücken

b)

Innerbetriebliche Stellenausschreibung
+++ Stellentelegramm +++ Stellentelegramm +++ Stellentelegramm +++

Kenn-Nr.: 97 SB 09

Aufgabenstellung
Leitung eines SB-Supermarktes mit 20 Mitarbeitern; berichtet an den Leiter SB-Märkte der Zentrale; verantwortlich für die Führung der Mitarbeiter und die Realisierung der gesteckten Budgetziele.

Kennwort:

Leiter (in) SB-Markt

Einstufung: AT

Anforderungen
Ausbildung im Groß- bzw. Einzelhandel; mindestens acht Jahre Berufserfahrung; Weiterbildung – möglichst Handelsfachwirt oder gleichwertig; unternehmerisch handelnd; klare Zielorientierung; Erfahrung in der Führung von Mitarbeitern

Bewerbungen nimmt unsere Zentrale Personalabteilung PSL bis zum 15.11.20.. entgegen. Für Rückfragen erreichen Sie unseren Referenten Klaus Huber unter Tel. 02477-15666.

c) Es gelten für die *Lebenslaufanalyse* die folgenden Anhaltspunkte:

1. Zeigen die Daten im Lebenslauf des Bewerbers vom Tag der Geburt bis zum Tag der Bewerbung einen lückenlosen Verlauf? Bestehen evtl. irgendwo zeitliche Lücken um deren Erklärung der Bewerber gebeten werden muss? Stimmen alle Daten des Bewerbungsanschreibens, des Lebenslaufs und der dokumentierten Zeugnisse und Bescheinigungen im Hinblick auf Tag, Monat, Jahr und Zeitdauer überein? (*Lückenanalyse*)

2. Wurden begonnene Ausbildungen auch mit entsprechenden Prüfungen, Prüfungsnachweisen und Ausbildungsabschlüssen beendet? Wurde evtl. vieles versucht und wenig abgeschlossen? (*Analyse der Aus- und Weiterbildung*)

3. Wie wurden Verhalten und Leistung während der Ausbildungszeit und der anschließenden Zeit der Berufstätigkeit beurteilt? Gibt es eine gewisse Kontinuität in den Beurteilungen, oder schwanken die Beurteilungen? (*Leistungsanalyse*)

4. Wurden die früheren Tätigkeiten bei den verschiedenen Arbeitgebern zu den üblichen Kündigungszeiten beendet? Wurden Arbeitsverhältnisse schon während der Probezeit beendet? Gibt es zwischen den einzelnen Beschäftigungszeiten Zeiten der Arbeitslosigkeit, und wie sind diese begründet (Insolvenz, Personalabbau oder vorzeitige Beendigung aus wenig einleuchtenden Gründen)? (*Analyse der Zeiträume*)

5. Ist aus der Berufstätigkeit im Ablauf der Zeit eine gewisse Karriereplanung ersichtlich? Ist ein Aufstieg erkennbar oder erfolgte die Beschäftigung ziemlich planlos und unsystematisch? (*Entwicklungsanalyse*)

6. Wurde die Branche (häufig) gewechselt? (*Branchenanalyse*)

d) Die *Personalanzeige* könnte folgendes Aussehen haben:

> Wir sind ein mittelständisches Unternehmen der Backindustrie und genießen in unserer Region einen ausgezeichneten Ruf. Wir wollen erweitern und suchen daher kurzfristig einen
>
> # *B ä c k e r* (m/w)
>
> – besonders für das Backen von Vollkornspezialitäten. Sie sollten Ihre Gesellenprüfung mit guten Ergebnissen absolviert haben und gewohnt sein, eigenständig – aber auch mit Teamgeist – zu arbeiten. Interessant wären zusätzliche Erfahrungen in der Unterweisung von Auszubildenden.
>
> Unsere Gehaltsstruktur liegt über Tarif. Wir gewähren einen Zuschuss zum Mittagessen und zu den Fahrtkosten.
>
> Bitte nehmen Sie mit uns Kontakt auf; entweder schriftlich oder auch telefonisch. Unsere Frau Haber, Tel. (0 24 11)1 11, nimmt gern Ihren Anruf entgegen.
>
> Bitte richten Sie Ihre Bewerbung an:
>
>  Brotland GmbH, Personalabteilung, Frau Haber
> Postfach 13 12 11, 41888 Heinsberg

- *Anzeigenaspekte:*
  - keine stereotypen Texte
  - schlichte Sprache, klarer Satzbau
  - kein „Befehlston" („Bewerbungen sind zu richten an ...")
  - ehrliche Aussagen über die Firma
  - Strukturierung des Textes („Wir sind..., Wir wollen... usw.")
  - im Allgemeinen: für Frauen und Männer ausschreiben
  - passender Anzeigentermin
  - passende Anzeigengröße
  - keine „Trauer"ränder
  - klares Layout
  - passender Anzeigenträger usw.

• *Analyse des Anschreibens:*

Herbert Kahl
Mirgelgasse 200
41000 Aachen   17. März 2002 ◄──── Tippfehler

Brotland GmbH
Personalabteilung
Frau Haber
Postfach 13 12 10
41888 Heinberg ◄─────────────────────────────── Tippfehler

**Ihre Anzeige in der Aachener Volkszeitung
vom 13. März 2009**

Sehr geehrte Damen und Herren,   falsche Anrede

am letzten Wochenende habe ich Ihre Anzeige mit großer
Freude gelesen. Ihr Stellenangebot, in dem Sie einen Bäcker   überflüssig!
suchen, interessiert mich außerordentlich, und ich möchte mich zu überschwänglich!
darauf bewerben.
Ich bin seit langen Jahren in der Bäckerei Waffeleisen in   Ausdruck!
Aachen tätig. Meine Spezialität ist das Backen von Vollkorn-   interessant!
broten und die Herstellung von Feingebäck, besonders aus
Blätterteig.
Augenblicklich arbeite ich in ungekündigter Stellung, daher
könnte ich meine neue Arbeit frühestens ab dem 1. Mai   o.k.!
aufnehmen.

Mit freundlichen Grüßen

gez. Herbert Kahl

Anlagen: - Lebenslauf
         - Lichtbild
         - Zeugniskopien

Weitere Aspekte zum Anschreiben sind u. a.:

• Bewerber geht z. T. nicht auf den Anzeigentext ein (Erfahrung in der Unterweisung,
  selbstständiges Arbeiten, ...).
• Das „Bewerbungsmotiv" wird nicht genannt.

• *Analyse des Lebenslaufs:*

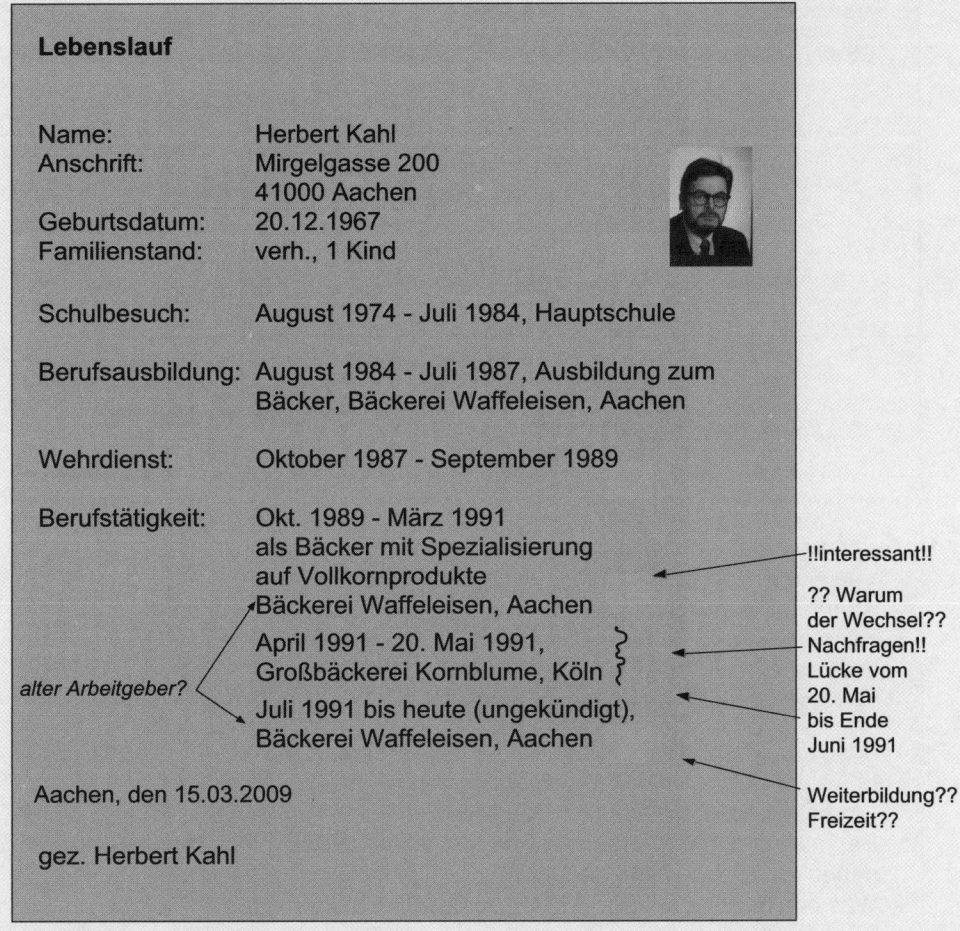

Lebenslauf

Name:	Herbert Kahl
Anschrift:	Mirgelgasse 200
	41000 Aachen
Geburtsdatum:	20.12.1967
Familienstand:	verh., 1 Kind

Schulbesuch: August 1974 - Juli 1984, Hauptschule

Berufsausbildung: August 1984 - Juli 1987, Ausbildung zum Bäcker, Bäckerei Waffeleisen, Aachen

Wehrdienst: Oktober 1987 - September 1989

Berufstätigkeit: Okt. 1989 - März 1991 als Bäcker mit Spezialisierung auf Vollkornprodukte Bäckerei Waffeleisen, Aachen

      April 1991 - 20. Mai 1991, Großbäckerei Kornblume, Köln

alter Arbeitgeber?

      Juli 1991 bis heute (ungekündigt), Bäckerei Waffeleisen, Aachen

Aachen, den 15.03.2009

gez. Herbert Kahl

!!interessant!!

?? Warum der Wechsel?? Nachfragen!! Lücke vom 20. Mai bis Ende Juni 1991

Weiterbildung?? Freizeit??

• Einladung zum Gespräch: ja; es gibt zwar einige „Ungeschicklichkeiten" im Anschreiben sowie zu klärende Sachverhalte aufgrund des Lebenslaufes – trotzdem erscheint ein Gespräch sinnvoll.

e) Der *Einarbeitungsplan* könnte folgendermaßen aussehen (Beispiel):

Einarbeitungsplan des neuen Mitarbeiters			
Tag	**Zeit**	**Wer? Gesprächspartner**	**Was?**
Mo	05:00	Meister, Herr Ernst	- Begrüßung - Kollegen kennen lernen - Begehung des Backbetriebes
	07:00	Verwaltung, Frau Knapp	- Einstellungsformalitäten - Information über Regelungen im Betrieb
	08:00	Meister, Herr Ernst	- Information über Maßnahmen zum Unfallschutz, Hygienevorschriften etc.
	12:00	Mentor, Herr Kurz	- Gespräch, Zusatzinformationen
	14:00	Dr. Grausam	- Ärztliche Untersuchung
Di ...	05:00	Meister, Herr Ernst Kollege, Herr Knick	- Einweisung in die Backverfahren - Einweisung in die Bedienung der ... usw.
	12:00 ...	Mentor, Herr Kurz ...	Gespräch, Zusatzinformationen ...

f) Grob unterteilt lassen sich folgende *Fragenfelder* unterscheiden:

• *Fragen zur Gesprächseröffnung, z. B.*:
- Wie war Ihre Anreise?
- Konnten Sie uns gut finden?
- Kennen Sie unsere Firma bereits?
- Was hat Sie an unserer Anzeige besonders angesprochen?
- Weshalb haben Sie sich beworben?

• *Fragen zur persönlichen Situation des Bewerbers, z. B.*:
- In welcher Gegend sind Sie aufgewachsen?
- Wo haben Sie Ihre Schulzeit verbracht?
- Bei männlichen Bewerbern u. a. auch: Was hat Ihnen Ihre Bundeswehrzeit gegeben (oder auch nicht gegeben)?
- Was machen Sie in Ihrer Freizeit, wenn Sie nicht arbeiten?
- Wie beurteilt Ihre Frau einen möglichen Stellenwechsel?
- Haben Sie bedacht, dass Ihre Kinder Probleme bei einer möglichen Umschulung bekommen? Welche Schritte unternehmen Sie?
- Warum möchten Sie Ihre derzeitige Firma verlassen? Warum gerade jetzt?

• *Fragen zur Ausbildung, z. B.:*
- Warum haben Sie sich für diesen Ausbildungsberuf entschieden?
- Wie beurteilen Sie heute die Entscheidung für diesen Ausbildungsweg?
- Welche Pläne haben Sie für Ihre zukünftige Weiterbildung?

• *Fragen zur Berufserfahrung und zu beruflichen Zielen, z. B.:*
- Beschreiben Sie Ihre Vorstellungen, um welche Aufgabe es bei der hier ausgeschriebenen Stelle geht?
- Was erhoffen Sie sich von einem Stellenwechsel?
- Betrachten wir einmal Ihre derzeitige Tätigkeit: Was gefällt Ihnen daran besonders? Was liegt Ihnen weniger?

* *Fragen zur Selbsteinschätzung, z. B.:*
  - Haben Sie Freunde? Angenommen, ich würde gute Freunde von Ihnen befragen: Wie wäre deren Schilderung über Ihre persönlichen Eigenarten?
  - Gibt es eine Eigenschaft von Ihnen, über die Sie sich manchmal ärgern, an der Sie noch etwas arbeiten möchten?

* *Fragen zur Vertragsverhandlung, z. B.:*
  - Welche Fragen kann ich Ihnen noch zum Unternehmen bzw. zur Aufgabe beantworten?
  - Wie hoch ist Ihr derzeitiges Einkommen?
  - Welche Gehaltsvorstellung haben Sie für diese Tätigkeit?
  - Was verdienen Sie jetzt?

* *Fragen zum Abschluss des Gesprächs, z. B.:*
  - Es hat mir Spaß gemacht, mich mit Ihnen zu unterhalten. Sie haben uns sehr viele Informationen über sich und Ihre Tätigkeit gegeben. Dafür vielen Dank. Wir möchten jetzt „den Spieß umkehren", d. h. Ihnen Gelegenheit geben, Fragen zu unserem Unternehmen und zu der Tätigkeit zu stellen.
  - Welche Informationen brauchen Sie noch von uns, um sich für diese Stelle zu entscheiden?
  - Wie sehen Sie nach unserem Gespräch einen möglichen Beginn in unserem Unternehmen?
  - Wie ist Ihr bisheriger Eindruck über unser Unternehmen und diese Tätigkeit?
  - Wie wollen wir verbleiben?
  - Nun, – wir haben diese Woche noch eine Reihe von Gesprächen, die wir auswerten möchten. Bis Ende der nächsten Woche werden wir uns bei Ihnen melden und Ihnen unsere Entscheidung mitteilen. Vielen Dank.

04. Bewerbungsgespräch, Fragerecht

a)

Fragen	Stelle 1: Kassierer(in)		Stelle 1: Verkäuferin	
	erlaubt	nicht erlaubt	erlaubt	nicht erlaubt
Frage nach Schwangerschaft		x		x
Frage nach Vermögensdelikten	x			x
Frage nach Krankheiten		x		x
Frage zur politischen Einstellung		x		x
Frage nach Verkehrsdelikten	x			x
Frage zur Religionszugehörigkeit		x		x

b) Die Frage nach dem Bestehen einer Schwangerschaft ist grundsätzlich unzulässig; Ausnahmen: In bestimmten Berufen ist die Frage zulässig (z. B. Mannequin, Sportlehrerin); die Frage nach der Schwangerschaft ist ausnahmsweise auch dann zulässig, wenn von der Tätigkeit objektiv eine Gefährdung für die Schwangere und das werdende Leben ausgeht (z. B. Tätigkeit in einem chemischen Labor).

4.2.7 Personalanpassungsmaßnahmen

01. Einführung neuer Mitarbeiter

(1) *Ziele setzen:*
→ Die Neuen sollen in einer Woche alle standardmäßigen Montagearbeiten beherrschen.

(2) *Planen:*
→ Was? Wer? Wann? In welcher Zeit? z.B. Ausbildungsinhalte, Vorarbeiter und/oder erfahrene Mitarbeiter usw.

(3) *Organisieren:*
→ Vorarbeiter informieren, Zeiten vorsehen, Vorkehrungen treffen, ... (o.Ä.).

(4) *Durchführen:*
→ Einarbeitungsplan mit den Neuen besprechen, „Tutoren" zuweisen, Räumlichkeiten/Orte zeigen, Einarbeitung starten.

(5) *Kontrollieren:*
→ Eigenkontrolle der Mitarbeiter organisieren, Kontrolle der Lernabschnitte, Endkontrolle und Abschlussgespräch, ... (o.Ä.)

Hinweis:
Bei Phase (2) – (4) kann es Überschneidungen geben. Entscheidend ist, dass deutlich wird: Sie beherrschen das Thema „Einarbeitung" und können nach dem Managementregelkreis vorgehen.

02. Personaleinsatzplanung

a) *Ziel* der Personaleinsatzplanung:
Durch die Personaleinsatzplanung ist die Personalressource (quantitativ und qualitativ) dem Arbeitsanfall anzupassen – kurz-, mittel- und langfristig:

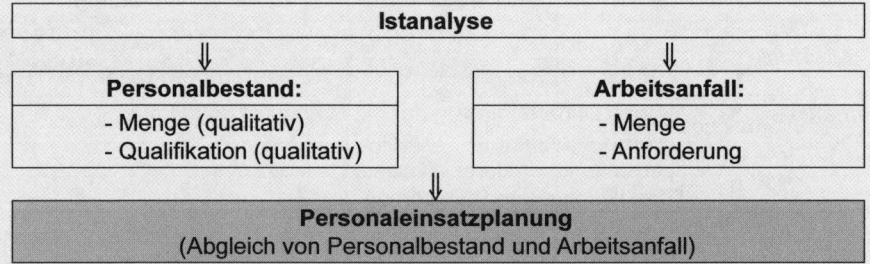

b) Mit der Personaleinsatzplanung werden z.B. folgende *Unterziele* verknüpft:

- Sicherung des Arbeits- und Gesundheitsschutzes
- Verbesserung der Motivation der Mitarbeiter
- Sicherung der Produktivität
- Senkung der Fluktuation
- Vermeidung von Vakanzen
- Senkung der Fehlzeiten

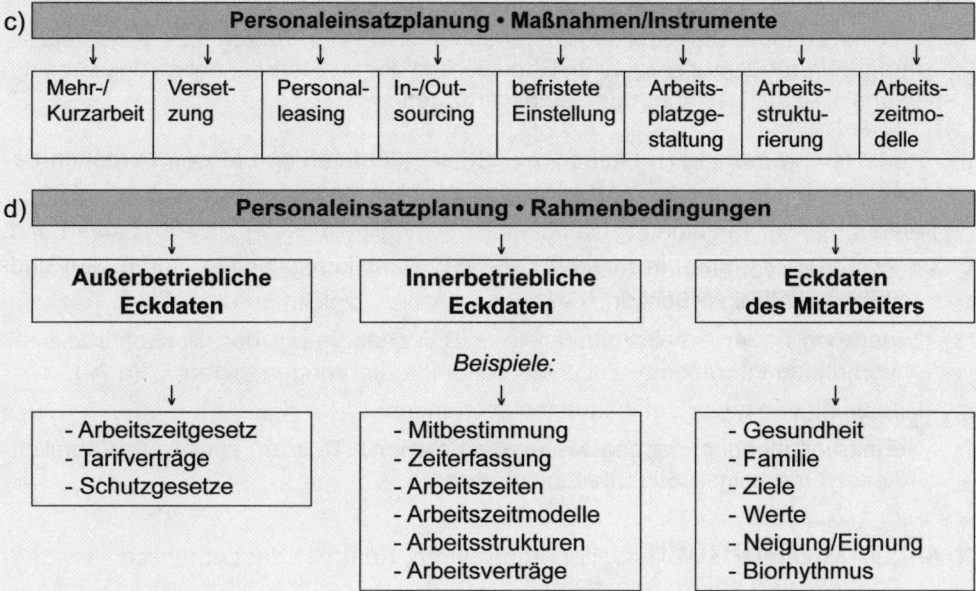

c) **Personaleinsatzplanung • Maßnahmen/Instrumente**

Mehr-/ Kurzarbeit	Versetzung	Personalleasing	In-/Outsourcing	befristete Einstellung	Arbeitsplatzgestaltung	Arbeitsstrukturierung	Arbeitszeitmodelle

d) **Personaleinsatzplanung • Rahmenbedingungen**

Außerbetriebliche Eckdaten	**Innerbetriebliche Eckdaten**	**Eckdaten des Mitarbeiters**

Beispiele:

- Arbeitszeitgesetz - Tarifverträge - Schutzgesetze	- Mitbestimmung - Zeiterfassung - Arbeitszeiten - Arbeitszeitmodelle - Arbeitsstrukturen - Arbeitsverträge	- Gesundheit - Familie - Ziele - Werte - Neigung/Eignung - Biorhythmus

03. Personalabbau

a) *Merkmale für die Wahl geeigneter Abbaumaßnahmen,* z. B.:
- Kosten der Abbaumaßnahmen
- Dauerhaftigkeit des Abbaus
- Schnelligkeit/Geschwindigkeit des Abbaus
- rechtliche Barrieren
- Auswirkungen auf die Belegschaftsstruktur
- Wirkung auf den internen und externen Arbeitsmarkt

b) Anhand von drei der o. g. Kriterien sind zwei Abbauinstrumente zu erläutern, z. B.:

Merkmale:	*Beispiele:*	
	Kurzarbeit	**Auslaufen befristeter Verträge**
Dauerhaftigkeit des Abbaus:	keine Dauerhaftigkeit; nur bei vorübergehendem Arbeitsausfall; kein klarer Hinweis im vorliegenden Sachverhalt	Abbau ist dauerhaft.
Schnelligkeit des Abbaus:	kurzfristig möglich (ab Eingang der Anzeige bei der Arbeitsagentur)	Kurzfristig nicht möglich; Wirkung tritt erst mit Zeitverzögerung ein; vgl. TzBfG: Befristungen sind bis zu zwei Jahren möglich.
Möglich Auswirkung auf die Belegschaftsstruktur:	i. d. R. keine	Könnte negativ sein; die Befristung könnte überwiegend jüngere Mitarbeiter betreffen.

c) *Weitere Maßnahmen des Personalabbaus,* z. B.:
Einstellungsstopp, Umwandlung bestehender Verträge in Teilzeit- bzw. Altersteilzeit-
verträge, Vorruhestandsregelung, Reduzierung der Mehrarbeit, Abbau des Leasing-
personals, Abschluss von Aufhebungsverträgen

d) - Reduzierung freiwilliger, betrieblicher Sozialleistungen (wenn kein Gewohnheits-
recht entstanden ist), z. B.: Urlaubsgeld, Weihnachtsgeld, Fahrgeldzuschüsse

- Aufhebung der Tarifbindung (Kündigung der Mitgliedschaft im Arbeitgeberverband)

- Auslagerung von Betriebsteilen mit eigener Rechtspersönlichkeit und neuer/keiner
Tarifbindung (Folge: Senkung der Lohnstrukturen; vgl. im Sommer 2007: Telekom)

- Einführung neuer Arbeitszeitmodelle, z. B. Verlängerung der Wochenarbeitszeit
ohne Lohnausgleich

- Insourcing von zuvor outgesourcten Leistungen

- Gehaltsverzicht der Führungskräfte und Leitenden

4.2.8 Entgeltformen

01. Entgeltformen im Vergleich (Vor- und Nachteile)

• *Vor- und Nachteile des Zeitlohns:*

Zeitlohn	
Vorteile	**Nachteile**
einfache Berechnung	fehlender/geringerer Anreiz zur Mehrleis-tung
Vermeidung von Überbeanspruchung	
Schaffung hoher Qualitätsstandards	Minderleistungen gehen zulasten des Ar-beitgebers
konstantes Einkommen für den Mitarbeiter	
weniger Stress	ist schwieriger zu kalkulieren (Äquivalenz von Lohn und Leistung)
geringere Unfallgefahr	

• *Vor- und Nachteile des Akkordlohns:*

Akkordlohn	
Vorteile	**Nachteile**
Anreiz zur Mehrleistung	Gefahr der Überlastung
verbesserte Lohngerechtigkeit	Gefahr von Qualitätseinbußen
Beeinflussung durch den Mitarbeiter möglich	ggf. höherer Material- und Energieverbrauch
Arbeitgeber trägt nicht das Risiko der Min-derleistung	höhere Unfallgefahr
konstante Stückkosten → klare Kalkulation	

- *Vor- und Nachteile* des Prämienlohns:

Prämienlohn	
Vorteile	**Nachteile**
Anreiz zu wirtschaftlicher Arbeit	Probleme bei der Gestaltung des Verteilungsschlüssels
Motivation und ggf. geringere Fluktuation	meist aufwändig in der Berechnung
positive Beeinflussung der Qualität	schwieriger zu kalkulieren

- *Vor- und Nachteile des Gruppenlohns*:

Gruppenlohn	
Vorteile	**Nachteile**
gegenseitige Kontrolle der Gruppenmitglieder	Probleme bei der Wahl des Verteilungsschlüssels
„Leistungsschwächere" werden motiviert	ggf. Auftreten von Konflikten
„Leistungsstarke" werden gefördert	„Leistungsstarke" werden gebremst
Förderung der Kooperation und des Zusammenhalts	ggf. sozialer Druck gegen Leistungsschwächere

02. Prämienlohn (1)

Der Prämienlohn setzt sich grundsätzlich zusammen aus:

> Grundlohn + Prämie = 3.200,00 € + Prämie

Bemessungsgrundlage für die Prämie im Handel können z. B. folgende Anteile sein:

(1)

> $$\frac{\text{Anzahl der durch den Mitarbeiter bedienten Kunden/Monat}}{\text{Anzahl der insgesamt bedienten Kunden/Monat}}$$

$$= \frac{460}{780} = 0{,}5897$$

(2)

> $$\frac{\text{Umsatz pro Mitarbeiter/Monat}}{\text{Umsatz gesamt/Monat}}$$

$$= \frac{17.000\ €}{39.000\ €} = 0{,}4359$$

Im einfachen Fall wird aus beiden Anteilen das arithmetische Mittel gebildet (möglich ist auch die Gewichtung mit einem Faktor):

$$(0{,}5897 + 0{,}4359) : 2 = 0{,}5128$$

Im vorliegenden Fall kann dieser Wert – als Promille-Satz vom Umsatz gesamt – zur Berechnung der Prämie herangezogen werden:

5,128 ‰ von 39.000 € = 199,99 €

Der (fiktive) Prämienlohn des Mitarbeiters im Monat Juni beträgt:

3.200 € + 199,99 € = 3.399,99 €

03. Prämienlohn (2)

Beim Zeitlohn wird der Lohn nach der aufgewendeten Arbeitszeit in Wochen oder Monaten berechnet. Dem Vorteil der einfachen Berechnung steht der Nachteil gegenüber, dass kein Anreiz besteht, die eigene Leistung durch Mehrarbeit zu steigern.

Prämienlohn liegt vor, wenn zu einem vereinbarten Grundlohn, der mindestens dem Tariflohn entspricht, planmäßig ein zusätzliches Entgelt, die Prämie, gewährt wird, dessen Höhe auf eindeutig feststellbaren Mehrleistungen des Mitarbeiters beruht.

Entscheidend für die Möglichkeit der Einführung von Prämienlohn ist es, dass die Messung der Verkäuferleistung eindeutig möglich ist. Der Verkäufer muss es in der Hand haben, über entsprechende Mehrleistungen die Höhe der gewährten Prämie direkt zu beeinflussen. Die Verkäuferleistung drückt sich im erzielten Umsatz und in der Zahl der bedienten Kunden in einer bestimmten Zeiteinheit aus. Dies kann nach folgender Kennzahl erfolgen:

Prozentualer Anteil des Monatsumsatzes einer Verkaufskraft am Gesamtumsatz sowie monatlicher prozentualer Anteil der durch die Verkaufskraft bedienten Kunden an der Gesamtzahl der bedienten Kunden dividiert durch zwei. Das Ergebnis ist die Leistungszahl der Verkaufskraft des Betriebes. Sofern diese Leistungen eindeutig gemessen werden können, ist die Einführung eines Prämienlohnes möglich. Weitere Voraussetzung ist, dass dabei die Kunden das Gefühl der Kaufzufriedenheit behalten. Wenn sich nämlich bei den Kunden der Gedanke durchsetzt, dass „sie kaufen müssen, um den Laden wieder verlassen zu können", werden sie den Betrieb kein zweites Mal mehr betreten. Es muss sichergestellt sein, dass die Verkäufer nicht nur ihre Prämie, sondern in gleicher Weise die Kundenzufriedenheit im Auge behalten, und ferner, dass nicht ein Verkäufer dem anderen die Kunden „abjagt". Die Einführung des Prämienlohnes erfordert daher eine intensive Schulung des gesamten Verkaufspersonals und eine sorgfältige Kontrolle des gesamten Entlohnungssystems.

04. Prämienlohn (3)

	Pro	Kontra
Einzelprämie:	- direkte Bemessung - fördern den internen Wettbewerb	- ggf. verschlechtern sich Betriebsklima und Zusammenarbeit
Gruppenprämie: - generell -	- fördert Teamarbeit und Wir-Gefühl der Gruppe	- Leistungsschwächere profitieren - keine direkte Bemessung für den Einzelnen möglich
Gruppenprämie: - auf der Basis der Leistung aller Mitarbeiter		- keine Differenzierung für Damen- und Herrentextilien möglich - wirkt daher eher demotivierend
Gruppenprämie: - getrennt nach Damen-/ Herrentextilien	- Wettbewerb zwischen den beiden Produktbereichen - Möglichkeit der Leistunsdifferenzierung	- Entgeltungerechtigkeit kann dann entstehen, wenn ein Produktbereich aufgrund des Marktes generell zu unterschiedlichen Absatzzahlen führt.

05. Entgeltformen (Überblick)

Beispiel:

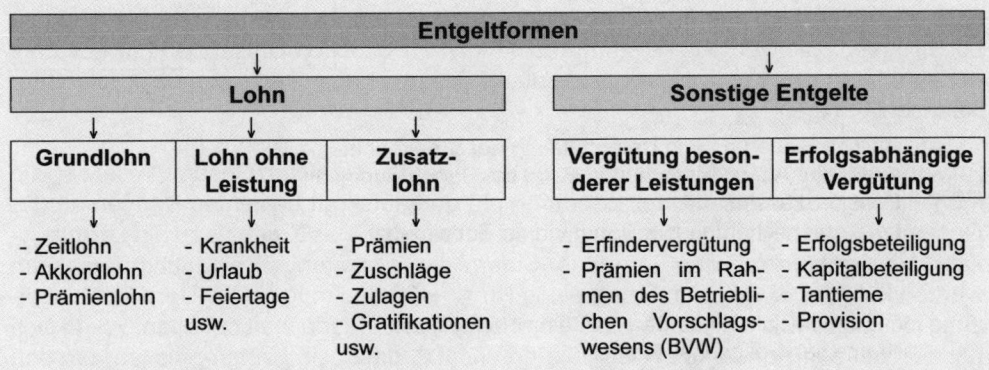

06. Sozialpolitik

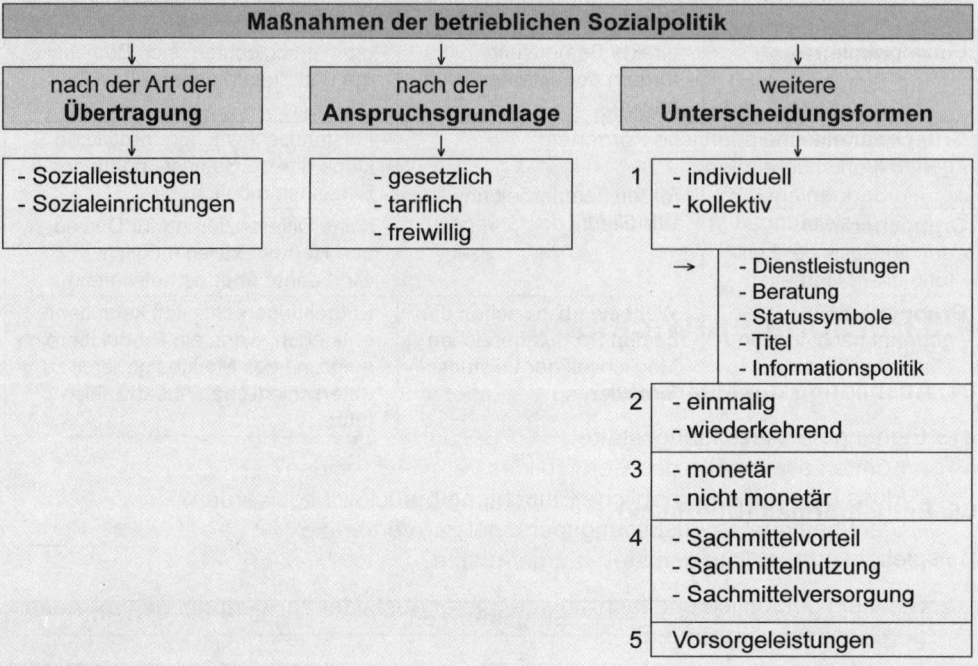

Beispiele:

- zusätzliche Sicherung und Unterstützung der Arbeitnehmer, z. B.
  - betriebliche Altersversorgung in Form der Begründung von
    · Pensionskassen
    · Lebensversicherungen zu Gunsten der Arbeitnehmer
  - Darlehen
  - Sterbekassen

- zusätzliche soziale Fürsorge und Gesundheitspflege
  - allgemeiner Gesundheitsdienst
    · Betriebskrankenkassen
    · werksärztliche Betreuung
    · Hygienemaßnahmen
  - betriebliche Fürsorge und Familienhilfe
    · Betriebskindergärten
    · Ferienheime
    · Trennungs- und Umzugsentschädigungen
    · Belegschaftsberatungen usw.
  - Ernährungsfürsorge
    · Betriebskantine
    · Zuschuss für Fremdverpflegung
  - Wohnungsfürsorge
    · werkseigene Wohnungen
    · Personaldarlehen für den Wohnungsbau

- Aus- und Fortbildung
  · Vergabe von Stipendien an förderungswürdige Arbeitnehmer oder deren Kinder
  · Kurse/ Seminare
- Unfallfürsorge
  · Schutzkleidung
  · Prämien für Unfallverhütung
- kulturelle und sportliche Förderung
  · Werksbüchereien
  · Sportanlagen
  · Hilfeleistungen in Härtefällen

4.3 Personalentwicklung

01. Ausbildung der Mitarbeiter

a) • Eignung der Ausbildungsstätte
   - Können alle Inhalte des Berufsbildes vermittelt werden?
   - Muss eine außerbetriebliche Einrichtung berücksichtigt werden?
   - Steht geeignetes Ausbildungspersonal zur Verfügung?
   - ebenso: Ausbildungsmittel/-räume/-plätze?

• Steht ein persönlich und fachlich geeigneter Ausbilder zur Verfügung? (vgl. Ausbilder-Eignungsverordnung)

b) • *Lehrgespräch:*
   fragend-entwickelnde Methode; dient vor allem der Kenntnisvermittlung

• *Rollenspiel:*
   Übernahme von Rollen aus dem betrieblichen Alltag; hoher Übungscharakter; geeignet besonders bei Verhaltenslernzielen

• *Fallstudie:*
   Simulation der Wirklichkeit mit praxisnahen Daten aus einem komplexeren Sachverhalt; geeignet zur Entscheidungsfindung und Anwendung von Wissensinhalten

02. Planung der Ausbildung

- Erstellung einer sachlichen und zeitlichen Gliederung der Ausbildung
- Ausbildungsplätze in der Fachabteilung bereitstellen
- Unterweisungspläne, Versetzungspläne erstellen
- Ausbildungsmittel bereitstellen
- aktuelle Ausbilderkompetenz in Bezug auf die Anforderungen sichern

03. Methoden der Ausbildung

a)

Die Vier-Stufen-Methode	
1. Schritt: **Vorbereitung**	- Persönliche Vorbereitung des Ausbilders: Ablaufplan, Methodenwahl, Erstellung der Visualisierung - Vorbereitung des Arbeitsplatzes - Vorbereitung des Auszubildenden: Lernzielbenennung, Motivation
2. Schritt: **Vormachen und erklären**	Der Ausbilder zeigt den Arbeitsschritt und erklärt seinen Ablauf.
3. Schritt: **Nachmachen und erklären lassen**	Der Auszubildende wird aufgefordert, die Arbeitsschritte zu wiederholen und zu erklären.
4. Schritt: **Üben**	Der Auszubildende muss jetzt die Arbeitsschritte üben. Damit wird gewährleistet, dass das Gelernte auf Dauer behalten wird.

b) Beispiele:
- Bezug zwischen Theorie und Praxis herstellen.
- Die Methode muss zielgruppenorientiert gewählt werden und berücksichtigen, welche Kompetenzen der Auszubildende erreichen soll.
- Der Schwierigkeitsgrad muss den Vorkenntnissen angepasst sein.
- Pädagogischen Grundprinzipien beachten (z.B. vom Einfachen zum Schweren).
- Handlungsorientierte und aktivierende Methoden sind vorzuziehen.
- Die Stoffvermittlung durch geeignete Visualisierung verstärken.

04. Schlüsselqualifikationen

a) Schlüsselqualifikationen lassen sich mit folgenden Stichworten umreißen:
- relativ positionsunabhängig
- berufs- und funktionsübergreifend
- langfristig verwertbar
- übergeordnete Bedeutung
- bilden häufig die Basis für den Erwerb spezieller Fachkompetenzen

b)

Schlüsselqualifikationen: - Beispiele -	Geeignete Trainingsmaßnahmen: - Beispiele -
Lernfähigkeit	- Einsatz in Projektgruppen - Teilnehmer-aktivierende Methoden im Seminar
Moderationsfähigkeit	- Erlernen und Anwenden moderatorischer Kompetenz - Coaching der Moderationskompetenz durch den Vorgesetzten
Kommunikationsfähigkeit	- Erlernen von Regeln der Kommunikationsfähigkeit im Seminar - Üben der Kommunikationsfähigkeit unter Supervision

05. Formen von Weiterbildungsmaßnahmen

a) Beispiele:
   - Einsatzdauer
   - Einsatzbereich
   - Entwicklungsziele
   - (flankierende) Lehrgänge und Trainingsmaßnahmen

b) Die Übernahme zeitlich befristeter Fragestellungen innerhalb eines Projekts erfordert/fördert Qualifikationen, die innerhalb einer Linienposition eher seltener angesprochen werden können.

   Beispiele:
   - Einsatz und Beherrschung kreativer Methoden
   - Präsentationsfähigkeit
   - Moderationsfähigkeit
   - Entwicklung der Analysefähigkeit

c) • *Das Planspiel* verläuft meist über mehrere Spielperioden. Der Teilnehmer ist gezwungen, im Team Entscheidungen zu verschiedenen Parametern abzugeben. Der weitere Spielverlauf zeigt ihm die Auswirkungen seiner Entscheidung. Lernen im Team und Denken in Zusammenhängen im Rahmen eines dynamischen Modells werden gefördert.

   • *Die Fallmethode* bietet ähnliche Ansätze. Die Methode ist jedoch statisch angelegt und meist weniger komplex als ein Planspiel.

06. Förderung von Nachwuchskräften

a) Mit „Nachwuchskräften" wird i. d. R. der Führungsnachwuchs bezeichnet, d. h. es geht vorwiegend um die Vorbereitung von Mitarbeitern zur Übernahme von Führungspositionen im Unternehmen.

b) Im Vordergrund stehen die Vermittlung von
   - Führungsfähigkeiten und
   - Managementtechniken.

   Daneben sind häufig unternehmensspezifische Gegebenheiten ein Thema innerbetrieblicher Schulungen für Nachwuchskräfte, z. B.:
   - Betriebspolitik,
   - Führungsprinzipien,
   - Geschäftsprinzipien,
   - Budgetierung und Ergebnisrechnung und
   - Controlling.

c) Maßnahmen und Methoden der Nachwuchskräfteförderung sind in ein ganzheitliches Konzept einzubinden, damit die Instrumente sich gegenseitig ergänzen und ihre volle Wirkung entfalten können. Als Methoden bieten sich hier z. B. besonders an:

- Traineeausbildung (als Generalist oder Spezialist; Dauer: meist sechs Monate bis zwei Jahre)
- Übernahme von Sonderaufgaben
- Auslandsentsendung
- Leitung von Projekten und Qualitycircle
- Stellvertretung; oft in Verbindung mit Job-Rotation
- Assistenten-Funktion
- Leiter einer Junioren-Firma (Junior-Board)

07. Förderung ausländischer Mitarbeiter

Die Förderung ausländischer Mitarbeiter ist nur dann erfolgreich, wenn deren gesellschaftlich-kulturelle Wertestruktur und die Motive, die ihr Handeln bestimmen, ausreichend bekannt sind und in die Maßnahmen der Förderung einbezogen werden.

Beispiele:
- alternative Lernformen
- Aufarbeiten des fehlenden gesellschaftlich-kulturellen Hintergrundwissens über das Land, in dem sie tätig sind
- anderer Umgang in der Geschlechterfrage
- Beachtung religiöser Vorgaben oder Einschränkungen

08. Job-Rotation

a) *Job-Rotation* (= Arbeitsplatzringtausch) ist die systematisch gesteuerte Übernahme unterschiedlicher Aufgaben in Stab oder Linie bei vollgültiger Wahrnehmung der Verantwortung einer Stelle. Jedem Arbeitsplatzwechsel liegt eine Versetzung zu Grunde.

   Entgegen der zum Teil häufig geübten Praxis ist Job-Rotation nicht „das kurzfristige Hineinschnuppern in ein anderes Aufgabengebiet", das „Über-die-Schulter-schauen", sondern die vollwertige, zeitlich befristete Übernahme von Aufgaben und Verantwortung einer Stelle mit dem Ziel der Förderung bestimmter Qualifikationen.

b) *Vorteile von Job-Rotation*, z. B.:
   - das Verständnis von Zusammenhängen im Unternehmen wird gefördert;
   - der Mitarbeiter wird von Kollegen und unterschiedlichen Vorgesetzten „im Echtbetrieb" erlebt; damit entstehen Grundlagen für fundierte Beurteilungen;
   - Fach- und Führungswissen kann horizontal und vertikal verbreitert werden;
   - die Einsatzmöglichkeiten des Mitarbeiters werden flexibler; für den Betrieb wird eine personelle Einsatzreserve geschaffen; „Monopolisierung von Wissen" wird vermieden;
   - Lernen und Arbeiten gehen Hand in Hand; „Produktion und Information", d. h. die Bewältigung konkreter Aufgaben und die Aneignung neuer Inhalte sind eng verbunden.

09. Personalförderung

Einzelmaßnahmen der Personalförderung:

- Fördergespräch
- Job-Enrichment
- Coaching
- Job-Enlargement
- Laufbahnförderung
- Mentoring

10. Fortbildung (Bedarfsermittlung und -deckung)

a) - Ermittlung der Anforderungen
  - Ermittlung der Mitarbeiterqualifikationen
  - Ermittlung der Mitarbeiterinteressen
  - Feststellung des Fortbildungsbedarfs
    Hierbei gilt die Gegenüberstellung der Anforderungen versus der Mitarbeiterquali-
    fikationen, die anhand des Anforderungs- und des Eignungsprofils der Mitarbeiter
    vollzogen wird. Als Ergebnis können zwei mögliche Varianten auftreten:

    · Qualifikationslücken, die dann entstehen, wenn die Anforderungen höher als die
      Eignungen sind, oder
    · Anforderungslücken, bei der die Qualifikationen die Anforderungen übertreffen.

b) • *Interne Fortbildung:*
   Dabei wird der Fortbildungsbedarf im eigenen Unternehmen gedeckt. Die Vorteile,
   die Maßnahmen im Haus zu entwickeln, zu planen und durchzuführen, ergeben sich
   im Kostenbereich und in der engen Bindung an die betriebsnahen Erfordernisse.
   Nachteilig kann sich u. U. die mangelnde Professionalität in der Wissensvermittlung
   und eine evtl. Kapazitätsüberlastung auswirken.

   • *Externe Fortbildung:*
   In dieser Form der Fortbildung werden alle Maßnahmen durch einen eigenständigen
   Bildungsträger oder Trainer entwickelt, geplant und durchgeführt, wobei der Ort der
   Durchführung im Unternehmen selbst oder außerhalb sein kann. Vorteile lassen
   sich durch die unternehmensübergreifenden Möglichkeiten des Lernens und des
   Informationsaustausches kennzeichnen.

11. Novellierung der AEVO

Eine fachlich und pädagogisch hochwertige Arbeit der AusbilderInnen soll die Wie-
dereinführung der überarbeiteten Ausbilder-Eignungsverordnung (AEVO), die zum
01.08.2009 in Kraft trat, leisten. In der neuen Rechtsverordnung ist geregelt, dass all
diejenigen, die während der Aussetzung der AEVO als Ausbilder tätig waren, auch in
Zukunft von der Verpflichtung, ein Prüfungszeugnis nach der AEVO vorzulegen, befreit
sind. Dies gilt nur dann nicht, wenn die bisherige Ausbildertätigkeit zu gravierenden
Beanstandungen durch die zuständige Stelle geführt hat. Mit dieser Vorschrift wird den

Betrieben ein praktikabler Übergang auf die neue Rechtslage ermöglicht. Andere Befreiungsvorschriften stellen weiterhin sicher, dass auch vergleichbare Qualifikationen das AEVO-Zeugnis ersetzen können.

12. Evaluierung der Personalentwicklung (Kosten- und Nutzenanalyse)

a) Ansätze zur Messung des Nutzen bzw. Erfolgs von Personalentwicklungsmaßnahmen (nach Kirkpatrick):

Ansätze zur Erfolgsmessung von Personalentwicklungsmaßnahmen			
Ebene	*Messgröße*	*Messverfahren*	*Erhebungszeitpunkt*
Unternehmens-ebene	Arbeitsergebnisse	- Kennzahlen, z. B.: · Produktivität · Wirtschaftlichkeit - Grad der Zielerreichung	einige Zeit nach der Maßnahme
Lern- und Anwendungs-ebene	- Lernerfolg - Anwendungserfolg - Kompetenzzuwachs	- Test - Prüfung - Leistungsmessung am Arbeitsplatz	- am Ende der Maßnahme - einige Zeit nach der Maßnahme
Reaktion der Teilnehmer	Beurteilung der Maßnahme durch die Teilnehmer	- Teilnehmerbefragung - Feed-back-Fragebogen	- während der Maßnahme - am Ende der Maßnahme

Quelle: eigene Darstellung und in Anlehnung an: Jansen, Th.: Personalcontrolling, S. 221, Ludwigshafen 2008

b) Beispiele für Störgrößen bei der Erfolgsmessung von Personalentwicklungsmaßnahmen:

Beispiel 1:   Werden ökonomische Größen im Anschluss an eine PE-Maßnahme gemessen, ist es mitunter schwierig, den geeigneten Zeitraum zu bestimmen (einen Monat nach der Maßnahme, drei Monate nach der Maßnahme usw.). Es lässt sich immer nur im Einzelfall ermitteln, wann der Lernerfolg zu einem Anwendungserfolg führt.
Beispiel 2:   Nach einer Trainingsmaßnahme „Teamarbeit" verbessert sich die Produktivität der Arbeitsgruppe. Ist die Leistungssteigerung auf die Trainingsmaßnahme und/oder auf die verbesserte Maschinenkonfiguration zurückzuführen?
Beispiel 3:   Nach einem Verkaufstraining verschlechtert sich die Verkaufsleistung der Mitarbeiter. War das Training ineffektiv oder sind dafür Probleme am Absatzmarkt ursächlich?

Musterprüfungen

Teilprüfung „Wirtschaftsbezogene Qualifikationen"

1. Prüfungsanforderungen

Im Januar 2008 wurde vom DIHK der neue Rahmenplan für die Fortbildungsprüfung der Dienstleistungsfachwirte-Familie veröffentlicht. Damit erhalten diese Qualifizierungen einen neuen gemeinsamen Basisteil. Er heißt „Wirtschaftsbezogene Qualifikationen" und ist die erste Teilprüfung der Fortbildungsmaßnahme.

Da diese Stufe der Fortbildung kein eigenständiger Abschluss ist, erhalten die Teilnehmer nur eine Prüfungsbescheinigung und kein Prüfungszeugnis.

1.1 Zulassungsvoraussetzungen

Die Zulassungsvoraussetzungen sind unterschiedlich und richten sich nach der jeweiligen Verordnung der Fortbildungsmaßnahme innerhalb der Dienstleistungsfachwirte-Familie. Bitte entnehmen Sie die Einzelbestimmungen dem § 2 der betreffenden Verordnung.

Beispielsweise enthält die Verordnung über die Prüfung zum anerkannten Abschluss Geprüfter Wirtschaftsfachwirt/Geprüfte Wirtschaftsfachwirtin in § 2 folgende Bestimmungen:

(1) Zur Teilprüfung „Wirtschaftsbezogene Qualifikationen" ist zuzulassen, wer nachweist:

1. eine mit Erfolg abgelegte Abschlussprüfung in einem anerkannten mindestens dreijährigen kaufmännischen oder verwaltenden Ausbildungsberuf oder

2. eine mit Erfolg abgelegte Abschlussprüfung in einem sonstigen anerkannten mindestens dreijährigen Ausbildungsberuf und danach eine mindestens einjährige Berufspraxis oder

3. eine mit Erfolg abgelegte Abschlussprüfung in einem anderen anerkannten Ausbildungsberuf und danach eine mindestens zweijährige Berufspraxis oder

4. eine mindestens dreijährige Berufspraxis.

(2) Abweichend davon, kann auch zugelassen werden, wer durch Vorlage von Zeugnissen oder auf andere Weise glaubhaft macht, dass er Kenntnisse, Fertigkeiten und Erfahrungen erworben hat, die die Zulassung zur Prüfung rechtfertigen.

1.2 Gliederung und Durchführung der Prüfung

1.2.1 Schriftliche Prüfung

Es werden vier Qualifikationsbereiche schriftlich geprüft:

Schriftliche Prüfung	
1. Volks- und Betriebswirtschaft	60 Minuten
2. Rechnungswesen	90 Minuten
3. Recht und Steuern	60 Minuten
4. Unternehmensführung	90 Minuten

Hilfsmittel: Zugelassen ist ein netzunabhängiger, nicht programmierbarer Taschenrechner. Weiterhin dürfen je nach Prüfungsinhalt von Fall zu Fall Gesetzestexte (z. B. BGB, HGB, UWG, GWB, Arbeitsgesetze, Steuergesetze; ohne Kommentar, ohne Anmerkungen) und eine unkommentierte Formelsammlung benutzt werden (Stand: Frühjahr 2010). Bitte erkundigen Sie sich bei der für Sie zuständigen Kammer über die jeweils zulässigen Hilfsmittel (vgl. Merkblatt der Kammer).

Freistellung (Anrechnung anderer Prüfungsleistungen): Der Teilnehmer kann auf Antrag von der Prüfung unter bestimmten Bedingungen in einzelnen Prüfungsfächern freigestellt werden. Eine vollständige Freistellung ist nicht zulässig (vgl. § 6 der Rechtsverordnung).

Der *Punkteschlüssel* der Kammern hat folgende Struktur:

100 – 92 Punkte	=	Note 1
91 – 81 Punkte	=	Note 2
80 – 67 Punkte	=	Note 3
66 – 50 Punkte	=	Note 4
49 – 30 Punkte	=	Note 5
29 – 00 Punkte	=	Note 6

1.2.2 Mündliche Ergänzungsprüfung

Hat der Teilnehmer in nicht mehr als einem Qualifikationsbereich eine nicht ausreichende Leistung (Note 5) erzielt, so ist ihm die Möglichkeit einer *mündlichen Ergänzungsprüfung* anzubieten. Bei einer oder mehreren ungenügenden Leistungen (Note 6) besteht diese Möglichkeit nicht.

Die mündliche Ergänzungsprüfung ist anwendungsbezogen durchzuführen und soll je Prüfungsteilnehmer nicht länger als 15 Minuten dauern.

Das Ergebnis der schriftlichen Prüfung und der mündlichen Ergänzungsprüfung ist im Verhältnis 2:1 zu gewichten.

1.3 Bestehen der Prüfung

Die Prüfung ist bestanden, wenn in allen Qualifikationsbereichen mindestens ausreichende Leistungen (Note 4) erbracht wurden. Die Gesamtnote der Teilprüfung ergibt sich aus dem Durchschnitt der Punktebewertungen der Leistungen in den einzelnen Qualifikationsbereichen (arithmetisches Mittel).

1.4 Wiederholung der Prüfung

Eine Prüfung, die nicht bestanden ist, kann *zweimal wiederholt* werden.

In der Wiederholungsprüfung ist eine Befreiung von einzelnen Prüfungsteilen, die zuvor bestanden wurden, möglich. Dabei ist ein Zeitraum von zwei Jahren zu beachten.

2. Tipps und Techniken zur Prüfungsvorbereitung

Über die Frage der optimalen Prüfungsvorbereitung lassen sich ganze Bücher schreiben. An dieser Stelle sollen nur einige Schlaglichter ins Gedächtnis gerufen werden:

Vor der Prüfung:

- Sorgen Sie vor der Prüfung für ausreichend Schlaf. Stehen Sie rechtzeitig auf, sodass Sie „aufgeräumt" und ohne Stress beginnen können.

- Akzeptieren Sie eine gewisse Nervosität und beschäftigen Sie sich nicht permanent mit Ihren Stresssymptomen.

- Beginnen Sie frühzeitig mit der Vorbereitung. Portionieren Sie den Lernstoff und wiederholen Sie wichtige Lernabschnitte. Setzen Sie inhaltliche Schwerpunkte: Insbesondere sollten Sie die Gebiete des Rahmenplans mit hoher Lernzieltaxonomie beherrschen. Es heißt dort „… Kenntnis, Vertrautheit, Fertigkeit, Beherrschung, Verständnis …" (Lernzielbeschreibung). Lernen Sie nicht „bis zur letzten Minute vor der Prüfung". Dies führt meist nur zur „Konfusion im Kopf". Lenken Sie sich stattdessen vor der Prüfung ab und unternehmen Sie etwas, das Ihnen Freude bereitet.

Während der Prüfung:

- Lesen Sie jede Fragestellung konzentriert und in Ruhe durch – am besten zweimal. Beachten Sie die Fragestellung, die Punktgewichtung und die Anzahl der geforderten Argumente.

  Beispiel:
  - „Nennen Sie fünf Verfahren der Personalauswahl …" Das bedeutet, dass Sie fünf (!) Argumente auflisten – am besten mit Spiegelstrichen – und ohne Erläuterung.

- „Erläutern Sie zwei Verfahren der Marktforschung und geben Sie jeweils ein Bei-spiel" heißt, dass Sie zwei Verfahren nennen – jedes der Verfahren mit eigenen Worten beschreiben – (als Hinweis über den Umfang der erwarteten Antwort kann die Punktzahl nützlich sein) und zu jedem Argument ein eigenes Beispiel (keine Theorie) bilden.

• Wenn Sie eine Fragestellung nicht verstehen, bitten Sie die Prüfungsaufsicht um Erläuterung. Hilft Ihnen das nicht weiter, „definieren" Sie selbst, wie Sie die Frage verstehen; z. B.: „Personalplanung wird hier verstanden als abgeleitete Planung in-nerhalb der Unternehmensgesamtplanung ...". Es kann auch vorkommen, dass eine Fragestellung recht allgemein gehalten ist und Sie zu der Aufgabe keinen Zugang finden. „Klammern" Sie sich nicht an diese Aufgabe – Sie verlieren dann wertvolle Prüfungszeit – sondern bearbeiten Sie die anderen Fragen, die Ihnen leichter fallen.

• Hilfreich kann mitunter auch folgendes Lösungsraster sein – insbesondere bei Fragen mit „offenen Antwortmöglichkeiten":

Sie strukturieren die Antwort nach einem allgemeinen Raster, das für viele Antworten passend ist:

- interne/externe Betrachtung (Faktoren),
- kurzfristig/langfristig,
- hohe/geringe Bedeutung,
- Arbeitgeber-/Arbeitnehmersicht,
- Vorteile/Nachteile,
- sachlogische Reihenfolge nach dem „Management-Regelkreis": Ziele setzen, pla-nen, organisieren, durchführen, kontrollieren,
- Unterschiede/Gemeinsamkeiten.

• Beachten Sie die Bearbeitungszeit: Wenn z. B. für ein Fach 90 Minuten zur Verfügung stehen, ergibt sich ein Verhältnis von 0,9 Min. je Punkt; beispielsweise haben Sie für eine Fragestellung mit 8 Punkten ca. sieben Minuten Zeit.

• Speziell für die mündliche Prüfung gilt: Üben Sie zu Hause „laut" die Beantwortung von Fragen. Bitten Sie den Dozenten, die Prüfungssituation zu simulieren. Gehen Sie ausgeglichen in die mündliche Prüfung. Sorgen Sie für emotionale Stabilität, denn die Psyche ist die Plattform für eine angemessene Rhetorik. Kurz vor der Prüfung: „Sprechen Sie sich frei", z. B. durch lautes „Frage- und Antwort-Spiel" im Auto auf dem Weg zur Prüfung. Damit werden die Stimmbänder aktiv und der Kopf übt sich in der Bildung von Argumentationsketten.

• Zum Schluss: Wenn Sie sich gezielt und rechtzeitig vorbereiten und einige dieser Tipps ausprobieren, ist ein zufriedenstellendes Punkteergebnis fast unvermeidbar.

Die nachfolgenden „Musterklausuren" liefern dazu reichlich Stoff zum Üben.

Die Autoren wünschen Ihnen viel Erfolg bei der Vorbereitung sowie in der bevorste-henden Prüfung.

Aufgaben

1. Fach: Volks- und Betriebswirtschaft

Bearbeitungszeit: 60 Minuten
Hilfsmittel: BGB, HGB, GWB, UWG

Punkte

Aufgabe 1

Im Zuge der Globalisierung verstärkt sich der Trend von Zusammenschlüssen großer Unternehmen.

a) Nennen Sie vier Vorteile, die Unternehmen durch den Zusammenschluss anstreben.   4

b) Beschreiben Sie zwei Beispiele für volkswirtschaftliche Auswirkungen dieser Konzentrationsprozesse.   4

Aufgabe 2

Erläutern Sie zwei zentrale Funktionen (Aufgaben) des Businessplans.   6

Aufgabe 3

a) Was versteht man unter der Allokationsfunktion des Preises? Geben Sie eine Erläuterung.   6

b) Unterscheiden Sie Lohnquote und Sparquote.   4

Aufgabe 4

In einer geschlossenen Volkswirtschaft wurden in einer Periode Güter im Wert von 10.000 Geldeinheiten (GE) produziert. Es wurden Vorleistungen in Höhe von 4.000 GE verbraucht. Die Abschreibungen betrugen 800 GE. Der Saldo aus indirekten Steuern und Subventionen belief sich auf 1.000 GE. Die Produktions- und Importabgaben an den Staat abzüglich Subventionen betrugen 400 GE. Die „unterstellte Bankgebühr" wird vernachlässigt. Der Saldo der Primäreinkommen mit der übrigen Welt lag bei 20 GE.

a) Berechnen Sie das Bruttoinlandsprodukt.   8

b) Ermitteln Sie das Volkseinkommen.   6

Aufgabe 5

a) Der Großhändler Huber möchte von Ihnen wissen, ob er sein Geschäft als Einzelunternehmung weiterführen soll oder besser in eine Gesellschaft umwandeln sollte. Erläutern Sie Ihrem Chef Huber jeweils drei Vor- und Nachteile der Rechtsform „Gesellschaft".   6

b) An einer offenen Handelsgesellschaft sind die Herren Kemmerer, Lurtz   8
und Kerner beteiligt. Im Gesellschaftervertrag wurde vereinbart, dass
Kerner für alle Personalfragen unbeschränkte Handlungsvollmacht hat,
jedoch keine Handelseinkäufe tätigen darf. Auf einem Messebesuch
sieht Kerner eine Textilienneuheit. Wegen der lukrativen Gewinnmög-
lichkeit bestellt Kerner drei Ballen der Waren. Als die Lieferung kommt,
lehnen seine Mitgesellschafter die Annahme der Ware ab.

Beurteilen Sie die Rechtslage und nehmen Sie in Ihrer Begründung Stellung zum Unterschied von „Geschäftsführung" und „Vertretung" bei einer
OHG.

Aufgabe 6

Die Europäische Zentralbank (EZB) hat im Jahr 2008 und 2009 mehrfach
den Leitzins gesenkt.

a) Beschreiben Sie drei gesamtwirtschaftliche Auswirkungen dieser Maß-   9
nahme.

b) Beurteilen Sie die Wirksamkeit dieser Maßnahme.   8

c) Nennen Sie drei weitere, hoheitliche Aufgaben der EZB.   3

Aufgabe 7   9

Der Euro hat infolge der Wirtschaftskrise und der weltweiten Spekulation
gegen Währungen an Wert gegenüber dem US-Dollar gewonnen.

Beschreiben Sie drei Auswirkungen für die deutsche Wirtschaft, die mit
dieser Entwicklung verbunden sein können.

Aufgabe 8

Vor dem Hintergrund der weltweiten Wirtschaftskrise wurden im Frühjahr
2010 von der FDP massive Steuersenkungen gefordert.

a) Erläutern Sie, welche Auswirkungen diese Politik für den Staat, die Un-   9
ternehmen und für die Haushalte haben kann.

b) Beschreiben Sie, was man unter Fiskalpolitik versteht und geben Sie drei   6
Beispiele für fiskalpolitische Maßnahmen.

c) Erläutern Sie Deficit-Spending.   4

| 100 |

2. Fach: Rechnungswesen

Bearbeitungszeit: 120 Minuten
Hilfsmittel: unkommentierte Formelsammlung　　　　　　　**Punkte**

Aufgabe 1

a) Die Bio-Landhandel GmbH weist für die zurückliegende Periode die　　6
nachfolgende Gewinn- und Verlustrechnung aus:

Gewinn- und Verlustrechnung vom 01.01.20.. - 31.12.20.. Bio-Landhandel GmbH				
	Geschäftsjahr 20..		Vergleich	
	Ist	Soll	Soll - Ist	
	EUR	EUR	EUR	%
Umsatzerlöse	469.000	500.000	-31.000	-6,2
Sonstige Erträge	16.000	15.000	1.000	6,6
Gesamtleistung	485.000	515.000	-30.000	-5,8
Wareneinsatz	-213.000	-240.000	-27.000	-11,3
Rohgewinn	272.000	275.000	-3.000	-1,1
Personalaufwand	-122.000	-120.000	2.000	0,7
Abschreibungen	-16.000	-16.000	0	0,0
Sonstiger betrieblicher Aufwand	-84.000	-95.000	-11.000	-11,6
Zinsen	-1.000	-1.000	0	0,0
Betriebsergebnis	49.000	43.000	6.000	14,0

Analysieren Sie den Soll-Ist-Vergleich und kommentieren Sie das Ergebnis.

b) Stellen Sie den grundsätzlichen Aufbau einer Bilanz dar und nennen Sie　　8
dabei sechs zentrale Bilanzpositionen.

c) Nennen Sie jeweils die Kriterien, nach denen beide Seiten der Bilanz　　4
geordnet sind.

d) Ein Grundstück wurde mit den Anschaffungskosten in Höhe von 600.000 €　　4
bilanziert. Es entstand ein Verfall des Wertes um ein Drittel, da der Bund
in unmittelbarer Nähe einen Autobahnzubringer baute.
Wie ist das Grundstück zu bilanzieren? Geben Sie eine begründete Antwort.

Aufgabe 2

Der Absatz Ihres Betriebes mit dem Artikel „TOP" betrug im zurückliegenden Monat 60.000 Stück – bei einem Preis von 4,00 €. Auf diese Verkaufs-
menge entfielen 90.000 EUR fixe Kosten und 120.000 € variable Kosten.

Ermitteln Sie

a) den Deckungsbeitrag   4
   - pro Monat
   - pro Stück
b) den Gewinn   4
   - pro Monat
   - pro Stück
c) im Break-even-Point   6
   - den Absatz
   - den Umsatz
   - die Höhe der Gesamtkosten.

Aufgabe 3

Sie sind kommissarischer Leiter einer Niederlassung, die hochwertige Werkzeugsätze herstellt. Die Verhandlungen mit dem Kunden Huber stehen kurz vor dem Abschluss: Er möchte bei Ihnen laufend die Ausführung „MKX24" bestellen. Aus der Buchhaltung haben Sie folgende Zahlen erhalten:

Materialkosten pro Stück:	100 €/Stk.
Lohnkosten pro Stück:	200 €/Stk.
Fixkosten pro Woche:	12.000 €
vorläufiger Verkaufspreis pro Stück:	600 €/Stk.

a) Bei welcher Stückzahl pro Woche ist die Gewinnschwelle erreicht?   4
b) Wie hoch ist der Deckungsbeitrag pro Stück?   4

Aufgabe 4

Ein Unternehmen stellt das Produkt TOP her. Als Nebenprodukt ergibt sich bei der Herstellung von TOP das Pulver T-PUS, das für 100 € je Kilogramm am Markt angeboten wird. Im Monat Dezember werden 10.000 kg TOP und 1.000 kg T-PLUS hergestellt. Aus der Betriebsabrechnung liegen folgende Zahlen vor:

Rohstoffverbrauch	400.000 €
Materialgemeinkosten	40.000 €
Fertigungslöhne	80.000 €
Fertigungsgemeinkosten	60.000 €
Verwaltungskosten	30.000 €
Vertriebskosten	20.000 €

a) Berechnen Sie die Herstellkosten sowie die Selbstkosten für 1 kg TOP   8
   (die hergestellte Menge konnte vollständig abgesetzt werden).
b) Berechnen Sie die Selbstkosten für 1 kg TOP, wenn im Monat Dezember   3
   nur 8.000 kg verkauft werden konnten.

Aufgabe 5

Sie sind dabei, eine Unterweisung der kaufmännischen Auszubildenden vorzubereiten. Geben Sie jeweils eine Erläuterung zu folgenden Fragen:

a) Warum werden in der Kosten- und Leistungsrechnung kalkulatorische   3
Zinsen erfasst?
b) Wie sind Anderskosten definiert?   3
c) Nennen Sie vier Merkmale, nach denen sich die Kostenarten einteilen   8
lassen. Nennen Sie jeweils zwei Beispiele.

Aufgabe 6

Der Jahresabschluss eines Unternehmens weist folgende (vereinfachte) Bilanz aus (Angaben in Euro):

Aktiva	Bilanz zum 31. Dezember 20..		Passiva
Anlagevermögen	800.000	Eigenkapital	600.000
Umlaufvermögen	140.000	Verbindlichkeiten	
Bank/Kasse	60.000	- langfristig	300.000
		- kurzfristig	100.000
Bilanzsumme	1.000.000	Bilanzsumme	1.000.000

Der Jahresabschluss enthält weiterhin folgende Angaben:
- Aufwendungen: 2,00 Mio. € (davon Zinszahlungen: 25.000)
- Erlöse: 2,12 Mio. €

Ermitteln Sie
a) die Umsatzrentabilität   3
b) die Eigenkapitalrentabilität   3
c) die Unternehmensrentabilität.   3

Aufgabe 7   12

Ein Großhändler kauft 1.000 Damenröcke für 70.000 € ein. Er erhält 10 % Rabatt und bezahlt mit 2 % Skonto. Die Bezugskosten betragen 5.000 €. Er kalkuliert mit einem Handlungskostenzuschlagssatz von 30 % und einem Gewinnzuschlag von 7 %. Er gewährt seinen Kunden 2 % Skonto und 10 % Rabatt.

Ermitteln Sie den Nettoverkaufspreis pro Stück.

Aufgabe 8   10

In einer Rechnungsperiode liefert die Buchhaltung eines Fertigungsbetriebes nachfolgende Gemeinkosten, die entsprechend den angegebenen Schlüsseln zu verteilen sind. Es existieren vier Hauptkostenstellen: Material, Fertigung, Verwaltung und Vertrieb:

Gemeinkosten	EUR	Verteilungsschlüssel
Gemeinkostenmaterial (GKM)	9.600	3 : 6 : 2 : 1
Hilfslöhne	36.000	2 : 14 : 5 : 3
Sozialkosten	6.600	1 : 3 : 1,5 : 0,5
Steuern	23.100	1 : 3 : 5 : 2
sonstige Kosten	7.000	2 : 14 : 5 : 3
Abschreibung (AfA)	8.400	2 : 12 : 6 : 1

Verteilen Sie die Gemeinkosten auf die Kostenstellen.

| 100 |

3. Fach: Recht und Steuern

Bearbeitungszeit: 60 Minuten   **Punkte**

Hilfsmittel: BGB, HGB, Arbeitsgesetze (Textsammlung), UWG, Steuerrecht
(Textsammlung)

Aufgabe 1

a) Welche Beteiligungsrechte hat der Betriebsrat bei der innerbetrieblichen   8
   Stellenausschreibung?

b) Der Lebensmitteleinzelhändler Frost kündigt das Ausbildungsverhältnis,   8
   das mit Rudi Rastlos seit zwei Monaten besteht, fristlos zum Ende der
   Woche. Zu Recht?

Aufgabe 2   12

Der Geschäftsführer der Bio-Landhandel GmbH erleidet einen schweren
Unfall und ist für mehrere Wochen arbeitsunfähig. In dieser Zeit vertritt ihn
sein Prokurist Herr Rastlos und nimmt folgende Rechtsgeschäfte wahr:

Rechtsgeschäfte des Prokuristen Herrn Rastlos	
1	Unterschreiben der monatlichen Umsatzsteuererklärung.
2	Kauf von mehreren Partien Saatkartoffeln der Marke „Gisela".
3	Vertretung des Unternehmens bei einem Prozess.
4	Aufnahme eines Kredits und Eintragung einer Grundschuld.
5	Kauf eines angrenzenden Grundstücks zur Erweiterung des Betriebsgeländes.
6	Unterschreiben der Bilanz.

Entscheiden Sie, ob Herr Rastlos zur Wahrnehmung der Rechtsgeschäfte
berechtigt war (ja/nein) und begründen Sie ihre Antwort in Stichworten.

Aufgabe 3

Nennen Sie jeweils Rechte/Pflichten der Vertragsparteien bei:

a) Kaufverträgen,   4
b) Werkverträgen.   4

Aufgabe 4

a) Entscheiden Sie in den nachfolgenden Situationen, ob steuerliche Ein-   12
   künfte gegeben sind und bezeichnen Sie ggf. die Art der Einkünfte und
   der Steuer(n).

   1. Herrn Müller wird sein Gewinnanteil der X-GmbH ausgezahlt; er ist
      Gesellschafter.

2. Herr Hurtig ist bei der Baustoffhandel EZN KG angestellt. Für seine Tätigkeit bei der EZN KG erhält er eine monatliche Vergütung.

3. Die Handels AG erwirtschaftet einen Bilanzgewinn, der im Folgejahr ausgeschüttet werden soll.

b) Erläutern Sie den Unterschied zwischen Einkünften und Einkommen.   6

c) Nach § 4 USt-Gesetz sind eine Reihe von Umsätzen steuerbefreit. Nennen Sie vier Beispiele.   4

Aufgabe 5

Die Einzelhandels-GmbH will mit einer Reihe von Werbemaßnahme gezielt den Bekanntheitsgrad ihres Unternehmens fördern und ihre Produkte bewerben.

Nehmen Sie Stellung zu den im Folgenden beschriebenen, geplanten Aktionen und begründen Sie, ob wettbewerbsrechtliche Bedenken bestehen:

a) Durch gezielte Anrufe bei Privatpersonen aus der Region soll das Leistungsangebot beworben werden. Zu diesen Personen besteht bisher kein geschäftlicher Kontakt.   4

b) In einer Beilage der Wochenzeitschrift „DER ANZEIGER" wird eine Schlagbohrmaschine als „Preishammer der Woche" mit 29,00 € + MwSt angeboten. Dabei ist der Schriftzug „+ MwSt" deutlich kleiner gehalten als die Preisangabe.   6

c) Die Anzeigenbeilage aus Frage b) soll überschrieben werden mit der Headline „Ihr Handelshaus Nr. 1 in der Region". Tatsächlich gibt es in der Region drei vergleichbare Unternehmen in Größe und Leistungsangebot.   4

d) Welche Rechtsfolgen kann ein Verstoß gegen die Bestimmungen des Gesetzes gegen den unlauteren Wettbewerb (UWG) haben? Nennen Sie vier Beispiele.   4

Aufgabe 6

Herr Martin ist Mitarbeiter der Arbeitsvorbereitung. Wegen wiederholter nachweisbarer Verspätungen erhält er am 20.06.d.J. eine Abmahnung. Trotzdem kommt es in der Folgezeit erneut zu Verspätungen. Herr Martin erhält am 26.07.d.J. eine zweite Abmahnung von der Personalabteilung. Nachdem er am 27.07.d.J. erneut zu spät kommt, „platzt dem zuständigen Vorgesetzten der Kragen". Auf sein Verlagen hin wird von der Personalabteilung die Abmahnung zurückgenommen und das Kündigungsverfahren mit Anhörung des Betriebsrates eingeleitet. Der Betriebsrat äußert sich innerhalb der Wochenfrist nicht. Als Herr Martin daraufhin die fristgerechte Kündigung erhält, reicht er Klage ein.   14

Hat die Klage Aussicht auf Erfolg? Begründen Sie Ihre Antwort.

Aufgabe 7

Die Einzelhandels-GmbH La Moda handelt mit Damenoberbekleidung und bietet ihre Ware im Ladengeschäft sowie im Internet an.

a) Frau Mende bestellt bei La Moda per Internet mehrere T-Shirts. Die Ware   4
   wird mangelfrei geliefert.

   Nennen Sie, welcher Vertrag hier vorliegt und welche Rechte für Frau Mende bestehen.

b) Am Montag trifft bei La Moda die bestellte Kollektion Damenblusen ein.   6
   Leider bemerkt man erst 16 Tage später im Rahmen der Neugestaltung der Verkaufsflächen, dass die Lieferung einige fehlerhafte Stücke enthielt. Der zuständige Mitarbeiter im Wareneingangsbereich war schwer erkrankt. Der betreffende Großhändler lehnt eine Neulieferung der mangelhaften Ware ab.

   Beurteilen Sie die Rechtslage.

   100

4. Fach: Unternehmensführung

Bearbeitungszeit: 90 Minuten **Punkte**

Aufgabe 1
Ihr Unternehmen will die Fertigungsstrukturen verändern und danach Gruppenlohn einführen.

a) Nennen Sie drei Voraussetzungen für die Einführung des Gruppenlohns. 4

b) Beschreiben Sie zwei Beispiele für die Gestaltung des Verteilungsschlüssels beim Gruppenlohn. 4

c) Nennen Sie jeweils vier Vor- und Nachteile der Gruppenentlohnung. 8

Aufgabe 2
a) Nennen Sie jeweils drei Vorteile einer systematischen Personalentwicklung aus Arbeitgeber- und Arbeitnehmersicht. 6

b) Nennen Sie fünf Aspekte, die Gegenstand einer Potenzialbeurteilung sein können. 5

c) Nennen Sie fünf Informationsquellen zur Erfassung der Potenzialbeurteilung. 5

Aufgabe 3
Die METALL AG stellt Elektroartikel her und vertreibt sie in Deutschland. Der Umsatz beträgt zurzeit 260 Mio. € – mit steigender Tendenz – bei ca. 900 Mitarbeitern. Der Firmensitz ist Essen. Es gibt keine Filialen. Beim Vorstand bestehen Überlegungen zur Neustrukturierung der Aufbauorganisation. Derzeit existiert eine Stablinienorganisation entsprechend der nachfolgenden Abbildung:

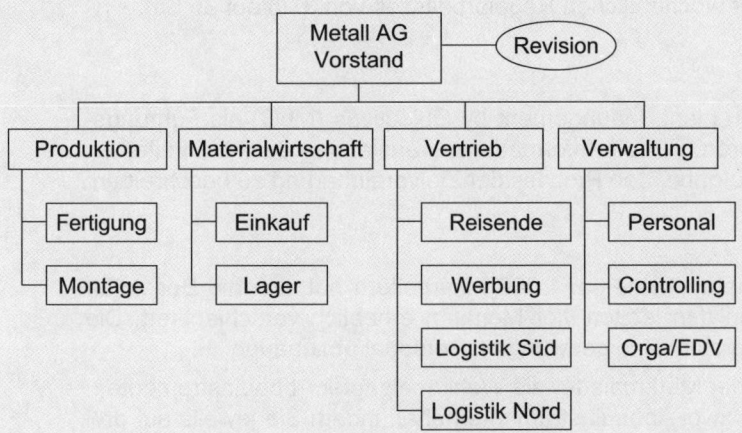

a) Nennen Sie an vier Beispielen, nach welchen Gliederungsprinzipien die   4
   Aufbauorganisation der METALL AG strukturiert ist.

b) Entwerfen Sie für den Vorstand eine neue Organisation (Skizze des Or-   12
   ganigramms). Dabei bestehen folgende Auflagen:
   - Die Produktpalette wird zukünftig in zwei Sparten gegliedert.
   - Jede Sparte hat die Bereiche Materialwirtschaft, Vertrieb und Control-
     ling.
   - Die Revision bleibt als Stabsstelle bestehen.
   - Die Abteilungen Logistik Nord und Logistik Süd werden zusammenge-
     fasst als Zentralbereich Logistik.
   - Die Abteilungen Personal und Organisation/EDV werden als Zentral-
     bereiche ausgewiesen.

c) Ergänzen Sie Ihre Vorstandsvorlage durch eine kurze Bewertung der   6
   Spartenorganisation. Nennen Sie dabei jeweils drei Vor- und Nachteile.

Aufgabe 4   12

Sie erhalten die Aufgabe, die Personalbedarfsplanung für die gewerblichen
Mitarbeiter in der Produktion für das Jahr 2010 aufgrund der Datenrela-
tionen des Jahres 2008 zu erstellen. Ihre Recherchen ergeben folgende
Eckdaten:

Eckdaten	2008
Produktionsmenge in Einheiten	850.000
ø Anzahl der gewerblichen Mitarbeiter in der Produktion	220
Anzahl der Arbeitswochen	45
Tarifliche Wochenarbeitszeit je Mitarbeiter in Stunden	37,5

Für 2010 existieren folgende Planungsvorgaben:
- geplante Steigerung der Produktionsmenge 10 %,
- geplante Produktivitätssteigerung 5 %,
- Verkürzung der wöchentlichen Regelarbeitszeit von 37,5 auf 35 Std.

Aufgabe 5   8

Ihr Unternehmen plant, Management by Objectives (MbO) als Führungsprinzip einzuführen. Für die Informationsveranstaltung der Mitarbeiter erhalten Sie die Aufgabe, den Prozess der Zielvereinbarung zu beschreiben.

Aufgabe 6

In Ihrem Unternehmen mit ca. 1.000 Mitarbeitern hat sich die Beschäftigungssituation in den letzten vier Monaten erheblich verschlechtert. Die
Geschäftsleitung sieht sich gezwungen, Personal abzubauen.

a) Nennen Sie vier Merkmale für die Wahl geeigneter Abbauinstrumente.   4
b) Erläutern Sie zwei Abbauinstrumente näher, indem Sie jeweils auf drei   12
   der in Fragestellung a) genannten Kriterien eingehen.

Aufgabe 7

Die Wertanalyse ist ein Verfahren zur Ergebnisverbesserung in einzelnen Unternehmensbereichen.

a) Welche Ziele können durch den Einsatz dieses Planungsinstruments realisiert werden? Nennen Sie vier Beispiele.   4

b) Die Wertanalyse wird streng in systematischen Schritten durchgeführt. Einer dieser Grundschritte ist „Lösungen festlegen". Nennen Sie sechs Teilaspekte dieses Grundschrittes.   6

100

Lösungen

1. Fach: Volks- und Betriebswirtschaft

Aufgabe 1

a) Vorteile, die Unternehmen durch den Zusammenschluss anstreben, z. B.:
   - Verbesserung der Marktposition gegenüber Lieferanten und Kunden
   - Erhöhung der Wirschaftlichkeit der Prozesse
   - Risikoverteilung auf Märkte, Produkte, Betriebe u. Ä.
   - Liquiditätsverbesserung
   - Stärkung der Wettbewerbsfähigkeit gegenüber Konkurrenzbetrieben

4

b) Beispiele:

Unternehmenszusammenschlüsse verbessern die internationale Wettbewerbsfähigkeit der inländischen Unternehmen.

4

Die zunehmende Konzentration kann zu einer Einschränkung des Wettbewerbs führen – mit den möglichen Folgen: Preisanstieg durch Monopolstellung, verschlechterte Produktqualität und verminderte Innovation.

Unternehmenszusammenschlüsse erfolgen mit dem Ziel, Synergien zu realisieren. Die Folge davon ist häufig ein Personalabbau in den betreffenden Unternehmen.

Aufgabe 2

Der Businessplan soll den Entscheidungsträgern (z. B. der Bank) qualitative und quantitative Informationen liefern, die sie zu einer Beurteilung des zu finanzierenden Geschäftsvorhabens benötigen.

6

Der Businessplan soll wichtige Informationen an den Unternehmer selbst liefern (z. B. Finanzsituation, Chancen und Gefahren, Marketingstrategien, Marktbeurteilung).

Aufgabe 3

a) Als Allokationsfunktion bezeichnet man die Lenkungsfunktion des Preises auf einem Markt. Besteht z. B. auf einem Teilmarkt ein Nachfrageüberhang, so werden zusätzliche Anbieter auftreten, weil sie sich Gewinnchancen erhoffen. In der Folge werden diese Anbieter Produktionsfaktoren nachfragen (Arbeitskräfte, maschinelle Anlagen, Kredite), um ihr Gut produzieren zu können.

6

b) Unter der Lohnquote versteht man den prozentualen Anteil der Einkommen aus unselbstständiger Arbeit am Volkseinkommen.

4

Unter der Lohnquote versteht man den prozentualen Anteil des gesamten Sparens der privaten Haushalte am Volkseinkommen.

Aufgabe 4

a)   8

Entstehungsrechnung	
Produktionswert	**10.000 GE**
– Vorleistungen	-4.000 GE
= **Bruttowertschöpfung (unbereinigt)**	**6.000 GE**
– unterstellte Bankgebühr	–
= **Bruttowertschöpfung (bereinigt)**	**6.000 GE**
+/– Saldo aus Gütersteuern und Subventionen	1.000 GE
= **Bruttoinlandsprodukt**	**7.000 GE**

b)   6

Verteilungsrechnung	
Bruttoinlandsprodukt	**7.000 GE**
– Produktions- und Importabgaben an den Staat abzüglich Subventionen	-400 GE
– Abschreibungen	-800 GE
+ Saldo der Primäreinkommen aus der übrigen Welt	20 GE
= **Volkseinkommen**	**5.820 GE**

Aufgabe 5

a) 1. *Vorteile* der Rechtsform „Gesellschaft" (gegenüber Einzelunterneh-   3
mung):
- Entscheidungen werden von mehreren verantwortet
- Risikoverteilung auf mehrere
- Verbreiterung der Kreditbasis
- i. d. R. mehr Know-how
- ggf. steuerliche Vorteile
- ggf. Haftungsbeschränkung

   2. *Nachteile* der Rechtsform „Gesellschaft":   3
- Gewinn muss aufgeteilt werden
- Interessenkonflikte können entstehen
- Geschäft ist gefährdet bei Verlust der Vertrauensbasis
- keine alleinige Entscheidungsbefugnis

b) Das Geschäftsführungsrecht bezieht sich auf Befugnisse, die sich auf   8
das *Innenverhältnis* der Gesellschafter beziehen. Das Vertretungsrecht
bezieht sich auf Befugnisse, die sich auf das *Außenverhältnis* der Gesellschafter beziehen. Bei der OHG gilt im Außenverhältnis für jeden Gesellschafter Einzelvertretungsmacht. Dies kann auch (im Außenverhältnis)
durch einen Gesellschaftsvertrag nicht abgeändert werden. Der Kauf der
Ware ist also wirksam abgeschlossen. Die OHG muss die Ware anneh-
men. Im Innenverhältnis war das Geschäftsführungsrecht beschränkt,
sodass Kerner gegenüber Kemmerer und Lurtz für die Warenbestellung
haften muss.

Aufgabe 6

a) 1. Die Senkung des Leitzinses führt zu einem Rückgang der Zinsen für   9
Spareinlagen und mit einer gewissen Verzögerung zu einem Sinken
der Kreditzinsen.

   2. In der Folge kann dies zu einem Anstieg des Konsums und einer
Zunahme der Investitionstätigkeit führen. Auf Gefahren der Inflation
muss geachtet werden.

   3. Die Kosten für Maßnahmen des Staates, die mit einer Nettokreditaufnahme finanziert sind, sinken.

b) 1. Dieses geldpolitische Instrument wirkt – wenn überhaupt – nur lang-   8
fristig.

   2. Die Praxis zeigt, dass die Geschäftsbanken die Konditionen für kurz-
und langfristige Spareinlagen sofort nach unten anpassen, die Kreditzinsen aber nur zögerlich senken.

   3. Die Spar- und Konsumneigung der Haushalte ist nicht nur vom Zinsniveau abhängig, sondern z. B. auch vom Vorsichtsmotiv (Einschätzung
der gesamtwirtschaftlichen Nachfrage).

   4. Ebenso ist auch die Investitionstätigkeit der Unternehmen von den
Konjunkturerwartungen und nicht nur von den Kreditkosten abhängig.

c) Weitere Aufgaben der EZB: 3
- Emission von Zentralbankgeld,
- Regulierung des Zahlungsverkehrs zwischen Geschäftsbanken und
  Bankenaufsicht,
- Verwaltung der Gold- und Währungsreserven.

Aufgabe 7   9

Zu beschreiben sind z. B. folgende Entwicklungen, die sich aus einem Kurs-
anstieg des Euro gegenüber dem US-Dollar ergeben:

1. Deutsche Produkte werden auf dem US-Markt billiger.
   → Verbesserung der Marktsituation für deutsche Unternehmen in den
      USA.
2. Für Deutschland verteuern sich die Importe aus den USA.
   → Gefahr einer importierten Inflation; ggf. Anstieg der inländischen
      Nachfrage nach heimischen Produkten.
3. Urlaubsreisen werden für Deutsche nach den USA teurer; für US-Bürger
verbilligt sich der Urlaub in Deutschland.

Aufgabe 8

a) Mögliche Auswirkungen einer Steuersenkungspolitik, z. B.:   9

Für den Staat:
- Mindereinnahmen; diese Mindereinnahmen müssen gegenfinanziert werden; angesichts der bestehenden Nettokreditaufnahme des Staates (Zahlungen und Bürgschaften) ist kaum Spielraum für Steuersenkungen.
- Gefahr der Schwarzarbeit sinkt tendenziell.

Für die Unternehmen:
- Gewinnminderung, wenn die Steuerminderbelastung nicht oder nur zum Teil weitergegeben wird;
- Umsatzanstieg, wenn die Haushalte mit verstärkter Nachfrage reagieren, weil sich ihr verfügbares Einkommen erhöht.

Für die Haushalte:
- Haushalte fragen mehr Konsum nach;
- die steigende Nachfrage führt zu einer Beschäftigungsstabilität. Gefahr eines Anstiegs der Arbeitslosenzahlen nimmt ab;
- Sparquote kann steigen.

b) Die Fiskalpolitik (Finanzpolitik) umfasst alle Maßnahmen, die der Staat   3
ergreifen kann, um mithilfe von Veränderungen der Staatseinnahmen (Einnahmenpolitik) oder Staatsausgaben (Ausgabenpolitik) bestimmte wirtschaftspolitische Ziele zu erreichen. Bei der antizyklischen Fiskalpolitik vermindert der Staat in der Hochkonjunktur die Staatsausgaben und erhöht sie in der Rezession.

Zu den wichtigsten Maßnahmen gehören: 3
- Steuerpolitik (insbesondere Einkommen- und Körperschaftsteuer),
- öffentliche Verschuldung (zur Finanzierung öffentlicher Aufträge),
- Subventionen (staatliche Zuschüsse an Unternehmen ohne Gegenleistung),
- Beeinflussung des privaten Konsums (Konsumanreize oder Konsumbesteuerung),
- Beeinflussung des Sparens (Sparprämien),
- Beeinflussung der Investitionsbereitschaft (Investitionssteuern bzw. -zuschüsse, Änderung der Abschreibungssätze).

c) Deficit-Spending ist die staatliche Verschuldung zum Zweck der Kon-   4
junkturbelebung, d. h. Bund, Länder und Gemeinden nehmen verstärkt Kredite zur Finanzierung öffentlicher Investitionen auf (z. B. Umweltschutzmaßnahmen, Stadtsanierungen). Mit diesen Maßnahmen soll die Arbeitslosigkeit vermindert werden; gleichzeitig besteht jedoch die Gefahr von Preissteigerungen.

100

2. Fach: Rechnungswesen

Punkte

Aufgabe 1

a) Analyse, Soll-Ist-Vergleich: 6
   Das Umsatzziel wurde leicht verfehlt. Trotzdem konnte der Zielgewinn um 6.000 EUR bzw. um 14 % übertroffen werden. Dafür gibt es zwei Ursachen: Massive Kostendisziplin führte zu einer Unterschreitung des Planansatzes bei den „Sonstigen betrieblichen Aufwendungen". Außerdem konnte eine Wareneinsatzquote von 45,4 % realisiert werden (Planwert war 48 %).

b)   8

Aktiva	Bilanz zum 3. Dezember 20..	Passiva
Anlagevermögen - Immaterielle Vermögensgegenstände - Sachanlagen - Finanzanlagen Umlaufvermögen - Vorräte - Forderungen - Bank/Kasse Rechnungsabgrenzungsposten		Eigenkapital Rückstellungen Verbindlichkeiten - langfristig - kurzfristig Rechnungsabgrenzungsposten
Bilanzsumme		Bilanzsumme

c)   4

Aktiva:	Passiva:
- Gesamtvermögen - Gliederung nach der Liquidität	- Gesamtkapital - Gliederung nach der Fristigkeit

d) Das Grundstück ist mit 400.000 EUR zu bilanzieren. Begründung: Da   4
   der niedrigere Tageswert von Dauer ist, muss er in der Bilanz angesetzt werden.

Aufgabe 2   6

Es gilt:

Absatz	x	= 60.000 Stück
Preis	p	= 4,00 EUR
fixe Kosten	K_f	= 90.000 EUR
variable Kosten	K_v	= 120.000 EUR
variable Kosten pro Stück	k_v	
Umsatz	U	
Deckungsbeitrag	DB	
Gewinn	G	

a)

			pro Monat		pro Stück
	U	=	240.000	=	4,00
./.	K_v	=	120.000	=	2,00
	DB	=	120.000	=	2,00

b)

	DB	=	120.000	=	2,00
./.	K_f	=	90.000	=	1,50
	G	=	30.000	=	0,50

c) Im Break-even-Point gilt:

$$U = K$$
$$x \cdot p = K_f + K_v$$
$$= K_f + x \cdot k_v$$

$$\Rightarrow \quad x = 45.000$$
$$U = x \cdot p$$
$$\Rightarrow \quad U = 180.000$$
$$K = K_f + x \cdot k_v$$
$$\Rightarrow \quad K = 180.000$$

Aufgabe 3

a) Erlöse = Kosten   4
$$U = K$$
$$x \cdot p = K_f + x \cdot k_v$$
$$\Rightarrow x = \frac{K_f}{p - k_v}$$

$$= \frac{12.000}{600 - 300}$$

$$= 40 \text{ Stück}$$

b) DB $= U - K_v$ 4
$$= x \cdot p - x \cdot k$$

$$\frac{DB}{x} = db = \frac{1}{x}(x \cdot p - x \cdot k_v)$$

$$= p - k_v$$
$$= 600 - 300$$
$$= 300 \text{ EUR}$$

Aufgabe 4

a)   MEK   400.000 €   8
  + MGK   40.000 €
  = MK   440.000 €
    FEK   80.000 €
  + FGK   60.000 €
  = FK   140.000 €
  = HK (Umsatz)   580.000 €
  ./: Erlöse T-PLUS   100.000 €
  = HK (Fertigung)   480.000 € : 10.000 = 48,00 €/kg
  + VwGK   30.000 €
  + VtGK   20.000 €
  = SK   530.000 € : 10.000 = 53,00 €/kg

b) SK = 48,00 €/kg + (50.000 € : 8.000 kg)   3
     = 54,25 €/kg

Aufgabe 5

a) Wenn der Inhaber Eigenkapital in das Unternehmen einbringt, muss auch hier der Werteverzehr erfasst werden, obwohl keine Aufwendungen vorliegen: Man erfasst also *rein rechnerisch ("kalkulatorisch")* die Verzinsung des Eigenkapitals in der KLR, obwohl keine Aufwendungen dem gegenüberstehen.   3

b) Bei den Anderskosten liegen zwar Aufwendungen vor, jedoch entsprechen die Zahlen der Finanzbuchhaltung nicht dem tatsächlichen Werteverzehr und müssen deshalb „anders" in der KLR berücksichtigt werden. Man nennt sie daher Anderskosten bzw. *aufwandsungleiche Kosten (Aufwand ≠ Kosten).*   3

c)

Kostenarten (Gliederungsmerkmale)	Beispiele:
Art der verbrauchten Produktionsfaktoren	Materialkosten, Personalkosten, Abgaben, Dienstleistungskosten
Betriebliche Funktionen	Beschaffungskosten, Fertigungskosten
Verrechnung	Einzelkosten, Gemeinkosten
Kostenerfassung	Grund-, Anders-, Zusatzkosten
Abhängigkeit von der Beschäftigung	fixe Kosten, variable Kosten, Mischkosten

8

Aufgabe 6

Eigenkapital (EK)	600.000
Fremdkapital (FK)	400.000
Gesamtkapital (GK = EK + FK)	1.000.000
Fremdkapitalzinsen (Zi)	25.000
Erlöse (U)	2.120.000
Gewinn (G = Erlöse – Aufwendungen) 2.120.000 - 2.000.000	120.000

a)	Eigenkapitalrentabilität	R_{EK}	$= G : EK \cdot 100$ $= 120.000 : 600.000 \cdot 100$ $= 20\%$	3
b)	Gesamtkapitalrentabilität	R_{GK}	$= (G + Zi) : GK \cdot 100$ $= (120.000 + 25.000) : 1.000.000 \cdot 100$ $= 14,5\%$	3
c)	Umsatzrentabilität	R_U	$= G : U \cdot 100$ $= 120.000 : 2.120.000 \cdot 100$ $= 5,66\%$	3

Aufgabe 7   12

	Einkaufspreis		70.000,00
−	Liefererrabatt	10 %	7.000,00
=	Zieleinkaufspreis		63.000,00
−	Liefererskonto	2 %	1.260,00
=	Bareinkaufspreis		61.740,00
+	Bezugskosten		5.000,00
=	Einstandspreis		66.740,00
+	Handlungskostenzuschlagssatz	30 %	20.022,00
=	Selbstkosten		86.762,00
+	Gewinnzuschlag	7 %	6.073,34
=	Barverkaufspreis		92.835,34
+	Kundenskonto	2 %	1.894,60
=	Zielverkaufspreis		94.729,94
+	Kundenrabatt	10 %	10.525,55
=	**Verkaufspreis netto**		**105.255,49**

105.255,49 EUR : 1.000 Stk. = 105,26 EUR/Stk.

Aufgabe 8   10

Gemein-kosten	Zahlen der Buchhaltung	Verteilungs-schlüssel	Material	Fertigung	Verwaltung	Vertrieb
Gemeinkos-tenmaterial	9.600	3:6:2:1	2.400	4.800	1.600	800
Hilfslöhne	36.000	2:14:5:3	3.000	21.000	7.500	4.500
Sozialkosten	6.600	1:3:1,5:0,5	1.100	3.300	1.650	550
Steuern	23.100	1:3:5:2	2.100	6.300	10.500	4.200
Sonstige Kosten	7.000	2:4:5:3	1.000	2.000	2.500	1.500
AfA	8.400	2:12:6:1	800	4.800	2.400	400
Summen	**90.700**		**10.400**	**42.200**	**26.150**	**11.950**

100

3. Fach: Recht und Steuern

Punkte

Aufgabe 1

a) *Nach § 93 BetrVG* „kann der Betriebsrat verlangen, dass Arbeitsplätze, die besetzt werden sollen, allgemein oder für bestimmte Arten von Tätigkeiten vor ihrer Besetzung innerhalb des Betriebes ausgeschrieben werden" (in Betrieben mit in der Regel mehr als 20 wahlberechtigten Arbeitnehmern). Es existiert also ein Mitbestimmungsrecht bei innerbetrieblichen Stellenausschreibungen. Diese Bestimmung gilt nicht für Positionen von leitenden Angestellten.

8

Nach § 99 Abs. 2 Ziffer 5 BetrVG kann der Betriebsrat die Zustimmung zur geplanten Einstellung verweigern, wenn „eine nach § 93 BetrVG erforderliche Ausschreibung im Betrieb unterblieben ist".

b) Es kommt darauf an; der Sachverhalt enthält keine Information über die vereinbarte Probezeit (nach dem neuen BBiG beträgt sie bis zu vier Monaten); eine fristlose Kündigung ist daher durch Herrn Frost nur möglich,
- wenn sie innerhalb der Probezeit erfolgt oder
- wenn ein wichtiger Grund vorliegt.

8

Aufgabe 2

12

	Rechtsgeschäfte des Prokuristen Herrn Rastlos	zulässig	nicht zulässig	Begründung
1	Unterschreiben der monatlichen Umsatzsteuererklärung		x	persönliche Verpflichtung des Unternehmers/ des Steuerpflichtigen
2	Kauf von mehreren Partien Saatkartoffeln der Marke „Gisela"	x		gewöhnliches Rechtsgeschäft
3	Vertretung des Unternehmens bei einem Prozess	x		mit Erteilung der Prokura verbunden
4	Aufnahme eines Kredits und Eintragung einer Grundschuld	x	x	Kreditaufnahme: zulässig; Belastung von Grundstücken: nicht zulässig
5	Kauf eines angrenzenden Grundstücks zur Erweiterung des Betriebsgeländes	x		mit Erteilung der Prokura verbunden
6	Unterschreiben der Bilanz		x	persönliche Verpflichtung des Unternehmers/ des Steuerpflichtigen

Aufgabe 3

a) *Kaufvertrag:*   4
Der Verkäufer verpflichtet sich zur Lieferung bestimmter Gegenstände
und zur Beschaffung des Eigentums an ihnen.

Der Käufer verpflichtet sich, den Kaufpreis zu zahlen und zur Entgegennahme des Kaufgegenstandes.

b) *Werkvertrag:*   4
Der Auftragnehmer verpflichtet sich zur Herstellung oder Veränderung
einer Sache oder eines anderen, durch Arbeit oder Dienstleistung herbeizuführenden Erfolgs.

Der Auftraggeber verpflichtet sich zur Zahlung der Vergütung und der
Abnahme des Werkes.

Aufgabe 4

1. Ja! → Einkünfte aus Kapitalvermögen: Einkommensteuer als Kapital-   12
ertragsteuer; Solidaritätszuschlag; ggf. Kirchensteuer.

2. Ja! → Einkünfte aus nichtselbstständiger Tätigkeit: Einkommensteuer
in Form von Lohnsteuer; Solidaritätszuschlag; ggf. Kirchensteuer

3. Ja! → Einkünfte einer Kapitalgesellschaft: Körperschaftsteuer; Solidaritätszuschlag; Gewerbesteuer; Aktionäre: Kapitalertragsteuer, Solidaritätszuschlag

b) Einkünfte sind   6
  - bei Land- und Forstwirtschaft, Gewerbebetrieb und selbstständiger Ar-
    beit der Gewinn,
  - bei anderen Einkunftsarten der Überschuss der Einnahmen über die
    Werbungskosten.

  Das *Einkommen* ist der Gesamtbetrag der Einkünfte, vermindert um
  die Sonderausgaben und die außergewöhnlichen Belastungen.

c) Steuerfreie Umsätze sind z. B.:   4
  - Leistungen von Banken, Versicherungen,
  - Dauervermietung durch Privatpersonen,
  - Umsätze von inländischen Briefmarken,
  - Entgelte im Rahmen der Kreditgewährung.

Aufgabe 5

a) Gezielte Anrufe von Privatpersonen, zu denen bisher kein geschäftlicher   4
Kontakt bestand, sind unzulässig (unzumutbare Belästigung § 7 Abs. 2
Nr. 2 UWG). Eine Einwilligung der Verbraucher kann auch nicht mutmaß-
lich unterstellt werden.

b) Die Werbebeilage ist unzulässig (Verstoß gegen die Preisangabenver- **6**
ordnung): „Wer Letztverbrauchern gewerbs- oer geschäftsmäßig oder
regelmäßig in sonstiger Weise Waren oder Leistungen anbietet oder als
Anbieter von Waren oder Leistungen gegenüber Letztverbrauchern in
Zeitungen, Zeitschriften, Prospekten, auf Plakaten, im Rundfunk oder
Fernsehen oder sonstige Weise unter Angabe von Preisen wirbt, hat
die Preise anzugeben, die einschließlich der Umsatzsteuer und sonstiger Preisbestandteile unabhängig von einer Rabattgewährung zu zahlen sind (Endpreise)". Außerdem dürfte der Tatbestand der irreführenden
Werbung erfüllt sein, da die „MwSt" in deutlich kleinerer Schrift erscheint
und der Nettopreis als Endpreis suggeriert wird.

c) Die Werbung ist unzulässig (Missbrauch der Alleinstellung). Der Tatbe- **4**
stand der „Alleinstellungswerbung" bezieht sich auf die besondere Be-
tonung der Spitzenstellung des Werbenden. Dies ist wettbewerbsrecht-
lich nur dann zulässig, wenn die Spitzenstellung durch einen deutlichen
Wettbewerbsvorsprung und auf eine längere Dauer belegbar ist.

d) Rechtsfolgen nach dem UWG, z. B.: **4**
   - Beseitigung   - Unterlassung
   - Schadenerstz   - Gewinnabschöpfung

Aufgabe 6   14

Ja, die Klage hat Aussicht auf Erfolg. Der Arbeitgeber (AG) hat im zweiten
Fall eine weitere Abmahnung ausgesprochen und damit seine rechtlichen
Möglichkeiten ausgeschöpft. Die Vertragsverletzung (= Zuspätkommen) kann
nicht damit „geahndet" werden, indem eine erfolgte Abmahnung zurückgezo-
gen und durch eine Kündigung ersetzt wird. Es bleibt dem AG nichts anderes
übrig, als auf eine neue kündigungsrechtlich relevante Vertragsverletzung
des Mitarbeiters „zu warten" und dann die Kündigung auszusprechen.

Aufgabe 7

a) - Kaufvertrag/Fernabsatzvertrag **4**
    - Frau Mende hat ein Widerruf-/Rückgaberecht nach den Regeln über
      das Fernabsatzgeschäft gemäß § 355 Abs. 1, § 312 d BGB; die Wider-
      rufsfrist bestimmte sich nach § 355 Abs. 2, 3 BGB (14 Tage).

b) Die Sonderregelungen für den Handelskauf (§§ 373-382 HGB) dienen **6**
der Beschleunigung der Geschäftsabwicklung und stärken im Ergebnis
die Rechtsstellung des Verkäufers. Beim Handelskauf sind Besonderheiten, insbesondere zur Sachmängelgewährleistung, zu beachten: Im
Gegensatz zum BGB tritt ein Verlust gegebener Gewährleistungsrechte
bei Sachmängeln ein, wenn der Käufer die Sache nicht unverzüglich
untersucht und einen gefundenen Mangel rügt. Unterlässt der Käufer
die Anzeige, so gilt die Sache als genehmigt. „Unverzüglich" bedeutet
„ohne schuldhaftes Zögern". Ein ordentlicher Kaufmann (LaModa) hätte
für eine Vertretung des Mitarbeiters im Wareneingang sorgen müssen.

100

4. Fach: Unternehmensführung

Punkte

Aufgabe 1

a) Sinnvoll ist die Gruppenentlohnung im Allgemeinen nur dann, wenn be-   4
stimmte Voraussetzungen erfüllt sind; vor allem:

- die Arbeitsgruppe muss überschaubar und stabil sein,
- die Tätigkeiten der Gruppenmitglieder müssen ähnlich sein,
- die Leistungsunterschiede dürfen nur relativ gering sein,
- die Entlohnungsform muss transparent und nachvollziehbar sein.

b) Grundsätzlich sind z. B. folgende Verteilungsprinzipien denkbar – in An-   4
lehnung an die Kriterien der Lohngerechtigkeit:

- jedes Gruppmitglied erhält den gleichen Anteil – entsprechend seiner Arbeitszeit,

- die Anteile sind unterschiedlich – in Abhängigkeit von der individuellen
  Lohngruppe und der Arbeitszeit,

- die Anteile sind unterschiedlich – in Abhängigkeit von der individuellen
  Leistungsbeurteilung und der Arbeitszeit,

- die Anteile sind unterschiedlich – in Abhängigkeit von der individuellen
  Qualifikation und der Arbeitszeit.

In der Praxis erfolgt die Verteilung des Mehrverdienstes meist über sog.
Äquivalenzziffern, die nach den o. g. Prinzipien (oder einer Kombination
dieser Prinzipien) gebildet werden.

c)

Gruppenlohn	
Vorteile, z. B.:	**Nachteile, z. B.:**
gegenseitige Kontrolle der Gruppen-mitglieder	Probleme bei der (gerechten) Wahl des Verteilungsschlüssels
Leistungsschwächere werden zur Mehrarbeit angeregt	ggf. Auftreten von Konflikten
gruppeninterne Arbeitsteilung	Unzufriedenheit bei leistungsstarken Mitarbeitern
Förderung der Kooperation und des Zusammenhalts	ggf. sozialer Druck gegen Leistungs-schwächere

8

Aufgabe 2

a) Vorteile einer systematischen Personalentwicklung: 6

- Aus *Arbeitgebersicht*, z. B.:
- Erhaltung und Verbesserung der Wettbewerbsfähigkeit durch Erhöhung der Fach-, Methoden- und Sozialkompetenz der Mitarbeiter und der Auszubildenden,
- Verbesserung der Mitarbeitermotivation und Erhöhung der Arbeitszufriedenheit,
- Verbesserung der internen Stör- und Konfliktsituationen,
- größere Flexibilität und Mobilität von Strukturen und Mitarbeitern/Auszubildenden,
- Verbesserung der Wertschöpfung.

- Aus *Arbeitnehmersicht*, z. B.:
- ein angestrebtes Qualifikationsniveau kann besser erreicht werden,
- bei Qualifikationsmaßnahmen muss i. d. R. die Arbeit nicht aufgegeben werden,
- der eigene „Marktwert" und damit die Lebens- und Arbeitssituation kann systematisch verbessert werden.

b) Aspekte, die Gegenstand einer Potenzialbeurteilung sein können, z. B.:   5
- Stärken/Schwächen
- Neigungen/besondere Fähigkeiten
- Einschränkungen/Hindernisse (z. B. fehlende Mobilität, körperliche/gesundheitliche Einschränkung)
- Kompetenzen (z. B. Fach-, Führungs-, Sozialkompetenz)
- erforderliche Fördermaßnahmen

c) Informationsquellen zur Erfassung der Potenzialbeurteilung, z. B.:   5
- Personalakte
- Leistungsbeurteilung
- Leistungsverhalten in Projekten
- Personalentwicklungsgespräch
- Testverfahren
- Assessmentcenter

Aufgabe 3

a) • *Verrichtungsprinzip* (= Funktionsprinzip), z. B.:   4
   - Materialwirtschaft,
   - Vertrieb.

   • *Objektprinzip*, z. B.:
   - Logistik Süd,
   - Logistik Nord.

b)   12

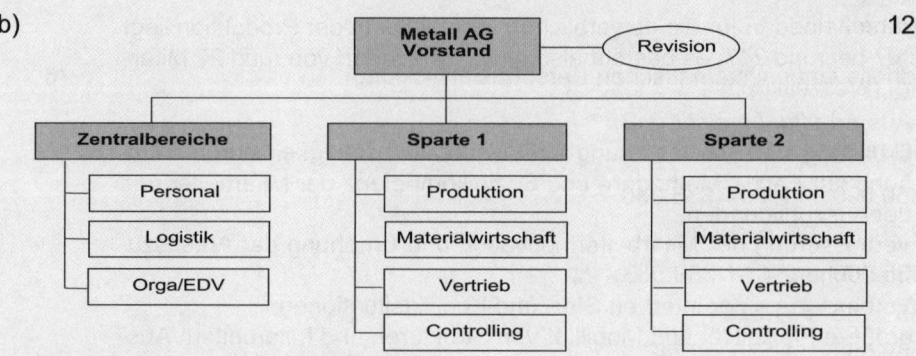

c) Bewertung der Spartenorganisation: 6

Vorteile, z. B.:
- Marktnähe, Arbeit vor Ort,
- klare Umsatz-/Ergebnisverantwortung,
- Förderung des unternehmerischen Denkens,
- Abbau von Funktionsdenken.

Nachteile, z. B.:
- Spartenegoismus,
- Doppelarbeit,
- ggf. mangelnder Wille zur Synergie.

Aufgabe 4   12

Eckdaten	2008 Ist	2010 Plan	Hinweise zur Berechnung
Produktionsmenge in Einheiten (E)	850.000	935.000	1)
Ø Anzahl der gewerblichen Mitarbeiter in der Produktion	220	**?**	
Anzahl der Arbeitswochen	45	45	
Tarifliche Wochenarbeitszeit je Mitarbeiter in Stunden	37,5	35	
Verfügbare Gesamtstundenzahl in der Produktion	371.250	–	
Erforderliche Gesamtstundenzahl in der Produktion	–	389.583	3)
Produktivität Menge in E je Arbeitsstunde	2,29	2,4	2)
Arbeitsstunden pro Mitarbeiter pro Jahr		1.575	4)
⇒ Personalbedarf (Anzahl der Mitarbeiter)		**247**	5)

Der Personalbedarf für die gewerblichen Mitarbeiter in der Produktion liegt für 2007 bei rund 247; es besteht also ein Zusatzbedarf von rund 27 Mitarbeitern („Vollzeitköpfe").

Berechnungen:

1) 850.000 · 1,1 = 935.000
2) 2,29 · 1,05 = 2,40
3) 935.000 : 2,4 = 389.583
4) 35 · 45 = 1.575
5) 389.583 : 1.575 = 247

Aufgabe 5   8

Die Entscheidungsebenen arbeiten gemeinsam an der Zielfindung. Dabei legen Vorgesetzter und Mitarbeiter gemeinsam das Ziel fest, überprüfen es regelmäßig und passen das Ziel an. Da das Gesamtziel der Unternehmung und die daraus abgeleiteten Unterziele ständig am Markt orientiert sind, ist MbO durch kontinuierliche Zielpräzisierung ein Prozess. Die Wahl der einzusetzenden Mittel zur Zielerreichung bleibt den Mitarbeitern überlassen.

Diese Methode wirkt Formalismus, Bürokratie, Unbeweglichkeit und Überbetonung der Verfahrenswege direkt entgegen. Kriterien sind Effektivität und Zweck. Die Zielerreichung ist der Erfolg. Die Leistung wird im Soll-Ist-Vergleich beurteilt. Beurteilungsverfahren, die sich am MbO-Prinzip orientieren, sind den klassischen, merkmalsorientierten Beurteilungssystemen überlegen.

Aufgabe 6

a) Merkmale für die Wahl geeigneter Abbauinstrumente, z. B.:   4
   - Kosten der Abbaumaßnahmen
   - Dauerhaftigkeit des Abbaus
   - Schnelligkeit/Geschwindigkeit des Abbaus
   - rechtliche Barrieren
   - Auswirkungen auf die Belegschaftsstruktur
   - Wirkung auf den internen und externen Arbeitsmarkt

b) Anhand von drei der o. g. Kriterien sind zwei Abbauinstrumente zu erläu-   6
   tern, z. B.:
   Beispiel 1: „Kurzarbeit"
   - Dauerhaftigkeit des Abbaus:
     keine Dauerhaftigkeit; nur bei vorübergehendem Arbeitsausfall
   - Schnelligkeit des Abbaus:
     kurzfristig möglich (ab Eingang der Anzeige beim Arbeitsamt)
   - Auswirkung auf die Belegschaftsstruktur:
     i. d. R. keine

Beispiel 2: „Nichtverlängerung befristeter Verträge"   6
- Dauerhaftigkeit des Abbaus:
  Abbau ist dauerhaft

- Schnelligkeit des Abbaus:
  kurzfristig nicht möglich; Wirkung tritt erst mit Zeitverzögerung ein; vgl.
  TzBfG: Befristungen sind bis zu zwei Jahren möglich

- Auswirkung auf die Belegschaftsstruktur:
  könnte negativ sein; die Befristung könnte überwiegend jüngere Mitarbeiter betreffen

Aufgabe 7

a) Ziele, die durch den Einsatz der Wertanalyse realisiert werden können,   4
   Beispiele:
   - Senkung der Herstellungskosten
   - Verbesserung der Produktivität
   - Qualitätsverbesserung
   - Verbesserung der Produktivität

b) Teilaspekte des Grundschrittes „Lösungen festlegen" (Beispiele):   6
   - Bewertungskriterien festschreiben
   - Lösungsideen bewerten
   - Lösungsansätze darstellen und bewerten
   - Lösungen ausarbeiten und bewerten
   - Entscheidungsvorlage aufbereiten
   - Entscheidung herbeiführen

$$\boxed{100}$$

Literaturhinweise

01. Basisliteratur

Krause, G./Krause, B.: Die Prüfung der Industriemeister – Basisqualifikationen, 7. Aufl., Ludwigshafen 2009

Krause, G./Krause, B.: Die Prüfung der Industriemeister Metall – Handlungsspezifische Qualifikationen, 4. Aufl., Herne 2010

Krause, G./Krause, B.: Die Prüfung der Handelsfachwirte, 15. Aufl., Herne 2010

Metro-Handelslexikon 2009/2010 (Hrsg: Metro Group), Düsseldorf 2009

Olfert, K./Rahn, H.-J.: Einführung in die Betriebswirtschaftslehre, 9. Aufl., Ludwigshafen 2008

Olfert, K./Rahn, H.-J.: Lexikon der Betriebswirtschaftslehre, 6. Aufl., Ludwigshafen 2008

Staehle, W. H.: Management – Eine verhaltenswissenschaftliche Perspektive, 8. Aufl., München 1999

Wöhe, G.: Einführung in die allgemeine Betriebswirtschaftslehre, 24. Aufl., München 2010

02. Allgemeine Volkswirtschaftslehre

Bartling, H. und Luzius, F.: Grundzüge der Volkswirtschaftslehre, 16. Aufl., München 2008

Boller, E./Schuster, D.: Praxisorientierte Volkswirtschaft für das Fachgymnasium, 10. Aufl., Rinteln 2010

Herrmann, M.: Arbeitsbuch Grundzüge der Volkswirtschaftslehre, 3. Aufl., Stuttgart 2008

Institut der deutschen Wirtschaft (Hrsg.): Deutschland in Zahlen, Ausgabe 2010, Köln 2010

Jahrmann, F.-Ulrich: Außenhandel, 13. Aufl., Herne 2010

Mankiw, N. G.: Grundzüge der Volkswirtschaftslehre, 4. Aufl., Stuttgart 2008

Siebert, H.: Einführung in die Volkswirtschaftslehre, 15. Aufl., Stuttgart 2007

Vry, W.: Volkswirtschaftslehre, 10. Aufl., Ludwigshafen 2009

03. Allgemeine Betriebswirtschaftslehre

Bitz et al.: Vahlens Kompendium der Betriebswirtschaftslehre. 2 Bände, 5. Aufl., München 2005

Heinemeier/Limpke/Jecht: Wirtschaftslehre für Berufsfachschulen, 10. Aufl., Braunschweig 2008

Olfert, K./Rahn, H.-J.: Einführung in die Betriebswirtschaftslehre, 10. Aufl., Herne 2010

Olfert, K./Rahn, H.-J.: Lexikon der Betriebswirtschaftslehre, 6. Aufl., Ludwigshafen 2008

Thommen, J. P.: Allgemeine Betriebswirtschaftslehre, umfassende Einführung aus managementorientierter Sicht, 6. Aufl., Wiesbaden 2009

Wöhe, G.: Einführung in die allgemeine Betriebswirtschaftslehre, 24. Aufl., München 2010

04. Rechnungswesen

Bussiek/Ehrmann: Buchführung, 9. Aufl., Herne 2010

Däumler, K. D. und Grabe, J.: Kostenrechnung 1 – Grundlagen, 10. Aufl., Herne 2008

Däumler, K. D. und Grabe, J.: Kostenrechnung 2 – Deckungsbeitragsrechnung, 9. Aufl., Herne 2009

Däumler, K. D./Grabe, J.: Kostenrechnungs- und Controllinglexikon, 3. Aufl., Herne 2009

Deitermann, M. und Schmolke, S.: Industriebuchführung mit Kosten- und Leistungsrechnung IKR, 30. Aufl., Darmstadt 2009

Ditges, J./Arendt, U.: Bilanzen, 13. Aufl. Ludwigshafen 2008

Klett, Ch./Pivernetz, M.: Controlling in kleinen und mittleren Unternehmen, Bd. 1 und 2, 4. Aufl., Herne 2010

Olfert, K.: Kostenrechnung, 16. Aufl., Herne 2010

Schumacher, B.: Kosten- und Leistungsrechnung für Industrie und Handel, 6. Aufl., Ludwigshafen 2008

Weber, M.: Schnelleinstieg Kennzahlen – mit CD-ROM, München 2006

Ziegenbein, K.: Controlling, 9. Aufl., Ludwigshafen 2007

05. Recht

Arbeitsgesetze, Beck-Texte, neueste Aufl., München

Arbeitsrecht von A bis Z, Ratgeber für Mittelstand und Existenzgründer, DIHK (Hrsg.), von Rechtsanwalt Martin Bonelli, 4. Aufl., Berlin 2009 (Anm. der Autoren: sehr empfehlenswert und preiswert)

Krause, G./Krause, B.: Die Prüfung der Personalfachkaufleute, 8. Aufl., Herne 2010

Heinemeier/Limpke/Jecht: Wirtschaftslehre für Berufsfachschulen, 11. Aufl., Braunschweig 2010

Michalski, L.: Fälle zum Arbeitsrecht, 50 Fälle mit Lösungen, 6. Aufl., Heidelberg 2008

Schaub, G./Koch, U./Linck, R.: Arbeitsrechts-Handbuch, 13. Aufl., München 2009

Steckler, B./Schmidt, Ch.: Kompendium Arbeitsrecht und Sozialversicherung, 7. Aufl., Herne 2010

Vereinigung der Metall-Berufsgenossenschaften (Hrsg.): Prävention 2009/2010, Arbeitssicherheit und Gesundheitsschutz, 2 CD-ROM, Düsseldorf 2009

Zöllner/Loritz/Hergenröder: Arbeitsrecht, 6. Aufl., München 2008

06. Steuern

Beck, C. H.; Aktuelle Steuertexte 2010, München 2010

Grefe, C.; Unternehmenssteuern, 13. Aufl., Herne 2010

NWB-Textausgabe: Wichtige Steuergesetze mit Durchführungsverordnungen, 59. Aufl., Herne 2010

Rauser, H.; Steuerlehre für Ausbildung und Praxis, 34. Aufl., Darmstadt 2009

Schweizer, R. und Kaspari, W.; Die Prüfung der Steuerfachwirte, 10. Aufl., Ludwigshafen 2009

07. Unternehmensführung

Bamberger, I. und Wrona, Th.: Strategische Unternehmensführung, München 2004

Ehrmann, H.: Unternehmensplanung, 5. Aufl., Ludwigshafen 2007

Krause, G./Krause, B.: Die Prüfung der Personalfachkaufleute, 8. Aufl., Herne 2010

Müller, J.: Integrierte Managementsysteme von A–Z, Kissing 2004

Olfert, K.: Organisation, 15. Aufl., Ludwigshafen 2009

Olfert, K. und Rahn, H.-J.: Kompakt-Training Organisation, 5. Aufl., Ludwigshafen 2009

Olfert, K. und Pischulti, H.: Kompakt-Training Unternehmensführung, 4. Aufl., Ludwigshafen 2007

Rahn, H. J.: Unternehmensführung, 7. Aufl., Ludwigshafen 2008

REFA: Methodenlehre des Arbeitsstudiums 1, 2, 3 und Methodenlehre der Betriebsorganisation, München 1988

REFA: Methodenlehre der Betriebsorganisation, Planung und Steuerung, 6 Bände, München 1991

08. Personalmanagement

Albert, G.: Betriebliche Personalwirtschaft, 10. Aufl., Ludwigshafen 2009

Becker, F. G.: Lexikon des Personalmanagements, 2. Aufl., München 2002

DIHK (Hersg.): Ausbilden mit Ackermann und Ungeduld, Rechtstipps für Ausbildungsbetriebe, Berlin 2008 (Anm. d. V.: sehr empfehlenswert)

Jansen, Th.: Personalcontrolling, Ludwigshafen 2008

Krause, G./Krause, B.: Die Prüfung der Personalfachkaufleute, 8. Aufl., Herne 2010

Lampferhoff, H.G.: People make the difference, Erfolgsfaktor Personal, Ludwigshafen 2006

Oechsler, W.: Personal und Arbeit, 8. Aufl., München 2006

Olfert, K.: Personalwirtschaft, 13. Aufl., Ludwigshafen 2008

Olfert, K.: Kompakt-Training Personalwirtschaft, 6. Aufl., Ludwigshafen 2009

Olfert, K.: Lexikon Personalwirtschaft, Ludwigshafen 2008

Scholz, Ch.: Personalmanagement, 5. Aufl., München 2000

09. Personalführung

Crisand, E./Crisand, M.: Psychologie der Gesprächsführung, 8. Aufl., Heidelberg 2007

Crisand, E.: Psychologie der Persönlichkeit – Eine Einführung, 8. Aufl., Heidelberg 2000

Correll, W.: Menschen durchschauen und richtig behandeln, 20. Aufl., München 2009

Krause, G./Krause, B.: Die Prüfung der Personalfachkaufleute, 8. Aufl., Herne 2010

Rahn, H. J.: Führung von Gruppen, Gruppenführung mit System, 5. Aufl., Frankfurt a. M. 2006

Rahn, H. J.: Gestaltung personalwirtschaftlicher Prozesse, Frankfurt a. M. 2005

Schulz von Thun, F.: Miteinander reden, 3 Bände, Hamburg 2011

Seiwert, L.J./Gay, F.: Das neue 1x1 der Persönlichkeit, 7. Aufl., Offenbach 2004

Stroebe, R. W./Stroebe, G. H.: Gezielte Verhaltensänderung – Anerkennung und Kritik, 4. Aufl., Heidelberg 2007

Stroebe, R. W./Stroebe, G. H.: Motivation, 9. Aufl., Heidelberg 2004

Stroebe, R. W.: Kommunikation I – Grundlagen, Gerüchte, schriftliche Kommunikation, 6. Aufl., Heidelberg 2009

Stroebe, R. W.: Kommunikation II – Verhalten und Techniken in Besprechungen, 8. Aufl., Heidelberg 2002

Weisbach, Ch. R.: Professionelle Gesprächsführung, 7. Aufl., München 2008

10. Personalentwicklung

Becker, M.: Personalentwicklung, 4. Aufl., Stuttgart 2007

Krause, G./Krause, B.: Die Prüfung der Personalfachkaufleute, 8. Aufl., Herne 2010

Mentzel, W.: Personalentwicklung. Erfolgreich motivieren, fördern und weiterbilden, 3. Aufl., München 2008

Stichwortverzeichnis